ESSENTIALS OF FLUID MECHANICS

FUNDAMENTALS AND APPLICATIONS

CIMBALA & ÇENGEL의

유체역학

박운진 | 김경연 | 김경엽 | 김내현 | 김창녕 | 박성영
이 열 | 이원남 | 임경빈 | 차상원 | 최윤호 옮김

CIMBALA · ÇENGEL

Mc Graw Hill Education

MEDIA JIPHIL (주)지필미디어

Higher Education

Essentials of Fluid Mechanics: Fundamentals and Applications, 1st Edition.

1 2 3 4 5 6 7 8 9 10 Jiphil 20 13

Original: Essentials of Fluid Mechanics: Fundamentals and Applications, 1st Edition. © 2008
By John Cimbala, Yunus Çengel.
ISBN 978-0-07-313835-0

This book is exclusively distributed by Jiphil Media.

When ordering this title, please use ISBN 978-8997394-58-6

Printed in Korea

CIMBALA & ÇENGEL의 유체역학

발 행 일 | 2013년 2월 28일 초판
저 자 | John M. Cimbala, Yunus A. Çengel
역 자 | 박운진 · 김경연 · 김경엽 · 김내현 · 김창녕 · 박성영
이 열 · 이원남 · 임경빈 · 차상원 · 최윤호
발 행 인 | 고현희
발 행 처 | (주)지필미디어
주 소 | 서울시 서대문구 미근동 72-3호 미근빌딩 101호
전 화 | (02)362-4504
팩 스 | (02)393-4509
이 메 일 | book@jiphil.co.kr
홈페이지 | www.jiphil.co.kr

등록번호 | 제 312-1997-000043호 (1997년 7월 16일)
I S B N | 978-89-97394-58-6

가 격 | 29,000원

모든 학생들에게
이 책이, 작지만 매력적인 유체역학이란 학문을 통해
경이로운 우주 내부의 작용들을 탐험하고자 하는
여러분의 열정과 욕구를 고취시키고,
나아가 유체역학에 대해서 뿐만 아니라 인생에 대해서까지
모든 배움에 대한 사랑을 키워 나갈 수 있게 하기를 바랍니다.

저자 소개

John M. Cimbala는 The Pennsylvania State University, University Park의 기계공학과 교수이다. 그는 Penn State에서 항공공학 학사학위를 받았고, California Institute of Technology(CalTech)에서 항공공학 석사학위를 받았다. 1984년에 CalTech에서 그가 항상 감사하게 생각하는 Anatol Roshko 교수의 지도 아래 항공공학 박사학위를 취득하였다. 그의 연구 분야는 실험 및 전산유체역학과 열전달, 난류, 난류 모델링, 터보기계, 실내 공기정화 및 공기오염 제어 등이다. 1993~94 학년도에, Cimbala 교수는 대학을 떠나 NASA Langley 연구소에서 연구연가를 보냈으며, 거기서 그는 전산유체역학(CFD)과 난류 모델링에 대한 지식을 쌓았다.

Cimbala 박사는 본 교재의 종합판 교재 외에 Marcel-Dekker사가 발행한 교재 Indoor Air Quality Engineering: Environmental Health and Control of Indoor Pollutants(2003)의 공동저자이다. 또한 여러 다른 저서들에 부분적으로 참여하였으며, 수십 개의 저널과 학회 논문의 저자 또는 공동저자이다. 보다 자세한 정보는 www.mne.psu.edu/cimbala에서 찾아 볼 수 있다.

Cimbala 교수는 우수강의 교수상을 여러 차례 수상하였고, 그의 저술 활동을 가르치는 것에 대한 사랑의 연장으로 보고 있다. 그는 미국항공우주학회(AIAA), 미국기계학회(ASME), 미국공학교육학회(ASEE) 및 미국물리학회(APS)의 회원이다.

Yunus A. Çengel은 University of Nevada, Reno의 기계공학과 명예교수이다. 그는 Istanbul Technical University에서 기계공학 학사를, North Carolina State University에서 기계공학 석사와 박사 학위를 받았다. 그의 연구 분야는 재생 에너지, 탈염, 엑서지 해석, 열전달 증진, 복사 열전달 및 에너지 보존 등이다. 그는 1996년부터 2000년까지 University of Nevada, Reno에 있는 산업평가센터(IAC)의 소장으로 재직하였다. 그는 공과 대학생들로 구성된 팀들을 이끌고 북부 Nevada와 California에 있는 수많은 제조시설에 대한 산업평가를 수행해 오고 있으며, 그 시설들을 위한 에너지 보존, 폐기물 최소화 및 생산성 향상에 관한 보고서를 준비해 오고 있다.

Çengel 박사는 McGraw-Hill에서 간행되어 널리 채택되고 있는 대학 학부교재인 Thermodynamics: An Engineering Approach, 제6판(2008)의 공동저자이다. 그는 또한 McGraw-Hill에서 간행한 교재 Heat Transfer: A Practical Approach, 제 3판(2007)의 저자이자 Fundamentals of Thermal-Fluid Sciences, 제3판(2008)의 공동저자이다. 그의 몇몇 교재는 중국어, 일본어, 한국어, 스페인어, 터키어, 이탈리아어 및 그리스어로 번역되어 왔다.

Çengel 박사는 우수강의 교수상을 여러 차례 수상하였으며, 최우수 저작자에게 주어지는 미국공학교육 학회의 Meriam/Wiley 수훈저자상을 1992년과 2000년에 수상한 바 있다.

Çengel 박사는 Nevada 주의 공인 기술사이며 미국기계학회(ASME)와 미국공학교육학회(ASEE)의 회원이다.

저자 머리말

배경

유체역학은 미시적인 생물계로부터 자동차, 항공기 및 우주선 추진에 이르기까지 무한한 실용적 응용 범위를 갖는 흥미롭고 매력적인 주제이다. 그러나 여전히 유체역학은 학부생들에게는 전통적으로 가장 도전적인 과목 중의 하나이다. 물리, 화학 및 공업역학과 같은 1학년 또는 2학년 수준의 과목들에서는 학생들은 종종 방정식들을 배워서 그저 계산기에 숫자를 입력하여 그대로 작동시키면 된다. 이와 달리 유체역학 문제를 적절하게 해석하기 위해서는 그 이상의 것을 필요로 한다. 학생들은 우선 문제를 평가하고, 가정 그리고/또는 근사값을 설정하여 그 정당성을 판단하고, 적절한 형식의 타당한 물리적 법칙을 적용하며, 계산기에 어떤 숫자를 입력하기에 앞서 위의 결과로 얻어진 방정식을 풀어야만 한다. 유체역학의 많은 문제들은 단지 주제에 대한 지식 그 이상의 것을 필요로 할 뿐만 아니라, 물리적 직관과 경험도 요구한다. 저자들의 바람은, 개념에 대한 정성들인 설명과 수많은 실용적 예제, 스케치, 그림 및 사진들을 통해서, 이 책이 지식과 그 지식의 적절한 응용 사이의 간격을 이어주었으면 하는 것이다.

유체역학은 완숙한 주제로서 기본 방정식들과 근사식이 잘 정립되어 있고, 이들은 수많은 유체역학 입문서에서 찾아볼 수 있다. 유체역학 교재들은 주로 교재 내용이 제시되는 방식에 따라 서로 구별된다. 이해하기 쉬운 유체역학 교재라면 교재 내용을 단순한 것부터 보다 복잡한 것으로, 앞선 장들에서 깔아놓은 기초 위에 각 장을 쌓아올리는 식의 '단계적인 순서'로 제시해야 한다. 이런 방식을 통하여, 유체역학의 전통적으로 도전적인 내용도 효과적으로 배울 수 있다. 유체역학은 본질적으로 매우 시각적인 주제이므로, 학생들은 시각적인 자극에 의해 쉽게 배울 수 있다. 그러므로 좋은 유체역학 교재는 수학적 표현들의 의미와 중요성을 설명하기 위해 도움을 주는 양질의 그림, 사진 및 시각적 보조자료를 제공해야 한다.

목표

이 책은 공과대학 학부 3년생 또는 4년생을 위한 한 학기용 유체역학 과정의 교재로 쓰이도록 집필되었다. 학생들은 미적분학, 물리학, 공업역학 및 열역학에 대해 적절한 기초를 갖고 있는 것으로 가정하였다. 본 교재의 목표는 다음과 같다.

- 유체역학의 기본원리와 방정식을 다룬다.
- 학생들에게 유체역학이 공학 업무에서 어떻게 실행되는지를 알려주기 위해 많은 다양한 실질적인 공학 예제들을 제시한다.
- 물리학을 강조함으로써, 그리고 물리학을 보강하기 위하여 매력적인 그림과 시각적 보조 자료를 제공함으로써, 유체역학에 대한 직관적 이해를 발전시킨다.

본 교재는 강사들이 강조하고 싶은 주제를 유연하게 선택할 수 있도록 충분한 양의 자료를 담고 있다. 예를 들면 항공우주공학 강사가 포텐셜 유동, 항력과 양력 및 터보 기계를 강조할 수 있는 반면, 기계공학과 토목공학 강사는 각각 파이프 유동과 개수로 유동을 선정할 수 있을 것이다.

철학과 목표

저자들은 McGraw-Hill에서 출간된 교재들, Y. A. Çengel과 M.A. Boles의 Thermodynamics: An Engineering Approach, Y. A. Çengel의 Heat Transfer: A Practical Approach, Y. A. Çengel, R. H. Turner와 J. M. Cimbala가 지은 Fundamentals of Thermal-Fluid Sciences, 그리고 본 교재의 종합판인 Y. A. Çengel과 J. M. Cimbala의 Fluid Mechanics: Fundamentals and Applications에서와 동일한 철학을 채택하였다. 즉 저자들의 목표는 아래와 같은 공학교재를 제공하는 것이다.

- 미래 엔지니어들의 사고와 간단명료한 방법으로 직접 의사전달을 하고,
- 유체역학의 기본 원리를 분명히 이해하여 자신의 것이 되도록 학생들을 이끌고,
- 창의적 사고 및 유체역학에 대한 보다 깊은 이해와 직감을 개발하도록 격려하며,
- 단지 문제 풀이를 위한 도움으로서보다는 학생들로 하여금 흥미와 열정을 가지고 읽히는 교재를 제공하는 것이다.

배우기 위한 최상의 길은 연습에 의한 길이라는 것이 저자들의 철학이다. 그러므로 앞서 제시되었던(각 장의 앞부분과 앞서의 장 모두) 내용을 보강할 수 있도록 교재 전체에 걸쳐 특별한 노력을 경주하였다. 예를 들면 예시된 예제 문제와 각 장 끝에 있는 중 다수는 종합적 문제이므로 학생들로 하여금 앞선 장들에서 배운 개념을 복습하도록 하였다.

내용과 구성

이 교재는 12개의 장들로 구성되어 있으며, 유체의 기본 개념과 유체 유동으로 시작하여 터보기계로 끝난다.

- 제 1장은 유체에 대한 기초적 소개, 유체 유동의 분류, 검사체적(열린 시스템) 대 시스템(닫힌 시스템) 공식화 및 차원과 단위를 제공한다.
- 제 2장은 밀도, 증기압, 비열, 압축성과 음속, 점성 및 표면장력과 같은 유체 상태량에 할애된다.
- 제 3장은 마노미터와 기압계, 잠겨 있는 표면 위의 정수력, 부력과 안정성을 포함하여 유체 정역학 및 압력을 다룬다.
- 제 4장은 유체 유동의 Lagrange와 Euler 기술 방법 사이의 차이, 유동 패턴, 유동가시화, 와도와 회전성 및 Reynolds 수송이론과 같은 유체 운동학에 관련된 주제를 다룬다.
- 제 5장은 질량, Bernoulli 및 에너지 방정식의 올바른 사용과 이들 방정식의 공학적 응용을 강조하면서 질량, 운동량 및 에너지의 기본적인 보존 법칙을 소개한다.
- 제 6장은 Reynolds 수송이론을 선형 운동량과 각운동량에 적용하고 유한 검사체적 운동량해석의 실제적인 공학 응용을 강조한다.

- 제 7장은 차원의 동차성 개념을 보강하고 차원해석의 Buckingham Pi 이론, 동역학적 상사 및 반복변수 방법을 소개한다. 이들은 과학과 공학의 많은 분야와 이 책의 나머지 부분을 통틀어 유용한 자료이다. 끝으로, 실험적 시험과 분석을 토의한다.
- 제 8장은 파이프와 덕트의 유동에 할애되어 있다. 층류와 난류 사이의 차이, 파이프와 덕트 내의 마찰손실 및 배관망에서의 부차적 손실에 대해 논의한다. 또한 배관망에 적합한 펌프나 팬을 어떻게 선정하는가에 대해 설명한다. 끝으로 유량을 측정하는데 이용되는 다양한 실험 장치를 토의한다.
- 제 9장은 유체 유동의 미분해석을 다루고 연속 방정식과 Navier-Stokes 방정식의 유도와 응용을 다룬다. 유동함수를 소개하고, 이의 유체 유동의 해석에 있어서의 유용성을 기술한다. Navier-Stokes 방정식의 몇 가지 근사식을 논의하고 이들 각각에 대한 예제 풀이를 제공한다. 이들 근사식은 크리핑 유동, 비점성 유동, 비회전(포텐셜) 유동 및 경계층을 포함한다.
- 제 10장은 마찰항력과 압력항력 사이의 차이를 설명하고, 다수의 일반적 형상에 대한 항력계수를 제공함으로써 물체에 작용하는 힘(항력과 양력)을 다룬다. 이 장은 앞의 제 7장에서 소개된 차원해석 개념과 동역학적 상사와 연계하여 풍동 측정의 실제적인 응용을 강조한다.
- 제 11장은 개수로 유동 및 표면파와 수력도약과 같은 자유표면을 갖는 액체의 유동에 관련된 몇 가지 독특한 특성을 다룬다.
- 제 12장은 펌프, 팬 및 터빈을 포함하여 터보기계를 보다 상세히 고찰한다. 여기서는 상세한 설계보다는 펌프와 터빈이 어떻게 작동하는지에 대해 주안점을 둔다. 또한 동역학적 상사법칙과 단순화된 속도벡터 해석에 기초하여 전반적인 펌프와 터빈의 설계에 대하여 논의한다.

각 장은 그 끝에 강사들이 적절히 이용할 수 있도록 많은 숙제 문제를 담고 있다. 계산이 필요한 대부분의 문제는 SI 단위로 되어있으나, 단위계의 비교를 목적으로 일부 문제는 영미 단위계로 쓰여 있다. 끝으로 종합적인 부록 세트가 제공되어 있다. 이는 대부분의 유체역학 입문서에서 단지 공기와 물에 대한 자료를 제공하는 것과는 달리, 여러 가지 물질의 열역학 및 유체 상태량을 제공하고 있다. 각 장 끝에 있는 많은 문제들은 이들 부록에서 찾아볼 수 있는 상태량을 필요로 한다.

학습 도구

물리학에 대한 강조

이 책의 뚜렷한 특징은 수학적 표현과 계산에 더하여 물리적 측면을 강조하는 점이다. 저자들은 기본적인 물리적 메커니즘에 대한 이해를 도모하고, 엔지니어가 일상생활에서 접할 수 있는 실용적 문제의 해결에 숙달하도록 하는 데 학부 교육의 주안점을 두어야 한다고 믿고 있다. 또한 직관적 이해의 계발은 학생들에게 본 교과를 더욱 동기유발적이고 보람 있는 경험이 되도록 만들 것이다.

연상의 효과적 이용

관찰력이 예리하고 주의 깊은 사람이라면 공학을 이해하는데 아무런 어려움을 느끼지 않아야 한다. 요컨대 공학의 원리는 일상적 경험과 실험적 관찰에 기초한다. 그러므로 눈에 보이는 직관적인 접근방식이 본 교재 전체에 걸쳐 사용된다. 때때로 주제 문제와 학생들의 일상 경험을 병행시켜 놓음으로써, 주제 문제를 학생들이 이미 알고 있는 사실과 연관시킬 수 있도록 하였다.

자기 학습

교재 내용은 보통의 학생이 편안하게 따를 수 있는 수준으로 소개된다. 교재 내용은 학생들과 이야기하며, 학생들 위에서 이야기하지 않는다. 사실상 본 교재 내용은 자기 학습적이다. 과학의 원리가 실험적 관찰에 기초하고 있음을 인식하여, 이 교재의 대부분 유도과정은 대체로 물리적 논증에 기초하고, 따라서 이해하고 따라가기 쉽도록 되어 있다.

삽화 그림의 광범위한 이용

그림은 학생들에게 "감을 잡도록" 도와주는 중요한 학습 도구이며, 따라서 본 교재는 그래픽을 효과적으로 이용하고 있다. 본 교재는 이런 종류의 다른 어떤 교재보다 더 많은 그림과 삽화를 담고 있다. 그림은 주의를 끌고 호기심과 흥미를 자극한다. 본 교재의 대부분의 그림은 별도의 주의를 기울이지 않을 경우 모르는 채 지나칠 수 있는 몇몇 핵심 개념을 강조하기 위한 방법으로, 어떤 경우엔 그 페이지의 요약으로 사용되도록 의도적으로 삽입되었다.

정지 사진들에 덧붙여, 교재 자료를 보충하는 유체 역학 실험의 구술된 비디오 클립들이 제공되어 있다. 또한 전산유체역학(CFD)으로 생성된 수 십 편의 애니메이션도 제공된다. 비디오 클립과 애니메이션은 교재에 동봉된 DVD에서도 찾을 수 있다.

장의 시작과 요약

각 장은 다루어질 내용에 대한 서론으로 시작된다. 요약 부분이 각 장의 끝에 첨부되어 있어서 기본 개념과 중요한 관계식에 대하여 빠르게 복습할 수 있게 하고, 내용의 관련성을 지적한다.

다수의 예제 풀이

각 장은 내용을 명확히 하고 기본 원리의 이용을 예시하는 몇몇 예제 풀이를 포함하고 있다. 예제 문제를 푸는데, 일상 대화체 형식을 그대로 유지하면서 직관적이고 체계적인 접근법이 사용된다. 우선 문제를 서술하고 목표를 확인한다. 다음으로 가정이 그 정당성과 함께 기술된다. 문제 풀이에 필요한 상태량은 별도로 열거된다. 단위가 없는 숫자는 의미가 없음을 강조하기 위하여 수치는 항상 단위와 함께 사용되고, 단위의 조작은 계산기로 숫자 값을 조작하는 것만큼 중요하다. 찾아낸 사실에 대한 중요성은 해답 다음에 토의된다. 이 접근법은 강사의 문제 해답집에 수록된 풀이 과정에도 역시 일관되게 사용되고 있다.

각 장 끝의 풍부하고 실제적인 문제

각 장 끝의 문제들은 강사와 학생들 모두가 문제를 쉽게 선정하도록 특정 주제로 묶여져 있다. 각 그룹의 문제 속에는 학생들의 기본 개념의 이해에 대한 수준을 확인키 위하여, "C"로 표시된 개념 질문들이 있다. 복습문제 그룹 중의 문제들은 본질상 보다 종합적인 문제이고 어느 한 장의 특정 부분에 제한되어 있지 않다. 이들은 어떤 경우엔 앞장에서 배운 내용에 대한 복습을 요구하기도 한다. 설계와 논술로 이름 붙은 문제들은 학생들이 공학적인 판단을 내릴 수 있도록 하고, 관심 있는 주제의 독립적으로 개척할 수 있도록 하며, 또한 그들이 찾은 사실을 전문가적 방법으로 전달할 수 있도록 권장하고 있다. 아이콘이 붙은 문제는 EES를 이용해 풀 수 있고, 매개변수 연구와 함께 완전한 해답이 동봉된 DVD에 수록되어 있다. 아이콘이 붙은 문제는 본질상 종합적인 문제이며 컴퓨터를 이용해 풀도록 의도되었는데 본 교재에 동반된 EES 소프트웨어를 사용하는 것이 좋을 것이다. 몇몇 경제와 안전에 관련된 문제들을 섞어 놓아 공학도들의 비용과 안전에 대한 의식을 증진시키도록 하였다. 일부 선정된 문제에 대한 답을 학생들에게 편리하도록 그 문제 바로 다음에 적어 넣었다.

보편적인 표기법의 이용

서로 다른 공학교과에서 동일한 양에 대해 서로 다른 표기법을 사용하는 것은 오랜 동안 불만과 혼동의 원천이 되어오고 있다. 예를 들면, 유체역학과 열전달 모두를 듣고 있는 한 학생이 Q라는 표기를 한 교과에서는 체적유량으로, 그리고 또 다른 교과에서는 열전달로 이용해야만 한다. 공학 교육에서 표기법을 통일하기 위한 필요성은, 재단 연합을 통해 미국과학재단에 의하여 재정지원을 받은 몇몇 학술대회 보고서를 포함하여 자주 제기되어 왔지만, 지금까지 노력에 대한 결과는 거의 없는 실정이다. 예를 들면, University of Wisconsin에서 2003년 5월 28일과 29일에 열린 "에너지 줄기 혁신에 관한 소 학술대회"의 최종보고서를 참조해 보자. 본 교재에서 저자들은 친숙한 열역학적 표기인 를 체적 유량에 대해 채택하고, 따라서 표기 Q를 열전달에 쓰도록 남겨둠으로써 이런 모순을 최소화하는 의식적인 노력을 하였다. 또한 저자들은 시간에 따른 변화율을 나타내기 위해 윗점을 찍는 방법을 일관되게 사용한다. 저자들은 학생과 강사 모두가 공통된 표기법을 진전시키려는 노력을 인정하여 줄 것으로 생각한다.

SI 단위의 선택

산업계의 일각에서는 여전히 영미 단위계가 넓게 쓰이고 있다는 사실을 인정하므로 본 교재에서는 SI 단위를 사용하지만 단위변환 예제 등 특별한 목적으로 일부 영미 단위도 사용한다.

BERNOULLI 방정식과 에너지 방정식의 통합적 기술

Bernoulli 방정식은 유체역학에서 가장 자주 사용되는 방정식 중의 하나이지만, 또한 가장 남용되고 있는 것 중의 하나이다. 그러므로 이 이상화된 방정식의 사용에 대한 한계를 강조하고, 불완전성과 비가역 손실을 어떻게 적절히 고려하는지를 보여주는 것이 중요하다. 이를 위하여 5장에서 Bernoulli 방정식 바로 다음으로 에너지 방정식을 소개하고, Bernoulli 방정식을 이용하여 얻은 답과 많은 실제 공학문제의 답이 어떻게 다른지를 보여준다. 이는 학생들이 Bernoulli 방정식에 대한 현실적인 관점을 키우는데 도움이 될 것이다.

변환 계수

자주 사용되는 변환 계수, 물리 상수 및 자주 사용되는 20oC와 대기압에서의 공기와 물의 상태량을 쉽게 참조할 수 있도록, 책의 앞 겉장 안쪽에 배치하였다.

기호 설명

이 교재에 사용된 주요 기호, 하첨자 및 상첨자에 대한 일람표를 쉽게 참조할 수 있도록 책의 뒤 겉장 안쪽에 넣었다.

첨부 자료

이 책을 채택한 이들은 아래의 첨부 자료들을 이용할 수 있다.

학생 자료 DVD

새 교재마다 무료로 동봉되어 있는 DVD는 유체역학 비디오, CFD 동영상 라이브러리와 선정된 숙제 문제에 대한 답안이 첨부된 EES 소프트웨어를 포함하여 학생들을 위해 풍부한 자료를 제공한다.

온라인 학습 센터

이 책을 위한 웹 지원은 www.mhhe.com/cimbala에 있는 교재만을 위한 웹사이트 상에서 제공된다. 책과 첨부물 정보, 정오표, 저자 정보 그리고 강사와 학생을 위한 더 많은 자료를 위해 이 사이트를 방문하기 바란다.

HANDS-ON MECHANICS

Hands-on Mechanics는 강의에 3차원, 실체적 교보재를 적극 활용하는데 관심을 갖는 강사를 위해 준비된 웹사이트이다. McGraw-Hill 공학팀과 West Point의 미국 사관학교 토목 및 기계 공학과 간의 파트너십에 의해 개발된 이 웹사이트는 어느 실험실 또는 지역 하드웨어 상점에서 찾아 볼 수 있는 재료를 이용하여 3-D 교보재를 제작하는 방법에 대한 상세한 설명서를 제공할 뿐만 아니라 교육자들이 그들의 생각을 나누고, 최상의 경험을 교환하며 사이트에 게시하기 위해 자신들의 창작 시연을 제출하는 커뮤니티를 제공한다. 더 상세한 사항을 위해서는 www.handsonmechanics.com을 방문하라.

APPLIED FLUID MECHANICS: A STUDENT GUIDE TO SOLVING PROBLEMS (ISBN 0-07-329406-3)

유체역학 문제를 풀기 위한 새로운 학생 안내지침이 이 교재와 함께 이용 가능하다. Texas Tech 대학교의 Jerry Dunn에 의해 준비된 안내지침은 유체역학의 입문과정에서 다루어지는 모든 주요 토픽의 간결한 복습을 제공한다. 이 지침의 샘플을 미리보기 위해서는 웹사이트 http://www.mhhe.com/cimbala 를 방문하라.

감사의 글

저자들은 수많은 값진 조언, 제안, 건설적인 비판 및 칭찬을 해주신 아래의 평가자들과 검토자들에게 감사함을 표하고 싶다.

Ramesh Agarwal
Washington University

M. C. Altan
University of Oklahoma

Brian Barkdoll
Michigan Technological University

John R. Biddle, PhD
Cal Poly Pomona University

Ahsan Choudhuri
University of Texas-El Paso

William H. Colwill
American Hydro Corporation

A. T. Conlisk
Ohio State University

Jason W. DeGraw
The Pennsylvania State University

Z. Hugh Fan
University of Florida

David F. Hill
The Pennsylvania State University

Nancy Ma
North Carolina State University

Siva Nadarajah
McGill University

Hayley Shen
Clarkson University

Robert Spall
Utah State University

Andrew D. Ware
American Hydro Corporation

Gary Settles 교수와 Penn State의 그의 연구진(Lori Dodson-Dreibelbis, J. D. Miller와 Gabrielle Tremblay)에게 이 책에 부수된 DVD에 있는 흥미진진하게 해설된 비디오 영상의 창작에 대하여 특별한 고마움을 표한다. 또한 저자들은 DVD에 수록된 훌륭한 CFD 동영상의 제작에 도움을 준 Fluent 사의 몇몇 분들, Shane Moeykens, Barbara Hutchings와 Liz Marshall에게도 고마움을 표한다. 저자들은 11장에 대해 많은 값진 제안을 해주고 예제문제와 장 말미의 연습문제를 제공한 David F. Hill에게도 역시 감사드린다. 저자들은 또한 Oklahoma State의 Glenn Brown 교수에게 교재 전체에 걸쳐 많은 역사적 관심 항목의 제공에 대하여, 그리고 Jason DeGraw에게 초안에 대한 신중하고 정확한 검토에 감사드린다.

마지막으로 저자들의 가족, 특히 저자들의 아내들, Suzanne Cimbala와 Zehra Cengel에게 이 교재의 준비과정 전반에 걸쳐 계속된 인내, 이해와 후원에 대하여 감사해마지 않는다. 저자들이 교재를 준비하는 기간에는 남편들의 얼굴이 컴퓨터 화면에 고착되어 있었으므로 그녀들이 가족의 대소사를 혼자서 해결해야 했던 수많은 시간들이 함축되어 있다.

John M. Cimbala
Yunus A. Çengel

역자 소개

박운진 미국 Pennsylvania State University 기계공학과 대학원에서 공학박사 학위를 받았고, 현재 한국기술교육대학교 기계정보공학부 교수로 있다.

김경연 KAIST 기계공학과 대학원에서 공학박사 학위를 받았고, 현재 한밭대학교 기계공학과 교수로 있다.

김경엽 서울대학교 기계공학과 대학원에서 공학박사 학위를 받았고, 현재 한국산업기술대학교 기계공학과 교수로 있다.

김내현 미국 Pennsylvania State University 기계공학과 대학원에서 공학박사 학위를 받았고, 현재 인천대학교 기계공학과 교수로 있다.

김창녕 미국 University of California, Los Angeles 기계공학과 대학원에서 공학박사 학위를 받았고, 현재 경희대학교 기계공학과 교수로 있다.

박성영 미국 Texas A&M University 기계공학과 대학원에서 공학박사 학위를 받았고, 현재 국립공주대학교 기계자동차공학부 교수로 있다.

이 열 미국 Pennsylvania State University 기계공학과 대학원에서 공학박사 학위를 받았고, 현재 한국항공대학교 항공우주 및 기계공학부 교수로 있다.

임경빈 한양대학교 기계공학과 대학원에서 공학박사 학위를 받았고, 현재 한밭대학교 기계공학과 교수로 있다.

이원남 미국 Pennsylvania State University 기계공학과 대학원에서 공학박사 학위를 받았고, 현재 단국대학교 기계공학과 교수로 있다.

차상원 미국 Pennsylvania State University 기계공학과 대학원에서 공학박사 학위를 받았고, 현재 수원대학교 기계공학과 교수로 있다.

최윤호 미국 Pennsylvania State University 기계공학과 대학원에서 공학박사 학위를 받았고, 현재 아주대학교 기계공학부 교수로 있다.

역자 머리말

유체란 공기나 물과 같이 우리에게 친숙한 기체와 액체를 통틀어 부르는 말로서, 물체에 어느 정도의 외력이 작용될 때 약간의 변형이 일어나더라도 본래의 제 모습을 유지하려는 성질을 갖는 고체와 달리, 아무리 작은 전단응력이라 할지라도 이에 저항하여 제 형체를 유지하지 못하고 연속적으로 변형하며 흐르는 성질을 가지는 물체를 말한다. 이런 유체가 정지 상태로 있거나 또는 운동 중에 있을 때 이에 관련된 물리적 현상을 연구하는 학문을 유체역학이라 한다. 우리가 살고 있는 지구라는 환경에서 살펴볼 때, 지구 표면의 약 4분의 3이 바다이고 하늘은 대기라고 불리는 공기로 둘러싸여 있으므로, 결국 우리는 유체와 불가분의 관계 속에서 살고 있는 셈이다. 또한 공학적으로 살펴보더라도, 하늘을 나는 점보제트 비행기, 물 위나 속으로 다니는 선박과 잠수함, 고속도로 위를 주행하는 최신형 자동차 등 현대 문명을 대표하는 기계시스템의 설계, 제작 및 운전에 유체역학적 지식이 필수적으로 요구되고 있다.

유체역학은 광범위한 적용분야를 가지므로 대학의 전공과목으로서 매우 중요한 기본 교과목이지만, 학문적 전개과정이 복잡하고 수학적 표현방법이 까다로우며 다소 추상적인 개념이 포함되기 때문에, 많은 학생들이 기본 역학과목 중에서도 가장 어렵다고 생각하는 과목이다. 그러나 한편으로 유체 유동에 관련된 것들은 일상생활이나 자연현상 등에서 자주 경험하게 되는 것이므로, 본 교재에서는 학생들에게 유체의 유동현상을 눈으로 직접 볼 수 있도록 가시적인 다양한 자료를 제공함으로써 학생들이 복잡한 미적분과 벡터연산과 같은 수학적 표현을 보다 구체적으로 체득할 수 있도록 하였다. 이제까지 외국에서 저술된 수많은 유체역학 교재가 원서 또는 번역서의 형태로 국내 대학에 알려져 왔으나, 이번의 교재처럼 유동가시화, CFD 애니메이션, 사진 또는 삽화 등 수많은 실제 유체 유동현상을 형상화시킨 자료를 제공함으로써 학생들의 이해를 증진시키는 교재는 드물었던 것이 사실이다. 본 교재와 더불어 제공되는 여러 가지 보조교재도 학생들뿐만 아니라 강의 진행자들에게도 많은 도움이 될 것으로 믿는다. 본 교재보다 앞서 동일한 원저자들에 의해 출간된 종합판은 2개 학기 이상의 유체역학 과정에 적합한 반면에 본 교재는 한 학기 과정에 적합한 분량으로 편집되어 있으나 선정된 주제에 관한 본질적인 내용과 수준은 종합판과 동일하다.

산업계의 현실과 국제적 공학교육 추세에 맞추어 본 교재에서는 SI 단위계를 주로 하였으나 특별히 필요한 경우에는 일부 영미 단위계도 소개되어 있다. 이 교재의 번역은 앞서 출간된 종합 판에서의 번역을 상당 부분 그대로 원용하였으며 본 교재 번역 과정에서의 미숙하거나 잘못된 표현, 기술적 오류에 대해서는 독자 여러분의 지적과 의견을 받아들여 지속적인 수정과 보완을 계획하고 있다.

이 책의 번역에 지대한 관심을 처음부터 보여준 Çengel 교수와 Cimbala 교수에게 마음 속 깊이 감사하며, 또한 이 책의 편집에서 출판까지 좋은 번역서를 만들기 위해 아낌없는 노력을 해주신 (주)지필미디어 담당자 여러분에게도 감사의 마음을 보낸다.

2013년 2월

역자 일동

CONTENT

간추린 목차

목차

CONTENT

10 외부유동: 항력과 양력 365

11 개수로 유동 409

12 터보기계 467

CHAPTER 01

서론과 기본개념

서론을 다루는 이번 장에서는 유체 유동의 해석에 통상적으로 사용되는 기본 개념을 소개한다. 이 장은 물질의 상에 대한 설명으로 시작하여 **점성 대 비점성 유동 영역**, **내부 대 외부 유동**, **압축성 대 비압축성 유동**, **층류 대 난류 유동**, **자연 대 강제 유동** 및 **정상 대 비정상 유동**과 같은 유체 유동 분류의 많은 방법에 대해 논의한다. 또한 고체-유체 계면에서의 **점착조건**에 대해 논의하고 간략한 유체역학의 발달사를 소개한다. **시스템**과 **검사체적**에 대한 개념을 소개한 후, 본 교재에서 사용될 **단위계**를 복습한다.

목표

이 장을 공부하면 다음과 관련된 지식을 얻을 수 있다.

- 유체역학의 기본 개념에 대한 이해
- 실제 현장에서 부닥치게 될 다양한 형태의 유체 유동 문제에 대한 인식

독자들이 환상적인 유체역학의 세계로 들어온 것을 환영하는 Cimbala 교수와 그가 생성한 열 플룸을 보여주는 schlieren 영상.

Michael J. Hargather and Brent A. Craven, Penn State Gas Dynamics Lab. Used by Premission.

그림 1-1
유체역학은 정지해 있거나 또는 운동 중인 액체와 기체를 다룬다.
ⓒ Vol. 16/Photo Disc.

1-1 ■ 서론

역학(mechanics)이란 힘의 영향 아래 정지하고 있거나 운동 중인 물체를 다루는 가장 오래된 물리적 과학이다. 정지하고 있는 물체를 다루는 역학의 갈래를 **정역학(statics)**이라 부르는 반면에 운동 중에 있는 물체를 다루는 갈래는 **동역학(dynamics)**이라 부른다. 소분류인 **유체역학(fluid mechanics)**은 정지 상태에 있거나(**유체 정역학**) 또는 운동 중인(**유체 동역학**) 유체의 거동과 유체가 고체 또는 다른 유체와 만나는 경계에서의 상호작용을 다루는 과학으로 정의된다. 유체역학은 또한 정지 상태의 유체를 영의 속도를 갖는 운동의 특수한 경우로 간주함으로써 **유체 동역학(fluid dynamics)**으로 불리기도 한다(그림 1-1).

유체역학 그 자체로도 또한 몇 가지 범주로 나뉘기도 한다. 비압축성으로 근사될 수 있는 유체(특히 물과 같은 액체와 저속의 기체)의 운동에 대한 연구는 통상적으로 **수역학(hydrodynamics)**이라 한다. 수역학의 소분류로 **수리학(hydraulics)**이 있으며 이는 파이프와 개수로에 흐르는 액체 유동을 다룬다. **기체역학(gas dynamics)**은 노즐을 통해 고속으로 흐르는 기체 유동과 같이 큰 밀도 변화를 거치는 유체 유동을 다룬다. **공기역학(aerodynamics)**의 범주는 고속 또는 저속에서 항공기, 로켓 및 자동차와 같은 물체 위의 기체(특히 공기) 유동을 다룬다. **기상학(meteorology)**, **해양학(oceanography)** 및 **수문학(hydrology)**과 같은 몇몇 다른 특수한 범주는 자연적으로 발생하는 유동을 다룬다.

유체란 무엇인가?

독자들은 물리학으로부터 물질은 고체, 액체 및 기체의 세 가지 주된 상(phase)으로 존재한다는 사실을 기억할 것이다[매우 높은 온도에서 물질은 또한 플라스마(plasma)로도 존재한다]. 액체 또는 기체 상의 물질을 가리켜 **유체(fluid)**라 한다. 고체와 유체는 물질의 모양을 변형시키려 가해진 전단(또는 접선방향) 응력에 저항하는 물질의 능력을 바탕으로 구분된다. 고체는 변형을 통해 전단응력에 저항할 수 있는 반면에, **유체는** 아무리 작더라도 **전단응력의 영향 아래 연속적으로 변형한다**. 고체에서 응력은 **변형량(strain)**에 비례하지만, 유체에서 응력은 **변형률(strain rate)**에 비례한다. 일정한 전단력이 적용될 때, 고체는 결국 어떤 정해진 변형각에서 변형을 멈추지만, 유체는 변형을 멈추지 않고 어떤 변형률로 접근해 간다.

두 개의 판 사이에 밀착된 직육면체 고무 토막을 고려해보자. 아래 판이 고정되어 있는 동안, 위판이 힘 F로 당겨짐에 따라 고무 토막은 그림 1-2와 같이 변형한다. 변형각(**전단 변형량** 또는 **각변위**라 불리는) α는 가해진 힘 F에 비례하여 증가한다. 고무와 판 사이에 미끄러짐이 없다고 가정하면, 아래 표면이 정지해 있는 동안 고무의 윗면은 위판의 변위와 같은 크기만큼 이동한다. 평형 상태에서 수평 방향으로 판에 작용하는 순수 힘은 영이어야 하고, 따라서 F와 반대 방향이며 크기가 같은 힘이 판에 작용하여야만 한다. 이 반대 방향 힘은 마찰에 의해서 판-고무 계면에 발달하며 $F = \tau A$로 표현된다. 여기서 τ는 전단응력이고 A는 위판과 고무 사이의 접촉 면적이다. 힘이 제거되면 고무는 원래의 위치로 돌아간다. 이 현상은 적용된 힘이 탄성 영역을 초과하지 않는 한, 강철 토막과 같은 다른 고체에서도 관찰될 수 있다. 이 실험이 유체에 대하여 반복될 경우(예를 들면, 많은 양의

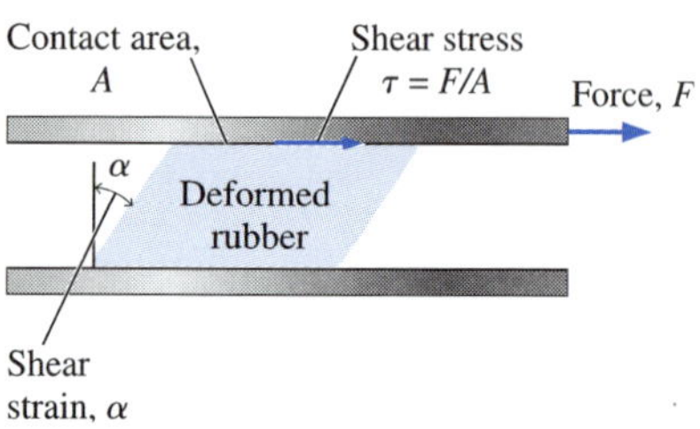

그림 1-2
전단력의 존재 하에 두 개의 평행 판 사이에 놓인 고무 토막의 변형. 보여진 전단응력은 고무 위에 작용하고, 그와 크기는 같지만 방향이 반대인 전단응력이 위판에 작용한다.

물속에 놓인 두 개의 큰 평행 판), 힘 F가 아무리 작더라도 위판과 접촉하는 유체 층은 판과 함께 판의 속도로 연속적으로 움직일 것이다. 유체 속도는 유체 층 사이의 마찰로 인하여 아래 판에서 영이 되기까지 깊이에 따라 감소한다.

독자들은 정역학으로부터 **응력(stress)**은 단위 면적 당 힘으로 정의되고, 힘을 그 힘이 작용하는 면적으로 나눔으로써 결정된다는 사실을 기억할 것이다. 표면에 작용하는 단위 면적 당 힘의 수직 성분은 **수직응력(normal stress)**이라 불리며, 표면에 작용하는 단위 면적 당 힘의 접선 성분은 **전단응력(shear stress)**이라 불린다(그림 1-3). 정지상태의 유체에서 수직응력은 **압력(pressure)**이라 불린다. 정지상태의 유체는 영의 전단응력 상태에 있다. 벽이 제거되거나 또는 액체 용기가 기울어질 때, 자유표면이 수평이 되기 위해 액체가 운동하게 됨에 따라 전단응력이 발달하게 된다.

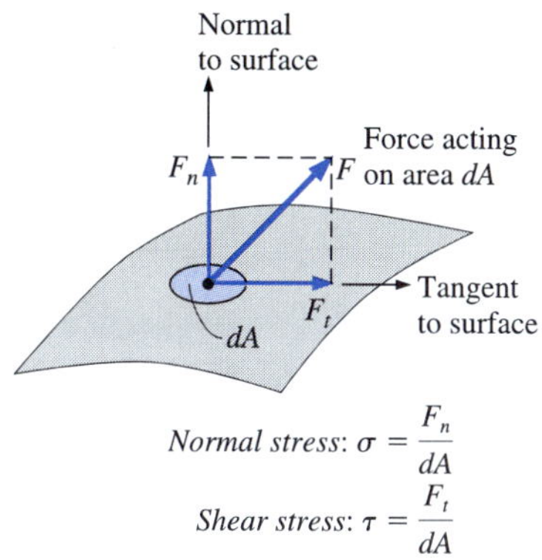

그림 1-3
유체 요소 표면에서의 수직응력과 전단응력. 정지 유체에 대하여 전단응력은 영이며 압력은 유일한 수직응력이다.

액체에 있어서 분자의 집단은 서로 상대적으로 운동할 수 있으나, 분자간의 강한 응집력 때문에 부피는 거의 일정하게 유지된다. 그 결과로 액체는 그 액체가 담긴 용기의 모양을 취하고, 중력장에 놓여있는 큰 용기 내에서는 자유표면을 형성한다. 반면에 기체는 용기의 벽면에 마주칠 때까지 팽창하고 가용한 공간 전체를 채운다. 이는 기체 분자들이 넓게 분포하고 분자간의 응집력이 매우 작기 때문이다. 개방된 용기에 들어있는 기체는 액체와 달리 자유표면을 형성할 수 없다(그림 1-4).

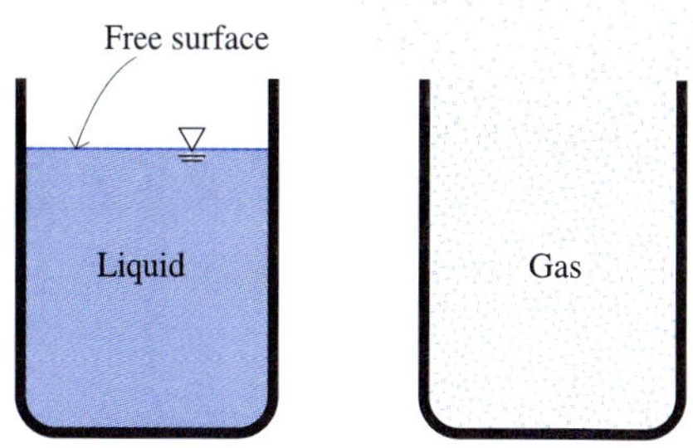

그림 1-4
액체와 달리, 기체는 자유표면을 형성하지 않고 이용 가능한 공간 전체를 채우도록 팽창한다.

대부분의 경우 고체와 유체는 쉽게 구별되지만, 일부 경계선 상의 경우 이런 구분이 분명하지 않다. 예를 들면 **아스팔트**는 짧은 시간 동안 전단응력을 견디기 때문에 고체처럼 거동하고 고체처럼 보인다. 그러나 이런 힘이 장기간에 걸쳐 작용될 때 아스팔트는 유체로서 거동하면서 천천히 변형한다. 몇몇 플라스틱, 납과 슬러리(slurry) 혼합물도 비슷한 거동을 보인다. 이와 같은 경계선 상의 경우는 본 교재의 범위를 벗어난다. 본 교재에서 다룰 유체는 유체로서 분명히 인지될 수 있는 것들이다.

분자 사이의 결합력은 고체에서 가장 강하고 기체에서 가장 약하다. 한 가지 이유는 고체 분자들은 조밀하게 밀집되어 있는 반면에, 기체 분자들은 비교적 멀리 떨어져 있기 때문이다(그림 1-5). 고체에서 분자들은 전체적으로 반복되는 패턴으로 배열되어 있다. 고체에서는 분자간의 거리가 짧기 때문에 분자 상호간의 인력이 크고, 따라서 분자들을 고정된 위치에 유지시킨다. 액체 상태에서 분자간 거리는 고체 상태에서와 그리 다르지 않다. 다만 분자들이 더 이상 서로 상대적으로 고정된 위치에 있지 않으며, 자유로이 회전하거나 병진 운동을 할 수 있다. 액

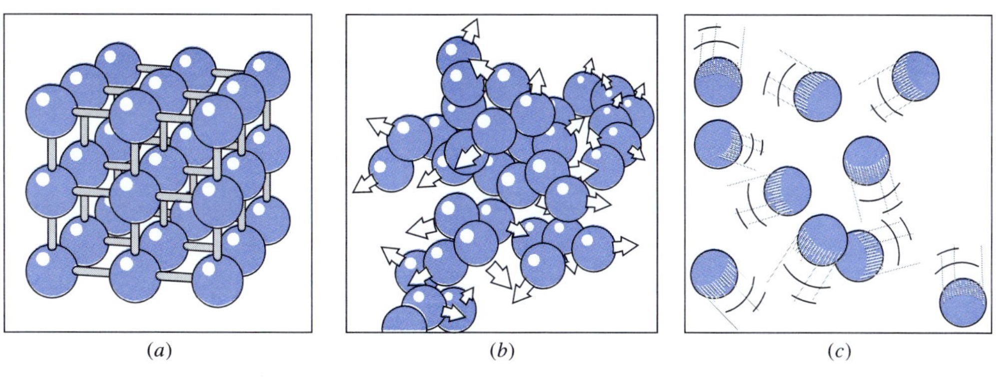

(a) (b) (c)

그림 1-5
각기 다른 상에서의 원자의 배열. (a) 고체에서 분자들은 상대적으로 고정된 위치에 있고, (b) 액체 상에서 분자들의 집단은 서로에 대해 운동하며, (c) 기체 상에서 개별 분자들은 무작위로 운동한다.

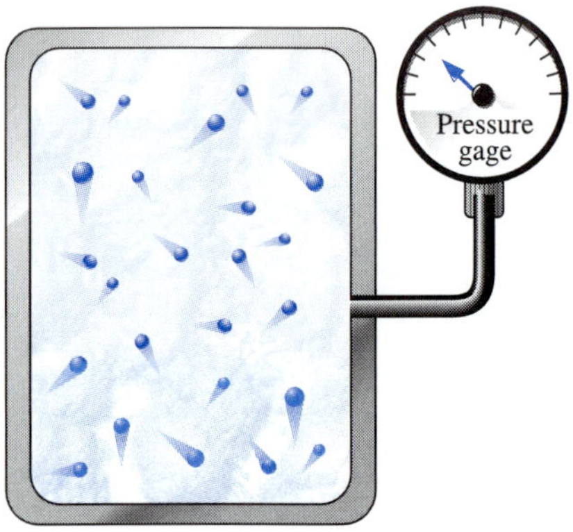

그림 1-6
미시적 규모에서, 압력은 개별 기체 분자들의 상호작용에 의해 결정된다. 그러나 거시적 규모에서의 압력은 압력계로 측정할 수 있다.

체에서 분자간 힘은 고체에 비해 약하지만, 기체에 비해서는 여전히 강하다. 분자간 거리는 일반적으로 고체가 액체로 바뀔 때 약간 증가하는데, 물은 두드러진 예외인 경우이다.

기체 상태에서 분자들은 서로 멀리 떨어져 있고, 분자의 질서도 존재하지 않는다. 기체 분자들은 무작위로 움직이며, 이들은 끊임없이 서로 충돌하고 또는 담겨있는 용기의 벽면과 충돌한다. 특히 낮은 밀도에서 분자간 힘은 매우 작으며, 충돌만이 분자들 사이의 유일한 상호작용 방식이다. 기체 상태에서 분자들은 액체나 고체 상태에서보다 상당히 높은 에너지 준위에 놓여 있다. 그러므로 기체는 응축하거나 얼기 전에 다량의 에너지를 방출해야만 한다.

기체와 **증기**는 종종 동의어로 사용된다. 어떤 물질이 임계온도 보다 위에 있을 때, 그 물질의 증기 상태를 통상적으로 **기체**라고 한다. **증기**는 보통 그 상태가 응축 상태로부터 멀리 떨어져 있지 않음을 의미한다.

모든 실제적인 유체 시스템은 수많은 분자들로 구성되며, 이 시스템의 상태량은 근본적으로 이들 분자의 거동에 달려 있다. 예를 들면 용기 속의 기체의 압력은 분자들과 용기 벽면 사이의 운동량 전달의 결과이다. 그러나 용기 내의 압력을 결정하기 위하여 기체 분자의 거동을 알 필요는 없다. 용기에 압력계를 부착하는 것으로 충분하다(그림 1-6). 이와 같은 거시적인 또는 **고전적인** 접근 방식은 개별 분자의 거동에 대한 지식을 필요로 하지 않으며, 공학문제의 해답을 얻기 위한 직접적이고 쉬운 길을 제공한다. 개별 분자들의 큰 집단의 평균 거동에 기초한 정교한 미시적 또는 **통계학적** 접근 방식은 상당히 복잡하며, 따라서 본 교재에서는 단지 보조 역할로서만 사용될 것이다.

유체역학의 응용분야

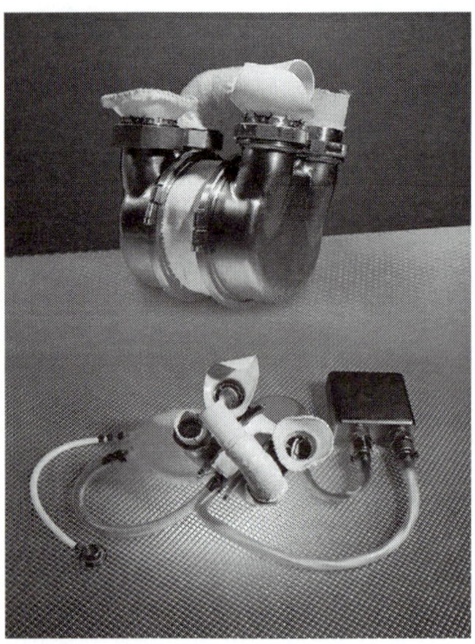

그림 1-7
유체역학은 인공 심장의 설계에 널리 이용된다. 여기 보인 것은 Penn State Electric Total Artificial Heart이다.

Photo courtesy of the Biomedical Photography Lab. Penn state Biomedical Engineering Institute. Used by permission.

유체역학은 진공청소기로부터 초음속 항공기까지 일상적 활동과 현대식 공학시스템의 설계 모두에서 광범위하게 사용되므로, 유체역학의 기본 원리에 대하여 충실히 이해하는 것은 중요하다. 예를 들어, 유체역학은 인체에서 매우 중요한 역할을 한다. 심장은 연속적으로 피를 동맥과 정맥을 통해 인체의 모든 부분으로 뿜어내며, 폐는 들고나는 공기 유동의 현장이다. 모든 인공심장, 호흡장치와 투석 시스템은 유체역학을 이용하여 설계된다(그림 1-7).

하나의 평범한 주택은, 어떤 측면에서 보면, 유체역학의 응용으로 가득 찬 전시장이라 할 수 있다. 개별 가정과 도시 전체를 위한 물, 천연 가스와 하수의 배관 시스템은 주로 유체역학의 기초 위에 설계된다. 똑같은 사실이 난방과 공기조화 시스템의 배관과 덕트의 연결망에도 적용된다. 냉장고는 냉매가 흐르는 튜브, 냉매를 가압하는 압축기와 냉매가 열을 흡수하고 방출하는 두 개의 열 교환기를 포함한다. 유체역학은 이 모든 부품들의 설계에서 주된 역할을 담당한다. 일반적인 수도꼭지의 조작조차 유체역학에 기초한다.

자동차에도 유체역학의 수많은 응용사례가 있다. 연료 탱크로부터 실린더에 이르기까지의 연료의 수송 — 연료 선, 연료 펌프, 연료 분사기 또는 카뷰레터 — 뿐만 아니라 실린더 내에서 연료와 공기의 혼합과 배기 파이프 내에서 연소 가스의 소기에 관련된 모든 부품들은 유체역학을 이용하여 해석된다. 유체역학은 또한 난방과 공기조화 시스템, 유압 브레이크, 동력 조향장치, 자동 변속기, 윤활 시스템, 라디에이터와 물 펌프를 포함하는 엔진 블록의 냉각 계통과 타이어까지의 설계에 이용된다. 최신 모델 자동차의 매끈한 유선형 모양은 표면 위의 유동에 대한 광범위한 해석을 이용하여 항력을 최소화하기 위한 노력의 결과이다.

보다 폭넓은 규모에서, 유체역학은 항공기, 보트, 잠수함, 로켓, 제트 엔진, 풍력 터빈, 생의학 장치, 전자 부품의 냉각 시스템 그리고 물, 원유 및 천연 가스의 수송 시스템에 관한 설계와 해석에서 중요한 역할을 담당한다. 바람에 의한 하중을 구조물이 지탱할 수 있는가를 확인하기 위해 건물, 교량과 심지어 광고 게시판의 설계에도 유체역학이 고려된다. 강수 주기, 날씨 패턴, 나무 꼭대기까지로의 지하수 상승, 바람, 해양 파도 및 해양 조류와 같은 수많은 자연 현상도 역시 유체역학의 원리에 의해 지배된다(그림 1-8).

1-2 ■ 점착조건

유체 유동은 종종 고체 표면들로 둘러싸여지게 되므로, 고체 표면의 존재가 어떻게 유체 유동에 영향을 미치는지를 이해하는 것은 중요하다. 강물은 큰 바위를 관통해 흐르지 못하고 바위를 돌아서 흐른다. 즉 바위 표면에 수직한 물의 속도는

자연 유동과 날씨
ⓒ *Vol. 16/Photo Disc.*

보트
ⓒ *Vol. 5/Photo Disc.*

비행기와 우주선
ⓒ *Vol. 1/Photo Disc.*

발전소
ⓒ *Vol. 57/Photo Disc.*

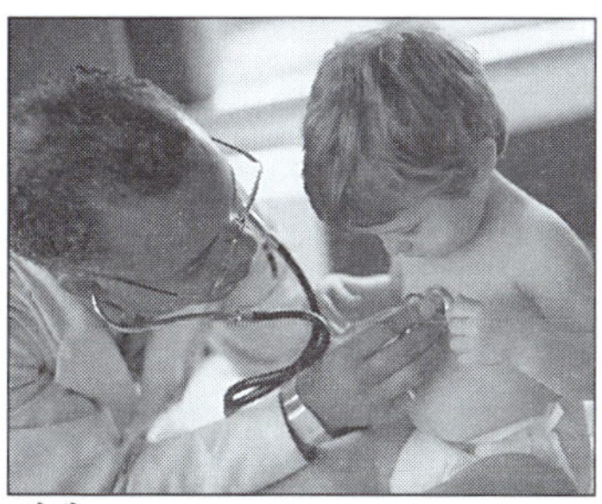
인체
ⓒ *Vol. 110/Photo Disc.*

자동차
Photo by John M. Cimbala.

풍력 터빈
ⓒ *Vol. 17/Photo Disc.*

배관 시스템
Photo by John M. Cimbala.

산업 시설
Courtesy UMDE Engineering, Contracting, and Trading. Used by permission.

그림 1-8
유체역학의 일부 응용분야.

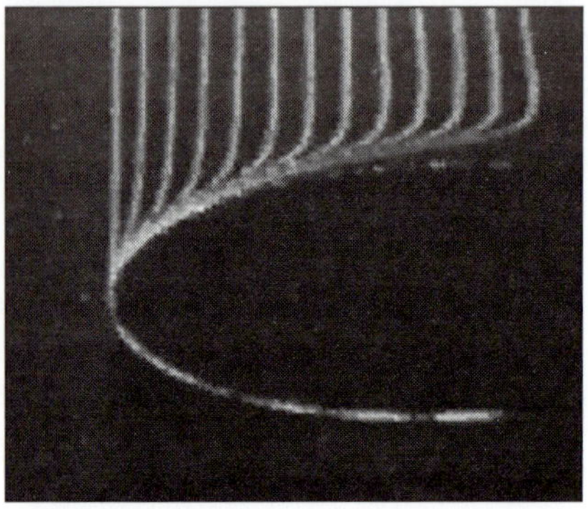

그림 1-9
뭉툭한 앞부분 위로 유체가 흐를 때 점착조건에 기인한 속도 분포의 발달.
"Hunter Rouse: Laminar and Turbulent Flow Film." Copyright IIHR-Hydroscience & Engineering, The University of Iowa. Used by permission.

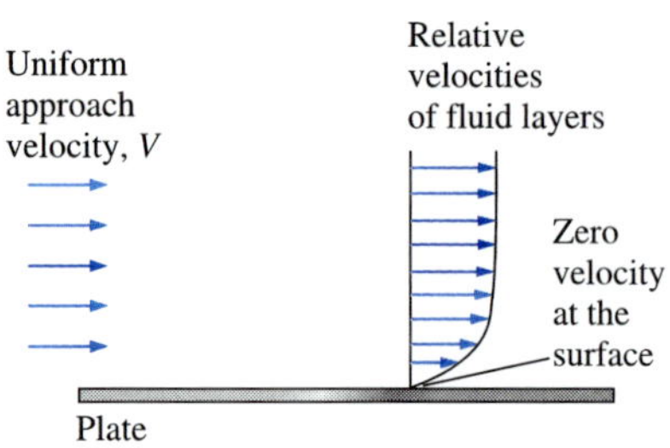

그림 1-10
정지해 있는 표면 위를 흐르는 유체는 점착조건 때문에 고체 표면에서 완전히 멈춰 서게 된다.

그림 1-11
곡면 위의 유동 중에 발생하는 유동 박리.
From G. M. Homsy et al, "Multi-Media Fluid Mechanics," Cambridge Univ. Press (2001). ISBN 0-521-78748-3. Reprinted by permission.

반드시 영이 되어야 하고, 그 표면에 수직으로 접근하는 물은 그 표면에서 완전히 멈춰 서게 됨을 의미한다. 그리 명백하게 보이지 않는 점은 임의의 각도로 바위에 접근하는 물도 역시 바위 표면에서 완전히 멈춰 서게 되며, 따라서 바위 표면에서 물의 접선 속도도 역시 영이라는 점이다.

정지해 있는 파이프 내의 또는 기공이 없는(즉 유체가 침투할 수 없는) 고체 표면 위의 유체 유동을 고려하자. 모든 실험적 관찰은 운동 중인 유체는 표면에서 완전히 멈춰 서게 되고 그 표면에 대해 상대적으로 영의 속도를 가짐을 보인다. 즉 고체와 직접 접촉하고 있는 유체는 그 표면에 "달라붙게" 되어, 미끄러짐이 없게 된다. 이는 점착조건(no-slip condition)으로 알려져 있다. 점착조건과 경계층의 발달에 관련된 유체 상태량은 **점성(viscosity)**이며 이는 2장에서 논의된다.

그림 1-9의 사진은 뭉툭한 앞부분의 표면에 유체가 점착한 결과로 속도 구배가 발달하는 과정을 분명하게 보여준다. 표면에 점착한 층은 유체의 층들 사이의 점성력 때문에 인접한 유체 층의 속도를 늦추며, 이는 다시 그 다음 층의 속도를 늦추는 식이다. 점착조건의 한 가지 결과는 모든 속도 분포들이 유체와 고체면 사이의 접촉점에서 표면에 대해 영의 값을 가져야한다는 것이다(그림 1-10). 따라서 점착조건이 속도분포 발달의 원인이 된다. 점성효과(그리고 따라서 속도 구배)가 중요시되는 벽면에 인접한 유동 지역은 경계층(boundary layer)으로 불린다. 점착조건의 또 다른 결과는 **표면 항력(surface drag)** 또는 **표면 마찰 항력(skin friction drag)**이며, 이는 유체가 유동 방향으로 표면에 작용하는 힘이다.

유체를 실린더의 뒤편과 같은 곡면 위로 강제로 흐르게 할 때, 경계층은 표면에 더 이상 붙어 있지 못하고 표면으로부터 분리하게 되는데 이 과정을 유동박리(flow separation)라 한다(그림 1-11). 점착조건은 표면을 따라 **모든 곳**에 적용되고, 심지어 유동 박리점의 하류에도 적용된다는 점을 강조한다. 유동 박리는 9장에서 보다 상세하게 논의된다.

열전달에서도 점착조건과 유사한 현상이 발생한다. 서로 다른 온도의 두 물체가 접촉할 때, 접촉점에서 두 물체가 동일한 온도를 갖게 될 때까지 열전달이 일어난다. 따라서 유체와 고체 면은 접촉점에서 동일한 온도를 갖는다. 이는 온도 급상승 불가 조건(no-temperature-jump condition)이라 알려져 있다.

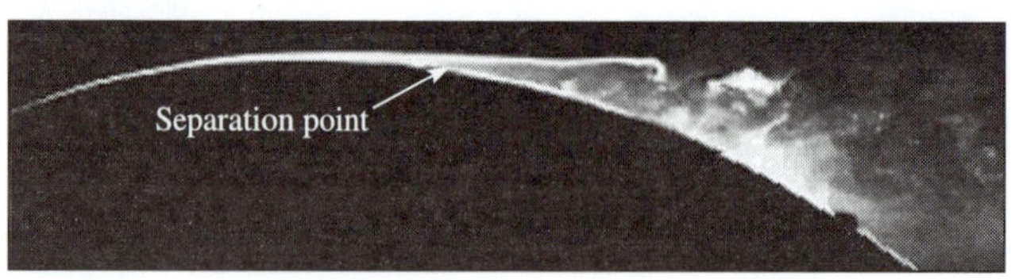

1-3 ■ 유체역학의 약사[1]

도시가 발달됨에 따라 인류가 마주친 최초의 공학적 과제는 가정에 사용할 물과 농작물을 위한 관개용수의 공급이었다. 도시의 생활양식은 풍부한 물이 공급됨으로써 유지될 수 있으며, 고고학으로부터 모든 성공적인 선사 문명은 물 시스템의

[1] 이 절은 Oklahoma State 대학의 Glenn Brown 교수가 기고한 것이다.

건설과 유지에 투자하였다는 사실은 명확하다. 일부분이 아직도 사용되고 있는 로마 수로관은 가장 잘 알려진 예이다. 그러나 기술적 관점에서 볼 때 가장 인상적인 공학기술은 아마도 지금의 터키에 있는 Pergamon의 그리스 계 도시에서 수행된 것일 것이다. 기원전 283년부터 133년까지 그들은 납과 진흙으로 된 일련의 가압 파이프 라인(그림 1-12)을 설치하였다. 이는 45 km의 길이에 달하며 1.7 MPa (180 m의 수두)을 초과하는 압력 하에 작동되었다. 불행히도 초기의 설치자들 거의 전부의 이름은 역사 속에 잊혀졌다.

그림 1-12
Pergamon 파이프 라인의 일부. 각 토관 단면은 직경이 13에서 18 cm이었다.
Courtesy Gunther Garbrecht. Used by permission.

유체역학 이론에 대하여 가장 초기로 인정받는 공헌은 그리스 수학자 Archimedes(285-212 BC)에 의한 것이다. 그는 Hiero 1세 왕의 왕관의 금 함유량을 결정하기 위한 역사상 최초의 비파괴검사에서 부력 원리를 공식화하고 적용하였다. 로마인들은 거대한 수로를 건설하고 깨끗한 물이 주는 이득에 대해 많은 피정복자들을 교육하였으나, 전반적으로 유체 이론에 대해 잘 이해하지는 못하였다. (아마도 Syracuse를 약탈했을 때 Archimedes를 죽이지 말아야 했을 것이다.)

중세 시대 동안 유체기계의 응용은 느리지만 꾸준히 확대되어 나갔다. 정교한 피스톤 펌프가 광산의 물을 퍼내기 위해 개발되었고, 곡식을 빻고, 금속을 단조하고, 그리고 다른 일들을 수행하도록 물레방아와 풍차가 완성되었다. 인류 역사상 최초로 사람이나 동물로부터 나오는 근육의 힘이 없이도 중대한 일이 수행되었으며, 일반적으로 이러한 발명들이 후대의 산업 혁명을 가능하게 하였다고 믿어진다. 이 대부분의 발명에 대한 창안자들은 알려져 있지 않지만, 그 장치들 자체는 Georgius Agricola와 같은 몇몇 기술 저술가에 의해 문서로 잘 정리되어 있다(그림 1-13).

그림 1-13
가역 수차 동력 장치에 의한 광산 기중기.
G. Agricola, De Re Metalica, *Basel, 1556.*

르네상스는 유체 시스템과 기계들을 지속적으로 발전시켜 왔으나, 보다 중요한 점은 과학적 방법이 완성되고 전 유럽에 걸쳐 채택되었다는 점이다. 정수압 분포와 진공을 연구함으로써 유체에 과학적 방법을 최초로 적용시킨 사람들 가운데에는 Simon Stevin(1548-1617), Galileo Galilei(1564-1642), Edme Mariotte(1620-1684)와 Evangelista Torricelli(1608-1647)가 있다. 이 연구는 탁월한 수학자이자 철학자인 Blaise Pascal(1623-1662)에 의해 통합되고 개선되었다. 이탈리아 수도승, Benedetto Castelli(1577-1644)는 유체에 대한 연속 원리의 서술을 발표한 최초의 사람이었다. 고체에 대한 운동 방정식을 공식화한 것 이외에, Isaac Newton 경(1643-1727)은 그의 법칙을 유체에 적용하였고, 유체 관성과 저항, 자유 제트 및 점성을 탐구하였다. 그런 노력 위에 스위스의 Daniel Bernoulli(1700-1782)와 그의 동료 Leonard Euler(1707-1783)는 새로운 노력을 더하였다. 그들은 함께 한 연구를 통해 에너지와 운동량 방정식을 정의하였다. Bernoulli의 1738년의 고전적 논문 **Hydrodynamica**는 최초의 유체역학 교재로 간주된다. 끝으로, Jean d'Alembert(1717-1789)는 속도와 가속도 성분에 대한 개념, 연속식에 대한 미분 표현과 물체 주위의 정상 균일 운동에 대한 저항이 영이라는 그의 "역설"을 전개하였다.

18세기 말까지의 유체역학 이론의 발달은 공학에 별로 영향을 미치지 못하였다. 이는 유체의 상태량과 매개변수들이 제대로 정량화되지 못했고, 대부분의 이론이 설계 목적으로 쓰기엔 정량화되기 힘든 추상적인 것이었기 때문이다. 이는 Riche de Prony(1755-1839)가 이끈 프랑스 공학학교의 발달과 함께 변하게 되었다. Prony(축 동력을 측정하기 위한 브레이크로 알려져 있는)와 파리에 있는 École Polytechnique과 École des Ponts et Chaussées의 그의 동료들이 최초로 공학 교과과정에 미적분학과 과학 이론을 통합시켰으며, 이것이 나머지 세계 전체에 대한 모델이 되었다(이제야 여러 독자들은 고통스런 신입생 시절에 대해 누구를 비난해야 할지 알 것이다). Antonie Chezy(1718-1798), Louis Navier(1785-1836), Gaspard Coriolis(1792-1843), Henry Darcy(1803-1858)를 비롯한 유체 공학과 이론에 공헌한 많은 사람들은 그 학교들의 학생 그리고/또는 교수였다.

19세기 중반에 들어 여러 방면에서 근본적으로 진보하게 되었다. 의사인 Jean Poiseuille(1799-1869)은 다양한 유체들에 대해 모세관 내의 유동을 정밀하게 측정하였고, 반면에 독일인 Gotthilf Hagen(1797-1884)은 파이프 내에서 층류와 난류 사이의 차이를 구별하였다. 영국에서는 Osborne Reynolds 경(1842-1912)이 그 일을 계속하였고, 그의 이름을 딴 무차원 수를 개발하였다. 유사하게, Navier의 초기 연구와 병행하여, George Stokes(1819-1903)는 그들의 이름이 붙은 마찰을 갖는 유체 운동의 일반 방정식을 완성하였다. William Froude(1810-1879)는 거의 혼자서 물리적 모델 실험의 절차를 개발하고 그 가치를 증명하였다. 미국의 전문 기술은 James Francis(1815-1892)와 Lester Pelton(1829-1908)의 터빈에 있어서의 선구자적 업적과 Clemens Herschel(1842-1930)의 벤투리 미터의 발명에 의해 증명된 것처럼 유럽의 기술과 대등하게 되었다.

19세기 후반에는 Reynolds와 Stokes에 더하여 William Thomson, Lord Kelvin(1824-1907), William Strutt, Lord Rayleigh(1842-1919)와 Sir Horace Lamb (1849-1934)을 포함한 아일랜드와 영국의 과학자들에 의해 유체 이론에 많은 괄목할만한 공헌이 이루어졌다. 이들은 차원해석, 비회전 유동, 와류 운동, 공동현상과 파동을 포함한 많은 문제들을 연구하였다. 넓은 의미에서, 그들의 연구는 유체역학, 열역학과 열전달 사이의 연관성을 탐구하는 것이었다.

그림 1-14
Wright 형제가 Kitty Hawk에서 비행하고 있다.
National Air and Space Museum/ Smithsonian Institution.

20세기의 시작은 두 개의 기념비적 발전을 가져왔다. 첫 번째로 1903년에 독학의 Wright 형제(Wilbur, 1867-1912, Orville, 1871-1948)는 이론의 응용과 확실한 실험을 통하여 비행기를 발명하였다. 그들의 최초의 발명은 완벽하였으며 현대식 비행기의 모든 주요 양상들을 포함하였다(그림 1-14). Navier-Stokes 방정식은 풀기가 너무 어려웠기 때문에 이때까지 거의 쓸모가 없었다. 1904년의 선구자적 논문에서, 독일인 Ludwig Prandtl(1875-1953)은 유체 유동을, 벽면 근처의 마찰 효과가 중요한 **경계층**과 이러한 효과를 무시할 수 있으며 단순화된 Euler와 Bernoulli 방정식을 적용할 수 있는 외층으로 구분할 수 있다는 것을 보여주었다. 그의 제자들, Theodor von Kármán(1881-1963), Paul Blasius(1883-1970), Johann Nikuradse(1894-1979) 등은 그 이론에 기초하여 수리학과 공기역학적 응용에 대한 연구를 발전시켰다. (제 2차 세계 대전 중에, Prandtl은 독일에 잔류하였고 반면에 그의 수제자인 헝가리 태생의 Theodor von Kármán은 미국에서 일함으로써 양쪽 편 모두가 그 이론으로부터 득을 보았다).

20세기 중반은 유체역학의 응용에 있어 황금기로 간주될 수 있다. 기존 이론들이 그 당시 수행 중에 있던 업무에 적합하였고, 유체의 상태량과 매개변수들도 잘 정의되어 있었다. 이들이 항공학, 화학, 산업과 수자원 분야를 대규모로 확장하게 하였으며, 또한 이들 각각은 유체역학을 새로운 방향으로 나아가게 하였다. 20

세기 후반의 유체역학 연구와 업무는 미국에서 개발한 디지털 컴퓨터에 의해 주도되었다. 지구 기후 모델링과 같이 대규모의 복잡한 문제를 풀 수 있는, 또는 터빈 블레이드의 설계를 최적화시키는 능력은 18세기의 유체역학 개발자들이 상상조차 할 수 없었던 이익을 사회에 주고 있다(그림 1-15). 앞으로 제시되는 원리들은 미시적 규모의 한 순간으로부터 하천 유역 전체에 대한 50년 동안의 모사 실험에 이르기까지 광범위한 유동에 적용되어 왔다. 이는 정말로 믿을 수 없도록 놀라운 것이다.

유체역학이 21세기에는 어디로 갈 것인가? 솔직히 현재를 약간만 넘어서는 예측도 완전히 무의미할 것이다. 그러나 만약 역사가 무언가를 가르쳐주려 한다면, 이는 엔지니어들은 그들이 아는 것을 사회에 보탬이 되도록 적용할 것이고, 그들이 모르는 것을 연구할 것이며, 그리고 그 과정에서 재미있는 시간을 가질 것이라는 점이다.

그림 1-15
Woodward 인근의 Oklahoma 풍력 센터는 각각 1.5 MW인 68개 터빈으로 이루어져 있다.

Courtesy Steve Stadler, Oklahoma Wind Power Initiative. Used by permission.

1-4 ■ 유체 유동의 분류

앞에서 **유체역학**은 정지 또는 운동 중인 유체의 거동을 다루고, 고체 또는 다른 유체와의 경계에서 유체의 상호작용을 다루는 과학으로 정의되었다. 실제 접하게 되는 유체 유동 문제들은 매우 다양하며, 따라서 이들을 집단으로 묶어 연구할 수 있도록 어떤 공통적인 특성을 바탕으로 이들을 분류하는 것이 편리하다. 유체 유동 문제를 분류하는 많은 방법이 있으며, 여기서는 몇몇 일반적인 범주를 제시한다.

점성 대 비점성 유동 영역

두 개의 유체 층이 서로 상대 운동할 때, 이들 유체층 사이에 마찰력이 발달되고 속도가 늦은 층이 빠른 층을 늦추려고 한다. 이 유동에 대한 내부 저항은 유체의 상태량인 **점성**에 의해 정량화되며 이는 유체의 내부 점착도의 척도이다. 점성은 액체의 경우 분자간의 응집력에 기인하고, 기체의 경우 분자간의 충돌에 기인한다. 점성이 영(zero)인 유체는 없으며, 따라서 모든 유체 유동은 어느 정도 점성 효과를 가진다. 마찰 효과가 중요한 유동은 점성유동(viscous flow)이라 불린다. 그러나 많은 실제 유동에는 관성력이나 압력에 비교하여 점성력이 무시할 수 있을 정도로 작은 **영역**(대표적으로 고체 면에 근접하지 않은 영역)이 존재한다. 이와 같은 비점성 유동 영역(inviscid flow region)에서는 점성 항을 무시하여도 정확도의 큰 손실 없이 해석을 매우 단순화할 수 있다.

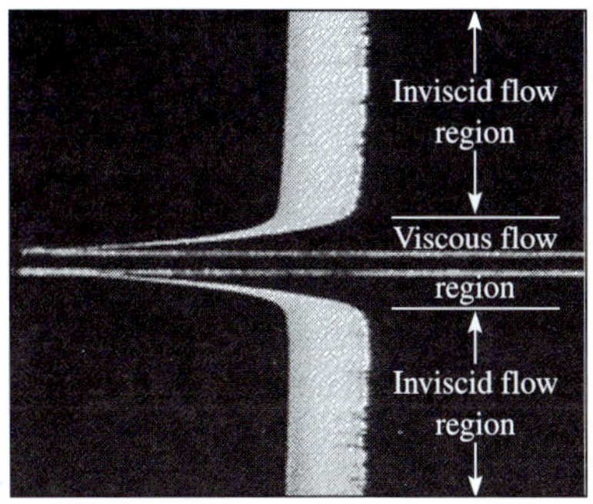

그림 1-16
평판 위로 원래는 균일 유체 흐름이었던 유동. 그리고 점성유동 영역(판에 아래위쪽으로 인접한)과 비점성유동 영역(판으로부터 멀리 떨어진).

Fundamentals of Boundary Layers, National Committee from Fluid Mechanics Films, © Education Development Center.

그림 1-16은 균일 속도의 유체 흐름 속에 평판을 평행하게 삽입한 결과에 따른 유동의 점성 및 비점성 영역의 발달을 나타낸다. 점착조건으로 인하여 유체는 판의 양쪽에 달라붙게 되고 판의 표면 근처에 점성 효과가 중대한 얇은 경계층이 **점성유동 영역**이다. 판으로부터 양쪽으로 멀리 떨어지고 판의 존재에 의해 영향을 받지 않는 유동 영역은 **비점성 유동 영역**이다.

내부 대 외부 유동

유체가 한정된 통로 안으로 또는 어떤 표면 위로 흐르는가에 따라 유체 유동은 내부 또는 외부 유동으로 분류된다. 판, 와이어 또는 파이프와 같은 표면 위의 제

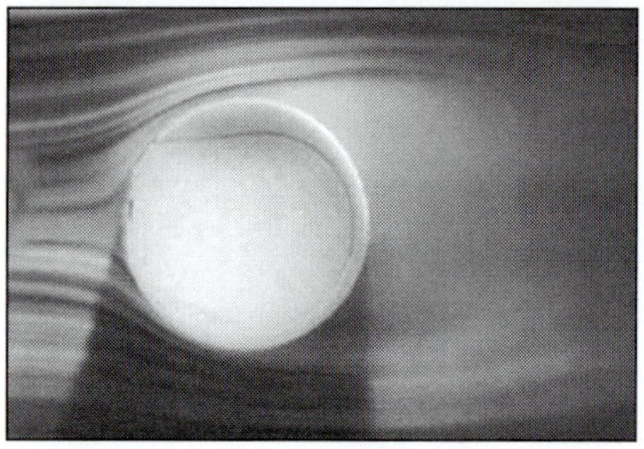

그림 1-17
테니스 공 위의 외부 유동과 그 뒤의 난류 후류 영역.
Courtesy NASA and Cislunar Aerospace, Inc.

한되지 않은 유동은 **외부 유동**이다. 만약 유체가 완전히 고체 면으로 둘러싸인 파이프나 덕트 내로 흐른다면 그 유동은 **내부 유동**이다. 예를 들면 파이프 내 물의 유동은 내부 유동이고, 바람 부는 날에 둥근 공 또는 노출된 파이프 위의 공기 유동은 외부 유동이다(그림 1-17). 덕트의 일부만 액체로 채워져 있고 자유표면이 존재한다면, 이러한 덕트 내의 액체 유동을 **개수로 유동**이라 부른다. 강이나 관개수로 내의 물의 유동은 이러한 유동의 예이다.

내부 유동에서는 점성의 영향이 유동장 전체를 지배한다. 외부 유동에서 점성 효과는 고체 면 근처의 경계층과 물체 하류의 후류 영역에 국한된다.

압축성 대 비압축성 유동

유동 중에 있는 유체의 밀도 변화의 정도에 따라 유동은 **압축성** 또는 **비압축성**으로 분류된다. 비압축성은 하나의 근사이며, 만약 밀도가 전체적으로 거의 일정하게 유지된다면 그 유동은 비압축성으로 불린다. 그러므로 유동이 비압축성으로 근사될 때 유체 모든 부분의 부피는 운동하는 과정에 걸쳐 변하지 않는다.

액체의 밀도는 본질적으로 일정하고, 따라서 액체 유동은 전형적으로 비압축성이다. 그러므로 액체는 보통 **비압축성 물질**로 간주된다. 예를 들면 210기압의 압력은 1기압 하의 액체 상태 물의 밀도를 겨우 1퍼센트 변하게 한다. 반면에 기체는 매우 압축성이 높다. 예를 들면 단지 0.01기압의 압력 변화도 대기의 밀도를 1퍼센트 변하게 한다.

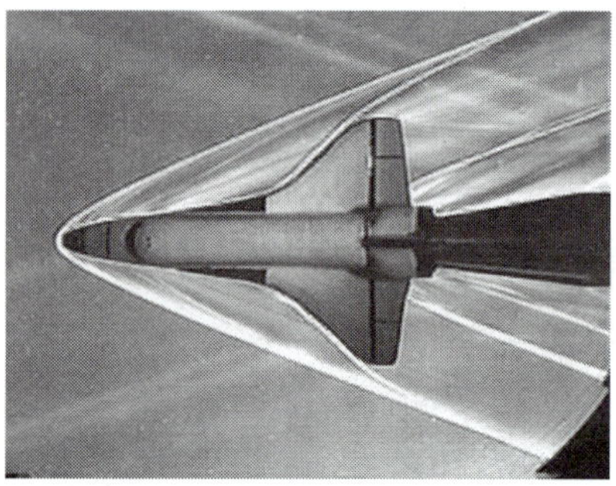

그림 1-18
Penn State 기체역학 실험실의 초음속 풍동에서 Mach 3으로 시험 중인 우주 왕복선의 작은 모형에 대한 schlieren 영상. 몇몇 경사 충격파가 우주선을 둘러싼 공기 중에 보인다.
Photo by G. S. Settles, Penn State University, Used by permission.

로켓, 우주선과 고속의 기체 유동이 관련되는 다른 시스템을 해석할 때(그림 1-18), 유동 속도는 종종 다음과 같은 무차원 수인 Mach 수로 표현된다.

$$\mathrm{Ma} = \frac{V}{c} = \frac{\text{유동의 속도}}{\text{소리의 속도}}$$

여기서 c는 **음속**으로 해수면에서 실온 상태 하의 공기에서는 346 m/s의 값을 갖는다. $\mathrm{Ma} = 1$일 때 유동은 음속, $\mathrm{Ma} < 1$일 때는 아음속, $\mathrm{Ma} > 1$일 때 초음속이며, $\mathrm{Ma} \gg 1$일 때 극초음속이라 불린다. 무차원 매개변수들은 7장에서 상세하게 논의될 것이다.

액체 유동은 높은 수준의 정확도로 비압축성이다. 그러나 기체 유동에서 밀도 변화의 수준과 기체 유동을 비압축성 모델로 다루는 데 따르는 근사의 수준은 Mach 수에 의존한다. 기체 유동은 종종 약 5퍼센트 이하의 밀도 변화라면 비압축성으로 근사계산될 수 있으며, 이는 보통 $\mathrm{Ma} < 0.3$일 경우이다. 그러므로 실온에서 공기의 압축성 효과는 속도가 약 100 m/s이하에서 무시될 수 있다.

큰 압력 변화에 상응하는 액체의 작은 밀도 변화는 여전히 중요한 결과를 초래할 수 있다. 예를 들면 물 파이프 내에서 문제되는 "수격 현상(water hammer)"은 밸브를 갑자기 닫을 때 뒤따르는 압력파의 반사에 의해 발생하는 파이프의 진동 때문에 일어난다.

층류 대 난류 유동

어떤 유동은 부드럽고 질서정연한 반면에 다른 유동은 상당히 무질서하다. 유체의 매끄러운 층들로 특징지어지는 매우 질서정연한 유체 운동을 층류라 부른다.

층류(laminar)라는 단어는 "얇은 층으로 층층이" 함께 쌓인 인접한 유체 입자들의 운동으로부터 유래된다. 저속에서의 기름과 같은 고 점성 유체의 유동은 전형적으로 층류이다. 일반적으로 고속에서 발생하고 속도 변동(velocity fluctuation)으로 특징지어지는 매우 불규칙한 유체 운동을 **난류(turbulent)**라 부른다(그림 1-19). 공기와 같은 저 점성 유체의 고속에서의 유동은 전형적으로 난류이다. 층류와 난류 사이에서 교대로 변하는 유동은 **천이(transitional)** 유동이라 불린다. 1880년대에 Osborne Reynolds에 의해 수행된 실험의 결과로 무차원 **Reynolds 수**, **Re**가 파이프 내의 유동 영역을 결정하기 위한 핵심 매개변수라는 사실이 정립되었다(8장).

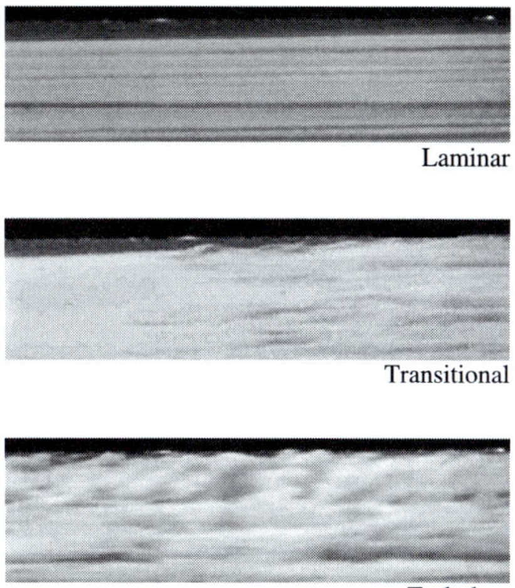

Laminar
Transitional
Turbulent

그림 1-19
평판 위의 층류, 천이와 난류 유동.
Courtesy ONERA, photograph by Werlé.

자연(또는 비강제) 대 강제 유동

유체 유동은 유체 운동이 어떻게 시작되었는가에 따라 자연 유동 또는 강제 유동으로 불린다. **강제 유동**에서는 유체는 펌프나 팬과 같은 외부 수단에 의해 표면 위로 또는 파이프 내로 강제로 흐르도록 되어있다. **자연 유동**에서는 모든 유체 운동은 부력 효과와 같은 자연적 수단에 기인한다. 이는 더운(따라서 가벼운) 유체가 상승하며 차가운(따라서 밀도가 높은) 유체가 하강하는 유동으로부터 명백하다(그림 1-20). 예를 들면 태양 열수 시스템에서 열 사이펀 효과는 통상적으로 물 탱크를 태양광 집광기보다 충분히 높게 위치시킴으로써 펌프를 대체하기 위해 이용된다.

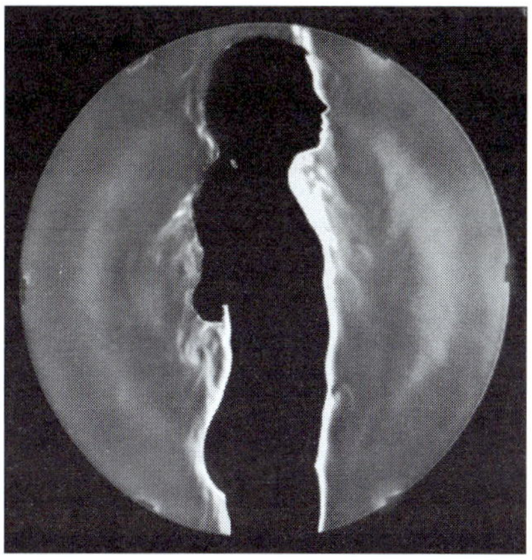

그림 1-20
수영복 차림 소녀의 schlieren 영상에서, 신체에 근접한 가볍고 더운 공기의 상승은 인간과 온혈 동물들이 상승하는 더운 공기의 열 플룸(plume)에 의해 둘러싸여져 있음을 보여준다.
G. S. Settles, Gas Dynamics Lab, Penn State University. Used by permission.

정상 대 비정상 유동

정상과 **균일**이라는 용어들은 공학에서 자주 사용되며, 따라서 이들의 의미를 분명히 이해하는 것은 중요하다. **정상(steady)**이라는 용어는 **한 점에서 시간에 따른 상태량, 속도, 온도 등의 변화가 없음**을 의미한다. 정상의 반대는 **비정상(unsteady)**이다. **균일(uniform)**이라는 용어는 규정된 영역 전체에 대해 **위치에 따른 변화가 없음**을 의미한다. 이러한 의미들은 그 단어들의 일상적인 용례와 일치한다(변함 없는 여자친구, 균일 분포 등).

비정상과 **과도(transient)**라는 용어들은 종종 서로 바꿔 사용되지만, 이들 용어는 동의어가 아니다. 유체역학에서 **비정상**은 정상이 아닌 모든 유동에 대해서 적용되는 가장 일반적인 용어이지만, **과도**는 발달하는 유동에 전형적으로 쓰인다. 예를 들면 로켓 엔진이 점화될 때 엔진이 안정화되고 정상으로 운전될 때까지는 과도 효과(로켓 엔진 내부에서 압력이 축적되고, 유동이 가속되고, 등)가 나타난다. **주기적(periodic)**이라는 용어는 정상적 평균(steady mean)을 기준으로 유동이 진동하는 일종의 비정상 유동을 가리킨다.

터빈, 압축기, 보일러, 응축기 및 열교환기와 같은 많은 장치들이 동일한 조건 하에 장시간 운전될 경우, 이들은 **정상유동 장치**로 분류된다(터보기계의 회전 블레이드 근처의 유동장은 물론 비정상이지만, 장치들을 분류할 때 어떤 국부적인 곳에서의 세부 사항보다는 전체적인 유동장을 고려함을 주의하라). 정상 유동 중에 유체의 상태량들은 장치 내에서 위치에 따라 변할 수 있지만, 이들은 한 고정점에서는 일정하게 유지된다. 그러므로 정상유동 장치 또는 유동 단면의 부피, 질량 및 총에너지량은 정상 운전에서는 일정하게 유지된다.

정상유동 조건은 발전소나 냉동 시스템의 터빈, 펌프, 보일러, 응축기 및 열교환기와 같이 연속 운전을 하도록 의도된 장치들에 의해 밀접하게 근사될 수 있다. 왕복동 엔진 또는 압축기와 같은 몇몇 주기적 장치들은 입구나 출구에서의 유동이 맥동하고 정상이 아니므로 정상유동 조건을 만족시키지 못한다. 그러나 유체 상태량은 시간에 따라 주기적으로 변화하며, 따라서 이러한 장치를 통과하는 유동은 상태량에 대한 시간 평균값을 이용함으로써 여전히 정상유동 과정으로 해석될 수 있다.

유체 유동에 대한 매력적인 가시화 사진들이 Milton Van Dyke(1982)의 책, **유체운동 앨범(Album of Fluid Motion)**에 제공되어 있다. Van Dyke의 책으로부터 인용한 그림 1-21는 비정상 유동장의 멋진 예를 보여준다. 그림 1-21a는 고속 동화상으로부터의 순간 스냅 사진인데, 여기서 물체의 뭉툭한 기저로부터 크고, 교대로, 소용돌이치는 난류 에디(turbulent eddy)가 주기적으로 진동하는 후류 속으로 흘러 들어가는 것을 보이고 있다. 이 에디가 비정상 상태로 에어포일의 위쪽과 아래쪽 표면 위에서 교대로 상류 쪽으로 이동하는 충격파를 만들어낸다. 그림 1-21b는 **동일한** 유동장을 보이고 있으나, 필름이 장시간 동안 노출되어 있어서 그 영상이 12주기에 걸쳐 시간 평균된 것이다. 그 결과로 시간 평균된 유동장은 장시간의 노출 속에서 비정상 진동의 세부 특성이 사라졌기 때문에 "정상"으로 보인다.

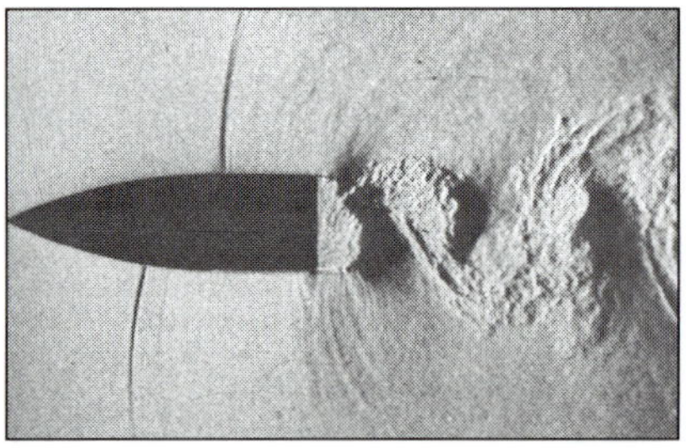

(a)

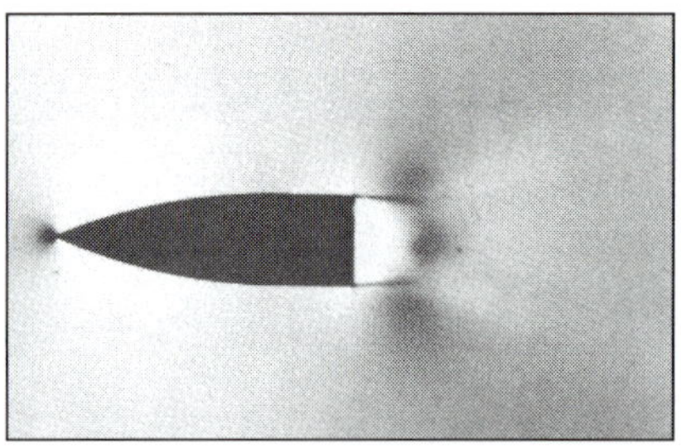

(b)

그림 1-21
Mach 수 0.6에서 뭉툭한 기저를 가진 에어포일의 진동하는 후류. 사진 (a)는 순간 영상이고, 반면에 사진 (b)는 장시간 노출된 (시간 평균된) 영상이다.

(a) Dyment, A., Flodrops, J. P. & Gryson, P. 1982 in Flow Visualization II, *W. Merzkirch, ed., 331-336. Washington:* Hemisphere. *Used by permission of Arthur Dyment.*
(b) Dyment, A. & Gryson, P. 1978 in Inst. Mèc. *Fluides Lille, No. 78-5. Used by permission of Arthur Dyment.*

엔지니어의 가장 중요한 업무 중의 하나는 문제에 대한 시간 평균된 "정상" 유동 특성만을 연구함으로 충분한지 또는 비정상 특성에 대한 보다 상세한 연구가 필요한지를 결정하는 것이다. 만약 엔지니어가 단지 유동장의 전반적인 상태량에만 관심이 있다면(시간 평균된 항력계수, 평균속도와 압력장과 같은), 그림 1-21b와 같은 시간 평균된 묘사나, 시간 평균된 실험 측정 또는 시간 평균된 유동장의 해석적 혹은 수치적 계산으로 충분할 것이다. 그러나 엔지니어가 유동에 기인하는 진동, 비정상 압력 맥동 또는 난류 에디나 충격파로부터 방출되는 음파와 같은 비정상 유동장에 대한 세부적 특성에 관심이 있다면, 유동장에 대한 시간 평균된 서술은 충분치 않을 것이다.

이 교재에서 제공되는 해석 및 계산 예제는, 필요할 때에는 몇몇 합당한 비정상 유동의 특성을 지적하기도 하지만, 대부분 정상 또는 시간 평균된 유동을 다룬다.

1차원, 2차원 및 3차원 유동

유동장은 속도 분포에 의해 가장 잘 특징지어지며, 따라서 만약 유동 속도가 한 개, 두 개, 또는 세 개의 주요 차원에서 변할 경우 유동은 각각 1차원, 2차원, 또는 3차원이라 불린다. 전형적인 유체 유동은 3차원의 기하학적 형상을 수반하고, 속도는 세 방향 모두에서 변할 수 있어서 유동이 3차원[직교좌표에서 $\vec{V}(x, y, z)$, 원통좌표에서 $\vec{V}(r, \theta, z)$]이 된다. 그러나 어떤 한 방향으로의 속도 변화는 다른 방향으로의 변화에 비해 상대적으로 작을 수 있으며 사소한 오차로 무시할 수 있다. 이와 같은 경우 유동은 보다 용이하게 해석할 수 있도록 편의상 1차원 또는 2차원으로 모델링 할 수 있다.

큰 탱크로부터 원형 파이프 속으로 들어가는 유체의 정상 유동을 고려하자.

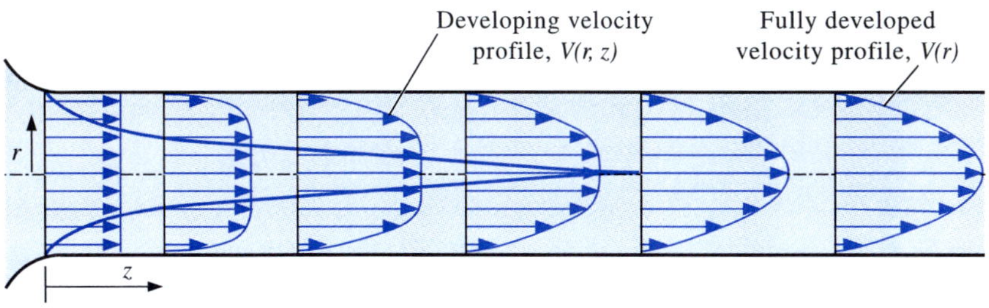

그림 1-22
원형 파이프에서 속도 분포의 발달. $V = V(r, z)$이고 따라서 유동은 입구 영역에서 2차원이고, 하류에서 속도 분포가 완전히 발달되어 유동 방향으로 변하지 않고 유지될 때 유동은 1차원, $V = V(r)$이 된다.

점착조건으로 인하여 파이프 표면 모든 곳에서의 유체 속도는 영이고, 속도는 r과 z 방향으로 변하고 θ 방향으로는 변하지 않으므로 파이프의 입구 영역 내에서의 유동은 2차원이다. 입구로부터 일정 거리(그림 1-22에 보인 바와 같이 난류 유동에서 약 10파이프 직경이고, 층류 파이프 유동에서는 이보다 작다) 이후엔, 속도 분포는 완전히 발달되어 변하지 않는다. 이 영역의 유동을 **완전발달(fully developed)** 유동이라 부른다. 원형 파이프 내의 완전발달 유동은 **1차원**이다. 이는 그림 1-22에 보인 바와 같이 속도가 반경 방향인 r 방향으로는 변하지만, 회전각 방향인 θ 또는 축 방향인 z 방향으로는 변하지 않기 때문이다. 즉, 속도 분포는 축 방향의 어떤 z 위치에서도 동일하며, 또한 파이프의 축에 대해 대칭이다.

유동의 차원성은 또한 좌표계와 좌표계 방향의 선택에 의존함을 주의하라. 예를 들면 앞서 논의한 파이프 유동은 원통 좌표계로는 1차원이지만, 직교 좌표계로는 2차원이 된다. 이는 가장 최적의 좌표계를 선정하는 것이 중요함을 예시한다. 또한 이런 단순한 유동에서조차 점착조건 때문에 파이프의 단면을 가로질러서 균일한 속도를 가질 수 없다는 것을 주의하라. 그러나 둥근 모서리를 가지는 파이프 입구에서, 속도 분포는 파이프를 가로질러 거의 균일한 것으로 근사될 수 있으며, 이는 속도가 파이프 벽에 바로 근접한 곳을 제외하고는 모든 반경 방향으로 거의 일정하기 때문이다.

종횡비가 매우 크고 유동이 긴 쪽 차원을 따라 크게 변하지 않을 때 유동은 **2차원**으로 근사될 수 있다. 예를 들면 자동차 안테나 주위의 공기 유동은 안테나의 끝 부분을 제외하고 2차원으로 간주될 수 있으며, 이는 안테나의 길이가 직경에 비해 매우 크며, 안테나에 부딪치는 공기 흐름이 상당히 균일하기 때문이다(그림 1-23).

그림 1-23
자동차 안테나 주위의 유동은 안테나의 위와 아래 근처를 제외하고 대략 2차원이다.

예제 1-1 총알 위로의 축대칭 유동

고요한 공기를 짧은 시간 내에 관통하는 총알을 고려하자. 총알의 속도는 거의 일정하다. 총알이 날아갈 때 총알 위의 시간 평균된 공기흐름이 1차원, 2차원 또는 3차원인지를 결정하라(그림 1-24).

풀이 총알 위의 공기 유동이 1차원, 2차원 또는 3차원인지를 결정하고자 한다.

가정 심한 바람이 불지 않으며 총알은 회전하지 않는다.

해석 총알은 대칭축을 가지며 따라서 축 대칭 물체이다. 총알 상류의 공기 흐름이 축에 평행하고, 시간 평균된 공기 유동은 축에 대해 회전 대칭(rotationally symmetric)일 것으로 예상하며 이러한 유동을 축 대칭이라 부른다. 이 경우 속도는 축 방향 거리 z와 반경 방향 거리 r에 따라 변하지만 회전각 θ에 따라 변하지는 않는다. 그러므로 총알 위의 시간

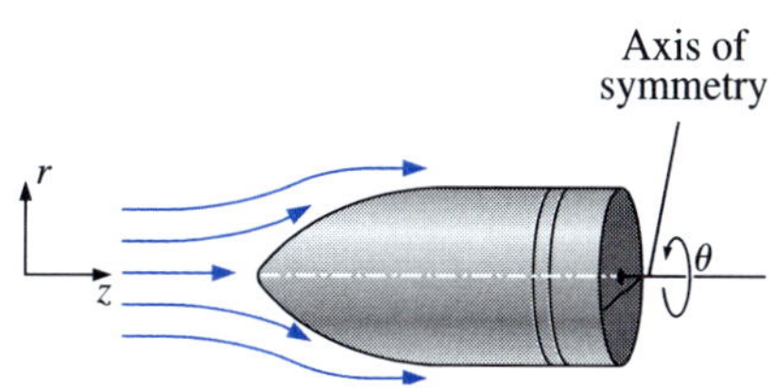

그림 1-24
총알 위의 축대칭 유동.

평균된 공기 유동은 2차원이다.

토의 시간 평균된 공기 유동은 축 대칭인 반면에, 순간 공기 유동은 그림 1-21에 예시된 바와 같이 축 대칭이 아니다. 직교 좌표계에서 유동은 3차원이 될 것이다.

1-5 ▪ 시스템과 검사체적

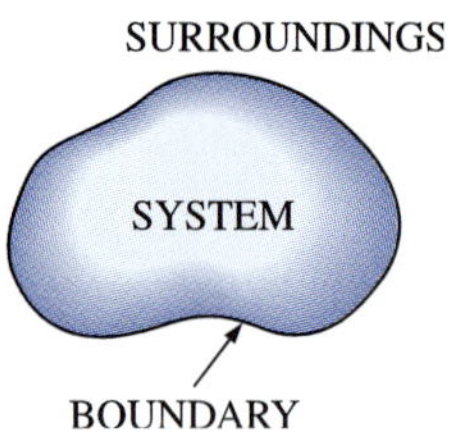

그림 1-25
시스템, 주위와 경계.

시스템(system)은 **연구를 위해 선정된 일정량의 질량 또는 공간 내의 영역**으로 정의된다. 시스템 밖의 질량 또는 영역은 **주위(surroundings)**라 불린다. 시스템을 시스템의 주위로부터 분리하는 실제 또는 가상의 표면을 **경계(boundary)**라 부른다(그림 1-25). 시스템의 경계는 **고정되거나** 또는 **움직일 수** 있다. 경계는 시스템과 주위 모두에 의해 공유되는 접촉 표면임을 주의하라. 수학적으로 말해서 경계는 두께가 영이며, 따라서 어떤 질량을 담거나 공간에서 어떤 부피를 점유할 수 없다.

시스템은 연구를 위해 고정된 질량을 선정하는지 또는 공간 내의 부피를 선정하는지에 따라, **닫힌(closed)** 또는 **열린(open)** 시스템으로 고려할 수 있다. 닫힌 시스템[또한 검사질량(control mass) 또는 문맥이 분명할 때는 간단히 **시스템**으로도 알려진]은 일정량의 질량으로 구성되고, 어떤 질량도 그 경계를 지나갈 수 없다. 그러나 열 또는 일의 형태로의 에너지는 경계를 지나갈 수 있으며, 닫힌 시스템의 부피는 일정할 필요가 없다. 특수한 경우로서, 에너지조차도 경계를 지나가는 것이 허용되지 않는다면, 그 시스템은 **고립된 시스템**이라 불린다.

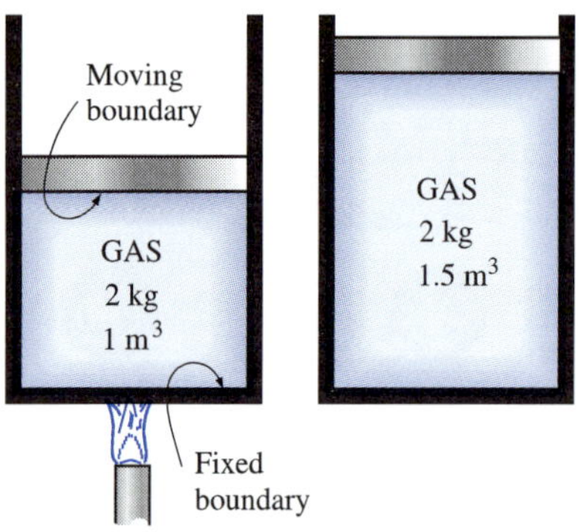

그림 1-26
움직이는 경계를 가진 닫힌 시스템.

그림 1-26에 보인 피스톤-실린더 장치를 고려하자. 갇혀 있는 기체가 가열될 때 무슨 일이 일어나는지 알고자 한다고 하자. 현재 관심의 초점이 기체이므로, 기체가 시스템이 된다. 피스톤과 실린더의 내부 표면이 경계가 되며, 이 경계를 어떤 질량도 지나갈 수 없으므로, 이는 닫힌 시스템이다. 에너지는 경계를 지나갈 수 있고, 경계의 일부분(여기서는 피스톤의 내부 표면)이 움직일 수 있음을 주목하라. 피스톤과 실린더를 포함하여, 기체 밖의 모든 것은 주위이다.

종종 검사체적(control volume)이라 불리는 열린 시스템은 **공간 내에** 적절히 **선정된 영역**이다. 이는 압축기, 터빈 또는 노즐과 같이 질량 유동을 수반하는 장치를 통상적으로 포함한다. 이런 장치를 통하는 유동은 장치 내의 영역을 검사체적으로 선정함으로써 가장 잘 연구될 수 있다. 질량과 에너지는 모두 검사체적의 경계(**검사 표면**)를 지나갈 수 있다.

수많은 공학 문제가 열린 시스템을 출입하는 질량 유동을 수반하며, 따라서 **검사체적** 모델로 다루어진다. 물 히터, 자동차 라디에이터, 터빈과 압축기는 모두 질량 유동을 수반하며, 따라서 검사질량(닫힌 시스템) 대신에 검사체적(열린 시스템)으로 해석되어야만 한다. 일반적으로 **공간 내의 어떤 임의의 영역**도 검사체적으로 선정될 수 있다. 검사체적을 선정하기 위한 구체적인 법칙은 없지만, 현명한 선택은 확실히 해석을 훨씬 수월하게 한다. 예를 들면 노즐을 통한 공기의 유동을 해석한다면, 검사체적에 대한 좋은 선택은 노즐 내의 영역이 될 것이다.

노즐의 경우와 같이, 검사체적은 그림 1-27에 보인 것처럼 크기나 모양이 고정될 수도 있고, 또는 움직이는 경계를 포함할 수도 있다. 그러나 대부분의 검사체적은 고정된 경계를 가지며 따라서 어떤 움직이는 경계도 포함하지 않는다. 질

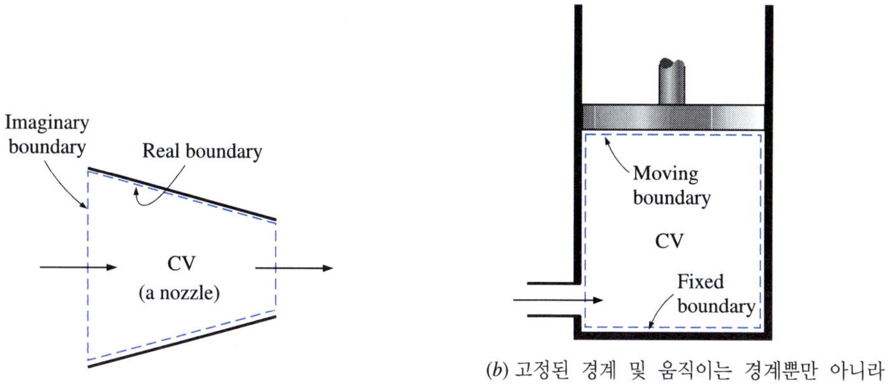

(*a*) 실제와 가상의 경계를 갖는 검사체적(CV)

(*b*) 고정된 경계 및 움직이는 경계뿐만 아니라 실제와 가상 경계를 갖는 검사체적(CV)

그림 1-27
검사체적은 고정된, 움직이는, 실제 및 가상의 경계들을 포함할 수 있다.

량의 상호작용과 더불어, 검사체적은 닫힌 시스템에서와 같이 열과 일의 상호작용을 수반하기도 한다.

1-6 ■ 차원과 단위의 중요성

모든 물리적인 양은 차원에 의해 특징지어질 수 있다. 차원에 할당된 크기는 **단위**라 불린다. 질량 m, 길이 L, 시간 t 및 온도 T와 같은 몇몇 기초 차원은 1차 차원(primary dimension) 또는 기본차원으로 선택되고, 반면에 속도 V, 에너지 E 및 부피 V와 같은 다른 차원들은 1차 차원의 항으로 표현되며 2차 차원(secondary dimension) 또는 유도차원이라 불린다.

다수의 단위계가 세월을 거쳐 발달해왔다. 세계를 하나의 단위계로 통합하려는 과학계와 공학계의 강력한 노력에도 불구하고, 오늘날에도 일반적으로 두 가지 단위계가 여전히 사용되고 있다. 이들은 **미국 관습시스템**(United States Customary System, USCS)으로도 알려져 있는 영미 시스템(English sytem)과 국제단위계(International System)로도 알려져 있는 미터법에 의한 SI(Le Système International d'Unités) 단위계이다. SI는 다양한 단위들 사이의 십진법 관계에 기초한 단순하고 논리적인 시스템이며, 이는 영국을 포함한 대부분의 산업화된 국가에서 과학과 공학 업무에 이용되고 있다. 그러나 영미 시스템은 명확하고 체계적인 수치적 기초가 없고, 이 시스템 내의 다양한 단위들의 관계는 다소 임의적이다(12 in = 1 ft, 1 mile = 5280 ft, 4 qt = 1 gal 등). 따라서 배우기가 혼란스럽고 어렵다. 미국은 아직도 완전히 미터법으로 전환하지 않은 유일한 산업화된 국가이다.

보편적으로 인정되는 단위계를 개발하려는 체계적인 노력은 1790년으로 거슬러 올라가며, 그 당시 프랑스 국회는 프랑스 과학원에 이러한 단위계를 제안하도록 지시하였다. 미터법의 초기 판이 프랑스에서 곧 개발되었으나, 이것이 보편적으로 인정된 것은 1875년에 **미터 규정 조약**이 입안되고 미국을 포함한 17개국의 서명을 얻은 후부터이다. 이 국제조약에서 미터와 그램이 각각 길이와 질량에 대한 미터법 단위로 확립되었고, **도량형 일반 총회**(CGPM)가 설립되어서 매 6년마다 회의를 갖도록 하였다. 1960년에 CGPM은 6개의 기본 양에 기초한 SI를 만들었고, 이들의 단위는 1954년의 10차 도량형 일반 총회에서 채택되었다. 이들은 길이엔 **미터(m)**, 질량엔 **킬로그램(kg)**, 시간엔 **초(s)**, 전류엔 **암페어(A)**, 온도엔 °**켈빈(°K)** 및 조명강도(빛의 양)엔 **칸델라(cd)**이다. 1971년에 CGPM은 7번째 기본 양과 단위를 추가하였으며, 이는 물질의 양에 대한 **몰(mol)**이다.

표 1-1

7가지 기본차원과 SI로 표시된 단위

Dimension	Unit
Length	meter (m)
Mass	kilogram (kg)
Time	second (s)
Temperature	kelvin (K)
Electric current	ampere (A)
Amount of light	candela (cd)
Amount of matter	mole (mol)

1967년에 도입된 표기 계획을 기초로, 절대 온도 단위에서 도(°) 기호를 공식적으로 없애기로 하였고, 단위의 이름이 고유 명사로부터 유도되었을지라도 모든 단위 명은 대문자를 쓰지 않기로 하였다(표 1-1). 그러나 단위가 고유 명사로부터 유래된 경우에는 단위의 약자는 대문자로 써야 한다. 예를 들면 힘의 SI 단위는 Isaac Newton 경(1647-1723)의 이름을 따서 명명된 것인데, **newton**(Newton이 아님)이고, 이것의 약자는 N이다. 또한 단위의 원래 명칭은 복수형으로 쓸 수 있지만, 약자는 그렇지 않다. 예를 들면 물체의 길이는 5 m 또는 5 meters로 쓸 수 있지만, 5 ms 또는 5 meter로 **쓸 수 없다**. 끝으로 단위의 약자는 문자의 마지막에 오지 않는 한 마침표와 함께 쓰지 않는다. 예를 들면 meter의 적절한 약자는 m(m. 이 아닌)이다.

미국에서의 최근 미터법으로의 움직임은, 미국을 제외한 전 세계에서 진행되어지고 있는 것들에 대한 대응으로, 하원이 미터법 연구 법안을 통과시킨 이후부터 시작되었다고 보인다. 하원은 1975년에 미터법 전환법을 통과시킴으로써 미터법으로의 자발적 전환을 지속적으로 증진시키도록 하고 있다. 1988년에 하원에 의해 통과된 통상 법안은 모든 연방 기관이 미터법으로 전환하도록 1992년 9월을 마감일로 정하였다. 그러나 그 마감일은 장래에 대한 분명한 계획 없이 뒤로 늦추어졌다.

국제 무역과 크게 관련된(자동차, 청량음료와 주류 산업과 같은) 산업은 경제적 이유로(세계적으로 단일한 디자인, 보다 작은 치수, 보다 작은 재고량 등) 미터법으로 빠르게 전환해가고 있다. 오늘날 미국에서 제조된 거의 모든 자동차들은 미터법을 따른다. 대부분의 자동차 소유자들은 미터식 볼트를 영미식 소켓 렌치로 풀려고 시도하기 전까지는 이 점을 깨닫지 못할 것이다. 그러나 대부분의 산업체들은 변화에 저항하였으며, 따라서 전환 과정이 늦춰지고 있다.

표 1-2

SI 단위에서의 표준 접두사

Multiple	Prefix
10^{12}	tera, T
10^{9}	giga, G
10^{6}	mega, M
10^{3}	kilo, k
10^{2}	hecto, h
10^{1}	deka, da
10^{-1}	deci, d
10^{-2}	centi, c
10^{-3}	milli, m
10^{-6}	micro, m
10^{-9}	nano, n
10^{-12}	pico, p

현재 미국은 이중 시스템 사회이고, 이는 미터법으로의 전환이 완성될 때까지 그대로 유지될 것이다. 이는 오늘날의 공대 학생들에게 추가적인 짐이 되고 있으며, 그 이유는 그들이 SI 단위로 배우고, 생각하고, 일하는 한편으로 영미 단위계를 이해하도록 기대되기 때문이다. 엔지니어들이 과도기에 있다고 가정하여, 두 단위계 모두가 본 교재에 이용되며 SI 단위를 특별히 강조한다.

지적한 바와 같이, SI는 단위들 사이의 십진법 관계에 기초를 두고 있다. 표 1-2는 다양한 단위의 배수를 표현하기 위해 사용되는 접두사를 열거하고 있다. 접두사들은 모든 단위에 대해 표준화되어 있고, 따라서 널리 사용되므로 학생들이 이중 일부를 암기하기를 권장한다(그림 1-28).

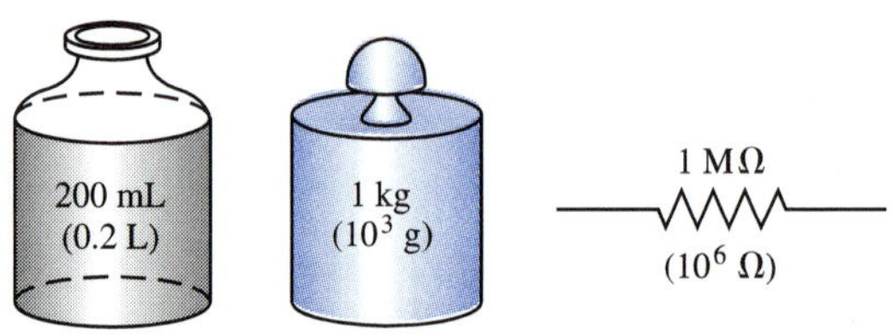

그림 1-28

SI 단위의 접두사는 모든 공학 분야에 사용된다.

몇몇 SI 및 영미 단위

SI에 있어서 질량, 길이와 시간의 단위는 각각 킬로그램(kg), 미터(m)와 초(s)이다. 이에 대응하는 영미 단위계는 파운드-질량(lbm), 풋(ft)과 초(s)이다. 파운드 기호 *lb*는 실제로는 *libra*의 약자인데, 이는 고대 로마의 중량 단위였다. 영국은 이 기호를 410년에 로마의 브리튼 점령이 끝난 뒤에도 계속 유지하였다. 두 가지 시스템에서의 질량과 길이 단위는 서로 다음과 같이 관련되어 있다.

$$1\text{ lbm} = 0.45359\text{ kg}$$

$$1\text{ ft} = 0.3048\text{ m}$$

영미 시스템에서, 힘은 통상적으로 1차 차원의 하나로 간주되며, 이는 유도되지 않은 단위로 할당된다. 이것이 많은 공식에서 차원을 갖는 상수(g_c)의 이용을 필요로 하는 혼동과 오류의 원인이 된다. 이런 성가신 일을 피하기 위해, 힘을 Newton의 제 2법칙으로부터 유도되는 단위를 갖는 2차 차원으로 고려한다. 즉,

$$\text{힘} = (\text{질량})\,(\text{가속도})$$

또는

$$F = ma \qquad (1\text{-}1)$$

SI에서 힘의 단위는 뉴턴(N)이고, 이는 **1 kg의 질량을 1 m/s²의 비율로 가속시키는데 필요한 힘**으로 정의된다. 영미 시스템에서 힘의 단위는 **파운드-힘(lbf)**이고, 이는 **32.174 lbm(1 slug)의 질량을 1 ft/s²의 비율로 가속시키는데 필요한 힘**으로 정의된다(그림 1-29).
즉,

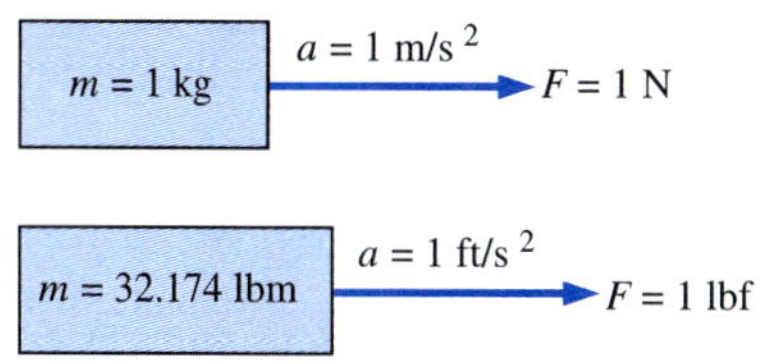

그림 1-29
힘의 단위의 정의.

$$1\text{ N} = 1\text{ kg}\cdot\text{m/s}^2$$

$$1\text{ lbf} = 32.174\text{ lbm}\cdot\text{ft/s}^2$$

그림 1-30에 보인 바와 같이, 1 N의 힘은 대략 작은 사과($m = 102\ g$)의 중량에 해당하고, 1 lbf의 힘은 대략 중간 크기의 사과 네 개($m_{total} = 454\ g$)의 중량에 해당한다. 유럽의 여러 국가에서 보편적으로 사용하고 있는 또 다른 힘의 단위는 **킬로그램-힘**(kgf)인데, 이는 해수면에서 질량 1 kg의 중량이다(1 kgf = 9.807 N).

중량이란 용어는 종종 질량을 표현할 곳에 오용되는데, 특히 "체중에 신경 쓰는 사람"에 의해 잘못 사용된다. 질량과 달리 중량 *W*는 **힘**이다. 이는 어떤 물체에 작용하는 중력이고, 그 크기는 다음과 같은 Newton의 제 2법칙에 기초한 방정식으로부터 결정된다.

$$W = mg \qquad (\text{N}) \qquad (1\text{-}2)$$

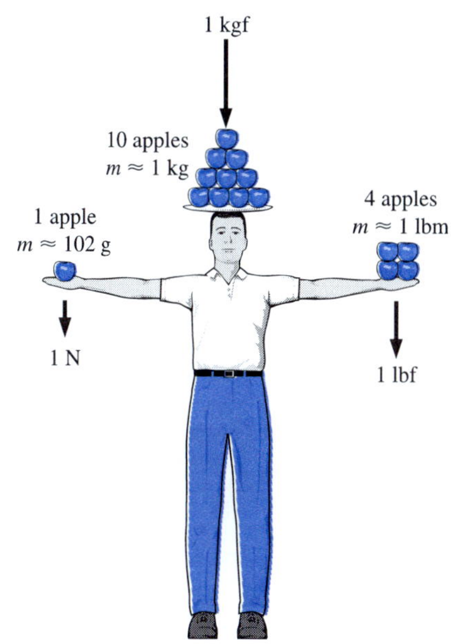

그림 1-30
힘의 단위 뉴턴(N), 킬로그램-힘(kgf)과 파운드-힘(lbf)의 상대적 크기.

여기서 m은 물체의 질량이고, g는 국소 중력가속도(g는 위도 45°의 해수면에서 9.807 m/s² 또는 32.174 ft/s²)이다. 보통의 목욕탕 저울로 신체에 작용하는 중력을 측정한다. 물체의 단위 부피 당 중량은 **비중량(specific weight)** γ로 불리고 이는 $\gamma = \rho g$로부터 결정되는데, 여기서 ρ는 밀도이다.

물체의 질량은 우주의 어느 곳에 있던지 동일하게 유지된다. 그러나 중량은 중력가속도가 바뀌면 따라 변한다. 고도에 따라 g가 (작은 양) 감소하기 때문에 산꼭대기에서 몸무게는 덜 나가게 된다(작은 양만큼). 달 표면에서 우주인의 몸무

그림 1-31
지구에서 몸무게 150 lbf은 달에서는 단지 25 lbf가 될 것이다.

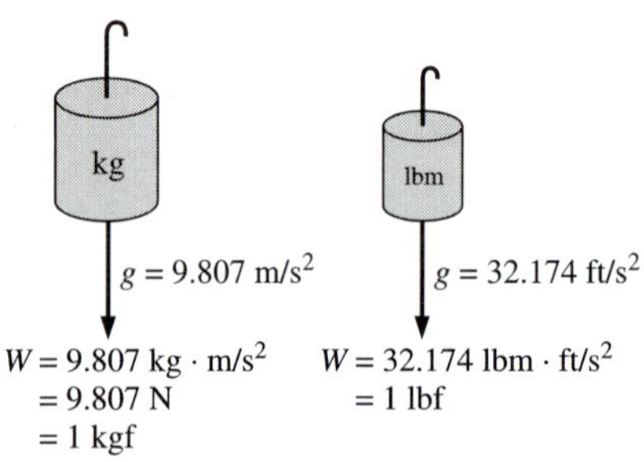

그림 1-32
해수면에서 단위 질량의 중량.

게는 그녀 또는 그가 보통 지구상에서 재는 체중의 약 6분의 1이 된다(그림 1-31).

그림 1-32에 예시한 바와 같이, 해수면에서 질량 1 kg은 9.807 N의 중량을 갖는다. 그러나 1 lbm의 질량은 1 lbf의 중량을 가진다. 이것이 사람들로 하여금 파운드-질량과 파운드-힘을 서로 교환하여 그냥 파운드(lb)로 사용할 수 있다고 믿도록 호도하는 것이며, 또한 영미 시스템에서 주된 오류의 원천이 되고 있다.

질량에 작용하는 **중력**은 질량들 사이의 **인력**에 기인하며, 따라서 이는 질량의 크기에 비례하고 질량들 사이의 거리의 제곱에 반비례한다는 점을 주목해야 한다. 그러므로 어떤 위치에서의 중력가속도 g는 지각의 **국소 밀도**, 지구 중심까지의 **거리** 그리고 비교적 작지만 달과 해의 위치에 의존한다. g의 값은 해수면 이하 4500 m에서 9.8295 m/s^{2}부터, 해수면 위로 100,000 m에서 7.3218 m/s^{2}까지 위치에 따라 변한다. 그러나 고도 30,000 m까지는, g의 변화는 해수면 값인 9.807 m/s^{2}인 **상수**로 가정될 수 있으며, 이는 종종 반올림하여 9.81 m/s^{2}이다. 흥미로운 것은 해수면 아래의 위치에서, g의 값은 해수면으로부터의 거리에 따라 증가하다가 약 4500 m에서 최대값에 도달하고, 그런 다음 감소하기 시작한다는 점이다(지구 중심에서 g의 값은 얼마라고 생각하는가?).

질량과 중량이 혼동되는 주된 원인은 질량이 통상적으로 그 질량에 작용하는 **중력**을 측정함으로써 **간접적**으로 측정되기 때문이다. 또한 이 접근 방법은 공기의 부력과 유체 운동과 같은 다른 효과들에 의해 작용하는 힘들은 무시할 수 있다고 가정한다. 이는 마치 별까지의 거리를 별의 적색편이(red shift)를 측정함으로써 측정한다거나, 또는 비행기의 고도를 대기압을 측정함으로써 측정하는 것과 같다. 이들 모두는 역시 간접적 측정이다. 질량 측정의 올바른 **직접적** 방법은 측정하고자 하는 질량을 기존에 알고 있는 질량과 비교하는 것이다. 이는 성가신 일이지만, 보정(calibration)과 귀금속의 측정을 위해 대부분 이 방법이 사용되고 있다.

에너지의 한 형태인 **일(work)**은 힘 곱하기 거리로 간단히 정의될 수 있다. 그러므로 일은 "뉴턴-미터(N . m)"의 단위를 가지며 **줄(J)**이라 불린다. 즉,

$$1\ \text{J} = 1\ \text{N} \cdot \text{m} \qquad (1\text{-}3)$$

SI에서 에너지에 대한 보다 보편적인 단위는 킬로줄(1 kJ = 10^3 J)이다. 영미 시스템에서 에너지 단위는 Btu(영국 열 단위)이며, 이는 68°F에서 물 1 lbm를 1°F 올리는데 필요한 에너지로 정의된다. 미터법에서는 14.5℃에서 물 1 g을 1℃ 올리는데 필요한 에너지의 양이 1 **칼로리(cal)**로 정의되고, 1 cal = 4.1868 J이다. 킬로줄과 Btu의 크기는 거의 같다(1 Btu = 1.0551 kJ).

차원의 동차성

그림 1-33
차원적으로 동차가 되기 위해, 방정식 내의 모든 항은 동일한 단위를 가져야만 한다.

우리 모두는 사과와 오렌지는 서로 덧셈하지 않는다는 것을 알고 있다. 그러나 어쨌든 그런 일을 하곤 한다(물론 실수로). 공학에서 모든 방정식은 **차원의 동차성(dimensional homogeneity)**을 만족해야만 한다. 즉 방정식의 모든 항들은 동일한 차원을 가져야만 한다(그림 1-33). 해석의 어떤 단계에서 다른 차원이나 단위를 갖는 두 개의 양을 더해야 한다면, 이는 앞선 단계에서 실수를 했다는 분명한 표시이다. 그러므로 차원(또는 단위)을 검산하는 것은 실수를 찾아내는 값진 도구로 이용될 수 있다.

예제 1-2 단위의 불일치로부터 실수 찾아내기

문제 풀이 중에 한 사람이 어떤 단계에서 다음의 방정식에 도달하였다.

$$E = 25\text{ kJ} + 7\text{ kJ/kg}$$

풀이 해석 중에 단위가 일치하는 않는 관계식을 얻었다. 고칠 것을 찾아야 하고, 실수에 대한 가능한 원인을 결정하여야 한다.

해석 우변의 두 항은 같은 단위를 갖고 있지 않으며, 따라서 이들은 총에너지를 얻기 위해 더해질 수 없다. 질량을 맨 끝항에 곱함으로써 분모의 킬로그램을 없앨 수 있고, 전체 방정식이 차원적으로 동차가 될 것이다. 즉 방정식의 모든 항이 같은 단위를 갖게 된다.

토의 분명히 이 실수는 앞선 단계에서 마지막 항에 질량을 곱하는 것을 잊어버렸기 때문이었다.

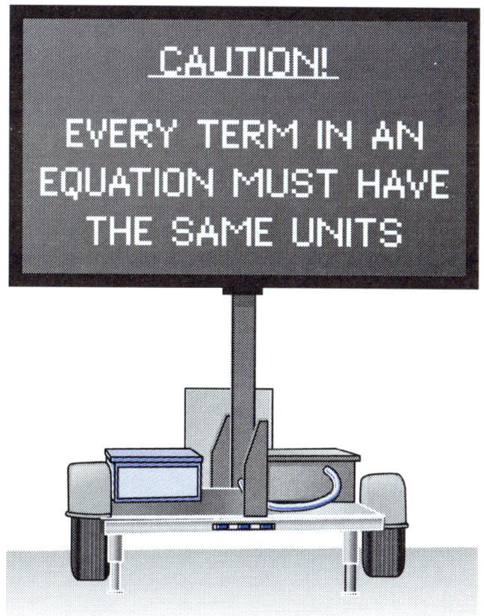

그림 1-34
계산에 있어서 항상 단위를 검토하라.

단위가 문제 풀이 과정에 조심스럽게 사용되지 않을 경우, 이는 굉장한 두통거리가 된다는 점을 경험으로부터 알고 있을 것이다. 그러나 다소간의 주의와 수완으로, 단위들은 유용하게 이용될 수 있다. 이들은 공식을 검산하는데 이용될 수 있으며, 다음의 예제에서 설명되는 것같이 때때로 공식을 **유도하는** 데 이용될 수도 있다.

차원적으로 동차가 아닌 공식은 틀림없이 잘못된 것이지만(그림 1-34), 차원적으로 동차인 공식도 반드시 옳은 것만은 아님을 독자들은 명심해야 한다.

예제 1-3 단위를 고려함으로써 공식을 구하기

밀도가 $\rho = 850\text{ kg/m}^3$인 기름이 탱크에 채워져 있다. 탱크의 부피가 $V = 2\text{ m}^3$이라면, 탱크 안의 질량 m을 구하라.

풀이 기름 탱크의 부피가 주어져 있다. 기름의 질량을 결정하고자 한다.

가정 기름은 거의 비압축성 물질이며 따라서 기름의 밀도는 일정하다.

해석 그림 1-35은 방금 설명한 시스템의 스케치를 보여준다. 질량이 밀도와 부피에 관계되는 공식을 잊었다고 가정하자. 그러나 질량은 킬로그램의 단위를 갖고 있음을 안다. 즉 무슨 계산을 하더라도 킬로그램 단위로 끝나야 한다. 주어진 정보를 있는 그대로 표현하면 다음과 같다.

$$\rho = 850\text{ kg/m}^3 \qquad \text{및} \qquad V = 2\text{ m}^3$$

이들 두 가지 양을 곱함으로써 m^3을 제거해 kg으로 끝낼 수 있음이 분명하다. 그러므로 찾는 공식은 다음과 같아야 한다.

$$m = \rho V$$

따라서,

$$m = (850\text{ kg/m}^3)(2\text{ m}^3) = \mathbf{1700\text{ kg}}$$

토의 이와 같은 접근법은 보다 복잡한 공식에는 통하지 않을 수 있음을 주의하라. 무차원 상수가 또한 공식에 나타날 수도 있으며, 이들은 단위 고려만으로는 유도될 수 없다.

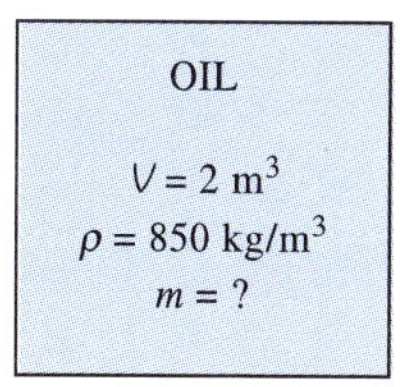

그림 1-35
예제 1-3에 대한 개요.

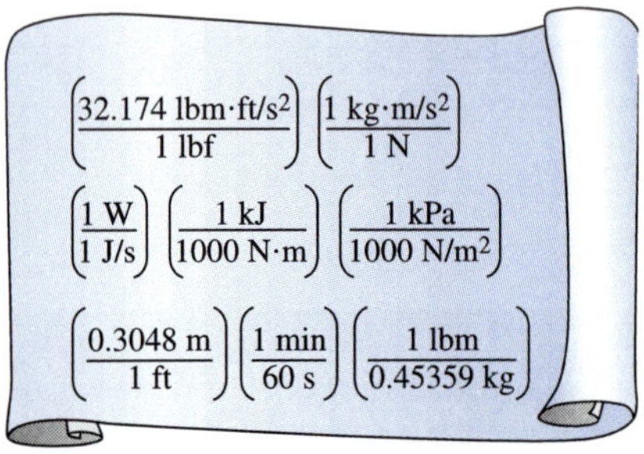

그림 1-36
모든 단일 변환 비율은(그것의 역수도 또한) 정확히 1과 같다. 여기 보인 것은 보통 이용되는 몇몇 단일 변환 비율이다.

단일 변환 비율

모든 1차 차원이 아닌 차원들은 1차 차원들의 적절한 결합으로 형성될 수 있는 것과 마찬가지로, **모든 1차 단위가 아닌 단위(2차 단위)들은 1차 단위들의 결합으로 형성될 수 있다**. 예를 들면 힘의 단위는 다음과 같이 표현될 수 있다.

$$\text{N} = \text{kg}\frac{\text{m}}{\text{s}^2} \quad \text{및} \quad \text{lbf} = 32.174\ \text{lbm}\frac{\text{ft}}{\text{s}^2}$$

이들은 또한 **단일 변환 비율**(unity conversion ratio)로 아래와 같이 보다 편리하게 표현될 수 있다.

$$\frac{\text{N}}{\text{kg}\cdot\text{m/s}^2} = 1 \quad \text{및} \quad \frac{\text{lbf}}{32.174\ \text{lbm}\cdot\text{ft/s}^2} = 1$$

단일 변환 비율은 정확히 1이고 단위가 없으며, 따라서 이러한 비율들(또는 역수들)은 단위를 적절히 변환하기 위한 어떤 계산에도 편리하게 포함될 수 있다(그림 1-36). 단위를 변환할 때 여기에 주어진 바와 같은 단일 변환 비율을 항상 사용할 것을 독자들에게 권장한다. 몇몇 교재들은 힘의 단위들을 맞추기 위하여 $g_c = 32.174\ \text{lbm}\cdot\text{ft/lbf}\cdot\text{s}^2 = \text{kg}\cdot\text{m/N}\cdot\text{s}^2 = 1$로 정의된 구식의 중력상수 g_c를 방정식에 포함하고 있다. 불필요한 혼동을 초래하므로, 저자들은 이를 사용하지 않도록 하고 있다. 대신에 학생들은 단일 변환 비율을 사용하기를 권장한다.

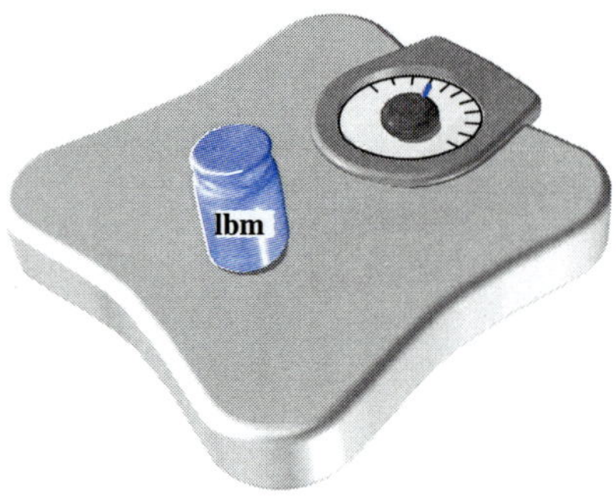

그림 1-37
질량 1 lbm는 지구에서 1 lbf의 중량이 나간다.

예제 1-4 1 파운드-질량의 중량

단일 변환 비율을 이용하여, 1.00 lbm이 지구에서 1.00 lbf의 중량이 됨을 보여라(그림 1-37)

풀이 1.00 lbm의 질량은 표준 지구 중력을 받는다. 이 질량의 중량을 lbf 단위로 결정하고자 한다.

가정 표준 해수면 조건을 가정한다.

상태량 중력 상수는 $g = 32.174\ \text{ft/s}^2$이다.

해석 알고 있는 질량과 가속도에 상응하는 중량(힘)을 계산하기 위해 Newton의 제 2법칙을 적용한다. 어떤 물체의 중량은 그 질량에 국소 중력가속도를 곱한 것과 같다. 따라서,

$$W = mg = (1.00\ \text{lbm})(32.174\ \text{ft/s}^2)\left(\frac{1\ \text{lbf}}{32.174\ \text{lbm}\cdot\text{ft/s}^2}\right) = \mathbf{1.00\ lbf}$$

토의 이 식에서 큰 괄호 내의 양은 단일 변환 비율이다. 질량은 그 질량의 위치와 관계없이 동일하다. 그러나 다른 중력가속도를 갖는 다른 행성에서는 1 lbm에 상응하는 중량은 여기서 계산된 것과는 다를 것이다.

그림 1-38
미터법 단위에 있어서의 익살스런 한 마디.

아침 식사용 시리얼 한 박스를 샀을 때, 그 박스에는 "순 중량: 1 파운드(454 그램)"이라고 쓰여 있을 것이다(그림 1-38 참조). 기술적으로 이는 박스 속의 시리얼이 지구상에서 1.00 lbf의 중량이 나가고 453.6 g(0.4536 kg)의 질량을 가짐을

의미한다. Newton의 제 2법칙을 이용하면, 미터법으로 지구상에서의 시리얼의 실제 중량은 다음과 같다.

$$W = mg = (453.6\ \text{g})(9.81\ \text{m/s}^2)\left(\frac{1\ \text{N}}{1\ \text{kg}\cdot\text{m/s}^2}\right)\left(\frac{1\ \text{kg}}{1000\ \text{g}}\right) = 4.49\ \text{N}$$

요약 SUMMARY

이 장에서는 몇몇 유체역학의 기본 개념을 소개하고 논의하였다. 액체와 기체 상태의 물질을 **유체**라 부른다. **유체역학**은 정지해 있거나 또는 운동 중인 유체의 거동과 경계에서 유체와 고체 또는 다른 유체 사이의 상호작용을 다루는 과학이다.

표면 위를 지나는 제한되지 않는 유체의 유동은 **외부 유동**이고, 유체가 완전히 고체 표면으로 제한되어 있다면 파이프 또는 덕트 내의 유동은 **내부 유동**이다. 유동 중인 유체의 밀도 변화에 따라서, 유체 유동은 **압축성** 또는 **비압축성**으로 분류된다. 액체의 밀도는 본질적으로 일정하고, 따라서 액체의 유동은 전형적인 비압축성이다. **정상**이라는 용어는 **시간에 따른 변화가 없음**을 의미한다. 정상의 반대는 **비정상**이다. **균일**이라는 용어는 특정한 영역에 걸쳐서 **위치에 따른 변화가 없음**을 의미한다. 단지 하나의 차원으로만 상태량이나 변수가 변할 때 그 유동을 **1차원**적이라 한다. 고체 표면과 직접 접촉하고 있는 유체는 표면에 달라붙어서 미끄러짐이 없다. 이 현상은 **점착조건**으로 알려져 있으며, 이 때문에 고체 표면을 따라서 **경계층**이 형성된다. 본 교재에서는 내부와 외부 유동 모두에 대해 정상 비압축성 점성 유동을 집중적으로 다루고 있다.

일정한 질량의 시스템은 **닫힌 시스템**이라 불리고, 경계를 가로질러 질량 전달을 수반하는 시스템은 **열린 시스템** 또는 **검사체적**이라 불린다. 많은 공학 문제는 시스템을 출입하는 질량 유동을 수반하며, 따라서 검사체적으로 모델링 된다.

참고문헌과 권장도서 REFERENCES AND SUGGESTED READING

1. American Society for Testing and Materials. *Standards for Metric Practice*. ASTM E 380-79, January 1980.
2. G. M. Homsy, H. Aref, K. S. Breuer, S. Hochgreb, J. R. Koseff, B. R. Munson, K. G. Powell, C. R. Robertson, and S. T. Thoroddsen. *Multi-Media Fluid Mechanics* (CD). Cambridge: Cambridge University Press, 2000.
3. M. Van Dyke. *An Album of Fluid Motion*. Stanford, CA: The Parabolic Press, 1982.

연습문제* PROBLEMS

서론, 분류와 시스템

1-1C 내부, 외부와 개수로 유동을 정의하라.

1-2C 비압축성 유동과 비압축성 유체를 정의하라. 압축성 유체의 유동은 필수적으로 압축성으로 취급되어야만 하는가?

1-3C 점착조건이란 무엇인가? 이는 무엇 때문인가?

1-4C 강제 유동이 무엇인가? 이는 자연 유동과 어떻게 다른가? 바람에 의한 유동은 강제 유동인가 또는 자연 유동인가?

1-5C 경계층은 무엇인가? 경계층이 발달하게 되는 원인은 무엇인가?

1-6C 고전적 및 통계적 접근법 사이의 차이점은 무엇인가?

1-7C 정상-유동 과정이란 무엇인가?

1-8C 응력, 수직응력, 전단응력과 압력을 정의하라.

1-9C 시스템, 주위와 경계란 무엇인가?

1-10C 어떤 경우 시스템을 닫힌 시스템이라 하고, 어떤 경우 시스템을 검사체적이라 하는가?

질량, 힘, 및 단위

1-11C 파운드-질량과 파운드-힘 사이의 차이는 무엇인가?

1-12C kg-질량과 kg-힘 사이의 차이는 무엇인가?

1-13C 70 km/h의 일정 속도로 운행하는 자동차 위에 작용하는 순수 힘은 (*a*) 수평인 길에서 (*b*) 오르막길에서 얼마인가?

1-14 부피가 0.2 m^3인 3 kg의 플라스틱 탱크가 액체 상태의 물로 채워져 있다. 물의 밀도는 1000 kg/m^3이라 가정할 때, 통합 시스템의 중량을 결정하라.

1-15 크기가 6 m × 6 m × 8 m인 방안에 담겨 있는 공기의 질량과 중량을 결정하라. 공기의 밀도는 1.16 kg/m^3으로 가정하라.

답: 334.1 kg, 3277 N

---

*"C"로 표시된 문제는 개념 문제이고, 학생들은 모든 문제에 답하도록 권장된다. 아이콘으로 표시된 문제는 EES를 이용하여 푸는 문제로서, 매개변수 연구와 함께 완전한 풀이가 동봉된 DVD에 수록되어 있다. 아이콘으로 표시된 문제는 본질상 종합적인 문제로서 컴퓨터로, 가급적 본 교재에 동반된 EES 소프트웨어를 이용해, 풀도록 의도된 것이다.

1-16 위도 45°에서, 해수면 위의 고도 z의 함수로서 중력가속도는 $g = a - bz$로 주어진다. 여기서 $a = 9.807\ \text{m/s}^2$이고 $b = 3.32 \times 10^{-6}\ \text{s}^{-2}$이다. 물체의 중량이 1퍼센트 감소하는 해수면 위의 높이를 결정하라.

답: 29,539 m

1-17E 150 lbm인 우주인이 그의 목욕 저울(용수철 저울)과 천칭 저울(질량을 비교하는)을 현지 중력 $g = 5.48\ \text{ft/s}^2$인 달로 가져갔다. 그가 (*a*) 용수철 저울에서 및 (*b*) 천칭 저울에서 얼마의 중량이 나갈지를 결정하라.

답: (*a*) 25.5 lbf; (*b*) 150 lbf

1-18 고속 비행기의 가속도는 종종 몇 g로(중력의 표준 가속도의 배수로) 표현된다. 90 kg인 사람이 가속도가 6 g인 비행기 안에서 경험하게 될 순수 상향력(순수하게 위쪽을 향하는 힘)을 N 단위로 결정하라.

1-19 국소 중력가속도가 $9.79\ \text{m/s}^2$인 곳에서, 5 kg인 바위를 150 N의 힘으로 위로 던져 올려진다. 바위의 가속도를 m/s^2 단위로 결정하라.

1-20 EES(또는 다른) 소프트웨어를 이용하여 문제 1-19를 푼다. 적합한 단위를 가진 수치 결과를 포함한 전체 해를 출력하라.

1-21 중력가속도 g의 값은 해수면에서 $9.807\ \text{m/s}^2$로부터 대형 여객 항공기가 순항하는 고도 13,000 m에서 $9.767\ \text{m/s}^2$까지 고도에 따라 감소한다. 해수면에서의 항공기 중량에 비해 13,000 m에서 순항하는 항공기 중량의 감소 퍼센트를 결정하라.

1-22 지게차가 90.5 kg의 짐을 1.80 m 들어올린다. (a) 단일 변환 비율을 이용하여 그리고 모든 계산과정을 보이면서 kJ 의 단위로 크레인 위의 지게차에 의해 행해진 일을 계산하라. (b) 만약 짐을 들어 올리는데 12.3 초가 걸린다면 kW 단위로 짐에 공급된 유용한 동력을 계산하라.

1-23 건물 화재를 진화하기 위해 소방차의 붐(boom)이 소방관(그리고 그의 장비, 총 무게 1,250 N)을 18 m 상공으로 들어올린다. (a) 단일 변환 비율을 이용하여 그리고 모든 계산과정을 보이면서, kJ 단위로 소방차의 붐에 의해 행해진 일을 계산하라. (b) 만약 소방관을 들어올리기 위해 붐에 공급된 유용한 동력이 2.6 kW라면, 소방관을 들어올리기 위해 걸린 시간을 예측하라.

1-24E 한 학생이 아파트 침실용으로 5000 Btu인 창문형 에어컨을 산다. 그는 더운 날 한 시간 동안 에어컨을 모니터 하고 그리고 방을 거의 일정한 온도로 유지하기 위해 대략 시간의 60 퍼센트(가동률 = 60 퍼센트)를 에어컨 운전을 해야 한다고 결정한다. (a) 단일 변환 비율을 이용하여 그리고 모든 계산과정을 보이면서, kJ/h와 kW 단위로 벽, 유리창, 등을 통해 침실로 전달되는 열전달률을 계산하라. (b) 만약 에어컨의 에너지 효율비(EER)가 9.0이고 전기 비용이 킬로와트-시 당 7.5 센트라면, 한 시간 동안 에어컨을 가동하기 위해 그가 지불할 비용을 계산하라.

1-25 정원 호스로부터 20℃의 물이 2.85초에 2.0 L 용기에 채워지고 있다. 단일 변환 비율을 이용하여 그리고 모든 계산과정을 보이면서, 분당 리터(Lpm)로 체적유량과 kg/s로 질량유량을 계산하라.

1-26 비행기가 수평으로 55.0 m/s로 날고 있다. 비행기의 프로펠러는 공기역학적 항력(후방을 향한 힘)을 극복하기 위해 1500 N의 추력(전방을 향한 힘)을 필요로 한다. 차원적 추론과 단일 변환 비율을 이용하여 프로펠러에 의해 전달되는 유용한 동력을 kW와 마력 단위로 계산하라.

1-27 문제 1-26의 비행기의 무게가 1450 lbf라면, 비행기가 55.0 m/s로 비행할 때 날개에 의해 발생되는 양력을 예측하라(lbf와 N 단위로).

1-28 EES를 이용하여 다음 방정식의 양의 실근을 결정하라.

$$2x^3 - 10x^{0.5} - 3x = -3$$

1-29 EES를 이용하여 두 개의 미지수를 갖는 두 개의 방정식 시스템을 푸시오.

$$x^3 - y^2 = 7.75$$

$$3xy + y = 3.5$$

1-30 EES를 이용해 세 개의 미지수를 갖는 세 개의 방정식 시스템을 푸시오.

$$2x - y + z = 5$$

$$3x^2 + 2y = z + 2$$

$$xy + 2z = 8$$

1-31 EES를 이용해 세 개의 미지수를 갖는 세 개의 방정식 시스템을 푸시오.

$$x^2y - z = 1$$

$$x - 3y^{0.5} + xz = -2$$

$$x + y - z = 2$$

복습 문제

1-32 고도에 따라 중력가속도 g가 변하므로 몸무게는 지역에 따라 다소 변할 수 있다. 문제 1-16의 관계식을 이용한 이런 변화를 감안하여, 80 kg인 사람의 해수면에서($z = 0$), Denver에서($z = 1610$ m)와 에베레스트 산 꼭대기($z = 8848$ m)에서의 중량을 결정하라.

1-33 한 사람이 저녁을 위해 스테이크를 사려고 재래시장에 간다. 그는 12 oz(1 lbm = 16 oz)에 $3.15 하는 스테이크를 찾았다. 그는 다시 인근 국제 시장에 가서 320 g에 $2.80하는 동일한 질의 스테이크를 찾았다. 어느 스테이크를 사는 게 나은가?

1-34 비행기를 앞으로 추진하기 위해 제트 엔진에 의해 생성된 반작용 힘을 추력이라 부른다. 보잉 777 엔진에 의해 생성된 추력은 약 85,000 lbf이다. 이 추력을 N과 kgf로 표현하라.

설계 및 논술 문제

1-35 지난 역사에 걸쳐 사용된 다양한 질량과 체적 측정 장치에 관한 에세이를 쓰시오. 또한 질량과 체적에 대한 현대식 단위의 발전을 설명하라.

CHAPTER 02

유체의 상태량

이 장에서는 유체 유동의 해석에서 만나게 되는 상태량을 토의한다. 우선 **강성적** 및 **종량적 상태량**을 토의하고 **밀도**와 **비중**을 정의한다. 다음으로 상태량인 **증기압**, **에너지**와 그의 다양한 형태, 그리고 이상기체와 비압축성 물질의 **비열**을 토의한다. 그 뒤, 유체 유동의 거의 모든 측면에서 지배적인 역할을 하는 상태량인 **점성**을 토의한다. 끝으로 상태량인 **표면장력**을 소개하고, 정적 평형조건으로부터 **모세관 상승**을 결정한다. 상태량 압력은 유체 정역학과 더불어 3장에서 논의한다.

목표

이 장을 공부하면 다음과 관련된 지식을 얻을 수 있다.

- 유체의 기본 상태량에 대한 실질적 지식의 습득과 연속체 가정에 대한 이해
- 점성과 유체 유동에서 점성이 야기하는 마찰 효과의 결과에 대한 실질적 지식의 습득
- 표면장력 효과에 기인하는 튜브 내의 모세관 상승(또는 하강)의 계산

액체가 작은 튜브로부터 강제로 밀려나올 때 액적을 형성한다. 액적의 모양은 압력, 중력, 그리고 표면장력의 평형에 의해 결정된다.

2-1 ■ 서론

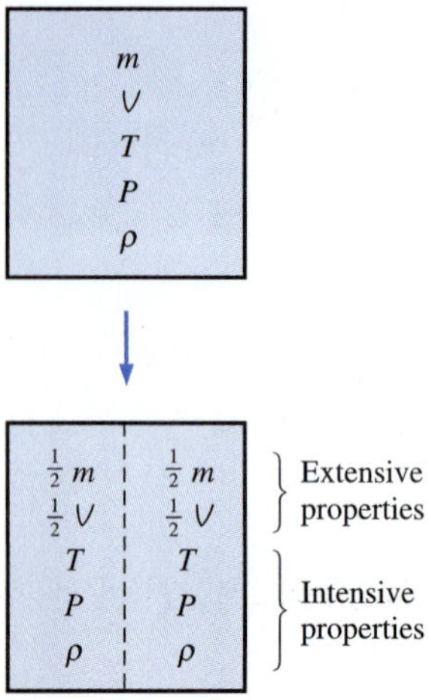

그림 2-1
강성적 상태량과 종량적 상태량을 구분하는 기준.

한 시스템의 어떤 특성을 **상태량(property)**이라 부른다. 몇몇 친숙한 상태량은 압력 P, 온도 T, 부피 V와 질량 m이다. 이 목록은 점성, 열전도도, 탄성계수, 열팽창계수, 전기 저항 그리고 심지어 속도와 고도 같은 덜 친숙한 것들을 포함하여 확장될 수 있다.

상태량은 **강성적** 또는 **종량적** 중의 하나로 간주된다. 강성적 상태량(intensive property)은 시스템의 질량과 무관한 상태량으로, 온도, 압력 및 밀도와 같은 것들이다. 종량적 상태량(extensive property)은 시스템의 크기 — 또는 범위 — 에 따라 결정되는 상태량이다. 총 질량, 총 체적과 총 운동량은 종량적 상태량의 일부 예이다. 그림 2-1에 보인 바와 같이, 상태량이 강성적인지 또는 종량적인지를 결정하는 쉬운 방법은 시스템을 가상의 분할 판을 이용하여 동일한 두 부분으로 나눠보는 것이다. 각 부분의 강성적 상태량의 값은 원래의 시스템과 동일할 것이지만, 종량적 상태량의 값은 절반이 될 것이다.

일반적으로 대문자는 종량적 상태량을 표시하는 데 사용되고(질량 m을 주된 예외로 하며), 소문자는 강성적 상태량에(압력 P와 온도 T는 분명한 예외로 하며) 사용된다.

단위 질량 당 종량적 상태량은 **비상태량(specific property)**이라 불린다. 몇 가지 비상태량의 예로 비체적 ($v = V/m$)과 비총에너지($e = E/m$)가 있다.

시스템의 상태는 시스템의 상태량으로 기술된다. 그러나 경험으로부터 상태를 확정키 위해 모든 상태량을 규정할 필요는 없음을 알고 있다. 충분한 수의 상태량 값들이 규정되어 있다면, 그 나머지 상태량들도 어떤 값들을 갖게 되어 있다. 즉 하나의 상태를 확정하기 위해 몇몇 개수의 상태량을 규정하는 것으로 충분하다. 시스템의 상태를 확정하기 위해 필요한 상태량의 개수는 **상태 가설(state postulate)**로 주어지며, 이는 **단순 압축성 시스템의 상태는 두 개의 독립적인 강성적 상태량에 의해 완전히 규정된다**는 것이다.

하나의 상태량이 다른 하나의 상태량을 일정하게 유지한 채 변화할 수 있다면, 이 두 개의 상태량은 독립적이다. 모든 상태량이 독립적인 것은 아니며, 2-2절에 설명된 바와 같이 일부는 다른 상태량들의 항으로 정의된다.

그림 2-2
비행 중인 갈매기들처럼 대부분의 유동과 관련된 길이 척도는 공기 분자의 평균자유행로보다 수 차수 크다. 그러므로 이 교재에서 고려되는 모든 유체 유동에 대해서, 연속체 이상화는 적절하다.
ⓒ Getty RF

연속체

유체는 공간상으로 넓게 떨어져 있는 원자들로 구성되어 있으며 특히 기체 상에서 그렇다. 그러나 물질의 원자적 본질을 무시하고 그것을 구멍이 없는 연속적이고, 균질적인 물질로, 즉 연속체(continuum)로 보는 것이 편리하다. 연속체로 이상화하는 것은 상태량을 점 함수로 다룰 수 있도록 하며, 상태량이 공간에서 급격한 불연속이 없이 연속적으로 변하는 것을 가정할 수 있도록 한다. 이와 같은 이상화는 다루는 시스템의 크기가 분자 사이의 공간에 비해 클 경우에 한하여 성립한다(그림 2-2). 이는 몇몇 특수한 경우를 제외하고, 실제적으로 모든 문제에 해당되는 경우이다. 연속체 이상화는 "유리잔 속의 물의 밀도는 어느 점에서나 동일하다"라는 것과 같은 많은 서술 속에 함축되어 있다.

분자 수준에 관련된 거리의 개념을 갖기 위해, 대기압 조건에서 산소로 채워져 있는 용기를 고려하자. 산소 분자의 직경은 약 3×10^{-10} m이고 그 질량은 5.3×10^{-26} kg이다. 또한 1기압 및 20℃에서 산소의 **평균자유행로**는 6.3×10^{-8} m이다. 즉 산소 분자는 그것이 다른 분자와 충돌하기 전에 평균적으로 6.3×10^{-8} m의 거리(약 분자 직경의 200배)를 이동한다.

또한 1기압과 20℃에서 1 mm³의 작은 부피 내에 약 3×10^{16}개의 산소 분자가 있다(그림 2-3). 연속체 모델은 시스템의 특성 길이(시스템의 직경과 같은)가 분자의 평균자유행로보다 매우 클 경우 적용 가능하다. 매우 낮은 압력, 즉 매우 높은 고도에서, 평균자유행로는 커질 수 있다(예로서, 100 km의 고도에서 대기의 평균자유행로는 약 0.1 m이다). 이와 같은 경우에 대하여 **희박기체 유동** 이론이 사용되어야 하고, 개별 분자의 충돌이 고려되어야 한다. 본 교재에서는 연속체로 모델링 될 수 있는 물질에 한정하여 고려한다.

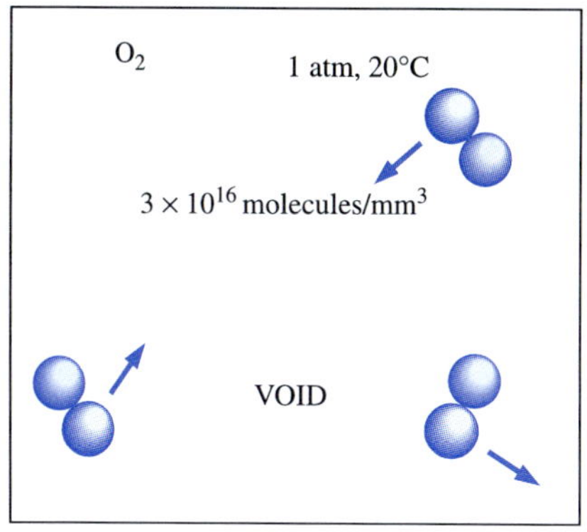

그림 2-3
분자들 사이의 상대적으로 넓은 간격에도 불구하고, 극단적으로 작은 부피 내에서조차 매우 많은 수의 분자들로 인해 기체는 보통 연속체로서 취급될 수 있다.

2-2 ▪ 밀도와 비중

밀도는 단위 부피 당 질량으로 정의된다(그림 2-4). 즉,

밀도:
$$\rho = \frac{m}{V} \quad (\text{kg/m}^3) \tag{2-1}$$

밀도의 역수는 **비체적 v**인데, 이는 **단위 질량 당 부피**로 정의된다. 즉, $v = V/m = 1/\rho$이다. 미소 체적 요소의 질량 δm과 부피 δV에 대해, 밀도는 $\rho = \delta m/\delta V$로 표현될 수 있다.

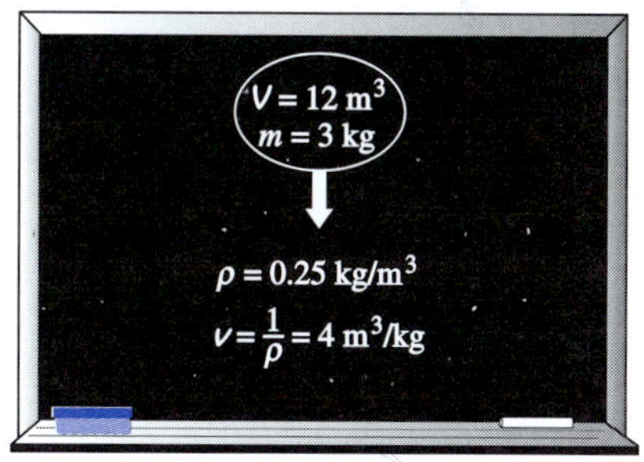

그림 2-4
밀도는 단위 체적 당 질량이고, 비체적은 단위 질량 당 체적이다.

일반적으로, 물질의 밀도는 온도와 압력에 의존한다. 대부분 기체의 밀도는 압력에 비례하고 온도에 반비례한다. 반면에 액체와 고체는 본질적으로 비압축성 물질이며, 그들의 압력에 따른 밀도 변화는 보통 무시할만하다. 예를 들면 20℃에서 물의 밀도는 1기압에서 998 kg/m³으로부터 100기압에서 1003 kg/m³까지, 고작 0.5퍼센트 변화한다. 액체와 고체의 밀도는 압력보다는 온도에 보다 강하게 의존한다. 예를 들면 1기압에서 물의 밀도는 20℃에서 998 kg/m³으로부터 75℃에서 975 kg/m³까지, 2.3퍼센트 변하며, 이는 많은 공학 해석에서 여전히 무시할 수 있다.

때때로 물질의 밀도는 잘 알려진 물질의 밀도와 상대적인 값으로 주어진다. 그리고 이를 비중(specific gravity) 또는 **상대 밀도**라고 부르며, **규정된 온도에서 표준물질의 밀도**(보통은 4℃의 물, $\rho_{H_2O} = 1000$ kg/m³)**에 대한 고려하는 물질의 밀도의 비**로 정의된다. 즉,

비중:
$$SG = \frac{\rho}{\rho_{H_2O}} \tag{2-2}$$

물질의 비중은 무차원 양인 것에 주목하라. 그러나 물질의 비중의 수치값은 SI 단위로 g/cm³ 또는 kg/L(또는 kg/m³으로 표시된 밀도의 0.001배)로 표시한 그 물질의 밀도와 똑 같으며, 이는 4℃에서 물의 밀도는 1 g/cm³ = 1 kg/L = 1000 kg/m³이기 때문이다. 예를 들면 20℃에서 수은의 비중은 13.6이다. 그러므로 20℃에서 수은의 밀도는 13.6 g/cm³ = 13.6 kg/L = 13,600 kg/m³이다. 0℃에서 몇몇 물질의 비중이 표 2-1에 주어져 있다. 비중이 1보다 작은 물질은(만약 섞이지 않는다면)

표 2-1
1기압 및 20°C (별도로 언급하지 않은 한)에서 몇몇 물질의 비중

Substance	SG
Water	1.0
Blood (at 37°C)	1.06
Seawater	1.025
Gasoline	0.68
Ethyl alcohol	0.790
Mercury	13.6
Balsa wood	0.17
Dense oak wood	0.93
Gold	19.3
Bones	1.7–2.0
Ice (at 0° C)	0.916
Air	0.001204

물보다 가벼워서 물 위로 뜰 것임에 주목하라.

물질의 단위 체적의 중량은 **비중량(specific weight)** 또는 **중량 밀도(weight density)**라 불리며 다음과 같이 표현된다.

$$\textbf{비중량:} \quad \gamma_s = \rho g \quad (\text{N/m}^3) \tag{2-3}$$

여기서 g는 중력 가속도이다. 1장으로부터 액체의 밀도는 근본적으로 일정하고, 따라서 정확도에 큰 손실 없이 대부분의 과정 중에 비압축성 물질로 종종 간주할 수 있음을 기억하라.

이상기체의 밀도

상태량 표는 상태량에 대하여 매우 정확하고 정밀한 정보를 제공하지만, 그러나 종종 충분히 일반적이고 꽤 정확한 상태량 사이의 단순한 관계식을 갖고 있는 것이 편리하다. 물질의 압력, 온도와 밀도(또는 비체적)를 연관시키는 방정식을 **상태 방정식(equation of state)**이라 부른다. 기체 상태의 물질에 대해 가장 잘 알려진 상태 방정식은 **이상기체 상태 방정식**이며, 다음과 같이 표현된다.

$$Pv = RT \quad \text{또는} \quad P = \rho RT \tag{2-4}$$

여기서 P는 절대 압력, v는 비체적, T는 열역학적(절대) 온도, ρ는 밀도 그리고 R은 기체상수이다. 기체상수 R은 각 기체마다 다르며 $R = R_u/M$으로부터 결정된다. 여기서 R_u는 **일반 기체상수**로서 그 값은 $R_u = 8.314$ kJ/kmol · K이고, M은 기체의 **몰 질량**(또한 **분자량**이라고도 함)이다. 여러 가지 물질에 대한 R과 M의 값이 표 A-1에 주어져 있다.

열역학적 온도 척도는 SI에서 **Kelvin 척도**이고, 이 척도로의 온도 단위는 **켈빈**이며, K로 표시된다. 영미 시스템에서, 열역학적 온도 척도는 **Rankine 척도**이고, 이 척도로의 온도 단위는 **랭킨**, R이다. 다양한 온도 척도들은 서로 다음과 같이 관련되어 있다.

$$T(\text{K}) = T(°\text{C}) + 273.15 = T(\text{R})/1.8 \tag{2-5}$$

$$T(\text{R}) = T(°\text{F}) + 459.67 = 1.8\,T(\text{K}) \tag{2-6}$$

상수 273.15와 459.67은 각각 273과 460으로 반올림하는 것이 통상 관례이지만 이를 권장하지는 않는다.

이상기체 상태 방정식인 식 (2-4)는 또한 간단히 **이상기체 관계식**이라 불리며, 이 관계식을 따르는 기체를 **이상기체**라 부른다. 부피 V, 질량 m과 몰 수가 $N = m/M$인 이상기체에 대하여, 이상기체 상태 방정식은 $PV = mRT$ 또는 $PV = NR_uT$로 쓰일 수 있다. 일정한 질량 m에 대해, 이상기체 관계식을 두 번 쓰고 단순화하면, 두 개의 다른 상태에서 이상기체의 상태량은 $P_1V_1/T_1 = P_2V_2/T_2$에 의해 연계된다.

이상기체는 $Pv = RT$의 관계식을 따르는 가상의 물질이다. 이상기체 관계식이 낮은 밀도에서 실제 기체의 P-v-T 거동을 매우 잘 근사하는 것이 실험적으로 관찰되었다. 낮은 압력과 높은 온도에서, 기체의 밀도는 감소하고 기체는 이상기체처럼 거동한다(그림 2-5). 실제적 관심의 범위 내에서, 공기, 질소, 산소, 수소, 헬

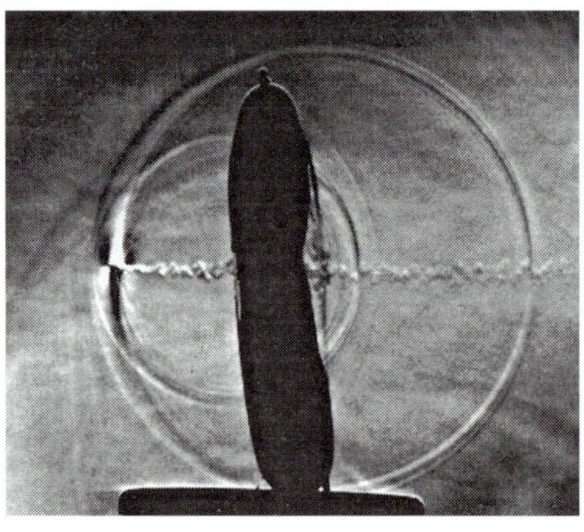

그림 2-5
공기는 매우 빠른 속도에서조차 이상기체로 거동한다. 이 schlieren 영상에서, 대략적으로 음속으로 날아가는 총알이 두 개의 팽창하는 충격파를 형성하면서 풍선의 양쪽 면 모두를 관통해 지나간다. 또한 총알의 난류 후류도 볼 수 있다.

Photograph by Gary S. Settles, Penn State Gas Dynamics Lab. Used by permission.

륨, 아르곤, 네온과 크립톤과 같은 많은 친숙한 기체들과 이산화탄소와 같은 무거운 기체조차도 무시할만한 오차(종종 1퍼센트 미만)를 갖는 이상기체로 취급된다. 그러나 증기 화력발전소의 수증기와 냉장고의 냉매 증기와 같은 밀도가 높은 기체는 이상기체로 취급되어서는 안 되며, 이는 이들이 보통 포화 상태 근처에서 존재하기 때문이다.

예제 2-1 실내 공기의 밀도, 비중과 질량

크기가 4 m × 5 m × 6 m인 실내에서 100 kPa, 25°C의 공기의 밀도, 비중과 질량을 결정하라(그림 2-6).

풀이 실내 공기의 밀도, 비중과 질량을 결정하고자 한다.

가정 주어진 조건에서, 공기는 이상기체로 취급될 수 있다.

상태량 공기의 기체상수는 $R = 0.287\ \text{kPa}\cdot\text{m}^3/\text{kg}\cdot\text{K}$이다.

해석 공기의 밀도는 이상기체 관계식 $P = \rho RT$로부터 결정된다.

$$\rho = \frac{P}{RT} = \frac{100\ \text{kPa}}{(0.287\ \text{kPa}\cdot\text{m}^3/\text{kg}\cdot\text{K})(25 + 273.15)\ \text{K}} = \mathbf{1.17\ kg/m^3}$$

따라서 공기의 비중은 다음과 같다.

$$\text{SG} = \frac{\rho}{\rho_{H_2O}} = \frac{1.17\ \text{kg/m}^3}{1000\ \text{kg/m}^3} = \mathbf{0.00117}$$

끝으로 실내 공기의 부피와 질량은

$$V = (4\ \text{m})(5\ \text{m})(6\ \text{m}) = 120\ \text{m}^3$$

$$m = \rho V = (1.17\ \text{kg/m}^3)(120\ \text{m}^3) = \mathbf{140\ kg}$$

토의 온도를 이상기체 관계식에 사용하기 전에 °C 단위로부터 K 단위로 변환시켰음을 주목하라.

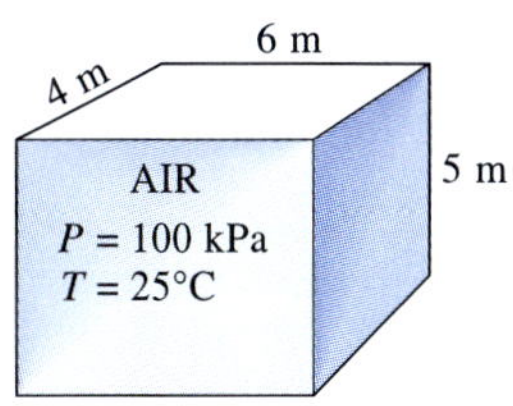

그림 2-6
예제 2-1에 대한 개요도.

2-3 ■ 증기압과 공동현상

상변화 과정 중의 순수 물질에 대한 온도와 압력은 종속적인 상태량이란 사실은 잘 정립된 것이고, 따라서 온도와 압력 사이에 1대 1의 대응이 존재한다. 주어진 압력에서 순수 물질이 상변화를 하는 온도를 **포화 온도** T_{sat}라고 한다. 이와 마찬가지로, 주어진 온도에서 순수 물질이 상변화를 하는 압력을 **포화 압력** P_{sat}라고 부른다. 예를 들면 절대 압력 1표준대기압(1기압 또는 101.325 kPa)에서, 물의 포화 온도는 100°C이다. 반대로 온도 100°C에서, 물의 포화 압력은 1기압이다.

순수 물질의 **증기압** P_v는 **주어진 온도에서 액체와 상평형에 있는 증기가 가한 압력**으로 정의된다. P_v는 순수 물질의 상태량이며, 따라서 결국 액체의 포화압력 P_{sat}와 같게 된다($P_v = P_{sat}$). 여기서 증기압을 분압과 혼동하지 않도록 조심해야 한다. **분압**은 **다른 기체들과의 혼합물 중에서 한 가지 기체나 증기의 압력**으로

표 2-2

다양한 온도에서 물의 포화(또는 증기) 압력

Temperature T, °C	Saturation Pressure P_{sat}, kPa
−10	0.260
−5	0.403
0	0.611
5	0.872
10	1.23
15	1.71
20	2.34
25	3.17
30	4.25
40	7.38
50	12.35
100	101.3 (1 atm)
150	475.8
200	1554
250	3973
300	8581

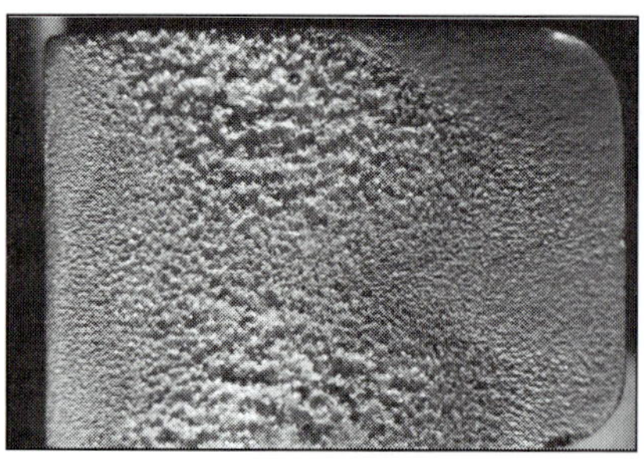

그림 2-7
공동현상으로 인해 16 mm × 23 mm 크기의 알루미늄 시편이 받은 손상(60 m/s에서 2.5 시간 동안 시험하였음). 공동 발생기는 시편을 크게 손상시킬 수 있도록 특별히 설계되었으며, 현재의 시편은 공동 발생기 하류의 공동 붕괴 지역에 위치하였다.

Photo by David Stinebring, ARL/Pennsylvania State University. Used by permission.

정의된다. 예를 들면 대기는 건조 공기와 수증기의 혼합물이고, 대기압은 건조 공기의 분압과 수증기 분압의 합이다. 수증기의 분압은 대기압의 작은 일부(보통 3 퍼센트 이하)를 구성하며, 이는 공기의 대부분이 질소와 산소이기 때문이다. 액체가 존재하지 않는다면, 증기의 분압은 증기압보다 낮거나 또는 같아야만 한다. 그러나 증기와 액체가 공존하고 시스템이 상평형 하에 있을 때, 증기의 분압은 증기압과 같아야만 하고, 따라서 그 시스템은 **포화되었다**고 한다. 호수와 같은 개방된 물웅덩이로부터의 증발률은 증기압과 분압 사이의 차이에 의해 조절된다. 예를 들면 20℃에서 물의 증기압은 2.34 kPa이다. 그러므로 1기압의 건조 공기가 차있는 방에 놓아둔 20℃의 물 양동이는 다음 두 가지 중 하나가 일어날 때까지 계속 증발할 것이다. 즉 물이 다 증발해버리거나(방안에 상평형을 정립하기에는 물이 충분하지 않다) 또는 방안의 수증기 분압이 상평형이 정립되는 2.34 kPa에 이를 때 증발이 그친다.

순수 물질의 액체와 기체 상들 사이의 상변화 과정 중에, 포화 압력과 증기압은 서로 동등하게 되며, 이는 증기가 순수하기 때문이다. 압력 값은, 증기 상에서 또는 액체 상에서 측정되었건 간에(정수압 효과를 피하기 위해 액체-증기 계면에 근접한 위치에서 측정된다면), 동일할 것이다. 증기압은 온도에 따라 증가한다. 따라서 보다 높은 압력에서의 물질은 보다 높은 온도에서 끓는다. 예를 들면 절대압력 3기압에서 작동되는 압력 조리기 내에서 물은 134℃에서 끓지만, 대기압이 0.8기압인 2000 m 고도에서 일반 냄비의 물은 93℃에서 끓는다. 다양한 물질에 대한 포화(또는 증기)압력이 부록 1에 주어져 있다. 표 2-2는 물에 대한 포화 압력 자료를 쉽게 참고할 수 있도록 한다.

증기압에 대해 관심을 가지는 이유는 액체-유동 시스템에서 액체의 압력이 어떤 위치에서 증기압 아래로 떨어져서, 계획되지 않은 증발이 발생할 가능성 때문이다. 예를 들면 10℃의 물은 압력이 1.23 kPa 아래로 떨어지는 위치(임펠러의 끝단 부분 또는 펌프의 흡입부와 같은)에서 증발하고 기포를 형성할 수 있다. 증기 기포는[이들이 액체 속에서 "공동(cavity)"을 형성하므로 **공동 기포**라 불리는] 이들이 저압 지역으로부터 휩쓸려 지나감에 따라 매우 파괴적이고, 극도로 높은 압력파를 발생하면서 붕괴한다. 성능의 저감과 임펠러 블레이드의 마모에 대한 통상적인 원인이 되는 이 현상은 **공동현상(cavitation)**이라 불리며, 이는 수력 터빈과 펌프의 설계에 있어서 중요한 고려 사항이다(그림 2-7).

공동현상은 대부분의 유동 시스템 내에서 성능을 떨어뜨리고, 귀에 거슬리는 진동과 소음을 발생시키며, 장비를 파손시키는 원인이 되기 때문에 반드시 피해야(또는 적어도 최소화하여야) 한다. 고속의 "과공동현상(supercavitating)" 어뢰의 예처럼 어떤 유동 시스템에서는 공동현상이 **이점**으로 이용되는 경우도 있다. 장기간에 걸쳐 많은 수의 기포가 고체 표면 근처에서 붕괴함으로 인해 생기는 압력 스파이크(pressure spike)는 마모, 표면 패임, 피로 파괴 그리고 부품 또는 기계의 종국적인 파괴를 초래할 수 있다. 유동 시스템에서 공동현상의 존재는 그의 특징적인 붕괴음에 의해 감지될 수 있다.

예제 2-2 공동현상을 피하는 최소 압력

배수 시스템에서 물의 온도는 30℃ 정도로 관찰된다. 이 시스템에서 공동현상을 피하기 위한 최소 압력을 결정하라.

풀이 배수 시스템에서 공동현상을 피하기 위한 최소 압력을 결정하고자 한다.

상태량 30℃에서 물의 증기압은 4.25 kPa이다.

해석 공동현상을 피하기 위해, 주어진 온도에서 유동 내 모든 곳의 압력이 증기(또는 포화) 압력 아래로 떨어지지 않도록 해야 한다. 즉,

$$P_{\min} = P_{\text{sat@30°C}} = \mathbf{4.25\ kPa}$$

그러므로 압력은 유동 내 모든 곳에서 4.25 kPa 이상으로 유지되어야 한다.

토의 온도 증가에 따라 증기압도 증가하며, 따라서 공동현상의 위험은 높은 유체 온도에서 보다 커진다는 사실에 주의하라.

2-4 ■ 에너지와 비열

에너지는 열, 기계, 운동, 위치, 전기, 자기, 화학 및 핵 에너지와 같은 수많은 형태로 존재할 수 있으며, 이들의 합은 시스템의 총에너지 E(또는 단위 질량 기준으로 e)를 구성한다. 시스템의 분자 구조와 분자의 활동 정도에 관련된 에너지의 형태는 **미시적 에너지**로 불린다. 모든 미시적 형태의 에너지의 합은 시스템의 내부 에너지라 불리고, U(또는 단위 질량 기준으로 u)로 표시된다.

시스템의 **거시적 에너지**는 운동에 관련되어 있고 중력, 자력, 전기와 표면장력과 같은 일부 외부 효과의 영향에 관련되어 있다. 시스템의 운동 결과로 시스템이 보유하는 에너지는 운동 에너지라 불린다. 시스템의 모든 부분이 같은 속도로 움직일 때, 단위 질량 당 운동 에너지는 $\text{ke} = V^2/2$로 표현되며, 여기서 V는 어떤 고정된 좌표계에 상대적인 시스템의 속도를 나타낸다. 중력장 내에서 시스템의 고도에 따른 결과로 시스템이 보유하는 에너지는 위치 에너지라 불리며, 단위 질량 기준으로 $\text{pe} = gz$로 표현된다. 여기서 g는 중력 가속도이고, z는 임의로 선정된 기준면에 상대적인 시스템의 무게 중심의 고도이다.

일상생활에서, 지각할 수 있거나 잠재적인 형태의 내부 에너지를 종종 열(heat)이라 부르며, 신체의 열 함량에 대해 이야기한다. 그러나 공학에서 이러한 형태의 에너지는 일반적으로 **열전달**과 혼동을 피하기 위해 열 에너지(thermal energy)로 부른다.

에너지의 국제 단위는 **줄(J)** 또는 **킬로줄**(1 kJ = 1000 J)이다. 1 J은 1 N에 1 m를 곱한 것이다. 영미 단위계에서 에너지의 단위는 **영국 열 단위**(Btu)이고, 이는 68°F에서 물 1 lbm의 온도를 1°F 올리는데 필요한 에너지로 정의된다. kJ과 Btu의 크기는 거의 같다(1 Btu = 1.0551 kJ). 에너지의 또 다른 잘 알려진 단위는 **칼로리**(1 cal = 4.1868 J)이며, 이는 14.5℃에서 물 1 g의 온도를 1℃ 올리는데 필요한 에너지로 정의된다.

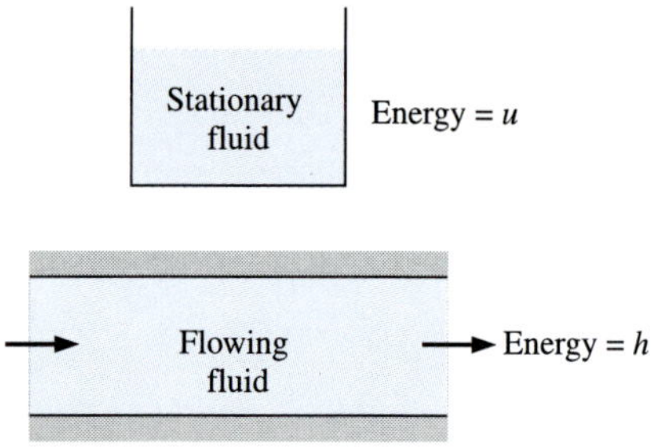

그림 2-8
내부 에너지 u는 단위 질량 당 유동하지 않는 유체의 미시적 에너지를 나타내며, 이에 반해 **엔탈피 h**는 단위 질량 당 유동하는 유체의 미시적 에너지를 나타낸다.

유체 유동과 관련된 시스템의 해석에서, 우리는 상태량 u와 Pv의 조합을 자주 접하게 된다. 편의상, 이 조합을 **엔탈피** h라 부른다. 즉,

엔탈피: $$h = u + Pv = u + \frac{P}{\rho} \qquad (2\text{-}7)$$

여기서 P/ρ는 **유동 에너지**, 또한 **유동 일**이라 불리며, 이는 유체를 움직이고 유동을 유지하기 위해 필요한 단위 질량 당 에너지이다. 유동하는 유체의 에너지 해석에서, 유체의 에너지의 일부분으로 유동 에너지를 취급하고, 유체 흐름의 미시적 에너지를 엔탈피 h로 대표하는 것이 편리하다(그림 2-8). 엔탈피는 단위 질량 당의 양이며 따라서 이는 **비**상태량임을 주의하라.

자기, 전기 및 표면장력과 같은 효과가 없을 경우에, 시스템은 단순 압축성 시스템이라 불린다. 단순 압축성 시스템의 총에너지는 내부, 운동 및 위치 에너지의 세 부분으로 구성되어 있다. 단위 질량 기준으로, 이는 $e = u + \text{ke} + \text{pe}$로 표현된다. 검사체적을 출입하는 유체는 추가적인 형태의 에너지를 가지며, 이는 **유동 에너지** P/ρ이다. **유동하는 유체**의 단위 질량 당 총에너지는 다음과 같이 된다.

$$e_{\text{flowing}} = P/\rho + e = h + \text{ke} + \text{pe} = h + \frac{V^2}{2} + gz \qquad (\text{kJ/kg}) \qquad (2\text{-}8)$$

여기서 $h = P/\rho + u$는 엔탈피, V는 속도의 크기, 그리고 z는 어떤 기준점에 대하여 상대적인 시스템의 위치이다.

유동하는 유체의 에너지를 대표하기 위하여 내부 에너지 대신에 엔탈피를 이용함으로써, 유동 일을 고려할 필요가 없다. 유체를 미는데 연관된 에너지는 엔탈피에 의해 자동적으로 고려된다. 사실상, 이와 같은 점이 엔탈피라는 상태량을 정의한 주된 이유이다.

이상기체의 내부 에너지와 엔탈피에서의 미소 변화는 비열의 항으로 다음과 같이 표현될 수 있다.

$$du = c_v\,dT \quad \text{그리고} \quad dh = c_p\,dT \qquad (2\text{-}9)$$

여기서 c_v와 c_p는 이상기체의 정적 비열 및 정압 비열이다. 평균 온도에서의 비열 값을 이용하면, 내부 에너지와 엔탈피에서의 유한 변화는 대략 다음과 같이 표현된다.

$$\Delta u \cong c_{v,\text{avg}}\,\Delta T \quad \text{그리고} \quad \Delta h \cong c_{p,\text{avg}}\,\Delta T \qquad (2\text{-}10)$$

비압축성 물질에 대하여 정적 비열과 정압 비열은 동일하다. 그러므로 액체에 대해 $c_p \cong c_v \cong c$이고, 액체의 내부 에너지의 변화는 $\Delta u \cong c_{\text{avg}}\Delta T$로 표현할 수 있다.

비압축성 물질에 대해 ρ는 상수임을 주목하면, 엔탈피 $h = u + P/\rho$의 미분은 $dh = du + dP/\rho$가 된다. 적분하면, 엔탈피 변화는 다음과 같다.

$$\Delta h = \Delta u + \Delta P/\rho \cong c_{\text{avg}}\,\Delta T + \Delta P/\rho \qquad (2\text{-}11)$$

그러므로 등압 과정에 대해 $\Delta h = \Delta u \cong c_{\text{avg}}\Delta T$이고, 액체의 등온 과정에 대해 $\Delta h = \Delta P/\rho$이다.

2-5 ■ 압축성 계수와 음속

압축성 유동을 공부할 때 중요한 매개변수 하나가 **음속**(**speed of sound**, 또는 **sonic speed**)인데, 이는 매우 작은 압력파가 매질을 통과하는 속도를 뜻한다. 이러한 압력파는 국소 압력의 작은 증가로 인한 작은 교란에 의하여 나타난다.

어떤 매질에서 음속에 관한 관계식을 유도하기 위하여 그림 2-9에 나타나 있는 바와 같이 정지해 있는 유체가 채워져 있는 덕트를 고려해 보자. 덕트에 맞는 피스톤이 일정한 증분 속도 dV로 오른쪽으로 움직이면 이에 따라 음파(sonic wave)가 발생한다. 파는 정지해 있는 유체 사이를 음속 c로 오른쪽으로 움직이고, 이 파를 경계로 피스톤 근처에서 움직이는 유체와 피스톤과 멀리 떨어져 여전히 정지하여 있는 유체가 구분된다. 그림 2-9에 나타난 바와 같이, 파의 왼쪽에 있는 유체는 열역학 상태량이 증분 변화가 나타나는 반면, 파의 오른쪽에 있는 유체는 원래의 열역학적 상태량을 유지하게 된다.

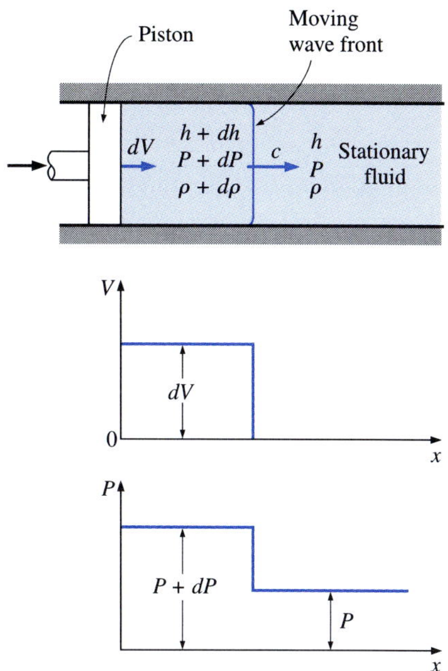

그림 2-9
덕트를 따라 나타나는 작은 압력파의 전파.

해석을 쉽게 하기 위하여, 그림 2-10에 나타난 바와 같이 파를 포함하는 검사체적을 설정하여 파와 같이 움직인다고 하자. 파와 같이 움직이는 관찰자의 입장에서는 오른쪽에 있는 유체는 파를 향하여 c의 속도로 접근하고, 왼쪽에 있는 유체는 파로부터 $c - dV$의 속도로 멀어지게 된다. 물론 이때 관찰자에게 파를 포함한 검사체적은 정지해 있고 유동은 정상상태로 보여질 것이다. 이러한 단일 정상 유동과정에서 질량보존은 다음과 같이 나타낼 수 있다.

$$\dot{m}_{\text{right}} = \dot{m}_{\text{left}}$$

또는

$$\rho A c = (\rho + d\rho)A(c - dV)$$

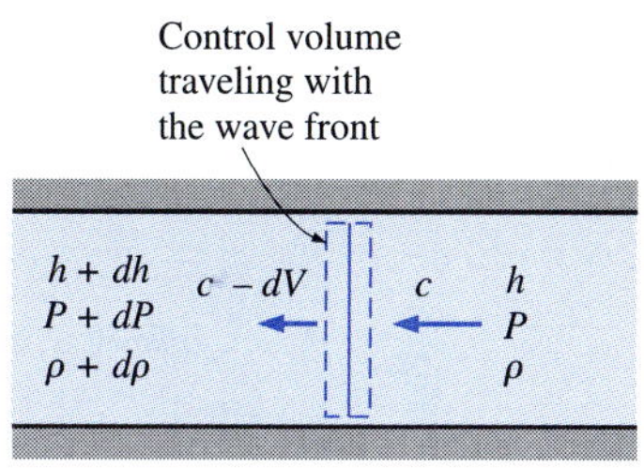

그림 2-10
덕트 내부의 작은 압력파와 같이 움직이는 검사체적.
© Getty RF

단면적(또는 유동 면적)의 면적 A를 소거하고 고차항을 무시하면 이 식은 다음과 같이 전개된다.

$$c\,d\rho - \rho\,dV = 0 \tag{a}$$

이러한 정상유동 과정에서 검사체적 경계를 통과하는 열과 일이 없으며, 위치에너지의 변화도 무시될 수 있다. 따라서, 정상유동에서의 에너지 평형 $e_{in} = e_{out}$은 다음과 같이 나타난다.

$$h + \frac{c^2}{2} = h + dh + \frac{(c - dV)^2}{2}$$

이 식은 다음과 같게 된다.

$$dh - c\,dV = 0 \tag{b}$$

여기서 2차항 dV^2는 무시되었다. 일반적인 음파의 진폭은 매우 작으며, 따라서 유체의 압력과 온도에 큰 변화를 만들어내지 않는다. 따라서 음파의 전달은 단열일 뿐만 아니라 거의 등엔트로피 과정으로 볼 수 있다. 따라서 열역학 관계식 $T\,ds = dh - dP/\rho$ (Çengel과 Boles, 2008 참조)은 다음과 같이 변화될 수 있다.

$$T\cancel{ds}^{\,0} = dh - \frac{dP}{\rho}$$

또는

$$dh = \frac{dP}{\rho} \tag{c}$$

위의 식들을 조합하면 원하는 음속과 관계된 식이 다음과 같이 얻어진다.

$$c^2 = \frac{dP}{d\rho} \qquad \text{at } s = \text{일정}$$

또는

$$c^2 = \left(\frac{\partial P}{\partial \rho}\right)_s \tag{2-12}$$

식 (2-12)는 열역학적 상태량의 관계식(Çengel과 Boles, 2008 참조)을 이용하여 다음과 같이 전개될 수 있으며, 이는 독자가 직접 유도하여 보기 바란다.

$$c^2 = k\left(\frac{\partial P}{\partial \rho}\right)_T \tag{2-13}$$

여기서 $k = c_p/c_v$는 유체의 비열비이다. 여기서 유체에서의 음속은 그 유체의 열역학적 상태량의 함수로 나타남에 유의하라.

유체가 이상기체($P = \rho RT$)일 때, 식 (2-13)에서의 미분은 다음과 같이 쉽게 계산될 수 있다.

$$c^2 = k\left(\frac{\partial P}{\partial \rho}\right)_T = k\left[\frac{\partial(\rho RT)}{\partial \rho}\right]_T = kRT$$

또는

$$c = \sqrt{kRT} \tag{2-14}$$

여기서 기체상수 R은 특정한 이상기체에 대하여 정해져 있으며 비열비 k 값은 온도의 함수이기 때문에, 이상기체에서의 음속은 온도만의 함수임을 알 수 있다(그림 2-11).

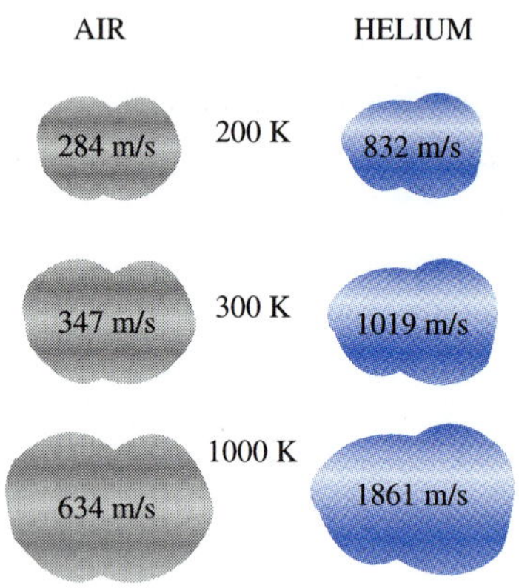

그림 2-11
음속은 온도와 유체가 달라짐에 따라 변화한다.

예제 2-3 디퓨저로 유입되는 공기의 Mach 수

그림 2-12에 나타난 바와 같이 공기가 200 m/s 속도로 디퓨저에 유입되고 있다. 공기 온도가 30°C일 때 (a) 음속과 (b) 디퓨저 입구에서의 Mach 수를 계산하라.

풀이 공기가 고속으로 디퓨저로 유입될 때, 디퓨저의 입구에서의 음속과 Mach 수를 계산하고자 한다.

가정 주어진 조건에서 공기를 이상기체로 본다.

상태량 공기의 기체상수는 $R = 0.287$ kJ/kg · K이고, 30°C에서의 비열비는 1.4이다.

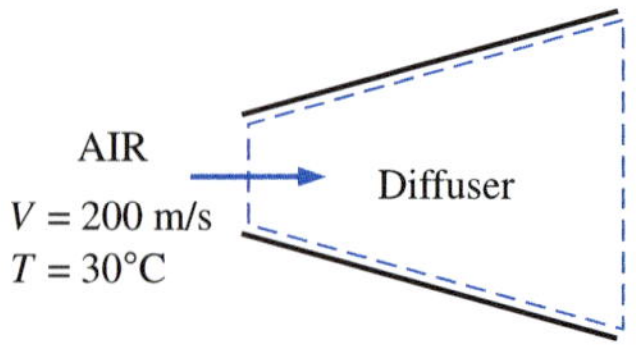

그림 2-12
예제 2-3에 대한 개요.

해석 기체 내에서 음속은 온도에 따라 변화하며, 이때 온도는 30°C로 주어져 있다.

(a) 30°C의 공기에서 음속은 식 (2-14)에 의하여 결정된다.

$$c = \sqrt{kRT} = \sqrt{(1.4)(0.287\ \text{kJ/kg}\cdot\text{K})(303\ \text{K})\left(\frac{1000\ \text{m}^2/\text{s}^2}{1\ \text{kJ/kg}}\right)} = \mathbf{349\ m/s}$$

(b) 따라서 Mach 수는 다음과 같이 얻어진다.

$$\text{Ma} = \frac{V}{c} = \frac{200\ \text{m/s}}{349\ \text{m/s}} = \mathbf{0.573}$$

토의 Ma < 1이므로 디퓨저 입구에서의 유동은 아음속이다.

2-6 ▪ 점성

두 개의 접촉하고 있는 고체가 서로 상대적인 운동을 할 때, 접촉면에서 운동의 반대방향으로 마찰력이 발달한다. 예를 들면 마루 위의 책상을 옮기기 위해서는, 마찰력을 극복하기에 충분히 큰 힘을 수평 방향으로 책상에 작용시켜야만 한다. 책상을 움직이기 위해 필요한 힘의 크기는 책상 다리와 마루 사이의 **마찰 계수**에 의존한다.

유체가 고체에 대해 상대적인 운동을 하거나 또는 두 가지 유체가 서로 상대적인 운동을 할 때의 상황도 위와 유사하다. 우리는 공기 중에서 비교적 쉽게 움직일 수 있지만, 물속에서는 그렇지 못하다. 기름으로 채워져 있는 통 속에 떨어뜨린 유리공이 매우 느리게 낙하하는 것에서 볼 수 있는 것처럼, 기름 속에서의 움직임은 이보다 더 어려울 것이다. 운동에 대항하는 유체의 내부 저항 또는 "유동성"을 나타내는 상태량이 있으며, 이와 같은 상태량이 바로 점성(viscosity)이다. 흐르는 유체가 유동 방향으로 물체에 작용하는 힘을 항력(drag force)이라 부르고, 이 힘의 크기는, 부분적으로, 점성에 의존한다(그림 2-13).

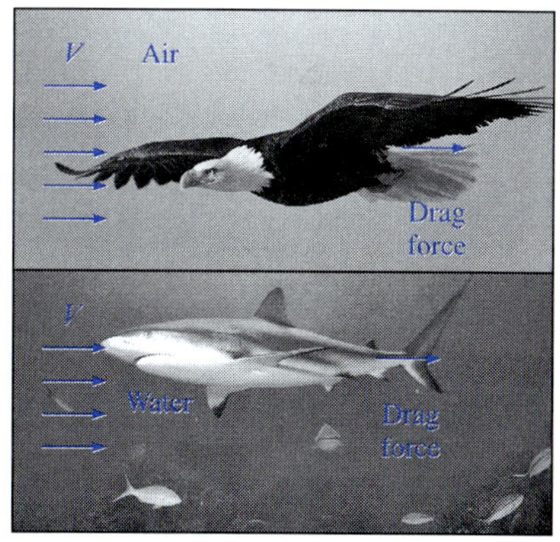

그림 2-13
물체에 대해 상대적 운동을 하는 유체는 물체에 항력을 미치는데, 이는 부분적으로 점성에 기인한 마찰 때문이다.
© Getty RF

점성에 대한 관계식을 얻기 위해, 거리 ℓ만큼 떨어진 두 개의 매우 큰 평행판(또는 두 개의 평행 판이 다량의 유체 속에 잠겨 있는)사이의 유체 층을 고려하자(그림 2-14). 지금 아래 판이 고정된 채로 유지되는 동안, 위판에 일정한 평행력 F가 작용된다. 초기의 과도 기간 후에, 위판이 이 힘의 영향 하에 연속적으로 일정한 속도 V로 움직이는 것이 관찰된다. 위판에 접촉하고 있는 유체는 판 표면에 달라붙어서 판과 동일한 속도로 함께 움직이며, 이 유체 층에 작용하는 전단응력 τ는 다음과 같다.

$$\tau = \frac{F}{A} \tag{2-15}$$

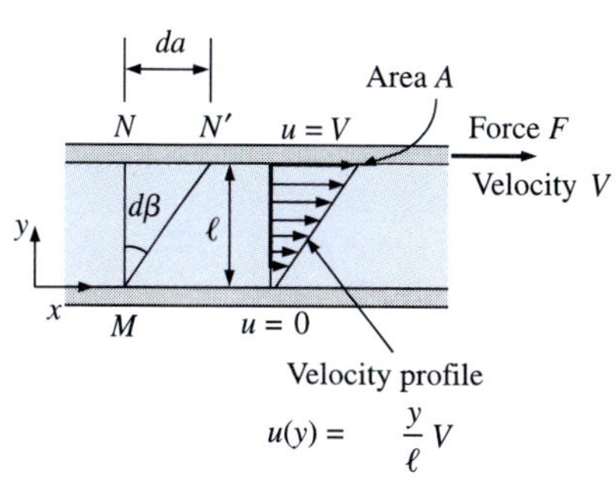

그림 2-14
위판이 등속으로 움직일 때 두 평행 평판 사이의 층류 유동에서의 유체 거동.

여기서 A는 판과 유체 사이의 접촉 면적이다. 유체 층은 전단응력의 영향 하에 연속적으로 변형한다.

아래 판과 접촉하고 있는 유체는 그 판의 속도를 갖는데, 그 속도는 영이다(점착 조건으로 인하여, 1장 1-2절 참조). 정상 층류 유동에서, 판들 사이의 유체

속도는 0과 V 사이에서 선형적으로 변하며, 따라서 **속도 분포** 및 **속도 구배**는 다음과 같다.

$$u(y) = \frac{y}{\ell}V \quad \text{그리고} \quad \frac{du}{dy} = \frac{V}{\ell} \tag{2-16}$$

여기서 y는 아래 판으로부터의 수직 거리이다.

미소 시간간격 dt 동안에, 수직선 MN을 따르는 유체입자 측면은 위판이 미소 거리 $da = V\,dt$를 이동하는 동안 미소 각도 $d\beta$만큼 회전한다. 각변위 또는 각변형(또는 전단 변형)은 다음과 같이 표현될 수 있다.

$$d\beta \approx \tan d\beta = \frac{da}{\ell} = \frac{V\,dt}{\ell} = \frac{du}{dy}dt \tag{2-17}$$

정리하면, 전단응력 τ의 영향 하에 변형의 시간당 변화율(rate of deformation)은 다음과 같이 된다.

$$\frac{d\beta}{dt} = \frac{du}{dy} \tag{2-18}$$

따라서 유체 요소의 변형의 시간당 변화율은 속도 구배 du/dy와 같아진다는 결론에 도달한다. 더욱이, 대부분의 유체에 대해 변형의 시간당 변화율(따라서 속도 구배)은 다음과 같이 전단응력 τ에 직접 비례한다는 것을 실험적으로 검증할 수 있다.

$$\tau \propto \frac{d\beta}{dt} \quad \text{또는} \quad \tau \propto \frac{du}{dy} \tag{2-19}$$

변형의 시간당 변화율이 전단응력에 선형적으로 비례하는 유체는 Isaac Newton 경의 이름을 따서 뉴턴 유체(Newtonian fluid)라 불리는데, 그는 이를 1687년에 처음 표현하였다. 물, 공기, 가솔린과 기름과 같은 대부분의 통상적인 유체는 뉴턴 유체이다. 혈액과 액체 플라스틱은 비뉴턴 유체(non-Newtonian fluid)의 예이다.

뉴턴 유체의 1차원 전단 유동에서, 전단응력은 선형적 관계식으로 표현될 수 있다.

전단응력:

$$\tau = \mu\frac{du}{dy} \quad (\text{N/m}^2) \tag{2-20}$$

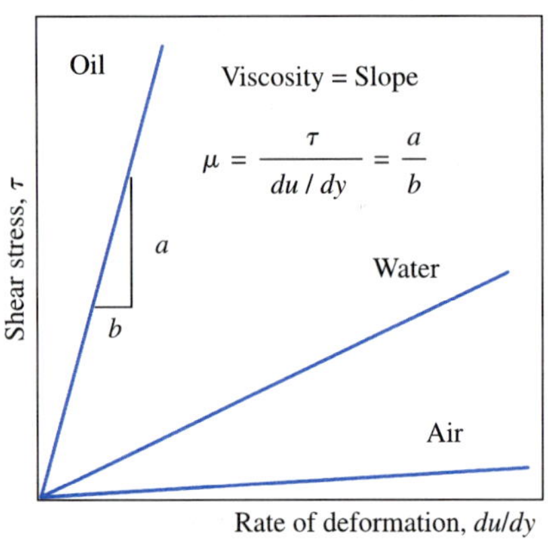

그림 2-15
뉴턴 유체의 변형의 시간당 변화율(속도 구배)는 전단응력에 비례하고, 비례 상수는 점성계수이다.

여기서 비례상수 μ는 **점성계수** 또는 유체의 역학적(또는 절대) 점성계수라 불리며, 단위는 kg/m · s, 또는 N · s/m^2(또는 Pa · s 여기서 Pa는 압력 단위인 파스칼)이다. 통상적인 점성 단위는 **포아즈(poise)**이고, 이는 0.1 Pa · s(또는 **센티포아즈**, 즉 포아즈의 1/100)와 같다. 20℃에서 물의 점성은 1.002 센티포아즈이고, 따라서 센티포아즈 단위는 기준으로서 유용하다. 뉴턴 유체에 대한 전단응력 대 변형의 시간당 변화율(속도 구배) 선도는 직선이고, 그 기울기는 그림 2-15에 보인 바와 같이 유체의 점성이다. 뉴턴 유체에 대하여 점성은 변형의 시간당 변화율에 독립적임을 주목하라. 변형의 시간당 변화율은 변형률(strain rate)과 비례하므로 그림 2-15는 점성이 실제적으로 응력-변형량(stress-strain) 관계의 비례 계수임을 보여준다.

뉴턴 유체층에 작용하는 전단력(또는 Newton의 제 3법칙에 의하여 판 위에 작용하는 힘)은 다음과 같다.

전단력: $$F = \tau A = \mu A \frac{du}{dy} \quad \text{(N)} \tag{2-21}$$

여기서 A는 판과 유체 사이의 접촉 면적이다. 그림 2-14에서와 같이, 아래 판을 정지한 상태로 유지하면서 위판을 일정한 속도 V로 움직이기 위해 필요한 힘은 다음과 같다.

$$F = \mu A \frac{V}{\ell} \quad \text{(N)} \tag{2-22}$$

이 관계식은 힘 F가 측정되었을 때, μ를 계산하기 위해 대안으로 사용될 수 있다. 그러므로 방금 기술한 실험 장치는 유체의 점성을 측정하기 위해서도 사용될 수 있다. 똑같은 조건 하에서도, 힘 F는 유체의 종류에 따라 매우 큰 차이를 나타낼 수 있음을 주목하라.

비뉴턴 유체에 있어서, 전단응력과 변형의 시간당 변화율 사이의 관계는 그림 2-16에 보인 바와 같이 선형적이지 않다. τ 대 du/dy 선도 위의 곡선의 기울기는 유체의 **겉보기 점성(apparent viscosity)**이라 불린다. 변형의 시간당 변화율의 증가에 따라 겉보기 점성이 증가하는 유체(현탁액 상태의 전분 또는 모래와 같은)는 **팽창성(dilatant)** 또는 **전단농후(shear thickening) 유체**라 불리고, 반대의 거동을 보이는(유체가 강하게 전단될수록 유체의 점성이 작아지는 경우로, 일부 페인트, 고분자 용액과 부유 입자를 갖는 유체와 같은) 것은 **유사 플라스틱(pseudoplastic)** 또는 **전단희박(shear thinning)** 유체라 불린다. 치약과 같은 몇몇 재료는 유한한 크기의 전단응력에 대하여 저항할 수 있고 따라서 고체처럼 거동하지만, 전단응력이 항복응력을 초과하면 연속적으로 변형하고 따라서 유체처럼 거동한다. 이러한 재료는 20세기 초에 미국 국립표준국에서 유체 점성에 관한 선구적 일을 수행한 Eugene C. Bingham(1878-1945)의 이름을 따서 Bingham 플라스틱으로 부른다.

유체역학과 열전달에서, 밀도에 대한 역학적 점성계수의 비율이 자주 나타난다. 편의상, 이 비율을 **동점성계수(kinematic viscosity)** ν라 부르며 $\nu = \mu/\rho$로 표현된다. 동점성계수의 두 가지 일반적인 단위는 m^2/s와 **스토크**(1 stoke = 1 cm^2/s = 0.0001 m^2/s)이다.

일반적으로, 유체의 점성계수는 압력에 대한 의존도는 다소 약하지만 온도와 압력 모두에 의존한다. 액체에 대해, 역학적 점성계수 및 동점성계수 모두 압력에 대해 실질적으로 독립적이고, 압력에 따른 작은 변화는 매우 높은 압력의 경우를 제외하곤 보통 무시된다. 기체에 대해, 이는 또한 역학적 점성계수의 경우에 해당되지만(저압에서 중간 압력까지에서), 동점성계수에 대해서는 해당되지 않는다. 이는 기체 밀도는 압력에 비례하기 때문이다.

유체의 점성은 유체의 "변형에 대한 저항"의 척도이다. 점성은 유체의 서로 다른 층들 사이에 이들이 서로 상대운동을 해야만 할 때 발달하는 내부 마찰력에 기인한다. 점성은 액체에서는 분자 사이의 응집력에 의해, 그리고 기체에서는 분자 충돌에 의해 기인하고, 점성은 온도에 따라 크게 변화한다. 액체의 점성은 온도에 따라 감소하고, 반면에 기체의 점성은 온도에 따라 증가한다(그림 2-17). 이는 액체에 있어서는 분자들이 높은 온도에서 보다 많은 에너지를 보유하며, 따라

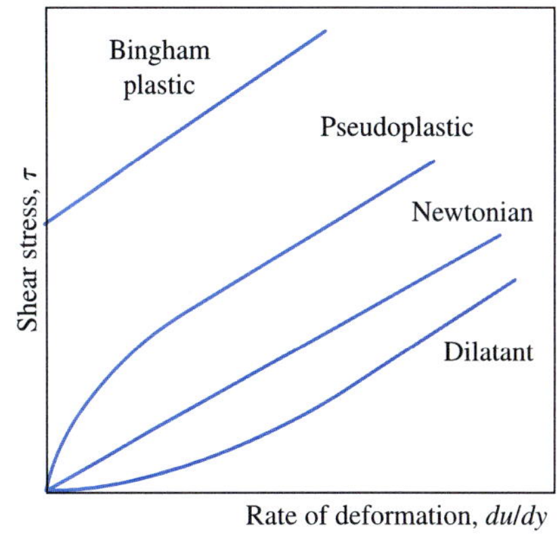

그림 2-16
뉴턴 및 비뉴턴 유체에 대한 변형의 시간당 변화율에 따른 전단응력의 변화(한 점에서 곡선의 기울기는 그 점에서 유체의 겉보기 점성계수이다).

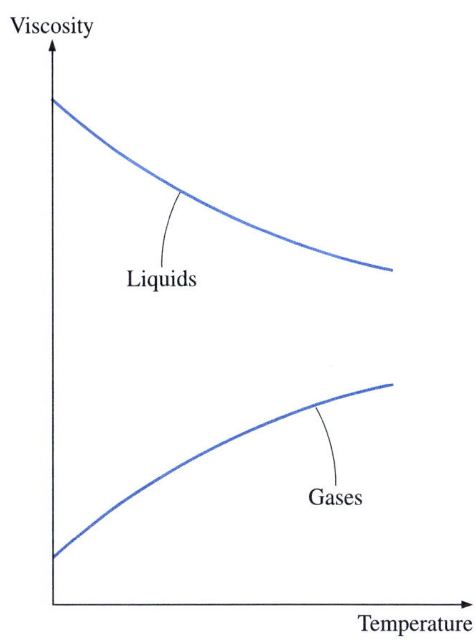

그림 2-17
온도에 따라 액체의 점성은 감소하고 기체의 점성은 증가한다.

서 분자들이 큰 응집력에 강하게 저항할 수 있기 때문이다. 결과로서, 에너지가 커진 액체 분자는 보다 자유롭게 움직일 수 있다.

그 반면, 기체에서는 분자 간 인력은 무시할만하고, 고온에서 기체 분자는 더욱 빠른 속도로 무작위로 움직인다. 이는 단위 시간 당, 단위 부피 당 더 많은 분자 충돌을 초래하며 따라서 유동에 더욱 큰 저항을 초래한다. 유체의 점성은 파이프 내에서 유체를 수송하거나 또는(공기 중의 자동차 또는 바다 속의 잠수함과 같은) 물체를 유체 속에서 이동시킬 때 필요한 펌프 동력과 직접적으로 관련된다.

실온에서 일부 유체의 점성이 표 2-3에 열거되어 있다. 유체 종류에 따라 점성은 수 차수(order)씩 크기가 다름에 주목하라. 또한 엔진 오일과 같은 높은 점성의 유체 속에서의 물체의 이동은 물과 같이 낮은 점성의 유체 속에서 이동하는 것보다 훨씬 어렵다는 사실을 주목하라. 일반적으로 액체는 기체보다 훨씬 더 점성이 크다.

표 2-3

1기압 및 20°C에서(별도로 명시하지 않은 한) 몇몇 유체의 역학적 점성계수

Fluid	Dynamic Viscosity μ, kg/m · s
Glycerin:	
−20°C	134.0
0°C	10.5
20°C	1.52
40°C	0.31
Engine oil:	
SAE 10W	0.10
SAE 10W30	0.17
SAE 30	0.29
SAE 50	0.86
Mercury	0.0015
Ethyl alcohol	0.0012
Water:	
0°C	0.0018
20°C	0.0010
100°C (liquid)	0.00028
100°C (vapor)	0.000012
Blood, 37°C	0.00040
Gasoline	0.00029
Ammonia	0.00015
Air	0.000018
Hydrogen, 0°C	0.0000088

저널 베어링 내의 얇은 기름 층과 같은, 두 개의 동심 원통 사이의 작은 간극 내에 두께 ℓ인 유체 층을 고려하자. 원통 사이의 간극은 유체에 의해 분리된 두 개의 평행 평판 모델로 다뤄질 수 있다. 토크(torque)는 $T = FR$(힘 곱하기 모멘트 팔의 길이, 여기서 팔의 길이는 내부 원통의 반경 R이다)이고, 접선 속도는 $V = \omega R$(각속도 곱하기 반경)이며, 내부 원통의 양쪽 끝에 작용하는 전단응력을 무시하고 내부 원통의 접수 표면적(wetted surface area)을 $A = 2\pi RL$로 취하면, 토크는 다음과 같이 표현될 수 있음을 주목하라.

$$\mathrm{T} = FR = \mu\frac{2\pi R^3\omega L}{\ell} = \mu\frac{4\pi^2R^3\dot{n}L}{\ell} \tag{2-23}$$

여기서 L은 원통의 길이이고 은 단위 시간 당 회전수인데, 이는 보통 rpm(분당 회전수)으로 표현된다. 한번 회전 중에 이동하는 각의 거리는 2πrad이고, 따라서 rad/min 단위의 각속도와 rpm 사이의 관계는 $\omega = 2\pi\dot{n}$ 이다. 식 (2-23)은 정해진 각속도에서 토크를 측정함으로써 유체의 점성을 측정하는 데 사용될 수 있다. 그러므로 두 개의 동심 원통은 점성을 측정하는 장치인 **점도계(viscometer)**로 사용될 수 있다.

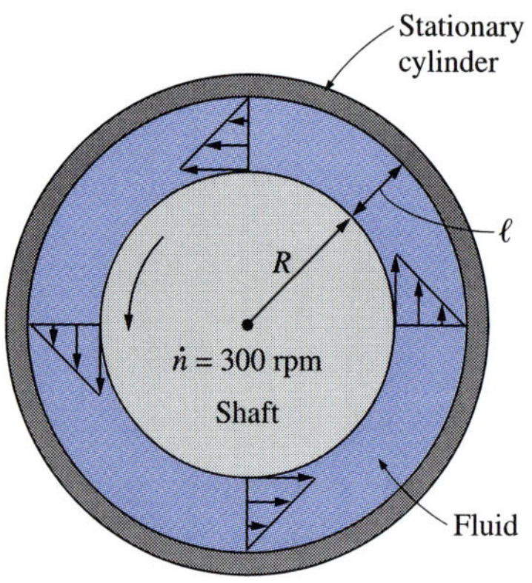

그림 2-18
예제 2-4에 대한 개요.

예제 2-4 유체 점성의 결정

두 개의 40 cm 길이의 동심 원통으로 구성된 점도계로 유체의 점성을 측정하고자 한다(그림 2-18). 내부 원통의 외경이 12 cm이고, 두 개의 원통 사이의 간극이 0.15 cm이다. 내부 원통이 300 rpm으로 회전할 때, 토크는 1.8 N · m로 측정된다. 유체의 점성을 구하라.

풀이 2중 원통 점도계의 토크와 rpm이 주어져 있다. 유체의 점성을 결정하고자 한다.

가정 1 내부 원통은 유체에 완전히 잠겨 있다. 2 내부 원통의 양끝에서의 점성 영향은 무시할 수 있다.

해석 곡면 효과를 무시할 수 있을 때만 속도분포는 선형적이다. 이 문제에 있어서 $\ell/R = 0.025 \ll 1$이므로 속도분포는 선형적인 것으로 간주할 수 있다. 점성에 대해 식 (2-25)을 풀고 주어진 값을 대입하면, 유체의 점성은 다음과 같이 결정된다.

$$\mu = \frac{\mathrm{T}\ell}{4\pi^2R^3\dot{n}L} = \frac{(1.8\ \mathrm{N\cdot m})(0.0015\ \mathrm{m})}{4\pi^2(0.06\ \mathrm{m})^3(300/60\ 1/\mathrm{s})(0.4\ \mathrm{m})} = \mathbf{0.158\ N\cdot s/m^2}$$

토의 점성은 강한 온도의 함수이고, 해당 온도가 명시되지 않은 점성 값 자료는 소용이 거의 없다. 그러므로 이 실험 중에 유체의 온도도 측정하였어야 하고, 이 계산과 함께 보고하였어야 한다.

2-7 ■ 표면장력과 모세관 효과

종종 다음과 같은 현상을 볼 수 있다. 한 방울의 피는 수평 유리판 위에서 둥근 방울 모양이 된다. 수은 방울은 거의 완벽한 구를 형성하고, 매끄러운 표면 위로 마치 강철 구처럼 굴러갈 수 있다. 빗방울이나 이슬은 나무 잎이나 가지 위에 매달린다. 엔진 내부로 분사된 액체 연료는 둥근 액적의 연무를 형성한다. 수도꼭지로부터 물이 똑똑 떨어질 때 거의 둥근 방울로 떨어진다. 공기 중으로 풀려 나오는 비누 거품은 거의 공 모양을 만든다. 물은 꽃잎 위에 작은 방울의 구슬들을 만든다(그림 2-19a).

이와 같은 관찰에서, 액적은 액체로 채워져 있는 작은 풍선과 같이 거동하고, 액체의 표면은 인장되어 늘어난 탄성막처럼 거동한다. 이와 같은 장력을 초래하는 잡아당기는 힘은 표면에 평행하게 작용하고 액체의 분자간 인력에 기인한다. 단위 길이 당 이 힘의 크기를 **표면장력(surface tension)** 또는 **표면장력 계수** σ_s라 부르고 보통은 N/m 단위로 표현한다. 이 효과는 또한 (단위 면적 당) **표면 에너지**로도 불리고, 등가의 단위인 $N \cdot m/m^2$ 또는 J/m^2로 표현된다. 이 경우에 σ_s는 액체의 표면적을 단위량만큼 증가시키기 위해 들어간 인장 일을 나타낸다.

(a)

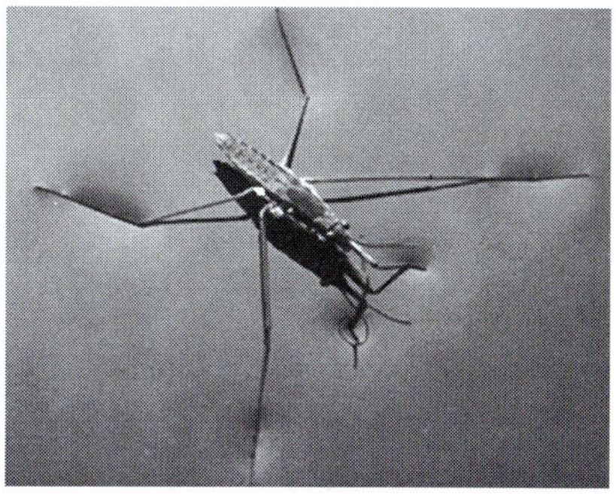

(b)

그림 2-19
표면장력의 몇 가지 결과들.
(a) © AEE Fotosearch RF
(b) © Dennis Drenner/Visuals Unlimited.

그림 2-20는 표면장력이 어떻게 발생하는가를 가시화하기 위해, 표면에 있는 분자와 액체 속 깊은 곳에 있는 분자, 이렇게 두 개의 분자를 고려함으로써 미시적인 관점을 소개하고 있다. 둘러싸고 있는 분자들이 내부 분자에 작용하는 인력은 대칭성 때문에 서로 평형을 이룬다. 그러나 표면 분자에 작용하는 인력은 대칭이 아니며, 위쪽의 기체 분자가 작용하는 인력은 보통 매우 작다. 그러므로 액체의 표면에 있는 분자에 작용하는 순수 인력이 존재하는데, 이는 표면에 있는 분자를 액체의 안쪽으로 끌어당기는 경향이 있다. 이 힘은 압축되려고 노력하고 있는 표면 아래의 분자들로부터의 척력에 의해 평형을 이룬다. 그 결과 액체는 자신의 표면적을 최소화시킨다. 이것이 액체 방울이 공 모양을 취하는 이유이며, 이 경우 주어진 부피에 대해 최소의 표면적을 갖게 된다.

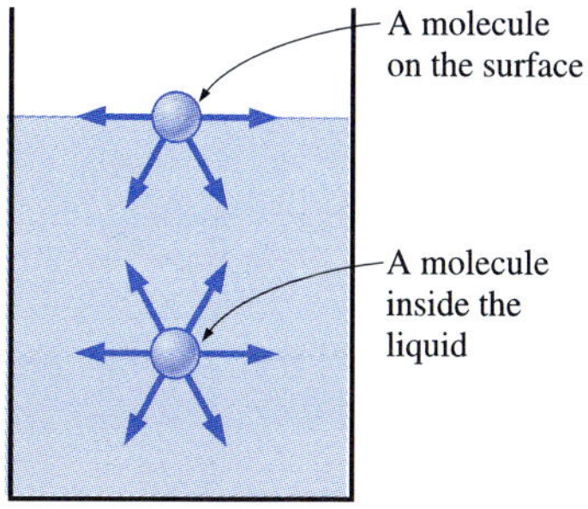

그림 2-20
액체의 표면과 깊은 내부에서 액체 분자에 작용하는 인력.

또한 몇몇 곤충이 물 위에 내려앉거나 물 위를 걸을 수 있으며, 작은 강철 바늘이 물 위를 떠다닐 수 있음을 흥미롭게 관찰하였을 것이다(그림 2-19b). 이 현상들은 이들 물체의 중량에 평형을 이루는 표면장력에 의해 가능하다.

표면장력 효과를 보다 잘 이해하기 위하여, 움직일 수 있는 한쪽 면을 가진 U형 와이어 프레임에 매달려있는 액막(비눗방울의 막과 같은)을 고려하자(그림 2-21). 보통, 액막은 그 표면적을 최소화하기 위해 움직일 수 있는 와이어를 안쪽으로 당기는 경향을 가진다. 이런 당기는 효과와 평형을 이루기 위해 움직일 수 있는 와이어에 힘 F가 반대 방향으로 적용될 필요가 있다. 얇은 막의 양쪽 면은 공기에 노출된 표면이며, 따라서 이 경우에 인장력이 작용하는 길이는 $2b$가 된다. 다음으로, 움직일 수 있는 와이어에 힘의 평형을 취하면 $F = 2b\sigma_s$가 되고, 따라서 표면장력은 다음과 같이 표현될 수 있다.

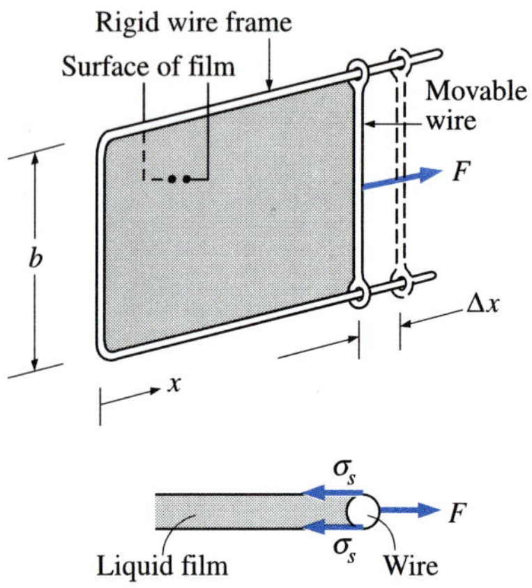

그림 2-21
U형 와이어로 액체 막을 잡아당김, 그리고 길이가 b인 움직일 수 있는 와이어에 작용하는 힘.

$$\sigma_s = \frac{F}{2b} \tag{2-24}$$

$b = 0.5\text{ m}$에 대해, 측정된 힘 F(N 단위로)는 간단히 N/m로 표시되는 표면장력임을 주목하라. 충분히 정밀한 이런 종류의 장치는 다양한 액체의 표면장력을 측정하기 위해 사용될 수 있다.

U형 와이어 프레임 장치에서, 움직일 수 있는 와이어를 잡아당겨 막을 늘리고 그 표면적을 증가시킨다. 움직일 수 있는 와이어가 길이 Δx만큼 당겨졌을 때, 표면적은 $\Delta A = 2b\,\Delta x$만큼 증가하며, 이 늘리는 과정 중에 수행한 일 W는 다음과 같게 된다.

$$W = \text{Force} \times \text{Distance} = F\,\Delta x = 2b\sigma_s\,\Delta x = \sigma_s\,\Delta A$$

여기서 힘은 짧은 거리에 걸쳐 일정하게 유지된다고 가정하였다. 이 결과는 또한 **늘리는 과정 중에 막의 표면 에너지가 $\sigma_s \Delta A$만큼 증가된다**고 해석될 수 있으며, 이는 단위 면적 당 표면 에너지로서의 σ_s에 대한 또 다른 설명과도 일치한다. 이는 고무 밴드는 고무 밴드가 좀 더 잡아당겨진 뒤에, 보다 많은 위치(탄성)에너지를 갖는 것과 유사하다. 액막의 경우, 일은 다른 분자들의 인력에 대항하여 내부 부분으로부터 표면으로 액체 분자들을 이동하는데 사용된다. 그러므로 표면장력은 또한 **액체 표면적의 단위 증가 당 수행한 일**로 정의될 수 있다.

표 2-4에 보인 바와 같이, 표면장력은 물질에 따라, 그리고 주어진 물질에 대해서는 온도에 따라 매우 크게 변한다. 예를 들면 20℃에서, 대기 중의 공기로 둘러싸인 물에 대한 표면장력은 0.073 N/m이고, 수은에 대해서는 0.440 N/m이다. 수은의 표면장력은 매우 커서 매끄러운 표면 위를 고체 공처럼 굴러갈 수 있을 만큼 거의 완벽한 공 모양의 수은 방울을 형성하게 한다. 일반적으로 액체의 표면장력은 온도에 따라 감소하고 임계점에서 영이 된다(따라서 임계점 이상의 온도에서 액체-증기의 분명한 계면은 존재하지 않는다). 표면장력에 대한 압력의 효과는 보통 무시된다.

표 2-4
1기압 및 20°C에서(별도로 명시하지 않은 한) 공기 내 몇몇 유체의 표면장력

Fluid	Surface Tension σ_s, N/m
†Water:	
0°C	0.076
20°C	0.073
100°C	0.059
300°C	0.014
Glycerin	0.063
SAE 30 oil	0.035
Mercury	0.440
Ethyl alcohol	0.023
Blood, 37°C	0.058
Gasoline	0.022
Ammonia	0.021
Soap solution	0.025
Kerosene	0.028

† 물에 대한 보다 정밀한 데이터는 부록을 참조

물질의 표면장력은 **불순물**에 의해 상당히 바뀔 수 있다. 그러므로 **계면 활성제**라 불리는 화학 물질이 표면장력을 줄이기 위해 첨가될 수 있다. 예를 들면 비누나 세제는 물의 표면장력을 낮추며, 보다 효과적인 세탁을 위해 이것들이 섬유 사이의 작은 구멍에 스며들 수 있도록 한다. 그러나 이는 또한 표면장력에 의해 작동하는 장치(히트 파이프와 같은)는 불량한 작업 기술에 기인한 불순물로 인해 파손될 수 있음을 의미한다.

여기서 액체의 표면장력은 단지 액체-액체 또는 액체-기체 계면에서만 설명한다. 그러므로 표면장력을 규정할 때, 인접한 액체 또는 기체를 규정하는 것은 필수적이다. 표면장력은 만들어질 액적의 크기를 결정하며, 그래서 좀 더 많은 질량이 더해짐에 따라 계속 커지는 방울은 표면장력이 더 이상 방울을 지탱할 수 없게 될 때 터지게 된다. 이는 풍선을 부풀릴 때, 내부 압력이 풍선 재질의 강도 이상으로 올라가 터지는 것과 유사하다.

곡면 계면은 계면을 가로질러 압력 차이(또는 "압력 급상승")가 있음을 나타내며, 이 때 오목한 면 쪽의 압력이 보다 높은 상태를 유지한다. 예를 들어 공기 중의 액체 방울(droplet of liquid), 물속의 공기 (또는 다른 기체) 기포, 또는 공기

중의 비누 거품을 고려하라. 대기압 이상의 초과 압력 ΔP는 액체 방울 또는 거품의 절반에 대한 자유 물체도를 고려함으로써 결정할 수 있다(그림 2-22). 표면장력은 원주를 따라 작용하고, 압력은 면적에 작용함을 주목하면, 액체 방울(또는 공기 기포)과 비누거품에 대한 수평력 평형은 아래와 같이 주어진다.

액체 방울 또는 공기 기포: $(2\pi R)\sigma_s = (\pi R^2)\Delta P_{\text{droplet}} \rightarrow \Delta P_{\text{droplet}} = P_i - P_o = \dfrac{2\sigma_s}{R}$ (2-25)

비누 거품: $2(2\pi R)\sigma_s = (\pi R^2)\Delta P_{\text{bubble}} \rightarrow \Delta P_{\text{bubble}} = P_i - P_o = \dfrac{4\sigma_s}{R}$ (2-26)

여기서 P_i와 P_o는 각각 액체 방울 또는 비누거품의 내부 및 외부 압력이다. 액체 방울이나 비누거품이 대기 중에 있을 때, P_o는 단순히 대기압이다. 비누거품에 대한 힘의 평형에서 2라는 추가적인 인수는 두 개의 면(내부 및 외부 표면)을 갖는 비누 막의 존재에 기인하고 따라서 절단면에서 두 개의 원둘레를 갖기 때문이다.

기체 속의 액체 방울(또는 액체 속의 기체 기포) 내의 초과 압력은 질량의 미소 양의 첨가에 기인한 방울 반경의 미소 증가를 고려함으로써, 그리고 표면장력을 단위 면적 당 표면 에너지의 증가로 해석함으로써 결정할 수 있다. 이 미소 팽창과정 중 액체 방울의 표면 에너지 증가는 다음과 같다.

$$\delta W_{\text{surface}} = \sigma_s\, dA = \sigma_s\, d(4\pi R^2) = 8\pi R\sigma_s\, dR$$

이 과정 중에 행한 팽창 일은 힘에다 거리를 곱함으로써 다음과 같이 결정된다.

$$\delta W_{\text{expansion}} = \text{Force} \times \text{Distance} = F\, dR = (\Delta PA)\, dR = 4\pi R^2\, \Delta P\, dR$$

위의 두 가지 식을 같게 놓으면 $\Delta P_{\text{droplet}} = 2\sigma_s/R$이 되며, 이는 앞에서 구한 식 (2-25)과 동일한 것이다. 액체 방울 또는 비누거품 내의 초과 압력은 반경에 반비례한다.

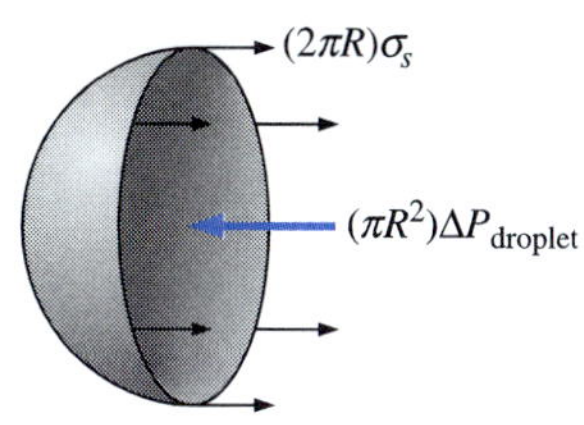

(*a*) 물방울 또는 공기 기포의 반구

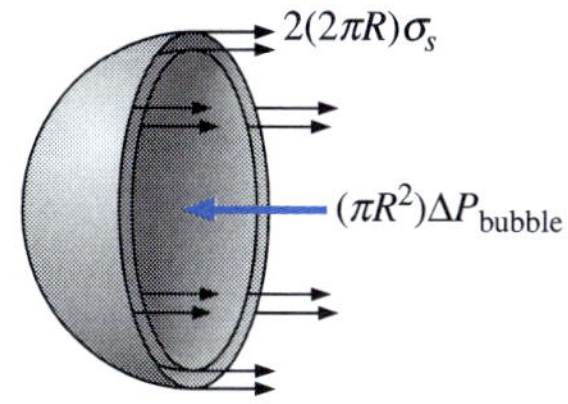

(*b*) 비누거품의 반구

그림 2-22
물방울 또는 공기 기포의 반구와 비누거품의 반구에 대한 자유 물체도.

모세관 효과

표면장력의 또 다른 흥미로운 결과는 **모세관 효과**(capillary effect)이며, 이는 액체 속에 삽입된 소구경 관 내에서의 액체의 상승 또는 하강을 말한다. 이러한 좁은 관 또는 제한된 유동 통로를 **모세관**이라 부른다. 등유램프의 연료통 내에 삽입된 면 심지를 통한 등유의 상승은 이 효과에 따른 것이다. 모세관 효과는 또한 키가 큰 나무의 꼭대기까지 물이 상승하는 데에도 일부분 기여한다. 모세관 내에서 액체의 곡선 자유표면은 **요철면**(meniscus)이라 불린다.

유리 용기 내의 물은 유리 표면을 만나는 가장자리에서 약간 위로 곡선을 그리나, 수은에 있어서는 반대 경우가 나타난다. 즉 가장자리에서 아래로 곡선을 그리는 것을 흔히 볼 수 있다(그림 2-23). 이 효과는 보통 물은(유리에 달라붙음으로써) 유리를 **적시며(wet)**, 반면에 수은은 그렇지 않다는 말로써 표현한다. 모세관 효과의 강도는 **접촉각**(또는 **적심각**) ϕ로 정량화되며, 접촉각은 **접촉점에서 액체면에 대한 접선이 고체면과 만드는 각도**로 정의된다. 표면장력의 힘은 고체면을 향해 이 접선을 따라 작용한다. $\phi < 90°$일 때 액체는 표면을 적신다고 말하며, $\phi >$

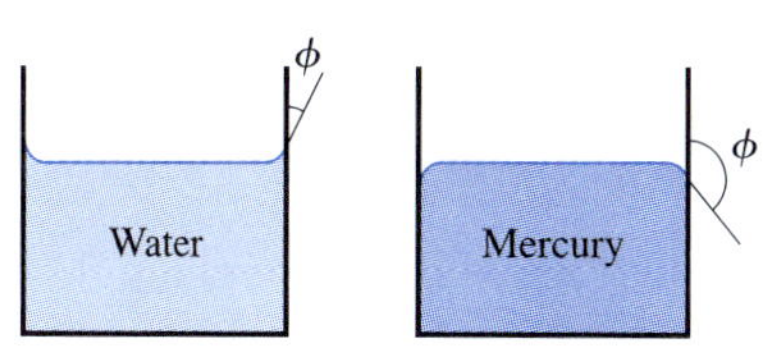

(*a*) 젖는 유체 (*b*) 젖지 않는 유체

그림 2-23
젖는 유체와 젖지 않는 유체에 대한 접촉각.

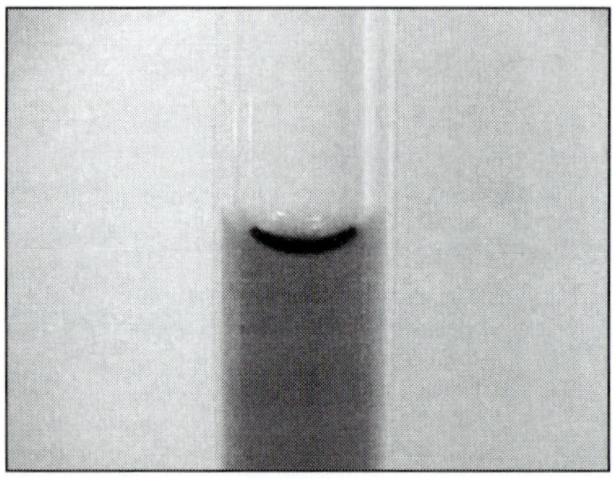

그림 2-24
내경이 4 mm인 유리관 내에 색깔을 입힌 물의 요철면. 액체 요철면의 가장자리는 모세관 벽면과 매우 작은 접촉각을 이룬다.

Photo by Gabrielle Trembley, Pennsylvania State University. Used by permission.

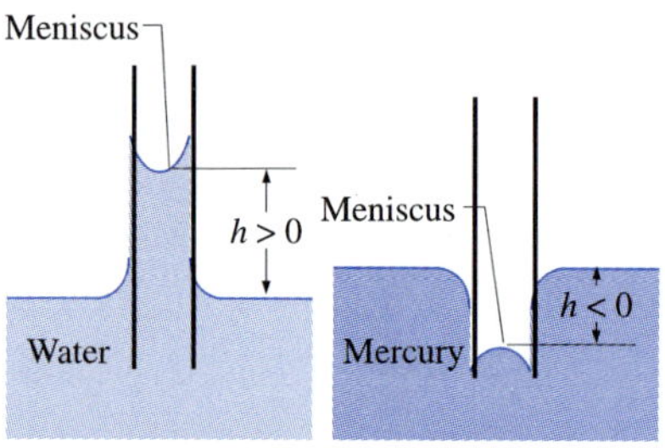

그림 2-25
작은 직경의 유리관 내에서의 물의 모세관 상승 및 수은의 모세관 하강.

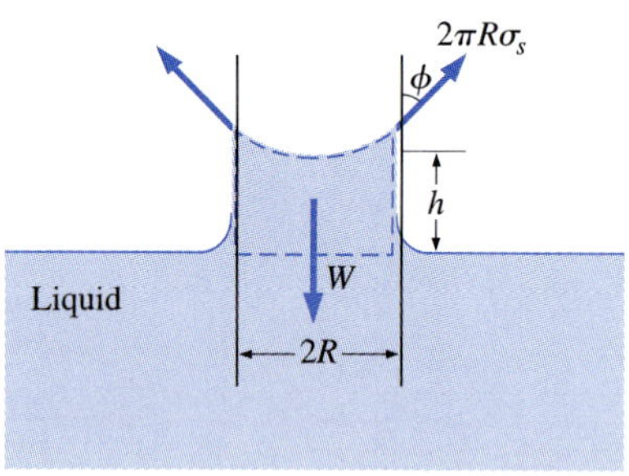

그림 2-26
모세관 효과에 의해 관내에서 상승한 액체 기둥에 작용하는 힘.

90° 일 때 표면을 적시지 않는다고 말한다. 대기 중에서, 물[그리고 대다수 다른 유기(organic) 액체]의 유리와의 접촉각은 거의 영, $\phi \approx 0°$ 이다(그림 2-24). 그러므로 표면장력 힘은 유리관 내에서 원둘레를 따라 물에 위쪽으로 작용하여 물을 끌어올리려 한다. 그 결과, 저수조의 액체 수준 위로의 관내 액체의 중량과 표면장력의 힘이 평형을 이룰 때까지 관내의 물은 상승한다. 공기 중에서 수은-유리에 대한 접촉각은 130° 이고, 등유-유리에 대해서는 26° 이다. 일반적으로 접촉각은 상이한 환경에서는(공기 대신에 다른 기체나 액체와 같이) 서로 다름을 주목하라.

모세관 효과의 현상은 **응집력**(물과 물 같은 서로 친화적 분자 사이의 힘)과 **부착력**(물과 유리 같은 비친화적인 분자 사이의 힘)을 고려함으로써 미시적으로 설명될 수 있다. 고체-액체 계면에서 액체 분자는 다른 액체 분자에 의한 응집력과 고체 분자에 의한 부착력 모두에 영향을 받는다. 이들 힘의 상대적 크기가 액체가 고체 면을 적시는가 또는 아닌가를 결정한다. 분명히 물 분자는 다른 물 분자보다 강하게 유리 분자에게 끌리며, 따라서 물이 유리 표면을 따라서 올라가게 된다. 수은은 그 반대의 경우가 되며, 이는 유리 벽면 근처의 액체 표면을 억누르게 한다(그림 2-25).

원형관에서 모세관 상승의 크기는 관내의 높이 h인 원통형 액주에 대한 힘의 평형으로부터 결정할 수 있다(그림 2-26). 액주의 바닥은 저수조의 자유표면과 같은 위치이고, 따라서 그곳의 압력은 대기압이어야 한다. 이것이 액주의 윗면에 작용하는 대기압과 평형을 이루며, 따라서 이들 두 가지 효과가 서로 상쇄된다. 액주의 중량은 대략 다음과 같다.

$$W = mg = \rho V g = \rho g(\pi R^2 h)$$

표면장력 힘의 수직 성분을 중량과 같게 놓으면 다음과 같다.

$$W = F_{\text{surface}} \rightarrow \rho g(\pi R^2 h) = 2\pi R \sigma_s \cos\phi$$

h에 대해 풀면, 모세관 상승은 다음과 같다.

모세관 상승: $$h = \frac{2\sigma_s}{\rho g R}\cos\phi \qquad (R = \text{상수}) \tag{2-27}$$

이 관계식은 또한 젖지 않는 액체(유리에 수은처럼)에 대해서도 유효하며, 이때는 모세관이 내려가게 된다. $\phi > 90°$ 와 따라서 $\cos\phi < 0$인 경우에서, h는 음수가 된다. 그러므로 음수의 모세관 상승은 모세관 하강에 상응한다(그림 2-25).

모세관 상승은 관의 반경에 반비례함을 주목하라. 그러므로 관이 가늘수록 관내의 액체 상승(또는 하강)이 더 커진다. 실제로, 물에 대한 모세관 효과는 직경이 1 cm보다 큰 관에서는 통상적으로 무시할만하다. 압력 측정이 마노미터나 기압계로 행해질 때, 모세관 효과를 최소화할 수 있도록 충분히 큰 관을 사용하는 것이 중요하다. 예상한 바와 같이 모세관 상승은 또한 액체의 밀도에 반비례한다. 그러므로 일반적으로 가벼운 액체가 보다 큰 모세관 상승을 나타낸다. 끝으로, 식 (2-27)은 직경이 일정한 관에 대해 유도된 것으로서 단면적이 변하는 관에 대해서는 사용하지 말아야함을 명심해야 한다.

예제 2-5 관내에서 물의 모세관 상승

0.6 mm 직경의 유리관이 컵 안의 20°C의 물속에 삽입된다. 관내에서 물의 모세관 상승을 결정하라(그림 2-27).

풀이 모세관 효과의 결과로서 가는 관내에서 물의 상승을 결정하고자 한다.

가정 **1** 물속에 불순물이 없고 유리관의 표면에 오염이 없다. **2** 실험은 대기 중에서 수행된다.

상태량 20°C에서 물의 표면장력은 0.073 N/m이다(표 2-4). 유리와의 물의 접촉각은 약 0°(전술한 본문으로부터)이다. 액체 상태의 물의 밀도를 1000 kg/m³으로 잡는다.

해석 모세관 상승은 주어진 값들을 식 (2-27)에 직접 대입함으로써 결정되며, 그 결과는 다음과 같다.

$$h = \frac{2\sigma_s}{\rho g R}\cos\phi = \frac{2(0.073\ \text{N/m})}{(1000\ \text{kg/m}^3)(9.81\ \text{m/s}^2)(0.3\times 10^{-3}\text{m})}(\cos 0°)\left(\frac{1\text{kg}\cdot\text{m/s}^2}{1\ \text{N}}\right)$$
$$= 0.050\ \text{m} = \mathbf{5.0\ cm}$$

그러므로 물은 컵 안의 액체 수준 위로 관내에서 5 cm 상승한다.

토의 만약 관의 직경이 1 cm라면, 모세관 상승은 0.3 mm가 될 것이며, 이는 육안으로는 거의 알아볼 수 없다. 실제로 큰 직경의 관에서 모세관 상승은 가장자리에서만 발생한다. 중앙은 전혀 상승하지 않는다. 그러므로 모세관 효과는 큰 직경의 관에서는 무시될 수 있다.

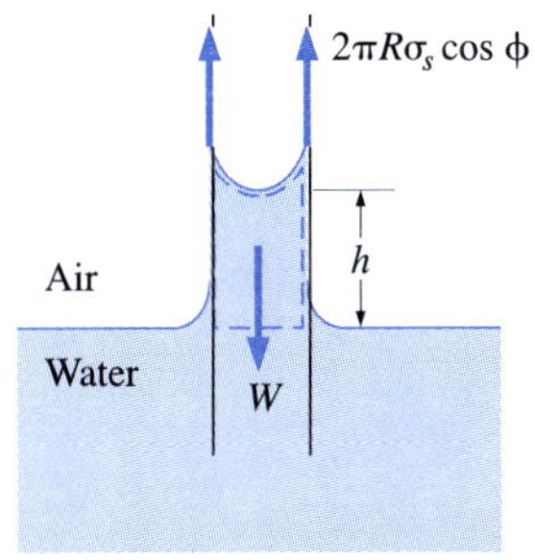

그림 2-27
예제 2-5에 대한 개요도.

요약 SUMMARY

이 장에서는 유체역학에서 통상적으로 사용되는 다양한 상태량을 논의하였다. 시스템의 질량 의존적 상태량을 **종량적 상태량**이라 부르며, 그 외의 것을 **강성적 상태량**이라 부른다. **밀도**는 단위 부피 당 질량이고, **비체적**은 단위 질량 당 체적이다. **비중**은 어떤 물질의 밀도의 4°C 물의 밀도에 대한 비율로 정의된다.

$$SG = \frac{\rho}{\rho_{H_2O}}$$

이상기체의 상태 방정식은 다음과 같이 표현된다.

$$P = \rho RT$$

여기서 P는 절대 압력, T는 열역학적 온도, ρ는 밀도, 그리고 R은 기체상수이다.

주어진 온도에서, 순수 물질이 상변화하는 압력을 **포화 압력**이라 부른다. 순수 물질의 액체와 기체 상태 사이의 상변화 과정에 대하여, 포화 압력은 보통 **증기압** P_v라 불린다. 액체 내의 저압 영역에서 형성되는 증기 기포(**공동현상**이라 불리는데)는 저압 영역으로부터 휩쓸려 지나감에 따라 매우 파괴적인 극도로 높은 압력파를 발생시키며 붕괴된다.

에너지는 수많은 형태로 존재할 수 있고, 이들의 합은 시스템의 **총에너지** E(또는 단위 질량 기준으로 e)를 구성한다. 에너지의 모든 미시적 형태들의 합은 시스템의 **내부 에너지** U라 불린다. 어떤 기준 좌표계에 상대적인 운동의 결과로 시스템이 보유하는 에너지는 **운동에너지**라 불리고 이를 단위 질량 당으로 표현하면 $\text{ke} = V^2/2$이며, 중력장에서 시스템의 고도에 따라 보유하는 에너지는 **위치 에너지**라 불리고 이를 단위 질량 당으로 표현하면 $\text{pe} = gz$이다.

무한히 작은 압력파가 매질 사이를 이동하는 속도를 **음속**이라 한다. 이상기체일 경우에 이는 다음과 같이 표시된다.

$$c = \sqrt{\left(\frac{\partial P}{\partial \rho}\right)_s} = \sqrt{kRT}$$

유체의 **점성**은 유체의 변형에 대항하는 저항의 척도이다. 단위 면적 당 접선력은 **전단응력**이라 불리고, 판들 사이에 단순 전단 유동(1차원 유동)에 대해 다음과 같이 표현된다.

$$\tau = \mu\frac{du}{dy}$$

여기서 μ는 유체의 점성계수 또는 **역학적**(또는 **절대**) **점성계수**이고, u는 유동 방향으로의 속도 성분이며, y는 유동 방향에 수직인 방향이다. 이와 같은 선형적 관계를 따르는 유체를 **뉴턴 유체**라 부른다. 밀도에 대한 역학적 점성계수의 비율을 **동점성계수** ν라 부른다.

계면의 액체 분자에 작용하는 단위 길이 당 분자의 인력에 의한 끌어당김 효과는 **표면장력** σ_s이라 불린다. 구형 액체방울이나 비누거품 내의 초과 압력 ΔP는 각각 다음으로 주어진다.

$$\Delta P_{\text{droplet}} = P_i - P_o = \frac{2\sigma_s}{R} \quad \text{그리고} \quad \Delta P_{\text{soap bubble}} = P_i - P_o = \frac{4\sigma_s}{R}$$

여기서 P_i와 P_o는 액체방울 또는 비누거품의 내부와 외부 압력이다. 액체에 삽입된 소구경 관에서 표면장력으로 인한 액체의 상승 또는 하강은 **모세관 효과**라 불린다. 모세관 상승 또는 하강은 다음으로 주어진다.

$$h = \frac{2\sigma_s}{\rho g R}\cos\phi$$

여기서 ϕ는 **접촉각**이다. 모세관 상승은 관의 반경에 반비례하고, 직경이 약 1 cm 이상인 관에서는 무시 가능하다.

밀도와 점성은 유체의 가장 기본적인 두 개의 상태량이고, 이들은 다음 장들에서 광범위하게 사용된다. 3장에서는 유체 내의 압력 변화에 미치는 밀도의 영향을 고려하고, 표면에 작용하는 정수압을 결정한다. 8장에서는 유동 중에 점성 효과에 기인한 압력 강하를 계산하고, 이를 펌프 구동에 필요한 동력의 결정에 이용한다. 점성은 또한 9장에서 유체 운동방정식의 구성과 풀이에서 핵심적인 상태량으로 사용된다.

참고문헌과 권장도서 REFERENCES AND SUGGESTED READING

1. E. C. Bingham. "An Investigation of the Laws of Plastic Flow," *U.S. Bureau of Standards Bulletin*, 13, pp. 309-353, 1916.
2. Y. A. Cengel and M. A. Boles. *Thermodynamics: An Engineering Approach*, 6th ed. New York: McGraw-Hill, 2008.
3. D. C. Giancoli. *Physics*, 3rd ed. Upper Saddle River, NJ: Prentice Hall, 1991.
4. Y. S. Touloukian, S. C. Saxena, and P. Hestermans. *Thermophysical Properties of Matter, The TPRC Data Series*, Vol. 11, Viscosity. New York: Plenum, 1975.
5. L. Trefethen. "Surface Tension in Fluid Mechanics." In *Illustrated Experiments in Fluid Mechanics*. Cambridge, MA: MIT Press, 1972.
6. The U.S. *Standard Atmosphere*. Washington, DC: U.S. Government Printing Office, 1976.
7. M. Van Dyke. *An Album of Fluid Motion*. Stanford, CA: Parabolic Press, 1982.
8. C. L. Yaws, X. Lin, and L. Bu. "Calculate Viscosities for 355 Compounds. An Equation Can Be Used to Calculate Liquid Viscosity as a Function of Temperature," *Chemical Engineering*, 101, no. 4, pp. 1110-1128, April 1994.
9. C. L. Yaws. *Handbook of Viscosity*. 3 Vols. Houston, TX: Gulf Publishing, 1994.

연습문제* PROBLEMS

밀도와 비중

2-1C 강성적 및 종량적 상태량 사이의 차이는 무엇인가?

2-2C 비중이란 무엇인가? 이는 밀도와 어떻게 관련되는가?

2-3C 실제 기체에 대해 어떤 조건 하에 이상기체 가정이 적합한가?

2-4C R과 R_u 사이의 차이는 무엇인가? 이들 두 가지가 어떻게 연관되어 있는가?

2-5 직경이 6 m인 둥근 풍선이 20°C 및 200 kPa에서 헬륨으로 채워져 있다. 풍선 속의 헬륨의 몰 수와 질량을 결정하라.

답: 9.28 kmol, 3.72 kg

2-6 문제 2-5를 다시 고려한다. EES(또는 다른) 소프트웨어를 이용하여, 풍선 내에 포함된 헬륨의 질량에 대한 풍선 직경의 영향을 압력이 (*a*) 100 kPa 및 (*b*) 200 kPa일 때에 대해 조사하라. 직경이 5 m부터 15 m까지 변하게 하라. 두 경우 모두에 대해 직경에 대한 헬륨의 질량을 도시하라.

2-7 자동차 타이어 속의 압력은 타이어 속의 공기 온도에 의존한다. 공기 온도가 25°C일 때, 압력 게이지 눈금은 210 kPa이다. 만약 타이어의 체적이 0.025 m^{3}이라면, 타이어 속의 공기 온도가 50°C까지 오를 때 압력 상승을 결정하라. 또한 이 온도에서 압력을 원래 값으로 되돌리기 위해 빼내야 하는 공기 양을 결정하라. 대기압은 100 kPa로 가정하라.

*"C"로 표시된 문제는 개념 문제이고, 학생들은 모든 문제에 답하도록 권장된다. 아이콘으로 표시된 문제는 EES를 이용하여 푸는 문제로서, 매개변수 연구와 함께 완전한 풀이가 동봉된 DVD에 수록되어 있다. 아이콘으로 표시된 문제는 본질상 종합적인 문제로서 컴퓨터로, 가급적 본 교재에 동반된 EES 소프트웨어를 이용해, 풀도록 의도된 것이다.

그림 P2-7

2-8E 체적이 0.53 ft^3인 자동차 타이어 속의 공기가 90°F 및 20 psig 상태에 있다. 압력을 권장 값인 30 psig까지 올리기 위해 추가되어야 할 공기 양을 결정하라. 대기압은 14.6 psia이고 온도와 체적은 일정하게 유지된다고 가정하라.

답: 0.0260 lbm

2-9E 강체 탱크가 20 psia 및 70°F에서 20 lbm의 공기를 담고 있다. 압력과 온도가 각각 35 psia 및 90°F까지 오를 때까지 공기가 더해진다. 탱크에 더해진 공기 양을 결정하라.

답: 13.7 lbm

2-10 EES 대기의 밀도는 고도에 따라 변하는데, 고도가 증가함에 따라 감소한다. (*a*) 표에 주어진 데이터를 이용하여, 고도에 따른 밀도 변화의 관계식을 구하고, 고도 7000 m에서의 밀도를 계산하라. (*b*) 위에서 구한 관계식을 이용하여 대기의 질량을 구하라. 지구는 반경 6377 km인 완벽한 구로 가정하고, 대기의 두께는 25 km로 취하라.

r, km	*ρ*, kg/m^3
6377	1.225
6378	1.112
6379	1.007
6380	0.9093
6381	0.8194
6382	0.7364
6383	0.6601
6385	0.5258
6387	0.4135
6392	0.1948
6397	0.08891
6402	0.04008

증기압 및 공동현상

2-11C 증기압이란 무엇인가? 이는 포화 압력과 어떻게 관련되어 있는가?

2-12C 물이 고압 하에서는 고온에서 끓는가? 설명하시오.

2-13C 물질의 압력이 비등 과정 중에 증가된다면, 온도도 또한 증가할 것인가 또는 일정하게 유지될 것인가? 그 이유는?

2-14C 공동현상이란 무엇인가? 공동현상이 발생하는 이유는 무엇인가?

2-15 배관 시스템에서, 물의 온도는 40°C 이하로 유지된다. 이 시스템에서 공동현상을 피하기 위한 최소 압력을 결정하라.

2-16 20°C의 물속에서 작동하는 프로펠러의 해석은 프로펠러 팁에서의 압력이 고속에서 2 kPa까지 하강함을 보여준다. 이 프로펠러에 대해 공동현상이 발생할 위험이 있는지 여부를 결정하라.

2-17E 70°F의 물속에서 작동하는 프로펠러의 해석은 프로펠러 팁에서의 압력이 고속에서 0.1 psia까지 하강함을 보여준다. 이 프로펠러에 대해 공동현상이 발생할 위험이 있는지 여부를 결정하라.

2-18 펌프가 높은 곳에 있는 저수조로 물을 수송하는데 이용된다. 만약 물 온도가 25°C라면, 공동현상 없이 펌프 내에 존재할 수 있는 최저 압력을 결정하라.

에너지 및 비열

2-19C 에너지의 미시적 및 거시적 형태 사이의 차이는 무엇인가?

2-20C 총에너지는 무엇인가? 총에너지를 구성하는 여러 가지 형태의 에너지를 확인해 보시오.

2-21C 시스템의 내부 에너지에 공헌하는 에너지의 형태를 열거하시오.

2-22C 열, 내부 에너지 및 열 에너지는 서로 어떻게 관련되어 있는가?

2-23C 유동 에너지는 무엇인가? 정지하고 있는 유체는 어떤 유동 에너지를 가지는가?

2-24C 유동 유체와 정지 유체의 에너지는 어떻게 비교되는가? 각각의 경우와 관련된 특정한 형태의 에너지의 이름을 들어보시오.

2-25C 평균 비열을 이용하여, 이상기체와 비압축성 물질의 내부 에너지 변화가 어떻게 결정될 수 있는지를 설명하라.

2-26C 평균 비열을 이용해, 이상기체와 비압축성 물질의 엔탈피 변화가 어떻게 결정될 수 있는지를 설명하라.

2-27E 모든 손실을 무시하고 50갤런의 온수 탱크 내의 물의 온도를 60℉에서 130℉로 올리는데 드는 에너지(Btu 단위로)를 예측하라.

음속

2-28C 소리란 무엇인가? 어떻게 생성되는가? 어떻게 이동하는가? 음파는 진공 중에서 이동할 수 있는가?

2-29C 음파의 전달과정을 등엔트로피 과정으로 가정하는 것이 타당한지 답하고 설명하라.

2-30C 다음 매개체 중 음파는 어떤 매질을 통하여 더 빨리 전달되는가? 차가운 공기, 혹은 따뜻한 공기?

2-31C 주어진 온도에서 소리는 다음 중 어떤 매질을 통하여 가장 빠르게 전파되는가? 공기, 헬륨, 혹은 아르곤?

2-32 (a) 300 K 그리고 (b) 1000 K의 공기 중에서 음속을 구하라. 또한 위의 두 가지 경우에 대하여 240 m/s의 속도로 나는 비행기의 Mach 수를 구하라.

2-33 이상기체유동을 가정하고, 0.1 MPa, 60℃인 냉매 R-134a의 음속을 구하라.

2-34 이상기체의 등엔트로피 과정에 대하여 Pv^k = 상수가 성립한다. 이 방정식과 음속의 정의(식 2-12)를 이용하여, 이상기체에 대한 음속의 표현식(식 2-14)을 유도하라.

2-35 1.5 MPa, 60℃의 공기가 엔트로피를 일정하게 유지하면서 0.4 MPa로 팽창된다. 최종 음속에 대한 처음 음속의 비를 계산하라.

답: 1.21

2-36 문제 2-35를 헬륨가스에 대하여 반복하라.

2-37E 공기가 200℉ 및 170 psia에서 60 psia로 등엔트로피 상태로 팽창한다. 최초 음속과 최종 음속의 비를 계산하라.

답: 1.16

점성

2-38C 점성이란 무엇인가? 액체 내와 기체 내에서 점성의 원인은 무엇인가? 액체 또는 기체가 보다 높은 동역학적 점성을 갖는가?

2-39C 뉴턴 유체란 무엇인가? 물은 비뉴턴 유체인가?

2-40C 하나는 물로 또 다른 하나는 기름으로 채워져 있는 두 개의 동일한 용기 속으로 두 개의 동일한 작은 유리 공이 떨어진다. 어느 공이 용기의 바닥에 먼저 닿을까? 그 이유는?

2-41C 동역학적 점성계수가 (*a*) 액체 그리고 (*b*) 기체일 때 온도에 따라 어떻게 변할까?

2-42C 동점성계수는 (*a*) 액체 그리고 (*b*) 기체일 때 온도에 따라 어떻게 변할까?

2-43 무게가 150 N인 50 cm × 30 cm × 20 cm 블록이 마찰 계수가 0.27인 경사면 위를 0.8 m/s의 등속으로 이동한다. (*a*) 수평 방향으로 적용될 필요가 있는 힘 *F*를 결정하라. (*b*) 만약 동역학적 점성이 0.012 Pa · s인 0.4 mm 두께의 유막이 블록과 경사면 사이에 적용된다면, 요구되는 힘의 백분율 감소를 결정하라.

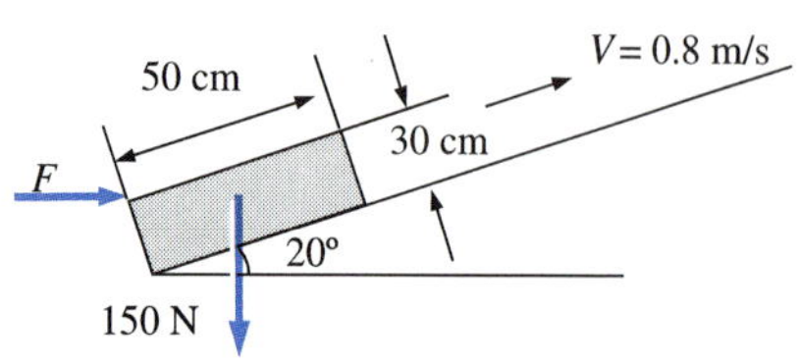

그림 P2-43

2-44 원형 파이프를 지나는 점성 μ인 유체의 유동을 고려하라. 파이프 내의 속도 분포는 $u(r) = u_{max}(1 - r^n/R^n)$으로 주어진다. 여기서 u_{max}는 최대 유동 속도로서 중심선에서 발생하고, r은 중심선으로부터의 반경 거리이며, $u(r)$은 임의의 위치 r에서의 유속이다. 유동 방향으로 유체에 의해 파이프 벽에 미치는 단위 길이당 항력에 대한 관계식을 개발하라.

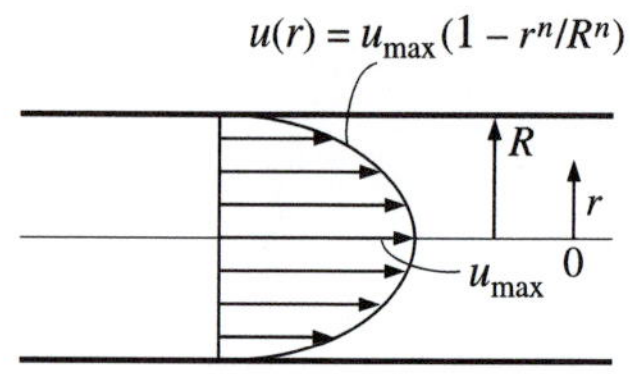

그림 P2-44

2-45 그림 P2-45에서와 같이 하나는 정지해 있고 또 다른 하나는 0.3 m/s의 등속으로 움직이는 두 개의 판 사이에 끼어있는 두께가 3.6 mm인 기름 층을 관통해 얇은 20 cm × − 20 cm 평판이 수평으로 2 m/s로 잡아당겨진다. 기름의 역학적 점성계수는 0.027 Pa · s이다. 각 기름 층에서의 속도는 선형적으로 변한다고 가정하여, (a) 속도 분포를 도시하고 기름의 속도가 영이 되는 위치를 찾아내며 (b) 이 운동을 유지하기 위해 판에 적용할 필요가 있는 힘을 결정하라.

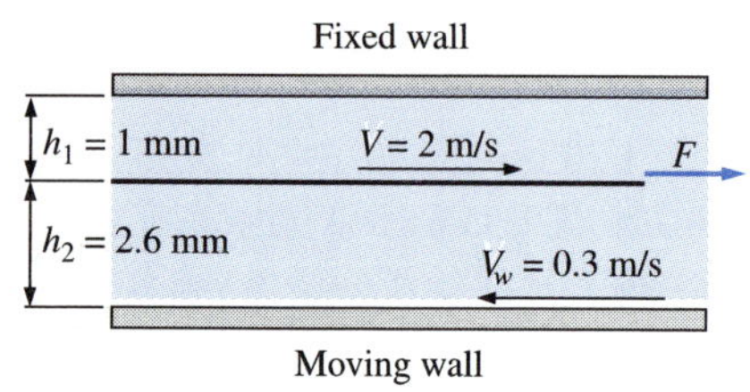

그림 P2-45

2-46 그림 P2-46에서와 같이 원뿔대(frustum) 모양의 물체가 20℃(μ = 0.1 Pa · s)에서 SAE 10W 오일로 채워진 용기 내에서 200 rad/s인 등각속도로 회전한다. 만약 모든 측면 위의 유막의 두께가 1.2 mm라면, 이 운동을 유지하기 위하여 요구되는 동력을 결정하라. 또한 오일의 온도가 80℃(μ = 0.0078 Pa · s)까지 오를 때 요구되는 동력 입력의 감소를 결정하라.

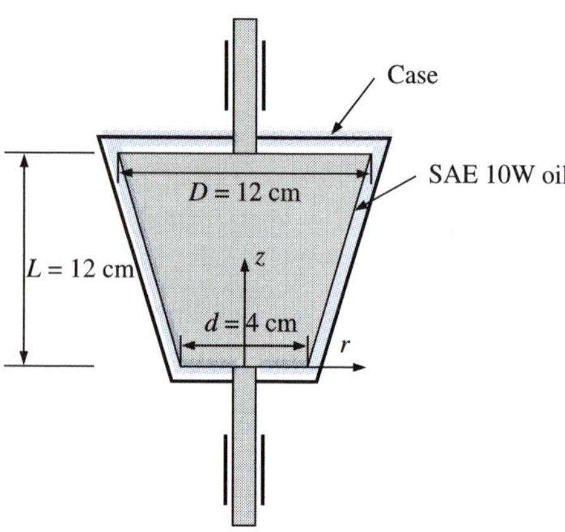

그림 P2-46

2-47 그림 P2-47에 보인 클러치 시스템은 두 개의 같은 직경 30 cm인 디스크 사이에 μ = 0.38 N · s/m²인 3 mm 두께의 유막을 통해 토크를 전달하는 데 이용된다. 구동축이 1450 rpm의 속도로 회전할 때, 전달축은 1398 rpm으로 회전하는 것으로 관찰된다. 유막에 대한 선형 속도 분포를 가정하여, 전달된 토크를 결정하라.

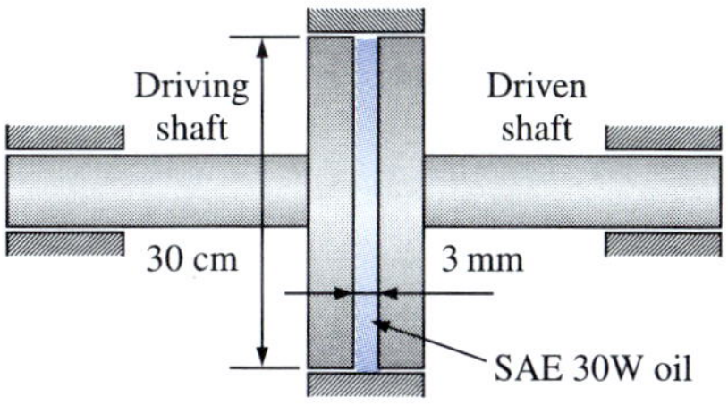

그림 P2-47

2-48 문제 2-47을 다시 고려한다. EES(또는 다른) 소프트웨어를 이용하여, 전달된 토크에 대한 유막 두께의 영향을 조사하라. 유막 두께는 0.1 mm부터 10 mm까지 변하도록 한다. 그 결과를 도시하고, 결론을 기술하라.

2-49 일부 유체의 점성은 강한 전기장이 그 유체에 적용될 때 변한다. 이 현상은 전기 유동성(electrorheological, ER) 효과로 알려져 있고, 이러한 거동을 보이는 유체는 ER 유체로 알려져 있다. $\tau = \tau_y + \mu(du/dy)$로 표현되는 전단응력에 대한 Bingham 플라스틱 모델은 그 단순성 때문에 ER 유체 거동을 기술하기 위해 널리 이용된다. ER 유체의 가장 유망한 응용분야 중 하나는 ER 클러치이다. 전형적인 다중 디스크 ER 클러치는 내측 반경이 R_1이고 외측 반경이 R_2인 강철판 N개를 입력 축에 등간격으로 부착하는 형태로 구성되어 있다. 평행 판 사이의 간격 h는 점성 유체로 채워져 있다. (a) 출력축이 정지해 있을 때 클러치에 의해 발생된 토크에 대한 관계식을 구하고 (b) 만약 유체가 $\mu = 0.1$ Pa · s, $\tau_y = 2.5$ kPa 및 $h = 1.2$ mm인 SAE 10일 경우, $R_1 = 50$ mm, $R_2 = 200$ mm 및 $\dot{n} = 2400$ rpm에 대한 $N = 11$인 ER 클러치에 대한 토크를 계산하라.

답: (b) 2060 N · m

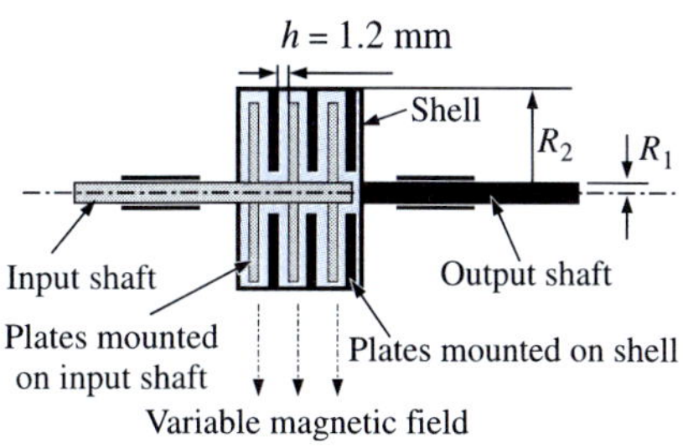

그림 P2-49

2-50 자기 유동성(magnetorheological: MR) 유체라 불리는 일부 유체의 점성은 자기장이 적용될 때 변한다. 이러한 유체는 적절한 수송 액체 내에 부유하는 미크론 크기의 자화 가능한 입자를 수반하며, 그리고 조절 가능한 유압 클러치에 사용되기에 적합하다. 그림 P2-49를 보라. MR 유체는 ER 유체보다 훨씬 높은 점도를 가질 수 있고, 이는 종종 전단희박 거동을 보이는데, 여기서 유체의 점성은 적용된 전단력이 증가함에 따라 감소한다. 이 거동은 또한 유사 플라스틱 거동으로 알려져 있으며, 그리고 $\tau = \tau_y + K(du/dy)^m$으로 표현되는 Herschel-Bulkley의 구성 모델에 의해 성공적으로 나타낼 수 있다. 여기서 τ는 적용된 전단응력, τ_y는 항복 응력, K는 일관성 지수, 그리고 m은 거듭제곱 지수이다. $\tau_y = 900$ Pa, $K = 58$ Pa · s^m, 및 $m = 0.82$인 Herschel-Bulkley 유체에 대해, (a) 출력축이 정지해 있는 동안 입력 축이 각속도 ω로 회전할 때 입력 축에 부착된 N개의 판에 대한 MR 클러치에 의해 전달되는 토크에 대한 관계식을 구하고 (b) $R_1 = 50$ mm, $R_2 = 200$ mm, $\dot{n} = 2400$ rpm, 및 $h = 1.2$ mm에 대해 $N = 11$개 판을 가진 이러한 클러치에 의해 전달된 토크를 계산하라.

2-51 유체의 점도를 길이 75 cm인 두 개의 동심 원통으로 구성된 점도계로 측정한다. 내측 원통의 외경이 15 cm이고, 두 원통 사이의 간격이 0.12 cm이다. 내측 원통이 200 rpm으로 회전하고, 토크는 0.8 N · m로 측정된다. 유체의 점도를 결정하라.

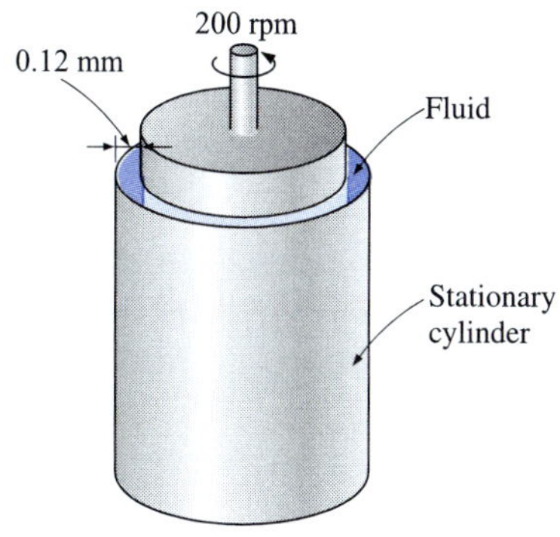

그림 P2-51

2-52E 유체의 점도를 길이 3 ft인 두 개의 동심 원통으로 구성된 점도계로 측정한다. 내측 원통의 외경이 6 in이고, 두 원통 사이의 간격이 0.05 in이다. 내측 원통이 250 rpm으로 회전하고, 토크는 1.2 lbf · ft로 측정된다. 유체의 점도를 결정하라.

답: 0.000648lb · s/ft^2

2-53 입구로부터 멀리 떨어진 영역에서, 원형 파이프를 통한 유체 유동은 1차원적이고, 층류 유동에 대한 속도 분포는 $u(r) = u_{max}(1 - r^2/R^2)$로 주어지는데, 여기서 R은 파이프의 반경, r은 파이프의 중심으로부터의 반경 거리, 그리고 u_{max}는 중심에서 발생하는 최대 유속이다. (a) 길이 L인 파이프의 구간에 유체에 의해 적용되는 항력에 대한 관계식과 (b) 20°C에서 $R = 0.08$ m, $L = 15$ m, $u_{max} = 3$ m/s 및 $\mu = 0.0010$ kg/m · s인 물의 유동에 대해 항력 값을 구하라.

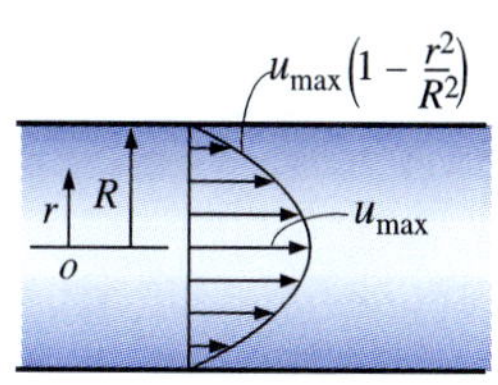

그림 P2-53

2-54 문제 2-53을 $u_{max} = 5$ m/s에 대해 반복하라.

답: (b) 0.942 N

표면장력 및 모세관 효과

2-55C 표면장력이란 무엇인가? 그것은 무엇에 의해 발생하는가? 표면장력은 왜 표면 에너지로도 불리는가?

2-56C 비누 거품을 고려하라. 거품의 내부 압력이 바깥 압력보다 높을까 낮을까?

2-57C 모세관 효과는 무엇인가? 그것은 무엇에 의해 발생하는가? 그것은 접촉각에 의해 어떻게 영향을 받는가?

2-58C 소구경 관이 접촉각이 110°인 액체 내에 삽입된다. 관 내 액체 수준이 오를까 내릴까? 설명하라.

2-59C 모세관 상승은 직경이 작은 관 또는 큰 관 어느 경우에 클까?

2-60E 직경이 0.03 in인 유리관이 68°F에서 등유(kerosine) 속에 삽입된다. 등유의 유리 표면과의 접촉각은 26°이다. 관 속 등유의 모세관 상승을 결정하라.

답: 0.65 in

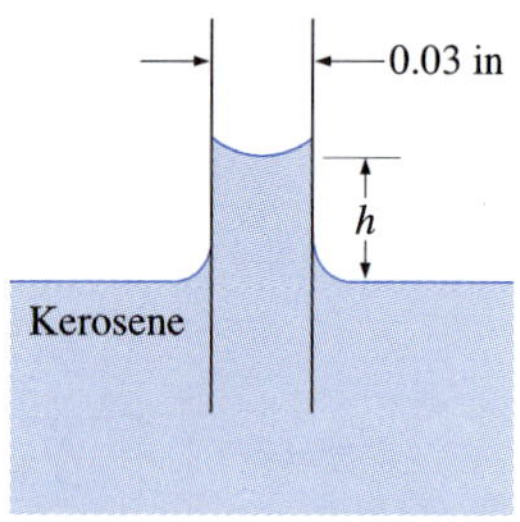

그림 P2-60E

2-61 직경이 1.9 mm인 관이 밀도가 960 kg/m^{3}인 미지의 액체 속에 삽입되고, 그 액체가 관 속에서 5 mm 상승되고, 접촉각을 15°로 만드는 것이 관찰된다. 액체의 표면장력을 결정하라.

2-62 20°C에서 직경이 (*a*) 0.2 cm 그리고 (*b*) 5 cm인 비누 거품 내의 계기 압력을 결정하라.

2-63 물속에 용해된 영양분은 미세한 관들에 의하여 부분적으로 모세관 효과 때문에 나무의 위쪽으로 운송된다. 모세관 효과의 결과로서 나무 안의 직경 0.005 mm인 관 안에서 수용액은 얼마나 높이 상승할지를 결정하라. 용액을 20°C에서 접촉각 15°인 물로 취급하라.

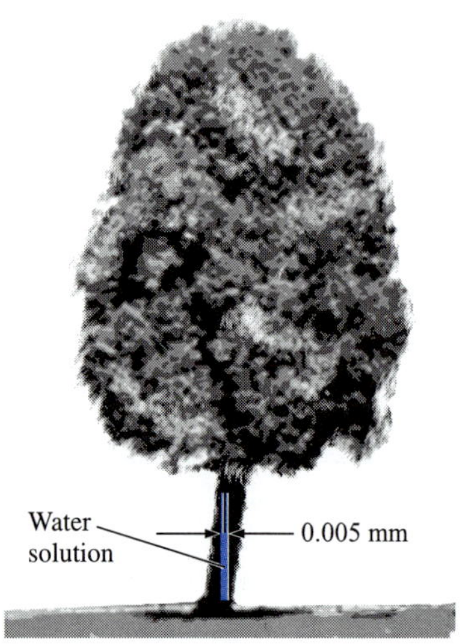

그림 P2-63

답: 5.75m

2-64 액체의 표면장력이 길이가 8 cm인 이동 가능한 측면을 가진 U형 선 틀 위에 매달려 있는 액체 막을 이용해 측정된다. 만약 그 선을 움직이는 데 필요한 힘이 0.012 N이라면, 공기 중에서 이 액체의 표면장력을 결정하라.

2-65 사람들이 기대하는 것과는 반대로, 고체 강철 공이 표면장력 효과 때문에 물 위에 뜰 수 있다. 20°C에서 물 위에 뜰 수 있는 강철 공의 최대 직경을 결정하라. 알루미늄 공이라면 답은 무엇일까? 강철과 알루미늄의 밀도는 각각 7800 kg/m^3 및 2700 kg/m^{3}으로 취하라.

복습 문제

2-66 자동차 타이어의 절대 압력은 여행 전에 290 kPa로 여행 후엔 310 kPa로 측정된다. 타이어의 체적은 0.022 m^{3}으로 일정하게 유지된다고 가정하여, 타이어 내 공기의 절대 온도의 퍼센트 증가를 결정하라.

2-67 20 m^3 탱크는 25°C 및 800 kPa에서 질소를 담고 있다. 탱크의 압력이 600 kPa로 하강할 때까지 일부 질소가 빠져나가도록 허용된다. 만약 이 때 온도가 20°C라면, 빠져나간 질소의 양을 결정하라.

답: 42.9 kg

2-68 고체 입자가 부유하는 액체의 조성은 일반적으로 중량 혹은 질량 $C_{s,\text{mass}} = m_s/m_m$으로 또는 체적, $C_{s,\text{vol}} = V_s/V_m$으로 고체 입자의 분수에 의하여 특성 지워지는데 여기서 m은 질량이고 V는 체적이다. 하첨자 s 및 m은 각각 고체 및 혼합물을 표시한다. 물을 바탕으로 한 현탁액의 비중을 $C_{s,\text{mass}}$ 및 $C_{s,\text{vol}}$의 항으로 나타내는 식을 개발하시오.

2-69 현탁액의 고체와 수송 유체의 비중은 보통 알려져 있으나, 그러나 현탁액의 비중은 고체 입자의 농도에 달려 있다. 물을 바탕으로 한 현탁액의 비중은 고체의 비중 SG$_s$와 부유 고체 입자의 농도 $C_{s,\text{mass}}$의 항으로 다음과 같이 표현될 수 있음을 보여라.

$$\text{SG}_m = \frac{1}{1 + C_{s,\text{mass}}(1/\text{SG}_s - 1)}$$

2-70E 펌프의 흡입측 압력은 전형적으로 낮으며, 펌프의 그 쪽 표면은 공동현상이 쉽게 일어날 수 있는 곳인데, 특히 높은 유체 온도일 때 그러하다. 만약 물 펌프의 흡입 측 최소 압력이 절대압 0.95 psi이라면, 공동현상의 위험을 피하기 위한 물의 최고 온도를 결정하라.

2-71 닫혀 있는 탱크가 60°C의 물로 부분적으로 채워져 있다. 만약 물 위의 공기가 완전히 배기 된다면, 배기된 공간의 절대압을 결정하라. 온도는 일정하게 유지된다고 가정하라.

2-72 절대 온도에 따른 물의 동역학적 점성의 변화가 다음과 같이 주어져 있다. 도표화된 자료를 이용하여, 점성에 대한 관계식을 $\mu = \mu(T) = A + BT + CT^2 + DT^3 + ET^4$의 형식으로 개발하라. 개발된 식을 이용하여, 보고된 값이 5.468×10^{-4} Pa · s인 물의 50°C에서 동역학적 점성을 예측하라. 계산된 결과와 $\mu = D \cdot e^{B/T}$의 형태로 주어지는 Andrade식(여기서 D 및 B는 상수로서 그 값은 주어진 점성 자료를 이용해 결정되어야 함)의 결과와 비교하라.

T, K	μ, Pa · s
273.15	1.787×10^{-3}
278.15	1.519×10^{-3}
283.15	1.307×10^{-3}
293.15	1.002×10^{-3}
303.15	7.975×10^{-4}
313.15	6.529×10^{-4}
333.15	4.665×10^{-4}
353.15	3.547×10^{-4}
373.15	2.828×10^{-4}

2-73 두 평행 판 사이에 점성이 μ인 뉴턴 유체의 층류 유동을 고려하라. 유동은 1차원적이고, 속도 분포는 $u(y) = 4u_{max}[y/h - (y/h)^2]$으로 주어지는데, 여기서 y는 바닥 면으로부터의 수직 좌표축이고, h는 두 판 사이의 거리이며, u_{max}는 중앙 면에서 발생하는 최대 유속이다. 판의 단위 면적 당 유동 방향으로의 유체에 의해 두 판 모두에 미치는 항력에 대한 관계식을 개발하라.

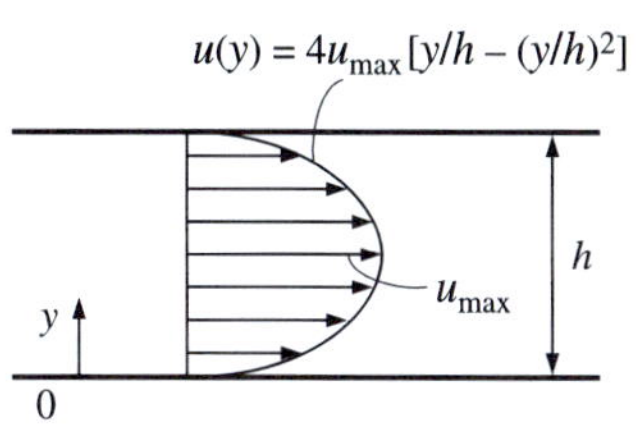

그림 P2-73

2-74 일부 비뉴턴 유체는 전단응력이 $\tau = \tau_y + \mu(du/dr)$로 표현될 수 있는 Bingham 플라스틱처럼 거동한다. 반경이 R인 수평 파이프에서 Bingham 플라스틱의 층류 유동에 대해, 속도 분포는 $u(r) = (\Delta P/4\mu L)(r^2 - R^2) + (\tau_y/\mu)(r - R)$로 주어지는데, 여기서 $\Delta P/L$은 단위 길이 당 파이프를 따라 일정한 압력 강하이고, μ는 동역학적 점성이며, r은 중심선으로부터의 반경 거리이고, τ_y는 Bingham 플라스틱의 항복 응력이다. (*a*) 파이프 벽에서의 전단응력과 (*b*) 길이 L인 파이프 구간에 작용하는 항력을 결정하라.

2-75 몇몇 감쇄 시스템에서, 기름에 잠겨 있는 원형 디스크가, 그림 P2-75에 보인 바와 같이, 감쇄기로 이용된다. 감쇄 토크는 관계식 $T_{damping} = C\omega$, 여기서 $C = 0.5\pi\mu(1/a + 1/b)R^4$에 따라 각속도에 비례함을 보여라. 디스크의 양쪽 면 위의 속도 분포는 선형으로 가정하고 가장자리 효과는 무시하라.

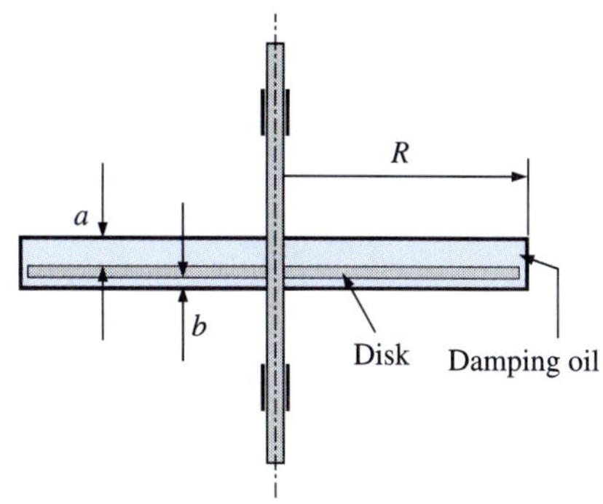

그림 P2-75

2-76E 직경이 0.9 in인 유리관이 수은 속으로 삽입되는데, 수은은 유리와 $\phi = 140°$의 접촉각을 만든다. 관 속에서 68°F의 수은의 모세관 하강을 결정하라.

답: 0.0175 in

2-77 액체 속에 수직으로 삽입된 거리 t 떨어진 두 개의 넓은 평행 판 사이에 있는 액체의 모세관 상승에 대한 관계식을 유도하라. 접촉각은 ϕ로 취하라.

2-78 점성이 운전 시작 시 20°C에서 0.1 kg/m · s이고 예상되는 정상 운전 온도인 80°C에선 0.008 kg/m · s인 오일로 윤활이 되는 길이가 30 cm인 저널 베어링을 고려하라. 축의 직경은 8 cm이고, 축과 저널 사이의 평균 간극은 0.08 cm이다. 최초에 그리고 축이 500 rpm으로 회전하는 정상 운전 시에 베어링 마찰을 극복하기 위해 필요한 토크를 결정하라.

설계 및 논술 문제

2-79 직경이 D이고 길이가 L인 좁은 유동 단면과 높이가 h인 원통형 저장 통을 가진 수직 깔때기를 이용하여 액체의 점성을 측정하는 실험을 설계하라. 적절한 가정을 설정하여, 밀도와 체적 유량과 같은 쉽게 측정 가능한 양들의 항으로 점성에 대한 관계식을 구하라.

2-80 모세관 및 다른 효과들에 의해 나무 꼭대기까지 유체의 상승에 관한 에세이를 작성하라.

2-81 계절에 따라 자동차 엔진에 달리 사용되는 오일과 그것의 점성에 관한 에세이를 쓰라.

FLUID MECHANICS

CHAPTER 03

압력과 유체 정역학

이 장은 정지해 있는 유체나 또는 강체운동 중인 유체가 작용하는 힘을 다룬다. 이들 힘에 관련되는 유체 상태량은 **압력**이며, 이는 유체가 가하는 단위 면적 당 수직력이다. 이 장은 압력에 대한 상세한 논의로부터 시작하며, 여기엔 **절대** 및 **계기 압력**, 한 **점**에서의 압력, 중력장에서 **깊이에 따른 압력 변화**, **기압계**, **마노미터**와 다른 압력 측정장치가 포함된다. 다음으로 평면 또는 곡면을 갖는 잠겨 있는 물체에 작용하는 **정수력**에 대한 논의가 이어진다. 또한 잠겨 있거나 떠 있는 물체에 유체가 작용하는 **부력**을 고려하고, 이와 같은 물체의 **안정성**을 논의한다. 이 장에서는 정적 평형에 있는 물체에 대한 힘의 평형이 광범위하게 이용되므로, 정역학으로부터의 적절한 주제들을 먼저 복습한다면 큰 도움이 될 것이다.

목표

이 장을 공부하면 다음과 관련된 지식을 얻을 수 있다.

- 정지하고 있는 유체 내에서의 압력 변화의 결정
- 잠겨 있는 평면 또는 곡면 위에 정지한 유체가 가하는 힘의 계산
- 떠 있거나 잠겨있는 물체의 안정성 해석

John Ninomiya가 72 개의 헬륨이 채워진 풍선 뭉치를 타고 2003년 4월에 California의 Temecula 위를 날고 있다. 헬륨 풍선은 약 230 m^3 의 공기를 밀어내 필요한 부력을 제공하고 있다.

Photograph by Susan Dawson. Used by permission.

3-1 ■ 압력

압력은 **유체가 가하는 단위 면적 당 수직력**으로 정의된다. 기체 또는 액체를 다룰 때만 압력을 논한다. 고체에 있어서 압력에 대응하는 것은 **수직응력**이다. 압력은 단위 면적 당 힘으로 정의되기 때문에 제곱미터 당 뉴턴(N/m^2)의 단위를 가지며, 이를 **파스칼(Pascal, Pa)**이라 부른다. 즉,

$$1 \text{ Pa} = 1 \text{ N/m}^2$$

압력 단위 파스칼은 실제 접하는 대부분의 압력에 비해 그 크기가 너무 작다. 그러므로 그의 배수인 **킬로파스칼**($1 \text{ kPa} = 10^3 \text{ Pa}$)과 **메가파스칼**($1 \text{ MPa} = 10^6 \text{ Pa}$)이 통상적으로 사용된다. 특히 유럽에서 통상적으로 실제 사용되는 세 가지 다른 압력 단위는 **바(bar)**, **표준 대기압(atm)**과 **제곱 센티미터 당 킬로그램-힘**(kgf/cm^2)이다.

$$\begin{aligned} 1 \text{ bar} &= 10^5 \text{ Pa} = 0.1 \text{ MPa} = 100 \text{ kPa} \\ 1 \text{ atm} &= 101{,}325 \text{ Pa} = 101.325 \text{ kPa} = 1.01325 \text{ bars} \\ 1 \text{ kgf/cm}^2 &= 9.807 \text{ N/cm}^2 = 9.807 \times 10^4 \text{ N/m}^2 = 9.807 \times 10^4 \text{ Pa} \\ &= 0.9807 \text{ bar} \\ &= 0.9679 \text{ atm} \end{aligned}$$

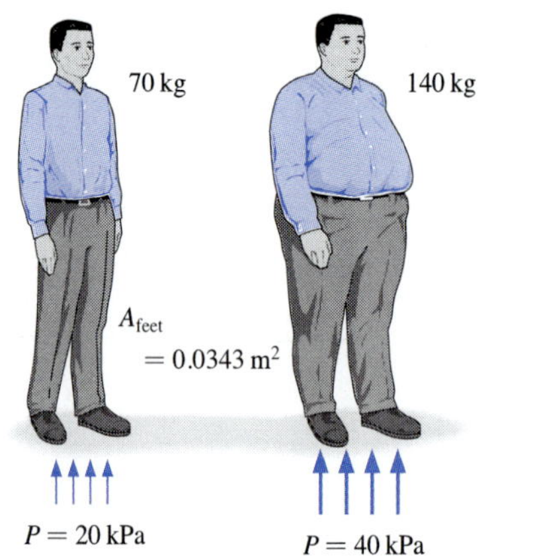

$$P = \sigma_n = \frac{W}{A_{feet}} = \frac{(70 \times 9.81/1000)\text{kN}}{0.343\text{m}^2} = 20\text{kPa}$$

그림 3-1
뚱뚱한 사람의 발에 작용하는 수직응력(또는 "압력")은 마른 사람의 발에 대한 것 보다 훨씬 크다.

압력 단위 바, 기압과 kgf/cm^2는 서로 거의 동등함에 주목하라. 영미 시스템에서 압력 단위는 **제곱 인치 당 파운드-힘**(lbf/in^2, 또는 psi)이고, 1 기압 = 14.696 psi이다. 압력 단위 kgf/cm^2와 lbf/in^2는 또한 각각 kg/cm^2 및 lb/in^2로 표기되기도 하며, 이들은 타이어 게이지에 보통 사용된다. $1 \text{ kgf/cm}^2 = 14.223$ psi로 나타낼 수 있다.

압력은 또한 고체 표면에서도 **수직응력**의 동의어로 사용될 수 있으며, 이는 단위 면적 당 표면에 수직으로 작용하는 힘이다. 예를 들면 총 발자국 면적이 0.0343 m^2이고 70 kg인 사람은 $(70 \times 9.81/1000) \text{ kN}/0.0343 \text{ m}^2 = 20 \text{ kPa}$의 압력을 마루 위에 가하게 된다(그림 3-1). 만약 그 사람이 한쪽 발로 선다면, 압력은 배가 된다. 만약 사람이 과다 체중을 갖는다면, 그 사람은 발에 작용하는 압력이 증가하기 때문에 발이 불편해질 것이다(발의 크기는 체중 증가에 따라 변하지 않는다). 이는 또한 사람이 커다란 눈 신발을 신음으로써 새로 내린 눈 위를 어떻게 빠지지 않고 걸을 수 있는가를 설명해주며, 그리고 어떻게 사람이 날카로운 칼을 사용하여 거의 힘들이지 않고 물건을 자를 수 있는가를 설명해준다.

주어진 점에서의 실제 압력은 **절대 압력(absolute pressure)**이라 불리고, 이는 절대 진공(즉, 절대적인 영의 압력)에 대해 상대적으로 측정된다. 그러나 대부분의 압력 측정장치들은 대기 중에서 영으로 읽히도록 보정되어 있으며(그림 3-2), 따라서 이들은 절대 압력과 국소 대기압 사이의 차이를 표시한다. 이 차이를 **계기 압력(gage pressure)**이라 부른다. P_{gage}는 양 또는 음이 될 수 있지만, 그러나 대기압보다 낮은 압력을 때때로 **진공 압력(vacuum pressure)**이라 부르고, 이는 대기압과 절대 압력 사이의 차이를 표시하는 진공 게이지로 측정된다. 절대 압력, 계기 압력 및 진공 압력은 모두 양의 값을 가지며 다음과 같이 서로 연관되어 있다.

그림 3-2
몇 가지 기본적인 압력 게이지.
Dresser Instruments, Dresser, Inc. Used by permission.

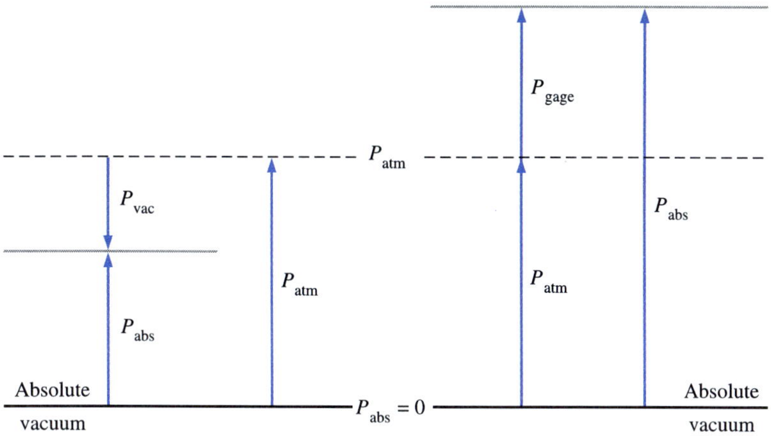

그림 3-3
절대 압력, 계기 압력 및 진공 압력.

$$P_{gage} = P_{abs} - P_{atm} \tag{3-1}$$

$$P_{vac} = P_{atm} - P_{abs} \tag{3-2}$$

이 식들은 그림 3-3에 도시되어 있다.

다른 압력계와 마찬가지로, 자동차 타이어 안의 공기 압력을 측정하기 위해 사용되는 계기도 계기 압력을 읽는다. 그러므로 보통 32.0 psi(2.25 kgf/cm^2)로 읽은 값은 대기압보다 32.0 psi 높은 압력을 의미한다. 예를 들면 대기압이 14.3 psi인 위치에서 타이어 안의 절대 압력은 32 + 14.3 = 46.3 psi이다.

열역학적 관계식과 표에서는 절대 압력이 거의 항상 사용된다. 이 교재 전체를 통해 압력 P는 별도로 규정되지 않는 한 **절대 압력**을 나타낼 것이다. 종종 글자 "a"(절대 압력) 및 "g"(계기 압력)를 압력 단위에 붙여서(psia 및 psig와 같이) 의미하는 바를 분명히 하기도 한다.

예제 3-1 진공실의 절대 압력

대기압이 14.5 psi인 장소에 있는 진공실에 연결된 진공 게이지는 5.8 psi를 가리킨다. 진공실의 절대 압력을 계산하라.

풀이 진공실의 계기 압력이 주어져 있다. 진공실의 절대 압력을 결정하고자 한다.

해석 절대 압력은 식 (3-2)로부터 쉽게 결정되며, 이는

$$P_{abs} = P_{atm} - P_{vac} = 15.5 - 5.8 = 8.7\ \text{psi}$$

토의 절대 압력을 결정할 때 대기압의 국소값을 이용함을 주목하라.

한 점에서의 압력

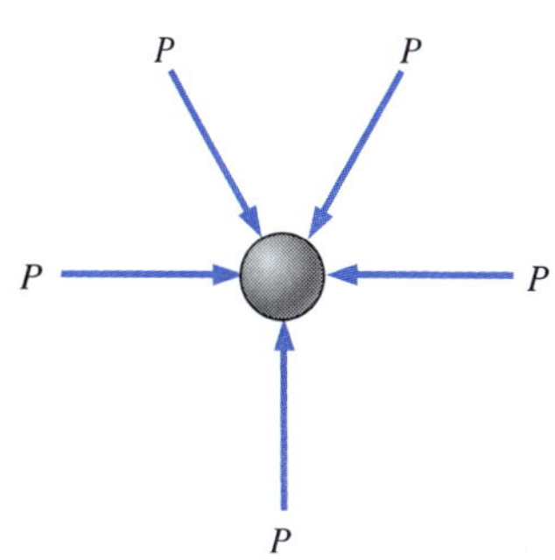

그림 3-4
압력은 벡터가 아닌 **스칼라** 양이다. 유체 내에서 한 점에서의 압력은 모든 방향에서 동일하다.

압력은 단위 면적 당 **압축력**이며, 따라서 압력은 벡터일 것 같은 생각을 들게 한다. 그러나 유체 내의 어느 한 점에서의 압력은 모든 방향으로 동일하다(그림 3-4). 즉 압력은 크기를 갖지만, 특정한 방향을 갖지 않으며, 따라서 압력은 스칼라 양이다. 달리 말하면, **유체 내의 한 점에서의 압력은 모든 방향으로 동일한 크기를 가**

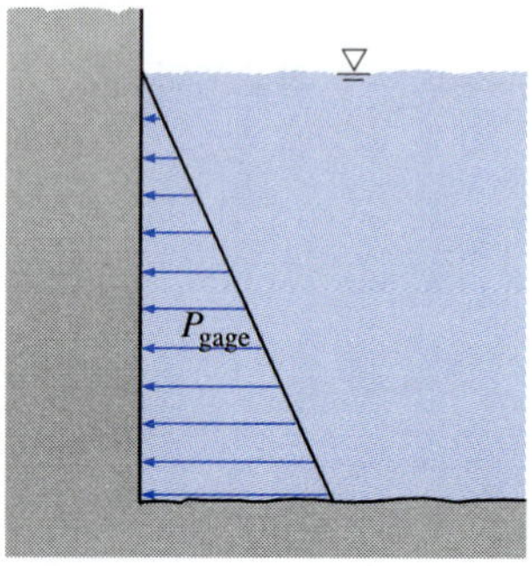

그림 3-5
정지 유체의 압력은 깊이에 따라 증가한다 (부가되는 중량의 결과로서).

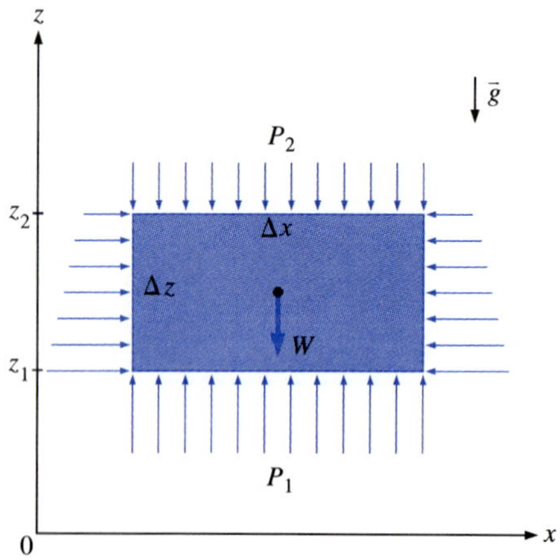

그림 3-6
평형 상태에 있는 직사각형 유체 요소의 자유 물체도.

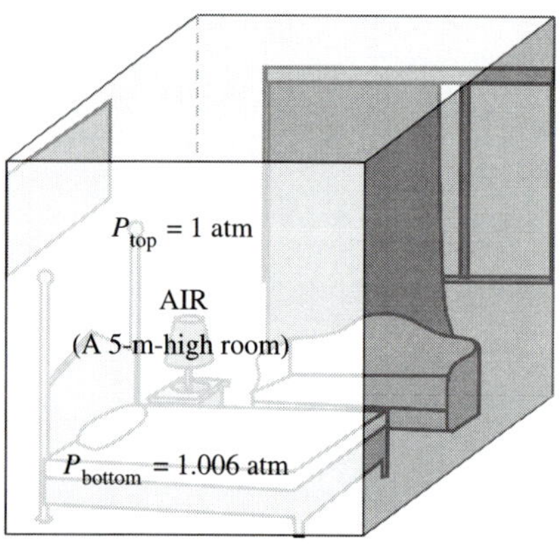

그림 3-7
기체로 채워져 있는 방안에서, 높이에 따른 압력 변화는 무시할 수 있다.

진다. 이 결과는 정지 유체뿐만 아니라 운동 중인 유체에도 적용될 수 있음은 전단력이 부재 시에 증명될 수 있다.

깊이에 따른 압력 변화

정지 유체 내의 압력이 수평방향으로 변하지 않는다는 것은 이제 놀라운 사실이 아닐 것이다. 이는 유체의 얇은 수평 층을 고려하고, 어느 수평방향에서든지 힘의 평형을 수행함으로써 쉽게 증명할 수 있다. 그러나 이는 중력이 존재하는 수직방향으로는 맞지 않는다. 유체 내의 압력은 깊이에 따라 증가한다. 이는 깊은 유체 층 위에는 많은 유체가 얹혀있기 때문이며, 이와 같은 깊은 층 위에 "추가되는 무게"의 효과는 압력의 증가에 의해 평형을 이루게 된다(그림 3-5).

깊이에 따른 압력 변화에 대한 관계를 얻기 위해, 그림 3-6에 보인 바와 같은 평형상태에 있는 높이 Δz, 길이 Δx 및 단위 깊이(지면 안쪽으로 $\Delta y = 1$)의 직사각형 유체 요소를 고려하자. 유체의 밀도 ρ는 일정하다고 가정하면, 수직 z방향에서의 힘의 평형은 다음과 같다.

$$\sum F_z = ma_z = 0: \quad P_1\,\Delta x\,\Delta y - P_2\,\Delta x\,\Delta y - \rho g\,\Delta x\,\Delta y\,\Delta z = 0 \tag{3-3}$$

여기서 $W = mg = \rho g\,\Delta x\,\Delta y\,\Delta z$는 유체 요소의 무게이다. $\Delta x\,\Delta y$로 나누고 정리하면 다음과 같다.

$$\Delta P = P_2 - P_1 = -\rho g\,\Delta z = -\gamma_s\,\Delta z \tag{3-4}$$

여기서 $\gamma_s = \rho g$는 유체의 **비중량(specific weight)**이다. 따라서 밀도가 일정한 유체 내에서 두 점 사이의 압력 차는 점들 사이의 수직 거리 Δz와 유체의 밀도 ρ에 비례한다고 결론을 내릴 수 있다. 달리 말하면, **정지해 있는 유체 내의 압력은 깊이에 따라 선형적으로 증가한다**. 이는 잠수부가 호수 속 깊이 잠수할 때 경험하는 일이다. 주어진 유체에 대해, 수직 거리 Δz는 때때로 압력의 척도로 사용되며, 이를 **압력 수두(pressure head)**라 부른다.

또한 짧은 거리부터 중간 정도의 거리까지에 대해, 높이에 따른 기체의 압력 변화는 기체의 밀도가 낮으므로 무시할 수 있음을 식 (3-4)으로부터 결론 내릴 수 있다. 예를 들면 기체를 담고 있는 탱크 내의 압력은 기체의 무게가 의미 있는 차이를 만들기에는 너무 작기 때문에 균일한 것으로 간주할 수 있다. 또한 공기가 차있는 방안의 압력도 일정하다고 가정할 수 있다(그림 3-7).

대기에 개방된 액체의 자유표면을 "위" 점으로 잡는다면(그림 3-8), 여기서 압력은 대기압 P_{atm}이고 자유표면 아래로 깊이가 h인 곳의 압력은 다음과 같다.

$$P = P_{atm} + \rho g h \quad \text{또는} \quad P_{gage} = \rho g h \tag{3-5}$$

액체는 본질적으로 비압축성 물질이고, 따라서 깊이에 따른 밀도의 변화는 무시할 수 있다. 이는 또한 고도의 변화가 매우 크지 않을 때, 기체의 경우에도 성립한다. 그러나 온도에 따른 액체나 기체의 밀도 변화는 상당히 클 수 있으며, 높은 정확도가 요구될 때에는 이를 고려할 필요가 있다. 또한 바다와 같이 매우 깊은 곳에서는, 액체의 밀도 변화가 클 수 있는데 이는 막대한 액체 무게에 의한 압축 때문이다.

중력가속도 g는 해수면에서 9.807 m/s^{2}로부터 대형 여객기가 순항하는

14,000 m의 고도에서 9.764 m/s²까지 변한다. 이와 같은 극단적인 경우에도 단지 0.4퍼센트의 변화뿐이다. 그러므로 g는 거의 오차 없이 일정하다고 가정할 수 있다.

고도에 따라 밀도가 크게 변하는 유체에 대해, 고도에 따른 압력 변화의 관계는 식 (3-4)을 Δz로 나누고, $\Delta z \rightarrow 0$으로 극한을 취함으로써 얻을 수 있다. 이는 다음과 같다.

$$\frac{dP}{dz} = -\rho g \tag{3-6}$$

압력은 위쪽 방향으로 감소하므로, dz가 양일 때 dP는 음이 된다는 것에 유의하라. 고도에 따른 밀도 변화가 알려져 있을 때, 점 1과 2 사이의 압력차는 다음과 같이 적분함으로써 결정할 수 있다.

$$\Delta P = P_2 - P_1 = -\int_1^2 \rho g\, dz \tag{3-7}$$

밀도와 중력가속도가 일정한 경우, 이 관계식은 예상대로 식 (3-4)와 같아진다.

정지 유체 내의 압력은 용기의 모양이나 단면과는 무관하다. 압력은 수직 거리에 따라 변하지만, 다른 방향으로는 일정하게 유지된다. 그러므로 압력은 주어진 유체에서 수평면 상의 모든 점에서 동일하다. 네덜란드 수학자 Simon Stevin (1548-1620)은 1586년에 그림 3-9에 예시된 원리를 발표하였다. 점 A, B, C, D, E, F 및 G에서의 압력은 같은 깊이에 있으므로 동일하고, 이들은 동일한 정지 유체에 의해 상호 연결되어 있다. 그러나 점 H와 I에서의 압력은 동일하지 않다. 이 점들이 같은 깊이에 있을지라도, 두 점이 동일한 유체에 의해 상호 연결되어 있지 않기 때문이다(즉, 점 I로부터 점 H까지 동일한 유체 속에서 처음부터 끝까지 연결된 곡선을 그릴 수 없다). (어느 점의 압력이 더 높을까?) 또한 유체가 가하는 압력 힘은 지정된 점에서 표면에 항상 수직이라는 점을 주목하라.

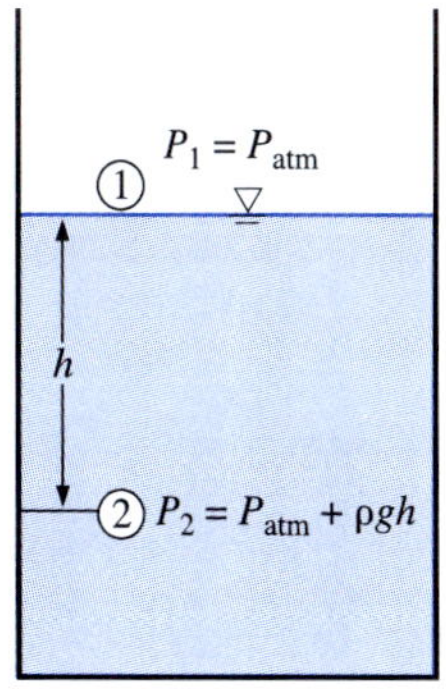

그림 3-8
정지 액체 내의 압력은 자유표면으로부터의 거리에 따라 선형적으로 증가한다.

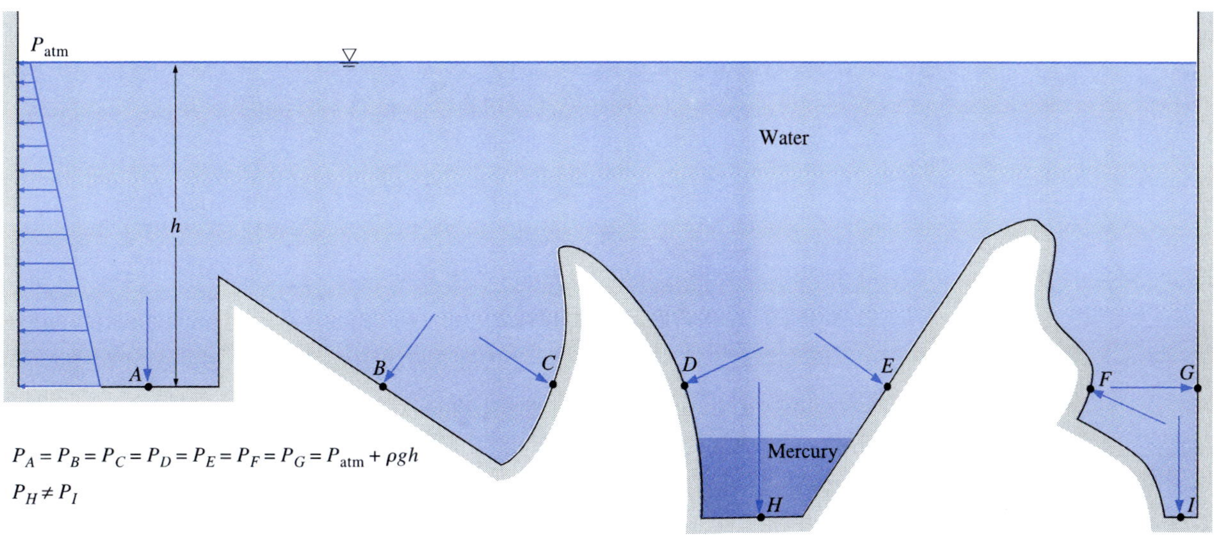

그림 3-9
정수압 조건 하에, 만약 점들이 동일한 유체 내에서 상호연결 되어 있다면, 주어진 유체 내에서 기하학적 형상에 관계없이 수평면 위의 모든 점에서 압력은 동일하다.

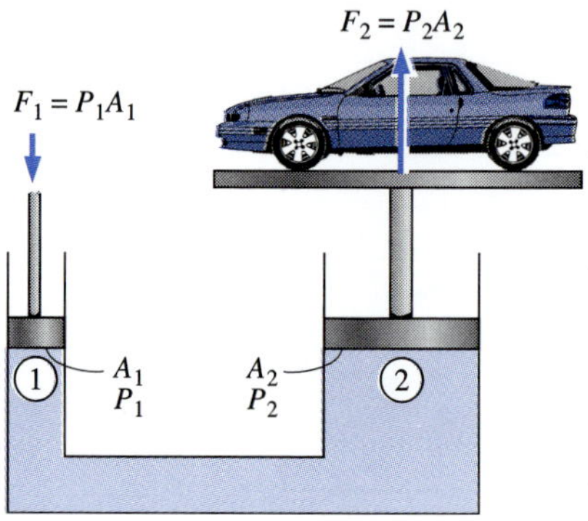

그림 3-10
Pascal 법칙을 응용하여 작은 힘으로 무거운 중량을 들어올림.

한 가지 유체 내의 압력이 수평방향으로 일정하게 유지됨의 결과는 **갇혀있는 유체에 작용한 압력은 그 유체 전체에 걸쳐 동일한 양만큼의 압력을 증가시킨다**는 것이다. 이는 Blaise Pascal(1623-1662)의 이름을 따라 **Pascal의 법칙**이라 불린다. 또한 Pascal은 유체가 가한 힘은 표면적에 비례함을 알았다. 그는 면적이 다른 두 개의 유압실린더를 연결하면, 면적이 큰 쪽이 면적이 작은 쪽에 가해진 힘보다, 비례적으로 큰 힘을 가하는 데 이용될 수 있음을 인지하였다. "Pascal의 기계"는 유압식 브레이크와 리프트와 같이 현재 일상생활의 일부가 되어있는 많은 발명의 원천이 되어오고 있다. 그림 3-10에 보인 바와 같이, 이것이 한 팔로 차를 쉽게 들어올릴 수 있도록 하는 이유이다. 양쪽 피스톤이 모두 동일한 높이에 있으므로(특히 고압에서는, 작은 높이 차이의 영향은 무시할 수 있다) $P_1 = P_2$임을 주목하면, 입력 힘에 대한 출력 힘의 비는 다음과 같이 결정된다.

$$P_1 = P_2 \quad \rightarrow \quad \frac{F_1}{A_1} = \frac{F_2}{A_2} \quad \rightarrow \quad \frac{F_2}{F_1} = \frac{A_2}{A_1} \tag{3-8}$$

면적 비 A_2/A_1은 유압식 리프트의 **이상적인 기계적 확대율**이라 불린다. 예를 들면 피스톤의 면적비가 $A_2/A_1 = 100$인 유압 차량 잭을 이용하면, 사람이 단지 10 kgf (= 90.8 N)의 힘을 적용시켜 1000 kg의 차를 들어 올릴 수 있다.

3-2 ■ 압력 측정 장치

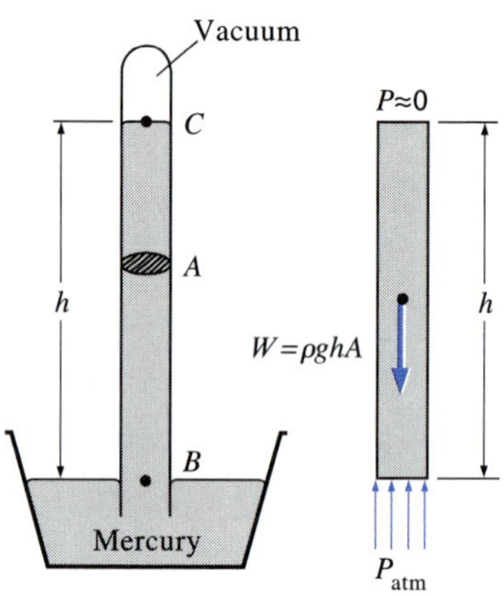

그림 3-11
기본적인 기압계.

기압계

대기압은 기압계(barometer)라 불리는 장치로 측정되며, 따라서 대기압은 종종 **기압계 압력**이라 불리기도 한다.

이탈리아 인 Evangelista Torricelli(1608-1647)는, 그림 3-11에 보인 바와 같이, 대기에 개방된 수은을 담은 용기 속으로 수은이 채워진 관을 거꾸로 세움으로써 대기압이 측정될 수 있음을 증명한 최초의 사람이었다. 점 B에서의 압력은 대기압과 같고, 점 C에서의 압력을 영으로 잡을 수 있는데, 이는 점 C 위에는 단지 수은 증기만 있고 그 압력은 P_{atm}에 비해 상대적으로 매우 낮으므로 무시될 수 있기 때문이다. 수직방향으로 힘의 평형을 기술하면 다음과 같다.

$$P_{atm} = \rho g h \tag{3-9}$$

여기서 ρ는 수은의 밀도, g는 국소 중력가속도이고, h는 자유표면 위의 수은 기둥의 높이이다. 관의 길이와 단면적은 기압계의 유체 기둥의 높이에 아무런 영향을 주지 않음을 주목하라(그림 3-12).

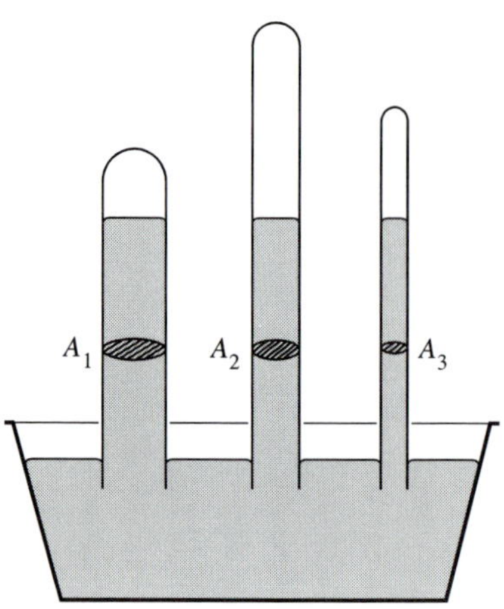

그림 3-12
만약 관 직경이 표면장력(모세관) 효과를 피할 만큼 충분히 클 경우에, 관의 길이 또는 단면적은 기압계의 유체 기둥의 높이에 영향을 미치지 않는다.

자주 사용되는 압력 단위는 **표준 대기압**인데, 이는 표준 중력가속도(g = 9.807 m/s^2)하에 0℃의 수은(ρ_{Hg} = 13,595 kg/m^3) 기둥의 높이 760 mm에 의해 발생되는 압력으로 정의된다. 만약 표준 대기압을 측정하기 위해 수은 대신 물이 사용된다면, 약 10.3 m의 물 기둥이 필요할 것이다. 압력은 종종 수은 기둥의 높이로 (특히 일기예보 시에) 표현된다. 예를 들면 표준 대기압은 0℃에서 760 mmHg (29.92 inHg)이다. 단위 mmHg는 또한 Torricelli를 기리기 위해 토르(torr)로 불린다. 그러므로 1 atm = 760 torr이고 1 torr = 133.3 Pa이다.

대기압 P_{atm}은 해수면에서 101.325 kPa로부터 고도 1000, 2000, 5000, 10,000 및 20,000 미터에서 각각 89.88, 79.50, 54.05, 26.5 및 5.53 kPa까지 변한다. 예를 들면 Denver(고도 = 1610 m)에서 전형적인 대기압은 83.4 kPa이다. 한 지점에서의 대기압은 간단히 단위 표면적 당 그 지점 위쪽 공기의 무게이다. 그러므로 대기압은 단지 고도뿐만 아니라 기상조건에 따라서도 변한다는 사실을 기억하라.

고도에 따른 대기압의 감소는 일상생활에 광범위한 영향을 미친다. 예를 들면 낮은 대기압에서 물은 낮은 온도에서 끓기 때문에, 높은 고도에서는 요리 시간이 더 걸린다. 코피 흘림은 고도가 높은 곳에서는 흔히 일어나는 일인데, 이는 혈압과 대기압 사이의 차이가 크게 되어, 코 속의 정맥의 섬세한 벽이 종종 이런 추가적인 응력을 견뎌 낼 수 없기 때문이다.

주어진 온도에 대해, 공기의 밀도는 높은 고도에서 낮으며, 따라서 주어진 부피에는 적은 양의 공기와 적은 양의 산소가 포함되어 있다. 따라서 높은 고도에서 쉽게 지치고 호흡 곤란을 경험하는 것은 놀랄 일이 아니다. 이런 효과를 보상하기 위해, 높은 고도에서 살고 있는 사람들은 보다 효율적으로 허파가 발달되어 있다. 이와 유사하게, 2.0 L 자동차 엔진은 고도 1500 m에서 1.7 L 자동차 엔진처럼(과급기가 장착되지 않은 한) 작동할 것이다(그림 3-13). 이는 압력이 15퍼센트 감소하고, 그에 따른 공기의 밀도가 15퍼센트 감소하기 때문이다. 팬이나 압축기는 그 고도에서 동일한 체적 배출률에 대해 15퍼센트 적은 공기를 배출할 것이다. 그러므로 높은 고도에서 운전될 냉각 팬은 규정된 질량 유량을 확보하기 위해서 보다 큰 것을 선정하여야 한다. 낮은 압력 따라서 낮은 밀도는 또한 양력이나 항력에도 영향을 미친다. 요구되는 양력을 얻기 위해 비행기는 높은 고도에서 보다 긴 활주로를 필요로 하며, 비행기는 항력을 줄이고 따라서 보다 양호한 연료 효율을 얻도록 순항하기 위하여 매우 높은 고도로 상승한다.

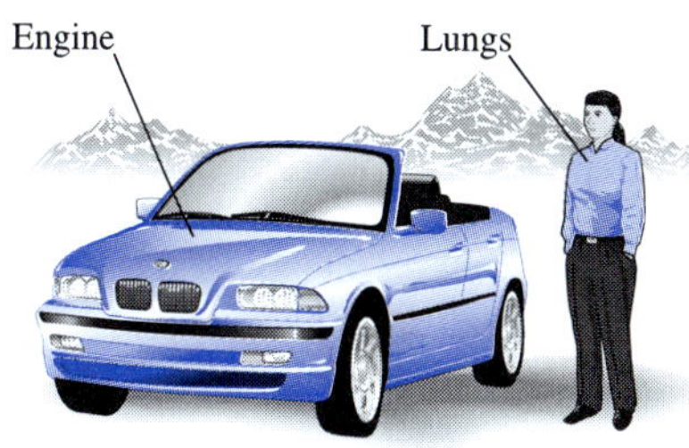

그림 3-13
높은 고도에서는 보다 낮은 공기 밀도 때문에 자동차의 엔진은 보다 작은 동력을 발생시키고 사람은 보다 작은 산소를 얻게 된다.

예제 3-2 기압계를 이용한 대기압의 측정

기압계의 눈금 읽기가 740 mmHg이고 중력가속도가 $g = 9.805\ m/s^2$인 지점에서의 대기압을 결정하라. 수은의 온도는 10°C이고, 이때의 밀도가 13,570 kg/m^{3}라고 가정하라.

풀이 어떤 장소에서 기압계의 눈금 읽기가 수은 기둥의 높이로 주어져 있다. 대기압을 결정하고자 한다.

가정 수은의 온도는 10°C로 가정된다.

상태량 수은의 밀도는 13,570 kg/m^{3}으로 주어져 있다.

해석 식 (3-9)로부터 대기압은 다음과 같이 결정된다.

$$\begin{aligned}P_{atm} &= \rho g h \\ &= (13{,}570\ \text{kg/m}^3)(9.805\ \text{m/s}^2)(0.740\ \text{m})\left(\frac{1\ \text{N}}{1\ \text{kg}\cdot\text{m/s}^2}\right)\left(\frac{1\ \text{kPa}}{1000\ \text{N/m}^2}\right) \\ &= \mathbf{98.5\ kPa}\end{aligned}$$

토의 밀도는 온도에 따라 변하며, 따라서 이 효과를 계산에 고려하여야 한다는 점을 주의하라.

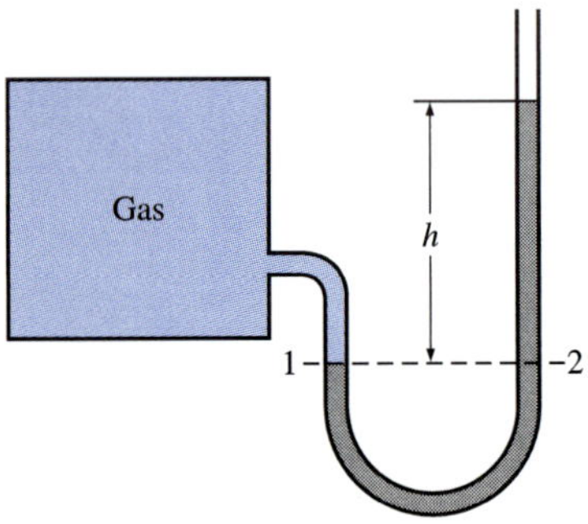

그림 3-14
기본적인 마노미터.

마노미터

정지 유체 내에서 $-\Delta z$의 고도 변화는 $\Delta P/\rho g$에 상응한다는 사실을 식 (3-4)으로부터 알 수 있으며, 이는 유체 기둥이 압력 차이를 측정하는 데에 사용될 수 있음을 의미한다. 이 원리에 기초한 장치는 **마노미터(manometer)**라 불리는데, 이는 작거나 중간 정도의 압력차를 측정하기 위해 통상적으로 사용된다. 마노미터는 주로 수은, 물, 알코올 또는 기름과 같은 하나 또는 그 이상의 유체가 담겨있는 유리나 플라스틱 U관으로 구성된다. 마노미터를 관리할 수 있는 크기로 유지하기 위해, 큰 압력차가 예상될 때엔 수은과 같은 무거운 유체가 이용된다.

그림 3-14과 같은, 탱크의 압력을 측정하기 위해 사용되는 마노미터를 고려하자. 기체의 중력 효과는 무시할 수 있으므로, 탱크 내의 어떤 곳에서의 압력도 1의 위치에서의 압력과 동일하다. 더욱이, 유체 내의 압력은 유체 속에서 수평방향으로는 변하지 않으므로, 점 2에서의 압력은 점 1에서의 압력과 동일하고, $P_2 = P_1$이다.

높이 h의 유체 기둥 차이는 정적 평형상태에 있고, 대기에 노출되어 있다. 점 2에서의 압력은 식 (3-5)로부터 직접 결정된다.

$$P_2 = P_{\text{atm}} + \rho g h \qquad (3\text{-}10)$$

여기서 ρ는 관 내 마노미터 유체의 밀도이다. 관의 단면적은 높이 차 h에 영향을 주지 않으며, 따라서 유체가 가하는 압력에도 영향을 주지 않음을 주목하라. 그러나 관의 직경은 표면장력 효과와 그에 따른 모세관 상승을 무시할 수 있도록 충분히 커야만(수 밀리미터 이상)한다.

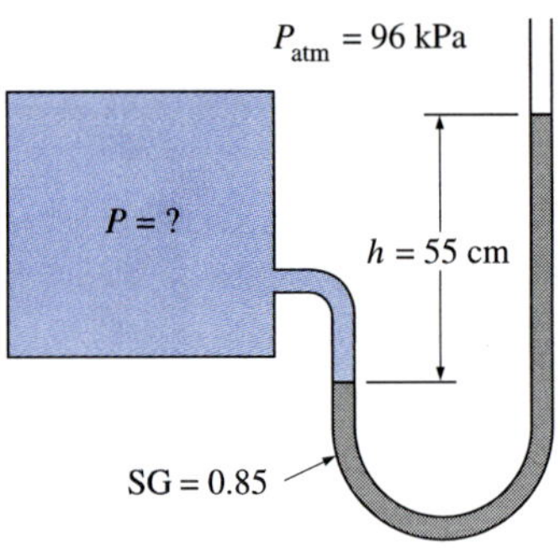

그림 3-15
예제 3-3에 대한 개요도.

예제 3-3 마노미터를 이용한 압력 측정

마노미터가 탱크 안의 기체 압력 측정을 위해 사용된다. 이용된 유체는 비중이 0.85이고, 마노미터의 기둥 높이는 그림 3-15에 보인 것과 같이 55 cm이다. 만약 국소 대기압이 96 kPa이라면, 탱크 안의 절대 압력을 계산하라.

풀이 탱크에 부착되어 있는 마노미터의 눈금값과 대기압이 주어져 있다. 탱크 안의 절대 압력을 결정하고자 한다.

가정 탱크 안의 기체의 밀도는 마노미터 유체의 밀도보다 훨씬 낮다.

상태량 마노미터 유체의 비중은 0.85로 주어져 있다. 물의 표준 밀도는 1000 kg/m^{3}이다.

해석 유체의 밀도는 유체의 비중에 물의 밀도를 곱함으로써 얻어진다.

$$\rho = \text{SG}\,(\rho_{\text{H}_2\text{O}}) = (0.85)(1000\ \text{kg/m}^3) = 850\ \text{kg/m}^3$$

그리고 식 (3-10)으로부터 다음을 구한다.

$$\begin{aligned} P &= P_{\text{atm}} + \rho g h \\ &= 96\ \text{kPa} + (850\ \text{kg/m}^3)(9.81\ \text{m/s}^2)(0.55\ \text{m})\left(\frac{1\ \text{N}}{1\ \text{kg}\cdot\text{m/s}^2}\right)\left(\frac{1\ \text{kPa}}{1000\ \text{N/m}^2}\right) \\ &= \mathbf{100.6\ kPa} \end{aligned}$$

토의 탱크 안의 계기 압력은 4.6 kPa임에 주의하라.

어떤 마노미터는 경사진 또는 기울어진 관을 이용하는데 이는 유체 높이를 읽을 때 해상도(정밀도)를 증가시키기 위한 것이다. 이러한 장치를 **경사 마노미터(inclined manometer)**라 부른다.

많은 공학 문제들과 일부 마노미터들은 상이한 밀도를 갖는 섞이지 않는 여러 유체들이 서로 적층되어 있는 경우를 포함한다. 이러한 시스템은 (1) 높이 h의 유체 기둥에 대한 압력 변화는 $\Delta P = \rho g h$이고, (2) 주어진 유체에서 압력은 아래쪽으로 증가하고 위쪽으로 감소하며(즉, $P_{bottom} > P_{top}$), (3) 정지하고 있는 연속된 유체 내에서 동일한 높이에서의 두 점은 동일한 압력 하에 있다는 사실을 기억함으로써 쉽게 해석될 수 있다.

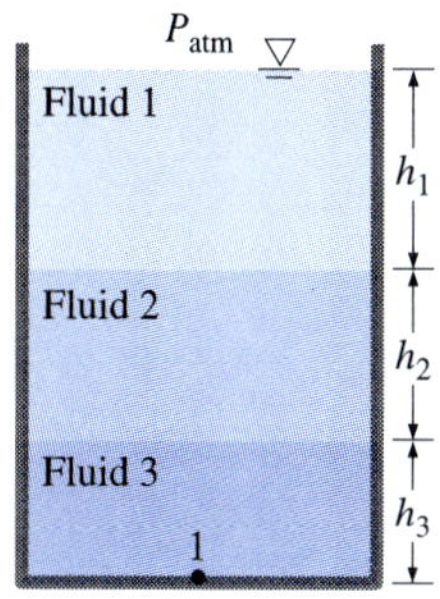

그림 3-16
정지해 있는 적층된 유체층들 내에, 밀도 ρ와 높이 h인 각각의 유체층을 가로질러 압력 변화는 $\rho g h$이다.

Pascal 법칙의 결과인 마지막 원리는 유체가 정지해 있고, 같은 종류의 연속된 유체에 머물러 있는 한, 한쪽 유체 기둥으로부터 다른 기둥으로 압력 변화 없이 "점프"할 수 있게 한다. 다음으로 임의의 점에서의 압력은 알고 있는 압력의 점에서 시작하여 관심 있는 점으로 진행해감에 따라 $\rho g h$ 항을 더하거나 뺌으로써 결정될 수 있다. 예를 들면 그림 3-16에서 탱크의 바닥 압력은 압력이 P_{atm}인 자유표면으로부터 시작하여, 바닥의 점 1에 도달할 때까지 아래로 이동하고, 그 결과를 P_1과 같게 놓음으로써 결정될 수 있다. 이는 다음과 같다.

$$P_{atm} + \rho_1 g h_1 + \rho_2 g h_2 + \rho_3 g h_3 = P_1$$

모든 유체가 동일한 밀도를 갖는 특수한 경우엔, 이 관계식은 $P_{atm} + \rho g(h_1 + h_2 + h_3) = P_1$으로 간결하게 된다.

마노미터는 밸브나 열교환기 또는 유동 저항체와 같은 장치가 존재함으로 인해 설정되는, 특정한 두 점 사이의 수평 유동구간을 가로질러 발생하는 압력 강하를 측정하기에 특히 적합하다. 이는, 그림 3-17에 보인 바와 같이, 마노미터의 두 끝을 이들 두 점에 연결함으로써 수행된다. 작동 유체는 밀도가 ρ_1인 기체 또는 액체가 될 수 있다. 마노미터 유체의 밀도는 ρ_2이고, 유체 기둥 차이는 h이다. 두 유체는 서로 섞이지 않는 것이어야만 하고, ρ_2는 ρ_1 보다 커야만 한다.

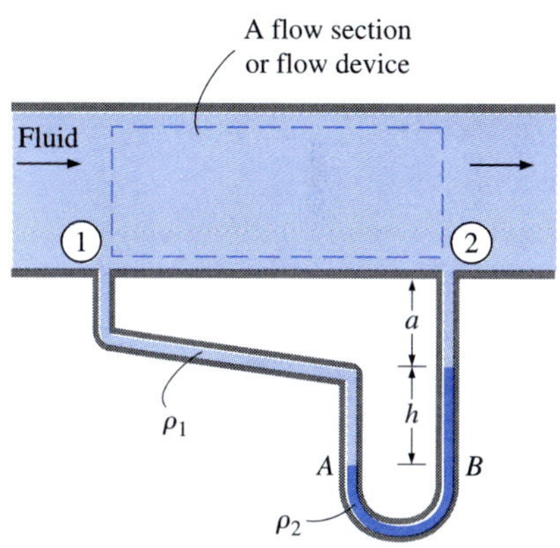

그림 3-17
차압 마노미터로 유동 구간 또는 유동 장치를 가로질러 압력 강하를 측정한다.

압력 차 $P_1 - P_2$에 대한 관계식은 P_1인 1점에서 시작하여, 2점에 도달할 때까지 $\rho g h$ 항을 더하거나 빼주면서 관을 따라 이동하고, 그 결과를 P_2와 같게 놓음으로써 얻어질 수 있다.

$$P_1 + \rho_1 g(a + h) - \rho_2 g h - \rho_1 g a = P_2 \tag{3-11}$$

A점으로부터 수평으로 B점까지 점프하였고, 이 두 점의 압력이 동일하므로 이 점들 아래 부분을 무시하였음을 주목하라. 간단히 하면 다음과 같다.

$$P_1 - P_2 = (\rho_2 - \rho_1) g h \tag{3-12}$$

거리 a는 결과에 아무런 영향을 주지 않을지라도 해석에 포함시켜야 함을 주의하라. 또한 파이프 내의 유체가 기체라면, $\rho_1 \ll \rho_2$이고 식 (3-12)에서의 관계는 $P_1 - P_2 \cong \rho_2 g h$로 단순화된다.

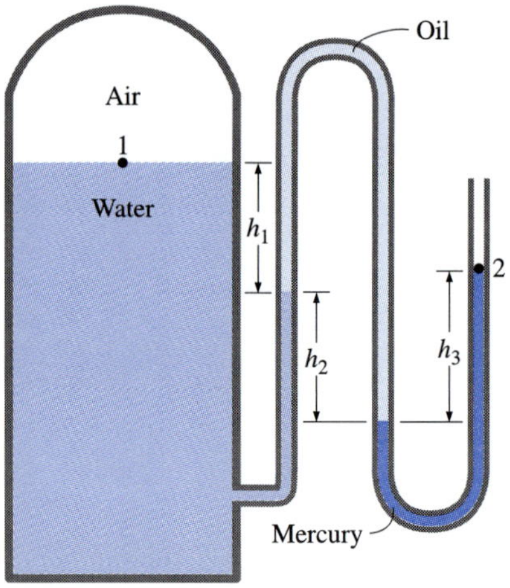

그림 3-18
예제 3-4에 대한 개요도. 축척대로 그리지 않은 그림.

예제 3-4 다중 유체 마노미터를 이용한 압력 측정

탱크 속의 물은 공기에 의해 가압되고, 압력은 그림 3-18에 보여진 다중 유체 마노미터로 측정된다. 탱크는 대기압이 85.6 kPa인 고도 1400 m인 산 위에 위치해 있다. 만약 $h_1 =$ 0.1 m, $h_2 =$ 0.2 m 및 $h_3 =$ 0.35 m라면 탱크 내의 공기 압력을 계산하라. 물, 기름 및 수은의 밀도를 각각 1000 kg/m^3, 850 kg/m^3 및 13,600 kg/m^{3}으로 취하라.

풀이 가압 물탱크 안의 압력은 다중 유체 마노미터로 측정된다. 탱크 내의 공기 압력을 결정하고자 한다.

가정 탱크 내의 공기압은 균일하며(즉 공기의 밀도가 낮으므로 고도에 따른 밀도 변화는 무시할 수 있다), 따라서 공기-물 계면에서의 압력을 결정할 수 있다.

상태량 물, 기름, 및 수은의 밀도는 각각 1000 kg/m^3, 850 kg/m^3, 및 13,600 kg/m^{3}으로 주어져 있다.

해석 공기-물 계면의 점 1의 압력으로부터 출발하여, 관을 따라 ρgh 항을 더하거나 빼면서 점 2에 도달할 때까지 이동하고, 관이 대기에 개방되어 있으므로, 그 결과를 P_{atm}과 같게 놓으면 다음과 같다.

$$P_1 + \rho_{water}gh_1 + \rho_{oil}gh_2 - \rho_{mercury}gh_3 = P_2 = P_{atm}$$

P_1에 대해 풀고, 대입하면 다음과 같다.

$$\begin{aligned} P_1 &= P_{atm} - \rho_{water}gh_1 - \rho_{oil}gh_2 + \rho_{mercury}gh_3 \\ &= P_{atm} + g(\rho_{mercury}h_3 - \rho_{water}h_1 - \rho_{oil}h_2) \\ &= 85.6\text{ kPa} + (9.81\text{ m/s}^2)[(13{,}600\text{ kg/m}^3)(0.35\text{ m}) - (1000\text{ kg/m}^3)(0.1\text{ m}) \\ &\quad - (850\text{ kg/m}^3)(0.2\text{ m})]\left(\frac{1\text{ N}}{1\text{ kg}\cdot\text{m/s}^2}\right)\left(\frac{1\text{ kPa}}{1000\text{ N/m}^2}\right) \\ &= \mathbf{130\text{ kPa}} \end{aligned}$$

토의 하나의 관으로부터 다음 관까지 수평으로 점프하고, 동일한 유체 속에서 압력은 동일하게 유지됨을 아는 것이 해석을 상당히 단순화시킴에 주목하라. 또한 수은은 독성 물질이고, 사고로 수은 증기에 노출되는 위험 때문에 수은 마노미터와 온도계는 보다 안전한 유체로 대체되고 있는 중임에 유의하라.

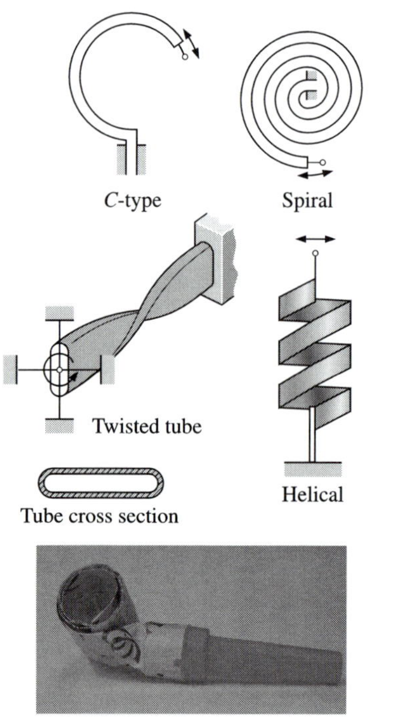

그림 3-19
압력 측정에 이용되는 다양한 형식의 Bourdon 관들.
Photo by John M. Cimbala.

기타 압력 측정장치

통상적으로 사용되는 기계식 압력 측정장치의 또 다른 형태는 **Bourdon 관**이며, 이는 프랑스 엔지니어이자 발명가인 Eugene Bourdon(1808-1884)의 이름을 딴 것이다. 이 관은 굽어지고, 코일 모양이고, 또는 꼬아진 속이 빈 금속관으로 구성되어 있으며, 그 끝은 막혀져있고 다이얼 지시 바늘에 연결되어 있다(그림 3-19). 관이 대기에 개방되어 있을 때, 관은 편향되지 않고, 이 상태에서 다이얼의 바늘이 영이(계기 압력) 되도록 보정되어 있다. 관 내부의 유체가 압력을 받을 때, 가해진 압력에 비례하여 관은 펴지고 바늘이 움직이게 된다.

현재 전자제품은 일상생활화되어 있으며, 압력 측정장치도 그에 포함된다. **압력 변환기(pressure transducer)**라 불리는 현대식 압력센서는 압력효과를 전압, 저항 또는 전기용량의 변화와 같은 전기효과로 변환시키기 위해 다양한 기술을 사용한다. 압력 변환기는 점점 작아지고 빨라지고 있으며, 기계식에 비해 보다 민감하고, 신뢰도가 높고, 정밀해질 수 있다. 이들은 압력을 1기압의 100만 분의 1보다 작은 경우로부터 수천 기압까지 측정할 수 있다.

매우 다양한 압력 변환기가 광범위한 응용분야에서 계기 압력, 절대 압력 및 차압을 측정하는데 이용될 수 있다. **계기 압력 변환기**는 압력감지 박막(diaphragm)의 뒤쪽에 공기구멍을 만들어 대기와 통하게 함으로써 대기압을 기준점으로 이용하며, 이들은 고도에 무관하게 대기압에서 영의 신호 출력을 낸다. **절대 압력 변환기**는 완전 진공에서 영의 신호 출력을 내도록 보정되어 있다. **차압 변환기**는 두 개의 압력 변환기를 사용하여 그들의 차이를 취하는 대신, 두 위치 사이의 압력 차이를 직접 측정한다.

스트레인 게이지형 압력 변환기(strain-gage pressure transducer)는 입력된 압력에 개방된 두 개의 방 사이에 위치한 박막을 변형하게 함으로써 작동한다. 박막이 그를 가로지르는 압력 차이의 변화에 반응하여 늘어남에 따라, 스트레인 게이지가 늘어나고 Wheatstone 브리지 회로가 출력을 증폭한다. 정전용량 변

예제 3-5 실린더 내의 압력에 미치는 피스톤 무게의 영향

기체를 담고 있는 수직 피스톤-실린더 장치의 피스톤은 그림 3-20에 보인 바와 같이 60 kg의 질량과 단면적 0.04 m^2를 가진다. 국소 대기압은 0.97 bar이고, 중력가국소 대기압은 0.97 bar이고, 중력가속도는 9.81 m/s^2이다. (a) 실린더 내의 압력을 결정하라. (b) 만약 기체에 열이 가해지고 그 부피가 두 배가 된다면, 실린더 내의 압력이 변할 것으로 기대하는가?

풀이 기체가 무거운 피스톤을 갖춘 수직 실린더 내에 담겨있다. 실린더 내의 압력과 체적 변화가 압력에 미치는 영향을 결정하고자 한다.

가정 피스톤과 실린더 사이의 마찰은 무시된다.

해석 (a) 피스톤-실린더 장치 내의 기체 압력은 대기압과 피스톤의 무게에 달려있다. 그림 3-20에 보인 바와 같이 피스톤의 자유 물체도를 그리고 수직 힘의 평형을 취하면 그 결과는 다음과 같다.

$$PA = P_{atm}A + W$$

P에 대해 풀고 그리고 대입하면 다음과 같다.

$$P = P_{atm} + \frac{mg}{A}$$

$$= 0.97 \text{ bar} + \frac{(60 \text{ kg})(9.81 \text{ m/s}^2)}{0.04 \text{ m}^2}\left(\frac{1 \text{ N}}{1 \text{ kg}\cdot\text{m/s}^2}\right)\left(\frac{1 \text{ bar}}{10^5 \text{ N/m}^2}\right)$$

$$= \mathbf{1.12 \text{ bars}}$$

(b) 체적 변화는 (a)에서 그린 자유 물체도 상에 아무런 변화를 주지 않으며, 그러므로 실린더 내의 압력은 동일하게 유지될 것이다.

토의 만약 기체가 이상기체로 거동한다면, 등압 하에 체적이 두 배가 될 때 절대 온도는 두 배가 된다.

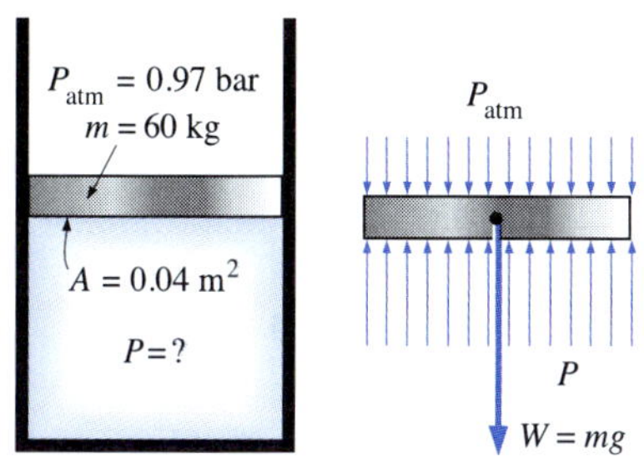

그림 3-20
예제 3-5에 대한 개요도와 피스톤의 자유 물체도.

환기(capacitance transducer)도 유사하게 작동하지만, 박막이 늘어남에 따라 저항 변화 대신에 정전용량 변화가 측정된다.

피에조 전기 변환기(piezoelectric transducer)는, 또한 반도체 압력 변환기로도 불리는데, 기계적 압력이 걸려있을 때 결정성 물질 내에서 전위차가 발생되는 원리로 작동한다. 이 현상은 Pierre와 Jacques Curie 형제에 의해 1880년에 처음 발견되었으며, 피에조 전기[또는 압전(press-electric)] 효과라 불린다. 피에조 전기 압력 변환기는 박막식에 비해 훨씬 빠른 주파수 응답을 가지며 고압의 응용에 매우 적합하지만, 일반적으로 박막식 변환기만큼(특히 저압에서) 민감하지 않다.

3-3 ▪ 유체 정역학의 소개

유체 정역학은 정지해 있는 유체와 관련된 문제를 다룬다. 유체는 기체이거나 혹은 액체일 수 있다. 유체 정역학은 유체가 액체일 때 **정수역학(hydrostatics)**이라 부르고, 유체가 기체일 때 **기체 정역학(aerostatics)**이라 부른다. 유체 정역학에서는 인접한 유체 층들 사이에 상대운동이 없으며, 따라서 유체를 변형시키려는 전단(접선)응력이 없다. 유체 정역학에서 다루는 응력은 **수직응력**뿐이다. 이는 바로 압력이며, 압력의 변화는 단지 유체의 무게에 기인한다. 그러므로 유체 정역학의 주제는 단지 중력장에서만 그 의미를 가지며, 힘의 관계식은 자연적으로 중력가속도 g를 수반한다. 정지 유체가 표면에 미치는 힘은 유체와 고체 표면 사이에 상대 운동이 없기 때문에 접촉점에서 표면에 수직이며, 따라서 표면에 평행하게 작용하는 전단응력은 없다.

유체 정역학은 떠 있거나 또는 잠겨 있는 물체에 작용하는 힘과 유압 프레스와 자동차 잭과 같은 장치에 의해 발달되는 힘을 결정하는 데 이용된다. 수력 댐과 액체 저장탱크와 같은 많은 공학 시스템의 설계는 유체 정역학을 이용하여 표면에 작용하는 힘의 결정을 요구한다. 잠겨 있는 표면에 작용하는 합성 정수력을 완전히 묘사하기 위해서는 힘의 크기, 방향 및 작용선이 결정되어야 한다. 다음 두 절에서는 잠겨 있는 평면과 곡면에 작용하는 압력에 기인한 힘을 고려한다.

3-4 ▪ 잠겨 있는 평면에 작용하는 정수력

그림 3-21
Hoover 댐.
Courtesy United States Department of the Interior, Bureau of Reclamation-Lower Colorado Region.

판(댐 내의 게이트 밸브, 액체 저장탱크의 벽 또는 정지해있는 선박의 선체와 같은)은 액체에 노출되어 있을 때 그 표면 위에 분포되어 있는 유체 압력을 받는다(그림 3-21). **평면** 위에서 정수력은 평행한 힘들의 시스템을 형성하고, 종종 힘의 **크기**와 압력중심(center of pressure)이라 부르는 **힘의 작용점**을 결정할 필요가 있다. 대부분의 경우, 판의 다른 쪽은 대기에 노출되어 있고(수문의 건조한 측면과 같이), 따라서 대기압이 판의 양쪽에 작용하여 합력은 영이 된다. 이와 같은 경우, 대기압을 배제하고 계기 압력으로만 작업하는 것이 편리하다(그림 3-22). 예를 들어, 호수의 바닥에서 $P_{gage} = \rho gh$이다.

그림 3-23과 같이, 액체에 완전히 잠겨 있는 임의의 형상을 가진 평판의 위 표면을 수직보기면(normal view)과 함께 고려하자. 이 표면은(지면에 수직인) 수평의 자유표면을 각도 θ로 교차하고, 교차선을 x축으로 잡는다(페이지의 바깥쪽

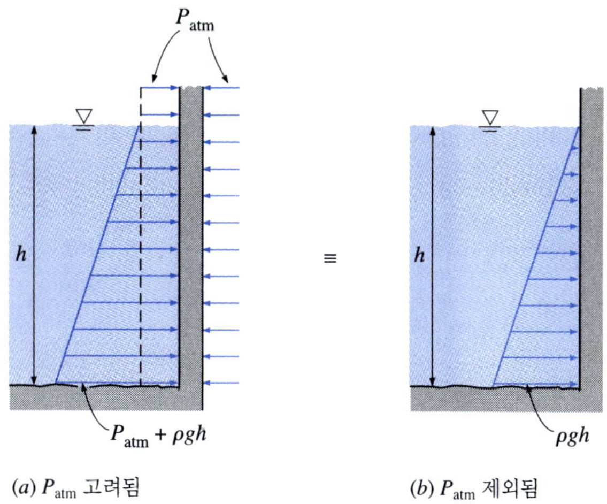

그림 3-22
잠겨 있는 면에 작용하는 정수력을 해석할 때, 대기압이 구조물의 양쪽 모두에 작용할 경우 대기압은 단순화를 위해 제외될 수 있다.

으로). 액체 위의 절대압은 P_0이며, 만약 액체가 대기에 노출되어 있다면 이는 국소 대기압 P_{atm}이 된다(그러나 P_0는 만약 액체 위의 공간이 진공화되거나 또는 가압되어 있을 경우에는 P_{atm}과 다를 수 있다). 판 위의 임의의 점에서의 절대압은 다음과 같다.

$$P = P_0 + \rho gh = P_0 + \rho gy \sin\theta \tag{3-13}$$

여기서 h는 자유표면으로부터의 수직 거리이고, y는 x축으로부터의 거리이다(그림 3-23의 점 O로부터). 표면에 작용하는 합성 정수력 F_R은 미소 면적 dA에 작용하는 힘 $P\,dA$를 전체 표면에 대해 적분함으로써 결정된다.

$$F_R = \int_A P\,dA = \int_A (P_0 + \rho gy\sin\theta)\,dA = P_0A + \rho g\sin\theta\int_A y\,dA \tag{3-14}$$

그러나 **면적의 1차 모멘트** $\int_A y\,dA$는 표면의 도심(또는 중심)의 y좌표에 다음과 같이 관련된다.

$$y_C = \frac{1}{A}\int_A y\,dA \tag{3-15}$$

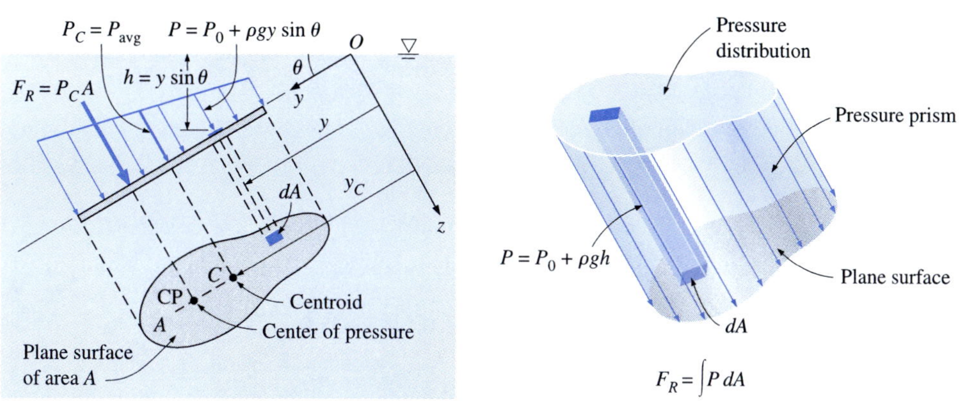

그림 3-23
액체 내에 완전히 잠겨 있는 경사진 평면에 작용하는 정수력.

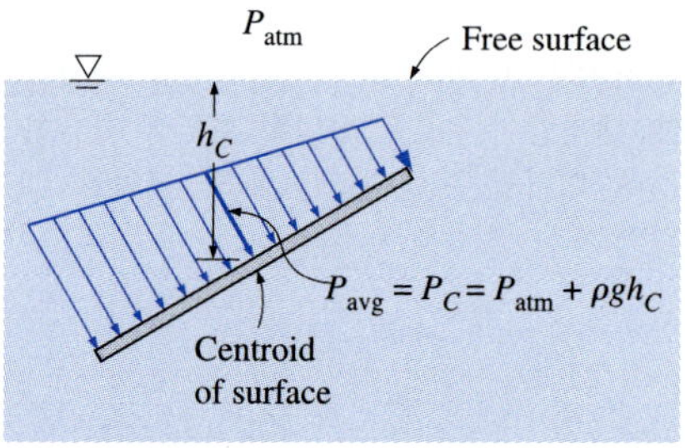

그림 3-24
면의 도심에서의 압력은 면에 작용하는 **평균** 압력과 같다.

대입하면 다음과 같이 된다.

$$F_R = (P_0 + \rho g y_C \sin\theta)A = (P_0 + \rho g h_C)A = P_C A = P_{avg} A \qquad (3\text{-}16)$$

여기서 $P_C = P_0 + \rho g h_C$는 표면의 도심에서의 압력이고, 이는 표면의 평균 압력 P_{avg}와 같고, $h_C = y_C \sin\theta$는 액체의 자유표면으로부터 도심까지의 수직 거리이다(그림 3-24). 따라서 다음과 같이 결론지을 수 있다.

균일한(밀도가 일정한) 유체 속에 완전히 잠겨 있는 판의 평면 위에 작용하는 합력의 크기는 표면의 도심에서의 압력 P_C와 표면적 A의 곱과 같다(그림 3-25).

압력 P_0는 보통 대기압이고, 이는 판의 양쪽 면에 모두 작용하므로 대부분의 경우 무시될 수 있다. 이를 적용할 수 없는 경우, P_0가 합력에 기여하는 것을 계산에 고려하는 실제적 방법은 간단히 등가 깊이 $h_{equiv} = P_0/\rho g$를 h_C에 더해주는 것이다. 즉, 액체 위가 절대 진공인 상태에서 두께가 h_{equiv}인 액체 층을 추가한다고 가정하는 것이다.

다음으로, 합력 F_R의 작용선을 결정하는 것이 필요하다. 두 개의 평행력 시스템은, 만약 그들이 동일한 크기와 임의의 점에 대해 동일한 모멘트를 가질 경우, 동등하다. 일반적으로, 합성 정수력의 작용선은 표면의 도심을 통과하지 않고 그 아래쪽, 즉 압력이 보다 높은 곳에 놓인다. 합력의 작용선과 표면의 교차점은 **압력중심**이다. 작용선의 수직 위치는 합력의 모멘트를 분포된 압력 힘의 x축에 관한 모멘트와 같게 놓음으로써 결정된다.

$$y_P F_R = \int_A yP\, dA = \int_A y(P_0 + \rho g y \sin\theta)\, dA = P_0 \int_A y\, dA + \rho g \sin\theta \int_A y^2\, dA$$

또는

$$y_P F_R = P_0 y_C A + \rho g \sin\theta\, I_{xx,O} \qquad (3\text{-}17)$$

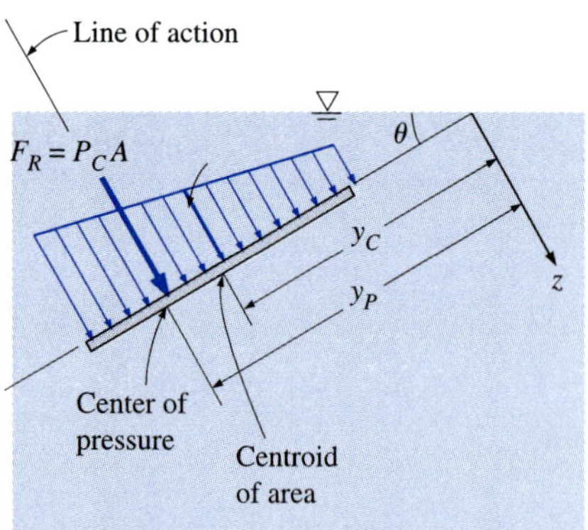

그림 3-25
평면에 작용하는 합력은 표면의 도심에서의 압력과 표면적의 곱과 같고, 그 작용선은 압력중심을 통과한다.

여기서 y_P는 x축(그림 3-25에서 점 O)으로부터 압력중심의 거리이고, $I_{xx,O} = \int_A y^2\, dA$는 x축에 대한 **면적의 2차 모멘트**이다(또한 **면적 관성모멘트**라고도 불린다). 면적의 2차 모멘트는 공학 핸드북에서 일반적인 형상에 대해 광범위하게 이용 가능하지만, 이들은 보통 면적의 도심을 통과하는 축에 대해 주어져있다. 다행스럽게도, 두 개의 평행축에 대한 면적의 2차 모멘트는 **평행축 정리**에 의해 연관되어 있다. 이 경우 평행축 정리는 다음과 같이 표현된다.

$$I_{xx,O} = I_{xx,C} + y_C^2 A \qquad (3\text{-}18)$$

여기서 $I_{xx,C}$는 면적의 도심을 통과하는 x축에 대한 면적의 2차 모멘트이고, y_C(도심의 y좌표)는 두 개의 평행축 사이의 거리이다. 식 (3-16)로부터 F_R 관계식과 식 (3-18)로부터 $I_{xx,O}$ 관계식을 식 (3-17)에 대입하고 y_P에 대해 풀면, 그 결과는 다음과 같다.

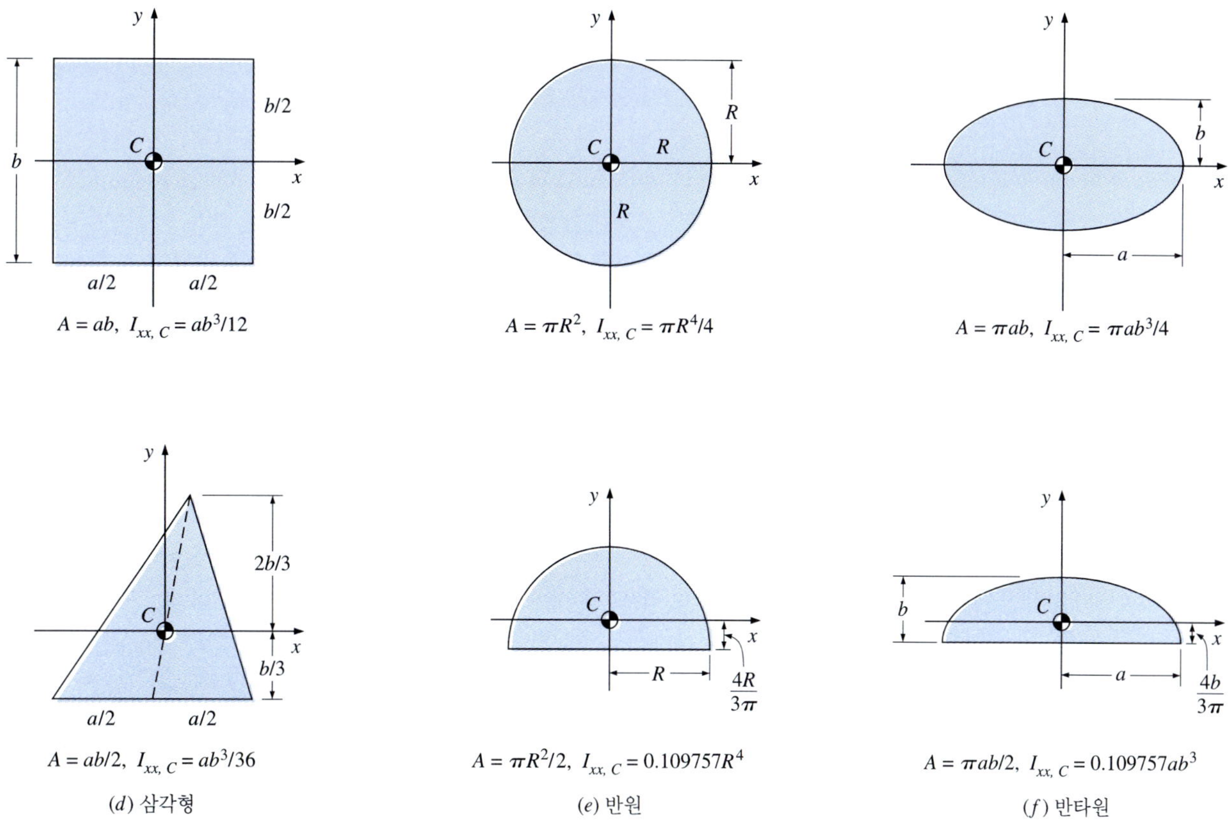

그림 3-26
몇몇 기하학적 형상에 대한 도심과 도심에 관한 관성 모멘트.

$$y_P = y_C + \frac{I_{xx,C}}{[y_C + P_0/(\rho g \sin\theta)]A} \tag{3-19a}$$

보통 대기압이 무시될 때의 경우인 $P_0 = 0$에 대해, 이는 다음과 같이 단순화된다.

$$y_P = y_C + \frac{I_{xx,C}}{y_C A} \tag{3-19b}$$

자유표면으로부터 압력중심의 수직 거리는, y_P를 알 때 $h_P = y_P \sin\theta$로부터 결정된다.

몇몇 흔한 형상에 대한 $I_{xx,C}$ 값이 그림 3-26에 주어져 있다. y축에 대해 대칭성을 갖는 면적들에 대하여, 압력중심은 도심 바로 아래 y축 상에 놓인다. 이와 같은 경우의 압력중심의 위치는 간단히 자유표면으로부터 거리 h_P에 있는 대칭 수직면의 표면 상의 점이다.

특수한 경우: 잠겨 있는 직사각형 판

그림 3-27a와 같이, 수평으로부터 각도 θ로 기울어진 높이가 b이고 폭이 a인 완전히 잠겨 있는 직사각형 평판을 고려하자. 이 평판의 위쪽 모서리는 수평이며, 판의 평면을 따라 자유표면으로부터 거리 s에 있다. 윗면에 작용하는 합성 정수력은 표면의 중앙점(midpoint)에서의 압력인 평균 압력에 표면적 A를 곱한 값과 같다. 즉,

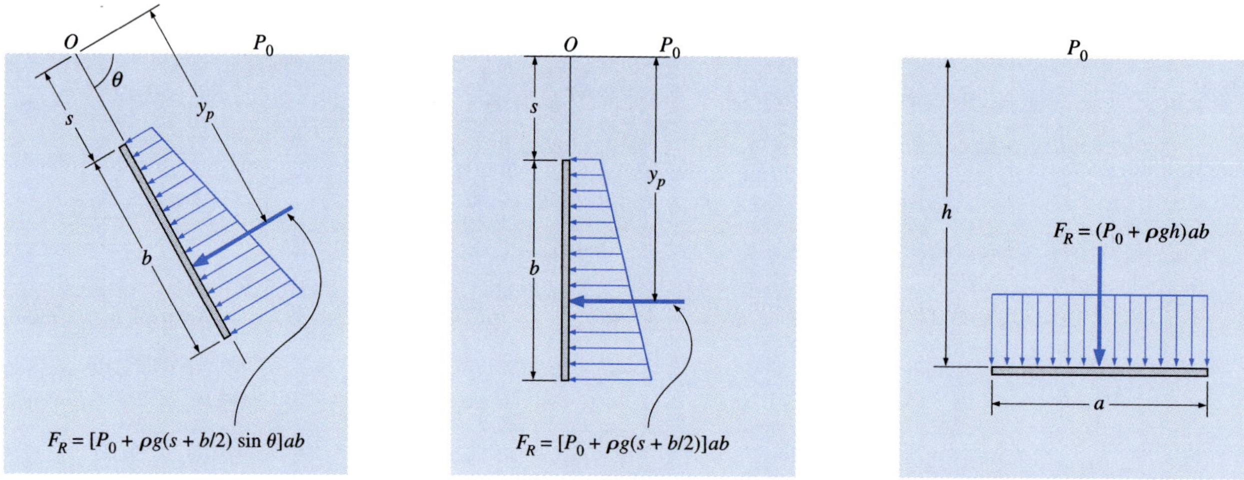

(*a*) 경사진 판 (*b*) 수직판 (*c*) 수평판

그림 3-27
경사진, 수직인 그리고 수평인 경우에 대해, 잠겨 있는 직사각형 판이 직사각형 판의 윗면에 작용하는 정수력.

경사진 직사각형 판: $F_R = P_C A = [P_0 + \rho g(s + b/2)\sin\theta]ab$ (3-20)

힘은 판의 도심 바로 아래 자유표면으로부터 수직 거리 $h_P = y_P \sin\theta$에서 작용한다. 여기서 식 (3-19a)로부터 다음을 구한다.

$$
\begin{aligned}
y_P &= s + \frac{b}{2} + \frac{ab^3/12}{[s + b/2 + P_0/(\rho g \sin\theta)]ab} \\
&= s + \frac{b}{2} + \frac{b^2}{12[s + b/2 + P_0/(\rho g \sin\theta)]}
\end{aligned}
\quad (3\text{-}21)
$$

판의 위쪽 모서리가 자유표면에 위치하고 따라서 $s = 0$일 때, 식 (3-20)은 다음과 같게 된다.

경사진 직사각형 판($s = 0$): $F_R = [P_0 + \rho g(b\sin\theta)/2]ab$ (3-22)

위쪽 모서리가 수평인 완전히 잠겨 있는 수직 판($\theta = 90°$)에 대하여, 정수력은 $\sin\theta = 1$로 놓음으로써 구할 수 있다(그림 3-27b).

수직 직사각형 판: $F_R = [P_0 + \rho g(s + b/2)]ab$ (3-23)

수직 직사각형 판($s = 0$): $F_R = (P_0 + \rho g b/2)ab$ (3-24)

P_0는 판의 양쪽에 모두 작용하므로 그 효과를 무시할 때, 위쪽 모서리가 수평이고 자유표면에 있으며, 높이가 b인 수직 직사각형 판에 작용하는 정수력은 $F_R = \rho g a b^2/2$이다. 이 힘은 판의 도심 바로 아래 자유표면으로부터 거리 $2b/3$에서 작용한다.

잠겨 있는 **수평**면 위의 압력 분포는 균일하고, 그 크기는 $P = P_0 + \rho g h$이다. 여기서 h는 자유표면으로부터 수평면의 거리이다. 그러므로 수평 직사각형 판에 작용하는 정수력은 다음과 같다.

수평 직사각형 판: $$F_R = (P_0 + \rho gh)ab \qquad (3\text{-}25)$$

이 힘은 판의 중앙점을 통해 작용한다(그림 3-27c).

예제 3-6 물에 잠긴 자동차 문에 작용하는 정수력

그림 3-28과 같이 무거운 자동차가 사고로 호수에 빠져서 호수 바닥에 가라앉았다. 문은 높이가 1.2 m이고 폭이 1 m이며, 문의 위쪽 모서리는 물의 자유표면으로부터 8 m 아래에 위치한다. 문에 작용하는 정수력과 압력중심의 위치를 결정하고, 운전자가 그 문을 열 수 있는지 여부를 논의하라.

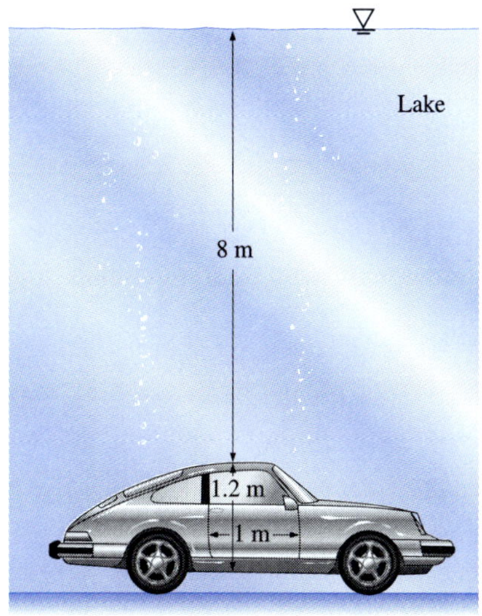

그림 3-28
예제 3-6에 대한 개요도.

풀이 자동차가 물속에 잠겨 있다. 문에 작용하는 정수력을 결정하고자 하며, 운전자가 그 문을 열 수 있는 가능성을 평가하고자 한다.

가정 **1** 호수의 바닥면은 수평이다. **2** 승차 공간이 잘 밀봉되어 있어서 물이 새어 들어오지 못한다. **3** 문은 수직의 직사각형 판으로 가정될 수 있다. **4** 승차 공간 내의 압력은 물이 새어 들어오지 않으므로 대기압으로 유지되고, 따라서 실내의 공기는 압축되지 않는다. 그러므로 대기압은 문의 안팎 모두에 작용하므로 계산에서 상쇄된다. **5** 차의 무게는 차에 작용하는 부력보다 크다.

상태량 전체 호수 물의 밀도를 1000 kg/m^{3}으로 잡는다.

해석 문 위의 평균 (계기)압력은 문의 도심(중앙점)에서의 압력 값이고 다음과 같이 결정된다.

$$\begin{aligned} P_{avg} &= P_C = \rho g h_C = \rho g(s + b/2) \\ &= (1000\ \text{kg/m}^3)(9.81\ \text{m/s}^2)(8 + 1.2/2\ \text{m})\left(\frac{1\ \text{kN}}{1000\ \text{kg}\cdot\text{m/s}^2}\right) \\ &= \mathbf{84.4\ kN/m^2} \end{aligned}$$

문 위의 합력은 다음과 같다.

$$F_R = P_{avg}A = (84.4\ \text{kN/m}^2)(1\ \text{m} \times 1.2\ \text{m}) = \mathbf{101.3\ kN}$$

압력중심은 문의 중앙점 바로 밑이고, 호수 표면으로부터의 거리는 $P_0 = 0$으로 놓음으로써 식 (3-21)로부터 다음과 같이 결정된다.

$$y_P = s + \frac{b}{2} + \frac{b^2}{12(s + b/2)} = 8 + \frac{1.2}{2} + \frac{1.2^2}{12(8 + 1.2/2)} = \mathbf{8.61\ m}$$

토의 건장한 사람이 100 kg(무게는 981 N 또는 약 1 kN)을 들어올릴 수 있다. 또한 그는 최대 효과를 얻기 위해 힌지로부터 가장 먼(1 m 떨어진) 점에 이 힘을 작용시킬 수 있으며, 1 kN · m의 모멘트를 발생시킬 수 있다. 합성 정수력은 문의 중앙점 아래에 작용하고, 따라서 힌지로부터 0.5 m의 거리이다. 이는 50.6 kN · m의 모멘트를 발생시키며, 이는 운전자가 발생시킬 수 있는 모멘트의 약 50배이다. 그러므로 운전자가 차문을 여는 것은 불가능하다. 운전자가 할 수 있는 최선의 선택은 물이 다소 들어오도록 놓아두고(예로서, 유리창을 조금 내림으로써), 머리를 천장에 가깝게 유지하는 것이다. 운전자는 차가 물로 가득 차기 바로 전에 문을 열 수 있다. 왜냐하면 그 시점에서 문의 양쪽면에 작용하는 압력이 거의 동일하며, 따라서 물속에서 문을 여는 것이 공기 중에서 문을 여는 것과 거의 동일하게 용이하기 때문이다.

3-5 ▪ 잠겨 있는 곡면에 작용하는 정수력

잠겨 있는 곡면에 대해, 합성 정수력의 결정은 보다 복잡한데, 이는 곡면을 따라 방향이 변하는 압력 힘의 적분이 필요하기 때문이다. 이 경우, 복잡한 형상이 포함되기 때문에 압력 프리즘의 개념도 역시 많은 도움이 되지 못한다.

2차원 곡면에 작용하는 합성 정수력 F_R을 결정하는 가장 쉬운 방법은 수평 및 수직 성분 F_H 및 F_V를 따로 결정하는 것이다. 그림 3-29에 보인 바와 같이, 이는 곡면과 그 곡면의 두 끝을 통과하는 두 개의 평면(하나는 수평이고 하나는 수직인)으로 둘러싸인 액체 블록의 자유 물체도를 고려함으로써 수행된다. 고려한 액체 블록의 수직면은 단순히 곡면을 **수직 평면** 위에 투영한 것이고, 수평면은 곡면을 **수평 평면** 위에 투영한 것이다. 고체 곡면에 작용하는 합력은 액체 곡면에 작용하는 힘과 크기는 같고 방향은 반대가 된다(Newton의 제 3법칙).

가상의 수평면 또는 수직면에 작용하는 힘과 작용선은 3-4절에서 논의된 바와 같이 결정될 수 있다. 체적이 V인 액체 블록의 무게는 간단히 $W = \rho g V$이고, 이는 체적의 도심을 통과하여 아래쪽으로 작용한다. 유체 블록은 정적 평형상태에 있음을 주목하면, 수평 및 수직방향으로의 힘의 평형은 다음과 같다.

곡면 위의 수평력 성분: $$F_H = F_x \tag{3-26}$$

곡면 위의 수직력 성분: $$F_V = F_y \pm W \tag{3-27}$$

여기서 덧셈 $F_y \pm W$는 벡터 합이다(즉, 둘 다 동일한 방향으로 작용하면 크기를 더해주고, 반대방향이면 빼준다). 따라서 다음과 결론을 얻을 수 있다.

1. 곡면에 작용하는 정수력의 수평 성분은 곡면의 수직 투영면에 작용하는 정수력과 같다(크기와 작용선 모두).
2. 곡면에 작용하는 정수력의 수직 성분은 곡면의 수평 투영면에 작용하는 정수력에 유체 블록의 무게를 더한(만약 반대방향으로 작용하면 감한) 것과 같다.

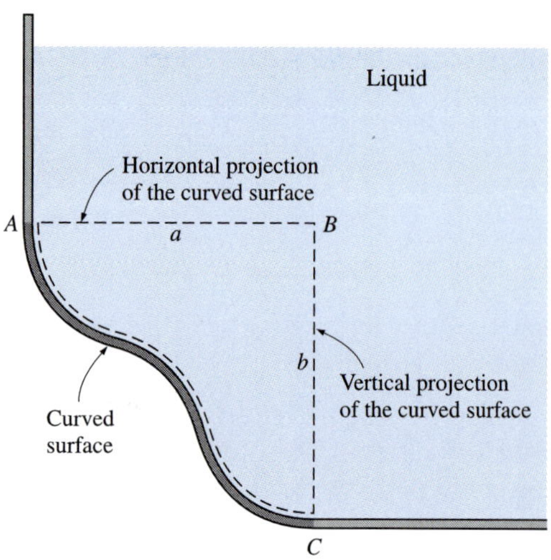

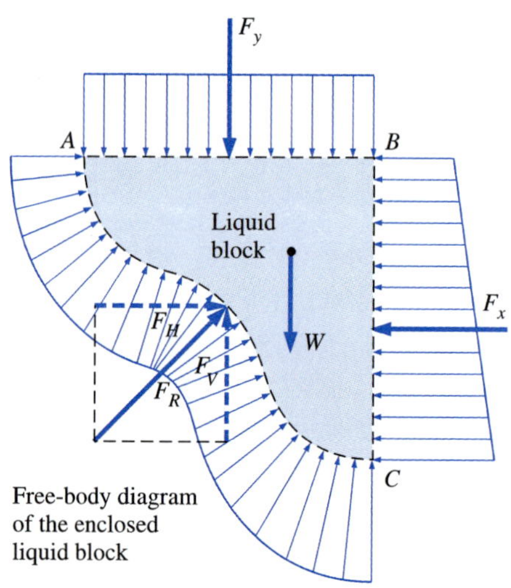

그림 3-29
잠겨 있는 곡면에 작용하는 정수력의 결정.

곡면에 작용하는 합성 정수력의 크기는 $F_R = \sqrt{F_H^2 + F_V^2}$ 이고, 이 힘이 수평면과 만드는 각에 대해 $\tan \alpha = F_V/F_H$이다. 합력의 작용선의 정확한 위치는(예로서, 곡면의 끝점들 중 하나로부터 작용선까지의 거리) 적당한 점에 관한 모멘트를 취함으로써 결정될 수 있다. 이 논의는 곡면이 액체 위에 있던지 또는 아래에 있든지 상관없이 모든 곡면에 대해 유효하다. **액체 위에 곡면**이 있는 경우, 액체의 무게를 정수력의 수직 성분으로부터 **빼야** 하며 이는 두 힘이 서로 반대방향으로 작용하기 때문임에 유의하라(그림 3-30).

곡면이 **원호**(완전한 원 또는 원의 일부)일 때, 표면에 작용하는 합성 정수력은 항상 원의 중심을 통과한다. 이는 압력 힘은 표면에 수직이며, 원의 표면에 수직인 모든 선은 원의 중심을 지나기 때문이다. 따라서 압력 힘은 그 중심에 공점적인(concurrent) 힘의 시스템을 형성하는데, 이는 그 점에 작용하는 등가의 단일한 힘으로 귀결될 수 있다(그림 3-31).

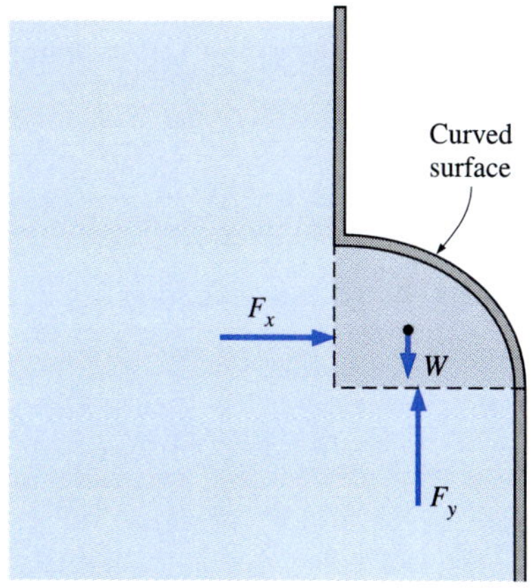

그림 3-30
곡면이 액체 위에 있을 때, 액체의 무게와 정수력의 수직 성분은 반대방향으로 작용한다.

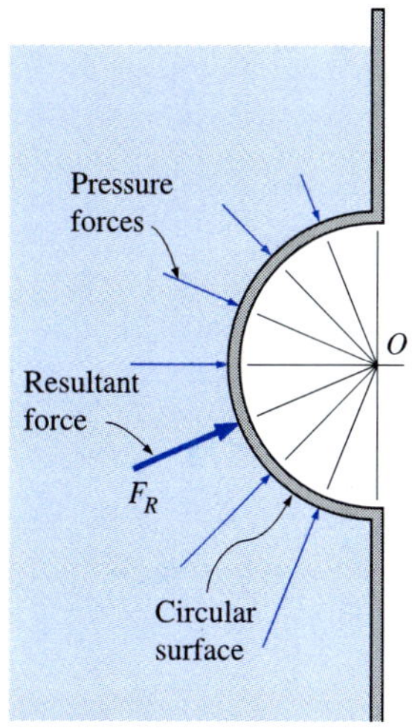

그림 3-31
압력 힘은 표면에 수직이고 이들은 모두 중심을 통과하므로, 원형 표면에 작용하는 정수력은 항상 원의 중심을 통과한다.

예제 3-7 중력 – 제어 원통형 수문

그림 3-32과 같이 점 A에 경첩으로 연결된 반경이 0.8 m인 긴 고체 원통이 자동 수문으로 이용된다. 물의 수면이 5 m에 이를 때, 점 A에서 경첩을 중심으로 회전하면서 수문이 열린다. (a) 수문이 열릴 때, 원통에 작용하는 정수력과 힘의 작용선 그리고 (b) 원통의 단위 m 길이 당 무게를 계산하라.

풀이 저수조의 높이는 저수조에 경첩으로 연결된 원통형 수문에 의해 조절된다. 원통이 받는 정수력과 단위 m 길이 당 원통의 무게를 결정하고자 한다.

가정 1 경첩에서의 마찰은 무시할 수 있다. 2 대기압은 수문의 양쪽에 작용하며, 따라서 이는 상쇄된다.

상태량 전체 물의 밀도를 1000 kg/m³으로 취한다.

해석 (a) 원통의 원형 표면과 수직 및 수평방향으로의 투영면으로 둘러싸인 액체 블록의 자유 물체도를 고려한다. 수직면과 수평면에 작용하는 정수력과 액체 블록의 무게는 다음과 같이 결정된다.

수직면에 작용하는 수평력:

$$F_H = F_x = P_{avg}A = \rho g h_C A = \rho g(s + R/2)A$$
$$= (1000\ \text{kg/m}^3)(9.81\ \text{m/s}^2)(4.2 + 0.8/2\ \text{m})(0.8\ \text{m} \times 1\ \text{m})\left(\frac{1\ \text{kN}}{1000\ \text{kg}\cdot\text{m/s}^2}\right)$$
$$= 36.1\ \text{kN}$$

수평면에 작용하는 수직력(상향):

$$F_y = P_{avg}A = \rho g h_C A = \rho g h_{bottom} A$$
$$= (1000\ \text{kg/m}^3)(9.81\ \text{m/s}^2)(5\ \text{m})(0.8\ \text{m} \times 1\ \text{m})\left(\frac{1\ \text{kN}}{1000\ \text{kg}\cdot\text{m/s}^2}\right)$$
$$= 39.2\ \text{kN}$$

페이지 안쪽으로 1 m 폭에 대한 유체 블록의 무게(하향):

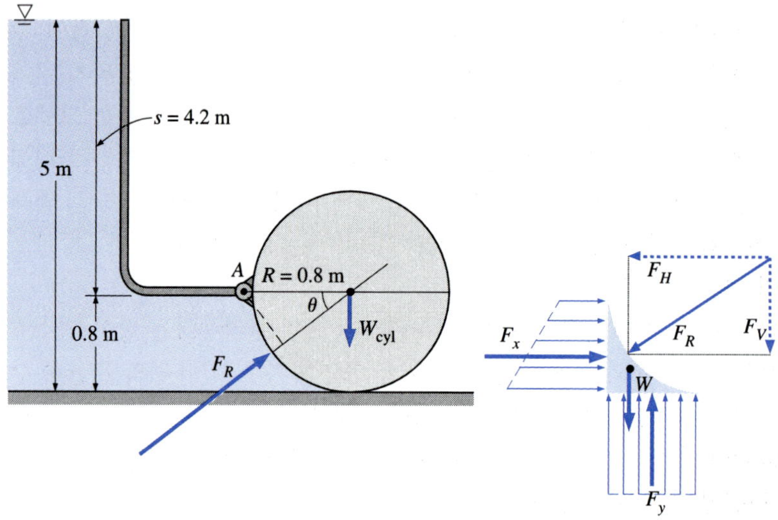

그림 3-32
예제 3-9의 개요도와 실린더 아래에 위치한 액체의 자유 물체도.

$$W = mg = \rho g V = \rho g(R^2 - \pi R^2/4)(1\ \text{m})$$

$$= (1000\ \text{kg/m}^3)(9.81\ \text{m/s}^2)(0.8\ \text{m})^2(1 - \pi/4)(1\ \text{m})\left(\frac{1\ \text{kN}}{1000\ \text{kg} \cdot \text{m/s}^2}\right)$$

$$= 1.3\ \text{kN}$$

그러므로 순수 상향 수직력은 다음과 같다.

$$F_V = F_y - W = 39.2 - 1.3 = 37.9\ \text{kN}$$

따라서 원통형 표면에 작용하는 정수력의 크기와 방향은 다음과 같다.

$$F_R = \sqrt{F_H^2 + F_V^2} = \sqrt{36.1^2 + 37.9^2} = \mathbf{52.3\ kN}$$

$$\tan\theta = F_V/F_H = 37.9/36.1 = 1.05 \rightarrow \theta = 46.4°$$

그러므로 원통에 작용하는 정수력의 크기는 원통의 단위 m 길이 당 52.3 kN이고, 그 작용선은 원통의 중심을 수평선과 46.4°의 각을 만들며 통과한다.

(b) 물 높이가 5 m일 때, 수문은 열리기 시작하고, 따라서 원통 바닥에서의 반력은 영이다. 힌지에 걸리는 힘 이외의 원통에 작용하는 힘은 원통의 중심을 통과하여 작용하는 무게와 물이 가하는 정수력이다. 힌지의 위치인 점 *A*에 대한 모멘트를 취하고, 이를 영으로 놓으면 그 결과는 다음과 같다.

$$F_R R \sin\theta - W_{cyl} R = 0 \rightarrow W_{cyl} = F_R \sin\theta = (52.3\ \text{kN})\sin 46.4° = \mathbf{37.9\ kN}$$

토의 원통의 단위 m 길이 당 무게는 37.9 kN으로 결정된다. 이는 단위 m 길이 당 3863 kg의 질량에 해당되고 원통의 재료에 대해 1921 kg/m^{3}의 밀도에 해당된다.

3-6 ▪ 부력과 안정성

어떤 물체가 공기 중에 있을 때보다 액체 내에 있을 때, 더 가볍고 무게가 덜 나가는 느낌이 드는 것은 일상적인 경험이다. 이는 방수가 되는 용수철 저울로 물속에서 무거운 물체의 무게를 달아봄으로써 쉽게 알 수 있다. 또한 나무로 된 물체나 혹은 다른 가벼운 재료는 물 위에 뜬다. 이러한 관찰들은 유체가 유체 속에 잠겨 있는 물체에 위쪽 방향의 힘을 가한다는 사실을 암시한다. 물체를 들어올리려고 하는 이 힘을 **부력(buoyant force)**이라 부르고, F_B로 표시한다.

부력은 유체 내에서 깊이에 따른 압력의 증가에 기인한다. 예를 들어, 그림 3-33와 같이 밀도가 ρ_f인 액체 내에 잠겨 있는 자유표면에 평행한 두께 h인 평판을 고려하자. 판의 위(그리고 또한 아래) 표면적은 A이고, 판의 자유표면까지의 거리는 s이다. 판의 위와 아래 표면에서의 계기압력은 각각 $\rho_f gs$ 및 $\rho_f g(s+h)$이다. 정수력 $F_{top} = \rho_f gsA$는 윗면에 아래쪽으로 작용하고, 보다 큰 힘 $F_{bottom} = \rho_f g(s+h)A$는 판의 아랫면에 위쪽으로 작용한다. 이들 두 힘 사이의 차이가 순수 상향력이고, 이를 **부력**이라 한다.

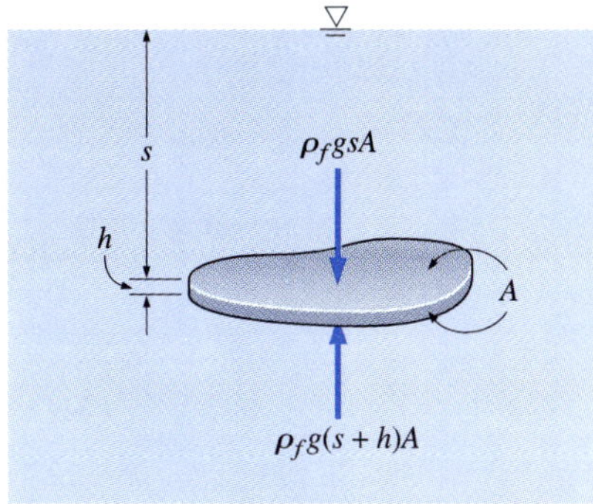

그림 3-33
액체 내에 잠겨 있는 평판. 자유표면에 평행하고 균일한 두께 h를 가진다.

$$F_B = F_{bottom} - F_{top} = \rho_f g(s+h)A - \rho_f gsA = \rho_f ghA = \rho_f gV \quad (3\text{-}28)$$

여기서 $V = hA$는 판의 체적이다. 그러나 관계식 $\rho_f gV$는 단순히 판의 체적과 동일한 체적을 갖는 액체의 무게이다. 따라서 **판에 작용하는 부력은 판에 의해 배제되는 액체의 무게와 같다**는 결론을 얻는다. 일정한 밀도를 갖는 유체에 대해, 부력은 자유표면으로부터의 물체의 거리와 무관함을 주목하라. 이는 또한 고체 물체의 밀도와도 무관하다.

식 (3-28)는 단순한 형상에 대해 유도되었지만, 이 관계식은 물체의 형상에 상관없이 어떤 물체에나 유효하다. 이는 힘의 평형에 의해 수학적으로 보여질 수 있으나, 간단히 다음 논의에 의해서도 보여질 수 있다. 즉, 정지 유체 내에 잠겨 있는 임의의 형상을 갖는 고체 물체를 고려하고, 이를 같은 수직 위치에 있는 점선으로 표시된 동일 형상의 유체 물체와 비교해 보자(그림 3-34). 두 물체의 경계에서 단지 깊이에 따라서만 변하는 압력의 분포가 동일하므로, 이들 두 물체에 작용하는 부력은 서로 같다. 가상의 유체 물체는 정적 평형상태에 있고, 따라서 유체 물체에 작용하는 순수 힘과 순수 모멘트는 영이다. 그러므로 상향의 부력은 고체 물체의 체적과 동일한 체적을 가지는 가상의 유체 물체의 무게와 같아야만 한다. 더욱이, 무게와 부력은 영의 모멘트를 갖기 위해서는 동일한 작용선을 가져야만 한다. 이 결과는 그리스 수학자 Archimedes(287-212 BC)의 이름을 따서 **Archimedes 원리**라고 알려져 있고, 다음과 같이 기술한다.

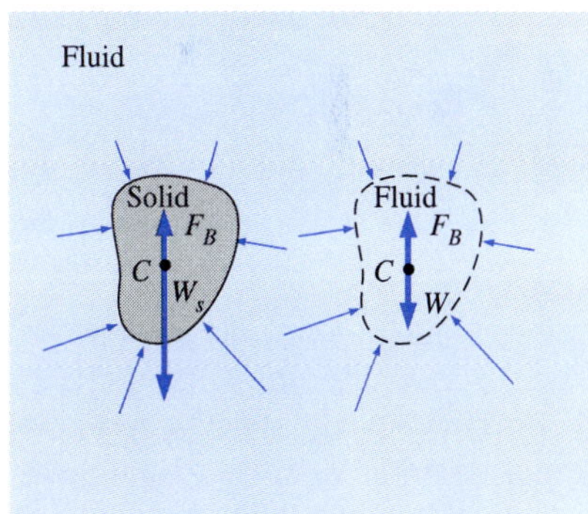

그림 3-34
유체에 잠겨 있는 고체 물체에 작용하는 힘과 동일한 깊이에서 동일한 모양의 유체 물체에 작용하는 힘은 똑같다. 부력 F_B는 배제된 체적의 도심 C를 통해 상향으로 작용하고 그 크기는 배제된 유체의 무게 W와 같지만, 방향은 반대이다. 균일한 밀도의 고체에 대해, 그 중량 W_s도 또한 도심을 통해 작용하지만, 그 크기는 고체가 배제한 유체의 무게와 같아야 할 필요는 없다(여기서 $W_s > W$이고 따라서 $W_s > F_B$라면 이 고체는 가라앉을 것이다).

유체 내에 잠겨 있는 균일한 밀도의 물체에 작용하는 부력은 그 물체에 의해 배제된 유체 무게와 같고, 부력은 배제된 체적의 도심을 지나 상향으로 작용한다.

떠 있는 물체에 대하여는, 물체 전체의 무게는 부력과 동일해야 하며, 여기서 부력은 떠 있는 물체의 **잠겨 있는 부분**의 체적과 같은 체적을 가지는 유체의 무게이다.

$$F_B = W \rightarrow \rho_f gV_{sub} = \rho_{avg,\,body} gV_{total} \rightarrow \frac{V_{sub}}{V_{total}} = \frac{\rho_{avg,\,body}}{\rho_f} \quad (3\text{-}29)$$

그러므로 떠 있는 물체의 잠겨 있는 부분의 체적비는 유체 밀도에 대한 물체의 평균 밀도의 비와 같다. 밀도비가 1 이상일 경우, 떠 있는 물체는 완전히 잠기게

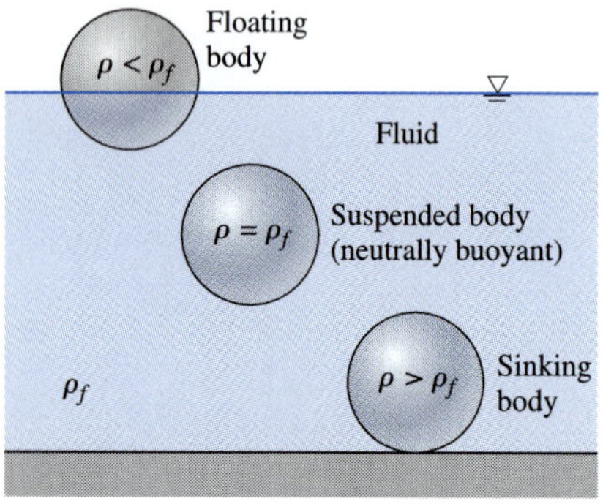

그림 3-35
유체 속으로 떨어뜨린 고체는, 유체 밀도에 상대적인 고체의 평균 밀도에 따라, 가라앉거나, 떠 있거나, 또는 유체 속의 어느 위치에서든지 정지한 상태로 유지될 것이다.

그림 3-36
열기구의 고도는 풍선의 내부와 외부 공기 사이의 온도 차이에 의해 조절되며 이는 더운 공기가 차가운 공기보다 밀도가 낮기 때문이다. 열기구가 떠오르지도 떨어지지도 않을 때 상향 부력은 하향 무게와 정확히 평형을 이룬다.

됨을 주목하라.

이들 논의로부터 유체 내에 잠겨 있는 물체는 (1) 그 평균 밀도가 유체의 밀도와 같을 때 유체 내의 어느 위치에서나 정지한 상태로 유지되고, (2) 그 평균 밀도가 유체의 밀도보다 클 경우 바닥에 가라앉으며, 그리고 (3) 그 평균 밀도가 유체의 밀도보다 작을 경우 유체의 표면으로 떠올라 떠 있게 된다는 것을 알 수 있다(그림 3-35)

부력은 유체의 밀도에 비례하고, 따라서 공기와 같은 기체가 가하는 부력은 무시할 만하다고 생각할 수 있다. 이는 일반적으로 해당되는 경우지만, 중대한 예외도 있다. 예를 들어, 어떤 사람의 체적이 약 0.1 m^{3}이고, 공기의 밀도를 1.2 kg/m^{3}으로 잡으면, 공기가 사람에 가하는 부력은 다음과 같다.

$$F_B = \rho_f g V = (1.2\ \text{kg/m}^3)(9.81\ \text{m/s}^2)(0.1\ \text{m}^3) \cong 1.2\ \text{N}$$

80 kg인 사람의 무게는 $80 \times 9.81 = 788$ N이다. 그러므로 이 경우 부력을 무시하면 무게에 있어 겨우 0.15퍼센트의 오차를 발생하며, 이는 무시할 만하다. 그러나 기체에 있어서 부력 효과는 차가운 환경에서 더운 공기의 상승과 그에 따른 자연대류 흐름의 시작, 뜨거운 공기 풍선 또는 헬륨 풍선의 상승과 대기 중의 공기 유동과 같은 몇몇 중요한 자연 현상을 주도한다. 예를 들어, 헬륨 풍선은 공기 밀도(이는 고도에 따라 감소한다)가 풍선 내의 헬륨 밀도와 같아지는 고도에 이를 때까지 부력의 결과로 상승한다. 여기서 풍선이 그때까지 터지지 않는다고 가정하고, 풍선 외피의 무게는 무시한다. 열기구(그림 3-36)도 유사한 원리로 작동한다.

대륙이 마그마의 바다 위에 떠있는 것으로 간주함으로써 Archimedes의 원리가 또한 지질학에서도 이용된다.

예제 3-8 비중계에 의한 비중 측정

만약 바닷물 수족관이 있다면, 바닷물의 염도 측정을 위해 약간의 납덩이를 바닥에 넣은 작은 원통형 유리관을 이용하여, 유리관이 얼마나 가라앉는지를 살펴봄으로써 간단히 염도 측정을 할 수 있을 것이다. 이와 같은 장치는 액체 비중계(hydrometer)라 불리며, 수직 자세로 떠 있으며 액체의 비중을 측정하는데 이용한다(그림 3-37). 비중계의 위 부분은 액체 수면 위로 나와 있고, 눈금이 새겨있어 비중을 직접 읽을 수 있다. 순수한 물에 대하여, 비중계는 공기-물 계면에서 정확히 1.0을 읽도록 보정된다. (a) 순수한 물에 해당하는 눈금으로부터의 거리 Δz의 함수로서 액체 비중에 대한 관계식을 구하고 (b) 비중계가 순수한 물속에서 절반(10 cm 눈금)이 떠 있게 된다면, 직경이 1 cm, 길이가 20 cm인 비중계에 넣어야 하는 납의 질량을 계산하라.

풀이 비중계로 액체의 비중을 측정하고자 한다. 비중과 기준 수위로부터의 수직 거리 사이의 관계식을 구하고, 비중계 관 속에 넣어야 하는 납의 양을 결정하고자 한다.

가정 1 유리관의 무게는 넣은 납의 무게와 비교할 때 무시할 수 있다. 2 관 바닥의 곡률은 무시한다.

상태량 순수한 물의 밀도를 1000 kg/m^{3}으로 잡는다.

해석 (a) 비중계가 정적 평형상태에 있음을 주목하면, 액체가 가하는 부력 F_B는 항상 비중계의 무게 W와 같아야만 한다. 순수한 물에서(하첨자 w), 비중계의 바닥과 물의 자유표면 사이의 수직 거리를 z_0로 설정한다. 이 경우, $F_{B,\,w} = W$로 놓으면 다음과 같다.

$$W_{\text{hydro}} = F_{B,\,w} = \rho_w g V_{\text{sub}} = \rho_w g A z_0 \tag{1}$$

여기서 A는 관의 단면적이고, ρ_w는 순수한 물의 밀도이다.

물보다 가벼운 유체에서($\rho_f < \rho_w$), 비중계는 더 깊게 가라앉을 것이고, 액체의 수위는 z_0 위로 거리 Δz가 될 것이다. 다시 $F_B = W$로 놓으면 다음과 같게 된다.

$$W_{\text{hydro}} = F_{B,\,f} = \rho_f g V_{\text{sub}} = \rho_f g A(z_0 + \Delta z) \tag{2}$$

이 관계식은 또한 Δz를 음의 값으로 취함으로써, 물보다 무거운 유체에 대해서도 유효하다. 여기서 비중계의 무게는 일정하므로 식 (1)과 (2)를 서로 같게 놓고, 정리하면 다음과 같다.

$$\rho_w g A z_0 = \rho_f g A(z_0 + \Delta z) \quad \rightarrow \quad \text{SG}_f = \frac{\rho_f}{\rho_w} = \frac{z_0}{z_0 + \Delta z}$$

이는 유체의 비중과 Δz 사이의 관계식이다. z_0는 주어진 비중계에 대해 일정하고 Δz는 순수한 물보다 무거운 유체에 대해서 음의 값이 됨을 주목하라.

(b) 유리관의 무게를 무시하면, 납의 무게가 부력과 같아야 하는 조건으로부터 관에 넣어야 할 납의 양이 결정된다. 비중계가 그 절반이 물속에 잠긴 채 떠있을 때, 비중계에 작용하는 부력은 다음과 같다.

$$F_B = \rho_w g V_{\text{sub}}$$

F_B를 납의 무게와 같게 놓으면 다음과 같이 된다.

$$W = mg = \rho_w g V_{\text{sub}}$$

m에 대해 풀고 대입하면, 납의 질량은 다음과 같이 계산된다.

$$m = \rho_w V_{\text{sub}} = \rho_w(\pi R^2 h_{\text{sub}}) = (1000\ \text{kg/m}^3)[\pi(0.005\ \text{m})^2(0.1\ \text{m})] = \mathbf{0.00785\ kg}$$

토의 만약 비중계가 5 cm만 물속에 가라앉도록 요구된다면, 필요한 납의 질량은 이 양의 절반이 될 것임을 주목하라. 또한 유리관의 무게는 무시할 수 있다는 가정은 납의 질량이 겨우 7.85 g이므로 의심스럽다.

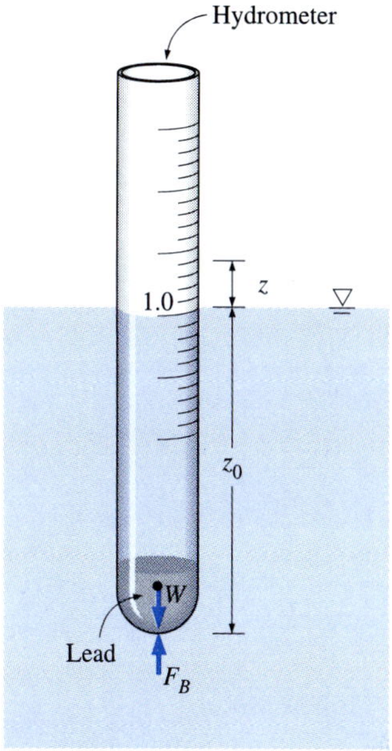

그림 3-37
예제 3-8에 대한 개요도.

예제 3-9 바닷물 속에서 물체의 무게 감소

수중 건설 프로젝트를 위해, 기중기를 이용하여 무거운 물체를 바닷물(밀도 = 1025 kg/m^3) 속으로 가라앉힌다(그림 3-38). (a) 블록이 공기 중에 매달려 있을 경우와 (b) 블록이 물속에 완전히 잠겨 있을 경우에 대하여 0.4 m × 0.4 m × 3 m인 직육면체 콘크리트 블록(밀도 = 2300 kg/m^3)으로 인하여 기중기 로프에 걸리는 인장력을 구하라.

풀이 콘크리트 블록이 바다 속으로 내려진다. 블록이 물속에 들어가기 전과 후에 로프에서의 인장력을 결정하고자 한다.

가정 1 공기 중의 부력은 무시할 수 있다. 2 로프의 무게는 무시할 수 있다.

상태량 바닷물의 밀도는 1025 kg/m^{3}이며, 콘크리트의 밀도는 2300 kg/m^{3}이다.

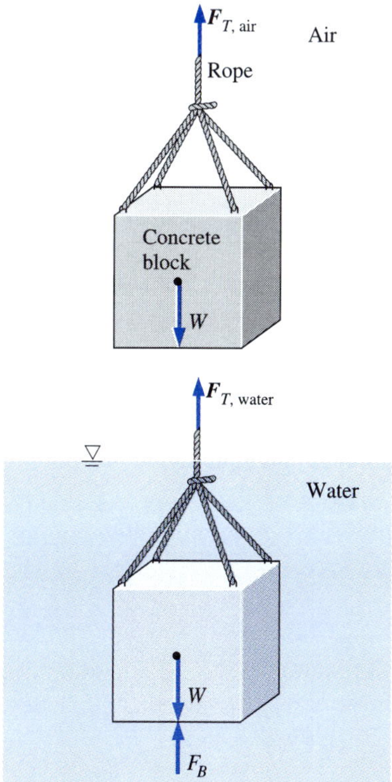

그림 3-38
예제 3-9에 대한 개요도.

해석 (a) 콘크리트 블록의 자유 물체도를 고려하라. 공기 중에서 콘크리트 블록에 작용하는 힘은 그 무게와 로프에 의하여 위쪽으로 잡아당겨지는 힘(인장)이다. 이들 두 가지 힘은 서로 평형을 이루어야 하고, 따라서 로프에서의 인장력은 블록의 무게와 같아야 한다.

$$V = (0.4\ \text{m})(0.4\ \text{m})(3\ \text{m}) = 0.48\ \text{m}^3$$

$$F_{T,\,\text{air}} = W = \rho_{\text{concrete}}\, gV$$

$$= (2300\ \text{kg/m}^3)(9.81\ \text{m/s}^2)(0.48\ \text{m}^3)\left(\frac{1\ \text{kN}}{1000\ \text{kg}\cdot\text{m/s}^2}\right) = \mathbf{10.8\ kN}$$

(b) 블록이 물속에 잠길 때, 위쪽으로 작용하는 부력이 추가된다. 이 경우, 힘의 평형으로부터 다음과 같이 계산한다.

$$F_B = \rho_f\, gV = (1025\ \text{kg/m}^3)(9.81\ \text{m/s}^2)(0.48\ \text{m}^3)\left(\frac{1\ \text{kN}}{1000\ \text{kg}\cdot\text{m/s}^2}\right) = 4.8\ \text{kN}$$

$$F_{T,\,\text{water}} = W - F_B = 10.8 - 4.8 = \mathbf{6.0\ kN}$$

토의 콘크리트 블록의 무게는, 그리고 따라서 로프의 인장력은 물속에서 (10.8 − 6.0)/10.8 = 55퍼센트 감소함을 주목하라.

그림 3-39
선박과 같은 떠 있는 물체에 대해, 안정성은 안전을 위한 중요한 고려 사항이다.
ⓒ *Corbis/vol. 96.*

잠겨 있는 물체와 떠 있는 물체의 안정성

부력 개념의 중요한 응용분야는 외부 부착물이 없는 잠겨 있는 물체와 떠 있는 물체의 안정성에 대한 평가이다. 이 주제는 선박과 잠수함의 설계에 있어서 매우 중요하다(그림 3-39). 여기에 몇 가지 수직 및 회전 안정성에 관한 일반적인 정성적 논의를 수행한다.

기본적인 안정성 및 불안정성의 개념을 설명하기 위해 고전적인 "마루 위의 공"과의 상사성을 이용한다. 그림 3-40은 마루 위에 정지해 있는 세 개의 공을 보여준다. 경우 (a)는 어떤 작은 교란(누군가가 공을 오른쪽 혹은 왼쪽으로 움직인다)도 공을 원래의 위치로 되돌리는 복원력(중력에 기인한)을 발생시키므로 **안정하다(stable)**. 경우 (b)는 누군가가 공을 오른쪽 혹은 왼쪽으로 움직인다면, 공이 새로운 위치에 놓인 대로 정지해 있기 때문에 **중립적으로 안정하다(neutrally stable)**. 공이 원래 위치로 되돌아가거나, 계속해서 멀리 움직여 나가려는 경향을 갖지 않는다. 경우 (c)는 공이 한 순간에는 정지한 상태로 있는 상황이지만, 아무리 미소한 교란이라 할지라도 그 교란에 공이 언덕 위로부터 굴러 떨어지게 된다. 공은 원래 위치로 되돌아가기보다는 그로부터 오히려 **멀어진다**. 이 상황은 **불안정한(unstable)** 것이다. 공이 **경사진** 마루 위에 있는 경우는 어떠할까? 이 경우에 대해 안정성을 논의하기에는 적절하지 않다. 그 이유는 공이 평형 상태에 있지 않기 때문이다. 달리 말하면, 공은 정지한 상태로 있을 수 없고 아무런 교란이 없더라도 언덕을 굴러 떨어질 것이다.

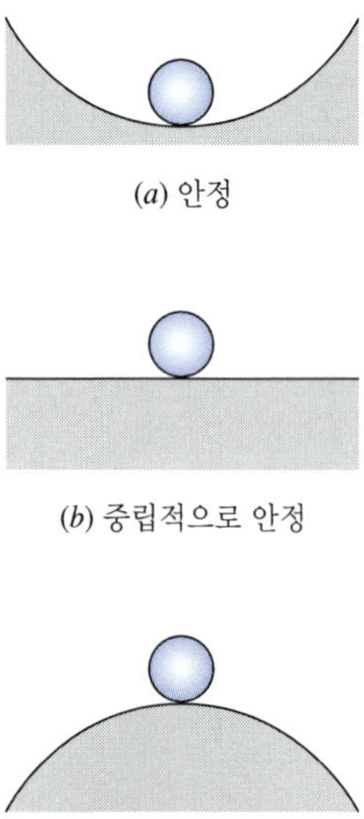

(*a*) 안정

(*b*) 중립적으로 안정

(*c*) 불안정

그림 3-40
안정성은 마루 위의 공을 해석함으로써 쉽게 이해된다.

정적 평형에 있는 잠겨 있는 또는 떠 있는 물체에 대해, 물체에 작용하는 중량과 부력은 서로 평형을 이루고, 이러한 물체는 **수직방향**으로는 본질적으로 안정하다. 만약 잠겨 있는 중립적으로 부력을 받는 물체가 비압축성 유체 내에서 다른 깊이로 들어올려지거나 낮추어지면, 그 물체는 그 위치에서 평형 상태로 유지

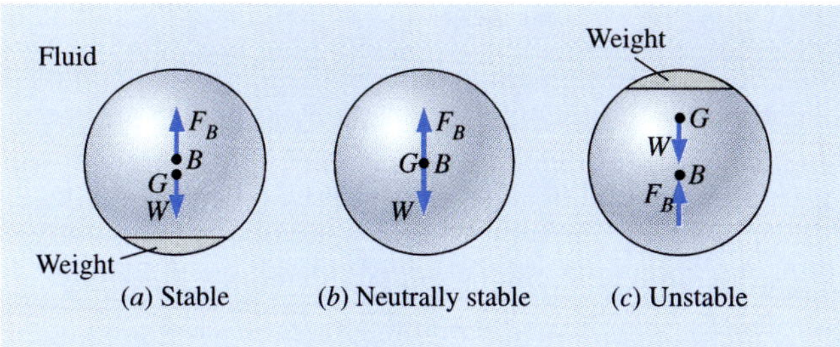

그림 3-41
잠겨 있는 중립적으로 부력을 받는 물체는 (a) 만약 물체의 무게중심 G가 부력중심 B의 바로 아래에 있을 경우 안정하고, (b) 만약 G와 B가 일치하면 중립적으로 안정하며, 그리고 (c) 만약 G가 B의 바로 위에 있을 경우엔 불안정하다.

될 것이다. 만약 떠 있는 물체가 수직력으로 다소간 들어올려지거나 낮추어지면, 그 물체는 외력이 제거되자마자 원래의 위치로 되돌아갈 것이다. 그러므로 떠 있는 물체는 수직 안정성을 가지는 반면에, 잠겨 있는 중립적으로 부력을 받는 물체는 교란 뒤에 원래 위치로 되돌아가지 않기 때문에 중립적으로 안정하다.

잠겨 있는 물체의 **회전 안정성**은 물체의 **무게중심** G와 배제 체적의 도심인 부력중심 B의 상대적 위치에 의존한다. 잠겨 있는 물체는 만약 물체가 바닥 쪽이 무겁고 따라서 점 G가 점 B 바로 아래에 있을 때는 **안정하다**(그림 3-41a). 이와 같은 경우에서 물체의 회전 교란은 물체를 원래 안정한 위치로 되돌리기 위한 **복원 모멘트**를 발생시킨다. 따라서 잠수함에 대한 안정적 설계는 무게를 가급적이면 가능한 한 바닥으로 이동시키기 위해 기관실과 승무원실을 아래쪽 하반부에 위치하도록 요구한다. 또한 열기구 또는 헬륨 기구는(공기 중에 잠겨 있는 것으로 볼 수 있는데) 안정한데, 이는 짐을 운반하는 무거운 바구니가 바닥에 위치하기 때문이다. 무게중심 G가 점 B 바로 위에 놓이는 잠겨 있는 물체는 **불안정**하고, 어떤 교란이라도 이 물체를 뒤집어지도록 할 것이다(그림 3-41c). G와 B가 일치하는 물체는 **중립적으로 안정**하다(그림 3-41b). 이는 밀도가 전체적으로 일정한 물체의 경우이다. 이와 같은 물체는 그 자신을 뒤집거나 올바로 세우려는 경향은 없다.

무게중심이 부력중심과 수직으로 일직선상에 있지 않은 경우는 어떠할까(그림 3-42)? 이 경우에 대해 안정성을 논의하기에는 적절하지 않은데, 왜냐하면 물체가 평형 상태에 있지 않기 때문이다. 다른 말로, 물체는 정지한 상태로 있을 수 없고 아무런 교란이 없을지라도 안정한 상태를 향해 회전할 것이다. 그림 3-42의 경우에 있어서, 복원 모멘트는 반시계방향이고 물체가 반시계방향으로 회전하여 점 G를 수직적으로 점 B에 정렬시키도록 만든다. 다소의 진동이 있을 수 있지만, 결국에는 물체는 안정한 평형 상태에 안착함을 주목하라[그림 3-41의 경우 (a)]. 그림 3-42의 물체의 초기 안정성은 경사진 마루 위의 공의 경우와 닮았다. 만약 그림 3-42의 물체에 있어서 무게추가 물체의 반대쪽에 있다면, 어떤 일이 발생할지 예측할 수 있는가?

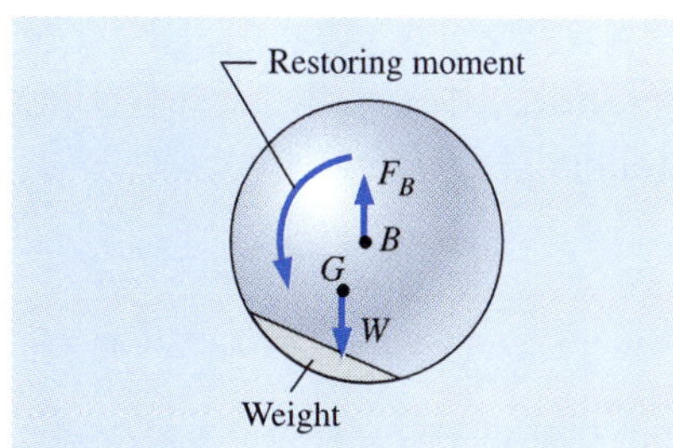

그림 3-42
잠겨 있는 중립적으로 부력을 받는 물체의 무게중심 G가 물체의 부력중심 B와 수직으로 정렬되어 있지 않을 때, 물체는 평형 상태에 있지 않으며, 아무런 교란이 없을지라도 안정한 상태로 회전하려 할 것이다.

회전 안정성 기준은 **떠 있는 물체**에 대한 것과 유사하다. 만약 떠 있는 물체가 바닥 쪽이 무겁고 따라서 무게중심 G가 부력중심 B 바로 아래에 위치한다면, 물체는 항상 안정하다. 그러나 잠겨 있는 물체와 달리, 떠 있는 물체는 G가 B 바로 위에 있을 때에도 여전히 안정할 수 있다(그림 3-43). 이는 물체의 무게중심 G는 변하지 않지만, 회전 교란 중에 배제된 체적의 도심이 점 B'로 이동되기 때문이다. 만약 점 B'가 충분히 멀리 떨어진 경우, 이들 두 힘은 복원 모멘트를 만들고 물체를 원래 위치로 되돌린다. 떠 있는 물체에 대한 안정성의 척도는 **부력경심 높**

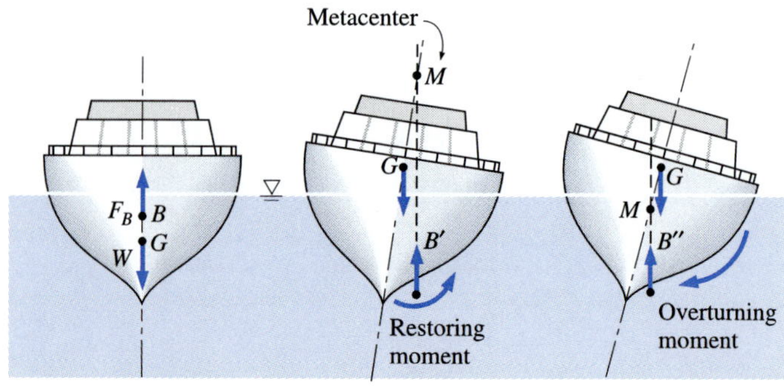

(a) 안정 (b) 안정 (c) 불안정

그림 3-43
물체가 (a) 바닥이 무겁고 따라서 무게중심 G가 물체의 부력중심 B의 아래에 있을 경우, 또는 (b) 부력경심 M이 점 G 위에 있을 경우, 떠 있는 물체는 **안정**하다. 그러나 (c) 점 M이 점 G 아래에 있다면, 그 물체는 **불안정**하다.

이(metacentric height) GM인데, 이는 무게중심 G와 부력경심(metacenter) M 사이의 거리이다. 여기서 부력경심은 회전 전후에 물체를 관통하는 부력의 작용선들의 교차점이다. 부력경심은 약 20°까지의 작은 롤링 각도에 있어서 대부분의 선체 형상에 대해 고정된 점으로 간주될 수 있다. 떠 있는 물체는 점 M이 점 G 위에 있다면 안정하고, 따라서 GM은 양이며, 점 M이 점 G 아래에 있다면 불안정하고, 따라서 GM은 음이다. 후자의 경우, 기울어진 물체에 작용하는 중량과 부력은 복원 모멘트 대신에 전복 모멘트를 발생시켜 물체를 뒤집히게 만든다. G 위의 부력경심 높이 GM의 길이는 안정성의 척도를 나타내며, 이것이 클수록 뜨는 물체는 보다 안정하다.

요약 SUMMARY

단위 면적 당 유체가 가하는 수직력을 **압력**이라 부르고, 압력의 SI 단위는 **파스칼**, 1 Pa ≡ N/m²이다. 절대 진공에 상대적인 압력을 **절대 압력**이라 부르고, 절대 압력과 국소 대기압 사이의 차이를 **계기 압력**이라 부른다. 대기압보다 낮은 압력을 **진공 압력**이라 부른다. 절대 압력, 계기 압력과 진공 압력들은 다음과 같이 관련되어 있다.

$$P_{\text{gage}} = P_{\text{abs}} - P_{\text{atm}}$$
$$P_{\text{vac}} = P_{\text{atm}} - P_{\text{abs}} = -P_{\text{gage}}$$

유체 내의 한 점에서의 압력은 모든 방향으로 동일한 크기를 갖는다. 정지 유체 내에서 고도에 따른 압력 변화는 다음과 같이 주어진다.

$$\frac{dP}{dz} = -\rho g$$

여기서 양의 z방향은 관습상 상향으로 취한다. 유체의 밀도가 일정할 때, 두께 Δz의 유체층을 가로질러 압력 차이는 다음과 같다.

$$\Delta P_{\text{below}} = P_2 - P_1 = Pg\Delta z$$

대기압에 노출되어 있는 정지 유체 내에서, 자유표면으로부터 깊이 h에서의 절대 및 계기 압력들은 다음과 같다.

$$P = P_{\text{atm}} + \rho gh \quad \text{그리고} \quad P_{\text{gage}} = \rho gh$$

정지 유체 내의 압력은 수평방향으로는 변하지 않는다. **Pascal의 법칙**은 갇혀있는 유체에 적용된 압력은 동일한 양만큼 전체에 걸쳐 압력을 증가시킴을 말한다. 대기압은 **기압계**로 측정되며 다음과 같이 주어진다.

$$P_{\text{atm}} = \rho gh$$

여기서 h는 액체 기둥의 높이이다.

유체 정역학은 정지하고 있는 유체와 연관된 문제를 다루며, 유체가 액체일 때 **정수역학**이라 불린다. 균일 유체 내에 완전히 잠겨 있는 판의 평면에 작용하는 합력의 크기는 표면의 도심에서의 압력 P_C와 표면적 A의 곱과 같으며, 다음과 같이 표현된다.

$$F_R = (P_0 + \rho gh_C)A = P_C A = P_{\text{avg}}A$$

여기서 $h_C = y_C \sin\theta$는 액체의 자유표면으로부터 도심의 **수직 거리**이다. 압력 P_0는 보통 대기압인데, 이는 판의 양쪽 모두에 작용하기 때문에 대부분의 경우 상쇄된다. 합력의 작용선과 표면의 교차점은 **압력중심**이다. 합력의 작용선의 수직 위치는 다음과 같이 주어진다.

$$y_P = y_C + \frac{I_{xx,\,C}}{[y_C + P_0/(\rho g \sin\theta)]A}$$

여기서 $I_{xx,\,C}$는 면적의 도심을 통과하는 x축에 대한 면적의 2차 모멘트이다.

유체는 그 안에 잠겨 있는 물체에 상향력을 미친다. 이 힘을 **부력**이라 부르며 다음과 같이 표현된다.

$$F_B = \rho_f g V$$

여기서 V는 물체의 체적이다. 이는 **Archimedes 원리**로 알려져 있고, 다음과 같이 기술된다. 즉 유체 내에 잠겨 있는 물체에 작용하는 부력은 그 물체에 의해 배제된 유체의 무게와 같고, 부력은 배제된 체적의 도심을 통과하여 상향으로 작용한다. 일정한 밀도를 갖는 유체 내에서 부력은 자유표면으로부터 물체의 거리에 무관하다. **떠 있는** 물체에 대해, 물체의 잠겨 있는 체적 부분의 비는 유체 밀도에 대한 물체의 평균 밀도의 비와 같다.

압력은 기본적인 상태량이고, 압력을 포함하지 않는 중요한 유체 유동 문제를 상상하는 것은 어렵다. 그러므로 이 책의 나머지 모든 장에서 이 상태량을 계속 보게 될 것이다. 그러나 평면이나 곡면에 작용하는 정수력에 대한 고려는 대부분 이 장에 국한된다.

참고문헌과 권장도서 — REFERENCES AND SUGGESTED READING

1. F. P. Beer, E. R. Johnston, Jr., E. R. Eisenberg, and G. H. Staab. *Vector Mechanics for Engineers, Statics*, 7th ed. New York: McGraw-Hill, 2004.
2. D. C. Giancoli. *Physics*, 3rd ed. Upper Saddle River, NJ: Prentice Hall, 1991.

연습문제* — PROBLEMS

압력, 마노미터 및 기압계

3-1C 계기 압력과 절대 압력 사이의 차이는 무엇인가?

3-2C 높은 고도에서 어떤 사람들은 코피를 흘리고, 또 다른 사람들은 숨이 가빠지는 경험을 하게 되는 이유를 설명하라.

3-3C 어떤 사람이 밀도가 일정한 액체 내에서, 깊이가 두 배가 되면 절대 압력이 두 배가 된다고 주장한다. 이에 동의하는가? 설명하라.

3-4C 조그만 강철 직육면체가 물속에 줄로 매달려 있다. 만약 직육면체의 측면 길이가 매우 작다면, 그 물체의 위, 아래 및 측면에 작용하는 압력의 크기를 어떻게 비교할 것인가?

3-5C Pascal의 법칙을 쓰고, 이 법칙의 실제적인 예를 제시하라.

3-6C 동일한 속도로 돌고 있는 두 개의 동일한 팬이 하나는 해수면에 그리고 다른 하나는 높은 산꼭대기에 있다고 하자. 이들 두 개의 팬의 (*a*) 체적 유량과 (*b*) 질량 유량을 어떻게 비교할 것인가?

3-7 방에 연결된 진공 압력계가 대기압이 92 kPa인 장소에서 24 kPa를 나타낸다. 방안의 절대 압력을 결정하라.

3-8E 마노미터가 탱크 안의 공기 압력을 측정하기 위해 이용된다. 이용된 유체의 비중은 1.25이고, 마노미터의 두 팔 사이의 높이 차는 28 in이다. 만약 국소 대기압이 12.7 psia라면, 탱크에 부착된 쪽의 마노미터 팔의 유체 수위가 (*a*) 높을 경우 및 (*b*) 낮을 경우에 대해 탱크 내의 절대 압력을 결정하라.

3-9 탱크 안의 물이 공기로 가압되고, 압력이 그림 P3-9에 보인 바와 같이 다중 유체 마노미터로 측정된다. 만약 $h_1 = 0.2$ m, $h_2 = 0.3$ m 및 $h_3 = 0.46$ m라면 탱크 속 공기의 계기 압력을 결정하라. 물, 기름 및 수은의 밀도를 각각 1000 kg/m^3, 850 kg/m^3 및 13,600 kg/m^{3}로 취하라.

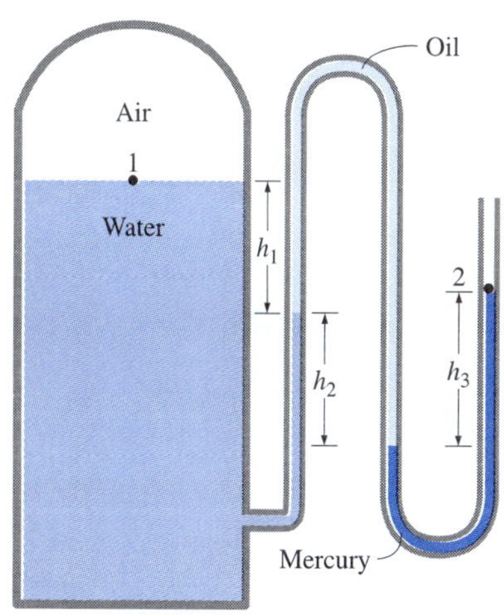

그림 P3-9

*"C"로 표시된 문제는 개념 문제이고, 학생들은 모든 문제에 답하도록 권장된다. 아이콘으로 표시된 문제는 EES를 이용하여 푸는 문제로서, 매개변수 연구와 함께 완전한 풀이가 동봉된 DVD에 수록되어 있다. 아이콘으로 표시된 문제는 본질상 종합적인 문제로서 컴퓨터로, 가급적 본 교재에 동반된 EES 소프트웨어를 이용해, 풀도록 의도된 것이다.

3-10 기압계 눈금이 750 mmHg인 장소에서의 대기압을 결정하라. 수은의 밀도는 13,600 kg/m^{3}로 취하라.

3-11 액체 속 깊이 3 m에서 계기 압력이 28 kPa로 읽힌다. 동일한 액체 속 깊이 12 m에서의 계기 압력을 구하라.

3-12 물속 깊이 5 m에서 절대 압력이 145 kPa로 읽힌다. (*a*) 국소 대기압과 (*b*) 동일한 장소에서 비중이 0.85인 액체 속 깊이 5 m에서의 절대 압력을 구하라.

3-13E 1 kgf/cm^2 = 14.223 psi임을 보여라.

3-14 90 kg인 사람의 발자국 면적이 450 cm^{2}이다. 만약 그 사람이 (*a*) 양쪽 발로 설 때 그리고 (*b*) 한쪽 발로 설 때, 그 사람이 땅에 미치는 압력을 계산하라.

3-15 70 kg인 여자의 발자국 면적이 400 cm^{2}이다. 그 여자가 눈 위를 걷고 싶지만, 눈은 0.5 kPa보다 큰 압력을 견뎌낼 수 없다. 그 여자가 눈에 빠지지 않고 걸을 수 있게 하는 데 필요한 설화의 최소 크기(신발 한 개당 발자국 면적)를 결정하라.

3-16 기압계 눈금이 755 mmHg인 장소에서, 탱크에 연결된 진공 압력계가 30 kPa를 나타낸다. 탱크 안의 절대 압력을 구하라. ρ_{Hg} = 13,590 kg/m^{3}로 취하라.

답: 70.6 kPa

3-17E 기압계의 눈금이 29.1 inHg인 장소에서, 탱크에 연결된 압력계가 50 psi를 나타낸다. 탱크 안의 절대 압력을 구하라. ρ_{Hg} = 848.4 lbm/ft^{3}로 취하라.

답: 64.29 psia

3-18 탱크에 연결된 압력계가 대기압이 94 kPa인 장소에서 500 kPa를 나타낸다. 탱크 안의 절대 압력을 구하라.

3-19 등반가의 기압계가 하이킹 여행 시작 전에 930 mbar를, 등반 후에는 780 mbar를 가리킨다. 고도가 국소 중력가속도에 미치는 영향을 무시할 때, 등반한 수직 거리를 구하라. 평균 공기 밀도는 1.20 kg/m^{3}로 가정하라.

답: 1274 m

3-20 기본적인 기압계는 건물의 높이 측정에도 이용될 수 있다. 만약 건물의 꼭대기와 바닥에서의 기압계의 눈금이 각각 730 및 755 mmHg라면, 그 건물의 높이를 구하라. 평균 공기 밀도는 1.18 kg/m^{3}로 가정하라.

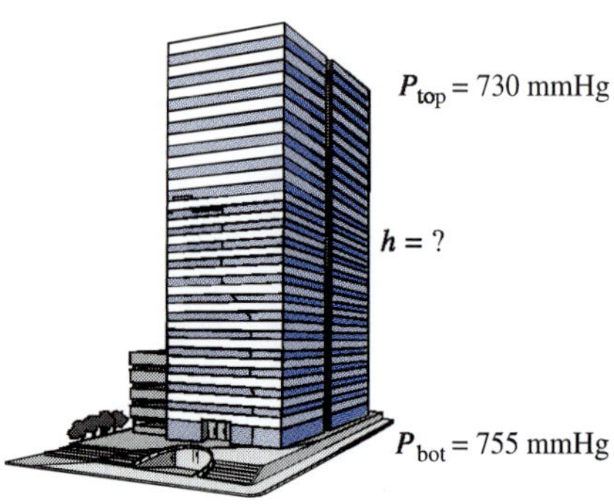

그림 P3-20

3-21 문제 3-20을 EES(또는 다른) 소프트웨어를 이용하여 풀어라. 수은의 밀도는 13,600 kg/m^{3}으로 취하고, 적절한 단위들과 함께 수치적 결과를 포함하여 전체 풀이를 출력하라.

3-22 바다의 자유표면 아래 30 m에 있는 잠수부에게 미치는 압력을 결정하라. 대기압은 101 kPa이고 바닷물의 비중은 1.03으로 가정하라.

답: 404.0 kPa

3-23E 바다의 자유표면 아래 300 ft에서 순항하고 있는 잠수함에 미치는 압력을 결정하라. 대기압은 14.7 psia이고 바닷물의 비중은 1.03으로 가정하라.

3-24 기체가 수직이며, 마찰이 없는 피스톤-실린더 장치에 담겨 있다. 피스톤은 질량이 4 kg이고 단면적이 35 cm^{2}이다. 피스톤 위의 압축 스프링은 피스톤에 60 N의 힘을 미친다. 만약 대기압이 95 kPa라면, 실린더 내부의 압력을 결정하라.

답: 123.4 kPa

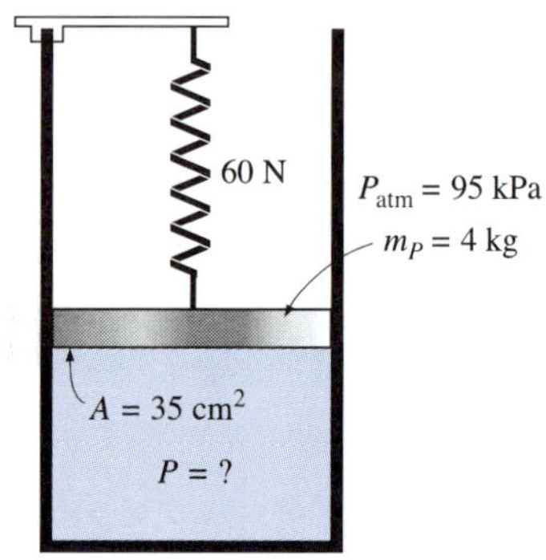

그림 P3-24

3-25 문제 3-24를 다시 고려하라. EES(또는 다른) 소프트웨어를 이용하여, 0에서 500 N의 범위에서 용수철 힘이 실린더 내의 압력에 미치는 영향을 조사하라. 용수철 힘에 따른 압력을 도시하고, 그 결과를 논의하라.

3-26 게이지와 마노미터가 기체 탱크에 압력 측정을 위해 부착되어 있다. 만약 압력계의 눈금이 80 kPa이라면, 마노미터의 두 유체 수위 사이의 거리를 구하라. (*a*) 만약 유체가 수은(ρ = 13,600 kg/m^3)일 경우 또는 (*b*) 물(ρ = 1000 kg/m^3)일 경우

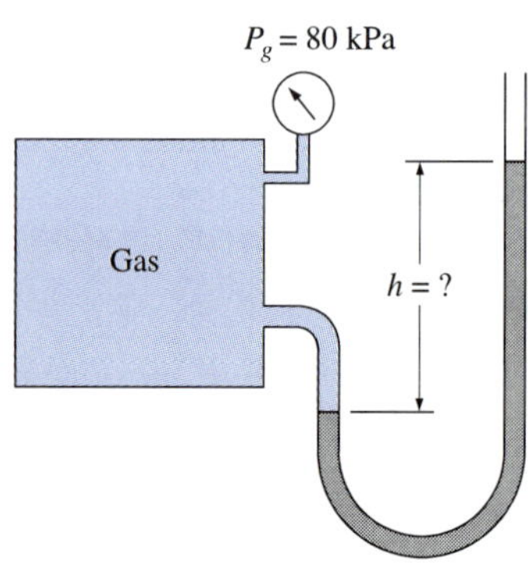

그림 P3-26

3-27 문제 3-26를 다시 고려하라. EES(또는 다른) 소프트웨어를 이용하여, 800에서 13,000 kg/m^3의 범위에서 마노미터 유체 밀도가 마노미터의 유체 높이 차이에 미치는 영향을 조사하라. 밀도에 따른 유체 높이 차를 도시하고, 그 결과를 논의하라.

3-28 오일(ρ = 850 kg/m^3)을 담고 있는 마노미터가 공기가 채워져 있는 탱크에 부착되어 있다. 만약 두 기둥 사이의 오일 수위의 차이가 45 cm이고 대기압이 98 kPa라면, 탱크 내 공기의 절대압을 구하라.

답: 101.75 kPa

3-29 수은 마노미터(ρ = 13,600 kg/m^3)가 내부 압력을 측정키 위해 공기 덕트에 연결되어 있다. 마노미터의 수위 차이는 15 mm이고, 대기압은 100 kPa이다. (*a*) 그림 P3-29로부터 판단할 때, 덕트 내의 압력이 대기압보다 높은지 혹은 낮은지를 결정하라. (*b*) 덕트 내의 절대압을 구하라.

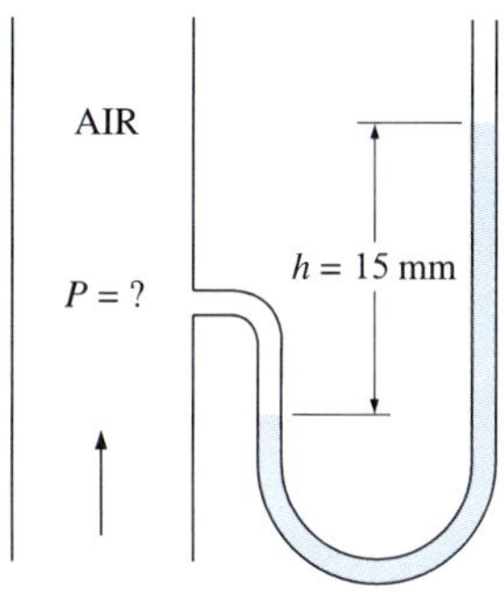

그림 P3-29

3-30 수은의 높이 차가 30 mm일 경우, 문제 3-29를 반복하라.

3-31 혈압은 보통 심장의 높이에 놓인 사람의 팔 위쪽에 압력계가 장착된 공기를 채운 폐쇄식 재킷을 둘둘 말아 감싸줌으로써 측정된다. 수은 마노미터와 청진기를 이용하여, 심장 수축압력(심장이 수축할 때의 최대 압력)과 심장 확장압력(심장이 쉴 때의 최소 압력)은 mmHg 단위로 측정된다. 건강한 사람의 심장 수축압력과 심장 확장압력은 각각 약 120 mmHg와 80 mmHg이며, 이들은 120/80으로 표시된다. 이 두 계기 압력들을 kPa, psi, mH_2O 단위로 표현하라.

3-32 건강한 사람의 팔 위쪽에서 최대 혈압은 약 120 mmHg이다. 만약 대기 중에 개방된 수직 관이 그 사람의 팔 안의 정맥에 연결되어 있다면, 관 속 혈액이 얼마나 높이 상승하는지를 결정하라. 혈액의 밀도는 1050 kg/m^3으로 취하라.

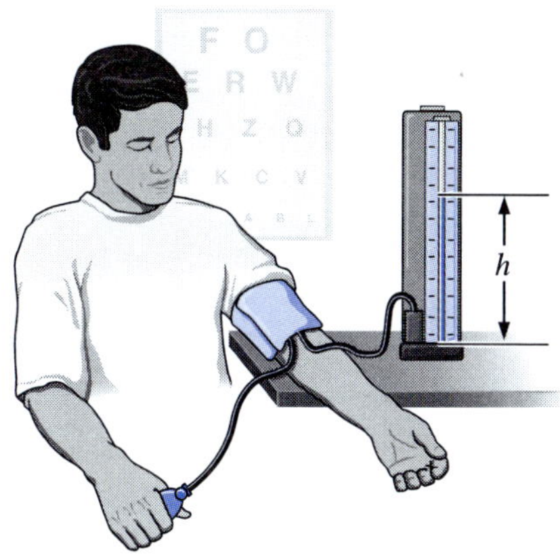

그림 P3-32

3-33 수영장 속에 완전히 잠겨 있는 상태로 물속에 수직으로 서 있는 키가 1.8 m인 사람을 고려하라. 이 사람의 머리와 발가락에 작용하는 압력 차이를 kPa 단위로 결정하라.

3-34 양쪽이 대기 중에 개방된 U관을 고려하라. 지금 U관의 한 쪽에 물을, 그리고 다른 한 쪽에는 경유를(ρ = 790 kg/m^3) 부어 넣는다. 한 쪽 팔에는 70 cm 높이의 물이 담겨있고, 다른 한 쪽 팔에는 두 가지 유체가 물에 대한 기름의 높이 비가 6으로 담겨 있다. 두 가지 유체가 있는 쪽 팔에서 각 유체의 높이를 결정하라.

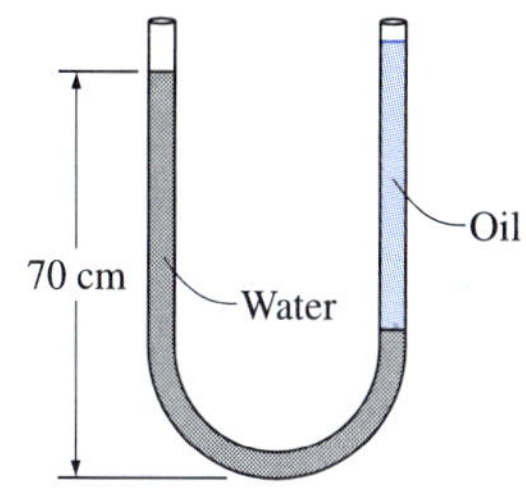

그림 P3-34

3-35 자동차 정비소에서 유압 리프트는 출력측 직경이 30 cm이고, 2000 kg까지의 자동차를 들어 올릴 수 있다. 저장조 내에 유지되어야만 하는 유체의 계기 압력을 결정하라.

3-36 그림 P3-36에 보인 바와 같이, 담수와 해수가 흐르는 평행 수평 배관이 이중 U관에 의해 서로 연결된다. 두 배관 사이의 압력 차를 구하라. 이 위치에서 해수의 밀도는 ρ = 1035 kg/m^3로 취하라. 이 해석에서 공기 기둥은 무시할 수 있는가?

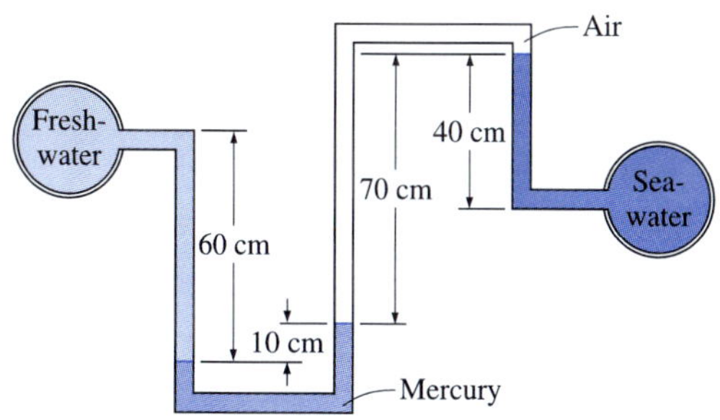

그림 P3-36

3-37 문제 3-36에서 공기를 비중이 0.72인 오일로 대체하여 다시 풀라.

3-38E 국소 대기압이 14.2 psia인 곳에서, 천연 가스 배관 내의 압력을 대기 중에 한 쪽 팔이 개방된 그림 P3-38E에 보인 마노미터로 측정한다. 배관 내의 절대 압력을 구하라.

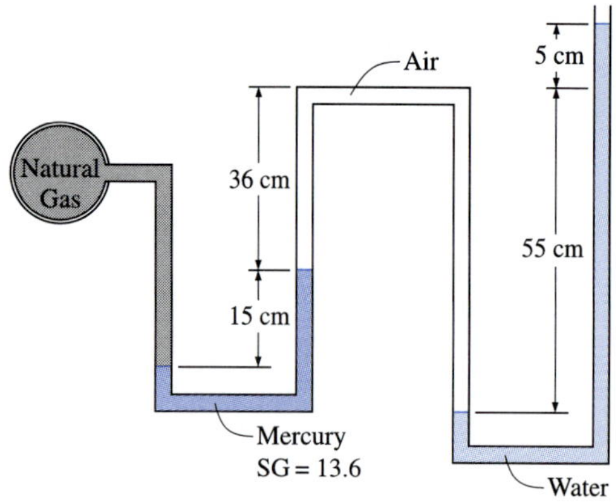

그림 P3-38E

3-39E 문제 3-38E에서 공기를 비중이 0.69인 오일로 대체하여 다시 풀라.

3-40 그림 P3-40에 보인 탱크 내의 공기의 계기 압력이 65 kPa로 측정된다. 수은 기둥의 높이 차이 h를 구하라.

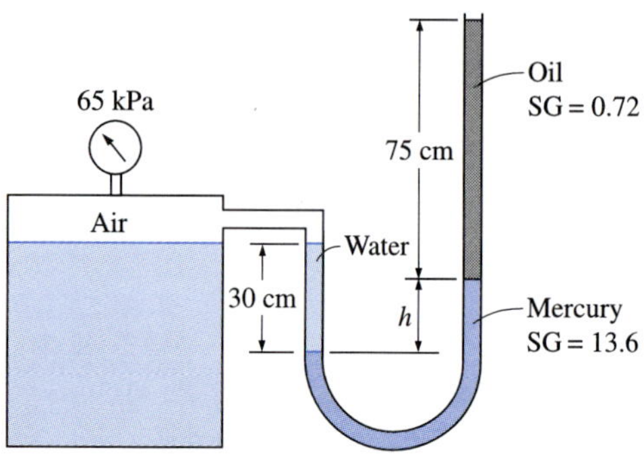

그림 P3-40

3-41 계기 압력이 45 kPa일 경우, 문제 3-40을 반복하라.

3-42 그림 P3-42에 보인 바와 같이, 물탱크의 위 부분이 두 구역으로 나눠져 있다. 지금 밀도를 알 수 없는 유체가 한 쪽으로 주입되고, 이 효과를 보상하기 위해 다른 한 쪽에서 물의 수위가 어느 정도 상승한다. 그림에서 보인 최종 유체 높이를 기준으로, 추가된 유체의 밀도를 구하라. 이 액체는 물과 혼합되지 않는다고 가정하라.

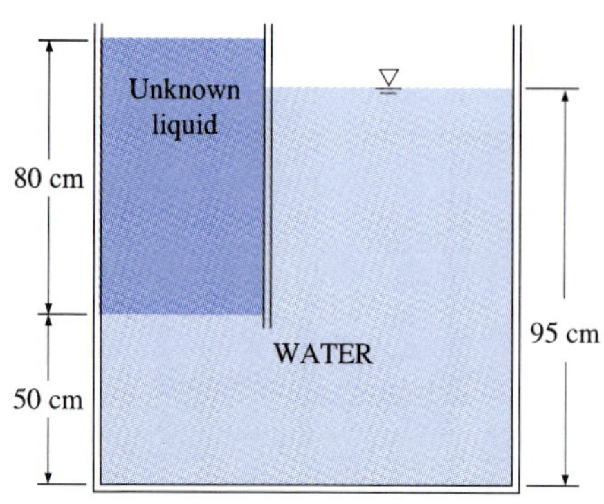

그림 P3-42

3-43 그림 P3-43에 보인 유압 리프트 위에 500 kg의 하중이, 얇은 관 안에 기름(ρ = 780 kg/m^3)을 주입함으로써 들어 올려진다. 하중을 들어올리기 시작하기 위하여 h가 얼마나 높아야 하는지 결정하라.

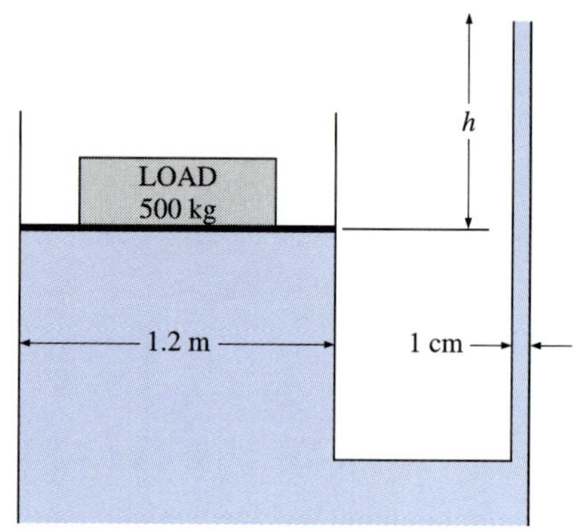

그림 P3-43

3-44E 두 개의 기름 탱크가 마노미터를 통해 서로 연결된다. 만약 두 팔 내의 수은 수위의 차이가 32 in라면, 두 탱크 사이의 압력 차를 구하라. 기름과 수은의 밀도는 각각 45 lbm/ft^3 및 848 lbm/ft^{3}이다.

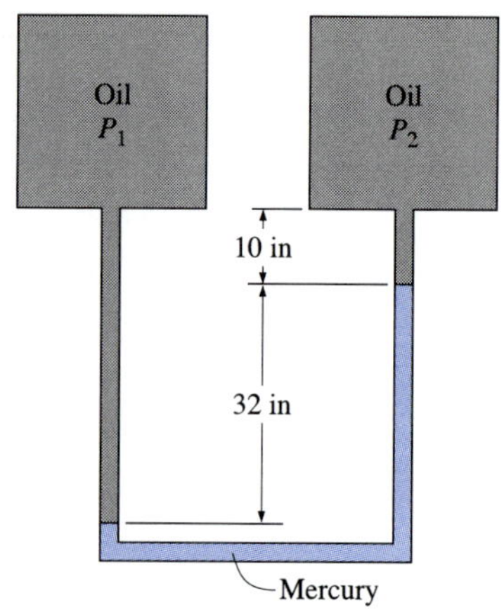

그림 P3-44E

3-45 압력은 종종 액주의 높이로 주어지고 "압력 수두"로 표현된다. 표준 대기압을 (*a*) 수은(SG = 13.6), (*b*) 물(SG = 1.0), 그리고 (*c*) 글리세린(SG = 1.26) 기둥의 높이로 표현하라. 왜 마노미터에서 통상적으로 수은을 사용하는지 설명하라.

3-46 한 가지 간단한 실험이 어떻게 부압(negative pressure)이 거꾸로 놓은 유리잔으로부터 물이 쏟아지는 것을 방지하는가를 설명하기 위해 오랫동안 이용되어 오고 있다. 그림 P3-46에 보인 바와 같이, 물로 가득 채워지고 얇은 종이로 덮인 유리잔이 뒤집

어진다. 유리잔 바닥에서의 압력을 결정하고, 물이 왜 흘러내리지 않는지를 설명하라.

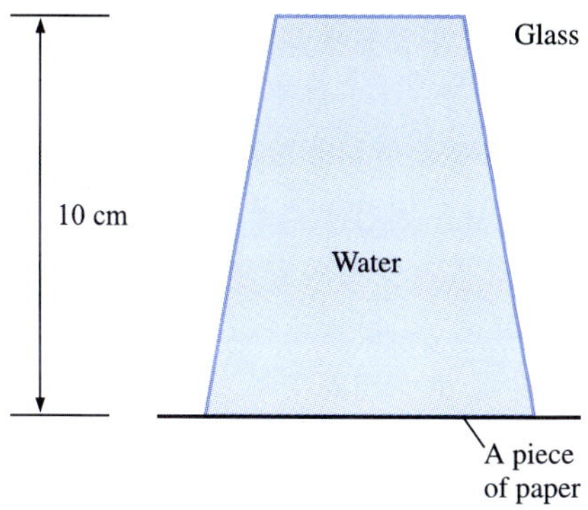

그림 P3-46

3-47 그림 P3-47에 보인 바와 같이, 하부에 동일한 유체를 갖는 두 개의 방이 무게가 25 N인 피스톤에 의해 분리되어 있다. 방 A 및 B의 계기 압력을 계산하라.

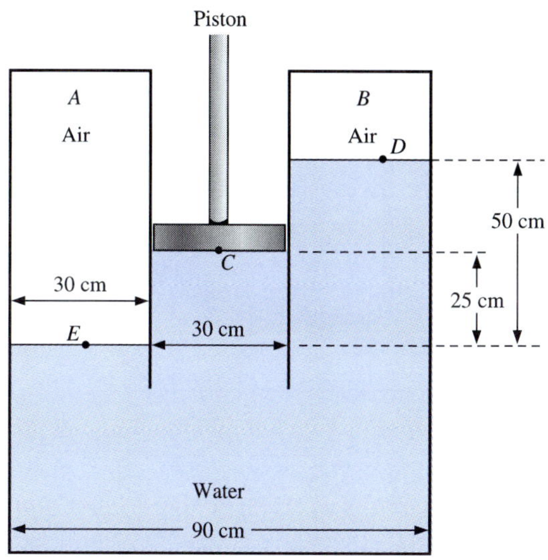

그림 P3-47

3-48 그림 P3-48과 같이 공기 파이프에 부착된 이중-유체 마노미터를 고려하라. 만약 한 쪽 유체의 비중이 13.55라면, 그림에 표시된 공기의 절대 압력에 대하여 다른 한 쪽의 유체 비중을 결정하라. 대기압은 100 kPa로 취하라.

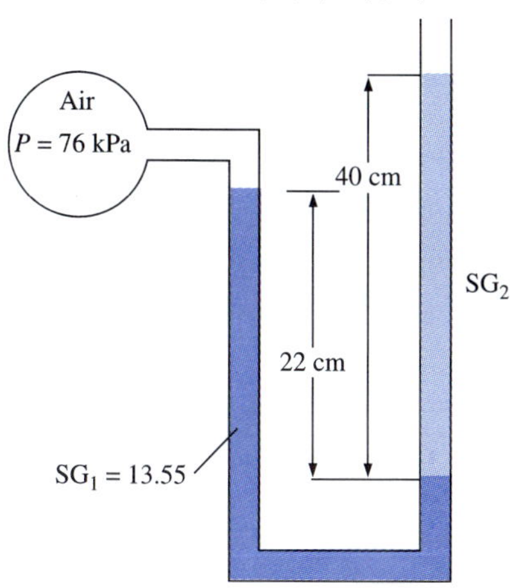

그림 P3-48

답: 1.34

3-49 그림 P3-49와 같이 오일 파이프와 물 파이프 사이의 압력 차이가 이중-유체 마노미터로 측정된다. 주어진 유체의 높이와 비중에 대해, 압력 차 $\Delta P = P_B - P_A$를 계산하라.

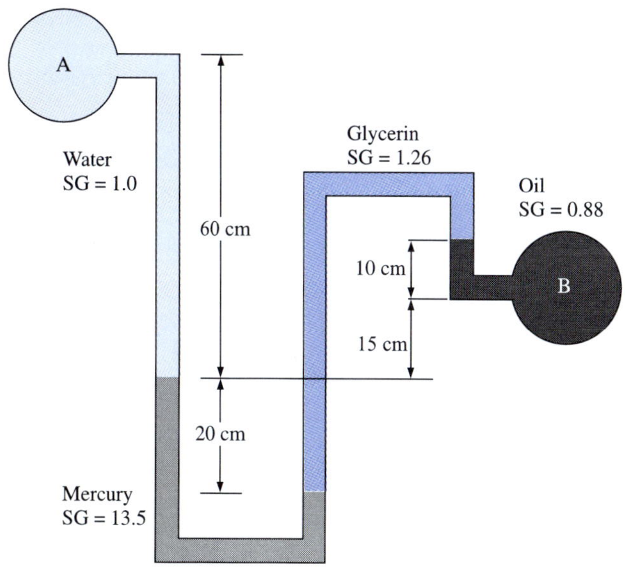

그림 P3-49

3-50 그림 P3-50에 보인 시스템을 고려하라. 소금물 파이프의 압력이 일정하게 유지될 동안, 공기 압력이 0.7 kPa 변함에 따라 오른쪽 기둥에서 소금물-수은 계면이 5 mm 하강하게 된다면, A_2/A_1의 비율을 구하라.

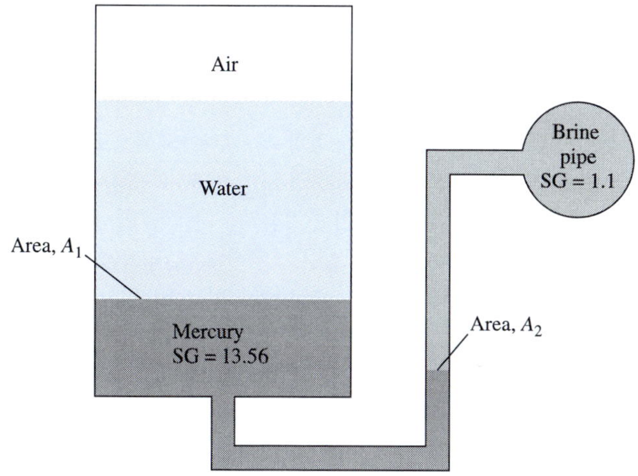

그림 P3-50

3-51 그림 P3-51과 같이, 두 개의 물탱크가 경사관을 가진 수은 마노미터를 통해 서로 연결된다. 만약 두 탱크 사이의 압력 차가 20 kPa라면, a와 θ를 계산하라.

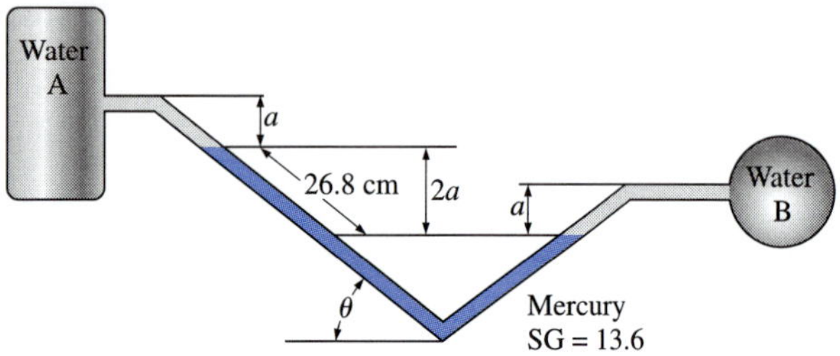

그림 P3-51

3-52 그림 P3-52에 보인 바와 같이, 다중유체 용기가 U관에 연결되어 있다. 주어진 비중과 유체 기둥 높이에 대해, *A*에서의 계기 압력을 결정하라. 또한 *A*에서 동일한 압력을 발생시킬 수은 기둥의 높이를 결정하라.

답: 0.471 kPa, 0.353 cm

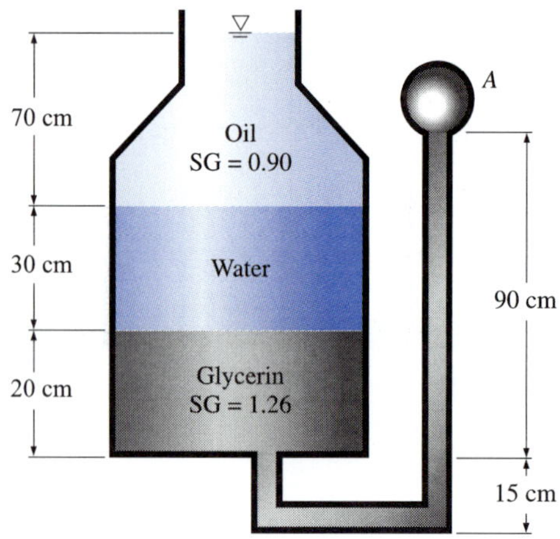

그림 P3-52

유체 정역학: 평면과 곡면 위의 정수력

3-53C 잠겨 있는 표면 위에 작용하는 합력, 그리고 압력중심을 정의하라.

3-54C 어떤 사람이 주장하기를 만약 그가 자유표면으로부터 표면의 도심까지의 수직 거리와 표면적을 안다면, 모양이나 방향과 상관없이 물속에 잠겨 있는 평면에 작용하는 정수력의 크기를 결정할 수 있다고 한다. 이것이 유효한 주장일까? 설명하라.

3-55C 물속에 잠겨 있는 수평 평판이 평판의 위 표면의 도심에 부착된 줄에 의해 매달려 있다. 지금 그 판이 도심을 통과하는 축에 대해 45° 회전된다. 이 회전의 결과로서 이 판의 위 표면 위에 작용하는 정수력의 변화를 논의하라. 판은 항상 잠겨 있는 상태로 유지된다고 가정하라.

3-56C 댐은 바닥에서 훨씬 두꺼운 것을 알고 있다. 왜 댐들을 그런 식으로 건설하는지 설명하라.

3-57C 잠겨 있는 곡면을 고려하라. 이 표면 위에 작용하는 정수력의 수평 성분을 어떻게 결정하는지 설명하라.

3-58C 잠겨 있는 곡면을 고려하라. 이 표면 위에 작용하는 정수력의 수직 성분을 어떻게 결정하는지 설명하라.

3-59C 밀도가 일정한 액체에 의한 정수력을 받는 원형 면을 고려하라. 만약 합성 정수력의 수평 및 수직 성분의 크기가 결정된다면, 이 힘의 작용선을 어떻게 찾아내는지를 설명하라.

3-60 평평한 바닥을 가진 호수의 물속에 잠겨 있는 무거운 차를 고려하라. 차의 운전석 쪽의 문은 높이가 1.1 m이고 폭이 0.9 m이며, 문의 위쪽 가장자리는 수면으로부터 8 m 아래에 있다. 만약 (*a*) 차가 방수가 잘 되어있고 차 속은 대기압 하의 공기가 차 있을 경우와 (*b*) 차가 물로 차 있을 경우, 문에 작용하는(문의 표면에 수직한) 순수 힘과 압력중심의 위치를 계산하라.

3-61E 그림 P3-61E에 보인 바와 같이, 점 *A*에 경첩이 달려있고 반경이 2 ft인 긴 실린더가 자동문으로 이용된다. 물의 수위가 15 ft에 도달할 때, 원통형 문은 점 *A*에서 경첩에 대해 회전함으로써 열린다. (*a*) 실린더에 작용하는 정수력과 문이 열릴 때 힘의 작용선 그리고 (*b*) 실린더의 단위 ft 길이당 실린더의 무게를 결정하라.

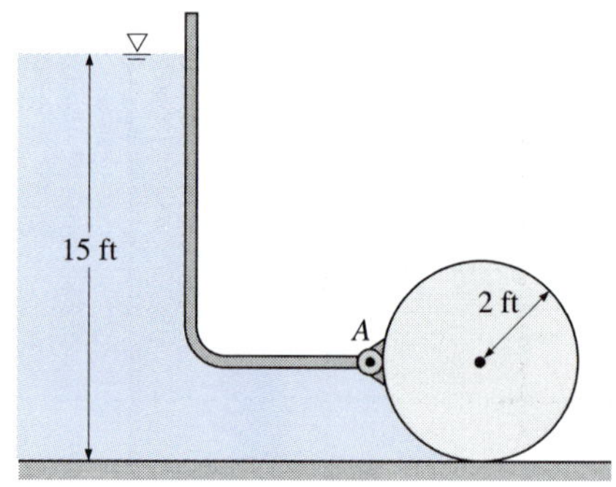

그림 P3-61E

3-62 길이가 4 m, 폭이 4 m 그리고 높이가 1.5 m인 물이 가장자리까지 차 있는 지상 수영장을 고려하라. (*a*) 각 벽에 작용하는 정수력과 지상으로부터 이 힘의 작용선의 거리를 결정하라. (*b*) 만약 수영장의 벽 높이가 두 배가 되어 물이 가득 찬다면, 각 벽에 작용하는 정수력은 두 배가 될까 혹은 네 배가 될까? 그 이유는?

답: (a) 44.1 kN

3-63E 높이가 200 ft이고, 폭이 1200 ft인 댐이 그 용량까지 채워져 있을 경우를 고려하라. (*a*) 댐에 작용하는 정수력과 (*b*) 댐의 꼭대기 부근과 바닥 부근의 단위 면적 당 힘을 결정하라.

3-64 유람선의 아래층에 있는 객실은 직경이 30 cm인 둥근 창을 가지고 있다. 만약 창의 중앙점이 수면 아래 5 m에 있다면, 창에 작용하는 정수력과 압력중심을 결정하라. 바닷물의 비중은 1.025로 취하라.

답: 3554 N, 5.001 m

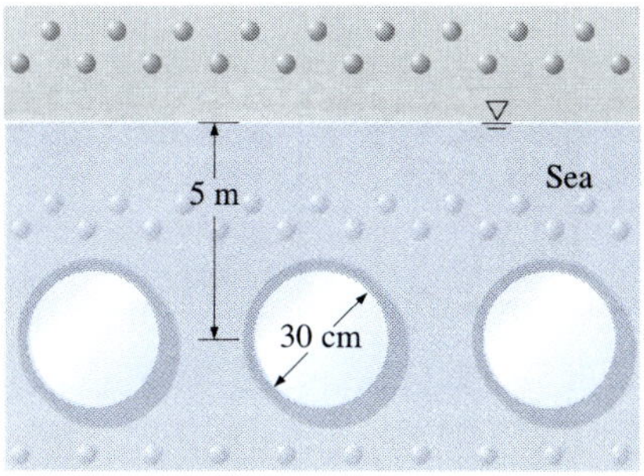

그림 P3-64

3-65 길이 100 m인 댐의 물 쪽 측벽은 반경이 10 m인 사분원이다. 댐이 가장자리까지 차 있을 때 댐에 작용하는 정수력과 그 작용선을 결정하라.

3-66 그림 P3-66에 보인 바와 같이, 높이가 5 m, 폭이 5 m인 직사각형 판이 4 m 깊이의 담수 수로의 끝을 막고 있다. 그 판은 점 *A*를 통하는 판의 위쪽 가장자리를 따라 경첩이 달려있어, 수평축에 대해 회전할 수 있도록 되어있고, 점 *B*에서 고정된 턱에 의해 열리지 않도록 구속되어 있다. 턱이 판에 미치는 힘을 결정하라.

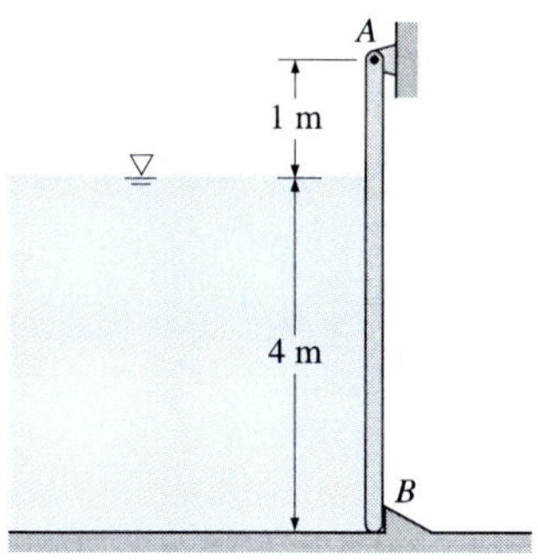

그림 P3-66

3-67 문제 3-66을 다시 고려하라. EES(또는 다른) 소프트웨어를 이용하여, 턱이 판에 미치는 힘에 대한 물 깊이의 영향을 조사하라. 물의 깊이는 0 m에서 5 m까지 0.5 m 증분으로 변하게 하라. 결과를 표로 만들고 도시하라.

3-68E 그림 P3-68E에 보인 바와 같이, 저수조로부터의 물의 유동은 점 *A*에서 경첩으로 지지되는 폭 5 ft인 L형 수문에 의해 조절된다. 만약 물의 높이가 12 ft가 될 때 수문이 열리도록 요구된다면, 요구되는 하중 *W*의 질량을 결정하라.

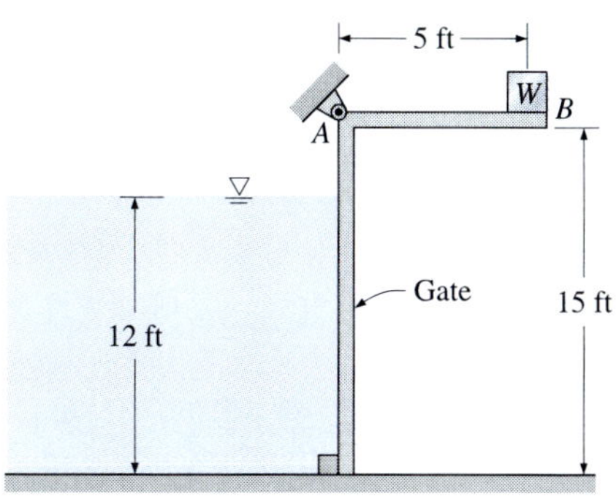

그림 P3-68E

답: 30,900 lbm

3-69E 물의 높이가 8 ft일 경우, 문제 3-68E를 반복하라.

3-70 그림 P3-70에 보인 바와 같이, 반경이 0.5 m인 반원형 단면의 물통은 바닥에서 두 개의 대칭인 부분들이 서로 경첩으로 연결되어 구성된다. 두 부분은 줄로 당겨져 일체가 되도록 지지되고 물통의 길이를 따라 매 3 m마다 죄임 나사가 설치되어 있다. 그 물통이 가장자리까지 물이 차있을 때 각 줄의 인장력을 계산하라.

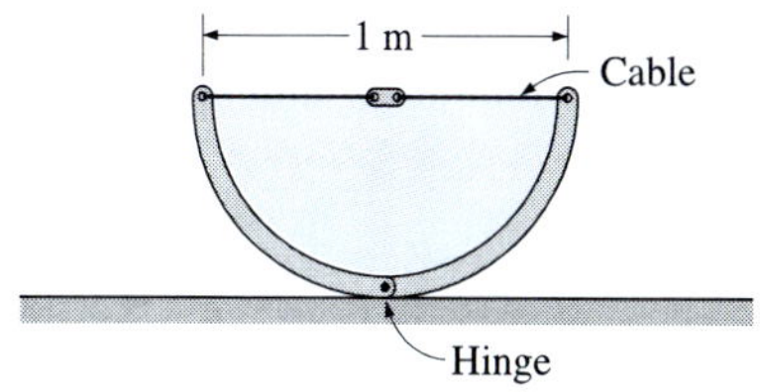

그림 P3-70

3-71 그림 P3-71에 보인 바와 같이, V형 물통의 두 측면은 두 판이 서로 만나는 바닥에서 서로 경첩으로 연결되어 있다. 여기서 양측면과 지면은 45°의 각도를 이룬다. 각각의 측면은 폭이 0.75 m이고, 두 부분은 줄로 당겨져 일체가 되도록 지지되고 물통의 길이를 따라 매 6 m마다 죄임 나사가 설치되어 있다. 그 물통이 가장자리까지 물이 차있을 때 각 줄의 인장력을 계산하라.

답: 5510 N

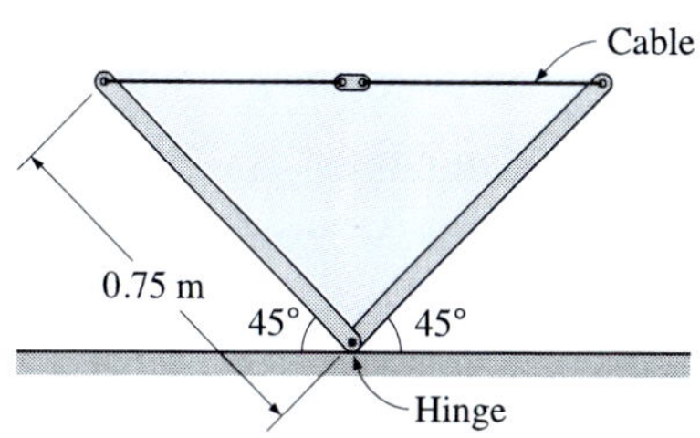

그림 P3-71

3-72 경첩 바로 위로 물 높이 0.4 m 만큼 부분적으로 차있는 물통의 경우에 대해 문제 3-71을 반복하라.

3-73 그림 P3-73에 보인 바와 같이, 높이가 0.8 m, 폭이 0.2 m인 사각형 콘크리트 블록(ρ = 2700 kg/m^3)을 나란히 설치함으로써, 진흙탕을 막아주는 지지벽을 건설하고자 한다. 지면과 콘크

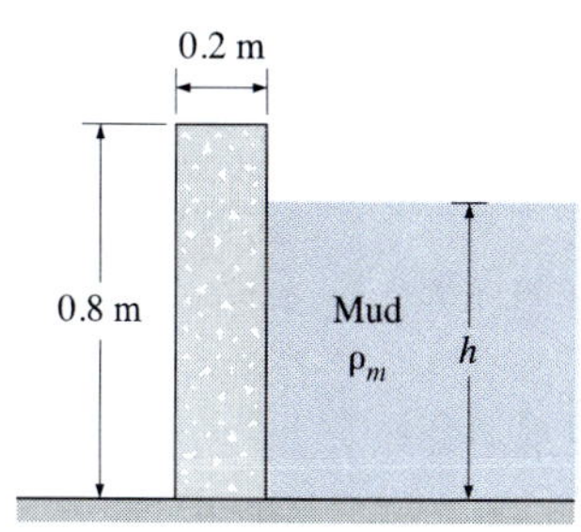

그림 P3-73

리트 블록 사이의 마찰계수는 $f = 0.3$이고, 진흙의 밀도는 약 1800 kg/m^{3}이다. 진흙의 높이가 올라감에 따라, 콘크리트 블록은 미끄러지거나 또는 아래쪽 좌측 모서리 너머로 뒤집어질 수 있다. (*a*) 블록이 마찰을 이겨내서 미끄러지기 시작할 때 그리고 (*b*) 블록이 뒤집어질 때 진흙의 높이를 결정하라.

3-74 폭이 0.4 m인 콘크리트 블록에 대해 문제 3-73을 반복하라.

3-75 그림 P3-75에 보인 바와 같이, 반경이 3 m이고 무게는 무시할 수 있는 길이 4 m인 사분원 수문이 위쪽 모서리 점 *A*에 대해 회전할 수 있도록 되어있다. 수문은 점 *B*에 있는 선반(ledge)을 넘쳐흐르는 물의 유동을 조절한다. 또한 점 *B*에서는 수문이 스프링에 의해 압박된다. 수문의 위쪽 가장자리에서 물의 높이가 점 *A*까지 상승할 때, 수문을 닫힌 채로 유지하기 위해 필요한 최소 스프링 힘을 결정하라.

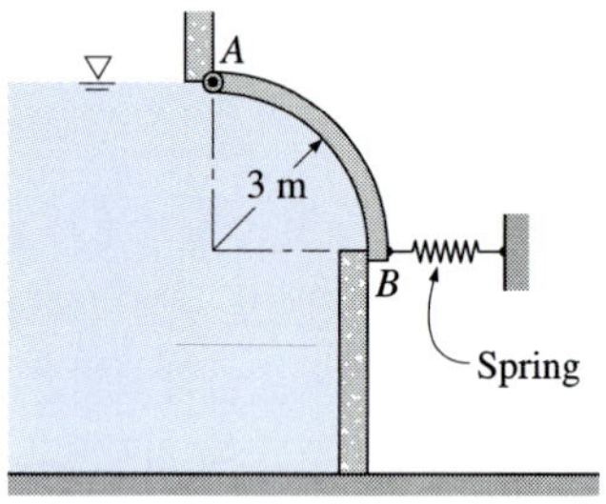

그림 P3-75

3-76 수문의 반경이 4 m인 경우에 대해 문제 3-75를 반복하라.

답: 314 kN

부력

3-77C 부력이란 무엇인가? 무엇이 부력을 초래하는가? 부피가 *V*인 잠겨 있는 물체에 작용하는 부력의 크기는 얼마인가? 부력의 방향과 작용선은 어떠한가?

3-78C 서로 다른 깊이의 물속에 두 개의 동일한 구형 공을 고려하자. 이들 두 공에 작용하는 부력은 같을까 혹은 다를까? 설명하라.

3-79C 하나는 알루미늄으로, 다른 하나는 철로 만들어진 직경이 5-cm인 두 개의 둥근 공이 물속에 잠겨 있는 경우를 고려하라. 이들 두 공에 작용하는 부력이 같을까 또는 다를까? 설명하라.

3-80C 액체에 잠겨 있는 3 kg의 구리 정육면체와 3 kg의 구리 공을 고려하라. 이들 두 물체에 작용하는 부력이 같을까 또는 다를까? 설명하라.

3-81C 무게중심이 부력중심보다 위에 있는 (*a*) 잠겨 있는 물체와 (*b*) 떠 있는 물체의 안정성을 논하라.

3-82 직경이 1 cm인 눈금이 완전히 닳아 없어진 낡은 원통형 비중계로 액체의 밀도를 측정하려고 한다. 그 비중계를 우선 물속에 넣고, 그 때의 물의 수위를 표시한다. 그 다음 비중계를 다른 액체에 담그니, 물에 대한 수위 표시가 액체-공기 계면 위로 0.5 cm 상승한 것으로 관찰된다(그림 P3-82). 만약 물에 대한 수위 표시의 높이가 10 cm라면, 액체의 밀도를 구하라.

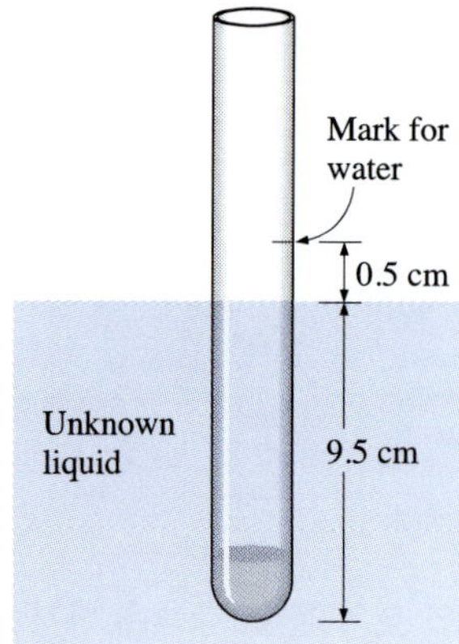

그림 P3-82

3-83E 물속의 건설 프로젝트를 위해 무게 추를 호수 속으로 내릴 목적으로 기중기가 이용된다. 직경이 3 ft인 구형 강철 블록(밀도 = 494 lbm/ft^3)에 의한 기중기 로프의 인장력을 (*a*) 공기 중에 매달려 있을 때 및 (*b*) 물속에 완전히 잠겨 있을 때에 대하여 결정하라.

3-84 불규칙하게 생긴 물체의 부피와 평균 밀도가 용수철 저울을 이용해 결정된다. 그 물체의 무게는 공기 중에서 7200 N이고 물속에서 4790 N이다. 그 물체의 부피와 밀도를 결정하라. 이용된 가정들을 기술하라.

3-85 바닷물에 떠 있는 큰 정육면체 얼음 덩어리를 고려하라. 얼음과 바닷물의 비중은 각각 0.92 및 1.025이다. 만약 얼음 덩어리의 높이 10 cm 부분이 물의 표면 위로 나와 있다면, 표면 아래의 얼음 덩어리의 높이를 구하라.

답: 87.6 cm

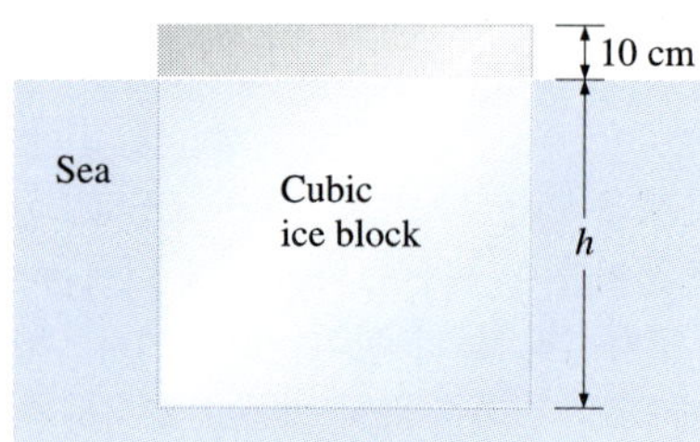

그림 P3-85

3-86 170 kg인 화강암(ρ = 2700 kg/m^3)이 호수 속으로 던져진다. 한 사람이 그 돌을 건져내려고 잠수한다. 그 사람이 호수 바닥으로부터 돌을 들어올리는 데 필요한 힘은 얼마인지 구하라. 그가 할 수 있다고 생각하는가?

3-87 Archimedes가 Hiero 왕의 왕관이 정말로 순금으로 만들어졌는지 여부를 어떻게 알아낼 수 있을까 생각하면서 목욕하는 중에 원리를 발견했다고 알려져 있다. 욕조에 들어가 있는 동안에, 그는 물체의 무게를 공기 중에서와 물속에서 달아봄으로써 불규칙하게 생긴 물체의 평균 밀도를 결정할 수 있다는 생각을 품었다. 만약 왕관의 무게가 공기 중에서 3.20 kgf(= 31.4 N)이

고 물속에서 2.95 kgf(= 28.9 N)이었다면, 그 왕관이 순금이었는지의 여부를 결정하라. 금의 밀도는 19,300 kg/m^{3}이다. 물속에서 왕관의 무게를 달아보지 않고, 그 대신에 체적에 대해 보정이 되어있지 않은 평범한 버킷을 이용해 이 문제를 풀 수 있는가에 대해 논의하라. 공기 중에서는 모든 것의 무게를 달아볼 수 있다.

3-88 몸매 가꾸기 프로그램에서 일반적인 절차 중의 하나는 몸의 지방 대 근육 비를 결정하는 것이다. 이는 근육 조직이 지방 조직보다 밀도가 더 조밀하다는 원리에 기초하고, 따라서 몸의 평균 밀도가 높을수록 근육 조직의 비율도 높아진다. 몸의 평균 밀도는 사람의 무게를 공기 중에서와 탱크 속에서 물에 잠긴 상태에서 달아봄으로써 결정될 수 있다. 모든 조직과 뼈(지방이 아닌 모든 것)를 등가 밀도가 ρ_{muscle}인 근육으로 간주하여, 체지방의 체적 비 x_{fat}에 대한 관계식을 구하라.

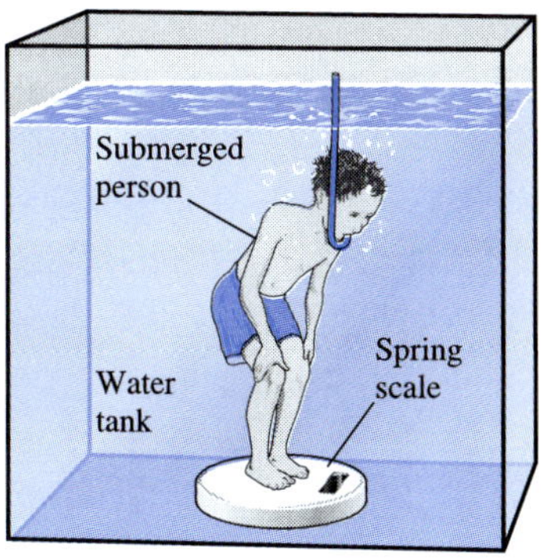

그림 P3-88

답: $x_{fat} = (\rho_{muscle} - \rho_{ave})/(\rho_{muscle} - \rho_{fat})$

3-89 보트의 선체는 150 m^{3}의 체적을 갖고 있으며, 그 보트의 총 질량은 비어있을 때 8560 kg이다. 이 보트가 가라앉지 않고 (*a*) 호수에서 그리고 (*b*) 비중이 1.03인 바닷물에서 얼마의 하중을 운반할 수 있는지를 계산하라.

복습 문제

3-90 공기조화 시스템을 위해 직경이 15 cm인 덕트의 길이 20 m 구간을 물밑에 설치해야 한다. 물이 덕트에 미칠 상향력을 결정하라. 공기와 물의 밀도는 각각 1.3 kg/m^3, 1000 kg/m^{3}으로 취하라.

3-91 열기구는 종종 헬륨 가스로 채워지는데, 이는 헬륨이 동일한 조건에서 공기 무게의 단지 7 분의 1의 무게밖에 나가지 않기 때문이다. $F_b = \rho_{air} g V_{balloon}$으로 표현될 수 있는 부력은 열기구를 위쪽으로 밀어 올리게 된다. 만약 열기구가 직경이 10 m이고, 체중이 각각 70 kg인 두 사람을 태운다면, 열기구가 최초로 풀려질 때 그 가속도를 결정하라. 공기의 밀도는 $\rho = 1.16$ kg/m^{3}으로 가정하고, 로프와 운전실(cage)의 무게는 무시하라.

답: 16.5 m/s^2

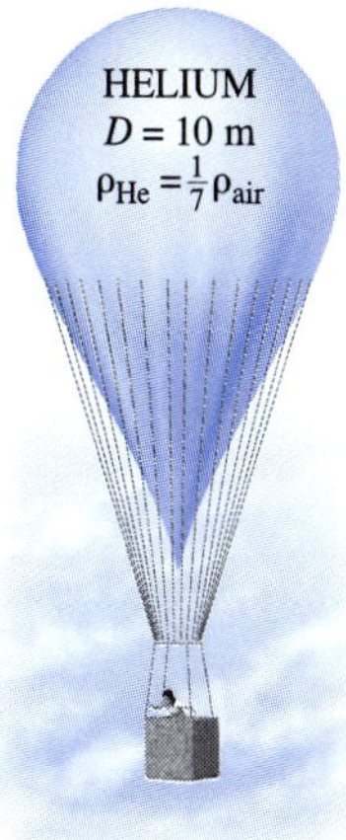

그림 P3-91

3-92 문제 3-91을 다시 고려하라. EES(또는 다른) 소프트웨어를 이용하여, 열기구에 타고 있는 사람 수가 가속도에 미치는 영향을 조사하라. 가속도를 사람 수에 대해 도시하고, 그 결과를 논의하라.

3-93 문제 3-91에서 기술된 열기구가 수송할 수 있는 최대 하중을 kg 단위로 구하라.

답: 520.6 kg

3-94E 증기 보일러 내의 압력이 75 kgf/cm^{2}로 주어진다. 이 압력을 psi, kPa, atm 및 bar 단위로 표현하라.

3-95 기초적인 기압계는 비행기에서 고도를 측정하는 장치로 이용될 수 있다. 지상 관제소에서 기압계 눈금이 753 mmHg로 보고할 때, 조종사의 눈금은 690 mmHg이다. 만약 평균 공기 밀도가 1.20 kg/m^{3}이라면 지상으로부터 비행기의 고도를 예측하라.

답: 714 m

3-96 수직으로 서있고, 마찰이 없는 피스톤–실린더 장치가 500 kPa에서 기체를 담고 있다. 외부의 대기압은 100 kPa이고, 피스톤의 면적은 30 cm^{2}이다. 피스톤의 질량을 결정하라.

3-97 압력 조리기는 내부 압력 및 온도를 보다 높게 유지함으로써 보통 조리기보다 훨씬 빠르게 음식을 조리할 수 있다. 압력 조리기의 뚜껑은 잘 밀폐되어 있고, 수증기는 뚜껑 중앙의 구멍만을 통해 빠져나갈 수 있다. 별도의 금속 조각인 작은 마개(petcock)가 이 구멍 위에 놓여 있어, 압력 힘이 작은 마개의 무게를 극복하기 전까지는 수증기가 빠져나가지 못하도록 억제한다. 이런 방식의 수증기의 주기적 방출은 위험할 수 있는 압력 누적을 방지하고, 내부 압력을 일정하게 유지해 준다. 작동 계기 압력이 100 kPa이고, 구멍의 단면적이 4 mm^{2}인 압력 조리기의 작은 마개의 질량을 결정하라. 대기압은 101 kPa로 가정하고, 작은 마개의 자유 물체도를 그려라.

답: 40.8 g

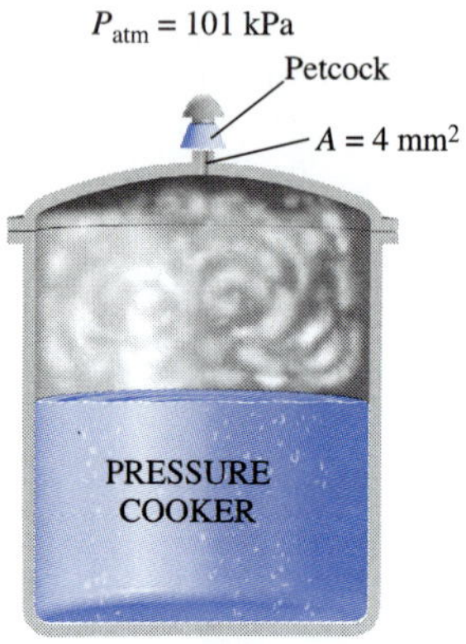

그림 P3-97

3-98 마노미터로 작은 압력 차를 측정할 때, 종종 마노미터의 한쪽 팔을 눈금 읽기의 정확도를 높이기 위해 기울인다(압력 차는 여전히 수직 거리에 비례하고, 관을 따라 실제 유체의 길이에 비례하지는 않는다). 그림 P3-98에 보인 바와 같이, 원형 덕트 내의 공기 압력이 대기 중에 노출된 팔이 수평으로부터 35° 기울어진 마노미터를 이용해 측정된다. 마노미터 내의 액체 밀도는 0.81 kg/L이고, 마노미터의 두 팔 내의 유체 수위들 간의 수직 거리 차이는 8 cm이다. 덕트 내 공기의 계기 압력과 수직 팔 내의 유체 수위보다 위쪽에 있는 경사진 팔 내의 유체 기둥의 길이를 결정하라.

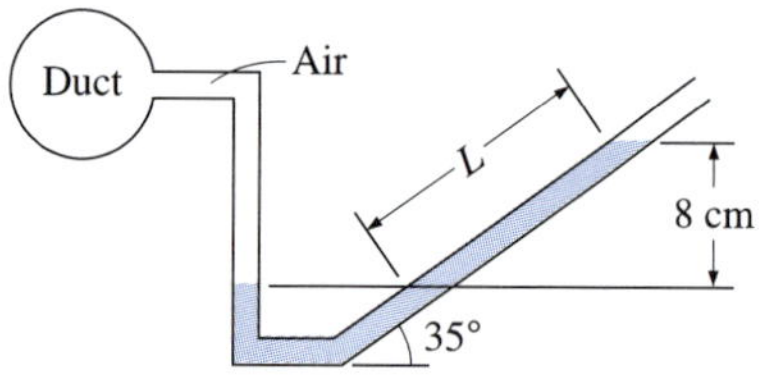

그림 P3-98

3-99E 한 쪽이 대기 중에 노출된 U관을 고려하라. 지금 동일한 부피의 물과 경유(ρ = 49.3 lbm/ft³)가 양쪽 팔로부터 주입된다. 어떤 사람이 U관의 기름 쪽으로부터 바람을 불어서 두 가지 유체의 접촉면이 U관의 바닥으로 이동하도록 하고, 따라서 양쪽 팔에서 액체들의 수위가 동일하게 된다. 만약 각각의 팔에서 유체의 높이가 30 in라면, 그 사람이 입으로 불어서 기름에 가한 계기 압력을 결정하라.

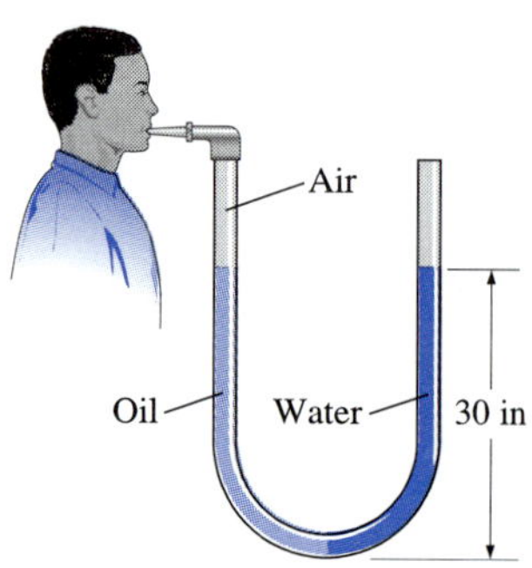

그림 P3-99E

3-100 정맥주사를 통한 주입은 보통 정맥 안의 혈압에 대항하여, 몸 안으로 유체를 강제로 넣기 위해 유체 병을 충분히 높이 매달아 놓음으로써 중력에 의해 이루어진다. 병을 높이 올릴수록, 유체의 유량은 증가한다. (*a*) 만약 병이 팔의 높이보다 1.2 m 위에 놓일 때 유체 압력과 혈압이 서로 균형을 이룬다면, 혈압을 계기 압력으로 결정하라. (*b*) 만약 충분한 유량을 위해 팔의 높이에서 유체의 계기 압력이 20 kPa가 되어야 한다면, 병을 얼마나 높이 매달아야만 하는지를 결정하라. 유체의 밀도는 1020 kg/m³으로 취하라.

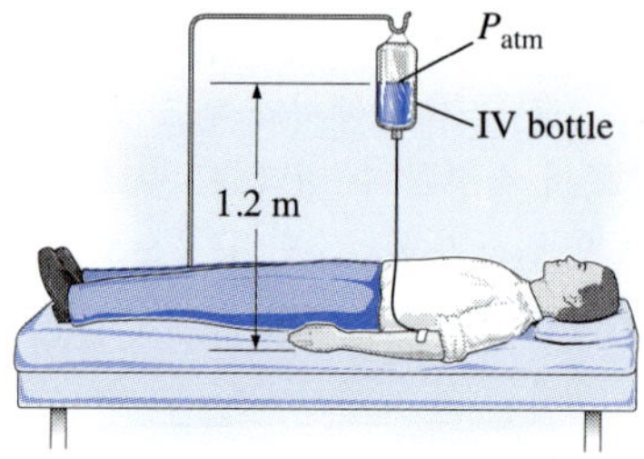

그림 P3-100

3-101E 그림 P3-101E에 보인 바와 같이, 물 배관이 국소 대기압이 14.2 psia 인 지역에서 이중-U 이중 마노미터에 연결되어 있다.관의 중심에서 절대 압력을 결정하라

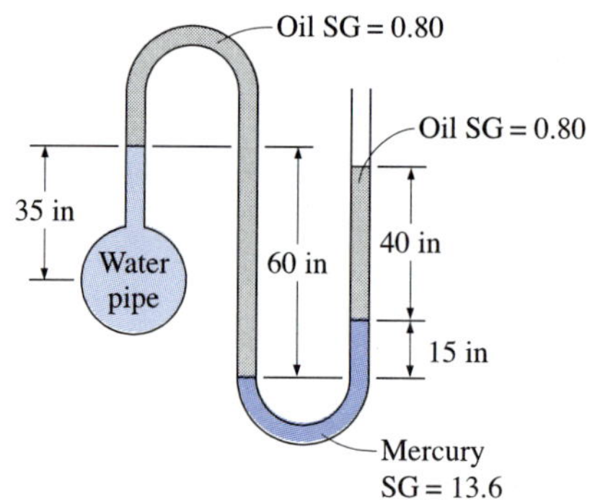

그림 P3-101E

3-102 파이프를 통해 흐르는 물의 압력이 그림 P3-102에 보인 장치에 의해 측정된다. 주어진 값에 대해, 파이프 내의 압력을 계

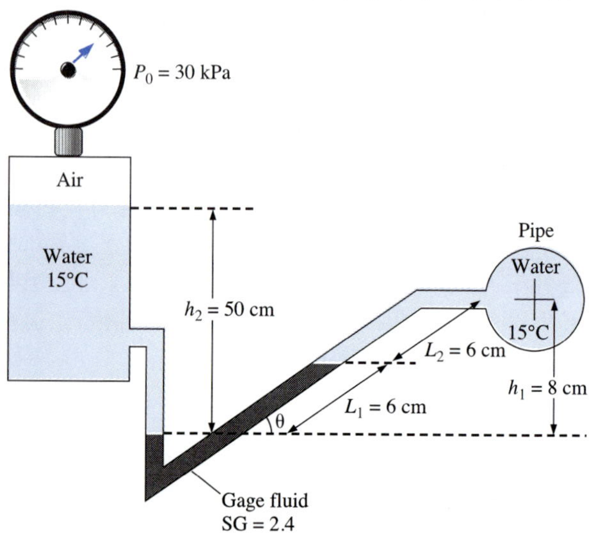

그림 P3-102

산하라.

3-103 압력 변환기는 적용된 압력에 반응하여 아날로그 신호를 보통 4 mA에서 20 mA의 범위 내에 또는 0 V-dc에서 10 V-dc의 범위 내에서 발생시킴으로써 압력을 측정하는 데 통상적으로 사용된다. 그림 P3-103에 보인 개요도와 같은 시스템은 압력 변환기를 보정하는 데 사용될 수 있다. 강체 용기는 가압된 공기로 채워져 있고, 압력은 부착된 마노미터로 측정된다. 밸브가 용기 내의 압력을 조절하기 위해 사용된다. 압력과 전기 신호는 다양한 설정에 대해 동시에 측정되고, 그 결과가 표로 만들어진다. 주어진 측정 자료에 대해, 보정 곡선을 $P = aI + b$ 형태로 구하고, 10 mA의 신호에 상응하는 압력을 계산하라. 여기서 a와 b는 상수이다.

Δh, mm	28.0	181.5	297.8	413.1	765.9
I, mA	4.21	5.78	6.97	8.15	11.76

Δh, mm	1027	1149	1362	1458	1536
I, mA	14.43	15.68	17.86	18.84	19.64

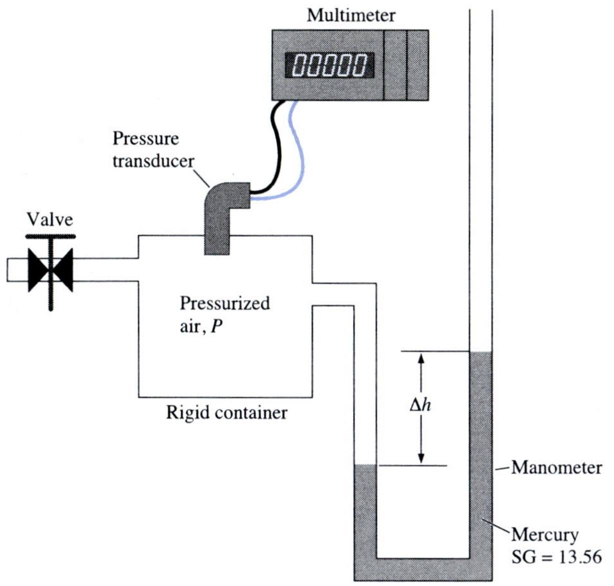

그림 P3-103

3-104 그림 P3-104에 보인 바와 같이, 오일 배관과 1.3 m³인 강체 공기 탱크가 서로 연결되어 있다. 만약 탱크가 80°C에서 15 kg의 공기를 담고 있다면, (*a*) 배관 내의 절대 압력 그리고 (*b*) 탱크 내의 온도가 20°C까지 떨어질 때 Δh의 변화를 결정하라. 오일 배관 내의 압력은 일정하게 유지되고, 마노미터 내의 공기 체적은 탱크의 체적에 비해 무시할 수 있다고 가정하라.

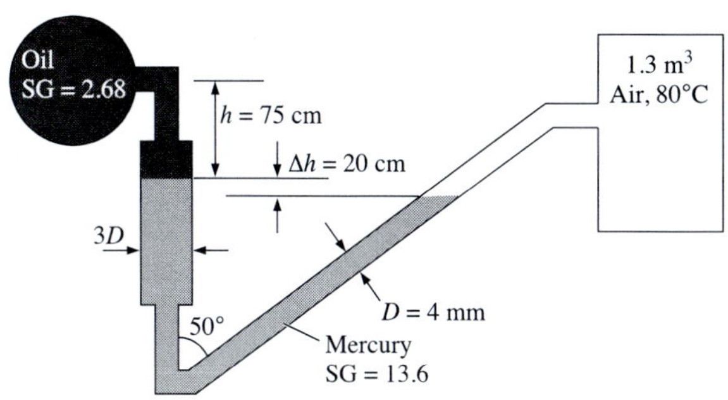

그림 P3-104

3-105 떠 있는 물체의 밀도는 물체와 추 모두가 완전히 물속에 잠길 때까지 물체에 추를 매달고, 다음으로 그들을 공기 중에서 따로 무게를 달아봄으로써 결정할 수 있다. 공기 중에서 1540 N의 무게가 나가는 통나무를 고려하라. 만약 통나무와 납이 물속에 완전히 잠기게 하기 위해 34 kg의 납(ρ = 11,300 kg/m³)이 필요하다면, 그 통나무의 평균 밀도를 구하라.

답: 835 kg/m³

3-106 그림 P3-106에 보인 바와 같이, 200 kg의 폭 5 m인 직사각형 수문이 B에서 회전할 수 있도록 되어 있고, A에서 수평과 45° 각을 이루고 있다. 수문은 그 중심에 수직력을 작용함으로써 아래 모서리로부터 열리게 되어있다. 수문을 열기 위한 최소 힘 F를 결정하라.

답: 520 kN

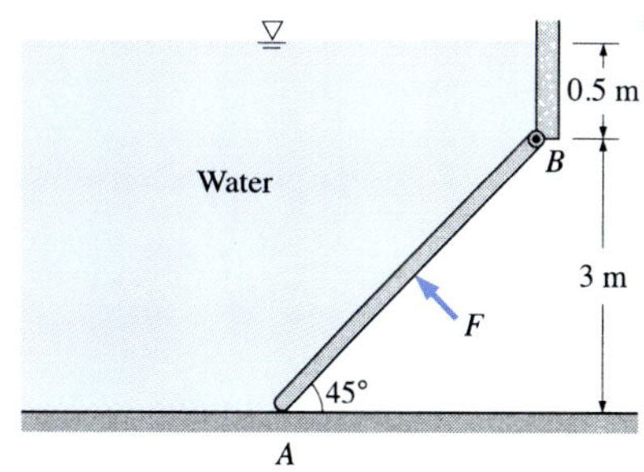

그림 P3-106

3-107 문제 3-106을 B에서 경첩 위의 물 높이가 1.2 m인 경우에 대해 반복하라.

3-108 높이가 3 m, 폭이 6 m인 직사각형 수문이 A에서 위 모서리에 경첩이 달려있고, B에서 고정된 턱에 의해 구속된다. 5 m 높이의 물에 의해 수문에 작용하는 정수력과 압력중심의 위치를 결정하라.

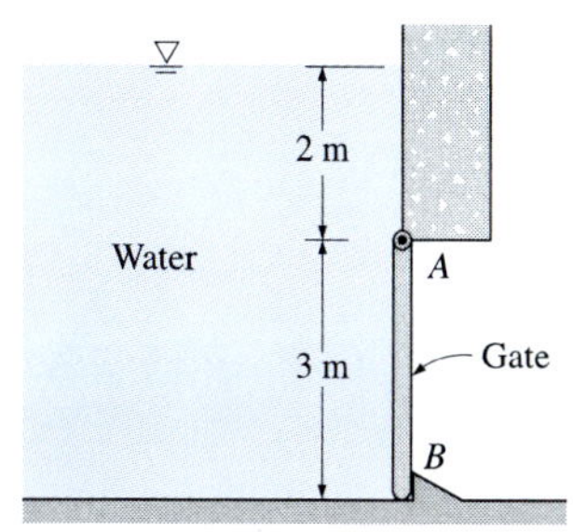

그림 P3-108

3-109 물의 높이가 총 2 m인 경우에 대해 문제 3-108을 반복하라.

3-110E 그림 P3-110E에 보인 바와 같이, 직경이 30 ft인 반원형 터널이 깊이 150 ft, 길이 800 ft인 호수 밑에 건설된다. 터널의 지붕 위에 작용하는 전체 정수력을 결정하라.

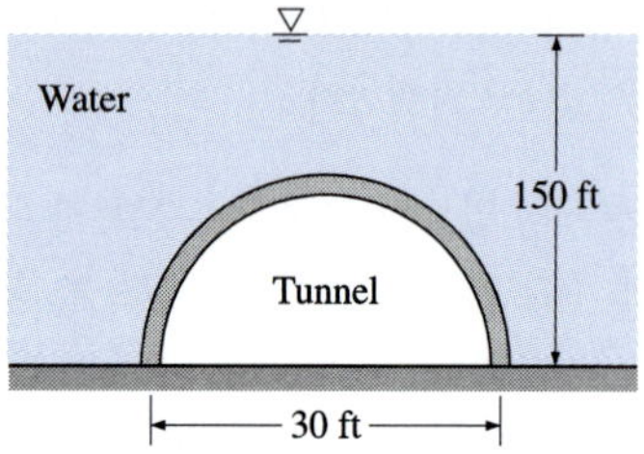

그림 P3-110E

3-111 그림 P3-111에 보인 바와 같이, 수평면 위에 무게가 50 ton이고, 직경이 6 m인 반구형 돔이 물로 채워져 있다. 어떤 사람이 주장하기를 그가 돔의 위쪽에 긴 관을 부착하고, 관을 물로 채움으로써, Pascal의 법칙을 이용하여 돔을 들어올릴 수 있다고 한다. 돔을 들어올리기 위하여 관 안의 필요한 물의 높이를 결정하라. 관과 그 속의 물 무게는 무시하라.

답: 0.77 m

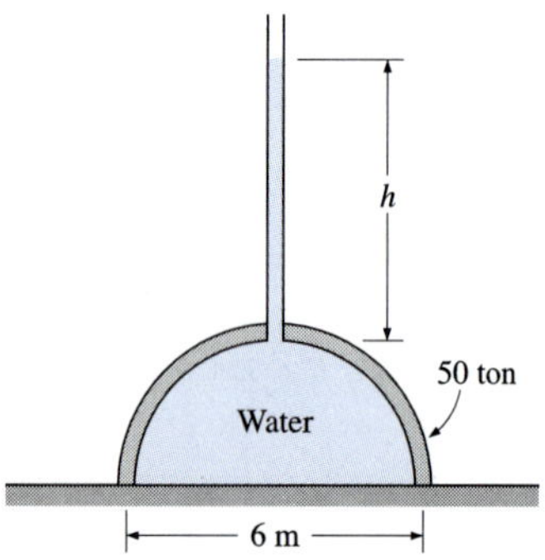

그림 P3-111

3-112 그림 P3-112에 보인 바와 같이, 깊이가 25 m인 저수지 내의 물은 정삼각형 단면을 갖고 폭이 150 m인 벽의 안쪽에 유지된다. (*a*) 벽의 안쪽 표면에 작용하는 전체 힘(정수압 + 대기압)과 그 작용선 그리고 (*b*) 이 힘의 수평 성분의 크기를 결정하라. P_{atm} = 100 kPa로 취하라.

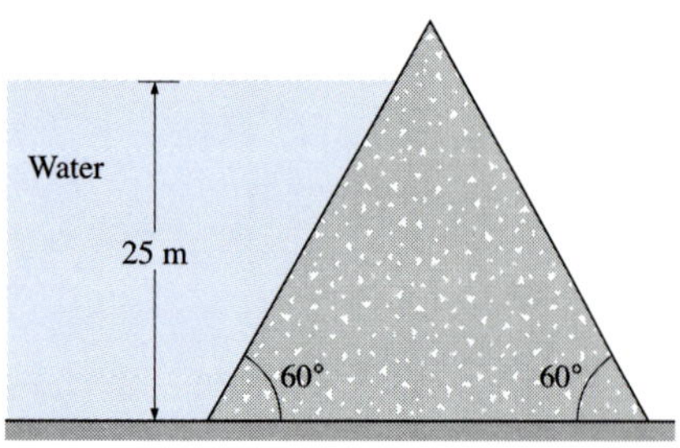

그림 P3-112

3-113 그림 P3-113에 보인 바와 같이, 직경이 30 cm인 탄성이 있는 공기 풍선이 +4°C의 물로 부분적으로 채워진 용기의 바닥에 부착되어 있다. 만약 물 위의 공기 압력이 100 kPa로부터 1.6 MPa까지 점진적으로 증가한다면, 케이블에 작용하는 힘이 변할까? 만약 그렇다면, 힘의 백분율 변화는 얼마인가? 풍선의 직경과 자유표면 위의 압력은 $P = CD^n$의 관계에 따르며, 여기서 C는 상수이고 $n = -2$라고 가정하라. 풍선과 그 안의 공기의 중량은 무시하라.

답: 98.4퍼센트

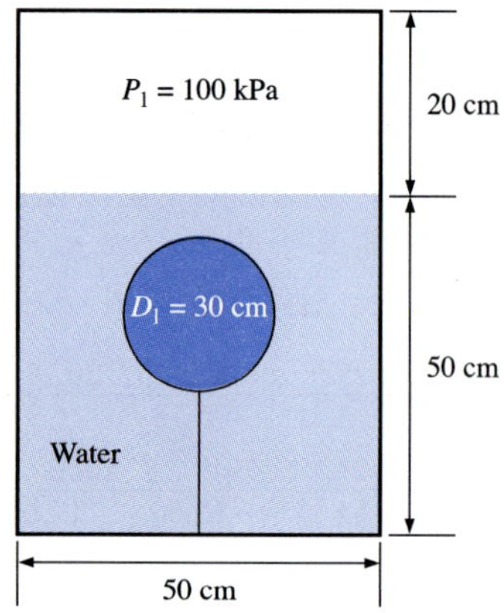

그림 P3-113

3-114 문제 3-113을 다시 고려하라. EES(또는 다른) 소프트웨어를 이용하여, 물 위의 공기 압력이 케이블 힘에 미치는 영향을 조사하라. 이 압력을 0.1 MPa에서 10 MPa까지 변하게 하라. 케이블 힘 대 공기 압력을 도시하라.

3-115 빙산의 평균 밀도는 약 917 kg/m³이다. (*a*) 밀도가 1042 kg/m³인 바닷물에 잠겨 있는 빙산의 총 체적의 백분율을 결정하라. (*b*) 빙산의 대부분이 잠겨 있지만, 이들이 뒤집어지는 것이 관찰된다. 어떻게 이런 일이 일어날 수 있는지 설명하라(힌트: 빙산과 바닷물의 온도를 고려하라).

3-116 그림 P3-116에 보인 바와 같이, 무게가 79 N인 원통형 용기가 거꾸로 뒤집은 상태로 물속으로 눌러 넣어진다. 마노미터의 높이 차 h를 결정하고, 그림에 보인 위치에 용기를 붙잡아두기 위해 필요한 힘 F를 결정하라.

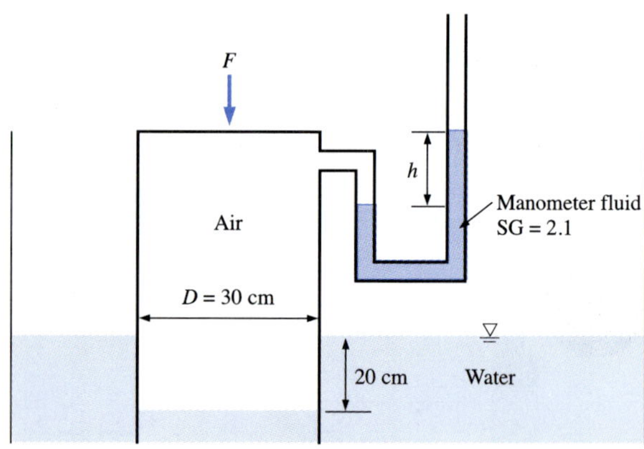

그림 P3-116

설계 및 논술 문제

3-117 체중이 80 kg까지의 사람들이 담수나 해수 위를 걸을 수 있도록 해주는 신발을 설계한다. 신발들은 공 모양, 미식 축구공 모양, 또는 프랑스 빵 모양으로 바람을 불어넣은 플라스틱으로 만들어진다. 각각의 신발의 등가 직경을 결정하고, 안정성의 관점에서 제안된 형상에 대해 의견을 제시하라. 이들 신발의 시장성을 어떻다고 평가하는가?

3-118 어떤 체적 측정 장치도 이용하지 않고, 바위의 체적을 결정하고자 한다. 방수된 용수철 저울을 이용하여 이를 어떻게 수행할 것인가 설명하라.

FLUID MECHANICS

CHAPTER 04

유체 운동학

유체운동학에서는 유체의 운동을 기술하는 방법을 다루며, 이때 그 운동을 야기하는 힘이나 모멘트를 반드시 고려할 필요는 없다. 이 장에서는 유체의 유동과 관련된 운동학적 개념을 몇 가지 소개한다. 먼저 **물질 도함수**에 대해 논의하고, 이것이 유체 유동에 관한 보존방정식들을 **Lagrange 기술방법**(**유체입자**를 추적)에서 **Euler 기술방법**(**유동장**과 관련)으로 변환할 때 어떤 역할을 하는지 살펴본다. 또한 유동장을 가시화하는 여러가지 방법들을 논의한다. 이 유동가시화 기법에는 **유선**, **유맥선**, **유적선**, **시간선** 및 **표면 유동가시화 기법** 등이 있다. 유동장의 **와도**, **회전** 및 **비회전**의 개념도 설명한다. 끝으로, 유체 유동에서 **시스템**에 관한 운동방정식을 **검사체적**에 관한 운동방정식으로 변환시키는 데 유용한 **Reynolds 수송정리(RTT)**를 설명한다.

목표

이 장을 공부하면 다음과 관련된 지식을 얻을 수 있다.

- Lagrange 기술방법과 Euler 기술방법 간의 변환에서 물질 도함수의 역할
- 여러 종류의 유동가시화 기법
- 유체의 여러 형태의 운동 및 변형
- 유동 특성인 와도를 통한 회전유동 및 비회전유동 영역에 대한 이해
- Reynolds 수송정리의 유용성에 대한 이해

위성에서 바라본 Florida 해안 부근의 허리케인. 물방울들이 공기와 함께 움직이므로, 반시계방향의 소용돌이를 볼 수 있다. 그러나 허리케인의 대부분은 비회전유동이고, 단지 중심(폭풍의 눈) 부분만 회전유동이다.

ⓒ *Getty RF*

4-1 ■ Lagrange와 Euler 기술방법

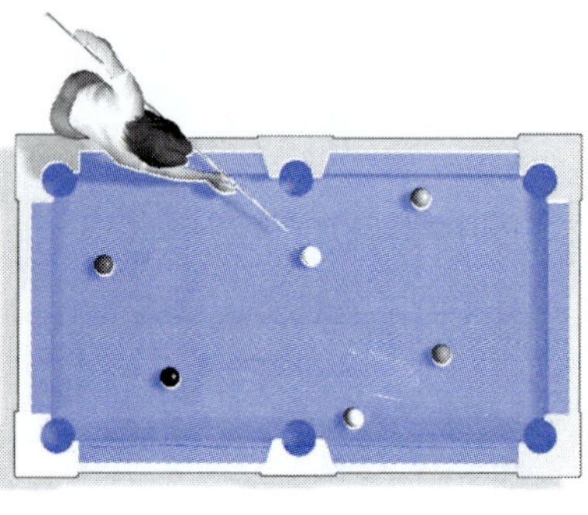

그림 4-1
당구대의 당구공처럼 대상물체의 수가 적은 경우에는, 개별 물체의 추적이 가능하다.

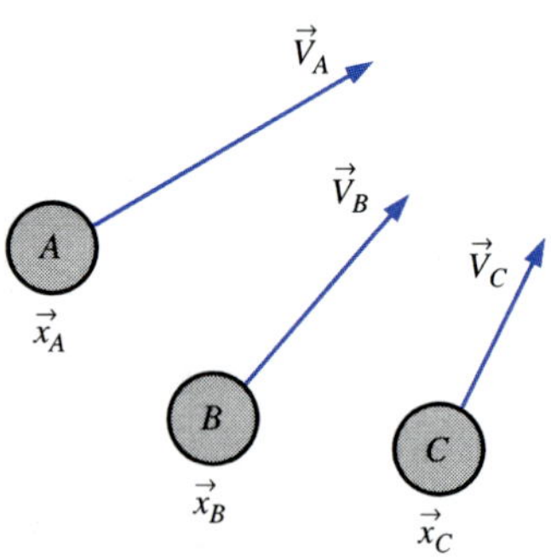

그림 4-2
Lagrange 기술방법에서는, 개별 입자의 위치 및 속도를 추적하여야만 한다.

운동학이란 운동과 관련된 학문이다. 유체동역학에서 **유체 운동학**이란 유체가 어떻게 흐르는가, 그리고 유체의 운동을 어떻게 기술할 것인가에 관한 학문이다. 기본적으로 운동을 기술하는데 있어서 두 가지 방법이 있다. 가장 친숙한 첫 번째 방법은 고등학교 물리시간에 공부한 방법, 즉, 각각의 물체의 궤적을 따라가는 방법이다. 예를 들어, 물리실험을 통해 당구대 위의 당구공이나 공기하키대(air hockey table) 위의 퍽(puck)이 공이나 퍽끼리 혹은 쿠션과 서로 충돌하는 것을 본 경험이 있을 것이다(그림 4-1). 이러한 물체의 운동을 기술하는데 Newton의 법칙이 사용되며, 물체의 궤적과 운동량 및 운동에너지가 물체 상호간에 어떻게 교환되는가를 정확히 예측할 수 있다. 이 경우의 운동학은 각 물체의 **위치벡터** $\vec{x}_A, \vec{x}_B, \ldots$ 및 **속도벡터** $\vec{V}_A, \vec{V}_B, \ldots$를 시간의 함수로 표현하여 추적하는 것이다(그림 4-2). 이 방법을 유체의 유동에 적용한 것을 이탈리아 수학자 Joseph Louis Lagrange(1736-1813)의 이름을 따라 **Lagrange 기술방법**이라고 부른다. Lagrange 해석은 열역학에서 공부한 (밀폐) **시스템 해석**, 즉 일정한 질량의 집합체에 관한 해석과 유사하다. Lagrange 기술방법은 질량이 일정한 각각의 **유체 덩어리**, 즉 **유체입자**의 위치와 속도를 추적하는 것이다.

그러나 이러한 방법으로 유체의 운동을 기술하는 것은 당구공의 경우에 비하여 훨씬 어렵다는 것을 쉽게 상상할 수 있을 것이다. 무엇보다도 유체가 운동할 때 유체 입자를 명확히 정의하고 식별하는 것이 쉽지 않은 일이다. 두 번째로, 유체는 **연속체(continuum)**(거시적 관점에서)이므로, 유체 입자간의 상호작용은 뚜렷한 대상물인 당구공이나 퍽 간의 상호작용처럼 쉽게 기술할 수 없다. 또한 유체입자는 운동하면서 끊임없이 변형한다.

미시적 관점에서 보았을 때, 유체는 당구공처럼 서로 부딪히는 수십억 개의 분자들로 구성되어 있으며, 따라서 이러한 분자들의 운동을 일부분이나마 추적하는 것은 초고성능 컴퓨터를 사용하여도 매우 어려울 것이다. 그럼에도 불구하고, 오염물질의 수송을 모델링하기 위한 유동 내의 수동 스칼라(passive scalar)의 추적, 우주왕복선의 지구 대기권 재돌입에 관한 희박기체역학의 계산이나 입자추적에 근거한 유동가시화와 유체계측 시스템(4-2절 참조) 등에서 Lagrange 기술방법의 예를 찾아볼 수 있다.

유체의 유동을 기술하는 보다 일반적인 방법은 스위스 수학자 Leonhard Euler (1707-1783)의 이름을 따라 명명된 **Euler 기술방법**이다. Euler 기술방법에서는 유체가 출입하는 **유동영역** 또는 **검사체적(control volume)**이라 불리는 유한 체적을 정의한다. 각각의 유체입자를 추적하는 대신, 검사체적 내에서 **유동장 변수**를 위치와 시간의 함수로 정의한다. 어느 특정한 시간과 특정한 위치에서의 유동장 변수는 그 시간에 그 위치를 점유하는 유체입자의 변수의 값이다. 예를 들면, **압력장**은 **스칼라 유동장 변수**인데, 직교좌표계에서 일반적인 비정상 3차원 유동의 경우 다음과 같이 나타난다.

압력장: $$P = P(x, y, z, t) \tag{4-1}$$

같은 방법으로 **벡터 유동장 변수**인 **속도장**은 다음과 같이 정의된다.

속도장: $$\vec{V} = \vec{V}(x, y, z, t) \tag{4-2}$$

또한, **가속도장** 역시 벡터 유동장 변수이며 다음과 같이 표현할 수 있다.

가속도장: $$\vec{a} = \vec{a}(x, y, z, t) \tag{4-3}$$

결과적으로 이러한 유동장 변수들을 이용하여 **유동장**을 정의할 수 있다. 식 (4-2)의 속도장은 직교좌표계 (x, y, z), $(\vec{i}, \vec{j}, \vec{k})$를 이용하여 다음과 같이 표현할 수 있다.

$$\vec{V} = (u, v, w) = u(x, y, z, t)\vec{i} + v(x, y, z, t)\vec{j} + w(x, y, z, t)\vec{k} \tag{4-4}$$

식 (4-3)의 가속도장도 같은 방법으로 표현할 수 있다. Euler 기술방법에서는, 모든 유동장 변수들을 검사체적 내의 임의의 위치(x, y, z)와 임의의 시간 t의 함수로 표현한다(그림 4-3). Euler 기술방법에서는 개별적인 유체입자의 거동을 고찰할 필요가 없다. 즉, 개별 유체입자가 어떻게 되는지를 고려할 필요 없이, 단지 관심 있는 시간에, 관심 있는 위치를 지나는 유체입자의 압력, 속도, 가속도 등만을 고려하는 것이다.

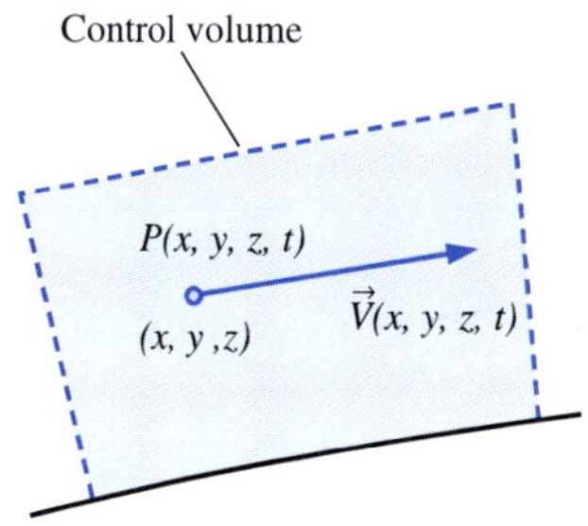

그림 4-3
Euler 기술방법에서는, 압력장이나 속도장 같은 유동장 변수들을 모든 위치와 시간에 대해 정의한다.

이러한 두 기술방법의 차이점을 강가에 서서 강물의 유동특성을 관찰하는 것으로 비교하여 보자. Lagrange 기술방법에서는 측정장치를 강물과 함께 흐르게 하면서 측정하고, Euler 기술방법에서는 측정장치를 강물 속의 정해진 위치에 고정시켜 측정한다.

Lagrange 기술방법이 유용한 경우도 있지만, 유체역학에서는 일반적으로 Euler 기술방법이 훨씬 편리하다. 특히 유체실험에서는 Euler 기술방법이 더 적합한 방법이다. 예를 들어 풍동에서는 속도 혹은 압력 탐사침(probe)을 정해진 위치에 고정하고 $\vec{V}(x, y, z, t)$ 혹은 $P(x, y, z, t)$를 측정한다. 그러나 개별 유체입자를 추적하는 Lagrange 기술방법의 운동방정식은 그동안 잘 알려진 반면(예, Newton의 제 2법칙), Euler 기술방법의 유체 유동 운동방정식은 그렇게 명확하지 않으므로 주의 깊게 유도되어야 한다. 이 장의 끝에 Reynolds 수송정리를 이용한 검사체적(적분법) 해석 방법을 설명하였다. 9장에서는 유체의 운동에 대한 미분방정식을 유도한다.

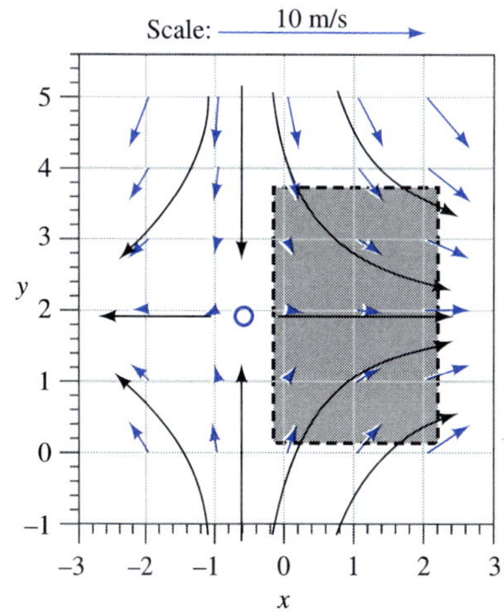

그림 4-4
예제 4-1 속도장의 속도 벡터. 축척은 그림 위의 화살표로 나타내었다. 검은 실선으로 표시한 곡선은 계산한 속도 벡터에 의한 대략적인 유선 모양이다. 정체점은 파란 원으로 표시하였다. 짙은 부분은 입구로 유입하는 유동을 근사화한 유동장의 일부분을 나타낸다(그림 4-5).

예제 4-1 정상 2차원 속도장

정상 2차원 속도장이 다음과 같이 주어져 있다.

$$\vec{V} = (u, v) = (0.5 + 0.8x)\vec{i} + (1.5 - 0.8y)\vec{j} \tag{1}$$

여기서 x와 y축의 단위는 m, 속도 크기의 단위는 m/s이다. **정체점(stagnation point)**이란 유동장에서 속도가 영이 되는 곳이다. (a) 정체점이 존재하는가를 판단하고, 존재한다면 그 위치를 계산하라. (b) $x = -2$ m에서 2 m, $y = 0$ m에서 5 m인 범위의 몇 군데에서, 속도벡터를 그리고 유동장을 정성적으로 서술하라.

풀이 주어진 속도장에서 정체점(들)의 위치를 구하고자 한다. 몇 개의 속도벡터를 그리고, 속도장을 서술하고자 한다.

가정 1 유동은 정상이며 비압축성이다. 2 유동은 2차원이다. 즉, 속도의 z방향 성분은 없

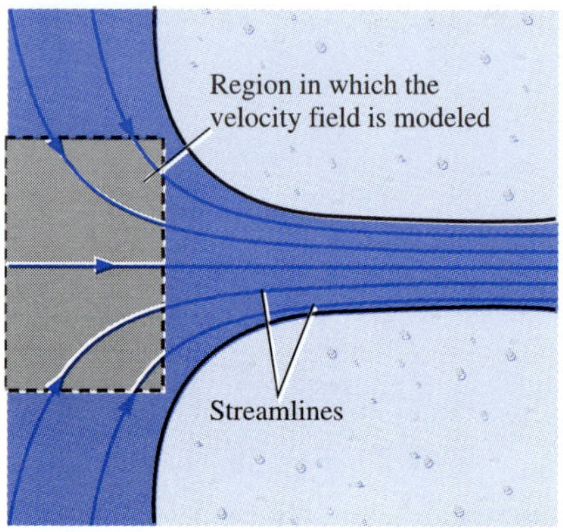

그림 4-5
수력댐의 종 모양 입구 부근의 유동장. 예제 4-1 속도장의 일부분이 이러한 실제 유동장의 1차 근사로 이용될 수 있다. 이 그림의 짙은 영역과 그림 4-4의 짙은 영역은 서로 일치한다.

으며, u와 v는 z방향으로 변하지 않는다.

해석 (a) $\vec{V}$는 벡터이므로, $\vec{V}$가 영이 되기 위해서는 모든 방향의 속도성분이 영이어야 한다. 식 (4-4)를 이용하고, 식 (1)을 영으로 놓으면 다음의 결과를 얻는다.

$$\text{정체점:}\quad \begin{array}{lll} u = 0.5 + 0.8x = 0 & \rightarrow & x = -0.625\text{ m} \\ v = 1.5 - 0.8y = 0 & \rightarrow & y = 1.875\text{ m} \end{array}$$

따라서 정체점이 존재한다. $x = -0.625$ m, $y = 1.875$ m에 한 개의 정체점이 존재한다.

(b) 주어진 범위의 몇 군데 (x, y)에서의 x, y방향 속도성분은 식 (1)을 이용하여 계산할 수 있다. 예를 들면($x = 2$ m, $y = 3$ m)인 곳에서 $u = 2.10$ m/s, $v = -0.900$ m/s이다. 이 곳에서 속도의 크기는 2.28 m/s이다. 이 곳과 다른 몇 군데에서, 속도의 두 성분으로부터 속도벡터를 계산한 결과가 그림 4-4에 나타나 있다. 이 유동은 $y = 1.875$ m인 수평대칭선을 기준으로 상하방향에서 흘러 들어와 좌우방향으로 퍼져나가는 정체점 유동이다. 정체점은 그림 4-4에서 파란 원으로 표시되어 있다.

그림 4-4의 짙은 부분만 보면, 이 유동은 왼쪽에서 오른쪽으로 수축되면서 가속되는 유동장 모델이다. 이러한 유동장은 수력 댐의 잠겨있는 종(bell) 모양의 입구에서 그 예를 찾아볼 수 있다(그림 4-5). 주어진 속도분포의 짙게 표시한 부분은, 실제 유동장 그림 4-5의 짙은 부분의 속도분포에 대한 1차 근사로 간주할 수 있다.

토의 본 교재의 9장에 따르면, 이 유동장은 질량보존에 관한 미분방정식을 만족하므로 물리적으로 타당한 유동장이다.

가속도장

열역학에서 공부하였듯이, 기본 보존법칙들(질량보존법칙, 열역학 제 1법칙 등)은 일정량의 물질로 구성된 **시스템**(혹은 폐쇄 시스템)에 대해 표현된 식들이다. 그러나 시스템 해석보다 **검사체적**(혹은 개방 시스템) 해석이 더 편리한 경우에는 시스템에 관한 기본 법칙들을 검사체적에 적합한 형태로 변환시켜야 한다. 같은 원리가 여기에서도 적용된다. 사실상 열역학에서의 시스템과 검사체적, 유체역학에서의 Lagrange와 Euler 기술방법 사이에는 유사성이 있다. 유체 유동에 관한 운동방정식(Newton의 제 2법칙)은 **물질입자(material particle)**라고도 하는 유체입자에 대한 식이다. 만약 유동 내부에서 어떤 특정한 유체입자를 추적하는 경우에는 Lagrange 기술방법을 적용하고 운동방정식을 직접 사용할 수 있다. 예를 들어, 입자의 위치를 **물질 위치벡터**$(x_{\text{particle}}(t), y_{\text{particle}}(t), z_{\text{particle}}(t))$로 나타낼 수 있다. 그러나 운동방정식을 Euler 기술방법에 적용할 경우에는 수학적 변환이 필요하다.

예를 들어, 유체입자에 적용한 Newton의 제 2법칙을 생각해 보자.

$$\textbf{Newton의 제 2법칙:}\qquad \vec{F}_{\text{particle}} = m_{\text{particle}}\vec{a}_{\text{particle}} \tag{4-5}$$

여기서 $\vec{F}_{\text{particle}}$은 유체입자에 가해진 순수 힘(net force), m_{particle}은 입자의 질량, $\vec{a}_{\text{particle}}$은 입자의 가속도이다(그림 4-6). 정의에 의하여 유체입자의 가속도는 입자 속도의 시간도함수이다.

유체입자의 가속도: $$\vec{a}_{particle} = \frac{d\vec{V}_{particle}}{dt} \tag{4-6}$$

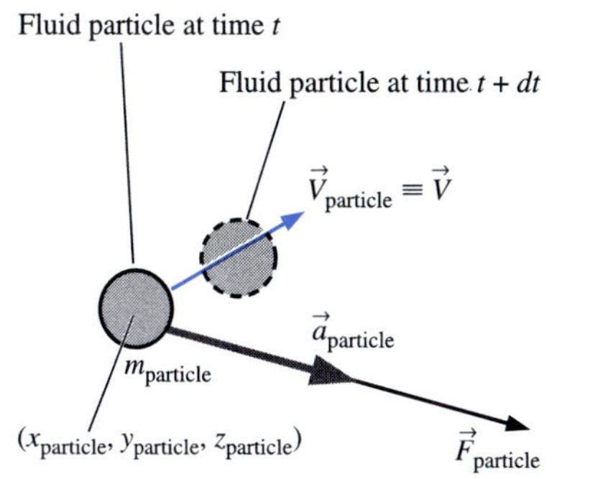

그림 4-6
유체입자에 적용한 Newton의 제 2법칙. 가속도 벡터(회색 화살표)는 힘 벡터(검은 화살표)와 같은 방향이지만, 속도 벡터(파란 화살표)는 이들과 다른 방향일 수도 있다.

그러나 어떤 주어진 시간 t에서, 유체입자의 속도는 그 유체입자의 위치($x_{particle}(t)$, $y_{particle}(t)$, $z_{particle}(t)$)에서의 속도장과 같다. 왜냐하면 유체입자는 유동장을 따라서 운동하기 때문이다. 즉, $\vec{V}_{particle}(t) \equiv \vec{V}(x_{particle}(t), y_{particle}(t), z_{particle}(t), t)$이다. 종속변수 ($\vec{V}$)가 네 개의 독립변수($x_{particle}, y_{particle}, z_{particle}, t$)의 함수이므로, 식 (4-6)의 시간 도함수는 **연쇄법칙(chain rule)**을 사용하여야 한다.

$$\vec{a}_{particle} = \frac{d\vec{V}_{particle}}{dt} = \frac{d\vec{V}}{dt} = \frac{d\vec{V}(x_{particle}, y_{particle}, z_{particle}, t)}{dt}$$
$$= \frac{\partial \vec{V}}{\partial t}\frac{dt}{dt} + \frac{\partial \vec{V}}{\partial x_{particle}}\frac{dx_{particle}}{dt} + \frac{\partial \vec{V}}{\partial y_{particle}}\frac{dy_{particle}}{dt} + \frac{\partial \vec{V}}{\partial z_{particle}}\frac{dz_{particle}}{dt} \tag{4-7}$$

식 (4-7)에서 ∂은 **편미분 연산자(partial derivative operator)**이고, d는 **전미분 연산자(total derivative operator)**이다. 식 (4-7)의 우변의 두 번째 항을 살펴보자. 가속도는 **유체입자를 추적**(Lagrange 기술방법)하며 정의되기 때문에, 입자의 x위치의 시간에 대한 변화율은 $dx_{particle}/dt = u$(그림 4-7)이며, u는 식 (4-4)에서 정의한 속도벡터의 x방향 성분이다. 마찬가지로 $dy_{particle}/dt = v$, $dz_{particle}/dt = w$이다. 또한, 어떤 주어진 시간에서, Lagrange 기술방법에 의한 입자의 물질 위치벡터 ($x_{particle}, y_{particle}, z_{particle}$)는 Euler 기술방법의 위치벡터 (x, y, z)와 일치한다. 따라서 식 (4-7)은 다음과 같게 된다.

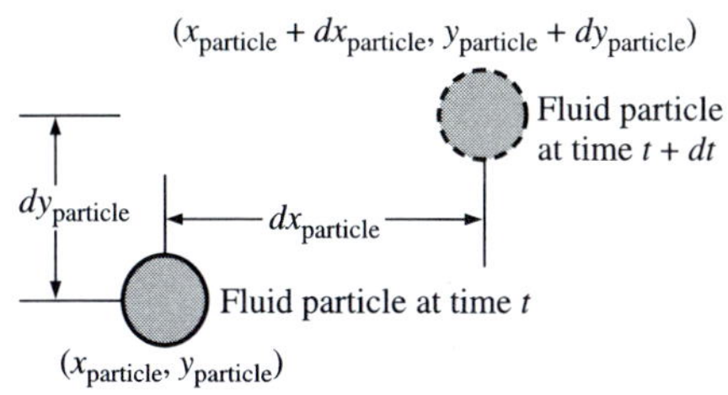

그림 4-7
유체입자를 추적하는 경우, 속도의 x방향 성분, u는 $dx_{particle}/dt$이다. 마찬가지로 $v = dy_{particle}/dt$, $w = dz_{particle}/dt$이다. 그림을 간단하게 하기 위하여 2차원 유동으로 나타내었다.

$$\vec{a}_{particle}(x, y, z, t) = \frac{d\vec{V}}{dt} = \frac{\partial \vec{V}}{\partial t} + u\frac{\partial \vec{V}}{\partial x} + v\frac{\partial \vec{V}}{\partial y} + w\frac{\partial \vec{V}}{\partial z} \tag{4-8}$$

여기서 $dt/dt = 1$을 사용하였다. 결국 어떤 주어진 시간 t에서 식 (4-3)의 유동장의 가속도는, 그 주어진 시간 t에서 위치 (x, y, z)를 점유하는 유체입자의 가속도와 같다. 왜냐하면 정의에 의하여 유체입자는 유동장을 따라서 가속되기 때문이다. 따라서 **Lagrange 좌표를 Euler 좌표로 변환시키기 위하여, 식 (4-7)과 (4-8)에서 $\vec{a}_{particle}$을 $\vec{a}(x, y, z, t)$로 대체할 수 있다.** 따라서 식 (4-8)은 벡터 형태로 다음과 같게 된다.

유동장변수로 표현한 유체입자의 가속도:

$$\vec{a}(x, y, z, t) = \frac{d\vec{V}}{dt} = \frac{\partial \vec{V}}{\partial t} + (\vec{V} \cdot \vec{\nabla})\vec{V} \tag{4-9}$$

여기서 $\vec{\nabla}$은 **구배 연산자(gradient operator)** 또는 **델 연산자(del operator)**라 하며, 직교좌표계에서는 다음과 같다.

구배 또는 델 연산자: $$\vec{\nabla} = \left(\frac{\partial}{\partial x}, \frac{\partial}{\partial y}, \frac{\partial}{\partial z}\right) = \vec{i}\frac{\partial}{\partial x} + \vec{j}\frac{\partial}{\partial y} + \vec{k}\frac{\partial}{\partial z} \tag{4-10}$$

이다. 따라서, 직교좌표계에서 가속도 벡터의 성분들은 다음과 같이 나타낼 수 있다.

직교 좌표계:

$$a_x = \frac{\partial u}{\partial t} + u\frac{\partial u}{\partial x} + v\frac{\partial u}{\partial y} + w\frac{\partial u}{\partial z}$$
$$a_y = \frac{\partial v}{\partial t} + u\frac{\partial v}{\partial x} + v\frac{\partial v}{\partial y} + w\frac{\partial v}{\partial z} \qquad (4\text{-}11)$$
$$a_z = \frac{\partial w}{\partial t} + u\frac{\partial w}{\partial x} + v\frac{\partial w}{\partial y} + w\frac{\partial w}{\partial z}$$

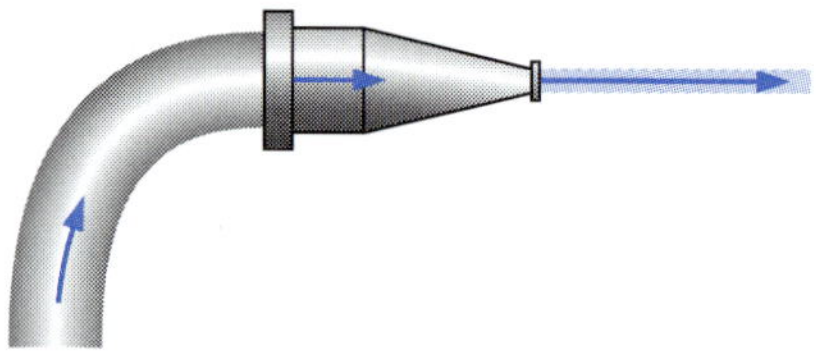

그림 4-8
정원용 호스의 노즐을 통한 물의 유동은, 비록 정상유동이지만 유체입자는 가속되는 것을 보여준다. 이 예에서, 물의 출구 속도는 호스 내의 속도보다 훨씬 크다. 이는 비록 정상유동이지만 유체입자는 가속되는 것을 보여준다.

식 (4-9)의 우변의 첫 번째 항, $\partial\vec{V}/\partial t$를 **국소가속도(local acceleration)**라 부르며 **이 항은 비정상유동에서는 영이 아니다.** 우변의 두 번째 항, $(\vec{V}\cdot\vec{\nabla})\vec{V}$를 **흐름대류가속도(advective acceleration)** 혹은 **대류가속도(convective acceleration)**라 하며 정상유동일지라도 영이 아닐 수 있다. 이는 유체가 유동할 때, 입자가 한 위치에서 속도가 상이한 다른 위치로 운동할 때의 가속도이다. 예를 들어 물이 정상유동하는 정원용 호스 노즐을 고려하자(그림 4-8). Euler 좌표계에서, **정상**이란 유동장의 모든 곳에서의 상태량이 시간에 대해 변하지 않는 것으로 정의한다. 노즐 출구에서의 속도는 입구에서의 속도보다 크므로, 비록 유동은 정상이지만 유체입자는 분명히 가속된다. 이때 가속도는 식 (4-9)의 대류가속도 때문에 영이 아니다. Euler 좌표계의 고정된 관찰자의 관점에서는 정상이지만, 노즐로 유입하여 노즐을 통과하며 가속되는 유체입자와 같이 운동하는 Lagrange 좌표계에서는 정상이 아님에 주의하여야 한다.

물질 도함수

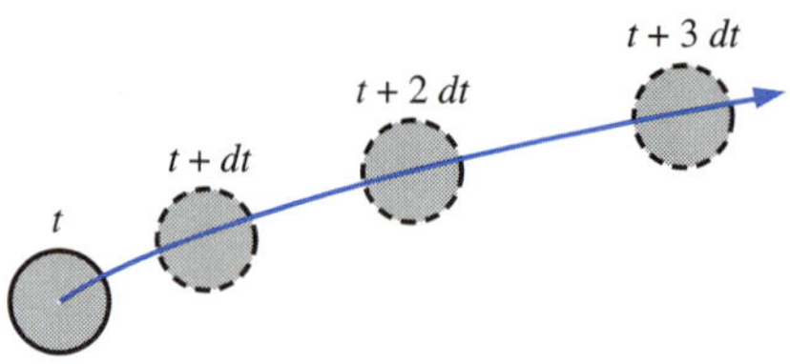

그림 4-9
물질 도함수 D/Dt는 유동장을 따라 운동하는 유체입자를 추적하며 정의한다. 이 그림에서, 유체입자는 오른쪽, 위방향으로 운동하며 가속된다.

식 (4-9)의 전미분 연산자 d/dt는 **유동장을 따라 운동하는 유체입자를 추적하는** 것을 강조하기 위하여 **물질 도함수(material derivative)**, D/Dt라고 부른다(그림 4-9). 이 물질 도함수는 **전**, **입자**, **Lagrange**, **Euler** 및 **실질(substantial) 도함수**라고도 한다.

물질 도함수:

$$\frac{D}{Dt} = \frac{d}{dt} = \frac{\partial}{\partial t} + (\vec{V}\cdot\vec{\nabla}) \qquad (4\text{-}12)$$

식 (4-12)의 물질 도함수를 속도장에 적용하면, 그 결과는 **물질 가속도**라고도 부르는 식 (4-9)의 가속도장이 된다.

물질 가속도:

$$\vec{a}(x, y, z, t) = \frac{D\vec{V}}{Dt} = \frac{d\vec{V}}{dt} = \frac{\partial\vec{V}}{\partial t} + (\vec{V}\cdot\vec{\nabla})\vec{V} \qquad (4\text{-}13)$$

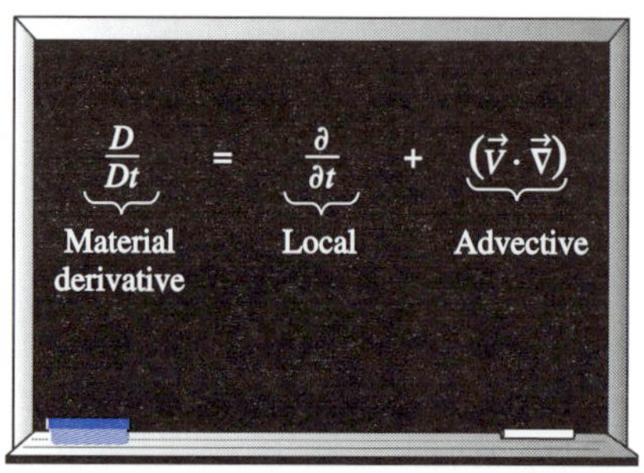

그림 4-10
물질 도함수 D/Dt는 **국소** 또는 **비정상** 부분과 **대류(convective)** 또는 **흐름대류(advective)** 부분으로 구성된다.

식 (4-12)는 속도뿐만 아니라, 스칼라 및 벡터로 표현되는 다른 유체 성질들에도 적용할 수 있다. 예를 들어 압력의 물질 도함수는 다음과 같이 표현된다.

압력의 물질 도함수:

$$\frac{DP}{Dt} = \frac{dP}{dt} = \frac{\partial P}{\partial t} + (\vec{V}\cdot\vec{\nabla})P \qquad (4\text{-}14)$$

식 (4-14)는 유동장 내를 운동하는 유체입자를 따르는 압력의 시간변화율을 나타내며, 국소(비정상) 및 대류 성분을 모두 포함한다(그림 4-10).

예제 4-2 정상 속도장의 물질 가속도

예제 4-1의 정상, 비압축성, 2차원 속도장을 고려하자. (a) 한 점($x = 2$ m, $y = 3$ m)에서의 물질 가속도를 계산하라. (b) 예제 4-1과 같은 점에서의 물질 가속도 벡터를 도시하라.

풀이 주어진 속도장에 대해, 특정한 한 점에서의 물질 가속도를 계산하고, 유동장의 여러 점에서의 물질 가속도 벡터를 도시하고자 한다.

가정 **1** 유동은 정상이며 비압축성이다. **2** 유동은 2차원이다. 즉, 속도의 z방향 성분은 없으며, u와 v는 z방향으로 변하지 않는다.

해석 (a) 예제 4-1, 식 (1)의 속도장과 직교좌표계의 물질 가속도 성분(식 4-11)을 이용하면, 영이 아닌 두 개의 가속도 성분은 다음과 같다.

$$a_x = \frac{\partial u}{\partial t} + u\frac{\partial u}{\partial x} + v\frac{\partial u}{\partial y} + w\frac{\partial u}{\partial z}$$
$$= 0 + \underbrace{(0.5 + 0.8x)(0.8)} + \underbrace{(1.5 - 0.8y)(0)} + 0 = (0.4 + 0.64x)\ \text{m/s}^2$$

그리고

$$a_y = \frac{\partial v}{\partial t} + u\frac{\partial v}{\partial x} + v\frac{\partial v}{\partial y} + w\frac{\partial v}{\partial z}$$
$$= 0 + \underbrace{(0.5 + 0.8x)(0)} + \underbrace{(1.5 - 0.8y)(-0.8)} + 0 = (-1.2 + 0.64y)\ \text{m/s}^2$$

따라서, 점 ($x = 2$ m, $y = 3$ m)에서 $a_x = 1.68\ \text{m/s}^2$ 그리고 $a_y = 0.720\ \text{m/s}^2$이다.

(b) (a)의 결과를 이용하여, 예제 4-1에 주어진 영역의 여러 점 (x, y)에서 계산한 가속도 벡터가 그림 4-11에 나타나 있다.

토의 유동이 비록 정상이지만, 가속도장은 영이 아니다. 그림 4-11에서 정체점 위 부분($y = 1.875$ m의 위 부분)의 가속도 벡터는 위쪽을 향하고, 그 크기는 정체점에서 멀어지면서 증가됨을 알 수 있다. 정체점 오른쪽 부분($x = -0.625$ m의 오른쪽 부분)의 가속도 벡터는 오른쪽을 향하고, 그 크기는 정체점에서 멀어지면서 증가됨을 알 수 있다. 이는 그림 4-4의 속도 벡터와 그림 4-11의 유선과 정성적으로 일치한다. 즉, 유동장의 오른쪽 위 부분에서 유체입자는 오른쪽 위 방향으로 가속되므로, 오른쪽 위 방향의 **구심 가속도** 때문에 유체입자는 시계 반대방향으로 그 방향이 바뀐다. $y = 1.875$ m 아래 부분은 대칭선 위 부분의, 그리고 $x = -0.625$ m 왼쪽 부분은 대칭선 오른쪽 부분의 거울상(mirror image)이다.

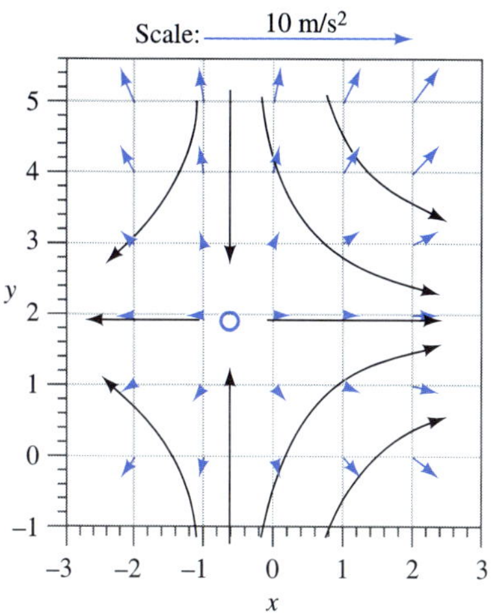

그림 4-11
예제 4-1 및 4-2의 속도장에 대한 가속도 벡터(파란 화살표). 축척은 그림 위의 화살표로 나타내었다. 검은 실선으로 표시한 곡선은 계산한 속도 벡터에 의한 대략적인 유선의 모양이다(그림 4-4). 정체점은 파란 원으로 표시하였다.

4-2 ■ 유동 패턴과 유동가시화

유체역학을 정량적으로 해석하기 위해서는 고급 수학을 필요로 하지만, **유동가시화(flow visualization)**, 즉, 유동장의 특성을 가시화함으로서 많은 것을 알 수 있다. 유동가시화는 실험(그림 4-12)뿐만 아니라 **수치해석**에도 유용하게 이용할 수 있다[전산유체역학(computational fluid dynamics, CFD)]. CFD를 이용하는 엔지니어가 수치해를 얻은 후 가장 먼저 하는 일은, 계산한 수나 데이터를 정량적으로 나열하기보다는 데이터를 유동가시화 형태로 모사하여 '전체적인 유동의

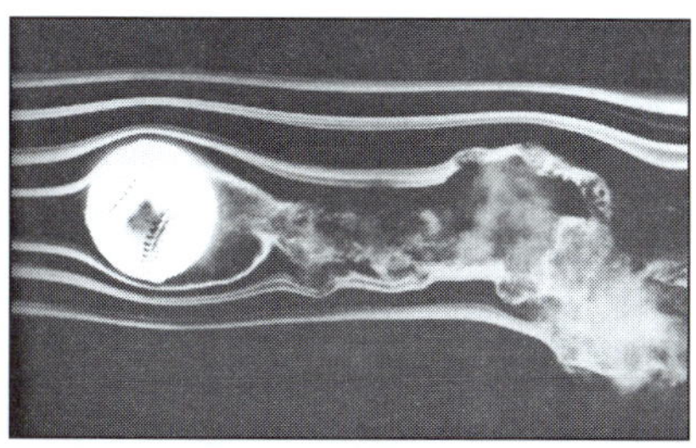

그림 4-12
회전하는 야구공. 고 F. N. M. Brown은 Notre Dame 대학에서 풍동을 사용하여 연기 가시화 기법을 발전시키는데 많은 공헌을 하였다. 이 그림에서 유속은 약 23 m/s이고, 공은 630 rpm으로 회전하고 있다.

Photograph courtesy of T. J. Mueller.

모양'을 보는 것이다. 왜냐하면 인간은 엄청난 양의 영상정보를 빠르게 인식할 수 있으며, 따라서 하나의 그림은 수 천 마디의 단어만큼의 가치가 있기 때문이다. 물리적(실험적)으로 그리고/혹은 계산적으로 가시화할 수 있는 여러 종류의 유동형태가 있다.

유선과 유관

유선(streamline)이란 주어진 순간 모든 곳에서 속도 벡터에 접하는 선이다.

유선은 유동장 전체에서 운동하는 유체의 순간적인 방향을 나타내는데 유용하다. 예를 들어, 재순환유동이나 고체벽면으로부터의 유동박리 현상 등은 유선의 모양으로 잘 확인할 수 있다. 유선은, 뒤에서 설명하겠지만, 유적선 및 유맥선과 일치하는 정상 유동장을 제외하고는 실험적으로는 직접 관찰할 수 없다. 그러나 유선은 정의에 의하여 수학적으로는 간단히 표현할 수 있다.

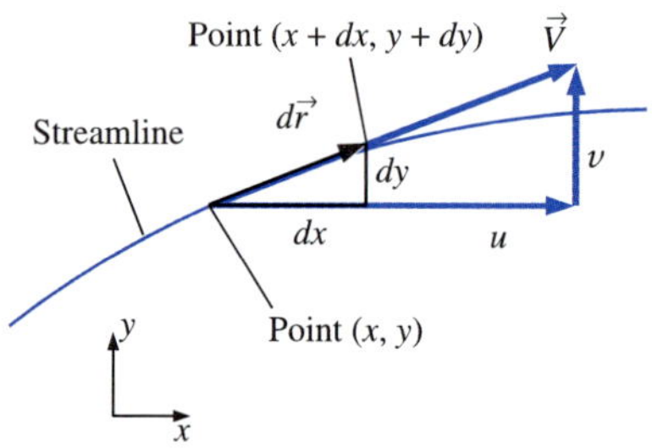

그림 4-13
xy평면 상의 2차원 유동에서, **유선**을 따르는 호의 길이 $d\vec{r}=(dx, dy)$는 국소의 순간 속도 벡터 $\vec{V}=(u, v)$의 접선이다.

유선을 따르는 미소 호의 길이 $d\vec{r}=dx\vec{i}+dy\vec{j}+dz\vec{k}$를 고려하자. 정의에 의하여 $d\vec{r}$은 그 위치에서의 속도벡터 $\vec{V}=u\vec{i}+v\vec{j}+w\vec{k}$와 평행하다. 기하학적으로 $d\vec{r}$의 성분들은 $\vec{V}$의 성분들과 비례하여야 한다(그림 4-13). 따라서 다음 식이 성립한다.

유선의 방정식:
$$\frac{dr}{V}=\frac{dx}{u}=\frac{dy}{v}=\frac{dz}{w} \tag{4-15}$$

여기서 dr은 $d\vec{r}$의 크기를, V는 $\vec{V}$의 크기인 속도를 나타낸다. 식 (4-15)를 그림 4-13에 2차원으로 나타내었다. 속도장을 알고 있을 때에는 식 (4-15)를 적분하여 유선의 방정식을 구할 수 있다. 2차원 유동장, (x, y), (u, v)에서는 다음과 같은 미분 방정식이 얻어진다.

***xy*평면의 유선:**
$$\left(\frac{dy}{dx}\right)_{\text{along a streamline}}=\frac{v}{u} \tag{4-16}$$

간단한 유동장에서는 식 (4-16)을 해석적으로 계산할 수 있으나, 일반적으로는 수치적으로 계산하여야 한다. 어느 경우에나 적분과정에서 적분상수가 나타나고, 적분상수가 다르면 유선도 다르다. 그러므로 식 (4-16)을 만족하는 곡선들은 유동장의 유선을 나타낸다.

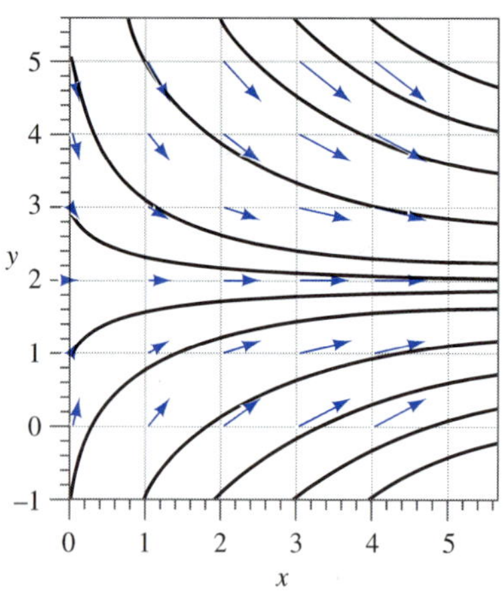

그림 4-14
예제 4-3에 주어진 속도장의 유선(검은 실선으로 표시한 곡선). 비교를 위하여 그림 4-4의 속도 벡터(파란 화살표)를 여기에 겹쳐 그렸다.

예제 4-3 ***xy*평면의 유선-해석해**

예제 4-1의 정상, 비압축성, 2차원 속도장에 대하여, 유동의 오른쪽 면($x > 0$)에 대하여 몇 개의 유선을 그리고, 그림 4-4에 도시한 속도 벡터와 비교하라.

풀이 유선을 해석적으로 계산하여 그 결과를 1사분면에 도시하고자 한다.

가정 **1** 유동은 정상이며 비압축성이다. **2** 유동은 2차원이다. 즉, 속도의 z방향 성분은 없으며, u와 v는 z방향으로 변하지 않는다.

해석 식 (4-16)을 여기에 적용할 수 있으므로, 유선을 따라 다음 식이 성립한다.

$$\frac{dy}{dx}=\frac{v}{u}=\frac{1.5-0.8y}{0.5+0.8x}$$

변수분리법으로 이 미분방정식을 풀면 다음 식이 얻어진다.

$$\frac{dy}{1.5-0.8y}=\frac{dx}{0.5+0.8x}\quad\rightarrow\quad\int\frac{dy}{1.5-0.8y}=\int\frac{dx}{0.5+0.8x}$$

유선을 따라 y를 x의 함수로 풀면 다음 식이 얻어진다(계산과정은 독자에게 맡긴다).

$$y=\frac{C}{0.8(0.5+0.8x)}+1.875$$

여기서 적분상수 C에 여러 값들을 대입하여 유선을 그릴 수 있다. 주어진 유동장의 몇 개의 유선들이 그림 4-14에 도시되어 있다.

토의 그림 4-4의 속도 벡터가 그림 4-14에 유선과 함께 도시되어 있으며, 모든 점에서의 속도 벡터가 유선에 접한다는 정의에 잘 부합한다. 유선만으로는 속도의 크기를 직접 계산할 수 없다는 것에 유의하라.

유적선

유적선(pathline)이란 한 유체입자가 얼마의 시간동안 운동한 실제 궤적이다.

유적선은 여러 유동 형상 중 가장 이해하기 쉽다. 유적선은 유동장을 따라 운동하는 유체입자의 궤적을 추적하기 때문에 Lagrange 개념이다(그림 4-15). 그러므로 유적선은, 얼마의 시간 동안 추적한 유체입자의 물질 위치벡터($x_{\text{particle}}(t)$, $y_{\text{particle}}(t)$, $z_{\text{particle}}(t)$)와 일치한다(4-1절 참조). 실험적으로는 주변의 다른 유체입자들과 구별하기 위해, 추적하려는 한 유체입자의 색이나 밝기를 다르게 표시하는 방법을 사용한다. 카메라의 셔터를 얼마의 시간동안($t_{\text{start}}<t<t_{\text{end}}$) 열어놓고 입자의 궤적을 녹화할 때 나타나는 곡선이 유적선이다. 그림 4-16은 탱크 내의 수면을 따라 운동하는 물결모양의 흥미로운 예를 보여준다. 중립적인 부력을 받는 하얀 **추적 입자**들을 물 속에 띄우고, 물결의 한 주기동안 셔터를 노출시키며 사진을 촬영하였다. 그 결과가 타원형 모양의 유적선이며, 입자가 상하좌우로 움직이며 한 주기 후에 원래의 위치로 돌아오는 것을 보여준다. 따라서 앞으로 전진하는 순수 운동은 없다. 상하로 움직이는 바다물결의 움직임에서 이와 비슷한 현상을 본 경험이 있을 것이다.

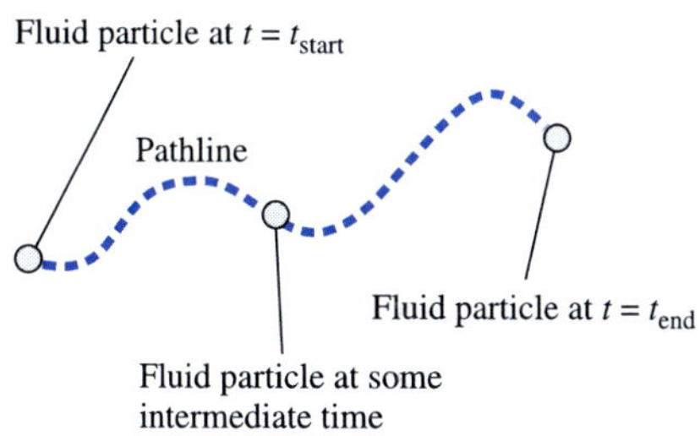

그림 4-15
유적선은 유체입자의 실제 움직임을 추적하며 그린 궤적이다.

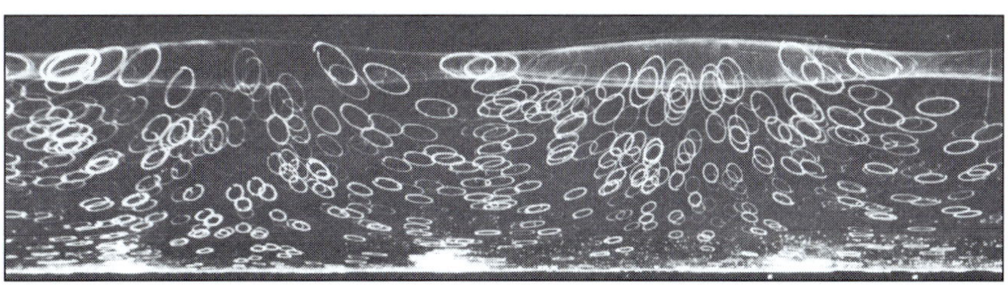

그림 4-16
물 속에 떠 있는 하얀 추적입자를 셔터를 노출시키며 사진 촬영하여 얻은 유적선. 물결은 수평방향으로 움직이고, 각각의 입자는 한 주기동안 타원형 궤적을 따라 운동한다.

Wallet, A. & Ruellan, F. 1950, La Houille Blanche *5:483-489. Used by permission.*

속도장을 알면, 유적선은 수치적으로도 계산할 수 있다. 추적 입자의 위치는 초기위치 $\vec{x}_{start}$와 초기시간 t_{start}에서 임의의 시간 t까지 적분하여 구할 수 있다.

시간 t에서의 추적입자 위치:
$$\vec{x} = \vec{x}_{start} + \int_{t_{start}}^{t} \vec{V}\,dt \tag{4-17}$$

식 (4-17)을 t_{start}에서 t_{end}까지 사이의 t에 대하여 적분하면, $\vec{x}(t)$의 궤적은 그림 4-15에서와 같이 그 시간 동안의 유체입자의 유적선이다. 간단한 유동의 경우에는 식 (4-17)처럼 해석적으로 적분할 수도 있지만, 복잡한 유동에서는 수치적분 하여야 한다.

만약 속도장이 정상이라면, 각각의 유체입자들은 유선을 따라 운동한다. 따라서 **정상유동의 경우, 유적선은 유선과 일치한다**.

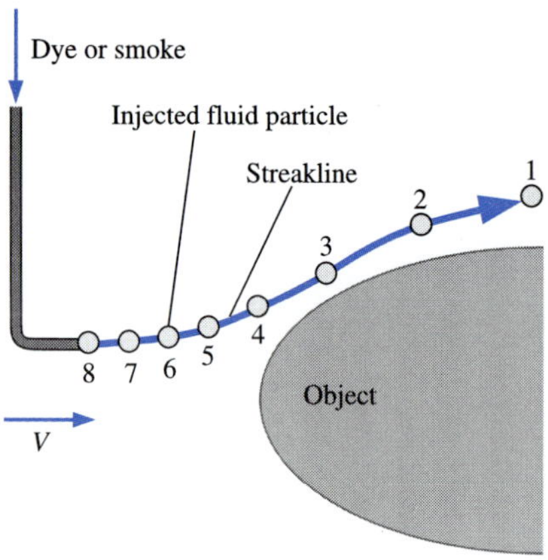

그림 4-17
유맥선은 유동의 한 점에서 물감이나 연기를 연속적으로 분출할 때 형성된다. 번호 붙인 유체입자들(1-8)은 연속적으로 분출된 것이다.

유맥선

> 유맥선(streakline)이란 유동장의 어떤 정해진 점을 주어진 순간보다 더 일찍 지나간 유체입자들의 궤적이다.

유맥선은 실험을 통하여 얻을 수 있는 가장 일반적인 유동 형태이다. 유동장에 작은 관을 삽입하고 추적유체(예를 들어, 물의 유동인 경우 염료, 또는 공기의 유동인 경우 연기)를 연속적으로 주입할 때 관찰되는 형태가 유맥선이다. 그림 4-17에서는 날개와 같은 물체의 주위를 흐르는 자유흐름 유동에 주입된 추적입자의 궤적을 볼 수 있다. 작은 원은 동일한 시간 간격으로 분출된 각각의 추적 유체입자를 나타낸다. 유체입자가 물체에 의하여 밀려나면서, 물체의 어깨 부분에서 가속되고 있다. 이는 각 유체입자 간의 간격이 그 영역에서 더 크게 나타나는 것으로 알 수 있다. 모든 원들을 서로 부드럽게 연결한 것이 유맥선이다. 풍동이나 수동(water tunnel)실험에서는 염료나 연기가 개별입자로서가 아니라 연속적으로 주입되므로, 이때 나타난 염료나 연기의 유동 형태가 바로 유맥선이다. 그림 4-17에서 추적입자 1은 입자 2보다 더 일찍 분출된 것이다. 각각의 유체입자 위치는 입자가 유동장으로 주입된 시간으로부터 현재까지의 주위 속도장으로부터 결정할 수 있다. 비정상유동인 경우에는, 속도장이 계속 변하므로 유맥선은 주어진 어떤 순간의 유선이나 유적선과 다를 것이다. 그러나 만약 **유동이 정상이면 유선, 유적선 및 유맥선은 모두 일치한다**(그림 4-18).

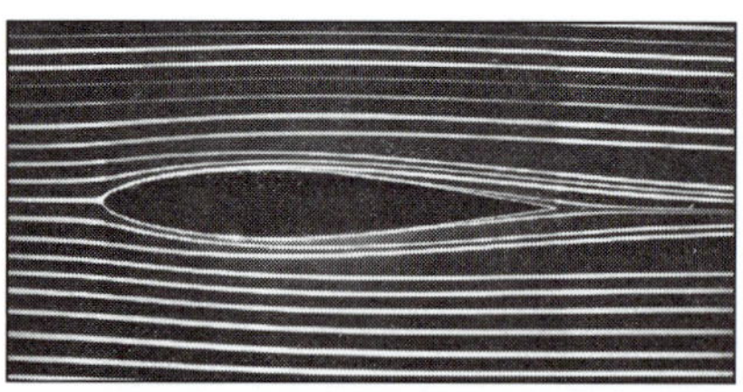

그림 4-18
상류에서 분출된 색깔을 입힌 유체에 의해 생성된 유맥선. 정상유동이므로, 유맥선은 유선 및 유적선과 동일하다.
Courtesy ONERA. Photography by Werlé.

유맥선은 가끔 유선이나 유적선과 혼동되기 쉽다. 이 세 가지의 유동 형태는 정상유동에서는 일치하지만, 비정상유동일 경우에는 크게 다를 수 있다. 유선은 어느 주어진 시간에서의 순간적인 유동 형태인 반면, 유적선 및 유맥선은 **시간 이력(time history)**을 가지는 유동 형태라는 것이 큰 차이점이다. 유맥선은 **시간적분한** 유동의 순간적인 스냅 사진인 반면, 유적선은 일정 시간 동안 노출하여 촬영한 한 입자의 궤적이다.

속도장을 알면, 유맥선을 수치적으로 계산할 수도 있다. 입자가 유동장에 주입된 시간으로부터 현재까지 추적 입자들의 연속적인 궤적을 식 (4-17)을 이용하여 계산하면 된다. 수학적으로, 추적입자의 위치는 주입된 시간 t_{inject}으로부터 현재까지의 시간 $t_{present}$까지 시간에 대해 적분하여 구할 수 있다. 이때 식 (4-17)은 다음과 같이 된다.

적분한 추적입자의 위치: $$\vec{x} = \vec{x}_{injection} + \int_{t_{inject}}^{t_{present}} \vec{V}\,dt \tag{4-18}$$

복잡한 비정상유동에서는, 속도장이 시간에 따라 변하므로 시간적분을 수치적으로 수행하여야 한다. $t = t_{present}$에서의 추적입자 위치들의 궤적을 곡선으로 이으면 원하는 유맥선이 된다.

예제 4-4 비정상유동인 경우의 유동 형태 비교

비정상, 비압축성, 2차원 속도장이 다음과 같이 주어져 있다.

$$\vec{V} = (u, v) = (0.5 + 0.8x)\vec{i} + (1.5 + 2.5\sin(\omega t) - 0.8y)\vec{j} \tag{1}$$

여기서 각 진동수(angular frequency) 는 2π rad/s(물리적 진동수 1 Hz)이다. 이 속도장은 속도의 v 성분에 주기 항(periodic term)이 추가된 것을 제외하고는 예제 4-1의 식 (1)과 같다. 진동의 주기가 1 s이므로, 시간 t가 $\frac{1}{2}$ s의 배수($t = 0, \frac{1}{2}, 1, \frac{2}{3}, 2, \ldots$ s)일 때 식 (1)의 사인(sine) 항은 영이 되고, 이 순간의 속도장은 예제 4-1의 속도장과 동일하게 된다. 물리적으로, 진동수 1 Hz로 상하로 진동하며 종 모양의 입구로 유입되는 유동을 생각할 수 있다. $t = 0$ s에서 $t = 2$ s까지의 두 사이클을 고려해 보자. $t = 2$ s인 순간의 유선을, $t = 0$ s에서 $t = 2$ s까지의 시간동안 계산된 유적선 및 유맥선과 비교하라.

풀이 주어진 비정상 속도장에서, 유선, 유적선 및 유맥선을 계산하여 이들을 서로 비교하고자 한다.

가정 1 유동은 비압축성이다. 2 유동은 2차원이다. 즉, 속도의 z방향 성분은 없으며, u와 v는 z방향으로 변하지 않는다.

해석 $t = 2$ s인 순간의 유선은 그림 4-14과 동일하며, 그림 4-19에 이러한 몇 개의 유선을 다시 그려 놓았다. 유적선은($x = 0.5$ m, $y = 0.5$ m), ($x = 0.5$ m, $y = 2.5$ m) 및 ($x = 0.5$ m, $y = 4.5$ m) 등 세 곳에서 방출된 유체입자의 궤적을 Runge-Kutta 적분기법을 이용하여 $t = 0$ s에서 $t = 2$ s까지 진행하며 구할 수 있다. 유적선들이 유선과 함께 그림 4-19에 도시되어 있다. 끝으로 유맥선은, 위의 세 곳에서 $t = 0$ s에서 $t = 2$ s까지의 시간 동안 방출된 많은 추적 유체입자들의 궤적을 계산하고, $t = 2$ s에서 각각의 유체입자들의 위치를 연결하여 구할 수 있다. 이렇게 계산된 유맥선 또한 그림 4-19에 도시되어 있다.

토의 유동이 비정상이므로, 유선, 유적선 및 유맥선은 일치하지 않는다. 실제로 이들은 서로 매우 다르다. 유맥선 및 유적선은 상하로 진동하는 속도의 v 성분 때문에 물결 모양으로 나타난다. 유적선과 유맥선을 잘 살펴보면 $t = 0$ s에서 $t = 2$ s 사이에 두 사이클의 진동이 일어났음을 알 수 있다. 유선은 시간 이력을 가지지 않으므로 이러한 물결 모양을 찾아볼 수 없다. 유선은 $t = 2$ s에서의 순간적인 스냅사진을 나타낸다.

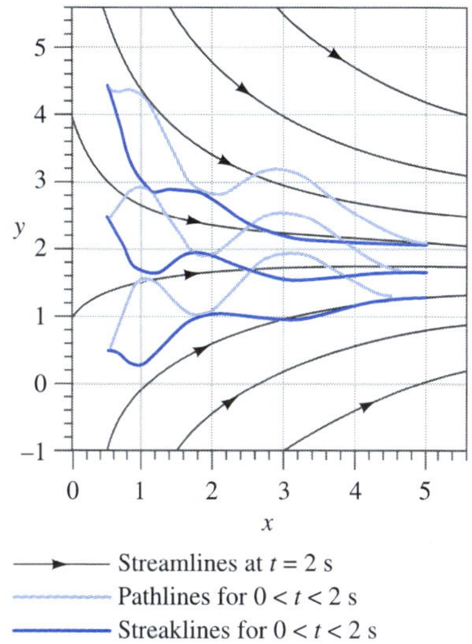

그림 4-19
예제 4-4의 진동하는 속도장의 유선, 유적선 및 유맥선. 유맥선 및 유적선은 적분한 시간이력 때문에 물결모양이나, 유선은 속도장의 순간적인 스냅사진이므로 물결모양이 아니다.

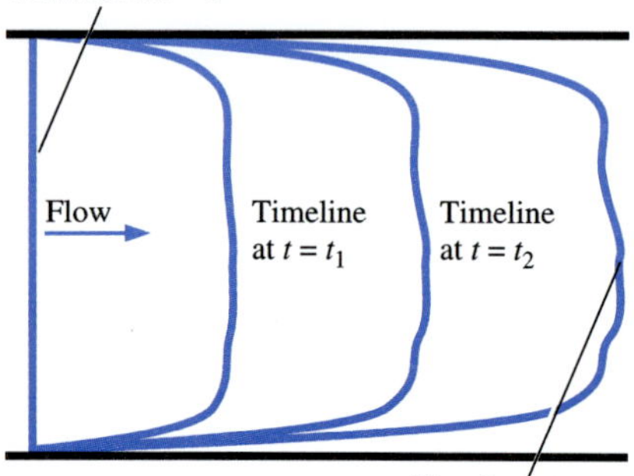

그림 4-20
시간선은 유체입자들로 구성되는 선을 표시하고, 그 선이 유동장을 따라 운동(그리고 변형)하는 것을 관찰함으로서 형성된다. 그림은 시간 t=0, t_1, t_2 및 t_3에서의 시간선이다.

시간선

시간선(timeline)이란 어느 같은 순간에 표시된 인접한 유체입자의 집합이다.

시간선은 유동의 균일성을 살펴보는 경우에 특히 유용하다. 그림 4-20은 평행한 평판 사이 유동의 시간선을 보여준다. 마찰 때문에 벽면에서의 유체속도는 영이고(점착 조건), 시간선의 위와 아래는 처음 시작 위치에 고정된다. 벽면에서 떨어진 영역에서 표시된 유체입자들은 그 곳의 속도에 따라 운동하며 시간선을 변형시킨다. 그림 4-20의 예에서 볼 수 있듯이, 중간 부분의 속도는 매우 균일하지만, 시간선이 늘어남에 따라, 작은 속도 차이는 시간에 따라 증폭된다. 실험적으로 시간선은 수동에서 **수소기포 와이어(hydrogen bubble wire)**를 이용하여 얻을 수 있다. 이 와이어에 전류를 순간적으로 통과시키면 물이 전기분해 되면서 와이어에 수소기포가 생성된다. 기포가 매우 작아서 부력은 거의 무시할 수 있으므로, 기포는 물의 유동을 따라 운동한다(그림 4-21).

표면 유동가시화 기법

끝으로, 고체표면의 유동가시화에 유용한 기법을 간략히 소개한다. 고체표면 바로 위의 유체의 유동방향은 **실타래(tufts)**라 불리는 한 쪽 끝을 고체 표면에 접합시킨 짧고 부드러운 줄을 이용하여 가시화 할 수 있다. 이러한 실타래는 특히 유동방향이 역전되는 유동박리 영역에서 유용하다.

표면 기름 가시화(surface oil visualization) 기법도 같은 목적으로 사용된다. 즉 표면에 얇게 바른 기름이 **마찰 선(friction line)**이라 부르는 줄무늬를 형성하여 유체의 유동방향을 보여준다. 독자들은 더러운 자동차에 비가 살짝 내리면 [특히 길에 소금(염화칼슘)을 뿌린 겨울철에], 자동차의 후드, 옆부분 또는 유리창에 줄무늬가 생기는 것을 본 경험이 있을 것이다. 이 현상이 바로 표면 기름 가시화 기법으로 관찰되는 것과 유사하다.

마지막으로, 압력에 민감하거나 온도에 민감한 페인트들을 이용하여 고체 표면의 압력이나 온도분포를 관찰하는 방법도 있다.

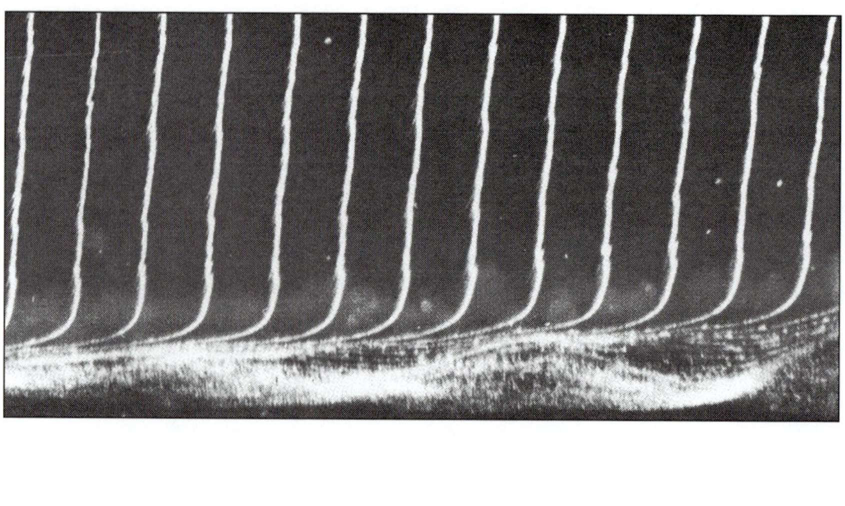

그림 4-21
수소기포 와이어에 의해 형성된 시간선이 경계층의 속도분포 형상을 가시화하기 위해 사용되었다. 유체는 왼쪽에서 오른쪽으로 유동하며, 수소기포 와이어는 그림에 보이는 유동장의 왼쪽에 놓여 있다. 벽면 부근의 기포는 난류를 유발하는 유동 불안정성을 나타낸다.

Bippes, H. 1972 Sitzungsber, Heidelb. Akad. Wiss. Math. Naturwiss. *Kl., no. 3, 103-180; NASA TM-75243, 1978.*

4-3 ▪ 와도와 회전성

다른 하나의 운동학적 상태량인 **와도 벡터(vorticity vector)**는 유체 유동을 해석하는데 매우 중요하다. 와도 벡터는 수학적으로 속도 벡터 $\vec{V}$의 curl로 정의된다.

와도 벡터: $$\vec{\zeta} = \vec{\nabla} \times \vec{V} = \text{curl}(\vec{V}) \tag{4-19}$$

물리적으로 와도 벡터의 방향은 벡터의 외적(cross product)에서와 같이 오른손 법칙을 따른다(그림 4-22). 일반적으로 와도는 제타(zeta)라고 읽는 그리스 문자 ζ로 표시한다. 이는 유체역학 교재마다 다르게 표시될 수 있으며, 경우에 따라 소문자 ω 또는 대문자 Ω로 나타내기도 한다. 이 교재에서 $\vec{\omega}$는 유체요소의 회전율 벡터(각속도 벡터)를 뜻한다. 회전율 벡터는 다음과 같이 와도 벡터의 이다.

회전율 벡터: $$\vec{\omega} = \frac{1}{2}\vec{\nabla} \times \vec{V} = \frac{1}{2}\text{curl}(\vec{V}) = \frac{\vec{\zeta}}{2} \tag{4-20}$$

따라서, **와도는 유체입자의 회전을 나타내는 척도**이다. 즉,

와도는 유체입자의 각속도의 2배이다(그림 4-23).

만약 유동장의 한 점에서의 와도가 영이 아니라면, 공간상의 그 점을 점유하게 되는 유체요소는 회전한다. 그 영역의 유동을 **회전(rotational)**이라 한다. 마찬가지로, 유동장의 한 점에서의 와도가 영이라면(또는 무시할 수 있을 정도로 작다면), 그 곳의 유체입자는 회전하지 않는다. 이러한 유동을 **비회전(irrotational)**이라 한다. 물리적으로, 유동장의 회전영역을 지나는 유체요소는 유동을 따라 운동하면서 빙글빙글 회전한다. 예를 들어, 고체면 근처 점성 경계층 내의 유체입자는 회전하는(따라서 와도가 영이 아니다) 반면, 경계층 외부의 유체요소는 회전하지 않는다(와도가 영이다). 이러한 형태가 그림 4-24에 나타나 있다.

유체요소의 회전은 후류, 경계층, 터보기계(팬, 터빈, 압축기 등)내의 유동, 그리고 열전달을 동반한 유동과 관련이 있다. 유체요소의 와도는 점성, 비균일 가열(온도 구배) 또는 다른 비균일 현상의 작용을 통하지 않고서는 변하지 않는다. 따라서 만약 비회전 영역에서 유동이 시작되었다면, 어떤 비균일 과정이 그 상태를 변하게 하지 않는 한 유동은 계속 비회전을 유지한다. 예를 들어, 어떤 입구로 들어오는 공기가 비회전이라면 그 유로에 방해물이나 비균일 가열이 없는 한 비회전을 유지한다. 만약 유동영역을 비회전으로 근사시킬 수 있다면, 9장에서 설명되는 바와 같이 운동방정식은 훨씬 간단해진다.

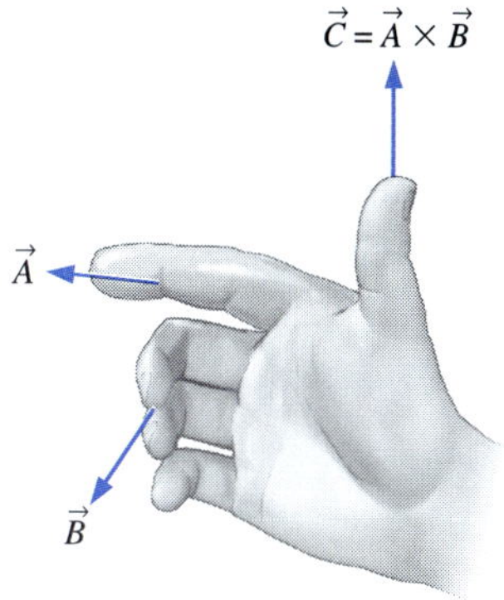

그림 4-22
벡터 외적의 방향은 오른손 법칙을 따른다.

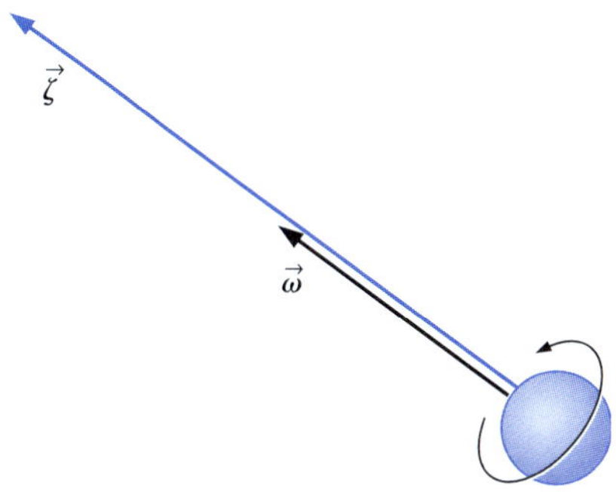

그림 4-23
와도 벡터는 회전하는 유체입자의 각속도 벡터의 두 배이다.

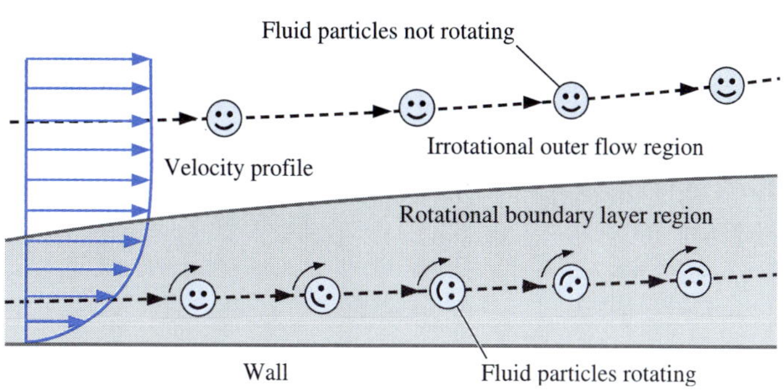

그림 4-24
회전유동과 비회전유동의 차이. 회전유동 영역의 유체요소는 회전하고, 비회전유동 영역의 유체요소는 회전하지 않는다.

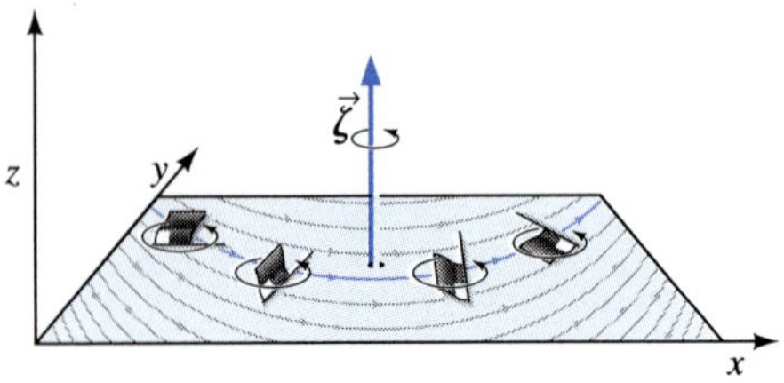

그림 4-25
xy평면 상의 2차원 유동의 경우, 와도 벡터는 항상 $+z$ 혹은 $-z$방향이다. 이 그림에서, 깃발모양의 유체요소는 xy평면에서 운동할 때 반시계 방향으로 회전한다. 그림에서 보는 바와 같이 와도는 양의 z방향이다.

직교좌표계 $(\vec{i}, \vec{j}, \vec{k})$, (x, y, z) 및 (u, v, w)에서, 식 (4-19)는 다음과 같이 표현된다.

직교좌표계의 와도 벡터:

$$\vec{\zeta} = \left(\frac{\partial w}{\partial y} - \frac{\partial v}{\partial z}\right)\vec{i} + \left(\frac{\partial u}{\partial z} - \frac{\partial w}{\partial x}\right)\vec{j} + \left(\frac{\partial v}{\partial x} - \frac{\partial u}{\partial y}\right)\vec{k} \qquad (4\text{-}21)$$

xy평면 상의 2차원 유동의 경우, 속도의 z방향 성분(w)은 영이고, u와 v는 z방향으로 변하지 않는다. 그러므로 식 (4-21)의 처음 두 항은 영이고 와도는 다음과 같이 단순화된다.

직교좌표계의 2차원 유동:

$$\vec{\zeta} = \left(\frac{\partial v}{\partial x} - \frac{\partial u}{\partial y}\right)\vec{k} \qquad (4\text{-}22)$$

xy평면 상의 2차원 유동의 경우, 와도 벡터는 $+z$ 혹은 $-z$방향임을 유의하라(그림 4-25).

예제 4-5 2차원 유동에서 회전성의 판단

정상, 비압축성, 2차원 속도장이 다음과 같이 주어져 있다.

$$\vec{V} = (u, v) = x^2\vec{i} + (-2xy - 1)\vec{j} \qquad (1)$$

이 유동이 회전유동인가 또는 비회전유동인가를 판단하라. 1 사분면에 나타나는 유선을 몇 개 그리고 그 결과를 논의하라.

풀이 주어진 속도장을 갖는 유동이 회전인지, 또는 비회전인지를 판단하고, 1 사분면에 몇 개의 유선을 그리고자 한다.

해석 유동이 2차원이므로, 식 (4-22)를 이용하여 와도를 계산한다.

와도:

$$\vec{\zeta} = \left(\frac{\partial v}{\partial x} - \frac{\partial u}{\partial y}\right)\vec{k} = (-2y - 0)\vec{k} = -2y\vec{k} \qquad (2)$$

와도가 영이 아니므로, 이 유동은 **회전**유동이다. 그림 4-26의 1 사분면에 몇 개의 유선을 도시하였다. 유체는 오른쪽 아래 방향으로 운동함을 알 수 있다. 유체요소의 병진운동과 변형도 나타나 있다. 즉, $\Delta t = 0$에서 유체요소는 정사각형이고, $\Delta t = 0.25$ s에서 유체요소는 운동하고 변형하였으며, $\Delta t = 0.50$ s에서는 더 멀리 운동하고 더 많이 변형하였다. 또한 유체요소의 가장 오른쪽 부분은 가장 왼쪽 부분에 비하여, 오른쪽으로 그리고 아래쪽으로 더 빨리 움직이므로, 주어진 유체요소를 x방향으로 신장시키고 수직 방향으로 수축시킨다. 한편 유체요소는 시계방향으로 순수 회전하며, 이는 식 (2)의 결과와 일치한다.

토의 식 (4-20)으로부터, 각 유체입자는 와도 벡터의 인 각속도 $\vec{\omega} = -y\vec{k}$로 회전한다. $\vec{\omega}$가 일정하지 않으므로, 이 유동은 강체회전이 아니며, $\vec{\omega}$는 y에 대한 선형 함수이다. 좀 더 해석을 하면 이 유동장이 비압축성임을 알 수 있다. 즉, 그림 4-26에서 서로 다른 세 순간에 짙게 표시한 면적은 동일하다.

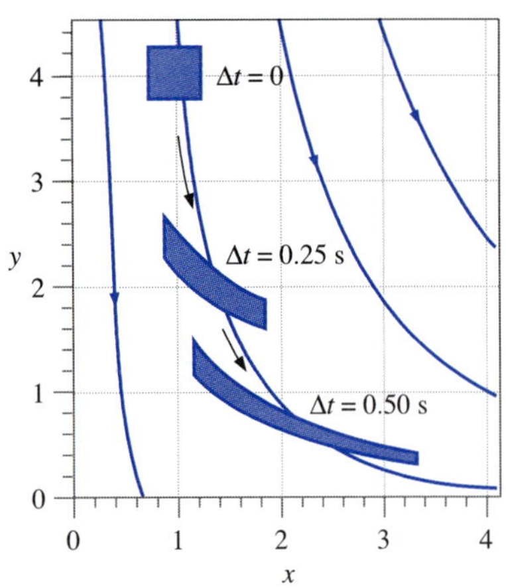

그림 4-26
예제 4-8의 속도장에 따라, 처음에 정사각형인 유체요소의 0.25 s 및 0.50 s 후의 변형. 1 사분면에 몇 개의 유선들도 도시하였다. 이 유동은 회전유동임이 명백하다.

원통좌표계 $(\vec{e}_r, \vec{e}_\theta, \vec{e}_z)$, (r, θ, z) 및 (u_r, u_θ, u_z)에서, 식 (4-19)는 다음과 같이 표현된다.

원통좌표계의 와도 벡터:

$$\vec{\zeta} = \left(\frac{1}{r}\frac{\partial u_z}{\partial \theta} - \frac{\partial u_\theta}{\partial z}\right)\vec{e}_r + \left(\frac{\partial u_r}{\partial z} - \frac{\partial u_z}{\partial r}\right)\vec{e}_\theta + \frac{1}{r}\left(\frac{\partial (r u_\theta)}{\partial r} - \frac{\partial u_r}{\partial \theta}\right)\vec{e}_z \quad (4\text{-}23)$$

$r\theta$ 평면의 2차원 유동의 경우, 식 (4-23)은 다음과 같이 된다.

원통좌표계의 2차원 유동:

$$\vec{\zeta} = \frac{1}{r}\left(\frac{\partial (r u_\theta)}{\partial r} - \frac{\partial u_r}{\partial \theta}\right)\vec{k} \quad (4\text{-}24)$$

여기서 $\vec{k}$는 z방향의 단위벡터이며 $\vec{e}_z$ 대신 쓰였다. $r\theta$ 평면에서 2차원 유동이므로, 와도 벡터는 $+z$ 혹은 $-z$방향임을 유의하라(그림 4-27).

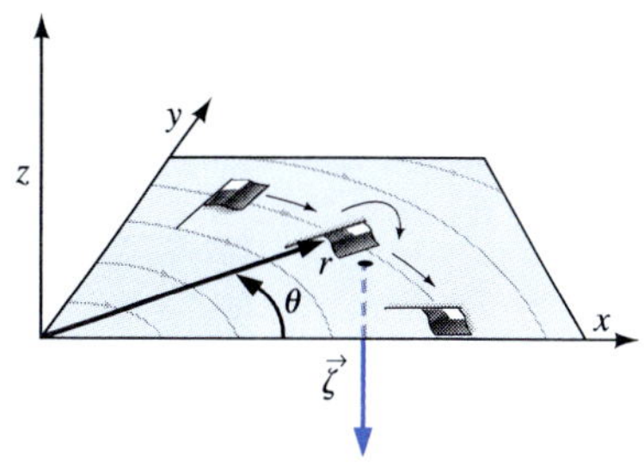

그림 4-27
$r\theta$ 평면의 2차원 유동인 경우, 와도 벡터는 항상 z(또는 $-z$)방향이다. 이 그림에서, 깃발모양의 유체입자는 $r\theta$ 평면에서 운동할 때 시계방향으로 회전한다. 그림에서 보는 바와 같이 와도는 $-z$방향이다.

두 가지 원형 유동의 비교

원형의 유선 모양을 갖는 모든 유동이 회전유동은 아니다. 이를 설명하기 위하여, $r\theta$ 평면에서 유선이 원형인 두 개의 비압축성, 정상, 2차원 유동을 고려하자.

유동 *A*-강체회전: $\quad u_r = 0 \quad$ 그리고 $\quad u_\theta = \omega r \quad$ (4-25)

유동 *B*-선 와류(line vortex): $\quad u_r = 0 \quad$ 그리고 $\quad u_\theta = \dfrac{K}{r} \quad$ (4-26)

위 식에서 ω와 K는 상수이다[식 (4-26)에서, $r = 0$일 때 u_θ는 무한대이며 이는 물리적으로 불가능하다. 따라서 원점 부근의 영역은 고려하지 않는다]. 두 경우 모두 반경방향의 속도성분은 영이므로, 유선은 원점을 중심으로 한 원형이다. 이 두 유동의 유선과 속도분포가 그림 4-28에 도시되어 있다. 식 (4-24)를 이용하여, 각각의 유동에 대한 와도장을 계산하여 비교해 보자.

유동 *A*-강체회전:

$$\vec{\zeta} = \frac{1}{r}\left(\frac{\partial (\omega r^2)}{\partial r} - 0\right)\vec{k} = 2\omega\vec{k} \quad (4\text{-}27)$$

유동 *B*-선 와류(line vortex):

$$\vec{\zeta} = \frac{1}{r}\left(\frac{\partial (K)}{\partial r} - 0\right)\vec{k} = 0 \quad (4\text{-}28)$$

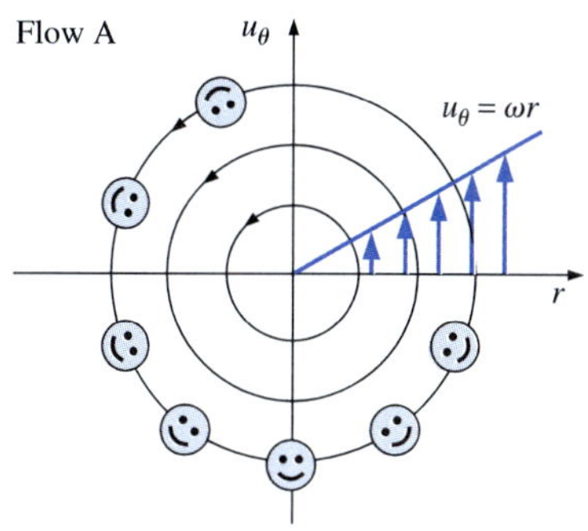

(a)

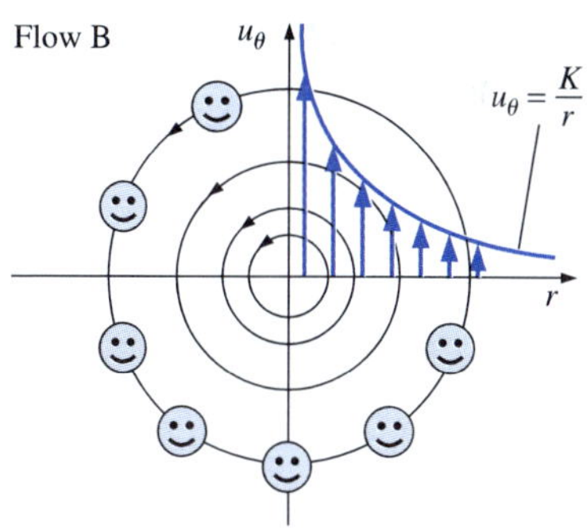

(b)

그림 4-28
유선과 속도분포. (a) 유동 A-강체회전, (b) 유동 B-선 와류. 유동 A는 회전유동이지만, 유동 B는 원점을 제외한 모든 곳에서 비회전유동이다.

강체회전의 경우 와도는 영이 아니다. 이때 와도는 각속도의 두 배이며 같은 방향을 향한다[이는 식 (4-20)과 일치한다]. 따라서 **유동 *A*는 회전유동이다**. 이는 물리적으로 원점을 기준으로 원형유동할 때 모든 유체요소들은 회전함을 의미한다(그림 4-28a). 반면, 선 와류의 와도는 모든 곳에서 영이다(수학적으로 특이점인 원점은 제외). 따라서 **유동 *B*는 비회전유동이다**. 이는 물리적으로 원점을 기준으로 원형유동할 때 모든 유체요소들은 회전하지 않음을 의미한다(그림 4-28b).

유동 A와 회전목마(merry-go-round), 유동 B와 회전관람차(Ferri wheel)의 유사성을 살펴보자(그림 4-29). 어린이들이 회전목마를 타고 돌 때, 어린이들은 회전목마와 동일한 각속도로 회전한다. 이는 회전유동과 유사하다. 반면, 회전관람차의 어린이는 원형으로 돌면서 항상 위쪽 방향을 향한다. 이는 비회전유동과 유사하다.

(a)

(b)

그림 4-29
간단한 유사성의 예. (a) 원형(circular) 회전유동은 회전목마와 유사한 반면, (b) 원형 비회전유동은 회전관람차와 유사하다.
(a) Tony Freeman/Photo Edit; (b) © Getty RF.

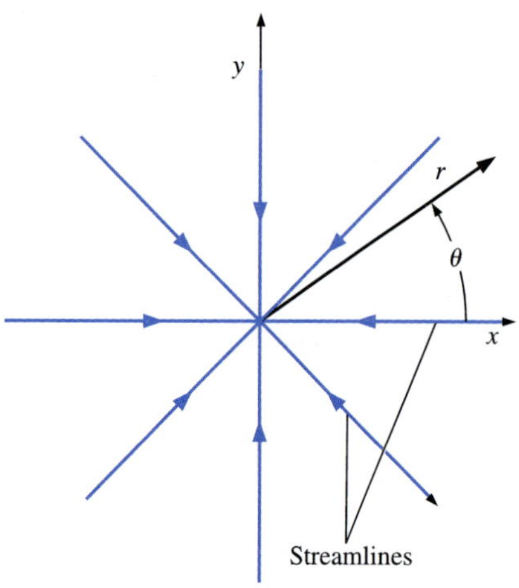

그림 4-30
선 싱크의 $r\theta$ 평면에서의 유선.

예제 4-6 선 싱크(line sink)의 회전

선 싱크는 z 방향의 한 선을 따라 유체가 흡입되는 유동을 나타내는 2차원 속도장이다. z 방향으로 단위 길이당 체적유량 $\dot{V}/L$이 주어져 있다고 하자(여기서 $\dot{V}$는 음의 값을 갖는다). $r\theta$ 평면 상의 2차원 유동의 경우, 속도 분포는 다음과 같다.

선 싱크: $$u_r = \frac{\dot{V}}{2\pi L}\frac{1}{r} \quad \text{그리고} \quad u_\theta = 0 \tag{1}$$

이 유동의 유선을 몇 개 도시하고 와도를 계산하라. 이 유동이 회전유동인지 아니면 비회전유동인지를 판단하라.

풀이 주어진 유동장의 유선을 몇 개 도시하고, 유동장의 회전성 여부를 판단하고자 한다.

해석 반경방향의 유동만 존재하고 접선방향의 유동은 없으므로, 유선은 원점을 향하는 직선임을 판단할 수 있다. 그림 4-30에 몇 개의 유선이 도시되어 있으며, 식 (4-24)를 이용하여 와도를 계산한다.

$$\vec{\zeta} = \frac{1}{r}\left(\frac{\partial(ru_\theta)}{\partial r} - \frac{\partial}{\partial \theta}u_r\right)\vec{k} = \frac{1}{r}\left(0 - \frac{\partial}{\partial \theta}\left(\frac{\dot{V}}{2\pi L}\frac{1}{r}\right)\right)\vec{k} = 0 \tag{2}$$

와도 벡터가 모든 곳에서 영이므로, 유동장은 비회전유동이다.

토의 흡입(suction)과 관련된 실제 유동장의 예는 입구와 후드(hood)로 들어가는 유동에서 찾아볼 수 있으며, 이 경우 유동을 비회전으로 가정하여 매우 정확하게 근사화할 수 있다(Heinsohn과 Cimbala, 2003).

4-4 ▪ Reynolds 수송정리

열역학 및 고체역학에서 많은 경우 일정한 질량을 가지는 물질의 집합체로 정의되는 **시스템**(또는 **폐쇄 시스템**)을 이용하여 해석하였다. 유체역학에서는 해석을 위해 선택한 공간상의 영역으로 정의되는 **검사체적(control volume)** 또는 **개방 시스템(open system)**으로 해석하는 것이 일반적이다. 시스템의 크기와 모양은 변할 수 있으나, 질량은 시스템의 경계를 통과할 수 없다. 반면, 검사체적에서 질량은 **검사면(control surface)**이라 불리는 검사체적의 경계를 출입할 수 있다. 검사체적은 움직이거나 변형할 수 있으나, 실제 적용에서는 움직이지 않고 변형하지도 않는 경우가 많다.

그림 4-31에 분무통에서 방취제가 분무되는 경우의 시스템과 검사체적을 나타내었다. 이러한 분무과정을 해석할 때, 움직이고 변형하는 유체(시스템) 혹은 분무통의 내면을 경계로 하는 체적(검사체적)을 선택할 수 있다. 방취제를 분무하기 전에는 두 선택이 동일하다. 방취제가 분무되면, 시스템 해석에서는 분무된 질량도 시스템의 일부로 간주하고 이를 계속 추적한다(실제로 이는 매우 어려운 일이다). 따라서 이때 시스템의 질량은 일정하다. 개념적으로, 분무통의 노즐에 풍선을 달고 분무되는 방취제가 풍선을 팽창시키는 과정을 생각하면 풍선 내면은 시스템 경계의 일부가 된다. 그러나 검사체적 해석에서는, 분무통에서 분무된 방취제는 전혀 고려하지 않으며(출구에서의 방취제의 상태량을 제외하고), 따라서 검사체적의 질량은 감소하지만 체적은 변하지 않는다. 따라서 시스템 해석에서는 분무과정을 시스템 체적의 팽창으로 취급하지만, 검사체적 해석에서는 분무과정을 고정된 검사체적의 검사면을 통한 유체의 유출로 간주한다.

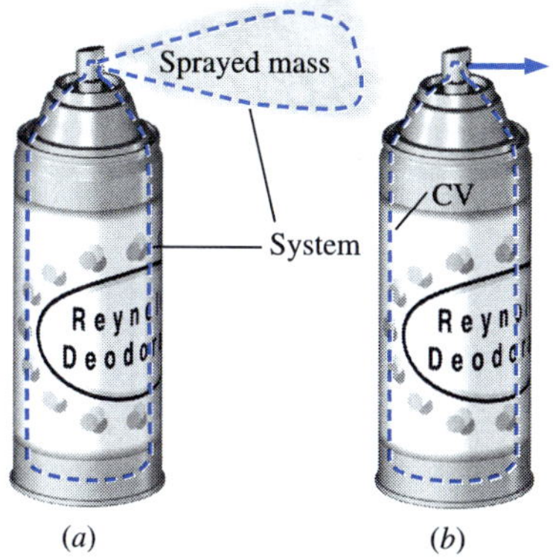

그림 4-31
분무통에서 방취제가 분무되는 과정을 해석하는 두 가지 방법. (a) 운동하며 변형하는 유체를 계속 추적한다. 이는 **시스템 접근방법**이며, 시스템의 경계로 질량이 출입할 수 없고 따라서 시스템의 질량은 일정하다. (b) 분무통 내부의 고정된 체적을 고려한다. 이는 **검사체적 접근방법**이며, 검사체적의 경계로 질량이 출입할 수 있다.

유체역학에서 대부분의 법칙들은 고체역학의 이론을 적용한다. 고체역학에서 종량적 상태량(extensive property)의 시간변화율을 다루는 물리법칙들은 시스템에 대해 적용한 것들이다. 그러나 일반적으로 유체역학에서는 검사체적 방법이 편리하므로, 검사체적의 변화와 시스템의 변화 사이의 관계를 알아야 한다. 시스템과 검사체적에서의 종량적 상태량의 시간변화율들의 관계식을 **Reynolds 수송정리(Reynolds transport theorem, RTT)**라 하며, 이는 시스템과 검사체적 간의 고리 역할을 한다(그림 4-32). RTT는 유체역학의 발전에 많은 공헌을 한 영국 엔지니어 Osborne Reynolds(1842-1912)의 이름을 딴 것이다.

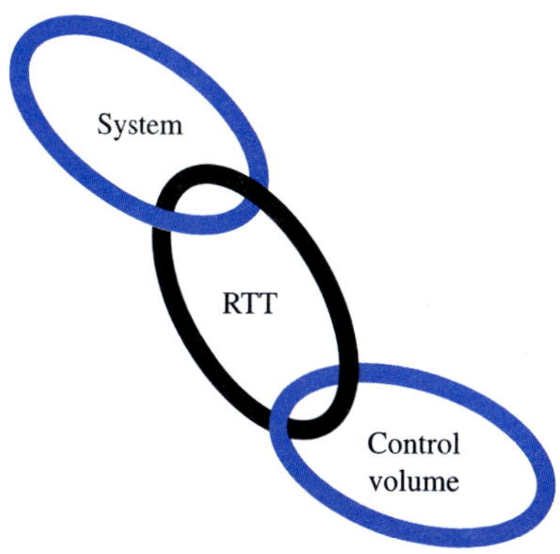

그림 4-32
Reynolds 수송정리(RTT)는 시스템 접근방법과 검사체적 접근방법 간의 고리 역할을 한다.

Reynolds 수송정리의 일반적인 형태는 임의의 모양을 가진 시스템으로부터 유도할 수 있지만 유도과정이 다소 복잡하다. 따라서 이 정리의 기본 의미를 이해하기 위하여 단순한 기하학적인 형상에서 RTT를 유도하고 그 결과를 일반화하도록 한다.

그림 4-33에 도시된 바와 같이 유동장의 확대부분을 왼쪽에서 오른쪽으로 흐르는 유동을 고려하자. 대상 유체의 위 아래 경계는 유동의 **유선**이고, 이 유선 사이의 임의의 단면을 통과하는 유동은 균일하다고 가정하자. 유동장의 (1)과 (2) 사이에 고정되어 있는 검사체적을 생각하자. 여기서 (1)과 (2)는 유동방향에 수직이다. 어떤 초기순간 t에서, 시스템과 검사체적은 일치하며 따라서 동일하다(그림 4-33의 파란색의 진한 영역). Δt 시간 동안, 시스템은 단면 (1)에서는 균일 속도 V_1으로, 단면 (2)에서는 V_2로 유동방향으로 움직인다. Δt 시간 이후의 시스템은 빗금친 영역이다. 시스템이 빠져나간 부분은 영역 I(검사체적의 일부분)로, 시스템이 차지한 새 영역은 II(검사체적의 일부가 아님)로 표시한다. 그러므로 시간 $t+\Delta t$에서, 시스템은 동일한 유체로 구성되며, 영역 CV − I + II를 점유한다. 검사체적은 공간상에 고정되어 있고, 모든 시간 동안 CV로 표시한 진한 영역이다.

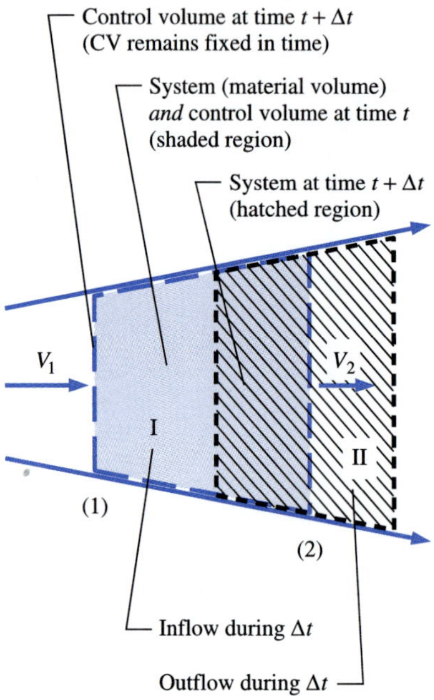

그림 4-33
시간 t와 $t+\Delta t$에서, 유동장의 확대부분 내부에서 운동하는 **시스템**(빗금 친 영역)과 고정된 **검사체적**(진한 영역). 영역의 위-아래 경계는 유동의 유선이다.

B는 종량적 상태량(질량, 운동량, 에너지 등)을 나타내고, $b = B/m$를 이에 대응하는 강성적 상태량(intensive property)이라 하자. 종량적 상태량은 더할 수 있으므로, 시간 t와 $t+\Delta t$에서 시스템의 종량적 상태량 B는 다음과 같이 표현할 수 있다.

$$B_{\text{sys},\,t} = B_{\text{CV},\,t} \qquad \text{(시간 } t\text{에서 시스템과 CV는 일치)}$$
$$B_{\text{sys},\,t+\Delta t} = B_{\text{CV},\,t+\Delta t} - B_{\text{I},\,t+\Delta t} + B_{\text{II},\,t+\Delta t}$$

두 번째 식에서 첫 번째 식을 빼고, Δt로 나누면 다음 식이 얻어진다.

$$\frac{B_{\text{sys},\,t+\Delta t} - B_{\text{sys},\,t}}{\Delta t} = \frac{B_{\text{CV},\,t+\Delta t} - B_{\text{CV},\,t}}{\Delta t} - \frac{B_{\text{I},\,t+\Delta t}}{\Delta t} + \frac{B_{\text{II},\,t+\Delta t}}{\Delta t}$$

극한 $\Delta t \to 0$을 취하고, 도함수의 정의를 이용하여 다음 식을 얻는다.

$$\frac{dB_{\text{sys}}}{dt} = \frac{dB_{\text{CV}}}{dt} - \dot{B}_{\text{in}} + \dot{B}_{\text{out}} \tag{4-29}$$

또는,

$$\frac{dB_{\text{sys}}}{dt} = \frac{dB_{\text{CV}}}{dt} - b_1\rho_1 V_1 A_1 + b_2\rho_2 V_2 A_2$$

왜냐 하면

$$B_{\text{I},\,t+\Delta t} = b_1 m_{\text{I},\,t+\Delta t} = b_1\rho_1 V_{\text{I},\,t+\Delta t} = b_1\rho_1 V_1\,\Delta t\,A_1$$
$$B_{\text{II},\,t+\Delta t} = b_2 m_{\text{II},\,t+\Delta t} = b_2\rho_2 V_{\text{II},\,t+\Delta t} = b_2\rho_2 V_2\,\Delta t\,A_2$$

이고, 또한

$$\dot{B}_{\text{in}} = \dot{B}_{\text{I}} = \lim_{\Delta t\to 0}\frac{B_{\text{I},\,t+\Delta t}}{\Delta t} = \lim_{\Delta t\to 0}\frac{b_1\rho_1 V_1\,\Delta t\,A_1}{\Delta t} = b_1\rho_1 V_1 A_1$$
$$\dot{B}_{\text{out}} = \dot{B}_{\text{II}} = \lim_{\Delta t\to 0}\frac{B_{\text{II},\,t+\Delta t}}{\Delta t} = \lim_{\Delta t\to 0}\frac{b_2\rho_2 V_2\,\Delta t\,A_2}{\Delta t} = b_2\rho_2 V_2 A_2$$

이기 때문이다. 이 식에서 A_1과 A_2는 위치 1과 2에서의 단면적이다. 식 (4-29)는 **시스템의 상태량 B의 시간변화율은 검사체적의 상태량 B의 시간변화율과 검사체적으로부터의 B의 순수 유출률(net flux)을 더한 것과 같다**는 것을 의미한다. 즉, 이 식은 시스템 상태량의 시간변화율과 검사체적 상태량의 시간변화율 간의 관계식이다. 식 (4-29)는 어느 순간에도 적용할 수 있으며, 그 순간에는 시스템과 검사체적이 동일한 공간을 점유한다고 가정한다.

그림 4-33의 경우, 입출구가 각 한 개씩이고 (1)과 (2)에서의 속도는 단면에 수직이므로, 상태량 B의 유입률(influx)과 유출률(outflux)은 쉽게 계산할 수 있다. 그러나 일반적으로 입출구는 여러 개씩이고, 속도도 단면에 수직이 아닌 경우가 많다. 또한 속도가 균일하지 않은 경우도 있다. 따라서, 일반식을 유도하기 위하여 검사면의 미소면적 dA와 **외향 단위 수직벡터(unit outer normal)** $\vec{n}$을 고려하자. 내적 $\vec{V}\cdot\vec{n}$은 속도의 수직성분이므로, dA를 통과하는 상태량 b의 유동률은 $\rho b\vec{V}\cdot\vec{n}dA$이다. 따라서, 전체 검사면의 순수 유출률은 이를 적분하여 다음 식을 얻는다(그림 4-34).

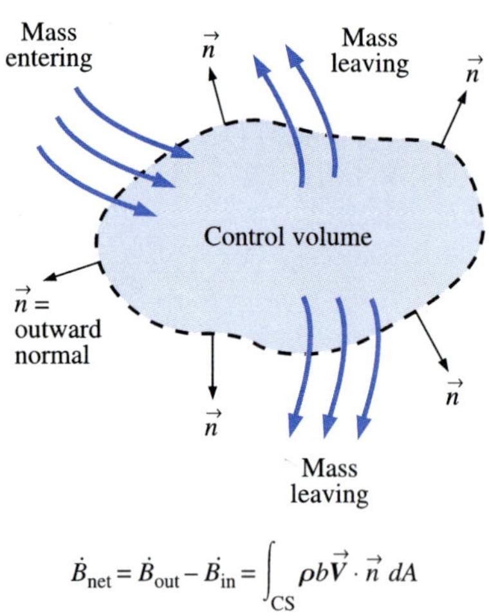

그림 4-34
검사면에 대하여 $\rho b\vec{V}\cdot\vec{n}dA$를 적분하여, 검사체적으로부터 단위시간당 상태량 B의 순수 유출량을 계산한다(값이 음이면 검사체적으로의 유입을 의미한다).

$$\dot{B}_{\text{net}} = \dot{B}_{\text{out}} - \dot{B}_{\text{in}} = \int_{\text{CS}} \rho b \vec{V} \cdot \vec{n}\, dA \quad (\text{음이면 유입}) \tag{4-30}$$

바로 다음에 설명하겠지만, 이 관계식에서는 유출량으로부터 유입량이 자동적으로 제거되어 있다. 검사면의 한 점에서의 속도벡터와 외향 단위 수직벡터와의 내적은 $\vec{V} \cdot \vec{n} = |\vec{V}||\vec{n}|\cos\theta = |\vec{V}|\cos\theta$ 이다. 그림 4-35에 도시된 바와 같이, θ는 속도벡터와 외향 단위 수직벡터가 이루는 각도이다. $\theta < 90°$ 일 때 $\cos\theta > 0$ 이므로, 따라서 검사체적에서 질량이 유출할 때 $\vec{V} \cdot \vec{n} > 0$이다. 반면 $\theta > 90°$ 일 때 $\cos\theta < 0$이므로, 검사체적으로 질량이 유입할 때 $\vec{V} \cdot \vec{n} < 0$이다. 따라서 검사체적에서 질량이 유출할 때 $\rho b \vec{V} \cdot \vec{n}\, dA$는 양이고 검사체적으로 질량이 유입할 때에는 음이므로, 전체 검사면을 따라 적분하면 상태량 B의 순수 유출률을 구할 수 있다.

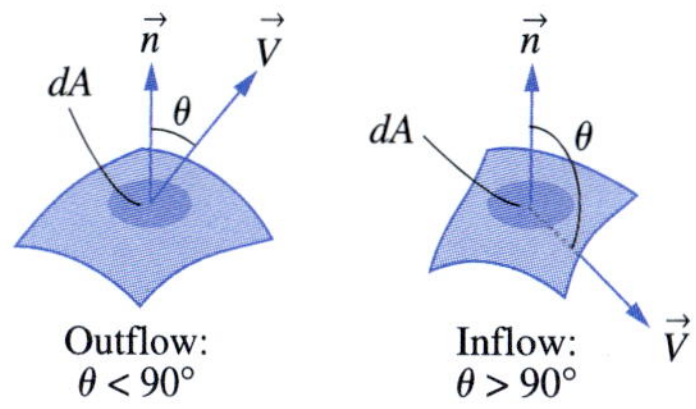

그림 4-35
검사면의 미소면적을 통한 질량의 유출 및 유입.

일반적으로 검사체적 안의 상태량은 위치에 따라 다르다. 이러한 경우 검사체적 내부의 상태량 B의 총량은 다음 식과 같이 적분하여 계산하여야 한다.

$$B_{\text{CV}} = \int_{\text{CV}} \rho b \, dV \tag{4-31}$$

따라서 식 (4-29)의 dB_{CV}/dt 항은 $\frac{d}{dt}\int_{\text{CV}} \rho b\, dV$ 이고, 이는 검사체적 안의 상태량 B의 시간변화율이다. dB_{CV}/dt의 값이 양이면 B의 양이 증가, 음이면 감소함을 의미한다. 식 (4-30)과 (4-41)을 식 (4-29)에 대입하면 다음과 같은 고정된 검사체적에 대한 Reynolds 수송정리, 즉, **시스템-검사체적 간의 변환식**을 얻는다.

***RTT*, 고정 검사체적:**

$$\frac{dB_{\text{sys}}}{dt} = \frac{d}{dt}\int_{\text{CV}} \rho b\, dV + \int_{\text{CS}} \rho b \vec{V} \cdot \vec{n}\, dA \tag{4-32}$$

검사체적이 움직이거나 시간에 따라 변형하지 않으므로, 식 우변의 시간 도함수를 적분기호 안으로 이동시킬 수 있다. 왜냐하면 적분영역이 시간에 따라 변하지 않기 때문이다(즉, 미분 및 적분의 순서는 무관하다). 그러나 밀도와 b가 검사체적 내의 위치에 따라 다를 수 있으므로, 시간 도함수는 편미분($\partial/\partial t$)의 형태로 표시하여야 한다. 따라서 고정된 검사체적에 대한 Reynolds 수송정리를 다음과 같이 또 다른 형태로 나타낼 수도 있다.

또 다른 형태의 *RTT*, 고정 검사체적:

$$\frac{dB_{\text{sys}}}{dt} = \int_{\text{CV}} \frac{\partial}{\partial t}(\rho b)\, dV + \int_{\text{CS}} \rho b \vec{V} \cdot \vec{n}\, dA \tag{4-33}$$

속도 벡터 $\vec{V}$가 절대속도(고정된 좌표축에 대한)라면, 식 (4-33)은 가장 일반적인 경우, 즉, 움직이고(혹은 움직이거나) 변형하는 검사체적에도 적용할 수 있다.

식 (4-32)는 **고정된** 검사체적에 대해 유도하였다. 그러나 터빈이나 프로펠러의 블레이드와 같이 실제 많은 시스템의 검사체적은 고정되어 있지 않다. 다행히 이러한 경우에는, 식 (4-32)의 마지막 항의 유체 절대속도 $\vec{V}$를 **상대속도** $\vec{V}_r$로 대체하면, **움직이고(혹은 움직이거나) 변형하는** 검사체적에도 식 (4-32)를 적용할 수 있다.

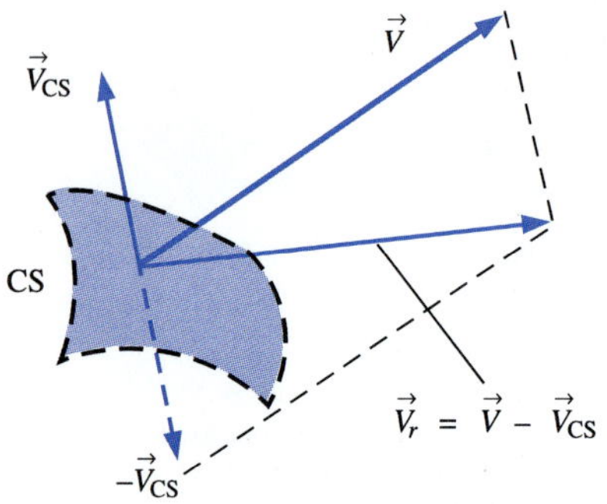

그림 4-36
검사면을 통과하는 유체의 **상대속도**는 유체의 절대속도와 검사면 속도의 반대방향 벡터의 합이다.

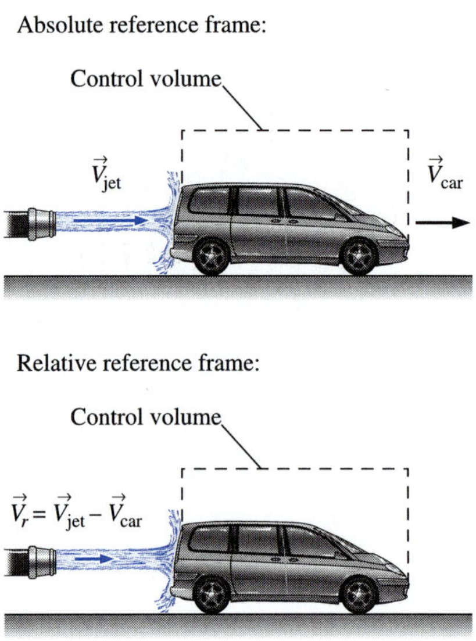

그림 4-37
일정한 속도로 움직이는 검사체적에 적용한 Reynolds 수송정리.

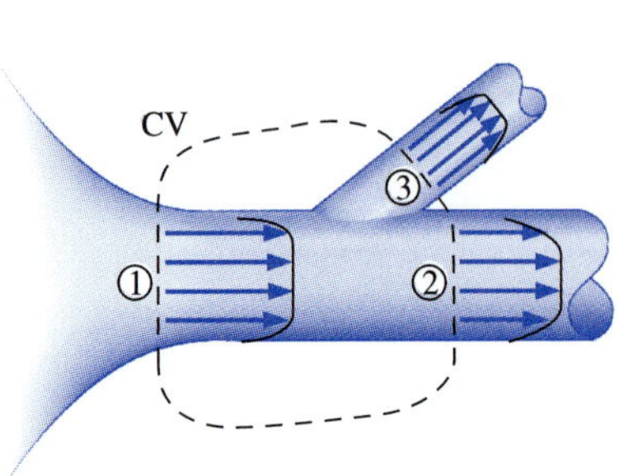

그림 4-38
한 개의 입구(1) 및 두 개의 출구(2와 3)를 갖는 검사체적의 예. 이러한 경우에는 각각의 입구 및 출구를 지나는 유체 상태량 평균값을 이용하여 RTT의 면적 적분을 계산한다.

상대속도: $$\vec{V}_r = \vec{V} - \vec{V}_{CS} \quad (4\text{-}34)$$

이 식에서 $\vec{V}_{CS}$는 검사면의 국소속도이다(그림 4-36). 따라서 가장 일반적인 형태의 Reynolds 수송정리는 다음과 같다.

***RTT*, 움직이는 검사체적:** $$\frac{dB_{sys}}{dt} = \frac{d}{dt}\int_{CV} \rho b \, dV + \int_{CS} \rho b \vec{V}_r \cdot \vec{n} \, dA \quad (4\text{-}35)$$

움직이고(혹은 움직이거나) 변형하는 검사체적의 경우, 시간도함수는 식 (4-35)와 같이 적분 후에 계산하여야 한다. 움직이는 검사체적의 한 예로, $\vec{V}_{car} =$ 10 km/h의 절대속도로 오른쪽으로 움직이는 장난감 자동차를 고려해 보자. 고속의 물 제트(절대속도 $= \vec{V}_{jet} =$ 25 km/h, 오른쪽 방향)가 자동차의 후면에 충돌하여 자동차를 추진시킨다고 하자(그림 4-37). 자동차 주변을 검사체적으로 하면, 상대속도는 오른쪽 방향으로 $\vec{V}_r = 25 - 10 = 15$ km/h이다. 이는 관찰자가 검사체적과 함께 움직이며(자동차와 함께 움직이며) 관찰할 때, 검사면을 통과하는 유체의 속도이다. 다시 말하면, $\vec{V}_r$은 검사체적과 함께 움직이는 좌표축에 상대적으로 나타낸 유체속도이다.

정상유동의 경우, 검사체적 안의 상태량 B는 시간에 따라 변하지 않으므로 식 (4-35)의 시간도함수는 영이고 Reynolds 수송정리는 다음과 같이 단순화된다.

***RTT*, 정상유동:** $$\frac{dB_{sys}}{dt} = \int_{CS} \rho b \vec{V}_r \cdot \vec{n} \, dA \quad (4\text{-}36)$$

시스템의 상태량 B는 검사체적의 경우와는 달리 정상유동에서도 시간에 따라 변화할 수 있음에 유의하라. 단, 이 경우 그 변화는 검사면을 통과하는 질량에 의하여 전달된 순수상태량과 같아야 한다(비정상효과가 아닌 대류효과).

많은 실제 공학문제에서, 유체는 여러 개의 입구 및 출구를 갖는 검사체적을 출입한다(그림 4-38). 이러한 경우에는 각각의 입출구를 지나는 검사면을 적용하고, 각각의 입구 및 출구에서의 유체 상태량의 평균값을 이용하여 식 (4-35)의 면적 적분을 대수식으로 근사화한다. ρ_{avg}, b_{avg} 및 $V_{r,\,avg}$를 각각 단면적이 A인 입구나 출구를 지나는 ρ, b 및 V_r의 평균값으로 정의한다(예를 들어, $b_{avg} = \frac{1}{A}\int_A b \, dA$). 이때 RTT의 면적 적분(식 4-35)의 상태량 b를 적분 밖으로 꺼내어 다음 식과 같이 b의 평균값으로 근사화할 수 있다.

$$\int_A \rho b \vec{V}_r \cdot \vec{n} \, dA \cong b_{avg} \int_A \rho \vec{V}_r \cdot \vec{n} \, dA = b_{avg} \dot{m}_r$$

위 식에서 $\dot{m}_r$은 (움직이는)검사면에 상대적으로 입출구를 통과하는 질량유량이다. 상태량 b가 단면적 A 전체에서 균일하면, 위 근사는 엄밀하게(exact) 된다. 따라서 식 (4-35)는 다음과 같이 나타낼 수 있다.

$$\frac{dB_{sys}}{dt} = \frac{d}{dt}\int_{CV} \rho b \, dV + \sum_{out} \underbrace{\dot{m}_r b_{avg}}_{\text{for each outlet}} - \sum_{in} \underbrace{\dot{m}_r b_{avg}}_{\text{for each inlet}} \quad (4\text{-}37)$$

어떤 경우에는 식 (4-37)에서 질량유량 대신 체적유량을 사용할 때도 있다. 이때는 $\dot{m}_r \approx \rho_{avg}\dot{V} = \rho_{avg}V_{r,\,avg}A$ 이다. 유체 밀도 ρ가 단면적 A에 대하여 균일하면 이 근사는 엄밀하게 된다. 따라서 식 (4-37)은 다음의 식으로 표현된다.

입출구가 다수일 때 *RTT*의 근사식:

$$\frac{dB_{sys}}{dt} = \frac{d}{dt}\int_{CV} \rho b\, dV + \sum_{out} \underbrace{\rho_{avg} b_{avg} V_{r,\,avg} A}_{\text{for each outlet}} - \sum_{in} \underbrace{\rho_{avg} b_{avg} V_{r,avg} A}_{\text{for each inlet}} \quad (4\text{-}38)$$

이러한 근사는 해석을 크게 단순화할 수는 있지만, 항상 정확한 것은 아니다. 특히 입출구에서의 속도분포가 아주 균일하지 않을 때(예를 들어 파이프 유동, 그림 4-38) 더욱 그러하다. 특히 면적 적분은 상태량 b가 속도를 포함할 때(일례로, RTT를 선형운동량 방정식에 적용할 때, $b = \vec{V}$) 비선형이 되고, 그때 식 (4-38)의 근사는 오차를 발생하게 한다. 그러나 5장 및 6장에서 설명되는 바와 같이 식 (4-38)에 **보정계수(correction factor)**를 도입하여 이 오차를 제거할 수 있다.

식 (4-37) 및 (4-38)은 고정된 혹은 움직이는 검사체적에 적용할 수 있는데, 앞서 설명하였듯이, 움직이는 검사체적의 경우에는 반드시 **상대속도**를 사용하여야 한다. 예를 들어 식 (4-37)의 질량유량 $\dot{m}_r$은 (움직이는) 검사면에 상대적이고, 따라서 하첨자 r을 사용하였다.

물질도함수를 스칼라나 벡터에 무관하게 모든 유체의 상태량에 적용할 수 있듯이, Reynolds 수송정리도 마찬가지이다. 5장 및 6장에서는 Reynolds 수송정리의 매개변수 B에 질량, 에너지, 운동량 및 각운동량을 대입하여, 질량 보존, 에너지 보존, 운동량 보존 및 각운동량 보존에 관한 식들을 각각 유도하게 된다. 이렇게 하여 기본적인 시스템 보존법칙들(Lagrange 관점)을 검사체적 해석에 유용한 보존법칙들(Euler 관점)로 쉽게 변환할 수 있다.

요약 *SUMMARY*

유체운동학에서는 유체의 운동을 표현하는 방법을 다루며, 운동과 관련된 힘을 반드시 고려할 필요는 없다. 유체의 운동은 **Lagrange 방법**과 **Euler 방법** 등 기본적으로 두 가지 방법으로 기술한다. Lagrange 기술방법은 개별 유체입자 또는 유체덩어리를 추적하는 반면, Euler 기술방법에서는 유체가 출입하는 **검사체적**을 정의한다. 극소의 유체입자인 경우에는 **물질 도함수**를, 유한체적의 시스템의 경우에는 **Reynolds 수송정리**(RTT)를 각각 이용하여, 운동방정식을 Lagrange 방법에서 Euler 방법으로 변환한다. 유체의 종량적 상태량 B와 이에 대응하는 강성적 상태량 b에 대하여 다음 식이 성립한다.

물질 도함수:

$$\frac{Db}{Dt} = \frac{\partial b}{\partial t} + (\vec{V}\cdot\vec{\nabla})b$$

일반 형태의 *RTT*, 움직이는 검사체적:

$$\frac{dB_{sys}}{dt} = \int_{CV} \frac{\partial}{\partial t}(\rho b)\, dV + \int_{CS} \rho b \vec{V}\cdot\vec{n}\, dA$$

두 방정식 모두, 특정한 유체 또는 시스템을 추적하며 해석할 때 상태량의 총변화는 **국소**(비정상) 부분 및 **대류**(운동)부분 등 두 부분으로 구성된다.

유동장을 가시화하고 해석하는 방법은 **유선**, **유맥선**, **유적선**, **시간선**, **표면 이미징** 등 여러 가지가 있다. 이 장에서 이러한 모든 방법을 정의하고 실례를 보였다. 일반적인 비정상유동의 경우, 유선, 유맥선 및 유적선은 서로 다르나, **정상유동의 경우에는 유선, 유맥선 및 유적선이 서로 일치한다.**

와도는 유체입자의 **회전성**을 나타내는 유체 유동의 상태량이다.

와도 벡터: $\vec{\zeta} = \vec{\nabla}\times\vec{V} = \text{curl}(\vec{V}) = 2\vec{\omega}$

어떤 영역에서 와도가 영이면, 그 유동 영역은 **비회전**이다.

이 장에서 공부한 개념들은 이 교재의 후반에도 계속 사용된다. 5장과 6장에서 보존법칙을 폐쇄 시스템으로부터 검사체적으로 변환할 때 RTT를 사용한다. 와도와 비회전성은 10장에서 보다 자세히 다루며, 여기서 비회전 근사를 통하여 유체 유동을 훨씬 쉽게 해석할 수 있다는 것을 보여준다.

참고문헌과 권장도서 REFERENCES AND SUGGESTED READING

1. R. J. Adrian. "Particle-Imaging Technique for Experimental Fluid Mechanics," *Annual Reviews in Fluid Mechanics*, 23, pp. 261-304, 1991.
2. P. K. Kundu and I. M. Cohen. *Fluid Mechanics*. Ed. 4, London, England: Elsevier Inc. 2008.
3. W. Merzkirch. *Flow Visualization*, 2nd ed. Orlando, FL: Academic Press, 1987.
4. M. Van Dyke. *An Album of Fluid Motion*. Stanford, CA: The Parabolic Press, 1982.
5. F. M. White. *Viscous Fluid Flow*, 2nd ed. New York: McGraw-Hill, 1991.

연습문제* PROBLEMS

개요문제

4-1C **운동학**이란 단어는 무엇을 의미하는가? **유체 운동학**에서는 무엇을 연구하는가?

4-2 축대칭인 정원용 호스의 노즐을 통과하는 물의 정상유동을 고려하자(그림 P4-2). 그림에 보이듯이, 노즐의 중심축을 따라 물의 속도는 $u_{entrance}$에서 u_{exit}로 증가한다. 측정 결과, 노즐 중심축에서 물의 속도는 포물선 모양으로 증가한다. 주어진 변수들을 이용하여 $x = 0$에서 $x = L$까지 중심축의 속도 $u(x)$를 유도하라.

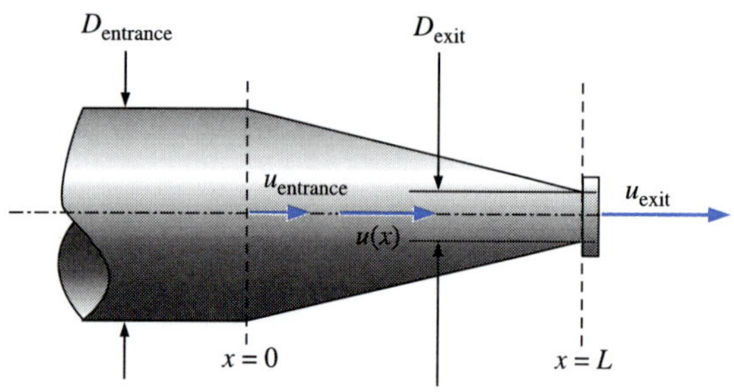

그림 P4-2

4-3 다음의 정상, 2차원 속도장을 고려하자.

$$\vec{V} = (u, v) = (0.5 + 1.2x)\vec{i} + (-2.0 - 1.2y)\vec{j}$$

이 유동장에 정체점이 존재하는가? 존재한다면, 그 위치는 어디인가?

답: $x = -0.417$, $y = -1.67$

4-4 다음의 정상, 2차원 속도장을 고려하자.

$$\vec{V} = (u, v) = (a^2 - (b - cx)^2)\vec{i} + (-2cby + 2c^2xy)\vec{j}$$

이 유동장에 정체점이 존재하는가? 존재한다면, 그 위치는 어디인가?

Lagrange 기술방법과 Euler 기술방법

4-5C 유체 유동에서 **Lagrange 기술방법**이란 무엇인가?

4-6C 유체 유동을 해석할 때 Lagrange 방법은 시스템의 연구 혹은 검사체적의 연구 중 어느 것과 유사한가? 그 이유를 설명하라.

4-7C 유체 유동에서 **Euler 기술방법**이란 무엇인가? 이 방법은 Lagrange 기술방법과 어떻게 다른가?

4-8C 유체 유동 중에 놓여 있는 고정 프로브가 유동의 한 위치에서 압력과 온도를 시간의 함수로 측정한다(그림 P4-8C). 이는 Lagrange 측정 방법인가, Euler 측정 방법인가? 그 이유를 설명하라.

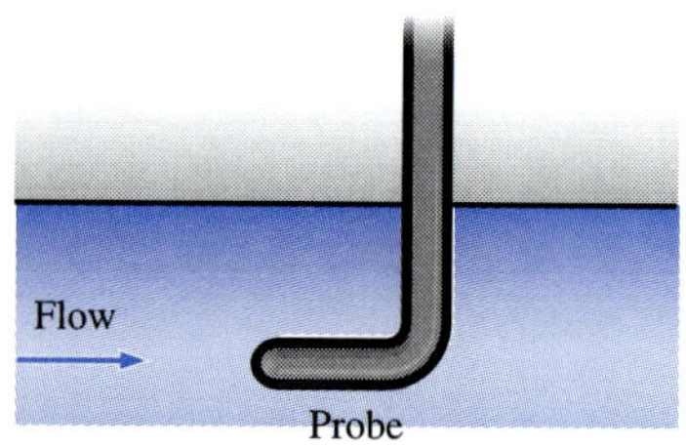

그림 P4-8C

4-9C 작은 부유식 전자 압력 프로브를 물 펌프의 입구 파이프에 놓았다. 이 프로브는 펌프를 통과하며 매초 2000개의 압력 데이터를 전송한다. 이는 Lagrange 측정 방법인가, Euler 측정 방법인가? 그 이유를 설명하라.

4-10C 기상학자가 기상기구를 대기 중으로 발진시켰다. 이 기구가 부력이 중립적인 고도에 도달하면, 기상정보를 지상의 측정센터로 송신한다(그림 P4-10C). 이는 Lagrange 측정 방법인가, Euler 측정 방법인가? 그 이유를 설명하라.

* "C"로 표시된 문제는 개념 문제이고, 학생들은 모든 문제에 답하도록 권장된다. "E"로 표시된 문제는 영미 단위로서, SI 사용자는 그것을 무시해도 좋다. 아이콘으로 표시된 문제는 EES를 이용하여 푸는 문제로서, 매개변수 연구와 함께 a풀이가 동봉된 DVD에 수록되어 있다. 아이콘으로 표시된 문제는 본질상 종합적인 문제로서 컴퓨터로, 가급적 본 교재에 동반된 EES 소프트웨어를 이용해, 풀도록 의도된 것이다.

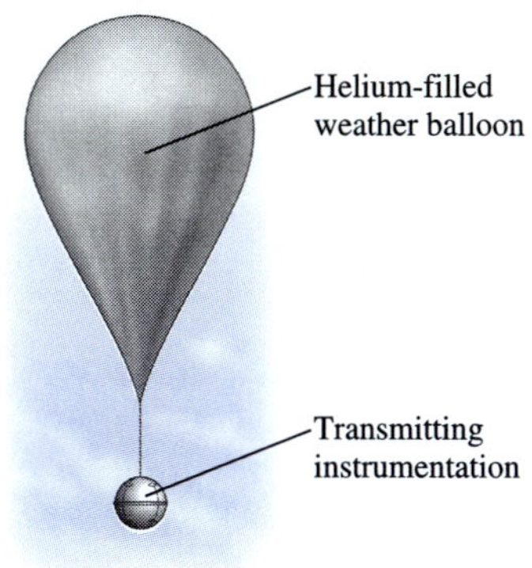

그림 P4-10C

4-11C 피토 정압관(Pitot-static probe)은 비행기의 아래 부분에서 돌출되어 있는 경우가 있다(그림 P4-11C). 비행기가 운항할 때, 이것은 바람의 상대속도를 측정한다. 이는 Lagrange 측정 방법인가, Euler 측정 방법인가? 그 이유를 설명하라.

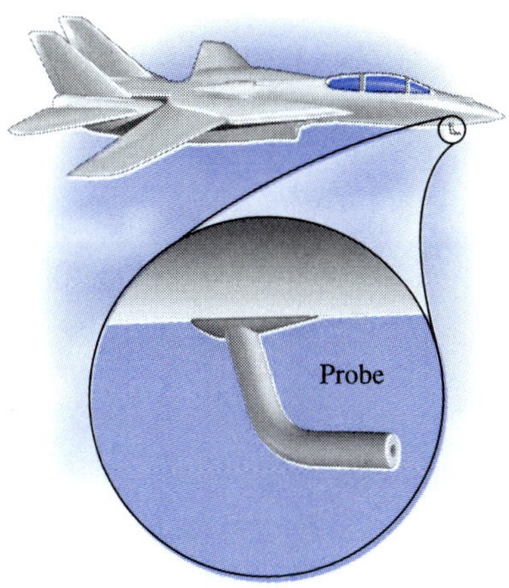

그림 P4-11C

4-12C 유체 유동을 해석할 때 Euler 방법은, 시스템의 연구 혹은 검사체적의 연구 중 어느 것과 유사한가? 그 이유를 설명하라.

4-13C Euler 기술방법에서 **정상유동장**을 정의하라. 이러한 정상유동에서, 유체입자의 가속도가 영이 될 수 있을까?

4-14C 물질 도함수의 적어도 다른 세 가지 이름을 나열하고, 각각의 이름을 붙인 이유를 간략히 설명하라.

4-15 면적이 좁아지는 덕트를 지나는 정상, 비압축성 및 2차원 유동을 고려하자(그림 P4-15). 물질 도함수의 적어도 다른 세 가지 이름을 나열하고, 각각의 이름을 붙인 이유를 간략히 설명하라. 이 유동의 간단한 근사 속도장은 다음과 같다.

$$\vec{V} = (u, v) = (U_0 + bx)\vec{i} - by\vec{j}$$

여기에서 U_0는 $x = 0$에서의 수평속도이다. 이 방정식은 벽에서의 마찰 효과를 무시하였으나, 유동장의 대부분에서 적절한 근사식이다. 이 덕트를 통과하는 유체입자의 물질가속도를 계산하라. 다음의 두 가지 방법으로 계산하라. (1) 가속도 성분들 a_x와 a_y로 표시, 그리고 (2) 가속도 벡터 $\vec{a}$로 표시.

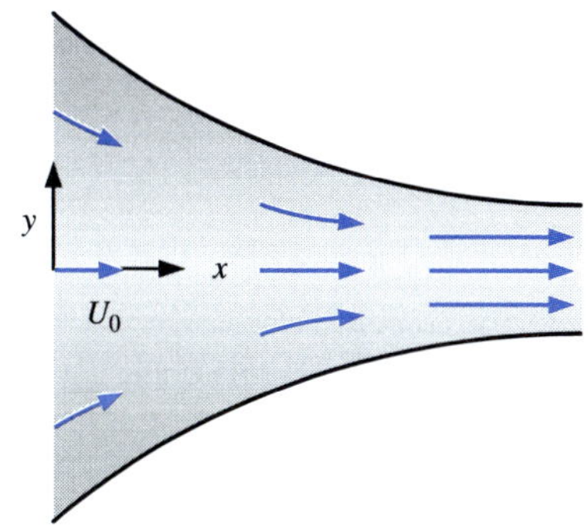

그림 P4-15

4-16 면적이 좁아지는 덕트 유동을 문제 4-15의 정상, 2차원 속도장으로 모델링하였다. 압력장은 다음 식과 같다.

$$P = P_0 - \frac{\rho}{2}\left[2U_0 bx + b^2(x^2 + y^2)\right]$$

여기에서 P_0는 $x = 0$에서의 압력이다. **유체입자를 추적하는** 압력의 변화율에 관한 식을 유도하라.

4-17 정상, 비압축성, 및 2차원 속도장이 xy평면에서 다음과 같이 속도의 성분으로 주어져 있다.

$$u = 1.1 + 2.8x + 0.65y \qquad v = 0.98 - 2.1x - 2.8y$$

가속도장을 계산하고(가속도 성분들 a_x와 a_y로 표시), 한 점 $(x, y) = (-2, 3)$에서 가속도를 계산하라.

답: $a_x = -9.233$, $a_y = 14.37$

4-18 정상, 비압축성, 및 2차원 속도장이 xy평면에서 다음과 같이 속도의 성분으로 주어져 있다.

$$u = 0.20 + 1.3x + 0.85y \qquad v = -0.50 + 0.95x - 1.3y$$

가속도장을 계산하고 (가속도 성분들 a_x와 a_y로 표시), 한 점 $(x, y) = (1, 2)$에서의 가속도를 계산하라.

4-19 문제 4-2의 속도장에 대해서, 노즐 중심선의 유체 가속도를 주어진 변수들을 이용하여 x의 함수로 계산하라.

4-20 공기가 풍동의 디퓨저 부분을 통과하여 정상유동 한다(그림 P4-20). 그림에 보이듯이, 디퓨저의 중심축을 따라 공기의 속도는 $u_{entrance}$에서 u_{exit}로 감소한다. 측정 결과, 디퓨저 중심축에서 공기의 속도는 포물선 모양으로 감소한다. 주어진 변수들을 이용하여 $x = 0$에서 $x = L$까지 중심축의 속도 $u(x)$를 유도하라.

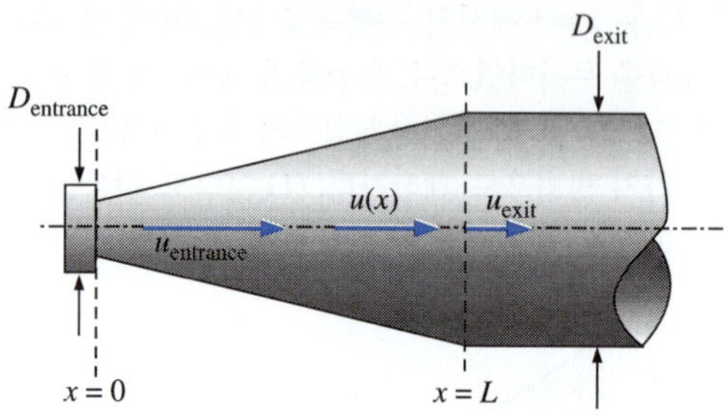

그림 P4-20

4-21 문제 4-20의 속도장에 대해서, 디퓨저 중심선의 유체 가속도를 주어진 변수들을 이용하여 x의 함수로 계산하라. $L = 2.0$ m, $u_{entrance} = 30.0$ m/s 그리고 $u_{exit} = 5.0$ m/s일 때, $x = 0$ 와 $x = 1.0$ m에서 가속도를 계산하라.

답: 0, −297 m/s²

유동 패턴과 유동가시화

4-22C **유선**의 정의는 무엇인가? 유선은 무엇을 의미하는가?

4-23 면적이 좁아지는 덕트 유동(그림 P4-15)을, 문제 4-15의 정상, 2차원 속도장으로 모델링 하였다. 유선을 해석적으로 유도하라.

답: $y = C/(U_0 + b_x)$

4-24E 면적이 좁아지는 덕트 유동(그림 P4-15)을, 문제 4-15의 정상, 2차원 속도장으로 모델링 하였다. $U_0 = 5.0$ ft/s이고 $b = 4.6$ s^{-1}일 때, $x = 0$ ft에서 5 ft, $y = -3$ ft에서 3 ft의 범위에서 몇 개의 유선을 그려라. 유선의 방향을 명확히 나타낼 것

4-25C 그림 P4-25C에서와 같이, 12° 원뿔 위의 유동의 가시화를 고려하자. 이것은 유선, 유맥선, 유적선, 그리고 시간선 중 어느 것인가? 그 이유를 설명하라.

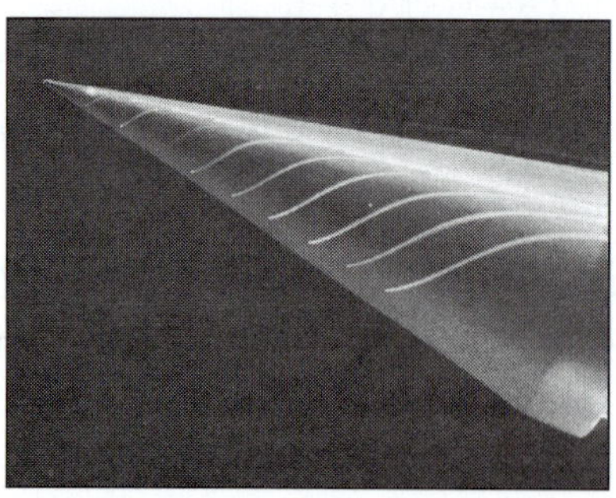

그림 P4-25C

12° 원뿔 위로 영각 16°, Reynolds 수 15,000의 유동가시화. 원뿔의 구멍에서 물로 분출되는 물감에 의해 가시화하였다.

Courtesy ONERA. Photograph by Werlé.

4-26C **유적선**의 정의는 무엇인가? 유적선은 무엇을 의미하는가?

4-27C **유맥선**의 정의는 무엇인가? 유맥선은 무엇을 의미하는가?

4-28C 그림 P4-28C에서와 같이, 15° 델타 날개 위의 유동의 가시화를 고려하자. 이것은 유선, 유맥선, 유적선, 그리고 시간선 중 어느 것인가? 그 이유를 설명하라.

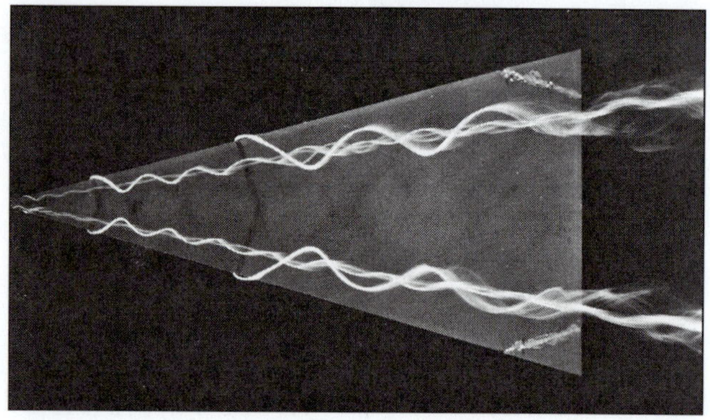

그림 P4-28C

15° 델타 날개 위로 영각 20°, Reynolds 수 20,000의 유동가시화. 날개 하부의 구멍에서 물로 분출되는 물감에 의해 가시화하였다.

Courtesy ONERA. Photograph by Werlé.

4-29C 그림 P4-29C에 나타낸 지면 와류유동의 가시화를 고려하자. 이것은 유선, 유맥선, 유적선, 그리고 시간선 중 어느 것인가? 그 이유를 설명하라.

그림 P4-29C

지면 와류유동의 가시화. 왼쪽에서 오른쪽으로 공기의 자유흐름 유동이 있을 때, 고속의 둥근 공기제트가 지면에 충돌한다(지면은 사진의 아래 부분이다). 상류를 운동하는 제트의 일부분은 지면 와류(ground vortex)로 알려져 있는 재순환영역을 형성한다. 유동장의 왼쪽에 수직으로 설치된 연기 와이어에 의해 가시화하였다.

Photo by John M. Cimbala.

4-30C 그림 P4-30C에서와 같이, 구 위의 유동의 가시화를 고려하자. 이것은 유선, 유맥선, 유적선, 그리고 시간선 중 어느 것인가? 그 이유를 설명하라.

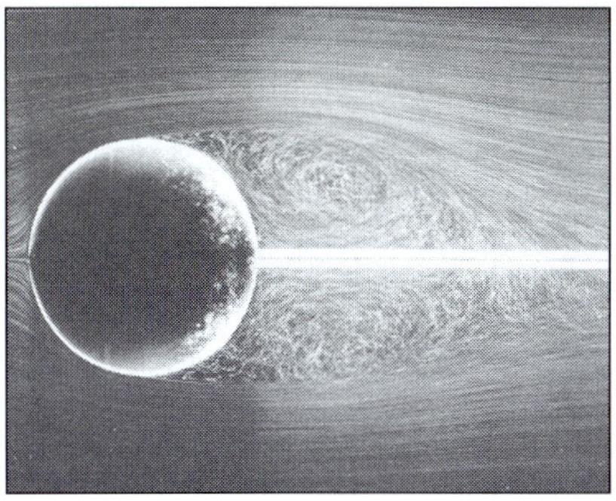

그림 P4-30C

구 위를 지나는 Reynolds 수 15,000의 유동가시화. 물속의 기포를 일정시간 동안 노출시켜 가시화하였다.

Courtesy ONERA. Photograph by Werlé.

4-31C **시간선**의 정의는 무엇인가? 수로에서 시간선을 어떻게 얻을 수 있을까? 시간선이 유맥선보다 유용한 경우는?

4-32 다음의 정상, 비압축성, 및 2차원 속도장을 고려하자:

$$\vec{V} = (u, v) = (0.5 + 1.2x)\vec{i} + (-2.0 - 1.2y)\vec{j}$$

유선을 해석적으로 유도하고, 1상한의 $x = 0$에서 5, $y = 0$에서 6의 범위에서 몇 개의 유선을 도시하라.

4-33 문제 4-32의 정상, 비압축성, 및 2차원 속도장을 고려하자. 1상한의 $x = 0$에서 5, $y = 0$에서 6의 범위에서 속도벡터를 도시하라.

4-34 문제 4-32의 정상, 비압축성, 및 2차원 속도장을 고려하자. 1상한의 $x = 0$에서 5, $y = 0$에서 6의 범위에서 가속도장 벡터를 도시하라.

4-35 다음의 정상, 비압축성, 및 2차원 속도장을 고려하자:

$$\vec{V} = (u, v) = (1 + 2.5x + y)\vec{i} + (-0.5 - 1.5x - 2.5y)\vec{j}$$

여기에서 x와 y의 단위는 m, 속도의 단위는 m/s이다.

(a) 정체점이 존재하는가를 판단하고, 존재한다면 그 점이 어디인가를 계산하라.

(b) 1상한의 $x = 0$ m에서 4 m, $y = 0$ m에서 4 m인 범위의 몇 군데에서, 속도벡터를 도시하고 유동장을 해석하라.

4-36 문제 4-35의 정상, 비압축성, 및 2차원 속도장을 고려하자:

(*a*) 한 점 ($x = 2$ m, $y = 3$ m)에서 물질가속도를 계산하라.

답: $a_x = 11.5\ \text{m/s}^2$, $a_y = 14.0\ \text{m/s}^2$

(*b*) 문제 4-35과 동일한 x, y영역에서 물질 가속도벡터를 도시하라.

4-37C 와도와 회전성의 관계를 설명하라.

4-38 수축 덕트유동(그림 P4-15)이 문제 4-15의 정상, 2차원 속도장으로 모델링 되어 있다. 이 유동장은 회전일까, 비회전일까? 계산과정을 모두 적을 것.

답: 비회전

4-39 실린더 형상의 물 탱크가, 수직축에 대해 각속도 $\dot{n} = 360$ rpm으로 시계반대방향으로 강체회전한다(그림 P4-39). 탱크 내 유체입자의 와도를 계산하라.

답: 75.4 $\vec{k}$ rad/s

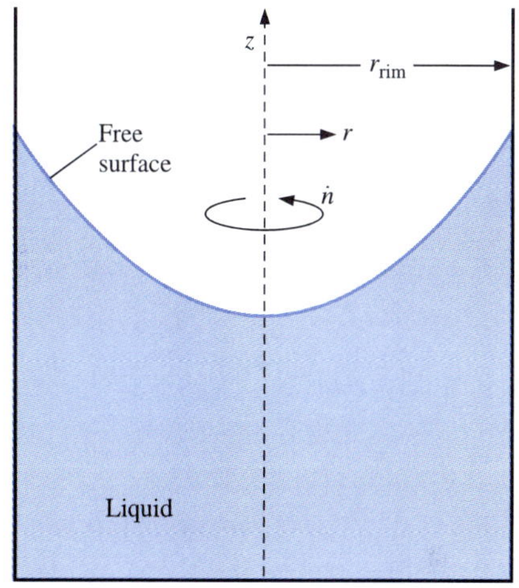

그림 P4-39

4-40 실린더 형상의 물 탱크가 수직축에 대해 회전한다(그림 P4-39). 유동의 와도장을 측정하기 위해 PIV 시스템이 사용된다. 측정한 와도의 값은 z방향으로 −55.4 rad/s이고, 측정한 모든 곳에서의 값은 ±0.5 % 내에서 일정하였다. 탱크의 각속도를 rpm으로 계산하라. 탱크는 수직축에 대해 시계방향으로 회전하는가 또는 시계 반대방향으로 회전하는가?

4-41 반경이 $r_{rim} = 0.35$ m인 실린더 형상의 물 탱크가 수직축에 대해 회전한다(그림 P4-39). 탱크에는 오일이 일부만 차 있다. 탱크 테두리(rim)의 속도는 시계 반대방향으로(위에서 보았을 때) 2.6 m/s이며, 탱크는 충분히 오랫동안 회전하여 강체회전 상태라고 생각할 수 있다. 탱크 내 유체입자의 z방향 와도의 크기를 계산하라.

답: 15.0 rad/s

4-42 다음의 정상, 3차원 속도장을 고려하자.

$$\vec{V} = (u, v, w) = (3.0 + 2.0x - y)\vec{i} + (2.0x - 2.0y)\vec{j} + (0.5xy)\vec{k}$$

와도 벡터를 공간(x, y, z)의 함수도 계산하라.

4-43 완전히 발달한 **Couette 유동**을 고려하자. 이는 간격이 h인 2개의 무한히 큰 평행한 평판 사이의 유동이며, 그림 P4-43에서와 같이 아래 평판은 고정되어 있고 위 평판은 움직인다. 이 유동은 정상, 비압축성이며 xy평면에서 2차원이다. 속도장이 다음과 같을 때,

$$\vec{V} = (u, v) = V\frac{y}{h}\vec{i} + 0\vec{j}$$

이 유동은 회전인가 혹은 비회전인가? 만약 회전한다면, z방향의 와도 성분을 계산하라. 이 유동에서, 유체입자는 시계방향으로 회

전하는가 또는 시계 반대방향으로 회전하는가?

답: 그렇다, $-V/h$, 시계방향

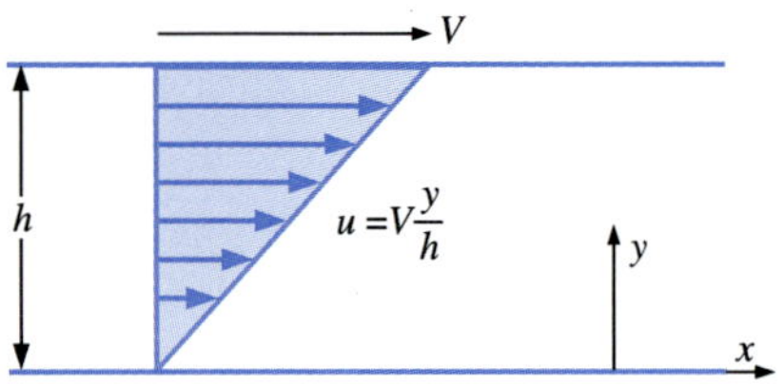

그림 P4-43

Reynolds 수송정리

4-44C 진위 문제: 다음 각각의 기술이 맞는지 틀리는지 선택하고, 그 이유를 간단히 설명하라.

(a) Reynolds 수송정리는 자연적인 검사체적의 형태로부터 시스템 형태로 보존방정식을 변환할 때에 유용하다.

(b) Reynolds 수송정리는 모양이 변하지 않는 검사체적에만 적용할 수 있다.

(c) Reynolds 수송정리는 정상유동장과 비정상 유동장 모두에 적용할 수 있다.

(d) Reynolds 수송정리는 스칼라와 벡터 모두에 적용할 수 있다.

4-45 Reynolds 수송정리(RTT)의 일반 형태는 다음과 같다.

$$\frac{dB_{sys}}{dt} = \frac{d}{dt}\int_{CV} \rho b \, dV + \int_{CS} \rho b \vec{V}_r \cdot \vec{n} \, dA$$

여기서 $\vec{V}_r$은 검사면에 상대적인 유체의 속도이다. B_{sys}을 유체입자의 시스템의 질량 m이라 하자. 정의에 의하여, 질량은 시스템으로 유출입할 수 없으므로, $dm/dt = 0$이다. 주어진 방정식을 이용하여, 검사체적에 대한 질량보존 방정식을 유도하라.

4-46 문제 4-45에 주어진 Reynolds 수송정리(RTT)의 일반 형태를 고려하자. B_{sys}을 유체입자의 시스템의 선운동량 $m\vec{V}$라 하자. 시스템에 대한 Newton의 제 2법칙은 다음과 같다.

$$\sum \vec{F} = m\vec{a} = m\frac{d\vec{V}}{dt} = \frac{d}{dt}(m\vec{V})_{sys}$$

문제 4-45의 방정식과 위의 식을 이용하여, 검사체적에 대한 선운동량보존 방정식을 유도하라.

4-47 문제 4-45에 주어진 Reynolds 수송정리(RTT)의 일반 형태를 고려하자. B_{sys}을 유체입자의 시스템의 각운동량 $\vec{H} = \vec{r} \times m\vec{V}$라 하자. $\vec{r}$은 모멘트 팔이다. 시스템에 대한 각운동량 보존식은 다음과 같다.

$$\sum \vec{M} = \frac{d}{dt}\vec{H}_{sys}$$

여기에서, $\Sigma\vec{M}$은 시스템에 작용한 순수 모멘트이다. 문제 4-45의 방정식과 위의 식을 이용하여, 검사체적에 대한 각운동량 보존방정식을 유도하라.

복습 문제

4-48 완전히 발달한 2차원 **Poiseuille 유동**을 고려하자. 이것은 간격이 h인 2개의 무한히 큰 평행한 평판 사이의 유동이며, 두 평판들은 고정되어 있고, 그림 P4-48에서와 같이 강제 압력구배 dP/dx가 유동을 야기한다 (dP/dx는 음의 상수이다).

이 유동은 정상, 비압축성이며 xy평면에서 2차원이다. 속도성분들은 다음과 같다.

$$u = \frac{1}{2\mu}\frac{dP}{dx}(y^2 - hy) \qquad v = 0$$

여기에서 μ는 유체의 점성계수이다. 이 유동은 회전인가 혹은 비회전인가? 만약 회전한다면, z방향의 와도 성분을 계산하라. 이 유동에서, 유체입자는 시계방향으로 회전하는가 또는 시계 반대방향으로 회전하는가?

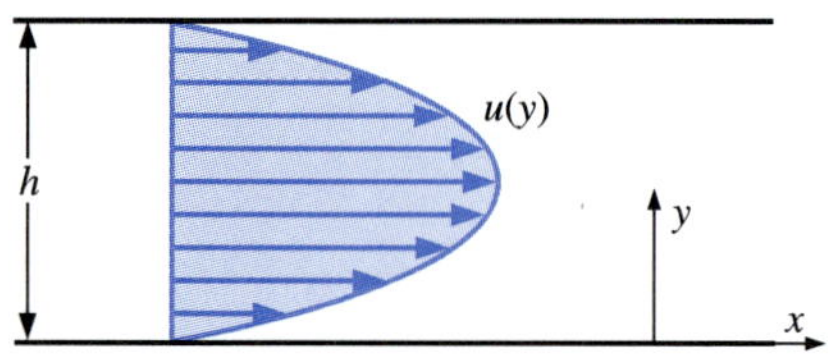

그림 P4-48

4-49 문제 4-48의 2차원 Poiseuille 유동을 고려하자. 평판 사이의 유체는 40℃의 물이다. 평판 사이의 간격 $h = 1.6$ mm이고 압력구배 $dP/dx = -230$ N/m^{3}이다. $t = 0$에서 $t = 10$ s까지 7개의 유적선을 계산하고 그 결과를 도시하라. 유체입자들은 $x = 0$, 그리고 $y = 0.2, 0.4, 0.6, 0.8, 1.0, 1.2$ 및 1.4 mm에서 방출되었다.

4-50 문제 4-48의 2차원 Poiseuille 유동을 고려하자. 평판 사이의 유체는 40℃의 물이다. 평판 사이의 간격 $h = 1.6$ mm이고 압력구배 $dP/dx = -230$ N/m^{3}이다. 염료를 $x = 0$, 그리고 $y = 0.2, 0.4, 0.6, 0.8, 1.0, 1.2$ 및 1.4 mm에서 분출시켰을 때 형성되는 7개의 유맥선을 계산하고 그 결과를 도시하라(그림 P4-50). 염료는 $t = 0$에서 $t = 10$ s까지 분출되었고, 유맥선은 $t = 10$ s에서 도시한다.

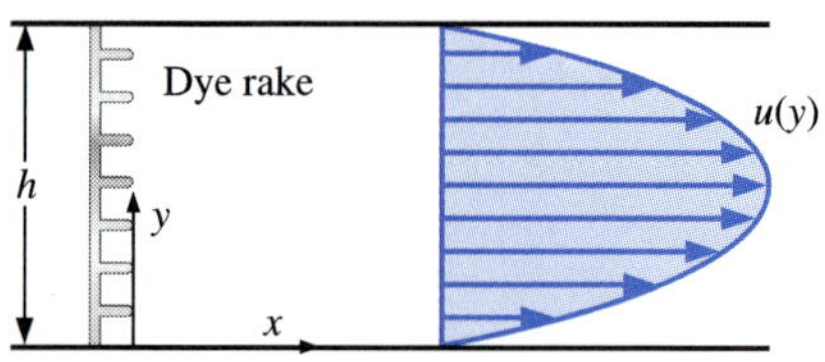

그림 P4-50

4-51 문제 4-50에서 $t = 10$ s 대신 $t = 12$ s에서 유맥선을 도시하라.

4-52 문제 4-48의 2차원 Poiseuille 유동을 고려하자. 평판 사이의 유체는 40℃의 물이다. 평판 사이의 간격

격 $h = 1.6$ mm이고 압력구배 $dP/dx = -230$ N/m^{3}이다. $x = 0$에 수소기포 와이어를 수직으로 설치하였다(그림 P4-52). 이 선에는 전류가 간헐적으로 흐르므로, 기포는 주기적으로 발생하여 **시간선**을 형성한다. $t = 0, 2.5, 5.0, 7.5$ 및 10.0 s에서 5개의 시간선이 생성된다. $t = 12.5$ s에서 이 5개의 시간선을 계산하고 그 결과를 도시하라.

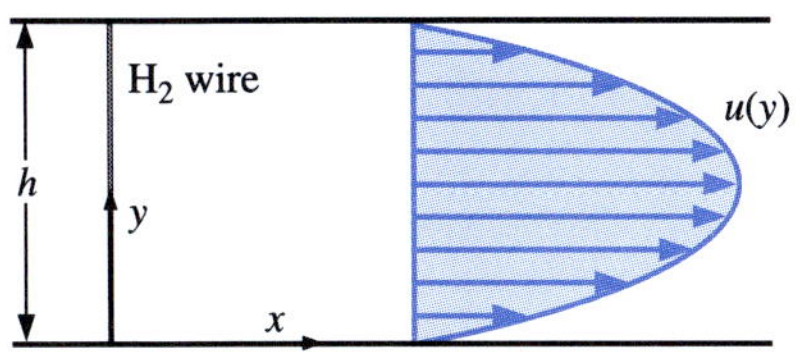

그림 P4-52

4-53 완전히 발달한 축대칭 Poiseuille 유동을 고려하자. 이것은 반경이 R(직경 $D = 2R$)인 원형 파이프 내의 유동이며, 그림 P4-53에서와 같이 강제 압력구배 dP/dx가 유동을 야기한다 (dP/dx는 음의 상수이다). 이 유동은 정상, 비압축성이며 x축에 대하여 축대칭이다. 속도성분들은 다음과 같다.

$$u = \frac{1}{4\mu}\frac{dP}{dx}(r^2 - R^2) \qquad u_r = 0 \qquad u_\theta = 0$$

여기에서 μ는 유체의 점성계수이다. 이 유동은 회전인가 혹은 비회전인가? 만약 회전한다면, 원주(θ)방향의 와도 성분을 계산하고 그 부호에 대하여 간략히 설명하라.

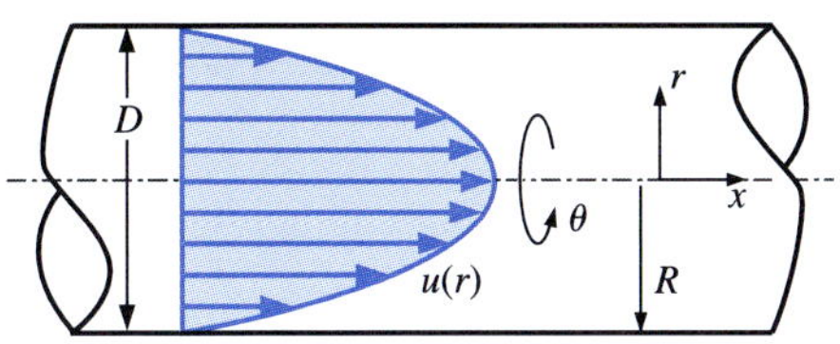

그림 P4-53

4-54 진공청소기 흡입부로 유입되는 공기의 유동을, 다음과 같이 중심면 (xy평면)의 속도성분으로 근사해석 할 수 있다.

$$u = \frac{-\dot{V}x}{\pi L}\frac{x^2 + y^2 + b^2}{x^4 + 2x^2y^2 + 2x^2b^2 + y^4 - 2y^2b^2 + b^4}$$

그리고

$$v = \frac{-\dot{V}y}{\pi L}\frac{x^2 + y^2 - b^2}{x^4 + 2x^2y^2 + 2x^2b^2 + y^4 - 2y^2b^2 + b^4}$$

여기서 b는 바닥에서 흡입부 사이의 거리, L은 흡입부의 길이, 그리고 $\dot{V}$는 호스로 흡입되는 공기의 체적유량이다(그림 P4-54). 이 유동장의 정체점의 위치를 결정하라.

답: 정체점의 위치는 원점이다.

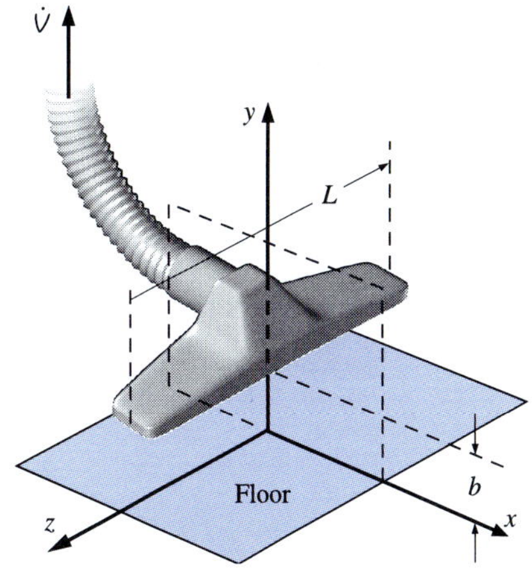

그림 P4-54

4-55 문제 4-54의 진공청소기를 고려하자. $b = 2.0$ cm, $L = 35$ cm, 그리고 $\dot{V} = 0.1098$ m^3/s일 때, xy평면의 $x = -3$ cm에서 3 cm, $y = 0$ cm에서 2.5 cm인 범위에서 속도벡터를 도시하라. 유동장의 모습을 잘 이해할 수 있도록, 가능한 한 많은 속도벡터를 도시하라. **주의**: $(x, y) = (0, 2.0$ cm$)$에서의 속도는 무한대이므로, 이 점에서는 속도벡터를 도시하지 말 것.

4-56 문제 4-54에 주어진 진공청소기의 근사 속도장을 고려하자. 바닥을 따라 유동속도를 계산하라. 바닥의 먼지입자는 속도가 최대인 위치에서, 진공청소기에 의해 가장 잘 흡입될 것이다. 그 위치는 어디인가? 진공청소기는 입구의 바로 밑(원점)에서 먼지를 가장 잘 흡입하는가? 만약 그렇다면 그 이유를, 그렇지 않다면 그 이유를 각각 설명하라.

4-57 정상, xy평면의 2차원 유동장의 x방향 속도성분이 다음과 같다.

$$u = a + b(x - c)^2$$

여기에서 a, b 및 c는 적당한 차원의 상수들이다. 유동장이 비압축성이려면, 속도의 y성분은 어떠한 형태이어야 하는가? 즉, 유동장이 비압축성일 때, v를 x, y 및 주어진 방정식의 상수들의 함수로 표현하라.

답: $-2b(x - c)y + f(x)$

4-58 매우 균일한 자유흐름 유동이, 유동방향에 수직으로 놓인 긴 원통에 접근하는 문제를 많이 찾아볼 수 있다(그림 P4-58). 이러한 예는 자동차 안테나, 국기 게양대, 및 전선 주위의 공기 유동, 그리고 바다에서 석유 시추대를 지지하는 둥근 기둥에 충돌하는 해류 등이다. 이러한 경우에, 원통의 뒤 부분에서 유동박리 현상이 나타나고, 유동은 비정상, 그리고 일반적으로 난류이다. 그러나 원통 앞부분의 유동은 정상이고 예측 가능하다. 사실상, 원통 표면에 근접한 경계층을 제외한 유동장은, 다음 식과 같이 xy 또는 $r\theta$ 평면에서 정상, 2차원 속도성분으로 근사해석 할 수 있다.

$$u_r = V\cos\theta\left(1 - \frac{a^2}{r^2}\right) \qquad u_\theta = -V\sin\theta\left(1 + \frac{a^2}{r^2}\right)$$

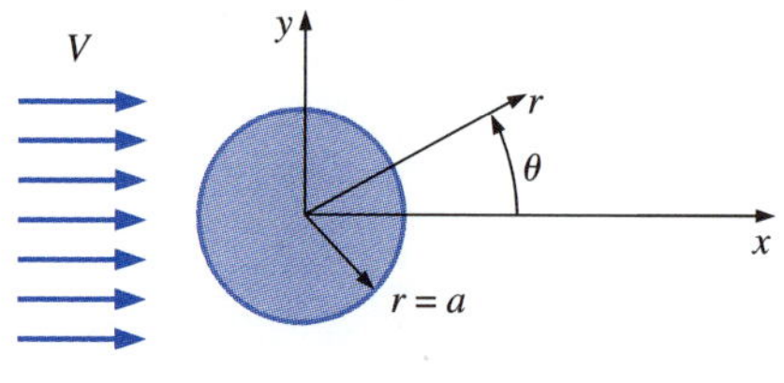

그림 P4-58

이 유동장은 회전인가 또는 비회전인가? 그 이유를 설명하라.

4-59 문제 4-58의 유동장을 고려하자(원형 원통 주위의 유동). 유동의 앞부분 반만 고려한다($x<0$). 유동장의 앞부분 반에 정체점이 존재한다. 그 위치는 어디인가? 원통 좌표계(r, θ) 및 직교좌표계(x, y) 등 두 좌표계에서 각각 계산하라.

4-60 문제 4-58의 유동장(원형 원통 주위의 유동)의 상류 쪽 반만 고려하자($x<0$). 여기서 **유동함수**(stream function)를 정의하자. 2차원 유동에서, 유동함수는 **동일한 유선을 따라 일정하다**(그림 P4-60). 문제 4-58의 속도장은 유동함수를 이용하여 다음 식과 같이 표현할 수 있다.

$$\psi = V\sin\theta\left(r - \frac{a^2}{r}\right)$$

(a) ψ의 값을 일정하게 하고, 유선의 방정식을 구하라. (**힌트**: r을 θ의 함수로 계산하기 위해, 2차방정식을 이용하라.)

(b) $V = 1.00$ m/s이고 실린더 반경 $a = 10.0$ cm일 때, 유동의 상류 쪽 반($90 < \theta < 270°$)에서 유선을 몇 개 도시하라. 일관성을 유지하기 위하여, 유동함수의 값이 -0.16 m^2/s에서 0.16 m^2/s 사이에서 등간격으로 분포되어 있을 때, -0.4 m $< x <$ 0 m 및 -0.2 m $< y <$ 0.2 m의 영역에서 유선을 도시하라.

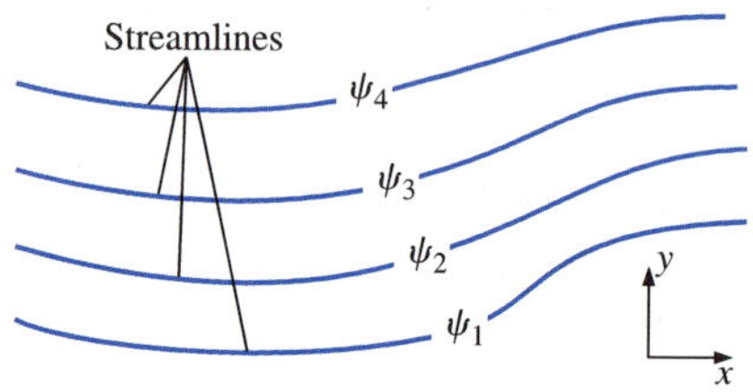

그림 P4-60

FLUID MECHANICS

CHAPTER 05

질량, BERNOULLI 및 에너지 방정식

이 장은 유체역학에서 많이 사용되는 세 개의 방정식, 즉, 질량, Bernoulli 및 에너지 방정식을 다룬다. **질량 방정식**은 질량 보존의 법칙을 의미한다. **Bernoulli 방정식**은 점성력이 무시되고 다른 제한조건이 있는 유동영역에서, 유체 유동장의 운동, 위치 및 유동에너지 보존과, 이들 에너지 상호간의 변환에 관한 방정식이다. **에너지 방정식**은 에너지 보존 법칙이다. 유체역학에서는 **기계적 에너지**를 **열 에너지**로부터 분리하고, 마찰효과의 결과로 기계적 에너지가 열에너지로 변환되는 것을 **기계적 에너지 손실**이라 한다. 따라서 에너지 방정식은 **기계적 에너지 평형** 관계식이 된다.

이 장에서는 먼저 보존법칙의 개요와 질량 보존의 관계식을 설명한다. 이어서 여러 형태의 기계적 에너지 방정식과 펌프나 터빈 같은 기계적 일과 관련된 장치의 효율에 대해 논의한다. 다음으로 유선을 따르는 유체요소에 Newton의 제2법칙을 적용하여 Bernoulli 방정식을 유도하고, 이 식의 다양한 응용 예를 소개한다. 또한 에너지 방정식을 유체역학에 적합한 형태로 변환하고, **수두손실**의 개념을 소개한다. 끝으로, 에너지 방정식을 다양한 공학문제에 적용한다.

목표

이 장을 공부하면 다음과 관련된 지식을 얻을 수 있다.

- 유동계에서 유입, 유출되는 유량의 평형관계를 이용한 질량보존 방정식 적용
- 여러 형태의 기계적 에너지에 대한 이해, 에너지 전환 효율을 다루는 방법
- Bernoulli 방정식의 이용 방법 및 제한조건, 그리고 이 방정식을 다양한 유체 유동 문제에 적용하는 방법
- 수두로 표현된 에너지 방정식 이해, 그리고 이 방정식을 이용한 터빈 출력 및 펌프 소요동력을 계산하는 방법

바람에서 운동에너지를 추출하여 전기에너지로 변환시키는 풍력 터빈(wind turbine)이 전세계에서 건설되고 있다. 풍력 터빈을 설계할 때에는 질량, 에너지, 운동량 및 각운동량 평형식이 이용된다.

그림 5-1
Pelton 수차와 같은 유체 유동장치들은 운동량 방정식과 함께, 질량 및 에너지 보존 법칙을 적용하여 해석한다.

Courtesy of Hydro Tasmania, www.hydro.com.au. Used by permission.

5-1 ■ 서론

독자들은 이미 질량 보존, 에너지 보존 및 운동량 보존 법칙 등 많은 보존법칙(conservation law)들을 알고 있을 것이다. 역사적으로, 처음에는 보존법칙들은 **폐쇄 시스템** 또는 **시스템**이라는 일정량의 물질에 적용되었으며, 그 후 **검사체적**이라는 공간상의 특정영역에 적용되어 왔다. 모든 보존량들은 어떤 한 과정 동안 평형을 이루어야 하므로, 이러한 보존관계식들은 **평형방정식(balance equation)**이라고도 한다. 먼저 질량, 운동량 및 에너지 보존 관계식에 대해 간략히 설명하기로 한다(그림 5-1).

질량 보존

폐쇄 시스템의 질량 보존 관계식은 m_{sys} = 일정, 즉, $dm_{sys}/dt = 0$이며, 이 식은 유동에서 시스템의 질량은 일정하다는 것을 나타낸다. 검사체적(CV)에서 질량 평형은 질량 변화율의 형태로 나타나며 다음과 같이 표현된다.

질량 보존:
$$\dot{m}_{in} - \dot{m}_{out} = \frac{dm_{CV}}{dt} \tag{5-1}$$

위 식에서 $\dot{m}_{in}$과 $\dot{m}_{out}$은 각각 검사체적에 유입, 유출되는 질량 전달율이고, dm_{CV}/dt는 검사체적 경계 내부의 질량의 변화율이다. 유체역학에서는 미소 검사체적에 대한 질량 보존의 관계식을 **연속방정식(continuity equation)**이라 한다. 질량 보존 법칙은 5-2절에서 더 자세히 설명한다.

선형 운동량 방정식

어떤 물체의 질량에 속도를 곱한 것을 물체의 **선형운동량(linear momentum)** 또는 **운동량(momentum)**이라 하며, 따라서 질량이 m, 속도가 $\vec{V}$인 강체의 운동량은 $m\vec{V}$이다. Newton의 제 2법칙에 따르면, 물체의 가속도는 물체에 작용한 순수 힘(net force, 또는 합력)에 비례하고 물체의 질량에 반비례하며, 물체의 운동량의 변화율은 물체에 작용한 순수 힘과 같다. 그러므로 시스템에 가해진 순수 힘이 영인 경우에만 시스템의 운동량은 일정하게 유지되고 시스템의 운동량은 보존된다. 이를 **운동량 보존의 법칙**이라 한다. 유체역학에서 Newton의 제 2법칙은 **선형운동량 방정식**이라 하며, 이 방정식은 6장에서 **각운동량 방정식**과 함께 보다 더 자세히 설명한다.

에너지 보존

에너지는 열이나 일에 의해 시스템 안으로 또는 시스템으로부터 외부로 전달된다. 에너지 보존법칙이란, 시스템에 전달된 순수 에너지량은 시스템의 에너지량의 변화와 같다는 것이다. 검사체적에서는 질량유동에 의한 에너지 전달 현상이 나타나므로, **에너지 보존법칙** 또는 **에너지 평형**은 다음 식으로 표현된다.

에너지 보존:
$$\dot{E}_{in} - \dot{E}_{out} = \frac{dE_{CV}}{dt} \tag{5-2}$$

위 식에서 $\dot{E}_{in}$과 $\dot{E}_{out}$은 각각 검사체적 안으로 또는 검사체적으로부터 외부로 향하는 에너지 전달률이고, dE_{CV}/dt는 검사체적 경계 내부의 에너지의 변화율이다. 유체역학에서는 일반적으로 기계적 형태의 에너지만 고려한다. 에너지 보존법칙은 5-6절에 더 자세히 설명한다.

5-2 ■ 질량 보존

질량 보존의 법칙은 자연계에서 가장 기본적인 법칙중의 하나이며, 모두 이 법칙을 잘 알고 있을 것이다. 100 g의 오일과 25 g의 식초를 혼합한 식초-오일 드레싱의 질량을 계산할 때 우리가 과학자일 필요는 없다. 질량 보존의 법칙에 따라 화학 방정식도 평형을 이룬다. 16 kg의 산소와 2 kg의 수소가 반응하면 18 kg의 물이 생긴다(그림 5-2). 전기분해 과정에서는, 물은 다시 2 kg의 수소와 16 kg의 산소로 분리된다.

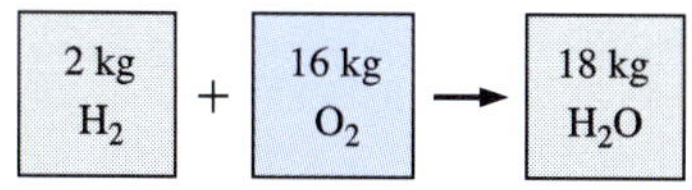

그림 5-2
화학반응 중에도 질량은 보존된다.

엄밀히 말하면, 질량은 정확히 보존되지는 않는다. 질량 m과 에너지 E는 Albert Einstein(1879-1955)이 제안한 다음과 같은 유명한 공식에 따라 서로 변환될 수 있다.

$$E = mc^2 \tag{5-3}$$

위 식에서 c는 진공 중에서 빛의 속도이며, 이는 $c = 2.9979 \times 10^8$ m/s이다. 이 방정식은 시스템의 질량이 변화하면 시스템의 에너지가 변화한다는 사실을 나타낸다. 그러나, 핵 반응의 경우를 제외하고 실제로 관찰되는 대부분의 에너지 상호작용에서 질량의 변화는 지극히 작아서 매우 정밀한 장치로도 측정되지 않는다. 따라서 대부분의 공학해석에서 질량과 에너지는 보존된다고 생각한다.

폐쇄 시스템에서의 질량 보존의 법칙은 어떠한 과정 중에 시스템의 질량이 일정하다는 것이지만, **검사체적**에서는 질량이 경계를 통과할 수 있으므로 검사체적을 유출입하는 질량을 염두에 두어야 한다.

질량유량 및 체적유량

단위 시간동안 한 단면을 통과하여 유동하는 질량의 양을 **질량유량(mass flow rate)**이라 하고, 기호 $\dot{m}$으로 표시한다. 이 기호 위의 점(dot)은 **시간 변화율**을 뜻한다.

유체는 일반적으로 파이프나 덕트를 흐를 때에 검사체적 안으로 유입하거나 검사체적 밖으로 유출한다. 파이프 단면의 미소 면적 dA_c를 통과하여 유동하는 미소 질량유량은 dA_c와 유체 밀도 ρ 및 dA_c에 수직인 유체의 속도 성분 V_n에 비례하며, 이를 식으로 표현하면 다음과 같다(그림 5-3).

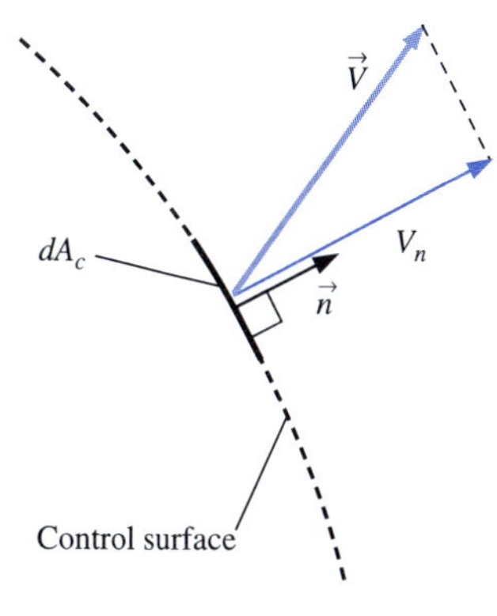

그림 5-3
한 표면의 법선 속도 V_n은 표면에 직각인 속도 성분이다.

$$\delta \dot{m} = \rho V_n \, dA_c \tag{5-4}$$

이 식에서 δ와 d는 모두 미소 양을 나타낸다. 그러나 δ는 **경로 함수(path function)**이고 **불완전 미분(inexact differential)**을 가지는 양(열, 일, 질량 전달 등)에 사용하는 반면, d는 **점 함수(point function)**이고 **완전 미분(exact differential)**을 가지는 양(상태량)에 사용한다. 예를 들어, 안쪽 반지름이 r_1이고, 바깥쪽 반지름이 r_2인 동심관 사이의 유동을 고려하면, $\int_1^2 dA_c = A_{c2} - A_{c1} = \pi(r_2^2 - r_1^2)$이며, 동심관

을 통과하여 유동하는 총 질량유량은 $\int_1^2 \delta\dot{m} = \dot{m}_{\text{total}}$이며 $(\dot{m}_2 - \dot{m}_1)$가 아니다. 특정한 값 r_1과 r_2에 대하여 dA_c의 적분은 고정(따라서 점함수이며 완전미분)되지만, $\delta\dot{m}$의 적분은 그렇지 않다(따라서 경로 함수이며 불완전미분).

파이프나 덕트의 전체 단면적을 통과하는 질량유량은 적분하여 다음과 같이 구할 수 있다.

$$\dot{m} = \int_{A_c} \delta\dot{m} = \int_{A_c} \rho V_n \, dA_c \qquad \text{(kg/s)} \tag{5-5}$$

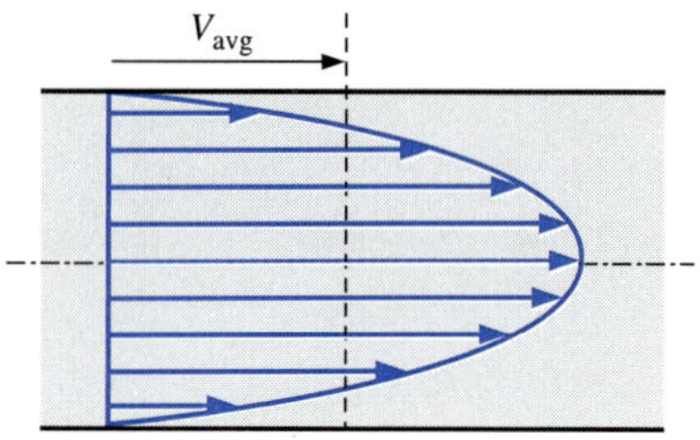

그림 5-4
평균속도 V_{avg}은 한 단면을 통과하는 속도의 평균으로 정의된다.

식 (5-5)는 항상 성립하지만, 적분과정이 포함되므로 공학문제에서는 실용적이지 않다. 따라서 파이프 단면에 걸친 평균값으로 질량유량을 표현하는 경우가 많다. 일반적인 압축성 유동에서 ρ와 V_n은 파이프 단면상의 위치에 따라 변한다. 그러나 많은 유동문제에서 밀도 ρ는 파이프의 단면 전체에서 일정하므로, 식 (5-5)의 ρ를 적분 밖으로 꺼낼 수 있다. 그러나 파이프 벽면의 점착 조건 때문에, 속도는 결코 균일하지 않다. 벽면에서는 속도가 영이고, 파이프의 중심 혹은 그 부근에서의 속도는 최대이다. **평균속도** V_{avg}는 다음과 같이 파이프의 전체 단면적을 통과하는 V_n의 평균값으로 정의한다(그림 5-4).

평균속도:
$$V_{\text{avg}} = \frac{1}{A_c}\int_{A_c} V_n \, dA_c \tag{5-6}$$

이 식에서 A_c는 유동방향에 직각인 단면의 면적이다. 단면의 모든 곳에서의 속도가 V_{avg}라면, 질량유량은 실제의 속도분포를 적분하여 얻은 결과와 일치한다. 따라서 비압축성 유동의 경우뿐만 아니라, ρ가 A_c 전체에서 균일한 압축성 유동에서도 식 (5-5)는 다음과 같다.

$$\dot{m} = \rho V_{\text{avg}} A_c \qquad \text{(kg/s)} \tag{5-7}$$

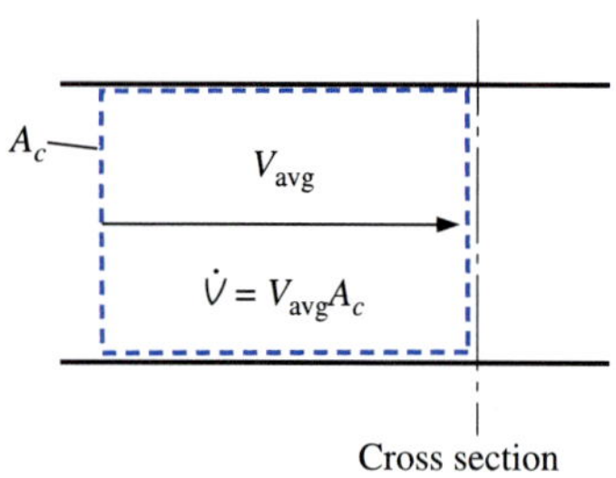

그림 5-5
체적유량은 단위 시간동안 한 단면을 통과하여 유동하는 유체의 체적이다.

압축성유동에서 ρ가 단면 전체의 평균 밀도라면, 식 (5-7)을 근사적으로 사용할 수 있다. 기호를 단순화하기 위하여, 평균속도의 하첨자를 적지 않도록 하자. 따라서 별도의 기술이 없는 한, V는 유동방향의 평균속도이다. 한편, A_c는 유동방향에 직각인 단면의 면적이다.

단위 시간 동안 한 단면을 통과하여 유동하는 유체의 체적을 **체적유량(volume flow rate)** $\dot{V}$이라 하며, 다음 식으로 표현한다(그림 5-5).

$$\dot{V} = \int_{A_c} V_n \, dA_c = V_{\text{avg}} A_c = V A_c \qquad (\text{m}^3/\text{s}) \tag{5-8}$$

식 (5-8)의 초기 형태는 이탈리아 수도승 Benedetto Castelli(대략 1577-1644)가 1628년에 발표하였다. 다른 많은 유체역학 교재에서는 체적유량을 $\dot{V}$ 대신 Q로 나타내지만, 이 교재에서는 열전달과의 혼동을 피하기 위하여 $\dot{V}$를 사용한다.

질량유량과 체적유량의 관계는 다음과 같다.

$$\dot{m} = \rho\dot{V} = \frac{\dot{V}}{v} \tag{5-9}$$

이 식에서 v는 비체적이다. 이 식은 어떤 용기 내부 유체의 질량과 체적의 관계식, 즉, $m = \rho V = V/v$와 유사하다.

질량 보존의 법칙

검사체적에 대한 질량 보존의 법칙은 다음과 같이 표현할 수 있다. **Δt 시간 동안 검사체적 안으로 향하거나 검사체적 밖으로 향하는 순수(net) 질량 전달량은, Δt 시간 동안 검사체적 내 총 질량의 순수 변화량(증가 또는 감소)과 같다.**

(Δt 시간 동안 CV로 유입된 총 질량) − (Δt 시간 동안 CV에서 유출한 총 질량)
= (Δt 시간 동안 CV 내 질량의 순수 변화)

즉

$$m_{in} - m_{out} = \Delta m_{CV} \qquad \text{(kg)} \qquad (5\text{-}10)$$

이다. 이 식에서 $\Delta m_{CV} = m_{final} - m_{initial}$은, 그 과정에서 나타난 검사체적 내 질량의 변화이다(그림 5-6). 이 식은 다음과 같이 변화율 형태(rate form)로 표현할 수 있다.

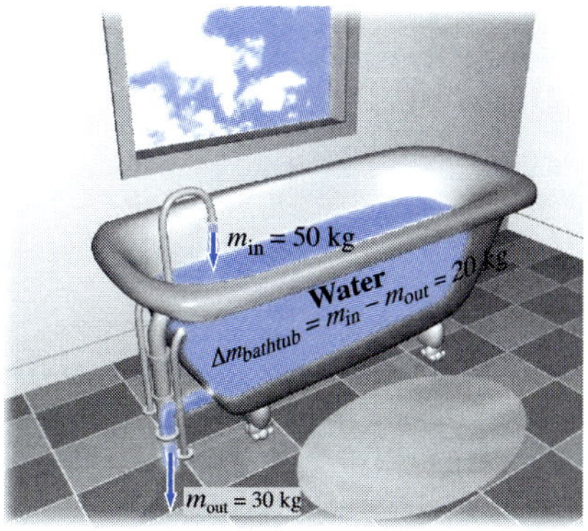

그림 5-6
일반 욕조에 대한 질량보존 법칙.

$$\dot{m}_{in} - \dot{m}_{out} = dm_{CV}/dt \qquad \text{(kg/s)} \qquad (5\text{-}11)$$

위 식에서 $\dot{m}_{in}$과 $\dot{m}_{out}$은 각각 검사체적 안으로 향하거나 밖으로 향하는 질량전달률이고, dm_{CV}/dt는 검사체적 경계 내부의 질량의 변화율이다. 식 (5-10)과 (5-11)은 **질량 평형**을 의미하고, 어떠한 과정의 검사체적에도 적용할 수 있다.

그림 5-7에 나타난 임의의 모양의 검사체적을 고려해 보자. 검사체적 내 미소체적 dV의 질량은 $dm = \rho\, dV$이다. 어느 순간 t에서의 검사체적 내부의 총 질량은 적분하여 다음과 같이 구할 수 있다.

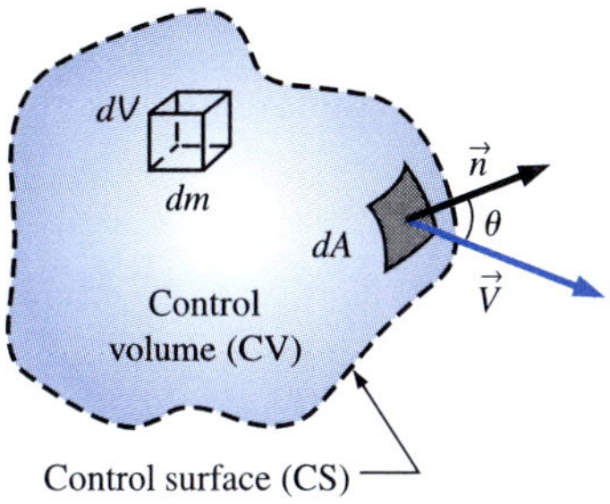

그림 5-7
질량보존의 관계식을 유도하기 위해 사용된 미소 검사체적 dV와 미소 검사면 dA.

CV 내의 총질량:
$$m_{CV} = \int_{CV} \rho\, dV \qquad (5\text{-}12)$$

따라서 검사체적 내부의 질량의 시간 변화율은 다음과 같다.

CV 내의 질량의 변화율:
$$\frac{dm_{CV}}{dt} = \frac{d}{dt}\int_{CV} \rho\, dV \qquad (5\text{-}13)$$

검사면을 통과하는 질량의 유출입이 없는 특수한 경우(즉, 검사체적이 폐쇄시스템인 경우), 질량 보존의 법칙은 $dm_{CV}/dt = 0$이 된다. 이 관계식은 검사체적이 고정되어 있거나, 움직이거나 또는 변형할 때에도 유효하다.

레이놀즈 수송정리(RTT)에서 물성치 B를 질량 m으로 간주하여(4장 참조) 검사체적에서 일반적인 질량 보존식을 유도할 수 있다. 단위 질량당의 물성치를 구하기 위하여 질량을 질량으로 나누면 1이므로 $b = 1$이 된다. 또한 (폐쇄)시스템의 질량은 일정하므로 질량의 시간 미분은 영(0)이다. 즉 $dm_{sys}/\text{dt} = 0$이다. 그리하여 레이놀즈 수송정리로 부터 곧 다음의 식이 얻어진다.

일반 형태의 질량 보존의 법칙:
$$\frac{d}{dt}\int_{CV} \rho\, dV + \int_{CS} \rho(\vec{V}\cdot\vec{n})\, dA = 0 \qquad (5\text{-}14)$$

이 식은 **검사체적 내 질량의 시간변화율과 검사면을 통과하는 순수 질량유량의 합은 영임**을 의미한다.

이에 대한 수식이 그림 5-8에 제시되어 있는데, 레이놀즈 수송정리가 매우 유용한 도구라는 것을 보여주고 있다.

식 (5-14)의 면적 적분을 유출유동(양)과 유입유동(음)으로 분리하면, 일반 형태의 질량 보존 법칙은 다음과 같이 표현된다.

$$\frac{d}{dt}\int_{CV} \rho\, dV + \sum_{out}\int_A \rho V_n A - \sum_{in}\int_A \rho V_n dA = 0 \tag{5-15}$$

이 식에서 A는 입구 혹은 출구의 단면적을 나타내고, 합 기호($\sum$)는 모든 입구와 출구를 고려한다는 의미이다. 질량유량의 정의에 따라, 식 (5-15)을 다른 방법으로 표현하면 다음과 같다.

$$\frac{d}{dt}\int_{CV} \rho\, dV = \sum_{in}\dot{m} - \sum_{out}\dot{m} \qquad \text{즉} \qquad \frac{dm_{CV}}{dt} = \sum_{in}\dot{m} - \sum_{out}\dot{m} \tag{5-16}$$

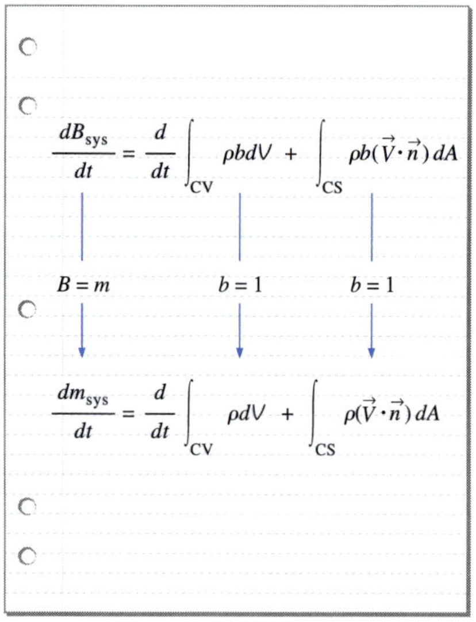

그림 5-8
질량보존 법칙은 Reynolds 수송정리(RTT)의 B에 질량 m을, b에 1(단위 질량 당의 $m = m/m = 1$)을 대입하여 구한다.

실제 해석 단계에서 검사체적은 융통성 있게 선택할 수 있다. 검사체적의 선택에는 많은 방법이 있으나, 계산하기에 더 편리한 검사체적을 선택하는 것이 좋다. 불필요하게 복잡한 검사체적을 선택할 필요는 없다. 검사체적을 적절히 선택하면 복잡하게 보이는 문제도 쉽게 해결할 수 있다. 검사체적을 선택하는 현명한 방법은, 가능하다면 유체가 통과하는 모든 검사면을 **유동방향에 직각**이 되도록 하는 것이다. 이렇게 함으로서, $\vec{V}\cdot\vec{n}$은 단순히 속도의 크기가 되고, 적분 $\int_A \rho(\vec{V}\cdot\vec{n})\, dA$는 단순히 ρVA가 된다(그림 5-9).

움직이거나 변형하는 검사체적

식 (5-14) 및 (5-15)는 식에서 나타난 **절대속도** $\vec{V}$를 검사면에 상대적인 **상대속도** $\vec{V}_r$로 대체하면 이동하거나 변형하는 검사체적에 대해서도 유효하다(4장). 검사체적이 변형하지 않는 경우에, 상대속도는 검사체적과 함께 움직이는 사람이 관찰한 유체의 속도이며 따라서 $\vec{V}_r = \vec{V} - \vec{V}_{CS}$이다. 유체속도 $\vec{V}$와 검사면의 속도 $\vec{V}_{CS}$는 모두 검사체적 외부의 고정된 점에 상대적인 속도이다. 여기서 벡터 가감법칙이 사용되고 있다.

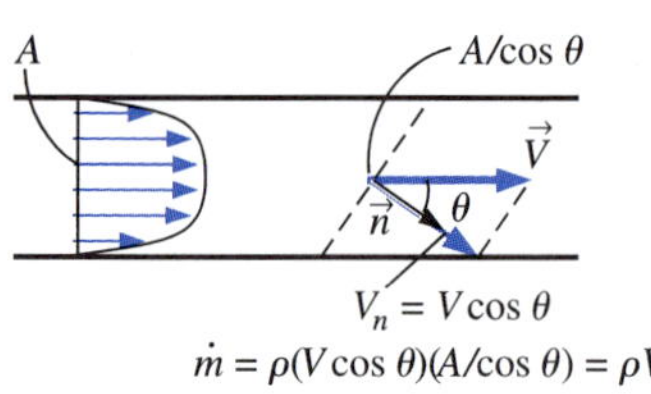

(a) 유동방향에 어떤 각도를 갖는 검사면

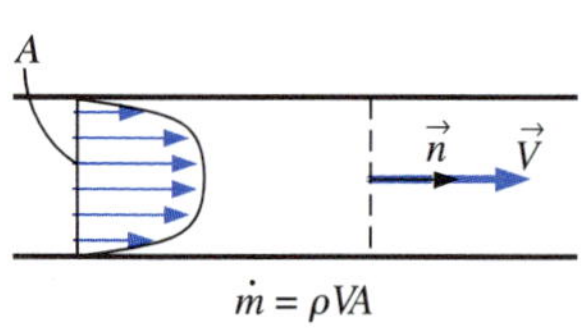

(b) 유동방향에 직각인 검사면

그림 5-9
어떤 검사면을 선택하더라도 계산결과는 같지만, 일반적으로 유체가 통과하는 모든 곳에서 **유동에 직각**이 되도록 선택하여야 해석이 쉽다.

실제 **변형하는** 검사체적의 예(힘을 받는 플런저가 이동하여 주사기에서 주사액이 분출되는 경우 등)도 많이 찾아볼 수 있다. 검사면의 변형되는 부분을 통과하는 유체 속도를 검사면에 상대적인 속도로 표현하기만 하면, 이러한 변형하는 검사체적에도 질량 보존 법칙을 적용할 수 있다(즉, 검사면의 변형되는 부분에 부착된 좌표계에 상대적인 속도로 표현하여야 한다). 이 경우에 검사면의 어느 위치에서나 상대속도는 $\vec{V}_r = V - \vec{V}_{CS}$로 표현된다. 검사면의 속도 $\vec{V}_{CS}$는 검사체적 외부의 고정된 점에 대한 국소 속도이다.

정상유동 과정의 질량평형

정상유동 과정에서 검사체적 안의 총 질량은 시간에 따라 변하지 않는다(m_{CV} = 일정). 따라서 이 경우 질량 보존 법칙에 의하여, 검사체적으로 유입한 총 질량은 검사체적으로부터 유출한 총 질량과 같게 된다. 정상유동인 정원용 호스의 노즐을 예로 들면, 단위 시간 동안 노즐로 유입된 물의 양은, 단위 시간 동안 노즐에서 유출한 물의 양과 같다.

정상유동 과정에서는, 얼마의 시간 동안 장치를 유출입한 질량보다, 단위 시간 동안 흐르는 질량, 즉, **질량유량** $\dot{m}$이 관심의 대상이다. 입출구가 여러 개인 일반적인 정상유동의 경우, **질량 보존 법칙**은 다음과 같이 변화율 형태의 방정식으로 표현할 수 있다(그림 5-10).

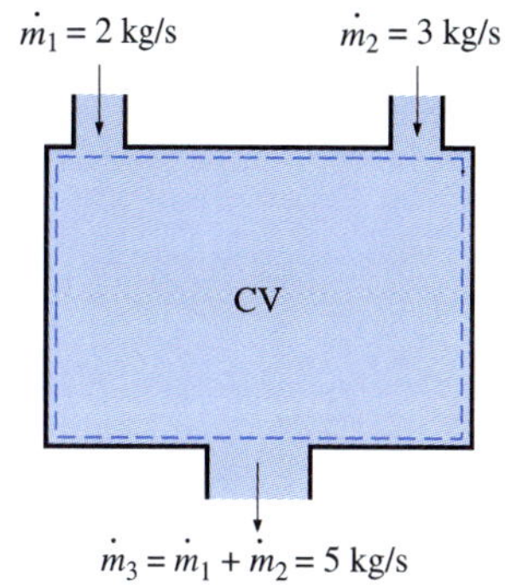

그림 5-10
2개의 입구와 1개의 출구를 갖는 정상유동 시스템의 질량보존 법칙.

정상유동: $$\sum_{in} \dot{m} = \sum_{out} \dot{m} \qquad (kg/s) \tag{5-17}$$

이 식은 **검사체적으로 유입한 총 질량유량은 검사체적으로부터 유출한 총 질량유량과 같음을** 의미한다.

노즐, 디퓨저, 터빈, 압축기 및 펌프 등과 같은 장치들에서 단일유동(즉, 한 개의 입구 및 한 개의 출구)이 나타난다. 이러한 경우에 합 기호($\sum$) 대신에, 입구 상태를 하첨자 1로, 출구 상태를 하첨자 2로 표시한다. 따라서 **단일유동 정상유동**의 경우 식 (5-17)은 다음과 같이 단순화 된다.

정상유동(단일 유동): $$\dot{m}_1 = \dot{m}_2 \quad \rightarrow \quad \rho_1 V_1 A_1 = \rho_2 V_2 A_2 \tag{5-18}$$

특수한 경우: 비압축성 유동

유체가 비압축성인 경우(일반적으로 액체), 질량 보존 법칙은 더욱 간단해진다. 정상유동에 대한 방정식에서 양변의 밀도를 소거하면,

정상, 비압축성 유동: $$\sum_{in} \dot{V} = \sum_{out} \dot{V} \qquad (m^3/s) \tag{5-19}$$

이고, 단일유동 정상유동의 경우에는 다음과 같다.

정상, 비압축성 유동(단일 유동): $$\dot{V}_1 = \dot{V}_2 \rightarrow V_1 A_1 = V_2 A_2 \tag{5-20}$$

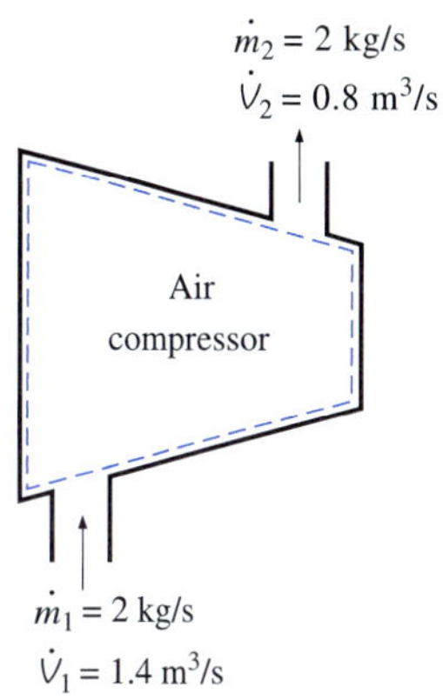

그림 5-11
정상유동 과정에서 질량유량은 보존되지만 체적유량은 반드시 보존되는 것은 아니다.

여기서 '체적보존의 법칙'이라는 용어는 없다는 것을 항상 명심하여야 한다. 따라서 정상유동 장치 안으로 유입하는 체적유량과 장치 밖으로 유출하는 체적유량은 서로 다를 수 있다. 공기 압축기를 통과하는 질량유량은 일정하지만, 압축기 출구에서의 공기 밀도가 매우 높기 때문에 출구의 체적유량은 입구의 체적유량보다 훨씬 작게 된다(그림 5-11). 그러나 정상유동하는 액체인 경우에는, 액체는 본질적으로 비압축성(일정한 밀도) 물질이므로, 체적유량은(따라서 질량유량도) 거의 일정하다. 정원용 호스의 노즐을 통과하는 물의 유동은 두 번째 경우의 한 예이다.

질량 보존 법칙은, 유동과정에서 아무리 작은 질량이라도 포함되어야 한다. 만약 예금과 출금을 가계부에 정확히 기재할 수 있는 정도라면('수지보존'의 법칙), 질량 보존 법칙을 공학 문제에 적용하는데 큰 어려움이 없을 것이다.

예제 5-1 정원용 호스의 노즐을 통과하는 물의 유동

노즐이 부착된 정원용 호스로 10 gal의 물통을 채우려 한다. 호스의 내경은 2 cm이고, 노즐의 출구에서는 0.8 cm로 좁아진다(그림 5-12). 물통을 다 채우는데 50 s가 소요될 때, 다음을 계산하라. (a) 호스를 통과하는 물의 체적유량 및 질량유량, (b) 노즐 출구에서의

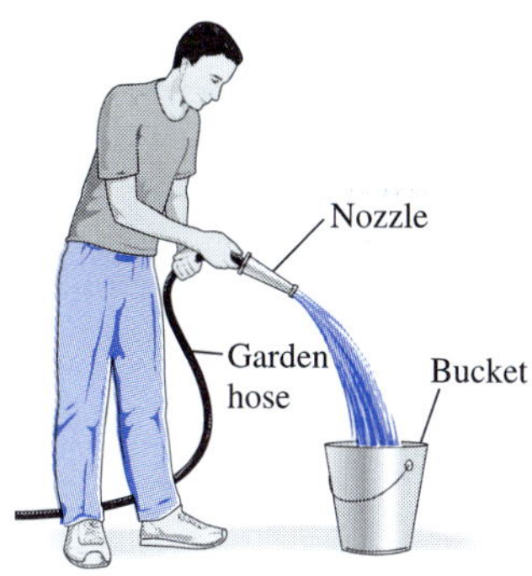

그림 5-12
예제 5-1의 개략도.

물의 평균속도.

풀이 정원용 호스로 물통에 물을 채울 때, 물의 체적유량, 질량유량 및 출구 속도를 계산하고자 한다.

가정 **1** 물은 비압축성 물질이다. **2** 호스 내의 유동은 정상이다. **3** 물의 튀김으로 인한 물통 밖으로의 물 손실은 없다.

상태량 물의 밀도는 1000 kg/m^3 = 1 kg/L이다.

해석 (a) 50 s 동안 10 gal의 물이 호스로부터 방출되므로, 체적유량 및 질량유량은 다음과 같다.

$$\dot{V} = \frac{V}{\Delta t} = \frac{10\text{ gal}}{50\text{ s}}\left(\frac{3.7854\text{ L}}{1\text{ gal}}\right) = \mathbf{0.757\ L/s}$$

$$\dot{m} = \rho\dot{V} = (1\text{ kg/L})(0.757\text{ L/s}) = \mathbf{0.757\ kg/s}$$

(b) 노즐 출구의 단면적은 다음과 같다.

$$A_e = \pi r_e^2 = \pi(0.4\text{ cm})^2 = 0.5027\text{ cm}^2 = 0.5027 \times 10^{-4}\text{ m}^2$$

호스와 노즐을 통과하는 체적유량은 일정하다. 따라서 노즐 출구에서 물의 평균속도는 다음과 같다.

$$V_e = \frac{\dot{V}}{A_e} = \frac{0.757\text{ L/s}}{0.5027 \times 10^{-4}\text{ m}^2}\left(\frac{1\text{ m}^3}{1000\text{ L}}\right) = \mathbf{15.1\ m/s}$$

토의 호스 내의 물의 평균속도는 2.4 m/s이다. 따라서 노즐을 통과하면서 물의 속도는 6배 이상 증가되었다.

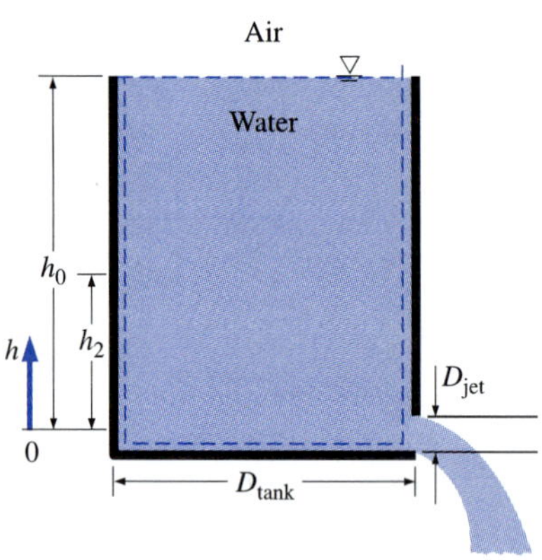

그림 5-13
예제 5-2의 개략도

예제 5-2 탱크로부터 물의 방출

물이 가득 차 있는 높이 4 ft, 직경 3 ft인 원통형 물탱크의 상부가 개방되어 대기에 노출되어 있다. 탱크 아래쪽의 물마개를 열어서, 직경 0.5 in의 물 제트를 방출시킨다(그림 5-13). 제트의 평균속도는 대략적으로 $V = \sqrt{2gh}$이다. 여기에서 h는 마개의 중심에서부터 측정한 탱크 내의 수위(시간에 따라 변함)이고, g는 중력가속도이다. 수위가 2 ft로 낮아질 때까지 걸리는 시간을 계산하라.

풀이 탱크 아래쪽의 물마개를 열어 탱크 내 물의 반을 비울 때까지 소요되는 시간을 계산하고자 한다.

가정 **1** 물은 비압축성 물질이다. **2** 탱크 밑바닥과 마개 중심까지의 거리는 수위에 비해 무시할 수 있을 정도로 작다. **3** 중력가속도는 32.2 ft/s^{2}이다.

해석 물이 점유하는 체적을 검사체적으로 선택한다. 수위가 낮아짐에 따라 검사체적의 크기가 감소하므로, 검사체적은 변형한다(이 문제는 탱크의 내부 체적으로 이루어지는 고정된 검사체적으로 선택하여 계산할 수도 있다. 이 경우에 물이 빠져나간 공간을 채우는 공기는 무시한다). 또한 이 문제에서 검사체적 내의 상태량이 시간에 따라 변하므로(예를 들면, 총 질량) 비정상유동 문제임이 명백하다.

모든 유동과정에 적용할 수 있는, 검사체적에 대한 변화율 형태의 질량 보존 관계식은 다음과 같다.

$$\dot{m}_{\text{in}} - \dot{m}_{\text{out}} = \frac{dm_{\text{CV}}}{dt} \tag{1}$$

이 문제에서 검사체적으로 유입하는 질량은 없고($\dot{m}_{\text{in}} = 0$), 방출되는 질량유량은 다음과 같다.

$$\dot{m}_{\text{out}} = (\rho VA)_{\text{out}} = \rho\sqrt{2gh}A_{\text{jet}} \tag{2}$$

이 식에서 $A_{\text{jet}} = \pi D_{\text{jet}}^2/4$는 제트의 단면적이고 항상 일정하다. 물의 밀도는 일정하므로, 어느 시간에서나 탱크 내 물의 질량은 다음과 같이 표시할 수 있다.

$$m_{\text{CV}} = \rho V = \rho A_{\text{tank}}h \tag{3}$$

여기서 $A_{\text{tank}} = \pi D_{\text{tank}}^2/4$는 탱크의 단면적이다. 식 (2)와 (3)을 질량 보존 관계식(식 1)에 대입하면 다음과 같다.

$$-\rho\sqrt{2gh}A_{\text{jet}} = \frac{d(\rho A_{\text{tank}}h)}{dt} \rightarrow -\rho\sqrt{2gh}(\pi D_{\text{jet}}^2/4) = \frac{\rho(\pi D_{\text{tank}}^2/4)\, dh}{dt}$$

밀도 및 다른 공통되는 항을 소거하고, 변수분리하면 다음과 같다.

$$dt = -\frac{D_{\text{tank}}^2}{D_{\text{jet}}^2}\frac{dh}{\sqrt{2gh}}$$

$h = h_0$인 시간 $t = 0$에서부터, $h = h_2$인 시간 $t = t$까지 적분하면 다음의 결과를 얻는다.

$$\int_0^t dt = -\frac{D_{\text{tank}}^2}{D_{\text{jet}}^2\sqrt{2g}}\int_{h_0}^{h_2}\frac{dh}{\sqrt{h}} \rightarrow t = \frac{\sqrt{h_0} - \sqrt{h_2}}{\sqrt{g/2}}\left(\frac{D_{\text{tank}}}{D_{\text{jet}}}\right)^2$$

주어진 값들을 대입하여 계산하면, 물을 방출할 때 소요되는 시간을 구할 수 있다.

$$t = \frac{\sqrt{4\text{ ft}} - \sqrt{2\text{ ft}}}{\sqrt{32.2\text{ ft/s}^2}}\left(\frac{3 \times 12\text{ in}}{0.5\text{ in}}\right)^2 = 757\text{ s} = \mathbf{12.6\text{ min}}$$

따라서, 물마개를 연 후 탱크 물의 반을 비울 때까지는 12.6 min이 소요된다.

토의 탱크 내의 물을 완전히 비울 때(즉, $h_2 = 0$일 때)까지 걸리는 시간은 $t = 43.1$ min이다. 따라서 탱크 아래 부분의 반을 비울 때에는, 위 부분의 반을 비우는 경우에 비해서 훨씬 긴 시간이 소요된다. 이는 수위 h가 낮아짐에 따라, 평균 방출속도도 감소하기 때문이다.

5-3 ■ 기계적 에너지와 효율

많은 유체 시스템들은 특정한 유량과 속도로, 한 곳의 유체를 높이 차가 있는 다른 곳으로 이동시키기 위하여 고안되었으며, 이 과정에서 터빈은 기계적 일을 발생시키는 반면, 펌프나 팬은 기계적 일을 소비한다. 이러한 시스템은 핵, 화학 혹은 열에너지의 기계적 에너지로의 변환을 고려하지 않는다. 또한 시스템은 열전달을 포함하지 않으므로, 본질적으로 일정한 온도에서 작동한다. 이러한 시스템을 해석할 때는 **기계적 에너지 형태**와 기계적 에너지의 손실을 초래하는 마찰효과(즉, 일반적으로 어떠한 유용한 목적으로도 사용할 수 없는 열에너지로의 변환)를 고려하면 편리하다.

기계적 에너지(mechanical energy)란, **이상적인 터빈과 같은 이상적인 기계 장치에 의하여, 완전히 그리고 직접적으로 기계적인 일로 변환할 수 있는 에너지 형태**로 정의한다. 운동에너지와 위치에너지는 잘 알려진 기계적 에너지의 형태이다. 그러나 열에너지는 직접적이면서 완전하게 일로 변환시킬 수 없으므로 기계적 에너지가 아니다(열역학의 제 2법칙).

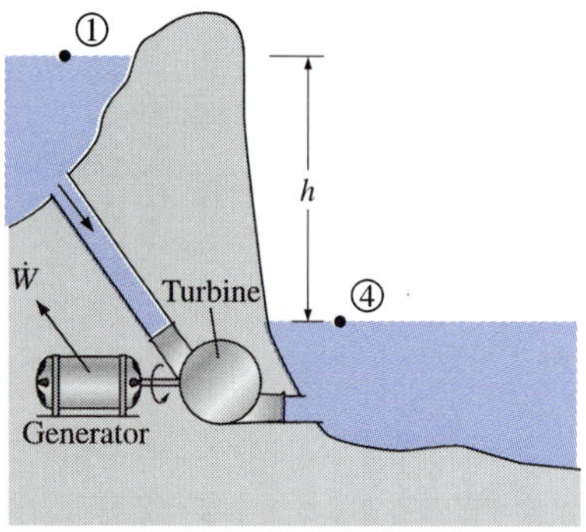

$\dot{W}_{max} = \dot{m}\Delta e_{mech} = \dot{m}g(z_1 - z_4) = \dot{m}gh$
since $P_1 \approx P_4 = P_{atm}$ and $V_1 = V_4 \approx 0$
(*a*)

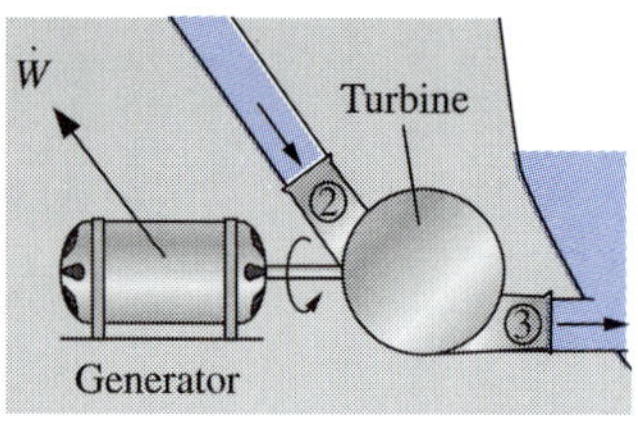

$\dot{W}_{max} = \dot{m}\Delta e_{mech} = \dot{m}\dfrac{(P_2 - P_3)}{\rho} = \dot{m}\dfrac{\Delta P}{\rho}$
since $V_2 \approx V_3$ and $z_2 \approx z_3$
(*b*)

그림 5-14
이상적인 수력 터빈과 이상적인 발전기에 의하여 표현된 기계적 에너지. 비가역적인 손실이 없을 경우, 최대 출력은 다음에 비례한다. (a) 상류 저수지와 하류 저수지의 수위 차이 (b) (확대도) 터빈의 직전 상류와 직후 하류의 수압 차이.

펌프는 유체의 압력을 높여 유체에 기계적 에너지를 전달하고, 터빈은 유체의 압력을 낮추어 유체로부터 기계적 에너지를 추출한다. 그러므로 흐르는 유체의 압력은 항상 기계적 에너지와 관련이 있다. 실제로, 압력의 단위 Pa은 Pa = $N/m^2 = N \cdot m/m^3 = J/m^3$이므로 단위 체적 당의 에너지를 의미하고, 곱의 형태인 Pv, 즉, P/ρ는 단위 J/kg를 가지므로 단위 질량 당의 에너지를 의미한다. 따라서 압력 그 자체는 에너지가 아님을 유의하라. 그러나 얼마의 거리 동안 유체에 작용하는 압력 힘은, P/ρ 만큼의 **유동 일(flow work)**이라고 하는 단위 질량 당의 일을 발생시킨다. 유동 일은 유체 상태량의 항으로 표현되며, 따라서 유동 일은 유동하는 유체의 에너지의 일부로 생각하고 **유동 에너지(flow energy)**라고 부르는 것이 편리하다. 그러므로 유동하는 유체의 단위 질량 당 기계적 에너지는 다음 식으로 표현할 수 있다.

$$e_{mech} = \frac{P}{\rho} + \frac{V^2}{2} + gz$$

이 식에서 P/ρ는 유체의 **유동에너지**, $V^2/2$은 **운동에너지**, 그리고 gz는 **위치에너지**라 하며, 모두 단위 질량 당의 에너지이다. 따라서 비압축성 유동의 경우 유체의 기계적 에너지 변화는 다음과 같다.

$$\Delta e_{mech} = \frac{P_2 - P_1}{\rho} + \frac{V_2^2 - V_1^2}{2} + g(z_2 - z_1) \quad \text{(kJ/kg)} \qquad (5\text{-}21)$$

그러므로 만약 유체의 압력, 밀도, 속도 그리고 높이가 일정하면, 유동 중에 유체의 기계적 에너지는 변화하지 않는다. 아무런 비가역적인 손실이 없다면, 유체의 기계적 에너지는 유체에 공급한 기계적 일($\Delta e_{mech} > 0$인 경우) 또는 유체에서 추출한 기계적 일($\Delta e_{mech} < 0$인 경우)로 인하여 변화한다. 예를 들어, 그림 5-14에서 볼 수 있듯이, 터빈이 생산하는 최대(이상적인) 출력은 $\dot{W}_{max} = \dot{m}\Delta e_{mech}$이다.

그림 5-15에 나타난 바와 같이, 물이 가득 담긴 높이가 h인 물통을 고려해 보자. 기준 위치는 물통의 아래 면이다. 자유표면의 한 점 A의 계기압은 $P_{gage, A} = 0$이고, 단위 질량 당 위치에너지는 $pe_A = gh$이다. 한편, 물통의 아래 면의 한 점 B의 계기압은 $P_{gage, B} = \rho gh$이고, 단위 질량 당 위치에너지는 $pe_B = 0$이다. 아래 면에 있는 이상적인 수력터빈은, 터빈에 유입되는 물(또는 일정한 밀도를 갖는 모든 유체)이 물통의 상부에 있었든 혹은 하부에 있었든 상관없이, 단위 질량 당 $w_{turbine} = gh$의 동일한 일을 생산한다. 여기서 물통과 터빈 간의 파이프 유동은 이상적인

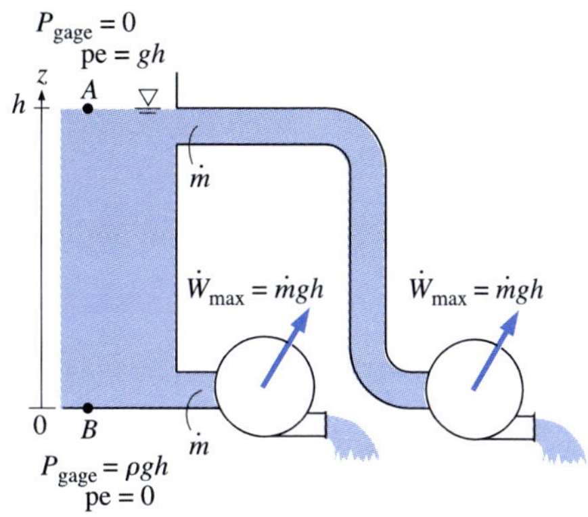

그림 5-15
물통 아래 면에서 물의 유용한 기계적 에너지는 물통의 자유표면을 포함한 모든 깊이에서의 물의 유용한 기계적 에너지와 동일하다.

유동(비가역적 손실이 없다)이고 또한 터빈 출구에서의 운동에너지는 무시할 수 있을 정도로 작다고 가정한 것에 유의하라. 그러므로 물통 아래 면과 위 면의 물의 기계적 에너지는 동일하다.

기계적 에너지는 일반적으로 회전축에 의해 전달되므로, 따라서 기계적 일은 **축일(shaft work)**이라고도 한다. 펌프나 팬은 축일을 공급받아서(일반적으로 전기 모터로부터), 유체에 기계적 에너지를 전달한다(마찰손실을 뺀). 반면, 터빈은 유체의 기계적 에너지를 축일로 변환한다. 마찰과 같은 비가역성이 없는 경우, 기계적 에너지는 어떠한 기계적 형태로부터 다른 형태로 완전하게 변환될 수 있고, 이때 장치나 과정에서 **기계효율(mechanical efficiency)**은 다음과 같이 정의된다.

$$\eta_{mech} = \frac{\text{Mechanical energy output}}{\text{Mechanical energy input}} = \frac{E_{mech,\ out}}{E_{mech,\ in}} = 1 - \frac{E_{mech,\ loss}}{E_{mech,\ in}} \quad (5\text{-}22)$$

변환효율(conversion efficiency)이 100%보다 작은 이유는, 변환이 완벽하지 않고 변환과정에서 손실이 발생하기 때문이다. 기계효율이 72%라면, 공급된 기계적 에너지의 28%는 마찰열로 인해 열에너지로 변환되었음을 의미하며(그림 5-16), 이때 유체의 온도가 약간 상승된다.

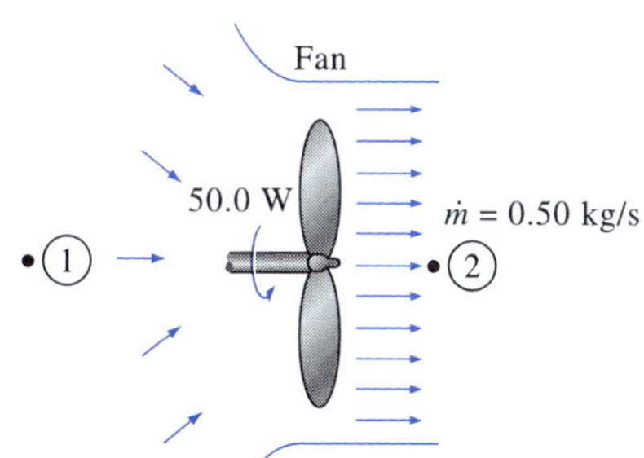

그림 5-16
팬의 기계효율은 팬 출구에서의 공기의 기계적 에너지를 팬에 공급된 기계적 동력으로 나눈 값이다.

유체 시스템에서는 일반적으로 유체의 압력, 속도 그리고/또는 높이를 증가시키는 데에 주된 관심이 있다. 이는 펌프, 팬, 압축기 등(이들을 통칭하여 펌프라고 한다)을 이용하여 **유체에 기계적 에너지를 공급함**으로써 달성할 수 있다. 또는 이와는 반대 과정으로서, 터빈을 이용하여 **유체의 기계적 에너지를 추출**하고 기계적 동력을 생산하여 발전기 등의 회전 장치를 구동하기도 한다. 공급된 또는 추출된 기계적 일과 유체의 기계적 에너지간의 변환과정의 완전성 정도를 **펌프효율** 및 **터빈효율**이라 하는데, 펌프효율은 다음과 같이 정의한다.

$$\eta_{pump} = \frac{\text{Mechanical power increase of the fluid}}{\text{Mechanical power input}} = \frac{\Delta\dot{E}_{mech,\ fluid}}{\dot{W}_{shaft,\ in}} = \frac{\dot{W}_{pump,\ u}}{\dot{W}_{pump}} \quad (5\text{-}23)$$

이 식에서, $\Delta\dot{E}_{mech,\ fluid} = \dot{E}_{mech,\ out} - \dot{E}_{mech,\ in}$은 유체의 기계적 에너지 증가율이고, 또한 이는 유체에 공급된 **유용한 펌프동력(useful pumping power)** $\dot{W}_{pump,\ u}$와 동일하다. 터빈효율의 경우에는 다음과 같은 관계가 성립한다.

$$\eta_{turbine} = \frac{\text{Mechanical power output}}{\text{Mechanical power decrease of the fluid}} = \frac{\dot{W}_{shaft,\ out}}{|\Delta\dot{E}_{mech,\ fluid}|} = \frac{\dot{W}_{turbine}}{\dot{W}_{turbine,\ e}} \quad (5\text{-}24)$$

이 식에서, $|\Delta\dot{E}_{\text{mech, fluid}}| = \dot{E}_{\text{mech, in}} - \dot{E}_{\text{mech, out}}$은 유체의 기계적 에너지 감소율이고, 또한 이는 터빈이 유체에서 추출한 기계적 동력 $\dot{W}_{\text{turbine}, e}$와 동일하다. 한편, 효율을 양의 값으로 표시하기 위하여 절대값을 사용한다. 펌프나 터빈의 효율이 100%라는 것은 축일과 유체의 기계적 에너지간의 완전한 변환을 의미하며, 마찰 효과를 최소화함으로써 효율 100%에 근접할 수 있다(그러나 절대로 달성할 수는 없다).

기계효율은 다음과 같이 정의되는 **모터효율**이나 **발전기효율**과 혼동하지 말아야 한다.

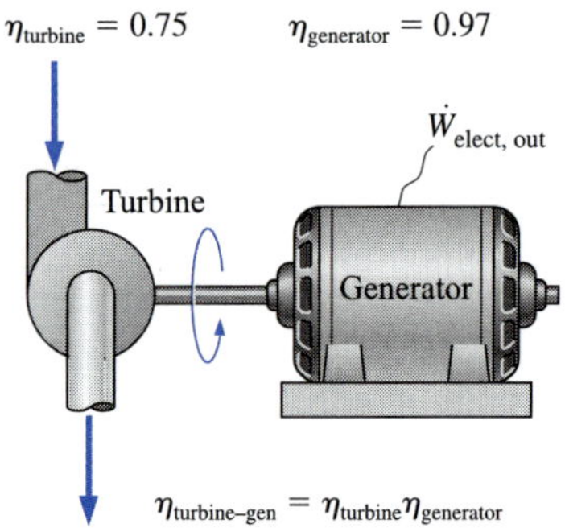

그림 5-17
터빈-발전기의 전체효율은 터빈효율과 발전기효율을 곱한 것이며, 유체의 기계적 동력이 전력으로 바뀐 비율이다.

모터: $$\eta_{\text{motor}} = \frac{\text{Mechanical power output}}{\text{Electric power input}} = \frac{\dot{W}_{\text{shaft, out}}}{\dot{W}_{\text{elect, in}}} \qquad (5\text{-}25)$$

그리고

발전기: $$\eta_{\text{generator}} = \frac{\text{Electric power output}}{\text{Mechanical power input}} = \frac{\dot{W}_{\text{elect, out}}}{\dot{W}_{\text{shaft, in}}} \qquad (5\text{-}26)$$

일반적으로 펌프는 모터와, 터빈은 발전기와 함께 묶어 고려한다. 그러므로 펌프-모터와 터빈-발전기를 조합하여 **연합효율(combined efficiency)** 또는 **전체효율(overall efficiency)**로 표현하는 경우가 많다(그림 5-17). 이들의 정의는 다음과 같다.

$$\eta_{\text{pump-motor}} = \eta_{\text{pump}}\,\eta_{\text{motor}} = \frac{\dot{W}_{\text{pump}, u}}{\dot{W}_{\text{elect, in}}} = \frac{\Delta\dot{E}_{\text{mech, fluid}}}{\dot{W}_{\text{elect, in}}} \qquad (5\text{-}27)$$

그리고

$$\eta_{\text{turbine-gen}} = \eta_{\text{turbine}}\,\eta_{\text{generator}} = \frac{\dot{W}_{\text{elect, out}}}{\dot{W}_{\text{turbine}, e}} = \frac{\dot{W}_{\text{elect, out}}}{|\Delta\dot{E}_{\text{mech, fluid}}|} \qquad (5\text{-}28)$$

위에서 정의한 모든 효율들의 범위는 0~100%이다. 효율이 0%라는 것은 모든 기계적/전기적 입력 에너지가 전부 열에너지로 변환되는 것을 의미하며, 이 경우의 변환장치는 저항 가열기(resistance heater)의 기능만 하게 된다. 효율이 100%라는 것은, 마찰 등의 비가역성이 없고 따라서 기계적/전기적 에너지가 열에너지로 변환되지 않는 완전한 변환을 의미한다.

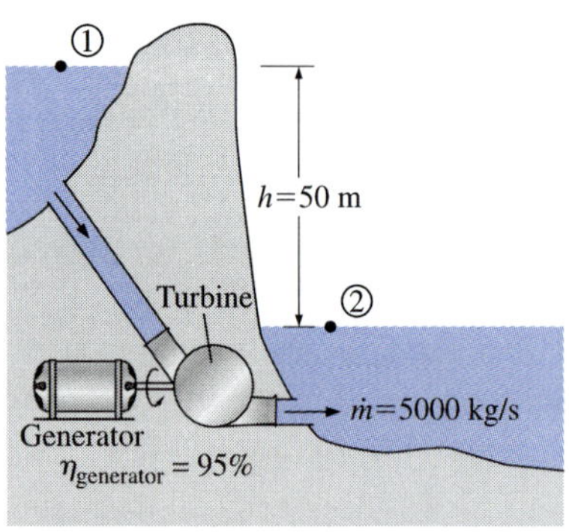

그림 5-18
예제 5-3의 개략도

예제 5-3 수력 터빈-발전기의 성능

큰 호수의 물을 이용하여 수력 터빈-발전기로부터 전력을 생산한다. 댐의 상류와 하류에 있는 자유 표면의 높이 차이는 50 m이다(그림 5-18). 공급되는 물의 질량유량은 5000 kg/s이다. 발전한 전력이 1862 kW이고, 발전기 효율이 95%일 때 다음을 계산하라. (a) 터빈-발전기의 전체효율, (b) 터빈의 기계효율, 그리고 (c) 터빈이 발전기에 공급하는 축동력

풀이 호수의 물을 이용하여 수력 터빈-발전기가 전력을 생산할 때 전체효율, 터빈효율

그리고 축동력을 계산하고자 한다.

가정 호수와 방수부(discharge site)의 수위는 일정하다.

상태량 물의 밀도는 1000 kg/m^{3}이다.

해석 (a) 호수의 자유표면 (1)에서 방수부의 자유표면 (2)까지 해석한다. 두 자유표면의 압력은 대기압이고, 속도는 무시할 수 있을 정도로 작다. 단위 질량 당 물의 기계적 에너지의 변화는 다음과 같다.

$$e_{\text{mech, in}} - e_{\text{mech, out}} = \underbrace{\frac{P_{\text{in}} - P_{\text{out}}}{\rho}}_{0} + \underbrace{\frac{V_{\text{in}}^2 - V_{\text{out}}^2}{2}}_{0} + g(z_{\text{in}} - z_{\text{out}})$$

$$= gh$$

$$= (9.81\ \text{m/s}^2)(50\ \text{m})\left(\frac{1\ \text{kJ/kg}}{1000\ \text{m}^2/\text{s}^2}\right) = 0.491\frac{\text{kJ}}{\text{kg}}$$

따라서 유체가 터빈에 공급한 단위 시간 당 기계적 에너지와 전체효율은 다음과 같이 얻어진다.

$$|\Delta \dot{E}_{\text{mech, fluid}}| = \dot{m}(e_{\text{mech, in}} - e_{\text{mech, out}}) = (5000\ \text{kg/s})(0.491\ \text{kJ/kg}) = 2455\ \text{kW}$$

$$\eta_{\text{overall}} = \eta_{\text{turbine-gen}} = \frac{\dot{W}_{\text{elect, out}}}{|\Delta \dot{E}_{\text{mech, fluid}}|} = \frac{1862\ \text{kW}}{2455\ \text{kW}} = \mathbf{0.76}$$

(b) 전체효율 및 발전기 효율을 알고 있으므로, 터빈의 기계효율은 다음과 같이 계산할 수 있다.

$$\eta_{\text{turbine-gen}} = \eta_{\text{turbine}}\,\eta_{\text{generator}} \rightarrow \eta_{\text{turbine}} = \frac{\eta_{\text{turbine-gen}}}{\eta_{\text{generator}}} = \frac{0.76}{0.95} = \mathbf{0.80}$$

(c) 터빈이 공급하는 축동력은 기계효율의 정의로부터 다음과 같이 얻어진다.

$$\dot{W}_{\text{shaft, out}} = \eta_{\text{turbine}}|\Delta \dot{E}_{\text{mech, fluid}}| = (0.800)(2455\ \text{kW}) = \mathbf{1964\ kW}$$

토의 호수의 물은 2455 kW의 기계적 동력을 터빈에 공급하고, 터빈은 2455 kW 중 1964 kW를 축동력으로 변환하여 발전기를 구동한다. 또한 발전기는 1862 kW의 전력을 생산한다. 각각의 장치에는 비가역적 손실이 있다.

실제 많은 과정들은 어떤 특정한 형태의 에너지만 포함하는데, 이 경우 보다 단순화된 에너지 평형식이 더 편리하다. **기계적 에너지 형태(mechanical forms of energy)**와 그의 **축일**로의 변환만 포함하는 시스템의 경우, 에너지 보존 법칙은 다음 식과 같이 편리하게 표현할 수 있다.

$$E_{\text{mech, in}} - E_{\text{mech, out}} = \Delta E_{\text{mech, system}} + E_{\text{mech, loss}} \tag{5-29}$$

이 식에서 $E_{\text{mech, loss}}$는 마찰 등의 비가역성으로 인한 기계적 에너지의 열에너지로의 변환을 나타낸다. 정상 시스템에서는 기계적 에너지 변화율의 평형은 $\dot{E}_{\text{mech, in}} = \dot{E}_{\text{mech, out}} + \dot{E}_{\text{mech, loss}}$이다(그림 5-19).

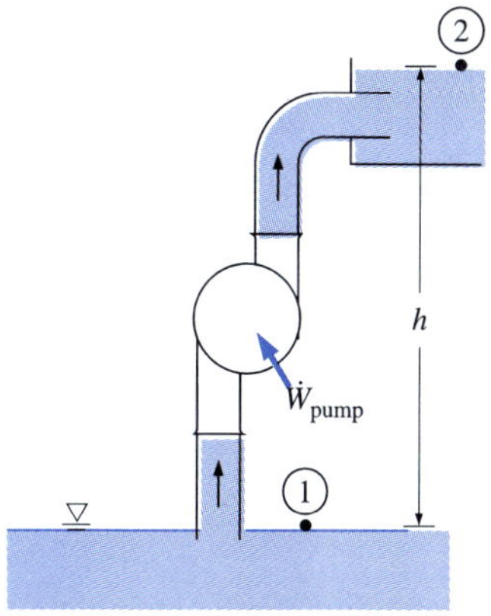

그림 5-19
많은 유동문제들은 단지 기계적 에너지 형태만 포함하므로, 이러한 문제들은 기계적 에너지 변화율 평형으로 편리하게 풀 수 있다.

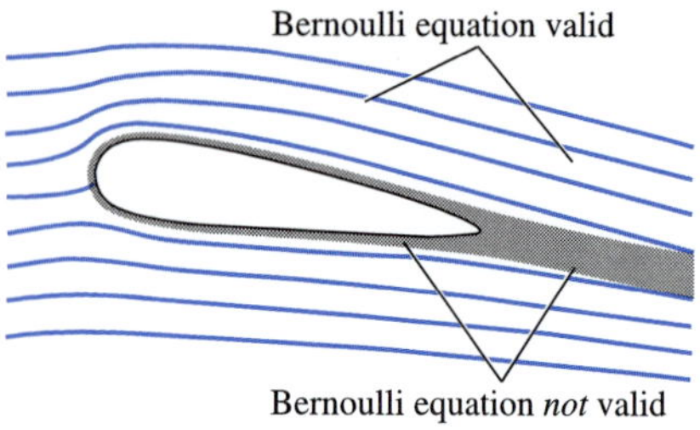

그림 5-20
Bernoulli 방정식은 점성력이 관성력, 중력 또는 압력 힘에 비하여 무시할 수 있을 정도로 작은 **비점성 유동영역**에만 적용할 수 있는 근사적 방정식이다. 이러한 영역은 **경계층** 및 **후류**의 바깥쪽 영역이다.

5-4 ▪ Bernoulli 방정식

Bernoulli 방정식은 **압력, 속도 및 위치 사이의 근사적 관계식**이며, **마찰력을 무시할 수 있는 정상, 비압축성 유동 영역**에서 사용될 수 있다(그림 5-20). 이 식은 그 형태가 매우 간단함에도 불구하고, 유체역학에서 매우 유용한 공식이다. 이 절에서는, **선형운동량 보존의 법칙**을 이용하여 Bernoulli 방정식을 유도하고, 이 식의 유용성과 적용시의 제한조건 등을 설명하기로 한다.

Bernoulli 방정식을 유도할 때 가장 중요한 가정은, **점성효과가 관성효과, 중력효과 또는 압력효과에 비하여 무시할 수 있을 정도로 작다**는 것이다. 그러나 실제 모든 유체는 점성을 가지므로("비점성 유체"는 존재하지 않는다), 이 가정은 전체 모든 유동장에 적용되지는 않는다. 다시 말하면, 유체의 점성이 아무리 작더라도 유동의 모든 곳에 Bernoulli 방정식을 적용할 수 없다는 것이다. 그러나 많은 실제 유동에서 어떤 특정한 영역에서는 Bernoulli 방정식을 사용할 수 있다. 이러한 영역을 **비점성 유동영역**이라 한다. 이러한 영역은 유체가 비점성, 즉, 마찰이 없는 영역이라는 의미가 아니라, 점성력(마찰력)이 유체입자에 작용하는 다른 힘들에 비하여 무시할 수 있을 정도로 작은 영역이라는 의미임을 명심하기 바란다.

Bernoulli 방정식은 비점성 유동영역에만 적용 가능하다는 것을 항상 염두에 두어야 한다. 일반적으로, 마찰효과는 고체 면에 매우 가까운 곳(**경계층**)과 물체의 바로 하류(**후류**)에서 중요하며, 따라서 Bernoulli 식은 경계층 및 후류의 바깥 영역(여기에서 압력 및 중력효과가 유체의 유동을 지배함)에서 유용하게 사용될 수 있다.

입자의 운동과 그 궤적은 시간, 공간 좌표 및 처음 위치의 함수인 **속도 벡터**로 표현할 수 있다. 유동이 **정상**(특정한 위치에서 시간에 대한 변화가 없음)이라면, 동일한 점을 지나는 입자들의 궤적은 같고(이를 **유선**이라 한다), 모든 위치에서 속도 벡터는 궤적의 접선방향을 유지한다.

Bernoulli 방정식의 유도

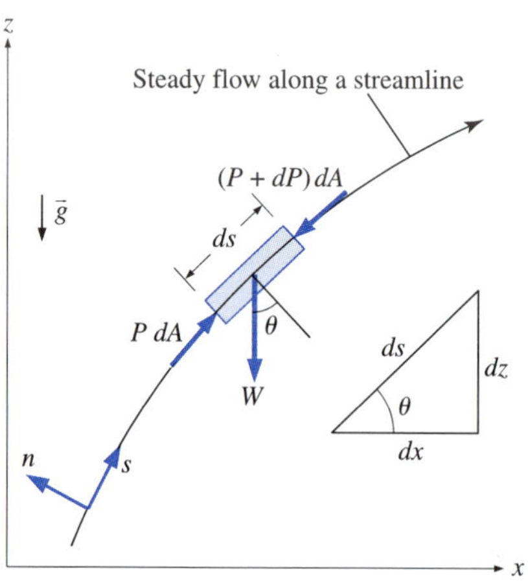

그림 5-21
유선을 따르는 유체입자에 작용하는 힘.

정상 유동장에서 유체입자의 운동을 고려해 보자. Newton의 제 2법칙(유체역학에서는 **선형운동량 방정식**이라 한다)을 유선을 따라 운동하는 입자에 s 방향으로 적용하면 다음과 같다.

$$\sum F_s = ma_s \tag{5-30}$$

마찰력을 무시할 수 있고, 펌프나 터빈이 없으며 또한 유선을 따라 열전달도 없는 유동영역에서, s 방향의 중요한 힘들은 압력(양쪽 면 모두에 작용)과 입자 무게의 s방향 성분이다(그림 5-21). 따라서 식 (5-30)는 다음과 같이 표현할 수 있다.

$$P\,dA - (P + dP)\,dA - W\sin\theta = mV\frac{dV}{ds} \tag{5-31}$$

여기에서 θ는 유선의 직각방향과 z축 사이의 각도이고, $m = \rho V = \rho\,dA\,ds$는 질량이며, $W = mg = \rho g\,dA\,ds$는 유체입자의 무게이다. 한편, $\sin\theta = dz/ds$이므로 이들을 대입하면 다음과 같이 된다.

$$-dP\,dA - \rho g\,dA\,ds\,\frac{dz}{ds} = \rho\,dA\,ds\,V\,\frac{dV}{ds} \tag{5-32}$$

모든 항에서 dA를 소거한 후 정리하면 다음과 같다.

$$-dP - \rho g\,dz = \rho V\,dV \tag{5-33}$$

여기서 $V\,dV = \frac{1}{2}\,d(V^2)$이고, 모든 항을 ρ로 나누면 다음 식이 얻어진다.

$$\frac{dP}{\rho} + \frac{1}{2}\,d(V^2) + g\,dz = 0 \tag{5-34}$$

마지막 두 개 항은 완전미분이다. 비압축성 유동의 경우에 첫 항도 역시 완전미분이다. 따라서, 적분하여 다음 식을 얻는다.

정상, 비압축성 유동: $$\frac{P}{\rho} + \frac{V^2}{2} + gz = \text{일정(동일한 유선을 따라)} \tag{5-35}$$

이 식이 비점성, 정상, 비압축성 유동에서 유선을 따라 적용되는 유명한 **Bernoulli 방정식**(그림 5-22)이다. 처음에 Bernoulli 방정식은 스위스 수학자 Daniel Bernoulli (1700-1782)가 러시아 St. Petersburg에서 연구할 때, 1738년에 간행한 교재에 글로 서술한 바 있다. 그 후 1755년에 Bernoulli의 동료 Leonhard Euler가 방정식 형태로 유도하였다.

유선상의 어느 곳에서든지, 그 곳에서의 압력, 밀도, 속도 및 위치를 알면 식 (5-35)의 상수값을 계산할 수 있다. 동일한 유선의 임의의 두 점 사이에서 Bernoulli 방정식은 다음과 같이 표현된다.

정상, 비압축성 유동: $$\frac{P_1}{\rho} + \frac{V_1^2}{2} + gz_1 = \frac{P_2}{\rho} + \frac{V_2^2}{2} + gz_2 \tag{5-36}$$

이 식에서 $V^2/2$은 **운동에너지**, 그리고 gz는 **위치에너지** 그리고 P/ρ는 **유동에너지**이며, 모두 단위 질량 당의 에너지이다. 따라서 Bernoulli 방정식은 **기계적 에너지 평형** 관계식이며, 다음과 같이 서술할 수 있다(그림 5-23).

> 압축성 효과와 마찰효과를 무시할 수 있는 정상유동에서, 유선을 따라 유체입자의 운동에너지, 위치에너지 및 유동에너지의 합은 일정하다.

5-3절에서 설명하였듯이, 운동에너지, 위치에너지 및 유동에너지는 기계적 에너지 형태이고, Bernoulli 방정식은 '기계적 에너지 보존의 법칙' 이라고도 할 수 있다. 이 식은 기계적 에너지와 열에너지간의 상호 변환이 없고, 따라서 기계적 에너지와 열에너지가 독립적으로 보존되는 시스템에 대한 에너지 보존법칙의 일반형태와 같다. Bernoulli 방정식은 마찰을 무시할 수 있는 정상, 비압축성 유동에서 여러 형태의 기계적 에너지는 상호 변환할 수 있지만 그 합은 일정하다는 것을 말한다. 즉, 이러한 유동에서는 기계적 에너지를 현열(내부)에너지로 변환시키는 마찰이 없으므로, 기계적 에너지의 소산이 없다고도 표현할 수 있다.

시스템에 힘을 얼마의 거리 동안 적용시키면, 에너지가 일의 형태로 시스템에 전달된다. Newton의 제 2법칙에 비추어 볼 때, Bernoulli 방정식은 다음과 같이 표현할 수도 있다. **압력 힘과 중력에 의하여 유체입자에 가해진 일은 입자의 운동**

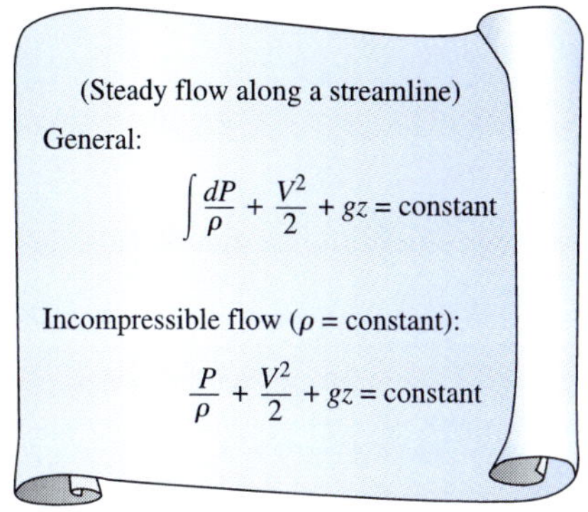

그림 5-22
비압축성 Bernoulli 방정식은 비압축성 유동이라는 가정 하에 유도된 것이며, 따라서 압축성 효과가 큰 유동에서 사용하면 안 된다.

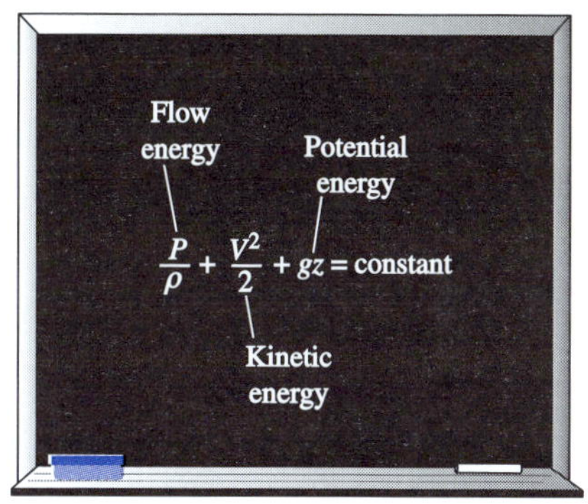

그림 5-23
Bernoulli 방정식은 정상유동에서 유선을 따라 유체입자의 운동에너지, 위치에너지, 및 유동에너지(모든 에너지는 단위 질량 당)의 합은 일정하다는 것을 나타내는 식이다.

에너지 증가량과 같다.

위에서 Bernoulli 방정식은 유선을 따라 운동하는 유체입자에 대한 Newton의 제 2법칙으로부터 유도되었다. 이 식은 5-6절에 설명한 바와 같이, 베르누이 방정식은 정상유동 시스템에 적용된 **열역학의 제 1법칙**으로부터 유도할 수도 있다.

Bernoulli 방정식은 매우 제한적인 가정 하에 유도되었지만, 다양한 실제의 유체 유동 문제들에 적용하여 비교적 정확한 결과를 얻을 수 있어 널리 사용된다. 많은 실제적인 공학문제에서, 유동은 정상[또는 적어도 평균적 정상(steady in the mean)]이고, 압축성 효과는 상대적으로 매우 작으며, 또한 관심 있는 유동영역의 마찰력은 무시할 수 있기 때문이다.

유선을 가로지르는 방향에 대한 힘의 평형

정상, 비압축성 유동의 유선을 가로지르는, 즉, 유선에 직각인 n 방향의 힘의 평형은 다음과 같다. 이 식은 독자들이 직접 유도해보기 바란다.

$$\frac{P}{\rho} + \int \frac{V^2}{R}\,dn + gz = \text{일정} \quad \text{(유선을 가로질러서)} \tag{5-37}$$

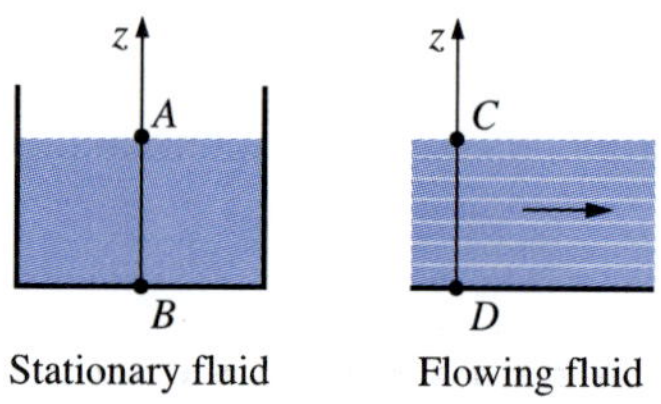

그림 5-24
정상, 비압축성, 직선 유동에서 높이에 따른 압력의 변화는 정지상태 유체의 압력 변화와 같다.

이 식에서 R은 유선의 곡률반경이다. 직선 유동의 경우, 즉, $R \to \infty$인 경우, 식 (5-37)은 $P/\rho + gz =$ 일정 또는 $P = \ -\rho gz +$ 상수가 된다. 이는 정지상태 유체에 대하여 수직 거리에 따른 정수압의 변화를 나타내는 식이다. 따라서 직선을 따라 움직이는 정상, 비압축성 유동에서 위치에 따른 압력의 변화는, 정지상태 유체의 압력 변화와 같다(그림 5-24).

정압, 동압 및 정체압

Bernoulli 방정식은, 정상유동에서 유선을 따르는 유체입자의 유동에너지, 운동에너지, 및 위치에너지의 합은 일정하다는 것을 나타내는 식이다. 따라서 유동에서 유체의 운동에너지와 위치에너지는 유동에너지로 변환되어(그 역도 성립한다) 압력이 변할 수 있다. Bernoulli 방정식에 밀도 ρ를 곱하여, 이 현상을 더 자세하게 살펴볼 수 있다.

$$P + \rho\frac{V^2}{2} + \rho gz = \text{일정 (동일한 유선을 따라)} \tag{5-38}$$

이 식에서, 각각의 항들은 압력 단위이므로 이들은 각각 어떤 압력을 나타낸다.

- P는 정압(static pressure)이다. 이는 실제의 열역학적 압력을 나타내며(유체의 운동 여부와 무관하다), 열역학과 상태량 표에서 사용하는 압력과 동일하다.
- $\rho V^2/2$은 동압(dynamic pressure)이다. 이는 운동하는 유체가 등엔트로피 과정을 거쳐 정지하였을 때의 압력상승을 나타낸다.
- ρgz는 정수압(hydrostatic pressure)항이다. 이는 임의로 선택한 기준 위치에 대한 값이므로, 진정한 의미에서 압력이 아니다. 즉, 이는 유체 무게에 의하여 형성되는 높이 효과가 압력에 미치는 영향을 나타낸 것이다(부호에 주의하라. 유체의 깊이 h에 따라 **증가하는** 정수압 ρgh와는 달리

정수압 항 ρgz는 깊이에 따라 **감소한다**).

정압, 동압, 및 정수압의 합을 **전압**(total pressure)이라 한다. 그러므로 Bernoulli 방정식은 **유선을 따른 전압은 일정하다**는 의미로 해석할 수도 있다.

정압과 동압의 합을 **정체압**(stagnation pressure)이라 하며, 다음과 같이 표현한다.

$$P_{\text{stag}} = P + \rho\frac{V^2}{2} \qquad \text{(kPa)} \tag{5-39}$$

정체압이란, 움직이는 유체가 등엔트로피 과정을 거쳐 완전히 정지되는 곳에서의 압력이다. 정압, 동압, 및 정체압이 그림 5-25에 나타나 있다. 어떤 특정한 위치에서 정압 및 정체압을 측정하여, 그 위치에서의 유체 속도를 다음 식으로 계산한다.

$$V = \sqrt{\frac{2(P_{\text{stag}} - P)}{\rho}} \tag{5-40}$$

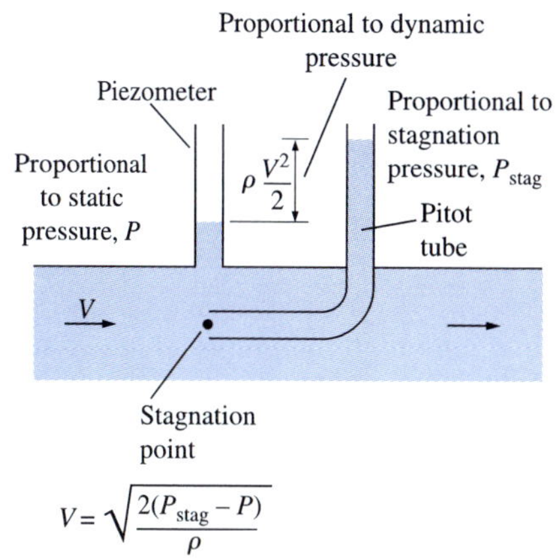

그림 5-25
정압, 동압 및 정체압.

식 (5-40)은, 그림 5-25와 같이 정압 탭과 피토관을 함께 사용함으로써, 유체의 속도를 측정하는 데에 유용한 식이다. **정압 탭**(static pressure tap)은 단순히 벽에 뚫은 작은 구멍이며, 이 구멍의 면은 유동방향과 평행하다. 정압 탭은 정압을 측정한다. **피토관**(Pitot tube)은 유동유체의 압력을 감지할 수 있도록 그 끝을 개방하여 유동방향과 평행하게 설치한 작은 관으로서, 정체압을 측정한다. 유동하는 **액체**의 정압 및 정체압이 대기압보다 큰 경우에는, **피에조미터 관**(piezometer tube) 혹은 간단히 **피에조미터**라고 하는 수직의 투명한 관을 압력 탭과 피토관에 부착할 수 있다(그림 5-25). 피에조미터 관의 액체는, 측정하려는 압력과 비례한 높이(수두, head)까지 상승한다. 만약 측정하려는 압력이 대기압 이하이거나 **기체**의 압력을 측정할 경우에는 피에조미터 관을 사용할 수 없다. 그러나 정압 탭과 피토관을 U관 마노미터 혹은 압력변환기와 같은 다른 종류의 압력 측정장치와 연결하여 사용할 수 있다(3장). 피토관에 정압 구멍을 뚫은 일체형이 편리할 때도 있다. 이를 **피토 정압관**(Pitot-static probe)이라 한다(그림 5-26). 압력변환기나 마노미터와 연결된 피토 정압관을 이용하여 동압(따라서 유체 속도)을 직접 측정할 수 있다.

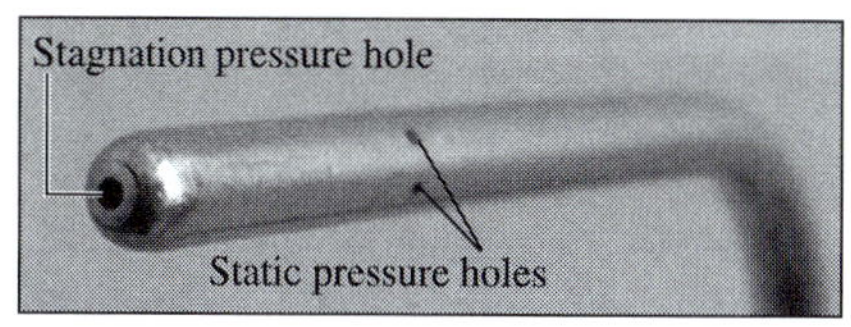

그림 5-26
정체압 구멍과 원주방향으로의 5개 정압 구멍 중 2개를 보여주는 피토정압관.
Photo by Po-Ya Abel Chuang. Used by permission.

유동하는 유체 중에 물체가 정지되어 잠겨있을 때, 유체는 물체의 맨 앞부분에서 정지하며, 이곳을 **정체점**(stagnation point)이라 하는데, 물체의 상류와 정체점을 잇는 유선을 **정체유선**(stagnation streamline)이라 한다(그림 5-27). x-y 평면의 2차원 유동에서, 정체점은 실질적으로 z축과 평행인 선이며, 정체유선은 면이 된다. 이 면을 사이로 물체의 위로 유동하는 유체와 아래로 유동하는 유체가 분리된다. 비압축성 유동인 경우, 유체는 자유흐름 속도로부터 거의 등엔트로피적으로 감속하여 정체점에서 영이 되며, 따라서 정체점에서의 압력이 정체압이다.

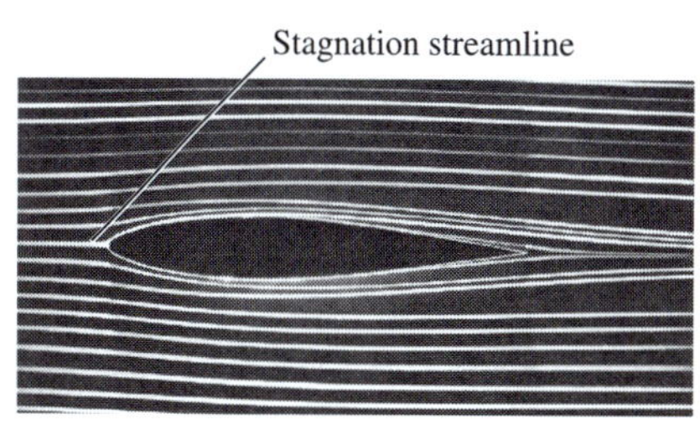

그림 5-27
에어포일의 상류에 색깔이 있는 유체를 분출시켜 얻어진 유맥선. 정상유동이므로 유맥선은 유선 및 유적선과 동일하다. 정체유선이 표시되어 있다.
Courtesy ONERA, Photograph by Werlé.

Bernoulli 방정식의 사용에 대한 제한조건

Bernoulli 방정식(식 5-35)은 유체역학에서 가장 많이 사용하는 식 중의 하나이지만, 또한 자주 **남용되는** 식이기도 하다. 베르누이 방정식은 넓은 유동 상황에 사용될 수 있고, 간단하며, 사용하기가 쉬어 유동해석에 매우 중요한 도구이지만, 바로 이러한 이유로 인하여 잘 못 사용될 수 있다. 따라서 이 방정식을 적용할 수 있는 제한조건들을 살펴보자.

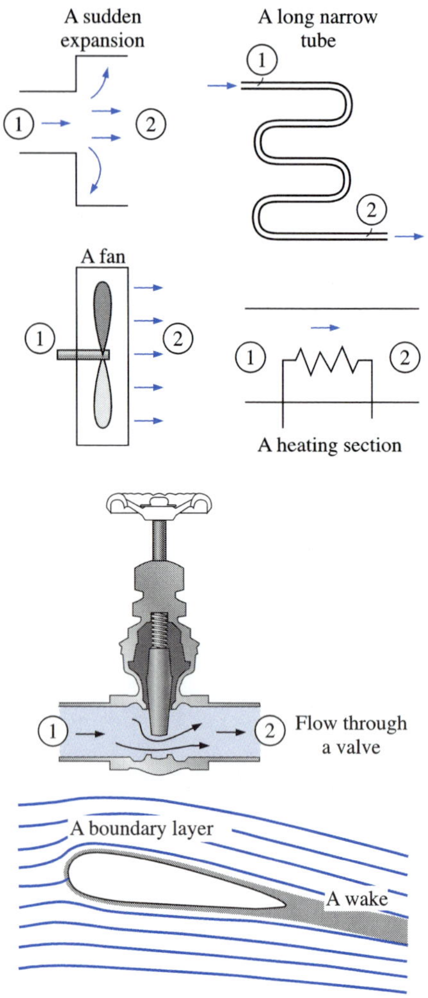

그림 5-28
마찰 효과와 유선형 유동장을 교란하는 부품이 있는 경우에 Bernoulli 방정식은 유효하지 않다. Bernoulli 방정식은 이 그림과 같은 유동에서 사용해서는 안된다.

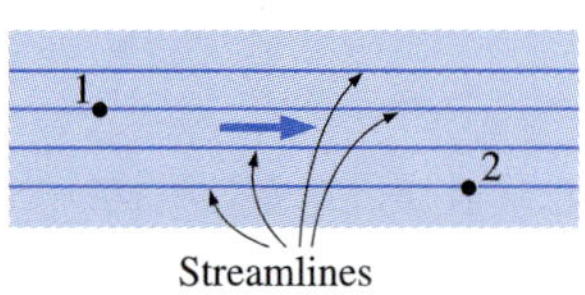

$$\frac{P_1}{\rho}+\frac{V_1^2}{2}+gz_1=\frac{P_2}{\rho}+\frac{V_2^2}{2}+gz_2$$

그림 5-29
유동이 비회전이면, 유동의 어느 두 점 사이에서도 Bernoulli 방정식을 적용할 수 있다(동일한 유선 상의 두 점일 필요가 없다).

1. **정상유동** Bernoulli 방정식의 첫 번째 제한조건은 이 식은 **정상유동**에 적용가능 하다는 점이다. 따라서 시동이나 중지(shut-down) 같은 과도상태나 유동조건이 변하는 과정에서 사용하면 안 된다.
2. **마찰이 없는 유동** 모든 유동은 아무리 작더라도 마찰을 포함하므로, **마찰효과**는 무시할 수 있기도 하고 없기도 하다. 허용될 수 있는 오차의 크기에 따라 마찰효과를 무시할 수 있는지 또는 없는지를 판단하는 일은 매우 어렵다. 일반적으로 단면적이 크고 유체의 속도가 느릴 때, 거리가 짧은 유동 영역에서의 마찰효과는 무시할 수 있다. 마찰 효과는 일반적으로, 유동 통로가 길고 좁을 때, 물체 하류의 후류영역에서, 그리고 디퓨저와 같이 유동박리의 가능성이 높은 유동 면적이 넓어지는 구간(diverging flow section)에서(이러한 형상에서는 벽면에서 유동 박리가 일어날 가능성이 높으므로) 매우 중요하다. 또한 마찰효과는 고체 표면과 가까운 곳에서 중요하므로, Bernoulli 방정식은 유동의 중심영역(core region)의 유선에 적용하고, 고체 표면과 가까운 유선에는 적용하지 않는다(그림 5-28).

    날카로운 관의 입구 혹은 유동 중에 설치된 부분적으로 닫힌 밸브 등과 같이 유선형 유동장을 교란시키는 부품에서는 혼합과 역류를 발생시키므로, Bernoulli 방정식을 적용하지 않는다.
3. **축일이 없음** Bernoulli 방정식은 유선을 따라 운동하는 유체입자의 힘의 평형으로부터 유도되었다. 따라서 펌프, 터빈, 팬 혹은 다른 기계나 임펠러 등이 유동 중에 포함되어 있으면, 이들이 유선을 교란하고 유체입자와 에너지 상호작용을 하므로 Bernoulli 방정식을 적용할 수 없다. 유동영역에 이러한 장치들이 포함되어 있으면, 축일의 입출력을 고려할 수 있도록 Bernoulli 방정식 대신 에너지 방정식을 사용하여야 한다. 그러나 이러한 기계장치 전방 또는 후방 유동영역에는 Bernoulli 방정식을 적용할 수 있다(물론, 기타 다른 제한조건들은 모두 만족하는 경우). 이러한 경우에, 기계장치 상류와 하류의 Bernoulli 상수 값은 서로 다르다.
4. **비압축성 유동** Bernoulli 방정식을 유도할 때, 여러 가정 중의 하나는 $\rho=$ 일정, 즉, 유동이 비압축성이라는 것이다. 액체와 Mach 수가 0.3보다 작은 기체는 이 조건을 만족한다. 이처럼 비교적 낮은 속도에서는 기체의 압축성 효과와 밀도의 변화를 무시할 수 있기 때문이다.
5. **열전달 없음** 기체의 밀도는 온도에 반비례하므로, 가열부 혹은 냉각부 등과 같이 온도변화가 큰 유동영역에서는 Bernoulli 방정식을 이용할 수 없다.
6. **동일한 유선을 따른 유동** 엄밀히 말하면, Bernoulli 방정식 $P/\rho+V^2/2+gz=C$는 동일한 유선을 따라 적용되므로, 일반적으로 상수 C의 값은 유선에 따라 다르다. 그러나 유동영역이 **비회전**이고 따라서 유동장의 **와도(vorticity)**가 영이면, 모든 유선의 상수 값 C는 같아서 이때는 유선을 **가로지르는** 경우에도 Bernoulli 방정식을 적용할 수 있다(그림 5-29). 따라서 유동이 비회전이면 유선을 고려할 필요가 없으며, 비회전 유동영역의 어

는 두 점 사이에서도 Bernoulli 방정식을 적용할 수 있다(9장).

이제까지는 문제를 단순화하기 위하여 xz평면의 2차원 유동에 대하여 Bernoulli 방정식을 유도하였으나, 이 방정식은 일반적인 3차원 유동에서도 동일한 유선을 따라 적용할 수 있다. Bernoulli 방정식을 유도할 때 사용한 가정들을 늘 염두에 두고, 이 방정식을 적용할 때에는 그 가정들을 만족하는지를 반드시 검토하여야 한다.

수력 구배선(HGL)과 에너지 구배선(EGL)

Bernoulli 방정식의 여러 항들을 가시화할 수 있도록, 기계적 에너지의 크기를 **높이**를 이용하여 그래프로 나타내는 것이 편리한 경우가 많다. 이를 위하여, Bernoulli 방정식의 각 항을 g로 나눈 다음의 식을 이용한다.

$$\frac{P}{\rho g} + \frac{V^2}{2g} + z = H = \text{일정} \qquad \text{(동일한 유선을 따라)} \tag{5-41}$$

이 방정식의 각 항은 길이의 차원을 갖고, 다음과 같이 유동 유체의 "수두(head)"를 나타낸다.

- $P/\rho g$는 **압력수두(pressure head)**이다. 이는 정압 P를 발생시키는 유체 기둥의 높이이다.
- $V^2/2g$은 **속도수두(velocity head)**이다. 이는 마찰 없이 자유 낙하하는 유체가 속도 V에 이를 수 있도록 하는 데에 필요한 높이이다.
- z는 **위치수두(elevation head)**이다. 이는 유체의 위치에너지를 나타낸다.

또한 H를 유동의 **전체수두(total head)**라 한다. 따라서 수두로 표현한 Bernoulli 방정식은 **압축성 효과와 마찰 효과를 무시할 수 있는 정상유동에서, 유선을 따라 나타나는 압력수두, 속도수두 및 위치수두의 합은 일정함**을 의미한다(그림 5-30).

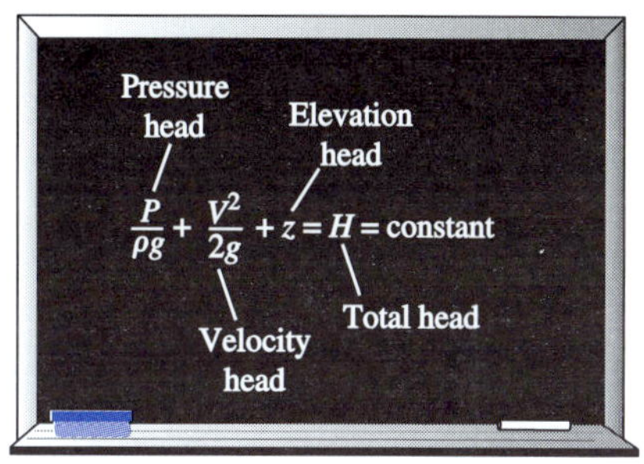

그림 5-30
수두로 표현한 다른 형태의 Bernoulli 방정식은 다음의 의미를 갖는다. **동일한 유선을 따라 압력수두, 속도수두 및 위치수두의 합은 일정하다.**

만약 그림 5-31과 같이 피에조미터(정압 측정)를 관에 설치하면, 액체는 파이프의 중심에서 $P/\rho g$만큼 상승할 것이다. 관의 여러 곳에 이를 설치하고, 피에조미터 내의 액체 높이를 연결한 곡선을 **수력구배선(hydraulic grade line, HGL)**이라 한다. 파이프에서부터의 수직 거리는 파이프 내 압력의 척도이다. 이와 유사하게, 만약 피토관(정압+ 동압 측정)을 설치하면, 액체는 파이프의 중심에서부터

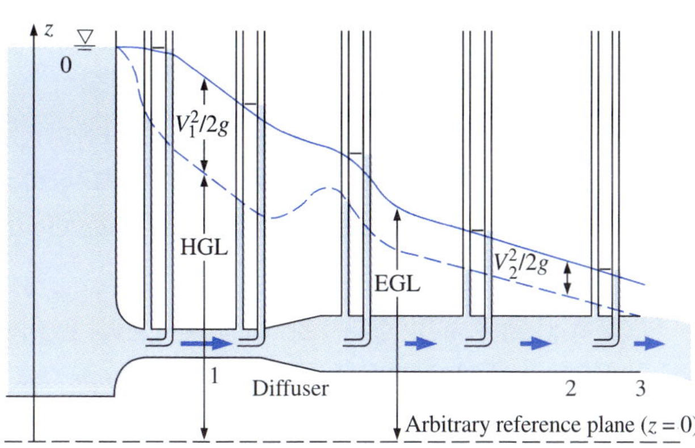

그림 5-31
큰 저수지로부터 디퓨저가 달린 수평 관을 통해 액체가 대기로 유출하는 경우의 **수력구배선**(HGL) 및 **에너지구배선**(EGL).

$P/\rho g +\ V^2/2g$만큼, 즉 HGL 위로 $V^2/2g$만큼 상승할 것이다. 관의 여러 곳에 이를 설치하고, 피토관 내의 액체 높이를 연결한 곡선을 **에너지구배선(energy grade line, EGL)**이라 한다.

유체는 위치수두 z도 가지므로(기준 위치가 관의 중심이 아닌 경우), HGL 및 EGL은 다음과 같이 정의된다. 정압수두와 위치수두의 합 $P/\rho g + z$를 연결한 선을 **수력구배선**이라 하고, 유체의 전체수두 $P/\rho g + V^2/2g + z$를 연결한 선을 **에너지구배선**이라 한다. EGL과 HGL의 높이 차이는 속도수두, $V^2/2g$이다. 이제 HGL과 EGL에 대하여 자세히 살펴보자.

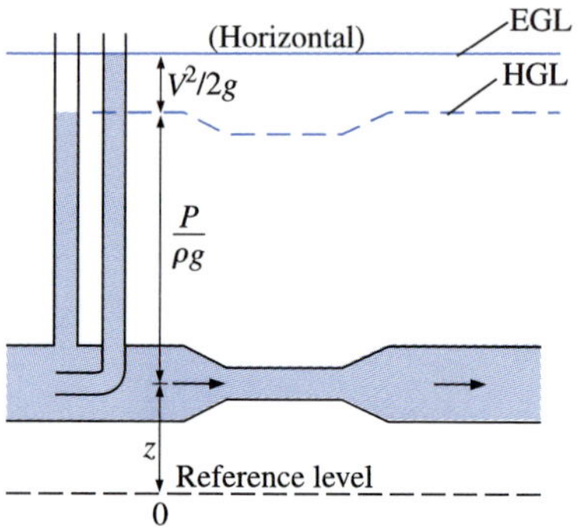

그림 5-32
이상화된 Bernoulli 형태의 유동에서, EGL은 수평이고 그 높이는 일정하다. 그러나 유동을 따라서 유체 속도가 변하면 HGL은 일정하지 않다.

- 저수지나 호수와 같은 **정지 유체**의 경우 EGL과 HGL은 액체의 자유표면과 일치한다. 속도와 정압(계기압력)이 모두 영이므로, 자유표면의 높이 z가 EGL 및 HGL이다.
- EGL은 HGL보다 항상 $V^2/2g$만큼 위에 있다. 유체의 속도가 작을수록 이 두 선들은 서로 가까워지고, 속도가 클수록 서로 멀어진다. 속도가 클수록 HGL의 높이는 낮아지며 반대인 경우도 성립한다.
- **이상화된 Bernoulli 형태의 유동**에서, EGL은 수평이고 그 높이는 일정하다. 속도가 일정하면, HGL도 EGL과 같은 경향을 보인다(그림 5-32).
- **개수로 유동(open-channel flow)**에서, HGL은 액체의 자유표면과 일치하고, EGL은 자유표면보다 $V^2/2g$만큼 높다.
- **관의 출구**에서, 압력수두는 영(대기압)이므로, HGL은 바로 관의 출구와 일치한다(그림 5-31의 위치 3).
- 마찰효과로 인한 **기계적 에너지의 손실**(열에너지로의 변환)은 유동방향으로 EGL과 HGL을 감소시킨다. 감소하는 기울기는 관의 수두손실의 척도이다(8장에서 상세히 설명한다). 밸브와 같이 마찰효과가 아주 큰 부품은, 바로 그 위치에서 EGL과 HGL을 급격히 감소시킨다.
- 그림 5-33에 나타난 바와 같이, 기계적 에너지가 유체에 공급되면(예를 들면, 펌프에 의하여), EGL과 HGL은 **가파르게 증가한다**. 반면, 유체로부터 기계적 에너지를 추출하면(예를 들면, 터빈에 의하여), EGL과 HGL은 **가파르게 감소한다**.
- HGL과 유체가 **교차하는** 곳에서 유체의 계기압력은 영이다. HGL 위쪽 유동 영역의 압력은 음이고, 아래쪽 유동 영역의 압력은 양이다(그림 5-34). 따라서 파이프 시스템과 HGL을 정확하게 그리면, 파이프 내부의 압력이 음(대기압보다 낮은 압력)인 영역을 판단할 수 있다.

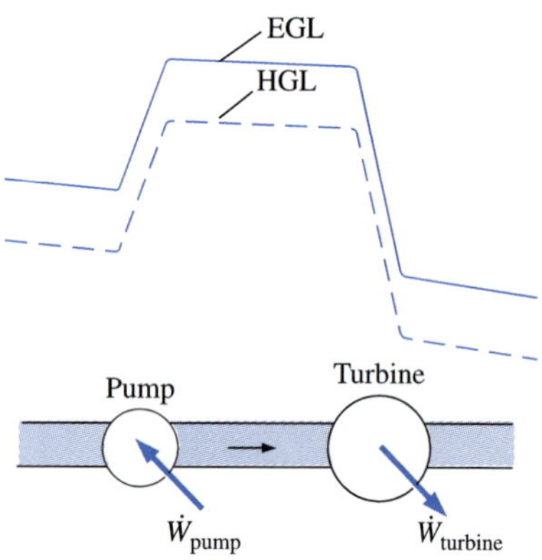

그림 5-33
펌프에 의해 기계적 에너지가 유체에 공급되면 EGL과 HGL은 **가파르게 증가한다**. 반면, 터빈에 의해 유체로부터 기계적 에너지가 추출되면 EGL과 HGL은 **가파르게 감소한다**.

위에 정리한 내용 중 마지막 항은 압력이 액체의 증기압 이하까지 떨어지는 상황(2장에서 설명한 바와 같이, **공동현상**을 야기한다)을 피하는 데에 도움을 준다. 액체 펌프를 설치할 때 흡입부의 압력이 너무 낮아지지 않도록 주의하여야 한다. 특히, 고온 액체의 증기압은 저온일 때 비하여 더 높으므로 더욱 주의하여야 한다.

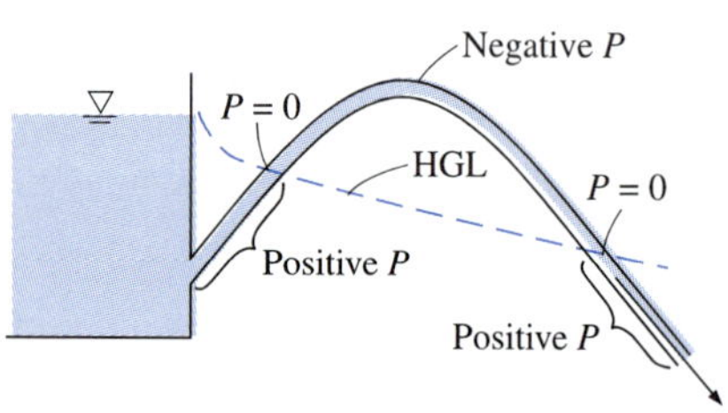

그림 5-34
HGL과 유체가 **교차하는** 곳의 유체의 계기압력은 영이고, HGL 위쪽 유동 영역의 계기압력은 음이다(진공).

그림 5-31를 자세히 살펴보자. 위치 0(액체의 표면)에서는, 유동이 없으므로 EGL과 HGL은 액체의 표면에 일치한다. 액체가 관으로 유입할 때 가속되므로, HGL은 급격히 감소한다. 반면, 둥근 입구(well-rounded inlet)에서 EGL은 매우 천

천히 감소한다. 유동 중에 마찰 및 기타 비가역적인 손실로 인하여, EGL은 유동방향을 따라서 계속 감소한다. 에너지가 유체에 공급되지 않는 한, EGL은 유동방향으로 증가할 수 없다. HGL은 유동방향을 따라서 증가할 수도 있고 감소할 수도 있지만, 결코 EGL을 초과할 수 없다. 디퓨저에서는 속도가 감소하고 정압은 어느 정도 회복되기 때문에, HGL은 증가한다. 반면 전압은 회복되지 않으므로, 디퓨저에서 EGL은 감소한다. EGL과 HGL의 차이는, 점 1에서는 $V_1^2/2g$이고, 점 2에서는 $V_2^2/2g$이다. $V_1 > V_2$이므로, 두 구배선 간의 차이는 점 1에서 더 크다. 직경이 작으면 마찰로 인한 수두손실이 많으므로, 두 구배선의 하향 기울기는 직경이 작은 부분에서 더 크다. 끝으로, 관 출구의 압력은 대기압이므로, HGL은 출구의 액체 표면까지 감소한다. 그러나 출구에서는 $V_3 = V_2$이므로 EGL은 HGL보다 $V_2^2/2g$만큼 높다.

Bernoulli 방정식의 응용

지금까지 Bernoulli 방정식의 기본적인 성질에 대해 토의하였다. 다음으로 예제를 통하여 이 방정식을 사용하는 방법을 살펴본다.

예제 5-4 공기 중 물의 분무

정원의 호스를 통하여 물이 흐른다(그림 5-35). 어린이가 호스 출구를 엄지손가락으로 거의 막아서 고속의 가는 물 제트가 분사된다. 엄지손가락 바로 상류의 압력은 400 kPa이다. 호스가 위쪽을 향한다면, 제트가 도달할 수 있는 최대 높이는 얼마인가?

풀이 급수관에 연결된 호스로부터 물이 분사될 때, 물 제트가 상승할 수 있는 최대 높이를 계산하고자 한다.

가정 **1** 공기 중으로 분사되는 유동은 정상, 비압축성, 그리고 비회전이다(따라서 Bernoulli 방정식을 적용할 수 있다). **2** 표면장력 효과는 무시할 수 있다. **3** 물과 공기 간의 마찰은 무시할 수 있다. **4** 호스 출구에서 급격한 축소로 인해 나타날 수 있는 비가역성은 고려하지 않는다.

상태량 물의 밀도는 1000 kg/m³이다.

해석 이 문제는 펌프, 터빈, 그리고 마찰 손실이 있는 장치가 없는 경우 유동에너지, 운동에너지 및 위치에너지 상호간의 변환을 고려하여야 하므로 Bernoulli 방정식의 적용이 적합하다. 주어진 가정을 모두 만족할 때 물 제트는 가장 높게 상승할 수 있을 것이다. 호스 내 물의 속도는 상대적으로 작고($V_1^2 \ll V_j^2$, 즉, $V_1 \cong 0$), 호스 출구의 바로 아래를 기준위치($z_1 = 0$)로 잡는다. 물 제트의 최대 높이에서, 속도 $V_2 = 0$이고, 압력은 대기압이다. 따라서 Bernoulli 방정식을 이용하면 다음과 같이 된다.

$$\frac{P_1}{\rho g} + \overbrace{\frac{V_1^2}{2g}}^{\cong 0} + \overbrace{z_1}^{0} = \frac{P_2}{\rho g} + \overbrace{\frac{V_2^2}{2g}}^{0} + z_2 \quad \rightarrow \quad \frac{P_1}{\rho g} = \frac{P_{atm}}{\rho g} + z_2$$

이 식을 z_2에 관해 정리하고, 주어진 수치를 대입하면 다음의 결과를 얻는다.

$$z_2 = \frac{P_1 - P_{atm}}{\rho g} = \frac{P_{1,\,gage}}{\rho g} = \frac{400 \text{ kPa}}{(1000 \text{ kg/m}^3)(9.81 \text{ m/s}^2)}\left(\frac{1000 \text{ N/m}^2}{1 \text{ kPa}}\right)\left(\frac{1 \text{ kg}\cdot\text{m/s}^2}{1 \text{ N}}\right)$$
$$= \mathbf{40.8 \text{ m}}$$

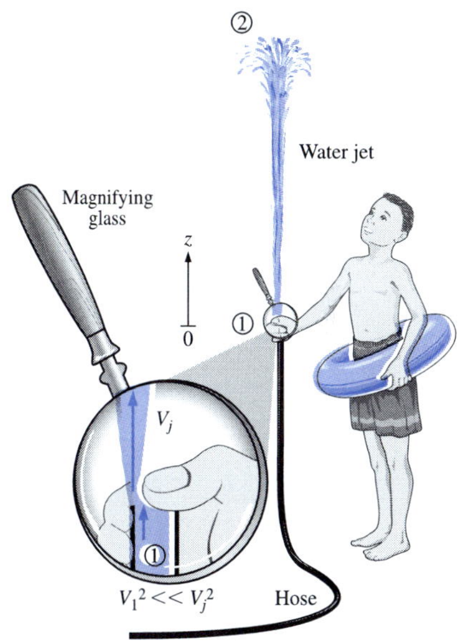

그림 5-35
예제 5-4의 개략도. 삽화에는 호스 출구 영역의 확대된 그림이 제시되어 있다.

따라서 물 제트는 공중으로 40.8 m 높이까지 상승할 수 있다.

토의 Bernoulli 방정식을 이용하여 얻은 결과는 상한값이다. 물은 40.8 m 이상 상승할 수 없고, 실제로는 가정에서 무시한 여러 비가역 손실들 때문에 40.8 m보다 훨씬 낮게 상승할 것이다.

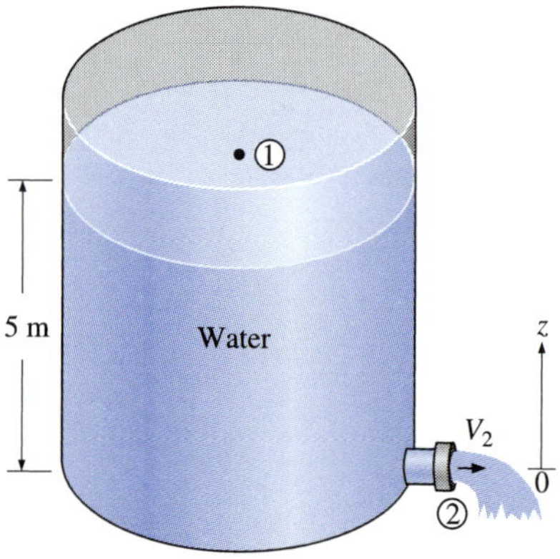

그림 5-36
예제 5-5의 개략도.

예제 5-5 큰 탱크로부터 물의 유출

뚜껑이 없이 상부가 대기 중으로 개방되어 있는 큰 물탱크에, 출구의 꼭지로부터 5 m 높이까지 물이 차 있다(그림 5-36). 탱크 아래 부분에 위치한 꼭지를 열어서 매끄럽고 둥근 출구를 통하여 물이 유출한다. 출구에서 물의 최대 속도를 계산하라.

풀이 탱크의 아래 부분에 위치한 꼭지를 열 때 탱크 출구에서 물의 최대 속도를 계산하고자 한다.

가정 **1** 유동은 비압축성이고 비회전이다(벽면에 아주 가까운 곳을 제외하고). **2** 물은 매우 천천히 유출되므로, 정상유동으로 근사화 할 수 있다[물이 유출하기 시작하면, 실제로 준정상(quasi-steady) 유동이다]. **3** 꼭지 내의 비가역손실은 무시할 수 있다.

해석 이 문제는 펌프, 터빈, 그리고 마찰 손실이 큰 장치가 없고, 유동에너지, 운동에너지 및 위치에너지 상호간의 변환을 고려하여야 하므로, Bernoulli 방정식의 적용이 적합하다. 물의 자유표면을 점 1로 하면, $P_1 = P_{atm}$(대기에 노출)이고, 또한 $V_1^2 \ll V_2^2$이므로 $V_1 \cong 0$(탱크는 출구에 비해 훨씬 넓다)이다. 그리고 $z_1 = 5$ m, $z_2 = 0$(출구의 중심을 기준 위치로 한다)이고 $P_2 = P_{atm}$(물은 대기로 유출한다)이다. 따라서 유선의 1에서 2를 따라 Bernoulli 방정식을 이용하면 다음과 같다.

$$\frac{\cancel{P_1}}{\cancel{\rho g}} + \frac{\cancelto{\cong 0}{V_1^2}}{2g} + z_1 = \frac{\cancel{P_2}}{\cancel{\rho g}} + \frac{V_2^2}{2g} + \cancelto{0}{z_2} \quad \rightarrow \quad z_1 = \frac{V_2^2}{2g}$$

이 식을 V_2에 관해 정리하고 주어진 수치를 대입하여 다음의 결과를 얻는다.

$$V_2 = \sqrt{2gz_1} = \sqrt{2(9.81 \text{ m/s}^2)(5 \text{ m})} = \mathbf{9.9 \text{ m/s}}$$

식 $V = \sqrt{2gz}$를 **Torricelli 방정식**이라 한다.

따라서 물은 초기 최대 속도 9.9 m/s로 유출한다. 이는 공기의 마찰저항을 무시했을 때, 5 m 높이에서 낙하시킨 고체의 속도와 같다(꼭지가 탱크의 옆이 아니라 바닥에 달려 있다면, 물의 속도는 어떻게 될까?).

토의 만약 오리피스가 둥글지 않고 모서리가 날카롭다면, 유동은 교란되며 평균 유출 속도는 9.9 m/s보다 작을 것이다. 급격한 확대나 축소가 있는 경우에는 마찰이나 유동교란을 무시할 수 없으므로, Bernoulli 방정식을 적용할 때 주의하여야 한다. 질량 보존으로부터, $(V_1/V_2)^2 = (D_2/D_1)^4$이다. 그러므로 $D_2/D_1 = 0.1$이라면 $(V_1/V_2)^2 = 0.0001$이므로 $V_1^2 \ll V_2^2$의 근사는 정당하다.

예제 5-6 피토관을 이용한 속도 측정

그림 5-37에 나타난 바와 같이, 정압과 정체압(정압 + 동압)을 측정하기 위하여, 수평 수관에 피에조미터와 피토관을 설치하였다. 물기둥의 높이가 그림과 같을 때, 관 중심에서의 속도를 계산하라.

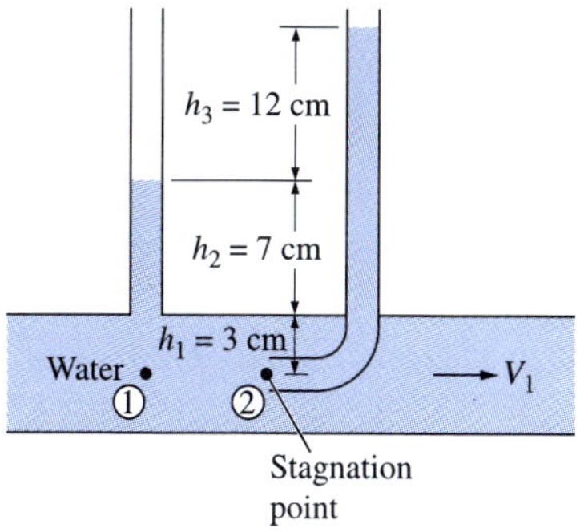

그림 5-37
예제 5-6의 개략도.

풀이 수평 수관을 유동하는 물의 정압과 정체압을 측정한다. 또한 관 중심에서의 속도를 계산하고자 한다.

가정 **1** 유동은 정상, 비압축성이다. **2** 점 1과 2는 매우 가까우므로, 이 두 점 사이의 비가역적인 에너지의 손실은 무시할 수 있고, 따라서 Bernoulli 방정식을 적용할 수 있다.

해석 점 1과 2는 수관의 중심축을 지나는 유선에 위치한다. 또한, 점 1은 피에조미터의 바로 아래쪽 그리고 점 2는 피토관의 끝이다. 이 유동은 직선의 평행유선을 갖는 정상유동이고, 점 1과 2의 계기압력은 다음과 같다.

$$P_1 = \rho g(h_1 + h_2)$$
$$P_2 = \rho g(h_1 + h_2 + h_3)$$

$z_1 = z_2$이고, 점 2는 정체점이므로 $V_2 = 0$이다. 점 1과 2 사이에 Bernoulli 방정식을 적용하면 다음과 같다.

$$\frac{P_1}{\rho g} + \frac{V_1^2}{2g} + \cancel{z_1} = \frac{P_2}{\rho g} + \frac{\cancelto{0}{V_2^2}}{2g} + \cancel{z_2} \quad \rightarrow \quad \frac{V_1^2}{2g} = \frac{P_2 - P_1}{\rho g}$$

P_1과 P_2의 식을 대입하면

$$\frac{V_1^2}{2g} = \frac{P_2 - P_1}{\rho g} = \frac{\rho g(h_1 + h_2 + h_3) - \rho g(h_1 + h_2)}{\rho g} = h_3$$

이 식을 V_1에 관해 정리하고 주어진 수치를 대입하면

$$V_1 = \sqrt{2gh_3} = \sqrt{2(9.81 \text{ m/s}^2)(0.12 \text{ m})} = \mathbf{1.53 \text{ m/s}}$$

토의 피에조미터의 물기둥 높이와 피토관 물기둥 높이의 차이 h_3만 측정하면, 유체의 속도를 계산할 수 있다.

예제 5-7 허리케인으로 인한 해수면의 상승

허리케인은 바다에서 생성된 열대성 저기압 폭풍이다. 허리케인이 육지로 접근하면서 매우 높은 파도를 동반한다. 허리케인의 중심부인 "눈(eye)" 부근에서는 속도가 작지만, 5급 허리케인의 풍속은 250 km/h를 초과한다.

그림 5-38은 허리케인이 큰 파도 위로 지나가는 모습을 나타낸다. 허리케인의 눈에서 320 km 떨어진 곳의 대기압은 762 mm Hg(점 1에서는 평상시 바다의 대기압)이고 바람은 거의 불지 않는다. 허리케인 눈의 대기압은 560 mm Hg이다. 다음의 각 위치에서 큰 파도의 높이를 계산하라. (a) 허리케인 눈, 점 3 (b) 풍속이 250 km/h인 점 2. 바닷물과 수은의 밀도는 각각 1025 kg/m³ 및 13,600 kg/m³이며, 평상시 해수면 온도와 압력에서 공기의 밀도는 1.2 kg/m³이다.

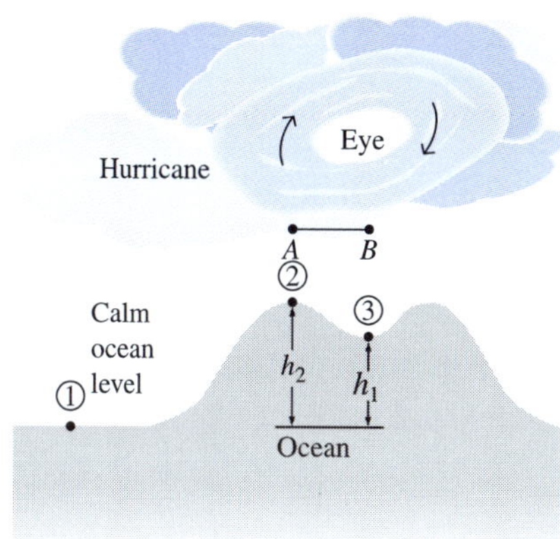

그림 5-38
예제 5-7의 개략도. 수직방향 축척은 과장되어 나타나 있다.

풀이 허리케인이 바다 위로 지나갈 때 허리케인의 눈 및 그 영향이 큰 곳의 파도 높이를 각각 계산하고자 한다.

가정 1 허리케인 내의 공기유동은 정상, 비압축성, 그리고 비회전이다(따라서 Bernoulli 방정식을 적용할 수 있다). (이는 강도가 큰 난류유동에 대하여 매우 의문스러운 가정이나, 토의 부분에서 그 정당성을 논의한다.) 2 공기 중으로 빨려 들어가는 바닷물의 영향은 무시할 수 있다.

상태량 평상시 공기, 바닷물 및 수은의 밀도는 각각 1.2 kg/m³, 1,025 kg/m³ 및 13,600 kg/m³이다.

해석 (a) 해수면 위의 낮은 기압으로 해수면이 상승된다. 따라서 점 2의 압력이 점 1에 비하여 낮으므로, 해수면은 점 2에서 상승한다. 풍속을 무시할 수 있는 점 3에서도 마찬가지이다. 수은 기둥의 높이로 나타낸 압력 차이를 바닷물 기둥 높이로 나타내면 다음과 같다.

$$\Delta P = (\rho g h)_{\mathrm{Hg}} = (\rho g h)_{\mathrm{sw}} \rightarrow h_{\mathrm{sw}} = \frac{\rho_{\mathrm{Hg}}}{\rho_{\mathrm{sw}}} h_{\mathrm{Hg}}$$

따라서 점 1과 3의 압력 차이는, 바닷물 기둥 높이로 표현하면 다음과 같다.

$$h_1 = \frac{\rho_{\mathrm{Hg}}}{\rho_{\mathrm{sw}}} h_{\mathrm{Hg}} = \left(\frac{13{,}600 \text{ kg/m}^3}{1{,}025 \text{ kg/m}^3}\right)[(762 - 560) \text{ mm Hg}]\left(\frac{1 \text{ m}}{1000 \text{ mm}}\right) = \mathbf{2.68 \text{ m}}$$

“눈”에서의 풍속은 무시할 수 있으므로, 계산한 높이, 2.68 m는 **허리케인 눈**에서의 큰 파도의 높이이다.

(b) 점 2에서의 큰 파도 높이를 계산하기 위하여, 점 A와 B 사이에 Bernoulli 방정식을 적용해 보자. 점 A와 B는 각각 점 2와 3 위에 위치한다. $V_B \cong 0$(눈 부근의 풍속은 거의 영이다)이고, $z_A = z_B$(두 점의 높이는 같다)이므로, Bernoulli 방정식은 다음과 같이 계산된다.

$$\frac{P_A}{\rho g} + \frac{V_A^2}{2g} + \cancel{z_A} = \frac{P_B}{\rho g} + \frac{\cancel{V_B^2}^{\,0}}{2g} + \cancel{z_B} \quad \rightarrow \quad \frac{P_B - P_A}{\rho g} = \frac{V_A^2}{2g}$$

수치를 대입하면 다음 결과를 얻는다.

$$\frac{P_B - P_A}{\rho g} = \frac{V_A^2}{2g} = \frac{(250 \text{ km/h})^2}{2(9.81 \text{ m/s}^2)}\left(\frac{1 \text{ m/s}}{3.6 \text{ km/h}}\right)^2 = 246 \text{ m}$$

여기에서 ρ는 허리케인 내 공기의 밀도이다. 등온에서 공기의 밀도는 절대압력에 비례하고, 평상시 대기압 101.3 kPa ≅762 mm Hg에서 공기의 밀도는 1.2 kg/m³이므로, 허리케인 내 공기의 밀도는 다음과 같이 계산할 수 있다.

$$\rho_{\mathrm{air}} = \frac{P_{\mathrm{air}}}{P_{\mathrm{atm\ air}}} \rho_{\mathrm{atm\ air}} = \left(\frac{560 \text{ mm}}{762 \text{ mm}}\right)(1.2 \text{ kg/m}^3) = 0.88 \text{ kg/m}^3$$

(a)의 결과를 이용하여, 공기 기둥의 높이 246 m를 바닷물 기둥의 높이로 변환하면 다음이 얻어진다.

$$h_{\mathrm{dynamic}} = \frac{\rho_{\mathrm{air}}}{\rho_{\mathrm{sw}}} h_{\mathrm{air}} = \left(\frac{0.88 \text{ kg/m}^3}{1025 \text{ kg/m}^2}\right)(246 \text{ m}) = 0.21 \text{ m}$$

따라서 점 2의 압력은 풍속이 크기 때문에 점 3의 압력보다 바닷물 기둥의 높이로

0.21 m 낮고, 따라서 해수면은 0.21 m만큼 더 상승한다. 따라서 점 2의 큰 파도 높이는 다음과 같다.

$$h_2 = h_3 + h_{\text{dynamic}} = 2.68 + 0.21 = \mathbf{2.89\ m}$$

토의 이 문제는 강도가 큰 난류유동이며 따라서 유선이 많이 교란되므로 문제의 (b)에 Bernoulli 방정식을 적용할 수 있을지가 의문이다. 또한, 허리케인 눈 주위의 유동은 비회전이 아니므로 Bernoulli 상수는 유선을 가로지르는 방향으로 다르다(10장). Bernoulli 해석은 제한조건이 많고 이상적이므로, 높은 풍속으로 인한 해수면의 상승은 0.21 m 이하일 것이다.

단지 허리케인의 바람의 힘만이 해변지역 피해의 유일한 원인이 아니다. 과도한 조수로 인한 해양 범람과 침식은 폭풍의 난류 및 에너지에 의해 발생하는 높은 파도만큼 심각하다.

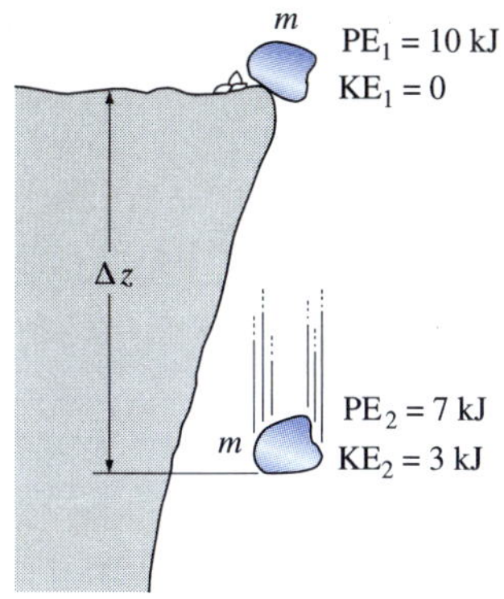

그림 5-39
에너지는 어떤 과정동안 생성되지도 소멸하지도 않는다. 에너지는 단지 그 형태만 변화할 뿐이다.

5-5 ■ 에너지 방정식의 일반 형태

가장 기본적인 자연법칙 중의 하나는 열역학 제 1법칙 또는 에너지 보존 법칙이다. 이 법칙은 에너지의 여러 형태와 에너지 상호작용의 관계를 연구하는 데에 매우 중요하다. 이 법칙은 **에너지는 어떤 과정 동안 생성되지도 소멸되지도 않으며, 에너지는 단지 그 형태만이 변화한다**는 것을 의미한다. 따라서 한 과정동안 아무리 작은 에너지라도 모두 고려하여야 한다. 어떤 시스템의 에너지 보존 법칙은 간단히 $E_{\text{in}} - E_{\text{out}} = \Delta E$으로 표현된다.

어떠한 양(질량, 운동량 및 에너지 등)의 전달은 경계에서 **경계를 통과하는** 양으로 나타난다. 어떠한 양이 외부에서 내부로 경계를 통과하면 시스템(또는 검사체적)으로 **유입**된다고 하고, 반대방향으로 통과하면 시스템으로부터 **유출**한다고 한다. 시스템의 내부의 한 위치에서 다른 위치로 이동하는 양은, 그 양이 시스템으로 유입되거나 시스템으로부터 유출하는 것이 아니므로, 전달된 양으로 간주하지 않는다. 따라서 공학해석을 하기 전에, 시스템과 그의 경계를 명확히 하는 것이 중요하다.

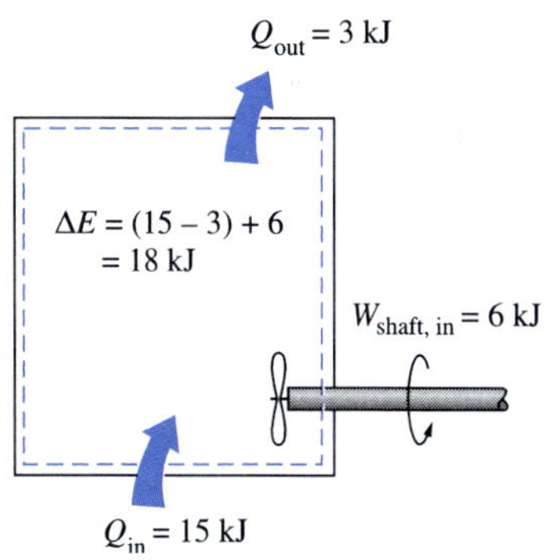

그림 5-40
어떤 과정 동안 시스템의 에너지 변화는 시스템과 주위 사이의 **순수** 일 및 열의 전달과 같다.

일정한 질량(폐쇄 시스템)의 에너지는, 두 가지 방법 즉 **열전달 Q** 및 **일의 전달 W**에 의해 변할 수 있다. 따라서 일정한 질량에 대한 에너지 보존 법칙은 변화율의 형태로 다음과 같이 표현할 수 있다(그림 5-40).

$$\dot{Q}_{\text{net in}} + \dot{W}_{\text{net in}} = \frac{dE_{\text{sys}}}{dt} \quad \text{또는} \quad \dot{Q}_{\text{net in}} + \dot{W}_{\text{net in}} = \frac{d}{dt}\int_{\text{sys}} \rho e\, dV \tag{5-42}$$

이 식에서 기호 위의 점(dot)은 시간에 대한 변화율을 나타내며, $\dot{Q}_{\text{net, in}} = \dot{Q}_{\text{in}} - \dot{Q}_{\text{out}}$은 시스템으로의 순수 열전달률(음이면, 시스템으로부터 유출)을, $\dot{W}_{\text{net, in}} = \dot{W}_{\text{in}} - \dot{W}_{\text{out}}$은 모든 형태의 동력의 시스템으로의 순수 입력(음이면 시스템으로부터의 출력)을, 그리고 dE_{sys}/dt는 시스템 내 총에너지의 변화율이다. 간단한 압축성 시스템의 총에너지는 내부에너지, 운동에너지 및 위치에너지로 구성되며, 단위 질량 당의 에너지로 나타내면 다음과 같다(2장).

$$e = u + \text{ke} + \text{pe} = u + \frac{V^2}{2} + gz \tag{5-43}$$

여기서 총에너지는 상태량이며, 시스템의 상태가 변하지 않는 한 그 값은 변하지 않는다.

열, Q에 의한 에너지 전달

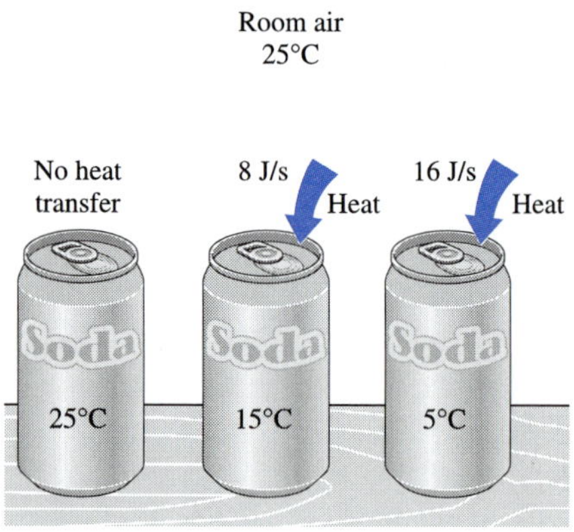

그림 5-41
열전달은 온도 차이에 의하여 나타난다. 온도의 차이가 클수록 열전달률은 더 높다.

일상생활에서, 지각할 수 있는(sensible) 혹은 잠재된(latent) 형태의 내부에너지를 **열**(heat)이라 부르고, 물체의 열용량에 대해 다루는 경우가 많다. 과학적으로 이러한 형태의 에너지는 **열에너지(thermal energy)**라고 하는 것이 더 정확하다. 단상(single phase) 물질에서, 주어진 질량의 열에너지의 변화는 온도의 변화로 나타나므로 온도는 열에너지의 좋은 척도이다. 자연적으로 열에너지는 온도가 감소하는 방향으로 이동하는 경향이 있다. 온도 차이의 결과로 한 시스템에서 다른 시스템으로 에너지가 전달되는 것을 열전달(heat transfer)이라 한다. 한 예로, 따뜻한 방에서 음료수 캔이 데워지는 이유는 열전달 때문이다(그림 5-41). 열전달의 시간 변화율을 열전달률(heat transfer rate)이라 하고 $\dot{Q}$으로 표시한다.

열은 항상 고온물체에서 저온물체로 전달된다. 온도가 같아지면 열은 더 이상 전달되지 않는다. 따라서 같은 온도의 두 시스템(또는 시스템과 그의 주위) 사이의 열전달은 없다.

열전달이 없는 과정을 단열과정(adiabatic process)이라 한다. 어떤 과정이 단열이 될 수 있는 방법은 다음 두 가지이다. 시스템을 잘 단열시켜 무시할 수 있을 정도의 열만 시스템의 경계를 통과하는 경우와, 또는 시스템과 그 주위의 온도가 같기 때문에 열전달을 야기하는 구동력(온도 차이)이 없는 경우이다. 단열과정을 등온과정과 혼동하지 말기 바란다. 단열과정에서 비록 열전달은 없지만, 일의 전달 등의 다른 방법에 의해 시스템의 에너지 즉 온도는 변할 수 있다.

일, W에 의한 에너지 전달

힘을 얼마의 거리 동안 작용시키는 경우 나타나는 에너지 상호작용을 일(work)이라 한다. 시스템의 경계를 통과하는 상승하는 피스톤, 회전축, 전선 등은 일의 상호작용과 관련이 있다. 일의 시간변화율을 동력(power)이라 하고 $\dot{W}$으로 표시한다. 자동차의 엔진 및 수력터빈, 증기터빈과 가스터빈은 동력을 생산하고, 압축기, 펌프, 팬 및 믹서는 동력을 소비한다.

일을 소비하는 장치는 에너지를 유체에 전달하므로 유체의 에너지는 증가한다. 예를 들어, 방안의 선풍기는 공기를 움직이게 하여 운동에너지를 증가시킨다. 선풍기가 소비한 전기에너지는, 처음에 블레이드의 축을 회전시키는 모터에 의하여 기계적 에너지로 변환된다. 이 기계적 에너지는 다시 공기로 전달되어 공기의 속도를 증가시킨다. 공기로의 에너지 전달은 온도의 차이와는 무관하므로, 이는 열전달이 아니며 따라서 일이어야 한다. 선풍기에 의해 유출된 공기는 결국 정지하는데 이때 서로 다른 속도의 공기 입자간의 마찰로 기계적 에너지를 잃게 된다. 그러나 이는 실제의 의미에서 '손실(loss)' 이 아니다. 이는 에너지 보존 법칙에 의하여, 단순히 기계적 에너지가 같은 양의 열에너지로 변환된 것을 의미한다(이 양이 작으므로 **손실**이라는 말을 쓴다). 만약 선풍기를 밀폐된 방에서 오랫동안 가동하면 열에너지가 축적되어 방안 공기 온도가 상승하는 것을 알 수 있을 것이다.

시스템은 여러 형태의 일을 포함할 수 있으므로, 총에너지는 다음과 같이 표현할 수 있다.

$$W_{total} = W_{shaft} + W_{pressure} + W_{viscous} + W_{other} \quad (5\text{-}44)$$

여기에서 W_{shaft}는 회전축에 의해 전달된 일, $W_{pressure}$는 검사면에 작용하는 압력 힘에 의한 일, $W_{viscous}$는 검사면에 작용하는 점성력의 법선 성분 및 전단 성분에 의한 일, 그리고 W_{other}는 단순 압축시스템에서는 별로 중요하지 않은 전기, 자기 및 표면장력에 의한 일이며 본 교재에서는 다루지 않는다. 일반적으로 움직이는 벽(팬의 블레이드 또는 터빈의 러너 등)은 검사체적의 내부에 위치하고, 검사면의 일부분도 아니므로 $W_{viscous}$도 고려하지 않는다. 그러나 유체기계의 정확한 해석에서는 블레이드가 유체를 전단할 때 발생하는 전단력에 의한 일을 고려할 필요가 있다.

축일

많은 유동 시스템들은 축이 검사면을 통과하는 펌프, 터빈, 팬 혹은 압축기 같은 기계들을 포함하며, 이러한 장치들에 관련된 일의 전달을 **축일(shaft work)** W_{shaft}라 한다. 회전축을 통하여 전달되는 동력은 축의 토크 T_{shaft}에 비례하며 다음 식과 같다.

$$\dot{W}_{shaft} = \omega T_{shaft} = 2\pi \dot{n} T_{shaft} \quad (5\text{-}45)$$

여기서 ω는 rad/s 단위를 갖는 축의 각속도, $\dot{n}$은 rev/min, 즉 rpm으로 표시되는 단위 시간 동안의 축의 회전수이다.

압력 힘에 의한 일

그림 5-42a에 나타난 바와 같이, 피스톤-실린더에 의하여 기체가 압축되는 경우를 고려해 보자. 압력 힘 PA(A는 피스톤의 단면적)에 의해 피스톤이 아래쪽으로 미소거리 ds 만큼 움직이는 경우, 시스템에 가해진 경계 일(boundary work)은 $\delta W_{boundary} = PA\, ds$이다. 이 식의 양변을 미소시간 간격 dt로 나누면 다음과 같이 경계일의 시간변화율(즉, **동력**)이 된다.

$$\delta \dot{W}_{pressure} = \delta \dot{W}_{boundary} = PAV_{piston}$$

이 식에서 $V_{piston} = ds/dt$은 피스톤(움직이는 경계)의 속도이다.

압력 때문에 모양이 자유롭게 변형하는 임의의 형상의 움직이는 유체 덩어리(시스템)를 고려해 보자(그림 5-42b). 압력은 항상 내향이고 표면에 직각이므로 미소면적 dA에 작용하는 압력 힘은 $P\, dA$이다. 일은 힘과 거리의 곱이고, 단위 시간 당 이동한 거리는 속도이므로, 시스템의 미소면적에 작용하는 압력 힘에 의한 일의 시간변화율은 다음과 같다.

$$\delta \dot{W}_{pressure} = -P\, dA\, V_n = -P\, dA(\vec{V} \cdot \vec{n}) \quad (5\text{-}46)$$

이 식에서 미소면적 dA를 통과하는 속도의 법선성분은 $V_n = V\cos\theta = \vec{V} \cdot \vec{n}$이다. $\vec{n}$은 외향 법선 벡터이므로 팽창 시에 $\vec{V} \cdot \vec{n}$은 양이고, 수축 시에는 음이다. 식 (5-46)에 나타난 음의 부호는, 압력 힘에 의한 일이 시스템에 행하여졌을 때는 양이고 압력 힘에 의한 일이 시스템에 의한 경우에는 음(이는 부호규약과 일치한다)

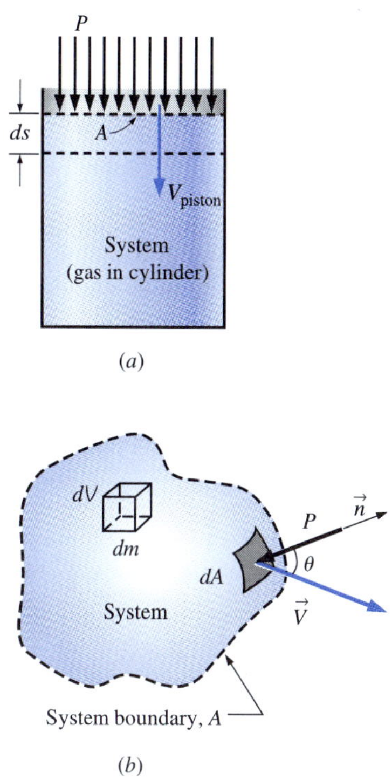

그림 5-42
(a) 피스톤-실린더 장치의 움직이는 시스템 경계와 (b) 임의의 모양의 시스템의 미소 표면적에 작용하는 압력 힘

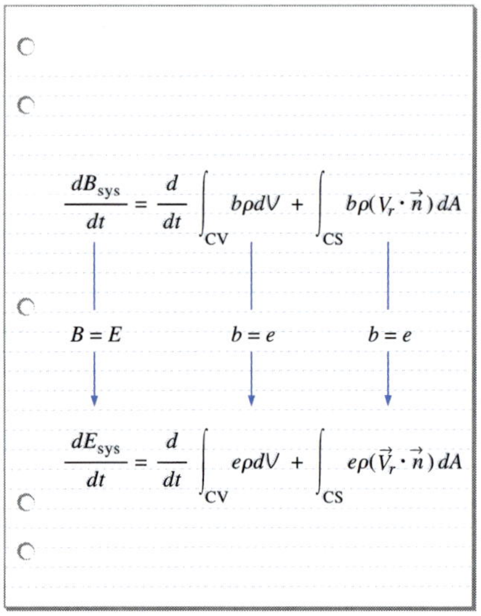

그림 5-43
에너지보존 방정식은 Reynolds 수송정리의 B에는 에너지 E를, b에는 e를 대입하여 얻는다.

이라는 것을 확인하기 위한 것이다. 압력 힘에 의한 총 일의 변화율은 $\delta\dot{W}_{\text{pressure}}$를 전체 면적 A에 대하여 적분하여 얻어진다.

$$\dot{W}_{\text{pressure, net in}} = -\int_A P(\vec{V} \cdot \vec{n})\, dA = -\int_A \frac{P}{\rho}\rho(\vec{V} \cdot \vec{n})\, dA \tag{5-47}$$

따라서 순수 동력전달은 다음과 같다.

$$\dot{W}_{\text{net in}} = \dot{W}_{\text{shaft, net in}} + \dot{W}_{\text{pressure, net in}} = \dot{W}_{\text{shaft, net in}} - \int_A P(\vec{V} \cdot \vec{n})\, dA \tag{5-48}$$

변화율 형태로 표현한 폐쇄 시스템의 에너지 보존 법칙은 다음과 같다.

$$\dot{Q}_{\text{net in}} + \dot{W}_{\text{shaft, net in}} + \dot{W}_{\text{pressure, net in}} = \frac{dE_{\text{sys}}}{dt} \tag{5-49}$$

검사체적에 대한 에너지 보존 관계식을 유도하기 위하여 Reynolds 수송정리(RTT)를 적용한다. RTT의 B에는 총에너지 E를, b에는 단위 질량 당의 총에너지 e, 즉 $e = u + \text{ke} + \text{pe} = u + V^2/2 + gz$를 대입하면 다음과 같다(그림 5-43).

$$\frac{dE_{\text{sys}}}{dt} = \frac{d}{dt}\int_{\text{CV}} e\rho\, dV + \int_{\text{CS}} e\rho(\vec{V}_r \cdot \vec{n})A \tag{5-50}$$

식 (5-49)의 좌변을 식 (5-50)에 대입하면, 고정되거나, 움직이는 혹은 변형하는 검사체적에 적용할 수 있는 에너지 방정식의 일반식을 다음과 같이 구할 수 있다.

$$\dot{Q}_{\text{net in}} + \dot{W}_{\text{shaft, net in}} + \dot{W}_{\text{pressure, net in}} = \frac{d}{dt}\int_{\text{CV}} e\rho\, dV + \int_{\text{CS}} e\rho(\vec{V}_r \cdot \vec{n})\, dA \tag{5-51}$$

이 식은 다음의 의미를 갖는다.

$$\begin{pmatrix} \text{열 및 일의 전달에} \\ \text{의해 CV로 유입된} \\ \text{순수 에너지 전달률} \end{pmatrix} = \begin{pmatrix} \text{CV 내} \\ \text{에너지의} \\ \text{시간 변화율} \end{pmatrix} + \begin{pmatrix} \text{질량유동에 의해} \\ \text{검사면의 외부로 유출되는} \\ \text{순수 에너지 유동률} \end{pmatrix}$$

여기서 $\vec{V}_r = \vec{V} - \vec{V}_{\text{CS}}$는 검사면에 상대적인 유체의 속도이고, $\rho(\vec{V}_r \cdot \vec{n})dA$는 면적요소 dA를 통하여 검사체적을 유출입하는 질량유량을 나타낸다. $\vec{n}$은 dA에 외향 법선 벡터이므로 유출 시에 $\vec{V}_r \cdot \vec{n}$ 및 질량유량은 양이고, 유입 시에는 음이다.

식 (5-47)의 압력 일률의 면적 적분을 식 (5-51)에 대입하고 정리하면 다음의 식이 얻어진다.

$$\dot{Q}_{\text{net in}} + \dot{W}_{\text{shaft, net in}} = \frac{d}{dt}\int_{\text{CV}} e\rho\, dV + \int_{\text{CS}} \left(\frac{P}{\rho} + e\right)\rho(\vec{V}_r \cdot \vec{n})\, dA \tag{5-52}$$

이 식에서, 압력 일이 검사면을 통과하는 유체의 에너지와 결합되어 있으므로, 압력 일을 고려할 필요가 없는 매우 편리한 식이다.

$P/\rho = Pv = w_{\text{flow}}$는 **유동 일(flow work)**이라 하고, 유체를 검사체적으로 밀어 넣거나, 검사체적에서 밀어낼 때 관련된 단위 질량 당의 일이다. 점착 조건에 의하여 고체 표면에 접한 유체의 속도는 그 고체 표면의 속도와 같다. 따라서 고

정된 고체표면과 일치하는 검사면에서의 압력 일은 영이다. 그러므로 고정된 검사체적의 압력 일은 유체가 검사체적을 유출입하는 가상의 검사면, 즉, 입구 및 출구에서만 존재한다.

고정된 검사체적(움직이지도 않고, 변형하지도 않는)에서는 $\vec{V}_r = \vec{V}$이므로 에너지 방정식 5-52는 다음과 같게 된다.

고정된 CV: $$\dot{Q}_{\text{net in}} + \dot{W}_{\text{shaft, net in}} = \frac{d}{dt}\int_{CV} e\rho\, dV + \int_{CS}\left(\frac{P}{\rho} + e\right)\rho(\vec{V}\cdot\vec{n})\, dA \qquad (5\text{-}53)$$

이 방정식은 적분과정이 포함되어 있으므로 실제 공학문제를 계산할 때 편리한 형태가 아니다. 따라서 이 방정식을 입출구를 통과하는 평균속도와 질량유량으로 다시 표현하는 것이 바람직하다. 만약 $P/\rho + e$가 입구 및 출구에서 균일하다면, 적분 밖으로 꺼낼 수 있다. $\dot{m} = \int_{A_c} \rho(\vec{V}\cdot\vec{n})\, dA_c$가 입구 및 출구에서의 질량유량이므로, 입출구를 통과하는 에너지의 유입률과 유출률은 $\dot{m}(P/\rho + e)$로 근사화할 수 있다. 따라서 에너지 방정식은 다음과 같이 표현할 수 있다(그림 5-44).

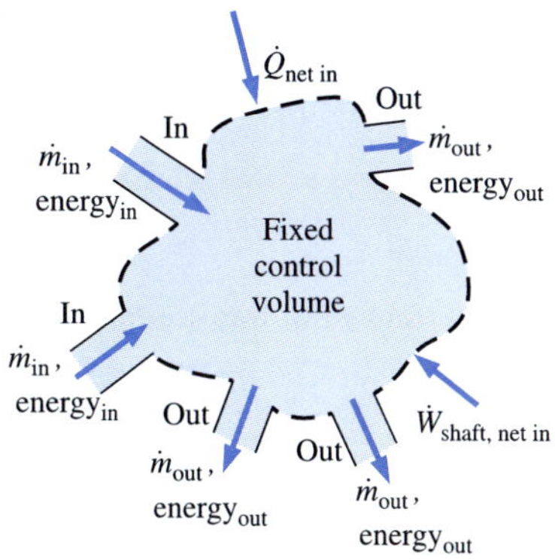

그림 5-44
많은 공학문제에서 검사체적은 여러 개의 입구와 출구를 갖는다. 각각의 입구로 에너지는 유입되고, 각각의 출구로 에너지는 유출된다. 또한 에너지는 순수 열 및 축일을 통하여 검사체적으로 전달될 수 있다.

$$\dot{Q}_{\text{net in}} + \dot{W}_{\text{shaft, net in}} = \frac{d}{dt}\int_{CV} e\rho\, dV + \sum_{\text{out}}\dot{m}\left(\frac{P}{\rho} + e\right) - \sum_{\text{in}}\dot{m}\left(\frac{P}{\rho} + e\right) \qquad (5\text{-}54)$$

이 식에서, $e = u + V^2/2 + gz$(식 5-43)는 검사체적과 유동유체의 단위 질량 당 총 에너지이다. 따라서 다음 식이 성립한다.

$$\dot{Q}_{\text{net in}} + \dot{W}_{\text{shaft, net in}} = \frac{d}{dt}\int_{CV} e\rho\, dV + \sum_{\text{out}}\dot{m}\left(\frac{P}{\rho} + u + \frac{V^2}{2} + gz\right) - \sum_{\text{in}}\dot{m}\left(\frac{P}{\rho} + u + \frac{V^2}{2} + gz\right) \qquad (5\text{-}55)$$

즉

$$\dot{Q}_{\text{net in}} + \dot{W}_{\text{shaft, net in}} = \frac{d}{dt}\int_{CV} e\rho\, dV + \sum_{\text{out}}\dot{m}\left(h + \frac{V^2}{2} + gz\right) - \sum_{\text{in}}\dot{m}\left(h + \frac{V^2}{2} + gz\right) \qquad (5\text{-}56)$$

이 식에서 $h = u + Pv = u + P/\rho$는 엔탈피이다. 마지막 두 방정식들은 에너지 보존식의 일반적인 형태이나, 고정 검사체적, 입구 및 출구에서의 균일유동, 점성력이나 다른 효과에 의한 일을 무시하는 등 그 적용에 제한조건이 있다. 한편 하첨자 'net in'은 "순수 입력(net input)"을 의미하므로, 이 값이 양이면 시스템으로의 열 혹은 일의 전달을, 음이면 시스템으로부터의 전달을 나타낸다.

5-6 ■ 정상유동의 에너지 해석

정상유동에서는 검사체적 내 에너지의 시간변화율은 영이므로, 식 (5-56)은 다음과 같이 간단해진다.

$$\dot{Q}_{\text{net in}} + \dot{W}_{\text{shaft, net in}} = \sum_{\text{out}}\dot{m}\left(h + \frac{V^2}{2} + gz\right) - \sum_{\text{in}}\dot{m}\left(h + \frac{V^2}{2} + gz\right) \qquad (5\text{-}57)$$

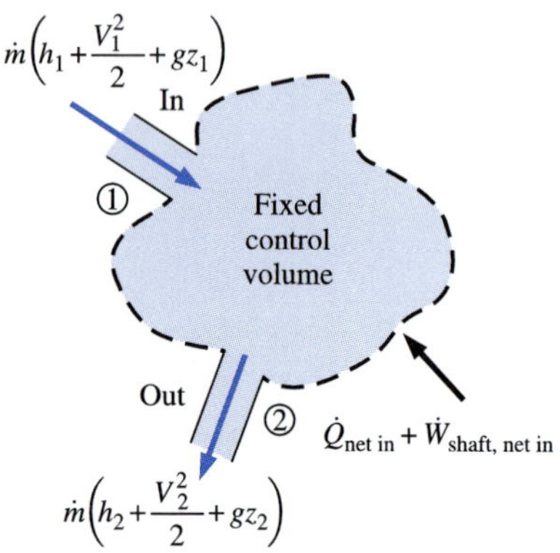

그림 5-45
입출구가 각각 한 개씩인 검사체적과 에너지 상호작용

이 식은 **정상유동에서 열과 일에 의해 검사체적으로 전달되는 순수 에너지 전달률은 질량 유동에 의해 검사체적에서 유출되는 에너지유동률과 검사체적으로 유입되는 에너지 유동률의 차이와 같음**을 의미한다.

실제 많은 문제에서 검사체적 입출구는 각각 한 개인 경우가 많다(그림 5-45). 이러한 **단일유동장치(single-stream device)**의 질량유량은 입구와 출구에서 동일하며 따라서 식 (5-58)는 다음과 같이 된다.

$$\dot{Q}_{\text{net in}}+\dot{W}_{\text{shaft, net in}}=\dot{m}\left(h_2-h_1+\frac{V_2^2-V_1^2}{2}+g(z_2-z_1)\right) \tag{5-58}$$

위 식에서, 하첨자 1과 2는 각각 입구 및 출구를 나타낸다. 단위 질량 당의 정상유동 에너지 방정식은 식 (5-58)을 질량유량 $\dot{m}$으로 나누어 구할 수 있다.

$$q_{\text{net in}}+w_{\text{shaft, net in}}=h_2-h_1+\frac{V_2^2-V_1^2}{2}+g(z_2-z_1) \tag{5-59}$$

여기에서, $q_{\text{net, in}}=\dot{Q}_{\text{net, in}}/\dot{m}$은 단위 질량 당 유체로 전달되는 순수 열전달이고, $w_{\text{shaft, net in}}=\dot{W}_{\text{shaft, net in}}/\dot{m}$은 유체로 전달되는 단위 질량 당 순수 축일이다. 엔탈피의 정의 $h=u+P/\rho$를 이용하여 이 식을 재정리하면, 단위 질량 당의 정상유동 에너지 방정식은 다음과 같이 표현할 수도 있다.

$$w_{\text{shaft, net in}}+\frac{P_1}{\rho_1}+\frac{V_1^2}{2}+gz_1=\frac{P_2}{\rho_2}+\frac{V_2^2}{2}+gz_2+(u_2-u_1-q_{\text{net in}}) \tag{5-60}$$

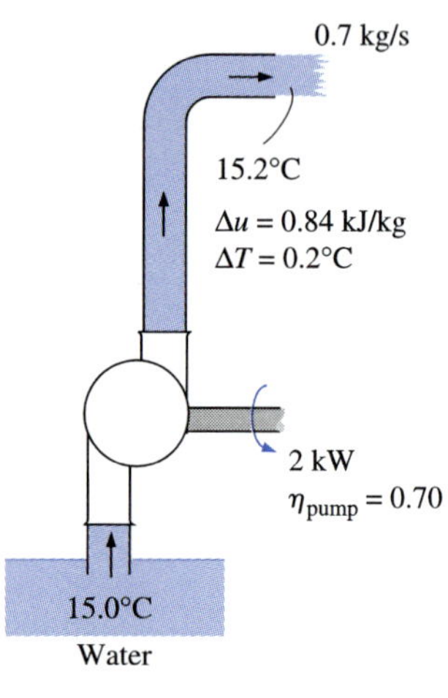

그림 5-46
유체 유동 시스템에서 기계적 에너지의 손실은 유체의 내부 에너지 증가, 즉 유체 온도의 상승을 초래한다.

이 식에서, u는 유체의 **내부에너지**, P/ρ는 **유동에너지**, $V^2/2$는 **운동에너지** 그리고 gz는 **위치에너지**이다. 이들은 모두 단위 질량 당 에너지이다. 이 식은 압축성 및 비압축성 유동 모두에 적용할 수 있다.

식 (5-60)의 좌변은 기계적 에너지 입력을, 우변의 처음 세 항들은 기계적 에너지 출력을 의미한다. 마찰 등의 비가역성이 없는 이상유동의 경우, 총 기계적 에너지는 보존되고, 따라서 $(u_2-u_1-q_{\text{net in}})$은 영이다. 즉,

이상유동(기계적 에너지 손실이 없는): $$q_{\text{net in}}=u_2-u_1 \tag{5-61}$$

u_2-u_1의 증가가 $q_{\text{net in}}$보다 큰 경우는, 기계적 에너지의 열에너지로의 비가역적인 변환에 기인하는 것이며, 따라서 $u_2-u_1-q_{\text{net in}}$은 단위 질량 당 기계적 에너지의 손실을 나타낸다(그림 5-46). 따라서 다음 관계가 성립한다.

실제유동(기계적 에너지 손실이 있는): $$e_{\text{mech, loss}}=u_2-u_1-q_{\text{net in}} \tag{5-62}$$

단상 유체(기체 혹은 액체)의 경우, $u_2-u_1=c_v(T_2-T_1)$이고 여기서 c_v는 정적비열이다.

단위 질량 당의 정상유동 에너지 방정식은 다음의 기계적 에너지 평형을 이용하여 편리하게 나타낼 수 있다.

$$e_{\text{mech, in}}=e_{\text{mech, out}}+e_{\text{mech, loss}} \tag{5-63}$$

즉

$$w_{\text{shaft, net in}}+\frac{P_1}{\rho_1}+\frac{V_1^2}{2}+gz_1=\frac{P_2}{\rho_2}+\frac{V_2^2}{2}+gz_2+e_{\text{mech, loss}} \tag{5-64}$$

또한 $w_{\text{shaft, net in}} = w_{\text{pump}} - w_{\text{turbine}}$이므로, 기계적 에너지 평형은 보다 분명하게 다음과 같이 표현된다.

$$\frac{P_1}{\rho_1} + \frac{V_1^2}{2} + gz_1 + w_{\text{pump}} = \frac{P_2}{\rho_2} + \frac{V_2^2}{2} + gz_2 + w_{\text{turbine}} + e_{\text{mech, loss}} \tag{5-65}$$

여기서 w_{pump}는 기계적 일의 입력(펌프, 팬, 압축기 등에 의한)이고, w_{turbine}은 기계적 일의 출력이다(터빈에 의한). 유동이 비압축성이면, P_{atm}/ρ가 양변에 나타나고 소거할 수 있으므로, P는 절대압력이나 계기압력을 모두 사용할 수 있다.

질량유량 을 식 (5-65)의 양변에 곱하면 다음과 같다.

$$\dot{m}\left(\frac{P_1}{\rho_1} + \frac{V_1^2}{2} + gz_1\right) + \dot{W}_{\text{pump}} = \dot{m}\left(\frac{P_2}{\rho_2} + \frac{V_2^2}{2} + gz_2\right) + \dot{W}_{\text{turbine}} + \dot{E}_{\text{mech, loss}} \tag{5-66}$$

이 식에서 $\dot{W}_{\text{pump}}$는 펌프축을 통한 축동력의 입력을, $\dot{W}_{\text{turbine}}$은 터빈축을 통한 축동력의 출력을, 그리고 $\dot{E}_{\text{mech, loss}}$는 펌프손실, 터빈손실, 그리고 파이프 시스템의 마찰손실로 구성되는 총 기계동력의 손실을 의미한다. 따라서 다음 관계가 성립한다.

$$\dot{E}_{\text{mech, loss}} = \dot{E}_{\text{mech loss, pump}} + \dot{E}_{\text{mech loss, turbine}} + \dot{E}_{\text{mech loss, piping}}$$

관습에 따라 펌프와 터빈의 비가역적 손실은 파이프 시스템의 다른 손실들과 별도로 분리하여 나타내었다. 따라서 에너지 방정식은 식 (5-66)의 각 항을 로 나누어 **수두**를 이용한 가장 일반적인 형태로 다음과 같이 표현할 수 있다.

$$\frac{P_1}{\rho_1 g} + \frac{V_1^2}{2g} + z_1 + h_{\text{pump}, u} = \frac{P_2}{\rho_2 g} + \frac{V_2^2}{2g} + z_2 + h_{\text{turbine}, e} + h_L \tag{5-67}$$

이 식에서

- $h_{\text{pump}, u} = \dfrac{w_{\text{pump}, u}}{g} = \dfrac{\dot{W}_{\text{pump}, u}}{\dot{m}g} = \dfrac{\eta_{\text{pump}}\dot{W}_{\text{pump}}}{\dot{m}g}$는 **펌프에 의하여 유체로 전달된 유용한 수두**이다. 펌프 내의 비가역적 손실 때문에, $h_{\text{pump}, u}$는 $\dot{W}_{\text{pump}}/\dot{m}g$보다 η_{pump}의 비율만큼 **작다**.
- $h_{\text{turbine}, e} = \dfrac{w_{\text{turbine}, e}}{g} = \dfrac{\dot{W}_{\text{turbine}, e}}{\dot{m}g} = \dfrac{\dot{W}_{\text{turbine}}}{\eta_{\text{turbine}}\dot{m}g}$는 **터빈에 의하여 유체로부터 추출된 수두**이다. 터빈 내의 비가역적 손실 때문에, $h_{\text{turbine}, e}$는 $\dot{W}_{\text{turbine}}/\dot{m}g$보다 η_{turbine}의 비율만큼 **크다**.
- $h_L = \dfrac{e_{\text{mech loss, piping}}}{g} = \dfrac{\dot{E}_{\text{mech loss, piping}}}{\dot{m}g}$은 1과 2사이에서 펌프나 터빈을 제외한 파이프 시스템의 모든 부품에 의한 **비가역적인 수두 손실**이다.

h_L은 파이프 내의 유동과 관련된 마찰손실을 나타내지만, 펌프나 터빈 내의 손실은 효율, 즉, η_{pump} 및 η_{turbine}으로 고려되었기 때문에 h_L은 이들의 손실을 포함하지 않는다. 식 (5-67)는 개략적으로 그림 5-47에 나타나 있다.

파이프 시스템이 펌프, 팬 및 압축기 등을 포함하지 않으면 **펌프 수두**는 영이

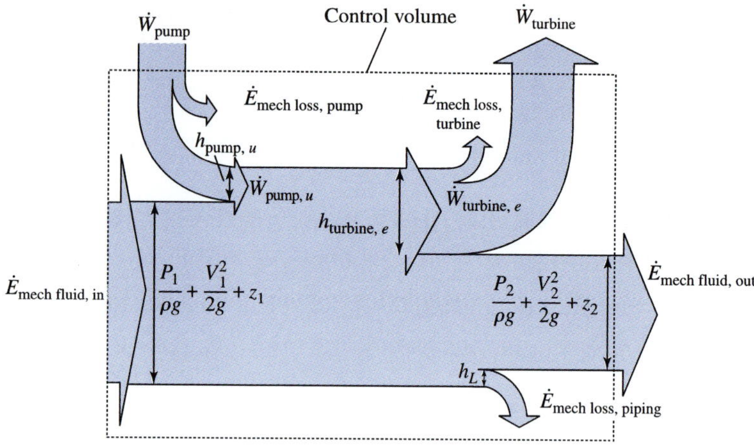

그림 5-47
펌프와 터빈을 포함하는 유체유동 시스템에 대한 기계적 에너지 흐름도. 수직 방향의 크기는 식 (5-67)의 각각의 에너지의 유체 기둥 높이, 즉 **수두**를 나타낸다.

고, 시스템이 터빈을 포함하지 않으면 **터빈 수두** 또한 영이다.

특수한 경우: 기계일 장치와 마찰이 없는 비압축성 유동

파이프 손실을 무시할 수 있으면, 기계적 에너지의 열에너지로의 소산도 무시할 수 있으며, $h_L = e_{mech\ loss,\ piping}/g \cong 0$이다. 또한 팬, 펌프 및 터빈 등의 기계적 일을 하는 장치가 없으면 $h_{pump,\ u} = h_{turbine,\ e} = 0$이다. 이러한 경우 식 (5-67)은 다음 식과 같이 간단해진다.

$$\frac{P_1}{\rho g}+\frac{V_1^2}{2g}+z_1=\frac{P_2}{\rho g}+\frac{V_2^2}{2g}+z_2 \quad \text{즉} \quad \frac{P}{\rho g}+\frac{V^2}{2g}+z=\text{constant} \qquad (5\text{-}68)$$

이 식은 앞에서 Newton의 제 2법칙으로부터 유도된 Bernoulli 방정식이다. 따라서 Bernoulli 방정식은 에너지 방정식의 변형된 형태로 생각할 수 있다.

운동에너지 보정계수, α

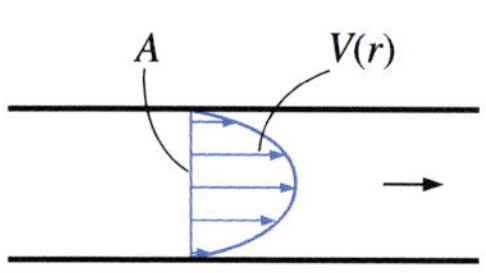

$\dot{m}=\rho V_{avg}A, \qquad \rho=\text{constant}$

$\dot{KE}_{act}=\int \text{ke}\,\delta\dot{m}=\int_A \frac{1}{2}[V(r)]^2[\rho V(r)\,dA]$

$=\frac{1}{2}\rho\int_A [V(r)]^3\,dA$

$\dot{KE}_{avg}=\frac{1}{2}\dot{m}V_{avg}^2=\frac{1}{2}\rho A V_{avg}^3$

$\alpha=\frac{\dot{KE}_{act}}{\dot{KE}_{avg}}=\frac{1}{A}\int_A\left(\frac{V(r)}{V_{avg}}\right)^3 dA$

그림 5-48
한 단면에서의 실제 속도분포 $V(r)$과 평균속도 V_{avg}를 이용한 **운동에너지 보정계수**의 결정

질량유량을 $\rho V_{avg}A$로 나타낼 때 사용한 평균 유동속도 V_{avg}는 이미 정의한 바 있다. 따라서 질량유량에 대해서는 보정계수가 필요하지 않다. 그러나 Gaspard Coriolis (1792-1843)가 지적하였듯이, $V^2/2$로부터 계산한 유체 유동의 운동에너지는 실제의 운동에너지와 다르다. 왜냐하면, 합의 제곱은 제곱의 합과 다르기 때문이다(그림 5-48). 이 오차는 에너지 방정식의 운동에너지 항 $V^2/2$을 $\alpha V_{avg}{}^2/2$로 대체하여 보정할 수 있다. 여기서 α를 운동에너지 보정계수(kinetic energy correction factor)라 한다. 반경방향으로 속도가 변하는 원형관 내 유동의 경우, 완전발달 층류유동의 보정계수는 2.0, 완전발달 난류유동의 보정계수는 1.04~1.11이다.

유동의 기본해석에서 운동에너지 보정계수는 무시하는 경우가 많다(즉, α는 1이다). 왜냐하면, (1) 실제 대부분의 유동은 난류이며, 이 경우 보정계수는 거의 1에 가깝다, 그리고 (2) 운동에너지 항은 에너지 방정식의 다른 항들에 비하여 상대적으로 작으므로 2보다 작은 수를 곱해도 큰 영향이 없기 때문이다. 속도, 즉 운동에너지가 크면 유동은 일반적으로 난류이고, 보정계수 1이 더 알맞다. 그러나 층류유동과 같은 경우에는 보정계수가 중요하다는 것을 명심하여야 한다. 따라서 유체 유동 문제를 해석할 때 항상 운동에너지 보정계수를 포함하는 것이 바람직하다. 운동에너지 보정계수를 포함하면, **정상, 비압축성 유동**의 에너지 방정식 [식 (5-66) 및 (5-67)]은 다음과 같게 된다.

$$\dot{m}\left(\frac{P_1}{\rho}+\alpha_1\frac{V_1^2}{2}+gz_1\right)+\dot{W}_{\text{pump}}=\dot{m}\left(\frac{P_2}{\rho}+\alpha_2\frac{V_2^2}{2}+gz_2\right)+\dot{W}_{\text{turbine}}+\dot{E}_{\text{mech, loss}} \quad (5\text{-}69)$$

$$\frac{P_1}{\rho g}+\alpha_1\frac{V_1^2}{2g}+z_1+h_{\text{pump}, u}=\frac{P_2}{\rho g}+\alpha_2\frac{V_2^2}{2g}+z_2+h_{\text{turbine}, e}+h_L \quad (5\text{-}70)$$

만약 입출구의 유동이 완전발달 난류 파이프 유동이라면, 보정계수 $\alpha = 1.05$를 이용하기를 권장한다. 이는 수두손실에 대한 보다 보수적인 값을 주며, 또한 식에서 α를 포함한다고 해서 추가적으로 많은 노력이 들지는 않는다.

예제 5-8 펌프의 동력과 마찰열

물 공급시스템의 펌프가 효율이 90%인 15 kW의 전기모터에 의해 구동되고 있다(그림 5-49). 펌프를 통과하는 유량은 50 L/s이다. 펌프 입구와 출구의 파이프 직경은 동일하고, 펌프 전후의 높이 차이는 무시할 수 있다. 펌프 입구와 출구의 절대압력이 각각 100 kPa 및 300 kPa일 때 다음을 계산하라. (a) 펌프의 기계효율, (b) 기계적 손실로 인한 펌프 내 물의 온도상승.

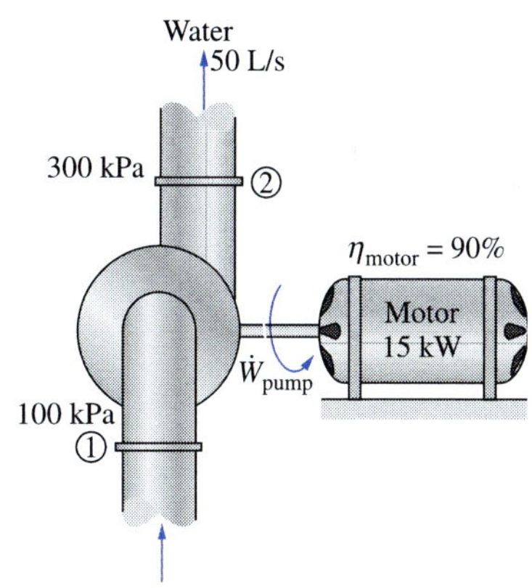

그림 5-49
예제 5-8의 개략도

풀이 펌프 전후의 압력이 주어질 때, 펌프의 기계효율과 물의 온도상승을 계산하고자 한다.

가정 1 유동은 정상이며 비압축성이다. 2 펌프는 외부 모터에 의해 구동되므로, 모터에 의해 발생한 열은 주위 공기로 소산된다. 3 펌프 전후의 높이 차이는 무시할 수 있으므로, $z_1 \cong z_2$이다. 4 펌프 입구와 출구의 파이프 직경은 동일하므로, 입구와 출구의 평균 속도는 같다. 즉, $V_1 = V_2$이다. 5 운동에너지 보정계수도 같다. 즉, $\alpha_1 = \alpha_2$이다.

상태량 물의 밀도는 1 kg/L = 1000 kg/m^3, 비열은 4.18 kJ/kg · °C이다.

해석 (a) 펌프를 통과하는 질량유량은 다음과 같다.

$$\dot{m} = \rho\dot{V} = (1\text{ kg/L})(50\text{ L/s}) = 50\text{ kg/s}$$

모터는 15 kW의 동력에 의하여 구동되며, 효율은 90%이다. 따라서 모터가 펌프에 전달하는 기계(축) 동력은 다음과 같다.

$$\dot{W}_{\text{pump, shaft}} = \eta_{\text{motor}}\dot{W}_{\text{electric}} = (0.90)(15\text{ kW}) = 13.5\text{ kW}$$

펌프의 기계효율을 계산하기 위해서 유체가 펌프를 통과할 때 유체의 기계적 에너지 증가를 알아야 한다. 이는 다음 식으로 얻어진다.

$$\Delta\dot{E}_{\text{mech, fluid}} = \dot{E}_{\text{mech, out}} - \dot{E}_{\text{mech, in}} = \dot{m}\left(\frac{P_2}{\rho}+\alpha_2\frac{V_2^2}{2}+gz_2\right)-\dot{m}\left(\frac{P_1}{\rho}+\alpha_1\frac{V_1^2}{2}+gz_1\right)$$

식을 정리하고 주어진 수치들을 대입하면 다음 식이 얻어진다.

$$\Delta\dot{E}_{\text{mech, fluid}} = \dot{m}\left(\frac{P_2-P_1}{\rho}\right) = (50\text{ kg/s})\left(\frac{(300-100)\text{ kPa}}{1000\text{ kg/m}^3}\right)\left(\frac{1\text{ kJ}}{1\text{ kPa}\cdot\text{m}^3}\right) = 10.0\text{ kW}$$

따라서 펌프의 기계효율은 다음과 같다.

$$\eta_{\text{pump}} = \frac{\dot{W}_{\text{pump},\, u}}{\dot{W}_{\text{pump, shaft}}} = \frac{\Delta \dot{E}_{\text{mech, fluid}}}{\dot{W}_{\text{pump, shaft}}} = \frac{10.0 \text{ kW}}{13.5 \text{ kW}} = \mathbf{0.741} \quad \text{즉} \quad \mathbf{74.1\%}$$

(b) 펌프에 의하여 공급된 13.5 kW 중 10 kW만 물에 기계적 에너지 형태로 전달된다. 나머지 3.5 kW는 마찰 효과로 인해 열에너지로 변환되고, 이 기계적 에너지의 “손실”은 유체를 가열하는 효과로 나타난다.

$$\dot{E}_{\text{mech, loss}} = \dot{W}_{\text{pump, shaft}} - \Delta \dot{E}_{\text{mech, fluid}} = 13.5 - 10.0 = 3.5 \text{ kW}$$

이러한 기계적 에너지 손실로 인한 물 온도의 상승은 열에너지 평형식 $_{\text{mech, loss}} = (u_2 - u_1) = c\Delta T$로 계산할 수 있다. ΔT에 대하여 계산하면 다음 결과가 얻어진다.

$$\Delta T = \frac{\dot{E}_{\text{mech, loss}}}{\dot{m}c} = \frac{3.5 \text{ kW}}{(50 \text{ kg/s})(4.18 \text{ kJ/kg}\cdot{}^\circ\text{C})} = \mathbf{0.017^\circ C}$$

따라서 물이 펌프를 통과할 때 기계적 손실로 인한 물 온도의 상승은 0.017℃이며 이는 매우 작은 값이다.

토의 발생한 열의 일부는 펌프의 케이싱으로 전달되고 이 열은 다시 주위공기로 전달되므로 실제로 물 온도의 상승은 이보다 더 작을 것이다. 만약 펌프와 모터 전체가 물에 잠겨 있다면, 모터의 손실로 인한 1.5 kW도 역시 열로 변환되어 주위의 물로 전달될 것이다.

예제 5-9 댐으로부터의 수력발전

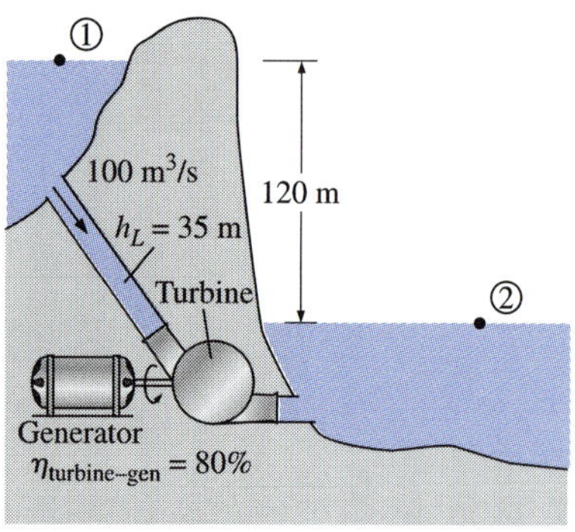

그림 5-50
예제 5-9의 개략도

그림 5-50에 나타난 바와 같이, 물이 120 m의 높은 위치에서 100 m^3/s로 발전용 터빈을 통과하고 있다. 점 1과 점 2 사이 파이프 시스템의 총 비가역적 수두 손실(터빈 자체의 손실은 제외)은 35 m이다. 터빈-발전기의 전체효율이 80%라면 전기의 출력은 얼마인가?

풀이 가용 수두, 유량, 수두 손실 및 수력 터빈의 효율이 주어져 있을 때, 전기의 출력을 계산하고자 한다.

가정 **1** 유동은 정상이며 비압축성이다. **2** 저수지와 방수면에서의 수위는 일정하다.

상태량 물의 밀도는 1000 kg/m^{3}이다.

해석 터빈을 통과하는 물의 질량유량은 다음과 같다.

$$\dot{m} = \rho \dot{V} = (1000 \text{ kg/m}^3)(100 \text{ m}^3/\text{s}) = 10^5 \text{ kg/s}$$

점 2를 기준 위치로 하면 $z_2 = 0$이다. 또한 점 1과 2는 대기와 접하고($P_1 = P_2 = P_{\text{atm}}$), 유동속도는 무시할 수 있다($V_1 = V_2 = 0$). 따라서 정상, 비압축성 유동의 에너지 방정식은 다음과 같이 나타난다.

$$\frac{P_1}{\rho g} + \alpha_1 \frac{V_1^2}{2g} + z_1 + h_{\text{pump},\, u} \nearrow 0 = \frac{P_2}{\rho g} + \alpha_2 \frac{V_2^2}{2g} + z_2 \nearrow 0 + h_{\text{turbine},\, e} + h_L$$

즉

$$h_{\text{turbine},\,e} = z_1 - h_L$$

따라서 터빈에서 추출할 수 있는 수두와 터빈의 출력은 다음과 같다.

$$h_{\text{turbine},\,e} = z_1 - h_L = 120 - 35 = 85\text{ m}$$

$$\dot{W}_{\text{turbine},\,e} = \dot{m}gh_{\text{turbine},\,e} = (10^5\text{ kg/s})(9.81\text{ m/s}^2)(85\text{ m})\left(\frac{1\text{ kJ/kg}}{1000\text{ m}^2/\text{s}^2}\right) = 83{,}400\text{ kW}$$

그러므로 손실이 없는 완벽한 터빈-발전기는 83,400 kW의 전력을 생산할 수 있다. 그러나 이 터빈-발전기가 실제로 생산한 전력은 다음과 같다.

$$\dot{W}_{\text{electric}} = \eta_{\text{turbine-gen}}\dot{W}_{\text{turbine},\,e} = (0.80)(83.4\text{ MW}) = \mathbf{66.7\text{ MW}}$$

토의 터빈과 발전기의 효율을 1% 포인트씩만 개선시켜도 생산한 전력은 거의 1 MW 정도 증가한다. 8장에서 h_L을 계산하는 방법을 배울 것이다.

예제 5-10 컴퓨터의 공기냉각을 위한 팬의 선택

크기가 12 cm × 40 cm × 40 cm인 컴퓨터 케이스를 냉각하기 위한 팬을 선정하려 한다(그림 5-51). 이 체적의 반은 부품으로 채워져 있고, 나머지 반은 공기로 채워져 있다. 케이스의 뒷면에는 케이스 내에 있는 공기량을 매 초(every second) 마다 공급할 수 있는 팬을 설치하기 위한 5 cm 직경의 구멍이 뚫려 있다. 저동력의 작은 팬-모터를 시장에서 구입할 수 있는데, 이때 이 부품의 효율은 30%이다. (a) 구입해야 할 팬-모터 유니트의 동력(wattage)은 얼마인가. (b) 팬 전후의 압력 차이는 얼마인가. 이때 공기의 밀도는 1.20 kg/m³이다.

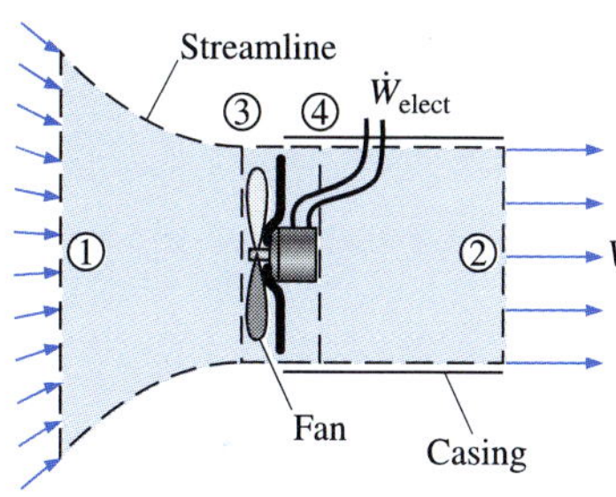

그림 5-51
예제 5-10의 개략도.

풀이 팬은 매 초(every second) 마다 케이스 내부에 있는 공기량을 공급하여 컴퓨터의 케이스를 냉각시킨다. 팬의 동력과 팬 전후의 압력 차이를 계산하고자 한다.

가정 **1** 유동은 정상이며 비압축성이다. **2** 팬-모터의 손실을 제외한 다른 손실은 무시할 수 있다. **3** 출구의 유동은 중심 부근(팬-모터의 후류 때문에)을 제외하고 거의 균일하고, 출구의 운동에너지 보정계수는 1.10이다.

상태량 공기의 밀도는 1.20 kg/m³이다.

해석 (a) 케이스의 반은 부품으로 채워져 있으므로, 케이스 내 공기의 체적은 다음과 같다.

$$V = (\text{Void fraction})(\text{Total case volume})$$
$$= 0.5(12\text{ cm} \times 40\text{ cm} \times 40\text{ cm}) = 9600\text{ cm}^3$$

따라서 케이스를 통과하는 체적유량 및 질량유량은 다음과 같다.

$$\dot{V} = \frac{V}{\Delta t} = \frac{9600\text{ cm}^3}{1\text{ s}} = 9600\text{ cm}^3/\text{s} = 9.6 \times 10^{-3}\text{ m}^3/\text{s}$$

$$\dot{m} = \rho\dot{V} = (1.20\text{ kg/m}^3)(9.6 \times 10^{-3}\text{ m}^3/\text{s}) = 0.0115\text{ kg/s}$$

케이스 구멍의 단면적과 출구를 통과하는 공기의 평균속도는 다음과 같다.

$$A = \frac{\pi D^2}{4} = \frac{\pi(0.05\ \text{m})^2}{4} = 1.96 \times 10^{-3}\ \text{m}^2$$

$$V = \frac{\dot{V}}{A} = \frac{9.6 \times 10^{-3}\ \text{m}^3/\text{s}}{1.96 \times 10^{-3}\ \text{m}^2} = 4.90\ \text{m/s}$$

그림 5-51에서와 같이, 입구와 출구 모두 대기압 상태가 되도록 검사체적을 선택한다($P_1 = P_2 = P_{atm}$). 또한 입구 부분 1은 넓게, 그리고 팬에서 멀리 떨어져서 유체속도를 거의 무시할 수 있도록 선택한다($V_1 \cong 0$). $z_1 = z_2$이고 유동의 마찰손실은 무시하므로, 기계적 손실은 단지 팬의 손실이다. 따라서 에너지 방정식(식 5-69)은 다음과 같이 나타난다.

$$\dot{m}\left(\frac{P_1}{\rho} + \alpha_1\frac{V_1^2}{2} + gz_1\right) + \dot{W}_{\text{fan}} = \dot{m}\left(\frac{P_2}{\rho} + \alpha_2\frac{V_2^2}{2} + gz_2\right) + \dot{W}_{\text{turbine}} + \dot{E}_{\text{mech loss, fan}}$$

$\dot{W}_{\text{fan}} - \dot{E}_{\text{mech loss, fan}} = \dot{W}_{\text{fan},u}$이므로 대입하면 다음 식이 얻어진다.

$$\dot{W}_{\text{fan},u} = \dot{m}\alpha_2\frac{V_2^2}{2} = (0.0115\ \text{kg/s})(1.10)\frac{(4.90\ \text{m/s})^2}{2}\left(\frac{1\ \text{N}}{1\ \text{kg}\cdot\text{m/s}^2}\right) = 0.152\ \text{W}$$

그러므로 팬에 요구되는 동력은 다음과 같이 계산할 수 있다.

$$\dot{W}_{\text{elect}} = \frac{\dot{W}_{\text{fan},u}}{\eta_{\text{fan-motor}}} = \frac{0.152\ \text{W}}{0.3} = \mathbf{0.506\ W}$$

결과적으로 적합한 팬-모터의 동력은 0.5 watt이다. (b) 팬 전후의 압력 차이를 계산하기 위하여, 팬 양쪽에서 수평선 위에 점 3과 4를 설정한다. 따라서 $z_3 = z_4$이고, 팬은 좁으므로 $V_3 = V_4$이다. 그러므로 에너지 방정식은 다음과 같이 나타난다.

$$\dot{m}\frac{P_3}{\rho} + \dot{W}_{\text{fan}} = \dot{m}\frac{P_4}{\rho} + \dot{E}_{\text{mech loss, fan}} \quad \rightarrow \quad \dot{W}_{\text{fan},u} = \dot{m}\frac{P_4 - P_3}{\rho}$$

$P_4 - P_3$에 대하여 재정리하고 수치를 대입하면 다음 결과가 얻어진다.

$$P_4 - P_3 = \frac{\rho\dot{W}_{\text{fan},u}}{\dot{m}} = \frac{(1.2\ \text{kg/m}^3)(0.152\ \text{W})}{0.0115\ \text{kg/s}}\left(\frac{1\ \text{Pa}\cdot\text{m}^3}{1\ \text{Ws}}\right) = \mathbf{15.8\ Pa}$$

따라서 팬 전후의 압력 상승은 15.8 Pa이다.

토의 팬-모터의 효율이 30%이다. 이는 이 장치에 의해 소비되는 전력 $\dot{W}_{\text{electric}}$의 30%는 유용한 기계적 에너지로 변환되고, 나머지 70%는 열에너지로 변환되는 손실이다. 실제 시스템에서는 케이스 내부의 마찰 손실을 극복하기 위하여 더 강력한 팬이 필요할 것이다. 출구에서 운동에너지 보정계수를 무시하면, 요구 전력 및 압력의 차이는 위의 계산보다 10% 정도 낮게 나타난다(각각 0.460 W 및 14.4 Pa).

요약 SUMMARY

이 장에서는 질량, Bernoulli 및 에너지 방정식과 이들의 응용방법을 설명하였다. 단위 시간 동안 단면을 통과하는 질량을 **질량 유량**이라 하며 다음과 같이 나타난다.

$$\dot{m} = \rho V A_c = \rho \dot{V}$$

이 식에서 ρ는 밀도, V는 평균속도, $\dot{V}$는 체적유량, 그리고 A_c는 유동방향에 직각인 단면적이다. 검사체적에 대한 질량 보존 관계식은 다음과 같다.

$$\frac{d}{dt}\int_{\text{CV}} \rho\, dV + \int_{\text{CS}} \rho(\vec{V}\cdot\vec{n})\, dA = 0$$

즉,

$$\frac{dm_{\text{CV}}}{dt} = \sum_{\text{in}} \dot{m} - \sum_{\text{out}} \dot{m}$$

이 식은 **검사체적 내 질량의 시간변화율과 검사면을 통과하는 순수 질량유량의 합은 영임**을 의미한다.

정상유동이 나타나는 장치(device)에 대하여, 질량 보존 법칙은 다음과 같이 표현할 수 있다.

정상유동: $\sum_{\text{in}} \dot{m} = \sum_{\text{out}} \dot{m}$

정상유동(단일 유동): $\dot{m}_1 = \dot{m}_2 \quad \rightarrow \quad \rho_1 V_1 A_1 = \rho_2 V_2 A_2$

정상, 비압축성 유동: $\sum_{\text{in}} \dot{V} = \sum_{\text{out}} \dot{V}$

정상, 비압축성 유동(단일 유동): $\dot{V}_1 = \dot{V}_2 \rightarrow V_1 A_1 = V_2 A_2$

기계적 에너지는 유체의 속도, 위치 및 압력과 관련된 에너지의 형태이며, 이상적인 기계 장치에 의하여 직접적이고 완전하게 기계적 일로 변환할 수 있다. 실제의 여러 장치의 효율들은 다음과 같이 정의한다.

$$\eta_{\text{pump}} = \frac{\Delta\dot{E}_{\text{mech, fluid}}}{\dot{W}_{\text{shaft, in}}} = \frac{\dot{W}_{\text{pump}, u}}{\dot{W}_{\text{pump}}}$$

$$\eta_{\text{turbine}} = \frac{\dot{W}_{\text{shaft, out}}}{|\Delta\dot{E}_{\text{mech, fluid}}|} = \frac{\dot{W}_{\text{turbine}}}{\dot{W}_{\text{turbine}, e}}$$

$$\eta_{\text{motor}} = \frac{\text{Mechanical power output}}{\text{Electric power input}} = \frac{\dot{W}_{\text{shaft, out}}}{\dot{W}_{\text{elect, in}}}$$

$$\eta_{\text{generator}} = \frac{\text{Electric power output}}{\text{Mechanical power input}} = \frac{\dot{W}_{\text{elect, out}}}{\dot{W}_{\text{shaft, in}}}$$

$$\eta_{\text{pump–motor}} = \eta_{\text{pump}}\eta_{\text{motor}} = \frac{\Delta\dot{E}_{\text{mech, fluid}}}{\dot{W}_{\text{elect, in}}} = \frac{\dot{W}_{\text{pump}, u}}{\dot{W}_{\text{elect, in}}}$$

$$\eta_{\text{turbine–gen}} = \eta_{\text{turbine}}\eta_{\text{generator}} = \frac{\dot{W}_{\text{elect, out}}}{|\Delta\dot{E}_{\text{mech, fluid}}|} = \frac{\dot{W}_{\text{elect, out}}}{\dot{W}_{\text{turbine}, e}}$$

Bernoulli 방정식은 정상, 비압축성 유동에서 압력, 속도 및 위치 사이의 관계식이며, 점성력을 무시할 수 있는 영역에서 동일한 유선을 따라 다음과 같이 표현된다.

$$\frac{P}{\rho} + \frac{V^2}{2} + gz = \text{일정}$$

Bernoulli 방정식은 기계적 에너지 평형을 의미하며 다음과 같이 서술할 수 있다. **압축성 효과와 마찰효과를 무시할 수 있는 정상 유동에서, 동일한 유선을 따라 유체입자의 운동에너지, 위치에너지 및 유동에너지의 합은 일정하다.** Bernoulli 방정식에 밀도를 곱하면 다음 식이 얻어진다.

$$P + \rho\frac{V^2}{2} + \rho g z = \text{일정}$$

이 식에서 P는 정압이며, 유체의 실제 압력을 나타낸다. $\rho V^2/2$은 **동압**이며, 운동하는 유체가 정지하였을 때의 압력상승을 나타낸다. 그리고 $\rho g z$는 **정수압**이며, 유체의 무게가 압력에 미치는 영향을 나타낸 것이다. 정압, 동압, 및 정수압의 합을 **전압**이라 한다. 그러므로 Bernoulli 방정식은 **동일한 유선을 따라 전압은 일정하다**는 의미로 해석할 수도 있다. 정압과 동압의 합을 **정체압**이라 하며, 운동하는 유체가 마찰 없이 한 점에 완전히 정지하였을 때의 압력이다. Bernoulli 방정식의 각 항을 g로 나누어, 다음과 같이 "수두"로 표현할 수도 있다.

$$\frac{P}{\rho g} + \frac{V^2}{2g} + z = H = \text{일정}$$

이 식에서 $P/\rho g$는 **압력수두**이며 이는 정압 P를 발생시키는 유체 기둥의 높이이다. $V^2/2g$은 **속도수두**이며 이는 마찰 없이 자유낙하 하는 유체가 속도 V에 이를 수 있도록 하는 데에 필요한 높이이다. 그리고 z는 **위치수두**이며, 이는 유체의 위치에너지를 나타낸 것이다. 또한 H를 유동의 **전체수두**라 한다. 정압수두와 위치수두의 합 $P/\rho g + z$를 연결한 곡선을 **수력구배선**(HGL)이라 하고, 유체의 전수두 $P/\rho g + V^2/2g + z$를 연결한 곡선을 **에너지구배선**(EGL)이라 한다.

정상, 비압축성 유동의 **에너지 방정식**은 다음과 같다.

$$\frac{P_1}{\rho g} + \alpha_1\frac{V_1^2}{2g} + z_1 + h_{\text{pump}, u} = \frac{P_2}{\rho g} + \alpha_2\frac{V_2^2}{2g} + z_2 + h_{\text{turbine}, e} + h_L$$

이 식의 각 항은 다음과 같이 나타난다.

$$h_{\text{pump}, u} = \frac{w_{\text{pump}, u}}{g} = \frac{\dot{W}_{\text{pump}, u}}{\dot{m}g} = \frac{\eta_{\text{pump}}\dot{W}_{\text{pump}}}{\dot{m}g}$$

$$h_{\text{turbine}, e} = \frac{w_{\text{turbine}, e}}{g} = \frac{\dot{W}_{\text{turbine}, e}}{\dot{m}g} = \frac{\dot{W}_{\text{turbine}}}{\eta_{\text{turbine}}\dot{m}g}$$

$$h_L = \frac{e_{\text{mech loss, piping}}}{g} = \frac{\dot{E}_{\text{mech loss, piping}}}{\dot{m}g}$$

$$e_{\text{mech, loss}} = u_2 - u_1 - q_{\text{net in}}$$

질량, Bernoulli 및 에너지 방정식은 유체역학에서 가장 기본적인 관계식들 중의 세 개이며, 이어지는 장에서 광범위하게 적용된다. 6장에서는 Bernoulli 방정식이나 에너지 방정식을 질량 및 운동량 방정식과 함께 사용하여 유체 시스템에 미치는 힘이나 토크를 계산한다. 8장에서는 질량과 에너지 방정식을 이용하여 유체 시스템에서의 펌프 동력을 계산하고, 또한 터보기계를 설계하고 해석한다. 11장에서는 에너지 방정식을 이용하여 개수로 유동을 해석한다.

참고문헌과 권장도서 REFERENCES AND SUGGESTED READING

1. R. C. Dorf, ed. in chief. *The Engineering Handbook*. Boca Raton, FL: CRC Press, 1995.
2. R. L. Panton. *Incompressible Flow*, 2nd ed. New York: Wiley, 1996.
3. M. Van Dyke. *An Album of Fluid Motion*. Stanford, CA: The Parabolic Press, 1982.

연습문제* PROBLEMS

질량 보존

5-1C 유동과정에서 보존되는 4개의 물리적 량과, 그렇지 않은 2개의 물리량을 나열하라.

5-2C 질량유량과 체적유량을 정의하라. 이들의 상호 관계를 설명하라.

5-3C 비정상 유동과정에서, 검사체적으로 유입하는 질량과 검사체적에서 유출하는 질량은 반드시 같아야 하는가?

5-4C 검사체적을 통과하는 유동은 어떤 경우에 정상인가?

5-5C 각각 1개의 입구와 출구를 갖는 유동장치를 고려하자. 만약 입구와 출구에서 체적유량이 같다면 이 장치를 통과하는 유동은 반드시 정상상태인가? 이유를 설명하라.

5-6E 노즐이 붙어 있는 정원용 호스로 20 gal의 물통을 채우려 한다. 호스의 안쪽 직경은 1 in이며 노즐 출구의 직경은 0.5 in이다. 호스 안에서의 평균속도가 8 ft일 때에 다음을 구하라. (a) 호스를 통과하는 물의 체적유량과 질량유량, (b) 물로 물통을 채우려 할 때에 걸리는 시간, (c) 노즐 출구에서의 물의 평균속도.

5-7 공기가 노즐에 2.21 kg/m^3 및 30 m/s로 정상적으로 유입하고, 0.762 kg/m^3 및 180 m/s로 유출한다. 노즐의 입구면적이 80 cm^2 일 때, 다음을 계산하라. (a) 노즐을 통과하는 질량유량, (b) 노즐의 출구면적

답: (a) 0.530 kg/s (b) 38.7 cm^2

5-8 모발 건조기는 기본적으로 전기 저항이 부착된, 직경이 일정한 덕트이다. 소형의 팬이 공기를 흡입하고, 이 공기는 가열되는 저항을 통과하며 강제적으로 유동한다. 만약 공기의 밀도가 입구에서 1.20 kg/m^3, 그리고 출구에서 1.05 kg/m^{3}라면, 공기가 드라이어를 통과할 때 속도가 몇 % 증가하는가?

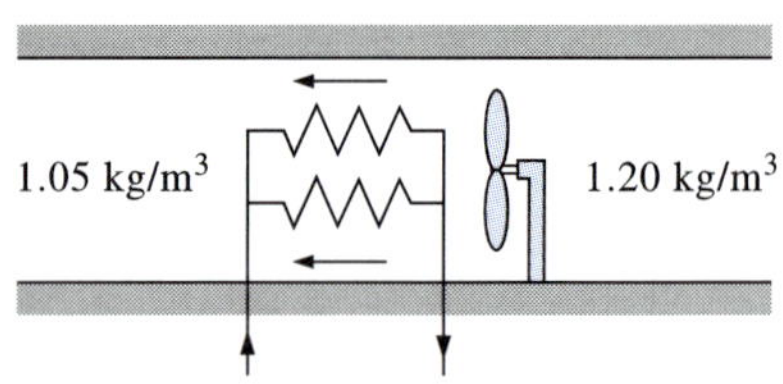

그림 P5-8

5-9E 밀도가 0.078 lbm/ft^{3}인 공기가 450 ft^3/min의 체적유량으로 에어컨 시스템의 덕트로 유입된다. 덕트의 직경이 10 in일 때, 덕트 입구에서의 공기 속도와 질량유량을 계산하라.

5-10 체적이 1 m^{3}인 단단한 탱크에, 처음에는 밀도가 1.18 kg/m^{3}인 공기가 들어 있다. 이 탱크는 밸브를 통하여 고압의 공급관에 연결되어 있다. 밸브를 열어서, 탱크 내 공기의 밀도가 7.20 kg/m^{3}이 될 때까지 공기를 유입하였다. 탱크로 유입된 공기의 질량을 계산하라.

답: 6.02 kg

5-11 건물욕실의 환기팬(그림 P5-11)이 체적유량 30 L/s로 계속 작동한다. 공기의 밀도가 1.20 kg/m^{3}라면, 하루 동안 환기되는 공기의 질량은 얼마인가?

* "C"로 표시된 문제는 개념 문제이고, 학생들은 모든 문제에 답하도록 권장된다. "E"로 표시된 문제는 영국 단위가 사용되는 문제이며, SI 단위를 사용하는 학생들은 이 문제들을 답하지 않아도 된다. 아이콘으로 표시된 문제는 EES를 이용하여 풀 수 있으며 충분한 해답이 매개변수 연구와 함께 첨부된 DVD에 포함되어 있다. 아이콘으로 표시된 문제는 그 성질이 포괄적이어서 이 교과서에 동반된 EES 소프트웨어를 이용해 컴퓨터로 푸는 것이 바람직하다.

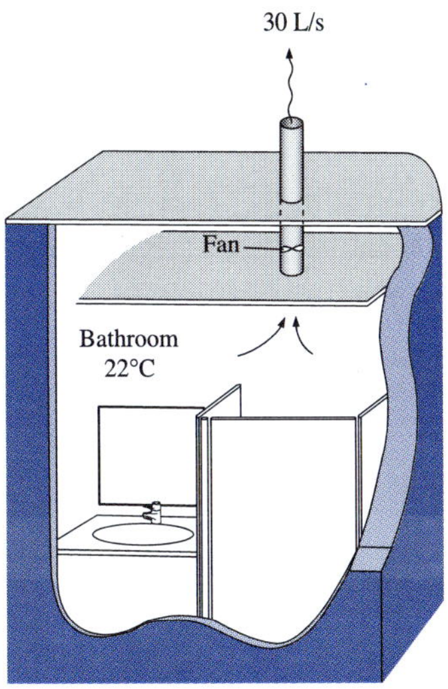

그림 P5-11

5-12 개인 컴퓨터가 체적유량이 0.34 m^3/min인 팬에 의해 냉각된다. 공기의 밀도가 0.7 kg/m^3인 고도 3400 m인 곳에서 팬을 통과하는 질량유량은 얼마인가? 또한 공기의 평균속도가 110 m/min를 초과하지 않으려면, 팬 케이싱의 직경은 얼마이어야 하는가?

답: 0.238 kg/min, 0.063 m

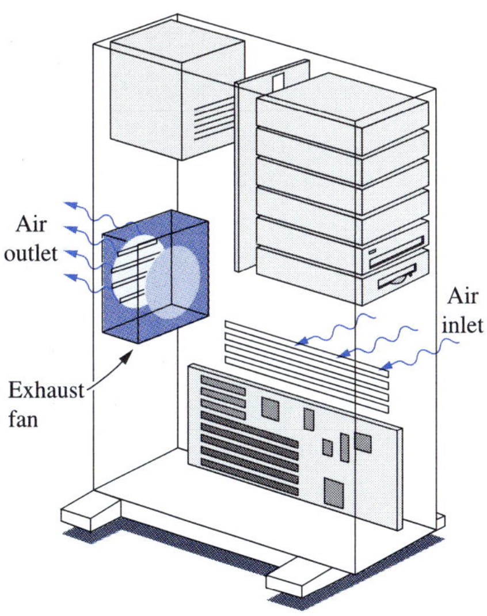

그림 P5-12

5-13 어떤 흡연실이 15명의 흡연가가 피우는 담배연기를 처리할 수 있다. 흡연실의 신선한 공기는 1인당 최소 30 L/s를 필요로 한다(ASHRAE, Standard 62, 1989). 흡연실에 공급하여야 할 신선한 공기의 최소유량을 계산하라. 또한 공기의 속도가 8 m/s를 초과하지 않으려면, 덕트의 직경은 얼마이어야 하는가?

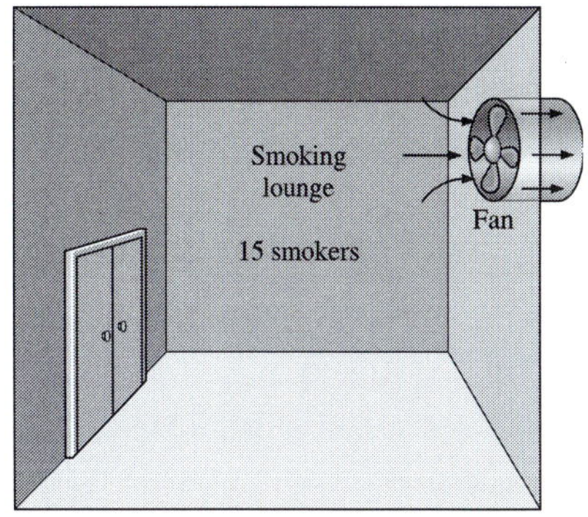

그림 P5-13

5-14 주거용 건물에서 신선한 공기는 매 시간 0.35의 공기체적을 교환하여야 한다 (ASHRAE, Standard 62, 1989). 즉, 건물 내 전체공기의 35%를 매 시간 외부의 신선한 공기로 대체하여야 한다. 환기하려는 건물의 크기가 높이 2.7 m, 면적 200 m^2이라면, 설치하여야 할 환풍기의 유량 용량은 몇 L/min인가? 또한 공기의 평균속도가 6 m/s를 초과하지 않으려면, 덕트의 직경은 얼마이어야 하는가?

기계적 에너지와 효율

5-15C 기계적 에너지란 무엇인가? 이것은 열에너지와 어떻게 다른가? 유체 유동의 기계적 에너지의 형태는 무엇인가?

5-16C 기계효율은 무엇인가? 수차의 기계효율이 100%라는 것은 무엇을 의미하는가?

5-17C 펌프와 모터 시스템의 펌프-모터 연합효율은 어떻게 정의하는가? 펌프-모터 연합효율이 각각의 효율, 즉, 펌프효율 혹은 모터효율보다 클 수 있는가?

5-18C 터빈효율, 발전기효율 및 터빈-발전기 연합효율을 정의하라.

5-19 호수 면보다 90 m 위에 위치한 강물이, 500 m^3/s의 유량, 3 m/s의 평균속도로 호수로 흐른다. 강물의 단위질량 당 총 기계적 에너지를 계산하고, 이 위치의 강물이 생산할 수 있는 잠재 동력을 구하라.

답: 444 MW

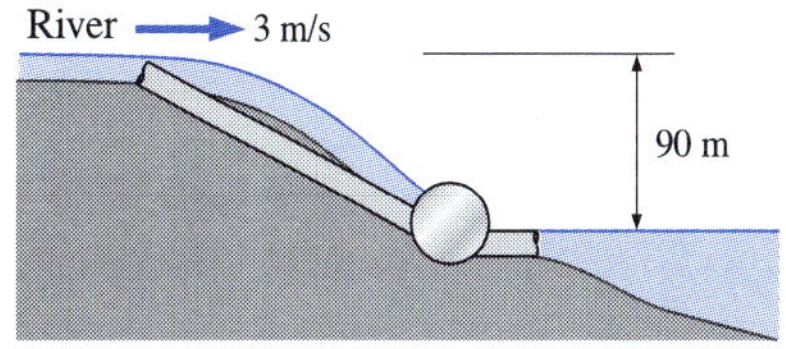

그림 P5-19

5-20 1500 kg/s로 물을 정상적으로 공급할 수 있는 큰 저수지의 자유표면보다 70 m 아래에 수차-발전기를 설치하여, 전력을 생산한다. 만약 수차가 생산할 수 있는 기계적 동력이 800 kW이고, 생산한 전력이 750 kW라면, 이 발전소의 터빈효율과 터빈-발

전기 연합효율은 얼마인가? 파이프의 손실은 무시하라.

5-21 어떤 위치에서, 바람이 12 m/s로 정상적으로 분다. 공기 단위질량 당의 기계적 에너지를 계산하라. 또한, 이 위치에 블레이드의 직경이 50 m인 풍차를 설치하였을 때, 풍차가 생산할 수 있는 잠재 동력을 구하라. 한편 전효율이 30%일 때, 실제로 생산할 수 있는 전력은 얼마인가? 공기의 밀도는 1.25 kg/m^{3}이다.

5-22 문제 5-21을 다시 고려하자. EES(혹은 다른) 소프트웨어를 이용하여, 바람의 속도와 풍차의 블레이드 직경이, 바람이 생산하는 동력에 미치는 영향을 계산하라. 바람의 속도는 5에서 20 m/s까지 5 m/s씩 증가시키고, 직경은 20에서 80 m까지 20 m씩 증가시킨다. 그 결과를 표로 정리하고, 이들의 중요성을 설명하라.

5-23E 펌프의 입구와 출구에 열전대(thermocouple)를 설치하고 온도를 측정하여 출구를 통과하는 물의 온도가 0.072°F 만큼 상승하였다는 사실이 밝혀졌다. 이때에 펌프를 지나는 유량은 1.5 ft^3/s이었다. 펌프에 가해지는 축동력이 27 hp 일 때에 펌프의 기계적 효율을 구하라.

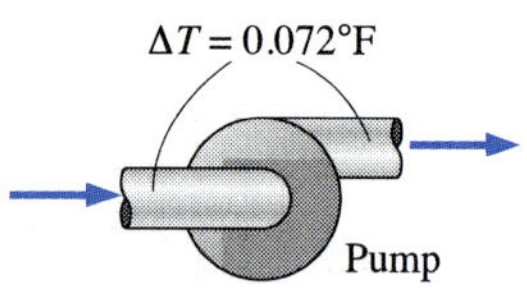

그림 P5-23E

5-24 호수 면보다 20 m 위에 위치한 저장탱크로 70 L/s로 물을 양수할 때, 20.4 kW의 전력을 소비한다. 파이프 내의 마찰손실과 운동에너지의 변화를 무시할 때, (a) 펌프-모터의 전효율, 그리고 (b) 펌프의 입구와 출구에서의 압력 차이를 계산하라.

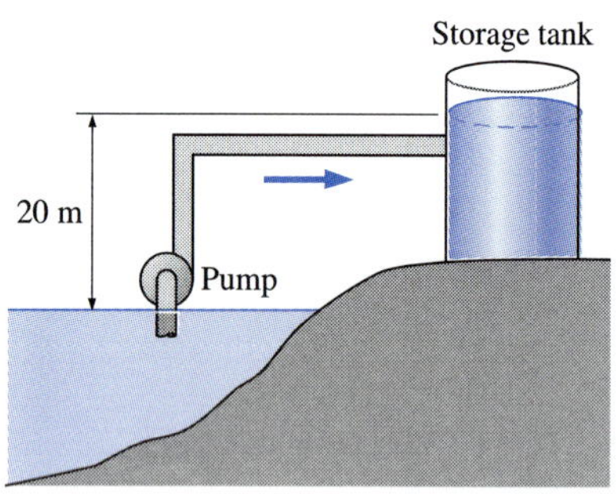

그림 P5-24

Bernoulli 방정식

5-25C 접선가속도란 무엇인가? 이는 법선가속도와 어떻게 다른가? 유체입자는 정상유동에서 가속될 수 있는가?

5-26C Bernoulli 방정식을 다음의 세 가지 방법으로 표현하라. (a) 에너지, (b) 압력, 그리고 (c) 수두.

5-27C Bernoulli 방정식을 유도할 때, 가장 중요한 가정 세 가지는 무엇인가?

5-28C 정압, 동압 및 정수압을 정의하라. 유동의 어떠한 조건 하에서 이들의 합이 일정한가?

5-29C 정체압이란 무엇인가? 이것을 측정하는 방법을 설명하라.

5-30C 유체 유동에서 압력수두, 속도수두 및 위치수두를 정의하라. 또한 압력이 P, 속도가 V, 그리고 위치가 z인 유체 유동에 대하여 이 수두들을 표현하라.

5-31C 수력구배선이란 무엇인가? 이것은 에너지구배선과 어떻게 다른가? 어떤 조건 하에서, 이들은 유체의 자유표면과 일치하는가?

5-32C 개수로 유동에서, 수력구배선의 위치는 어떻게 결정되는가? 대기 중으로 유출하는 파이프의 출구에서, 수력구배선의 위치는 어떻게 결정되는가?

5-33C 건물 옥상에 설치된 물탱크의 수위는, 지면보다 20 m 높다. 탱크의 바닥에서부터 지면까지 호스로 연결되어 있다. 호스의 끝에는 노즐이 부착되어 있고, 노즐은 위쪽을 향한다. 물이 올라갈 수 있는 최대 높이는 얼마인가? 이 높이를 감소시키는 요인들은 무엇인가?

5-34C 어떤 경우에, 사이펀은 높은 벽을 넘어가야 할 때가 있다. 물 혹은 비중이 0.8인 오일이 이 높은 벽을 넘어갈 수 있을까? 그 이유를 설명하라.

5-35C 사이펀은 어떻게 그리고 왜 작동하는가? 7 m 높이의 벽을 넘어 차가운 물을 사이펀 작용으로 넘길 수 있을까? 그 이유를 설명하라.

5-36C 어떤 학생이 해발 0 m에서, 8.5 m 높이의 벽을 넘어 물을 사이펀 작용으로 넘긴다. 이 학생이 Shasta 산의 정상(해발 4390 m, P_{atm} = 58.5 kPa)에서 똑같은 실험을 하려 한다. 이 학생은 실험에 성공할 수 있을까?

5-37C 작동유체로 오일을 사용하는 유리 마노미터가, 그림 P5-37C에서와 같이 공기 덕트에 연결되어 있다. 마노미터의 오일은 그림 P5-37C(a)와 같이 움직일까, 혹은 그림 P5-37C(b)와 같이 움직일까? 그 이유를 설명하라. 유동의 방향이 반대이면 어떠할까?

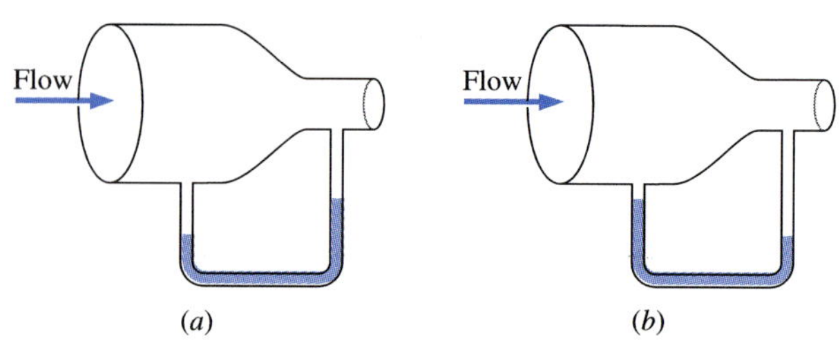

그림 P5-37C

5-38C 파이프를 통과하는 유체의 속도를 그림 P5-38C에서와 같이 2종류의 서로 다른 피토형 수은 마노미터를 이용하여 측정하려 한다. 유동하는 물에 대해, 두 마노미터가 동일한 속도를 측정할 수 있을까? 그렇지 않다면 어느 것이 더 정확할까? 그 이유를 설명하라. 물 대신 공기가 유동하면 그 결과는 어떠할까?

5-49E 물이 1 gal/s의 유량으로 수평하게 놓여져 있는 파이프를 통과한다. 파이프는 직경이 각각 4 in와 2 in인 두 부분과, 면적이 좁아지는 매끄러운 부분으로 구성되어 있다. 파이프의 두 부분의 압력차이는 수은 마노메터로 측정한다. 마찰효과를 무시하고, 파이프 두 부분 사이의 높이 차이를 계산하라.

답: 0.52 in

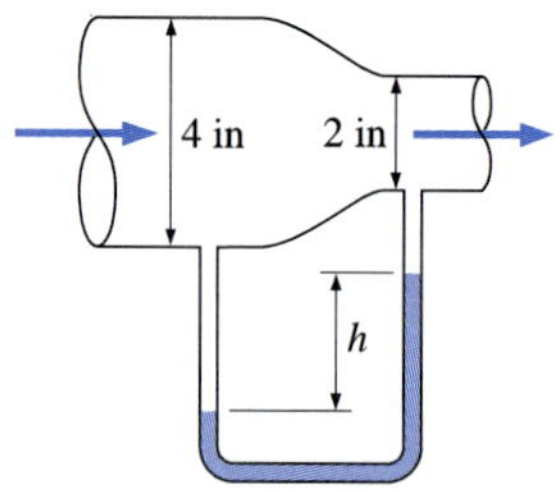

그림 P5-49E

5-50 비행기가 고도 12,000 m로 운항하고 있다. 비행기의 속도가 200 km/h라면, 비행기 앞부분(nose) 정체점의 계기 압력은 얼마인가? 비행기의 속도가 1050 km/h라면 이 문제를 어떻게 계산할 수 있을까? 간단히 설명하라.

5-51 가열 시스템의 덕트 내 공기속도를, 덕트 내에 공기의 유동과 평행하게 설치된 피토 정압관으로 측정하려 한다. 관의 두 출구에 연결된 물기둥 간의 높이 차이는 2.4 cm일 때, 다음을 계산하라. (a) 공기의 유동 속도 (b) 관 앞부분(tip)의 압력 상승. 덕트 내 공기의 온도와 압력은 각각 45℃와 98 kPa이다.

5-52 지면보다 2 m 위에 설치된 직경이 20 m인 수영장의 물을 수영장의 밑 부분에 부착된 직경 3 cm, 길이 25 m의 수평 파이프를 통하여 빼내려 한다. 파이프를 통하여 유출되는 물의 최대유량은 얼마인가? 또한, 실제 유출량은 왜 이 보다 작은지를 설명하라.

5-53 문제 5-52를 다시 고려하자. 수영장의 물을 완전히 비울 때까지 걸리는 시간을 계산하라.

답: 19.7 h

5-54 문제 5-53을 다시 고려하자. EES(혹은 다른) 소프트웨어를 이용하여, 물을 유출시키는 파이프의 직경이, 수영장의 물을 완전히 비울 때까지 걸리는 시간에 미치는 영향을 계산하라. 직경은 1에서 10 cm까지 1 cm씩 증가시킨다. 그 결과를 표로 정리하고, 그림으로 나타내라.

5-55 110 kPa, 50℃의 공기가 45 L/s의 유량으로, 직경이 6 cm인 경사진 덕트를 위 방향으로 유동한다. 덕트의 직경은 축소관을 지나며 4 cm로 감소한다. 축소관 전후의 압력 차이를 물 마노미터로 측정하려 한다. 마노미터의 두 팔(arm)이 부착된 덕트의 두 곳의 높이 차이는 0.20 m이다. 마노미터 두 팔의 물의 높이 차이는 얼마인가?

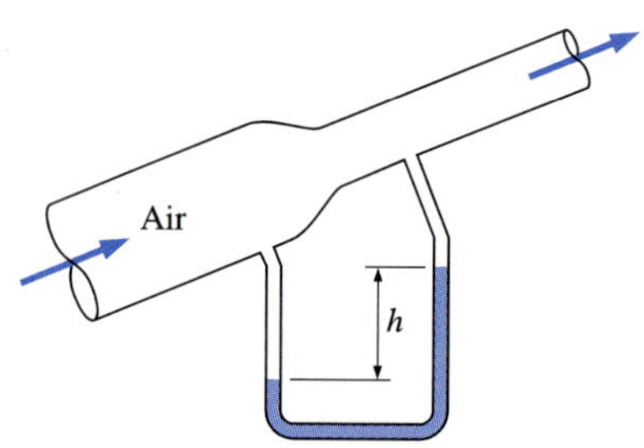

그림 P5-55

5-56E 공기가 벤투리 미터를 통과하여 유동한다. 벤투리 입구(위치 1)의 직경은 2.6 in, 목 (throat, 위치 2)의 직경은 1.8 in이다. 입구와 목에서 측정한 압력은 각각 12.2 psia과 11.8 psia이다. 마찰효과를 무시할 때, 체적유량은 다음과 같음을 증명하라.

$$\dot{V} = A_2\sqrt{\frac{2(P_1 - P_2)}{\rho(1 - A_2^2/A_1^2)}}$$

또한, 공기의 유량은 얼마인가? 공기의 밀도는 0.075 lbm/ft³이다.

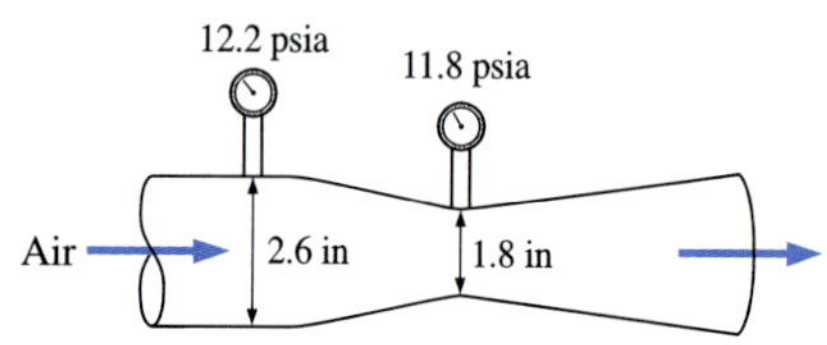

그림 P5-56

5-57 도시의 한 위치에서, 급수 주관의 수압이 400 kPa gage이다. 이 급수 주관은 50 m 위에 위치한 가정집에 물을 공급할 수 있을까?

5-58 자전거용 공기펌프의 끝에 작은 구멍을 내어 공기를 고속으로 분사하고, 고속의 공기 제트와 액체 통 사이에 짧은 관을 설치하면 고속의 공기 제트에 의하여 만들어진 낮은 압력은 액체가 튜브를 통하여 상승하도록 하기 때문에 페인트 또는 살충제의 분무기로 사용할 수 있다. 이 분무기에서 작은 구멍의 직경은 0.3 cm, 액체의 수면(water level)과 작은 구멍 사이의 수직 거리는 10 cm, 공기 펌프의 직경과 행정(stroke)거리가 각각 5 cm와 20 cm이다. 대기 온도와 압력이 각각 20°C와 95 kPa 일 때에 분무 작용이 시작되기 위한 피스톤의 최저 이동 속도를 구하라. 액체 통은 대기에 노출되어 있다

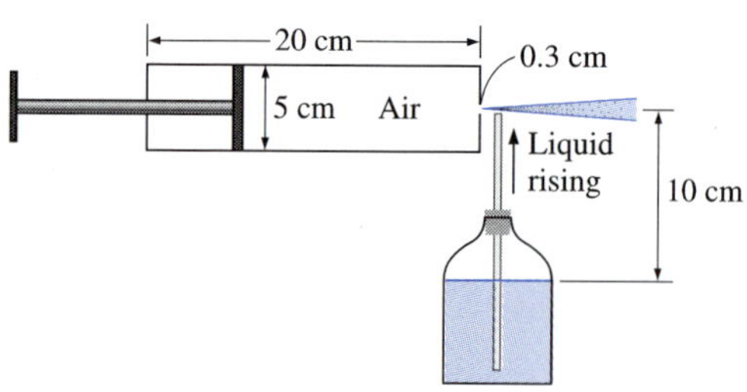

그림 P5-58

5-59 탱크 내의 수위가 지면보다 20 m 높다. 탱크 밑바닥에 호스가 연결되어 있고, 호스에 부착된 노즐은 위 방향을 향한다. 탱크의 뚜껑은 밀봉되어 있고, 수면 위 공기의 계기압력은 2 atm이다. 이 시스템은 해발 0 m에 위치한다. 노즐에서 분사되는 물의 최대 상승높이는 얼마인가?

답: 40.7m

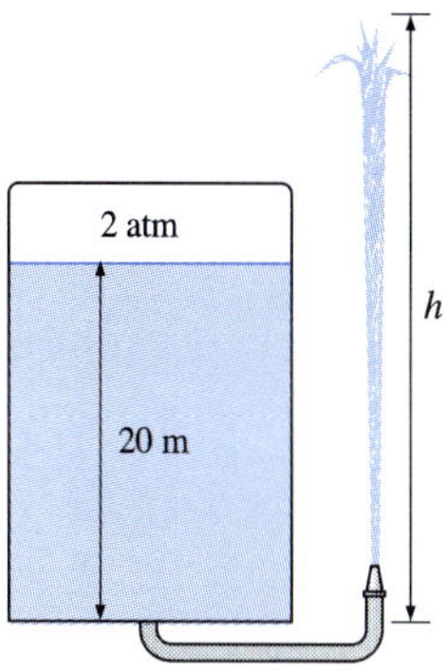

그림 P5-59

5-60 공기의 속도를 측정하기 위한 피토 정압관이 물 마노미터와 연결되어 있다. 편차(deflection, 마노미터 두 팔의 물 높이의 차이)가 7.3 cm라면, 공기의 속도는 얼마인가? 공기의 밀도는 1.25 kg/m^{3}이다.

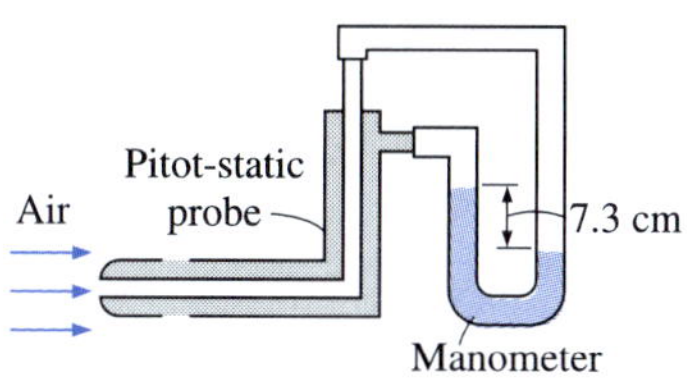

그림 P5-60

5-61E 덕트 내의 공기 속도를 측정하기 위한 피토 정압관이, 차압 압력계에 연결되어 있다. 공기의 절대 압력이 13.4 psia, 온도가 70°F이고, 차압 압력계에서 읽은 압력 차이가 0.15 psi라면 공기의 속도는 얼마인가?

답: 143 ft/s

5-62 수력발전소에서 물이 절대압력 700 kPa에서 느리게 터어빈 노즐로 들어간다. 노즐 출구가 100 kPa의 대기에 노출되어 있을때, 물이 터어빈 날개에 부딪히기 전에 노즐에 의하여 물이 가속되어 최대로 어떤 속도에 도달할 수 있는가?

에너지 방정식

5-63C 비압축성 유체의 정상, 단열 유동을 고려하자. 유동 중 유체의 온도가 감소할 수 있는가? 그 이유를 설명하라.

5-64C 비압축성 유체의 정상, 단열 유동을 고려하자. 유동 중 유체의 온도가 일정하게 유지된다면 마찰효과를 무시할 수 있다는 것은 정확한 표현인가?

5-65C 비가역적 수두손실이란 무엇인가? 이것은 기계적 에너지 손실과 어떠한 관련이 있는가?

5-66C 유용한 펌프수두란 무엇인가? 이것은 펌프로 입력된 동력과 어떠한 관련이 있는가?

5-67C 운동에너지 보정계수란 무엇인가? 이것은 중요한가?

5-68E 수력발전소에서, 물은 터어빈 보다 240 ft 높은 곳에서부터 흘러서 터어빈에 도달한다. 터어빈-발전기의 연합효율이 83%일 때에 100 kW의 전기를 얻기 위한 최소한의 유량을 구하라.

답: 370 lbm/s

5-69E 문제 5-68E를 다시 고려하자. 상류와 하류에 있는 두 자유표면 사이에 있는 파이프 시스템의 비가역 수두손실이 36 ft일 때에 물의 유량을 구하라.

5-70 크기가 2 m×3 m×3 m인 욕실의 환기를 위한 환풍기를 선택하려 한다. 진동과 소음을 최소로 하기 위하여, 공기의 속도는 8 m/s를 초과하지 않아야 한다. 환풍기-모터 장치의 연합효율은 50%이다. 환풍기로 10 min 동안에 욕실 내의 공기를 모두 환기하려 할 때 다음을 계산하라. (a) 구매하여야 할 환풍기-모터 장치의 동력(wattage), (b) 환풍기 케이싱의 직경, (c) 환풍기 전후의 압력 차이. 공기의 밀도는 1.25 kg/m^{3}이고, 운동에너지 보정계수의 효과는 무시하라.

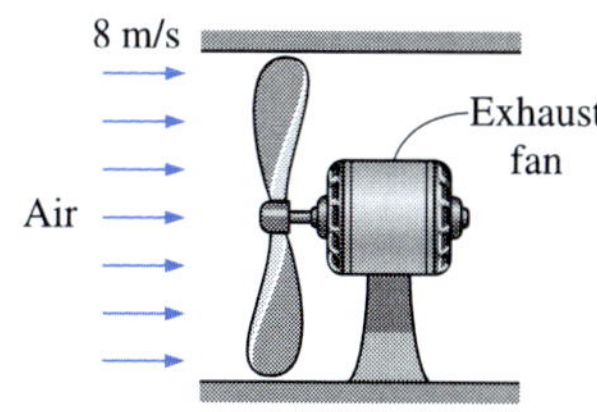

그림 P5-70

5-71 10 kW(축동력) 펌프를 이용하여, 큰 호수에서 25 m 위에 위치한 저수지에 25 L/s의 유량으로 물을 양수하려 한다. 파이프 시스템의 비가역적 수두손실이 7 m라면, 펌프의 기계효율은 얼마인가?

답: 78.5 %

5-72 문제 5-71을 다시 고려하자. EES(혹은 다른) 소프트웨어를 이용하여, 비가역적 수두손실이 펌프의 기계효율에 미치는 영향을 계산하라. 수두손실은 0에서 15 m까지 1 m씩 증가시킨다. 그 결과를 그림으로 나타내고 설명하라.

5-73 7 hp(축동력) 펌프를 이용하여, 15 m 높은 곳으로 물을 양수하려 한다. 펌프의 기계효율이 82%라면, 물의 최대 체적유량은 얼마인가?

5-74 물이 0.035 m^3/s의 유량으로 수평 파이프 내를 유동한다. 파이프의 직경은 축소관을 지나며 15 cm에서 8 cm로 작아진다. 파이프 중심축의 압력이 축소관의 전후에서 각각 470 kPa 및 440 kPa로 측정되었을 때, 축소관 내의 비가역적 수두손실은 얼마인가? 운동에너지 보정계수는 1.05이다. **답:** 0.68 m

5-75 탱크 내의 수위가 지면보다 20 m 높다. 탱크 밑바닥에 호스가 연결되어 있고, 호스에 부착된 노즐은 위 방향을 향한다. 탱크는 해발 0 m에 위치하고, 수면은 대기에 노출되어 있다. 탱크와

노즐 사이에는, 물의 압력을 증가시키기 위한 펌프가 설치되어 있다. 물 제트가 지면보다 27 m 높은 곳까지 상승한다면, 펌프가 물에 공급한 최소 압력상승은 얼마인가?

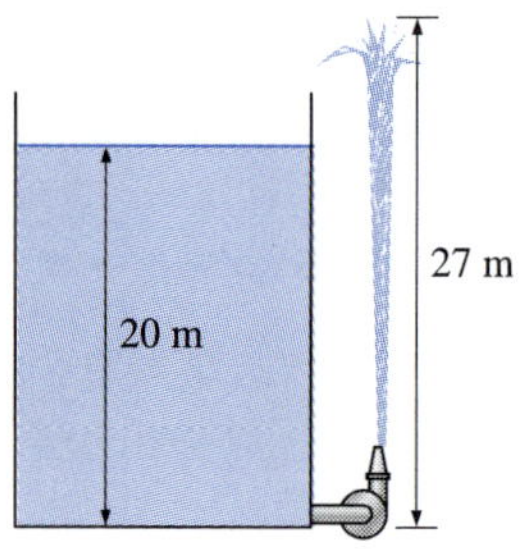

그림 P5-75

5-76 수차의 유효수두가 85 m, 유량은 0.25 m^3/s, 그리고 터빈 발전기의 연합효율은 78%이다. 터빈에서 생산할 수 있는 전력은 얼마인가?

5-77 일반적으로 밤보다 낮에 전력 수요가 많다. 따라서 발전회사는 밤에는 남는 발전용량을 소비자가 이용할 수 있도록 훨씬 저렴한 가격으로 전기를 판매한다. 또한 최대부하시 짧은 시간동안만 사용하기 위해, 비싼 발전소를 새로 건설할 필요성을 피할 수 있게 한다. 그리고 낮에는 발전회사는 사설 업체에서 높은 가격에 기꺼이 전기를 구매한다. 밤에는 $0.03/kWh에 전기를 판매하고, 낮에는 $0.08/kWh에 전기를 구매하는 발전회사를 고려하자. 이 기회를 이용하기 위하여, 한 자본가가 호수보다 40 m 높은 곳에 큰 저수지를 건설함으로써, 밤에는 저렴한 전력을 이용하여 호수에서 저수지로 양수하고, 낮에는 저수지의 물을 이용하여 발전하는 것을 고려한다. 양수 시에는 펌프-모터로 작동되는 기계를 이용하여, 이 기계의 물의 유동 방향만 반대로 한 터빈-발전기로 전환하여 발전한다. 간단히 계산한 결과, 양 방향으로 2 m^3/s의 물을 이용할 수 있고, 파이프 시스템의 비가역적 수두손실은 4 m이다. 펌프-모터 및 터빈-발전기의 연합효율은 각각 75%이다. 이 시스템을 하루에 펌프로 10 h, 터빈으로 10 h씩 작동시킨다면, 이 펌프-터빈 시스템의 1년 간 수지는 얼마인가?

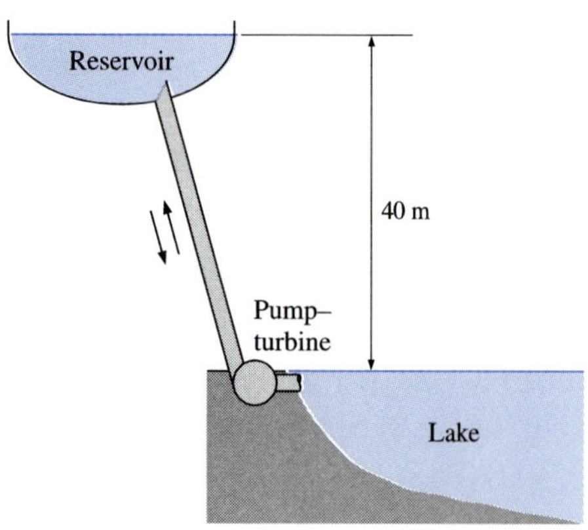

그림 P5-77

5-78 물이 20 L/s의 유량으로 직경이 3 cm인 수평 파이프 내를 유동한다. 그림 P5-78에서 파이프의 밸브를 통과할 때의 압력강하는 2 kPa로 측정되었다. 밸브의 비가역적 수두손실과 이 압력강하를 극복하기 위한 유용 펌프동력을 계산하라.

답: 0.204 m, 40 W

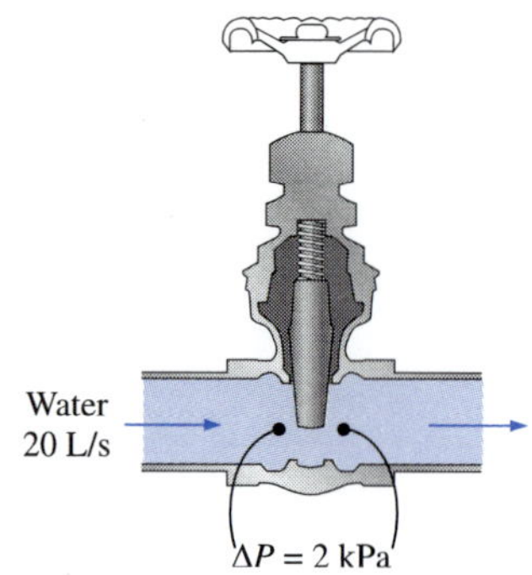

그림 P5-78

5-79 물이 직경이 30 cm인 파이프를 통하여 0.6 m^3/s의 유량으로 수차에 유입되고, 직경 25 cm의 파이프를 통해 유출한다. 터빈 내의 압력강하는, 수은 마노미터에서 1.2 m로 측정되었다. 터빈-발전기의 연합효율이 83%일 때, 순수 전력 출력을 계산하라. 운동에너지 보정계수의 효과는 무시하라.

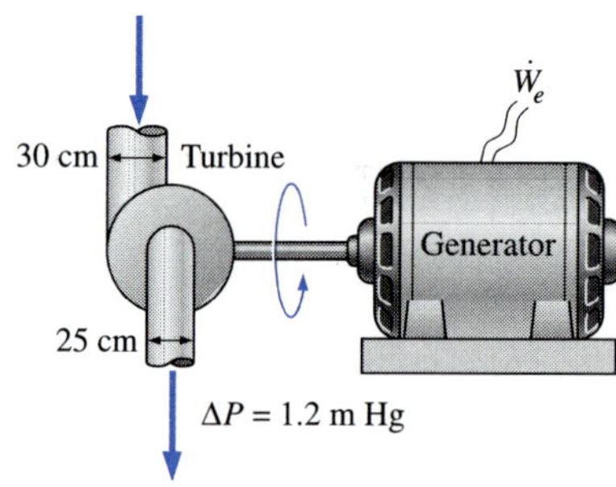

그림 P5-79

5-80 원형 파이프 내의 난류 유동에 대한 속도 분포는 $u(r) = u_{max}(1 - r/R)^{1/n}$, $n = 7$인 근사식으로 나타낸다. 이 유동의 운동에너지 보정계수를 계산하라.

답: 1.06

5-81 오일펌프가 0.1 m^3/s의 유량으로 $\rho = 860\ kg/m^3$인 오일을 수송할 때, 35 kW의 전력을 소비한다. 파이프 입구와 출구 직경은 각각 8 cm와 12 cm이다. 펌프에서의 압력상승이 400 kPa이고 모터의 효율이 90%라면, 펌프의 기계효율은 얼마인가? 운동에너지 보정계수는 1.05이다.

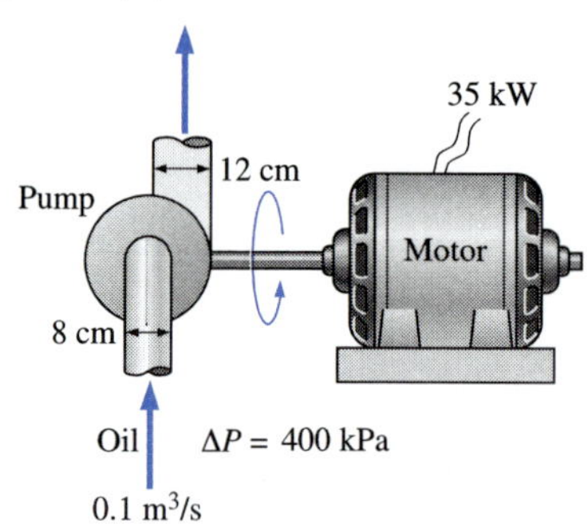

그림 P5-81

5-82E 효율이 73%인 12rm hp 펌프를 이용하여, 호수의 물을 $1.2\ ft^3/s$의 유량으로 직경이 일정한 파이프를 통하여 수영장에 양수하려 한다. 수영장의 자유표면은 호수의 자유표면보다 35 ft 더 높다. 파이프 시스템의 비가역적 수두손실과, 이를 극복하기 위하여 사용된 동력을 계산하라.

5-83 소방선이 불을 끄기 위하여, 밀도가 $1030\ kg/m^3$인 바닷물을 20 cm 직경의 파이프를 통하여 $0.1\ m^3/s$의 유량으로 끌어 올려, 출구 직경이 5 cm인 노즐을 통하여 분출한다. 이 시스템의 총 비가역적 수두손실은 3 m이고, 노즐은 해수면보다 4 m 높은 곳에 위치하여 있다. 펌프효율이 70%일 때, 펌프에 요구되는 축동력의 입력과 바닷물의 분출속도를 계산하라.

답: 201 kW, 50.9 m/s

그림 P5-83

복습 문제

5-84 밑면이 3 m × 4 m인 큰 물통에 펌프로 지하수를 양수하는 반면, 직경 5 cm의 오리피스를 통하여 물을 일정한 평균속도 5 m/s로 방출한다. 큰 물통의 수위가 1.5 cm/min로 상승한다면, 큰 물통에 공급되는 유량은 몇 m^3/s인가?

5-85 반경이 R인 원형 파이프를 유동하는 유체의 속도는, 파이프 내벽에서는 영이고, 중심에서 최대가 될 때까지 변한다. 파이프의 속도 분포는 $V(r)$로 나타낼 수 있다. 여기에서 r은 파이프 중심에서부터의 반경방향 거리이다. 질량유량 의 정의를 이용하여, 평균속도의 관계식을 $V(r)$, R 및 r로 표시하라.

5-86 밀도가 $4.18\ kg/m^3$인 공기가 입구-출구의 면적비율이 2:1인 노즐에 120 m/s의 속도로 유입되고, 380 m/s의 속도로 유출한다. 출구에서의 공기밀도는 얼마인가?

답: $2.64\ kg/m^3$

5-87 크기가 6 m × 5 m × 4 m인 병실의 공기를 20 min마다 신선한 공기로 교체하려 한다. 병실에 신선한 공기를 공급하는 덕트 내의 평균 공기 속도가 5 m/s를 초과하지 않아야 한다면, 덕트의 최소 직경은 얼마인가?

5-88 직경 2 m의 압력 물탱크의 바닥에, 대기로 물을 유출하는 직경 10 cm의 오리피스가 있다. 처음의 수위는 유출구 위로 3 m이다. 탱크 수면 위의 공기의 절대 압력은 450 kPa이고, 대기압은 100 kPa이다. 마찰효과를 무시하고 다음을 계산하라. (a) 탱크 내의 물이 반만 남을 때까지 걸리는 시간, (b) 10 s 후의 수위.

5-89 공기가 200 L/s의 유량으로 파이프를 유동한다. 파이프는 직경이 각각 20 cm와 10 cm인 두 부분과, 면적이 좁아지는 매끄러운 부분으로 구성되어 있다. 파이프 두 부분의 압력 차이는 물 마노미터로 측정한다. 마찰효과를 무시하고, 파이프 두 부분 사이의 물의 높이 차이를 계산하라. 공기의 밀도는 $1.20\ kg/m^3$이다.

답: 3.7 cm

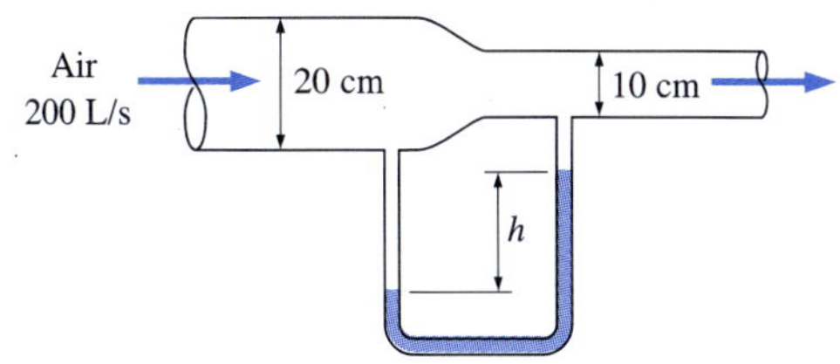

그림 P5-89

5-90 풍동의 출구에 설치된 큰 팬이 20℃, 101.3 kPa의 대기를 흡입한다. 풍동 내의 공기속도가 80 m/s라면, 압력은 얼마인가?

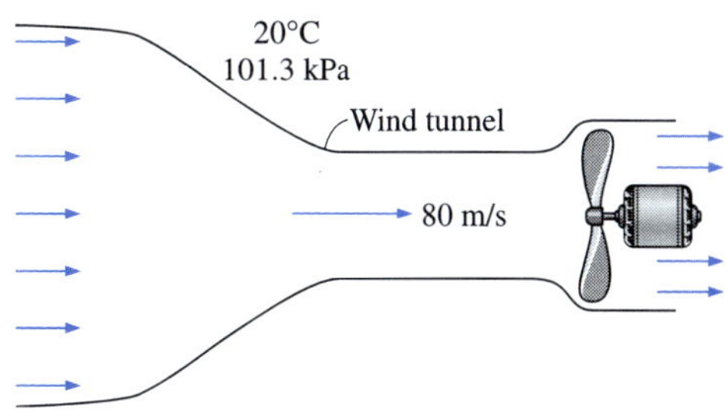

그림 P5-90

5-91 단면 증가부에 의하여, 직경이 6에서 11 cm로 증가하는 수평 파이프에 $0.025\ m^3/s$의 유량으로 물이 유동한다. 단면 증가부의 수두손실이 0.45 m이고, 입구 및 출구의 운동에너지 보정계수가 1.05일 때 압력의 변화를 계산하라.

설계 및 논술 문제

5-92 CAD를 이용하고, 더 좋은 재료를 사용하며, 또한 제작 기술이 발달함에 따라, 펌프, 터빈 및 전기 모터의 효율은 매우 증가하였다. 1개 혹은 그 이상의 펌프, 터빈 및 모터 제작회사에 문의하여, 그들 회사 생산품의 효율에 관한 정보를 수집하라. 일반적으로, 효율은 이 장치들의 정격 동력에 따라 어떻게 변하는가?

5-93 자전거용 공기펌프로 공기 제트를 발생시키고, 음료수 캔을 물통으로, 그리고 빨대를 관으로 이용하여 분무기를 설계하고 제작하라. 관의 길이, 펌프 출구 구멍의 직경, 피스턴의 속도 등의 변수들이 분무기의 성능에 미치는 영향을 조사하라.

5-94 구부릴 수 있는 음료용 빨대와 자를 이용하여, 강물의 속도를 측정하는 방법을 설명하라.

5-95 풍차에 의해 발생한 동력은 풍속의 3제곱에 비례하고, 노즐에서는 유체가 가속된다. 따라서 어떤 사람이 그림 P5-95와 같이, 단면적이 감소하는 축소관을 설치함으로써 넓은 면적에서 바람의 에너지를 획득하여 바람이 풍차의 블레이드를 때리기 전에 가속시키는 것을 제안하였다. 이러한 제안이 새로운 풍차를 설계하는데 고려할 만한 가치가 있는가?

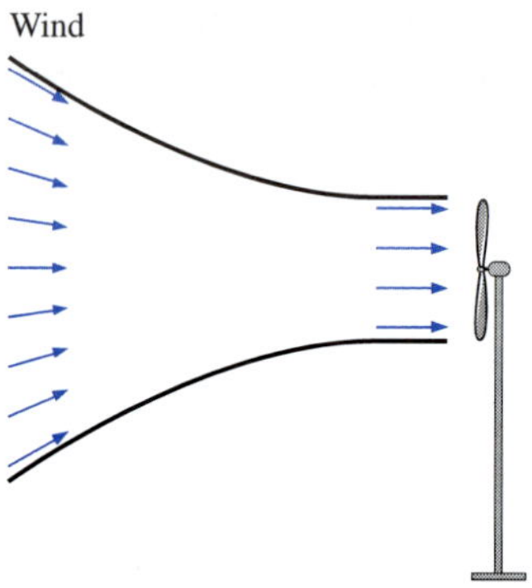

그림 P5-95

CHAPTER 06

유동 시스템의 운동량해석

공학문제를 계산할 때, 최소의 비용으로 신속하게 정확한 결과를 얻는 것이 바람직하다. 유체 유동을 포함한 거의 모든 공학문제들은 미분법, 실험법 그리고 검사체적법 등 세 가지 방법 중 한 가지를 이용하여 해석한다. **미분법**에서는 미소량을 이용하여 문제를 정확하게 해석할 수 있지만, 그 결과로 얻어지는 미분방정식의 해를 구하기가 어려우므로, 대규모 컴퓨터 코드를 이용하는 수치해석 방법을 필요로 하는 경우가 많다. 차원해석을 통한 **실험법**은 매우 정확하지만, 시간 및 비용이 많이 든다. 이 장에서 기술할 **유한 검사체적법**은 해석이 매우 빠르고 간단하며, 대부분의 공학 문제에서 충분히 정확한 결과를 얻을 수 있다. 따라서, 이는 비록 종이와 연필로 수행하는 근사해이지만, 기본 유한 검사체적 해석은 엔지니어들에게 필수적인 도구이다.

5장에서는 유체 유동 시스템의 검사체적에 대한 질량 및 에너지 해석을 설명하였다. 또한 이 장에서는 유체 유동 문제의 유한 검사체적에 대한 운동량 해석방법을 제시한다. 먼저 Newton의 법칙과 선형운동량 및 각운동량의 보존관계식의 개요를 설명한다. 다음으로 Reynolds 수송정리를 이용하여 검사체적에 대한 선형운동량 및 각운동량 방정식들을 유도하고, 이들을 이용하여 유체 유동에 관련된 힘과 토크를 계산하는 방법을 기술한다.

목표

이 장을 공부하면 다음과 관련된 지식을 얻을 수 있다.

- 검사체적에 작용하는 여러 종류의 힘과 모멘트의 이해
- 검사체적 해석을 통한 유체 유동과 관련된 힘의 계산
- 검사체적 해석을 통한 유체 유동에 의한 모멘트와 전달된 토크 계산

이 헬리콥터와 같은 많은 기계들의 설계는 질량과 에너지 보존 방정식, 그리고 선형운동량 및 각운동량 방정식들을 필요로 한다.

Photograph by John M. Climbala.

6-1 ▪ Newton의 법칙

Newton의 법칙은 물체의 운동과 물체에 작용하는 힘 사이의 관계식이다. Newton의 제 1법칙은 다음과 같다. **정지하고 있는 물체는 계속 정지상태를 유지하고, 운동하는 물체는 이 물체에 작용하는 순수(net) 힘이 영이면 동일한 속도로 직선 경로를 계속 운동한다.** 따라서, 물체는 관성을 보존하려는 경향이 있다. Newton의 제 2법칙은 다음과 같다. **한 물체의 가속도는 그 물체에 작용한 순수 힘에 비례하고, 질량에 반비례한다.** Newton의 제 3법칙은 다음과 같다. **제 1의 물체가 제 2의 물체에 힘을 가하면, 제 2의 물체는 제 1의 물체에 크기가 같고 방향이 반대인 힘을 가한다.** 따라서 반력의 방향은 시스템으로 취하는 물체에 따라 달라진다.

질량이 m인 강체에 대한 Newton의 제 2법칙은 다음과 같다.

Newton의 제 2법칙: $$\vec{F} = m\vec{a} = m\frac{d\vec{V}}{dt} = \frac{d(m\vec{V})}{dt} \quad (6\text{-}1)$$

여기에서 $\vec{F}$는 물체에 작용하는 순수 힘이며, $\vec{a}$는 힘 $\vec{F}$에 의한 물체의 가속도이다.

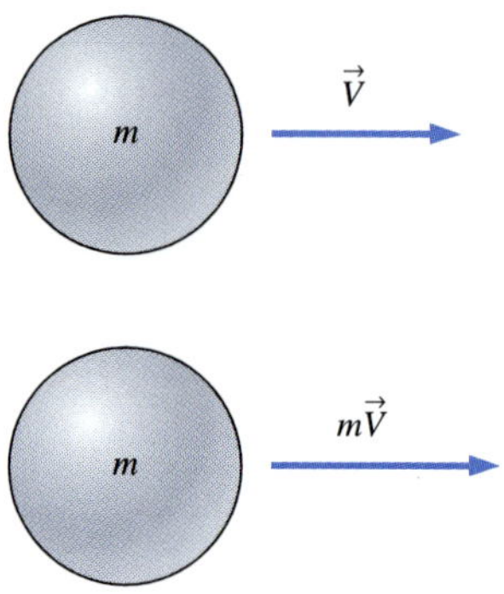

그림 6-1
질량과 속도의 곱을 선형운동량이라 하고, 그 방향은 속도의 방향이다.

물체의 질량과 속도의 곱을 **선형운동량**, 또는 단순히 **운동량**이라 한다. 속도 $\vec{V}$로 운동하는 질량이 m인 강체의 운동량은 $m\vec{V}$이다(그림 6-1). 따라서 식 (6-1)의 Newton의 제 2법칙은 다음과 같이 설명할 수도 있다. **한 물체의 운동량의 변화율은 그 물체에 작용하는 순수 힘과 같다**(그림 6-2). 이 설명은 유체 유동에서 속도 변화의 결과로 발생하는 힘을 연구하는데 더 적합하다. 따라서 유체역학에서 Newton의 제 2법칙은 **선형운동량 방정식**이라고도 한다.

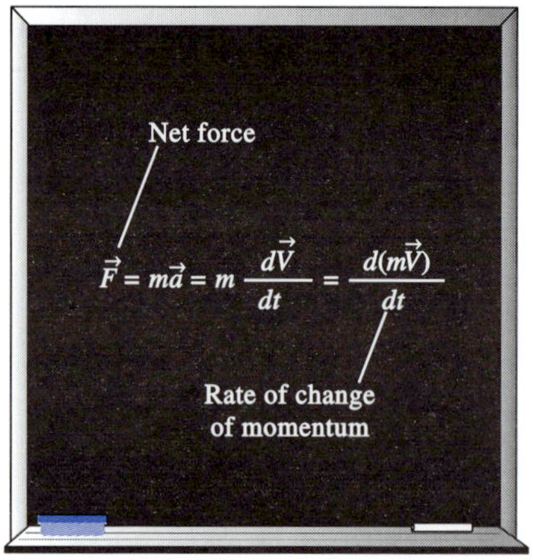

그림 6-2
Newton의 제 2법칙은 다음과 같이 설명할 수도 있다. 즉 **한 물체의 운동량의 변화율은 그 물체에 작용하는 순수 힘과 같다.**

시스템에 작용하는 순수 힘이 영이면, 시스템의 운동량은 일정하게 유지된다. 즉 이러한 시스템의 운동량은 보존된다. 이를 **운동량보존의 법칙(conservation of momentum principle)**이라 한다. 이 법칙은 충돌을 해석할 때에 유용한 도구임이 증명된 바 있다. 공과 공, 공과 라켓 및 배트, 원자와 원자, 그리고 로켓, 미사일 및 총 등의 폭발을 해석할 때에도 유용하다. 그러나 유체역학에서는 시스템에 작용하는 순수 힘이 영이 **아닌** 경우가 많으므로, 운동량보존의 법칙보다는 선형운동량 방정식을 많이 이용한다.

힘, 가속도, 속도 및 운동량은 벡터량이므로, 이들은 크기뿐만 아니라 방향도 갖는다. 한편 운동량은 속도의 상수 배이므로, 그림 6-1에서 보는 바와 같이 운동량의 방향은 속도의 방향이다. 모든 벡터 식은 크기를 이용하여 어느 특정한 방향의 스칼라 형태로 표현할 수 있다. 예를 들면, x방향으로 $F_x = ma_x = d(mV_x)/dt$이다.

회전하는 강체에 대한 Newton의 제 2법칙은 $\vec{M} = I\vec{\alpha}$이다. 이 식에서 $\vec{M}$은 물체에 작용하는 순수 모멘트 혹은 토크, I는 회전축에 관한 물체의 관성모멘트, 그리고 $\vec{\alpha}$는 각가속도이다. 이 식은 각운동량의 변화율 $d\vec{H}/dt$를 이용하여 다음과 같이 표현할 수도 있다.

각운동량 방정식: $$\vec{M} = I\vec{\alpha} = I\frac{d\vec{\omega}}{dt} = \frac{d(I\vec{\omega})}{dt} = \frac{d\vec{H}}{dt} \quad (6\text{-}2)$$

이 식에서 $\vec{\omega}$는 각속도이다. 고정된 x축에 대해 회전하는 강체의 경우, 각운동량 방정식은 다음과 같이 스칼라 형태로 표현할 수 있다.

x축에 관한 각운동량 방정식: $$M_x = I_x \frac{d\omega_x}{dt} = \frac{dH_x}{dt} \qquad (6\text{-}3)$$

각운동량 방정식은 다음과 같이 기술할 수 있다. **한 물체의 각운동량의 변화율은 그 물체에 작용하는 순수 토크와 같다**(그림 6-3).

회전하는 물체에 작용하는 순수 토크가 영이면, 이 물체의 총 각운동량은 일정하게 유지되며, 이러한 시스템의 각운동량은 보존된다. 이를 **각운동량보존의 법칙(conservation of angular momentum principle)**이라 하고, $I\omega=$ 일정으로 표현한다. 피겨 스케이팅 선수가 팔을 몸에 가깝게 하면 더 빨리 회전하고, 다이빙 선수가 도약한 후 몸을 오그리면 더 빨리 회전한다는 사실은 각운동량보존의 법칙으로 설명할 수 있다(두 경우 모두, 신체의 외부가 회전축에 가까워질수록 관성모멘트 I가 감소하고, 따라서 각속도 ω가 증가하기 때문이다).

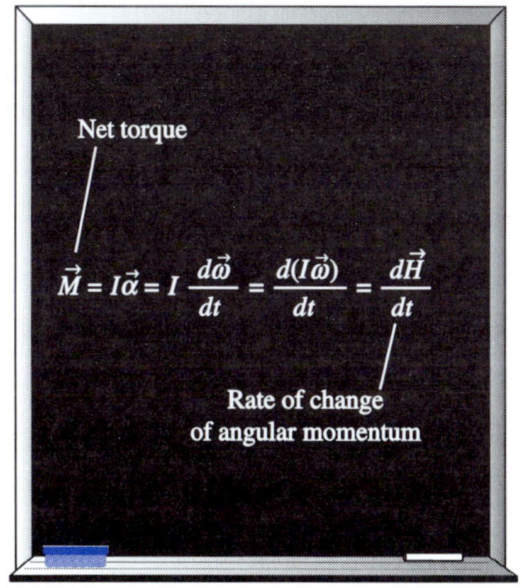

그림 6-3
한 물체의 각운동량의 변화율은 그 물체에 작용하는 순수 토크와 같다.

6-2 ▪ 검사체적의 선정

검사체적을 현명하게 선택하는 방법을 간단히 기술한다. 검사체적은, 이를 통하여 유체가 유동할 수 있는 공간상의 임의의 영역이며, 한편 이의 경계인 검사면은 유동 중에 고정될 수도, 움직일 수도, 또한 변형할 수도 있도록 선택한다. 기본 보존 법칙을 적용한다는 것은 고려하는 유체 상태량에 대해 회계적인 절차를 밟는 것과 같으므로, 해석시 검사체적의 경계를 잘 정의하는 것이 대단히 중요하다. 한편, 검사체적을 유출입하는 상태량의 유동률은 **검사면에 상대적인** 유동속도에 좌우되므로, 유동 중에 검사체적이 고정되어 있는가 혹은 움직이는가를 반드시 파악하여야 한다.

많은 유동 시스템은 고정된 표면에 단단히 부착된 고정된 물체와 연관되고, 이러한 시스템은 **고정된** 검사체적을 이용하여 해석하는 것이 가장 좋다. 예를 들어, 호스의 노즐을 지탱하는 삼각대에 작용하는 반력을 계산하는 경우, 검사체적은 노즐 출구의 유동을 수직으로 횡단하고 삼각대 다리의 밑 부분을 지나도록 선택하는 것이 일반적이다(그림 6-4a). 이를 고정 검사체적이라 하며, 지면의 한 점에 상대적인 물의 속도는 노즐 출구면에 상대적인 물의 속도와 같다.

움직이거나 변형하는 유동 시스템을 해석할 때에는, 검사체적이 **움직이거나 변형하도록** 선택하는 것이 편리하다. 예를 들어, 일정한 속도로 순항하는 비행기 제트 엔진의 추력(thrust)을 계산하는 경우의 검사체적은, 비행기를 포함하고 노즐 출구면을 횡단하도록 선택하는 것이 현명하다(그림 6-4b). 이 경우의 검사체적은 속도 $\vec{V}_{CV}$로 움직이고, 이 속도는 지구의 고정된 점에 상대적인 비행기의 순항속도와 같다. 노즐에서 분출하는 배기가스의 유량을 계산할 때의 속도는, 노즐 출구면에 상대적인 배기가스의 속도, 즉 **상대속도** $\vec{V}_r$을 사용한다. 전체 검사체적이 $\vec{V}_{CV}$로 움직이므로, 상대속도는 $\vec{V}_r = \vec{V} - \vec{V}_{CV}$이다. 여기서 $\vec{V}$는 배기가스의 **절대속도**, 즉 지구의 고정된 점에 상대적인 속도이다. $\vec{V}_r$은 검사체적과 **함께** 움직이는 좌표계에 상대적으로 표현된 유체의 속도임을 유의하라. 또한 이는 벡터 식이므로, 반대방향 속도는 반대의 부호를 갖는다. 예를 들어, 비행기가 500 km/h의 속도로 왼쪽으로 순항하고, 배기가스는 지면에 상대적인 800 km/h의 속도로 오른쪽으로 분출된다면, 노즐 출구에 상대적인 배기가스의 속도는 다음과 같다.

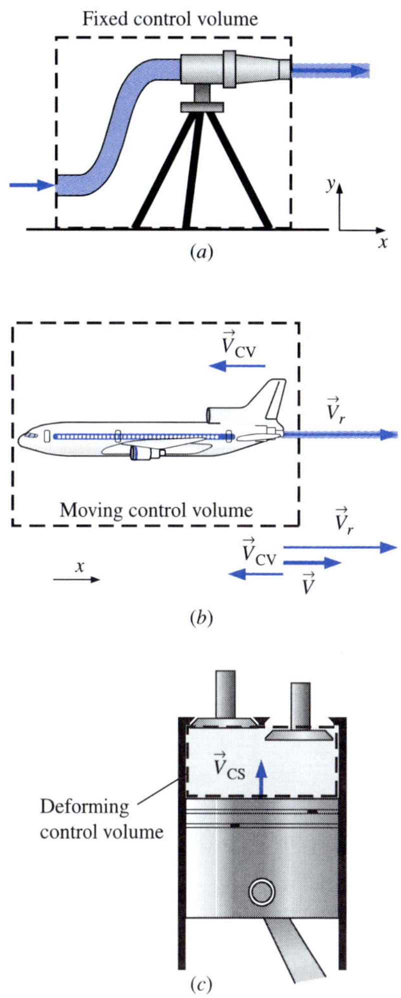

그림 6-4
(a) 고정된, (b) 움직이는, 그리고 (c) 변형하는 검사체적의 예.

$$\vec{V}_r = \vec{V} - \vec{V}_{CV} = 800\vec{i} - (-500\vec{i}) = 1300\vec{i}\ \text{km/h}$$

따라서 배기가스는 노즐 출구에 상대적인 1300 km/h의 속도로 오른쪽으로 노즐에서 분출된다(비행기와 반대방향). 검사면을 통과하는 배기가스의 분출량을 계산할 때 이 속도를 이용한다(그림 6-4b). 만약 배기가스의 상대속도가 비행기 속도와 그 크기가 같다면, 배기가스는 지면의 관찰자에게는 정지하고 있는 것처럼 보임에 유의하라.

왕복형 내연기관의 배기가스를 해석할 때, 피스턴 상부와 실린더 헤드 사이의 공간을 검사체적으로 선택하는 것이 현명하다(그림 6-4c). 이 경우 검사면의 일부분이 다른 부분에 상대적으로 움직이므로, 이를 **변형하는** 검사체적이라 한다. 검사면의 변형부에 있는 입출구의 상대속도는(그림 6-4c에는 이러한 입출구가 없다) $\vec{V}_r = \vec{V} - \vec{V}_{CS}$이다. 여기서 $\vec{V}$는 유체의 절대속도, $\vec{V}_{CS}$는 검사면의 속도이며, 이들은 모두 검사체적 외부의 고정된 점에 상대적인 속도들이다. 움직이지만 변형하지 않는 검사체적의 경우 $\vec{V}_{CS} = \vec{V}_{CV}$이고, 고정된 검사체적의 경우에는 $\vec{V}_{CS} = \vec{V}_{CV} = 0$이다.

6-3 ▪ 검사체적에 작용하는 힘

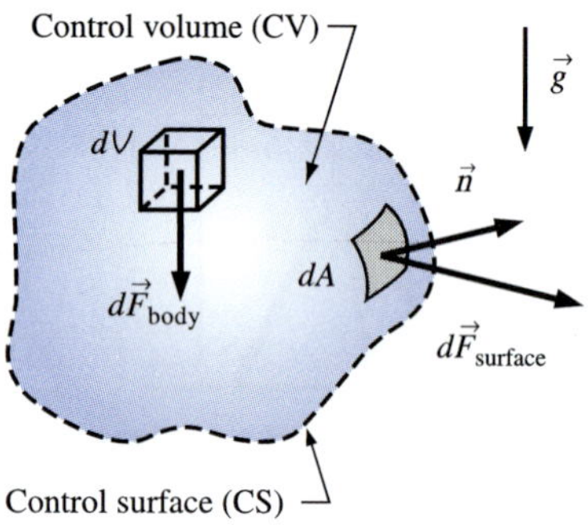

그림 6-5
검사체적에 작용하는 힘은 체적력과 표면력으로 구성된다. 체적력은 미소 체적요소에, 그리고 표면력은 미소 표면요소에 각각 도시되어 있다.

검사체적에 작용하는 힘에는 중력, 전기력 및 자기력 등과 같이 검사체적의 전체 체적에 걸쳐 작용하는 체적력(body force)과 압력, 점성력 및 접촉점의 반력 등과 같이 검사면에 작용하는 표면력(surface force)이 있다. 해석할 때에는 단지 외력만 고려한다. 내력(internal force; 예를 들면 유체와 유동구간의 내부 표면 사이의 압력 힘)은, 검사면이 이러한 구간을 횡단하여 힘이 나타나지 않는 한, 검사체적 해석에서 고려하지 않는다.

검사체적 해석에서, 어느 특정한 시간에 검사체적에 작용하는 모든 힘의 합은 다음과 같다.

검사체적에 작용하는 총 힘: $$\sum \vec{F} = \sum \vec{F}_{body} + \sum \vec{F}_{surface} \qquad (6\text{-}4)$$

체적력은 검사체적의 각각의 체적부분에 작용한다. 검사체적 내의 미소 유체요소의 체적 dV에 작용하는 체적력이 그림 6-5에 도시되어 있으며, 전체 검사체적의 순수 체적력을 계산하려면 체적 적분을 수행하여야 한다. **표면력**은 검사면의 각각의 부분에 작용한다. 그림 6-5에는 검사면의 미소 표면적 dA와 외향 수직 벡터 $\vec{n}$ 및 그 위에 작용하는 표면력이 나타나 있다. 전체 검사면에 작용하는 순수 표면력을 계산하려면 면적 적분을 수행해야 한다. 그림에서와 같이, 표면력은 외향 수직 벡터의 방향과 무관한 방향으로 작용한다.

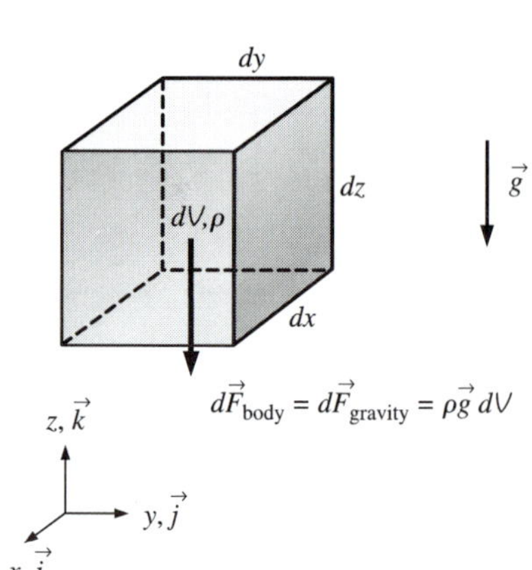

그림 6-6
미소 유체체적에 작용하는 중력은 유체체적의 무게이다. 중력가속도 벡터는 아래쪽, 음의 z방향을 향하도록 좌표축을 회전시켰다.

가장 일반적인 체적력은 **중력**이며, 이것은 검사체적의 모든 미소 체적요소에 아래 방향으로 작용하는 힘이다. 반면, 전기력이나 자기력이 중요한 경우도 있으나, 본 교재에서는 중력만 고려한다.

작은 유체요소에 작용하는 미소 체적력 $d\vec{F}_{body} = d\vec{F}_{gravity}$는 단순히 유체요소의 무게이다(그림 6-6).

유체요소에 작용하는 중력: $$d\vec{F}_{gravity} = \rho\vec{g}\,dV \qquad (6\text{-}5)$$

여기서 ρ는 유체요소의 평균밀도이며 $\vec{g}$는 중력가속도 벡터이다. 그림 6-6의 직교좌표계에서 $\vec{g}$는 다음과 같이 음의 z방향을 향하도록 규정한다.

직교좌표계의 중력가속도 벡터: $$\vec{g} = -g\vec{k} \tag{6-6}$$

이 그림에서 중력가속도 벡터는 아래방향으로 작용하므로, 이것이 음의 z방향을 향하도록 좌표축을 회전시켰다. 지구의 해수면에서 중력상수 g의 값은 9.807 m/s²이다. 체적력은 중력만 고려하므로, 식 (6-5)를 적분하면 다음과 같다.

검사체적에 작용하는 총 체적력: $$\sum \vec{F}_{\text{body}} = \int_{\text{CV}} \rho\vec{g}\, dV = m_{\text{CV}}\vec{g} \tag{6-7}$$

표면력은 수직성분과 **접선**성분으로 구성되므로, 해석이 쉽지 않다. **수직응력(normal stress)**은, 압력(항상 내향의 수직방향으로 작용하는)과 점성 응력(viscous stress)으로 구성되고, **전단응력(shear stress)**은 점성 응력으로만 구성된다.

검사체적을 잘 선택하면 검사체적에 작용하는 모든 힘, $\sum\vec{F}$를 상대적으로 편리한 무게, 압력 및 반력 등의 합으로 표현할 수 있다. 검사체적 해석에서는 다음 식을 추천한다.

총 힘: $$\underbrace{\sum \vec{F}}_{\text{total force}} = \underbrace{\sum \vec{F}_{\text{gravity}}}_{\text{body force}} + \underbrace{\sum \vec{F}_{\text{pressure}} + \sum \vec{F}_{\text{viscous}} + \sum \vec{F}_{\text{other}}}_{\text{surface forces}} \tag{6-8}$$

식 (6-8)의 우변의 첫번째 항은 체적력인 **무게**인데, 왜냐하면 중력이 우리가 고려하고 있는 단 하나의 체적력이기 때문이다. 나머지 세 항은 순수 표면력이며, 이들은 압력 힘, 점성력, 그리고 검사면에 작용하는 "기타" 힘이다. $\sum\vec{F}_{\text{other}}$는 유동방향을 바꾸는데 필요한 반력이다. 이들은 검사면이 횡단하는 볼트, 케이블, 버팀목 또는 벽 등에 작용하는 힘이다.

이러한 모든 표면력들은 해석을 위하여 검사체적이 주위와 격리되어 있을 때 발생한다. 또한 분리된 물체의 효과는 그 위치에서의 힘으로 고려된다. 이는 정역학 및 동역학 수업에서 자유물체도(free body diagram)를 그려보는 것과 유사하다. 고려할 필요가 없는 힘은 검사체적의 내부로 오도록 함으로써, 해석이 복잡하지 않도록 검사체적을 선택한다. 검사체적을 잘 선택하면, 계산하려는 힘(반력 등)과 최소의 기타 힘만 나타나게 된다.

Newton의 운동법칙을 적용할 때, **대기압**을 뺀 계기압력을 이용하면 문제가 더 간단해진다. 왜냐 하면, 대기압은 모든 방향으로 작용하고, 그 효과는 모든 방향에서 소거되기 때문이다(그림 6-7). 이는 유체가 아음속으로 대기로 유출되는 출구에서 유출압력은 거의 대기압이므로, 압력 힘을 무시할 수 있음을 뜻한다.

검사체적을 현명하게 선택하는 방법의 한 예로, 부분적으로 닫힌 게이트 밸브가 부착된 수도꼭지를 통해 물이 정상 유동하는 경우의 검사체적 해석을 고려한다(그림 6-8). 플랜지의 볼트가 플랜지에 작용하는 순수 힘을 견딜 수 있는지 계산하려 한다. 검사체적을 선택하는 방법은 여러 가지이다. 어떤 엔지니어는 그림 6-8의 CV A(색깔이 칠해져 있는 검사체적)로 표시한 바와 같이, 검사체적을 유체 그 자체로 국한한다. 이러한 검사체적에는 검사면을 따라 변하는 압력 힘, 파이프의 벽과 밸브 내의 점성력, 그리고 검사체적 내 물의 무게인 체적력 등이 존재한

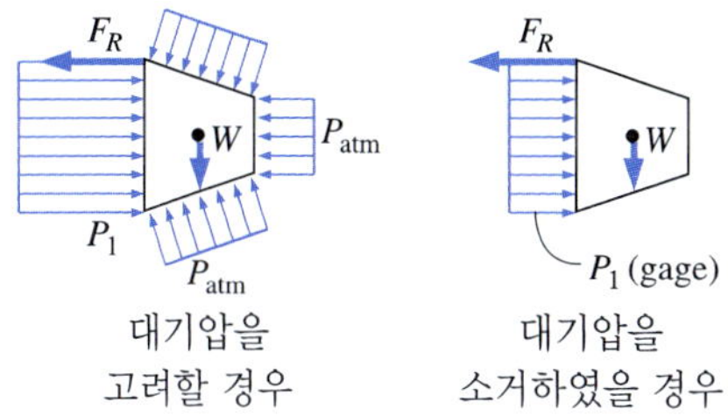

그림 6-7
대기압은 모든 방향으로 작용하고, 그 효과는 모든 방향에서 소거되기 때문에 힘의 평형을 계산할 때 무시할 수도 있다.

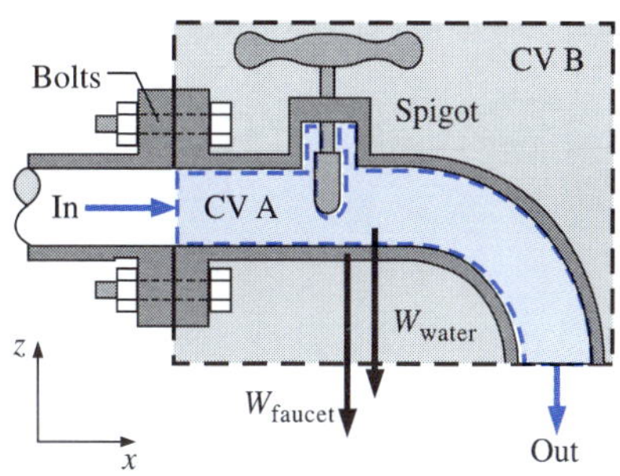

그림 6-8
검사체적의 현명한 선택의 중요성을 보여주는 수도꼭지의 단면. CV B가 CV A보다 해석에 훨씬 편리하다.

다. 다행히도, 플랜지에 작용하는 순수 힘을 계산할 때 압력과 점성 응력을 검사면을 따라 적분할 필요는 **없다**. 그 대신, 미지의 압력 힘과 점성력을 하나의 반력으로 일괄해서 처리한다. 이 반력은 물에 작용하는 벽의 순수 힘이다. 이 힘과 수도꼭지 및 물의 무게를 합하면 플랜지에 작용하는 순수 힘이다(물론 부호에 주의해야 한다).

검사체적을 선택할 때, 물에만 국한할 필요는 없다. 그림 6-8의 CV B(회색으로 칠해져 있는 검사체적)로 표시한 바와 같이, 검사면이 벽, 버팀목, 또는 볼트와 같은 고체 물체를 **횡단하도록** 검사체적을 선택하는 것이 편리한 경우가 많다. 이 그림과 같이, 검사체적은 대상물의 전체를 포함하는 경우도 있다. 검사체적 B는 현명한 선택이다. 왜냐하면, 검사체적 내 유동의 세부 사항이나 형상조차도 고려할 필요가 없기 때문이다. CV B의 경우, 플랜지 볼트를 절단하는 검사면의 일부에 작용하는 순수 반력을 배정할 수 있다. 그 외에 알아야 하는 것들은, 단지 플랜지에서 물의 계기압력(검사체적의 입구)과 물 및 수도꼭지의 무게뿐이다. 검사체적의 입구를 제외한 검사면의 압력은 대기압(계기압력은 영이다)이므로, 모두 소거된다.

6-4 ▪ 선형운동량 방정식

질량 m이고, 순수 힘 $\sum\vec{F}$가 작용하는 시스템에 대한 Newton의 제 2법칙은 다음과 같다.

$$\sum\vec{F} = m\vec{a} = m\frac{d\vec{V}}{dt} = \frac{d}{dt}(m\vec{V}) \tag{6-9}$$

여기서 $m\vec{V}$는 시스템의 **선형운동량(linear momentum)**이다. 밀도와 속도가 시스템 내의 위치에 따라 다를 수 있으므로, Newton의 제 2법칙은 다음과 같이 보다 일반적으로 표현할 수 있다.

$$\sum\vec{F} = \frac{d}{dt}\int_{\text{sys}} \rho\vec{V}\,dV \tag{6-10}$$

여기서 $\rho\vec{V}dV$는 질량이 $\delta m = \rho dV$인 미소 체적요소 dV의 운동량이다. Newton의 제 2법칙은 다음과 같이 서술할 수 있다. **시스템에 작용하는 모든 외력의 합은 시스템의 선형운동량의 시간변화율과 같다**. 이 서술은 정지하고 있거나 혹은 등속운동하는 **관성 좌표계(inertial coordinate system** 또는 **inertial reference frame)**에 대해 성립한다. 이륙하는 비행기처럼 가속하는 시스템은 비행기에 고정된 비관성(또는 가속) 좌표계를 이용하여 가장 잘 해석할 수 있다. 식 (6-10)은 벡터 관계식이므로, $\vec{F}$와 $\vec{V}$는 크기뿐만 아니라 방향도 가진다.

식 (6-10)은 고체나 유체의 주어진 질량에 대한 식이고, 유체역학에서는 대부분의 유동시스템을 검사체적을 이용하여 해석하므로 이 식은 제한적으로만 사용한다. 4-5절에서 유도한 **Reynolds 수송정리**를 이용하여, 시스템에 관한 공식을 검사체적에 대한 공식으로 변환할 수 있다. $b = \vec{V}$ 및 $B = m\vec{V}$를 대입하면, Reynolds 수송정리를 선형운동량에 대하여 표현할 수 있다(그림 6-9).

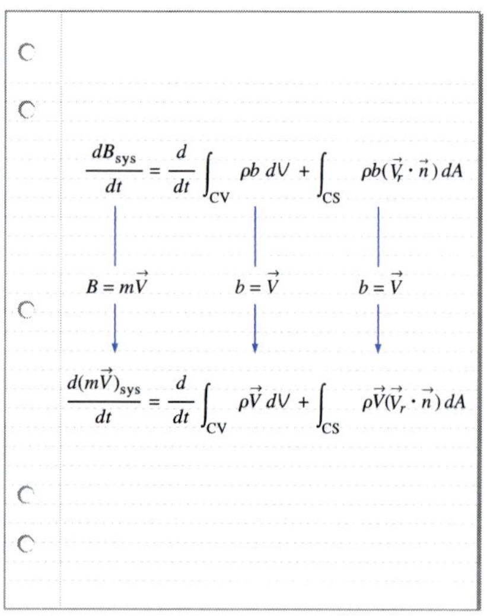

그림 6-9
Reynolds 수송정리의 B에 운동량 $m\vec{V}$를, 그리고 b에 단위질량 당의 운동량 $\vec{V}$를 대입하여 선형운동량 방정식을 얻는다.

$$\frac{d(m\vec{V})_{\text{sys}}}{dt} = \frac{d}{dt}\int_{\text{CV}} \rho\vec{V}\, dV + \int_{\text{CS}} \rho\vec{V}\,(\vec{V}_r \cdot \vec{n})\, dA \tag{6-11}$$

이 식의 좌변은 식 (6-9)의 $\sum\vec{F}$이다. 대입하면, 고정되어 있거나, 움직이거나, 혹은 변형하는 검사체적에 대한 선형운동량 방정식의 일반 형태는 다음과 같다.

일반형:
$$\sum\vec{F} = \frac{d}{dt}\int_{\text{CV}} \rho\vec{V}\, dV + \int_{\text{CS}} \rho\vec{V}(\vec{V}_r \cdot \vec{n})\, dA \tag{6-12}$$

이 식은 다음을 의미한다.

$$\begin{pmatrix}\text{CV에 작용}\\ \text{하는 모든}\\ \text{외력의 합}\end{pmatrix} = \begin{pmatrix}\text{CV 내 선형운동량의}\\ \text{시간 변화율}\end{pmatrix} + \begin{pmatrix}\text{질량유동에 의해 검사면의}\\ \text{외부로 유출되는 순수}\\ \text{선형운동량 유동률}\end{pmatrix}$$

여기서 $\vec{V}_r = \vec{V} - \vec{V}_{\text{CS}}$는 검사면에 상대적인 유체의 속도이고(유체가 검사면을 통과하는 모든 곳에서 질량유량을 계산하기 위한 속도), $\vec{V}$는 관성좌표계에서 본 유체의 속도이다. $\rho(\vec{V}_r \cdot \vec{n})dA$는 면적요소 dA를 통하여 검사체적을 유출입하는 질량유량을 나타낸다.

고정된 검사체적(움직이지도 않고 변형하지도 않는 검사체적)의 경우, $\vec{V}_r = \vec{V}$이고 따라서 선형운동량 방정식은 다음과 같다.

고정 CV:
$$\sum\vec{F} = \frac{d}{dt}\int_{\text{CV}} \rho\vec{V}\, dV + \int_{\text{CS}} \rho\vec{V}(\vec{V} \cdot \vec{n})\, dA \tag{6-13}$$

운동량 방정식은 **벡터 식**이고, 따라서 모든 항은 벡터로 취급되어야 한다. 또한 이 식은 서로 직교하는 좌표축(예를 들면, 직교좌표계의 x, y 및 z축)을 따라 분해할 수 있다. 대부분의 경우, 모든 힘의 합 $\sum\vec{F}$는 무게, 압력 힘, 그리고 반력으로 구성된다(그림 6-10). 일반적으로, 운동량 방정식은 유동에 의하여 야기되는 힘(많은 경우, 지지 시스템 또는 연결 부위에 대한)을 계산하기 위하여 사용된다.

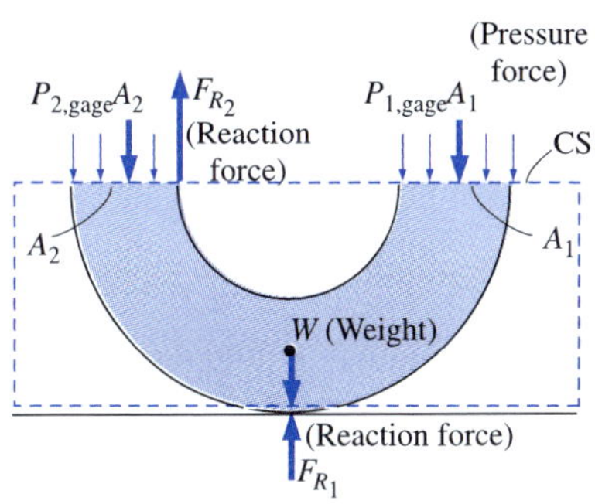

그림 6-10
대부분의 유동 시스템에서 모든 힘의 합 $\sum\vec{F}$는 무게, 압력 힘, 그리고 반력으로 구성된다. 대기압이 검사면의 모든 곳에서 소거되므로, 계기압력이 사용되었다.

특수한 경우

정상유동에서 검사체적 내의 운동량은 일정하므로, 검사체적 내 선형운동량의 시간변화율(식 (6-12)의 두 번째 항)은 영이다. 따라서 선형운동량 방정식은 다음과 같게 된다.

정상유동:
$$\sum\vec{F} = \int_{\text{CS}} \rho\vec{V}\,(\vec{V}_r \cdot \vec{n})\, dA \tag{6-14}$$

본 교재의 대부분의 운동량 문제들은 정상유동에 관한 문제이다.

변형하지 않는 검사체적이 일정한 속도로 움직이는 경우(관성좌표계), 식 (6-14)의 **첫 번째** $\vec{V}$ 역시 움직이는 검사면에 상대적인 속도로 취해질 수도 있다. 식 (6-13)은 고정된 검사체적에 관한 정확한 식인 반면, 적분 때문에 실제 공학문제에는 편리하지 않다. 그 대신 질량보존에서와 같이, 식 (6-13)을 입출구를 통과하는 유체의 평균속도와 질량유량을 이용하여 다시 표현할 수 있다. 다시 말하면 이 식을 **적분식**의 형태가 아닌 **대수식**의 형태로 나타내는 것이다. 실제로 많은 문제

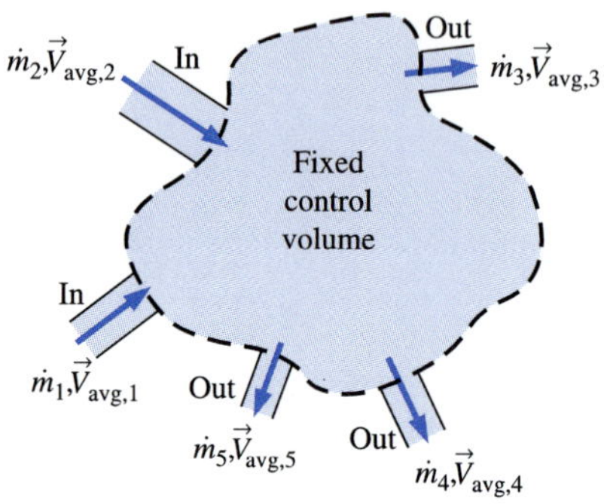

그림 6-11
많은 공학문제에서 검사체적은 여러 개의 입구와 출구를 갖는다. 각각의 입구와 출구에서 질량유량 $\dot{m}$와 평균속도 $\vec{V}_{avg}$를 정의한다.

에서 유체는 한 개 혹은 그 이상의 입구와 한 개 또는 그 이상의 출구에서 검사체적의 경계를 통과하며, 유체는 검사체적으로 또는 검사체적으로부터 운동량을 수송한다. 검사면은 이러한 입출구에서의 유체속도를 수직으로 절단할 수 있도록 선택한다(그림 6-11).

ρ가 거의 일정한 입구 혹은 출구를 통과하여, 검사체적으로 유입하거나 유출하는 질량유량 $\dot{m}$은 다음과 같다.

입구 혹은 출구를 통과하는 질량유량: $$\dot{m} = \int_{A_c} \rho(\vec{V} \cdot \vec{n})\, dA_c = \rho V_{avg} A_c \quad (6\text{-}15)$$

식 (6-15)를 (6-13)과 비교하면, 식 (6-13)의 검사면 적분에 속도가 1개 더 있는 것을 알 수 있다. 만약 $\vec{V}$가 입출구에서 균일하다면($\vec{V} = \vec{V}_{avg}$), 적분 밖으로 꺼낼 수 있다. 따라서 입구나 출구를 통과하는 운동량의 유입률 또는 유출률을 간단히 대수형태로 표현할 수 있다.

균일한 입구 혹은 출구를 통과하는 운동량 유동률:

$$\int_{A_c} \rho\vec{V}(\vec{V} \cdot \vec{n})\, dA_c = \rho V_{avg} A_c \vec{V}_{avg} = \dot{m}\vec{V}_{avg} \quad (6\text{-}16)$$

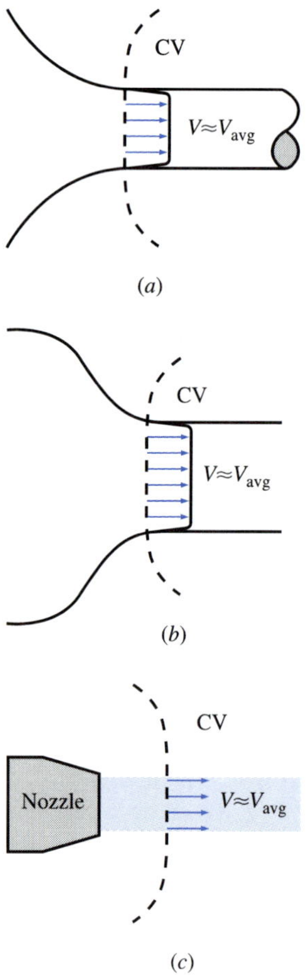

그림 6-12
균일유동 근사가 합리적인 입구 및 출구의 예. (a) 파이프의 둥근 입구, (b) 풍동 시험구간의 입구, 그리고 (c) 공기로 분출되는 자유 물 제트를 가로지르는 단면.

균일유동 근사는 어떠한 입구 및 출구에서는 합리적이다. 예를 들면, 파이프의 둥근입구, 풍동 시험구간의 입구, 그리고 공기로 분출되는 거의 균일한 속도의 물 제트의 횡단면 등이다(그림 6-12). 이러한 입출구에는 식 (6-16)을 바로 적용할 수 있다.

운동량 플럭스 보정계수, β

불행하게도, 대부분의 입구 및 출구를 통과하는 유체의 속도는 균일하지 **않다**. 그럼에도 불구하고, 식 (6-13)의 검사면 적분을 대수식 형태로 변환할 수 있으나, 무차원의 운동량 플럭스 보정계수(momentum flux correction factor) β가 필요하다. 이것은 프랑스 과학자 Joseph Boussinesq(1842-1929)가 처음 제안하였다. 고정된 검사체적에 대한 식 (6-13)의 대수식 형태는 다음과 같다.

$$\sum \vec{F} = \frac{d}{dt}\int_{CV} \rho\vec{V}\, dV + \sum_{out} \beta\dot{m}\vec{V}_{avg} - \sum_{in} \beta\dot{m}\vec{V}_{avg} \quad (6\text{-}17)$$

여기서 각각의 입출구에는 서로 다른 운동량 플럭스 보정계수 값을 적용하여야 한다. 그림 6-12와 같은 **균일한 유동의 경우**, $\beta = 1$이다. 보다 일반적인 경우, β는 단면적이 A_c인 입출구를 유출입하는 적분 형태의 운동량 플럭스를 각각의 입출구에서의 질량유량 $\dot{m}$와 평균속도 $\vec{V}_{avg}$를 이용하여 정의한다.

입구 혹은 출구를 통과하는 운동량 플럭스: $$\int_{A_c} \rho\vec{V}(\vec{V} \cdot \vec{n})\, dA_c = \beta\dot{m}\vec{V}_{avg} \quad (6\text{-}18)$$

입출구에서 밀도가 일정하며 $\vec{V}$와 $\vec{V}_{avg}$의 방향이 같은 경우, 식 (6-18)로부터 β를 다음과 같이 구할 수 있다.

$$\beta = \frac{\int_{A_c} \rho V(\vec{V} \cdot \vec{n})\, dA_c}{\dot{m} V_{\text{avg}}} = \frac{\int_{A_c} \rho V(\vec{V} \cdot \vec{n})\, dA_c}{\rho V_{\text{avg}} A_c V_{\text{avg}}} \tag{6-19}$$

여기서 분모의 $\dot{m}$ 에 $\rho V_{\text{avg}} A_c$를 대입하였다. 밀도는 소거되고, V_{avg}는 일정하므로 이것은 적분 속으로 보낼 수 있다. 또한 검사면이 입구 및 출구와 수직이라면, $(\vec{V} \cdot \vec{n}) dA_c = V\, dA_c$이다. 따라서 식 (6-19)는 다음 식과 같이 간단해진다.

운동량 플럭스 보정계수:
$$\beta = \frac{1}{A_c} \int_{A_c} \left(\frac{V}{V_{\text{avg}}} \right)^2 dA_c \tag{6-20}$$

모든 속도 분포에 대하여 β의 값은 항상 1과 같거나 1보다 크다.

예제 6-1 층류 파이프 유동의 운동량 플럭스 보정계수

원형 파이프의 매우 긴 직선 구간을 통과하는 층류유동을 고려하자. 8장에서 설명하겠지만, 이 파이프의 단면을 통과하는 속도분포는 포물선 형태(그림 6-13)이고, 축방향의 속도 성분은 다음과 같다.

$$V = 2V_{\text{avg}} \left(1 - \frac{r^2}{R^2} \right) \tag{1}$$

여기서 R은 파이프 내벽의 반경이고 V_{avg}는 평균속도이다. 그림 6-13에 보인 바와 같이, 이 파이프 내의 검사체적의 출구를 통과하는 유동의 운동량 플럭스 보정계수를 계산하라.

풀이 주어진 속도분포에 대해서, 운동량 플럭스 보정계수를 계산하고자 한다.

가정 1 유동은 비압축성이며 정상이다. 2 검사체적은 그림 6-13에 보인 바와 같이 파이프의 축에 수직으로 파이프를 절단한다.

해석 주어진 속도분포를 식 (6-20)의 V에 대입하여 적분하면 다음 식을 얻는다. 여기서 $dA_c = 2\pi r\, dr$이다.

$$\beta = \frac{1}{A_c} \int_{A_c} \left(\frac{V}{V_{\text{avg}}} \right)^2 dA_c = \frac{4}{\pi R^2} \int_0^R \left(1 - \frac{r^2}{R^2} \right)^2 2\pi r\, dr \tag{2}$$

새로운 적분변수 $y = 1 - r^2/R^2$을 이용하면 $dy = -2r\, dr/R^2$이므로(또한, $r = 0$에서 $y = 1$, $r = R$에서 $y = 0$), 위 식을 적분하여 완전발달된 층류유동에 대한 운동량 플럭스 보정계수를 계산할 수 있다.

층류유동:
$$\beta = -4 \int_1^0 y^2\, dy = -4 \left[\frac{y^3}{3} \right]_1^0 = \frac{4}{3} \tag{3}$$

토의 검사체적의 출구에서 β를 계산하였지만, 검사체적의 입구에서 계산해도 같은 결과를 얻는다.

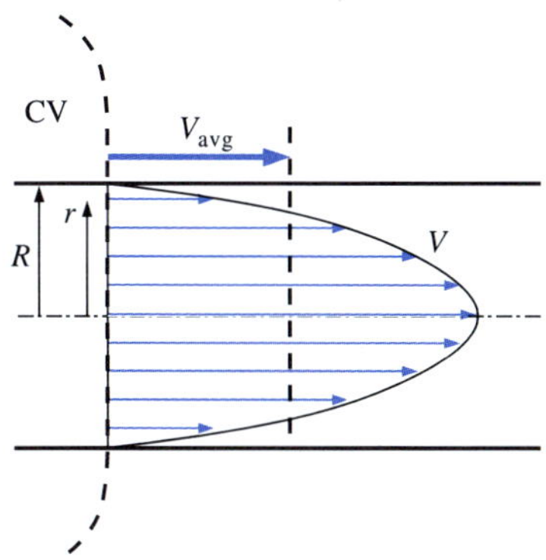

그림 6-13
완전발달된 층류유동의 파이프 단면에서의 속도분포.

예제 6-1에서 볼 수 있듯이, 완전발달된 파이프 층류유동의 경우 β는 1에 가깝지 않으므로, β를 무시하면 큰 오차가 발생할 수 있다. 만약 예제 6-1의 적분과

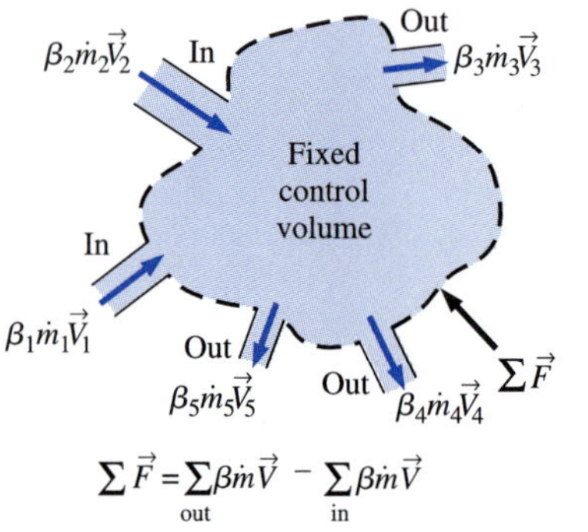

그림 6-14
정상유동에서 검사체적에 작용하는 순수 힘은 유출하는 운동량 플럭스와 유입하는 운동량 플럭스의 차이와 같다.

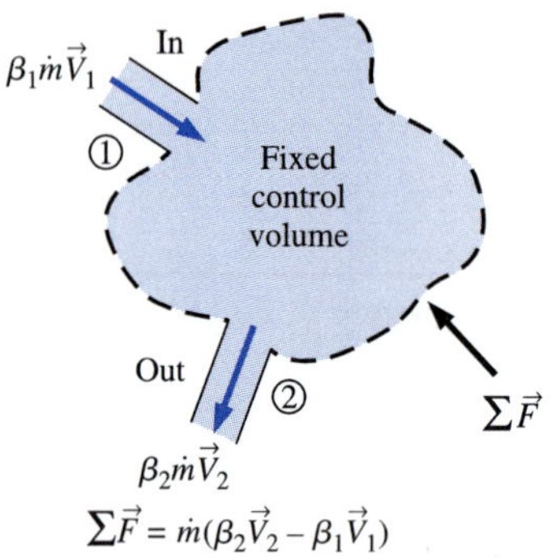

그림 6-15
한 개의 입구와 한 개의 출구를 갖는 검사체적.

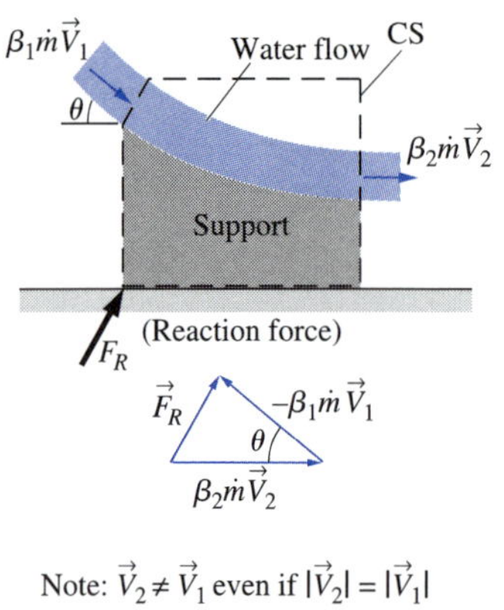

그림 6-16
물의 유동방향이 변화함으로써 발생하는 지지대의 반력을 계산하기 위한 벡터 덧셈.

정을 층류유동이 아닌 완전발달된 **난류유동**에 대해 수행하면, β의 값은 1.01~1.04 사이이다. 이 값은 1에 매우 근접한 값이므로, 많은 엔지니어들은 운동량 플럭스 보정계수를 무시한다. 난류유동 계산에서는 β를 무시해도 최종 결과에 큰 영향을 주지는 않지만, 방정식에는 β를 그대로 두는 것이 현명하다. 이렇게 하면, 계산의 정밀도를 개선하고, 또한 층류 검사체적 문제를 계산할 때 운동량 플럭스 보정계수를 누락시키지 않도록 상기시킨다.

정상 유동

정상유동의 경우, 식 (6-17)의 시간도함수 항은 소거되므로, 다음 식과 같이 간단해진다.

정상 선형운동량 방정식: $$\sum \vec{F} = \sum_{out} \beta \dot{m} \vec{V} - \sum_{in} \beta \dot{m} \vec{V} \qquad (6\text{-}21)$$

이 식에서, 평균속도의 하첨자 "avg"를 생략하였다. 식 (6-21)은 다음을 의미한다. **정상유동 과정에서, 검사체적에 작용하는 순수 힘은 운동량 유출률과 유입률의 차이와 같다**. 이 설명은 그림 6-14에 도시되어 있다. 또한 식 (6-21)이 벡터 식이므로, 이 식은 모든 방향에 적용할 수 있다.

하나의 입구와 하나의 출구를 갖는 정상유동

많은 실제 유동 문제들은 오직 한 개의 입구 및 한 개의 출구를 갖는 경우가 많다(그림 6-15). 이러한 **단일 흐름 시스템(single-stream system)**의 질량유량은 일정하므로, 식 (6-21)은 다음과 같이 된다.

한 개의 입구 및 한 개의 출구: $$\sum \vec{F} = \dot{m}(\beta_2 \vec{V}_2 - \beta_1 \vec{V}_1) \qquad (6\text{-}22)$$

이 식에서 하첨자 1은 입구를, 하첨자 2는 출구를 의미하며, $\vec{V}_1$ 및 $\vec{V}_2$는 각각 입출구에서의 **평균**속도이다.

모든 식이 **벡터** 식이므로, 모든 가감은 **벡터** 가감임을 다시 한번 명심하기 바란다. 벡터의 뺄셈은 벡터의 방향을 반대로 하여 덧셈하는 것임을 상기하라(그림 6-16). 어떠한 특정한 축(예를 들어 x축)의 방향으로 운동량 방정식을 나타낼 때에는, 그 축에 벡터를 투영하여 표현한다. 일례로, 식 (6-22)를 x축을 따라 표현하면 다음과 같다.

x축을 따라: $$\sum F_x = \dot{m}(\beta_2 V_{2,x} - \beta_1 V_{1,x}) \qquad (6\text{-}23)$$

이 식에서 $\sum F_x$는 힘의 x방향 성분의 벡터 합이고, $V_{2,x}$ 및 $V_{1,x}$는 각각 출구 유체속도 및 입구 유체속도의 x방향 성분이다. 힘이나 속도 성분이 양의 x방향이면 양의 값이고, 음의 x방향이면 음의 값이다. 한편, 미지의 힘의 방향은 먼저 양의 방향으로 가정한다(문제에서 힘의 방향이 명확하지 않은 경우). 미지의 힘을 계산한 결과 그 값이 음이면 가정한 방향이 틀린 것이므로, 그 방향을 반대로 해야 한다.

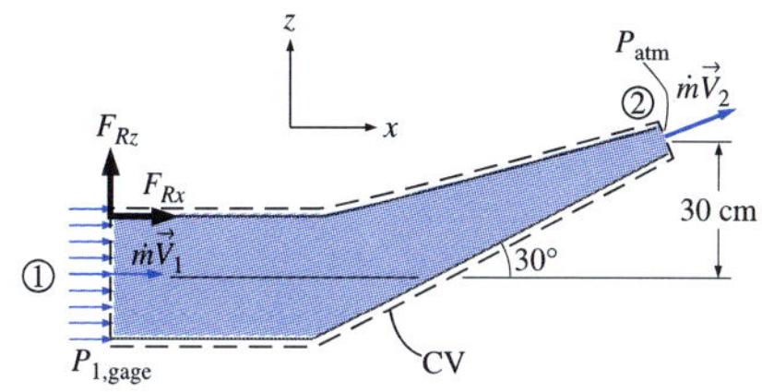

그림 6-17
예제 6-2의 개략도.

예제 6-2 유동방향을 바꾸기 위한 엘보우를 현 위치에 고정시키기 위해 필요한 힘

관경이 좁아지는 엘보우(reducing elbow)가 수평으로 놓인 파이프 속에서 유량 14 kg/s로 흐르는 물을 가속시키면서 30° 상향으로 물의 흐름 방향을 바꿔주는 데 이용된다(그림 6-17). 엘보우는 대기 중으로 물을 방출한다. 엘보우의 단면적은 입구에서 113 cm^2, 그리고 출구에서는 7 cm^2이다. 입출구 중심 간의 높이 차이는 30 cm이다. 엘보우와 물의 무게는 무시할 수 있을 때 다음을 계산하라. (a) 엘보우 입구 중심의 계기압력, 그리고 (b) 엘보우를 현재의 위치에 고정시키기 위해 필요한 힘.

풀이 관경이 좁아지는 엘보우가 물을 위쪽 방향으로 바꾸고, 대기 중으로 물을 방출한다. 엘보우 입구의 압력과 엘보우를 현 위치에 고정시키기 위해 필요한 힘을 계산하고자 한다.

가정 **1** 유동은 정상이며 마찰 효과를 무시할 수 있다. **2** 엘보우와 물의 무게는 무시할 수 있다. **3** 물은 대기 중으로 방출되며, 따라서 출구의 계기압력은 영이다. **4** 유동은 난류이며 검사체적의 입출구에서 완전히 발달되었다. 따라서 운동량 플럭스 보정계수 $\beta = 1.03$이다(보수적인 추정값으로).

상태량 물의 밀도는 1000 kg/m^3이다.

해석 (a) 엘보우를 검사체적으로 선택하고, 입구를 1, 그리고 출구를 2로 한다. x축 및 z축을 그림과 같이 선택한다. 한 개의 입구 및 한 개의 출구를 갖는 정상유동 시스템의 연속방정식은 $\dot{m}_1 = \dot{m}_2 = \dot{m} = 14$ kg/s이다. $\dot{m} = \rho AV$이므로, 입구 및 출구에서 물의 속도는 다음과 같다.

$$V_1 = \frac{\dot{m}}{\rho A_1} = \frac{14 \text{ kg/s}}{(1000 \text{ kg/m}^3)(0.0113 \text{ m}^2)} = 1.24 \text{ m/s}$$

$$V_2 = \frac{\dot{m}}{\rho A_2} = \frac{14 \text{ kg/s}}{(1000 \text{ kg/m}^3)(7 \times 10^{-4} \text{ m}^2)} = 20.0 \text{ m/s}$$

압력을 근사적으로 계산하기 위하여 Bernoulli 방정식(5장)을 이용한다. 8장에서는 벽을 따른 마찰손실을 고려하는 방법을 다룬다. 입구 단면의 중심을 기준 위치로 하고($z_1 = 0$) 또한 $P_2 = P_{atm}$이므로, 엘보우의 중심을 통과하는 유선의 Bernoulli 방정식은 다음과 같이 표현할 수 있다.

$$\frac{P_1}{\rho g} + \frac{V_1^2}{2g} + z_1 = \frac{P_2}{\rho g} + \frac{V_2^2}{2g} + z_2$$

$$P_1 - P_2 = \rho g\left(\frac{V_2^2 - V_1^2}{2g} + z_2 - z_1\right)$$

$$P_1 - P_{atm} = (1000 \text{ kg/m}^3)(9.81 \text{ m/s}^2) \times \left(\frac{(20 \text{ m/s})^2 - (1.24 \text{ m/s})^2}{2(9.81 \text{ m/s}^2)} + 0.3 - 0\right)\left(\frac{1 \text{ kN}}{1000 \text{ kg}\cdot\text{m/s}^2}\right)$$

$$P_{1,\text{ gage}} = 202.2 \text{ kN/m}^2 = \mathbf{202.2 \text{ kPa}} \quad \text{(gage)}$$

(b) 정상, 1차원 유동의 운동량방정식은 다음과 같다.

$$\sum \vec{F} = \sum_{\text{out}} \beta \dot{m}\vec{V} - \sum_{\text{in}} \beta \dot{m}\vec{V}$$

엘보우를 고정시키는 힘의 x 및 z방향 성분들을 각각 F_{Rx} 및 F_{Rz}라 하고, 양의 방향으로 가정한다. 또한 검사면 전체에 대기압이 작용하므로, 계기압력을 이용한다. 따라서 x 및 z 축 방향의 운동량 방정식은 다음과 같이 된다.

$$F_{Rx} + P_{1,\,\text{gage}}A_1 = \beta\dot{m}V_2\cos\theta - \beta\dot{m}V_1$$
$$F_{Rz} = \beta\dot{m}V_2\sin\theta$$

F_{Rx} 및 F_{Rz}에 대하여 정리하고, 주어진 수치들을 대입하면 다음의 결과를 얻을 수 있다.

$$\begin{aligned} F_{Rx} &= \beta\dot{m}(V_2\cos\theta - V_1) - P_{1,\,\text{gage}}A_1 \\ &= 1.03(14\text{ kg/s})[(20\cos 30° - 1.24)\text{ m/s}]\left(\frac{1\text{ N}}{1\text{ kg}\cdot\text{m/s}^2}\right) \\ &\quad - (202{,}200\text{ N/m}^2)(0.0113\text{ m}^2) \\ &= 232 - 2285 = \mathbf{-2053\ N} \end{aligned}$$

$$F_{Rz} = \beta\dot{m}V_2\sin\theta = (1.03)(14\text{ kg/s})(20\sin 30°\text{ m/s})\left(\frac{1\text{ N}}{1\text{ kg}\cdot\text{m/s}^2}\right) = \mathbf{144\ N}$$

F_{Rx}의 값이 음이므로, 가정한 방향이 틀렸다는 것을 알 수 있으며, 따라서 방향을 반대로 해야 한다. 그러므로, F_{Rx}는 음의 x방향으로 작용한다.

토의 엘보우의 내벽을 따라 영이 아닌 압력분포가 존재하지만, 검사체적이 엘보우의 외부이므로 이 압력들은 해석에서 제외되었다. 더 정밀한 계산을 위하여, 엘보우의 무게와 엘보우 내의 물 무게를 수직 방향의 힘에 포함할 수 있다. 실제의 $P_{1,\,\text{gage}}$는 엘보우 내의 마찰과 비가역적 손실들 때문에 이 예제에서 계산한 값보다 더 클 것이다.

예제 6-3 유동 방향을 반대로 하기 위한 엘보우를 현 위치에 고정시키기 위해 필요한 힘

예제 6-2의 유동방향을 바꾸기 위한 엘보우 대신, 그림 6-18과 같이 방출 전에 방향을 180° U턴시켜 유동 방향을 반대로 하기 위한 엘보우를 부착한 경우를 고려하자. 입출구 중심 간의 높이 차이는 0.3 m이다. 엘보우를 현재의 위치에 고정시키기 위해 필요한 힘을 계산하라.

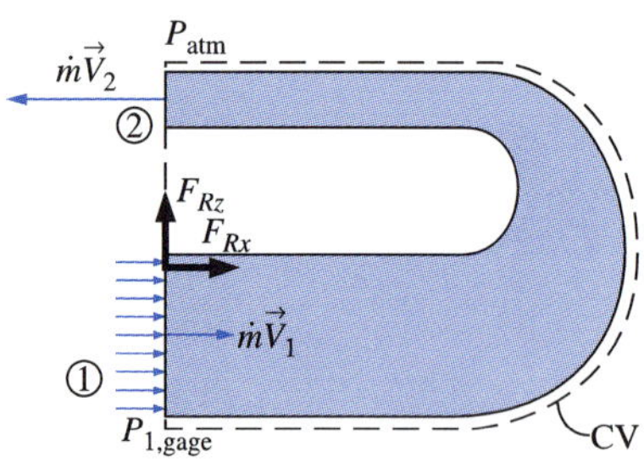

그림 6-18
예제 6-3의 개략도.

풀이 엘보우 입출구의 속도 및 압력은 동일하지만, 수직방향으로 다른 힘이나 운동량 플럭스가 없으므로(엘보우와 물의 무게는 무시하였다), 엘보우와 파이프의 연결부에서 이를 현 위치에 고정하기 위한 힘의 수직성분은 영이다($F_{Rz} = 0$). 이 힘의 수평 성분은 x방향의 운동량 방정식으로부터 계산할 수 있다. 출구 속도가 음의 x방향이므로 속도는 음이다. 따라서 다음과 같은 식을 구한다.

$$F_{Rx} + P_{1,\,\text{gage}}A_1 = \beta_2\dot{m}(-V_2) - \beta_1\dot{m}V_1 = -\beta\dot{m}(V_2 + V_1)$$

F_{Rx}에 대하여 정리하고, 주어진 수치들을 대입하면 다음의 결과를 얻을 수 있다.

$$\begin{aligned} F_{Rx} &= -\beta\dot{m}(V_2 + V_1) - P_{1,\,\text{gage}}A_1 \\ &= -(1.03)(14\text{ kg/s})[(20 + 1.24)\text{ m/s}]\left(\frac{1\text{ N}}{1\text{ kg}\cdot\text{m/s}^2}\right) - (202{,}200\text{ N/m}^2)(0.0113\text{ m}^2) \\ &= -306 - 2285 = \mathbf{-2591\ N} \end{aligned}$$

그러므로 플랜지에는 음의 x방향으로 2591 N의 힘이 작용한다(엘보우는 파이프에서 분리되려 한다). 이 힘은 260 kg 질량의 무게이므로, 연결부(예를 들어 볼트)는 이 힘을 견디기 위하여 충분히 강해야 한다.

토의 x방향의 반력은 예제 6-2의 반력보다 더 크다. 왜냐하면, 엘보우가 물의 방향을 더 큰 각도로 바꾸기 때문이다. 만약 이 엘보우 대신 직선 노즐(소방관들이 사용하는 것과 유사한)을 부착하여 물이 양의 x방향으로 분출된다면, V_1과 V_2가 모두 양의 x방향이므로 x방향의 운동량 방정식은 다음과 같다.

$$F_{Rx} + P_{1,\,\text{gage}}A_1 = \beta\dot{m}V_2 - \beta\dot{m}V_1 \quad \rightarrow \quad F_{Rx} = \beta\dot{m}(V_2 - V_1) - P_{1,\,\text{gage}}A_1$$

따라서 이 결과는 속도와 힘을 계산할 때, 정확한 부호(양의 방향이면 양으로, 음의 방향이면 음으로) 사용의 중요성을 보여준다.

예제 6-4 고정된 판에 충돌하는 물 제트

물이 노즐을 통하여 평균 속도 20 m/s까지 가속되어, 수직으로 놓인 판에 유량 10 kg/s, 수직 속도 20 m/s로 충돌한다(그림 6-19). 충돌 후, 물의 흐름은 판의 평면에서 모든 방향으로 튀겨나간다. 물 제트로 인하여 판이 수평 방향으로 움직이는 것을 방지하기 위한 힘을 계산하라.

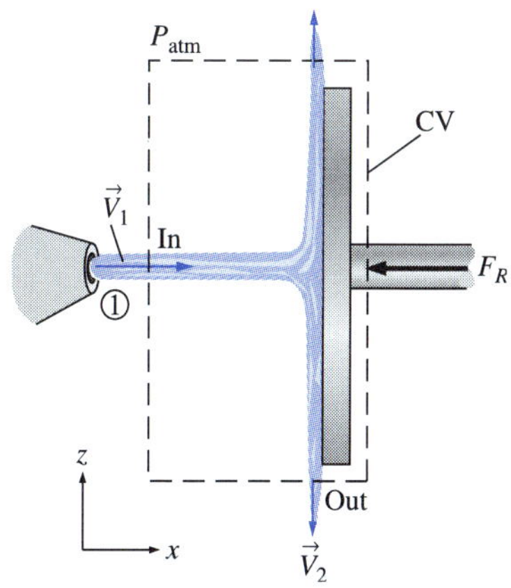

그림 6-19
예제 6-4의 개략도.

풀이 물 제트가 수직으로 놓인 판에 수직으로 충돌한다. 판을 현재의 위치에 고정하기 위하여 필요한 힘을 계산하고자 한다.

가정 **1** 노즐 출구의 물의 유동은 정상이다. **2** 물은 물 제트의 접근 방향에 수직한 방향으로 튀겨나간다. **3** 물 제트는 대기에 노출되므로, 물 제트와 검사체적에서 유출하는 물은 대기압이다. 이 대기압이 전체 시스템에 작용하므로 이를 무시할 수 있다. **4** 수직방향의 힘과 운동량 플럭스는 수평방향의 반력에 영향을 주지 않으므로, 이들은 고려하지 않는다. **5** 운동량 플럭스 보정계수는 무시한다. 따라서 입구에서 $\beta \cong 1$이다.

해석 판 전체를 포함하고, 또한 물 제트와 지지봉을 수직으로 절단하도록 검사체적을 선택한다. 정상, 1차원 유동의 운동량 방정식은 다음 식과 같다.

$$\sum \vec{F} = \sum_{\text{out}} \beta\dot{m}\vec{V} - \sum_{\text{in}} \beta\dot{m}\vec{V}$$

$V_{1,\,x} = V_1$, 그리고 $V_{2,\,x} = 0$이므로, 이 방정식을 x방향으로 표현하면(음의 x방향의 힘과 속도의 부호는 음이다), 다음과 같다.

$$-F_R = 0 - \beta\dot{m}V_1$$

주어진 수치들을 대입하여 다음의 결과를 얻는다.

$$F_R = \beta\dot{m}V_1 = (1)(10\text{ kg/s})(20\text{ m/s})\left(\frac{1\text{ N}}{1\text{ kg}\cdot\text{m/s}^2}\right) = \mathbf{200\ N}$$

그러므로, 판을 현 위치에 고정시키기 위하여 지지봉은 음의 x방향(물 제트의 반대 방향)으로 200 N의 힘(약 20 kg 질량의 무게)을 가해야 한다.

토의 검사체적 출구에서 x방향의 운동량은 영이므로, 판은 물 제트의 모든 운동량을 다 흡수한다. 만약 물과 판 사이의 경계면(interface)을 따라 검사체적을 선택하면, 추가적인 (미지의) 압력 힘을 고려하여 해석해야 한다. 그러나 이 예제와 같이 지지봉을 절단하는 검사체적을 선택함으로써 이러한 문제를 피할 수 있다. 이 예제는 "현명한" 검사체적 선택의 한 예이다.

6-5 ▪ 회전운동과 각운동량의 복습

강체 운동은 질량중심의 병진운동과 질량중심에 대한 회전운동의 조합으로 고려할 수 있다. 병진운동은 식 (6-12)의 선형운동량 방정식을 이용하여 해석할 수 있다. 회전운동에서는 물체 내의 모든 점들이 회전축에 대해서 원을 그리며 운동한다. 회전운동은 각변위 θ, 각속도 $\vec{\omega}$ 및 각가속도 $\vec{\alpha}$ 등으로 설명한다.

물체의 어느 한 점이 회전한 크기는 그 점을 회전축에 연결하고 축에 수직인 길이가 r인 직선이 회전한 각도 θ의 항으로 표현된다. 각도 θ는 라디안(rad)으로 나타내며, 이는 반경이 1인 원의 호 길이가 θ일 때이다. 반경이 r인 원의 원주 길이가 $2\pi r$이므로, 강체의 어느 한 점이 1 회전하였을 때의 각변위는 2πrad이다. 한 점이 원의 궤적을 따라 운동한 실제의 거리는 $l = \theta r$이다. 1 라디안은 $360/(2\pi) \cong 57.3°$ 이다.

각속도의 크기 ω는 단위시간 당 운동한 각변위이며, 각가속도의 크기 α는 각속도의 변화율이다. 이들은 다음과 같이 표현할 수 있다(그림 6-20).

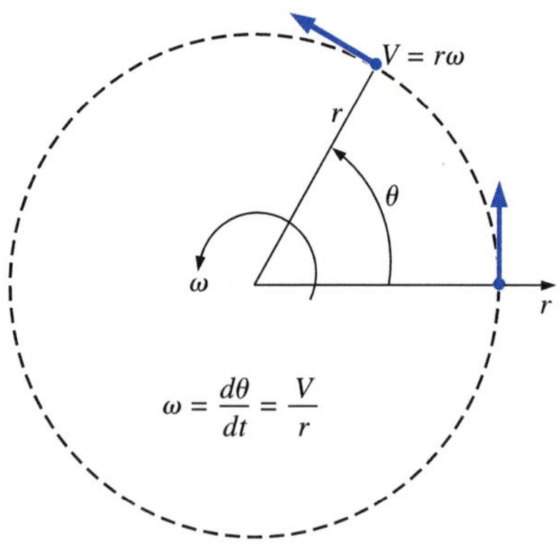

그림 6-20
각변위 θ, 각속도 ω 및 선속도 V 사이의 관계.

$$\omega = \frac{d\theta}{dt} = \frac{d(l/r)}{dt} = \frac{1}{r}\frac{dl}{dt} = \frac{V}{r} \quad \text{그리고} \quad \alpha = \frac{d\omega}{dt} = \frac{d^2\theta}{dt^2} = \frac{1}{r}\frac{dV}{dt} = \frac{a_t}{r} \tag{6-24}$$

즉,

$$V = r\omega \quad \text{그리고} \quad a_t = r\alpha \tag{6-25}$$

여기서 V는 선속도, 그리고 a_t는 회전축으로부터 r만큼 떨어진 곳에 위치한 한 점의 접선방향 선가속도이다. 회전하는 강체의 모든 점들에 대해 ω와 α는 동일하나, V와 a_t는 그렇지 않음을 주의하라(이들은 r에 비례한다).

Newton의 제 2법칙으로부터, 각가속도가 만들어지려면 접선방향으로 작용하는 힘을 필요로 한다. **모멘트** 또는 **토크**라 부르는 회전 효과의 크기는, 힘의 크기와 회전축으로부터의 거리에 비례한다. 회전축에서 힘의 작용선까지의 수직 거리를 **모멘트 팔(moment arm)**이라 하고, 회전축으로부터 수직거리 r에 위치한 질량 m에 작용하는 토크의 크기 M은 다음 식으로 표시된다.

$$M = rF_t = rma_t = mr^2\alpha \tag{6-26}$$

회전하는 강체에 작용하는 총 토크는 미소질량 δm에 작용하는 토크를 물체의 전체에 걸쳐 적분하여 구한다.

토크:
$$M = \int_{\text{mass}} r^2\alpha\,\delta m = \left[\int_{\text{mass}} r^2\,\delta m\right]\alpha = I\alpha \tag{6-27}$$

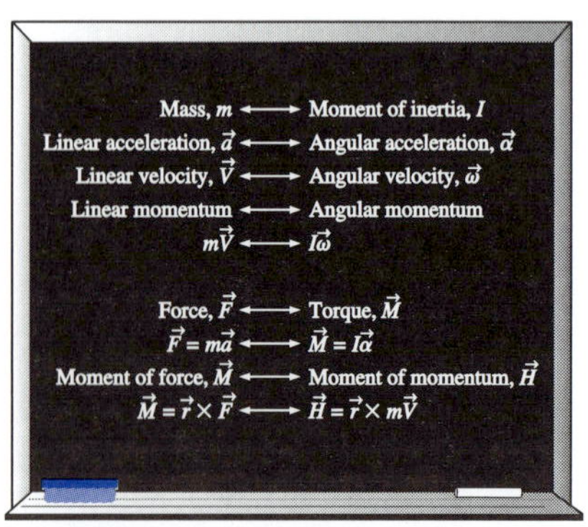

그림 6-21
선운동 특성과 각운동 특성의 유사성.

여기서 I는 회전축에 대한 물체의 **관성 모멘트(moment of inertia)**라 하고, 이는 회전에 저항하는 관성의 척도이다. 관계식 $M = I\alpha$는 Newton의 제 2법칙에 힘 대신 토크를, 질량 대신 관성 모멘트를, 그리고 가속도 대신 각가속도를 대입한 식이다(그림 6-21). 질량과는 달리, 물체의 회전 관성은 회전축에 대한 물체의 질량 분포에도 좌우된다. 그러므로 질량이 회전축에 가까이 분포된 경우에는 각가속도에 대한 저항이 작고, 반대로 질량이 회전축에서 멀리 집중된 경우에는 각가속도에 대한 저항이 크다. 플라이휠(flywheel)은 후자의 좋은 예이다.

질량이 m인 물체가 속도 V로 운동할 때 선형운동량은 mV이며, 선형운동량의 방향은 속도의 방향과 일치한다. 힘의 모멘트는 힘과 수직 거리의 곱이므로, 축에 대한 질량 m의 운동량의 모멘트의 크기, 즉 **각운동량(angular momentum)**은 $H = rmV = r^2m\omega$이다. 여기서 r은 회전축과 운동량 벡터의 작용선까지의 수직 거리이다(그림 6-22). 따라서 회전하는 강체의 총 각운동량은 적분하여 다음 식으로부터 구한다.

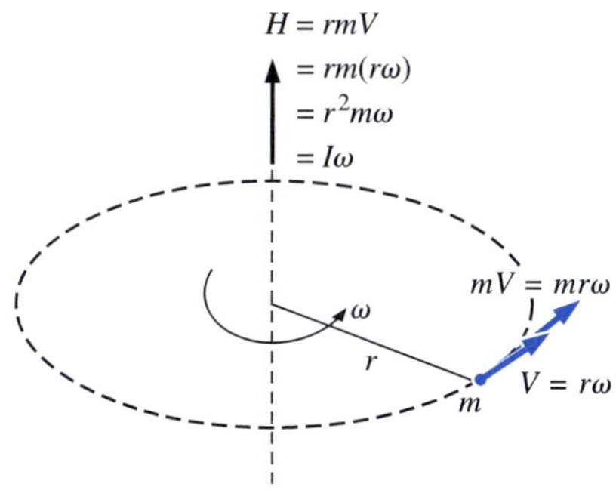

그림 6-22
회전축에서 r만큼 떨어진 거리에서 각속도 ω로 회전하는 질량 m의 각운동량.

각운동량의 크기: $$H = \int_{\text{mass}} r^2\omega\,\delta m = \left[\int_{\text{mass}} r^2\,\delta m\right]\omega = I\omega \qquad (6\text{-}28)$$

여기서 I는 회전축에 대한 물체의 **관성 모멘트**이다. 이를 벡터 형태로 나타내면 다음과 같다.

$$\vec{H} = I\vec{\omega} \qquad (6\text{-}29)$$

강체의 모든 위치에서 각속도 $\vec{\omega}$는 동일하다.

Newton의 제 2법칙 $\vec{F} = m\vec{a}$를 식 (6-1)에서 선형운동량의 변화율 $\vec{F} = d(m\vec{V})/dt$로 나타내었다. 마찬가지로, 회전하는 물체에 대한 Newton의 제 2법칙 $\vec{M} = I\vec{\alpha}$는 식 (6-2)에서 각운동량의 변화율로 다음 식과 같이 표현하였다.

각운동량 방정식: $$\vec{M} = I\vec{\alpha} = I\frac{d\vec{\omega}}{dt} = \frac{d(I\vec{\omega})}{dt} = \frac{d\vec{H}}{dt} \qquad (6\text{-}30)$$

이 식에서 $\vec{M}$은 회전축에 대해 물체에 작용한 순수 토크이다.

회전기계의 각속도는 rpm(매분 당의 회전수)으로 표현하는 경우가 많고, $\dot{n}$으로 나타낸다. 속도는 단위시간 당 운동한 거리이고 1회전 당 운동한 각변위는 2π이므로, 회전기계의 각속도는 $\omega = 2\pi\dot{n}$ rad/min이다.

각운동량과 rpm의 관계식: $$\omega = \frac{2\pi\dot{n}}{60} \quad \text{(rad/s)} \qquad (6\text{-}31)$$

반경이 r이고 $\dot{n}$ rpm으로 회전하는 축의 바깥 표면에, 일정한 힘 F가 접선방향으로 작용하는 경우를 고려하자. 일 W는 힘과 거리의 곱이고, 동력 $\dot{W}$는 단위시간 당의 일, 즉 힘과 속도의 곱이므로 $\dot{W}_{\text{shaft}} = FV = Fr\omega = M\omega$이다. 그러므로 작용한 토크 M에 의하여 $\dot{n}$ rpm으로 회전하는 축에 전달된 동력은 다음과 같다(그림 6-23).

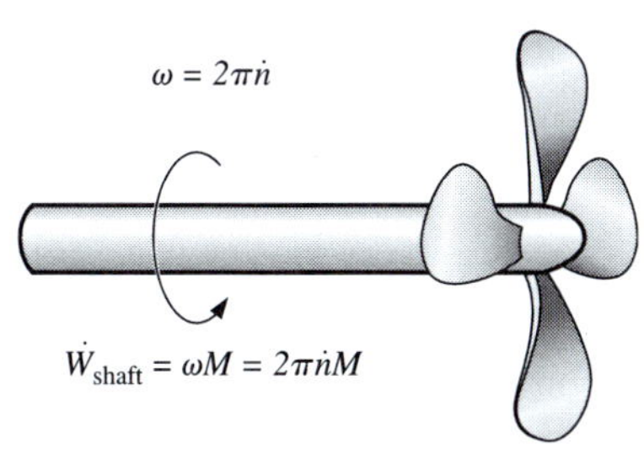

그림 6-23
각속도, rpm, 그리고 축을 통하여 전달되는 동력 사이의 관계.

축동력: $$\dot{W}_{\text{shaft}} = \omega M = 2\pi\dot{n}M \quad \text{(W)} \qquad (6\text{-}32)$$

병진운동을 하는 질량이 m인 물체의 운동에너지는 $\text{KE} = \frac{1}{2}mV^2$이다. $V = r\omega$이므로, 회전축에서 r만큼 떨어진 질량이 m인 물체의 회전 운동에너지는 $\text{KE} = \frac{1}{2}mr^2\omega^2$이다. 회전하는 강체의 회전축에 대한 총 회전 운동에너지는 미소질량 dm의 회전 운동에너지를 물체의 전체에 걸쳐 적분하여 구한다.

회전 운동에너지: $$\text{KE}_r = \tfrac{1}{2}I\omega^2 \qquad (6\text{-}33)$$

여기서 I는 물체의 관성 모멘트이며, ω는 각속도이다.

회전운동에서 속도의 크기는 일정하더라도 속도의 방향은 변한다. 속도는 벡터이므로 방향이 변하면 속도가 시간에 대해 변한다는 것을 의미하고 따라서 가속도가 생긴다. 이를 구심가속도(centripetal acceleration)라 하고, 그 크기는 다음 식과 같다.

$$a_r = \frac{V^2}{r} = r\omega^2$$

구심가속도는 회전축을 향하므로(반경방향 가속도와 반대방향), 반경방향 가속도는 음이다. 가속도는 힘의 상수 배이므로, 구심가속도는 회전축 방향으로 물체에 작용하는 힘의 결과로 생긴다. 이 힘을 **구심력(centripetal force)**이라 하고, 그 크기는 $F_r = mV^2/r$이다. 접선방향 및 반경방향 가속도는 서로 수직이고(접선방향과 반경방향이 수직이므로), 총 선가속도는 이들의 벡터 합 $\vec{a} = \vec{a}_t + \vec{a}_r$이다. 일정한 각속도로 회전하는 물체의 가속도는 구심가속도뿐이다. 구심가속도를 야기하는 힘은, 이 힘의 작용선이 회전축과 교차하므로, 토크를 발생하지 않는다.

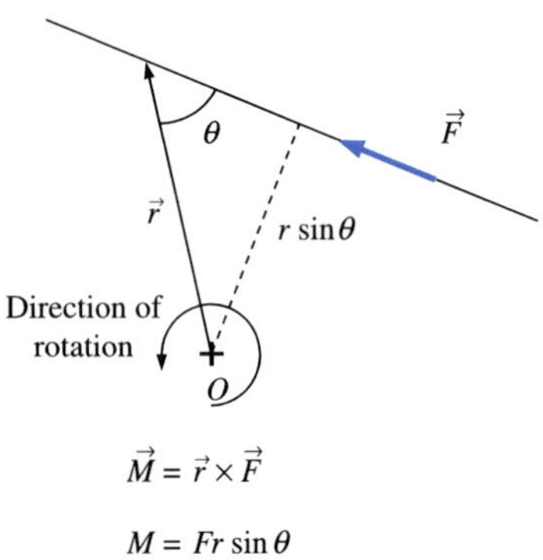

그림 6-24
점 O에 대한 힘 $\vec{F}$의 모멘트는 위치벡터 $\vec{r}$과 $\vec{F}$의 외적이다.

6-6 ▪ 각운동량 방정식

6-4절에서 설명한 선형운동량 방정식은 유동유체의 선형운동량과 힘 사이의 관계를 계산할 때 유용하다. 많은 공학문제들은 유동유체의 선형운동량의 모멘트와 이로 인한 회전효과를 포함한다. 이러한 문제들은 **각운동량 방정식(angular momentum equation)** 또는 **운동량의 모멘트방정식(moment of momentum equation)**으로 해석할 수 있다. 원심펌프, 터빈 및 팬 등의 **터보기계(turbomachine)**들은 각운동량 방정식을 이용하여 해석한다.

점 O에 대한 **힘 $\vec{F}$의 모멘트**는 벡터 적(또는 외적)이다(그림 6-24).

힘의 모멘트: $$\vec{M} = \vec{r} \times \vec{F} \tag{6-34}$$

여기서 $\vec{r}$은 점 O와 $\vec{F}$의 작용선 상의 임의의 점을 연결하는 위치벡터이다. 두 벡터들의 외적은 벡터가 되며, 작용선은 외적한 벡터들(이 경우에는 $\vec{r}$과 $\vec{F}$)을 포함하는 평면에 수직이고 그 크기는 다음 식과 같다.

힘의 모멘트의 크기: $$M = Fr\sin\theta \tag{6-35}$$

여기서 θ는 벡터 $\vec{r}$의 작용선과 $\vec{F}$의 작용선 사이의 각도이다. 그러므로 점 O에 대한 모멘트의 크기는 힘의 크기와 점 O에서 힘의 작용선까지의 수직거리의 곱과 같다. 모멘트 벡터 $\vec{M}$의 방향은 오른손 법칙을 따른다. 회전을 야기하는 힘의 방향으로 오른손을 감싸 쥘 때, 엄지손가락의 방향이 모멘트 벡터의 방향이다(그림 6-25). 작용선이 점 O를 지나는 힘의 경우, 점 O에 대한 모멘트는 영이다.

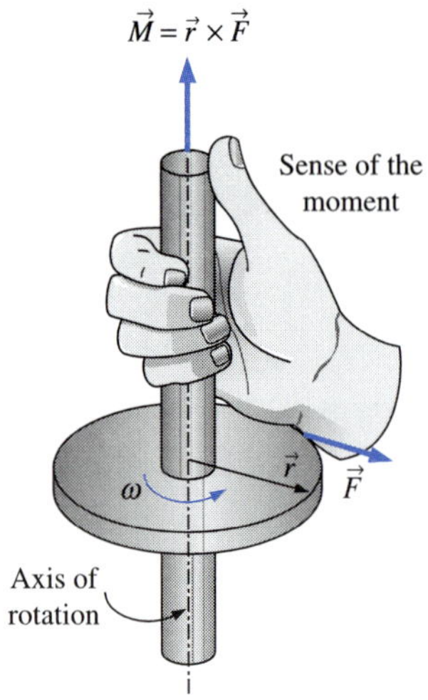

그림 6-25
오른손 법칙에 의한 모멘트 방향의 결정.

그러므로 $\vec{r}$과 운동량 벡터 $m\vec{V}$의 벡터적(외적)으로부터 점 O에 대한 **운동량의 모멘트** 또는 **각운동량**을 얻는다.

운동량의 모멘트: $$\vec{H} = \vec{r} \times m\vec{V} \tag{6-36}$$

그러므로 $\vec{r}\times\vec{V}$는 단위질량 당의 각운동량이고, 미소질량 $\delta m = \rho\, dV$의 각운동량은 $d\vec{H} = (\vec{r}\times\vec{V})\rho\, dV$이다. 따라서 시스템의 각운동량은 이 식을 적분하여 구하고 그 결과는 다음과 같다.

운동량의 모멘트(시스템):
$$\vec{H}_{\text{sys}} = \int_{\text{sys}} (\vec{r}\times\vec{V})\rho\, dV \tag{6-37}$$

운동량의 모멘트의 변화율은 다음 식으로 표현된다.

운동량의 모멘트의 변화율:
$$\frac{d\vec{H}_{\text{sys}}}{dt} = \frac{d}{dt}\int_{\text{sys}} (\vec{r}\times\vec{V})\rho\, dV \tag{6-38}$$

시스템의 각운동량 방정식은 식 (6-2)에서 다음 식과 같이 표현하였다.

$$\sum \vec{M} = \frac{d\vec{H}_{\text{sys}}}{dt} \tag{6-39}$$

여기서 $\sum \vec{M} = \sum(\vec{r}\times\vec{F})$는 시스템에 작용한 순수 토크이며, 이는 또한 시스템에 작용하는 모든 힘의 모멘트의 벡터 합이다. 또한 $d\vec{H}_{\text{sys}}/dt$는 시스템의 각운동량의 변화율이다. 따라서 식 (6-39)는 다음을 의미한다. **시스템의 각운동량의 변화율은 시스템에 작용한 순수 토크와 같다.** 이 식은 일정한 질량의 집합체와 관성좌표계(즉 고정되어 있거나 직선 경로를 등속 운동하는 좌표계)에 적용할 수 있다.

검사체적에 대한 각운동량 방정식은 Reynolds 수송정리에 $b = \vec{r}\times\vec{V}$ 및 $B = \vec{H}$를 대입하여 구할 수 있으며, 이는 다음 식과 같다(그림 6-26).

$$\frac{d\vec{H}_{\text{sys}}}{dt} = \frac{d}{dt}\int_{\text{CV}} (\vec{r}\times\vec{V})\rho\, dV + \int_{\text{CS}} (\vec{r}\times\vec{V})\rho(\vec{V}_r\cdot\vec{n})\, dA \tag{6-40}$$

식 (6-39)로부터 이 식의 좌변은 $\sum\vec{M}$이다. 대입하면, 일반적인 검사체적(고정되어 있거나, 움직이거나, 혹은 변형하는 검사체적)에 대한 각운동량 방정식은 다음과 같다.

일반형:
$$\sum \vec{M} = \frac{d}{dt}\int_{\text{CV}} (\vec{r}\times\vec{V})\rho\, dV + \int_{\text{CS}} (\vec{r}\times\vec{V})\rho(\vec{V}_r\cdot\vec{n})\, dA \tag{6-41}$$

이 식은 다음을 의미한다.

(CV에 작용하는 모든 외부 모멘트의 합) = (CV 내 각운동량의 시간 변화율) + (질량유동에 의해 검사면의 외부로 유출되는 순수 각운동량 유동률)

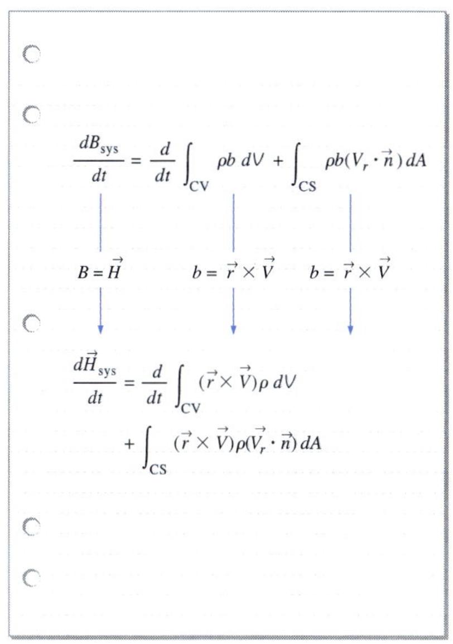

그림 6-26
Reynolds 수송정리의 B에 각운동량 $\vec{H}$를, 그리고 b에 단위질량 당의 각운동량 $\vec{r}\times\vec{V}$를 대입하여 각운동량 방정식을 얻는다.

여기서, $\vec{V}_r = \vec{V} - \vec{V}_{\text{CS}}$는 검사면에 상대적인 유체 속도(유체가 검사면을 통과하는 모든 곳에서 질량유량을 계산하기 위한 속도)이고, $\vec{V}$는 고정된 좌표계에서 본 유체 속도이다. $\rho(\vec{V}_r\cdot\vec{n})dA$는 부호에 따라 면적요소 dA를 통하여 검사체적을 유입하거나 유출하는 질량유량을 나타낸다.

고정된 검사체적(움직이지도 않고 변형하지도 않는 검사체적)의 경우, $\vec{V}_r = \vec{V}$이고 따라서 각운동량 방정식은 다음과 같다.

고정된 CV: $$\sum \vec{M} = \frac{d}{dt}\int_{CV} (\vec{r} \times \vec{V})\rho\, dV + \int_{CS} (\vec{r} \times \vec{V})\rho(\vec{V} \cdot \vec{n})\, dA \tag{6-42}$$

또한 검사체적에 작용하는 힘은 중력처럼 검사체적의 전체에 걸쳐 작용하는 **체적력**과 압력이나 접촉점에서의 반력처럼 검사면에 작용하는 **표면력**으로 구성된다. 순수 토크는 검사체적에 작용하는 토크뿐만 아니라, 이러한 힘들의 모멘트로 구성된다.

특수한 경우

정상유동에서 검사체적 내의 각운동량은 일정하므로, 검사체적 내 각운동량의 시간변화율은 영이다.

정상유동: $$\sum \vec{M} = \int_{CS} (\vec{r} \times \vec{V})\rho(\vec{V}_r \cdot \vec{n})\, dA \tag{6-43}$$

많은 문제에서 유체는 여러 개의 입구와 출구에서 검사체적의 경계를 통과하므로, 면적 적분 대신 입출구 단면의 평균 상태량을 이용한 대수식의 형태로 나타내는 것이 편리하다. 이러한 경우에 각운동량 유동률은 유출하는 유동의 각운동량과 유입하는 유동의 각운동량의 차이이다. 또한 많은 경우에 모멘트 팔 $\vec{r}$은 입구나 출구를 따라 일정하거나(예로서, 반경류형 터보기계) 혹은 입출구 파이프의 직경에 비하여 크다(예로서, 회전하는 잔디 스프링클러). 이러한 경우, $\vec{r}$의 **평균값**이 입구나 출구의 단면 전체에서 사용된다. 따라서 입구 및 출구에서 평균 상태량으로 나타낸 각운동량 방정식의 근사식은 다음과 같다.

$$\sum \vec{M} \cong \frac{d}{dt}\int_{CV} (\vec{r} \times \vec{V})\rho\, dV + \sum_{out} (\vec{r} \times \dot{m}\vec{V}) - \sum_{in} (\vec{r} \times \dot{m}\vec{V}) \tag{6-44}$$

식 (6-44)에는 에너지 보존(5장)과 선형운동량 보존(6-4절)에서와 같은 보정계수가 포함되지 않았다. 그 이유는 $\vec{r}$과 $\dot{m}\vec{V}$의 외적이 문제의 기하학적 형상에 따라 달라지기 때문에 보정계수도 문제에 따라 달라지기 때문이다. 그러므로 다양한 문제에 적용할 수 있는 완전발달된 파이프 유동의 경우 운동에너지 보정계수와 운동량 플럭스 보정계수는 쉽게 계산할 수 있으나, 각운동량은 그렇지 않다. 다행스럽게도, 많은 실제적인 공학문제에서 반경과 속도의 평균값을 이용하여도 오차가 적으므로 식 (6-44)의 근사식은 적절하다.

만약 유동이 **정상**이면, 식 (6-44)는 다음과 같이 간단해진다(그림 6-27).

정상유동: $$\sum \vec{M} = \sum_{out} (\vec{r} \times \dot{m}\vec{V}) - \sum_{in} (\vec{r} \times \dot{m}\vec{V}) \tag{6-45}$$

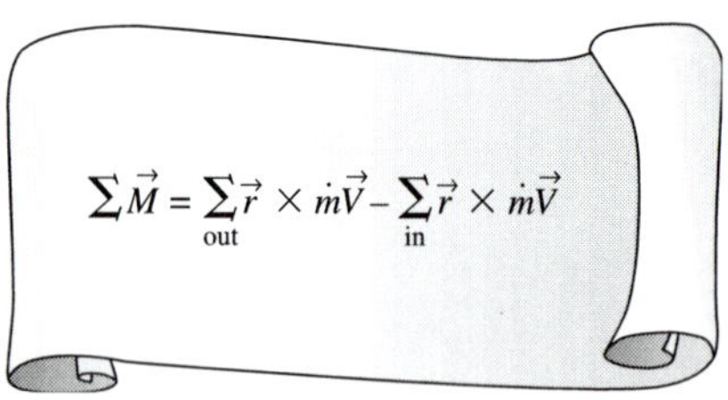

그림 6-27
정상유동에서 검사체적에 작용하는 순수 토크는 각운동량 유출률과 각운동량 유입률의 차이이다.

식 (6-45)는 다음을 의미한다. **정상유동에서 검사체적에 작용하는 순수 토크는 각운동량 유출률과 각운동량 유입률의 차이이다.** 이 설명은 어느 방향에도 적용할 수 있다.

많은 문제에서, 중요한 힘과 운동량 유동은 동일 평면에서 발생하며, 따라서 이들은 동일 축에 대해서, 동일 평면에 모멘트를 발생시킨다. 이러한 경우, 식 (6-45)를 스칼라 형태로 다음과 같이 표현할 수 있다.

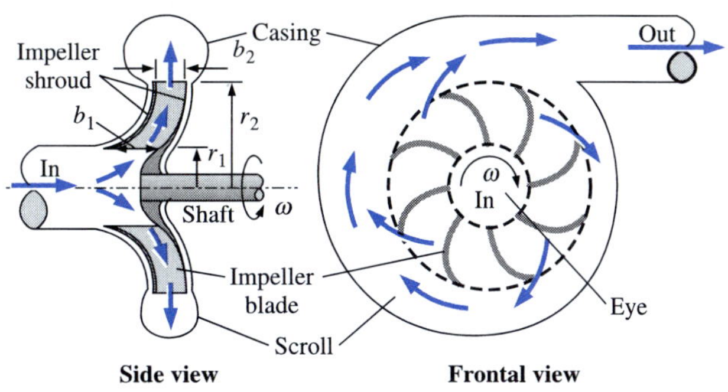

그림 6-28
원심펌프의 측면도 및 정면도.

$$\sum M = \sum_{\text{out}} r\dot{m}V - \sum_{\text{in}} r\dot{m}V \tag{6-46}$$

여기서 r은 모멘트의 중심점과 힘 또는 속도의 작용선 사이의 평균 수직거리이다. 그러나 모멘트의 부호규약에 주의해야 한다. 즉 반시계 방향의 모든 모멘트는 양으로, 그리고 시계 방향의 모든 모멘트는 음으로 한다.

반경류형 장치

원심펌프나 팬과 같은 회전유동 장치들은 회전축에 수직인 반경방향의 유동을 포함하며, 이들을 **반경류형 장치(radial-flow device)**라 한다(12장). 예를 들어, 원심펌프에서 유체는 임펠러의 눈(eye)을 통하여 축방향으로 유입되고, 임펠러 블레이드 사이의 유로를 통하여 바깥 방향으로 유동하여 와류실(scroll)에 모인 후, 접선방향으로 토출된다(그림 6-28). 축류형 장치(axial-flow device)는 선형운동량 방정식을 이용하여 쉽게 해석할 수 있다. 그러나 반경류형 장치는 유체의 각운동량이 크게 변하므로, 각운동량 방정식을 이용하여 해석한다.

원심펌프를 해석하기 위하여, 그림 6-29와 같이 임펠러 부분을 포함하는 동심원 영역을 검사체적으로 선택한다. 일반적으로 임펠러 부분의 입구 및 출구에서 평균 유동속도는 수직성분 및 접선성분을 갖는다. 또한 축이 각속도 ω로 회전할 때, 임펠러 블레이드의 접선방향 속도는 입구에서 ωr_1, 그리고 출구에서 ωr_2이다. 비압축성 정상유동에서, 질량보존의 법칙은 다음 식과 같다.

$$\dot{V}_1 = \dot{V}_2 = \dot{V} \quad \rightarrow \quad (2\pi r_1 b_1)V_{1,n} = (2\pi r_2 b_2)V_{2,n} \tag{6-47}$$

이 식에서 b_1과 b_2는 각각 $r = r_1$인 입구와 $r = r_2$인 출구에서의 유동 폭이다(블레이드의 두께가 영이 아니므로, 실제 원주의 단면적은 $2\pi rb$보다 작다). 절대속도의 평균 수직성분들 $V_{1,n}$과 $V_{2,n}$은 체적유량 $\dot{V}$을 이용하여 다음과 같이 표현할 수 있다.

$$V_{1,n} = \frac{\dot{V}}{2\pi r_1 b_1} \quad \text{그리고} \quad V_{2,n} = \frac{\dot{V}}{2\pi r_2 b_2} \tag{6-48}$$

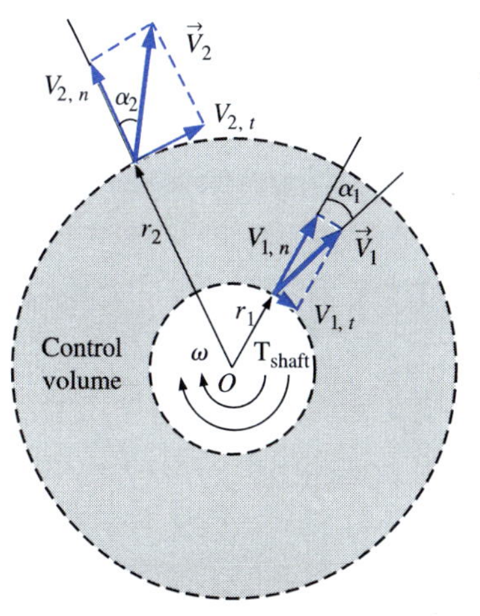

그림 6-29
원심펌프의 임펠러 부분을 포함하는 동심원 모양의 검사체적.

수직 속도성분들 $V_{1,n}$과 $V_{2,n}$ 그리고 내부와 외부 원주면에 작용하는 압력은 모두 축의 중심을 지나므로, 원점을 기준으로 한 토크에 기여하지 않는다. 따라서 오직 접선방향 속도성분만 토크를 발생시키므로, 각운동량 방정식 $\sum M = \sum_{\text{out}} r\dot{m}V - \sum_{\text{in}} r\dot{m}V$ 를 검사체적에 적용시켜 다음의 식을 얻는다.

$$T_{shaft} = \dot{m}(r_2 V_{2,t} - r_1 V_{1,t}) \qquad (6\text{-}49)$$

이 식을 **Euler의 터빈 공식(Euler's turbine formula)**라 한다. 만약 절대 유동속도 방향과 반경방향 사이의 각 α_1과 α_2를 알고 있다면, 이 식은 다음과 같이 쓸 수 있다.

$$T_{shaft} = \dot{m}(r_2 V_2 \sin\alpha_2 - r_1 V_1 \sin\alpha_1) \qquad (6\text{-}50)$$

입구와 출구에서 접선방향의 유체속도가 블레이드의 각속도와 같은 이상적인 경우, $V_{1,t} = \omega r_1$이고 $V_{2,t} = \omega r_2$이므로 토크는 다음과 같다.

$$T_{shaft,\ ideal} = \dot{m}\omega(r_2^2 - r_1^2) \qquad (6\text{-}51)$$

여기서, $\omega = 2\pi\dot{n}$은 블레이드의 각속도이다. 토크를 알면, 축동력은 $\dot{W}_{shaft} = \omega T_{shaft} = 2\pi\dot{n} T_{shaft}$이다.

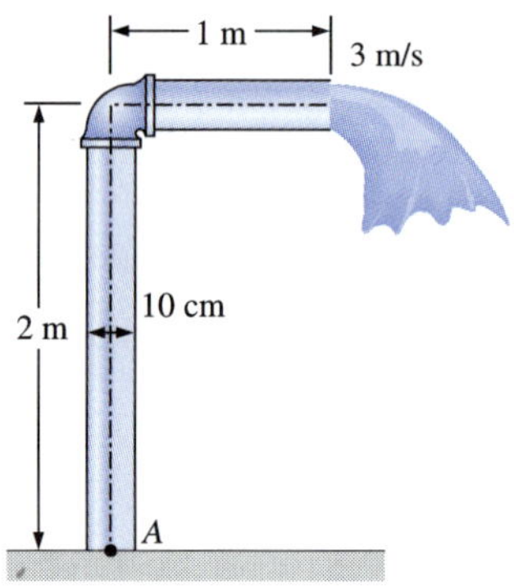

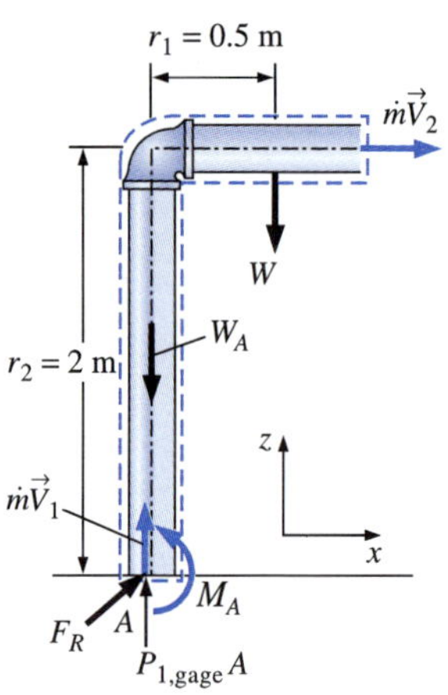

그림 6-30
예제 6-5의 개략도 및 자유물체도.

예제 6-5 물 파이프의 기초에 작용하는 굽힘 모멘트

그림 6-30과 같이, 2 m 길이의 수직구간과 1 m 길이의 수평구간으로 구성된 직경 10 cm의 파이프를 통하여 지하수를 퍼 올린다. 물은 평균속도 3 m/s로 대기 중으로 방출되고, 물이 가득 찼을 때 수평 파이프 구간의 질량은 단위 미터(m) 길이 당 12 kg이다. 파이프는 콘크리트 기초를 이용하여 땅에 고정시켰다. 파이프의 기초(점 A)에 작용하는 굽힘 모멘트와 점 *A*에 작용하는 모멘트가 영이 되는데 필요한 수평구간의 길이를 계산하라.

풀이 파이프를 통하여 물을 양수한다. 파이프의 기초에 작용하는 모멘트와 이 모멘트가 영이 되는데 필요한 수평구간의 길이를 계산하고자 한다.

가정 **1** 유동은 정상이다. **2** 물은 대기 중으로 방출되며, 따라서 출구의 계기압력은 영이다. **3** 파이프의 직경은 모멘트 팔에 비하여 작으므로, 출구에서 반경과 속도의 평균값을 이용한다.

상태량 물의 밀도는 1000 kg/m³이다.

해석 L 모양의 파이프 전체를 검사체적으로 선택하고, 입구를 1, 그리고 출구를 2로 한다. *x*축 및 *z*축을 그림과 같이 선택한다. 검사체적 및 좌표계는 고정되어 있다. 한 개의 입구 및 한 개의 출구를 갖는 정상유동 시스템의 연속 방정식은 $\dot{m}_1 = \dot{m}_2 = \dot{m}$이고, A_c가 일정하므로 $V_1 = V_2 = V$이다. 질량유량과 파이프 수평구간의 무게는 다음과 같다.

$$\dot{m} = \rho A_c V = (1000\ \text{kg/m}^3)[\pi(0.10\ \text{m})^2/4](3\ \text{m/s}) = 23.56\ \text{kg/s}$$

$$W = mg = (12\ \text{kg/m})(1\ \text{m})(9.81\ \text{m/s}^2)\left(\frac{1\ \text{N}}{1\ \text{kg}\cdot\text{m/s}^2}\right) = 117.7\ \text{N}$$

파이프의 점 *A*에 작용하는 모멘트를 계산하기 위하여, 그 점에 대한 모든 힘과 운동량 유동의 모멘트를 알아야 한다. 이 문제는 정상유동 문제이고, 모든 힘과 운동량 유동은 동일 평면에서 발생한다. 따라서 각운동량 방정식은 다음과 같이 표현할 수 있다.

$$\sum M = \sum_{out} r\dot{m}V - \sum_{in} r\dot{m}V$$

여기서 *r*은 평균 모멘트 팔, *V*는 평균 속도, 반시계 방향의 모든 모멘트는 양이고, 시계

방향의 모든 모멘트는 음이다.

L 모양의 파이프의 자유물체도가 그림 6-30에 도시되어 있다. 점 A를 지나는 모든 힘과 운동량 유동의 모멘트는 영이므로, 점 A에 대하여 모멘트를 발생시키는 유일한 힘은 수평 파이프 구간의 무게 W이고, 모멘트를 발생시키는 유일한 운동량 유동은 유출하는 흐름이다(두 모멘트는 시계방향이므로 부호는 모두 음이다). 따라서 점 A에 대한 각운동량 방정식은 다음과 같다.

$$M_A - r_1 W = -r_2 \dot{m} V_2$$

M_A에 대하여 정리하고 주어진 수치들을 대입하면 다음 식이 된다.

$$\begin{aligned} M_A &= r_1 W - r_2 \dot{m} V_2 \\ &= (0.5 \text{ m})(118 \text{ N}) - (2 \text{ m})(23.56 \text{ kg/s})(3 \text{ m/s})\left(\frac{1 \text{ N}}{1 \text{ kg} \cdot \text{m/s}^2}\right) \\ &= \mathbf{-82.5 \ N \cdot m} \end{aligned}$$

음의 부호는 가정한 M_A의 방향이 틀렸다는 것을 의미하므로, 방향이 반대이어야 한다. 따라서 82.5 N · m의 모멘트가 파이프의 기초에 시계방향으로 작용한다. 그러므로 콘크리트 기초는 유출하는 흐름에 의한 과도한 모멘트의 반작용으로, 82.5 N · m의 모멘트를 파이프에 시계방향으로 가해야 한다.

수평 파이프 구간의 단위 미터(m) 길이 당 무게는 $w = W/L = 117.7$ N이다. 그러므로, 길이 L m의 무게는 Lw이고, 모멘트 팔 $r_1 = L/2$이다. M_A를 영으로 놓고 수치들을 대입하면, 파이프 기초에서의 모멘트를 영으로 하는 수평 파이프의 길이 L은 다음과 같이 계산된다.

$$0 = r_1 W - r_2 \dot{m} V_2 \quad \rightarrow \quad 0 = (L/2)Lw - r_2 \dot{m} V_2$$

또는

$$L = \sqrt{\frac{2 r_2 \dot{m} V_2}{w}} = \sqrt{\frac{2(2 \text{ m})(23.56 \text{ kg/s})(3 \text{ m/s})}{117.7 \text{ N/m}}\left(\frac{\text{N}}{\text{kg} \cdot \text{m/s}^2}\right)} = \mathbf{1.55 \ m}$$

토의 파이프의 무게와 유출하는 흐름의 운동량이 점 A에서 반대의 모멘트를 유발한다. 이 예제는 동력학적인 해석을 수행하고 또한 중요한 단면에서 파이프 재질의 응력을 계산할 때, 유동하는 유체의 운동량의 모멘트를 고려하는 것이 중요하다는 것을 보여준다.

예제 6-6 스프링클러 시스템으로부터의 동력의 발생

그림 6-31과 같이, 4개의 동일한 팔(arm)을 갖는 큰 정원용 스프링클러의 회전부 상단에 발전기를 장착하여 전력을 생산하는 터빈으로 변환한다. 물은 20 L/s의 유량으로 회전축을 따라 스프링클러로 유입되고, 노즐에서 접선방향으로 유출한다. 스프링클러는 수평면에서 300 rpm으로 회전한다. 제트의 직경은 1 cm이고, 회전축과 노즐 중심과의 수직거리는 0.6 m이다. 생산된 전력을 계산하라.

풀이 4개의 팔을 갖는 스프링클러가 전력을 생산하기 위해 사용된다. 주어진 유량과 회전속도에 대하여 생산된 동력을 계산하고자 한다.

가정 **1** 유동은 주기적으로(cyclically) 정상이다(즉 스프링클러의 상단과 함께 회전하는 좌표축에 대하여 정상이다). **2** 물은 대기 중으로 방출되며, 따라서 출구의 계기압력은 영이다. **3** 발전기의 손실과 회전하는 부품들의 공기저항은 무시할 수 있다. **4** 노즐의 직경은

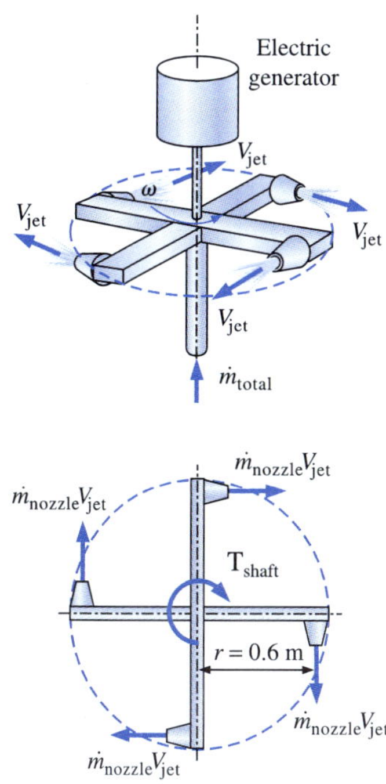

그림 6-31
예제 6-6의 개략도 및 자유물체도.

모멘트 팔에 비하여 작으므로, 출구에서 반경과 속도의 평균값을 이용한다.

상태량 물의 밀도는 1000 kg/m^3 = 1 kg/L이다.

해석 스프링클러의 팔을 포함하는 원판을 검사체적으로 선택한다. 이 검사체적은 움직이지 않는다.

정상유동 시스템의 연속방정식은 $\dot{m}_1 = \dot{m}_2 = \dot{m}_{total}$이다. 4개의 노즐이 동일하므로 $\dot{m}_{nozzle} = \dot{m}_{total}/4$이고 또한 물의 밀도가 일정하므로 $\dot{V}_{nozzle} = \dot{V}_{total}/4$이다. 노즐에 상대적인 제트의 평균 유출속도는 다음과 같다.

$$V_{jet,r} = \frac{\dot{V}_{nozzle}}{A_{jet}} = \frac{5\text{ L/s}}{[\pi(0.01\text{ m})^2/4]}\left(\frac{1\text{ m}^3}{1000\text{ L}}\right) = 63.66\text{ m/s}$$

노즐의 각속도와 접선방향 속도는 다음과 같다.

$$\omega = 2\pi\dot{n} = 2\pi(300\text{ rev/min})\left(\frac{1\text{ min}}{60\text{ s}}\right) = 31.42\text{ rad/s}$$

$$V_{nozzle} = r\omega = (0.6\text{ m})(31.42\text{ rad/s}) = 18.85\text{ m/s}$$

즉 물이 유출될 때, 노즐 내의 물은 18.85 m/s의 평균속도로 반대방향으로 운동한다. 그러므로 검사체적에(또는 지면에 고정된 점에) 상대적인 물 제트의 평균속도는 다음과 같게 된다.

$$V_r = V_{jet} - V_{nozzle} = 63.66 - 18.85 = 44.81\text{ m/s}$$

이 예제는 주기적으로 정상유동인 문제이고, 모든 힘과 운동량 유동은 동일 평면에서 발생한다. 따라서 각운동량 방정식은 $\sum M = \sum_{out} r\dot{m}V - \sum_{in} r\dot{m}V$으로 근사화 된다. 여기서 r은 모멘트 팔이고, 반시계방향의 모든 모멘트는 양이며, 시계방향의 모든 모멘트는 음이다.

스프링클러의 팔을 포함하는 원판 모양의 자유물체도가 그림 6-31에 도시되어 있다. 회전축을 지나는 모든 힘과 운동량 유동의 모멘트는 영이다. 노즐에서 유출하는 물 제트의 운동량 유동은 시계방향의 모멘트를 야기하고, 검사체적에 대한 발전기의 모멘트도 시계방향이다(둘 다 부호는 음이다). 따라서 회전축에 대한 운동량 방정식은 다음과 같다.

$$-\text{T}_{shaft} = -4r\dot{m}_{nozzle}V_r \quad \text{또는} \quad \text{T}_{shaft} = r\dot{m}_{total}V_r$$

주어진 수치들을 대입하면, $\dot{m}_{total} = \rho\dot{V}_{total} = (1\text{ kg/L})(20\text{ L/s}) = 20\text{ kg/s}$이므로 축을 통해 전달된 토크는 다음과 같다.

$$\text{T}_{shaft} = r\dot{m}_{total}V_r = (0.6\text{ m})(20\text{ kg/s})(44.81\text{ m/s})\left(\frac{1\text{ N}}{1\text{ kg}\cdot\text{m/s}^2}\right) = 537.7\text{ N}\cdot\text{m}$$

따라서 생산한 동력은 다음과 같다.

$$\dot{W} = 2\pi\dot{n}\text{T}_{shaft} = \omega\text{T}_{shaft} = (31.42\text{ rad/s})(537.7\text{ N}\cdot\text{m})\left(\frac{1\text{ kW}}{1000\text{ N}\cdot\text{m/s}}\right) = \mathbf{16.9\text{ kW}}$$

그러므로 스프링클러 형태의 터빈은 16.9 kW의 동력을 생산할 수 있는 잠재력을 가지고 있다.

토의 이 결과에 따라, 두 가지 극단적인 경우를 고려하자. 첫 번째로는, 스프링클러가 고장 나서 각속도가 영일 때이다. 이 경우에 $V_{nozzle} = 0$, 즉 $V_r = V_{jet} = 63.66$ m/s이므로 발생한 토크는 최대가 되며 $T_{shaft,\,max} = 764$ N · m이다. 그러나 축이 회전하지 않으므로 발생한 동력은 영이다.

두 번째로는, 발전기가 스프링클러 축과 분리되는 경우(토크와 발생한 동력은 모두 영이다)이며, 축은 평형 속도에 이를 때까지 가속된다. 각운동량 방정식의 $T_{shaft} = 0$으로 하면, $V_r = 0$, 즉 $V_{jet} = V_{nozzle} = 63.66$ m/s이다. 이 경우 스프링클러의 각속도는 다음과 같이 계산된다.

$$\dot{n} = \frac{\omega}{2\pi} = \frac{V_{nozzle}}{2\pi r} = \frac{63.66\text{ m/s}}{2\pi(0.6\text{ m})}\left(\frac{60\text{ s}}{1\text{ min}}\right) = 1013\text{ rpm}$$

이 rpm에서, 지면의 관찰자에 상대적으로(또는 선택한 고정된 원판 모양의 검사체적에 상대적으로) 제트의 속도는 영이다.

각속도에 따라 생산한 동력의 변화를 그림 6-32에 도시하였다. rpm이 증가하면 생산한 동력도 증가하여 최대에 이르렀다가(이 예제의 경우, 약 500 rpm에서), 다시 감소한다. 실제로 생산한 동력은 발전기의 효율(5장), 기타 비가역 손실, 축의 마찰, 그리고 공기역학적 항력 때문에 이보다 작다.

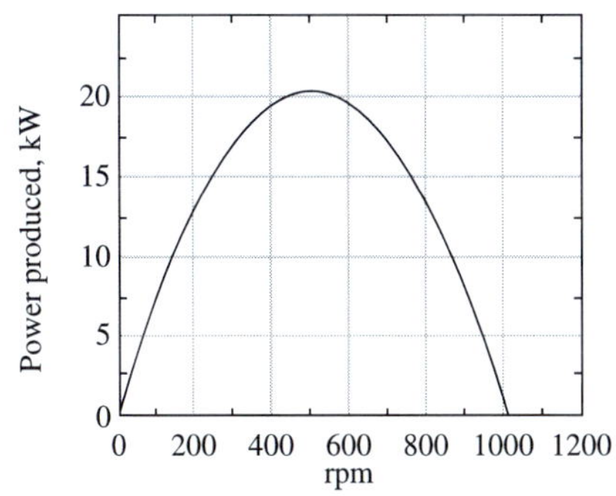

그림 6-32
각속도에 따른 생산 동력의 변화.

요약 SUMMARY

이 장에서는 주로 유한 검사체적에 대한 운동량보존을 다루었다. 검사체적에 작용하는 힘에는 중력, 전기력 및 자기력 등과 같이 검사체적의 전체 체적에 걸쳐 작용하는 **체적력(body force)**과 압력 힘 및 접촉점의 반력 등과 같이 검사면에 작용하는 **표면력(surface force)**이 있다. 어느 특정한 순간에, 검사체적에 작용하는 모든 힘의 합은 $\sum \vec{F}$로 표시하고, 다음의 의미를 갖는다.

$$\underbrace{\sum \vec{F}}_{\text{total force}} = \underbrace{\sum \vec{F}_{gravity}}_{\text{body force}} + \underbrace{\sum \vec{F}_{pressure} + \sum \vec{F}_{viscous} + \sum \vec{F}_{other}}_{\text{surface forces}}$$

Newton의 제 2법칙은 다음과 같이 기술할 수 있다. **시스템에 작용하는 모든 외력의 합은 시스템의 선형운동량의 시간변화율과 같다.** Reynolds 수송정리에 $b = \vec{V}$ 및 $B = m\vec{V}$를 대입하고 Newton의 제 2법칙을 이용하면, 검사체적에 대한 **선형운동량 방정식**은 다음과 같다.

$$\sum \vec{F} = \frac{d}{dt}\int_{CV} \rho\vec{V}\, dV + \int_{CS} \rho\vec{V}(\vec{V}_r \cdot \vec{n})\, dA$$

특수한 경우, 이 식은 간단히 다음과 같이 표현할 수 있다.

정상유동: $$\sum \vec{F} = \int_{CS} \rho\vec{V}(\vec{V}_r \cdot \vec{n})\, dA$$

비정상유동(대수식 형태):

$$\sum \vec{F} = \frac{d}{dt}\int_{CV} \rho\vec{V}\, dV + \sum_{out} \beta\dot{m}\vec{V} - \sum_{in} \beta\dot{m}\vec{V}$$

정상유동(대수식 형태): $$\sum \vec{F} = \sum_{out} \beta\dot{m}\vec{V} - \sum_{in} \beta\dot{m}\vec{V}$$

여기서 β는 운동량 플럭스 보정계수이다. 질량 m이 일정한 검사체적은 강체처럼 취급되며, 물체에 작용하는 순수 힘, 또는 **추진력(thrust)**은 다음과 같다.

$$\vec{F}_{body} = m_{body}\vec{a} = \sum_{in} \beta\dot{m}\vec{V} - \sum_{out} \beta\dot{m}\vec{V}$$

Newton의 제 2법칙은 다음과 같이 서술할 수도 있다. **시스템의 각 운동량의 변화율은 시스템에 작용한 순수 토크와 같다.** Reynolds 수송정리에 $b = \vec{r} \times \vec{V}$ 및 $B = \vec{H}$를 대입하여 검사체적에 대한 **각운동량 방정식**을 다음과 같이 구할 수 있다.

$$\sum \vec{M} = \frac{d}{dt}\int_{CV} (\vec{r} \times \vec{V})\rho\, dV + \int_{CS} (\vec{r} \times \vec{V})\rho(\vec{V}_r \cdot \vec{n})\, dA$$

특수한 경우, 이 식은 간단히 다음과 같이 표현할 수 있다.

정상유동: $$\sum \vec{M} = \int_{CS} (\vec{r} \times \vec{V})\rho(\vec{V}_r \cdot \vec{n})\, dA$$

비정상유동(대수식 형태):

$$\sum \vec{M} = \frac{d}{dt}\int_{CV} (\vec{r} \times \vec{V})\rho\, dV + \sum_{out} \vec{r} \times \dot{m}\vec{V} - \sum_{in} \vec{r} \times \dot{m}\vec{V}$$

정상 균일유동: $$\sum \vec{M} = \sum_{out} \vec{r} \times \dot{m}\vec{V} - \sum_{in} \vec{r} \times \dot{m}\vec{V}$$

한 방향으로의 스칼라 형태: $$\sum M = \sum_{out} r\dot{m}V - \sum_{in} r\dot{m}V$$

선형운동량 및 각운동량 방정식들은 12장에서 자세히 다룰 터보기계의 해석에 매우 중요한 식들이다.

참고문헌과 권장도서 REFERENCES AND SUGGESTED READING

1. P. K. Kundu *Fluid Mechanics*, ed. 4. San Diego, CA: Academic Press, 1990.

2. T. Wright, *Fluid Machinery: Performance, Analysis, and Design*, Boca Raton, FL: CRC Press, 1999.

연습문제* PROBLEMS

Newton의 법칙과 운동량 보존

6-1C Newton의 제 1, 제 2 및 제 3법칙을 설명하라.

6-2C 운동량은 벡터인가? 그렇다면 운동량의 방향은 어디를 향하는가?

6-3C 운동량 보존의 법칙을 설명하라. 한 물체에 작용하는 순수 힘이 영이면, 이 물체의 운동량은 어떠한가?

6-4C 회전하는 물체에 대한 Newton의 제 2법칙을 설명하라. 일정한 질량의 회전하는 강체가 아닌 물체에 작용하는 순수 토크가 영이면, 그 물체의 각속도와 각운동량은 어떠한가?

6-5C 질량과 각속도가 동일한 두 강체를 고려하자. 이들의 각운동량은 동일한가? 그 이유를 설명하라.

선운동량 방정식

6-6C 유체역학에서 Reynolds 수송정리의 중요성을 설명하라. 이를 이용하여 선운동량 방정식을 유도하는 방법을 설명하라.

6-7C 체적력과 표면력을 정의하고, 검사체적에 작용하는 순수 힘을 계산하는 방법을 설명하라. 유체의 무게는 체적력인가 혹은 표면력인가? 압력은 체적력인가 혹은 표면력인가?

6-8C 검사체적에 대한 운동량해석에서 표면력들은 어떻게 생기는가? 표면력의 개수를 어떻게 최소화할 수 있을까?

6-9C 유동시스템의 운동량해석을 할 때, 운동량 플럭스 보정계수의 중요성은 무엇인가? 층류유동, 난류유동 혹은 제트 유동 중, 보정계수가 가장 중요하고 해석 시 반드시 이를 고려해야 하는 유동은 무엇인가?

6-10C 외력이 없는 경우의 정상, 1차원 유동의 운동량 방정식을 쓰고, 각 항들의 물리적 중요성을 설명하라.

6-11C 운동량 방정식을 적용할 때, 일반적으로 대기압을 무시한 계기 압력을 사용하는 이유는 무엇인가?

6-12C 소방관 두 명이 노즐이 부착된 동일한 물 호스로 불을 끄려한다. 한 명은 호스를 똑 바로 잡고 있으므로, 물의 유동방향과 동일한 방향으로 노즐에서 물이 분사된다. 반면 다른 한 명은 노즐의 방향을 반대로 하여 잡고 있으므로, 물은 U형 방향전환 후 분사된다. 어느 소방관에게 더 큰 반력이 작용할까?

6-13C 우주공간의 로켓(마찰, 즉 운동에 대한 저항이 없다)이 자신에 상대적인 높은 속도 V로 배기가스를 분사한다. 이 *V*가 로켓 최대속도의 상한인가?

6-14C 헬리콥터가 비행할 수 있는 이유를 운동량과 공기 유동의 관점에서 설명하라.

그림 P6-14C

6-15C 헬리콥터가 높은 산 정상에서 비행할 때와 해수면에서 비행할 때, 어느 경우에 더 큰 동력을 필요로 할까? 그 이유를 설명하라.

6-16C 동일한 위치에서 똑같은 성능을 발휘하려면, 헬리콥터는 여름과 겨울 중 어느 계절에 더 많은 에너지를 필요로 할까? 그 이유를 설명하라.

6-17C 출구 단면적이 일정한 수평노즐에서 분사된 물 제트가 고정된 수직평판에 수직으로 충돌한다. 물 제트의 유동에 대항하여 평판을 현재의 위치에 유지시키려면, 어떠한 힘 *F*가 필요할 것이다. 제트의 속도가 두 배로 증가하면, 이 힘도 두 배로 증가하는가? 그 이유를 설명하라.

6-18C 고정된 노즐에서 분사된 속도가 일정한 수평방향의 물 제트가 거의 마찰이 없는 지면에 놓인 수직평판에 수직으로 충돌한다. 물 제트가 이 평판에 충돌하면, 물의 힘에 의해 이 평판은 움직이기 시작한다. 평판의 가속도는 일정할까 혹은 변화할 것인가? 그 이유를 설명하라.

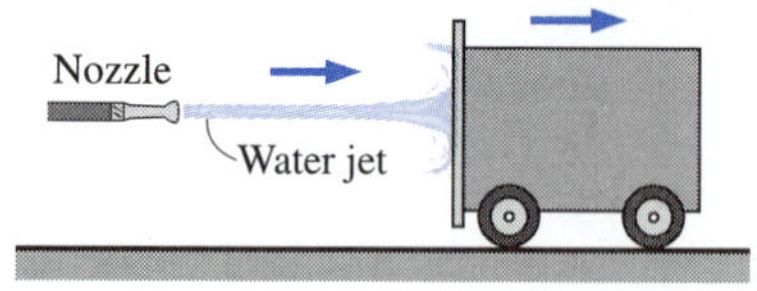

그림 P6-18C

* "C"로 표시된 문제는 개념 문제이고, 학생들은 모든 문제에 답하도록 권장된다. "E"로 표시된 문제는 영국 단위가 사용되는 문제이며, SI 단위를 사용하는 학생들은 이 문제들을 답하지 않아도 된다. 아이콘으로 표시된 문제는 EES를 이용하여 풀 수 있으며 완전한 풀이가 매개변수 연구와 함께 첨부된 DVD에 포함되어 있다. 아이콘으로 표시된 문제는 그 성질이 포괄적이어서 이 교과서에 동반된 EES 소프트웨어를 이용해 컴퓨터로 푸는 것이 바람직하다.

6-19C 고정된 노즐에서 분사된 일정한 속도 V의 수평방향 물 제트가 거의 마찰이 없는 지면에 놓인 수직평판에 수직으로 충돌한다. 물 제트가 이 평판에 충돌하면, 물의 힘에 의해 이 평판은 움직이기 시작한다. 평판이 도달할 수 있는 최대속도는 얼마일까? 그 이유를 설명하라.

6-20 고정된 노즐에서 속도 V로 분사되는 유체 제트가 노즐에 작용하는 힘은 V^2 또는 $\dot{m}^2$에 비례함을 증명하라.

6-21 고정된 노즐에서 분사된 일정한 속도 V의 수평방향 물 제트가 수직평판에 수직으로 충돌한 후 수직면의 주위로 유출한다. 판은 제트와 반대방향으로 $\frac{1}{2}V$의 속도로 운동한다. 평판을 고정시키기 위하여 어떠한 힘 F가 필요하다. 그렇다면, 평판을 물 제트의 방향으로 움직이게 하려면 얼마의 힘이 필요할까?

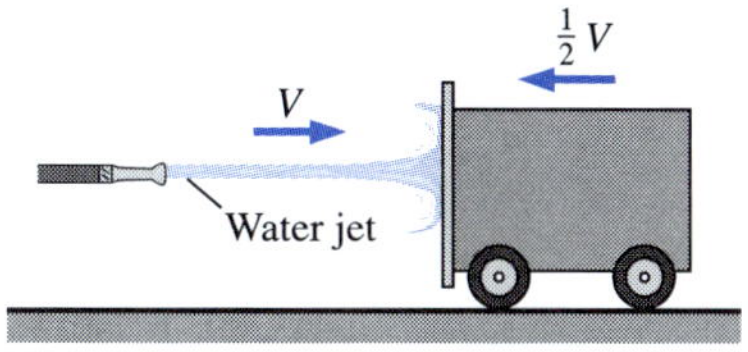

그림 P6-21

6-22 유량 25 kg/s로 수평 파이프를 유동하는 물을 90° 엘보우를 이용하여 위 방향으로 바꾸려 한다. 엘보우의 직경은 10 cm이다. 엘보우는 대기 중으로 물을 방출하므로, 출구의 압력은 국소 대기압이다. 엘보우 입출구 중심 간의 높이 차이는 35 cm이다. 엘보우와 그 내부의 물무게는 무시할 수 있을 때 다음을 계산하라. (a) 엘보우 입구 중심의 계기 압력, 그리고 (b) 엘보우를 현재의 위치에 고정시키기 위해 필요한 힘. 운동량 플럭스 보정계수는 1.03이다.

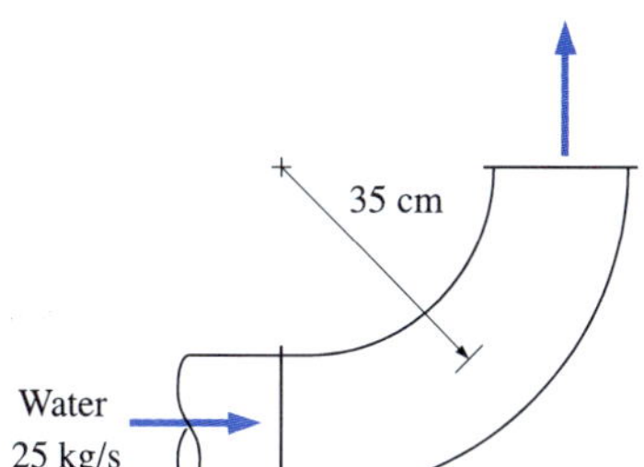

그림 P6-22

6-23 문제 6-22의 엘보우에 이것과 동일한 또 하나의 엘보우를 부착하여, 물의 유동을 U형 방향전환 시, 문제 6-22를 반복하라.

답: (a) 6.87 kPa, (b) 218 N

6-24E 속도가 30 ft/s인 수평방향 물 제트가 수직평판에 수직으로 충돌한 후 수직면의 주위로 유출한다. 물 제트의 유동에 대항하여 평판을 현재의 위치에 유지시키기 위하여 350 lbf의 힘이 필요하다면, 물의 체적유량은 얼마인가?

6-25 유량 30 kg/s로 수평 파이프를 유동하는 물을 면적이 좁아지는 엘보우를 이용하여 가속시키며, 또한 $\theta = 45°$ 윗 방향으로 바꾸려 한다. 엘보우는 대기 중으로 물을 방출한다. 엘보우의 단면적은 입구에서 150 cm², 그리고 출구에서는 25 cm²이다. 입출구 중심 간의 높이 차이는 40 cm이다. 엘보우와 엘보우 내 물의 질량은 50 kg이다. 엘보우를 현재의 위치에 고정시키기 위해 필요한 힘을 계산하라. 운동량 플럭스 보정계수는 1.03이다.

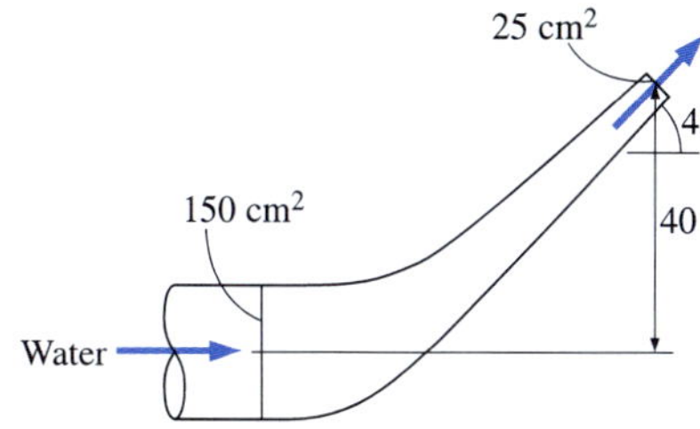

그림 P6-25

6-26 $\theta = 110°$ 일 때, 문제 6-25를 반복하라.

6-27 노즐에서 15 m/s로 가속된 물이, 물 제트와 같은 방향으로 5 m/s 의 일정한 속도로 움직이는 수레 뒷부분의 수직평판에 충돌한다. 움직이지 않는 노즐을 통과하는 물의 질량유량은 25 kg/s이다. 충돌 후, 제트는 평판 면에서 모든 방향으로 유출한다. (a) 수레가 가속하지 않도록 브레이크에 작용하여야 할 힘을 계산하라. (b) 만약 이 힘을 브레이크에 소비하는 대신 동력을 생산한다면, 생산할 수 있는 최대 동력은 얼마인가?

답: (a) −167 N, (b) 833 W

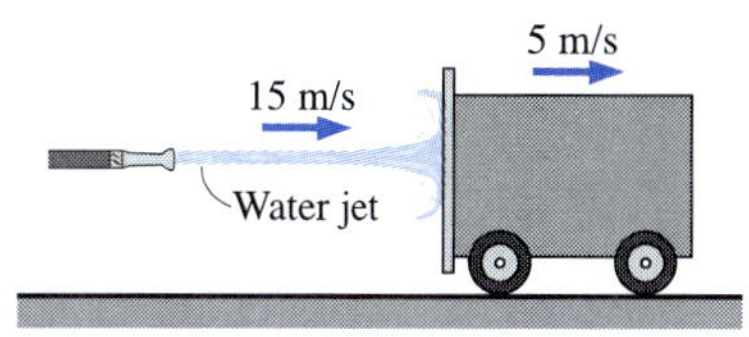

그림 P6-27

6-28 문제 6-27을 다시 고려하자. 만약 수레의 질량이 300 kg이고 브레이크가 고장 났다면, 물 제트가 처음에 뒤 평판에 충돌하였을 때 수레의 가속도는 얼마인가? 뒤 평판을 적시는 물의 무게는 무시할 수 있다고 가정하라.

6-29E 유량 100 ft³/s 의 물 제트가 양의 x방향으로 20 ft/s의 속도로 유동한다. 이 유동은 고정된 분할판(splitter)에 충돌한 후, 유동의 반은 45° 위 방향으로, 나머지 반은 아래쪽으로 방향이 바뀌며, 두 유동의 최종 속도는 20 ft/s이다. 중력효과를 무시하였을 때, 물의 힘에 대항하여 분할판을 현재의 위치에 유지시키기 위하여 필요한 힘의 x방향 성분 및 z방향 성분을 계산하라.

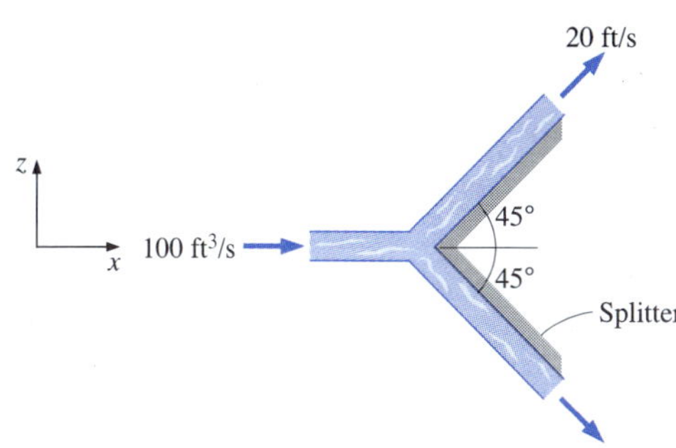

그림 P6-29E

6-30E 문제 6-29E를 다시 고려하자. EES(혹은 다른) 소프트웨어를 이용하여, 분할판의 각도가 분할판에 유입 유동 방향으로 작용하는 힘에 미치는 영향을 계산하라. 각도는 0°에서 180°까지 10° 씩 증가시킨다. 그 결과를 표로 정리하고 그림으로 나타낸 후, 결론을 도출하라.

6-31 속도가 18 m/s이고 직경이 5 cm인 수평방향의 물 제트가 1000 kg 질량의 수직평판에 수직으로 충돌한다. 평판은 거의 마찰이 없는 지면에 놓여 있고, 처음에는 정지하고 있다. 제트가 평판에 충돌하면, 평판은 제트와 같은 방향으로 움직이기 시작한다. 물은 움직이는 평판 면에서 유출한다. (a) 물 제트가 처음에 평판에 충돌하였을 때($t = 0$), 평판의 가속도는 얼마인가? (b) 평판의 속도가 9 m/s에 도달할 때까지 걸리는 시간은 얼마인가? 그리고 (c) 제트가 평판에 처음 충돌한 후, 20 *s* 후에 평판의 속도는 얼마인가? 평판에 상대적인 제트의 속도는 일정하다고 가정하라.

6-32 30 cm 직경의 수평 파이프 내를 속도 5 m/s, 계기 압력 300 kPa로 유동하는 물이 단면이 감소하는 90° 벤드로 유입된 후, 15 cm 직경의 수직 파이프에 연결된다. 벤드 입구의 위치는 출구보다 50 cm 높다. 마찰 및 중력효과를 무시하고, 물에 의해 벤드에 작용하는 순수 힘을 계산하라. 운동량 플럭스 보정계수는 1.04이다.

6-33 상용 풍차 날개의 직경이 100 m이고, 3 MW 이상의 전력을 생산한다. 날개의 직경이 90 m인 풍차에 25 km/h의 바람이 지속적으로 분다. 풍차의 터빈-발전기 연합효율이 32%일 때 다음을 계산하라. (a) 터빈이 생산한 동력, (b) 바람에 의해 터빈의 지지대에 가해진 수평방향의 힘. 공기의 밀도는 1.25 kg/m^{3}이고, 마찰효과는 무시하라.

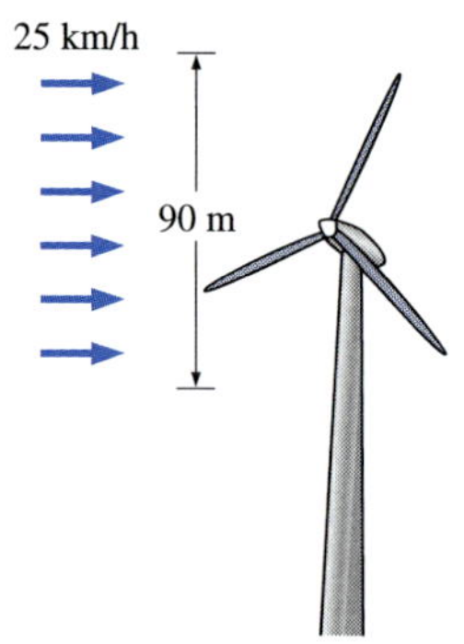

그림 P6-33

6-34E 속도가 140 ft/s 인 직경 3 in의 물 제트가 곡면에 충돌한 후, 동일한 속도를 유지하며 방향이 180° 바뀐다. 마찰효과를 무시하였을 때, 물의 힘에 대항하여 곡면을 현위치에 고정시키기 위해 필요한 힘을 계산하라.

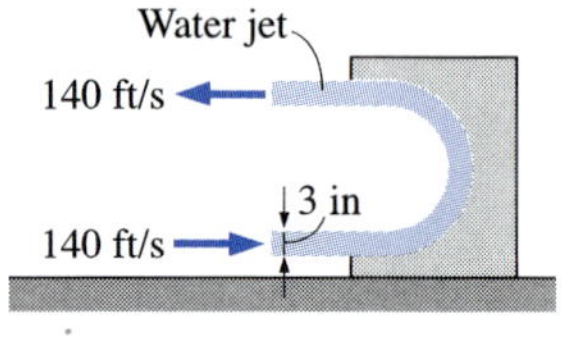

그림 P6-34E

6-35E 속도가 140 ft/s인 직경 3 in의 수평방향의 물 제트가 곡면에 충돌한 후, 원래의 방향에서 135° 방향이 바뀐다. 물의 힘에 대항하여 곡면을 현 위치에 고정시키기 위해 필요한 힘과 그 힘의 방향을 계산하라. 마찰 및 중력효과는 무시하라.

6-36 소방관들이 불을 끄기 위하여, 호스의 끝에 부착된 노즐을 잡고 있다. 노즐의 출구 직경이 6 cm이고 물의 유량이 5 m^3/min일 때, 다음을 계산하라. (a) 출구에서 물의 평균속도, (b) 노즐을 붙잡기 위해 소방관들에게 필요한 수평방향의 힘.

답: (a) 29.5 m/s, (b) 2457 N

그림 P6-36

6-37 지면에 상대적인 속도가 30 m/s인 직경 5 cm의 수평방향의 물 제트가 제트와 같은 방향으로 10 m/s의 속도로 움직이는 수직평판에 충돌한다. 충돌 후, 제트는 평판면에서 모든 방향으로 유출한다. 물 제트가 평판에 가한 힘은 얼마인가?

6-38 문제 6-37을 다시 고려하자. EES(혹은 다른) 소프트웨어를 이용하여, 평판의 속도가 평판에 가하는 힘에 미치는 영향을 계산하라. 평판의 속도는 0에서 30 m/s까지 3 m/s 씩 증가시킨다. 그 결과를 표로 정리하고, 그림으로 나타내라.

6-39E 날개의 직경이 24 in인 팬이 해수면 고도에서 70°F의 공기 2000 cfm(ft^3/min)을 유동시킬 때 다음을 계산하라. (a) 팬을 지탱하기 위한 힘, (b) 팬이 필요로 하는 최소 동력 입력. 팬을 포함할 수 있도록 검사체적을 충분히 크게 선택하라. 또한 검사체적 입구의 계기 압력 및 공기의 속도는 영이다. 팬에 접근하는 공기는 매우 큰 면적을 통과하고 속도는 무시할 수 있을 정도라고 가정하라. 또한 공기는 팬의 날개 직경과 동일한 직경의 가상의 원통을 통과하여 대기압 상태의 균일한 속도로 팬에서 유출한다고 가정한다.

답: (a) 0.82 lbf, (b) 5.91 W

6-40 짐이 없을 때, 질량이 10,000 kg인 헬리콥터가 해수면 고도에서 떠 있으면서 짐을 적재한다. 짐을 적재하지 않고 떠 있을 때, 블레이드는 400 rpm으로 회전한다. 헬리콥터 위에 위치한 수평 블레이드는 15 m 직경의 공기질량을 블레이드의 회전속도(rpm)에 비례하는 평균속도로 아래쪽으로 유동시킨다. 15,000 kg의 짐을 적재한 후, 헬리콥터는 천천히 상승한다. 다음을 구하라. (a) 짐이 없는 상태일 때, 헬리콥터로 인해 아래쪽으로 유동하는 공기의 체적유량과 필요한 동력의 입력, (b) 15,000 kg의 짐을 적재하였을 때, 헬리콥터 블레이드의 rpm과 필요한 동력의 입력.

대기의 밀도는 1.18 kg/m³이다. 윗 방향에서 블레이드로 접근하는 공기는 매우 큰 면적을 통과하고 속도는 무시할 수 있을 정도라고 가정하라. 또한 블레이드에 의해 공기는 균일한 속도로 가상의 원통을 통과하여 아래쪽으로 강제로 유동하고, 원통의 바닥 면적은 블레이드의 스팬 면적과 같다.

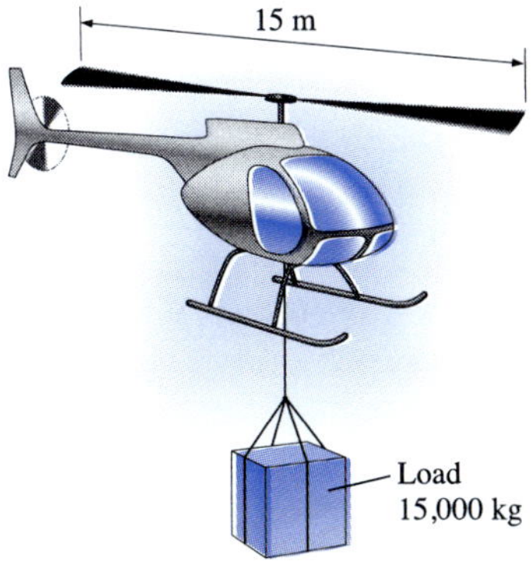

그림 P6-40

6-41 문제 6-40의 헬리콥터가 해수면 대신, 공기의 밀도가 0.79 kg/m³인 3000 m 해발의 높은 산 정상에 떠 있다. 짐을 적재하지 않은 헬리콥터가 해수면 고도에서 떠 있기 위해서 블레이드가 400 rpm으로 회전하여야 한다면, 높은 고도에서는 몇 rpm으로 회전하여야 하는가? 또한 3000 m 고도에서 떠 있을 때 필요한 동력 입력은, 해수면 고도에 비해 몇 % 증가해야 하는가?

답: 489 rpm, 22%

6-42 단지 수직 평판을 상하로 이동시켜 수로의 유량을 조절하는 수문은 관개시스템에 널리 사용된다. 수문의 상류와 하류의 물높이 y_1과 y_2의 차이, 그리고 속도 V_1과 V_2의 차이로 인하여 수문에 힘이 가해진다. 정상 및 균일유동에서 수로표면의 전단력을 무시하고 V_1, V_2 및 폭이 w인 수문에 작용하는 힘 사이의 관계식을 유도하라.

답: $F_R = \dot{m}(V_1 - V_2) + \frac{w}{2}\rho g(y_1^2 - y_2^2)$

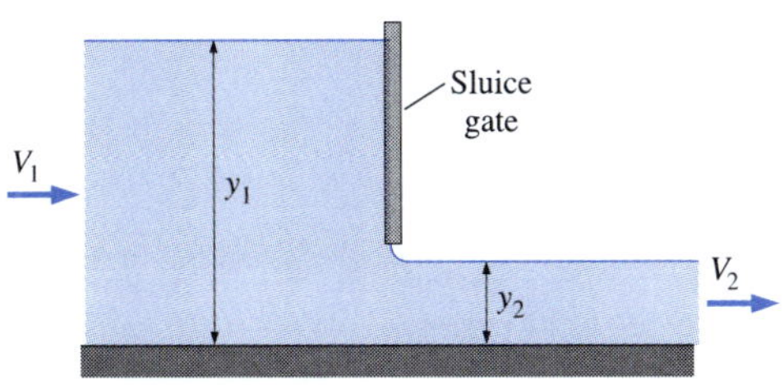

그림 P6-42

6-43 유량이 0.12 m³/s, 속도가 7 m/s, 그리고 압력은 대기압 상태인 물이 원심펌프에 축방향으로 유입하고, 그림 P6-43에서와 같이 펌프 케이싱을 따라 수직방향으로 토출한다. 축에 작용하는(축의 베어링에 작용하는 힘) 축방향의 힘을 계산하라.

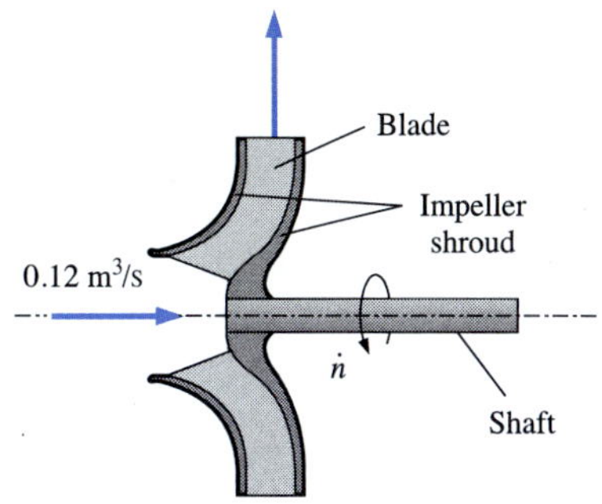

그림 P6-43

각운동량 방정식

6-44C Reynolds 수송정리를 이용하여 각운동량 방정식을 유도하는 방법을 설명하라.

6-45C 관성모멘트 I가 일정하고, 외부모멘트가 없고, 균일한 유출속도는 $\vec{V}$이며, 그리고 질량유량이 $\dot{m}$인 검사체적에 대한 비정상 각운동량 방정식을 벡터 형태로 표현하라.

6-46C 정상, 균일유동일 때, 고정 검사체적에 대하여 특정한 회전축에 관한 스칼라 형태의 각운동량 방정식은 무엇인가?

6-47 그림 P6-47과 같이, 3 m 길이의 수직부분과 2 m 길이의 수평부분으로 구성된 직경 12 cm의 파이프를 통하여 물이 유동한다. 파이프의 끝에는 90° 엘보우가 부착되어, 물을 아래 방향으로 유출시킨다. 물은 4 m/s의 속도로 대기 중으로 방출되고, 물이 가득 찬 파이프의 질량은 단위 미터(m) 길이 당 15 kg이다. 수평 파이프와 수직 파이프의 교점 (점 A)에 작용하는 모멘트를 계산하라. 만약 물이 아래 방향 대신 위 방향으로 유출한다면 모멘트는 얼마일까?

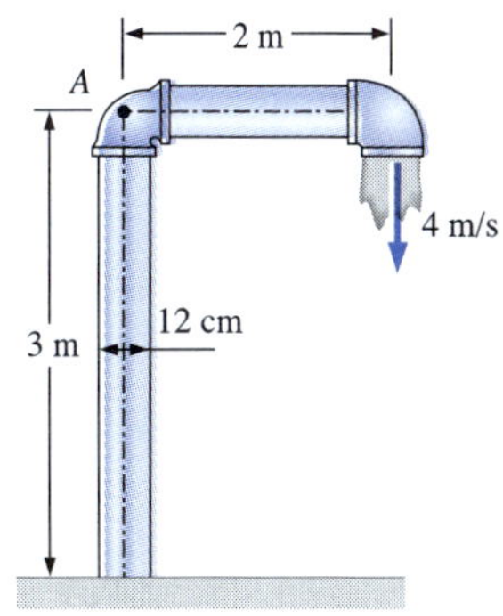

그림 P6-47

6-48E 2개의 동일한 팔을 갖는 큰 정원용 스프링클러의 회전부 상단에 발전기를 장착하여 전력을 생산한다. 물은 8 gal/s의 유량으로 회전축을 따라 스프링클러로 유입되고, 노즐에서 접선방향으로 유출한다. 스프링클러는 수평평면에서 250 rpm으로 회전한다. 각각의 제트의 직경은 0.5 in이고, 회전축과 노즐 중심과의 수직거리는 2 ft이다. 최대로 생산 가능한 전력을 계산하라.

6-49E 문제 6-48E의 스프링클러를 다시 고려하자. 회전부의 상단이 고장으로 회전하지 않을 때, 여기에 작용하는 모멘트를 계산하라.

6-50 세 개의 동일한 팔을 갖는 정원용 스프링클러가 물의 유동으로 인한 충격에 의하여 수평 평면에서 회전하며 잔디에 물을 뿌린다. 물은 40 L/s의 유량으로 회전축을 따라 스프링클러로 유입되고, 직경이 1.2 cm인 노즐에서 접선방향으로 유출한다. 베어링에는 작동 속도에서의 마찰로 인해 $T_0 = 50$ N · m의 저항 토크(retarding torque)가 작용한다. 회전축과 노즐 중심 사이의 수직거리가 40 cm일 때, 스프링클러 축의 각속도를 계산하라.

6-51 Pelton 수차는 전력을 생산하기 위하여 수력발전소에서 많이 사용한다. 이러한 터빈에서는, 속도 V_j의 고속 제트가 버킷에 충돌하여 회전 바퀴(wheel)를 회전시킨다. 그림 P6-51에서와 같이 버킷은 제트의 방향을 반대로 바꾸고, 제트는 유입된 방향과 β의 각도를 이루며 버킷에서 유출한다. 반경이 r인 회전 바퀴가 ω의 각속도로 정상적으로 회전할 때, 생산한 동력은 $\dot{W}_{shaft} = \rho\omega r\dot{V}(V_j - \omega r)(1 - \cos\beta)$이다. 여기에서 ρ는 유체의 밀도, 그리고 $\dot{V}$는 체적유량이다. 다음과 같이 수치가 주어졌을 때, 생산한 동력을 계산하라. $\rho = 1000$ kg/m^3, $r = 2$ m, $\dot{V} = 10$ m^3/s, $\dot{n} = 150$ rpm, $\beta = 160°$ 그리고 $V_j = 50$ m/s이다.

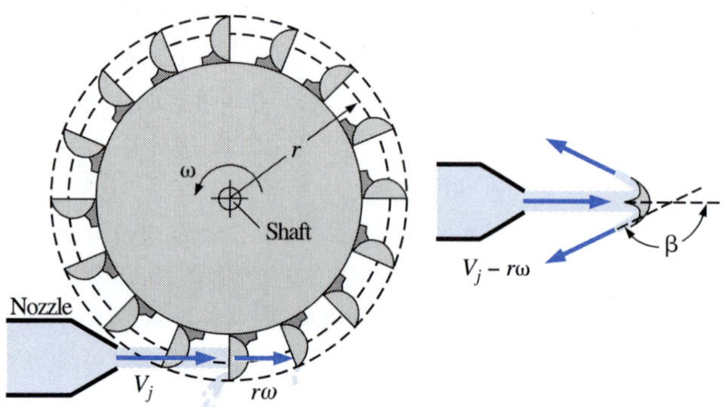

그림 P6-51

6-52 문제 6-51을 다시 고려하자. 터빈의 효율은 $\beta = 180°$일 때 최대이지만, 이는 실용적이지 않다. β의 크기가 동력의 생산에 미치는 영향을 계산하라. β의 크기는 0°에서 180°까지 변화시킨다. β가 160°인 버킷을 이용하면, 동력의 많은 부분을 낭비한다고 생각하는가?

6-53 원심 송풍기 임펠러의 입구 반경과 블레이드 폭은 각각 15 cm, 6.1 cm 이고, 출구에서의 반경과 블레이드의 폭은 각각 30 cm, 3.4 cm이다. 송풍기는 20°C, 95 kPa의 공기를 송풍한다. 모든 손실을 무시하고, 입구와 출구에서 공기속도의 접선방향(회전방향) 성분은 각각의 위치에서의 임펠러 속도와 동일하다고 가정하였을 때, 축의 회전속도가 800 rpm이고 송풍기가 소비하는 동력이 120 W라면 공기의 체적유량은 얼마인가? 또한 임펠러의 입구 및 출구에서 공기속도의 수직방향(반경방향) 성분을 계산하라.

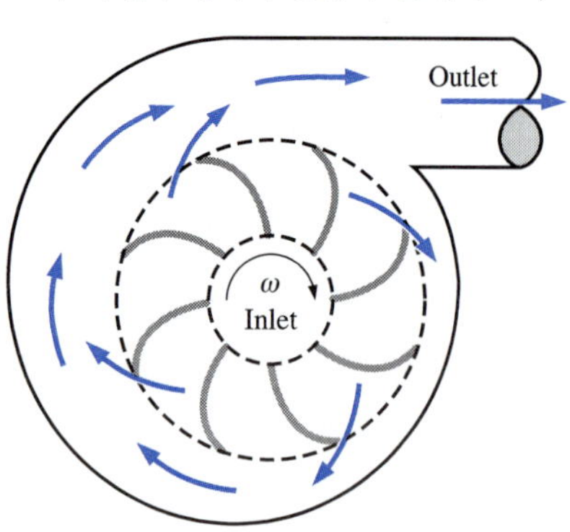

그림 P6-53

6-54 임펠러의 입구에서 반경과 블레이드 폭은 각각 20 cm, 8.2 cm이고, 출구에서의 반경과 블레이드의 폭은 각각 45 cm, 5.6 cm인 원심 송풍기를 고려하자. 송풍기는 회전속도 700 rpm에서 0.70 m^3/s의 유량을 송풍한다. 공기는 임펠러의 입구에 반경방향으로 유입하여, 반경방향과 50°의 각도로 유출한다고 가정하면, 송풍기의 최소 소비동력은 얼마인가? 공기의 밀도는 1.25 kg/m^{3}이다.

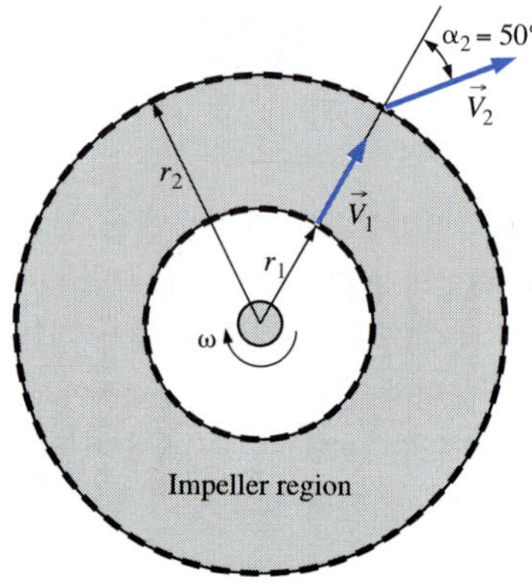

그림 P6-54

6-55 문제 6-54를 다시 고려하자. 주어진 유량에 대해서, 공기가 유출하는 각도 α_2가 최소로 필요한 입력 동력에 미치는 영향을 조사하라. 공기는 임펠러에 반경방향으로 유입($\alpha_1 = 0°$)한다고 가정하고, 유출하는 각도 α_2는 0°에서 85°까지 5°씩 증가시킨다. α_2의 변화에 따른 동력 입력의 변화를 그림으로 그리고, 그 결과를 설명하라.

6-56E 유량이 80 cfm(ft^3/min)인 물이 500 rpm으로 회전하는 원심펌프 임펠러의 입구에 반경방향으로 유입한다. 직경이 2 ft인 임펠러 출구에서 물의 절대속도의 접선방향(회전방향) 성분은 180 ft/s이다. 임펠러에 가해진 토크를 계산하라.

6-57 원심펌프 임펠러의 입구 및 출구의 반경은 각각 13, 30 cm이고, 회전속도 1200 rpm에서 유량은 0.15 m^3/s이다. 임펠러 블레이드의 폭은 입구에서 8 cm, 출구에서는 3.5 cm이다. 물은 임펠러에 반경방향으로 유입하고, 반경방향과 60°의 각도로 유출한다고 가정하면, 펌프의 최소 필요 동력은 얼마인가?

복습 문제

6-58 그림 P6-58과 같이, 물이 파이프의 U-구간으로 유입하고 유출한다. 플랜지 ①에서 전(total) 절대 압력은 200 kPa이고, 파이프에 30 kg/s로 유입한다. 플랜지 ②에서의 전압은 150 kPa이다. 또한 ③에서는 유량이 8 kg/s인 물이 압력 100 kPa의 대기 중으로 유출한다. 파이프와 연결되는 두 플랜지에서 x방향 및 z방향의 총

힘들을 계산하라. 이 문제에서 중력의 중요성을 설명하라. 파이프 전체의 운동량 플럭스 보정계수는 1.03이다.

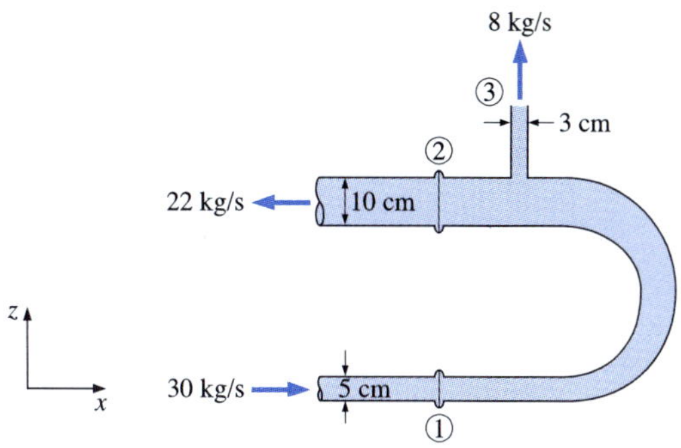

그림 P6-58

6-59 호스와 연결되어 직경 5 cm의 물을 분출시키기 위한 노즐을 지지하는 삼각대가 그림 P6-59에 도시되어 있다. 물이 가득 찬 노즐의 질량은 10 kg이다. 삼각대는 1800 N의 힘을 지지할 수 있다. 삼각대가 갑자기 넘어져서, 노즐의 60 cm 뒤에 서 있는 소방관에게 노즐이 충격을 가한다. 독자가 사고 복구반에 고용되어 삼각대를 시험한 결과, 유량이 증가하면 1800 N에서 삼각대가 넘어진다고 판단하였다. 독자의 최종보고서에 삼각대가 넘어져서 노즐이 소방관에게 충격을 가할 때, 물의 속도, 유량, 그리고 노즐의 속도에 대해 설명하라.

답: 30.3 m/s, 0.0595 m^3/s, 14.7 m/s

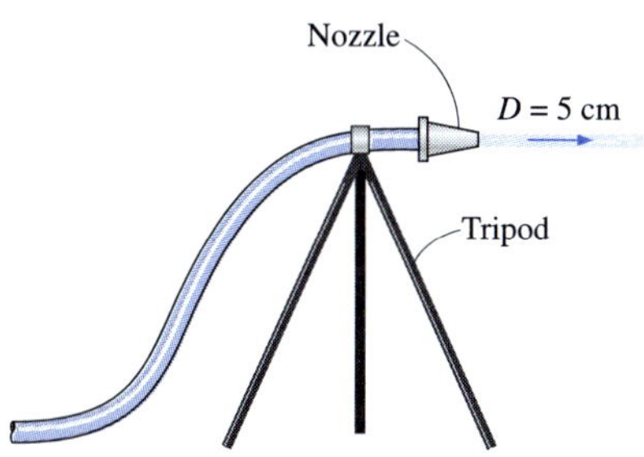

그림 P6-59

6-60 18 kg/s의 연소가스를 비행기에 상대적인 속도 V = 250 m/s로 분출하는 제트엔진이 꼬리부분에 부착된 비행기를 고려하자. 착륙 시, 추력 역전장치(thrust reverser: 비행기의 브레이크 역할을 하며, 활주로가 짧을 때 착륙을 용이하게 한다)가 분출 제트의 궤적으로 내려와, 배기가스의 방향을 160° 바꾼다. (a) 추력 역전장치가 내려오기 전 엔진이 생산하는 추력, (b) 추력 역전장치가 내려온 후 발생한 브레이크의 힘을 계산하라.

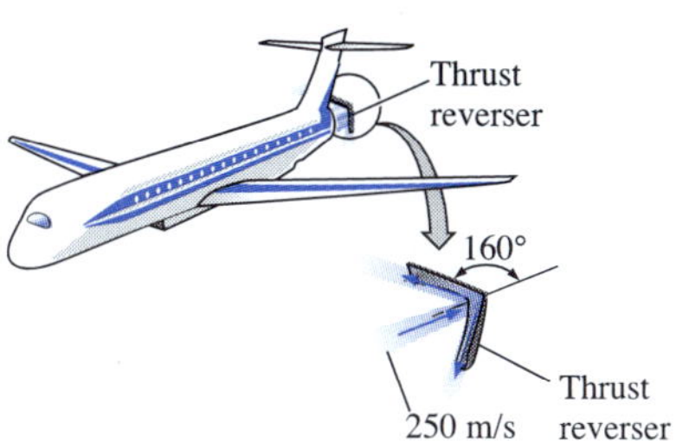

그림 P6-60

6-61 문제 6-60을 다시 고려하자. EES (혹은 다른) 소프트웨어를 이용하여, 추력 역전장치의 각도가 비행기에 작용하는 브레이크 힘에 미치는 영향을 계산하라. 각도는 0°(역전이 없음)에서 180°(최대 역전)까지 10°씩 증가시킨다. 그 결과를 표로 정리하고 그림으로 나타낸 후, 결론을 도출하라.

6-62E 질량 18,000 lbm의 우주선이 우주공간에서 1500 ft/s의 일정한 속도로 순항하고 있다. 우주선을 감속시키기 위하여 고체연료 로켓을 점화하였다. 연소 가스는 유량 150 lbm/s로 일정하게, 우주선과 같은 방향으로 5000 ft/s의 속도로 5 s 동안 로켓에서 분출된다. 우주선의 질량은 일정하게 유지된다고 가정하였을 때 다음을 계산하라. (a) 이 5 s 동안 비행기의 감속도, (b) 이 시간동안 우주선의 속도 변화, 그리고 (c) 우주선에 가해진 추력.

6-63 직경이 5 cm이고, 속도가 30 m/s인 수평방향 물 제트가 고정된 수직평판에 수직으로 충돌한 후 평판면의 주위로 유출한다. 물 제트의 유동에 대항하여 평판을 현재의 위치에 유지시키기 위하여 얼마의 힘이 필요한가?

6-64 직경이 5 cm이고, 속도가 30 m/s인 수평방향 물 제트가, 수평으로 놓인 원뿔(cone)의 팁에 충돌한다. 충돌 후 제트는 원래의 방향과 45°로 방향이 바뀐다. 물 제트의 유동에 대항하여 원뿔을 현재의 위치에 유지시키기 위하여 얼마의 힘이 필요한가?

6-65 60 kg의 스케이트 선수가 스케이트를 신고 얼음 위에 서 있다 (마찰을 무시할 수 있다). 이 선수는 잘 휘어지는 호스(무게가 없다)를 잡고 있다. 호스에서는 직경이 2 cm인 물이, 수평방향으로 스케이트와 평행하게 10 m/s의 속도(스케이트 선수에 상대적인 속도)로 분출된다. 처음에는 이 선수가 정지하고 있을 때, 다음을 계산하라. (a) 선수의 속도와 5 s 동안 움직인 거리, 그리고 (b) 5 m를 움직이는데 걸리는 시간과 그 때의 속도.

답: (a) 2.62 m/s, 6.54 m, (b) 4.4 s, 2.3 m/s

그림 P6-65

6-66 Indiana Jones가 10 m 높이의 건물로 올라가려 한다. 건물 꼭대기에 걸려있는 큰 호스는 가압된 물로 가득 차 있다. 그는 정사각형의 받침대를 제작하였는데, 이 받침대의 네 모서리에는 아래 방향을 향하는 5 cm 직경의 노즐을 각각 설치하였다. 호스와 노즐을 연결함으로써, 각각의 노즐에서 15 m/s의 물 제트를 분사할 수 있다. Jones, 받침대 및 노즐의 질량이 150 kg일 때 다음을 계산하라. (a) 이 시스템을 상승시키기 위한 물 제트의 최소 속도,

(b) 물 제트의 속도가 15 m/s일 때, 이 시스템이 10 m 상승할 때까지 걸리는 시간과 그 때의 받침대 속도, 그리고 (c) 받침대가 지면 위로 10 m에 도달하는 순간 Jones가 물을 잠그면, 운동량은 그를 얼마의 높이까지 상승시킬 수 있는가? 그가 받침대에서 옥상으로 점프하는데 걸리는 시간은 얼마인가?

답: (a) 13.7 m/s, (b) 3.2 s, (c) 2.1 m, 1.3 s

그림 P6-66

6-67E 한 공학도가 팬을 이용하여 공중 부양 장치를 설명하려 한다. 이 학생은 공기가 3 ft 직경의 팬 블레이드의 바로 아래쪽으로 유동할 수 있도록, 팬을 박스로 둘러쌓으려고 한다. 이 시스템의 무게는 5 lbf이며, 회전을 방지하도록 단단히 제작한다. 이 학생은 팬의 동력을 증가시킴으로써, 유출하는 공기가 박스 및 팬을 위로 뜰 수 있을 때까지 블래이드의 회전수와 공기의 유출속도를 증가시키려 계획하고 있다. (a) 5 lbf의 힘을 발생시키는 공기의 유출속도, (b) 필요한 체적유량 및 (c) 공기에 공급하여야 할 최소의 기계동력을 계산하라. 공기의 밀도는 0.078 lbm/ ft^{3}이다.

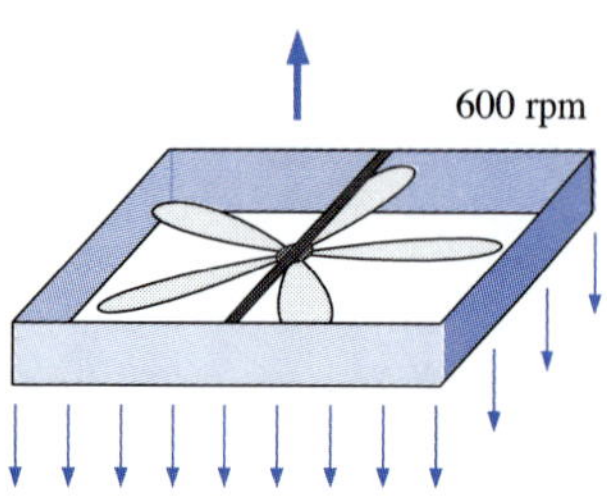

그림 P6-67E

6-68 군인이 비행기에서 점프한 후, 종단속도(terminal velocity) V_T에 도달했을 때 낙하산을 폈다. 낙하산은 착륙속도 V_F까지 그의 하강속도를 감소시킨다. 낙하산을 펴면, 공기저항은 속도의 제곱에 비례한다(즉 $F = kV^2$). 군인, 낙하산 및 그의 장구의 총 질량은 m이다. $k = mg/V_F^2$임을 증명하고, $t = 0$에서 낙하산을 펼친 후의 군인의 속도에 관한 식을 유도하라.

답: $V = V_F \dfrac{V_T + V_F + (V_T - V_F)e^{-2gt/V_F}}{V_T + V_F - (V_T - V_F)e^{-2gt/V_F}}$

그림 P6-68

6-69 유량이 $\dot{V}$이고 단면적이 A인 수평방향의 물 제트가 질량이 m_c인 뚜껑 달린 수레에 힘을 가하여, 거의 마찰이 없는 노면에서 움직이게 한다. 제트는 수레 뒷면의 구멍으로 유입되고, 유입된 물은 전부 수레 안에 고여서 시스템의 질량을 증가시킨다. 일정한 제트의 속도 V_j와 변화하는 수레의 속도 V 사이의 상대적인 속도는 $V_j - V$이다. 제트가 막 분출되기 시작할 때 수레는 비어 있고 정지 상태라면, 시간에 따른 수레의 속도에 관한 식을 유도하라(적분의 형태도 허용됨).

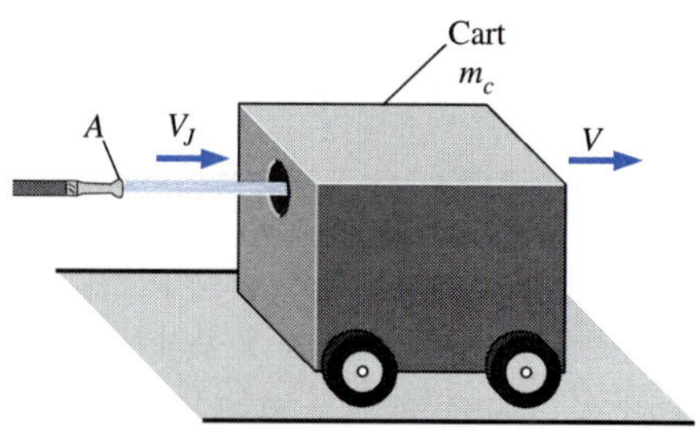

그림 P6-69

6-70 수직방향으로 자유롭게 미끄러질 수 있는 거의 마찰이 없는 수직 안내 레일이 질량이 m_P인 판을 수평위치에 지지하고 있다. 노즐은 단면적이 A인 물 제트를 판의 아래쪽에 분사한다. 물 제트는 판에 위 방향의 힘을 가하고, 평판면을 따라 주위로 방출한다. 물의 유량 $\dot{m}$(kg/s)은 조절할 수 있다. 거리가 짧아서, 상승하는 제트의 속도는 높이에 따라 일정하다고 가정한다. (a) 판을 막 뜨게 하는데 필요한 최소 질량유량 $\dot{m}_{min}$과 $\dot{m} > \dot{m}_{min}$일 때 위로 움직이는 판의 정상상태 속도에 관한 식을 구하라. (b) 시간 $t = 0$에서 판은 정지 상태이고, $\dot{m} > \dot{m}_{min}$인 물 제트를 갑자기 분사하였다. 판에 대한 힘의 평형을 적용하여, 시간에 따른 판의 속도

에 관한 적분식을 유도하라(풀지는 말 것).

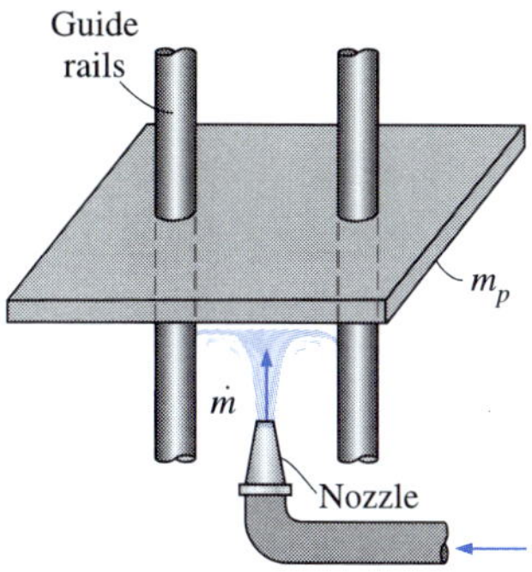

그림 P6-70

6-71 그림 P6-71의 혼류 펌프를 고려하자. 물은 펌프에 0.2 m^3/s의 유량과 5 m/s의 속도로 축방향으로 유입하여, 수평축에 대해 60° 각도의 방향으로 대기로 유출한다. 유출면적이 유입면적의 반이라면, 축방향으로 축에 작용하는 힘을 계산하라.

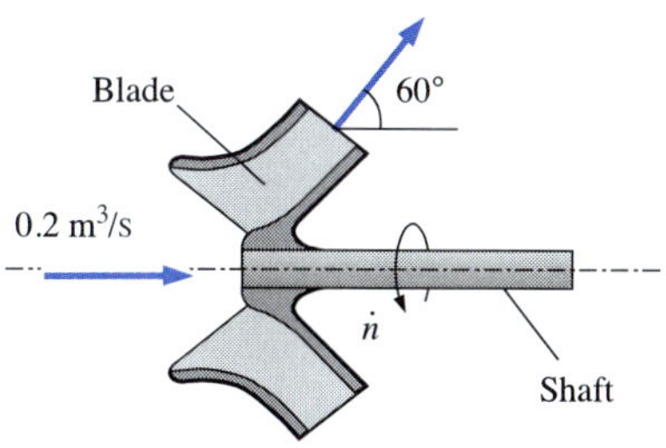

그림 P6-71

6-72 노즐에 의하여 가속된 물이 외경이 D인 터빈 임펠러의 가장자리를 통하여 질량유량 $\dot{m}$, 반경방향에 대해 α 의 각도를 이루는 속도 V로 유입한다. 물은 임펠러로부터 반경방향으로 유출한다. 터빈축의 각속도가 $\dot{n}$이라면, 이 반경류 터빈이 생산할 수 있는 최대 동력은 $\dot{W}_{shaft} = \pi\dot{n}\dot{m}DV \sin \alpha$임을 증명하라.

6-73 그림 P6-73에 도시한 바와 같이, 물이 2개의 동일한 팔을 갖는 잔디 스프링클러에 60 L/s의 유량으로 회전축을 따라 유입되고, 스프링클러 노즐에서 접선방향에 대하여 θ의 각도를 이루며 직경이 2 cm인 물 제트 형태로 유출한다. 스프링클러 팔의 길이는 0.45 m이다. 모든 마찰효과를 무시하고, 스프링클러의 회전율 $\dot{n}$를 다음의 각 경우에 대하여 rev/min로 계산하라. (a) $\theta = 0°$, (b) $\theta = 30°$ 및 (c) $\theta = 60°$

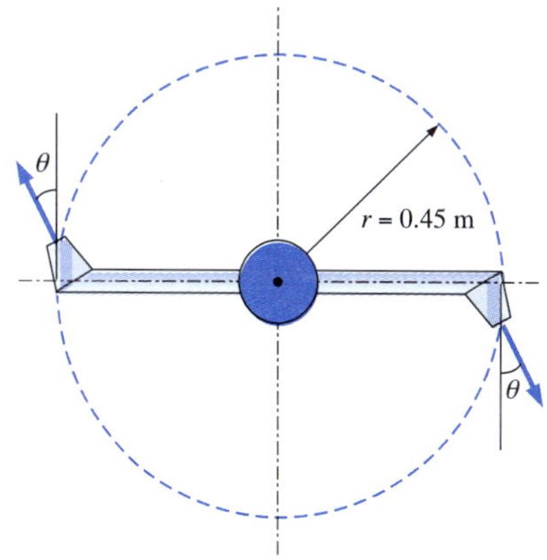

그림 P6-73

6-74 문제 6-73을 다시 고려하자. 주어진 유량에 대해서, 제트의 유출각도 θ가 스프링클러의 회전율 $\dot{n}$에 미치는 영향을 계산하라. 각도 θ는 0°에서 90°까지 10°씩 증가시킨다. θ의 변화에 따른 회전율을 그리고, 그 결과를 설명하라.

6-75 직경이 D인 정지상태의 탱크가 거의 마찰이 없는 지면의 바퀴 위에 놓여 있다. 탱크 아래 부분의 직경이 D_o인 매끄러운 구멍에서 물 제트가 수평방향의 뒤 쪽으로 분사되어, 이 물 제트의 힘은 시스템을 앞 쪽으로 움직이게 한다. 탱크 안의 물은 탱크-바퀴 조립장치보다 훨씬 무거우므로, 이 문제에서는 탱크 안에 남아 있는 물만 질량으로 간주한다. 물의 질량이 시간에 따라 감소한다는 점을 고려하여 다음을 유도하라. (a) 가속도, (b) 속도, (c) 시간에 경과함에 따라 시스템이 움직인 거리.

설계 및 논술 문제

6-76 소방서를 방문하여 호스를 통과하는 유량과 출구 직경에 관한 정보를 입수하라. 이 정보를 이용하여, 소방관이 받는 충격력을 계산하라.

CHAPTER 07

차원해석과 모델링

이 장에서는 우선 **차원**과 **단위**의 개념을 학습한다. 그리고 **차원 동차성**에 대한 기본원리를 공부하고, 방정식을 **무차원화**하여 **무차원 그룹**을 얻어내고자 할 때 그 원리가 어떻게 적용되는지 설명한다. **모델**과 **원형**의 **상사성**에 대하여 논의하고 **차원해석**이라는 중요한 도구도 설명한다. 차원해석은 차원을 가진 변수나 상수, 그리고 무차원변수들을 **무차원 매개변수**로 조합하여 문제해석에 필요한 독립 매개변수의 수를 줄여나가는 방법이다. 여기서는 변수 또는 상수의 차원에 기초한 **반복변수법**을 이용하여 무차원 매개변수를 구한다. 마지막으로 이 방법을 실제 문제에 적용해 봄으로써 그 방법의 효용성과 한계에 대하여 고찰한다.

목표

이 장을 공부하면 다음과 관련된 지식을 얻을 수 있다.

- 차원, 단위 그리고 방정식들의 차원 동차성에 대한 이해
- 차원해석의 많은 장점
- 무차원 매개변수를 구하기 위하여 반복변수법을 사용하는 방법
- 역학적 상사의 개념을 이해하고 이를 실험 모델링에 적용하는 법

Iowa 대학에 있는 길이 100m의 견인 수조에서 시험 중인 Arleigh Burke급 미 해군 구축함의 1 : 46.6 축소모델로 길이는 3.048m이다. 이러한 실험에서 가장 중요한 무차원 매개변수는 Froude 수이다.

Photograph courtesy of IIHR-Hydroscience & Engineering, University of Iowa. Used by permission.

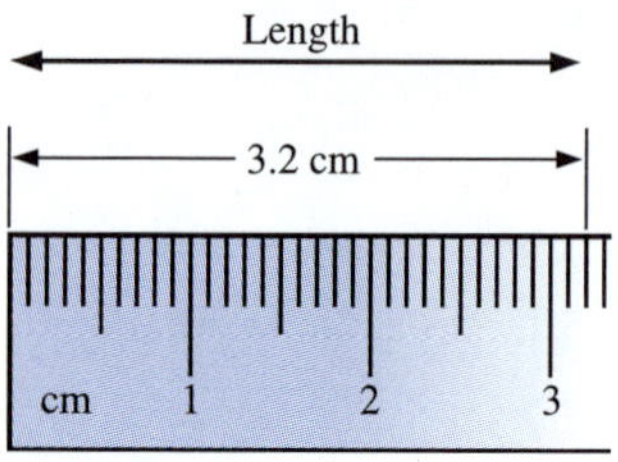

그림 7-1
차원은 치수가 없는 물리량이고 **단위**는 차원에 치수를 부여한 것이다. 예를 들어 길이는 차원이고 센티미터는 단위이다.

7-1 ▪ 차원과 단위

차원(dimension)은 물리량의 척도이고 **단위(unit)**는 차원에 **수(number)**를 지정하는 방법이다. 예를 들면 길이는 차원이고 μm, ft, cm, m, km 등과 같은 단위로 계량한다. 차원에는 길이, 질량, 시간, 온도, 전류, 빛의 양, 물질의 양과 같은 일곱 개의 **기본차원(fundamental dimension)**(또한 **1차차원(primary dimension)** 또는 **기초차원(basic dimension)**으로 불림)이 있다.

기본차원이 아닌 다른 모든 차원은 7개의 기본차원의 조합으로 구성된다.

예를 들어 힘은 질량과 가속도의 곱(Newton 제 2법칙)과 동일한 차원을 가지며, 다음과 같이 기본차원으로 나타낼 수 있다.

힘의 차원:
$$\{\text{Force}\} = \left\{\text{Mass}\,\frac{\text{Length}}{\text{Time}^2}\right\} = \{\text{mL/t}^2\} \tag{7-1}$$

여기서 괄호는 차원을 의미하고, 약어는 표 7-1에서 발췌하였다. 사람에 따라 기본차원으로 질량 대신에 힘을 쓰기도 하는데, 여기서는 질량을 기본차원으로 사용한다.

표 7-1
기본차원과 그들에 대한 SI와 영미 단위계

Dimension	Symbol*	SI Unit	English Unit
Mass	m	kg (kilogram)	lbm (pound-mass)
Length	L	m (meter)	ft (foot)
Time†	t	s (second)	s (second)
Temperature	T	K (kelvin)	R (rankine)
Electric current	I	A (ampere)	A (ampere)
Amount of light	C	cd (candela)	cd (candela)
Amount of matter	N	mol (mole)	mol (mole)

* Symbol이 변수로 쓰일 경우 이탤릭 서체를 사용한다.
† 때로는 T가 시간, θ가 온도의 단위로 쓰이기도 한다. 하지만 본 교재에서는 시간과 온도를 구별하기 위하여 이를 따르지 않았다.

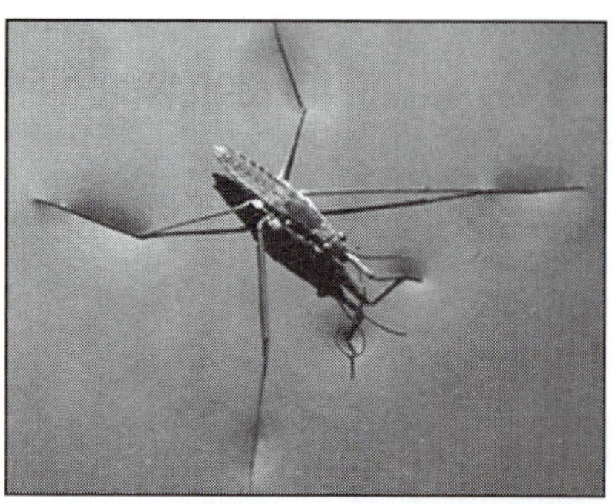

그림 7-2
소금쟁이는 표면장력에 의해 물 위를 걸을 수 있다.
ⓒ *Dennis Drenner/Visuals Unlimited.*

예제 7-1 표면장력의 기본차원

어떤 곤충들은 물위에 떠 있을 수 있다(그림 7-2). 이 문제에서 중요한 유체 상태량은 표면장력(σ_S)으로, 차원은 단위 길이 당 힘이다. 표면장력의 차원을 기본차원으로 나타내라.

풀이 표면장력의 기본차원을 구하고자 한다.

해석 식 (7-1)로부터 힘은 질량과 가속도의 곱의 차원을 가지며 mL/t²이다. 따라서 다음이 성립한다.

표면장력의 차원:
$$\{\sigma_s\} = \left\{\frac{\text{Force}}{\text{Length}}\right\} = \left\{\frac{\text{m}\cdot\text{L/t}^2}{\text{L}}\right\} = \{\mathbf{m/t^2}\} \tag{1}$$

토의 변수나 상수의 차원을 기본차원으로 표현하는데 따르는 장점은 7-4절의 반복변수법에 대한 설명에서 좀 더 명확해진다.

7-2 ■ 차원의 동차성

"사과와 오렌지를 덧셈할 수는 없다(그림 7-3)"는 오랜 속담은 **차원 동차성 법칙(law of dimensional homogeneity)**이라는 방정식에 대한 광범위하고 기본적인 수학 법칙의 쉬운 표현으로 이해할 수 있는데 이 법칙은 다음과 같이 서술된다.

방정식의 모든 덧셈 항의 차원은 서로 같아야 한다.

그림 7-3
사과와 오렌지를 더할 수는 없다!

예를 들어 그림 7-4와 같이 단순압축 닫힌 시스템이 어떤 상태 그리고/또는 시각(1)에서 또 다른 시각(2)로 변할 때 총 에너지의 변화(ΔE)는 다음과 같은 식으로 나타난다.

시스템의 총에너지 변화: $$\Delta E = \Delta U + \Delta\text{KE} + \Delta\text{PE} \quad (7\text{-}2)$$

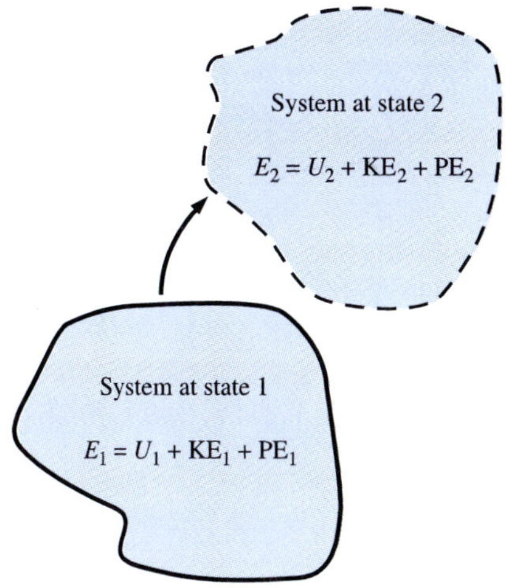

그림 7-4
상태 1과 상태 2에서 시스템의 총 에너지.

여기서 총에너지(E)는 내부에너지(U), 운동에너지(KE) 그리고 위치에너지(PE)의 세 성분을 갖는다. 이들 성분은 다음과 같이 시스템의 질량(m)과, 속도(V), 높이(z) 그리고 내부에너지(u)와 같은 측정 가능한 열역학 상태량들과, 그리고 중력가속도(g)로 기술될 수 있다.

$$\Delta U = m(u_2 - u_1) \qquad \Delta\text{KE} = \frac{1}{2}m(V_2^2 - V_1^2) \qquad \Delta\text{PE} = mg(z_2 - z_1) \quad (7\text{-}3)$$

식 (7-2)의 좌변 항과 우변의 세 덧셈 항의 차원이 에너지의 차원과 같음을 쉽게 알 수 있다. 식 (7-3)의 정의에 따라 각 항의 기본차원을 기술하면 다음과 같다.

$$\{\Delta E\} = \{\text{Energy}\} = \{\text{Force} \cdot \text{Length}\} \quad \rightarrow \quad \{\Delta E\} = \{\text{mL}^2/\text{t}^2\}$$

$$\{\Delta U\} = \left\{\text{Mass}\,\frac{\text{Energy}}{\text{Mass}}\right\} = \{\text{Energy}\} \quad \rightarrow \quad \{\Delta U\} = \{\text{mL}^2/\text{t}^2\}$$

$$\{\Delta\text{KE}\} = \left\{\text{Mass}\,\frac{\text{Length}^2}{\text{Time}^2}\right\} \quad \rightarrow \quad \{\Delta\text{KE}\} = \{\text{mL}^2/\text{t}^2\}$$

$$\{\Delta\text{PE}\} = \left\{\text{Mass}\,\frac{\text{Length}}{\text{Time}^2}\,\text{Length}\right\} \quad \rightarrow \quad \{\Delta\text{PE}\} = \{\text{mL}^2/\text{t}^2\}$$

만일 어떤 해석 단계에서 방정식의 덧셈 항의 차원이 **같지 않다**면, 이는 해석의 전 단계에서 어떤 오류가 있었음을 의미한다(그림 7-5). 이러한 차원의 동차성과 더불어 계산을 위해서는 각 덧셈 항의 **단위**도 동일해야 한다. 예를 들면 에너지의 단위는 J, N · m, kg · m^2/s^2 등이 될 수 있다. 하지만 J 대신에 kJ이 사용되었다면 이 항은 다른 항과 1000배 차이가 나므로, 계산과정에서 **모든** 단위를 기술하여 이러한 실수를 예방하는 것이 바람직하다.

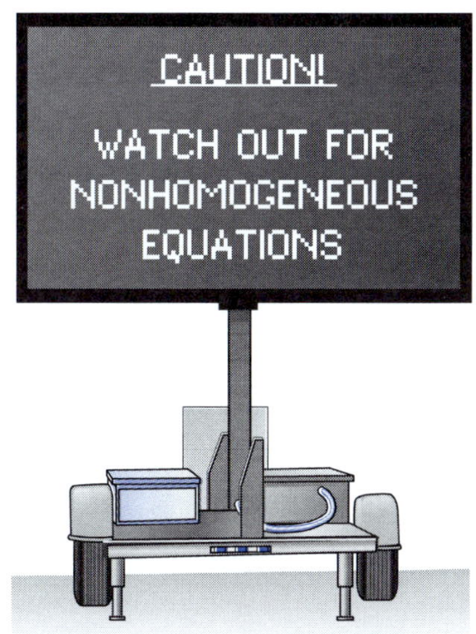

그림 7-5
차원적으로 동차가 아닌 방정식에는 분명히 잘못이 있다.

예제 7-2 Bernoulli 방정식의 차원 동차성

아마도 유체역학에서 가장 잘 알려진(그리고 가장 오용되는) 방정식은 5장에서 논의된 Bernoulli 방정식일 것이다(그림 7-6). 비압축성 비회전 유체 유동의 Bernoulli 방정식의 한 가지 표준형태가 다음과 같이 주어질 때,

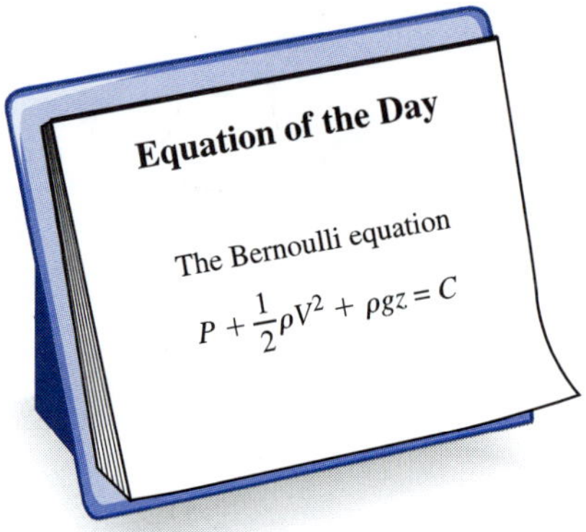

그림 7-6
Bernoulli 방정식은 **차원적으로 동차**인 방정식의 좋은 예이다. 상수를 포함한 모든 덧셈 항은 압력 차원을 가지고 있다. 각 항을 기본차원으로 표현하면 $\{m/(t^2L)\}$이다.

Bernoulli 방정식: $$P + \frac{1}{2}\rho V^2 + \rho g z = C \qquad (1)$$

(a) Bernoulli 방정식의 각 항이 같은 차원임을 증명하고 (b) 상수 C의 차원을 구하라.

풀이 식 (1)의 각 항의 기본차원이 같음을 증명하고 상수 C의 차원을 구하고자 한다.

해석 (a) 각 항을 기본차원으로 기술하면 다음과 같다.

$$\{P\} = \{\text{Pressure}\} = \left\{\frac{\text{Force}}{\text{Area}}\right\} = \left\{\text{Mass}\,\frac{\text{Length}}{\text{Time}^2}\,\frac{1}{\text{Length}^2}\right\} = \left\{\frac{\text{m}}{\text{t}^2\text{L}}\right\}$$

$$\left\{\frac{1}{2}\rho V^2\right\} = \left\{\frac{\text{Mass}}{\text{Volume}}\left(\frac{\text{Length}}{\text{Time}}\right)^2\right\} = \left\{\frac{\text{Mass}\times\text{Length}^2}{\text{Length}^3\times\text{Time}^2}\right\} = \left\{\frac{\text{m}}{\text{t}^2\text{L}}\right\}$$

$$\{\rho g z\} = \left\{\frac{\text{Mass}}{\text{Volume}}\,\frac{\text{Length}}{\text{Time}^2}\,\text{Length}\right\} = \left\{\frac{\text{Mass}\times\text{Length}^2}{\text{Length}^3\times\text{Time}^2}\right\} = \left\{\frac{\text{m}}{\text{t}^2\text{L}}\right\}$$

따라서 **각 덧셈 항의 차원은 같다**.

(b) 차원 동차성 법칙에 따라 상수의 차원은 방정식의 다른 항과 같아야한다.

Bernoulli 상수의 기본차원: $$\{C\} = \left\{\frac{\text{m}}{\text{t}^2\text{L}}\right\}$$

토의 만일 어떤 항의 차원이 다른 항과 다르다면, 해석과정에 오류가 있었음을 의미한다.

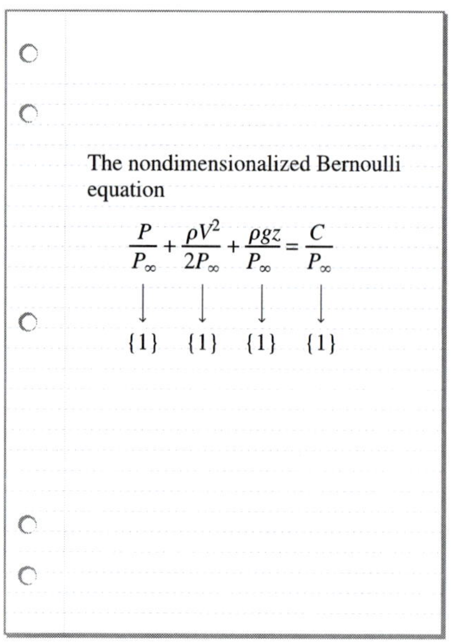

그림 7-7
Bernoulli 방정식은 각 덧셈 항을 압력(P_∞)으로 나누어 **무차원화** 한다. 무차원화된 항은 {1}의 차원을 가진다.

방정식의 무차원화

차원동차성의 법칙은 식에 나타나는 각 덧셈 항의 차원이 같음을 의미한다. 이제 각 항을 동일한 차원을 가진 변수나 상수로 나누면 방정식은 **무차원화** 된다(그림 7-7). 만일, 이에 덧붙여, 무차원화 된 항의 값이 1의 차수(order)를 가진다면 그 방정식은 **정규화(normalized)** 되었다고 한다. 따라서 정규화는 무차원화보다 더욱 제한적인 의미를 가지는데 때로 이 두 용어는(부정확하게) 혼용되기도 한다.

무차원 방정식의 각 항은 차원이 없다.

운동방정식을 무차원화 하는 과정 중에 **무차원 매개변수(nondimensional parameters)**가 얻어진다. 이들은 대부분 저명한 과학자 또는 공학자의 이름을 따라 명명된다(예로, Reynolds 수와 Froude 수). 이러한 과정은 일부 저자에 의해 **조사적 해석(inspectional analysis)**으로 불리기도 한다.

간단한 예로서 진공(공기항력이 없음) 중에서 중력에 의해 자유낙하하는 물체의 운동방정식을 고려해 보자(그림 7-8). 물체의 초기 높이는 z_0이고 초기 속도는 w_0이다. 고등학교 물리학으로부터 다음 식이 얻어진다.

운동방정식: $$\frac{d^2z}{dt^2} = -g \qquad (7\text{-}4)$$

차원변수(dimensional variable)는 주어진 문제 내에서 그 값이 변하는 물리량으로 식 (7-4)의 경우 두 개의 차원변수인 z(길이 차원)와 t(시간 차원)가 있다. **무**

차원변수(nondimensional variable)는 차원이 없는 경우인데 무차원 단위인 도(degree)나 라디안 같은 각도 단위로 측정되는 회전각이 이에 속한다. 중력가속도 g는 차원을 가지지만 상수이므로 **차원상수(dimensional constant)**라고 한다. 위 예의 경우 초기위치 z_0와 초기속도 w_0도 차원상수이다. 차원상수는 주어진 문제 내에서는 고정된 값으로 그 값이 변하는 차원변수와는 구분된다. **매개변수(parameter)**는 차원변수, 무차원변수 그리고 차원상수의 조합으로 이루어진다.

식 (7-4)를 두 번 적분하고 초기조건을 적용하여 얻어진 결과를 시간 t에서의 위치 z로 나타내면 다음과 같다.

차원 결과:
$$z = z_0 + w_0 t - \frac{1}{2} g t^2 \tag{7-5}$$

식 (7-5)의 상수 $\frac{1}{2}$과 지수 2는 적분 결과 나타난 무차원 값으로 **순수상수(pure constant)**라 한다. 순수상수의 다른 예는 π와 e 등이 있다.

식 (7-4)를 무차원화 하기 위해서는 방정식의 기본차원에 근거한 **척도 매개변수(scaling parameter)**를 구해야 한다. 유체 유동의 경우 일반적으로 적어도 세 가지의 기본차원(질량, 길이, 시간)이 있기 때문에, 적어도 **세 개**의 척도 매개변수 즉 L, V 및 $P_0 - P_\infty$가 존재한다(그림 7-9). 위의 낙하하는 물체의 경우 기본차원이 질량과 시간 두 개이므로, 척도 매개변수도 **두 개**가 된다. 세 개의 차원상수 중에서 어떤 것을 선택하여도 좋은데, g, z_0와 w_0 중 z_0와 w_0를 척도 매개변수로 선정하고 차원변수 z와 t를 무차원화 한다. 다른 차원상수 g와 z_0 또는 g와 w_0로 이와 동일한 과정을 시도해 보아도 좋다. 선정된 두 개의 축척 매개변수를 이용하여, 차원변수인 z와 t를 무차원화 하고자 한다. 첫 번째 단계로 문제에 나타난 **모든** 차원변수와 차원상수의 기본차원을 다음과 같이 나열한다.

모든 매개변수의 기본차원:

$$\{z\} = \{\mathrm{L}\} \qquad \{t\} = \{\mathrm{t}\} \qquad \{z_0\} = \{\mathrm{L}\} \qquad \{w_0\} = \{\mathrm{L/t}\} \qquad \{g\} = \{\mathrm{L/t^2}\}$$

두 번째 단계로 두 개의 척도 매개변수를 사용하여 z와 t를 무차원변수 z^*와 t^*로 무차원화 한다.

무차원변수:
$$z^* = \frac{z}{z_0} \qquad t^* = \frac{w_0 t}{z_0} \tag{7-6}$$

식 (7-6)을 식 (7-4)에 대입하면 다음과 같은 무차원 식을 얻는다.

$$\frac{d^2 z}{dt^2} = \frac{d^2(z_0 z^*)}{d(z_0 t^*/w_0)^2} = \frac{w_0^2}{z_0}\frac{d^2 z^*}{dt^{*2}} = -g \quad \rightarrow \quad \frac{w_0^2}{g z_0}\frac{d^2 z^*}{dt^{*2}} = -1 \tag{7-7}$$

식 (7-7)에 나타난 차원상수의 조합은 Froude 수라고 불리는 **무차원 매개변수** 또는 **무차원 그룹(dimensionless group)**을 제곱한 값이다.

Froude 수:
$$\mathrm{Fr} = \frac{w_0}{\sqrt{g z_0}} \tag{7-8}$$

Froude["Frude(프루드)"로 발음됨] 수는 관성력과 중력의 비로서 자유표면 유동(11장)과도 관련된 무차원 매개변수이다(그림 7-10). 때로는 Fr가 식 (7-8)을 **제곱한** 값

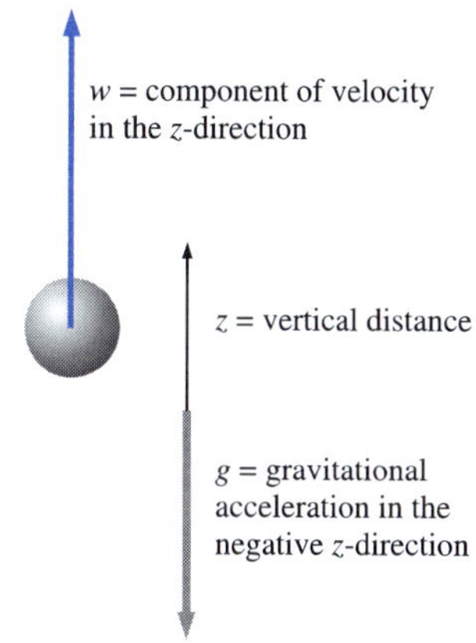

그림 7-8
진공 중에 낙하하는 물체. 수직 속도가 양의 값을 가지도록 그려져 있다. 따라서 낙하하는 물체의 경우 $w<0$이다.

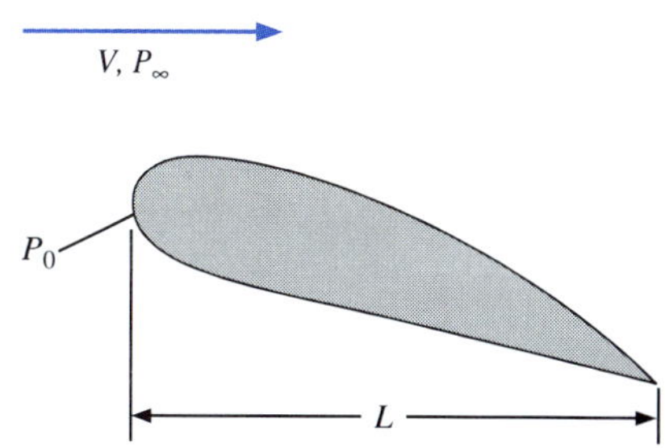

그림 7-9
유체 유동 문제에서 자주 사용되는 척도 매개변수는 특성길이 L, 특성속도 V, 기준 압력차 P_0-P_∞이다. 문제에 따라 밀도, 점성계수, 중력가속도와 같은 다른 매개변수들도 사용된다.

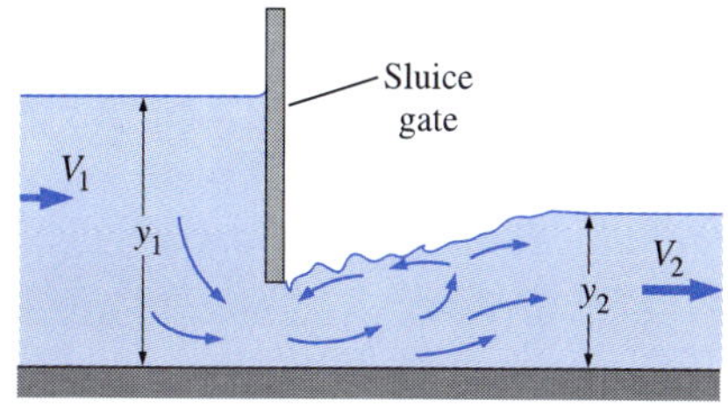

그림 7-10
Froude 수는 개수로 유동과 같은 자유표면 유동에서 중요하다. 여기에는 수문을 통과하는 유동을 나타내었다. 수문 상류의 Froude 수는 $\mathrm{Fr}_1 = V_1/\sqrt{g y_1}$ 이고, 수문 하류에서는 $\mathrm{Fr}_2 = V_2/\sqrt{g y_2}$ 이다.

으로 정의되기도 한다. 식 (7-8)을 식 (7-7)에 대입하면 다음과 같은 식이 얻어진다.

무차원 운동방정식:

$$\frac{d^2z^*}{dt^{*2}} = -\frac{1}{\text{Fr}^2} \tag{7-9}$$

여기서 무차원 형태로는 단지 Froude 수만이 남게 됨을 알 수 있다. 초기조건을 적용하여 식 (7-9)를 두 번 적분하면, 무차원 높이 z^*와 무차원 시간 t^*의 관계식을 다음과 같이 구할 수 있다.

무차원 결과:

$$z^* = 1 + t^* - \frac{1}{2\text{Fr}^2}t^{*2} \tag{7-10}$$

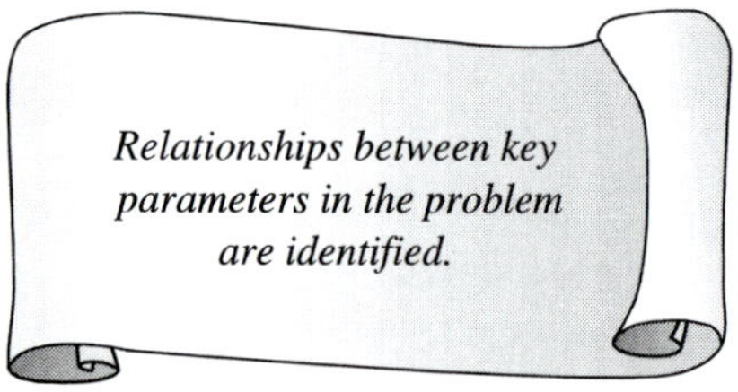

식 (7-5)와 식 (7-10)은 동일한 식으로, 식 (7-6)과 식 (7-8)을 식 (7-5)에 대입하면 식 (7-10)을 얻을 수 있다.

그렇다면 방정식을 무차원화해서 얻는 이점은 무엇인가? 위의 예에서는 운동방정식을 적분하여 해를 구할 수 있었기 때문에 무차원화의 이점이 부각되지 않았다. 하지만 대부분의 문제에서는 미분방정식(또는 연립 미분방정식)을 해석적으로는 풀 **수가 없고** 수치적으로나 실험을 통해서 원하는 결과를 얻게 되는데, 이는 많은 비용과 시간을 필요로 한다. 이런 경우 방정식을 무차원화 하여 얻어지는 무차원 매개변수는 매우 유용하며, 따라서 해석에 드는 비용과 수고를 대폭 줄일 수 있다.

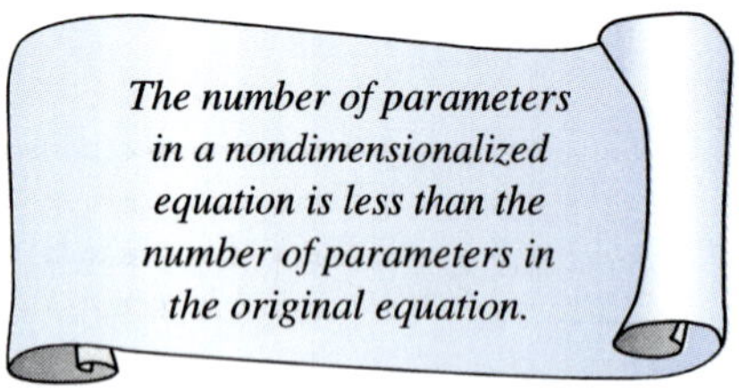

그림 7-11
방정식을 무차원화 하는데 따르는 두 가지 장점.

무차원화를 통하여 얻게 되는 이점에는 크게 다음 두 가지가 있다(그림 7-11). 첫째로 **무차원화를 통하여 주요 매개변수 간의 관계에 대한 이해를 높일 수 있다.** 예를 들면 식 (7-8)에서 w_0를 두 배로 하는 것과 z_0를 1/4로 줄이는 것이 같은 효과가 있음을 알 수 있다. 둘째로, **무차원화를 통하여 문제와 관련된 매개변수 수를 줄일 수 있다.** 예를 들면 원래 문제는 하나의 종속변수 z, 하나의 독립변수 t, 그리고 **세 개의** 차원상수 g, w_0, 및 z_0로 구성되어 있다. 무차원화를 통하면 문제는 하나의 종속변수 z^*, 하나의 독립변수 t^*, 그리고 **하나의** 무차원 매개변수 Froude 수로 구성되며, 매개변수는 세 개에서 하나로 줄어들게 된다!

유체 유동에 대한 미분방정식에 대해서도 지금까지 제시한 것과 유사한 해석을 수행할 수 있다(9장). 이 해석을 통하여 Froude 수 뿐만 아니라 다른 세 개의 중요한 무차원 매개변수인 Reynolds 수, Euler 수, 그리고 Strouhal 수가 도출된다(그림 7-12).

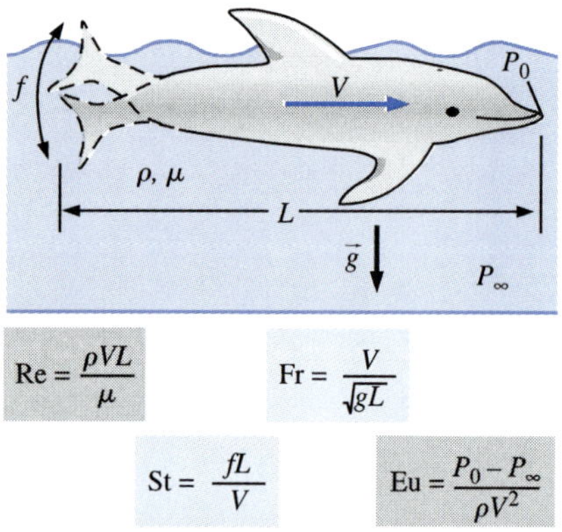

그림 7-12
자유표면과 관련된 비정상유동의 경우, 척도 매개변수는 특성길이 L, 특성속도 V, 특성주파수 f, 기준 압력차 P_0-P_∞를 포함한다. 유체 유동의 미분방정식을 무차원화 하면 4개의 무차원 매개변수, 즉 Reynolds 수, Froude 수, Strouhal 수, 및 Euler 수가 도출된다.

7-3 ▪ 차원해석과 상사성

방정식이 미리 주어졌을 경우에는 조사(inspection)에 의한 방정식의 무차원화가 유용하게 사용된다. 하지만 많은 경우에는 방정식을 모르거나 풀기가 매우 어려워 **실험**을 통해서 원하는 정보를 얻을 수밖에 없다. 대부분의 실험에는 비용과 시간을 절약하기 위해 **원형(prototype)**보다는 기하학적으로 축척된 **모형(model)**이 사용된다. 이 경우 실험결과를 적절하게 축척할 필요가 있는데, 이는 차원해석(dimesional analysis)을 통해 가능하다. 차원해석은 주로 유체역학에서 가르치지만 실험을 계획하고 수행하는 **전** 과목에 유용하게 사용될 수 있다. 차원해석의 세 가지 목표는 다음과 같다.

- 실험(물리적 그리고/또는 수치적)을 계획하고 실험결과를 정리하는데 필요한 무차원 매개변수의 도출
- 모형실험결과로부터 원형의 성능을 예측하는 축척법칙(scaling law)을 구함
- 매개변수들의 경향 예측

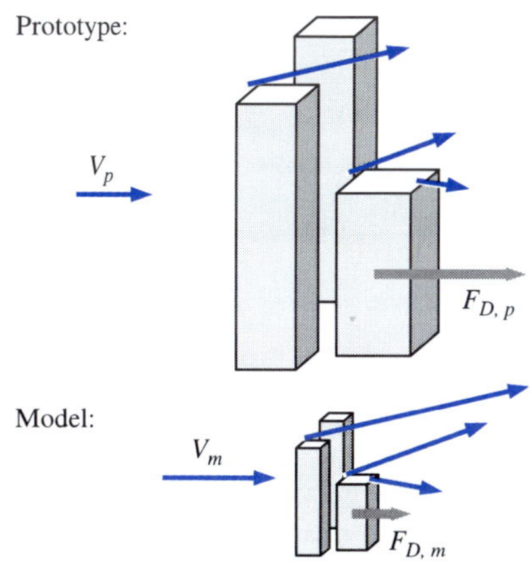

그림 7-13
모든 위치에서 모형 유동의 속도가 원형 유동의 대응점에서의 속도와 비례하고, 방향이 같을 때 **운동학적 상사**가 이루어진다.

차원해석 **기술**을 논의하기 전에 차원해석의 기본 **개념**인 **상사**법칙에 대해 먼저 설명한다. 모형과 원형사이에 완전한 상사를 이루기 위해서는 세 가지 조건이 필요하다. 첫 번째 조건은 기하학적 상사(geometric similarity)로서 모형은 원형과 같은 형상이어야 하고 축척비만큼 비례한다. 두 번째 조건은 운동학적 상사(kinematic similarity)로서 모형 유동 내의 어떤 한 위치의 속도는 원형 유동 내의 대응점의 속도와 비례하여야(축척비만큼) 한다(그림 7-13). 또한 두 속도의 상대적 방향은 동일하여야 한다. 기하학적 상사는 **길이척도(length scale)**가 동일하고, 운동학적 상사는 **시간척도(time scale)**가 동일하다고 생각할 수 있다. **기하학적 상사는 운동학적 상사가 성립하기 위한 필수적인 조건이다.** 기하학적 척도비가 1보다 작거나 클 수 있듯이 속도 척도비도 그러하다. 예를 들면 그림 7-13의 기하학적 척도비는 1보다 작지만 속도 척도비는 1보다 크다. 4장에서 유선이 운동학적 현상임을 배웠다. 따라서 운동학적 상사가 성립하는 모형 유동에 나타나는 유선은 원형 유동에 나타나는 유선과 기하학적 상사를 이룬다.

세 번째로 가장 제한적인 상사조건인 역학적 상사(dynamic similarity)이다. 역학적 상사가 성립하기 위해서는 모형 유동에 나타나는 모든 **힘**이 원형 유동에서 대응하는 힘과 비례하여야 한다[동일한 **힘 척도(force scale)**]. 힘의 척도비도 기하학적 또는 운동학적 상사와 같이 1보다 크거나 작을 수 있다. 예를 들면 그림 7-13에서 모형 빌딩에 작용하는 힘이 원형에 작용하는 힘 보다 작으므로 힘 척도비는 1보다 작다. **운동학적 상사는 역학적 상사가 성립하기 위한 필요조건이지만 충분조건은 아니다.** 따라서 모형 유동과 원형 유동에서 기하학적, 운동학적 상사가 성립하더라도 역학적 상사가 성립하지 않을 수 있다. 완전한 상사가 되기 위해서는 세 가지 상사조건을 모두 만족하여야 한다.

일반적인 유동장에서 기하학적, 운동학적 그리고 역학적 상사가 성립할 때만 원형과 모형은 완전한 상사를 이룬다.

지금부터 무차원 매개변수를 그리스 대문자 Π로 나타내기로 한다. 우리는 7-2절에서 이미 하나의 Π, 즉 Froude 수를 배웠다. 일반적인 차원해석 문제에서, **종속 Π**로 부르는 한 개의 Π가 있다면 그것을 Π_1으로 표시한다. 매개변수 Π_1은 일반적으로 **독립 Π**로 부르는 몇 개의 다른 Π들의 함수이다.

Π간의 함수관계: $$\Pi_1 = f(\Pi_2, \Pi_3, \ldots, \Pi_k) \tag{7-11}$$

여기서 k는 Π의 총 개수이다.

축척 모형(scale model)을 사용하여 원형 유동을 모사하는 실험에서 모형과 원형이 완전한 상사를 이루기 위해서는 모형의 독립 Π(하첨자 m)가 대응하는 원형의 독립 Π(하첨자 p)와 같아야 한다. 즉 $\Pi_{2,m} = \Pi_{2,p}, \Pi_{3,m} = \Pi_{3,p}, \ldots, \Pi_{k,m} = \Pi_{k,p}$이다.

완전한 상사가 되기 위해서는 모형과 원형이 기하학적으로 상사를 이루고 독립

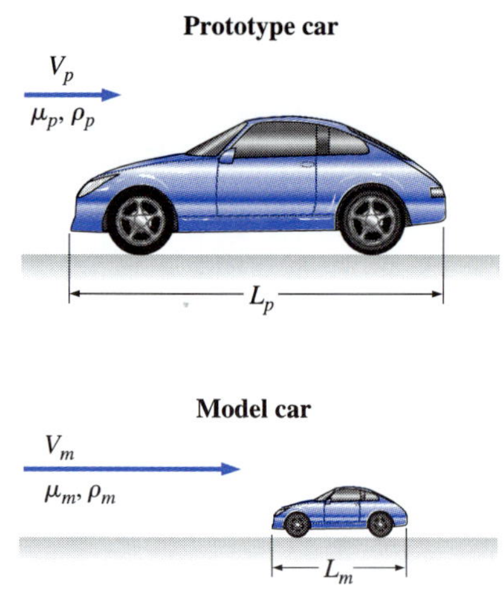

그림 7-14
길이 L_p인 원형 자동차와 길이 L_m인 모형 자동차간의 **기하학적 상사**.

Π들이 서로 같아야 한다.

이런 조건 하에서 모형의 **종속** Π ($\Pi_{1,\,m}$)는 원형의 종속 Π ($\Pi_{1,\,p}$)와 같아짐을 또한 보장한다. 수학적으로, 상사성을 얻기 위해 조건 서술문을 적어보면,

$$\Pi_{2,\,m} = \Pi_{2,\,p} \text{ 그리고 } \Pi_{3,\,m} = \Pi_{3,\,p} \ldots \text{ 그리고 } \Pi_{k,\,m} = \Pi_{k,\,p}\text{이라면 } \Pi_{1,\,m} = \Pi_{1,\,p}\text{이다.} \tag{7-12}$$

예를 들어 비용을 줄이기 위해 기하학적으로 축소된 모형을 사용하여 풍동에서 스포츠카의 공기역학 시험을 하는 경우를 고려한다(그림 7-14). 자동차가 받는 공기역학적 항력의 경우, 유동은 비압축성으로 가정할 수 있고, 그 결과 단지 두 개의 Π가 존재함이 알려져 있다.

$$\Pi_1 = f(\Pi_2) \qquad \text{여기서} \quad \Pi_1 = \frac{F_D}{\rho V^2 L^2} \quad \text{그리고} \quad \Pi_2 = \frac{\rho V L}{\mu} \tag{7-13}$$

7-4절에 이들 Π를 구하는 과정이 기술되어 있다. 식 (7-13)에서 F_D는 자동차에 작용하는 공기역학적 항력이고, ρ는 공기 밀도, V는 차의 속도(또는 풍동 내 공기 속도), L은 차의 길이, 그리고 μ는 공기의 점성계수이다. Π_1은 항력계수의 비정형화된 형태이고 Π_2는 **Reynolds 수**, Re이다. 이 Reynolds 수는 많은 유체역학 문제에서 나타난다(그림 7-15).

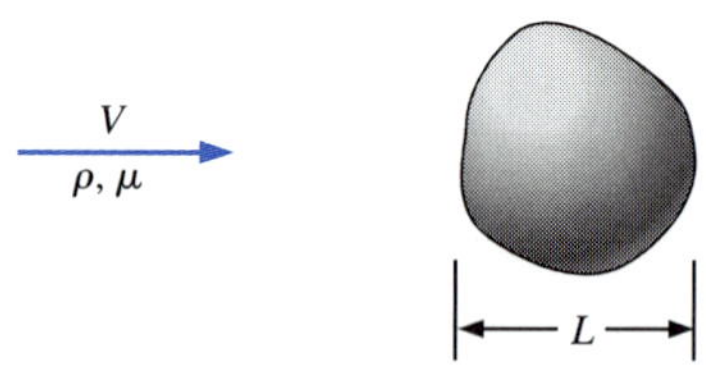

$$\text{Re} = \frac{\rho V L}{\mu} = \frac{VL}{\nu}$$

그림 7-15
Reynolds 수는 밀도, 특성속도, 특성길이의 점성계수에 대한 비로 이루어진다. 또는 특성속도와 길이의 $\nu = \mu/\rho$로 정의되는 동점성계수에 대한 비이다.

Reynolds 수는 유체역학에서 가장 잘 알려지고, 모든 유체역학 문제에서 유용한 무차원 매개변수이다.

이 문제에는 단지 하나의 독립 Π 만이 존재하므로, 식 (7-12)에 의하면, 독립 Π가 일치한다면(Reynolds 수 일치, 즉 $\Pi_{2,\,m} = \Pi_{2,\,p}$) 종속 Π도 일치하여야 한다($\Pi_{1,\,m} = \Pi_{1,\,p}$). 이와 같이 모형 자동차의 공기역학적 항력을 측정하고 이 값으로부터 원형 자동차의 항력을 예측하게 된다.

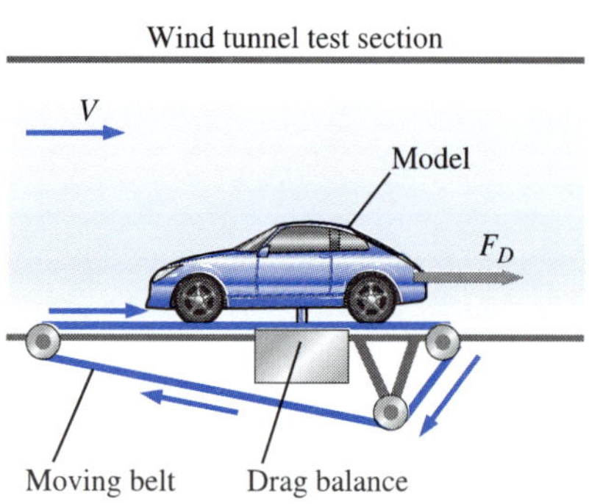

그림 7-16
항력추란 풍동 내에서 물체에 작용하는 항력을 측정하는 장치이다. 자동차 모형 시험 시 때로는 지면 효과를 모사하기 위해 **회전하는 벨트**를 설치한다.

예제 7-3 모형과 원형 자동차의 상사

새로 개발한 스포츠카의 공기역학적 항력을 기온 25°C, 및 50 mi/h 속력에서 예측하고자 한다. 1/5 축척 모형을 사용하여 기온이 5°C인 풍동에서 항력을 측정한다. 모형과 원형 사이의 상사를 유지하기 위해 풍동내 공기의 유속은 얼마가 되어야 하는가?

풀이 상사의 개념을 활용하여 풍동 내의 유속을 구하고자 한다.

가정 **1** 공기는 비압축성이다(이 가정의 유효성에 대해서는 추후 논의함). **2** 풍동 벽면은 모형의 항력에 간섭을 미치지 않을 만큼 멀리 떨어져 있다. **3** 모형은 원형과 기하학적 상사를 유지한다. **4** 풍동은 자동차 밑의 지면을 모사하기 위하여 그림 7-16처럼 이동 벨트를 갖추고 있다(이동 벨트는 특히 차량 하부를 포함하여 모든 유동장에서의 운동학적 상사를 얻기 위해 필요하다).

상태량 25°C 대기압 하의 공기 $\rho = 1.184\ \text{kg/m}^3$, $\mu = 1.849 \times 10^{-5}\ \text{kg/m} \cdot \text{s}$ 및 5°C 대기압 하의 공기 $\rho = 1.269\ \text{kg/m}^3$, $\mu = 1.754 \times 10^{-5}\ \text{kg/m} \cdot \text{s}$.

해석 이 문제에는 단지 하나의 독립 Π가 존재하므로, $\Pi_{2,\,m} = \Pi_{2,\,p}$이면 상사방정식(식 7-12)이 만족된다. 여기서 Π_2는 식 (7-13)으로 주어지는 Reynolds 수이며, 다음과 같다.

$$\Pi_{2,m} = \text{Re}_m = \frac{\rho_m V_m L_m}{\mu_m} = \Pi_{2,p} = \text{Re}_p = \frac{\rho_p V_p L_p}{\mu_p}$$

풍동 내 유속 V_m은 다음과 같다.

$$V_m = V_p\left(\frac{\mu_m}{\mu_p}\right)\left(\frac{\rho_p}{\rho_m}\right)\left(\frac{L_p}{L_m}\right)$$

$$= (50.0\text{ mi/h})\left(\frac{1.754\times10^{-5}\text{ kg/m}\cdot\text{s}}{1.849\times10^{-5}\text{ kg/m}\cdot\text{s}}\right)\left(\frac{1.184\text{ kg/m}^3}{1.269\text{ kg/m}^3}\right)(5) = \mathbf{221\text{ mi/h}}$$

따라서, 상사를 만족시키기 위해서는 풍동 내 유속이 221 mi/h(유효숫자 3자리까지)가 되어야 한다. 여기서 원형 및 모형 자동차의 실제 크기는 전혀 주어져 있지 않지만, 원형이 축척 모형의 5배만큼 크기 때문에 L_p와 L_m의 비율은 알 수 있음에 주목하라. 무차원 비율로 차원 매개변수들을 재배열하면(여기서 행해진 것처럼), 단위 시스템은 무관하다. 각각의 분모에 있는 단위와 각각의 분자에 있는 단위가 상쇄되므로 아무런 단위 변환도 필요 없다.

토의 이 속력은 너무 높아서(약 100 m/s) 풍동에서 구현하기가 힘들지 모른다. 더구나 속력이 커지면 비압축성 가정에서 벗어날 수도 있다(이 문제는 예제 7-8에서 상세히 다룬다).

모형과 원형 유동 사이에 완전한 상사가 성립한다면, 식 (7-12)를 이용하여 모형의 측정결과로부터 원형의 성능을 예측할 수 있다. 이에 대하여는 예제 7-4에서 설명한다.

예제 7-4 원형 자동차의 공기역학적 항력 예측

예제 7-3의 결과에 따라 모형과 원형 사이의 상사를 위해 풍동 내 유속을 221 mi/h로 한다. 모형에 작용하는 공기역학적 항력은 **항력추**(그림 7-16)로 측정하는데 몇 번의 측정을 통하여 평균항력이 21.2 lbf로 결정되었다. 원형에 작용하는(25°C, 50 mi/h에서) 항력은 얼마인가?

풀이 모형 측정결과에 기초하여 상사를 사용하여 원형에 작용하는 공기역학적 항력을 예측하고자 한다.

해석 상사 방정식(식 7-12)에 따르면 $\Pi_{2,\,m} = \Pi_{2,\,p}$이므로 $\Pi_{1,\,m} = \Pi_{1,\,p}$이며, 여기서 이 문제에 대해 Π_1은 식 (7-13)은 다음과 같다.

$$\Pi_{1,m} = \frac{F_{D,m}}{\rho_m V_m^2 L_m^2} = \Pi_{1,p} = \frac{F_{D,p}}{\rho_p V_p^2 L_p^2}$$

원형 자동차에 작용하는 항력 $F_{D,\,p}$는 다음과 같다.

$$F_{D,p} = F_{D,m}\left(\frac{\rho_p}{\rho_m}\right)\left(\frac{V_p}{V_m}\right)^2\left(\frac{L_p}{L_m}\right)^2$$

$$= (21.2\text{ lbf})\left(\frac{1.184\text{ kg/m}^3}{1.269\text{ kg/m}^3}\right)\left(\frac{50.0\text{ mi/h}}{221\text{ mi/h}}\right)^2(5)^2 = \mathbf{25.3\text{ lbf}}$$

토의 SI와 영미 단위계가 공존하는 경우라도 차원 매개변수를 무차원 비로 배열하면 단위들을 적절히 소거할 수 있다. Π_1 방정식에서 속도와 길이가 제곱의 형태이므로 풍동 내의 유속을 높임으로써 모형의 축소된 길이를 보상하여 모형과 원형간의 항력이 거의 같게 되었다. 사실상, 만일 풍동 내의 온도가 원형 위로 흐르는 공기의 온도와 같아서 공기 밀도와 점성계수가 같다면 두 경우의 항력도 동일할 것이다(그림 7-17).

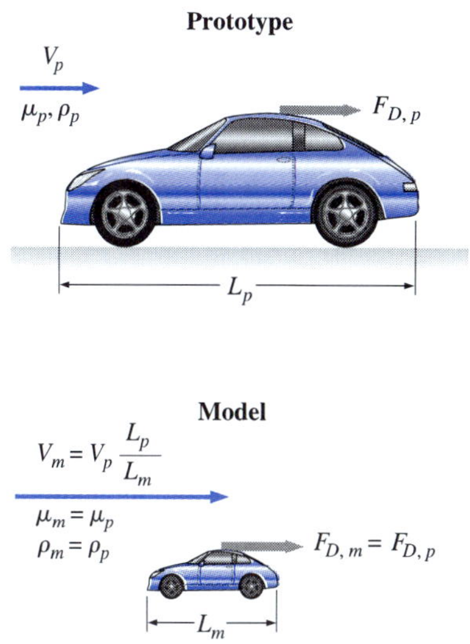

그림 7-17
원형과 모형의 공기 상태량이 같고($\rho_m = \rho_p$, $\mu_m = \mu_p$), 상사조건($V_m = V_p L_p/L_m$)에서 원형에 작용하는 항력과 모형에 작용하는 항력은 같다. 만일 두 유체의 상태량이 **틀리면** 역학적 상사가 만족되더라도 항력은 같지 **않게** 된다.

그림 7-18
원형과 모형의 유체가 같지 않더라도 상사가 성립할 수 있다. 이 그림은 풍동 내에서 시험 중인 잠수함 모형을 보여준다.
Courtesy NASA Langley Research Center.

실험적 해석을 보완하기 위해 차원해석과 상사를 이용하는 것의 강점은 차원 매개변수(밀도, 속도 등)의 실제 값에 무관하다는 사실로 더욱 두드러진다. 독립 Π들이 서로 같으면 **유체의 종류가 다를지라도** 상사는 성립한다. 따라서 자동차나 비행기의 모형시험은 수동(water tunnel)에서 수행되기도 하고 잠수함의 모형시험은 풍동에서 수행되기도 한다(그림 7-18). 예제 7-3과 7-4의 1/5 축척 모형에 풍동 대신 수동이 사용된다고 가정하라. 실온(20℃를 가정하여)에서 물의 상태량을 이용하여, 상사에 필요한 수동의 속도는 다음과 같이 쉽게 계산된다.

$$V_m = V_p\left(\frac{\mu_m}{\mu_p}\right)\left(\frac{\rho_p}{\rho_m}\right)\left(\frac{L_p}{L_m}\right)$$
$$= (50.0\text{ mi/h})\left(\frac{1.002\times10^{-3}\text{ kg/m}\cdot\text{s}}{1.849\times10^{-5}\text{ kg/m}\cdot\text{s}}\right)\left(\frac{1.184\text{ kg/m}^3}{998.0\text{ kg/m}^3}\right)(5) = 16.1\text{ mi/h}$$

그러므로 수동을 사용하게 되면 동일한 크기의 모형에서 요구되는 유속이 풍동에서 보다 훨씬 작게 된다.

7-4 ▪ 반복변수법과 Buckingham Pi 정리

The Method of Repeating Variables

Step 1: List the parameters in the problem and count their total number *n*.
Step 2: List the primary dimensions of each of the *n* parameters.
Step 3: Set the *reduction j* as the number of primary dimensions. Calculate *k*, the expected number of Π's, $k = n - j$
Step 4: Choose *j repeating parameters*.
Step 5: Construct the *k* Π's, and manipulate as necessary.
Step 6: Write the final functional relationship and check your algebra.

그림 7-19
반복변수법의 6 단계에 대한 요약.

지금까지 여러 예제를 통하여 차원해석의 유효성과 역량을 알아보았다. 이제 무차원 매개변수 Π를 **구하는** 방법을 공부한다. 여러 방법이 제안되었지만 가장 널리 쓰이고 간단한 방법은 Edgar Buckingham(1867-1940)에 의해 대중화된 **반복변수법(method of repeating variables)**이다. 이 방법은 러시아 과학자인 Dimitri Riabouchinsky(1882-1962)에 의해 1911년에 처음 제안되었다. 또한 이 방법은 무차원 매개변수를 구하는 단계적인 절차 또는 "요리법(recipe)"으로 생각할 수 있다. 그림 7-19에 6단계가 간략하게 서술되어 있고 표 7-2에는 좀 더 상세히 기술되어 있다. 이 단계들은 앞으로 여러 예제를 통하여 좀 더 상세히 설명되어질 것이다.

표 7-2
반복변수법*을 구성하는 6단계에 대한 상세설명

1단계	매개변수(차원변수, 무차원변수, 차원상수)를 나열하고 그 수를 센다. 종속변수를 포함한 매개변수의 수를 *n*으로 한다. 독립변수들이 서로 독립관계인지 확인한다(예를 들면 *r*과 $A = \pi r^2$는 독립관계에 있지 않다)
2단계	*n*개의 매개변수 각각의 기본차원을 기술한다.
3단계	**축약(reduction)** *j*를 추정한다. 우선 *j*를 문제의 기본차원 수로 한다. 예상되는 Π의 수(*k*)는 **Buckingham Pi 정리**에 의해 다음과 같다. Buckingham Pi 정리: $k = n - j$ (7-14) 이어지는 단계에서 문제가 풀리지 않으면 단계 1을 재확인한 후 *j*를 하나 감소시켜 진행한다.
4단계	각각의 Π를 구성할 *j*개의 **반복 매개변수**를 선정한다. 반복 매개변수는 각각의 Π에 반복적으로 나타날 가능성이 크므로 신중하게 선정한다(표 7-3).
5단계	*j*개의 반복 매개변수와 나머지 매개변수 중 하나를 묶어서, 한번에 하나씩 *k*개의 Π를 구한다. 관례상 처음 도출되는 Π(Π_1으로 명시된)을 종속 Π로 한다. Π들을 조작하여 정립된 무차원 그룹(표 7-5)을 얻도록 한다.
6단계	모든 Π들이 무차원인지 확인한다. 식 (7-11)과 같은 최종 함수관계식을 기술한다.

* 차원해석을 통하여 무차원 Π 그룹을 구하는 단계적 방법임.

첫 번째 간단한 예로 7-2절에 논의된 진공 중에 낙하하는 구를 고려한다. 편의상 낙하하는 물체에 관련된 물리현상(식 7-4)을 잘 모르고 단지 구의 순간 높이 z는 시간 t, 초기 수직속도 w_0, 초기 높이 z_0, 그리고 중력가속도 g의 함수라는 것만 알고 있다고 가정한다(그림 7-20). 차원해석의 좋은 점은 우리가 알아야만 하는 것들이 단지 이 값들 각각의 기본차원뿐이라는 데 있다. 반복변수법의 각 단계를 통하여 이 방법을 상세히 설명한다.

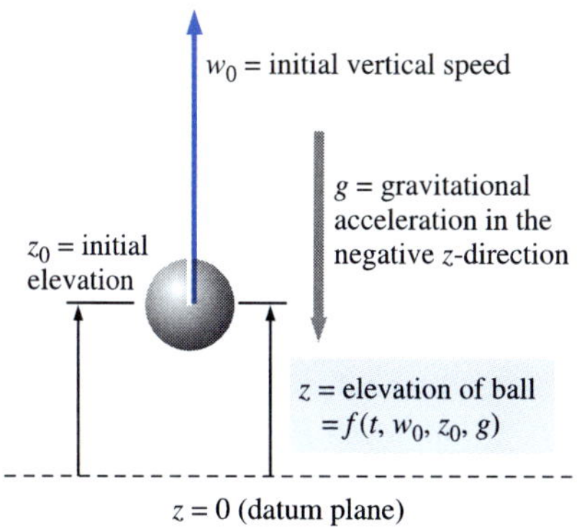

그림 7-20
진공 중에 낙하하는 공에 대한 차원해석. 높이 z는 시간 t, 초기 수직 속도 w_0, 초기 높이 z_0, 및 중력가속도 g의 함수이다.

1단계

이 문제에는 5개의 매개변수(차원변수, 무차원변수, 차원상수)가 존재하며, 즉 $n = 5$이다. 열거된 종속변수를 독립변수와 상수의 함수로 표현하면 다음과 같다.

관련 매개변수 목록: $z = f(t, w_0, z_0, g) \qquad n = 5$

2단계

각 매개변수의 기본차원이 여기서 열거된다. 각 차원은 지수형태로 써보도록 추천하는데 이는 차후의 대수계산에 도움이 되기 때문이다.

z	t	w_0	z_0	g
$\{L^1\}$	$\{t^1\}$	$\{L^1t^{-1}\}$	$\{L^1\}$	$\{L^1t^{-2}\}$

3단계

첫 번째 추측으로, j를 문제 중의 기본차원의 개수인 2와 같게 놓는다(L과 t).

축약(reduction): $j = 2$

j의 값이 맞다면, Buckingham Pi 정리에 의해 예측되는 Π의 개수는 다음과 같다.

예측 Π의 수: $k = n - j = 5 - 2 = 3$

4단계

$j = 2$이므로 두 개의 반복 매개변수를 선정한다. 이 단계가 반복변수법의 가장 힘든(또는 적어도 가장 설명하기 곤란한) 단계로 표 7-3에 반복 매개변수를 선정하는 몇 개의 지침이 나타나 있다. 표 7-3의 지침에 따라 가장 적절한 반복 매개변수로 w_0와 z_0를 선정한다.

반복 매개변수: w_0 그리고 z_0

5단계

반복 매개변수와 나머지 매개변수 하나씩을 조합하여 Π를 구한다. 첫 번째 Π는 항상 **종속** Π이고 종속변수 z로 구성된다.

종속 Π: $$\Pi_1 = z w_0^{a_1} z_0^{b_1} \tag{7-15}$$

여기서 a_1과 b_1은 추후 결정될 상수인 지수들이다. 단계 2의 기본차원을 식 (7-15)에 적용하여 각 기본차원의 지수가 0이 되도록 함으로써 Π를 무차원화 한다.

Π_1의 차원: $\{\Pi_1\} = \{L^0t^0\} = \{z w_0^{a_1} z_0^{b_1}\} = \{L^1(L^1t^{-1})^{a_1}L^{b_1}\}$

표 7-3

반복변수법 단계 4의 반복 매개수를 선정하는 지침*

지 침	본 문제에 대한 적용 및 간단한 설명
1. 종속변수를 선정하지 말라. 그렇지 않으면 종속변수가 모든 Π에 나타나고 바람직하지 않다.	본 문제에서는 z를 선정할 수 없다. 따라서 나머지 네 개의 매개변수 t, w_0, z_0, g 중 두 개를 골라야 한다.
2. 선정된 반복 매개변수들은 무차원그룹을 형성해서는 안 된다. 그렇지 않으면 나머지 Π를 구할 수 없다.	본 문제에서는 어떤 두 개의 독립 매개변수라도 이 지침에 적합하다. 하지만 예를 들어 세 개의 매개변수를 선정하는 경우 t, w_0, z_0를 골라서는 안 된다. 왜냐하면 tw_0/z_0가 무차원 그룹이기 때문이다.
3. 선정된 반복 매개변수는 문제의 기본차원을 모두 포함하여야 한다.	예를 들어 m, L, t 세 개의 기본차원이 있는데 두 개의 반복 매개변수를 선정하는 경우, 길이와 시간을 선정하면 질량이 빠지게 된다. 하지만 밀도와 시간을 선정하면 문제의 세 기본차원이 모두 포함된다.
4. 이미 무차원인 매개변수를 선정해서는 안 된다. 그들은 이미 스스로 Π들이기 때문이다.	각도 θ가 독립변수인 경우 θ를 선정해서는 안 된다. 이 경우 θ는 이미 구해진 Π이다.
5. 같은 차원이거나 지수승 만큼 다른 차원을 가지는 두 매개변수를 선정해서는 안 된다.	본 문제에서는 z와 z_0의 차원(길이)이 같다. 따라서 이들 둘을 동시에 선정해서는 안 된다(지침 1에 따라 종속변수 z는 이미 제거되었다). 하나의 매개변수가 길이이고 다른 하나는 체적인 경우에도, 체적에는 동일한 기본차원(길이)만이 사용되므로 둘을 동시에 선정할 수 없다.
6. 가능하면 차원변수보다 차원상수를 선정하여, 차원변수가 하나의 Π에만 포함되도록 한다.	본 문제에서는 t를 반복 매개변수로 선정한다면 이 값은 세 개의 Π에 모두 포함된다. 이는 틀리다고 할 수는 없지만 바람직하지 못하다. 왜냐하면 무차원 높이를 무차원 시간과 다른 무차원 매개변수로 구할 필요가 있기 때문이다. 따라서 네 개의 독립 매개변수 중 w_0, z_0, g를 사용한다.
7. 각각의 Π에 나타날 수 있으므로 일반적인 매개변수를 선정한다.	유체 유동 문제에서는 길이, 속도, 질량, 밀도(그림 7-25)가 일반적 매개변수이다. 점성계수 μ, 표면장력 σ_s와 같은 일반적이지 않은 매개변수를 선정하면 이들이 각각의 Π에 나타나게 된다. 본 문제에서는 g보다는 w_0와 z_0가 바람직하다.
8. 가능하면 복잡한 매개변수 보다 단순한 매개변수를 선정한다.	에너지, 압력과 같이 여러 개의 기본차원으로 구성되는 매개변수보다 길이, 시간, 질량, 속도와 같이 하나나 두 개의 기본차원으로 구성되는 매개변수를 선정하는 것이 바람직하다.

* 이 지침을 사용하면 최소한의 노력으로 정립된 무차원 P 그룹을 구할 수 있을 것이다.

기본차원은 서로 독립적이므로, 양변에서 각 기본차원의 지수를 같도록 하여 a_1과 b_1을 구한다(그림 7-21).

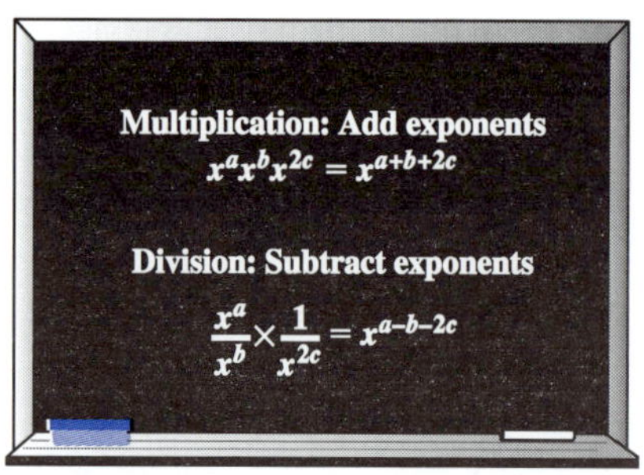

그림 7-21
지수 함수의 곱셈과 나눗셈.

시간: $\{t^0\} = \{t^{-a_1}\} \qquad 0 = -a_1 \qquad a_1 = 0$

길이: $\{L^0\} = \{L^1 L^{a_1} L^{b_1}\} \qquad 0 = 1 + a_1 + b_1 \qquad b_1 = -1 - a_1 \qquad b_1 = -1$

따라서 식 (7-15)는 다음과 같이 된다.

$$\Pi_1 = \frac{z}{z_0} \tag{7-16}$$

유사한 방법으로 반복 매개변수와 독립변수 t를 조합하여 첫 번째 독립 Π(Π_2)를 구한다.

첫 번째 독립 Π: $\Pi_2 = t w_0^{a_2} z_0^{b_2}$

Π_2의 차원: $\{\Pi_2\} = \{L^0 t^0\} = \{t w_0^{a_2} z_0^{b_2}\} = \{t(L^1 t^{-1})^{a_2} L^{b_2}\}$

지수를 일치시키면 다음과 같다.

시간: $\{t^0\} = \{t^1 t^{-a_2}\} \qquad 0 = 1 - a_2 \qquad a_2 = 1$

길이: $\{L^0\} = \{L^{a_2} L^{b_2}\} \qquad 0 = a_2 + b_2 \qquad b_2 = -a_2 \qquad b_2 = -1$

따라서 Π_2는 다음과 같이 된다.

$$\Pi_2 = \frac{w_0 t}{z_0} \tag{7-17}$$

마지막으로 반복 매개변수와 g를 조합하고 **강제**로 Π를 무차원화시켜 두 번째 독립 Π(Π_3)를 구한다(그림 7-23).

두 번째 독립 Π: $\Pi_3 = g w_0^{a_3} z_0^{b_3}$

Π_3의 차원: $\{\Pi_3\} = \{L^0 t^0\} = \{g w_0^{a_3} z_0^{b_3}\} = \{L^1 t^{-2} (L^1 t^{-1})^{a_3} L^{b_3}\}$

지수를 일치시키면 다음과 같다.

시간: $\{t^0\} = \{t^{-2} t^{-a_3}\} \qquad 0 = -2 - a_3 \qquad a_3 = -2$

길이: $\{L^0\} = \{L^1 L^{a_3} L^{b_3}\} \qquad 0 = 1 + a_3 + b_3 \qquad b_3 = -1 - a_3 \qquad b_3 = 1$

따라서 Π_3는 다음과 같이 된다.

$$\Pi_3 = \frac{g z_0}{w_0^2} \tag{7-18}$$

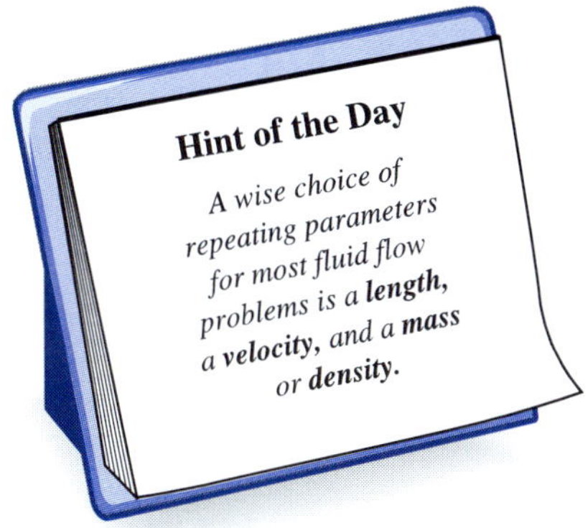

그림 7-22
일반적인 매개변수는 무차원 Π 그룹에 나타날 수 있으므로, 그들을 반복 매개변수로 선정하는 것이 바람직하다.

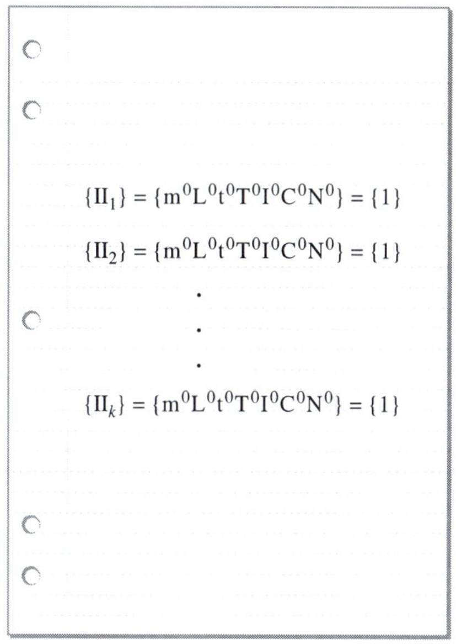

그림 7-23
모든 일곱 개의 기본차원의 지수를 0이 되도록 **강제**하기 때문에 반복변수법을 통해 도출되는 Π 그룹은 무차원이 된다.

표 7-4

반복변수법으로 도출된 Π를 조작하는 지침*

지 침	본 문제에 대한 적용 및 간단한 설명
1. Π에 상수(무차원) 지수를 취하거나 함수 조작을 한다.	Π의 무차원 특성을 유지하며 거듭제곱을 취할(Π^n) 수 있다. 본 문제에서는 Π_3에 1/2의 지수를 취하였다. 마찬가지로 sin(Π), exp(Π)등과 같이 무차원 특성을 유지하며 함수 조작을 할 수 있다.
2. Π에(무차원) 상수를 곱한다.	때로는 편의상 1/2, 2, 4와 같은 무차원 계수를 곱한다. 이 과정은 Π의 차원에 영향을 미치지 않는다.
3. 도출된 두개의 Π를 곱하거나 나누어 구해진 새로운 Π로 기존의 Π 하나를 대체한다.	Π_3을 $\Pi_3\Pi_1$, Π_3/Π_2 등으로 대체한다. 이는 기존 Π를 정립된 Π로 바꾸는데 필요하다. 많은 경우 다른 반복 매개변수를 택하여 차원해석을 수행하면 정립된 Π를 구할 수 있다.
4. 위 1-3의 지침을 복합적으로 사용한다.	A, B, C가 상수인 경우 임의의 Π_3를 $A\Pi_3^B \sin(\Pi_1^C)$와 같은 새로운 Π로 바꿀 수 있다.
5. Π 내의 차원 매개변수를 동일한 차원을 가진 다른 매개변수로 바꿀 수 있다.	예를 들어 Π 내에 길이의 제곱, 세제곱이 있는 경우, 면적이나 체적으로 대체하여 정립된 Π로 만든다.

* 이 지침은 반복변수법의 5단계에서 무차원 Π 그룹을 표 7-5에 제시된 무차원 매개변수로 변환하는데 유용하게 쓰일 수 있다.

표 7-5

유체역학 및 열전달에 통용되는 정립된 무차원 매개변수*

Aspect ratio	$\mathrm{AR} = \frac{L}{W}$ or $\frac{L}{D}$	$\frac{\text{Length}}{\text{Width}}$ or $\frac{\text{Length}}{\text{Diameter}}$
Cavitation number	$\mathrm{Ca}\ (\text{sometimes } \sigma_c) = \frac{P - P_v}{\rho V^2}$ $\left(\text{sometimes } \frac{2(P - P_v)}{\rho V^2}\right)$	$\frac{\text{Pressure} - \text{Vapor pressure}}{\text{Inertial pressure}}$
Darcy friction factor	$f = \frac{8\tau_w}{\rho V^2}$	$\frac{\text{Wall friction force}}{\text{Inertial force}}$
Drag coefficient	$C_D = \frac{F_D}{\frac{1}{2}\rho V^2 A}$	$\frac{\text{Drag force}}{\text{Dynamic force}}$
Euler number	$\mathrm{Eu} = \frac{\Delta P}{\rho V^2}\left(\text{sometimes } \frac{\Delta P}{\frac{1}{2}\rho V^2}\right)$	$\frac{\text{Pressure difference}}{\text{Dynamic pressure}}$
Fanning friction factor	$C_f = \frac{2\tau_w}{\rho V^2}$	$\frac{\text{Wall friction force}}{\text{Inertial force}}$
Froude number	$\mathrm{Fr} = \frac{V}{\sqrt{gL}}\left(\text{sometimes } \frac{V^2}{gL}\right)$	$\frac{\text{Inertial force}}{\text{Gravitational force}}$
Lift coefficient	$C_L = \frac{F_L}{\frac{1}{2}\rho V^2 A}$	$\frac{\text{Lift force}}{\text{Dynamic force}}$
Power number	$N_P = \frac{\dot{W}}{\rho D^5 \omega^3}$	$\frac{\text{Power}}{\text{Rotational inertia}}$
Prandtl number	$\mathrm{Pr} = \frac{\nu}{\alpha} = \frac{\mu c_p}{k}$	$\frac{\text{Viscous diffusion}}{\text{Thermal diffusion}}$
Pressure coefficient	$C_p = \frac{P - P_\infty}{\frac{1}{2}\rho V^2}$	$\frac{\text{Static pressure difference}}{\text{Dynamic pressure}}$
Rayleigh number	$\mathrm{Ra} = \frac{g\beta\|\Delta T\|L^3\rho^2 c_p}{k\mu}$	$\frac{\text{Buoyancy force}}{\text{Viscous force}}$
Reynolds number	$\mathrm{Re} = \frac{\rho VL}{\mu} = \frac{VL}{\nu}$	$\frac{\text{Inertial force}}{\text{Viscous force}}$
Specific heat ratio	$k\ (\text{sometimes } \gamma) = \frac{c_p}{c_v}$	$\frac{\text{Enthalpy}}{\text{Internal energy}}$
Strouhal number	$\mathrm{St}\ (\text{sometimes S or Sr}) = \frac{fL}{V}$	$\frac{\text{Characteristic flow time}}{\text{Period of oscillation}}$
Weber number	$\mathrm{We} = \frac{\rho V^2 L}{\sigma_s}$	$\frac{\text{Inertial force}}{\text{Surface tension force}}$

* A는 특성면적, D는 특성직경, f는 특성주파수(Hz), L은 특성길이, t는 특성시간, T는 특성(절대)온도, V는 특성 속도, W는 특성 폭, $\dot{W}$은 특성동력, ω는 특성각속도(rad/s). 그리고 다른 매개변수와 유체 상태량은 다음과 같다: c = 음속, C_p, C_v = 비열, k = 열전도도, P = 압력, α = 열확산계수, β = 열팽창계수, μ = 점성계수, ν = 동점성계수, ρ = 유체밀도, σ_s = 표면장력, τ_W = 벽면 전단응력.

세 개의 Π가 모두 구해졌지만, 이 시점에서 Π에 대한 어떤 조작이 필요한지 여부를 신중하게 살펴본다. Π_1과 Π_2는 식 (7-6)의 무차원변수 z^*와 t^*와 동일하므로 조작이 필요치 않다. 하지만 세 번째 Π는 $-\frac{1}{2}$의 거듭제곱을 취하여 잘 정립된 매개변수, 즉 식 (7-8)의 Froude 수와 같은 형태가 되도록 해야 함을 알고 있다.

수정된 Π_3:

$$\Pi_{3,\ \text{modified}} = \left(\frac{gz_0}{w_0^2}\right)^{-1/2} = \frac{w_0}{\sqrt{gz_0}} = \text{Fr} \tag{7-19}$$

때때로 이러한 조작을 통하여 Π를 잘 알려진 형태로 바꿀 필요가 있다. 그렇다고 식 (7-18)의 Π가 틀렸다거나 식 (7-19)가 식 (7-18) 보다 수학적으로 장점이 있는 것은 아니다. 그 대신에 식 (7-19)가 문헌에 통용되는 명명되고, 정립된 매개변수이므로 식 (7-18)보다 더 "사회적으로 받아들여"진다고 말할 수 있다. 표 7-4에 무차원 Π 그룹을 정립된 매개변수로 바꾸는 몇 가지 지침을 제시하였다.

표 7-5에 정립된 무차원변수를 나타내었다. 이들은 대부분 저명한 과학자나 공학자(그림 7-24)의 이름을 따라 명명되었다. 이 목록은 결코 총망라된 것은 아니다. 가능하다면 Π를 필요한대로 조작하여 정립된 매개변수로 바꾸도록 하여야 한다.

그림 7-24
일반적으로 저명한 과학자나 공학자의 이름을 따라 정립된 무차원 매개변수를 명명한다.

6단계

Π가 정말 무차원인지를 재확인할 필요가 있다(그림 7-25). 재확인되면 이제 무차원 매개변수 사이의 함수 관계식을 기술한다. 식 (7-16), (7-17)과 (7-19)를 식 (7-11)의 형태로 조합하면 다음과 같이 된다.

Π들 사이의 관계식:

$$\Pi_1 = f(\Pi_2, \Pi_3) \quad \rightarrow \quad \frac{z}{z_0} = f\left(\frac{w_0 t}{z_0}, \ \frac{w_0}{\sqrt{gz_0}}\right)$$

또는 앞에서 식 (7-6)에 정의된 무차원변수 z^*, t^*와 Froude 수의 정의에 따라 차원해석의 최종 결과는 다음과 같이 된다.

차원해석의 최종결과:

$$z^* = f(t^*, \text{Fr}) \tag{7-20}$$

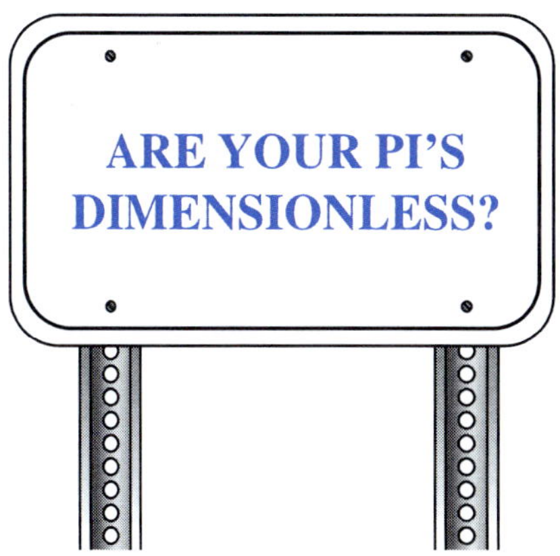

그림 7-25
항상 계산을 확인할 필요가 있다.

차원해석의 결과인 식 (7-20)과 엄밀해인 식 (7-10)을 비교해 보면, 반복변수법이 무차원 그룹간의 함수 관계식을 적절히 예측함을 알 수 있다. 그러나

반복변수법으로 정확한 수학적 관계식을 구할 수는 없다.

이것이 차원해석과 반복변수법의 근본적 한계이다. 하지만 예제 7-5에 보였듯이 간단한 문제인 경우 미지의 상수 범위 내에서 관계식을 **구할 수** 있다.

예제 7-5 비누방울 내의 압력

아이들이 가지고 노는 비누방울 내의 압력과 반경 사이의 관계를 구해본다(그림 7-26). 비누방울 내의 압력은 대기압보다 높고 따라서 비누방울 표면은 풍선 표면처럼 인장력을 받으리라 예상할 수 있다. 또한 이 문제에서 표면장력이 중요하리라 생각할 수 있다. 다른 물리적 관계를 모르는 상태에서 차원해석을 통해 문제를 풀고자 한다. 압력차 $\Delta P =$

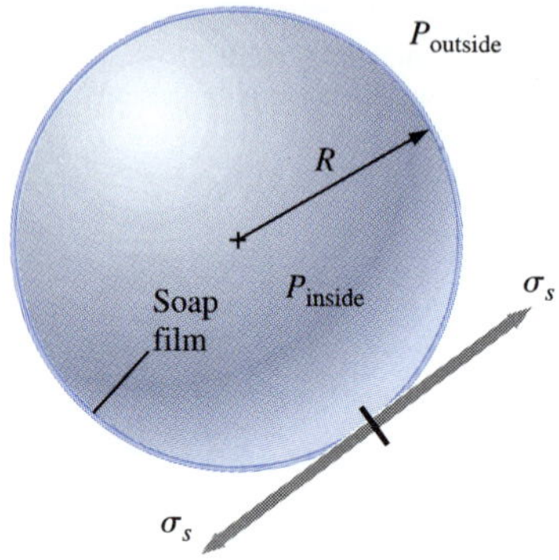

그림 7-26
비누방울 내부의 압력은 비누막의 표면장력으로 주위 압력보다 높다.

$P_{\text{inside}} - P_{\text{outside}}$, 비누방울 반경 R 및 비누막의 표면장력 σ_s 사이의 관계식을 구하라.

풀이 비누방울 내부와 외부 공기의 압력차를 반복변수법에 의해 구하고자 한다.

가정 **1** 비누방울은 공기 중에 중립적으로 떠 있고 중력은 무시한다. **2** 문제에서 주어진 이외의 변수 또는 상수는 중요치 않다.

해석 단계적 반복변수법을 적용한다.

1단계 이 문제에는 세 개의 변수 및 상수가 존재하며, 즉 $n = 3$이다. 종속변수를 독립변수와 상수의 함수로 기술하면:

관련 매개변수 목록: $\Delta P = f(R, \sigma_s) \qquad n = 3$

2단계 각 매개변수의 기본차원을 기술한다. 표면장력의 차원은 예제 7-1로부터, 압력의 차원은 예제 7-2로부터 구한다.

$$\begin{array}{ccc} \Delta P & R & \sigma_s \\ \{\mathrm{m}^1\mathrm{L}^{-1}\mathrm{t}^{-2}\} & \{\mathrm{L}^1\} & \{\mathrm{m}^1\mathrm{t}^{-2}\} \end{array}$$

3단계 우선 j를 기본차원의 수(m, L, 및 t)와 같도록 3으로 가정한다.

축약(첫 번째 가정): $j = 3$

만일 상기 j값이 옳다면 기대되는 Π의 수의 $k = n - j = 3 - 3 = 0$이다. 하지만 $\Pi = 0$이 될 수 없으므로 무엇인가 틀렸다(그림 7-27). 이런 경우 되돌아가서 어떤 변수나 상수가 누락되지 않았는지 확인할 필요가 있다. 그러나 압력 차는 비누방울 반경과 표면장력만의 함수임을 확신하므로 j의 값을 하나 감소시킨다.

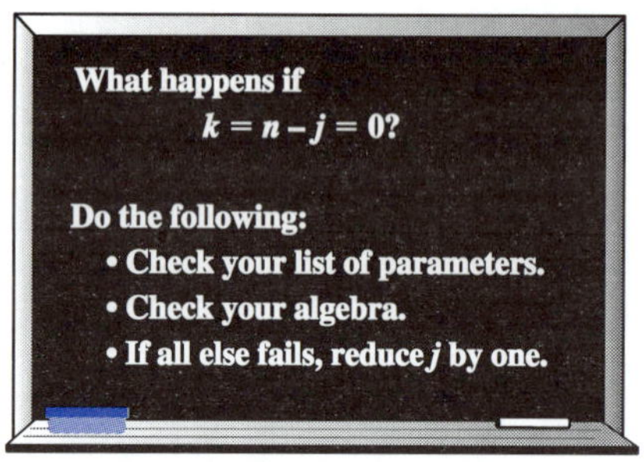

그림 7-27
반복변수법 결과에서 Π가 0이라면 계산 실수를 확인하고, 아니면 j를 하나 축약하여 다시 반복해야 한다.

축약(두 번째 가정): $j = 2$

만일 이 j값이 옳다면 $j = n - j = 3 - 2 = 1$이다. 따라서 Π의 수는 1이 되고 $\Pi = 0$보다 현실적인 값이다.

4단계 $j = 2$이므로 두 개의 반복 매개변수를 선택해야 한다. 표 7-3의 지침에 따라 R과 σ_s를 선택한다(Δ는 종속변수임).

5단계 반복변수를 종속변수 ΔP와 조합하여 종속 Π를 구한다.

종속 Π: $$\Pi_1 = \Delta P R^{a_1} \sigma_s^{b_1} \tag{1}$$

단계 2의 기본차원을 식 (1)에 대입하고 Π를 무차원이 되게 하면 다음과 같이 된다.

Π_1의 차원: $\{\Pi_1\} = \{\mathrm{m}^0\mathrm{L}^0\mathrm{t}^0\} = \{\Delta P R^{a_1}\sigma_s^{b_1}\} = \{(\mathrm{m}^1\mathrm{L}^{-1}\mathrm{t}^{-2})\mathrm{L}^{a_1}(\mathrm{m}^1\mathrm{t}^{-2})^{b_1}\}$

각 기본차원의 지수를 같게 하여 a_1과 b_1을 구한다.

시간:	$\{\mathrm{t}^0\} = \{\mathrm{t}^{-2}\mathrm{t}^{-2b_1}\}$	$0 = -2 - 2b_1$	$b_1 = -1$
질량:	$\{\mathrm{m}^0\} = \{\mathrm{m}^1\mathrm{m}^{b_1}\}$	$0 = 1 + b_1$	$b_1 = -1$
길이:	$\{\mathrm{L}^0\} = \{\mathrm{L}^{-1}\mathrm{L}^{a_1}\}$	$0 = -1 + a_1$	$a_1 = 1$

다행히도 처음 두 결과는 서로 일치한다. 따라서 식 (1)은 다음과 같이 된다.

$$\Pi_1 = \frac{\Delta PR}{\sigma_s} \tag{2}$$

표 7-5로부터 식 (2)와 가장 유사한 정립된 무차원 매개변수는 **Weber 수**이고, 이는 압력(ρV^2)과 길이의 곱을 표면장력으로 나눈 값이다. 이 Π를 더 조작할 필요는 없다.

6단계 마지막으로 함수 관계식을 기술한다. 본 문제에서는 단지 하나의 Π만이 있으므로, 즉 아무것의 함수도 아니므로, Π는 상수가 되어야 한다. 식 (2)를 식 (7-11)의 함수 형태로 놓으면 다음과 같이 된다.

Π 사이의 관계식: $$\Pi_1 = \frac{\Delta PR}{\sigma_s} = f(\text{nothing}) = \text{constant} \rightarrow \Delta P = \text{constant}\frac{\sigma_s}{R} \tag{3}$$

토의 이 예제는 문제에 관련된 물리적 현상을 잘 모를 때에도 차원해석을 통하여 경향을 예측할 수 있음을 보여준다. 예를 들어 식 (3)으로부터 비누방울의 반경이 두 배가 되면 압력 차는 반으로 줄어든다. 마찬가지로 표면장력이 두 배가 되면 ΔP는 두 배로 증가한다. 차원해석으로 식 (3)의 상수를 구할 수는 없지만, 부가적인 해석이나 **단 한번의** 실험을 통하여 상수가 4가 된다는 것을 알 수 있다(2장 참조).

예제 7-6 날개에 작용하는 양력

비행기 날개에 작용하는 양력을 계산하고자 한다(그림 7-28). 날개의 코드 길이 L_c = 1.12 m이고 **평면도면적(planform area)** A는 (영각이 영일 때 위에서 본 면적) 10.7 m²이다. 원형은 온도가 25°C인 지면에 가깝게 V = 52.0 m/s로 비행한다. 날개의 1/10 축척 모형을 사용하여 가압 풍동에서 시험할 때 역학적 상사를 얻기 위해서는 풍동 내의 유속 및 압력이 얼마가 되어야 하는가? 풍동은 최대 5기압까지 가압된다.

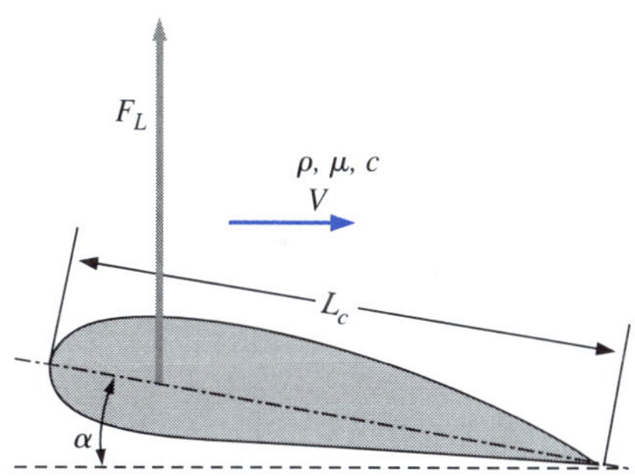

그림 7-28
자유흐름 속도 V, 밀도 ρ, 점성계수 μ, 및 음속 c인 유동 중에 있는 날개(코드 길이 L_c에 작용하는 양력. 영각 α는 자유흐름 방향에 상대적으로 측정된다.

풀이 풍동 내에서 역학적 상사를 얻기 위한 유속과 압력을 결정하고자 한다.

가정 **1** 원형 날개는 표준 대기압 하의 공기에서 비행한다. **2** 모형은 원형과 기하학적으로 상사하다.

해석 단계적 반복변수법을 사용하여 무차원 매개변수를 구한 후, 모형과 원형 사이의 종속 Π를 비교한다.

1단계 본 문제에는 7개의 변수와 상수 매개변수가 있다; $n = 7$. 종속변수를 독립 매개변수의 함수로 표현하면 다음과 같다.

관련 매개변수 목록: $$F_L = f(V, L_c, \rho, \mu, c, \alpha) \qquad n = 7$$

여기서 F_L은 날개에 작용하는 양력, V는 유체 속도, L_C는 코드 길이. ρ는 유체 밀도, μ는 유체 점성계수, c는 유체 내의 음속, 그리고 α는 날개의 영각이다.

2단계 각 매개변수의 기본차원을 기술한다. 단 양각 α는 무차원이다.

$$\begin{matrix} F_L & V & L_c & \rho & \mu & c & \alpha \\ \{m^1L^1t^{-2}\} & \{L^1t^{-1}\} & \{L^1\} & \{m^1L^{-3}\} & \{m^1L^{-1}t^{-1}\} & \{L^1t^{-1}\} & \{1\} \end{matrix}$$

3단계 우선 j를 기본차원의 수(m, L, 및 t)인 3으로 가정한다.

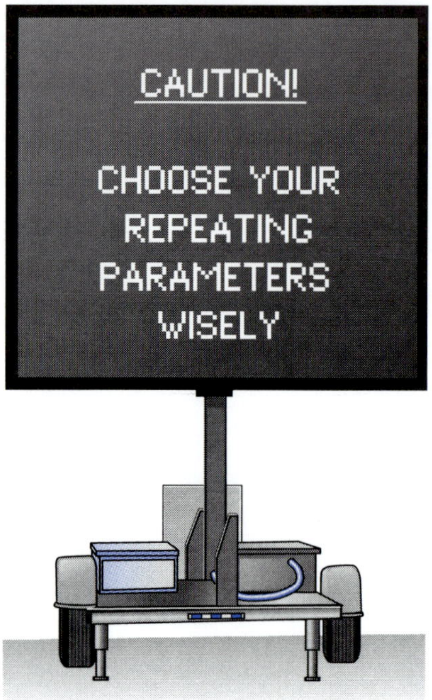

그림 7-29
반복변수법에서 가장 어려운 부분은 반복 매개변수를 선정하는 일이다. 하지만 연습을 통하여, 적절히 선정하는 법을 배울 수 있다.

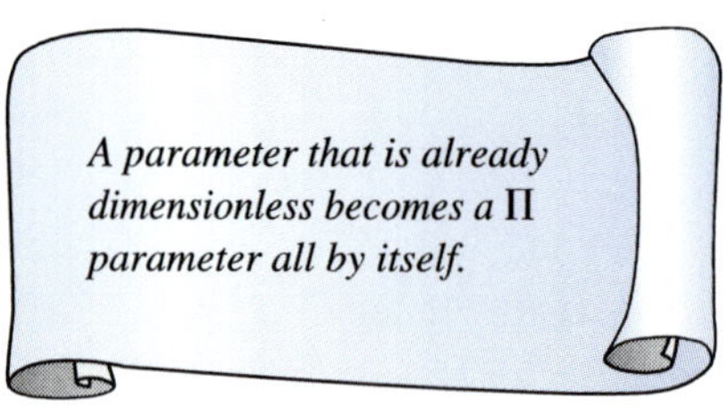

그림 7-30
차원이 없는 매개변수(각도와 같이)는 그 자체로 이미 무차원 Π이다.

축약: $j = 3$

만일 이 j값이 맞다면 Π의 수는 $k = n - j = 7 - 3 = 4$이다.

4단계 $j = 3$이므로 세 개의 반복 매개변수를 선정해야 한다. 표 7-3의 지침에 따라 종속변수인 F_L과 무차원 값인 α는 제외한다. V와 c도 차원이 같으므로 동시에 선정할 수는 없다. 또한 모든 Π에 μ가 들어가는 것도 바람직하지 않다. 따라서 최선의 반복 매개변수는 V, L_c, ρ의 조합이든지 c, L_c, ρ의 조합이 된다. 이 둘 중 전자가 더 바람직한데 왜냐하면 표 7-5의 정립된 무차원 매개변수 중 음속은 단지 하나에만 사용된 반면, 속도는 보다 "일반적"이어서 여러 무차원 매개변수에 사용되기 때문이다(그림 7-29).

반복 매개변수: $V,\ L_c,\ \rho$

5단계 종속 Π를 다음과 같이 구한다.

$$\Pi_1 = F_L V^{a_1} L_c^{b_1} \rho^{c_1} \quad \rightarrow \quad \{\Pi_1\} = \{(\mathrm{m^1 L^1 t^{-2}})(\mathrm{L^1 t^{-1}})^{a_1}(\mathrm{L^1})^{b_1}(\mathrm{m^1 L^{-3}})^{c_1}\}$$

Π가 무차원이 되도록 하여 $a_1 = -2$, $b_1 = -2$, $c_1 = -1$을 얻는다. 따라서 종속 Π는 다음과 같이 된다.

$$\Pi_1 = \frac{F_L}{\rho V^2 L_c^2}$$

표 7-5의 정립된 무차원 매개변수 중 Π_1에 가장 가까운 것은 **양력계수**로 L_c^2 대신에 평면도면적 A가 사용되고 분모에 1/2이 포함되어 있다. 따라서 표 7-4의 지침에 따라 Π를 조작하면 다음과 같이 된다.

수정된 Π_1: $$\Pi_{1,\,\text{modified}} = \frac{F_L}{\frac{1}{2}\rho V^2 A} = \text{양력계수} = C_L$$

유사하게 첫 번째 독립 Π를 구한다.

$$\Pi_2 = \mu V^{a_2} L_c^{b_2} \rho^{c_2} \quad \rightarrow \quad \{\Pi_2\} = \{(\mathrm{m^1 L^{-1} t^{-1}})(\mathrm{L^1 t^{-1}})^{a_2}(\mathrm{L^1})^{b_2}(\mathrm{m^1 L^{-3}})^{c_2}\}$$

여기서 $a_2 = -1$, $b_2 = -1$ 그리고 $c_2 = -1$을 얻고, 따라서 Π_2는 다음과 같다.

$$\Pi_2 = \frac{\mu}{\rho V L_c}$$

이 Π는 Reynolds 수의 역수로서, 다시 역수를 취하면 다음과 같다.

수정된 Π_2: $$\Pi_{2,\,\text{modified}} = \frac{\rho V L_c}{\mu} = \text{Reynolds 수} = \text{Re}$$

세 번째 Π는 음속을 사용하여 구하는데 상세한 과정은 생략한다. 그 결과는 다음과 같다.

$$\Pi_3 = \frac{V}{c} = \text{Mach 수} = \text{Ma}$$

마지막으로 영각 α는 이미 무차원이므로 그 자체로 무차원 Π가 된다(그림 7-30). 따라서 Π_4는 다음과 같이 된다.

$$\Pi_4 = \alpha = \text{영각(Angle of attack)}$$

6단계 마지막으로 다음과 같이 함수 관계식을 기술한다.

$$C_L = \frac{F_L}{\frac{1}{2}\rho V^2 A} = f(\text{Re, Ma}, \alpha) \tag{1}$$

역학적 상사가 성립하기 위해서는, 식 (1)의 세 개의 종속 무차원 매개변수가 모형과 원형 사이에서 서로 일치해야 한다. 영각을 일치시키는 것은 쉽지만 Reynolds 수와 Mach 수를 동시에 일치시키는 것은 간단하지 않다. 예를 들어 풍동 내의 유속과 온도를 원형과 같게 하면, 모형 유동의 ρ, μ, 및 c와 원형 유동의 ρ, μ, 및 c도 같게 되고, 모형 내 유속을 원형 유속의 10배로 함으로써(모형의 축척이 1/10이므로) Reynolds 수 상사를 얻을 수 있다. 그러나 이 경우 Mach 수는 서로 10배의 차이가 나게 된다. 온도 25°C에서 c는 약 346 m/s이고 원형의 Mach 수는 $\text{Ma}_P = 52.0/346 = 0.150$으로 아음속 유동이다. 하지만 모형의 경우 $\text{Ma}_m = 1.50$가 되고 초음속이 된다! 초음속과 아음속 유동은 물리적으로 완전히 다르기 때문에 이는 허용될 수 없다. 만약 Mach 수를 일치시켰다고 하면, 모형의 Reynolds 수는 원형에 비해 10배나 작게 된다.

다행히도 Mach 수가 0.3보다 작으면 압축성 효과는 무시할 수 있으므로 Mach 수를 일치시킬 필요는 없다. 따라서 Ma_m를 약 0.3 이하로 하고 Reynolds 수를 일치시키면 근사적인 역학적 상사를 얻을 수 있다. 그러면 어떻게 낮은 Mach 수를 유지하며 Re를 일치시킬 수 있을까? 이는 풍동 내 공기를 가압함으로써 가능하다. 등온조건에서 밀도는 압력에 비례하는 반면, 점성계수와 음속은 압력에 따라 거의 변하지 않으므로 풍동 내 압력을 10기압으로 올리면 원형과 모형을 같은 유속에서 시험해도 Re와 Ma가 거의 같게 된다. 이 문제의 경우 최대 압력이 5기압이므로 풍동 내 유속을 원형 유속의 두 배 즉, 104 m/s로 한다. 이 때 풍동 내 Mach 수는 $\text{Ma}_m = 104/346 = 0.301$로 비압축성 가정이 성립된다. 요약하면 풍동은 25°C, 5기압에서 대략 100 m/s로 운전되어야 한다.

토의 이 예제는 모형시험에서 종속 Π들을 항상 동시에 일치시킬 수는 없다는 차원해석의 (실망스러운) 한계를 보여준다. 즉, **모형 시험에서 모든 종속 Π들을 동시에 일치시키는 것이 항상 가능하지 않을 수 있다.** 이 경우 중요한 Π를 우선 일치시킬 필요가 있다. 유체역학의 많은 경우에 Re가 충분히 크다면 Reynolds 수가 역학적 상사에 결정적이지는 않다. 만일 원형의 Mach 수가 0.3 보다 월등히 크다면 Reynolds 수보다는 Mach 수를 일치시키는 것이 바람직하다. 더구나 모형 시험에 다른 종류의 기체가 사용된다면 비열비(k)도 일치시킬 필요가 있다. 이는 압축성 유동의 경우 k의 영향이 크기 때문이다. 이와 같은 모형 시험에 대한 문제는 7-5절에서 좀더 상세히 다룬다.

예제 7-3과 7-4에서 원형 자동차의 유속은 50.0 mi/h이고 풍동의 유속은 224mi/h이었다. 온도 25°C에서 이 속도들로부터 계산된 Mach 수는 원형의 경우 $\text{Ma}_P = 0.065$이고, 온도 5°C에서 모형의 경우 $Ma_m = 0.29$로 비압축성 한계의 경계에 있다. 만일 차원해석시 음속을 포함시켰다면 Mach 수가 부가적인 Π로 도출되었을 것이다. 물과 같은 **액체**를 사용하면 상당히 고속에서도 비압축성이므로, Mach 수를 낮게 유지하면서 Reynolds 수를 일치시킬 수 있다.

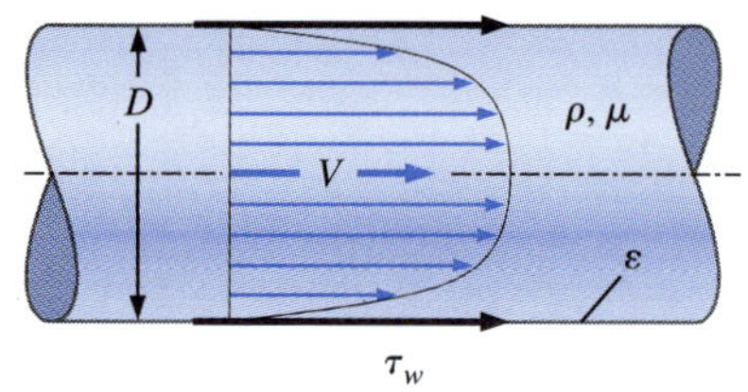

그림 7-31
파이프 내벽의 마찰. 파이프 벽면의 전단응력 τ_w은 평균 유체속도 V, 평균 벽면조도 높이, 유체밀도 ρ, 유체 점성계수 μ, 및 파이프 내경 D의 함수이다.

예제 7-7 파이프 내 마찰

밀도 ρ와 점성계수 μ의 비압축성 유체가 직경 D의 길고 수평인 파이프 내를 흐른다. 그림 7-31에 속도분포를 스케치하였다. V는 파이프 단면 평균속도로 질량보존에 의해 유동방향으로 일정하다. 파이프의 길이가 아주 길면 유동은 수력학적으로 **완전발달**하고 속도분포도 유동방향으로 변하지 않는다. 유체와 벽면사이의 마찰력에 의해 파이프의 내부 벽면에는 스케치에 보인 바와 같이 전단응력 τ_w이 생긴다. 이 전단응력도 완전발달 영역에서는 유동방향으로 일정하다. 파이프 내벽의 일정한 평균 조도높이는 ε으로 가정한다. 유동방향으로 일정하지 않은 매개변수는 압력뿐으로 마찰을 극복하여 유체를 유동시키기 위해서는 유동방향으로 감소(선형적으로)해야 한다. 전단응력 τ_w와 다른 매개변수 사이의 무차원 관계식을 구하라.

풀이 전단응력과 다른 매개변수 사이의 무차원 관계식을 구하고자 한다.

가정 1 유동은 수력학적으로 완전발달 되었다. 2 유체는 비압축성이다. 3 주어진 이외의 다른 매개변수는 중요하지 않다.

해석 단계적 반복변수법으로 무차원 매개변수를 구한다.

1단계 이 문제에는 6개의 변수와 상수가 있다; $n = 6$. 종속변수를 독립변수와 상수의 함수로 나타내면 다음과 같다.

관련 매개변수 목록: $$\tau_w = f(V, \varepsilon, \rho, \mu, D) \qquad n = 6$$

2단계 각 매개변수의 기본차원을 기술한다. 전단응력은 단위 면적 당의 힘으로 압력과 차원이 같다.

$$\begin{array}{cccccc} \tau_w & V & \varepsilon & \rho & \mu & D \\ \{m^1L^{-1}t^{-2}\} & \{L^1t^{-1}\} & \{L^1\} & \{m^1L^{-3}\} & \{m^1L^{-1}t^{-1}\} & \{L^1\} \end{array}$$

3단계 우선 j를 이 문제의 기본차원(m, L, t)의 개수인 3으로 가정한다.

축약: $$j = 3$$

이 j값이 맞다면, 예상되는 Π의 수는 $k = n - j = 6 - 3 = 3$이 된다.

4단계 $j = 3$이므로 3개의 반복 매개변수를 선정한다. 표 7-3의 지침에 따라 종속변수 τ_w을 선정할 수는 없고, ε과 D를 동시에 선정할 수도 없다(차원이 같으므로). 또한 μ나 ε이 모든 Π에 나타나는 것도 바람직하지 않다. 따라서 최선의 선택은 V, D 그리고 ρ이다.

반복 매개변수: V, D 그리고 ρ

5단계 종속 Π를 구한다.

$$\Pi_1 = \tau_w V^{a_1} D^{b_1} \rho^{c_1} \quad \rightarrow \quad \{\Pi_1\} = \{(m^1L^{-1}t^{-2})(L^1t^{-1})^{a_1}(L^1)^{b_1}(m^1L^{-3})^{c_1}\}$$

위 식에서 $a_1 = -2$, $b_1 = 0$ 그리고 $c_1 = -1$이 되고 따라서 종속 Π는 다음과 같다.

$$\Pi_1 = \frac{\tau_w}{\rho V^2}$$

표 7-5에 나타난 정립된 매개변수 중 Π_1과 가장 유사한 것은 **Darcy 마찰계수**로 분모에 8을 곱하면 얻어진다(그림 7-32). 표 7-4의 지침에 따라 Π를 조작하면 다음과 같다.

수정된 Π_1: $$\Pi_{1,\text{ modified}} = \frac{8\tau_w}{\rho V^2} = \text{마찰계수} = f$$

마찬가지로 두 개의 독립 Π를 구한다. 상세한 과정은 생략한다.

$$\Pi_2 = \mu V^{a_2} D^{b_2} \rho^{c_2} \quad \rightarrow \quad \Pi_2 = \frac{\rho V D}{\mu} = \text{Reynolds 수} = \text{Re}$$

$$\Pi_3 = \varepsilon V^{a_3} D^{b_3} \rho^{c_3} \quad \rightarrow \quad \Pi_3 = \frac{\varepsilon}{D} = \text{조도비}$$

6단계 마지막으로 최종 함수 관계식을 구한다.

$$f = \frac{8\tau_w}{\rho V^2} = f\left(\text{Re}, \frac{\varepsilon}{D}\right) \tag{1}$$

토의 위 결과는 층류와 난류 완전발달 유동에 모두 적용된다. 그러나 두 번째 독립 Π(조도비 ε/D)는 층류보다는 난류 파이프 유동에 훨씬 중요하다. 이 문제로부터 차원해석과 기하학적 상사의 흥미로운 관계를 알 수 있다. 즉 ε/D를 일치시켜야 하는 이유로서, ε/D이 독립 Π이기 때문이라고 생각할 수도 있고, 조도가 기하학적 상태량이기 때문에 **기하학적 상사**를 만들기 위해 필요하다고 생각할 수도 있다.

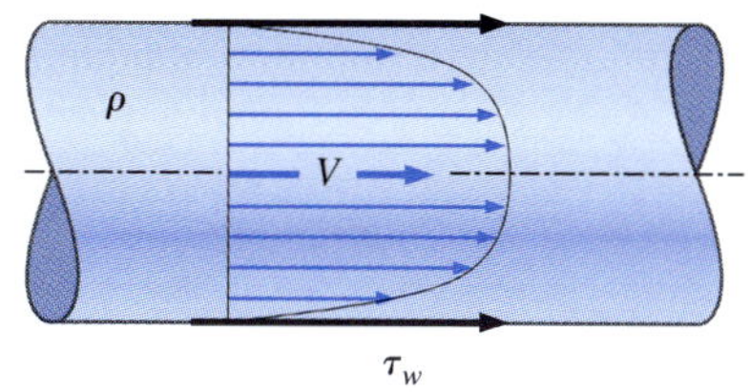

Darcy friction factor: $f = \frac{8\tau_w}{\rho V^2}$

Fanning friction factor: $C_f = \frac{2\tau_w}{\rho V^2}$

그림 7-32
Darcy 마찰계수는 파이프 유동에 널리 사용된다. **Fanning 마찰계수**와의 관계는 $f = 4C_f$이다.

7-5 ■ 실험적 시험과 모형화

차원해석은 물리적 그리고/또는 수치적 실험을 계획하고 실험결과를 기술하는 데 널리 활용된다. 이 절에서는 이 응용분야를 논의하고 완전한 역학적 상사가 얻어지지 못하는 경우에 대해 살펴보도록 한다.

실험의 구성과 실험 데이터의 상관관계

한 예로 5개의 매개변수(그 중 하나는 **종속** 매개변수)로 구성된 문제를 고려한다. 완전한 실험세트[**완전계승**시험 매트릭스(full factorial test matrix)라 불림]는 4개의 독립 매개변수 각각에 대해 몇 단계의 모든 가능한 조합을 시험함으로 수행된다. 4개의 독립 매개변수 각각에 대해 다섯 단계로 이루어진 하나의 완전계승시험에는 $5^4 = 625$번의 실험이 요구된다. 실험계획법[**부분계승**시험 매트릭스(fractional factorial test matrix), Montgomery, 1996 참조]을 사용하면 시험 매트릭스의 크기를 현저히 줄일 수 있지만 여전히 요구되는 실험의 수는 많다. 하지만 만일 이 문제에 관련된 기본차원의 수가 3이라면 매개변수의 수를 5에서 2로 축약할 수 있고($k = 5 - 3 = 2$ 무차원 Π 그룹), **독립** 매개변수의 수는 4에서 1로 줄일 수 있다. 따라서 같은 해상도(각 독립 매개변수의 5단계 시험)에 대해 단지 $5^1 = 5$번의 실험만이 필요하게 될 것이다. 따라서 실험을 수행하기 **전에** 차원해석을 먼저 수행하는 것이 바람직함은 두말할 나위가 없다.

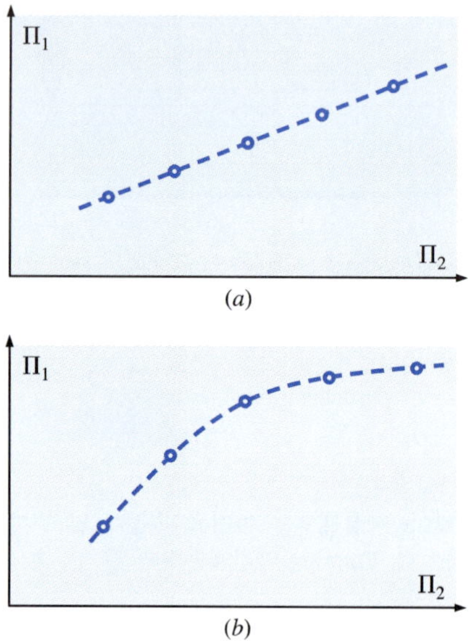

그림 7-33
두개의 Π로 이루어진 문제에서 종속 무차원 매개변수(Π_1)를 독립 무차원 매개변수(Π_2)로 도시하였다. 결과는 (a) 선형일 수도 있고 (b) 비선형일 수도 있다. 어떤 경우라도 회귀분석이나 곡선접합을 통하여 Π 간의 관계를 구할 수 있다.

두 개의 Π로 이루어진 문제의 경우 일단 실험이 끝나면 그림 7-33과 같이 종속 매개변수(Π_1)를 독립 매개변수(Π_2)의 함수로 그린다. 다음에 데이터에 대한 **회귀분석(regression analysis)**을 수행하여 함수 관계식을 구한다. 요행으로 데이터는 선형적인 상관관계를 보일 수도 있다. 그렇지 않다면 로그-선형, 로그-로그, 다항식 곡선맞춤(curve fitting) 등을 수행하여 두 개 Π 사이의 상관식을 구한다. 곡선맞춤 기법의 상세한 내용에 대해서는 Holman(2001)을 참조하기 바란다.

Π가 둘보다 많으면(즉, 3−Π 문제 또는 4−Π 문제) 종속 Π와 독립 Π간의 관계식을 구하기 위한 시험 매트릭스를 구성해야 한다. 많은 경우에서 하나 또는 그 이상의 종속 Π의 영향이 무시할 만하고 따라서 매개변수 목록에서 삭제될 수 있음을 알아냈다.

예제 7-5와 같이 차원해석 결과 단 **하나**의 Π만이 도출되는 경우가 있다. 하나의 Π로 이루어진 문제에서는 매개변수 사이의 관계에서 미지의 상수가 존재하는데, 이 상수는 단 **한번**의 실험으로 결정할 수 있다.

불완전 상사

앞의 여러 예제들을 통하여 반복변수법을 일사불란하게 사용하여 무차원 Π 그룹들을 종이와 연필로 손쉽게 구할 수 있음을 살펴보았다. 사실상 충분한 연습 후에는, Π를, 때로는 머릿속으로 또는 대략적인 추산으로 쉽게 구할 수 있게 될 것이다. 불행히도, 차원해석 결과를 실험 데이터에 적용하려고 할 때 그것은 종종 전혀 다른 이야기가 된다. 문제는 기하학적 상사를 얻기 위해 조심한다 할지라도 모형과 원형의 Π를 모두 일치시키는 것이 항상 가능하지는 않다는 점이다. 이러한 상황을 **불완전 상사(incomplete similarity)**라 부른다. 하지만 다행스럽게도 어떤 경우에는 불완전 상사일지라도 여전히 모형 시험 데이터를 외삽법을 통하여 합리적인 원형 성능예측을 할 수 있다.

풍동시험

풍동 내의 트럭 모형에 작용하는 공기역학적 항력을 측정하는 문제를 가지고 불완전 상사를 설명한다(그림 7-34). 트랙터-트레일러 장비(바퀴 18개짜리)의 축척이 1/16인 다이캐스트 모형을 구입했다고 가정하자. 트럭 모형은 측면 거울, 진흙막이(mud flap) 등과 같은 상세부분조차도 원형과 완벽하게 기하학적 상사를 이루고 있다. 완전한 크기의 원형의 길이 15.9 m에 대응하는 모형 트럭의 길이는 0.991 m이다. 풍동은 최대 유속 70 m/s를 낼 수 있고, 시험부는 폭 1.2 m, 높이 1.0 m로 모형시험 시 벽면 간섭이나 차단 효과(blockage effect)를 고려할 필요가 없을 정도로 크다. 또한 풍동 내의 온도와 압력은 원형 유동의 온도 및 압력과 같다. 원형 트럭이 $V_P = 60$ mi/h(26.8 m/s)로 주행 시 유동을 모사하고자 한다.

우선 Reynolds 수를 맞춘다.

$$\mathrm{Re}_m = \frac{\rho_m V_m L_m}{\mu_m} = \mathrm{Re}_p = \frac{\rho_p V_p L_p}{\mu_p}$$

위 식에서 모형 유속 V_m을 구하면

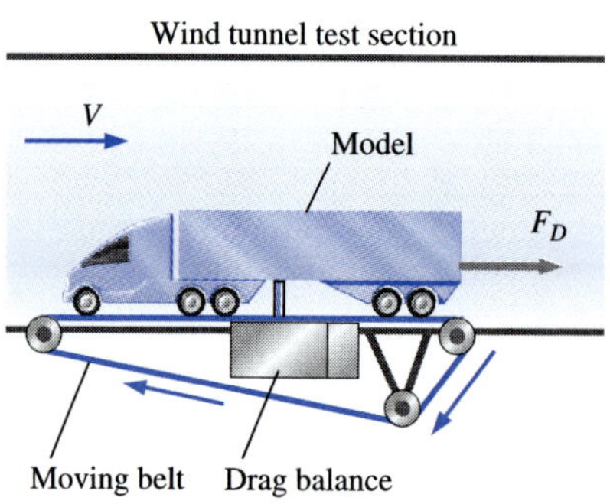

그림 7-34
항력 저울과 **이동 벨트**가 장착된 풍동 내 모형 트럭에 대한 공기역학적 항력 측정.

$$V_m = V_p\left(\frac{\mu_m}{\mu_p}\right)\left(\frac{\rho_p}{\rho_m}\right)\left(\frac{L_p}{L_m}\right) = (26.8 \text{ m/s})(1)(1)\left(\frac{16}{1}\right) = 429 \text{ m/s}$$

따라서 모형과 원형의 Reynolds 수를 일치시키기 위해서는 풍동 내 유속은 429m/s(유효숫자 3자리까지)가 되어야 한다. 여기서 확연히 문제가 생기는데 이 속도는 최대 풍동속도의 6배이고, 설사 이 속도를 낼 수 있다 하여도 실온에서의 음속은 346m/s이므로 풍동 내 유동은 **초음속**이 된다. 즉 원형 자동차의 Mach 수는 26.8/335 = 0.080인 반면 풍동 내 모형의 Mach 수는 429/335 = 1.28(만약 풍동이 그렇게 빠르게 운전될 수 있다면)이 된다.

이 모형과 풍동 설비로 원형의 Reynolds 수에 모형의 그것을 일치시키는 것은 가능하지 않음이 분명하다. 그러면 어떻게 해야 하나? 몇 가지 선택이 있다.

- 큰 풍동을 사용하여 큰 모형을 시험한다. 자동차 회사에서는 일반적으로 자동차의 경우 3/8 축척 모형을, 트럭이나 버스의 경우 1/8 축척 모형을 사용한다. 어떤 풍동의 경우 충분히 커서 원형을 그대로 시험하기도 한다(그림 7-35). 그러나 풍동과 모형이 커질수록 비용이 많이 든다. 또한 풍동에 비해 모형이 너무 크지 않아야 한다. 대체로 **차단비**[모형 정면도면적(frontal area)과 풍동 시험부 단면적의 비]를 7.5% 이내로 하는데, 이를 넘으면 풍동의 벽면이 기하학적 및 운동학적 모두에 불리하게 영향을 미치는 것으로 알려져 있다.
- 모형시험에 다른 유체를 사용한다. 예를 들면 크기가 동일한 경우 풍동 보다 수동에서 높은 Reynolds 수를 얻을 수 있다. 하지만 수동은 제작 및 운전비용이 훨씬 많이 든다.
- 풍동을 가압하고 그리고/또는 공기 온도를 높여 최대 Reynolds 수 용량을 높인다. 그러나 이 방법으로 높일 수 있는 Reynolds 수에는 한계가 있다.
- 다른 방법이 없을 경우, 최대 풍동속도 부근의 몇 가지 속도에서 시험하고 결과를 원형 Reynolds 수까지 외삽법으로 처리한다.

그림 7-35
Langley 대형 풍동(LFST)에서는 실물 크기 트럭의 시험이 가능하다.
Courtesy NASA Langley Research Center.

다행히도 풍동시험의 경우, 마지막 선택방법을 적용할 수 있는 경우가 많다. 항력계수 C_D는 낮은 Reynolds 수에서는 Re의 강한 함수인 반면에, 어떤 값 이상의 Re에서는 거의 일정한 값을 가진다. 다시 말해, 많은 물체, 특히 트럭, 빌딩 등과 같이 "뭉툭한" 물체 위로의 유동에 대해, 전형적으로 경계층과 후류가 모두 완전히 난류인 경우, 그 유동은 Re의 어떤 한계값 이상에서는 **Reynolds 수에 독립적**이다(그림 7-36).

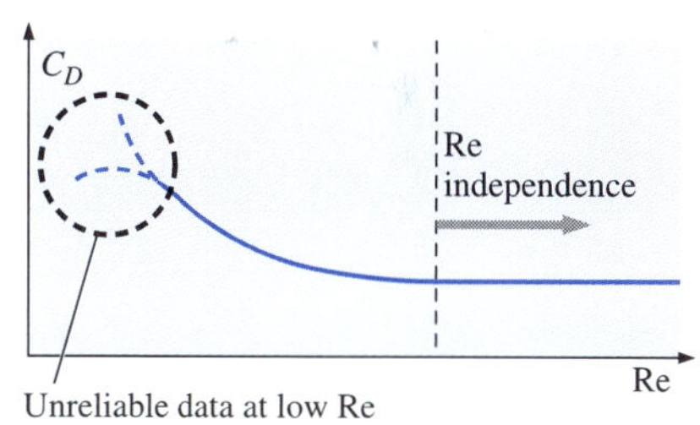

그림 7-36
대부분의 물체에서 어떤 Reynolds 수의 한계값을 넘어가면 항력계수가 일정해진다. 이런 다행스런 상황을 **Reynolds 수 독립적**이라 부른다. 따라서 원형의 Reynolds 수가 실험장치의 범위를 벗어나더라도 외삽법을 이용하여 항력을 구할 수 있다.

예제 7-8 트럭 모형의 풍동 측정

1/16 축척의 트랙터-트레일러 트럭(바퀴 18개짜리) 모형을 그림 7-34에 보인 바와 같이 풍동 내에서 시험한다. 모형 트럭은 길이가 0.991m, 높이가 0.257m이고 폭이 0.159m이다. 시험 중 이동 지면 벨트의 속도는 풍동 내 유속과 동일하게 유지된다. 공기역학적 항력 F_D를 풍동 속도의 함수로 측정하였고 그 결과를 표 7-6에 나타내었다. 항력계수 C_D를 Reynolds 수의 함수로 그려라. 여기서 C_D는 트럭의 정면도면적을 기준으로 계산하고, Reynolds 수의 길이 척도로는 트럭 폭 W를 사용한다. 역학적 상사가 얻어졌는가? 시험

표 7-6

풍동 데이터: 풍속에 따른 모형트럭에 작용하는 공기역학적 항력

V, m/s	F_D, N
20	12.4
25	19.0
30	22.1
35	29.0
40	34.3
45	39.9
50	47.2
55	55.5
60	66.0
65	77.6
70	89.9

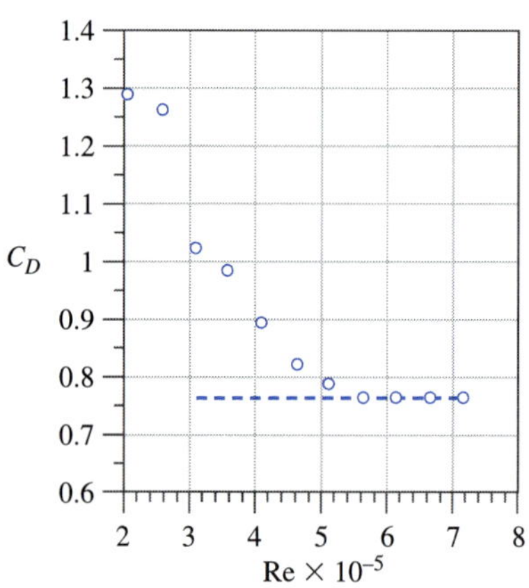

그림 7-37

표 7-7의 모형트럭에 대한 풍동시험 결과로부터 도시한 Reynolds 수와 공기역학적 항력계수의 관계.

범위에 C_D가 Reynolds 수와 관계없이 일정한 영역이 포함되는가? 고속도로에서 원형 트럭이 26.8 m/s로 주행할 때 항력을 예측하라. 모형과 원형 유동 모두에 대하여, 온도는 25℃이고 표준 대기압을 가정한다.

풀이 풍동측정 결과로부터 C_D를 Re의 함수로 계산하고, 역학적 상사를 만족하는지를 보여라. 또한 C_D가 Reynolds 수와 무관해지는 영역을 포함하는지를 검토한다. 마지막으로 원형 트럭에 작용하는 공기역학적 항력을 예측하고자 한다.

가정 1 모형과 원형은 기하학적 상사를 이룬다. 2 모형 지지대에 작용하는 항력은 무시한다.

상태량 T = 25℃에서 대기압 하의 공기의 경우 $\rho = 1.184\ \text{kg/m}^3$이고 $\mu = 1.849 \times 10^{-5}\text{kg/m}\cdot\text{s}$이다.

해석 표 7-6에 열거된 마지막 데이터 점(가장 빠른 풍동 속도에서)에 대한 C_D와 Re를 계산한다.

$$C_{D,m} = \frac{F_{D,m}}{\frac{1}{2}\rho_m V_m^2 A_m} = \frac{89.9\ \text{N}}{\frac{1}{2}(1.184\ \text{kg/m}^3)(70\ \text{m/s})^2(0.159\ \text{m})(0.257\ \text{m})}\left(\frac{1\ \text{kg}\cdot\text{m/s}^2}{1\ \text{N}}\right)$$
$$= 0.758$$

그리고

$$\text{Re}_m = \frac{\rho_m V_m W_m}{\mu_m} = \frac{(1.184\ \text{kg/m}^3)(70\ \text{m/s})(0.159\ \text{m})}{1.849 \times 10^{-5}\ \text{kg/m}\cdot\text{s}} = 7.13 \times 10^5 \qquad (1)$$

표 7-6의 모든 데이터 점들에 대해 위 계산을 반복하고, Re 대 C_D의 도표를 그림 7-37에 나타내었다.

역학적 상사가 성립하는가? 모형과 원형은 기하학적으로 상사이다. 그러나 원형 트럭의 Reynolds 수는 다음과 같다.

$$\text{Re}_p = \frac{\rho_p V_p W_p}{\mu_p} = \frac{(1.184\ \text{kg/m}^3)(26.8\ \text{m/s})[16(0.159\ \text{m})]}{1.849 \times 10^{-5}\ \text{kg/m}\cdot\text{s}} = 4.37 \times 10^6 \qquad (2)$$

여기서 원형의 폭은 모형 폭의 16배로 산정되었다. 식 (1)과 (2)를 비교하면 원형의 Reynolds 수가 모형의 값보다 6배 이상임을 알 수 있다. 따라서 독립 Π들이 상이하므로 **역학적 상사가 성립되지 않았다.**

C_D가 Reynolds 수와 무관한 영역을 포함하는가? 그림 7-37은 Re가 대략 5 × 10^5보다 크면, C_D가 대략 0.76(두 자리 유효숫자까지)으로 일정하게 되어 **Reynolds 수와 무관해지는 것을 보여준다.**

Reynolds 수 독립을 얻었으므로, 원형의 Reynolds 수까지 증가하더라고 C_D는 일정하게 된다고 가정하여 완전한 크기의 원형까지 외삽법을 이용할 수 있다.

원형에 작용하는 예상된 공기역학적 항력:

$$F_{D,p} = \tfrac{1}{2}\rho_p V_p^2 A_p C_{D,p}$$
$$= \tfrac{1}{2}(1.184\ \text{kg/m}^3)(26.8\ \text{m/s})^2[16^2(0.159\ \text{m})(0.257\ \text{m})](0.76)\left(\frac{1\ \text{N}}{1\ \text{kg}\cdot\text{m/s}^2}\right)$$
$$= \mathbf{3400\ N}$$

토의 최종 결과는 유효숫자 두 자리로 제한되었다. 또한 외삽법의 결과는 보증할 수 없으므로 외삽법 처리 시 주의를 요한다.

자유표면이 있는 유동

자유표면이 있는 유동(보트와 배, 홍수, 강물의 유동, 도수관, 수력발전 댐 방수로, 파도와 방파제의 상호작용, 토양침식 등)에서는 모형과 원형을 완전히 상사시키기가 어려운 경우가 많다. 예를 들어 홍수를 모사하기 위해 강을 모델링 하는 경우, 모형은 원형보다 수백 배 작게 된다. 이때 강 깊이를 비례적으로 모형에 적용하면, 그 크기는 너무 작아 실제 원형에서는 중요치 않은 표면장력(또는 Weber 수)이 지배적인 영향을 미칠 수 있다. 또한 실제 강물은 난류이지만 모형에서는 층류가 될 수 있는데, 특히 강바닥의 기울기가 실제와 같이 상사된 경우엔 더욱 그렇다. 이러한 문제는 수직척도(예, 강 깊이)를 수평척도(예, 강 폭)에 비해 월등히 크게 하는 **왜곡 모형(distorted model)**을 사용하여 해결한다. 또한 모형의 강바닥 기울기도 원형보다 비례적으로 크게 한다. 이러한 경우 기하학적 상사가 성립하지 않으므로 모형과 원형은 불완전 상사가 된다. 이들 상황에서도 모형 시험은 여전히 유용하지만, 그러나 모형 데이터를 적합하게 원형에 적용할 수 있도록 다른 기교들(심사숙고하여 모형의 표면을 거칠게 하는 것과 같은)과 경험 보정식 및 상관식 등이 요구된다.

자유표면과 관련된 많은 문제에서 Reynolds 수와 Froude 수 모두가 차원해석에서 적절한 독립 Π 그룹으로 도출되는데(그림 7-38), 이들 두 무차원 매개변수를 동시에 맞추는 것은 매우 어렵다(불가능할 수도 있다). 길이 척도 L, 속도 척도 V, 그리고 동점성계수 ν를 가지는 자유표면 유동의 경우 모형과 원형 사이의 Reynolds 수는 다음과 같을 때 일치하고

$$\text{Re}_p = \frac{V_p L_p}{\nu_p} = \text{Re}_m = \frac{V_m L_m}{\nu_m} \tag{7-21}$$

모형과 원형 사이의 Froude 수는 다음과 같을 때 일치한다.

$$\text{Fr}_p = \frac{V_p}{\sqrt{gL_p}} = \text{Fr}_m = \frac{V_m}{\sqrt{gL_m}} \tag{7-22}$$

Re와 Fr를 동시에 맞추기 위해 식 (7-21)과 (7-22)를 풀어 길이 척도비 L_m/Lp를 다음과 같이 구한다.

$$\frac{L_m}{L_p} = \frac{\nu_m}{\nu_p}\frac{V_p}{V_m} = \left(\frac{V_m}{V_p}\right)^2 \tag{7-23}$$

식 (7-23)에서 L_m/L_p를 소거하면 다음과 같다.

Re와 Fr을 동시에 맞추기 위한 동점성계수의 비:

$$\frac{\nu_m}{\nu_p} = \left(\frac{L_m}{L_p}\right)^{3/2} \tag{7-24}$$

따라서 완전 상사를 위해서는(전술한 원치 않는 표면장력 효과 없이 기하학적 상사가 얻어진다면) 식 (7-24)를 만족시키는 동점성계수를 가지는 액체를 사용해야 한다. 적절한 액체를 찾는 것이 가능할 때도 있지만, 예제 7-9에 설명되어 있듯이

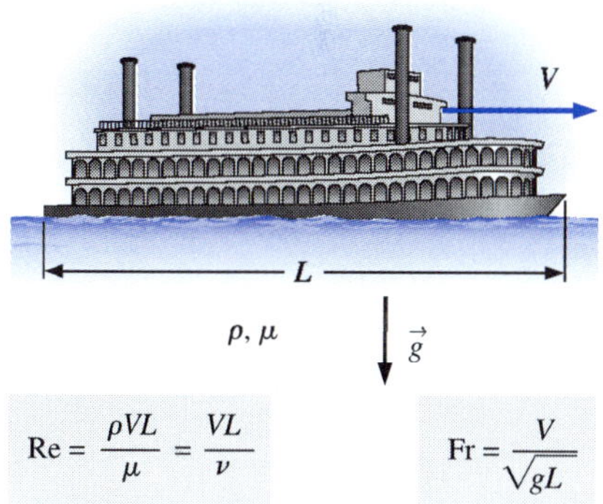

그림 7-38
자유표면이 있는 유동에서는 Reynolds 수와 Froude 수가 중요하다. 그러나 원형과 모형의 Re와 Fr를 모두 일치시키는 것이 불가능한 경우에는 불완전 상사에 의존한다.

대부분의 경우 비현실적이거나 불가능하다. 이러한 경우 Reynolds 수보다는 Froude 수를 일치시키는 것이 더 중요하다(그림 7-39).

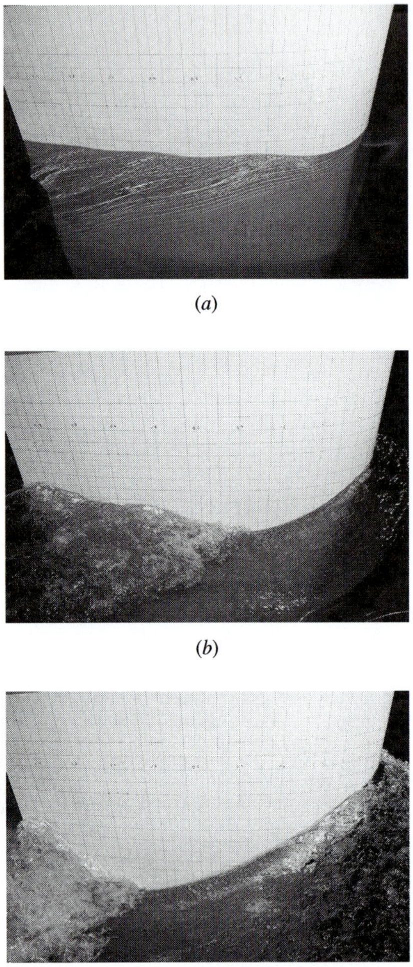

(*a*)

(*b*)

(*c*)

그림 7-39
예인 수조 시험 중인 NACA 0024 익형 Fr = (a) 0.19, (b) 0.37, (c) 0.55. 이와 같은 시험에서는 Froude 수가 가장 중요한 매개변수이다.

Photograph courtesy of IIHR-Hydroscience & Engineering, University of Iowa Used by permission.

예제 7-9 갑문과 강의 모형

1990년대 후반 미 육군공병단은 Kentucky 갑문과 댐 하류의 Tennessee 강 유동을 모사하는 실험을 계획하였다(그림 7-40). 실험실 규모가 제한되어 있어 $L_m/L_p = 1/100$의 축척 모형을 제작하였는데 실험에 적절한 액체는 무엇인가?

풀이 갑문, 댐 및 강의 1/100 축척 모형 실험에 사용될 액체를 선정하고자 한다.

가정 1 모형은 원형과 기하학적 상사를 이루고 있다. 2 강 모형은 표면장력 효과를 무시할 수 있을 정도로 깊다.

상태량 대기압 하의 $T = 20°C$에서 물에 대하여, 원형 동점성계수는 $\nu_p = 1.002 \times 10^{-6}\ m^2/s$이다.

해석 식 (7-24)로부터 모형 액체의 동점성계수를 구한다.

모형 액체의 요구되는 동점성계수:

$$\nu_m = \nu_p \left(\frac{L_m}{L_p}\right)^{3/2} = (1.002 \times 10^{-6}\ \mathrm{m^2/s})\left(\frac{1}{100}\right)^{3/2} = \mathbf{1.00 \times 10^{-9}\ m^2/s} \qquad (1)$$

따라서 $1.00 \times 10^{-9}\ m^2/s$의 점성계수를 가지는 액체를 찾아야 한다. 부록에 기술된 액체를 잠깐 살펴보면 그런 액체는 없다. 뜨거운 물은 차가운 물에 비해 동점성계수가 작으나, 약 3배 정도에 지나지 않는다. 액체 수은은 $10^{-7} m^2/s$ 정도로 동점성계수가 매우 작으나 아직도 식 (1)보다는 100배 정도 크다. 또한 액체 수은은 가격도 비싸고 위험하여 실험에 사용하기는 힘들다. 할 수 있는 방법은 무엇인가? 결론은 **이 모형 시험에서 Froude 수와 Reynolds 수를 모두 맞출 수는 없다**는 것이다. 다시 말하면, 이러한 경우에는 모형과 원형사이에 완전 상사를 얻을 수는 없고, 불완전 상사 하에서 최선을 다하는 수밖에 없다. 이와 같은 시험의 경우 편의상 물이 널리 사용된다.

그림 7-40
댐 하류 3.2 km에서의 운항 조건을 조사하기 위해 방수로, 발전소, 갑문 등이 포함된 1/100 축척 모형이 제작되었다. 이 모형은 운항 조건 외에도 갑문, 기차길, 다리 설치에 따른 환경 문제를 평가하는데도 사용되었다. 이 사진은 갑문과 댐이 보이도록 촬영되었다. 이 모형에서 16 m는 실제에서는 1.6 km이다. 뒤편에 보이는 픽업트럭을 통해 축척을 가늠할 수 있다.

Photo courtesy of the U.S. Army Corps of Engineers, Nashville.

토의 이러한 종류의 실험에서는 Reynolds 수보다 Froude 수를 일치시키는 것이 중요하다. 이는 전술한 바와 같이 Reynolds 수가 충분히 큰 영역에서는 종속 Π가 Reynolds 수에 관계없게 일정하게 되기 때문이다. Reynolds 수 독립을 얻을 수 없을 경우조차 낮은 Reynolds 수의 모형 데이터를 때때로 외삽법 처리하여 원형 Reynolds 수의 거동을 예측할 수 있다(그림 7-41). 그러나 이러한 외삽법을 이용함에 있어서 고도의 신뢰도는 유사한 문제를 가지고 실험한 많은 경험을 통해서만 얻어진다.

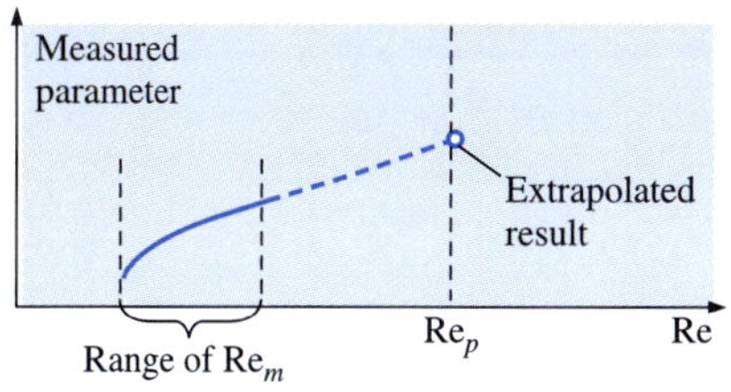

그림 7-41
자유표면과 관련된 많은 실험에서 Froude 수와 Reynolds 수를 동시에 일치시킬 수 없다. 이 경우 모형의 낮은 Re 실험 데이터를 **외삽법**을 이용하여 원형의 높은 Re 거동을 예측한다.

실험과 불완전 상사에 대한 이 절을 마무리하면서 보트, 기차, 비행기, 빌딩, 괴물 등의 모형들이 불타거나 폭발하는 Hollywood 영화 제작 시, 상사의 중요성을 언급하고자 한다. 소규모 화염이나 폭발을 최대한 현실감 있게 나타내기 위해서는 역학적 상사에 유의해야 한다. 아마 특수효과가 어설프다고 생각되는 저예산 영화를 본 기억이 있을 것이다. 이는 모형과 원형 사이의 역학적 상사가 일치하지 않기 때문이다. 만일 모형의 Froude 수와 Reynolds 수가 원형과 크게 다르다면 특수효과는 일반인에게조차 어설프게 보일 것이다. 추후 영화를 볼 때 불완전 상사에 유의하며 보기 바란다.

요약 SUMMARY

차원과 **단위**는 다르다. **차원**은 물리량(수치가 없는)을 표현하는 방법이고 **단위**는 차원에 수치를 부여하는 방법이다. 유체역학뿐 아니라 공학 전 분야에 7개의 **기본차원**이 존재한다. 그것들은 질량, 길이, 시간, 온도, 전류, 빛의 양, 및 물질의 양이다. **모든 다른 차원은 이들을 조합하여 구할 수 있다**.

모든 수학 방정식은 **차원적으로 같아야** 하며, 이 원리를 이용하여 방정식을 무차원화 하고 **무차원 그룹**을 구할 수 있는데, 이는 또한 **무차원 매개변수**로도 불린다. 문제에 있어서 필수적인 독립 매개변수들의 수를 축약하는 강력한 도구를 **차원해석**이라 부른다. **반복변수법**은 무차원 매개변수, 또는 Π를 도출해내는 단계적인 과정이며, 이 방법은 주어진 변수나 상수의 차원만을 단순히 활용한다. 반복변수법의 여섯 단계를 요약하면 다음과 같다.

1단계 주어진 n개의 매개변수(변수와 상수)를 열거한다.
2단계 각 매개변수의 기본차원을 기술한다.
3단계 축약 j를 주어진 기본차원 수로 추정한다. 해석이 되지 않으면 j를 하나 줄여서 다시 시도한다. 기대되는 Π의 수(k)는 $k = n - j$와 같다.
4단계 Π를 구성하기 위해 j개의 **반복 매개변수**를 현명하게 선정한다.
5단계 j개의 반복 매개변수와 나머지 변수나 상수를 하나씩 결합하여 그 곱이 차원을 갖지 않도록 강제하고, 그리고 Π를 정립된 무차원 매개변수를 얻을 수 있도록 필요한 조작을 하여 한번에 하나씩 k개의 Π를 구한다.
6단계 과정을 확인하고 최종 함수관계식을 기술한다.

모형과 원형의 모든 무차원 그룹이 일치하면 **역학적 상사**가 이루어지고, 모형실험 결과를 원형성능 예측에 직접 활용할 수 있다. 모형과 원형의 **모든** Π를 맞추는 것이 가능하지 않은 **불완전 상사**의 경우는 가장 중요한 Π 그룹들을 할 수 있는 한 일치시키고 모형실험 결과를 원형 조건까지 외삽법으로 처리한다.

이 장에서 제시된 개념은 이 교재의 나머지 부분에도 계속 적용된다. 예를 들어 8장에서는 차원해석을 사용하여 완전발달 파이프 유동의 마찰계수, 손실계수 등을 구한다. 10장에서는 항력과 양력계수가 널리 사용되며, 11장에서 다루는 개수로 유동에서도 무차원 매개변수가 사용된다. 마지막으로 12장에서는 역학적 상사가 펌프와 터빈 설계 및 시험에 기본이 됨을 배운다.

참고문헌과 권장도서 REFERENCES AND SUGGESTED READING

1. D. C. Montgomery. *Design and Analysis of Experiments*, 4th ed. New York: Wiley, 1996.
2. J. P. Holman. *Experimental Methods for Engineers*, 7th ed. New York: McGraw-Hill, 2001.

연습문제* PROBLEMS

차원과 단위, 기본차원

7-1C 차원(*dimension*)과 단위(*unit*)의 차이를 설명하고 각각 세 가지 예를 들어라.

7-2C 차원해석을 할 때 각 매개변수의 기본차원을 기술할 필요가 있다. 따라서 매개변수와 기본차원들을 표로 만들면 편리하다. 우선 표 P7-2C에 유체역학에서 자주 만나는 기본 매개변수에 대한 표를 만들었다. 연습 문제들을 풀어 나가며 만나는 매개변수들을 상기 표에 더해 나가라. 수십 개의 매개변수가 포함된 표를 만들 수 있을 것이다.

표 P7-2C

Parameter Name	Parameter Symbol	Primary Dimensions
Acceleration	a	L^1t^{-2}
Angle	θ, ϕ, etc.	1 (none)
Density	ρ	m^1L^{-3}
Force	F	$m^1L^1t^{-2}$
Frequency	f	t^{-1}
Pressure	P	$m^1L^{-1}t^{-2}$
Surface tension	σ_s	m^1t^{-2}
Velocity	V	L^1t^{-1}
Viscosity	μ	$m^1L^{-1}t^{-1}$
Volume flow rate	$\dot{V}$	L^3t^{-1}

7-3C 7개의 **기본차원**을 기술하고 그들의 중요성을 설명하라.

7-4 **일반기체상수** R_u의 기본차원을 기술하라. (힌트: **이상기체의 법칙** $P = nR_uT$를 사용하라. 여기서 P는 압력, V는 체적, T는 절대온도, n은 기체의 mol 수이다.)

답: $\{m^1L^2t^{2-}T^{-1}N^{-1}\}$

7-5 원소의 주기율표에 mol 질량(M), 또는 **원자량**(*atomic weight*)은 때로는 마치 무차원 량인 것처럼 기술된다(그림 P7-5). 실제로 원자량이란 원소 1 mol 의 무게이다. 예를 들면 질소의 원자 무게 M_{nitrogen} = 14.0067이다. 이를 14.0067 g/mol 또는 14.0067 lbm/lbmol로 해석할 때 원자량의 기본차원은 무엇인가?

6 C 12.011	7 N 14.0067	8 O 15.9994
14 Si 28.086	15 P 30.9738	16 S 32.060

그림 P7-5

7-6 때로는 질량 대신에 힘이 기본차원에 사용된다. 그러면 기본차원은 m, L, t, T 대신에 F, L, t, T가 된다. 힘의 기본차원은 {F}이다. 문제 7-4의 일반기체상수의 기본차원을 F, L, t, T를 사용하여 다시 기술하라.

7-7 **비이상기체상수** R_{gas}는 일반기체상수를 mol 질량(또는 **분자량**, molecular weight)으로 나눈 값 $R_{\text{gas}} = R_u/M$으로 정의된다. 따라서 이상기체식은 다음과 같다.

$$PV = mR_{\text{gas}}T \quad \text{또는} \quad P = \rho R_{\text{gas}}T$$

여기서 P는 압력, V는 체적, M은 질량, T는 절대온도, r는 기체밀도이다. R_{gas}의 기본차원은 무엇인가? 공기의 경우 표준 SI 단위로 R_{air} = 287.0 J/kg · K이다. 이 단위가 기본차원과 일치하는지 확인하라.

7-8 **힘의 모멘트** ($\vec{M}$)는 그림 P7-8처럼 힘 ($\vec{F}$)과 모멘트 팔 ($\vec{r}$)을 외적하여 구한다. 힘의 모멘트의 기본차원은 무엇인가. 기본 SI 단위와 기본 영미 단위로 기술하라.

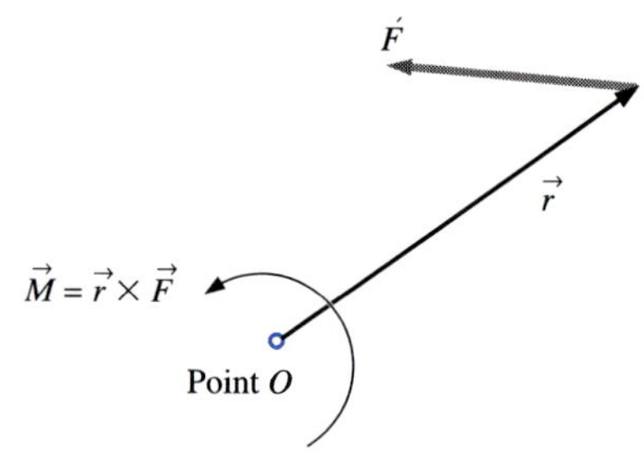

그림 P7-8

7-9 열역학에 관련된 다음 변수들의 기본차원을 상세히 기술하라: (*a*) 에너지 E; (*b*) 비에너지 $e = E/m$; (*c*) 동력 $\dot{W}$.

답: (*a*) $\{m^1L^2t^{-2}\}$; (*b*) $\{L^2t^{-2}\}$; (*c*) $\{m^1L^2t^{2-3}\}$

7-10 전압(E)의 기본차원은 무엇인가? (힌트: 전기동력은 전압과 전류의 곱이다.)

7-11 전기회로의 *Ohm***의 법칙**(그림 P7-11)에서 전기저항의 기본차원은 무엇인가? 여기서 ΔE는 전압차, I는 전류, R은 전기저항이다.

답: $\{m^1L^2t^{-3}I^{-2}\}$

* "C"로 표시된 문제는 개념 문제이고, 학생들은 모든 문제에 답하도록 권장된다. "E"로 표시된 문제는 영미 단위로서, SI 사용자는 그것을 무시해도 좋다. 아이콘으로 표시된 문제는 EES를 이용하여 푸는 문제로서, 매개변수 연구와 함께 완전한 풀이가 동봉된 DVD에 수록되어 있다. 아이콘으로 표시된 문제는 본질상 종합적인 문제로서 컴퓨터로, 가급적 본 교재에 동반된 EES 소프트웨어를 이용해, 풀도록 의도된 것이다.

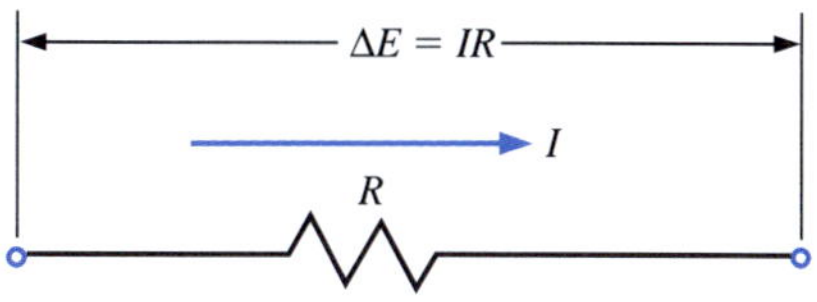

그림 P7-11

7-12 다음 변수들의 기본차원을 기술하라: (*a*) 가속도 a; (*b*) 각속도 ω; (*c*) 각 가속도 α.

7-13 각 운동량, 또는 **운동량 모멘트** ($\vec{H}$)는 그림 P7-13처럼 유체입자의 선형 운동량 ($m\vec{V}$)에 모멘트 팔 ($\vec{r}$)을 외적하여 구한다. 각 운동량의 기본차원은 무엇인가 기본 SI 단위와 기본 영미 단위로 기술하라.

답: $\{m^1L^2t^{-1}\}$, $kg \cdot m^2/s$, $lbm \cdot m^2/s$, $lbm \cdot ft^2/s$

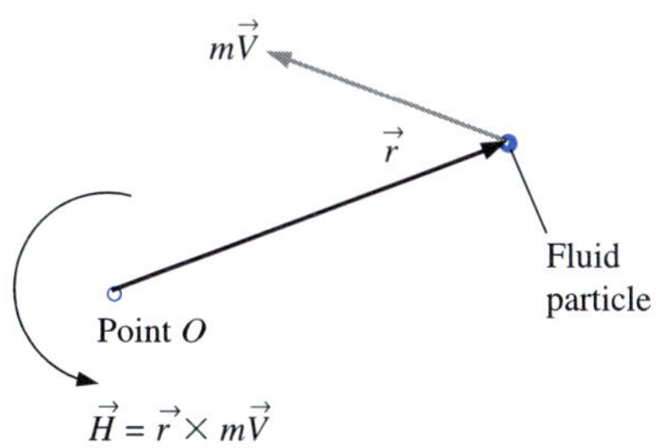

그림 P7-13

7-14 다음 변수들의 기본차원을 기술하라: (*a*) 정압비열 c_p; (*b*) 비중 ρg; (*c*) 비엔탈피 h.

7-15 **열전도도** k는 재질이 열을 전도하는 능력을 평가하는 양이다 (그림 P7-15). x방향에 수직한 ***Fourier*의 열전도 방정식**은 다음과 같다.

$$\dot{Q}_{\text{conduction}} = -kA\frac{dT}{dx}$$

여기서 $\dot{Q}_{\text{conduction}}$은 열전달량이고 A는 열전달 방향에 수직한 면적이다. 열전도도(k)의 기본차원을 기술하라. 기본 SI 단위로 기술하고 문헌에 나타난 값과 일치하는지 확인하라.

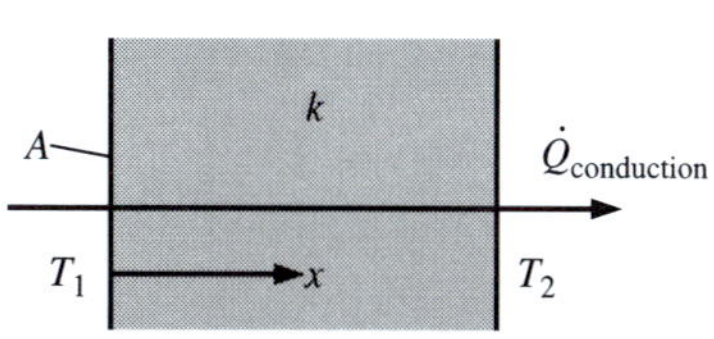

그림 P7-15

7-16 대류 열전달에 관련된 다음 변수들의 기본차원을 기술하라: (*a*) 열생성률 $\dot{g}$ (힌트: 단위 체적 당 열에너지 변환율); (*b*) 열유속 $\dot{q}$ (힌트: 단위 면적 당 열전달률); (*c*) 열전달계수 h (힌트: 단위 온도차 당 열유속).

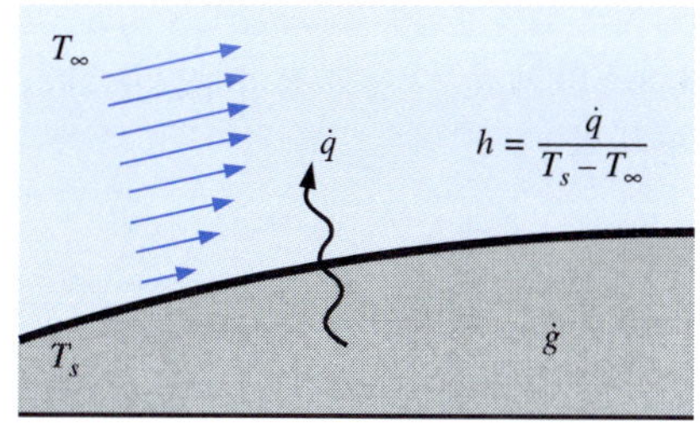

그림 P7-16

7-17 열역학 서적의 부록을 조사하여 문제 7-1에서 7-16에 언급되지 않은 상태량이나 상수 세 개를 찾아서 이름과 SI 단위를 기술하라. 그리고 그들의 기본차원을 기술하라.

7-18E 이 책이나 열역학 서적의 부록을 조사하여 문제 7-1에서 7-16에 언급되지 않은 상태량이나 상수 세 개를 찾아서 이름과 영미 단위를 기술하라. 그리고 그들의 기본차원을 기술하라.

차원 동차성

7-19C **차원 동차성의 법칙**을 간단한 용어로 설명하라.

7-20 제 4장에서 **물질가속도**(material acceleration)란 유체 입자를 따르는 가속도로 정의하였다(그림 P7-20).

$$\vec{a}(x, y, z, t) = \frac{\partial \vec{V}}{\partial t} + (\vec{V} \cdot \vec{\nabla})\vec{V}$$

(*a*) $\vec{\nabla}$의 기본차원은 무엇인가? (*b*) 각 덧셈항의 차원이 같음을 증명하라.

답: (*a*) $\{L^{-1}\}$; (b) $\{L^1t^{-2}\}$

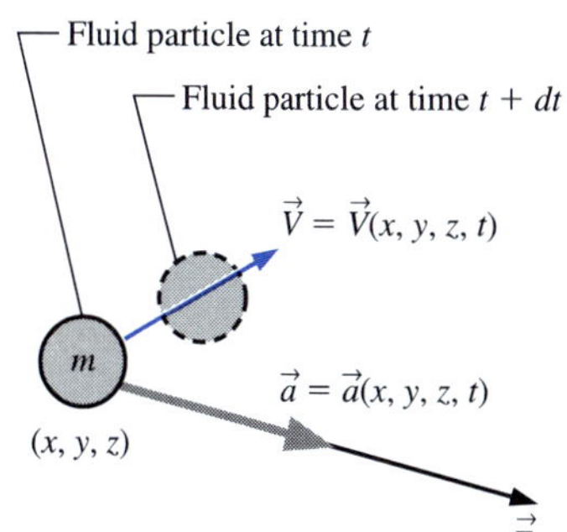

그림 P7-20

7-21 Newton의 제 2법칙은 선형 운동량 보존 미분 방정식의 기초이다(제 9장에서 논의될 것임). 물질가속도(그림 P7-20)를 사용하여 Newton의 제 2법칙을 기술하면:

$$\vec{F} = m\vec{a} = m\left[\frac{\partial \vec{V}}{\partial t} + (\vec{V} \cdot \vec{\nabla})\vec{V}\right]$$

양변을 유체입자의 질량 m으로 나누면,

$$\frac{\vec{F}}{m} = \frac{\partial \vec{V}}{\partial t} + (\vec{V} \cdot \vec{\nabla})\vec{V}$$

각 덧셈항의 기본차원을 기술하고 방정식이 차원적으로 동차임을 증명하라.

7-22 제 4장에서 **체적 변형률**(*volumetric strain rate*)이란 단위 체적 당 유체 요소의 체적증가율로 정의하였다(그림 p7-22). 직교좌표계에서 체적 변형률은 다음과 같다.

$$\frac{1}{V}\frac{DV}{Dt} = \frac{\partial u}{\partial x} + \frac{\partial v}{\partial y} + \frac{\partial w}{\partial z}$$

각 덧셈항의 기본차원을 기술하고 방정식이 차원적으로 동차임을 증명하라.

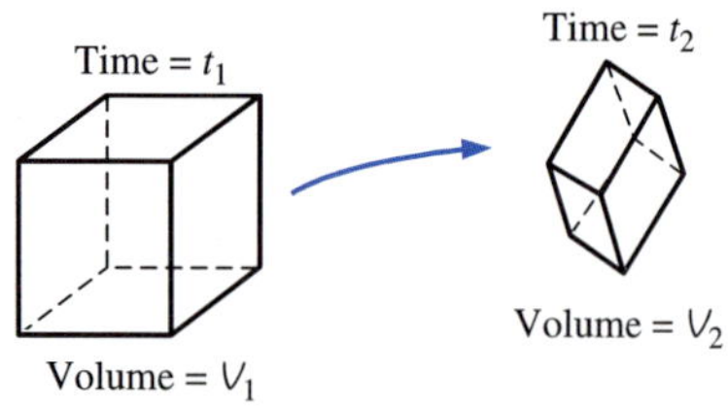

그림 P7-22

7-23 제 9장에서 질량 보존 미분 방정식, 즉 **연속방정식**을 논의한다. 원통좌표계 정상유동의 경우

$$\frac{1}{r}\frac{\partial(ru_r)}{\partial r} + \frac{1}{r}\frac{\partial u_\theta}{\partial \theta} + \frac{\partial u_z}{\partial z} = 0$$

각 덧셈항의 기본차원을 기술하고 방정식이 차원적으로 동차임을 증명하라.

7-24 파이프 내로 냉수가 유입되어 외부 열로 가열된다(그림 P7-24). 입구와 출구 수온은 각각 T_{in}, T_{out}이다. 외부로부터 유입 열량은 다음과 같다.

$$\dot{Q} = \dot{m}c_p(T_{\text{out}} - T_{\text{in}})$$

여기서 $\dot{m}$은 파이프 내 물 유량이고 c_p는 물의 비열이다. 각 덧셈항의 기본차원을 기술하고 방정식이 차원적으로 동차임을 증명하라.

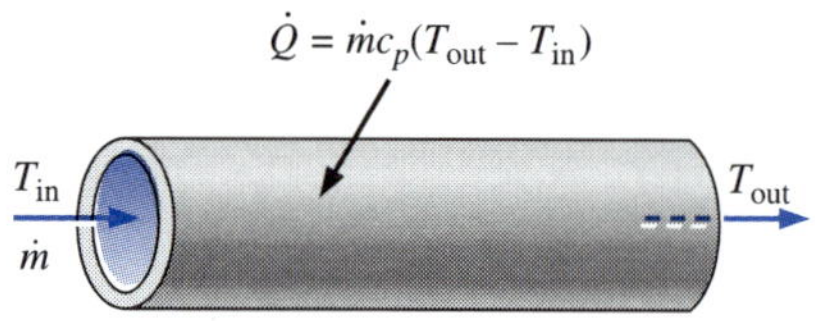

그림 P7-24

7-25 제 4장에서 *Reynolds* **수송 정리** (*RTT*)를 논의하였다. 이동하거나 변형 가능한 검사체적에서 RTT는 다음과 같다.

$$\frac{dB_{\text{sys}}}{dt} = \frac{d}{dt}\int_{\text{CV}} \rho b\, dV + \int_{\text{CS}} \rho b \vec{V}_r \cdot \vec{n}\, dA$$

여기서 $\vec{V}_r$은 상대속도, 즉 검사체적에 대한 유체의 속도이다. 각 덧셈항의 기본차원을 기술하고 방정식이 차원적으로 동차임을 증명하라. (**힌트**: B는 스칼라, 벡터 또는 텐서 등 유동의 어떤 상태량도 될 수 있기 때문에 다양한 차원을 가질 수 있다. 그러므로 B의 차원은 B 자체의 차원 {B}로 놓는다. 또한, b는 단위 질량당 B로 정의된다.)

7-26 유체역학의 중요한 응용분야 중 하나가 실내 환기이다. 체적 V인 방에 공기 오염원 S(시간당 질량)가 있다. 오염원에는 담배 연기 중의 일산화탄소, 석유난로, 세척제 중의 암모니아 가스, **휘발성 유기화합물**(VOCs)의 증발에 의한 증기 등이 있다. 방으로는 신선한 공기 $\dot{V}$(체적유량)가 유입된다. 실내 공기가 잘 혼합되어 오염물 농도 C가 균일하다면 시간에 따른 실내 오염물 농도 미분 방정식은 다음과 같다.

$$V\frac{dc}{dt} = S - \dot{V}c - cA_s k_w$$

여기서 k_w는 **흡착계수**이고 A_s는 벽, 마루, 가구등과 같이 오염물을 흡착하는 표면적이다. 처음 세 항의 기본차원을 기술하고 그들이 차원적으로 동차임을 증명하라. 그리고 k_w의 차원을 구하라.

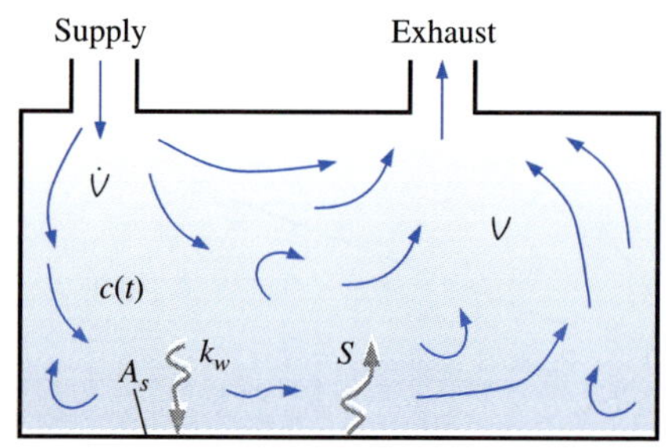

그림 P7-26

방정식의 무차원화

7-27C 방정식을 **무차원화**하는 주된 이유는 무엇인가?

7-28 그림 P7-26의 잘 혼합된 실내의 환기를 고려한다. 문제 7-26에 주어진 오염물 농도 미분방정식은 다음과 같다.

$$V\frac{dc}{dt} = S - \dot{V}c - cA_s k_w$$

이 경우 세 개의 특성 매개변수가 존재한다: 방의 특성 길이 L($L = V^{1/3}$로 가정); 실내로 유입되는 신선한 공기의 체적 유량 $\dot{V}$; 유해 한계 오염물 농도 c_{limit}. (*a*) 위 세 특성 매개변수를 사용하여 방정식 내 모든 변수를 무차원화 하라. (힌트: 예를 들면, $c^* = c/c_{\text{limit}}$) (*b*) 방정식을 무차원 식으로 기술하고 무차원 그룹을 도출하라.

7-29 제 4장으로부터 정상 비압축성 유동의 경우 체적 변형률은 0임을 알았다. 이는 직교좌표계에서 다음 식으로 표현된다.

$$\frac{\partial u}{\partial x} + \frac{\partial v}{\partial y} + \frac{\partial w}{\partial z} = 0$$

주어진 유동장에서 특성 속력과 특성길이가 각각 V와 L일 때(그림 P7-29), 아래의 무차원 매개변수를 사용하여 방정식을 무차원화하고 정립된(명명된) 무차원 매개변수를 도출하라.

$$x^* = \frac{x}{L}, \quad y^* = \frac{y}{L}, \quad z^* = \frac{z}{L},$$

$$u^* = \frac{u}{V}, \quad v^* = \frac{v}{V} \quad \text{그리고} \quad w^* = \frac{w}{V}$$

그림 P7-29

7-30 진동하는 유동장에서 체적 변형률은 0이 아니고 유체입자를 따라 변하는 시간의 함수이다. 이는 직교좌표계에서 다음 식으로 표현된다.

$$\frac{1}{V}\frac{DV}{Dt} = \frac{\partial u}{\partial x} + \frac{\partial v}{\partial y} + \frac{\partial w}{\partial z}$$

주어진 유동장의 특성속도와 특성길이가 각각 V와 L이고 f가 특성 주파수일 때(그림 P7-30), 아래의 무차원 매개변수를 사용하여 방정식을 무차원화하고 정립된(명명된) 무차원 매개변수를 도출하라.

$$t^* = ft, \quad V^* = \frac{V}{L^3}, \quad x^* = \frac{x}{L}, \quad y^* = \frac{y}{L},$$

$$z^* = \frac{z}{L}, \quad u^* = \frac{u}{V}, \quad v^* = \frac{v}{V} \quad \text{그리고} \quad w^* = \frac{w}{V}$$

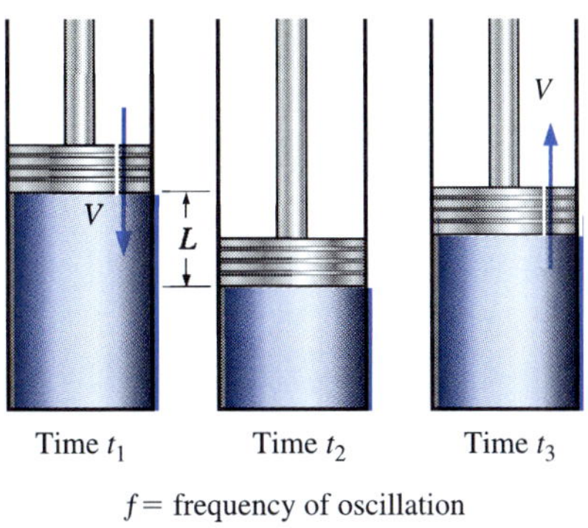

그림 P7-30

7-31 제 9장에서 2차원 비압축성 유동의 **유동함수**를 정의한다.

$$u = \frac{\partial \psi}{\partial y} \qquad v = -\frac{\partial \psi}{\partial x}$$

여기서 u와 v는 x와 y방향의 속도성분이다. (*a*) ψ의 기본차원은 무엇인가? (*b*) 2차원 유동에서 특성길이가 L, 특성시간이 t일 때 변수 x, y, u, v, ψ를 무차원화 하라. (*c*) 방정식을 무차원 형태로 기술하고 정립된 무차원 매개변수를 도출하라.

7-32 진동하는 비압축성 유동장에서 유체입자에 작용하는 단위질량 당 힘은 Newton 제 2법칙에 의거 다음과 같다(문제 7-21 참조).

$$\frac{\vec{F}}{m} = \frac{\partial \vec{V}}{\partial t} + (\vec{V} \cdot \vec{\nabla})\vec{V}$$

주어진 유동장의 특성속도와 특성길이가 각각 V_∞, L이고 ω가 특성 각 주파수 (rad/s)일 때(그림 P7-32), 무차원 매개변수를 다음과 같이 정의한다.

$$t^* = \omega t, \quad \vec{x}^* = \frac{\vec{x}}{L}, \quad \vec{\nabla}^* = L\vec{\nabla} \quad \text{그리고} \quad \vec{V}^* = \frac{\vec{V}}{V_\infty}$$

유체입자에 작용하는 단위 질량 당 힘에 대한 특성 축척을 $\{\vec{F}/m\} = \{L/t^2\}$을 활용하여 다음과 같이 정의한다.

$$(\vec{F}/m)^* = \frac{1}{\omega^2 L}\vec{F}/m$$

운동 방정식을 무차원화하고 정립된(명명된) 무차원 매개변수를 도출하라.

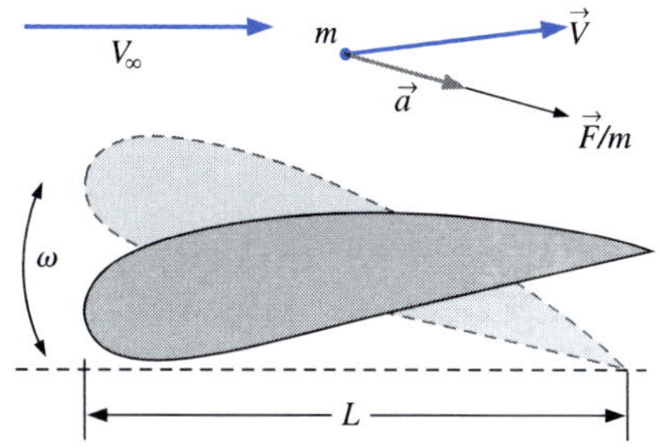

그림 P7-32

7-33 풍동을 사용하여 비행기 모형 주위의 압력분포를 측정한다(그림 P7-33). 풍동 내 풍속은 압축성 효과를 무시할 만큼 낮다. 5장에서 논의한 바와 같이 이런 유동에서는 비행기 표면이나 풍동 벽면, 모형 후방의 와류지역을 제외하고는 Bernoulli 방정식이 유효하다. 모형에서 먼 곳의 풍속은 V_∞, 압력은 P_∞이고 공기밀도 ρ는 거의 일정하다. 공기 유동에서 중력 효과는 미미하므로 Bernoulli 방정식은 다음과 같다.

$$P + \frac{1}{2}\rho V^2 = P_\infty + \frac{1}{2}\rho V_\infty^2$$

방정식을 무차원화하고 Bernoulli 가정이 유효한 유동 내 임의의 점에서 아래 식으로 정의되는 압력 계수를 구하라.

$$C_p = \frac{P - P_\infty}{\frac{1}{2}\rho V_\infty^2}$$

답: $C_p = 1 - V/V_x^2$

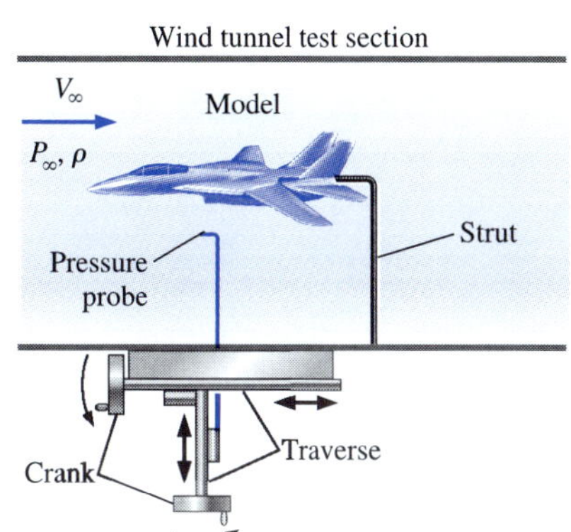

그림 P7-33

차원해석과 상사

7-34C 차원해석의 세 가지 주된 목적을 기술하라.

7-35C 모델과 원형이 완전 상사를 이루기 위한 세 가지 필요 조건을 기술하라.

7-36 학생들이 인력(human-powered) 잠수함을 설계한다. 원형 잠수함의 길이는 2.24 m이고 물속에서 0.560 m/s로 운행한다. 물은 민물(호수)로 온도는 15°이다. 이를 위하여 1/8 축척 모형을 만들어 풍동에서 실험한다(그림 P7-36). 공기 온도는 25°이고 압력은 대기압이다. 항력 추 지지대 주위에는 바람막이를 설치하여 지지대의 항력이 모형의 항력에 영향을 미치지 않도록 한다. 상사를 이루기 위한 풍동 내 풍속은 얼마인가?

답: 61.4 m/s

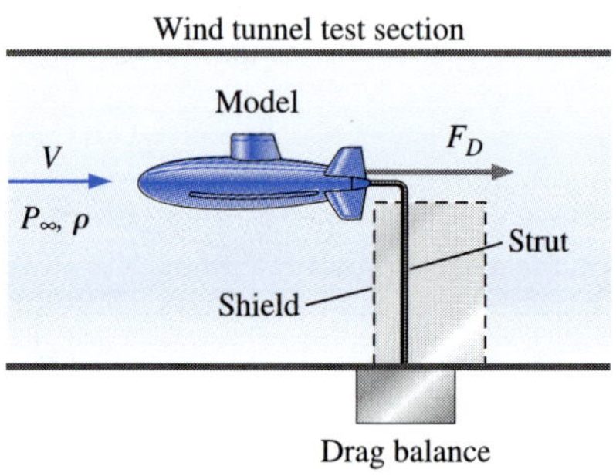

그림 P7-36

7-37 매우 작은 풍동에서 실험을 하는 경우에 대하여 문제 7-36을 다시 계산한다. 풍동이 작아 1/24 축척 모형을 사용해야 한다면 상사를 얻기 위한 풍동 내 풍속은 얼마가 되는지 계산하라. 계산결과에 의문점이 없는지 살펴보고 논의하라.

7-38E 군용 경량 낙하산을 설계한다(그림 P7-38E). 직경 D는 24 ft이고 부하, 낙하산, 장비를 포함한 총 낙하중량 W는 230 lbf이다. 낙하산의 **종단속력**(terminal settling speed)은 20 ft이고 1/20 축척 모형을 풍동에서 시험한다. 원형과 모델 시험의 온도와 공기압력은 60°F, 표준 대기압으로 같다. (*a*) 원형의 항력계수를 계산하라(힌트: 종단속력에서 무게와 항력이 균형을 이룬다). (*b*) 동적 상사를 얻기 위한 풍동 내 풍속은 얼마인가? (*c*) 풍동 내 모형에 작용하는 항력을 구하라(lbf로).

그림 P7-38E

7-39 어떤 풍동은 가압된다. 왜 여러 부속 장치가 필요함에도 불구하고 풍동을 가압하는지 논의하라. 풍동 내 공기 압력이 1.5배 증가한다면 풍속, 모형 등이 일정할 때 Reynolds 수는 몇 배 증가하는가?

7-40 이 문제는 문제 7-36의 후속문제이다. 상사가 이루어진 풍동 내에서 모형에 걸리는 항력을 측정한 결과 2.3 N이었다. 문제 7-36에 주어진 조건에서 원형 잠수함의 항력을 산정하라.

답: 10.3 N

7-41E 스포츠카가 25°C에서 60 mi/h로 주행할 때 받는 항력을 예측하고자 한다. 이를 위하여 1/4 축척 모형을 풍동에서 시험한다(그림 P7-41E). 풍동 내 기온은 25°C이다. 항력은 항력 추를 사용하여 측정하고 실제 상황을 모사하기 위하여 회전 벨트가 사용된다. 모형과 원형의 상사를 위한 풍동 내 풍속은 얼마인가?

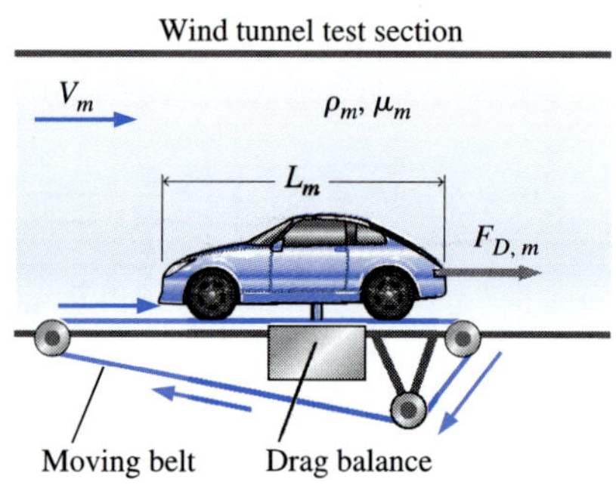

그림 P7-41E

7-42E 이 문제는 문제 7-41E의 후속 문제이다. 풍동 내 모형(그림 P7-41E)에 작용하는 항력이 36.5 lbf일 때 문제 7-41E에 주어진 조건에서 원형 자동차에 작용하는 항력은 얼마인가?

7-43 원형 자동차와 소형 모형의 Reynolds 수를 맞추려 할 때 풍동 내 공기의 온도가 차가운 것과 더운 것 중 어느 것이 좋을까? 다른 모든 것은 같고 공기 온도만 10°C와 50°C로 다를 경우를 비교하여 설명하라.

7-44 회전하는 공 주위의 유동을 가시화하기 위하여 수동 내에 공을 설치하고 염료를 주입한다. 상사를 만족시키기 위해서는

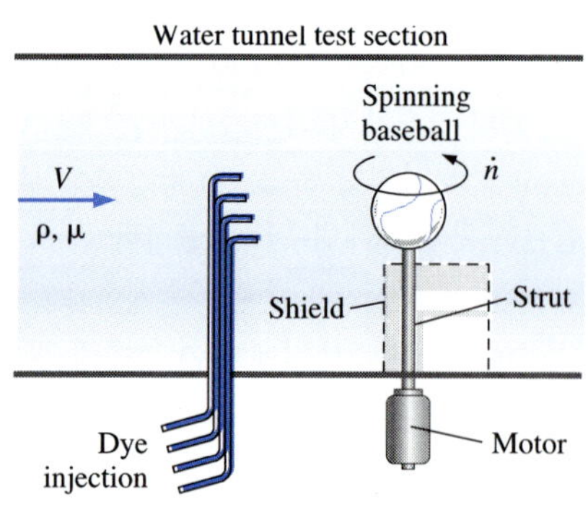

그림 P7-44

Reynolds 수와 Strouhal 수를 일치시켜야 하는데 실제 공은 300 rpm으로 회전하며 80 mi/h 속력으로 공기 중을 날아간다. 물과 공기의 온도가 모두 20°C일 때 수동 내 물의 유속과 공의 회전수를 구하라.

답: 5.30 mi/h, 19.9 rpm

무차원 매개변수와 반복변수법

7-45 기본차원을 사용하여 Rayleigh 수(표 7-5)가 무차원임을 증명하라. Ra와 Gr의 비로 이루어진 정립된 무차원 매개변수는 무엇인가?

7-46 원통형 용기 내에 담긴 액체가 용기와 함께 강체 회전을 한다. 중심부 액체와 용기 표면의 액체와의 높이차 h는 각속도 ω, 유체밀도 ρ, 중력가속도 g, 반경 R의 함수이다(그림 P7-46). 반복변수법을 사용하여 매개변수간의 무차원 관계를 구하라.

답: $h/R = f(\mathrm{Fr})$

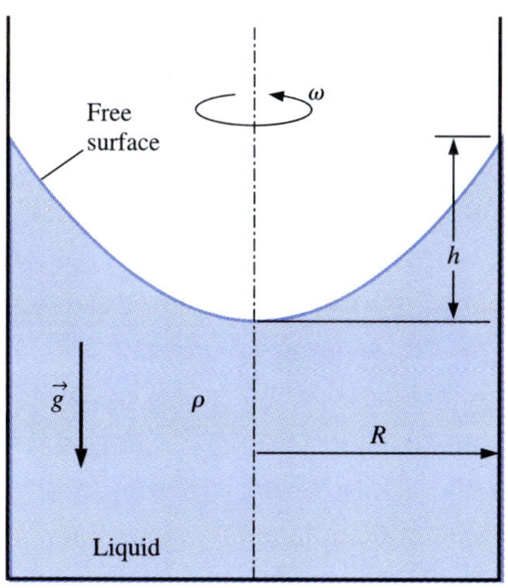

그림 P7-46

7-47 문제 7-46에서 용기 내 액체가 초기에 정지해 있다가 시간 $t = 0$에 용기와 함께 회전하기 시작한다. 액체가 용기와 함께 강체운동을 하기까지는 시간이 걸리고 이 비정상 문제에 액체의 점성계수가 중요한 역할을 하리라 예상된다. 유체 점성계수 μ와 시간 t, 두 개의 독립 매개변수를 부가하여 문제 7-46을 반복 계산하라(높이차 h가 시간과 다른 매개변수에 따라 어떻게 변화하는지 관심이 있다).

7-48 균일한 유동이 원형 실린더를 만나면 주기적 *Kármán* **와열** (vortex street)이 형성된다(그림 P7-48). 반복변수법을 사용하여 Kármán 와류 흘림 주파수 f_k를 자유유동 속도 V, 유체밀도 ρ, 유체 점성계수 μ, 실린더 직경 D의 함수로 나타내라.

답: $\mathrm{St} = f(\mathrm{Re})$

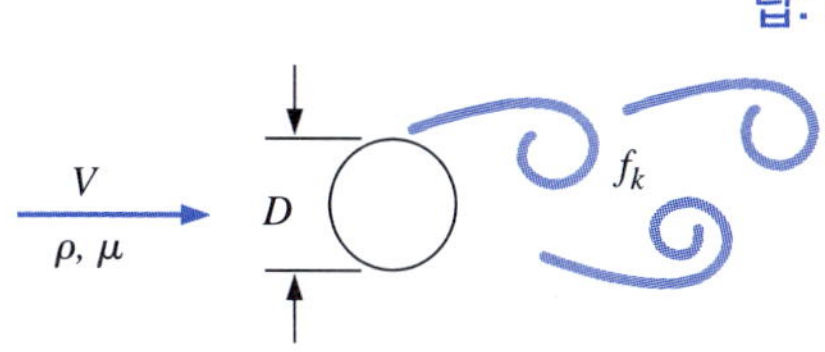

그림 P7-48

7-49 유체 내의 음속 C를 독립 매개변수로 부가하여 문제 7-48을 반복 계산하라. 반복변수법을 사용하여 Kármán 와류 흘림 주파수 f_k를 자유유동 속도 V, 유체밀도 ρ, 유체 점성계수 μ, 실린더 직경 D, 음속 C의 함수로 나타내라.

7-50 대형 탱크 내 유체를 믹서로 혼합한다(그림 P7-50). 믹서 날개에 공급되는 축동력 $\dot{W}$은 믹서 직경 D, 유체밀도 ρ, 유체 점성계수 μ, 날개의 각속도 ω의 함수이다. 반복변수법을 사용하여 이 매개변수 간의 무차원 관계를 도출하라.

답: $N_p = f(\mathrm{Re})$

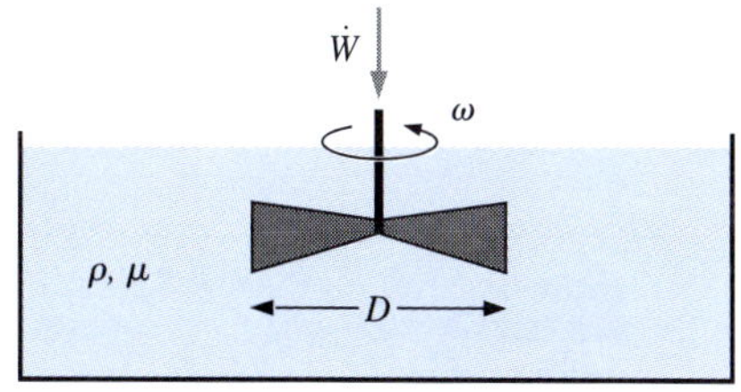

그림 P7-50

7-51 탱크가 크지 않은 경우에 대하여 문제 7-50를 반복 계산한다. 탱크 직경 D_{tank}와 평균 액체 깊이 h_{tank}를 부가 매개변수로 고려하라.

7-52 경계층은 벽면 근처의 점성력이 현저하고 유동이 회전 유동인 얇은 영역이다. 얇은 평판을 따라 자라는 경계층을 고려한다(그림 P7-52). 유동은 정상유동이다. 경계층의 두께 δ는 하류거리 x, 자유유동 속도 V_∞, 밀도 ρ, 점성계수 μ의 함수이다. 반복변수법을 사용하여 δ와 다른 매개변수의 무차원 관계를 도출하라.

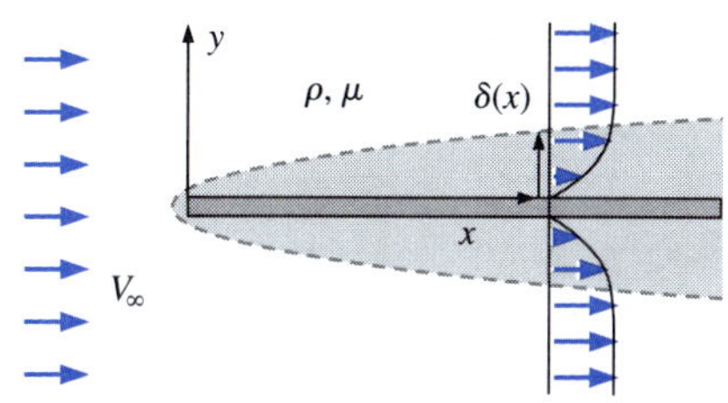

그림 P7-52

7-53 Richardson 수는 다음과 같이 정의된다.

$$\mathrm{Ri} = \frac{L^5 g\,\Delta\rho}{\rho \dot{V}^2}$$

어떤 문제에 특성길이 L, 특성속도 V, 특성 밀도차 $\Delta\rho$, 특성(평균) 밀도 ρ, 그리고 중력 가속도 g가 주어져 있다. Richardson 수를 정의하려면 특성 체적유량을 알아야 한다. 주어진 매개변수를 사용하여 특성 체적유량과 Richardson 수를 정의하라.

7-54 하부 평판은 고정되고 간격 h의 상부 평판은 움직이는

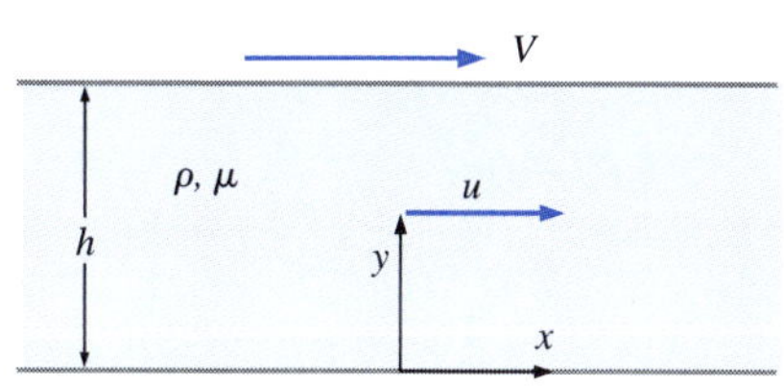

그림 P7-54

두 평행 평판 사이의 완전발달 **Couette 유동**을 고려한다(그림 P7-54). 유동은 xy평면에서 정상상태, 비압축성, 2차원이다. 반복변수법을 사용하여 x방향 속도성분 u와 점성계수 μ, 상부 평판 속도 V, 간격 h, 유체밀도 ρ, 거리 y의 무차원 함수 관계를 도출하라.

답: $u/V = f(\text{Re}, y/h)$

7-55 문제 7-54에서 아직 정상상태에 도달하지 않고 **발달 중인** Couette 유동을 고려한다. 시간 t를 부가 매개변수로 하여 변수 간 무차원 관계를 도출하라.

7-56 이상기체의 음속 c는 비열비 k, 절대온도 T, 비이상기체 상수 R_{gas}의 함수로 알려져 있다(그림 P7-56). 차원해석을 통하여 이 매개변수간의 함수 관계를 구하라.

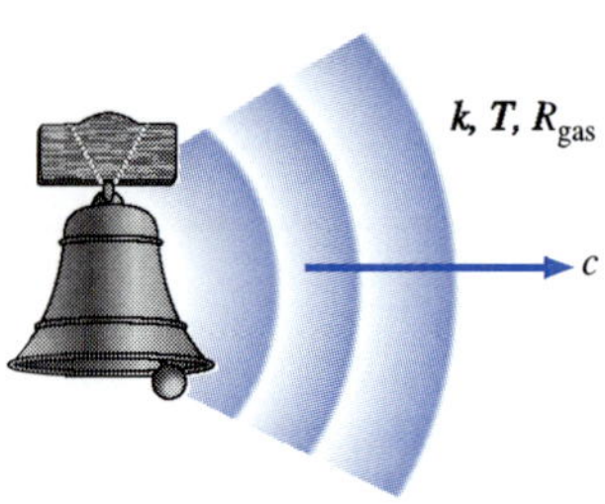

그림 P7-56

7-57 문제 7-56을 반복 계산한다. 단 이상기체음속 c는 절대온도 T와 일반 이상기체상수 R_u, 기체의 mol 질량(분자량) M, 비열비 k의 함수이다. 차원해석을 통하여 이 매개변수 간의 함수 관계를 구하라.

7-58 문제 7-56을 반복 계산한다. 단 이상기체의 음속 c는 절대온도 T와 비이상기체상수 R_{gas}만의 함수이다. 차원해석을 통하여 이 매개변수 간의 함수관계를 구하라.

답: $c = \sqrt{R_{\text{gas}}T} = \text{상수}$

7-59 문제 7-56을 반복 계산한다. 단 이상기체의 음속 c는 압력 P와 기체밀도 ρ만의 함수이다. 차원해석을 통하여 이 매개변수 간의 함수관계를 구하라. 또한 이 결과가 이상기체의 음속 방정식 $c = \sqrt{kR_{\text{gas}}T}$과 일치함을 증명하라.

7-60 미세한 입자나 미생물이 공기나 물속에서 움직일 때 Reynold 수는 매우 작다(Re $\ll$ 1). 이러한 유동은 **크리핑 유동**이라 불린다. 크리핑 유동 시 물체에 작용하는 항력은 물체의 속력 V, 물체의 특성길이 L, 유체의 점성계수 μ의 함수이다(그림 P7-60). 차원해석을 통하여 F_D와 독립 변수의 함수 관계를 구하라.

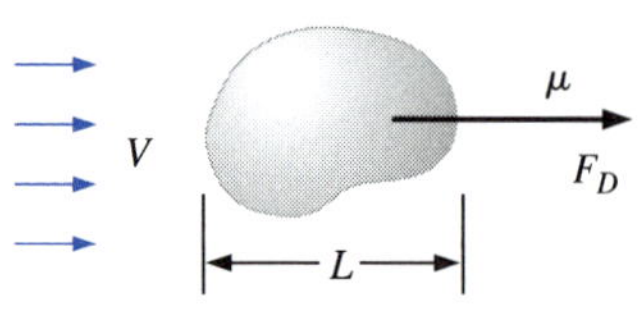

그림 P7-60

7-61 밀도 ρ_p, 특성 직경 D_p인 미세한 입자가 밀도 ρ, 점성계수 μ인 공기 중에서 낙하한다(그림 P7-61). 입자가 아주 작아 크리핑 유동으로 가정할 수 있다면, 입자의 종단속도 V는 D_p, μ 중력가속도 g, 밀도차 $(\rho_p - \rho)$의 함수이다. 차원해석을 통하여 V와 독립 변수간의 함수 관계를 구하라. 또한, 해석 중 도출되는 정립된 무차원 매개변수를 기술하라.

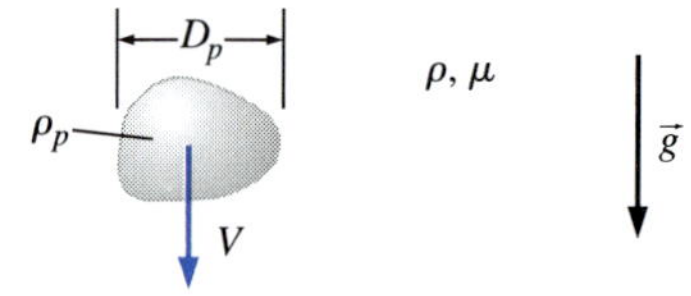

그림 P7-61

7-62 문제 7-60와 7-61의 결과를 조합하여 공기 중 낙하하는 입자의 종단속도 V를 구하라(그림 P7-61). 또한 이 결과가 문제 7-61에서 도출된 함수 관계와 일치함을 증명하라(힌트: 일정한 종단속도로 낙하하는 입자에 작용하는 항력은 입자 무게와 같다. 최종 결과는 미지 상수를 포함한 V에 대한 방정식으로 나타난다).

7-63 문제 7-62의 결과를 활용한다. 미세한 입자가 종단속도 V로 낙하하고 Reynolds 수가 작아 크리핑 유동으로 가정할 수 있다. 다른 모든 조건은 같고 입자 크기가 두 배로 된다면 종단속도는 얼마나 변하는가? 또한 밀도차 $(\rho_p - \rho)$가 두 배로 된다면 종단속도는 어떻게 되는가?

7-64 밀도 ρ, 점성계수 μ의 비압축성 유체가 길이 L, 내경 D, 내측 표면조도 ε인 수평 원형 파이프 내를 V의 평균 속력으로 흐른다(그림 P7-64). 파이프 내 유동은 완전발달되어 속도 분포가 흐름방향으로 변하지 않는다. 압력은 마찰을 이기기 위하여 흐름방향으로 선형적으로 감소한다. 반복변수법을 사용하여 압력 강하 $\Delta P = P_1 - P_2$와 다른 매개변수 간의 무차원 관계를 구하라. 도출된 Π 그룹을 조작하여 정립된 무차원 매개변수로 바꾸고 명명하라(힌트: 일관성 있도록 L이나 ε보다 D를 반복 매개변수로 선정한다).

답: $\text{Eu} = f(\text{Re}, \varepsilon/D, L/D)$

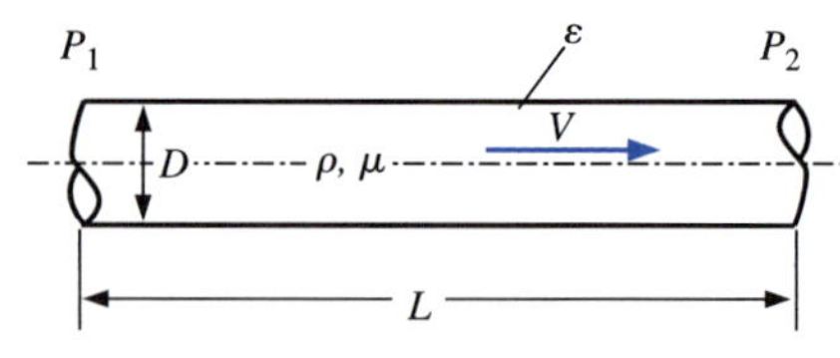

그림 P7-64

7-65 그림 P7-64와 같이 긴 파이프 내 **층류** 유동을 고려한다. 층류 유동에서는 ε이 아주 크지 않으면 표면조도는 적절한 매개변수가 아니다. 파이프 내 체적유량 $\dot{V}$은 파이프 직경 D, 유체 점성계수 μ, 축방향 압력구배 dP/dx의 함수이다. 다른 모든 조건은 동일하고 파이프 직경이 두 배가 되면 체적유량은 얼마나 변하는지 차원해석을 통하여 계산하라.

7-66 문제 7-24에서 파이프 내를 흐르는 물로의 열전달률을

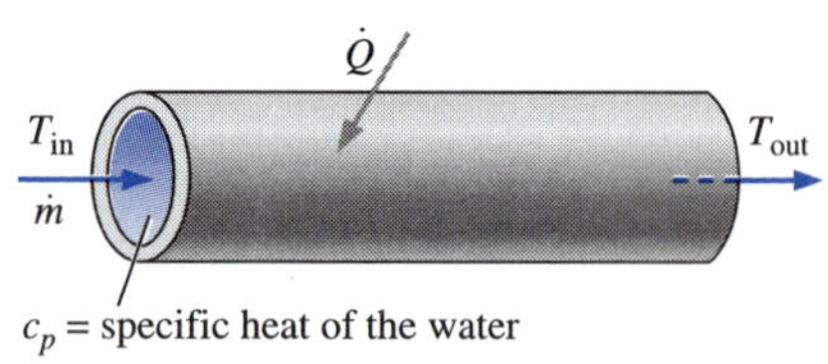

그림 P7-66

해석하였다. 이번에는 차원해석을 통하여 접근한다. 냉수가 파이프로 유입되어 외부 열원에 의해 가열된다(그림 P7-66). 물의 입출구 온도는 각각 T_{in}, T_{out}이다. 물로의 열전달률 $\dot{Q}$은 유량 $\dot{m}$, 물의 비열 c_p, 물의 입출구 온도차의 함수로 알려져 있다. 차원해석을 통하여 이 매개변수간의 함수관계를 구하고 문제 7-24의 해석적 해와 비교하라.

실험과 불완전 상사

7-67C **풍동 막힘**(*wind tunnel blockage*)을 정의하라. 풍동 시험 시 허용 가능한 최대 막힘률에 대한 개략 값(rule of thumb)은 얼마인가? 막힘률이 이보다 크면 왜 측정 오차가 증가하는지 설명하라.

7-68C 비압축성 유동 가정이 성립하는 Mach 수의 한계에 대한 개략 값은 얼마인가? 이 값을 넘어서면 왜 풍동 실험 결과가 부정확해지는지 설명하라.

7-69C 일반적으로 원형보다 모델이 작지만 모델이 원형보다 **커야 하는** 상황을 세 가지 이상 설명하라.

7-70C 자동차 모델 시험 시 풍동 내 지상 회전 벨트를 설치하는 목적에 대해 논의하라. 다른 대체 방법으로 무엇이 있겠는가?

7-71 차원해석을 통하여 좁은 물결이 관련된 유동에는(그림 P7-71) Froude 수와 Reynolds 수가 적절한 무차원 매개변수임을 보여라. 액체 표면의 물결속도 c는 깊이 h, 중력 가속도 g, 액체 밀도 ρ, 액체 점성계수 μ의 함수이다. 도출된 Π를 조작하여 아래의 매개변수를 구하라.

$$\text{Fr} = \frac{c}{\sqrt{gh}} = f(\text{Re}), \quad \text{Re} = \frac{\rho c h}{\mu}$$

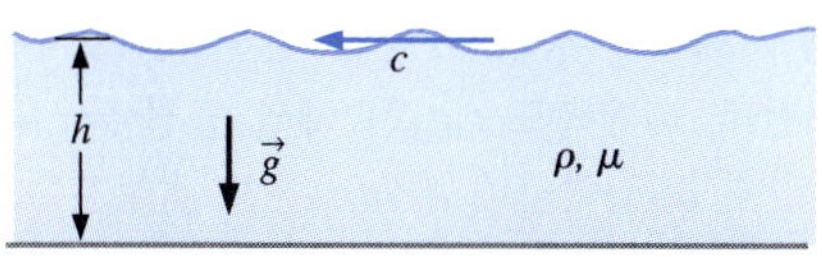

그림 P7-71

표 P7-72

V, m/s	ΔP, N/m^2
0.5	77.0
1	306
2	1218
4	4865
6	10,920
8	19,440
10	30,340
15	68,330
20	121,400
25	189,800
30	273,200
35	372,100
40	485,300
45	614,900
50	758,700

7-72 20°C 물이 긴 직선 파이프 내를 흐르고 L = 1.3 m 구간에서 평균속도 V의 함수로 압력 강하를 측정한다(표 P7-72). 파이프 내경 D = 10.4 cm이다. (*a*) 데이터를 무차원화하고 Euler 수를 Reynolds 수의 함수로 도시하라. 데이터가 Reynolds 수에 무관할 만큼 높은 속도까지 실험이 수행되었는지 확인하라. (*b*) 실험 데이터를 외삽하여 평균 속력 80 m/s에서의 압력 강하를 예측하라.

답: 1,940,000 N/m^2

7-73 제 7-5절의 트럭 모델의 예에서 풍동의 시험부는 길이 2.6 m, 높이 1.0 m, 폭 1.2 m이고 1/16 축척 모형트럭의 길이는 0.991 m, 높이 0.257 m, 폭 0.159 m이다. 풍동 차단율은 얼마인가? 이 값은 개략적으로 허용될 만한 범위 안에 있는가?

7-74C 제 7-5절에서 논의된 트럭 모델을 다시 고려한다. 단 풍동의 최대 풍속은 50 m/s이다. 풍속 V = 20에서 50 m/s 사이에서 얻어진 항력 데이터는 표 7-6과 동일하다. 이들 실험이 Reynolds 수가 풍속과 무관할 만큼 높은 속도까지 수행되었는지 확인하라.

7-75E 대학 학부 실험실 내 소형 풍동 시험부는 단면이 20 × 20 in이고 길이는 4.0 ft이다. 트럭 후방을 둥글게 함으로써 항력이 어떻게 변화하는지를 모델 실험을 통해 확인하고자 한다. 원형 트럭은 길이 52 ft, 폭 8.33 ft, 높이 12 ft이고 최대풍속은 160 ft/s이다. 풍동과 원형 모두 80°F, 대기압의 공기 중에 있다. (*a*) 측정 항력에 영향을 미치지 않을 최대 차단율의 개략치는 얼마이고 그때 모델 트럭의 치수는 얼마인가? (*b*) 모델 트럭의 최대 Reynolds 수는 얼마인가? (*c*) Reynolds 수가 풍속과 무관할 만큼 높은 풍속에서 실험이 수행되었는지 논의하라.

7-76 1/16 축척 스포츠카 모델을 풍동에서 시험한다. 원형은 길이 4.37 m, 높이 1.30 m, 폭 1.69 m이다. 시험 중 지상 이동 벨트의 속도는 시험부내 풍속과 상응하도록 조절된다. 항력 F_D를 풍속의 함수로 측정하고 결과를 표 P7-76에 나타내었다. 항력계수 C_D를 Reynolds 수의 함수로 도시하라. 단 C_D는 모델 자동차의 전방면적(A = 높이 × 폭)에 근거하여 계산하고 Re의 길이축척으로 폭 W를 사용한다. 동적 상사가 얻어졌는지 확인하라. 또한 Reynolds 수가 풍속에 무관 할 만큼 높은 풍속까지 실험이 수행되었는지도 확인하라. 고속도로를 29 m/s(65 mi/h)로 주행하는 원형 자동차에 작용하

표 P7-76

V, m/s	F_D, N
10	0.29
15	0.64
20	0.96
25	1.41
30	1.55
35	2.10
40	2.65
45	3.28
50	4.07
55	4.91

는 항력을 산정하라. 풍동과 원형의 공기는 25°C, 대기압으로 가정한다.

답: 아니오, 예, 350 N

복습 문제

7-77C 아래 문장이 옳은지 그른지 판단하고 그 이유를 간단히 설명하라

(*a*) 운동학적 상사는 동역학적 상사의 필요충분조건이다.

(*b*) 기하학적 상사는 동역학적 상사의 필요조건이다.

(*c*) 기하학적 상사는 운동학적 상사의 필요조건이다.

(*d*) 동역학적 상사는 운동학적 상사의 필요조건이다.

7-78C 기하학적 상사는 이루어졌으나 운동학적 상사는 이루어지지 않은(Reynolds 수는 일치하더라도) 원형과 모델 유동의 예를 들고 설명하라.

7-79C 표 7-5에 기술된 무차원 매개변수 외에도 많은 정립된 무차원 매개변수가 존재한다. 문헌이나 인터넷을 통하여 세 개 이상의 새로운 정립되고 명명된 무차원 매개변수를 찾아 그들의 정의, 물리적 의미를 표 7-5의 형식을 따라 기술하라. 방정식 중에 표 7-5에 정의되지 않은 변수가 있다면 그들을 정의하라.

7-80 고체역학에서 사용되는 다음 변수의 기본차원을 기술하라. : (*a*) 관성모멘트 I; (*b*) 탄성률 또는 영률(Young' s modulus) E; (*c*) 변형 ε; (*d*) 응력 σ; (*e*) 또한 Hook의 법칙(응력과 변형과의 관계식)이 차원적으로 동차임을 보여라.

7-81 길이 L, 관성 모멘트 I의 외팔보 끝에 힘 F가 작용한다(그림 P7-81). 보 재질의 탄성률은 E이고 힘이 작용했을 때 보의 처짐은 z_d이다. 차원해석을 통하여 z_d와 독립변수의 관계를 구하라. 정립된 무차원 매개변수를 도출하고 명명하라.

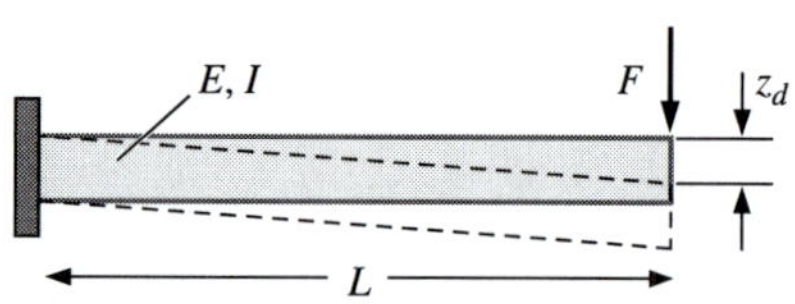

그림 P7-81

7-82 항공기 미사일이 목표에 명중했을 때 폭발이 일어나고 (그림 P7-82) **충격파**(또는 **폭발파**)가 반경방향으로 퍼져나간다.

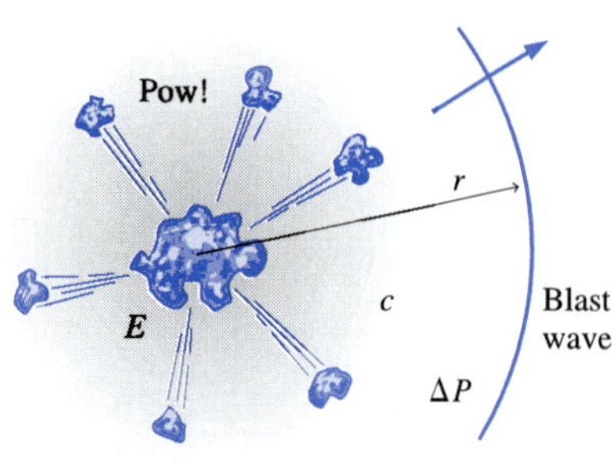

그림 P7-82

충격파 전후의 압력차 ΔP와 폭발 중심으로부터의 거리 r은 시간 t, 음속 C, 폭발 에너지 E의 함수이다.

(*a*) ΔP와 다른 매개변수, r과 다른 매개변수 사이의 무차원 관계를 구하라. (*b*) 다른 조건은 일정하고 폭발 이후 시간 t가 두 배로 되면 ΔP는 얼마나 변하는가?

7-83 Archimedes 수는 $\mathbf{Ar} = \frac{\rho_s g L^3}{\mu^2}(\rho_s - \rho)$과 같이 정의되며, 유체 중의 부유 **입자**에 적용 가능하다. 인터넷이나 문헌 조사를 통하여 부유 **유체**[즉, 부유 제트, 부유 플룸(buoyant plume)]에 적용 가능한 Archimedes 수의 정의를 찾아라. 표 7-5의 형식에 따라 정의와 물리적 의미를 기술하라. 방정식 내에 표 7-5에서 정의되지 않은 변수가 있으면 그들을 정의하라. 표 7-5의 무차원 매개변수 중 본 문제의 Archimedes 수와 유사한 매개변수가 하나 있다. 이를 찾아라.

7-84 고정된 간격 h의 두 평행평판 사이에 강제 압력 구배 dP/dx(상수이며 음수임)에 의해 형성되는 정상상태, 층류, **완전발달**, 2차원 **Poiseuille 유동**을 고려한다. 유동은 xy평면에서 비압축성이고 2차원이다. 또한 완전발달되어 속도 분포가 하류방향으로 변하지 않고 관성효과가 없으며 밀도와 무관하다. x방향 속도성분 u가 간격 h, 압력구배 dP/dx, 유체 점성계수 μ, 수직좌표 y의 함수일 때 차원해석을 통하여 이들 간의 무차원 관계를 구하라.

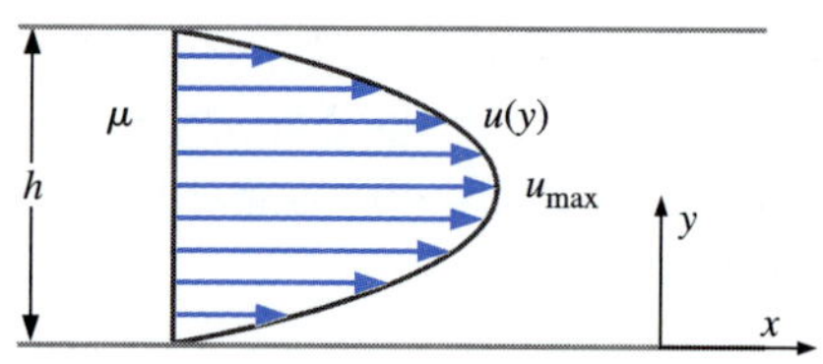

그림 P7-84

7-85 문제 7-84의 정상상태, 층류, 완전발달, 2차원 Poiseuille 유동을 고려한다. 최대속도 u_{max}는 채널 중심에서 유발된다. (*a*) u_{max}와 채널간격 h, 압력구배 dP/dx, 유체 점성계수 μ의 무차원 관계를 구하라. (*b*) 다른 조건이 일정하고 채널 간격 h가 두 배로 된다면 u_{max}는 얼마나 변하나? (*c*) 다른 조건이 일정하고 압력구배 dP/dx가 두 배로 된다면 u_{max}는 얼마나 변하나? (*d*) u_{max}와 다른 매개변수간의 완전한 관계식을 구하려면 얼마나 많은 실험이 필요한가?

7-86 긴 원형 파이프 내 압력강하 $\Delta P = P_1 - P_2$는 벽면 전단응력 τ_w로 표현될 수 있다. 그림 P7-86에 벽면에 의해 유체에 작용하는 전단응력이 나타나 있고 1점과 2점 사이의 검사체적은 음영처리 되었다. 압력강하에는 두 가지 무차원 매개변수가 관련된다: Euler수 Eu와 Daray 마찰계수 f. (*a*) 그림 P7-86의 검

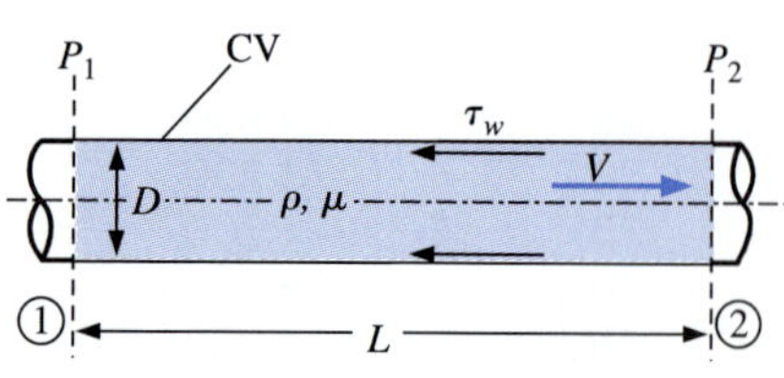

그림 P7-86

사체적을 활용하여 f와 Eu(그리고 문제에 주어진 다른 변수들)의 관계를 구하라. (*b*) 문제 7-72 (표 P7-76)의 실험 조건과 데이터를 사용하여 Daray 마찰계수를 Re의 함수로 도시하라. Re가 매우 큰 영역에서 마찰계수 f는 Re 와 무관한가? 그렇다면 Re가 매우 큰 영역의 f 값은 얼마인가?

답: (*a*) $f = 2\dfrac{D}{L}\text{Eu}$; (*b*) 그렇다, 0.0487

7-87 때로는 정립된 무차원 매개변수에 정의된 특성 축척이 가용하지 않은 경우가 있다. 그런 경우 차원을 맞춰 특성 축척을 만들 필요가 있다. 예를 들어 특성속도 V, 특성면적 A, 유체밀도 ρ, 유체 점성계수 μ가 주어졌을 때 Reynolds 수를 정의 하려한다. 길이 축적을 $L = \sqrt{A}$로 하면 Re는 다음과 같이 정의 된다.

$$\text{Re} = \frac{\rho V \sqrt{A}}{\mu}$$

이와 마찬가지로 정립된 무차원 매개변수를 정의할 수 있다: (*a*) 단위 깊이 당 체적유량 $\dot{V}'$, 길이축척 L, 중력가속도 g를 사용하여 Froude 수를 정의하라. (*b*) 단위 깊이 당 체적유량 $\dot{V}'$, 동점성계수 ν를 사용하여 Reynolds 수를 정의하라. (*c*) 단위 깊이 당 체적유량 $\dot{V}'$, 길이축척 L, 특성 밀도차 $\Delta\rho$, 특성 밀도 ρ, 중력가속도 g가 주어졌을 때 Richardson 수를 정의하라.

7-88 밀도 ρ, 점성계수 μ의 액체가 직경 D의 탱크 바닥에 뚫린 직경 d의 구멍을 통해 중력에 의해 방출된다(그림 P7-88). 실험 시작 시 수면의 높이는 h이고 액체는 평균속도 V로 하부로 방출된다. 차원해석을 통해 V와 다른 매개변수의 무차원 관계를 구하라. 해석 시 도출되는 정립된 무차원 매개변수를 기술하라(힌트: 이 문제에는 세 가지 길이축척이 있지만 연속성을 위해 h를 길이축척으로 선정한다).

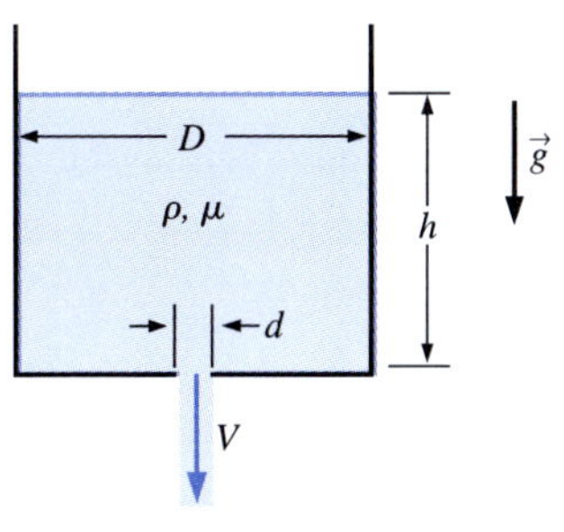

그림 P7-88

7-89 문제 P7-88처럼 탱크 하부에서 액체가 방출된다. 탱크에 비하여 구멍이 매우 작은 경우($d \ll D$)를 고려한다. 실험을 통해 평균방출속도 V는 d, D, ρ, μ와 거의 무관하고 액체높이 h와 중력가속도 g에만 관계됨이 밝혀졌다. 다른 조건은 일정하고 액체 높이가 두 배가 된다면 액체 방출속도는 얼마나 증가하겠는가?

답: $\sqrt{2}$

7-90 다음 상태량의 **질량기준** 기본차원(m, L, t, T, I, C, N)과 **힘 기준** 기본차원(F, L, t, T, I, C, N)을 비교하라: (*a*) 압력 또는 응력; (*b*) 모멘트 또는 토크; (*c*) 일 또는 에너지, 이 결과로부터 힘 기준 기본차원이 선호되는 경우를 설명하라.

7-91 예제 7-5에서 질량기준 기본차원을 사용하여 비눗방울 내외의 압력차 $\Delta P = P_{\text{inside}} - P_{\text{outside}}$를 비눗방울의 반경 R과 표면장력 σ_s의 함수로 구하였다(그림 P7-91). 이번에는 **힘 기준** 기본차원을 사용하여 반복변수법으로 차원해석을 수행하라. 동일한 결과를 얻을 수 있는지 확인하라.

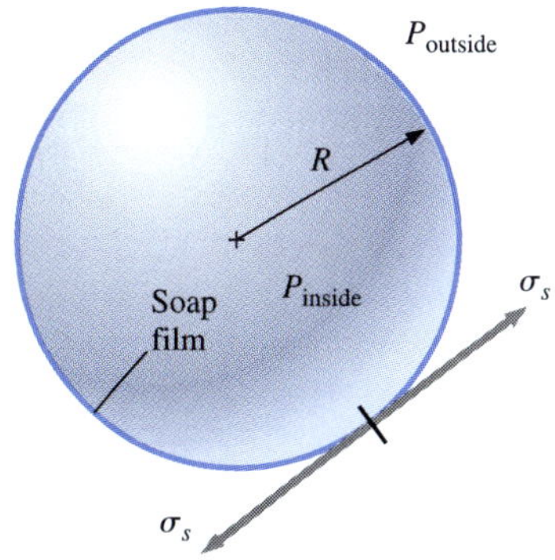

그림 P7-91

7-92 그림 P7-92에 나타난 바와 같이 하부 평판은 V_{bottom}, 간격 h의 상부평판은 V_{top}으로 움직이는 두 평행평판 사이의 완전 발달 Couette 유동을 고려한다. 유동은 xy평면에서 정상상태, 비압축성, 2차원이다. x방향 유속 u와 유체점성계수 μ, 평판속도 V_{top}, V_{bottom}, 간격 h, 유체밀도 ρ, 거리 y의 무차원 함수관계를 구하라(힌트: 대수계산을 시작하기 전에 매개변수의 목록을 주의깊게 생각하라).

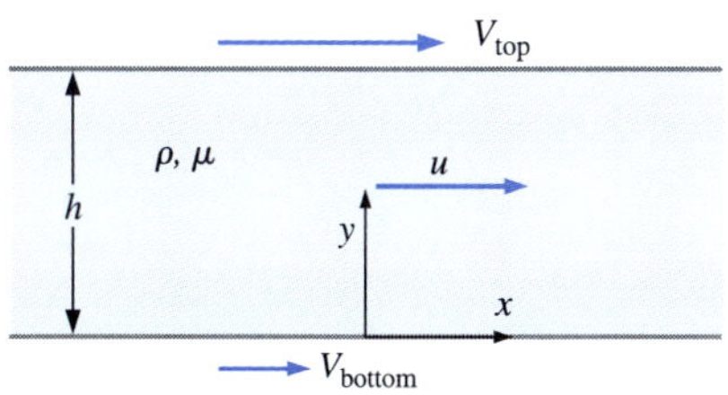

그림 P7-92

7-93 직경 D의 모세관을 액체 중에 삽입하니 액체 높이가 h만큼 상승하였다(그림 P7- 93). 높이 h는 액체밀도 ρ, 관경 D, 중력

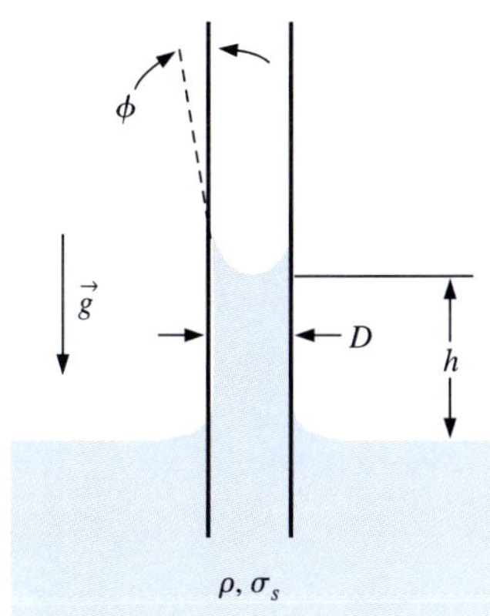

그림 P7-93

가속도 g, 접촉각 ϕ, 액체의 표면장력 σ_s의 함수이다. (*a*) 액체높이 h와 다른 매개변수의 무차원 함수관계를 구하라. (*b*) 이 결과를 2장의 엄밀해와 비교하라. 차원해석 결과가 엄밀해와 일치하는지 확인하고 논의하라.

7-94 문제 7-93의 (*a*)를 반복 계산한다. 단 높이 h 대신에 액체가 모세관내 최종 높이에 이르는데 걸리는 시간 t_{rise}의 함수관계를 구하라. (힌트: 문제 7-93의 독립변수 외에 다른 적절한 매개변수가 있는지 조사한다.)

7-95 **음 강도** I는 음원으로부터 방출되는 단위면적 당 음향동력으로 정의된다. I는 음압 레벨 P(압력의 단위), 유체밀도 ρ, 음속 C의 함수이다. (*a*) 질량기준 기본차원에서 반복변수법을 사용하여 I와 다른 매개변수의 함수관계를 구하라. (*b*) 힘 기준 기본차원을 사용하여 (*a*)를 반복계산하고 그 결과를 논의하라.

7-96 문제 7-95에서 음원으로부터의 거리 r을 독립 매개변수를 부가하여 반복 계산한다.

CHAPTER 08

내부 유동

유체 유동은 표면 위를 흐르는지 또는 관내를 흐르는지에 따라 **외부유동** 또는 **내부유동**으로 구분된다. 내부유동과 외부유동은 매우 다른 특성을 보이는데, 이 장에서는 파이프 내부를 완전히 채우면서 압력 차에 의하여 흐르는 내부유동을 다룬다. 관개수로와 같은 **개수로 유동**(11장)은 부분적으로만 고체 벽면과 접하고 중력에 의하여 흐른다는 점에서 내부유동과 구별된다.

이 장에서는 우선 **입구영역**, **완전발달 영역**과 같은 파이프나 덕트 내 내부유동의 물리적 특성을 살펴보고 이후 무차원 **Reynolds 수**의 물리적 중요성에 대하여 논의한다. 그리고 층류와 난류 유동에 대해 파이프 유동과 관련된 **압력강하** 관계식을 소개한다. 또한 실제 파이프 시스템에 대하여 부차적 손실을 논의하고 압력강하와 요구되는 펌프동력을 결정한다. 마지막으로 유량측정 장치에 대하여 간략히 소개한다.

목표

이 장을 공부하면 다음과 관련된 지식을 얻을 수 있다.

- 다양한 펌프와 터빈의 식별 및 작동원리의 이해
- 기존의 펌프 또는 터빈과 기하학적 상사인 새로운 펌프 또는 터빈을 설계하기 위한 차원해석의 응용
- 펌프와 터빈에서 유입과 유출하는 유동의 기초적인 벡터 해석 수행
- 펌프와 터빈의 예비설계 및 선정을 위한 비속도의 이용

그림의 정유시설에 보이는 파이프, 엘보우, 티, 밸브 등을 통과하는 내부유동은 거의 모든 산업에서 관찰된다.

ⓒ Corbis RF

8-1 ■ 서론

파이프나 **덕트** 내부를 흐르는 액체나 기체의 유동은 냉난방 응용 및 유체 배관망에서 보편적으로 사용된다. 이런 응용에서 유체는 보통 유동 구간을 통해 팬이나 펌프에 의하여 강제적으로 흐르게 된다. 유체가 파이프나 덕트 내부를 흐를 때는 **마찰**에 의해 **압력강하** 또는 **수두손실**이 발생하는 사실에 주목하여야 한다. 이때 나타나는 압력강하로부터 소요 펌프동력을 계산할 수 있다. 일반적인 파이프 시스템은 여러 구경의 파이프와 접합부, 엘보우, 밸브, 그리고 유체의 압력을 높이기 위한 펌프 등으로 구성된다.

파이프, **덕트**, 및 **도관(conduit)**은 혼용되기도 하나, 단면이 원형일 경우(특히 액체가 흐를 경우) **파이프**라 부르고 단면이 비원형일 경우(특히 기체유동의 경우) **덕트**라 부른다. 파이프 구경이 작을 때는 **튜브**라 부르기도 한다. 본 장에서는 혼동을 없애기 위해 필요할 때마다 **원형 파이프**, **직사각형 덕트**와 같이 좀더 구체적으로 기술하기로 한다.

대부분의 유체(특히 액체) 유동에는 **원형 파이프**가 널리 쓰이는데, 이는 원형 파이프가 파이프의 내부와 외부 사이의 큰 압력차를 심각한 변형 없이 견딜 수 있기 때문이다. **비원형 파이프**는 빌딩 냉난방과 같이 압력 차가 비교적 작고 제조 및 설치비가 적게 요구되고 설치공간이 제한된 곳에 일반적으로 사용된다(그림 8-1).

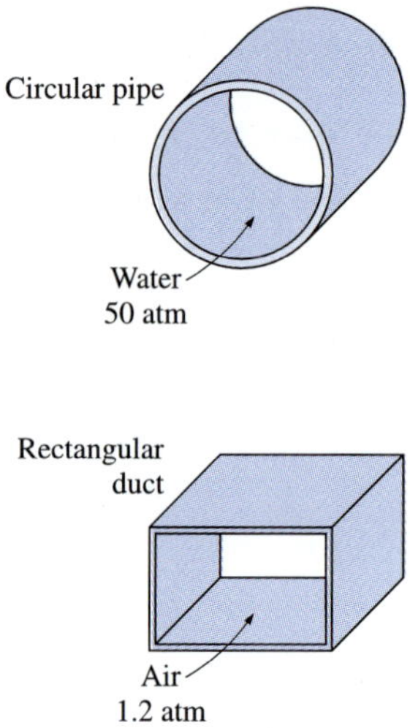

그림 8-1
원형 파이프는 별다른 변형 없이 내부와 외부의 큰 압력차를 견딜 수 있다. 하지만 비원형 파이프는 그렇지 않다.

유체 유동에 관한 이론은 비교적 잘 알려져 있지만, 이론적 해는 원형 파이프 내부에서 완전발달된 층류유동과 같이 몇몇 단순한 경우에만 가능하다. 따라서 대부분의 경우 닫힌 형태의(closed form) 해석해 보다는 실험식이나 경험식에 의존하여야 한다. 그러나 실험의 경우 작은 실험조건의 차이에도 그 결과가 달라질 수 있기 때문에 엄밀한 결과를 기대하기는 힘들다. 예를 들어 이 장에 제시된 관계식으로 마찰계수를 계산할 때 10%(또는 그 이상) 오차는 일반적이다.

파이프 내의 유속은 점착(no-slip) 조건에 의해 벽면에서 영이고 중심에서 최대가 된다. 비압축성 유동에서는 파이프 단면이 일정하면 그 값이 일정한 평균속도 V_{avg}를 사용하는 것이 편리하다(그림 8-2). 냉난방의 경우는 온도에 따른 밀도 변화로 인해 평균속도가 다소 변할 수 있다. 그러나 실제로는 평균 온도에서 유체 상태량을 구하고, 이를 일정하게 취급한다. 일반적으로 일정 상태량을 사용하는 편리함이 정확도의 약간의 손실을 충분히 정당화한다.

또한 유동 중 파이프 내부 유체 입자들 간의 마찰에 의해 기계적 에너지가 열에너지로 변환됨에 따라 유체 온도가 다소 상승하기도 한다. 그러나 **마찰가열(frictional heating)**에 의한 온도 상승은 일반적으로 매우 작아 대부분의 계산에서 무시한다. 예를 들어 파이프 내부를 흐르는 물이 가열이나 냉각되지 않으면 입출구 온도는 거의 변하지 않는다. 즉 마찰에 의해서는 압력강하가 유발되고 열전달에 의해서만 현저한 온도차가 나타난다.

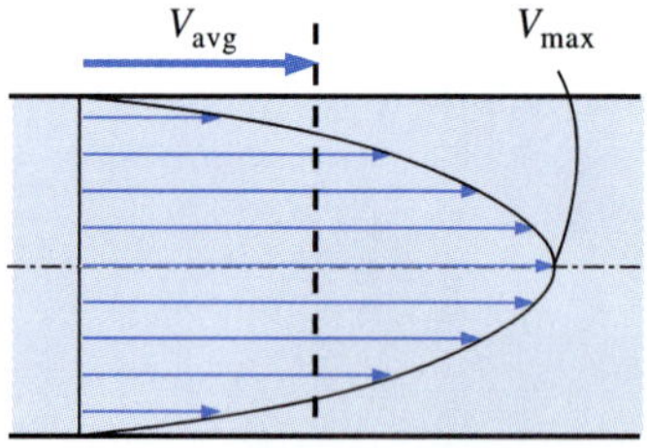

그림 8-2
평균속도 V_{avg}는 단면을 지나는 평균 속력으로 정의된다. 완전발달 층류 파이프 유동에서 V_{avg}는 최대 속도의 절반이다.

임의의 유동단면에서의 평균속도 V_{avg}의 값은 다음 식과 같은 **질량보존** 법칙으로부터 구한다(그림 8-2).

$$\dot{m} = \rho V_{avg} A_c = \int_{A_c} \rho u(r)\, dA_c \tag{8-1}$$

여기서 은 질량유량, ρ는 밀도, A_c는 단면적, 그리고 $u(r)$은 속도분포이다. 따라서 반경이 R인 비압축성 원형 파이프유동에서 평균속도는 다음 식과 같이 얻어진다.

$$V_{avg} = \frac{\int_{A_c} \rho u(r)\, dA_c}{\rho A_c} = \frac{\int_0^R \rho u(r) 2\pi r\, dr}{\rho \pi R^2} = \frac{2}{R^2}\int_0^R u(r) r\, dr \tag{8-2}$$

그러므로 유량이나 속도분포를 알면 평균속도를 쉽게 계산할 수 있다.

8-2 ■ 층류유동과 난류유동

담배를 피우는 사람 옆에 있을 때 담배 연기를 살펴보면 처음 몇 센티미터는 매끈하게 올라가다 그 이후는 올라가면서 임의의 방향으로 흔들리는 것을 볼 수 있다. 다른 연기들도 유사하게 거동한다(그림 8-3). 마찬가지로 파이프 내부유동도 자세히 보면 낮은 속도에서는 매끈하게 흐르나 어떤 임계값 이상에서는 그림 8-4에 보인 것처럼 혼돈 양상을 보인다. 전자의 경우를 **층류(laminar)**라 부르는데 **유선이 매끈하고 질서정연한 유동특성**을 보이고, 후자의 경우는 **난류(turbulent)**라 부르는데 **속도 변동**과 **매우 무질서한 운동**의 유동특성을 보여준다. 층류에서 난류로의 **천이(transition)**는 급작스레 일어나지는 않고, 완전히 난류가 되기 전 난류와 층류 유동 사이를 반복하는 일정 영역에 걸쳐 발생한다. 실제 마주치는 대부분의 유동은 난류이다. 층류는 작은 직경의 관 또는 좁은 통로 내부의 오일 유동과 같은 높은 점성 유동에서 나타난다.

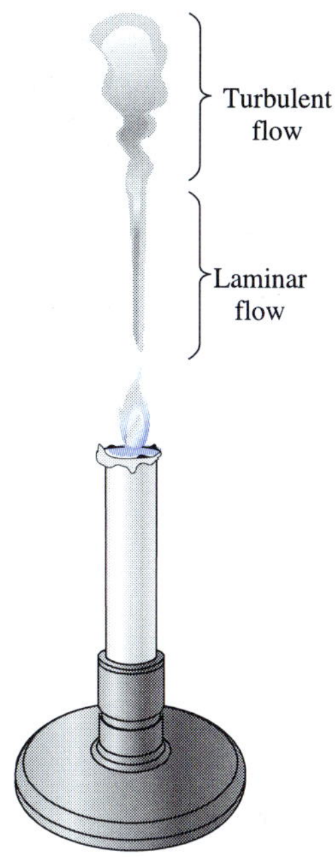

그림 8-3
촛불 연기의 층류 및 난류 영역.

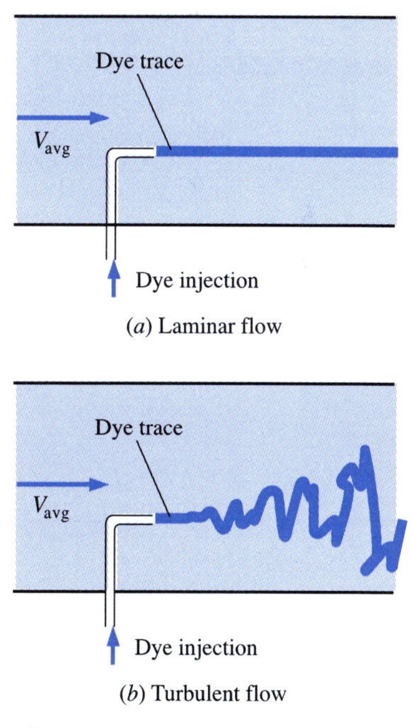

그림 8-4
파이프 내의 층류와 난류유동에서 유동 중에 주입된 염료의 거동.

층류, 천이 및 난류 유동영역들의 존재는 약 100년 전 영국 엔지니어 Osborne Reynolds(1842 -1912)가 시도했듯이 유리관 내를 흐르는 유동에 염료를 주입함으로써 확인할 수 있다. 염료선은 층류인 낮은 속도에서는 매끄러운 직선을 이루다가(분자 확산에 의해 다소 흐릿해질 수는 있지만), 간헐적 요동이 나타나는 천이 영역을 거쳐 완전 난류가 되면 임의적이고 빠른 지그재그 운동을 하게 된다. 이러한 지그재그 형상과 염료의 확산은 주 유동에서의 변동(fluctuations)과 인접 층들로부터의 유체입자들의 빠른 혼합이 있음을 보여준다.

빠른 변동으로 인한 난류유동에서의 유체의 **맹렬한 혼합**은 유체입자들 간의 운동량 전달을 향상시키고, 따라서 파이프 벽면의 마찰력과 소요 펌프동력을 증가시킨다. 유동이 완전 난류가 될 때 마찰계수는 최대가 된다.

Reynolds 수

층류에서 난류로의 천이에는 여러 변수 중에 특히 **기하학적 형상, 표면조도, 유동속도, 표면온도 및 유체의 종류** 등이 큰 영향을 미친다. 1880년대 Osborne Reynolds는 많은 실험을 통해 유체의 **관성력**과 **점성력**의 비가 유동 영역을 결정한다는 것을 발견하였다. 이 비를 **Reynolds 수**라 부르며 원형 파이프 내 유동의 경우 다음과 같이 표현된다(그림 8-5).

$$\text{Re} = \frac{\text{Inertial forces}}{\text{Viscous forces}} = \frac{V_{avg}D}{\nu} = \frac{\rho V_{avg} D}{\mu} \tag{8-3}$$

여기서 V_{avg} = 평균유동속도(m/s), D = 기하학적 특성길이(여기서는 직경, m), 그

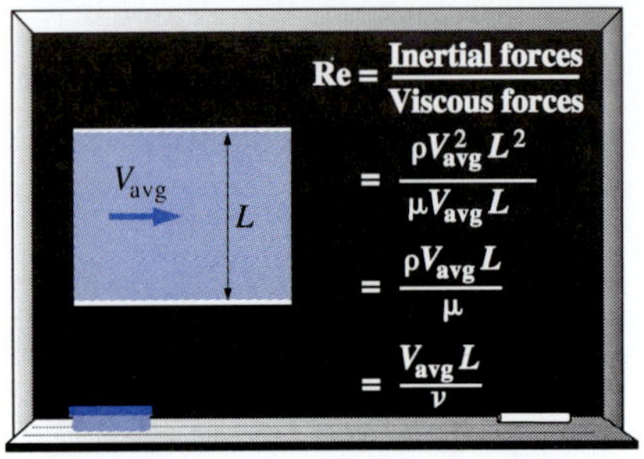

그림 8-5
Reynolds 수는 유체요소에 작용하는 관성력과 점성력의 비로 생각할 수 있다.

리고 $\nu = \mu/\rho =$ 유체의 동점성계수(m^2/s)이다. Reynolds 수는 무차원량(7장 참조)이다. 또한 동점성계수의 단위는 m^2/s로 **점성 확산계수** 또는 **운동량 확산계수**로 이해할 수 있다.

Reynolds 수가 크면 유체의 밀도 그리고 속도의 제곱에 비례하는 관성력이 점성력보다 크고 따라서 점성력이 더 이상 유체의 임의적이고 빠른 변동을 억제할 수 없게 된다. 하지만 작거나 중간 정도의 Reynolds 수에서는 점성력이 이러한 변동을 억제하여 유체를 "정렬"시킬 수 있을 만큼 충분히 크게 된다. 전자의 경우가 **난류**이고 후자의 경우가 **층류**에 해당한다.

유동이 난류가 되기 시작하는 Reynolds 수를 **임계 Reynolds 수(critical Reynolds number,** Re_{cr})라 부르는데, 이 값은 기하학적 형상과 유동조건의 함수이다. 원형 파이프 내부유동의 경우 임계 Reynolds 수는 일반적으로 $Re_{cr} = 2300$으로 알려져 있다.

비원형 파이프 내부유동의 경우 Reynolds 수는 **수력직경(hydraulic diameter)** D_h로 정의된다(그림 8-6).

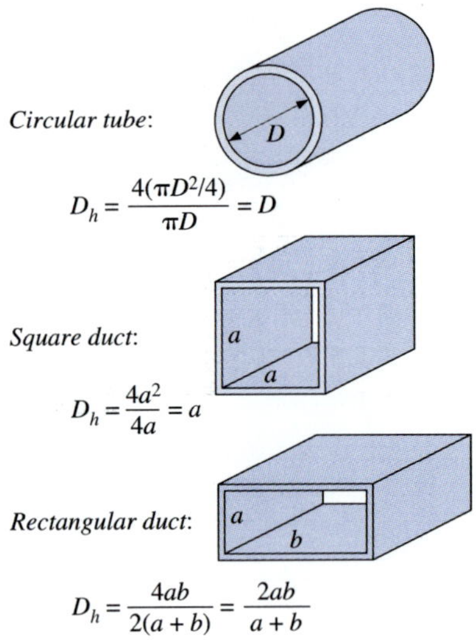

그림 8-6
원형관의 수력직경 $D_h = 4A_c/p$는 직경 D가 된다.

수력직경:
$$D_h = \frac{4A_c}{p} \tag{8-4}$$

여기서 A_c는 파이프의 단면적이고 p는 접수둘레(wetted perimeter)이다. 원형 파이프의 경우 수력직경은 직경 D와 같은 값이 된다.

원형 파이프:
$$D_h = \frac{4A_c}{p} = \frac{4(\pi D^2/4)}{\pi D} = D$$

층류, 천이 및 난류유동을 구분하는 정확한 Reynolds 수를 알면 좋겠으나 실제는 그렇지 못하다. 층류에서 난류로의 천이는 **표면조도, 파이프 진동, 그리고 상류 유동에서의 변동** 등에 영향을 받기 때문이다. 대체로 원형 파이프 유동의 경우 다음과 같이 $Re \lesssim 2300$이면 층류, $Re \gtrsim 4000$이면 난류 그리고 그 사이가 천이영역으로 구분된다.

$$Re \lesssim 2300 \quad \text{laminar flow}$$
$$2300 \lesssim Re \lesssim 4000 \quad \text{transitional flow}$$
$$Re \gtrsim 4000 \quad \text{turbulent flow}$$

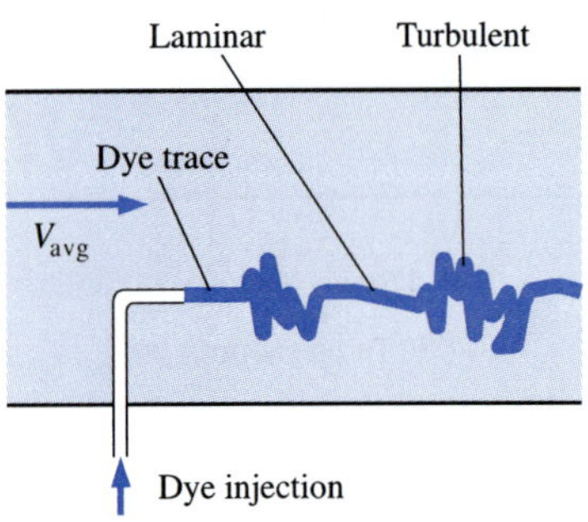

그림 8-7
$2300 \le Re \le 4000$의 천이 유동영역에서 유동은 임의로 층류와 난류를 반복한다.

천이 유동에서는 층류와 난류가 임의적으로 반복된다(그림 8-7). 파이프 내부표면이 아주 매끈하고 파이프 진동과 유동의 교란이 없는 경우에는 매우 높은 Reynolds 수에서도 층류가 될 수 있음을 기억하여야 한다. 주의 깊게 실험을 해보면 Reynolds 수 = 100,000까지 층류가 유지될 수 있다.

8-3 ■ 입구영역

균일한 속도로 원형 파이프 내로 유입되는 유동을 고려해 보자. 점착 조건에 의해 파이프 표면과 접촉하는 층에서의 유체입자의 속도는 영이다. 이와 인접한 층은 마찰에 의해 점차 속도가 느려진다. 파이프 중심부에서의 유동속도는 느려진 벽면 부근의 속도를 보상하기 위해 빨리 흐르게 되어, 파이프 내의 질량유량이 일정

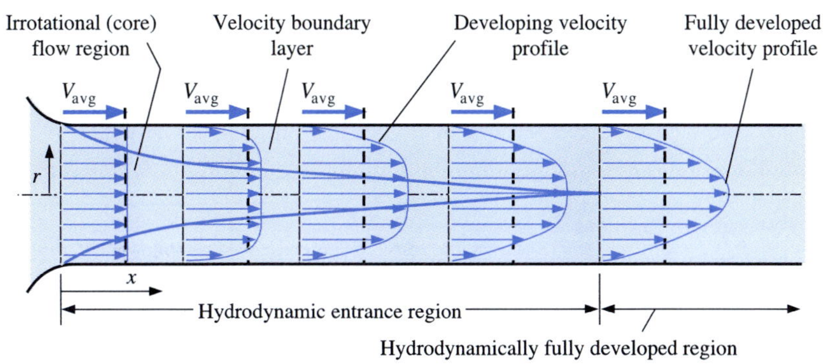

그림 8-8
파이프 내의 속도 경계층 발달(발달된 평균속도분포는 층류유동에서는 포물선이고 난류유동에서는 좀 더 평평해진다).

하게 유지하게 된다. 이에 따라 파이프를 따라 속도구배가 생기게 된다.

유체의 점성에 의한 점성 전단력의 영향을 받는 유동영역을 **속도 경계층(velocity boundary layer)** 또는 그냥 경계층(boundary layer)이라 부른다. 따라서 파이프 내부의 유동은 점성영향과 속도변화가 현저한 **경계층 영역**과 마찰영향이 미미하고, 속도가 반경방향으로 일정한 비회전(중심부) 유동영역의 두 개의 영역으로 구분된다.

이러한 경계층의 두께는 그림 8-8과 같이 유동방향을 따라 증가하여 파이프 중심에 도달하게 되고, 따라서 전체 파이프를 채우게 된다. 그리고 속도는 그 약간 하류에서 완전발달하게 된다. 파이프 입구부터 속도분포가 완전발달하는 곳까지의 영역을 **수력학적 입구영역(hydrodynamic entrance region)**이라 부르고, 이 영역의 길이를 수력학적 입구길이(hydrodynamic entrance length) L_h라 부른다. 입구영역에서는 속도분포가 계속 발달하므로, 이 영역에서의 유동을 **수력학적으로 발달하는 유동(hydrodynamically developing flow)**이라 부른다. 입구영역 이후 속도분포가 완전발달하여 변하지 않는 영역을 수력학적 완전발달 영역(hydrodynamically fully developed region)이라 부른다. 속도분포뿐만 아니라 정규화된 온도분포도 변하지 않을 때, 유동을 완전발달(fully developed)했다고 부른다. 따라서 유체가 가열되거나 냉각되지 않아 유체 온도가 전체적으로 동일할 때는 수력학적 완전발달 유동과 완전발달 유동은 동일한 의미를 갖는다. 완전발달 유동은 층류인 경우 **포물선 형태의(parabolic)** 속도분포를 나타내며, 난류의 경우에는 반경방향으로의 에디 운동과 격렬한 혼합으로 속도분포가 훨씬 **평평해진다**. 유동이 완전발달하면 시간평균된 속도분포는 변하지 않는다. 따라서 다음 식이 성립한다.

수력학적 완전발달:
$$\frac{\partial u(r, x)}{\partial x} = 0 \quad \rightarrow \quad u = u(r) \tag{8-5}$$

파이프 벽면의 전단응력 τ_w은 표면에서의 속도분포의 기울기와 관계가 있다. 수력학적 완전발달 영역에서는 속도분포가 일정하므로 벽면 전단응력도 일정하다(그림 8-9).

수력학적 입구영역에서는 그림 8-10과 같이 경계층 두께가 가장 작은 파이프 입구에서 벽면 전단응력이 최대가 되고, 점차로 완전발달된 값으로 감소한다. 그러므로 입구영역에서의 압력강하는 크게 되고, 결국 입구영역의 존재는 전체 파이프의 평균 마찰계수를 항상 증가시킨다. 이 증가는 파이프의 길이가 짧은 경우는 현저하나 긴 경우는 무시할 수 있다.

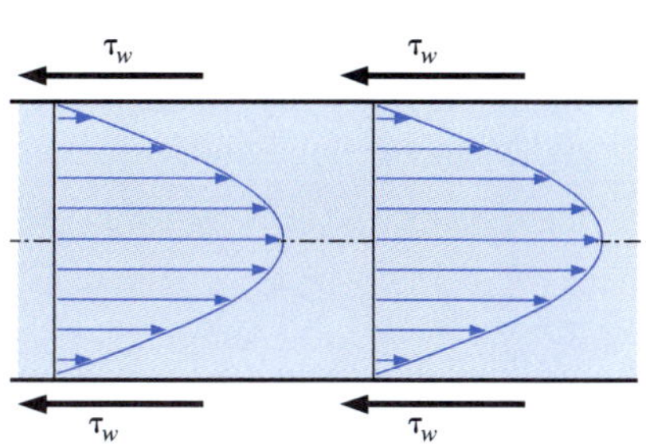

그림 8-9
파이프의 완전발달 유동영역에서 속도분포는 더 이상 변화하지 않는다. 따라서 벽면 전단응력도 일정하다.

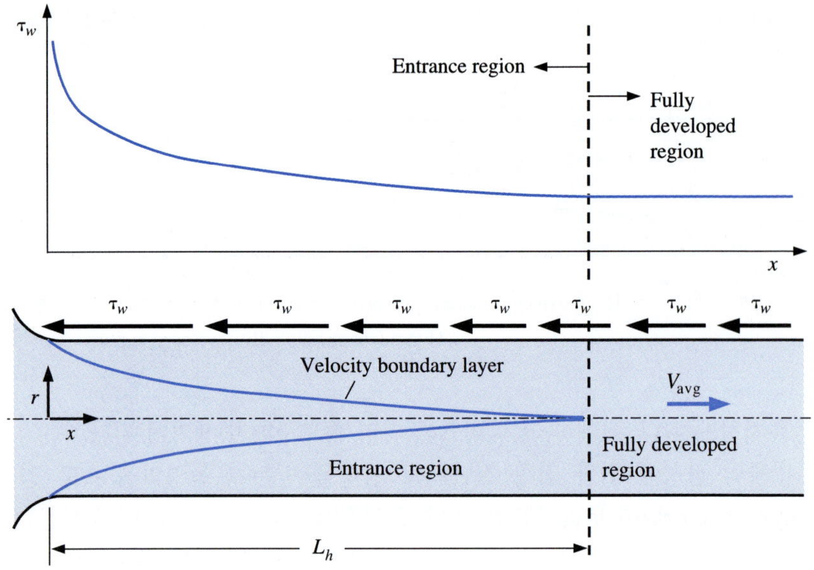

그림 8-10
파이프 내 입구영역에서 완전발달 영역까지의 벽면 전단응력의 변화.

입구길이

수력학적 입구길이는 파이프 입구로부터 벽면 전단응력(또는 마찰계수)이 완전발달된 값의 2% 이내에 해당하는 곳까지의 길이로 정의된다. **층류유동**의 경우 무차원 수력학적 입구길이는 대략 다음과 같다[Kay와 Crawford(1993), Shah와 Bhatti (1987) 참조].

$$\frac{L_{h,\text{ laminar}}}{D} \cong 0.05\text{Re} \tag{8-6}$$

Re = 20인 경우 수력학적 입구길이는 대략 직경과 같고 속도에 따라 선형적으로 증가한다. 층류 한계값인 Re = 2300에서 수력학적 입구길이는 115D이다.

난류유동에서는 임의적 변동에 의한 맹렬한 혼합이 분자확산보다 현저히 크게 나타나고, 이 경우 난류유동에 대한 무차원 수력학적 입구길이는 대략 다음과 같다[Bhatti와 Shah(1987), Zhi-qing(1982) 참조].

$$\frac{L_{h,\text{ turbulent}}}{D} = 1.359\text{Re}^{1/4} \tag{8-7}$$

따라서 난류유동의 입구길이는 훨씬 짧아지고, Reynolds 수에 대한 의존도도 작아진다. 대부분의 파이프 유동에서 입구의 영향은 파이프의 길이가 직경의 10배 이상이 되면 무시할 만 하므로, 난류유동에 대한 무차원 수력학적 입구 길이는 다음과 같다.

$$\frac{L_{h,\text{ turbulent}}}{D} \approx 10 \tag{8-8}$$

입구영역에서의 마찰 수두손실 계산에 대한 정확한 상관식은 여러 참고문헌에서 찾아볼 수 있다. 그러나 대부분의 경우 파이프의 길이가 입구길이보다 훨씬 길고 따라서 파이프 전 구간에 완전발달 유동을 가정할 수 있다. 그러나 파이프 길이가 짧은 경우는 벽면 전단응력과 마찰계수가 과소 예측될 수 있으므로 유의할 필요가 있다.

8-4 ■ 파이프 내의 층류유동

8-2절에서는 Re ≤ 2300이면 파이프 유동은 층류이며, 입구효과를 무시할 수 있을 정도로 파이프의 길이가 입구길이보다 충분히 길면 유동은 완전발달 된다는 것을 배웠다. 이 절에서는 단면이 원형이고 곧은 파이프의 완전발달 영역에서 상태량이 일정한 비압축성 유체의 정상 층류유동을 고려한다. 미소 체적요소에 운동량 평형을 고려하여 운동량 방정식을 구하고, 그 방정식을 풀어 속도분포를 구한다. 또한 그 속도분포로부터 마찰계수를 구한다. 이와 같은 해석이 중요한 것은 점성 유동에서 그 풀이가 가능한 소수의 예 가운데의 하나라는 점이다.

완전발달된 층류유동에서 각 유체입자는 유선을 따라 일정한 축방향 속도로 운동하고 속도분포 $u(r)$은 유동방향으로 일정하다. 이때 반경방향의 운동은 없으며 따라서 반경방향의 속도는 모든 곳에서 영이다. 유동은 정상상태이고 완전발달 되어 있으므로, 가속이 없다.

그림 8-11과 같은 반경 r, 두께 dr, 및 길이 dx의 고리 모양의 미소 체적요소를 고려하자. 체적 요소에는 압력과 점성 효과만 관련되고 따라서 압력과 전단력은 평형을 이루어야 한다. 평면에 작용하는 압력 힘은 면의 도심에서의 압력과 표면적의 곱이다. 따라서 유동방향으로의 힘의 평형은 다음과 같다.

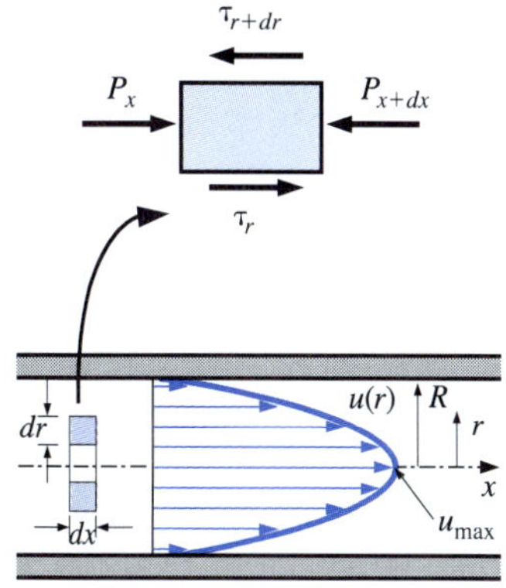

그림 8-11
완전발달 층류유동에서 반경 r, 두께 dr, 길이 dx의 수평 파이프와 동축인 반지모양 미소유체요소에 대한 자유물체도.

$$(2\pi r\, dr\, P)_x - (2\pi r\, dr\, P)_{x+dx} + (2\pi r\, dx\, \tau)_r - (2\pi r\, dx\, \tau)_{r+dr} = 0 \tag{8-9}$$

이 식은 수평으로 놓여진 파이프의 완전발달 유동에서 점성력과 압력 힘이 서로 평형을 이루는 것을 나타낸다. 양변을 $2\pi drdx$로 나누고 재정리하면 다음과 같다.

$$r\frac{P_{x+dx} - P_x}{dx} + \frac{(r\tau)_{r+dr} - (r\tau)_r}{dr} = 0 \tag{8-10}$$

$dr, dx \to 0$으로 극한을 취하면, 다음과 같이 된다.

$$r\frac{dP}{dx} + \frac{d(r\tau)}{dr} = 0 \tag{8-11}$$

$\tau = -\mu(du/dr)$을 대입하고 r로 나눈 후, μ가 일정하다고 가정하면 다음 식이 얻어진다.

$$\frac{\mu}{r}\frac{d}{dr}\left(r\frac{du}{dr}\right) = \frac{dP}{dx} \tag{8-12}$$

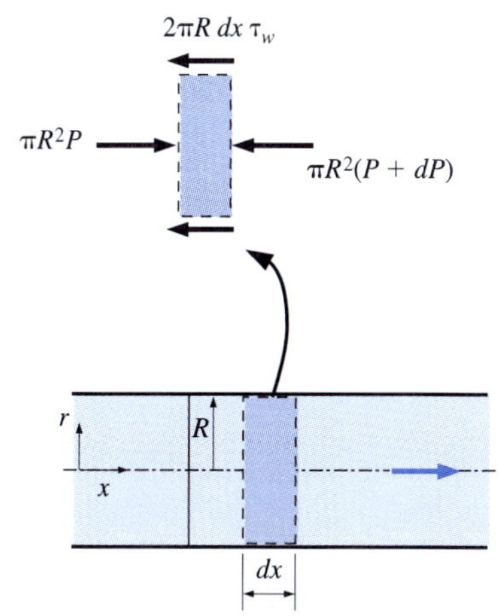

Force balance:
$$\pi R^2 P - \pi R^2(P + dP) - 2\pi R\, dx\, \tau_w = 0$$
Simplifying:
$$\frac{dP}{dx} = -\frac{2\tau_w}{R}$$

그림 8-12
수평 파이프내 완전발달 층류유동에서 반경 R, 길이 dx의 유체요소에 대한 자유물체도.

파이프 유동에서 du/dr은 음수이고 양의 τ값을 얻기 위해 음의 부호가 삽입되었다(또는 $y = R - r$ 이므로 $du/dr = -du/dy$이다.). 식 (8-12)의 좌변은 r의 함수이고 우변은 x의 함수이다. 임의의 r과 x에 대해 좌변과 우변이 같기 위해서는, 즉 $f(r) = g(x)$ 형태의 등식은 $f(r)$과 $g(x)$가 모두 같은 상수 값을 가질 경우에만 성립한다. 따라서 dP/dx는 상수가 되어야 한다. 이 식은 반경 R, 두께 dx의 체적요소에 작용하는 힘의 평형으로부터도 구할 수 있다(그림 8-12에서 처럼 파이프의 한 조각).

이는 다음 식과 같다.

$$\frac{dP}{dx} = -\frac{2\tau_w}{R} \tag{8-13}$$

여기서 완전발달 영역의 점성계수와 속도 분포가 일정하므로, τ_w은 상수이고 따라서 dP/dx는 상수이다.

식 (8-12)를 두 번 적분하여 정리하면 다음 식이 얻어진다.

$$u(r) = \frac{r^2}{4\mu}\left(\frac{dP}{dx}\right) + C_1 \ln r + C_2 \tag{8-14}$$

경계조건 $r = 0$에서 $\partial u/\partial r = 0$(중심선에 대하여 대칭이므로)과 $r = R$에서 $u = 0$(벽면 점착조건)을 대입하면 다음 식이 얻어진다.

$$u(r) = -\frac{R^2}{4\mu}\left(\frac{dP}{dx}\right)\left(1 - \frac{r^2}{R^2}\right) \tag{8-15}$$

따라서 완전발달된 파이프 내부 층류유동의 속도분포는 파이프 중심선에서 최대 속도이고 벽면에서 최소(영)인 **포물선 형태**이다. 또한 축방향 속도 u가 모든 r에서 양의 값을 가지므로 축방향 압력구배 dP/dx는 음이 되어야 한다(즉 점성의 영향으로 압력은 유동방향으로 감소한다).

평균속도는 정의에 의하여 식 (8-15)를 식 (8-2)에 대입하여 구한다. 적분을 수행하면 다음과 같다.

$$V_{avg} = \frac{2}{R^2}\int_0^R u(r)r\,dr = \frac{-2}{R^2}\int_0^R \frac{R^2}{4\mu}\left(\frac{dP}{dx}\right)\left(1 - \frac{r^2}{R^2}\right)r\,dr = -\frac{R^2}{8\mu}\left(\frac{dP}{dx}\right) \tag{8-16}$$

마지막 두 방정식을 조합하면 속도분포는 다음과 같이 얻어진다.

$$u(r) = 2V_{avg}\left(1 - \frac{r^2}{R^2}\right) \tag{8-17}$$

V_{avg}는 유량에 관한 정보로부터 손쉽게 구해지므로, 위 식은 속도분포에 대한 유용한 형태의 식이다.

최대속도는 중심선에서 나타나고 식 (8-17)에 $r = 0$를 대입하여 구한다.

$$u_{max} = 2V_{avg} \tag{8-18}$$

따라서 **완전발달된 층류 파이프 유동의 평균속도는 최대속도의 절반이 된다.**

압력강하와 수두손실

파이프 유동해석에서 중요한 것은 **압력강하** ΔP로 이 값은 팬이나 펌프의 소요동력과 직접 연관된다. dP/dx = 상수이므로 압력이 P_1인 $x = x_1$부터 압력이 P_2인 $x = x_1 + L$까지 적분하면 다음 식을 얻을 수 있다.

$$\frac{dP}{dx} = \frac{P_2 - P_1}{L} \tag{8-19}$$

식 (8-19)를 식 (8-16)의 V_{avg} 관계식에 대입하면 압력강하는 다음과 같이 쓸 수 있다.

층류유동: $$\Delta P = P_1 - P_2 = \frac{8\mu L V_{avg}}{R^2} = \frac{32\mu L V_{avg}}{D^2} \qquad (8\text{-}20)$$

일반적으로 기호 Δ는 $\Delta y = y_2 - y_1$과 같이 최종값과 초기값의 차이를 나타내는데, 유체 유동에서 ΔP는 축방향의 압력강하, 즉 $P_1 - P_2$를 의미한다. 점성 영향에 의한 압력강하는 비가역 압력손실로 수두손실 h_L처럼 **손실**임을 강조하기 위해 **압력손실**(pressure loss) ΔP_L로 불린다.

식 (8-20)은 압력강하가 유체의 점성계수 μ에 비례하고 마찰이 없으면 ΔP는 영이 됨을 나타낸다. 따라서 P_1에서 P_2로의 압력강하는 전적으로 점성에 의한 것이고, 식 (8-20)은 점성계수가 μ인 유체가 직경 D이고, 길이 L인 파이프 내를 평균속도 V_{avg}로 흐를 때 압력손실 ΔP_L을 나타내고 있다.

실제로 모든 형태의 완전발달된 내부유동(층류 또는 난류, 원형 또는 비원형 파이프, 매끈하거나 거친 표면, 수평 또는 기울어진 파이프)에서 압력손실을 다음 식으로 나타내는 것이 편리하다(그림 8-13).

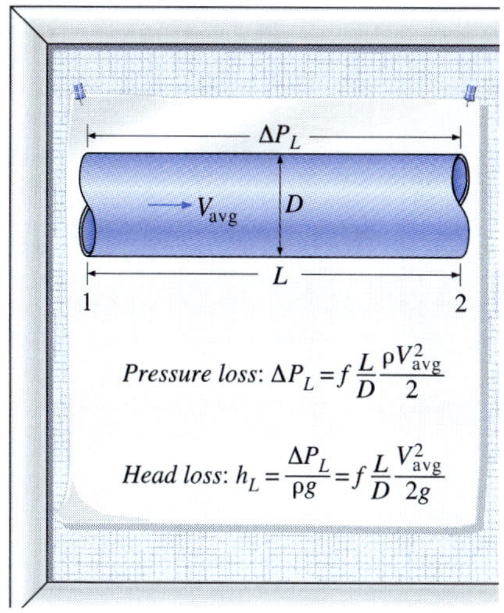

그림 8-13
압력손실(수두손실) 관계식은 유체역학에서 가장 일반적인 관계식 중 하나이고, 난류와 층류, 원형과 비원형 파이프, 매끈하거나 거친 표면 모두에 적용 가능하다.

압력손실: $$\Delta P_L = f\frac{L}{D}\frac{\rho V_{avg}^2}{2} \qquad (8\text{-}21)$$

여기서 $\rho V_{avg}^2/2$는 **동압**이고 f는 Darcy **마찰계수**(friction factor)이다.

$$f = \frac{8\tau_w}{\rho V_{avg}^2} \qquad (8\text{-}22)$$

이를 Darcy-Weisbach **마찰계수**라고도 하는데, 이 분야에 크게 기여한 프랑스의 Henry Darcy(1803-1858)와 독일의 Julius Weisbach(1806-1871)의 이름을 따라 명명되었다. 이는 **마찰계수** C_f[또는 미국의 엔지니어 John Fanning(1837-1911)의 이름을 따라 명명된 **Fanning 마찰계수**]와 구별되어야 한다. 마찰계수 C_f는 $C_f = 2\tau_w/(\rho V_{avg}^2) = f/4$로 정의된다.

식 (8-20)과 식 (8-21)을 같게 놓고, 원형 파이프 내부 완전발달된 층류유동의 마찰계수 f를 구하면 다음 식이 성립한다.

원형 파이프, 층류: $$f = \frac{64\mu}{\rho D V_{avg}} = \frac{64}{\text{Re}} \qquad (8\text{-}23)$$

이 방정식은 **층류유동에서 마찰계수는 Reynolds 수만의 함수이고 파이프 표면조도와는 무관하다**는 것을 보여준다.

파이프 시스템 해석 시 압력손실은 일반적으로 수두손실(head loss) h_L로 불리는 **등가액주높이(equivalent fluid column height)**로 표현된다. 유체 정역학으로부터 $\Delta P = \rho g h$이므로 **파이프 수두손실**은 ΔP_L을 ρg로 나누어 얻어진다.

수두손실: $$h_L = \frac{\Delta P_L}{\rho g} = f\frac{L}{D}\frac{V_{avg}^2}{2g} \qquad (8\text{-}24)$$

수두손실 h_L은 **파이프 내부의 마찰손실을 극복하기 위하여 펌프가 더 올려야 하**

는 높이를 의미한다. 수두손실은 점성에 기인하므로 벽면 전단응력과 직접 연관된다. 식 (8-21)과 식 (8-24)는 층류와 난류, 원형과 비원형 파이프 모두에 적용할 수 있으나 식 (8-23)은 원형 파이프 내부 완전발달 층류유동에만 유효하다.

압력손실(혹은 수두손실)을 알면, 이 **압력손실을 극복하기 위한** 소요 펌프동력은 다음과 같이 구할 수 있다.

$$\dot{W}_{\text{pump},L} = \dot{V}\,\Delta P_L = \dot{V}\rho g h_L = \dot{m} g h_L \tag{8-25}$$

여기서 는 체적유량이고 은 질량유량이다.

식 (8-20)으로부터 수평 파이프 내부 층류유동의 평균속도는 다음과 같다.

$$\textbf{수평 파이프:}\qquad V_{\text{avg}} = \frac{(P_1 - P_2)R^2}{8\mu L} = \frac{(P_1 - P_2)D^2}{32\mu L} = \frac{\Delta P\, D^2}{32\mu L} \tag{8-26}$$

따라서 직경 D, 길이 L인 수평 파이프 내부 층류유동의 체적유량은 다음과 같다.

$$\dot{V} = V_{\text{avg}} A_c = \frac{(P_1 - P_2)R^2}{8\mu L}\pi R^2 = \frac{(P_1 - P_2)\pi D^4}{128\mu L} = \frac{\Delta P\, \pi D^4}{128\mu L} \tag{8-27}$$

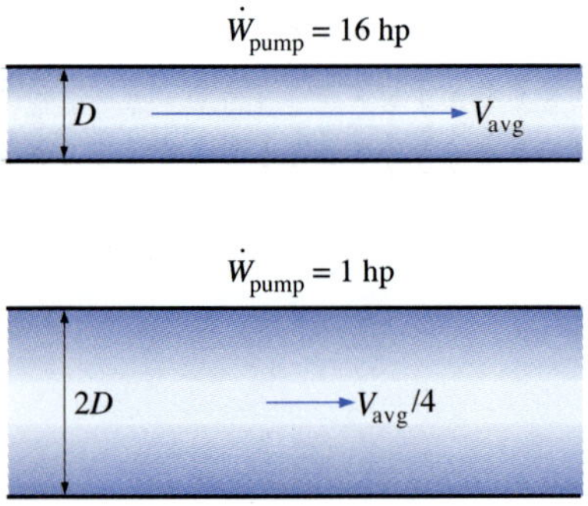

그림 8-14
층류 파이프 시스템에서 파이프 직경을 두 배로 하면 소요펌프 동력은 1/16로 줄어든다.

이 식은 Poiseuille 법칙으로 알려져 있고 이러한 유동을 G. Hagen(1797-1884)과 J. Poiseuille(1799-1869)을 기념하여 **Hagen-Poiseuille 유동**이라 부른다. 식 (8-27)로부터 **주어진 유량에서, 압력손실 또는 소요 펌프동력은 파이프의 길이와 유체의 점성계수에 비례하고 파이프 반경(또는 직경)의 4제곱에 반비례함**을 알 수 있다. 따라서 파이프의 직경을 두 배로 하면 층류유동 파이프 시스템의 펌프동력을 1/16로 줄일 수 있다(그림 8-14). 물론 직경을 크게 함으로써 제작비는 증가한다는 것을 감안하여야 한다.

수평 파이프에서 압력강하 ΔP와 압력손실 ΔP_L은 서로 같다. 그러나 파이프가 경사지거나 단면적이 변하는 경우는 두 값이 서로 같지 않다. 비압축성 1차원 정상유동에 대해 에너지 방정식을 수두형태로 기술하면 다음과 같다(5장 참조).

$$\frac{P_1}{\rho g} + \alpha_1 \frac{V_1^2}{2g} + z_1 + h_{\text{pump},u} = \frac{P_2}{\rho g} + \alpha_2 \frac{V_2^2}{2g} + z_2 + h_{\text{turbine},e} + h_L \tag{8-28}$$

여기서 $h_{\text{pump},u}$는 유체에 전달되는 유용한 펌프수두이고, $h_{\text{turbine},e}$는 유체로부터 추출한 터빈수두, h_L은 단면 1과 2 사이의 비가역 수두손실, V_1과 V_2는 단면 1과 2에서의 평균속도, 그리고 α_1과 α_2는 각각 단면 1과 단면 2에서의 **운동에너지 보정계수**(완전발달된 층류유동인 경우 $\alpha = 2$이고, 완전발달된 난류유동에서 $\alpha = 1.05$)이다. 식 (8-28)을 다시 쓰면 다음과 같이 정리된다.

$$P_1 - P_2 = \rho(\alpha_2 V_2^2 - \alpha_1 V_1^2)/2 + \rho g[(z_2 - z_1) + h_{\text{turbine},e} - h_{\text{pump},u} + h_L] \tag{8-29}$$

따라서, 압력강하 $\Delta P = P_1 - P_2$와 압력손실 $\Delta P_L = \rho g h_L$이 같아지기 위해서는 (1) 파이프가 수평으로 놓여 중력의 영향이 없고($z_1 = z_2$), (2) 펌프나 터빈과 같이 일을 통해 유체 압력을 변화시키는 장치가 없고($h_{\text{pump},u} = h_{\text{turbine},e} = 0$), (3) 유동 단면적이 일정하여 평균유속의 변화가 없고($V_1 = V_2$), 그리고 (4) 단면 1과 단면 2의 속도분포가 같은 모양을 가져야 한다($\alpha_1 = \alpha_2$).

경사진 파이프

경사진 파이프에 대한 관계식도 앞 절과 유사하게 유동방향의 힘의 평형으로부터 구할 수 있다. 그러나 경사진 경우는 다음과 같은 유체 무게의 유동방향 성분을 고려하여야 한다.

$$W_x = W\sin\theta = \rho g V_{\text{element}} \sin\theta = \rho g(2\pi r\, dr\, dx)\sin\theta \tag{8-30}$$

여기서 θ는 유동방향이 수평과 이루는 각도이다(그림 8-15). 따라서 식 (8-9)의 힘의 평형식은 다음과 같게 된다.

$$(2\pi r\, dr\, P)_x - (2\pi r\, dr\, P)_{x+dx} + (2\pi r\, dx\, \tau)_r - (2\pi r\, dx\, \tau)_{r+dr} - \rho g(2\pi r\, dr\, dx)\sin\theta = 0 \tag{8-31}$$

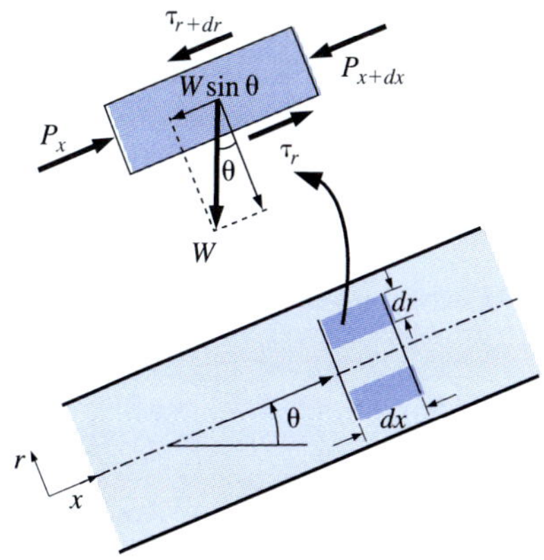

그림 8-15
완전발달 층류유동에서 경사진 파이프와 동축인 반경 r, 두께 dr, 길이 dx인 반지모양 유체요소의 자유물체도.

위 식을 정리하면 다음과 같은 미분방정식이 얻어진다.

$$\frac{\mu}{r}\frac{d}{dr}\left(r\frac{du}{dr}\right) = \frac{dP}{dx} + \rho g\sin\theta \tag{8-32}$$

앞에서와 동일한 해석절차에 따라 속도분포는 다음과 같이 구해진다.

$$u(r) = -\frac{R^2}{4\mu}\left(\frac{dP}{dx} + \rho g\sin\theta\right)\left(1 - \frac{r^2}{R^2}\right) \tag{8-33}$$

식 (8-33)으로부터 경사진 파이프 내의 층류유동에서 **평균속도**와 **체적유량**은 각각 다음과 같다.

$$V_{\text{avg}} = \frac{(\Delta P - \rho g L\sin\theta)D^2}{32\mu L} \quad \text{그리고} \quad \dot{V} = \frac{(\Delta P - \rho g L\sin\theta)\pi D^4}{128\mu L} \tag{8-34}$$

위 식의 $\Delta P - \rho g L\sin\theta$를 ΔP로 대체하면 수평관의 관계식과 동일하다. 따라서 ΔP를 $\Delta P - \rho g L\sin\theta$로 대체하면 이미 얻어진 수평관의 결과를 경사진 관에 그대로 사용할 수 있다(그림 8-16). 상향류인 경우 $\theta > 0$이고 따라서 $\sin\theta > 0$이며, 하향류인 경우는 $\theta < 0$ 따라서 $\sin\theta < 0$이다.

경사진 파이프에서는 압력차와 중력이 복합적으로 유동을 유발한다. 중력은 하향류인 경우 유동에 도움이 되지만 상향류인 경우 방해가 된다. 따라서 상향류인 경우 정해진 유량을 유지하기 위해서는 보다 큰 압력차가 가해져야 한다. 이는 액체인 경우 특히 중요하고 기체인 경우는 밀도가 작기 때문에 중력의 영향은 그리 크지 않다. 유동이 없는 경우($=0$), $\Delta P = \rho g L\sin\theta$가 되고 이는 유체 정역학(3장)의 결과와 동일하다.

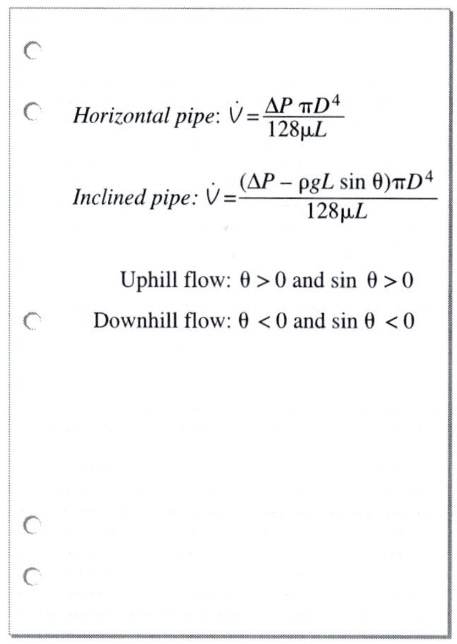

그림 8-16
ΔP를 $\Delta P - \rho g L\sin\theta$로 대체하면 수평관에 사용된 관계식을 경사진 관의 완전발달 층류유동에서 사용할 수 있다.

예제 8-1 수평 또는 경사진 파이프 내 유량

20℃ 오일이(ρ = 888 kg/m³, μ = 0.800 kg/m·s) 직경 5 cm, 길이 40 m인 파이프 내부를 흐르고 있다(그림 8-17). 파이프의 입구와 출구 압력은 각각 745와 97 kPa로 측정되었다. 파이프가 (a) 수평, (b) 15° 상향, (c) 15° 하향일 때 파이프를 지나는 오일 유량을 구하라. 또한 이때 파이프 내부유동이 층류임을 증명하라.

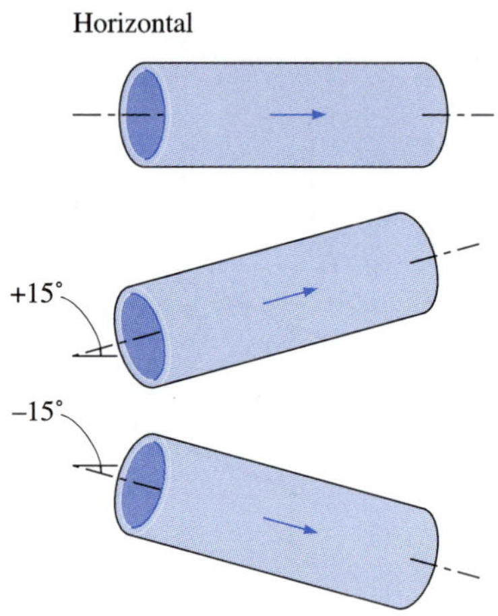

그림 8-17
예제 8-1의 개략도.

풀이 파이프 입구와 출구의 압력이 주어졌을 때, 세 가지 파이프 기울기에 대하여 유량을 계산하고 유동이 층류임을 보인다.

가정 1 정상유동이고 비압축성이다. 2 유동은 완전발달되어 있고 입구영역의 영향은 무시한다. 3 관로에 벤드, 밸브와 접합부 등은 없다. 4 또한 펌프와 터빈 등 일과 관련된 장치도 없다.

상태량 오일의 밀도와 점성계수는 각각 ρ = 888 kg/m^3, μ = 0.800 kg/m·s이다.

해석 파이프의 전체 압력강하와 단면적은 다음과 같다.

$$\Delta P = P_1 - P_2 = 745 - 97 = 648 \text{ kPa}$$
$$A_c = \pi D^2/4 = \pi(0.05 \text{ m})^2/4 = 0.001963 \text{ m}^2$$

(a) 식 8-34를 사용하여 세 가지 경우의 유량을 계산한다.

$$\dot{V} = \frac{(\Delta P - \rho g L \sin\theta)\pi D^4}{128\mu L}$$

여기서 θ는 파이프가 수평과 이루는 각도이다. 수평 파이프의 경우 θ = 0이고 따라서 sin θ = 0이다. 따라서 다음과 같은 결과가 얻어진다.

$$\dot{V}_{\text{horiz}} = \frac{\Delta P\,\pi D^4}{128\mu L} = \frac{(648 \text{ kPa})\pi(0.05 \text{ m})^4}{128(0.800 \text{ kg/m}\cdot\text{s})(40 \text{ m})}\left(\frac{1000 \text{ N/m}^2}{1 \text{ kPa}}\right)\left(\frac{1 \text{ kg}\cdot\text{m/s}^2}{1 \text{ N}}\right)$$
$$= \mathbf{0.00311 \text{ m}^3/\text{s}}$$

(b) 경사 15°, 상향류의 경우 θ = +15°이고, 따라서 다음과 같은 결과가 얻어진다.

$$\dot{V}_{\text{uphill}} = \frac{(\Delta P - \rho g L \sin\theta)\pi D^4}{128\mu L}$$
$$= \frac{[648{,}000 \text{ Pa} - (888 \text{ kg/m}^3)(9.81 \text{ m/s}^2)(40 \text{ m})\sin 15°]\pi(0.05 \text{ m})^4}{128(0.800 \text{ kg/m}\cdot\text{s})(40 \text{ m})}\left(\frac{1 \text{ kg}\cdot\text{m/s}^2}{1 \text{ Pa}\cdot\text{m}^2}\right)$$
$$= \mathbf{0.00267 \text{ m}^3/\text{s}}$$

(c) 경사 15°, 하향류의 경우 θ = −15°이고, 따라서 다음과 같은 결과가 얻어진다.

$$\dot{V}_{\text{downhill}} = \frac{(\Delta P - \rho g L \sin\theta)\pi D^4}{128\mu L}$$
$$= \frac{[648{,}000 \text{ Pa} - (888 \text{ kg/m}^3)(9.81 \text{ m/s}^2)(40 \text{ m})\sin(-15°)]\pi(0.05 \text{ m})^4}{128(0.800 \text{ kg/m}\cdot\text{s})(40 \text{ m})}\left(\frac{1 \text{ kg}\cdot\text{m/s}^2}{1 \text{ Pa}\cdot\text{m}^2}\right)$$
$$= \mathbf{0.00354 \text{ m}^3/\text{s}}$$

예상대로 하향류의 경우 유량이 가장 크다. 이 경우 평균 유동속도와 Reynolds 수는 다음과 같다.

$$V_{\text{avg}} = \frac{\dot{V}}{A_c} = \frac{0.00354 \text{ m}^3/\text{s}}{0.001963 \text{ m}^2} = 1.80 \text{ m/s}$$
$$\text{Re} = \frac{\rho V_{\text{avg}} D}{\mu} = \frac{(888 \text{ kg/m}^3)(1.80 \text{ m/s})(0.05 \text{ m})}{0.800 \text{ kg/m}\cdot\text{s}} = 100$$

이 값은 2300보다 훨씬 작다. 따라서 세 가지 유동은 모두 층류이며, 앞의 해석은 유효하다.

토의 파이프 유동에서는 항상 Reynolds 수를 계산하여 층류인지 난류인지 판단하여야 한다. 이 문제에서는 압력차와 중력이 복합적으로 유동을 유발한다. 유량 계산결과로부터 알 수 있듯이 상향류에는 중력이 방해가 되고 하향류에는 도움이 된다. 수평인 경우 중력의 영향은 없다. 하향류는 압력차가 없어도 나타날 수 있는데 $P_1 = P_2 = 97$ kPa(즉 압력차가 영)인 경우, 중력에 의해 0.00043 m^3/s의 유량이 형성된다. 유량은 파이프의 경사각(음의 방향)이 증가할수록 증가하고 수직에서 최대가 된다.

예제 8-2 파이프 내 압력강하와 수두손실

40°의 물이 ($\rho = 62.42$ lbm/ft^3, $\mu = 1.038 \times 10^{-3}$ lbm/ft · s) 직경 0.12 in(= 0.010 ft), 길이 30 ft인 수평 파이프 내부를 평균속도 3.0 ft/s로 흐른다(그림 8-18). (a) 수두손실, (b) 압력강하, (c) 이러한 압력강하를 극복하기 위한 소요 펌프 동력을 구하라.

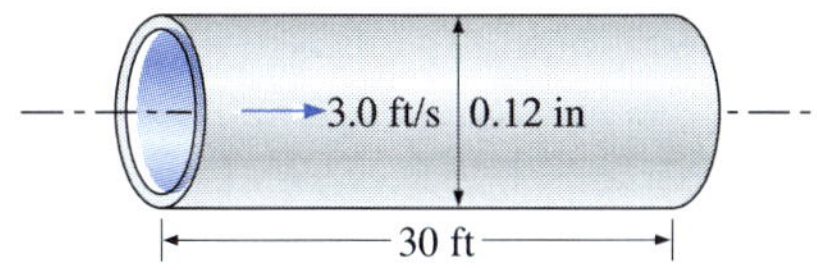

그림 8-18
예제 8-2의 개략도.

풀이 파이프 내부 평균 유동속도가 주어졌을 때 수두손실, 압력강하, 펌프동력을 구한다.

가정 1 정상유동이고 비압축성이다. 2 유동은 완전발달되고 입구영역의 영향은 무시한다. 3 관로에는 벤드, 밸브, 접합부 등이 없다.

상태량 물의 밀도와 점성계수는 각각 $\rho = 62.42$ lbm/ft^3, $\mu = 1.038 \times 10^{-3}$ lbm/ft · s이다.

해석 (a) 우선 유동 영역을 결정한다. Reynolds 수는 다음과 같다.

$$\text{Re} = \frac{\rho V_{\text{avg}} D}{\mu} = \frac{(62.42\ \text{lbm/ft}^3)(3\ \text{ft/s})(0.01\ \text{ft})}{1.038 \times 10^{-3}\ \text{lbm/ft} \cdot \text{s}} = 1803$$

이 값은 2300보다 작고 유동은 층류이다. 따라서 마찰계수와 수두손실은 다음과 같이 계산된다.

$$f = \frac{64}{\text{Re}} = \frac{64}{1803} = 0.0355$$

$$h_L = f\frac{L}{D}\frac{V_{\text{avg}}^2}{2g} = 0.0355\,\frac{30\ \text{ft}}{0.01\ \text{ft}}\,\frac{(3\ \text{ft/s})^2}{2(32.2\ \text{ft/s}^2)} = \mathbf{14.9\ ft}$$

(b) 파이프가 수평이고 직경이 일정하므로, 압력강하는 단지 마찰손실에 기인하고 그 값은 압력손실과 동일하다.

$$\Delta P = \Delta P_L = f\frac{L}{D}\frac{\rho V_{\text{avg}}^2}{2} = 0.0355\,\frac{30\ \text{ft}}{0.01\ \text{ft}}\,\frac{(62.42\ \text{lbm/ft}^3)(3\ \text{ft/s})^2}{2}\left(\frac{1\ \text{lbf}}{32.2\ \text{lbm} \cdot \text{ft/s}^2}\right)$$

$$= \mathbf{929\ lbf/ft^2 = 6.45\ psi}$$

(c) 체적유량과 소요 펌프동력은 각각 다음과 같다.

$$\dot{V} = V_{\text{avg}}A_c = V_{\text{avg}}(\pi D^2/4) = (3\ \text{ft/s})[\pi(0.01\ \text{ft})^2/4] = 0.000236\ \text{ft}^3/\text{s}$$

$$\dot{W}_{\text{pump}} = \dot{V}\,\Delta P = (0.000236\ \text{ft}^3/\text{s})(929\ \text{lbf/ft}^2)\left(\frac{1\ \text{W}}{0.737\ \text{lbf} \cdot \text{ft/s}}\right) = \mathbf{0.30\ W}$$

따라서 점성에 의한 마찰손실을 극복하기 위해서는 0.30 W의 동력이 필요하다.

토의 펌프 제작사는 일반적으로 펌프의 압력상승을 수두의 단위로 표시한다(14장). 이 문제에서는 비가역 수두손실을 극복하기 위해 수두가 14.9 ft인 펌프가 필요하다.

8-5 ■ 파이프 내의 난류유동

실제의 경우 접하는 대부분의 유동은 난류이고 따라서 난류가 벽면 전단응력에 미치는 영향을 이해하는 것이 중요하다. 하지만 난류는 변동(fluctuation)에 의하여 지배되는 복잡한 현상이므로, 과거 수많은 연구에도 불구하고 난류유동은 여전히 완전하게 이해되지 못하고 있다. 따라서 다양한 경우에 대하여 개발된 실험식이나 경험식 등에 의존하여야 한다.

난류유동의 특징은 유동장 전반에 걸친 **에디(eddy)**라 불리는 유체의 선회영역(swirling region)의 무질서하고 빠른 변동이다. 이 변동은 운동량과 에너지의 전달에 추가적인 역할을 하게 된다. 층류의 경우 유체입자는 유적선을 따라 잘 정렬되어 흐르고 운동량과 에너지는 분자확산에 의해 전달된다. 난류의 경우는 선회하는 에디에 의해 분자확산보다는 훨씬 빠르게 질량, 운동량, 및 에너지가 다른 영역으로 전달되고 따라서 질량, 운동량, 및 에너지 전달이 현저히 향상된다. 그 결과 난류유동의 마찰계수, 열전달 계수 및 물질전달 계수는 층류 경우보다 훨씬 크게 된다(그림 8-19).

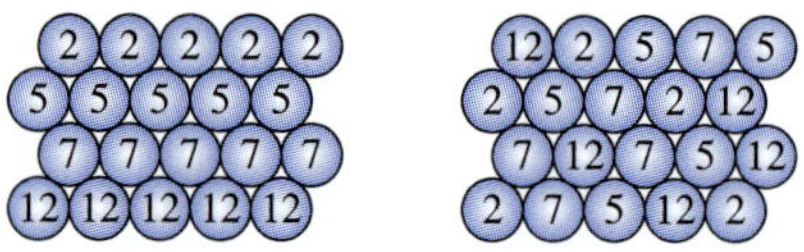

(*a*) Before turbulence (*b*) After turbulence

그림 8-19
난류유동의 격렬한 혼합에 따라 운동량이 달라진 유체입자들이 접촉하여 운동량 전달이 촉진된다.

난류 속도분포

층류유동과 달리 난류유동의 속도분포를 구하기 위해서는 해석과 실험이 동시에 필요하고 따라서 실험 데이터로부터 상수 값이 결정되는 준경험식 형태를 취하게 된다. 파이프 내부 완전발달된 난류유동에서 편의상 대신 u를 축방향 시간평균된 속도라 하자.

그림 8-20에 완전발달된 층류와 난류 속도분포가 나타나 있다. 층류의 경우는 포물선인 반면, 난류에서는 중심부가 평평하고 벽면 부근에서 급격히 떨어지는 형태를 보인다. 난류유동은 벽면으로부터의 거리에 따라 네 영역으로 구분된다. 벽면부근 점성의 영향이 지배적인 얇은 층은 점성[viscous, 또는 **층류(laminar)** 또는 **선형(linear)** 또는 **벽면(wall)**] 저층(sublayer)이다. 이 층의 속도분포는 거의 선형이고 유동은 매끄럽다. 점성저층 위에는 난류의 영향이 점점 커지나 아직 점성의 영향이 지배적인 **완충층(buffer layer)**이 있다. 완충층 위는 **중복[overlap, 또는 천이(transition)]층**으로, **관성저층(inertial sublayer)**이라고도 불리는데, 난류의 영향이 현저하나 아직 지배적이지는 못하다. 그 위는 **외[outer, 또는 난류(turbulent)] 층**으로 분자확산(점성)의 영향보다 난류의 영향이 지배적인 영역이다.

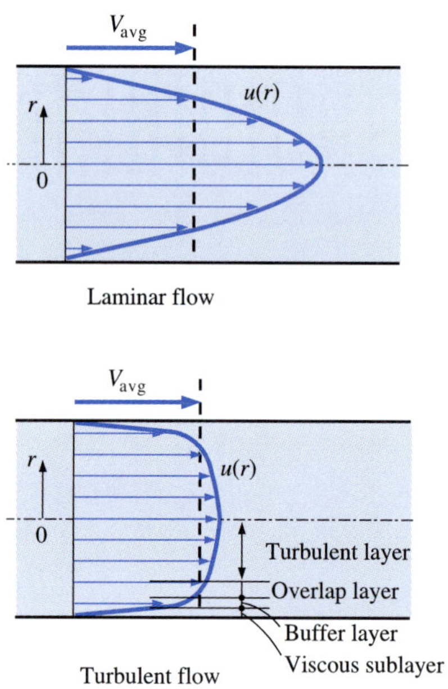

그림 8-20
파이프 내 완전발달 층류유동의 속도분포는 포물선이지만 난류유동의 경우 훨씬 평평해진다.

각 영역의 유동 특성은 매우 다르고 따라서 층류 유동에서처럼 전체 유동에 대하여 속도분포의 해석해를 구하는 것은 어렵다. 따라서 주요 변수에 대한 차원해석을 통하여 함수관계를 도출하고 실험 데이터를 활용하여 상수 값을 결정하는 방법이 사용된다. 이러한 방법으로 완전발달 난류유동의 속도분포를 예측하는 여러 식이 제안되었으나 상세한 논의는 본 교재의 범위를 넘어선다.

Moody 선도

파이프 내 완전발달된 난류유동의 마찰계수는 Reynolds 수와 파이프 직경에 대한 조도의 평균높이의 비인 **상대조도(relative roughness)** ε/D에 따라 변화한다. 이론적으로 이들의 함수관계를 구할 수는 없으며, 인공적으로 거칠게 만든 표면(보통은 알려진 크기의 모래알을 관 내벽에 접착함으로써)에 대하여 어렵게 수행된 실험결과로부터 얻을 수 있다. 이와 같은 실험의 대부분은 Prandtl의 제자인 J. Nikuradse에 의해 1933년에 처음 수행되었다. 마찰계수는 측정된 유량과 압력강하로부터 계산되었다.

실험결과는 표, 그래프, 또는 실험데이터를 곡선접합 하여 함수식으로 나타내었다. 특히 1939년에 Cyril F. Colebrook(1910-1997)은 매끄러운 관과 거친 관에 대한 천이유동과 난류유동의 실험데이터를 조합하여 **Colebrook 공식**으로 알려져 있는 다음과 같은 내재적 관계식(implicit relation)을 제안하였다.

$$\frac{1}{\sqrt{f}} = -2.0\log\left(\frac{\varepsilon/D}{3.7} + \frac{2.51}{\text{Re}\sqrt{f}}\right) \quad \text{(난류유동)} \tag{8-35}$$

여기서 로그함수는 자연로그가 아니고 10을 기저로 갖는 상용로그임에 유의하자. 1942년 미국 엔지니어 Hunter Rouse(1906-1996)는 Colebrook 공식을 입증하고 f를 Re와 $\text{Re}\sqrt{f}$의 함수로 도시하였다. 또한 그는 층류유동에 대한 관계식과 상용 파이프의 조도에 대한 표도 제안하였다. 2년 후 Lewis F. Moody(1880-1953)는 Rouse의 선도를 요즘 널리 사용되는 형태로 재구성하였다. 이 선도가 그 유명한 Moody 선도(chart)로서 그림 A-12로 부록에 첨부되어 있다. Moody 선도에는 파이프 유동의 Darcy 마찰계수가 Reynolds 수와 ε/D의 함수로 표현되어 있다. Moody 선도는 아마 공학에서 사용하는 도표 중에서 가장 널리 쓰는 것 중의 하나일 것이다. Moody 선도는 원형 파이프에 대하여 개발되었으나, 직경을 수력직경으로 대체하면 비원형 파이프에도 적용이 가능하다.

상용 파이프의 경우는 실험에 사용된 파이프와는 달리 조도가 균일하지 않으므로, 조도에 대해 정확하게 기술하기 어렵다. 표 8-1와 Moody 선도에는 상용 파이프의 등가조도 값들이 나타나 있다. 그러나 이 값들은 새 파이프에 대한 값들로, 오래 사용하게 되면 부식, 스케일의 축적 및 침전물 등으로 인하여 조도 값이 증가하여 마찰계수가 5~10배까지 커질 수 있음에 유의해야 한다. 파이프 시스템의 설계 시는 이 같은 실제 상황을 고려하여야 한다. 또한 Moody 선도와 Colebrook 공식은 조도 크기, 실험오차 및 데이터 곡선접합 등에 의한 불확실성을 내포하므로, 이들을 이용하여 얻은 결과를 "엄밀한" 결과로 취급해서는 안 된다. 일반적으로 그림에 나타난 전체 영역에 대하여 ±15% 정도의 정확도를 가지는 것으로 알려져 있다.

표 8-1

새 상용관의 등가조도*

Material	Roughness, ε ft	mm
Glass, plastic	0 (smooth)	
Concrete	0.003–0.03	0.9–9
Wood stave	0.0016	0.5
Rubber, smoothed	0.000033	0.01
Copper or brass tubing	0.000005	0.0015
Cast iron	0.00085	0.26
Galvanized iron	0.0005	0.15
Wrought iron	0.00015	0.046
Stainless steel	0.000007	0.002
Commercial steel	0.00015	0.045

* 이 값의 불확실도는 60%까지 될 수 있다.

Colebrook 공식은 f에 대하여 내재적 형태이므로 반복 계산을 수행하여 마찰계수를 구하여야 한다. 1983년에 S. E. Haaland는 f에 대한 외재적(explicit) 형태의 관계식을 제안하였다.

$$\frac{1}{\sqrt{f}} \cong -1.8\log\left[\frac{6.9}{\text{Re}} + \left(\frac{\varepsilon/D}{3.7}\right)^{1.11}\right] \tag{8-36}$$

이 식으로 구한 마찰계수는 Colebrook 공식의 결과와 2% 이내에서 일치한다. 좀 더 정확한 결과는 식 (8-36)을 사용하여 구한 f를 식 (8-35)의 초기값으로 설정한 후 프로그램이 가능한 계산기 또는 스프레드 시트를 이용해 Newton의 반복 계산법으로 구할 수 있다.

Relative Roughness, ε/D	Friction Factor, f
0.0*	0.0119
0.00001	0.0119
0.0001	0.0134
0.0005	0.0172
0.001	0.0199
0.005	0.0305
0.01	0.0380
0.05	0.0716

* Smooth surface. All values are for Re = 10^6 and are calculated from the Colebrook equation.

그림 8-21
마찰계수는 매끄러운 파이프에서 최소이고 조도에 따라 증가한다.

Moody 선도로부터 다음과 같은 사항을 알 수 있다.

- 층류유동에서 마찰계수는 Reynolds 수가 증가할수록 감소하고 표면조도와는 무관하다.
- 마찰계수는 매끈한 관에서 최소이고(그러나 점착조건 때문에 여전히 영은 아님) 조도에 따라 증가한다(그림 8-21). Colebrook 공식은 $\varepsilon = 0$인 경우 $1/\sqrt{f} = 2.0\log(\text{Re}\sqrt{f}) - 0.8$로 표현되는 **Prandtl 방정식**으로 축약된다.
- 층류에서 난류로의 천이영역($2300 < \text{Re} < 4000$)은 Moody 선도(그림 A-12)에서 음영으로 처리되었다. 이 영역에서의 유동은 교란에 의해 층류와 난류를 반복하고 따라서 마찰계수도 층류와 난류 값들 사이를 반복하는데, 이 영역에서의 데이터는 신뢰도가 가장 낮다. 천이영역에서 작은 상대조도가 존재하면 마찰계수가 증가하여 매끈한 파이프의 난류 마찰계수에 접근하게 된다.
- Reynolds 수가 매우 크면(Moody 선도에서 점선 오른쪽 부분), 특정한 상대조도에 대하여 마찰계수 선이 거의 수평이 되고 마찰계수는 Reynolds 수에 무관하게 된다. 점성저층의 두께는 Reynolds 수가 증가하면 감소하는데, 조도 높이보다 현저히 작아지게 되면 점성효과는 주로 주유동에서 돌출한 조도요소에 의해 나타나고 점성저층의 역할은 미미하게 되기 때문에, 이 영역에서의 유동을 **완전 거친 난류유동(fully rough turbulent flow)** 또는 **완전 거친 유동(fully rough flow)**이라 부른다. 이 영역($\text{Re} \rightarrow \infty$)에서 Colebrook 공식은 $1/\sqrt{f} = -2.0\log[(\varepsilon/D)/3.7]$로 표현되는 **von Kármán 방정식**으로 축약되며, 이 식은 f에 대하여 외재적 형태로 되어있다. 저자에 따라 이 영역을 **완전 난류영역**이라 부르기도 하는데 그림 A-12의 푸른색 점선 왼쪽도 완전 난류이므로 이는 잘못된 표현이다.

표 8-2
스케줄 40 강관의 표준치수

Nominal Size, in	Actual Inside Diameter, in
$\frac{1}{8}$	0.269
$\frac{1}{4}$	0.364
$\frac{3}{8}$	0.493
$\frac{1}{2}$	0.622
$\frac{3}{4}$	0.824
1	1.049
$1\frac{1}{2}$	1.610
2	2.067
$2\frac{1}{2}$	2.469
3	3.068
5	5.047
10	10.02

마찰계수를 계산할 때는 파이프의 공칭 직경이 아닌 실제 내경을 사용하여야 한다. 예를 들면 표 8-2에서 공칭 직경이 1인치인 강 파이프의 내경은 1.049인치이다.

유체 유동 문제의 유형

Moody선도(또는 Colebrook 공식)를 사용하여 배관 시스템을 설계하거나 해석하는 문제는 다음 세 가지로 크게 구별된다 (모든 경우 유체나 파이프 조도는 주어졌다고 가정한다)(그림 8-22).

1. 지정된 유량(또는 속도)에서 파이프 길이와 직경이 주어진 경우 **압력강하**(또는 수두손실)를 결정하는 문제
2. 지정된 압력강하(또는 수두손실)에서 파이프 길이와 직경이 주어진 경우 **유량**을 결정하는 문제
3. 지정된 압력강하(또는 수두손실)에서 파이프 길이와 유량이 주어진 경우 **파이프 직경**을 결정하는 문제

Problem type	Given	Find
1	$L, D, \dot{V}$	ΔP (or h_L)
2	$L, D, \Delta P$	$\dot{V}$
3	$L, \Delta P, \dot{V}$	D

그림 8-22
파이프 유동과 관련된 세 가지 유형의 문제.

첫 번째 유형의 문제는 Moody 선도를 활용하여 쉽게 풀 수 있다. **두 번째**와 **세 번째 유형**의 문제는 공학 설계시 자주 부딪히는 문제들로, 설치비와 운영비를 최소로 하는 파이프 직경을 구하는 문제를 예로 들 수 있다. 그러나 이 경우에는

Moody 선도를 이용한 반복 계산이 필요하며, 따라서 방정식 풀이기가 추천된다.

두 번째 유형의 문제는 직경은 주어지지만 유량은 모르는 경우이다. 이 경우 우선 주어진 조도에 대하여 완전 난류유동을 가정하여 마찰계수의 초기값을 구한다. 이는 실제 많이 접하는 높은 Reynolds 수 유동에서는 유동이 난류이기 때문이다. 유량이 구해지면 Moody 선도나 Colebrook 공식을 활용하여 마찰계수를 수정하고 해가 수렴할 때까지 계산을 반복한다(대체적으로 몇 번의 반복계산으로 세 자릿수 또는 네 자릿수의 정밀도로 수렴 값을 얻을 수 있다).

세 번째 유형의 문제에서는 직경을 모르므로 Reynolds 수와 상대조도를 계산할 수 없다. 이 경우는 우선 파이프 직경을 가정하고, 그 직경을 사용하여 압력강하를 계산한 후, 주어진 압력강하와 일치하도록 직경을 바꾸어가며 수렴할 때까지 계산을 반복한다.

Swamee와 Jain (1976)은 수두손실, 유량 및 직경을 계산할 때, 지루한 반복계산을 피하기 위하여 다음과 같은 외재적 식을 제안한 바 있다. 이 식들의 결과는 Moody 선도와 2% 이내에서 잘 일치한다.

$$h_L = 1.07\frac{\dot{V}^2L}{gD^5}\left\{\ln\left[\frac{\varepsilon}{3.7D}+4.62\left(\frac{\nu D}{\dot{V}}\right)^{0.9}\right]\right\}^{-2} \qquad \begin{matrix}10^{-6}<\varepsilon/D<10^{-2}\\ 3000<\text{Re}<3\times10^8\end{matrix} \tag{8-37}$$

$$\dot{V} = -0.965\left(\frac{gD^5h_L}{L}\right)^{0.5}\ln\left[\frac{\varepsilon}{3.7D}+\left(\frac{3.17\nu^2L}{gD^3h_L}\right)^{0.5}\right] \qquad \text{Re}>2000 \tag{8-38}$$

$$D = 0.66\left[\varepsilon^{1.25}\left(\frac{L\dot{V}^2}{gh_L}\right)^{4.75}+\nu\dot{V}^{9.4}\left(\frac{L}{gh_L}\right)^{5.2}\right]^{0.04} \qquad \begin{matrix}10^{-6}<\varepsilon/D<10^{-2}\\ 5000<\text{Re}<3\times10^8\end{matrix} \tag{8-39}$$

위 식들에서 일관성만 유지된다면 SI와 영미식 단위 모두 사용할 수 있다. Moody 선도의 결과가 실험데이터와 15% 이내의 오차를 보이므로 큰 문제없이 위의 근사식들을 배관설계에 활용할 수 있을 것이다.

예제 8-3 물 파이프 내 수두손실 계산

60°F(ρ = 62.36 lbm/ft^3, μ = 7.536 × 10^{-4} lbm/ft · s)의 물이 2 in 직경의 수평 스테인레스강 파이프 내를 0.2 ft^3/s로 흐르고 있다(그림 8-23). 파이프 길이가 200 ft일 때 압력강하, 수두손실과 소요펌프동력을 구하라.

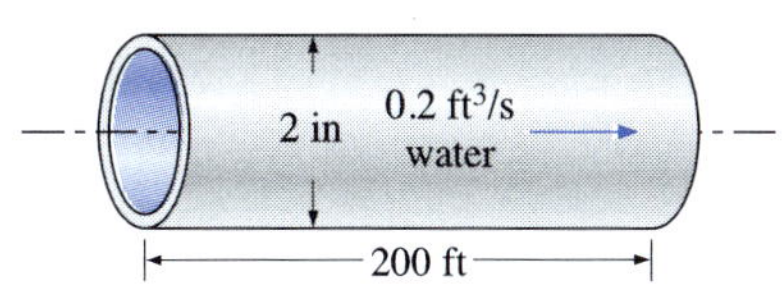

그림 8-23
예제 8-3의 개략도.

풀이 물 파이프 내 유량이 주어졌을 때 압력강하, 수두손실, 소요펌프동력을 구한다.

가정 1 유동은 정상상태이고 비압축성이다. 2 입구영역의 영향을 무시하고, 유동은 완전 발달되었다. 3 관로에는 벤드, 밸브, 접합부 등이 없다. 4 관로에는 펌프와 터빈과 같은 동력장치가 없다.

상태량 물의 밀도와 점성계수는 각각 ρ = 62.36 lbm/ft^3, μ = 7.536 × 10^{-4} lbm/ft · s이다.

해석 문제에서 유량, 파이프 길이와 파이프 직경이 주어졌으므로 첫 번째 유형의 문제이다. 우선 평균속도와 Reynolds 수로부터 유동영역을 결정한다.

$$V = \frac{\dot{V}}{A_c} = \frac{\dot{V}}{\pi D^2/4} = \frac{0.2\ \text{ft}^3/\text{s}}{\pi(2/12\ \text{ft})^2/4} = 9.17\ \text{ft/s}$$

$$\text{Re} = \frac{\rho V D}{\mu} = \frac{(62.36\ \text{lbm/ft}^3)(9.17\ \text{ft/s})(2/12\ \text{ft})}{7.536 \times 10^{-4}\ \text{lbm/ft}\cdot\text{s}} = 126{,}400$$

여기서 Reynolds 수는 4000보다 크고 따라서 난류 영역이다. 표 8-1로부터 파이프의 상대조도는 다음과 같이 계산한다.

$$\varepsilon/D = \frac{0.000007\ \text{ft}}{2/12\ \text{ft}} = 0.000042$$

이 상대조도와 Reynolds 수를 이용하여 Moody 선도나 Colebrook 공식에서 마찰계수를 구할 수 있다. 그래프를 읽는데 발생할 수 있는 오차를 줄이기 위하여 Colebrook 공식을 사용하여 f 를 구한다.

$$\frac{1}{\sqrt{f}} = -2.0\log\left(\frac{\varepsilon/D}{3.7} + \frac{2.51}{\text{Re}\sqrt{f}}\right) \rightarrow \frac{1}{\sqrt{f}} = -2.0\log\left(\frac{0.000042}{3.7} + \frac{2.51}{126{,}400\sqrt{f}}\right)$$

EES와 같은 방정식 풀이기를 사용하거나 반복 계산을 통하여 f = 0.0174를 얻는다. 이로부터 압력강하(본 문제에서는 압력손실과 일치함), 수두손실과 소요동력을 구하면 다음과 같다.

$$\Delta P = \Delta P_L = f\frac{L}{D}\frac{\rho V^2}{2} = 0.0174\frac{200\ \text{ft}}{2/12\ \text{ft}}\frac{(62.36\ \text{lbm/ft}^3)(9.17\ \text{ft/s})^2}{2}\left(\frac{1\ \text{lbf}}{32.2\ \text{lbm}\cdot\text{ft/s}^2}\right)$$
$$= \mathbf{1700\ lbf/ft^2 = 11.8\ psi}$$

$$h_L = \frac{\Delta P_L}{\rho g} = f\frac{L}{D}\frac{V^2}{2g} = 0.0174\frac{200\ \text{ft}}{2/12\ \text{ft}}\frac{(9.17\ \text{ft/s})^2}{2(32.2\ \text{ft/s}^2)} = \mathbf{27.3\ ft}$$

$$\dot{W}_{\text{pump}} = \dot{V}\,\Delta P = (0.2\ \text{ft}^3/\text{s})(1700\ \text{lbf/ft}^2)\left(\frac{1\ \text{W}}{0.737\ \text{lbf}\cdot\text{ft/s}}\right) = \mathbf{461\ W}$$

따라서 파이프 내 압력손실을 극복하기 위해서는 461 W의 동력이 필요하다.

토의 Colebrook 공식의 정확도가 유효숫자 두 자리이므로 계산결과는 유효숫자 두 자리까지 정확하지만 관례상 결과를 세 자리로 표현한다. 양함수인 Haaland 관계식(식 8-51)을 사용하여 마찰계수를 구하면 f = 0.0172를 얻는데, 이는 0.0174와 거의 일치한다. 또한 ε = 0인 경우 마찰계수는 0.0171이므로 스테인레스강 파이프를 매끈한 파이프로 생각할 수 있다.

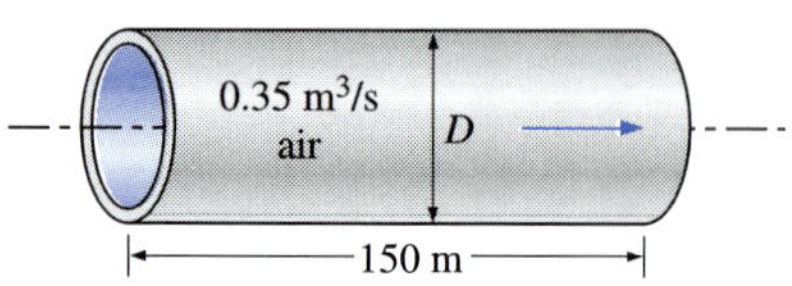

그림 8-24
예제 8-4의 개략도.

예제 8-4 공기 덕트의 직경 계산

1기압 35℃의 더운 공기가 0.35 m^3/s의 속도로 150 m 길이의 원형 플라스틱 덕트 내부를 흐른다(그림 8-24). 파이프의 수두손실이 20 m 이내가 되는 덕트의 최소직경을 구하라.

풀이 공기 덕트의 유량과 수두손실이 주어질 때 덕트의 직경을 구하고자 한다.

가정 **1** 유동은 정상상태이고 비압축성이다. **2** 입구영역 영향을 무시하고, 따라서 유동은 완전발달 되었다. **3** 관로에는 벤드, 밸브, 및 접합부 등이 없다. **4** 공기는 이상기체이다. **5** 덕트는 플라스틱이므로 매끈하다. **6** 유동은 난류이다(나중에 증명함).

상태량 35℃의 공기에 대하여 밀도, 점성계수 및 동점성계수는 각각 ρ= 1.145 kg/m^3,

$\mu = 1.895 \times 10^{-5}$ kg/m · s, $\nu = 1.655 \times 10^{-5}$ m²/s이다.

해석 이 문제는 유량과 수두손실이 주어졌을 때 직경을 구하는 세 번째 유형의 문제이다. 이 문제를 푸는 데는 세 가지 방법이 있다. (1) 파이프 직경을 가정하고 수두손실을 구한 다음, 주어진 수두손실과 비교하여 수렴할 때까지 반복하는 반복법, (2) 관련 방정식을 모두 기술한 후(직경을 미지수로 놓고) 방정식 풀이기를 사용하여 동시에 해를 구하는 방법, 그리고 (3) 세번 째 Swamee-Jain 공식을 이용하는 방법. 여기서는 마지막 두 가지 방법으로 해를 구해본다.

평균속도, Reynolds 수, 마찰계수와 수두손실 관계식은 다음과 같다. 여기서 D의 단위는 m, V의 단위는 m/s, Re와 f는 무차원수이다.

$$V = \frac{\dot{V}}{A_c} = \frac{\dot{V}}{\pi D^2/4} = \frac{0.35 \text{ m}^3\text{/s}}{\pi D^2/4}$$

$$\text{Re} = \frac{VD}{\nu} = \frac{VD}{1.655 \times 10^{-5} \text{ m}^2\text{/s}}$$

$$\frac{1}{\sqrt{f}} = -2.0 \log\left(\frac{\varepsilon/D}{3.7} + \frac{2.51}{\text{Re}\sqrt{f}}\right) = -2.0 \log\left(\frac{2.51}{\text{Re}\sqrt{f}}\right)$$

$$h_L = f\frac{L}{D}\frac{V^2}{2g} \quad \rightarrow \quad 20 \text{ m} = f\frac{150 \text{ m}}{D}\frac{V^2}{2(9.81 \text{ m/s}^2)}$$

플라스틱 파이프의 조도는 대략 영이다(표 8-1). 따라서 위의 4개의 미지수와 4개의 방정식을 EES와 같은 방정식 풀이기로 풀면 그 해는 다음과 같다.

$$D = \mathbf{0.267\ m}, \quad f = 0.0180, \quad V = 6.24 \text{ m/s}, \quad \text{Re} = 100{,}800$$

따라서 덕트 직경이 26.7 cm 이상이 되어야 수두손실이 20 m 이내가 된다. Reynolds 수는 4000보다 크고 따라서 난류유동으로 가정한 것이 맞음이 입증되었다.

세번 째 Swamee-Jain 공식을 이용하여 직접적으로 직경을 구하면 다음과 같다.

$$D = 0.66\left[\varepsilon^{1.25}\left(\frac{L\dot{V}^2}{gh_L}\right)^{4.75} + \nu\dot{V}^{9.4}\left(\frac{L}{gh_L}\right)^{5.2}\right]^{0.04}$$

$$= 0.66\left[0 + (1.655 \times 10^{-5} \text{ m}^2\text{/s})(0.35 \text{ m}^3\text{/s})^{9.4}\left(\frac{150 \text{ m}}{(9.81 \text{ m/s}^2)(20 \text{ m})}\right)^{5.2}\right]^{0.04}$$

$$= \mathbf{0.271\ m}$$

토의 위의 두 결과의 차이는 2% 이내이므로, 간단한 Swamee-Jain 관계식을 별 문제없이 사용할 수 있다. 또한 첫 번째 (반복 계산) 방법은 D에 대한 초기값이 필요하다. 만약 Swamee-Jain의 결과를 초기값으로 놓으면, 금방 직경은 $D = 0.267$ m에 수렴한다.

예제 8-5 덕트 내 공기유량 계산

예제 8-4 문제를 덕트 길이가 두 배이고 직경은 동일한 경우에 적용해 보자. 총 손실수두가 같을 때 덕트 내부 유량의 감소량을 구하라.

풀이 공기 덕트의 직경과 수두손실이 주어질 때 유량의 감소량을 구하고자 한다.

해석 이 문제는 파이프 직경과 수두손실이 주어졌을 때 유량을 구하는 두 번째 유형의 문제로 유량(그리고 따라서 유동속도)을 모르므로 반복계산이 필요하다.

평균속도, Reynolds 수, 마찰계수 그리고 수두손실은 다음과 같다(D의 단위는 m, V의 단위는 m/s, 그리고 Re와 f는 무차원이다).

$$V = \frac{\dot{V}}{A_c} = \frac{\dot{V}}{\pi D^2/4} \quad \rightarrow \quad V = \frac{\dot{V}}{\pi(0.267\text{ m})^2/4}$$

$$\text{Re} = \frac{VD}{\nu} \quad \rightarrow \quad \text{Re} = \frac{V(0.267\text{ m})}{1.655 \times 10^{-5}\text{ m}^2/\text{s}}$$

$$\frac{1}{\sqrt{f}} = -2.0\log\left(\frac{\varepsilon/D}{3.7} + \frac{2.51}{\text{Re}\sqrt{f}}\right) \quad \rightarrow \quad \frac{1}{\sqrt{f}} = -2.0\log\left(\frac{2.51}{\text{Re}\sqrt{f}}\right)$$

$$h_L = f\frac{L}{D}\frac{V^2}{2g} \quad \rightarrow \quad 20\text{ m} = f\frac{300\text{ m}}{0.267\text{ m}}\frac{V^2}{2(9.81\text{ m/s}^2)}$$

4개의 미지수와 4개의 방정식을 EES와 같은 방정식 풀이기를 사용하여 풀면 그 해는 다음과 같다.

$$\dot{V} = 0.24\text{ m}^3/\text{s}, \qquad f = 0.0195, \qquad V = 4.23\text{ m/s}, \qquad \text{Re} = 68{,}300$$

따라서 유량 감소량은 다음과 같이 얻어진다.

$$\dot{V}_{\text{drop}} = \dot{V}_{\text{old}} - \dot{V}_{\text{new}} = 0.35 - 0.24 = \mathbf{0.11\ m^3/s} \qquad \text{(31\% 감소)}$$

따라서 수두손실(또는 가용수두 또는 팬 펌프동력)이 정해졌을 때, 덕트의 길이를 두 배로 하면 유량이 0.35 m^3/s에서 0.24 m^3/s로 약 31% 줄어든다.

또 다른 풀이 시험 볼 때처럼 컴퓨터가 없을 때는 손으로 반복 계산해야 한다. 일반적으로 마찰계수 f를 우선 추정하고 이로부터 속도 V를 풀면 수렴이 빠르다. 속도 V를 마찰계수 f의 함수로 나타내면 다음과 같다.

파이프 내 평균속도: $$V = \sqrt{\frac{2gh_L}{fL/D}}$$

일단 V가 계산되면, Reynolds 수가 계산될 수 있고, 그로부터 Moody 선도나 Colebrook 공식에서 새로운 마찰계수가 구해진다. 새로운 마찰계수 f를 이용하여 수렴할 때까지 반복 계산한다. 예를 들어 $f = 0.04$를 초기값으로 하여 반복 계산을 수행하면 다음과 같다.

Iteration	f (guess)	V, m/s	Re	Corrected f
1	0.04	2.955	4.724×10^4	0.0212
2	0.0212	4.059	6.489×10^4	0.01973
3	0.01973	4.207	6.727×10^4	0.01957
4	0.01957	4.224	6.754×10^4	0.01956
5	0.01956	4.225	6.756×10^4	0.01956

위의 계산에서 단지 세 번의 반복계산으로 유효숫자 세 자리까지 수렴하고, 단지 네 번의 반복계산으로 네 자리까지 수렴함을 알 수 있다. 최종 수렴값은 EES로부터 얻어진 값과 동일하다.

토의 두 번째 Swamee-Jain 공식을 사용하여 새로운 유량을 직접 계산할 수도 있다.

$$\dot{V} = -0.965\left(\frac{gD^5h_L}{L}\right)^{0.5}\ln\left[\frac{\varepsilon}{3.7D} + \left(\frac{3.17\nu^2L}{gD^3h_L}\right)^{0.5}\right]$$
$$= -0.965\left(\frac{(9.81\text{ m/s}^2)(0.267\text{ m})^5(20\text{ m})}{300\text{ m}}\right)^{0.5}$$
$$\times \ln\left[0 + \left(\frac{3.17(1.655\times10^{-5}\text{ m}^2\text{/s})^2(300\text{ m})}{(9.81\text{ m/s}^2)(0.267\text{ m})^3(20\text{ m})}\right)^{0.5}\right]$$
$$= 0.24\text{ m}^3\text{/s}$$

Swamee-Jain 공식을 사용한 결과는 Colebrook 공식을 EES나 반복 계산으로 구한 결과와 (유효숫자 두 자리까지) 동일하다. 따라서 간단한 Swamee-Jain 공식을 확신을 가지고 사용할 수 있다.

8-6 ▪ 부차적 손실

일반적인 배관 시스템 내의 유체는 파이프의 직관 부분뿐만 아니라 여러 종류의 접합부(fitting), 밸브, 벤드, 엘보우, 티, 입구부, 출구부, 확대부, 및 축소부 등을 통해 흐른다. 이 부품들은 유동을 교란하고, 유동박리와 혼합 등으로 인한 부가적인 손실을 유발한다. 일반적인 긴 파이프 시스템에서는 이러한 손실들은 직관 부분들의 수두손실[주 손실(major loss)]에 비해 작고 따라서 부차적 손실(minor loss)이라 불린다. 그러나 경우에 따라 부차적 손실이 주 손실보다 큰 경우도 있다. 예를 들어 짧은 거리 안에 벤드와 밸브가 많은 파이프 시스템이 여기에 속한다. 예를 들어 밸브가 완전히 열린 경우, 수두손실은 무시할 만 하지만, 부분적으로 닫힌 경우는 현저한 압력강하를 유발하고 이로 인해 유량 감소가 나타난다. 밸브나 접합부 내의 유동은 매우 복잡하고 따라서 일반적으로 이론적 해석은 가능하지 않고 주로 제작사에서 실험적으로 부차적 손실을 구한다.

부차적 손실은 일반적으로 다음 식으로 정의되는 **손실계수(loss coefficient)** K_L [또한 **저항계수(resistance coefficient)**로도 불리는]로 표현된다(그림 8-25).

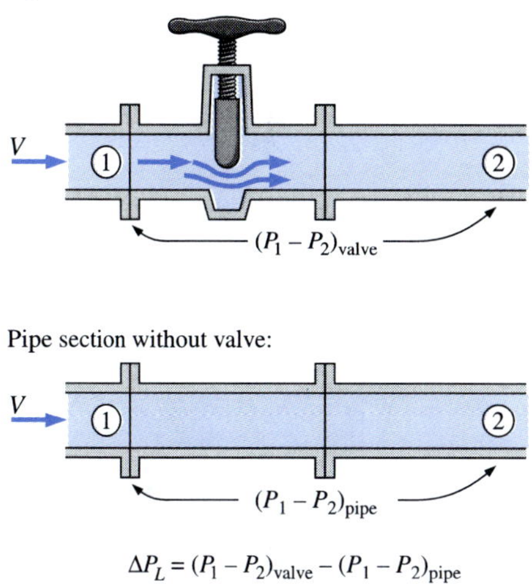

그림 8-25
부차적 손실이 있는 부품이 장착된, 직경이 일정한 파이프에서 부품의 손실계수(예를 들면 그림의 게이트 밸브)는 부품에 의해 부가되는 압력손실을 파이프 동압으로 나누어 구한다.

손실계수: $$K_L = \frac{h_L}{V^2/(2g)} \quad (8\text{-}40)$$

여기서 h_L은 부품을 끼워 넣음으로 인해 배관 시스템에 부가적으로 발생하는 비가역 수두손실 $h_L = \Delta P_L/\rho g$로 정의된다. 예를 들어, 그림 8-25의 밸브를 1점과 2점 사이에 직경이 일정한 파이프로 대체한다고 하자. ΔP_L은 1점과 2점 사이에 밸브가 설치되었을 때의 압력강하 $(P_1 - P_2)_{valve}$로부터 밸브가 없는 가상 직관조건에서 동일한 유량일 때의 압력강하 $(P_1 - P_2)_{pipe}$를 뺀 값이다. 비가역 압력손실은 대부분 밸브 주변에서 발생하지만, 일부는 밸브에서 유발되어 하류로 흐르는 난류 에디에 기인한다. 이들 에디는 하류 유동이 완전발달되면 결국은 열로 소산되는 기계적 에너지 손실이다. 따라서 엘보우와 같은 부품의 부차적 손실을 측정할 때는 소산되는 에디에 의한 부가적인 비가역손실이 포함되도록 2점을 충분히 하류(파이프 직경의 수십배)에 위치하도록 하여야 한다.

부품 하류의 파이프 직경이 달라지면 부차적 손실을 결정하기가 더욱 복잡해진다. 그러나 모든 경우 이러한 손실은 만약 부차적 손실을 유발하는 부품이 거기에 없었다면 존재하지 않았을 기계적 에너지의 추가적인 비가역 손실 위에 바탕을 두고 있다. 단순하게도, 그런 부차적 손실을 부차적 손실 부품을 가로질러 국부적으로(locally) 발생하는 것으로만 생각하기 쉬운데, 그러나 명심할 점은 그 부품이 몇 파이프 직경 하류의 유동에 영향을 미친다는 것이다. 이는 유량계 제작회사에서 유량계를 적어도 엘보우나 밸브의 위치에서 직경의 10배에서 20배 사이 정도 되는 하류 위치에 설치하는 이유이기도 하다. 이렇게 하면 유량계 바로 직전에서 엘보우나 밸브에 의하여 발생된 난류 에디가 대부분 사라지고 유동의 속도분포가 완전발달하게 된다(대부분의 유량계는 그 입구에서 완전발달된 속도분포에 대하여 보정되어 있고 실제 응용에서 이러한 조건이 맞을 때 정확도도 가장 높다).

입구와 출구 직경이 같은 경우 부품의 손실계수는 부품 전후의 압력손실을 측정하고 그리고 이를 동압으로 나눗셈하여 결정될 수 있는데, 즉 $K_L = \Delta P_L/(\rho V^2)$이다. 부품의 손실계수로부터 부품의 손실수두는 아래 식으로 구한다.

부차적 손실:
$$h_L = K_L \frac{V^2}{2g} \tag{8-41}$$

일반적으로 손실계수는 마찰계수처럼 부품의 형상과 Reynolds 수의 함수이다. 그러나 Reynolds 수의 영향은 대부분 무시되는데 이는 실제 Reynolds 수가 충분히 크면 손실계수(마찰계수도 포함하여)는 Reynolds 수에 무관해지는 경향이 있기 때문이다.

부차적 손실은 다음 식으로 정의되는 **등가길이(equivalent length)** L_{equiv}로 표현되기도 한다(그림 8-26).

등가길이:
$$h_L = K_L \frac{V^2}{2g} = f\frac{L_{\text{equiv}}}{D}\frac{V^2}{2g} \quad \rightarrow \quad L_{\text{equiv}} = \frac{D}{f}K_L \tag{8-42}$$

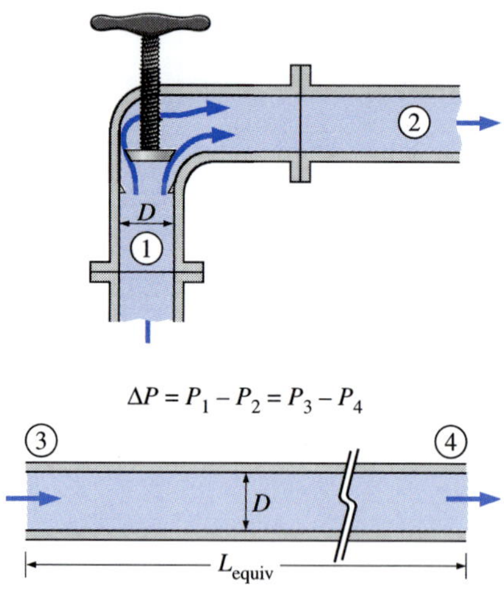

그림 8-26
부품(예를 들면 그림의 앵글 밸브)에 의해 유발되는 수두손실은 길이가 등가길이인 파이프 구간에 의해 유발되는 수두손실과 같다.

여기서 f는 마찰계수이고 D는 파이프의 직경이다. 부품의 수두손실은 길이가 L_{equiv}인 파이프에 의해 유발되는 수두손실과 동일하므로, 총 수두손실은 전체 파이프 길이에 L_{equiv}를 더하면 된다.

위의 두 가지 방법이 실제 모두 사용되나 손실계수가 좀더 일반적이므로 본 교재에서는 손실계수를 사용하기로 한다. 모든 손실계수가 구해지면 배관 시스템의 총 수두손실은 다음과 같다.

총 수두손실(일반):
$$h_{L,\text{ total}} = h_{L,\text{ major}} + h_{L,\text{ minor}} = \sum_i f_i \frac{L_i}{D_i}\frac{V_i^2}{2g} + \sum_j K_{L,j}\frac{V_j^2}{2g} \tag{8-43}$$

여기서 i는 직경이 동일한 파이프 구간을 의미하고 j는 부차적 손실을 유발하는 부품을 의미한다. 만일 모든 구간의 파이프 직경이 동일하다면 식 (8-43)은 다음과 같이 줄어든다.

총 수두손실(D = 일정):
$$h_{L,\text{ total}} = \left(f\frac{L}{D} + \sum K_L\right)\frac{V^2}{2g} \tag{8-44}$$

여기서 V는 전체 시스템의 평균 유동속도이다(D = 일정이므로 V = 일정임을 유의할 것).

표 8-3에 입구, 출구, 벤드, 급격한 또는 점진적 면적변화 그리고 밸브에 대한 대표적인 손실계수 K_L의 값이 나타나 있다. 이들은 대략적인 값으로 일반적으로 손실계수는 파이프 직경, 표면조도, Reynolds 수, 및 세부 설계에 따라 달라진다. 예를 들면 동일해 보이는 두 밸브의 손실계수가 제작사에 따라 두 배 이상 다르게 제시되는 경우도 있다. 따라서 최종 설계 시에는 참고서적에 제시된 대표적인 값보다는 제작사의 데이터를 사용하는 것이 현명하다.

파이프 입구의 수두손실은 형상에 따라 크게 달라진다. 둥글게 잘 만든(well-rounded) 입구의 경우는 거의 무시할 수 있는 반면($r/D > 0.2$인 경우 $K_L = 0.03$), 각진(sharp-edged) 입구의 경우는 0.50까지 증가한다(그림 8-27). 즉 각진 입구에서는 유체가 가지고 있는 속도수두의 절반 정도를 잃게 된다는 것을 의미한다. 이는 특히 속도가 큰 유동이 입구에 진입할 때 각진 형상을 따라 흐르지 못하고 박리되어 하류에 좁은 유로의 **베나 콘트랙타(vena contracta)**를 형성하기 때문이다. 따라서 각진 입구는 교축 장치(유동 단면적을 급격히 줄여주는 장치)와 같은 역할을 한다. 베나 콘트랙타 영역 전반부에서는 유동면적의 감소로 속도가 증가하다가(그리고 압력은 감소하다가), 후반부에서는 유동이 전체 단면을 채우면서 속도가 감소한다. Bernoulli의 방정식(속도수두가 단순히 압력수두로 변환된다는)에 따르면 압력이 증가하는 곳에서의 손실은 거의 없다. 하지만 실제 감속의 과정은 이상적인 이론과는 거리가 멀며, 격렬한 혼합과 난류 에디에 기인한 점성소산에 의해 운동에너지가 마찰열로 변하는데, 이는 약간의 유체온도 상승으로 입증된다. 그 결과 압력회복은 별로 없이 속도가 감소하게 되며, 입구손실은 이러한 비가역적 압력손실의 척도이다.

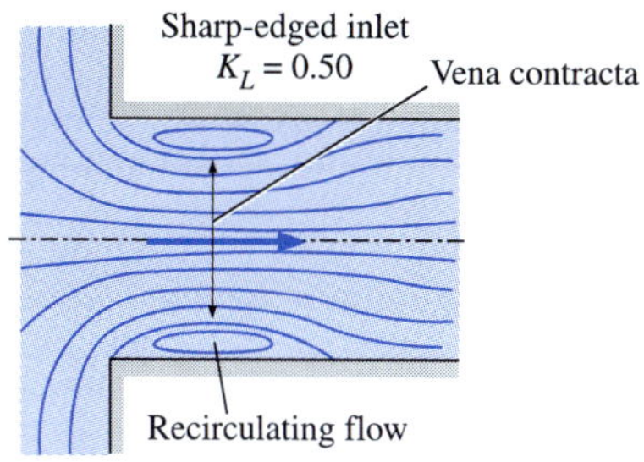

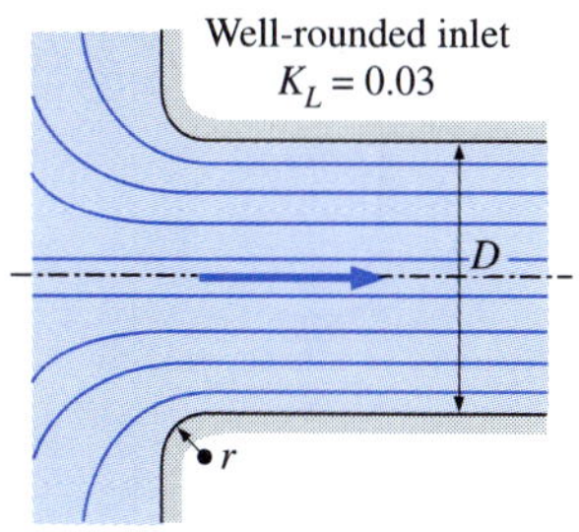

그림 8-27
파이프 입구부의 수두손실은 둥근 입구부의 경우 무시할 만 하지만($r/D > 0.2$에서 $K_L = 0.03$) 각진 입구부의 경우 0.50까지 증가한다.

그림 8-28에는 둥근 입구에 대한 손실계수가 나타나 있는데 조금만 둥글게 하여도 K_L이 현저히 감소됨을 볼 수 있다. 파이프가 수조 내로 돌출된 경우는 돌출부 부근에서 유체가 180° 선회해야 하므로 손실계수가 급격히($K_L = 0.8$정도로) 증가한다.

파이프 출구의 손실계수는 일반 참고서적에 대체적으로 $K_L = 1$로 나타나 있다. 그러나 좀더 정확하게 말하면 K_L은 파이프 출구에서 운동에너지 보정계수 α와 같다. 완전발달 **난류** 파이프유동의 경우 K_L은 1에 가깝지만, 완전발달 **층류** 파이프유동의 경우는 2가 된다. 따라서 층류 파이프유동을 해석할 때의 오차를 피하기 위해 파이프 출구의 손실계수는 $K_L = \alpha$로 하는 것이 바람직하다. 층류이건

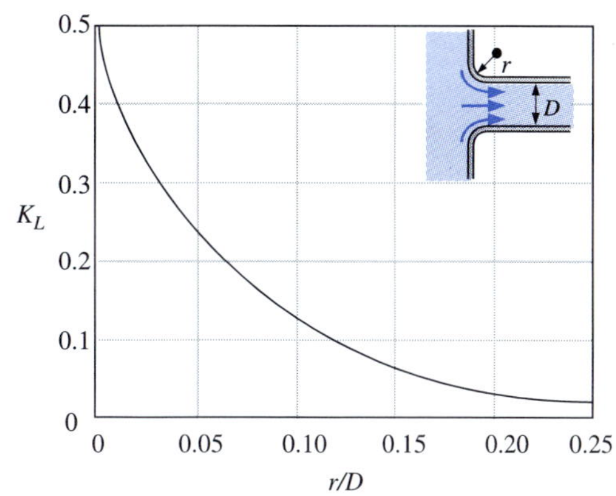

그림 8-28
파이프 입구부를 둥글게 하는 것이 손실계수에 미치는 영향.
From ASHRAE Handbook of Fundamentals.

표 8-3

난류유동 시 다양한 파이프 부품의 손실계수 K_L(손실수두 $h_L = K_L V^2/(2g)$임, 여기서 V는 부품을 포함하는 파이프 내의 평균속도임)*

Pipe Inlet

Reentrant: $K_L = 0.80$
($t \ll D$ and $l \approx 0.1D$)

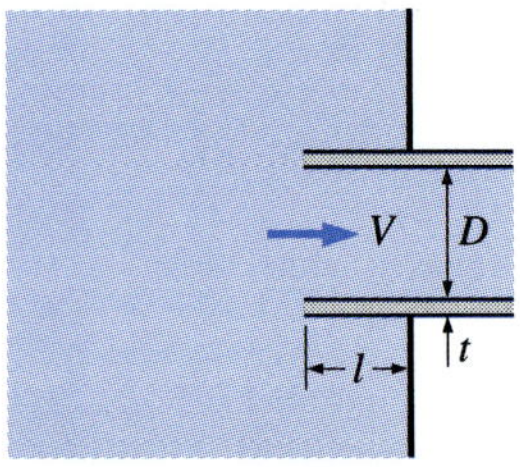

Sharp-edged: $K_L = 0.50$

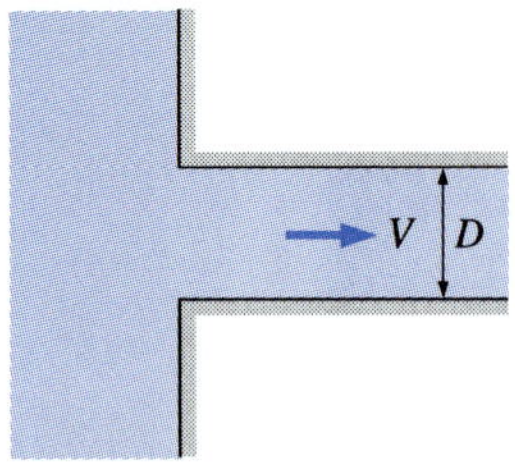

Well-rounded ($r/D > 0.2$): $K_L = 0.03$
Slightly rounded ($r/D = 0.1$): $K_L = 0.12$
(see Fig. 8–36)

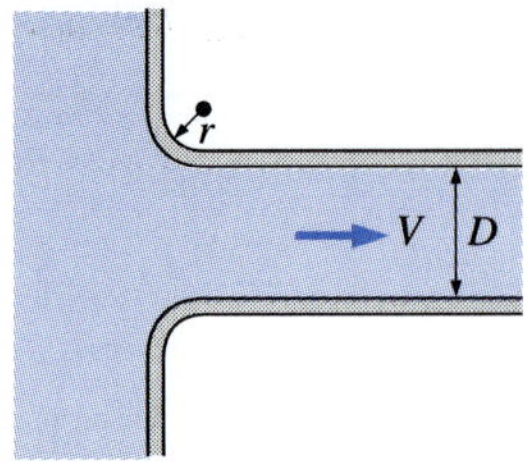

Pipe Exit

Reentrant: $K_L = \alpha$

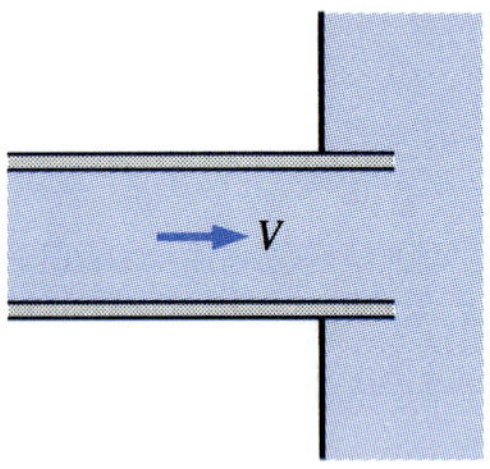

Sharp-edged: $K_L = \alpha$

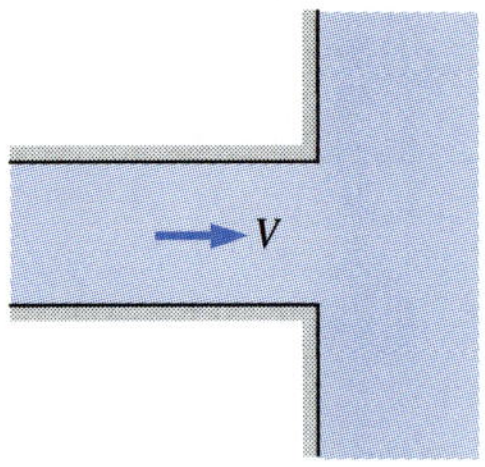

Rounded: $K_L = \alpha$

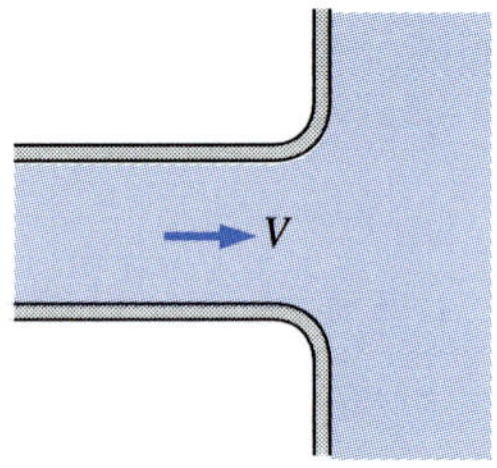

Note: The kinetic energy correction factor is $\alpha = 2$ for fully developed laminar flow, and $\alpha \approx 1.05$ for fully developed turbulent flow.

Sudden Expansion and Contraction (based on the velocity in the smaller-diameter pipe)

Sudden expansion: $K_L = \alpha\left(1 - \dfrac{d^2}{D^2}\right)^2$

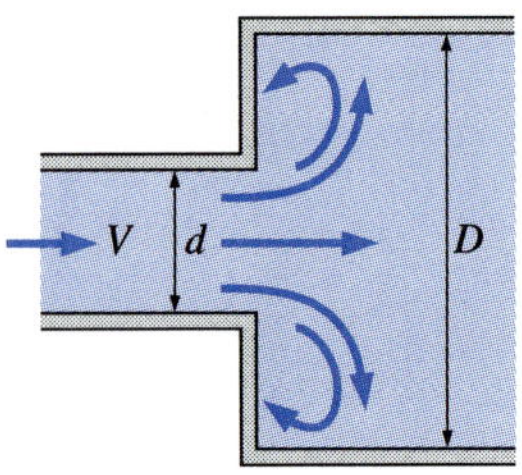

Sudden contraction: See chart.

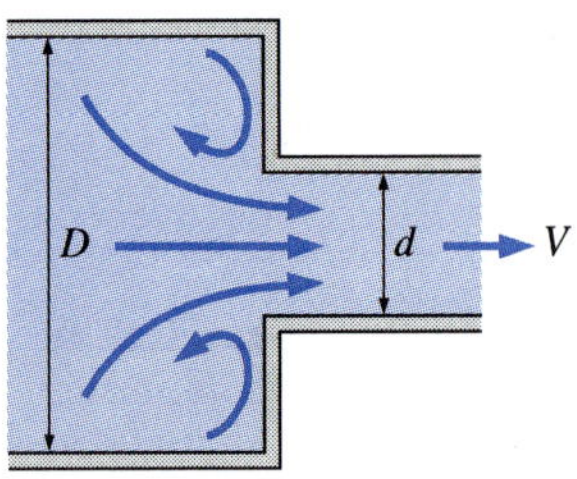

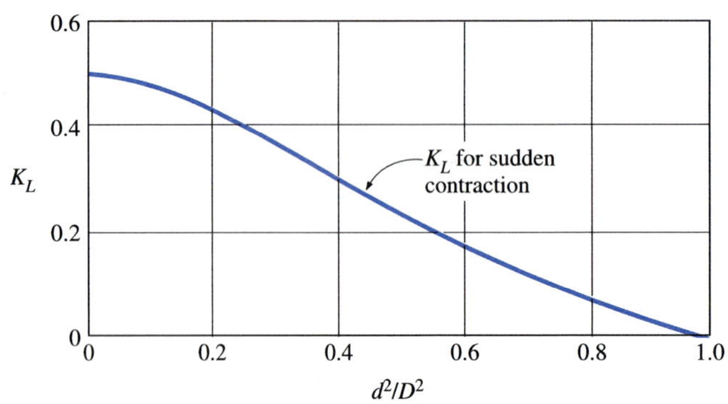

Gradual Expansion and Contraction (based on the velocity in the smaller-diameter pipe)

Expansion (for $\theta = 20°$):
$K_L = 0.30$ for $d/D = 0.2$
$K_L = 0.25$ for $d/D = 0.4$
$K_L = 0.15$ for $d/D = 0.6$
$K_L = 0.10$ for $d/D = 0.8$

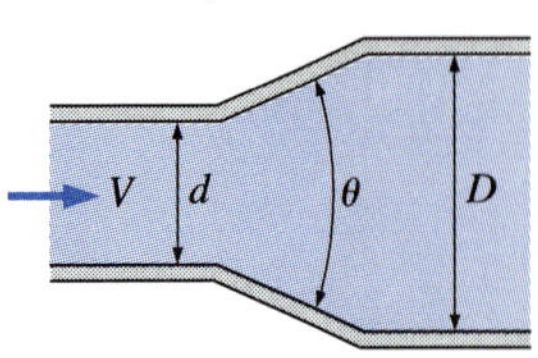

Contraction:
$K_L = 0.02$ for $\theta = 30°$
$K_L = 0.04$ for $\theta = 45°$
$K_L = 0.07$ for $\theta = 60°$

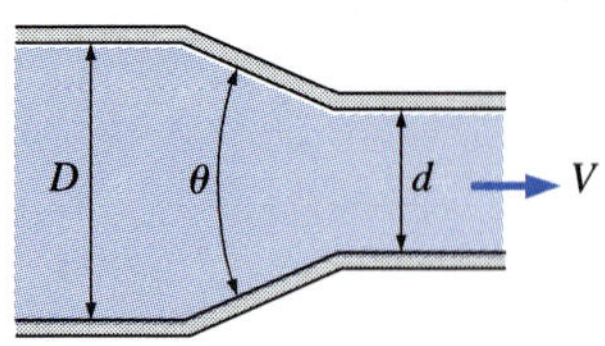

표 8-3(계속)

난류유동 시 다양한 파이프 부품의 손실계수 K_L(손실수두 $h_L = K_L V^2/(2g)$임, 여기서 V는 부품을 포함하는 파이프 내의 평균속도임)*

Bends and Branches

90° *smooth bend:* Flanged: $K_L = 0.3$ Threaded: $K_L = 0.9$ 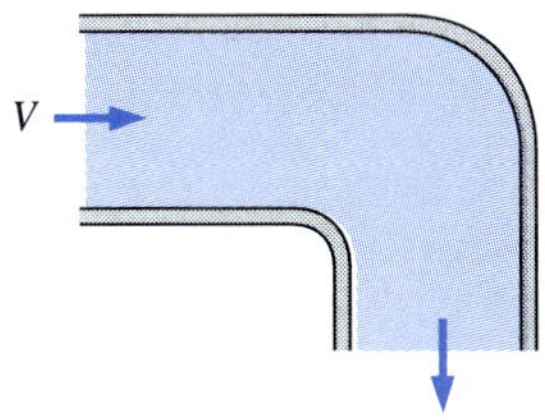 	90° *miter bend* (without vanes): $K_L = 1.1$ 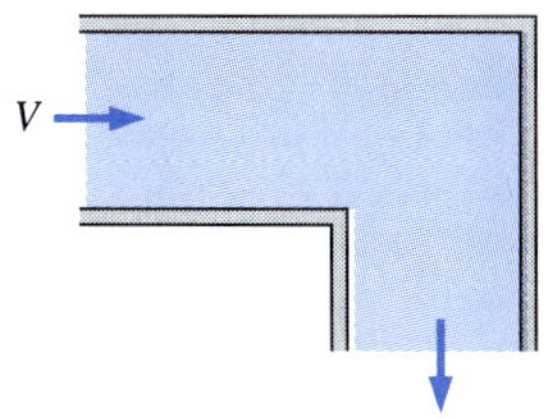 	90° *miter bend* (with vanes): $K_L = 0.2$ 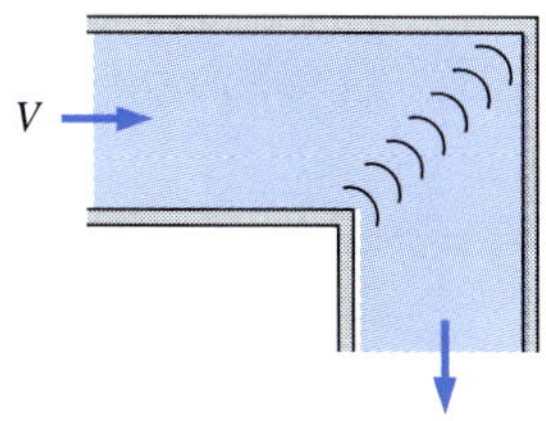 	45° *threaded elbow:* $K_L = 0.4$ 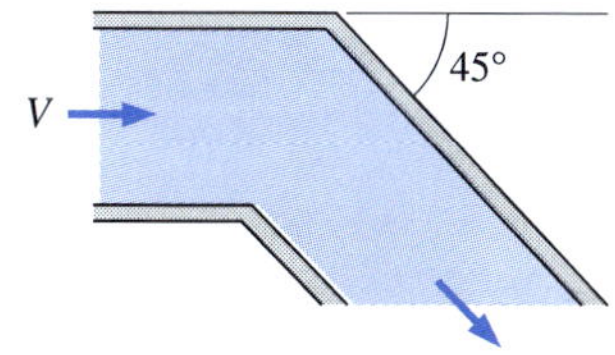
180° *return bend:* Flanged: $K_L = 0.2$ Threaded: $K_L = 1.5$ 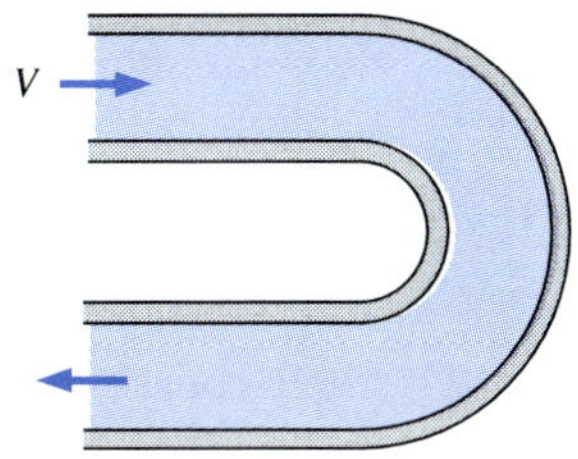 	*Tee* (branch flow): Flanged: $K_L = 1.0$ Threaded: $K_L = 2.0$ 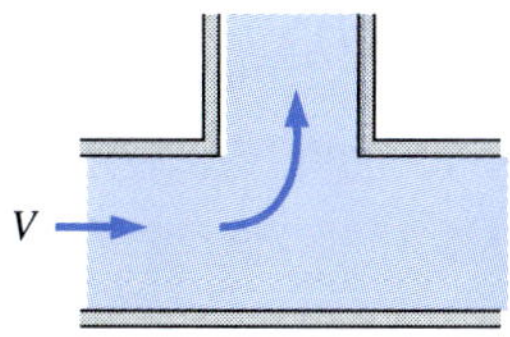 	*Tee* (line flow): Flanged: $K_L = 0.2$ Threaded: $K_L = 0.9$ 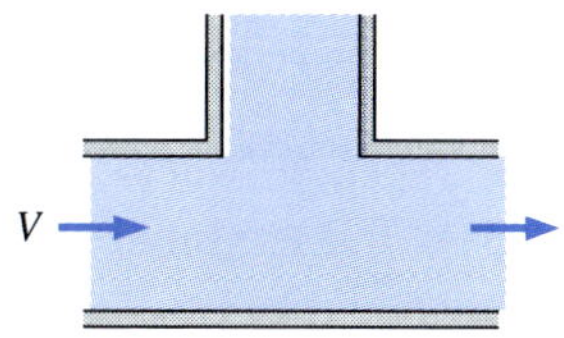 	*Threaded union:* $K_L = 0.08$ 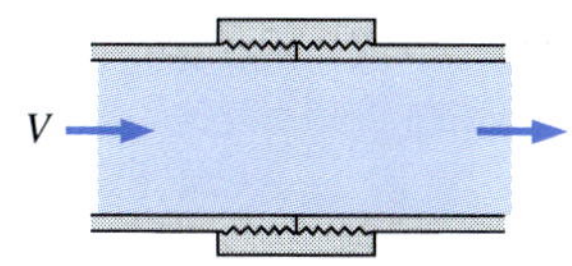

Valves

Globe valve, fully open: $K_L = 10$	*Gate valve,* fully open: $K_L = 0.2$
Angle valve, fully open: $K_L = 5$	$\frac{1}{4}$ closed: $K_L = 0.3$
Ball valve, fully open: $K_L = 0.05$	$\frac{1}{2}$ closed: $K_L = 2.1$
Swing check valve: $K_L = 2$	$\frac{3}{4}$ closed: $K_L = 17$

* 이 값들은 손실계수의 대표적인 값들임. 실제 값은 설계와 제작사에 따라 크게 달라질 수 있으므로(특히 밸브에 대하여는), 최종 설계 시는 제작자의 데이터를 사용하여야 한다.

난류이건 파이프 출구를 나온 유체는 수조 내에서 혼합되고 점성의 비가역 작용을 통하여 운동에너지를 모두 잃게 되므로(표 8-3와 그림 8-29) 파이프 출구를 둥글게 할 필요는 없다.

배관 시스템에서 유량이나 밀도와 속도 등의 상태량 변화를 조절하기 위하여 **급격한** 또는 **점진적인** 확대부와 축소부를 설치하기도 한다. **급격한** 확대부와 축소부의 경우 유동박리로 인하여 커다란 손실이 발생한다. **급격한 확대부**의 경우 질량, 운동량 및 에너지 보존방정식을 조합하여 다음의 손실계수를 얻을 수 있다.

$$K_L = \alpha\left(1 - \frac{A_{\text{small}}}{A_{\text{large}}}\right)^2 \quad \text{(급격한 확대부)} \tag{8-45}$$

여기서 A_{small}과 A_{large}는 각각 소구경과 대구경 파이프의 단면적이다. 단면적의 변화가 없으면($A_{\text{small}} = A_{\text{large}}$), $K_L = 0$이 되고 그리고 파이프 출구가 수조로 연결된 경우 ($A_{\text{large}} \gg A_{\text{small}}$), $K_L = \alpha$이 된다. 급격한 수축부의 경우에는 위와 비슷한 식이 없으며 이 경우 K_L값은 표 8-3로부터 구할 수 있다. 노즐이나 디퓨저와 같은 원추형 관을 사용하여 파이프 단면적을 점진적으로 변화시키면 손실을 현저히 줄일 수 있다. 점진적 축소부나 확대부의 K_L값은 표 8-3에 나타나 있다. 식 (8-41)을 사용하

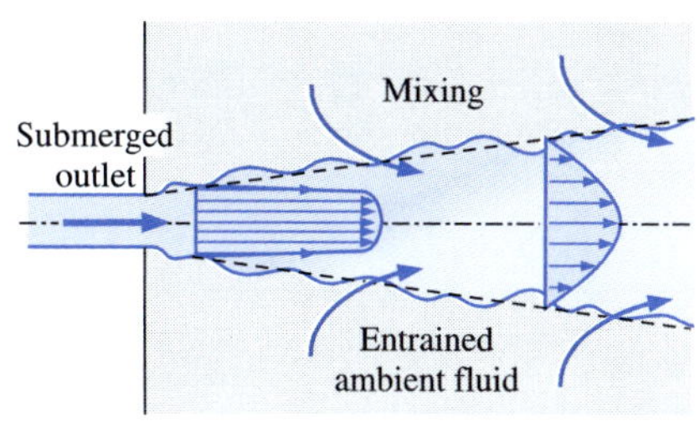

그림 8-29
출구 하류에서 제트가 감속되고 주위 유체와 혼합되면서 유동은 마찰에 의해 운동에너지를 모두 잃는다(열에너지로 변함).

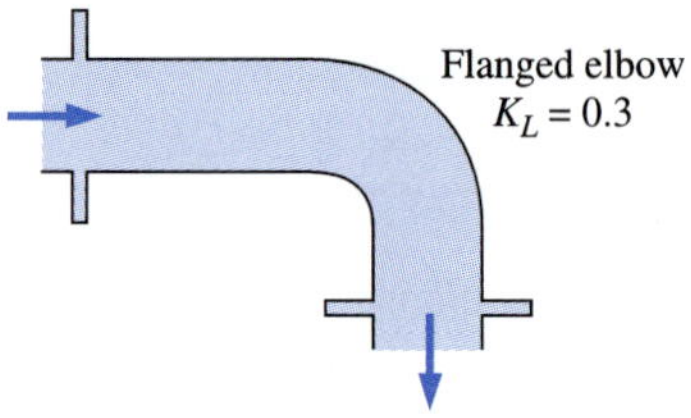

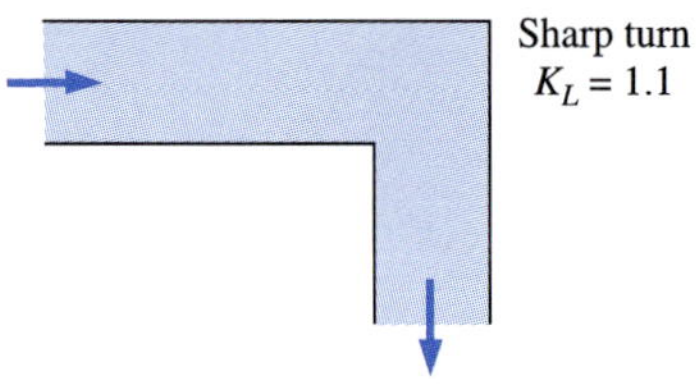

그림 8-30
각진 방향전환보다는 원형의 완만한 방향 전환을 통하여, 방향전환시의 손실을 최소화 할 수 있다.

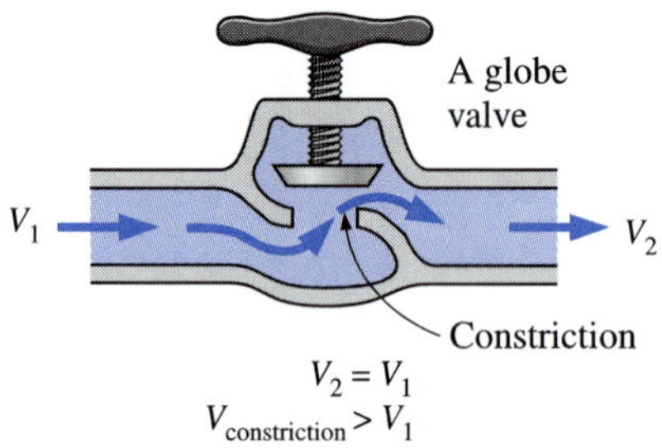

그림 8-31
부분적으로 닫힌 밸브에서는 비가역 감속, 유동박리, 및 좁은 밸브 유로에서 방출되는 고속 유체의 혼합으로 커다란 손실이 발생한다.

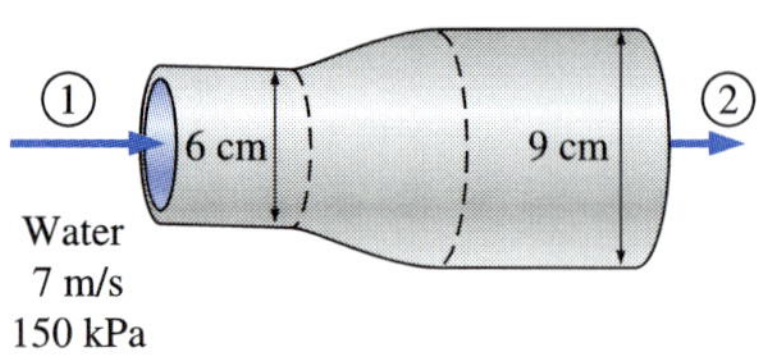

그림 8-32
예제 8-6의 개략도.

여 수두손실을 계산할 때 직경이 작은 파이프의 속도를 기준 속도로 사용하여야 함에 유의하라. 유동박리 때문에 확대시의 손실은 축소시의 손실보다 훨씬 크다.

배관 시스템에서는 직경의 변화 없이 유동방향을 변화시키기 위해 **벤드**나 **엘보우**를 사용한다. 이러한 부품에서의 손실은 내측면에서 유동박리(급격한 방향 전환에 의해)와 그리고 그로 인한 선회하는 2차 유동(secondary flow)에 기인한다. 방향전환에 따른 손실을 최소화하기 위해서는 급격한 전환(마이터 벤드처럼) 대신에 원호(90° 엘보우처럼)를 이용해 유체의 방향전환을 "쉽게" 만들어주는 것이 필요하다(그림 8-30). 하지만 회전공간의 제약 때문에 급격한 전환을 할 수밖에 없는 경우에는 안내깃(guide vane)을 사용하여 유동이 정렬된 상태로 회전되도록 하면 손실을 줄일 수 있다. 표 8-3에 엘보우, 마이터 벤드 및 티 등의 손실계수가 나타나 있다. 이 손실계수에는 파이프 벤드 길이에 따른 마찰손실은 포함되어 있지 않다. 따라서 벤드 중심선 길이를 파이프 길이로 산정하여 계산된 마찰손실을 다른 손실에 더해 주어야 한다.

밸브는 수두손실을 변화시켜 유량을 조절하는 부품으로 볼 밸브와 같이 완전 개방 시 수두손실이 최소화되는 것이 바람직하다. 각각의 장단점을 가진 여러 종류의 밸브가 존재한다. **게이트(gate) 밸브**는 문을 여닫듯이 작동하고(그림 8-31), **글로브(globe) 밸브**는 밸브 내에 가공된 구멍을 여닫아 유량을 조절한다. **앵글(angle) 밸브**는 유동을 90° 방향전환 시키는 글로브 밸브이고, **체크(check) 밸브**는 전기회로의 다이오드처럼 유체를 한 방향으로만 흐르게 한다. 표 8-3은 흔히 사용하는 밸브에 대한 손실계수를 보여준다. 밸브가 닫혀짐에 따라 손실계수는 급격히 증가함에 유의하라. 또한 밸브의 경우 복잡한 형상으로 인하여 제작사 간의 손실계수 편차도 대단히 크다.

예제 8-6 점진적 확대부의 손실계수와 압력상승

수평 물 파이프의 직경이 6 cm에서 9 cm로 점진적으로 확대된다(그림 8-32). 확대부의 벽은 축으로부터 10° 각을 이루고 있다. 확대 전 물의 유속과 압력은 각각 7 m/s와 150 kPa이다. 확대부의 수두손실과 직경이 큰 파이프에서의 압력을 구하라.

풀이 수평 물 파이프가 점진적 확대부를 통하여 큰 직경의 파이프로 연결될 때, 수두손실과 확대부 후의 압력을 구하고자 한다.

가정 1 유동은 정상상태이고 비압축성이다. 2 단면 1과 단면 2에서의 유동은 완전발달된 난류유동으로 $\alpha_1 = \alpha_2 \cong 1.06$이다.

상태량 물의 밀도는 $\rho = 1000\ \text{kg/m}^3$이고, $\theta = 20°$, $d/D = 6/9$의 점진적 확대부에 대한 손실계수는 $K_L = 0.133$이다 (표 8-4를 보간법을 이용하여 구함).

해석 물의 밀도가 일정하므로 하류에서의 물의 속도는 질량보존에 의해 얻어진다.

$$\dot{m}_1 = \dot{m}_2 \quad \to \quad \rho V_1 A_1 = \rho V_2 A_2 \quad \to \quad V_2 = \frac{A_1}{A_2} V_1 = \frac{D_1^2}{D_2^2} V_1$$

$$V_2 = \frac{(0.06\ \text{m})^2}{(0.09\ \text{m})^2}(7\ \text{m/s}) = 3.11\ \text{m/s}$$

확대부에서의 비가역 수두손실은 다음과 같다.

예제 8-6

$$h_L = K_L \frac{V_1^2}{2g} = (0.133)\frac{(7\text{ m/s})^2}{2(9.81\text{ m/s}^2)} = \mathbf{0.333\text{ m}}$$

$z_1 = z_2$이고 펌프나 터빈이 없으므로 확대부의 에너지 방정식은 다음 형태로 나타난다.

$$\frac{P_1}{\rho g} + \alpha_1\frac{V_1^2}{2g} + \cancel{z_1} + h_{\text{pump},u}^{\nearrow 0} = \frac{P_2}{\rho g} + \alpha_2\frac{V_2^2}{2g} + \cancel{z_2} + h_{\text{turbine},e}^{\nearrow 0} + h_L$$

또는

$$\frac{P_1}{\rho g} + \alpha_1\frac{V_1^2}{2g} = \frac{P_2}{\rho g} + \alpha_2\frac{V_2^2}{2g} + h_L$$

P_2를 구하여 대입하면 다음 식이 얻어진다.

$$\begin{aligned} P_2 &= P_1 + \rho\left\{\frac{\alpha_1V_1^2 - \alpha_2V_2^2}{2} - gh_L\right\} = (150\text{ kPa}) + (1000\text{ kg/m}^3) \\ &\quad\times\left\{\frac{1.06(7\text{ m/s})^2 - 1.06(3.11\text{ m/s})^2}{2} - (9.81\text{ m/s}^2)(0.333\text{ m})\right\} \\ &\quad\times\left(\frac{1\text{ kN}}{1000\text{ kg}\cdot\text{m/s}^2}\right)\left(\frac{1\text{ kPa}}{1\text{ kN/m}^2}\right) \\ &= \mathbf{168\text{ kPa}} \end{aligned}$$

따라서 수두(그리고 압력) 손실에도 불구하고 압력은 확대부 이후 150에서 168 kPa로 증가한다. 이는 큰 파이프에서 나타나는 평균 속도 감소에 따라 동압이 정압으로 변환되었기 때문이다.

토의 일반적으로 유동이 있기 위해서는 상류의 압력이 큰 것이 보통인데, 본 예제에서는 확대부 손실에도 불구하고 압력이 증가함을 보이고 있다. 이는 압력수두, 속도수두, 그리고 위치수두를 합한 총 수두에 의하여 유동이 구동되기 때문이다. 유동이 확대될 때 상류의 높은 속도수두는 하류에서 압력수두로 변화하고, 이 수두 증가량이 비가역 수두손실보다 크다. 만일 본 문제를 Bernoulli 방정식을 사용하여 푼다면 수두(그리고 관련된 압력) 손실이 무시되고 하류의 압력은 실제 값보다 크게 예측될 것이다.

8-7 ▪ 배관망과 펌프 선정

직렬과 병렬 파이프

도시의 물 분배시스템이나 상업용 또는 주거용 건물에는 여러 개의 공급원(시스템 내로 유체의 공급)과 부하 장소(시스템으로부터 유체의 배출)를 비롯한 무수한 병렬과 직렬 배관 시스템이 사용된다(그림 8-33). 배관 프로젝트는 새로운 시스템을 제작하거나 기존의 시스템을 확장하는 작업이 포함된다. 이러한 프로젝트에 있어서 설계 목적은 최소한의 총(초기 및 운전과 보수) 비용으로 원하는 압력에 원하는 유량을 신뢰성 있게 공급하도록 배관시스템을 설계하는 것이다. 시스템의 레이아웃이 준비되고 나면, 시스템 전체에 걸쳐 파이프의 직경과 압력의 결정은, 예산의 제한 내에서, 통상적으로 최적해가 얻어질 때까지 시스템을 풀어줌으로써 이루어진다. 이러한 시스템의 컴퓨터 모델링과 해석은 이런 지루한 과업

그림 8-33
산업현장의 배관망.
Courtesy UMDE Engineering, Contracting, and Trading. Used by permission.

을 간단한 작업으로 만들어준다.

그림 8-34와 8-35에 나타난 바와 같이 배관시스템은 직렬 또는 병렬로 연결된 다수의 파이프로 구성된다. 파이프가 **직렬로 연결된 경우** 시스템을 구성하는 각각의 파이프 직경에 관계없이 각 파이프의 유량은 일정한데, 이는 정상 비압축성 유동에 대한 질량보존법칙의 결과이다. 이 경우 총 수두손실은 부차적 손실을 포함한 각 파이프 손실의 합과 같다. 파이프 연결부에 나타나는 확대부와 축소부에 따른 손실은 직경이 작은 파이프의 평균속도를 기준으로 계산함을 유의하여야 한다.

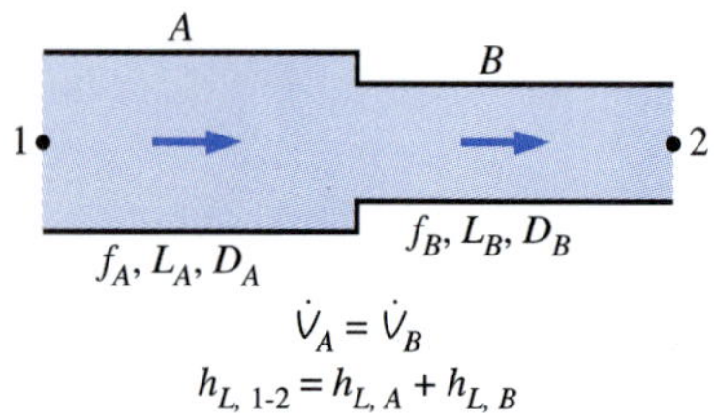

그림 8-34
직렬 파이프에서는 각 파이프의 유량은 같고, 총 수두손실은 각 파이프 수두손실의 합이다.

두 개 이상의 파이프가 **병렬로 연결된 경우** 총 유량은 각 파이프 유량의 합과 같다. 또한 $\Delta P = P_A - P_B$이고 각 파이프에서 P_A와 P_B는 같으므로 병렬로 연결된 각 파이프에서의 압력손실(수두손실)은 서로 같아야 한다. 즉, A점과 B점 사이를 연결하는 1과 2, 두 개의 병렬 파이프에서 부차적 손실을 무시하면 다음과 같은 식이 성립한다.

$$h_{L,1} = h_{L,2} \quad \rightarrow \quad f_1 \frac{L_1}{D_1}\frac{V_1^2}{2g} = f_2 \frac{L_2}{D_2}\frac{V_2^2}{2g}$$

이때 두 병렬 파이프 내의 평균유량과 평균유속은 다음과 같다.

$$\frac{V_1}{V_2} = \left(\frac{f_2}{f_1}\frac{L_2}{L_1}\frac{D_1}{D_2}\right)^{1/2} \quad \text{그리고} \quad \frac{\dot{V}_1}{\dot{V}_2} = \frac{A_{c,1}V_1}{A_{c,2}V_2} = \frac{D_1^2}{D_2^2}\left(\frac{f_2}{f_1}\frac{L_2}{L_1}\frac{D_1}{D_2}\right)^{1/2}$$

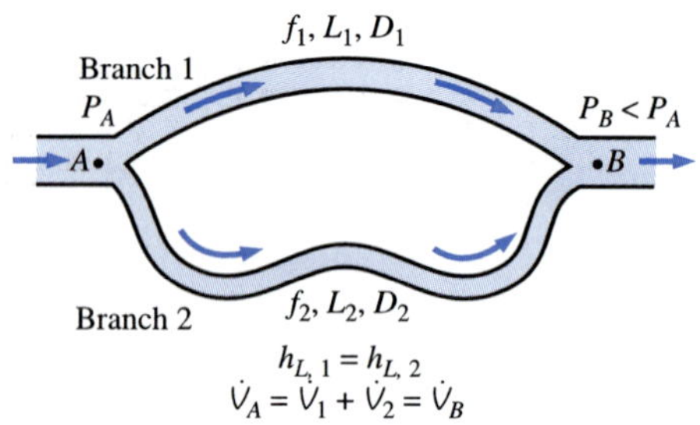

그림 8-35
병렬 파이프에서는 각 파이프의 수두손실은 같고, 총 유량은 각 파이프 유량의 합이다.

따라서 병렬 파이프의 상대적인 유량은 각 파이프의 수두손실이 같도록 하는 요구조건으로부터 정립된다. 이 결과는 다수의 병렬 파이프에도 적용할 수 있고, 부차적 손실에 의한 부품의 등가길이를 파이프 길이에 더하면 부차적 손실이 현저히 큰 파이프에도 적용할 수 있다. 병렬 가지관(branch) 하나에서의 유량은 파이프 직경의 5/2거듭제곱에 비례하고 길이와 마찰계수의 제곱근에 반비례함에 유의하라.

배관망의 해석에는 아무리 시스템이 복잡하다 하더라도 다음 두 가지 간단한 원리가 적용된다.

1. **시스템 전반에 걸쳐 질량보존이 만족되어야 한다.** 즉 접합부로 유입되는 유량과 접합부로부터 유출하는 유량은 같아야 하고, 직렬 연결의 경우 파이프 직경의 변화와 관계없이 파이프 내 유량은 일정하여야 한다.
2. **두 접합부 사이의 모든 유로에 대하여 두 접합부 사이의 압력강하(그리고 따라서 수두손실)는 서로 같아야 한다.** 이는 압력이 점함수이고 한 점에서의 압력이 두 값을 가질 수 없기 때문이다. 실제에서 이 법칙은 하나의 루프(loop)에서 (모든 루프에 대하여) 수두손실의 대수적 합은 영과 같다는 것을 요구함으로서 이용된다. (관례적으로 수두손실을 유동이 시계방향일 경우 양으로 하고 그리고 반시계방향일 경우 음으로 한다).

따라서 배관망 해석은 유량을 전류로 압력을 전압으로 바꾸면 전기회로 해석(Kirchhoff의 법칙)과 유사하다. 그러나 여기서의 상황은 훨씬 더 복잡한데 왜냐하면 전기저항과는 달리 "유동저항"은 매우 비선형인 함수이기 때문이다. 그러므로 배관망의 해석은 비선형 방정식 시스템의 동시적 풀이를 요구하는데 상세한 논의는 본교재의 범위를 벗어난다.

펌프와 터빈을 갖는 배관 시스템

펌프 또는 터빈이 배관 시스템에 있을 경우 단위 질량 당 정상유동 에너지 방정식을 수두로 나타내면 다음과 같다(5장 참조).

$$\frac{P_1}{\rho g} + \alpha_1 \frac{V_1^2}{2g} + z_1 + h_{\text{pump, }u} = \frac{P_2}{\rho g} + \alpha_2 \frac{V_2^2}{2g} + z_2 + h_{\text{turbine, }e} + h_L \tag{8-46}$$

여기서 $h_{\text{pump, }u} = w_{\text{pump, }u}/g$는 유체에 공급하는 유용한 펌프수두이고 $h_{\text{turbine, }e} = w_{\text{turbine, }e}/g$는 유체로부터 얻어진 터빈수두, α는 운동에너지 보정계수로 대부분의 (난류)유동에서 그 값은 대략 1.05이다. 또한 h_L은 1점과 2점 사이의(부차적 손실이 상당할 경우 이를 포함하여) 총 손실수두이다. 배관 시스템에 펌프나 팬이 없다면 펌프수두는 영이 되고, 터빈이 없다면 터빈수두는 영이 되며, 시스템에 동력과 관련된 장치가 없으면 둘 다 영이 된다.

한 수조에서 다른 수조로 유체를 이송시키는데 펌프를 사용한다. 1점과 2점을 각 수조의 **자유표면**으로 하면(그림 8-36), 큰 수조의 경우 자유표면에서의 속도는 무시할 만하고 압력은 대기압이므로 유용한 펌프수두는 에너지 방정식으로부터 다음과 같이 얻어진다.

$$h_{\text{pump, }u} = (z_2 - z_1) + h_L \tag{8-47}$$

따라서 유용한 펌프수두는 두 수조의 높이 차에 수두손실을 더한 값이 된다. 수두 높이 차 $z_2 - z_1$에 비하여 수두손실이 무시할 만하다면 유용한 펌프수두는 두 수조의 높이 차와 같게 된다. 펌프가 없이 $z_1 > z_2$인 경우(즉 첫 번째 수조가 두 번째 수조보다 높은 경우) 파이프 내에는 중력에 의해 높이 차와 동일한 수두손실을 유발하는 유량이 형성된다. 식 (8-47)의 $h_{\text{pump, }u}$를 $-h_{\text{turbine, }e}$로 바꾸면 터빈 수두에 대하여도 비슷하게 적용할 수 있다.

유용한 펌프수두가 결정되면 **펌프에 의해 유체로 전달되어야 하는 기계적 동력과 펌프 모터에 의해 소비되는 전력**은 다음 식으로 구할 수 있다.

$$\dot{W}_{\text{pump, shaft}} = \frac{\rho \dot{V} g h_{\text{pump, }u}}{\eta_{\text{pump}}} \quad \text{그리고} \quad \dot{W}_{\text{elect}} = \frac{\rho \dot{V} g h_{\text{pump, }u}}{\eta_{\text{pump–motor}}} \tag{8-48}$$

여기서 $\eta_{\text{pump-motor}}$는 **펌프-모터 조합효율**로 펌프효율과 모터효율을 곱하여 구한다(그림 8-37). 펌프-모터 효율은 펌프가 유체에 공급하는 기계적 에너지를 모터가 소비한 전력으로 나눈 값으로 일반적으로 대략 50% ~ 85%이다.

배관 시스템의 수두손실은 유량에 따라 (보통은 제곱에 비례하여) 증가한다. 요구유용펌프수두 $h_{\text{pump, }u}$를 유량의 함수로 나타낸 곡선을 **시스템**[또는 **수요(demand)**] **곡선**이라 부른다. 펌프수두와 펌프효율은 둘 다 상수가 아니며 유량에 따라 변하고, 따라서 펌프 제작사가 그림 8-38과 같은 $h_{\text{pump, }u}$, $\eta_{\text{pump, }u}$와 $\dot{V}$ 사이의 관계를 나타내는 **특성**[**characteristic** 또는 **공급(supply)** 또는 **성능(performance)**]**곡선**을 제공한다. 요구 수두가 감소할수록 펌프의 유량은 증가한다. 펌프 수두곡선이 y축과 만나는 점이 펌프가 공급할 수 있는 **최대수두**[차단(shutoff)수두라 함]가

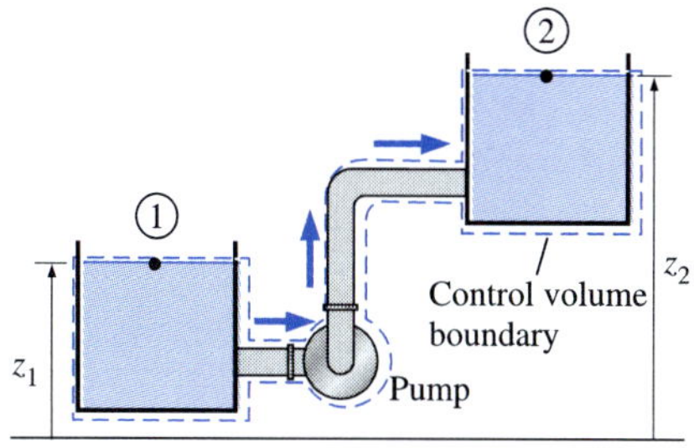

$h_{\text{pump, }u} = (z_2 - z_1) + h_L$
$\dot{W}_{\text{pump, }u} = \rho \dot{V} g h_{\text{pump, }u}$

그림 8-36
펌프를 사용하여 물을 한 수조에서 다른 수조로 이송할 때, 요구 유용펌프수두는 두 수조의 높이차에 수두손실을 더한 값과 같다.

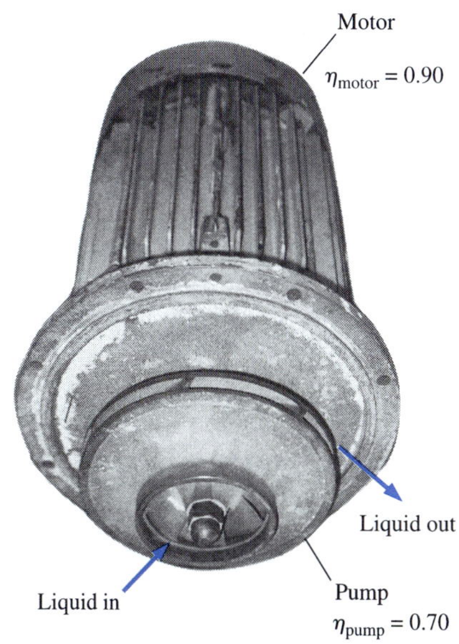

$\eta_{\text{pump–motor}} = \eta_{\text{pump}}\eta_{\text{motor}} = 0.70 \times 0.90 = 0.63$

그림 8-37
펌프-모터 조합의 효율은 펌프효율과 모터효율의 곱이다.
Courtesy Yunus Çengel

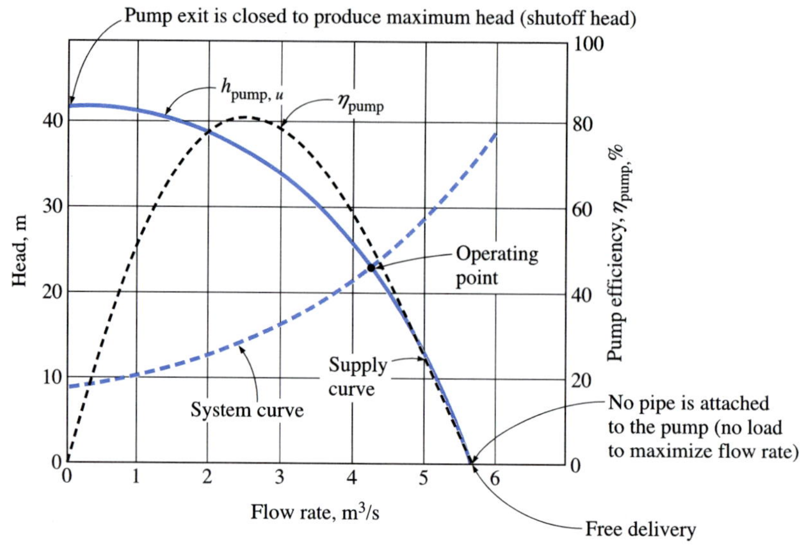

그림 8-38
원심펌프의 특성곡선, 배관 시스템의 시스템 곡선 및 운전점.

되고, x축과 만나는 점은 펌프가 공급할 수 있는 **최대유량[무부하 공급(free delivery)**이라 함]이 된다.

펌프의 **효율**은 어떤 특정한 수두와 유량의 조합에서 높게 나타난다. 따라서 어떤 펌프가 그 조건에서 효율이 충분히 높지 않으면 단지 요구수두와 요구유량을 제공한다고 해서 항상 그 시스템에 적합하다고 볼 수는 없다. 배관 시스템 중에 설치된 펌프는 **시스템곡선**과 **특성곡선**이 교차하는 점에서 운전되는데, 이 점을 그림 8-38에 보인 바와 같이 **운전점(operating point)**이라 부르고, 펌프에 의한 유용수두와 그 유량에서 시스템의 요구수두가 일치하는 점이다. 또한 그러한 운전조건에서 펌프효율은 그때 유량에 해당하는 값을 갖는다.

예제 8-7 병렬 파이프 내 물의 수송

20°C 물을 36 m 길이의 병렬로 연결된 두 파이프를 통해 $z_A = 5$ m인 수조에서 $z_B = 13$ m인 수조로 펌프로 이송한다(그림 8-39). 파이프는 상용 강관으로 직경이 각각 4 cm와 8 cm이다. 모터-펌프 효율은 70%이고 8 kW의 전력을 소비한다. 부차적 손실과 병렬 관로를 수조와 연결하는 파이프에서의 수두손실을 무시할 때, 수조 사이의 총 유량과 각 파이프의 유량을 구하라.

풀이 두 병렬 파이프로 이루어진 시스템에서의 펌프동력이 주어졌을 때 유량을 구하고자 한다.

가정 1 (수조가 크므로) 유동은 정상상태이고 비압축성이다. 2 입구영역을 무시하고 유동은 완전발달 되었다. 3 수조의 높이는 일정하다. 4 부차적 손실과 병렬 파이프를 제외한 파이프에서의 수두손실은 무시한다. 5 파이프 내부유동은 난류이다(나중에 증명됨).

상태량 20°C 물의 밀도와 점성계수는 각각 $\rho = 998$ kg/m³, $\mu = 1.002 \times 10^{-3}$ kg/m·s이다. 상용 강관의 조도는 $\varepsilon = 0.000045$ m이다(표 8-1).

해석 파이프 내 속도(또는 유량)를 모르므로 직접 풀 수는 없고, 반복 계산이 필요하다. 최근 EES와 같은 방정식 풀이기가 널리 사용되기 때문에 여기서는 단지 방정식만을 구

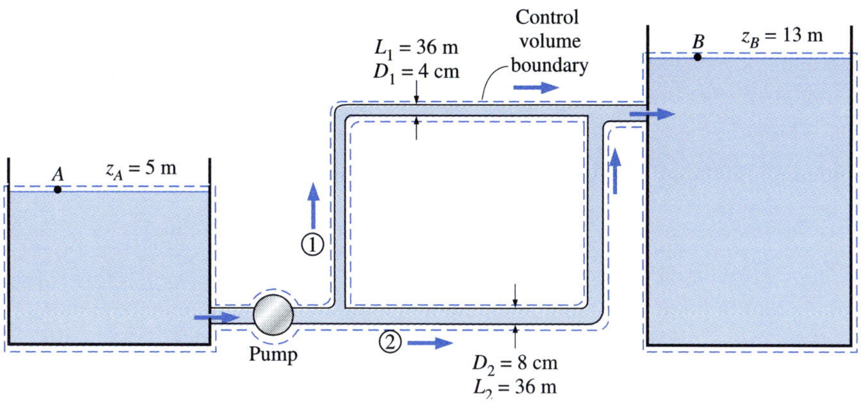

그림 8-39
예제 8-7에서 논의된 배관 시스템.

성한다. 펌프에 의해 공급되는 유용수두는 다음과 같이 계산된다.

$$\dot{W}_{\text{elect}} = \frac{\rho \dot{V} g h_{\text{pump},u}}{\eta_{\text{pump-motor}}} \quad \rightarrow \quad 8000 \text{ W} = \frac{(998 \text{ kg/m}^3)\dot{V}(9.81 \text{ m/s}^2)h_{\text{pump},u}}{0.70} \tag{1}$$

A점과 B점을 두 수조의 자유표면으로 하면 그 곳에서의 압력은 대기압이고($P_A = P_B = P_{\text{atm}}$), 속도는 영이므로($V_A \approx V_B \approx 0$), 두 점 사이의 검사체적에 대한 에너지 방정식은 다음과 같이 나타난다.

$$\frac{P_A}{\rho g} + \alpha_A \frac{V_A^2}{2g} + z_A + h_{\text{pump},u} = \frac{P_B}{\rho g} + \alpha_B \frac{V_B^2}{2g} + z_B + h_L$$

또는,

$$h_{\text{pump},u} = (z_B - z_A) + h_L$$

또는,

$$h_{\text{pump},u} = (13 \text{ m} - 5 \text{ m}) + h_L \tag{2}$$

여기서

$$h_L = h_{L,1} = h_{L,2} \tag{3)(4}$$

4 cm 직경 파이프를 1로 하고 8 cm 직경 파이프를 2로 하면 각 파이프에서의 평균속도, Reynolds 수, 마찰계수, 및 수두손실은 다음과 같다.

$$V_1 = \frac{\dot{V}_1}{A_{c,1}} = \frac{\dot{V}_1}{\pi D_1^2/4} \quad \rightarrow \quad V_1 = \frac{\dot{V}_1}{\pi (0.04 \text{ m})^2/4} \tag{5}$$

$$V_2 = \frac{\dot{V}_2}{A_{c,2}} = \frac{\dot{V}_2}{\pi D_2^2/4} \quad \rightarrow \quad V_2 = \frac{\dot{V}_2}{\pi (0.08 \text{ m})^2/4} \tag{6}$$

$$\text{Re}_1 = \frac{\rho V_1 D_1}{\mu} \quad \rightarrow \quad \text{Re}_1 = \frac{(998 \text{ kg/m}^3)V_1(0.04 \text{ m})}{1.002 \times 10^{-3} \text{ kg/m} \cdot \text{s}} \tag{7}$$

$$\text{Re}_2 = \frac{\rho V_2 D_2}{\mu} \quad \rightarrow \quad \text{Re}_2 = \frac{(998 \text{ kg/m}^3)V_2(0.08 \text{ m})}{1.002 \times 10^{-3} \text{ kg/m} \cdot \text{s}} \tag{8}$$

$$\frac{1}{\sqrt{f_1}} = -2.0\log\left(\frac{\varepsilon/D_1}{3.7} + \frac{2.51}{\text{Re}_1\sqrt{f_1}}\right)$$

$$\rightarrow \quad \frac{1}{\sqrt{f_1}} = -2.0\log\left(\frac{0.000045}{3.7 \times 0.04} + \frac{2.51}{\text{Re}_1\sqrt{f_1}}\right) \tag{9}$$

$$\frac{1}{\sqrt{f_2}} = -2.0\log\left(\frac{\varepsilon/D_2}{3.7} + \frac{2.51}{\text{Re}_2\sqrt{f_2}}\right)$$

$$\rightarrow \quad \frac{1}{\sqrt{f_2}} = -2.0\log\left(\frac{0.000045}{3.7 \times 0.08} + \frac{2.51}{\text{Re}_2\sqrt{f_2}}\right) \tag{10}$$

$$h_{L,1} = f_1\frac{L_1}{D_1}\frac{V_1^2}{2g} \quad \rightarrow \quad h_{L,1} = f_1\frac{36\text{ m}}{0.04\text{ m}}\frac{V_1^2}{2(9.81\text{ m/s}^2)} \tag{11}$$

$$h_{L,2} = f_2\frac{L_2}{D_2}\frac{V_2^2}{2g} \quad \rightarrow \quad h_{L,2} = f_2\frac{36\text{ m}}{0.08\text{ m}}\frac{V_2^2}{2(9.81\text{ m/s}^2)} \tag{12}$$

$$\dot{V} = \dot{V}_1 + \dot{V}_2 \tag{13}$$

따라서 13개의 미지수와 13개의 방정식이 되고, 방정식 풀이기에 의하면 다음 결과가 얻어진다.

$$\dot{V} = \mathbf{0.0300\ m^3/s}, \quad \dot{V}_1 = \mathbf{0.00415\ m^3/s}, \quad \dot{V}_2 = \mathbf{0.0259\ m^3/s}$$

$$V_1 = 3.30\text{ m/s}, \quad V_2 = 5.15\text{ m/s}, \quad h_L = h_{L,1} = h_{L,2} = 11.1\text{ m}, \quad h_{\text{pump}} = 19.1\text{ m}$$

$$\text{e}_1 = 131{,}600, \quad \text{Re}_2 = 410{,}000, \quad f_1 = 0.0221, \quad f_2 = 0.0182$$

여기서 두 파이프 모두 Re > 4000이고 따라서 난류 가정이 맞는다는 것이 입증된다.

토의 두 파이프는 직경만 두 배로 다를 뿐 길이가 같고 동일한 조도를 가지고 있다. 그러나 첫 번째 파이프로는 전체유량의 14%만 흐른다. 따라서 유량은 직경에 따라 크게 달라짐을 알 수 있다. 만일 두 수조의 높이가 같다면($z_A = z_B$), 유량은 0.0300 m³/s에서 0.0361 m³/s로 20% 증가한다. 또한 비가역 수두손실을 무시하면 유량은 0.0715 m³/s가 될 것이다(138% 증가).

예제 8-8 중력에 의한 파이프 내 물 유동

그림 8-40에 나타나 있듯이 10°C 물이 5 cm 직경의 주철 배관 시스템을 통하여 큰 수조에서 작은 수조로 흐른다. 유량이 6 L/s일 때 높이 z_1을 구하라.

풀이 두 수조를 연결하는 배관 시스템 내 유량이 주어졌을 때 공급 수조의 높이를 구하고자 한다.

가정 **1** 유동은 정상상태이고 비압축성이다. **2** 수조의 높이는 일정하다. **3** 관로 중에 펌프나 터빈은 없다.

상태량 10°C 물의 밀도와 점성계수는 각각 $\rho = 999.7\ \text{kg/m}^3$, $\mu = 1.307 \times 10^{-3}\ \text{kg/m}\cdot\text{s}$이고 주철관의 조도는 $\varepsilon = 0.00026$ m이다 (표 8-1).

해석 배관 시스템은 89 m 길이의 파이프, 각진 입구부($K_L = 0.5$), 두 개의 표준형 플랜지 엘보우(각각 $K_L = 0.3$), 완전히 열린 게이트 밸브($K_L = 0.2$), 및 돌출된 출구부($K_L = 1.06$)로 구성된다. 1점과 2점을 두 수조의 자유표면으로 하면 각 점의 압력은 대기압이고 ($P_1 = P_2 = P_{atm}$), 속도는 0($V_1 \cong V_2 \cong 0$)이 되므로, 두 점 사이의 검사체적에 대한 에너지 방정식은 다음과 같이 나타난다.

$$\frac{P_1}{\rho g} + \alpha_1 \frac{V_1^2}{2g}^{\nearrow 0} + z_1 = \frac{P_2}{\rho g} + \alpha_2 \frac{V_2^2}{2g}^{\nearrow 0} + z_2 + h_L \quad \rightarrow \quad z_1 = z_2 + h_L$$

여기서, 배관 시스템의 직경이 일정하므로 다음 식이 성립한다.

$$h_L = h_{L,\text{ total}} = h_{L,\text{ major}} + h_{L,\text{ minor}} = \left(f\frac{L}{D} + \sum K_L\right)\frac{V^2}{2g}$$

파이프 내 평균유속과 Reynolds 수는 다음과 같이 얻어진다.

$$V = \frac{\dot{V}}{A_c} = \frac{\dot{V}}{\pi D^2/4} = \frac{0.006\text{ m}^3/\text{s}}{\pi(0.05\text{ m})^2/4} = 3.06\text{ m/s}$$

$$\text{Re} = \frac{\rho VD}{\mu} = \frac{(999.7\text{ kg/m}^3)(3.06\text{ m/s})(0.05\text{ m})}{1.307 \times 10^{-3}\text{ kg/m}\cdot\text{s}} = 117{,}000$$

Re > 4000이므로 유동은 난류이다. 상대조도는 $\varepsilon/D = 0.00026/0.05 = 0.0052$이므로, Colebrook 공식(또는 Moody 선도)으로부터 마찰계수를 구하면 다음과 같다.

$$\frac{1}{\sqrt{f}} = -2.0\log\left(\frac{\varepsilon/D}{3.7} + \frac{2.51}{\text{Re}\sqrt{f}}\right) \quad \rightarrow \quad \frac{1}{\sqrt{f}} = -2.0\log\left(\frac{0.0052}{3.7} + \frac{2.51}{117{,}000\sqrt{f}}\right)$$

반복계산으로 $f = 0.0315$를 얻는다. 따라서 손실계수의 총합은 다음과 같다.

$$\sum K_L = K_{L,\text{ entrance}} + 2K_{L,\text{ elbow}} + K_{L,\text{ valve}} + K_{L,\text{ exit}}$$
$$= 0.5 + 2 \times 0.3 + 0.2 + 1.06 = 2.36$$

따라서 총 수두손실과 공급 수조의 높이는 다음과 같이 얻어진다.

$$h_L = \left(f\frac{L}{D} + \sum K_L\right)\frac{V^2}{2g} = \left(0.0315\frac{89\text{ m}}{0.05\text{ m}} + 2.36\right)\frac{(3.06\text{ m/s})^2}{2(9.81\text{ m/s}^2)} = 27.9\text{ m}$$

$$z_1 = z_2 + h_L = 4 + 27.9 = \mathbf{31.9\text{ m}}$$

그러므로 공급 수조의 자유표면이 지면에서 31.9 m의 높이에 있을 때 두 수조 사이에 주

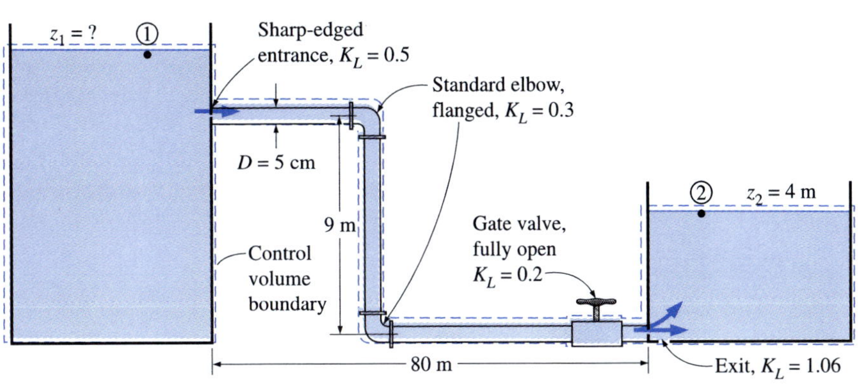

그림 8-40
예제 8-8에서 논의된 배관 시스템.

어진 유량이 흐를 수 있다..

토의 본 문제의 경우 fL/D=56.1로 부차적 손실계수 총합의 약 24배이다. 따라서 부차적 손실을 무시하면 약 4%의 오차가 생긴다. 밸브를 3/4 만큼 닫으면 총 수두 손실은 35.9 m가 되고(27.9 m 대신에), 엘보우와 수직파이프를 제거하여 관로를 지면 높이의 직선으로 배치하면 총 수두손실은 24.8 m로 떨어지게 된다. 입구부를 둥글게 하면 수두손실을 24.8 m에서 24.6 m로 더 줄일 수 있다. 파이프 재질을 주철에서 플라스틱과 같은 매끈한 표면으로 하면 수두손실을 현저히 (27.9에서 16.0 m로) 감소시킬 수 있다.

예제 8-9 물내림이 샤워 유량에 미치는 영향

그림 8-41에 보인 바와 같이 건물 내 화장실 배관은 1.5 cm 직경의 동 파이프와 나사 연결부로 구성되어 있다. (a) 샤워기가 작동하고 변기에 물이 가득 차 있을 때(변기로 연결된 가지관으로의 유동은 없음), 시스템 입구부의 계기압력이 200 kPa이다. 이때 샤워기에서 배출되는 유량을 구하라. (b) 변기의 물내림(flushing)이 샤워기를 통해 흐르는 유량에 미치는 영향을 결정하라. 샤워기와 변기의 손실계수는 각각 12와 14로 취하라.

풀이 화장실의 냉수 관로가 주어졌을 때 샤워 유량과 변기 물내림에 의한 샤워 유량 변화를 구하고자 한다.

가정 **1** 유동은 정상상태이고 비압축성이다. **2** 유동은 난류이고 완전발달되어 있다. **3** 변기는 대기 중에 노출되어 있다. **4** 속도 수두는 미미하다.

상태량 20℃ 물의 상태량은 $\rho = 998\ \text{kg/m}^3$, $\mu = 1.002 \times 10^{-3}\ \text{kg/m}\cdot\text{s}$, $\nu = \mu/\rho = 1.004 \times 10^{-6}\ \text{m}^2/\text{s}$이고, 동 파이프의 조도는 $\varepsilon = 1.5 \times 10^{-6}$ m이다.

해석 파이프 직경과 압력강하가 주어졌을 때 유량을 구하는 문제이므로 두 번째 유형의 문제이다. 이 경우 유량(또는 유속)을 모르기 때문에 반복계산을 해야 한다.

(a) 샤워기가 연결된 배관 시스템은 11 m 길이의 파이프, 티($K_L = 0.9$), 두 개의 표준형 엘보우(각각 $K_L = 0.9$), 완전히 열린 글로브 밸브($K_L = 10$), 그리고 샤워기($K_L = 12$)로 구성된다. 따라서 $\sum K_L = 0.9 + 2 \times 0.9 + 10 + 12 = 24.7$이 된다. 샤워기가 대기 중에 노출되어 있고 속도수두가 미미하므로 1점과 2점 사이 검사체적에 대한 에너지 방정식은 다음과 같이 나타난다.

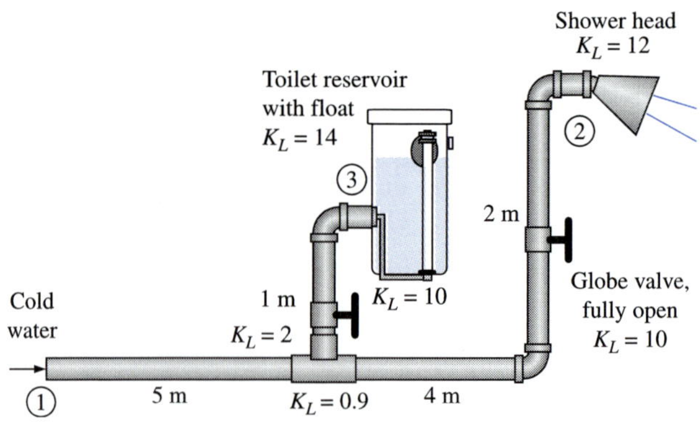

그림 8-41
예제 8-9의 개략도.

$$\frac{P_1}{\rho g} + \alpha_1 \frac{V_1^2}{2g} + z_1 + h_{\text{pump}, u} = \frac{P_2}{\rho g} + \alpha_2 \frac{V_2^2}{2g} + z_2 + h_{\text{turbine}, e} + h_L$$

$$\rightarrow \quad \frac{P_{1,\text{ gage}}}{\rho g} = (z_2 - z_1) + h_L$$

따라서 수두손실은 다음과 같다.

$$h_L = \frac{200{,}000 \text{ N/m}^2}{(998 \text{ kg/m}^3)(9.81 \text{ m/s}^2)} - 2 \text{ m} = 18.4 \text{ m}$$

또한 관로의 직경이 일정하므로 다음이 성립한다.

$$h_L = \left(f\frac{L}{D} + \sum K_L\right)\frac{V^2}{2g} \quad \rightarrow \quad 18.4 = \left(f\frac{11 \text{ m}}{0.015 \text{ m}} + 24.7\right)\frac{V^2}{2(9.81 \text{ m/s}^2)}$$

파이프 내 평균속도, Reynolds 수, 및 마찰계수는 다음과 같이 얻어진다.

$$V = \frac{\dot{V}}{A_c} = \frac{\dot{V}}{\pi D^2/4} \quad \rightarrow \quad V = \frac{\dot{V}}{\pi(0.015 \text{ m})^2/4}$$

$$\text{Re} = \frac{VD}{\nu} \quad \rightarrow \quad \text{Re} = \frac{V(0.015 \text{ m})}{1.004 \times 10^{-6} \text{ m}^2\text{/s}}$$

$$\frac{1}{\sqrt{f}} = -2.0 \log\left(\frac{\varepsilon/D}{3.7} + \frac{2.51}{\text{Re}\sqrt{f}}\right)$$

$$\rightarrow \quad \frac{1}{\sqrt{f}} = -2.0 \log\left(\frac{1.5 \times 10^{-6} \text{ m}}{3.7(0.015 \text{ m})} + \frac{2.51}{\text{Re}\sqrt{f}}\right)$$

EES와 같은 방정식 풀이기를 사용하여 4개의 미지수와 4개의 방정식을 풀면 다음의 결과가 얻어진다.

$$\dot{V} = 0.00053 \text{ m}^3\text{/s}, \quad f = 0.0218, \quad V = 2.98 \text{ m/s}, \quad \text{Re} = 44{,}550$$

즉 샤워기 토출 유량은 0.53 L/s이다.

(b) 변기의 물을 내리면 부구(float)가 움직여서 밸브를 연다. 변기 내로 물이 다시 채워지기 시작하면 티 이후로 병렬유동이 형성된다. 샤워기 가지관의 수두손실과 부차적 손실계수는 (a)로부터 각각 $h_{L,\,2} = 18.4$ m, $\sum K_{L,\,2} = 24.7$이다. 마찬가지로 변기 가지관에서의 값들은 다음과 같이 얻어진다.

$$h_{L,\,3} = \frac{200{,}000 \text{ N/m}^2}{(998 \text{ kg/m}^3)(9.81 \text{ m/s}^2)} - 1 \text{ m} = 19.4 \text{ m}$$

$$\Sigma K_{L,\,3} = 2 + 10 + 0.9 + 14 = 26.9$$

이 경우에 관련되는 방정식들은 다음과 같다.

$$\dot{V}_1 = \dot{V}_2 + \dot{V}_3$$

$$h_{L,\,2} = f_1\frac{5 \text{ m}}{0.015 \text{ m}}\frac{V_1^2}{2(9.81 \text{ m/s}^2)} + \left(f_2\frac{6 \text{ m}}{0.015 \text{ m}} + 24.7\right)\frac{V_2^2}{2(9.81 \text{ m/s}^2)} = 18.4$$

$$h_{L,3} = f_1 \frac{5\text{ m}}{0.015\text{ m}} \frac{V_1^2}{2(9.81\text{ m/s}^2)} + \left(f_3 \frac{1\text{ m}}{0.015\text{ m}} + 26.9\right) \frac{V_3^2}{2(9.81\text{ m/s}^2)} = 19.4$$

$$V_1 = \frac{\dot{V}_1}{\pi(0.015\text{ m})^2/4}, \quad V_2 = \frac{\dot{V}_2}{\pi(0.015\text{ m})^2/4}, \quad V_3 = \frac{\dot{V}_3}{\pi(0.015\text{ m})^2/4}$$

$$\text{Re}_1 = \frac{V_1(0.015\text{ m})}{1.004 \times 10^{-6}\text{m}^2/\text{s}}, \quad \text{Re}_2 = \frac{V_2(0.015\text{ m})}{1.004 \times 10^{-6}\text{m}^2/\text{s}}, \quad \text{Re}_3 = \frac{V_3(0.015\text{ m})}{1.004 \times 10^{-6}\text{m}^2/\text{s}}$$

$$\frac{1}{\sqrt{f_1}} = -2.0 \log\left(\frac{1.5 \times 10^{-6}\text{ m}}{3.7(0.015\text{ m})} + \frac{2.51}{\text{Re}_1\sqrt{f_1}}\right)$$

$$\frac{1}{\sqrt{f_2}} = -2.0 \log\left(\frac{1.5 \times 10^{-6}\text{ m}}{3.7(0.015\text{ m})} + \frac{2.51}{\text{Re}_2\sqrt{f_2}}\right)$$

$$\frac{1}{\sqrt{f_3}} = -2.0 \log\left(\frac{1.5 \times 10^{-6}\text{ m}}{3.7(0.015\text{ m})} + \frac{2.51}{\text{Re}_3\sqrt{f_3}}\right)$$

방정식 풀이기를 사용하여 12개의 미지수와 12개의 방정식을 풀어 유량을 구하면 다음이 얻어진다.

$$\dot{V}_1 = 0.00090\text{ m}^3/\text{s}, \quad \dot{V}_2 = 0.00042\text{ m}^3/\text{s}, \quad \dot{V}_3 = 0.00048\text{ m}^3/\text{s}$$

그러므로 변기의 물을 내림으로써 샤워기에 공급되는 찬물의 유량이 0.53 L/s에서 0.42 L/s로 21% 감소하며, 따라서 샤워기 물이 갑자기 매우 뜨겁게 된다(그림 8-42).

토의 만일 속도수두를 고려하면 샤워기 유량은 0.42 L/s가 아니고 0.43 L/s가 된다. 따라서 이 문제에서 속도수두를 무시한 가정은 타당하다. 배관 시스템의 누수도 동일한 효과를 유발하므로 토출부의 유량이 갑자기 줄어들면 배관의 누수를 의심할 필요가 있다.

그림 8-50
샤워기의 냉수 유량은 근처 변기의 물내림에 의해 크게 영향을 받을 수 있다.

8-8 ▪ 유량과 속도 측정

유체역학의 주된 응용분야는 유체의 유량을 결정하는 것이고, 그리고 유동 계량(flow metering)의 목적으로 다년간에 걸쳐 수많은 장치가 개발되어 왔다. 유량계(flowmeter)는 복잡성, 크기, 비용, 정확도, 다용도성, 용량, 압력강하, 그리고 작동원리에 따라 다양한 종류가 있다. 본 절에서는 파이프나 덕트를 흐르는 기체나 액체의 유량을 측정하는데 일반적으로 널리 사용되는 계측기에 대해 살펴본다. 여기서의 논의는 비압축성 유동에 국한한다.

일부 유량계는 체적을 알고 있는 용기 내로 유체를 연속적으로 충전 또는 방출하고 단위 시간 당 방출 횟수를 추적함으로써 유량을 직접 측정한다. 그러나 대부분의 유량계는 유량을 간접 방식으로 측정하는데, 평균속도 V를 측정하거나 평균속도와 관련되는 압력이나 항력을 측정하고 다음 식으로부터 체적유량을 구한다.

$$\dot{V} = VA_c \tag{8-49}$$

여기서 A_c는 유동 단면적이다. 즉, 대부분의 유량계는 유속을 측정하여 유량을 결정하므로 사실은 단순히 유속계로 볼 수 있다.

유속 측정 시에는 파이프 내 속도가 벽면에서 영으로부터 중심에서 최대까지 변한다는 사실을 유념하여야 한다. 층류유동의 경우 평균속도는 중심속도의 절반이다. 하지만 난류유동의 경우는 속도분포가 평평하므로 몇 군데에서 측정하여 가중평균 또는 적분 값을 구한다.

유량측정에는 단순한 방법부터 복잡한 방법까지 여러 종류가 있다. 단순한 방법의 예를 들면, 호스를 통해 흐르는 유량은 체적을 알고 있는 통에 물을 받고 그 받은 양을 받은 시간으로 나누면 알 수 있다(그림 8-43). 강물의 유속을 알 수 있는 간단한 방법은 강물 위에 부표를 띄우고 정해진 거리까지 흘러가는데 걸리는 시간을 측정하면 된다. 복잡한 방법의 예로, 어떤 유량계는 흐르는 유체 내에서 소리의 전파를 이용하기도 하고, 유체가 자기장을 통과할 때 발생하는 기전력을 이용하기도 한다. 본 절에서는 유량 측정에 널리 사용되는 계측장치를 살펴보기로 한다.

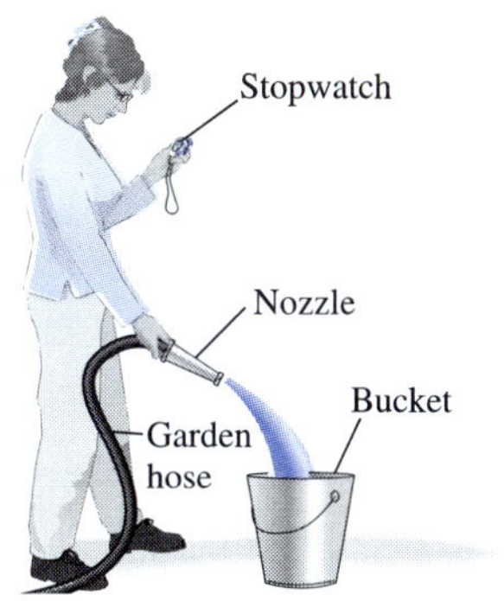

그림 8-43
정원호스의 유량을 측정하는 단순하지만 정확한 방법은 통에 물을 받고 그 시간을 측정하는 것이다.

피토관과 피토 정압관

프랑스 엔지니어 Henri de Pitot(1695-1771)의 이름을 딴 **피토관**(Pitot probe, 혹은 **Pitot tube**)과 피토 정압관(Pitot-static probe)은 유속측정에 널리 사용된다. 피토관은 정체점(stagnation point)에 압력공이 위치하는 튜브로 정체압(stagnation pressure)을 측정하는 반면, 피토 정압관에는 정체압력공과 원주방향으로 몇 개의 정압공이 있어서 정체압과 정압을 동시에 측정한다(그림 8-44와 그림 8-45). Pitot는 최초로 상류점 관(upstream point tube)을 사용하여 유속을 측정하였고, 프랑스 엔지니어 Henry Darcy(1803-1858)는 동일한 관 조립품에 정압관을 배치하고 작은 구멍을 뚫는 등 오늘날 사용되는 계측기의 특징을 거의 갖춘 피토 정압관을 개발하였다. 따라서 피토 정압관을 **Pitot-Darcy 관**으로 부르는 것이 좀 더 합당하다.

피토 정압관은 압력차를 측정하고 이를 Bernoulli 식과 연관하여 국소 속도를 결정한다. 피토 정압관은 유동과 정렬된 이중관으로 내측관은 선단부(1점)에서 정체압을 측정하고 외측관은 외측(2점)에 가공된 구멍으로 정압을 측정한다. 충분히 높은 속도를 가진(1점과 2점 사이의 마찰효과를 무시할 수 있을 만큼) 비압축성 유동에서 Bernoulli 방정식은 다음과 같다.

$$\frac{P_1}{\rho g} + \frac{V_1^2}{2g} + z_1 = \frac{P_2}{\rho g} + \frac{V_2^2}{2g} + z_2 \tag{8-50}$$

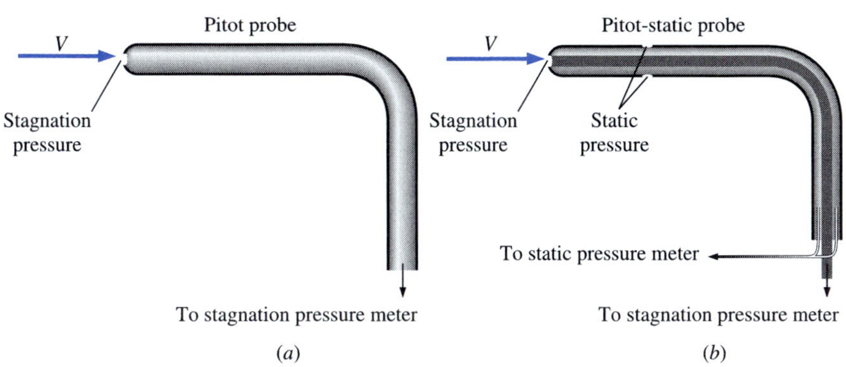

그림 8-44
(a) 피토관은 프로브 선단의 정체압을 측정한다. 반면 (b) 피토 정압관은 정체압과 정압을 측정하며, 이로부터 유속이 계산된다.

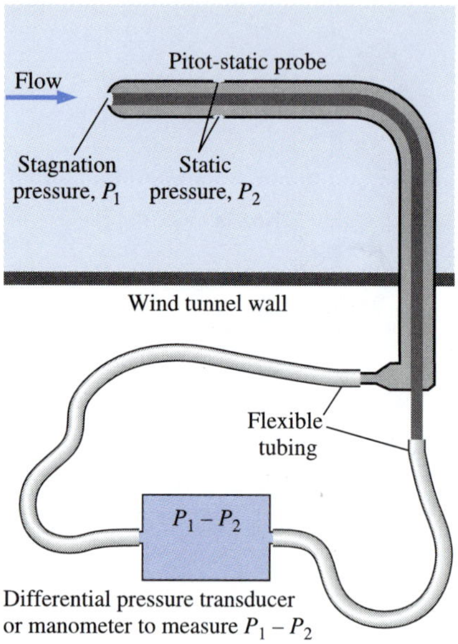

그림 8-45
피토 정압관을 사용한 유속측정(차압 변환기 대신 마노미터를 사용할 수 있다).

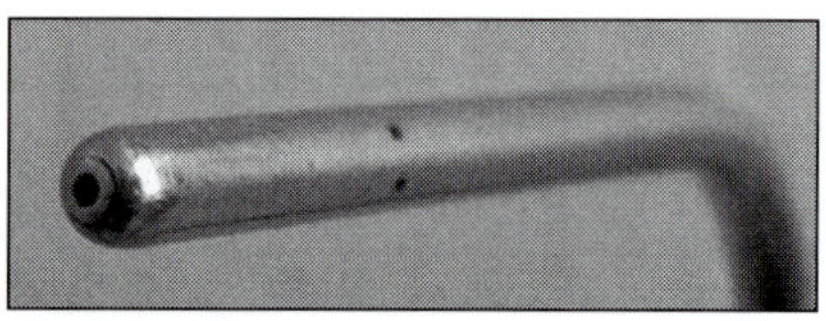

그림 8-46
피토 정압관에 대한 확대사진으로 정체압 구멍과 다섯 개의 원주방향 정압구멍 중 두 개가 보인다.
Photo by Po-Ya Abel Chuang.

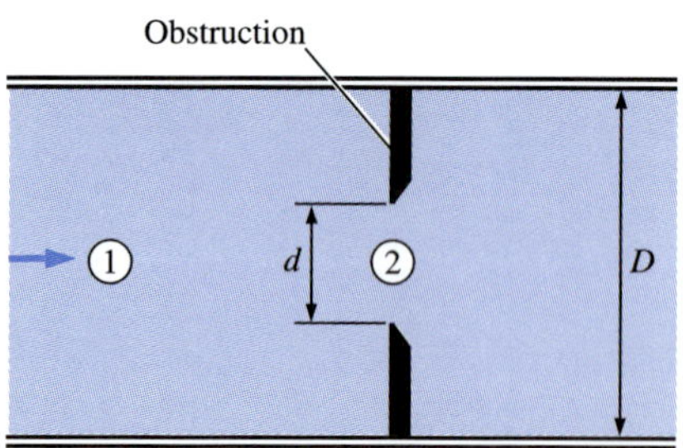

그림 8-47
파이프 내 교축부를 지나는 유동.

정압공은 Pitot 정압관의 외측에 위치하므로 $z_1 \cong z_2$이고, 1점은 정체점이므로 $V_1 = 0$이며, 유동속도 $V = V_2$는 다음과 같이 얻어진다.

피토 공식: $$V = \sqrt{\frac{2(P_1 - P_2)}{\rho}} \qquad (8\text{-}51)$$

위 식은 **피토 공식**(Pitot formula)으로 알려져 있다. 만일 측정점에서의 속도가 평균속도와 같다면 체적유량은 $\dot{V} = VA_c$가 된다.

피토 정압관은 간단하고 저렴하며 구동부가 없는 신뢰도가 높은 장치이다(그림 8-46). 또한 장치로 인해 유발되는 압력 차는 매우 작고 유동을 크게 교란시키지도 않는다. 그러나 피토 정압관이 유동과 정렬되지 않으면 오차가 매우 커지므로 유의하여야 한다. 또한, 정압과 정체압 간의 차이(즉 동압)는 유체의 밀도 그리고 유속의 제곱에 비례한다. 피토 정압관은 액체와 기체 모두의 유속 측정에 사용 가능하다. 피토 정압관이 기체 유동에 사용될 때 밀도가 작은 기체의 경우는 유속이 충분히 빨라야 측정 가능한 동압이 형성됨에 유의하여야 한다.

장애물식 유량계: 오리피스, 벤투리 및 노즐 유량계

그림 8-47에 보인 바와 같은, 직경이 d인 유동 면적으로 축소하는 직경 D인 수평 파이프 내의 비압축성 정상상태의 유체 유동을 고려하자. 교축(constriction) 전의 위치(1점)와 교축이 발생하는 위치(2점) 사이의 질량 평형식과 Bernoulli 방정식은 다음과 같다.

질량평형식: $$\dot{V} = A_1V_1 = A_2V_2 \ \rightarrow \ V_1 = (A_2/A_1)V_2 = (d/D)^2V_2 \qquad (8\text{-}52)$$

Bernoulli 방정식($z_1 = z_2$): $$\frac{P_1}{\rho g} + \frac{V_1^2}{2g} = \frac{P_2}{\rho g} + \frac{V_2^2}{2g} \qquad (8\text{-}53)$$

식 (8-52)와 식 (8-53)으로부터 속도 V_2를 구하면 다음의 결과가 얻어진다.

장애물(손실이 없을 때): $$V_2 = \sqrt{\frac{2(P_1 - P_2)}{\rho(1 - \beta^4)}} \qquad (8\text{-}54)$$

여기서 $\beta = d/D$는 직경비이다. V_2가 구해지면 유량은 $\dot{V} = A_2V_2 = (\pi d^2/4)V_2$가 된다.

위의 간단한 해석은 유동을 교축하고 그리고 교축부(constriction site)에서 속도의 증가에 기인한 압력감소를 측정하면 파이프를 통해 흐르는 유량을 결정할 수 있음을 보여준다. 두 점에서의 압력차는 차압계 또는 마노미터를 이용하여 쉽게 측정이 가능하므로, 유동을 방해(obstruct, 또는 폐색)함으로써 간단한 유량측정이 가능한 것으로 보인다. 이러한 원리에 의한 유량계를 **장애물**(또는 폐색)**식 유량계**(obstruction flowmeter)라 부르는데 기체나 액체의 유량측정에 널리 사용된다.

식 (8-54)에서 얻어진 속도는 손실이 없다고 가정해서 얻어진 값으로 교축부에서 얻을 수 있는 최대속도이다. 그러나 실제로는 마찰에 의한 압력손실이 존재하고 따라서 속도는 감소한다. 또한 유선은 교축부를 지나서도 계속 축소되고 베나 콘트랙타(통로가 좁아져 생긴 흐름)의 면적은 교축부의 면적보다 작게 된다. 이러한 손실들은 실험적으로 얻어지는 보정계수인 **유량계수(discharge coefficient)** C_d에 고려되는데, 이를 포함한 장애물식 유량계의 유량은 다음과 같이 표시된다.

장애물식 유량계: $$\dot{V} = A_0 C_d \sqrt{\frac{2(P_1 - P_2)}{\rho(1 - \beta^4)}} \tag{8-55}$$

여기서 $A_0 = A_2 = \pi d^2/4$는 교축부의 단면적이고 $\beta = d/D$는 교축부와 파이프의 직경비이다. 유량계수 C_d는 β와 Reynolds 수 $\text{Re} = V_1 D/\nu$의 함수로 여러 형태의 장애물식 유량계에 대해 선도와 상관식이 존재한다.

장애물식 유량계 중 가장 널리 사용되는 것이 오리피스 유량계, 노즐 유량계, 및 벤투리 유량계이다(그림 8-48). 표준 형상에 대하여 실험적으로 결정된 유량계수는 다음과 같다(Miller, 1997).

오리피스 유량계: $$C_d = 0.5959 + 0.0312\beta^{2.1} - 0.184\beta^8 + \frac{91.71\beta^{2.5}}{\text{Re}^{0.75}} \tag{8-56}$$

노즐 유량계: $$C_d = 0.9975 - \frac{6.53\beta^{0.5}}{\text{Re}^{0.5}} \tag{8-57}$$

위의 두 관계식은 $0.25 < \beta < 0.75$이고 $10^4 < \text{Re} < 10^7$인 범위에서 유효하다. 그러나 C_d값은 장애물의 설계에 따라 다소 달라지기 때문에 가능하면 제작사의 데이터를 참조해야 한다. Reynolds 수가 큰 ($\text{Re} > 30{,}000$) 유동에 대해 C_d 값은 노즐 유량계의 경우는 0.96으로, 그리고 오리피스 유량계의 경우는 0.61로 일정한 값이 된다.

벤투리 유량계의 경우는 유선형 유로 설계로 인하여 유량계수가 0.95에서 0.99 (Reynolds 수가 클수록 C_d도 커짐)로 매우 크다. 제작사의 데이터가 없다면 $C_d = 0.98$을 사용한다. 그런데 Reynolds 수는 유동속도와 관련이 있고, 이 속도는 미리 알지 못하므로, C_d에 대한 상관식을 이용하여 계산할 때는 반복계산이 필요하다.

오리피스 유량계는 모양이 단순하며 중간에 구멍이 뚫린 판 하나만 필요하므로 설치에 필요한 공간이 적고, 따라서 여러 형태가 존재한다(그림 8-49). 어떤 것은 모서리가 날카롭고 어떤 것은 둥글게 처리되어 있기도 하다. 오리피스 유량

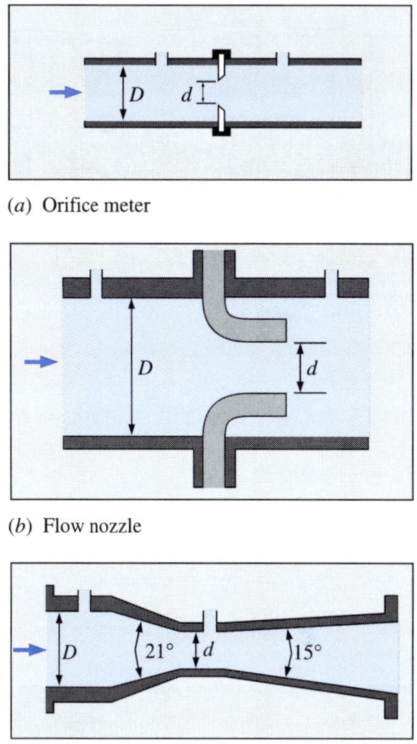

(a) Orifice meter

(b) Flow nozzle

(c) Venturi meter

그림 8-48
대표적인 장애물식 유량계.

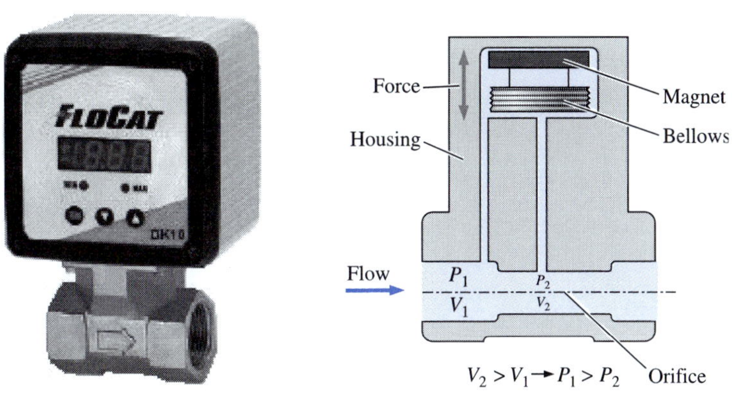

그림 8-49
오리피스 유량계와 그 개략도. 내장된 압력 변환기와 디지털 지시계가 보인다.
Courtesy KOBOLD Instruments, Pittsburgh, PA. www.koboldusa.com. Used by permission.

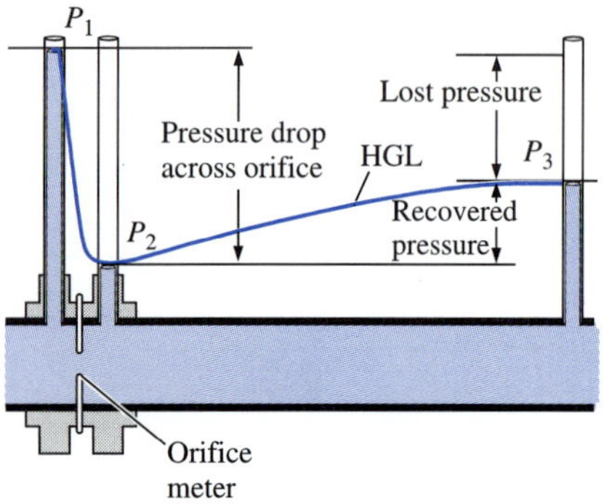

그림 8-50
피에조미터 튜브로 측정한, 오리피스 유량계가 장착된 유동 구간내의 압력변화. 압력손실과 회복을 볼 수 있다.

계에서는 급격한 유동면적 변화에 의해 선회유동이 발생하며, 따라서 그림 8-50과 같이 수두손실 또는 압력손실이 크게 나타난다. 노즐 유량계는 오리피스가 노즐로 대체되는데 노즐 내 유동은 매끄럽기 때문에 베나 콘트랙타는 사라지고 수두손실은 작다. 하지만 노즐 유량계는 오리피스 유량계보다 더 비싸다.

벤투리 유량계는 미국 엔지니어 Clemans Herschel(1842-1930)에 의해 발명되고 이탈리아인 Giovanni Venturi(1746-1822)의 원추형 유동구간에 대한 공로를 기리고자 그의 이름을 따라 명명되었는데, 현재 논의하는 유량계 중 가장 정확하지만, 가장 비싸다. 유로가 점진적으로 축소와 확대가 되므로 유동박리와 선회류가 생기지 않고 내측 벽면에서 마찰손실만이 존재한다. 벤투리 유량계의 수두손실은 매우 작고 따라서 관로 내 압력강하를 최소화해야 하는 곳에서 선호된다. 마찰에의한 벤투리 유량계의 비가역 수두손실은 대략 10%에 불과하다.

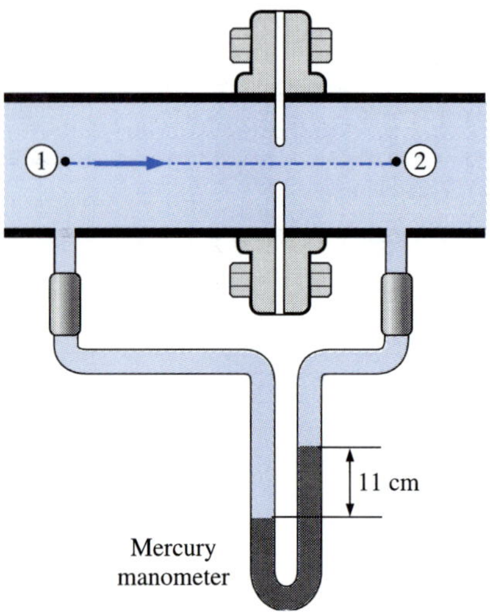

그림 8-51
예제 8-10에서 고려한 오리피스 유량계의 개략도.

예제 8-10 오리피스 유량계에 의한 유량 측정

직경이 4 cm인 파이프를 통해 흐르는 20°C 메탄올(ρ = 788.4 kg/m³, μ = 5.857 × 10^{-4} kg/m · s)의 유량을 그림 8-51과 같이 수은 마노미터가 장착된 3 cm 직경의 오리피스 유량계로 측정하고자 한다. 마노미터의 높이차가 11 cm일 때 메탄올의 유량과 평균 유속을 구하고자 한다.

풀이 메탄올 유량을 오리피스 유량계로 측정한다. 오리피스 전후의 압력강하가 주어질 때, 유량과 평균유속을 구하고자 한다.

가정 1 유량은 정상상태이고 비압축성이다. 2 오리피스 유량계의 유량계수 C_d = 0.61이다.

상태량 메탄올의 밀도와 점성계수는 ρ = 788.4 kg/m³, μ = 5.857 × 10^{-4} kg/m · s이고 수은의 밀도는 13,600 kg/m³이다.

해석 오리피스의 직경비와 교축부 면적은 다음과 같다.

$$\beta = \frac{d}{D} = \frac{3}{4} = 0.75$$

$$A_0 = \frac{\pi d^2}{4} = \frac{\pi (0.03\text{ m})^2}{4} = 7.069 \times 10^{-4}\text{ m}^2$$

오리피스 전후의 압력강하는 다음과 같이 표시된다.

$$\Delta P = P_1 - P_2 = (\rho_{\text{Hg}} - \rho_{\text{met}})gh$$

따라서 장애물식 유량계의 유량 관계식은 다음과 같다.

$$\dot{V} = A_0 C_d \sqrt{\frac{2(P_1 - P_2)}{\rho(1-\beta^4)}} = A_0 C_d \sqrt{\frac{2(\rho_{\text{Hg}} - \rho_{\text{met}})gh}{\rho_{\text{met}}(1-\beta^4)}} = A_0 C_d \sqrt{\frac{2(\rho_{\text{Hg}}/\rho_{\text{met}} - 1)gh}{1-\beta^4}}$$

대입하면 유량은 다음과 같이 결정된다.

$$\dot{V} = (7.069 \times 10^{-4}\text{ m}^2)(0.61)\sqrt{\frac{2(13{,}600/788.4 - 1)(9.81\text{ m/s}^2)(0.11\text{ m})}{1 - 0.75^4}}$$

$$= 3.09 \times 10^{-3}\text{ m}^3/\text{s}$$

이 값은 3.09 L/s이다. 파이프 내 평균유속은 유량을 파이프 단면적으로 나누어 구한다.

$$V = \frac{\dot{V}}{A_c} = \frac{\dot{V}}{\pi D^2/4} = \frac{3.09 \times 10^{-3}\ \text{m}^3/\text{s}}{\pi(0.04\ \text{m})^2/4} = 2.46\ \text{m/s}$$

파이프 내 유동의 Reynolds 수는 다음과 같다.

$$\text{Re} = \frac{\rho VD}{\mu} = \frac{(788.4\ \text{kg/m}^3)(2.46\ \text{m/s})(0.04\ \text{m})}{5.857 \times 10^{-4}\ \text{kg/m}\cdot\text{s}} = 1.32 \times 10^5$$

오리피스 유량계수 관계식에 $\beta = 0.75$와 $\text{Re} = 1.32 \times 10^5$을 대입하면, 다음과 같다.

$$C_d = 0.5959 + 0.0312\beta^{2.1} - 0.184\beta^8 + \frac{91.71\beta^{2.5}}{\text{Re}^{0.75}}$$

위 식에서 $C_d = 0.601$을 얻는데 이는 처음에 가정한 값 0.61과 유사하다. $C_d = 0.601$을 사용하면 유량은 3.04 L/s로 원래 결과와 1.6% 차이가 난다. 따라서 $C_d = 0.61$을 사용하여 유량을 구하고 가정한 값을 확인하는 것이 편리하다.

EES와 같은 방정식 풀이기를 사용하면 C_d의 상관식(Reynolds 수의 함수임)을 그대로 사용하여 모든 방정식을 동시에 풀 수 있다. 방정식 풀이기는 필요한 반복 계산을 수행한다.

용적식 유량계

자동차 휘발유를 주유할 때, 유량보다는 주유한 총량이 중요하다. 마찬가지로 집에서 사용하는 물이나 천연가스도 총량에 관심이 높다. 이처럼 파이프를 흐르는 순간 유량보다 일정기간 동안 흐른 유체의 체적이나 질량의 총량을 계측하려 할 때 사용되는 유량계가 **용적식 유량계(positive displacement flowmeter)**이다. 용적식 유량계는 여러 종류가 있는데, 측정용기 내로 유체를 연속적으로 주입하고 방출함으로써 총량을 측정하는 것을 기본으로 하고 있다. 즉 유입유체의 일부분을 가두고, 이를 유량계의 방출 측으로 보내게 되며, 이러한 충전-방출 사이클 회수를 계산하여 유체의 총량을 결정한다.

그림 8-52은 흐르는 액체에 의해 구동되는 두 개의 회전 임펠러(impeller)를 가진 용적식 유량계이다. 각 임펠러에는 세 개의 기어 로브(lobe)가 있고, 로브가 비접촉식 센서를 지날 때마다 펄스(pulse) 신호가 생성된다. 각 펄스는 로브 사이의 액체 체적을 나타내고, 전자식 변환기는 펄스 신호를 체적 단위로 바꾼다. 이때 임펠러와 케이싱 사이의 간격을 조절하여 누설률을 최소화하고 따라서 오차를 줄이도록 하여야 한다. 이 유량계는 0.1%의 정밀도와 낮은 압력강하 특성을 보이고, 230℃ 까지의 고점도 또는 저점도 유체에, 유량은 700 gal/min(50 L/s), 압력은 7 MPa까지 사용된다.

그림 8-52
두개의 나선형 3-로브(lobe) 임펠러를 가진 용적식 유량계.
Courtesy Flow Technology, Inc. Source: www.ftimeters.com.

액체의 체적측정에 가장 널리 사용되는 유량계는 **요동원판(nutating disk) 유량계**로 그림 8-53에 나타나 있다. 이 유량계는 물이나 휘발유 유량 측정에 널리 사용된다. 용기(A) 내로 유입된 액체는 원판(B)을 요동시키고 그 결과 스핀들(C)이 회전하고 자석(D)이 자화된다. 이 신호는 유량계 케이싱을 통과하여 두 번째 자석(E)에 전달되고 이 신호를 계산하여 총 체적을 얻는다. 빌딩에 사용되는 천연가스와 같은 기체의 유량측정에는 회전에 따라 특정량의 기체를 이동시키는 벨로

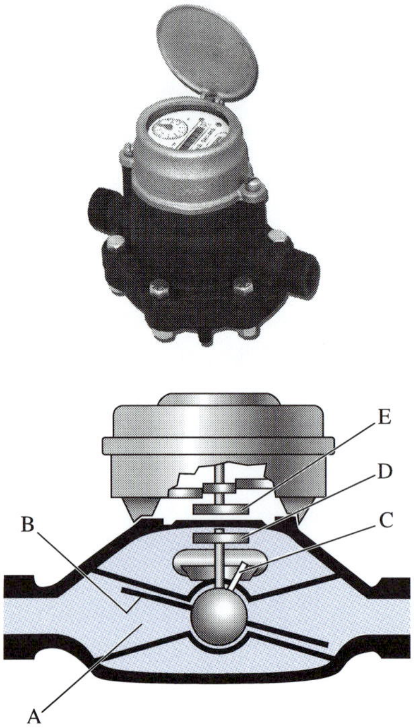

그림 8-53
요동원판 유량계.
(a) Courtesy Badger Meter, Inc. Source: www.badgermeter.com.

그림 8-54
(a) 액체유동 측정용 인라인 터빈유량계, 유동은 좌에서 우로, (b) 유량계 내 터빈 블레이드의 단면 사진, 그리고 (c) 풍속 측정용 휴대용 터빈유량계, 터빈 블레이드를 볼 수 있도록 유량을 측정하지 않는 상태임. 유량계(c)는 온도측정도 가능함.
Photos (a) and (c) by John M. Cimbala. Photo (b) Courtesy Hoffer Flow Controls.

우즈(bellows) 유량계가 주로 사용된다.

터빈 유량계

바람을 마주보게 놓아둔 프로펠러는 회전하게 되고, 그 회전율은 풍속이 증가함에 따라 증가한다. 또한 풍력 터빈의 터빈 블레이드도 저속의 바람에는 느리게 돌고 고속의 바람에는 빨리 돈다. 마찬가지로 프로펠러를 파이프 내부에 장착하고 적절하게 보정하면 파이프 내 유속을 잴 수 있다. 이러한 원리를 이용한 유량 측정장치를 **터빈 유량계(turbine flowmeter)**라 부르며 또는 종종 **프로펠러 유량계(propeller flowmeter)**라 불리기도 하나, 프로펠러는 유체에 에너지를 더해주는 반면에 터빈은 유체로부터 에너지를 추출해내므로 이는 잘못된 이름이다.

터빈유량계는 자유롭게 회전하는 터빈(베인이 달린 로터)을 담는 원통형 유동 구간, 유동을 곧바르게 해주기 위해 입구에 추가적으로 설치된 고정형 베인, 그리고 터빈 위에 표시된 한 점이 통과할 때마다 신호를 발생하여 회전율을 알 수 있도록 하는 센서로 구성된다. 터빈의 회전속도는 유체의 유량과 거의 비례한다. 터빈 유량계는 적절한 보정과정을 거치면 매우 정확한 결과를 제공한다(0.25% 정도로 정확한). 액체 유동을 측정할 때 사용되는 터빈유량계는 블레이드 수가 매우 적지만(때로는 단 두 개의 블레이드), 그러나 기체 유동을 측정할 때에는 적절한 토크 발생을 보장하기 위해 여러 개의 블레이드를 갖춘 터빈을 사용한다. 터빈에 의한 수두손실은 매우 작다.

터빈 유량계는 구조가 간단하고 저렴하며 넓은 범위의 유동조건에서 정확하므로 1940년대 이후 유량측정에 널리 사용되어 왔다. 터빈 유량계는 액체와 기체, 그리고 어떤 파이프 직경에도 사용이 가능하도록 제작되어지고 있다. 터빈 유량계는 바람, 강물, 및 조류 등과 같은 개방된 유동의 유속을 재는데도 활용된다. 그림 8-54c에는 풍속을 재기 위한 휴대용 풍속계가 나타나 있다.

수차 유량계

높은 정밀도가 요구되지 않는 곳에는 터빈유량계 대신에 저렴한 수차유량계(paddlewheel flowmeter)를 사용한다. 터빈유량계의 경우 유동과 평행하게 설치하는 것과는 달리 수차유량계의 수차(로터와 블레이드)는 그림 8-55에 나타난 바와

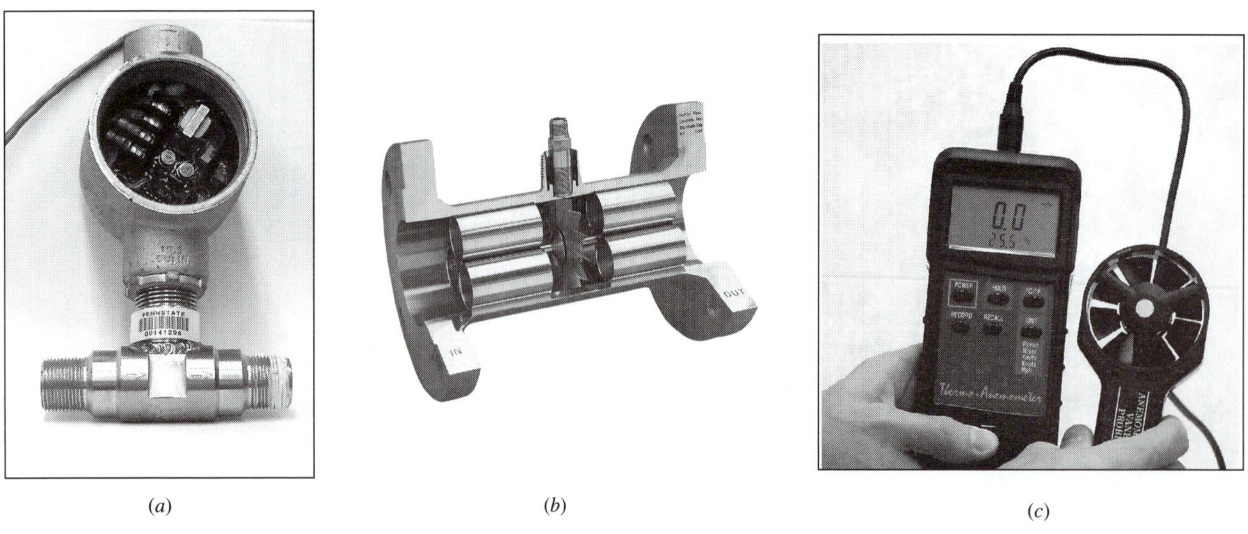

(a) (b) (c)

같이 유동과 직각으로 설치된다. 수차의 일부분(일반적으로 절반 이하)만이 유동 내부로 삽입되므로 터빈유량계에 비해 수두손실이 작지만, 수차의 삽입 깊이는 정확도에 커다란 영향을 미친다. 또한 수차유량계는 오염의 가능성이 적으므로 여과기가 필요치 않다. 센서가 수차의 회전을 감지하여 신호를 전송한다. 마이크로프로세서가 이 회전속도 정보를 유량 또는 적분된 유동량으로 변환한다.

가변면적 유량계(로터미터)

단순하고, 믿을만하고, 저렴하며, 그리고 합리적으로 작은 압력강하로 설치가 간편하며 전기적 연결 없이 넓은 범위의 액체나 기체의 유량을 직접 읽을 수 있는 것이 **가변면적 유량계(variable-area flowmeter)**인데, 이를 **로터미터(rotameter)** 또는 **플로트미터(floatmeter)**라 부르기도 한다. 가변면적 유량계는 그림 8-56에 나타난 바와 같이 유리나 플라스틱 재질의 수직으로 경사진 원추형 투명 튜브로서 그 속에서 플로트(float)가 자유롭게 움직이도록 되어 있다. 유체가 경사진 튜브 내로 유입됨에 따라, 플로트의 자중과 항력 그리고 부력이 서로 평형을 이루어서 플로트에 작용하는 순수 힘이 영이 되는 곳까지 플로트가 튜브 내에서 떠오른다. 투명 튜브 외측에는 눈금이 새겨있어 플로트가 서 있는 위치에서의 유량 눈금을 읽도록 되어 있다.

경험으로부터 강한 바람은 모자나 우산을 날려 보내고, 전력선을 끊어버리고 심지어는 나무를 뽑아버리기도 한다는 것을 알고 있다. 이는 유속에 따라 항력이 증가하기 때문이다. 플로트에 작용하는 자중과 부력은 일정하지만 항력은 유속에 따라 증가한다. 한편 경사진 튜브에서는 유동방향으로 단면적이 증가하므로 유속은 감소한다. 따라서 플로트의 자중과 부력에 평형을 이루기에 충분한 항력을 유발하는 어떤 속도가 존재하고, 그리고 그 속도가 형성되는 위치에서 플로트는 멈춰 선다. 튜브의 경사도는 유량에 따라 플로트가 선형적으로 수직으로 떠오르게 제작될 수 있으며, 따라서 튜브는 유량에 대해 선형적으로 보정될 수 있다. 또한 튜브는 투명하므로 유동 중인 유체를 볼 수 있다.

가변면적 유량계에도 여러 종류가 있다. 그림 8-56a에 보인 중력을 이용한 유량계는 수직으로 설치되어야만 하고 유체는 하부에서 유입되어 상부로 유출된다. 용수철-대항형(spring-opposed) 유량계(그림 8-56b)에서는 항력이 용수철 힘과 평형을 이루고 따라서 수평으로 설치될 수도 있다. 플로트 대신에 느슨한 피스톤을 사용하는 유량계도 있다.

가변면적 유량계의 정확도는 일반적으로 ±5% 정도이며 고정밀도가 요구되는 곳에는 적합하지 않다. 그러나 어떤 가변면적 유량계는 1% 정도의 정확도를 가진다고도 한다. 또한 이러한 유량계의 경우, 플로트의 위치를 육안으로 확인하여야 하므로 유체가 불투명하거나 이물질이 많으면 사용이 곤란하다. 마지막으로 유리튜브는 깨질 수 있으므로 독성유체가 사용되는 곳에는 주의를 요한다. 이러한 경우에는 유량계를 사람이 잘 다니지 않는 곳에 설치하여야 한다.

초음파 유량계

조용한 호수에 돌을 던지면 동심원 물결이 모든 방향으로 균일하게 퍼져나간다. 그러나 강물처럼 흐르는 물에 돌을 던지면 유동방향으로의 물결은 상류방향으로

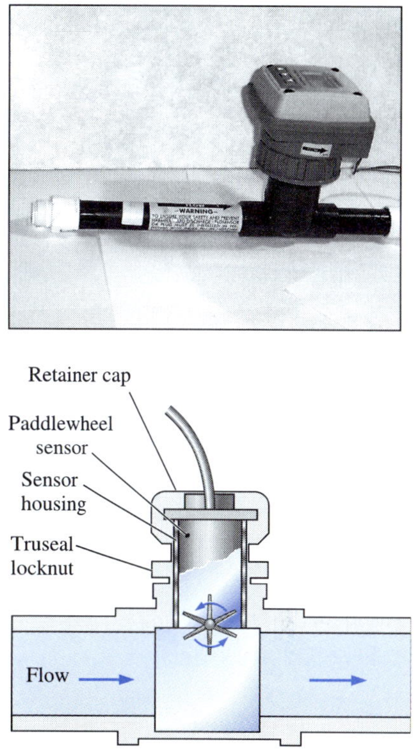

그림 8-55
액체유동 측정용 수차유량계와 작동 개략도 (유동방향은 좌에서 우임).
Photo by John M. Cimbala.

(a) (b)

그림 8-56
두 종류의 가변면적 유량계. (a) 중력을 이용한 유량계, (b) 용수철-대항형 유량계.
(a) Photo by Luke A. Cimbala and (b) Courtesy Insite, Universal Flow Monitors, Inc. Used by permission.

의 물결보다 훨씬 빠르다. 이는 유동방향으로는 물결속도와 유속이 같은 방향이므로 서로 덧셈이 되고 유동의 상류방향으로는 물결속도와 유속이 반대 방향이므로 서로 뺄셈이 되기 때문이다. 그 결과 하류방향으로의 물결은 넓게 퍼지고 상류방향으로의 물결은 조밀하게 뭉쳐진 형상을 띄게 된다. 상류와 하류의 단위 길이당 물결 수의 차이는 속도에 비례하고 따라서 상류와 하류의 물결 전파속도를 비교함으로써 유속을 결정할 수 있다. 이러한 원리에 기초한 유량계가 **초음파 유량계(ultrasonic flowmeter)**인데 초음파 영역(인간의 청력 한계를 넘어서서, 전형적으로 주파수가 1 MHz에서)의 음파를 이용한다.

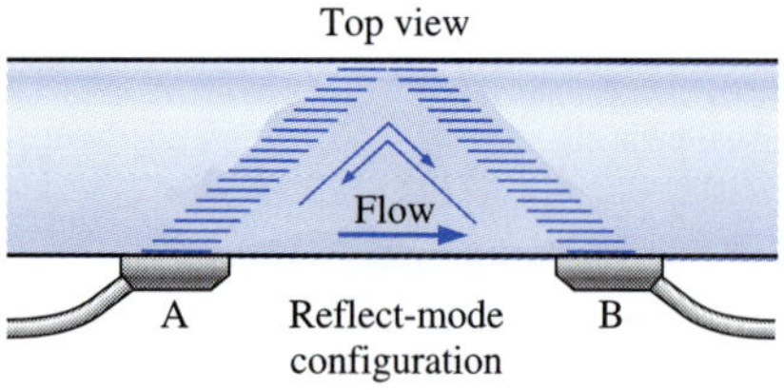

그림 8-57
두개의 변환기가 장착된 이동시간차 방식 초음파유량계의 작동원리.

초음파(또는 음향) 유량계는 변환기(transducer)로 음파를 발생시키고 흐르는 유체를 통해 그 음파의 퍼져나감을 측정하는 방식으로 작동된다. 초음파 유량계는 **이동시간차 방식(transit time)** 유량계와 **도플러효과[Doppler-effect (또는 주파수편이)]** 유량계의 두 종류로 크게 구분된다. 이동시간차 방식 유량계는 상류와 하류 방향으로 음파를 송신하고 이동시간의 차이를 측정한다. 그림 8-57에 대표적인 이동시간차 방식 초음파유량계의 개략도가 나타나 있다. 이 유량계에는 두 개의 변환기가 있어서 하나는 유동의 방향으로 그리고 다른 하나는 그 반대 방향으로 번갈아 초음파를 송신하고 수신한다. 각 방향으로 이동시간을 정확히 측정하고 그 차이로부터 유속을 결정한다. 파이프 내 평균유속 V는 이동시간차 Δt와 비례하고 다음 식으로 결정된다.

$$V = KL\,\Delta t \tag{8-58}$$

여기서 L은 변환기들 사이의 거리이고 K는 상수이다.

초음파 유량계의 장점은 다음과 같이 정리된다.

- 직경 0.6 cm에서 3 m 이상까지 범위의 파이프 외벽에 클램프로 부착되므로(그림 8-58) 탈착이 빠르고 손쉬우며, 그리고 개수로에서도 이용이 가능

그림 8-58
초음파 유량계는 단지 파이프 표면에 변환기를 압착함으로써 유속을 측정할 수 있게 한다.
Photo by J. Matthew Deepe.

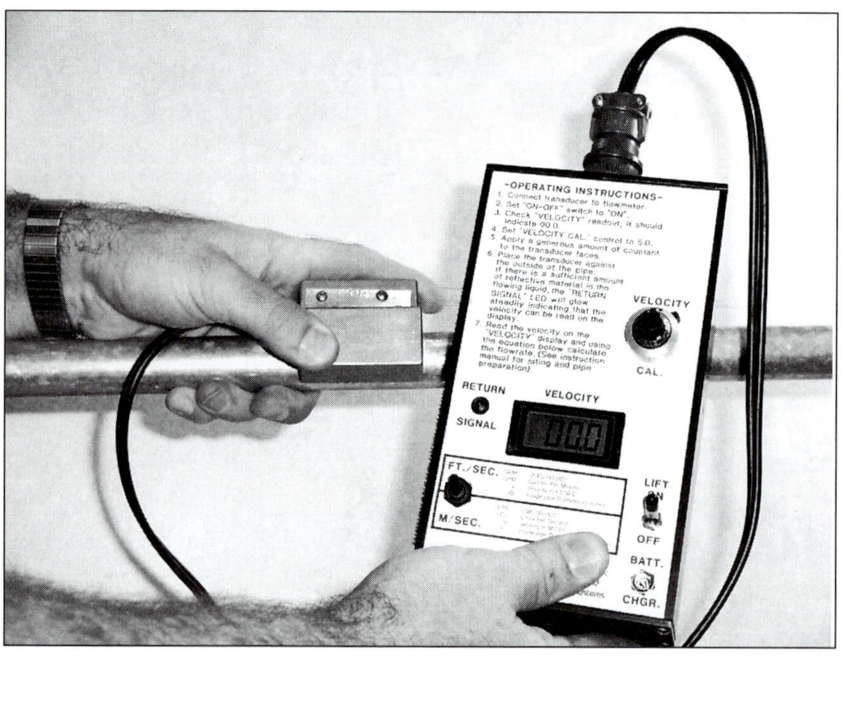

하다.

- 비삽입식이다. 파이프 외벽에 부착되므로 운전을 멈출 필요도 없고 파이프에 구멍을 내거나 생산을 중단할 필요가 없다.
- 유동과 간섭이 없으므로 압력강하가 없다.
- 유체와 직접 접촉하지 않으므로 부식이나 막힘의 염려가 없다.
- 독성 화학물질에서부터 슬러리(slurry), 또 깨끗한 액체에 이르기까지 넓은 범위의 유체에 적용이 가능하다.
- 구동부가 없으므로 신뢰도가 높고 보수가 필요 없다.
- 역류에서도 측정이 가능하다.
- 언급되는 정확도는 1~2% 정도이다.

초음파 유량계는 비삽입식이고 PVC, 강, 주철 및 유리 파이프 등 여러 재질에 적용이 가능하다. 하지만 코팅된 파이프나 콘크리트 파이프의 경우에는 초음파를 흡수하므로 이 측정법이 적합하지 않다.

기타 유량계

파이프나 덕트 내 유량을 측정할 수 있는 다른 형태의 유량계로는 전자기식 유량계, 와류유량계 또는 복잡한 레이저 장치를 이용하는 광학적 유량계 등이 있으나 상세한 설명은 본 교재의 범위를 넘어선다.

요약 SUMMARY

내부유동에서 파이프는 유체로 가득 차 있다. **층류**는 유선이 매끈하고 잘 정렬된 유동특성을 보이고, **난류**는 속도 변동과 무질서한 유동특성을 보인다. **Reynolds 수**는 다음 식으로 정의된다.

$$\text{Re} = \frac{\text{Inertial forces}}{\text{Viscous forces}} = \frac{V_{\text{avg}}D}{\nu} = \frac{\rho V_{\text{avg}}D}{\mu}$$

대부분의 경우 파이프 내부유동은 $\text{Re} < 2300$이면 층류, $\text{Re} > 4000$이면 난류이고, 그리고 그 사이는 천이유동이다.

점성 전단력의 영향이 미치는 영역을 **속도 경계층**이라 부른다. 파이프 입구로부터 유동이 완전발달하는 곳까지를 **수력학적 입구영역**이라 부르고, 이 영역의 길이를 **수력학적 입구길이** L_h라 부른다. 그 길이는 다음과 같다.

$$\frac{L_{h,\,\text{laminar}}}{D} \cong 0.05\,\text{Re} \quad \text{그리고} \quad \frac{L_{h,\,\text{turbulent}}}{D} \cong 10$$

완전발달된 영역에서 마찰계수는 일정하다. 원형 파이프 내 완전발달된 층류유동의 **최대속도** 및 **평균속도**는 다음과 같다.

$$u_{\max} = 2V_{\text{avg}} \quad \text{그리고} \quad V_{\text{avg}} = \frac{\Delta P D^2}{32\mu L}$$

수평파이프 내 층류유동의 **체적유량**과 **압력강하**는 다음과 같다.

$$\dot{V} = V_{\text{avg}}A_c = \frac{\Delta P \pi D^4}{128\mu L} \quad \text{그리고} \quad \Delta P = \frac{32\mu L V_{\text{avg}}}{D^2}$$

위 결과의 ΔP를 $\Delta P - \rho g L \sin\theta$로 대체하면 경사진 파이프에서의 결과를 얻는다.

$$V_{\text{avg}} = \frac{(\Delta P - \rho g L \sin\theta)D^2}{32\mu L} \quad \text{그리고} \quad \dot{V} = \frac{(\Delta P - \rho g L \sin\theta)\pi D^4}{128\mu L}$$

모든 형태의 내부유동(층류 또는 난류, 원형 또는 비원형 파이프, 매끈한 또는 거친 표면)에 대하여 **압력손실**과 **수두손실**은 다음 식으로 표현된다.

$$\Delta P_L = f\frac{L}{D}\frac{\rho V^2}{2} \quad \text{그리고} \quad h_L = \frac{\Delta P_L}{\rho g} = f\frac{L}{D}\frac{V^2}{2g}$$

여기서 $\rho V^2/2$은 **동압**이고 무차원 양 f는 **마찰계수**이다. 원형 파이프 내 완전발달된 층류유동의 경우 $f = 64/\text{Re}$이다.

비원형 파이프의 경우는 **수력직경** $D_h = 4A_c/p$(A_c는 파이프 단면적, p는 접수둘레)을 사용한다.

완전발달된 난류유동에서 마찰계수는 Reynolds 수와 **상대조도** ε/D의 함수이다. 난류유동의 마찰계수는 다음의 **Colebrook 공식**으로 표현된다.

$$\frac{1}{\sqrt{f}} = -2.0 \log\left(\frac{\varepsilon/D}{3.7} + \frac{2.51}{\text{Re}\sqrt{f}}\right)$$

이 방정식을 그림으로 나타낸 것이 **Moody 선도**이다. 파이프 시스템의 설계나 해석은 수두손실, 유량, 파이프 직경을 구하는 문제와 관련된다. 다음의 Swamee-Jain 공식을 사용하면 지루한 반복계산을 피할 수 있다.

$$h_L = 1.07\frac{\dot{V}^2 L}{gD^5}\left\{\ln\left[\frac{\varepsilon}{3.7D} + 4.62\left(\frac{\nu D}{\dot{V}}\right)^{0.9}\right]\right\}^{-2}$$

$$10^{-6} < \varepsilon/D < 10^{-2}$$
$$3000 < \text{Re} < 3 \times 10^8$$

$$\dot{V} = -0.965\left(\frac{gD^5 h_L}{L}\right)^{0.5} \ln\left[\frac{\varepsilon}{3.7D} + \left(\frac{3.17\nu^2 L}{gD^3 h_L}\right)^{0.5}\right]$$

$$\text{Re} > 2000$$

$$D = 0.66\left[\varepsilon^{1.25}\left(\frac{L\dot{V}^2}{gh_L}\right)^{4.75} + \nu\dot{V}^{9.4}\left(\frac{L}{gh_L}\right)^{5.2}\right]^{0.04}$$

$$10^{-6} < \varepsilon/D < 10^{-2}$$
$$5000 < \text{Re} < 3 \times 10^8$$

접합부, 밸브, 벤드, 엘보우, 티, 입구부, 출구부, 확대부 및 축소부 등의 배관 부품에서 발생하는 손실을 **부차적 손실**이라 부른다. 부차적 손실은 **손실계수** K_L로 표현되는데 수두손실은 손실계수와 다음과 같은 관계가 있다.

$$h_L = K_L \frac{V^2}{2g}$$

배관 시스템에서 모든 손실계수가 주어질 때 총 수두손실은 다음과 같다.

$$h_{L,\,\text{total}} = h_{L,\,\text{major}} + h_{L,\,\text{minor}} = \sum_i f_i \frac{L_i}{D_i}\frac{V_i^2}{2g} + \sum_j K_{L,j}\frac{V_j^2}{2g}$$

전체 파이프의 직경이 일정할 경우 총 수두 손실은 다음과 같다.

$$h_{L,\,\text{total}} = \left(f\frac{L}{D} + \sum K_L\right)\frac{V^2}{2g}$$

배관 시스템의 해석은 두 가지 원리에 의하는데, (1) 시스템 전체에 질량보존이 만족되어야 하고, (2) 두 점 사이의 압력강하는 경로에 관계없이 같아야 한다. 파이프가 **직렬로** 연결되었을 때 전체 시스템의 유량은 각각의 파이프 직경에 관계없이 일정하여야 한다. 파이프가 둘 이상의 **병렬 파이프**로 나뉘고 하류에서 다시 합쳐졌을 때 총 유량은 각 파이프 유량의 합과 같고 각 파이프에서의 수두손실은 서로 같다. 파이프 시스템에 펌프나 터빈이 설치되면 정상유동인 경우 에너지 방정식은 다음과 같다.

$$\frac{P_1}{\rho g} + \alpha_1\frac{V_1^2}{2g} + z_1 + h_{\text{pump},\,u} = \frac{P_2}{\rho g} + \alpha_2\frac{V_2^2}{2g} + z_2 + h_{\text{turbine},\,e} + h_L$$

유용한 펌프수두 $h_{\text{pump},\,u}$를 알 때, 주어진 유량에서 펌프가 유체로 공급하는 기계동력과 펌프모터가 소비하는 전기동력은 다음과 같다.

$$\dot{W}_{\text{pump, shaft}} = \frac{\rho\dot{V}gh_{\text{pump},\,u}}{\eta_{\text{pump}}} \quad \text{그리고} \quad \dot{W}_{\text{elect}} = \frac{\rho\dot{V}gh_{\text{pump},\,u}}{\eta_{\text{pump–motor}}}$$

여기서 $\eta_{\text{pump-motor}}$는 **펌프-모터 조합효율**로 펌프효율과 모터효율을 곱해서 구한다.

수두손실 대 유량과의 관계를 나타낸 선도를 **시스템곡선**이라 부른다. 펌프에 의해 생성되는 수두는 일정하지 않으며, 이러한 펌프수두 $h_{\text{pump},\,u}$와 η_{pump} 대 유량과의 관계를 나타낸 선도를 **특성곡선**이라 부른다. 배관 시스템에 설치된 펌프는 시스템곡선과 특성곡선의 교차점인 **운전점**에서 운전된다.

이 장에서는 파이프 내 유동을 다루었다. 여러 가지 종류의 펌프와 터빈, 작동원리 및 성능 매개변수들에 대해서는 12장에서 상세히 설명한다.

참고문헌과 권장도서 REFERENCES AND SUGGESTED READING

1. H. S. Bean (ed.). *Fluid Meters: Their Theory and Applications*, 6th ed. New York: American Society of Mechanical Engineers, 1971.
2. M. S. Bhatti and R. K. Shah. "Turbulent and Transition Flow Convective Heat Transfer in Ducts." *In Handbook of Single-Phase Convective Heat Transfer*, ed. S. Kakaç, R. K. Shah, and W. Aung. New York: Wiley Interscience, 1987.
3. C. F. Colebrook. "Turbulent Flow in Pipes, with Particular Reference to the Transition between the Smooth and Rough Pipe Laws," *Journal of the Institute of Civil Engineers London*. 11 (1939), pp. 133-156.
4. F. Durst, A. Melling, and J. H. Whitelaw. *Principles and Practice of Laser-Doppler Anemometry*, 2nd ed. New York: Academic, 1981.
5. *Fundamentals of Orifice Meter Measurement*. Houston, TX: Daniel Measurement and Control, 1997.

참고문헌과 권장도서 REFERENCES AND SUGGESTED READING

6. S. E. Haaland. "Simple and Explicit Formulas for the Friction Factor in Turbulent Pipe Flow," *Journal of Fluids Engineering*, March 1983, pp. 89-90.
7. I. E. Idelchik. *Handbook of Hydraulic Resistance*, 3rd ed. Boca Raton, FL: CRC Press, 1993.
8. W. M. Kays and M. E. Crawford. *Convective Heat and Mass Transfer*, 3rd ed. New York: McGraw-Hill, 1993.
9. R. W. Miller. *Flow Measurement Engineering Handbook*, 3rd ed. New York: McGraw-Hill, 1997.
10. L. F. Moody. "Friction Factors for Pipe Flows," *Transactions of the ASME* 66 (1944), pp. 671-684.
11. O. Reynolds. "On the Experimental Investigation of the Circumstances Which Determine Whether the Motion of Water Shall Be Direct or Sinuous, and the Law of Resistance in Parallel Channels." *Philosophical Transactions of the Royal Society of London*, 174 (1883), pp. 935-982.
12. H. Schlichting. *Boundary Layer Theory*, 7th ed. New York: McGraw-Hill, 1979.
13. R. K. Shah and M. S. Bhatti. "Laminar Convective Heat Transfer in Ducts." In *Handbook of Single-Phase Convective Heat Transfer*, ed. S. Kakaç, R. K. Shah, and W. Aung. New York: Wiley Interscience, 1987.
14. P. L. Skousen. *Valve Handbook*. New York: McGraw-Hill, 1998.
15. P. K. Swamee and A. K. Jain. "Explicit Equations for Pipe-Flow Problems," *Journal of the Hydraulics Division. ASCE* 102, no. HY5 (May 1976), pp. 657-664.
16. G. Vass. "Ultrasonic Flowmeter Basics," *Sensors*, 14, no. 10 (1997).
17. A. J. Wheeler and A. R. Ganji. *Introduction to Engineering Experimentation*. Englewood Cliffs, NJ: Prentice-Hall, 1996.
18. W. Zhi-qing. "Study on Correction Coefficients of Laminar and Turbulent Entrance Region Effects in Round Pipes," *Applied Mathematical Mechanics*, 3 (1982), p. 433.

연습문제* PROBLEMS

층류 및 난류유동

8-1C 왜 액체들을 항상 원형 파이프로 이송하는가?

8-2C Reynolds 수의 물리적 의미는 무엇인가? (*a*) 내경 D의 원형 파이프와 (*b*) 단면적 $a \times b$의 직사각형 덕트에서 Reynolds 수를 정의하라.

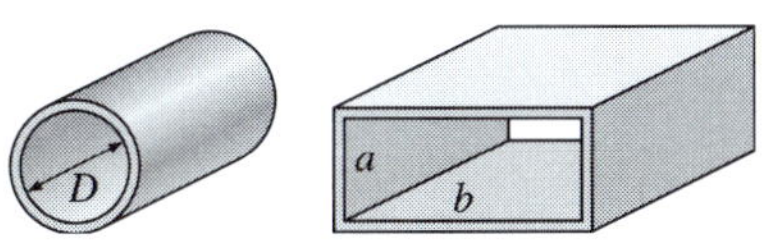

그림 P8-2C

8-3C 사람이 공기 중 또는 물속을 동일한 속력으로 걸을 때 어느 경우 Reynolds 수가 큰가?

8-4C 직경 D인 원형 파이프 유동의 Reynolds 수가 $\text{Re} = 4\dot{m}/(\pi D\mu)$로 표현될 수 있음을 보여라.

8-5C 파이프와 유속이 주어졌을 때 상온의 물과 엔진오일 중 어떤 유체에 큰 펌프가 필요한가? 그 이유를 설명하라.

8-6C 매끈한 파이프 내 유동에서 난류가 되는 Reynolds 수는 얼마인가?

8-7C 물과 공기가 동일한 파이프 내를 같은 온도와 같은 유속으로 흐를 때 어떤 유체가 난류일 가능성이 높은가? 그 이유를 설명하라.

8-8C 수력직경이 무엇이고 어떻게 정의되는가? 직경 D인 원형 파이프의 수력직경은 얼마인가?

8-9C 파이프 내 유동에서 유체역학적 입구길이는 어떻게 정의되는가? 난류와 층류유동 중 어느 것이 입구 길이가 긴가?

8-10C 원형 파이프 내 층류유동에서 입구부와 출구부중 벽면 전단응력 τ_w이 큰 곳은 어디인가? 유동이 난류라면 어떻게 되겠는가?

8-11C 유동이 난류일 때 표면조도가 파이프 내 압력강하에 미치는 영향은 어떠한가? 유동이 층류라면 어떻게 되겠는가?

파이프 내 완전발달 유동

8-12C (*a*) 층류와 (*b*)난류유동 시 완전발달 영역에서 벽면 전단응력 τ_w이 유동방향으로 어떻게 변화하겠는가?

8-13C 속도 경계층의 발달에 주된 영향을 미치는 유체 상태량은 무엇인가? 어떤 종류의 유체를 사용하면 파이프 내에서 속도 경

* "C"로 표시된 문제는 개념 문제이고, 학생들은 모든 문제에 답하도록 권장된다. "E"로 표시된 문제는 영미 단위로서, SI 사용자는 그것을 무시해도 좋다. 아이콘으로 표시된 문제는 EES를 이용하여 푸는 문제로서, 매개변수 연구와 함께 완전한 풀이가 동봉된 DVD에 수록되어 있다. 아이콘으로 표시된 문제는 본질상 종합적인 문제로서 컴퓨터로, 가급적 본 교재에 동반된 EES 소프트웨어를 이용해, 풀도록 의도된 것이다.

계층을 없앨 수 있는가?

8-14C 원형 파이프 내 완전발달 영역에서 속도 분포가 유동방향으로 변하겠는가?

8-15C 파이프 내 유동에서 마찰계수와 압력손실과는 어떤 관계에 있는가?

8-16C 완전발달 층류유동에서 파이프 중심부의 전단응력은 0이라는 주장에 동의하는가? 그 이유를 설명하라.

8-17C 완전발달 난류유동에서 파이프 벽면에서 전단응력이 최대라는 주장에 동의하는가? 그 이유를 설명하라.

8-18C 원형 파이프 내 완전발달 유동에서 입구의 영향을 무시할 때 파이프의 길이가 두 배가 된다면 수두손실은 (*a*) 두 배가 된다, (*b*) 두 배 이상이다, (*c*) 두 배 이하이다, (*d*) 반으로 줄어든다, (*e*) 동일하다.

8-19C 원형 파이프 내 층류유동의 체적유량을 중심선에서 측정한 속도에 단면적을 곱한 후 2로 나누어 구할 수 있다는 주장에 동의하는가? 그 이유를 설명하라.

8-20C 원형 파이프 내 완전발달 층류유동의 평균속도를 $R/2$지점(중심선과 벽면의 중간지점)의 속도를 측정해서 구할 수 있다는 주장에 동의하는가? 그 이유를 설명하라.

8-21C 원형 파이프 내 완전발달 층류유동에서 유량과 파이프길이를 고정한 채 파이프직경을 반으로 하면 수두손실은 (*a*) 2배, (*b*) 3배, (*c*) 4배, (*d*) 8배, (*e*) 16배가 된다.

8-22C 난류유동의 마찰계수를 증가시키는 물리적 메커니즘은 무엇인가?

8-23C 완전발달된 파이프 유동이 1차원인지, 2차원인지, 3차원인지 논의하라.

8-24C 어떤 원형 파이프의 수두손실이 $h_L = 0.0826fL(\dot{V}^2/D^5)$(여기서 f는 마찰계수, L은 파이프길이, $\dot{V}$은 체적유량, D는 파이프직경)로 주어질 때 상기식의 0.0826이 차원상수인지 무차원 상수인지 결정하라. 또한 상기식의 차원은 동차(homogeneous)인가?

8-25C 원형 파이프 내 완전발달 층류유동에서 유량을 고정하고 유체를 가열해서 점성계수를 반으로 줄이면 수두손실은 어떻게 변하겠는가?

8-26C 수두손실과 압력손실은 어떠한 관계가 있나? 주어진 유체에서 어떻게 수두손실을 압력손실로 변환할 수 있는지 설명하라.

8-27C 완벽하게 매끈한 표면의 원형 파이프 내 층류유동의 마찰계수는 0이 될까? 그 이유를 설명하라.

8-28C Reynolds 수가 매우 크면 왜 마찰계수가 Reynolds 수와 관계가 없어지는지 설명하라.

8-29E 80°F(ρ = 56.8 lbm/ft^3, μ = 0.0278 lbm/ft · s)의 오일이 직경 0.5 in, 길이 120 ft의 파이프 내를 흐른다. 파이프입구와 출구의 압력은 각각 120 psi, 14 psi 이다. 파이프가 (*a*) 수평, (*b*) 20도 상향기울기, (*c*) 20도 하향기울기일 때 오일의 유량을 구하라.

8-30 밀도 850 kg/m^3, 동점성계수 0.00062 m^2/s의 오일이 대기 중에 노출된 저장탱크로부터 직경 5 mm, 길이 40 m의 수평 파이프를 통하여 배출된다. 수조의 높이는 파이프중심으로부터 3 m이다. 부차적 손실을 무시할 때 파이프를 통한 오일의 유량을 구하라.

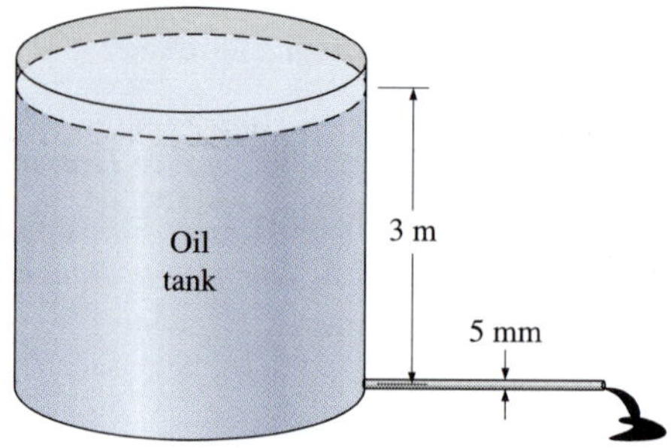

그림 P8-30

8-31 10°C (ρ = 999.7 kg/m^3, μ = 1.307 × 10^{-3} kg/m · s)의 물이 직경 0.2 cm, 길이 15 m인 파이프 내를 1.2 m/s의 평균속도로 흐른다. (*a*) 압력강하, (*b*) 수두손실, (*c*) 압력강하를 이기기 위한 소요펌프동력을 구하라.

답: (*a*) 188 kPa, (*b*) 19.2 m, (*c*) 0.71 W

8-32 15°C 물(ρ = 999.1 kg/m^3, μ = 1.138 × 10^{-3} kg/m · s)이 길이 30 m, 직경 4 cm의 수평 스테인리스강 파이프 내를 8 L/s의 유량으로 흐른다. (*a*) 압력강하, (*b*) 수두손실, (*c*) 압력강하를 이기기 위한 소요펌프동력을 구하라.

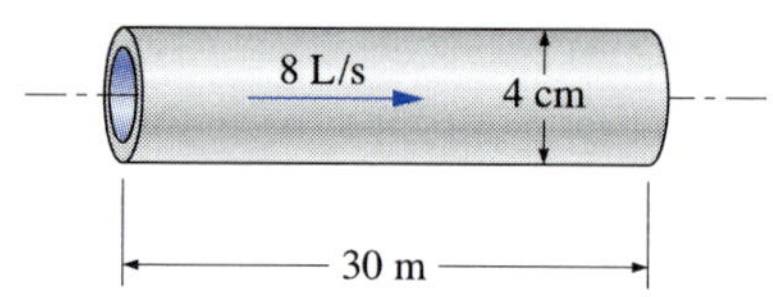

그림 P8-32

8-33E 1기압 100°F의 공기가 길이 400 ft의 원형 플라스틱 덕트 내를 12 ft^3/s의 유량으로 흐른다. 파이프 내 수두손실이 50 ft 이내로 되는 최소 덕트 직경을 구하라.

8-34 원형 파이프 내 완전발달 층류유동에서 $R/2$지점(벽면과 중심선의 중간지점)의 속도가 6 m/s이다. 파이프 중심에서의 속도를 구하라.

답: 8 m/s

8-35 반경 R = 2 cm인 원형 파이프 내 완전발달 층류유동의 속도 분포가 $u(r) = 4(1 - r^2/R^2)$이다. (단위 m/s), 파이프 내 평균속도와 최대속도, 체적유량을 구하라.

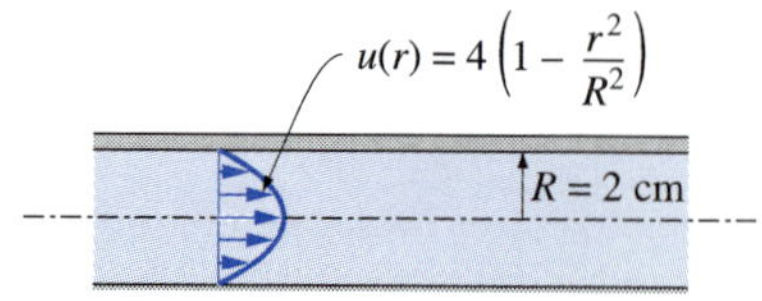

그림 P8-35

8-36 반경 7 cm인 파이프에 대하여 문제 8-35를 다시 계산하라.

8-37 폭 1 m, 길이 5 m이고 유리커버와 집열판 사이 간격이 3 cm인 태양열 집열판 내를 평균온도 45°C인 공기가 폭 1 m, 길이 5 m인 통로를 따라 0.15 m^3/s로 흐른다. 입구와 조도의 영향을 무시하고 집열판 내 압력강하를 구하라.

답: 32.3 Pa

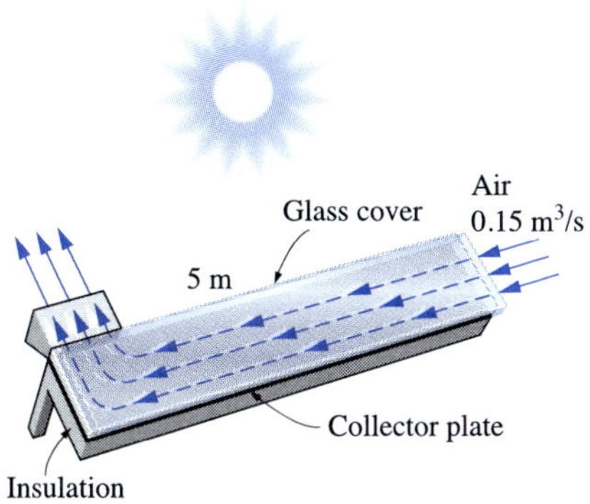

그림 P8-37

8-38 ρ = 894 kg/m^3, μ = 2.33 kg/m · s인 오일이 직경 40 cm 파이프라인 내를 평균속도 0.5 m/s로 흐른다. 길이 300 m인 파이프라인이 얼음이 언 호수를 통과할 때 입구 영향을 무시하고 압력강하를 이길 수 있는 소요펌프동력을 구하라.

8-39 매끈한 정사각형 채널 내 층류유동에서 유체의 평균속도가 두 배가 될 때 수두손실의 변화를 구하라. 유동은 층류를 유지한다고 가정한다.

8-40 문제 8-39를 마찰계수가 $f = 0.184\text{Re}^{-0.2}$인 매끈한 파이프 내 난류유동에 대하여 다시 계산하라. 파이프 표면이 거칠다면 수두손실의 변화는 어떠하겠는가?

8-41 단면이 15 cm × 20 cm, 길이가 7 m이고 상용강판으로 만들어진 직사각형 덕트 내로 1 기압, 35°C 공기가 평균속도 7 m/s로 흐른다. 입구영향을 무시하고 압력강하를 이기기 위한 송풍기 동력을 구하라.

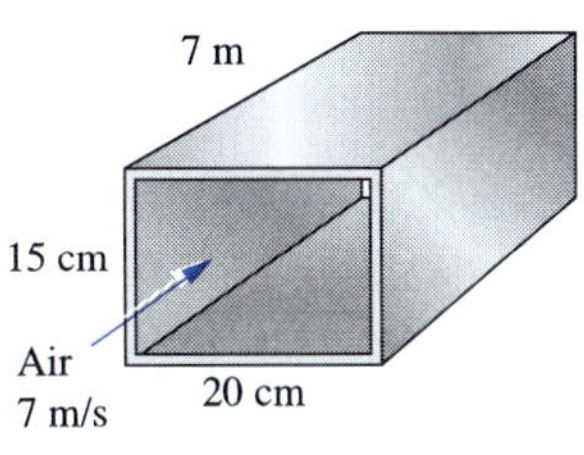

그림 P8-41

답: 4.9 W

8-42E 60°F 물이 내경 0.75 in인 동관 내를 1.2 lbm/s 유량으로 흐른다. 주어진 유량을 유지하기 위해 필요한 파이프 단위 ft 당 펌프동력을 구하라.

8-43 ρ = 876 kg/m^3, μ = 0.24 kg/m · s인 오일이 직경 1.5 cm 파이프를 통하여 압력 88 kPa인 대기 중에 방출된다. 출구 15 m 전 절대 압력은 135 kPa이다. 파이프가 (*a*) 수평, (*b*) 수평에서 8° 위로 기울어지거나, (*c*) 수평에서 8° 아래로 기울어질 때 오일 유량을 구하라.

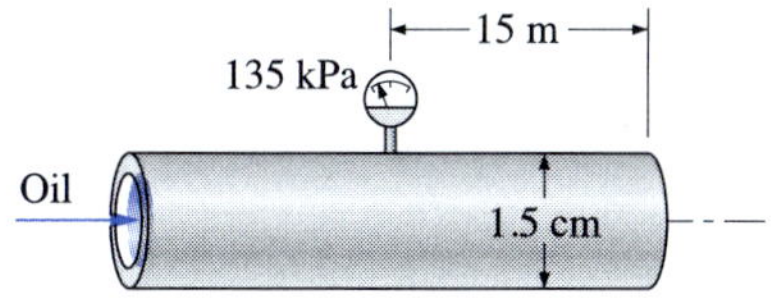

그림 P8-43

8-44 ρ = 1252 kg/m^3, μ = 0.27 kg/m · s인 40°C의 글리세린이 직경 2 cm, 길이 25 m인 파이프를 통하여 압력 100 kPa인 대기 중으로 방출된다. 파이프 유량은 0.035 L/s이다. (*a*)파이프 전방 25 m 지점의 절대 압력을 구하라. (*b*) 규정된 유량을 만족시키며 파이프 전구간의 압력이 대기압과 같으려면 파이프가 수평에서 몇 도(θ) 아래로 기울어져야 하겠는가?

8-45 공기 가열 장치에서 40°C, 105 kPa의 가열공기가 상용강판으로 만들어진 0.2 m × 0.3 m 직사각형 덕트 내를 0.5 m^3/s의 유량으로 흐른다. 덕트의 길이가 40 m일때 압력강하와 수두손실을 구하라.

답: 128 Pa, 10.8 m

8-46 ρ = 1252 kg/m^3, μ = 0.27 kg/m · s인 40°C 글리세린이 직경 5 cm인 매끈한 수평 파이프 내를 평균속도 3.5 m/s로 흐른다. 길이 10 m 당 압력손실을 구하라.

8-47 문제 8-46을 다시 고려한다. EES나 유사한 프로그램을 사용하여 유량이 일정할 때 파이프 직경이 압력강하에 미치는 영향을 조사하라. 파이프 직경을 1에서 10 cm까지 1 cm씩 증가시키며 계산된 결과를 표와 그림으로 만들고 결론을 도출하라.

8-48E 1기압 60°F 공기가 상용강판으로 만들어진 1 ft × 1 ft의 정사각형 덕트 내를 1200 cfm의 유량으로 흐른다. 덕트 단위 ft 당 압력강하와 수두손실을 구하라.

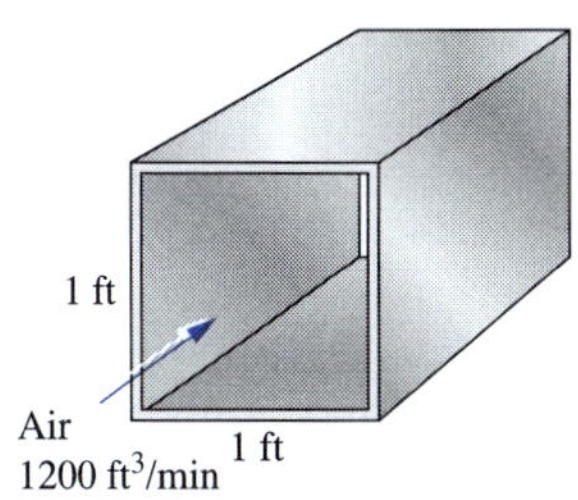

그림 P8-48E

8-49 20°C의 액체 암모니아가 길이 30 m, 직경 5 mm인 동관 내를 0.15 kg/s로 흐른다. 관내 마찰손실을 이기기 위한 압력강하, 수두손실, 소요펌프동력을 구하라.

답: 4792 kPa, 734 m, 1.08 kW

8-50 두 유체 간의 열전달에는 쉘 과 수백 개의 튜브로 구성되는 쉘-튜브 열교환기가 널리 사용된다. 능동형 태양열 온수기에서는 쉘 측에는 부동액이 흐르며 관내를 흐르는 물(60°C, 유량 15 L/s)에 열을 전달한다. 이 열교환기는 내경 1 cm, 길이 1.5 m인 80개의 황동관으로 구성된다. 입구부와 출구부, 헤더의 손실을 무시하고 관 내측의 압력강하와 두께 1 mm인 스케일이 관 내측에 형성되었다면 동일한 펌프동력에서 관 내측 유량의 감소율을 구하라.

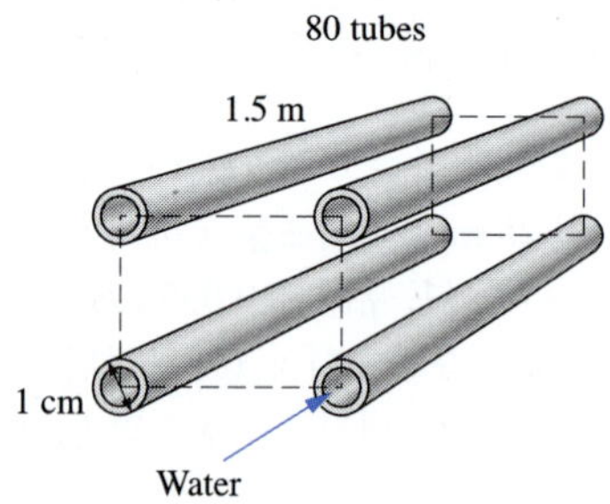

그림 P8-50

부차적 손실

8-51C 파이프 유동의 부차적 손실이란 무엇인가? 부차적 손실 계수 K_L은 어떻게 정의되나?

8-52C 파이프유동의 부차적 손실 등가길이를 정의하라. 부차적 손실계수와는 어떻게 관련되나?

8-53C 파이프 입구부를 둥글게 하는 것이 손실계수에 미치는 영향은 (*a*) 무시할 만하다, (*b*) 다소 크다, (*c*) 매우 크다.

8-54C 파이프 출구부를 둥글게 하는 것이 손실계수에 미치는 영향은 (*a*) 무시할 만하다, (*b*) 다소 크다, (*c*) 매우 크다.

8-55C 파이프 유동에서 점진적 확대(gradual expansion)와 점진적 축소(gradual contraction)중 부차적 손실 계수가 큰 것은 무엇인가? 그 이유를 설명하라.

8-56C 관로에는 급격한 방향전환(sharp turn)이 있게 마련이고 따라서 부차적 수두손실이 증가한다. 수두 손실을 줄이는 한 가지 방법은 원형 엘보우를 사용하는 것이다. 어떠한 다른 방법이 있겠는가?

8-57C 관로 보수 작업 시 90° 마이터(miter) 엘보우의 급격한 방향전환에 의한 수두손실을 줄이기 위하여 마이터(miter) 엘보우 내에 베인을 설치하는 방안과 완만한 벤드로 교체하는 방안이 제안되었다. 어떤 방법이 펌프동력 감소에 더 큰 도움이 되겠는가?

8-58 3 m 높이의 수조바닥에 1.5 cm의 구멍을 뚫어 물을 방출한다. 운동에너지 보정 계수의 영향을 무시하고 (*a*) 구멍 입구부가 둥글게 가공되었을 경우, (*b*) 입구부가 각진 경우 방출 유량을 구하라.

8-59 수조 자유표면에서 수직거리가 H인 수조측면에 가공된 직경 D의 구멍에서 물이 방출된다. 실제 각진 입구부($K_L = 0.5$)에서 방출되는 유량은 마찰이 없는 경우를 가정하여 계산된 유량보다 훨씬 적다. 운동에너지 보정 계수의 영향을 무시하고 마찰이 없는 유동관계식에 사용할 각진 구멍의 "등가직경" 관계식을 구하라.

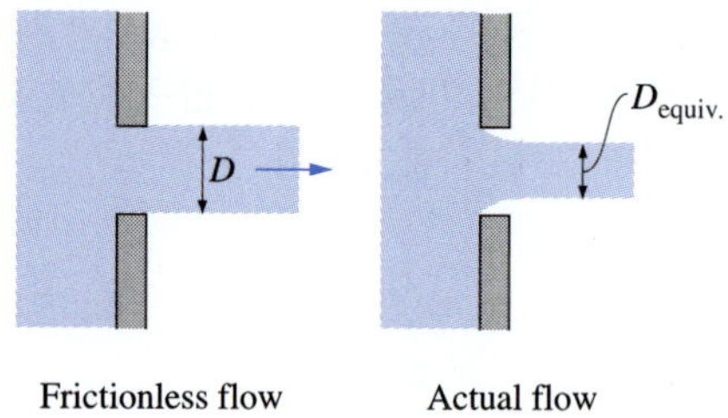

그림 P8-59

8-60 문제 8-59를 다소 둥근 입구부($K_L = 0.12$)에 대하여 다시 계산하라.

8-61 수평 파이프가 $D_1 = 8$ cm에 $D_2 = 16$ cm로 급격히 확대된다. 소구경부의 물 유속은 10 m/s로 난류이고 압력은 $P_1 = 300$ kPa이다. 입구와 출구의 운동에너지 보정 계수가 1.06일 때 하류 압력 P_2를 구하고 Bernoulli 방정식 적용 시 유발되는 오차를 산정하라.

답: 322 kPa, 25 kPa

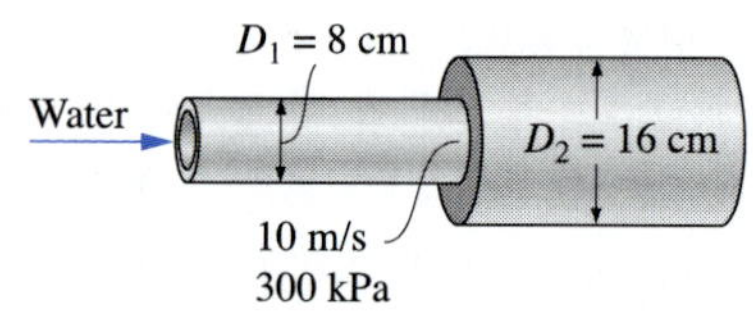

그림 P8-61

관로 및 펌프 선정

8-62C 직경이 다른(하지만 길이, 재질, 조도는 같은) 두 파이프가 직렬로 연결되어 있다. 두 파이프 내 (*a*) 유량, (*b*) 압력손실을 비교하라.

8-63C 직경이 다른(하지만 길이, 재질, 조도는 같은) 두 파이프가 병렬로 연결되어 있다. 두 파이프 내 (*a*) 유량, (*b*) 압력손실을 비교하라.

8-64C 직경이 같고 길이가 다른 두 파이프가 병렬로 연결되어 있다. 두 파이프 내 압력강하를 비교하라.

8-65C 낮은 위치의 수조에서 높은 위치의 수조로 펌프를 사용하여 물을 공급한다. 수두 손실을 무시하면 소요 펌프 수두는 두 수조 자유표면간의 높이 차와 같다는 주장에 동의하는가?

8-66C 배관시스템과 펌프로 구성된 시스템이 정상적으로 작동된다. 운전점(유량과 수두손실)이 어떻게 결정되는지 설명하라.

8-67C 관로에서 계통곡선과 특성곡선, 그리고 수두 대 유량 선도에서 작동점을 정의하라.

8-68 20°C 물이 낮은 위치의 수조($z_A = 2$ m)에서 높은 위치의 수조($z_B = 9$ m)로 길이 25 m의 플라스틱

파이프를 통하여 병렬로 흐른다. 두 파이프의 직경은 각각 3 cm, 5 cm이다. 펌프의 효율은 68%이고 7 kW의 전력을 소비한다. 부차적 손실과 병렬 파이프와 수조간의 연결부의 수두손실을 무시하고 수조간의 총 유량과 각 병렬 파이프 내를 흐르는 유량을 구하라.

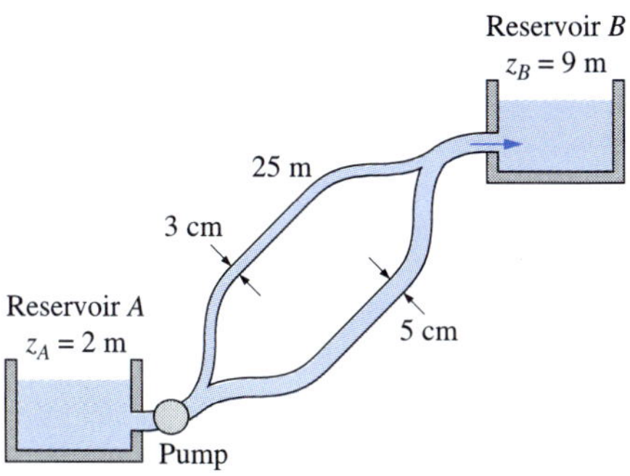

그림 P8-68

8-69E 70°F 물이 중력에 의하여 높은 위치의 대형 수조에서 작은 수조로 길이 120 ft, 직경 2 in 주철 관로를 통하여 흐른다. 관로에는 4개의 표준 플랜지 엘보우와 둥근 입구부, 각진 출구부, 완전 개방 게이트 밸브가 포함된다. 낮은 위치 수조의 자유표면 기준으로 할 때 10 ft^3/min의 유량이 형성되기 위한 높은 위치의 수조높이 z_1을 구하라.

답: 23.1 ft

8-70 직경 3 m 수조에 직경 10 cm의 각진 오리피스 중심에서 2 m 높이로 물이 채워져 있다. 수조는 대기에 노출되고 오리피스로부터 대기로 물이 방출된다. 운동에너지 보정 계수의 영향을 무시하고 (*a*) 수조로부터 방출되는 물의 초기속도, (*b*) 수조가 비는데 걸리는 시간을 계산하라. 오리피스의 손실수두 때문에 수조의 방출시간이 크게 증가하는지 설명하라.

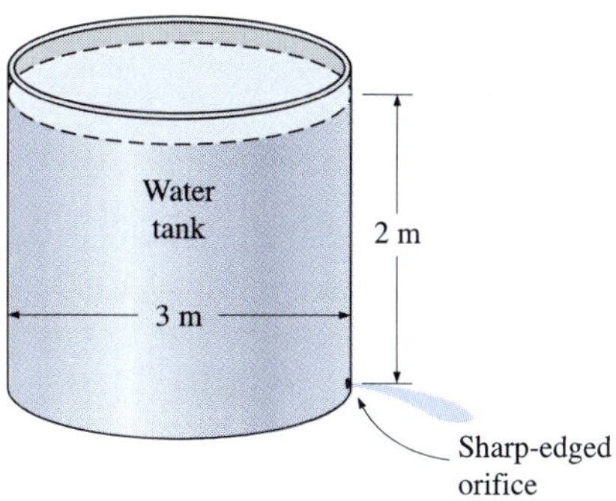

그림 P8-70

8-71 직경 3 m의 수조에 직경 10 cm의 각진 오리피스 중심에서 2 m 높이로 물이 채워져 있다. 수조는 대기에 노출되고 오리피스로부터 100 m 길이의 파이프를 통하여 대기로 물이 방출된다. 파이프의 마찰계수로 0.015로 하고 운동에너지 보정 계수의 영향은 무시한다. (*a*) 수조로부터 방출되는 물의 초기속도, (*b*) 수조가 비는데 걸리는 시간을 계산하라.

8-72 문제 8-71을 다시 고려한다. 수조를 빨리 비우기 위하여 수조출구에 펌프를 설치한다. 수조의 수위가 2 m일 때 평균 물 유속이 4 m/s가 되기 위해 필요한 펌프동력을 구하라. 또한 방출속도가 일정하다고 가정하고 수조를 비우는데 필요한 시간을 구하라. 펌프를 파이프 입구에 설치하든 출구에 설치하든 관계가 없다는 주장과 펌프를 출구에 설치하면 공동현상(cavitation)이 발생할 수 있다는 주장이 있다. 물의 온도가 30°C이고 증기압이 P_v = 4.246 kPa = 0.43 m H_2O, 고도가 해수면과 같을 때 공동현상의 가능성을 검토하라.

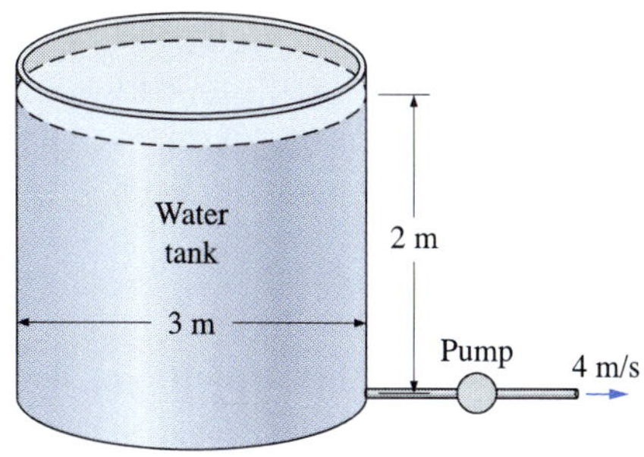

그림 P8-72

8-73 20°C 오일이 15 cm 높이의 원통형 수조와 직경 1 cm, 높이 25 cm의 파이프로 구성된 깔때기를 통해 흐른다. 깔때기에는 연속적으로 오일이 공급되어 항상 채워져 있다. 입구의 영향을 무시하고 깔때기의 유량과 깔때기 효율을 구하라. 깔때기 효율은 마찰이 없는 최대유량과 실제유량의 비로 정의된다.

답: 4.09×10^{-6} m^3/s, 1.86%

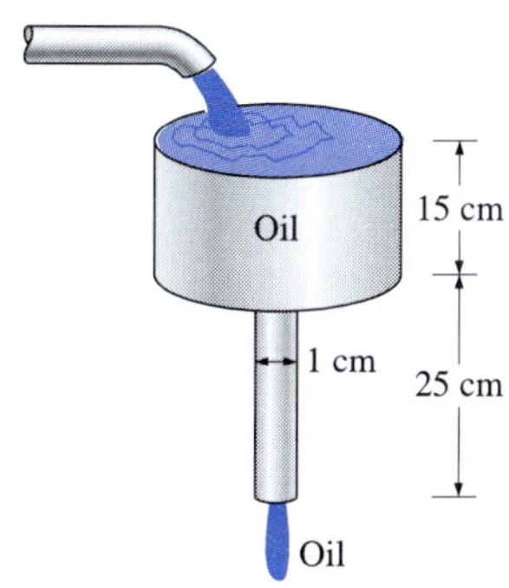

그림 P8-73

8-74 (*a*) 파이프의 직경을 두 배로 하고 (*b*) 파이프의 길이를 두 배로 하여 문제 8-73을 다시 계산하라.

8-75 15°C 물이 대형 수조에서 직렬 연결된 두개의 수평 플라스틱 파이프를 통하여 방출된다. 첫 번째 파이프의 길이는 20 m, 직경은 10 cm이고 두 번째 파이프의 길이는 35 m, 직경은 4 cm이다. 수조 내 수위는 파이프 중심부에서 18 m이다. 파이프 입구부는 각진 형상을 하고 있고 두 파이프는 급격한 축소부(sudden contraction)로 연결된다. 운동에너지 보정 계수를 무시하고 수조로부터 물 방출량을 구하라.

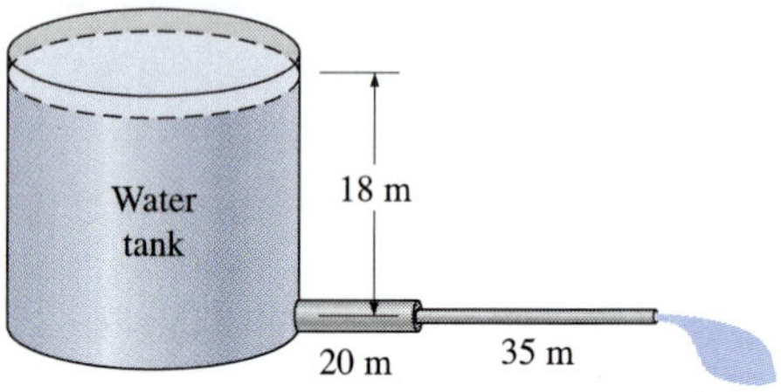

그림 P8-75

8-76E 농부가 70°F 물을 강으로부터 길이 125 ft, 직경 5 in, 플라스틱 파이프를 통하여 수조로 이송한다. 관로에는 플랜지형 90° 매끈한 벤드가 세 개 포함된다. 강물의 유속은 6 ft/s이고 파이프 입구는 동압 취득을 위하여 강물과 마주보게 설치되어 있다. 강과 수조 자유표면의 높이차는 12 ft이다. 유량이 1.5 ft^3/s이고 펌프효율이 70%일 때 펌프에 소요되는 전기동력을 구하라.

8-77E 문제 8-76E를 다시 고려한다. EES나 다른 프로그램을 사용하여 파이프 직경이 소요 전기 동력에 미치는 영향을 검토하라. 파이프 직경을 1에서 10 in까지 1 in씩 증가시키며 계산한 결과를 표와 그림으로 나타내고 결론을 도출하라

8-78 40°C의 온수가 채워진 수조로부터 중력을 이용하여 샤워수를 공급하려한다. 관로는 직경 1.5 cm, 길이 20 m의 아연도금 주철관과 4개의 베인이 없는 마이터 벤드(90°), 1개의 완전개방 글로브 밸브로 구성된다. 샤워 유량이 0.7 L/s가 되려면 수조 높이는 샤워기 출구로부터 얼마가 되어야 하는가? 입구부와 샤워기의 손실, 운동에너지 보정계수의 영향은 무시한다.

8-79 두 개의 수조 A, B가 직경 2 cm, 길이 40 m, 각진 입구부의 주철 파이프로 연결되어 있다. 관로에는 스윙 체크 밸브와 완전개방 게이트 밸브도 설치되어 있다. 두 수조의 수위는 같고 수조 A는 압축공기로 가압된 반면 수조 B는 88 kPa의 대기에 노출되어 있다. 파이프 내 초기유량이 1 L/s일 때 수조 A에 공급되는 가압공기의 절대 압력을 구하라. 물의 온도는 10°C로 한다.

답: 733 kPa

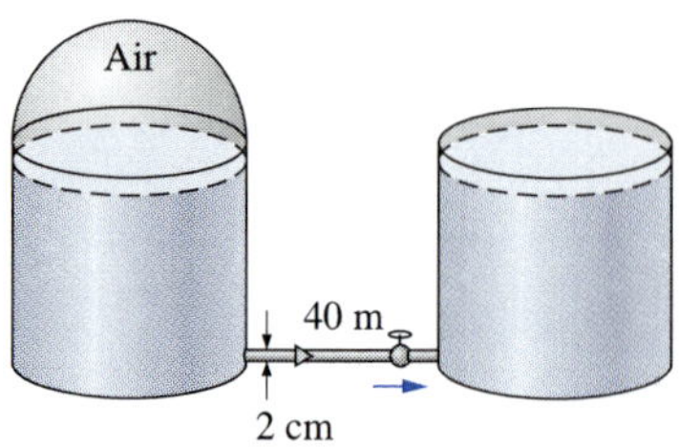

그림 P8-79

8-80 ρ = 920 kg/m^3, μ = 0.045 kg/m · s의 휘발유를 직경 5 cm, 길이 20 m의 다소 둥근 입구부와 두 곳의 90° 완만한 벤드로 구성된 플라스틱 호스를 사용하여 지하저장고로부터 주유차에 주유하고자 한다. 저장고와 호스가 장착된 주유차 상부와의 높이 차는 5 m이다. 또한 주유차의 용량은 18 m^3이고 채우는데 걸리는 시간은 30분이다. 호스 방출부의 운동에너지 보정계수가 1.05이고 펌프 효율이 82%일 때 펌프에 공급되는 소요동력을 구하라.

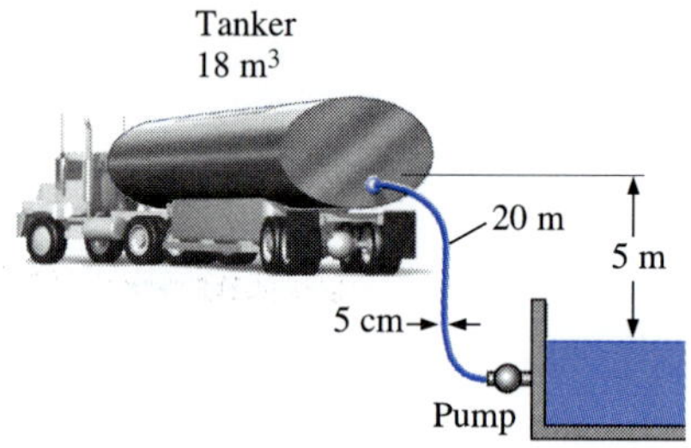

그림 P8-80

8-81 길이와 재질이 동일한 두 파이프가 병렬로 연결되어있다. 파이프 A의 직경은 파이프 B의 두 배이다. 각 파이프의 마찰계수가 같다고 가정하고 부차적 손실을 무시하여 각 파이프에 흐르는 유량비를 구하라.

8-82 주철파이프 재질의 수 분배 관로의 일부분은 병렬배관으로 구성된다. 양 파이프의 직경은 30 cm이고 유동은 완전난류이다. 또한 파이프 A의 길이는 1000 m이고 파이프 B의 길이는 3000 m이다. 파이프 A를 흐르는 유량이 0.4 m^3/s일 때 파이프 B를 흐르는 유량을 구하라. 부차적 손실을 무시하고 물의 온도는 15°C로 한다. 유동이 완전난류이고 따라서 마찰계수가 Reynolds 수와 무관함을 보여라.

답: 0.231 m^3/s

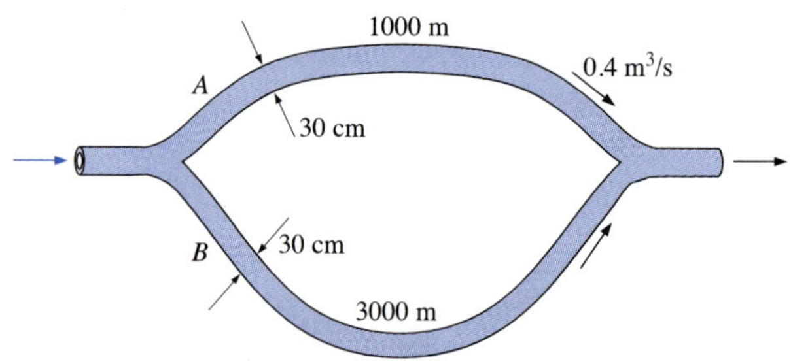

그림 P8-82

8-83 파이프 A에 반이 닫힌 게이트 밸브(K_L = 2.1)가 설치되고 파이프 B에 완전개방 글로브 밸브(K_L = 10)가 설치되었다고 가정하여 문제 8-82를 다시 계산하라. 다른 부차적 손실은 무시하고 유동은 완전 난류로 가정한다.

8-84 지열 지역난방 시스템에서 110°C의 물이 지열 우물에서 12 km 떨어진 거의 같은 높이의 시내로 직경 60 cm 스테인리스강 파이프를 통하여 1.5 m^3/s의 유량으로 이송된다. 우물과 시내 도착점의 유체압력은 같다. 또한 길이 대 직경의 비가 크고 부차적 손실과 관련된 부품의 수가 적어 부차적 손실은 무시한다. (*a*) 펌프 효율을 74%로 할 때 펌프의 전기 소비동력을 구하라. 하나의 큰 펌프를 사용하겠는가 아니면 다수의 소용량 펌프를 사용하겠는가? 그 이유를 설명하라. (*b*) 단위 전기료가 \$0.06/kwh일 때 일일전기료를 구하라. (*c*) 긴 파이프를 지나는 동안 물의 온도는 0.5°C 감소할 것으로 예측된다. 유동의 마찰열에 의한 온도상승이 상기 감소 온도를 보상하겠

는가?

8-85 동일 직경의 주철파이프를 사용하여 문제 8-84를 다시 계산하라.

8-86E 의류건조기는 배출구에 덕트가 연결되지 않았을 때 1기압 120°F의 공기를 1.2 ft^3/s 유량으로 배출한다. 배출구에 세 개의 플랜지형 완만한 벤드로 연결된 길이 15 ft, 직경 5 in의 아연도금 강판 덕트가 부착될 때 유량을 구하라. 덕트의 마찰계수를 0.019로 하고 송풍기 동력은 일정하다고 가정한다.

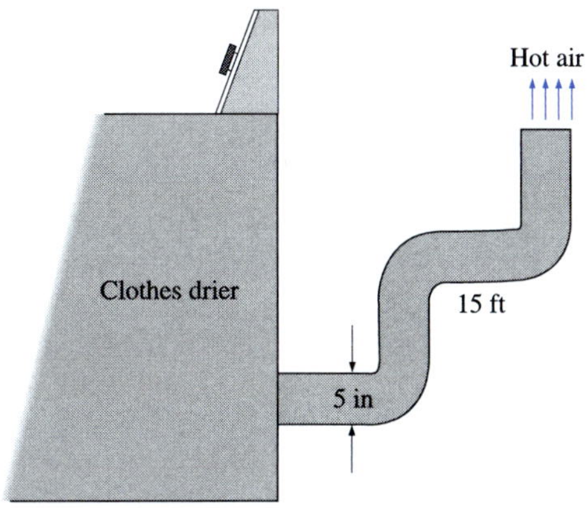

그림 P8-86E

8-87 대형 빌딩에서 수조 내 고온수가 관로를 순환한다. 어떤 순환 루프는 길이 40 m, 직경 1.2 cm의 주철파이프와 6개의 90° 나사진 완만한 벤드, 2개의 완전개방 게이트 밸브로 구성된다. 루프 내 평균 유속이 2.5 m/s일 때 순환 펌프의 소요동력을 구하라. 물의 평균온도는 60°C , 펌프의 효율은 70%로 한다.

답: 0.217 kw

8-88  문제 8-87을 다시 고려한다. EES와 같은 프로그램을 사용하여 평균유속이 순환펌프의 동력에 미치는 영향을 검토하라. 속도를 0에서 3 m/s까지 0.3 m/s씩 증가시키며 계산하고 결과를 표와 그림으로 나타내라.

8-89 문제 8-87을 플라스틱 파이프에 대하여 다시 계산하라.

유량과 속도측정

8-90C 유체의 유량을 측정하기 위하여 유량계를 선정할 때 주로 고려하여할 사항은 무엇인가?

8-91C 피토 정압관의 유량측정 원리를 설명하고, 가격, 압력강하, 신뢰도, 정확도 측면에서 장단점을 논의하라.

8-92C 장애물식 유량계의 유량 측정원리를 설명하라. 가격, 크기, 수두손실, 정확도 측면에서 오리피스 유량계, 노즐 유량계, 벤투리 유량계를 비교하라.

8-93C 용적식 유량계의 작동원리를 설명하라. 왜 용적식 유량계가 가솔린, 물, 천연가스등의 유량계측에 주로 사용되는지 설명하라.

8-94C 터빈 유량계의 유동계측 원리를 설명하고 가격, 수두손실, 정확도 측면에서 다른 형식의 유량계와 비교하라.

8-95C 가변면적 유량계(로터미터)의 작동원리를 설명하라. 가격, 수두손실, 신뢰도 측면에서 다른 형식의 유량계와 비교하라.

8-96C 피토정압관이 내경 2.5 cm 관내에 국소 속도가 평균속도와 같은 위치에 설치되어 있다. 관내에 오일(ρ = 860 kg/m^3, μ = 0.0103 kg/m · s)이 흐르고 측정된 차압은 95.8 Pa이다. 체적유량(m^3/s)을 계산하라.

8-97C 문제 8-96의 Reynolds 수를 계산하라. 층류인가? 난류인가?

8-98 10°C 암모니아(ρ = 624.6 kg/m^3, μ = 1.697 × 10^{-4} kg/m · s)의 유량을 차압계가 장착된 직경 1.5 cm의 노즐 유량계로 측정한다. 차압 측정치가 4 kPa일 때 암모니아의 유량과 평균유속을 구하라.

8-99 직경 10 cm 파이프 내를 흐르는 물 유량을 단면 내 여러 곳의 속도를 측정해서 구하려 한다. 아래 표에 주어진 측정 자료를 사용하여 유량을 구하라.

r, cm	*V*, m/s
0	6.4
1	6.1
2	5.2
3	4.4
4	2.0
5	0.0

8-100E 직경 2 in 오리피스를 사용하여 직경 4 in 수평관을 흐르는 60 °F의 물(ρ = 62.36 lbm/ft^3, μ = 7.536 × 10^{-4} lbm/ft · s)의 유량을 측정한다. 오리피스 차압은 수은 마노미터로 측정한다. 마노미터의 높이 차가 6 in일 때 물의 체적유량, 평균속도, 그리고 오리피스 유량계에 의한 수두손실을 구하라.

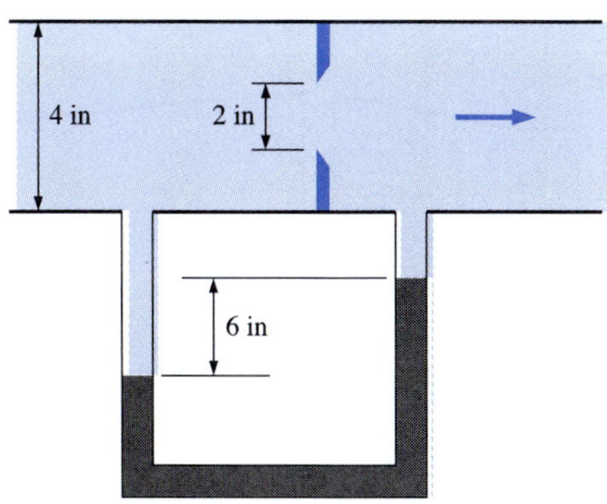

그림 P8-100E

8-101E 마노미터 높이 차를 9 in로 하고 문제 8-100E를 다시 계산하라.

8-102 직경 50 cm 파이프 내를 흐르는 20°C 물(ρ = 998 kg/m^3, μ = 1.002 × 10^{-3} kg/m · s)의 유량을 직경 30 cm 오리피스 유량계로 측정한 결과 250 L/s이었다. 오리피스 유량계에 지시된 차압과 수두손실을 구하라.

8-103 직경 5 cm 수평 파이프 내를 흐르는 15°C 물(ρ = 999.1

kg/m³)의 유량을 차압계가 장착된 벤투리 유량계로 측정한다. 벤투리 목 직경은 3 cm이고 측정된 압력강하는 5 kPa이다. 방출계수가 0.98일 때 물의 체적유량과 평균유속을 구하라.

답: 2.35 L/s, 1.20 m/s

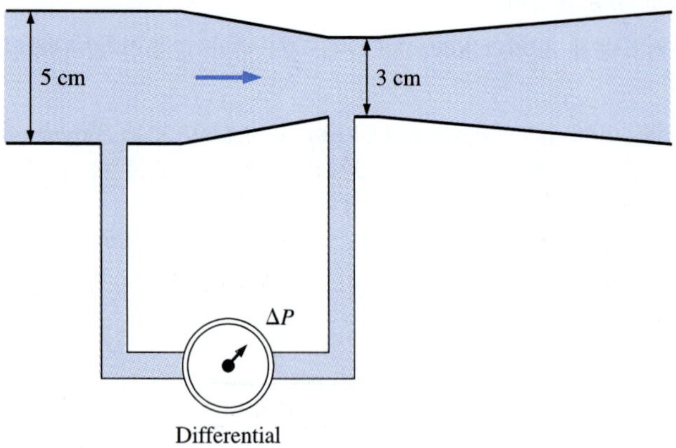

그림 P8-103

8-104 문제 8-103을 다시 고려한다. 압력강하를 1 kPa에서 10 kPa씩 증가시키며 유량을 구하고 그 값을 압력강하의 함수로 도시하라.

8-105 직경 15 cm 덕트를 흐르는 20°C 공기(ρ = 1.204 kg/m³)의 유량을 마노미터가 장착된 벤투리 유량계로 측정한다. 벤투리 목 직경은 6 cm이고 마노미터의 최대 높이 차는 40 cm이다. 방출계수가 0.98일 때 이 벤투리 유량계로 측정할 수 있는 최대공기유량을 구하라.

답: 0.273 kg/s

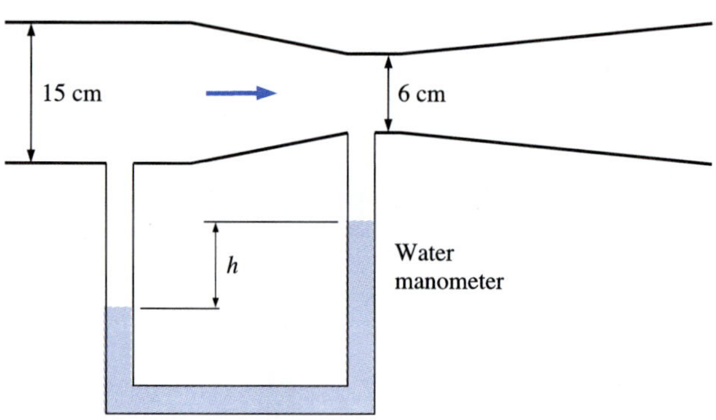

그림 P8-105

8-106 벤투리 목 직경을 7.5 cm로 하고 문제 8-105를 다시 계산하라.

8-107 직경 8 cm 수직파이프 내를 흐르는 10°C 액체 프로판(ρ = 514.7 kg/m³)의 유량을 그림 P8-107과 같이 차압계가 장착된 수직 벤투리 유량계로 측정한다. 방출계수가 0.98일 때 프로판의 체적유량을 구하라.

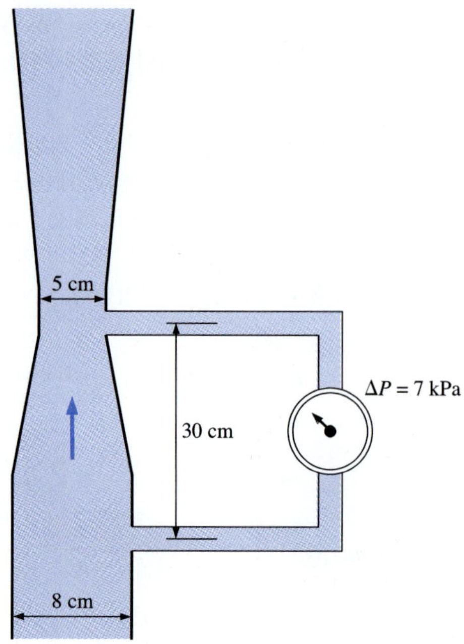

그림 P8-107

8-108E 10°F(ρ = 83.31 lbm/ft³) 액체 냉매 R-134a의 체적유량을 입구직경 5 in, 목 직경 2 in인 수평 벤투리 유량계를 사용하여 측정한다. 측정된 차압이 7.4 psi일 때 냉매유량을 구하라. 벤투리 유량계의 방출계수는 0.98로 한다.

복습 문제

8-109 길이 8 cm, 직경 20 cm의 아연도금강판 덕트를 통하여 150마력 압축기 입구로 공기가 주입된다. 외기 온도는 15°C, 압력은 95 kPa이고 흡입유량은 0.27 m³/s이다. 부차적 손실을 무시하고 덕트 마찰손실은 이기기 위한 소비동력을 구하라.

답: 9.66 W

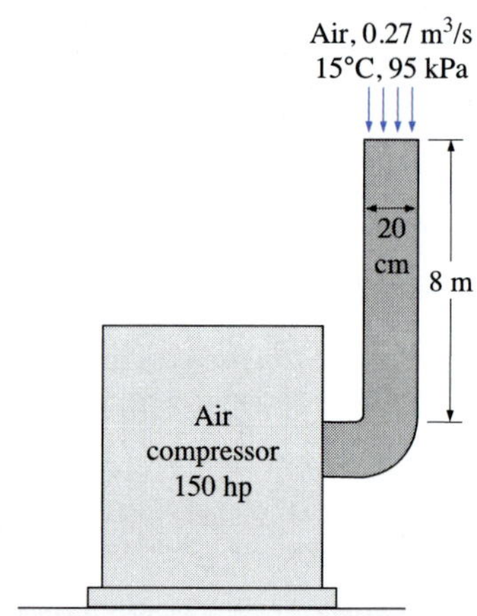

그림 P8-109

8-110 강물의 냉열을 이용하여 차가운 공기를 만들고자 한다. 길이 15 m, 직경 20 cm의 원형 스테인리스강 덕트가 강물에 설

치된다. 덕트 내 공기의 유속은 3 m/s이고 평균온도는 15°C이다. 송풍기 효율을 62%로 하고 덕트의 유동저항을 이기기 위한 송풍기 동력을 구하라.

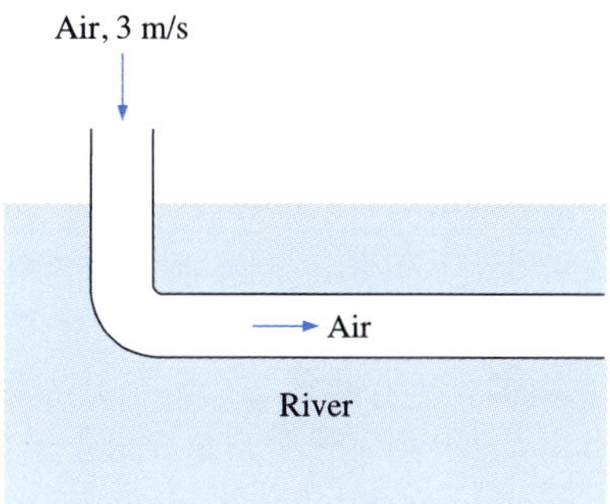

그림 P8-110

8-111 높이 5 m 수조하부에 직경 3 cm의 잘 처리된(well-rounded) 구멍을 뚫고 수평 90° 벤드로 물을 방출한다. 벤드의 길이의 영향은 무시한다. 운동에너지 보정계수가 1.05일 때 (*a*) 플랜지형 완만한 벤드를 사용한 경우, (*b*) 베인이 없는 마이터 벤드를 사용한 경우, 방출유량을 구하라.

답: (*a*) 0.00603 m^3/s, (*b*) 0.00478 m^3/s

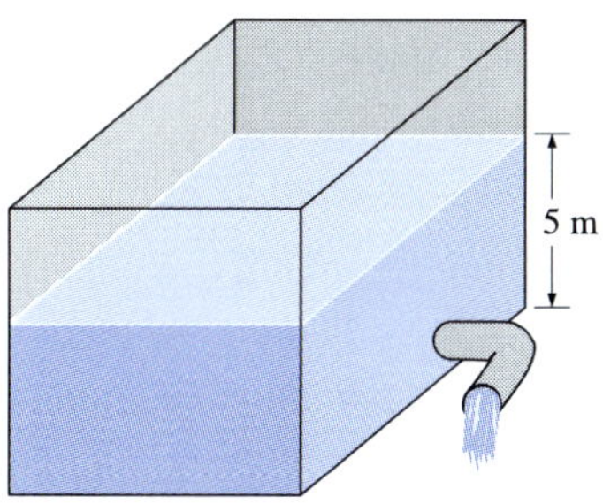

그림 P8-111

8-112 직경과 재질이 동일한 두 파이프가 병렬 연결되어 있다. 파이프 *A*의 길이는 파이프 *B*의 길이의 두 배이다. 양 파이프 모두 난류유동을 가정하여 마찰계수가 Reynolds 수와 무관할 때 두 파이프의 유량비를 구하라.

답: 0.707

8-113E 70°F, 60 psig 물이 흐르는 주관(water main)에 주철 파이프를 연결하여 먼 곳에 물을 공급한다. 파이프 입구는 각진 형상을 하고 있고 길이 50 ft 관로에는 세 개의 베인이 없는 90° 마이터 벤드, 완전개방 게이트 밸브, 개방 시 손실계수 5인 앵글 밸브가 설치되어 있다. 주관과 높이 차는 무시하고 20 gal/min의 유량을 공급하려면 방출부의 파이프의 최소직경은 얼마나 되어야 하나?

답: 0.76 in

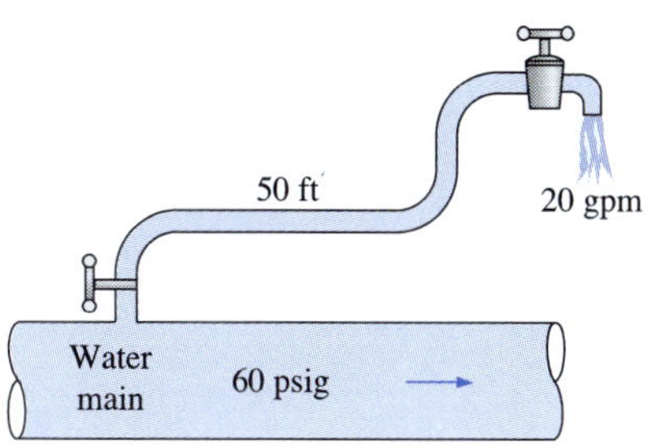

그림 P8-113E

8-114E 플라스틱 파이프에 대하여 문제 8-113E를 반복 계산하라.

8-115 수력발전소에서 길이 200 m, 직경 0.35 m 주철 파이프를 통하여 20°C 물 0.8 m^3/s를 터빈으로 이송한다. 수조의 자유표면과 터빈출구의 높이 차는 70 m이고 터빈발전기의 복합효율은 84%이다. 길이 대 직경비가 크므로 부차적 손실을 무시할 때 이 발전소의 발전량을 얼마인가?

8-116 문제 8-115에서 파이프 손실을 줄이기 위하여 파이프 직경을 세 배 증가시켰다. 이로 인한 발전량 증가율을 구하라.

8-117 직경 10 m, 높이 2 m 수조하부에 직경 3 cm, 길이 25 m 수평 파이프를 설치하여 20°C 물을 방출한다. 파이프 입구부는 잘 처리되어 손실이 없을 때 초기 방출량과 수조를 완전히 비우는데 걸리는 시간을 구하라. 파이프의 마찰계수를 0.022로 하고 초기 방출속도로부터 이 값이 적절한지 검토하라.

답: 1.01 L/s, 86.7 *h*

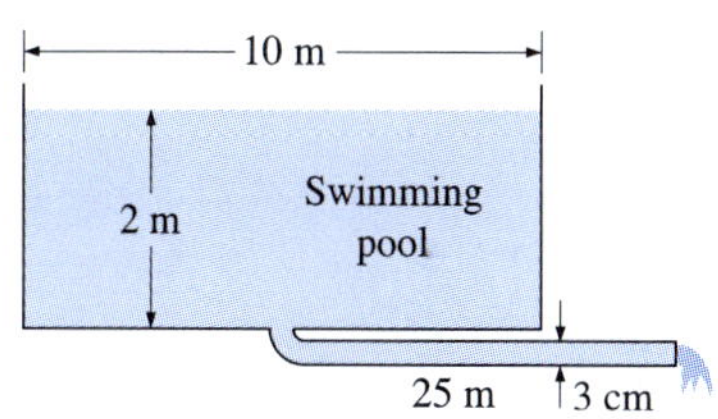

그림 P8-117

8-118 문제 8-117을 다시 고려한다. EES나 다른 프로그램을 사용하여 파이프직경이 수조를 완전히 비우는데 걸리는 시간에 미치는 영향을 조사하라. 직경을 1에서 10 cm까지 1 cm씩 증가시키며 계산하고 결과를 표와 선도로 도시하라.

8-119 문제 8-117을 $K_L = 0.5$인 각진 파이프에 대하여 반복 계산하라. 이 "부차적 손실(minor loss)"이 정말 "미소(minor)"한지 확인하라.

8-120 매우 점도가 큰 액체가 큰 저장조에서 작은 직경의 관을

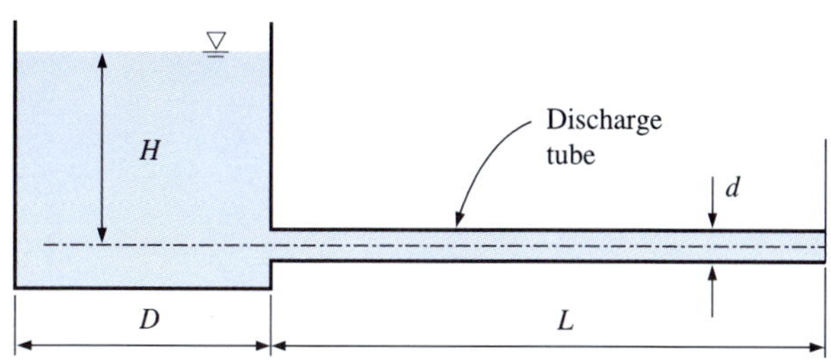

그림 P8-120

통해 방출된다. 유동은 층류이다. 입구의 영향과 속도 수두를 무시하고 시간에 따른 유체 높이 H의 변화를 구하라.

8-121 문제 8-120의 시스템을 사용하여 오일의 운동학적 점성계수를 구하고자 한다. 탱크 내 유체의 초기 높이 H = 40 cm이고 관경 d = 6 mm, 관 길이 L = 0.65 m이고 탱크 직경 D = 0.63 m이다. 탱크 내 유체 높이가 36 cm 감소하는데 2842초 걸린다면 유체의 점성계수는 얼마인가?

설계 및 논술 문제

8-122 높이 h의 원통형 저장조와 직경 D, 길이 L의 소구경관으로 구성된 수직 깔때기를 사용하여 액체의 점성계수를 측정한다. 적절히 가정하여 점성계수를 밀도, 유량과 같은 측정이 손쉬운 값들로 표현하라. 보정계수를 도입할 필요가 있는지 판단하라.

8-123 정원 분수용 펌프를 선정하고자 한다. 물은 분수의 바닥에 모아지고 분수의 자유표면과 물이 방출되는 곳의 높이 차는 3 m이다. 또한 수량은 최소 8 L/s는 되어야 한다. 적절한 펌프–모터를 선정하고 제조사의 세 곳에서 모델과 가격을 조사하라. 그 제품을 선정한 이유를 설명하고 연속 운전을 가정하여 연간 동력비를 산정하라.

8-124 물이 직경 30 cm 파이프를 통하여 높은 위치의 저장조에서 계곡으로 흘러내린다. 저장조 자유표면과 계곡의 높이차는 70 m이다. 이 물을 이용하여 발전을 하려한다. 최대 전력을 생산 할 수 있는 발전소를 설계하라. 또한 발전으로 인한 방출수량의 변화를 조사하라. 발전량이 최대일 때 방출 수량을 구하라.

FLUID MECHANICS

CHAPTER 09

유체 유동의 미분해석

이 장에서는 유체 운동의 미분방정식들, 즉 질량보존의 법칙(**연속 방정식**)과 Newton의 제 2 법칙(**Navier-Stokes 방정식**)을 유도한다. 이들 방정식은 유동장 내의 모든 점에 적용되며, 따라서 **유동 영역**의 모든 곳에서 상세한 유동해석을 할 수 있게 한다. 불행히도, 유체역학에서 접하는 대부분의 미분방정식들은 매우 풀기 어려우며, 따라서 종종 컴퓨터의 도움이 필요하다. 이 장에서는 이러한 일련의 유체유동 미분방정식을 풀기 위한 단계별 절차와 간단한 몇몇 예제들에 대한 해석해를 제시한다. 또한 **유동함수**에 대한 개념을 소개한다; 유동함수가 일정한 곡선은 2차원 유동장에서 **유선**임이 밝혀진다.
최종적으로 항(들)을 소거시키는 몇 가지 근사적 방법을 이용하여 Navier-Stokes 방정식을 보다 풀기 쉬운 형태로 바꾸는 방법에 대하여 살펴본다. 이러한 근사법은 종종 전체 유동장에서도 적합하지만, 그러나 대부분의 경우에 있어서 유동장의 어느 특정한 영역에서만 적합하다. 먼저 Reynolds 수가 매우 낮아 점성항이 관성항 보다 월등하게 큰(그리고 소거하는) **크리핑 유동**을 고려한다. 다음으로 벽면과 후류로부터 멀리 떨어진 유동영역, 즉 **비점성 유동**과 **비회전유동**(또한 **포텐셜 유동**으로도 불리는)에서 적합한 두 가지 근사법을 살펴본다. 이들 영역에서는 정반대가 되는데, 즉 관성항이 점성항보다 월등하게 크다. 마지막으로 관성항과 점성항이 모두 유지되지만 점성항의 일부는 무시될 수 있는 경계층 근사를 논의한다. 이 마지막 근사법은 매우 높은 Reynolds 수(크리핑 유동의 반대)와 벽면 근처에서 적합하며, 이는 포텐셜 유동의 반대이다.

이 장에서는 해석적인 답을 얻을 수 있는 단순한 유동의 미분방정식을 유도한다. 그리고 토네이도에 의해서 야기되는 공기유동과 같은 좀더 복잡한 유동을 풀 수 있는 몇가지 근사법단순화를 논한다.

목표

이 장을 공부하면 다음과 관련된 지식을 얻을 수 있다.

- 질량과 선형운동량 보존법칙에 대한 미분방정식의 유도 방법에 대한 이해
- 유동함수와 압력장의 계산과 주어진 속도장에 대한 유선을 도시하는 방법
- 간단한 유동장에 대한 운동방정식의 해석해를 구하는 방법
- 많은 유체 유동 문제를 풀기 위해 근사법이 필요한 이유에 대한 인식, 그리고 이러한 근사법이 적절한 때와 장소의 이해
- 크리핑 유동 근사법에서 식으로부터 밀도의 소실을 포함하여 관성항의 결여 효과에 대한 이해
- 포텐셜 유동 문제를 푸는 기법으로서의 중첩에 대한 이해
- 경계층의 두께와 기타 경계층 상태량의 예측

9-1 ■ 서론

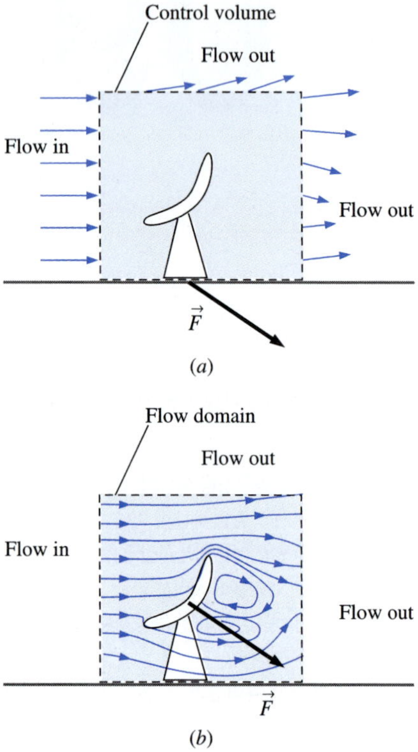

그림 9-1
(a) 검사체적 해석에서 검사체적 내부는 블랙박스처럼 취급되지만, (b) 미분 해석에서는 유동 영역의 모든 점에서 상세한 유동해석을 할 수 있다.

5장에서는 질량과 에너지 보존법칙의 검사체적에 대한 식을 유도하였고, 6장에서는 운동량보존법칙의 검사체적에 대한 식을 유도하였다. 이 검사체적 방법은 검사체적에 출입하는 질량유량이나, 물체에 미치는 힘과 같이 유동 전반에 걸친 특성에 관심이 있을 때 유용하다. 한 예로 위성 접시안테나 주변을 흐르는 바람의 유동을 그림 9-1a에 나타내었다. 그림과 같이 직사각형 검사체적을 위성 접시안테나 주위에 정한다. 모든 검사표면에서의 공기 속도를 안다면, 형상에 대한 자세한 정보가 없어도 위성 접시안테나에 작용하는 순수 반력을 계산할 수 있다. 검사체적 해석에서 검사체적 내부는 "블랙박스"처럼 취급된다. 검사체적 내의 각 점에서, 속도나 압력과 같은 자세한 유동특성은 구할 수 없다.

반면, 미분해석은 **유동장**의 모든 점에 유체운동의 미분방정식을 적용하는 것이다. 미분해석은 유동장 전체에 걸쳐 배치되어 있는 수백만 개의 미소 검사체적들에 대한 해석으로 간주할 수 있다. 미소 검사체적의 수가 무한대의 극한으로 다가가고, 각 검사체적의 크기는 하나의 점으로 줄어들게 되면, 보존방정식들은 유동의 모든 점에서 유효한 편미분 방정식계가 된다. 이 방정식계를 풀면, 전 유동 영역 내의 모든 점에 대해서 속도, 밀도, 압력 등에 대한 상세한 정보를 얻을 수 있다. 예를 들어, 그림 9-1b에서와 같이, 위성 접시안테나 주위의 공기유동에 대한 미분해석은 접시안테나 주위의 유선 모양과 자세한 압력분포 등을 제공한다. 또한 이와 같은 자세한 값들을 적분하면, 위성 접시안테나에 작용하는 순수 힘과 같은 유동의 전체 특성을 구할 수 있다.

그림 9-1에 예시된 것과 같이 공기의 밀도와 온도 변화가 거의 없는 유체유동 문제에서는, 질량보존 법칙과 Newton의 제 2법칙(선형운동량보존 법칙)의 두 개 미분방정식을 푸는 것으로 충분하다. 3차원 비압축성 유동에는 **4개의 미지수**(속도성분 u, v, w와 압력 P)와 **4개의 방정식**(스칼라 방정식인 질량보존 법칙에서 1개, 벡터 방정식인 Newton의 제 2법칙에서 3개)이 있다. 이 방정식들은 **연계되어(coupled)** 있으며, 이는 변수들 중 일부가 4개의 방정식 모두에 나타나는 것을 의미한다. 따라서 이들 미분방정식은 4개의 미지수에 대해 동시에 풀어야 한다. 또한 입구, 출구 및 벽면을 포함한 **유동장의 모든 경계**에서 변수들에 대한 **경계조건**이 설정되어야 한다. 끝으로 유동이 비정상 상태인 경우, 유동장이 변하므로 시간에 따라 전진하면서 해를 풀어야 한다. 독자들은 앞으로 유체유동의 미분해석이 얼마나 복잡하고, 어려운지 알 수 있을 것이다. 컴퓨터가 이런 측면에서 매우 큰 도움이 된다. 그럼에도 불구하고 해석적으로 할 수 있는 것도 많으며, 따라서 질량보존 법칙에 대한 미분방정식을 유도하는 것으로 다음 절을 시작한다.

9-2 ■ 질량 보존 법칙-연속방정식

입구와 출구가 잘 정의된, 고정된 검사체적에 대한 질량 보존 법칙의 일반적인 표현은 다음과 같다.

$$\int_{CV} \frac{\partial \rho}{\partial t}\, dV = \sum_{in} \dot{m} - \sum_{out} \dot{m} \qquad (9\text{-}1)$$

이 식은 검사체적 내의 순수 질량변화율은 검사체적으로 유입하는 질량유량에서 검사체적에서 유출하는 질량유량을 뺀 것과 같다는 것을 의미한다. 식 (9-1)은 크기에 관계없이 어떤 검사체적에도 적용된다. 질량보존 법칙을 만족하는 미분방정식을 유도하기 위하여 검사체적을 dx, dy, dz의 치수를 가지는 미소 크기로 축소시킨다고 생각해보자(그림 9-2). 극한으로 가면, 모든 검사체적은 유동 내 한 점으로 줄어들게 된다.

검사체적은 직교좌표계의 축에 맞춰 정렬된 미소 크기의 상자 모양으로 고려하자(그림 9-3). 상자의 치수는 dx, dy, dz이고, 상자의 중심은 임의의 점 P에 위치한다(상자는 유동장 내 어디에나 존재할 수 있다). 상자 중심에서의 밀도를 ρ, 속도 성분을 u, v, w로 정의한다. 상자의 중심에서 떨어진 점에서 상자 중심(점 P)에 관한 **테일러급수 전개(Taylor series expansion)**를 이용한다. [이 급수 전개는 영국의 수학자 Brook Taylor(1685-1731)를 기리고자, 그의 이름을 따서 명명되었다.] 예를 들어 상자의 오른쪽 면의 중심이 상자의 중심에서 x 방향으로 $dx/2$ 만큼 떨어져 있을 때, 이 점에서 ρu의 값은 다음과 같다.

$$(\rho u)_{\text{center of right face}} = \rho u + \frac{\partial(\rho u)}{\partial x}\frac{dx}{2} + \frac{1}{2!}\frac{\partial^2(\rho u)}{\partial x^2}\left(\frac{dx}{2}\right)^2 + \cdots \tag{9-2}$$

또한 검사체적을 나타내는 상자가 하나의 점으로 줄어들 때, 2차 이상의 고차 항은 무시할 수 있다. 예를 들어 $dx/L = 10^{-3}$이라고 가정하자. 여기서 L은 유동장 내의 어떤 특성 길이 척도이다. 그러면 $(dx/L)^2 = 10^{-6}$이고, 이 값은 dx/L에 비해 천 배나 더 작은 값이다. 사실 dx가 작을수록 2차 항을 무시할 수 있다는 가정은 더 잘 맞는다. 이 (절단된) 테일러급수를, 밀도와 상자의 여섯 면 각각의 중심점에서의 수직속도 성분의 곱에 적용시키면 다음을 얻을 수 있다.

오른쪽 면의 중심: $$(\rho u)_{\text{center of right face}} \cong \rho u + \frac{\partial(\rho u)}{\partial x}\frac{dx}{2}$$

왼쪽 면의 중심: $$(\rho u)_{\text{center of left face}} \cong \rho u - \frac{\partial(\rho u)}{\partial x}\frac{dx}{2}$$

앞면의 중심: $$(\rho w)_{\text{center of front face}} \cong \rho w + \frac{\partial(\rho w)}{\partial z}\frac{dz}{2}$$

뒷면의 중심: $$(\rho w)_{\text{center of rear face}} \cong \rho w - \frac{\partial(\rho w)}{\partial z}\frac{dz}{2}$$

윗면의 중심: $$(\rho v)_{\text{center of top face}} \cong \rho v + \frac{\partial(\rho v)}{\partial y}\frac{dy}{2}$$

아랫면의 중심: $$(\rho v)_{\text{center of bottom face}} \cong \rho v - \frac{\partial(\rho v)}{\partial y}\frac{dy}{2}$$

각 면에 출입하는 질량유량은, 해당면의 중심점에서의 밀도와 그 면에 수직한 속도 성분 그리고 그 면의 면적의 곱과 같다. 즉 $\dot{m} = \rho V_n A$이다. 여기서 V_n은 면을 통과하는 수직속도의 크기이고, A는 면의 면적이다(그림 9-4). 미소 검사체적의 각 면을 통과하는 질량유량은 그림 9-5에 나타나있다. 여기서 나머지 (수직이 아닌) 속도성분에 대해서도 절단된 테일러 급수전개를 각 면의 중심에 적용할

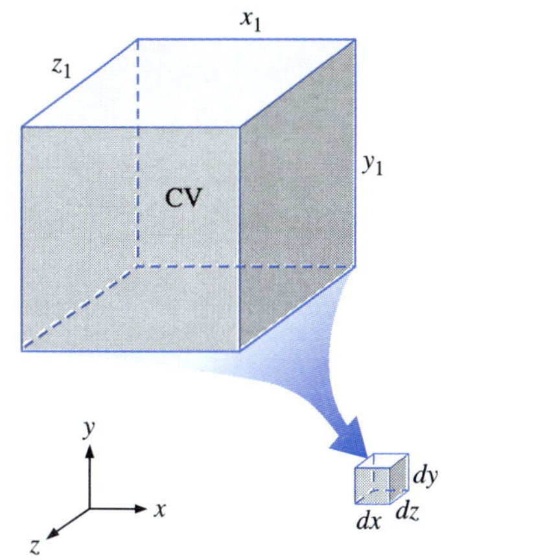

그림 9-2
미분 보존방정식을 유도하기 위하여, 검사체적을 미소 크기로 축소시킨다고 상상한다.

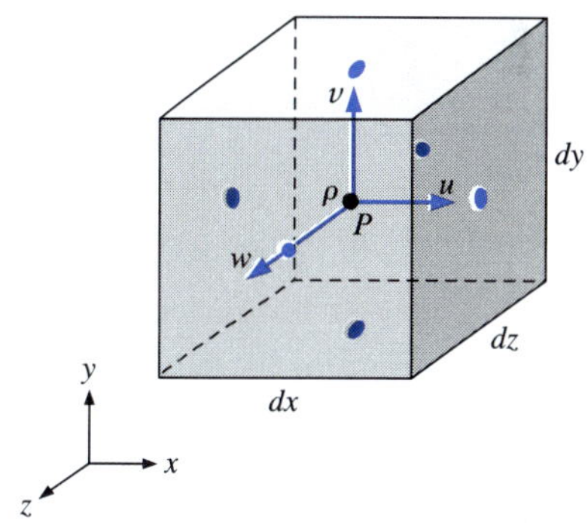

그림 9-3
중심이 점 P인 작은 상자 모양의 검사체적은, 직교좌표계에서 질량보존법칙에 대한 미분방정식을 유도하는데 사용된다. 파란 점은 각 면의 중심을 표시한다.

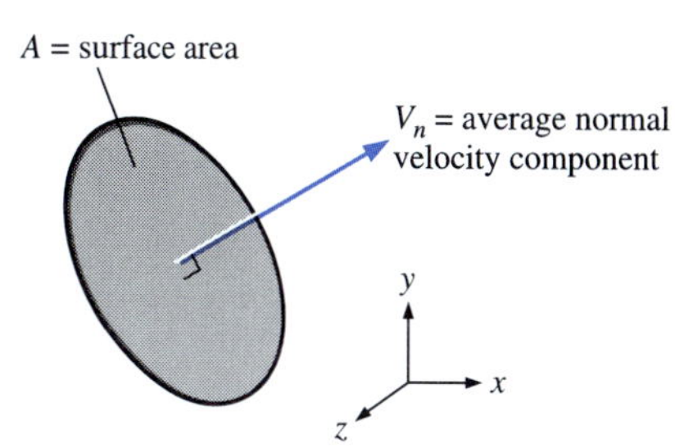

그림 9-4
면을 통과하는 질량유량은 $\rho V_n A$와 같다.

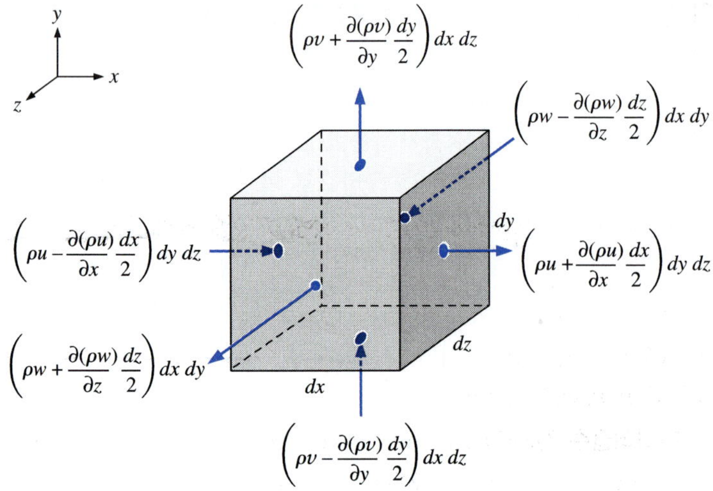

그림 9-5
미소 검사체적의 각 면을 출입하는 질량유량. 파란 점은 각 면의 중심을 표시한다.

수 있다. 그러나 이와 같은 급수전개는 이들 성분이 고려되는 면에 **접선방향**이므로 필요하지 않다. 예를 들어 오른쪽 면의 중심에서의 ρv 값은 유사한 급수전개에 의해 계산될 수 있다. 그러나 v는 상자의 오른쪽 면에 접선방향이므로 면에 출입하는 질량유량에 무관하다.

검사체적이 한 점으로 줄어들 때, 상자의 체적이 $dx\, dy\, dz$이므로 식 (9-1)의 좌변의 체적적분 값은 다음과 같이 된다.

검사체적 내의 질량변화율:

$$\int_{CV} \frac{\partial \rho}{\partial t}\, dV \cong \frac{\partial \rho}{\partial t}\, dx\, dy\, dz \tag{9-3}$$

이제 그림 9-5의 근사식들을 식 (9-1)의 우변에 적용해보자. 먼저 검사체적을 출입하는 모든 질량유량을 더한다. 왼쪽, 아래쪽 그리고 뒤쪽 면을 통해서는 질량이 **유입**되므로, 식 (9-1)의 우변의 첫 번째 항은 다음과 같이 된다.

검사체적으로 유입되는 순 질량유량:

$$\sum_{\text{in}} \dot{m} \cong \underbrace{\left(\rho u - \frac{\partial(\rho u)}{\partial x}\frac{dx}{2}\right) dy\, dz}_{\text{left face}} + \underbrace{\left(\rho v - \frac{\partial(\rho v)}{\partial y}\frac{dy}{2}\right) dx\, dz}_{\text{bottom face}} + \underbrace{\left(\rho w - \frac{\partial(\rho w)}{\partial z}\frac{dz}{2}\right) dx\, dy}_{\text{rear face}}$$

비슷하게 오른쪽, 위쪽 그리고 앞쪽 면을 통해서는 질량이 **유출**하므로, 식 (9-1)의 우변의 두 번째 항은 다음과 같이 된다.

검사체적에서 유출하는 순 질량유량:

$$\sum_{\text{out}} \dot{m} \cong \underbrace{\left(\rho u + \frac{\partial(\rho u)}{\partial x}\frac{dx}{2}\right) dy\, dz}_{\text{right face}} + \underbrace{\left(\rho v + \frac{\partial(\rho v)}{\partial y}\frac{dy}{2}\right) dx\, dz}_{\text{top face}} + \underbrace{\left(\rho w + \frac{\partial(\rho w)}{\partial z}\frac{dz}{2}\right) dx\, dy}_{\text{front face}}$$

식 (9-3)과 질량유량에 대한 위의 두 식을 식 (9-1)에 대입한다. 많은 항들이 서로 상쇄되므로, 나머지 항들을 모아서 간단하게 정리하면 다음과 같다.

$$\frac{\partial \rho}{\partial t} dx\, dy\, dz = -\frac{\partial(\rho u)}{\partial x} dx\, dy\, dz - \frac{\partial(\rho v)}{\partial y} dx\, dy\, dz - \frac{\partial(\rho w)}{\partial z} dx\, dy\, dz$$

여기서 상자의 체적 $dx\,dy\,dz$는 모든 항에 나타나므로 소거할 수 있다. 다시 정리하면, 다음과 같은 직교좌표계에서의 질량보존법칙에 대한 미분방정식을 구할 수 있다.

직교좌표계에서의 연속방정식: $$\frac{\partial \rho}{\partial t}+\frac{\partial(\rho u)}{\partial x}+\frac{\partial(\rho v)}{\partial y}+\frac{\partial(\rho w)}{\partial z}=0 \qquad (9\text{-}4)$$

식 (9-4)는 직교좌표계에서 압축성 형태의 연속방정식이다. 발산 연산(divergence operation, 그림 9-6)을 이용하면, 보다 간단한 형태로 나타낼 수 있으며, 그 결과는 다음과 같다.

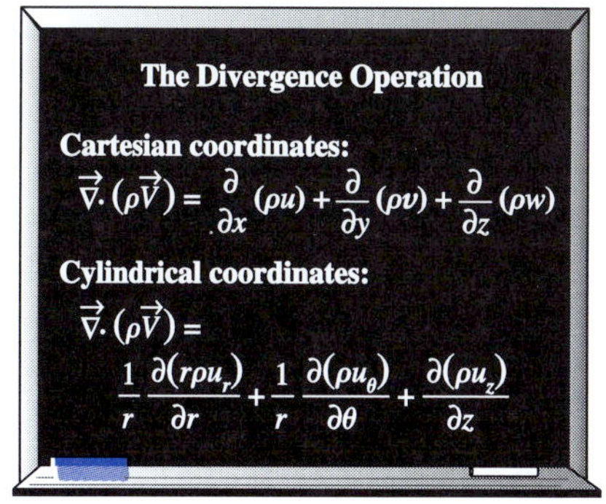

그림 9-6
직교좌표계와 원통좌표계에서의 발산(divergence) 연산.

연속방정식 $$\frac{\partial \rho}{\partial t}+\vec{\nabla}\cdot(\rho\vec{V})=0 \qquad (9\text{-}5)$$

연속방정식의 다른 형태

발산항에 벡터곱의 법칙을 적용하여 식 (9-5)를 전개하면 다음과 같다.

$$\frac{\partial \rho}{\partial t}+\vec{\nabla}\cdot(\rho\vec{V})=\underbrace{\frac{\partial \rho}{\partial t}+\vec{V}\cdot\vec{\nabla}\rho}_{\text{Material derivative of }\rho}+\rho\vec{\nabla}\cdot\vec{V}=0 \qquad (9\text{-}6)$$

식 (9-6)에 **물질도함수**가 나타나는 것을 알 수 있다(4장 참조). 이 식을 ρ로 나누면 다른 형태의 압축성 연속방정식을 얻을 수 있다.

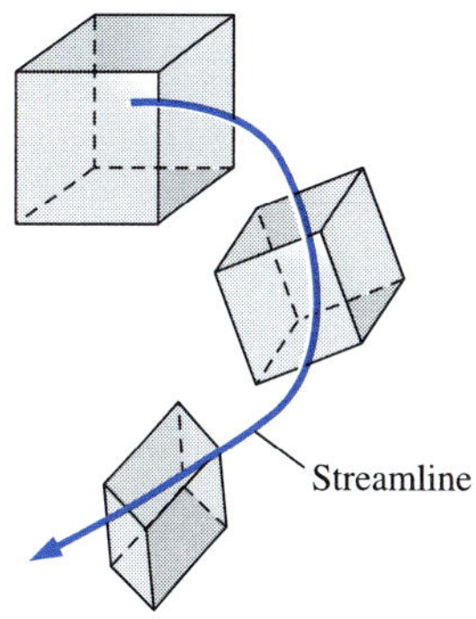

그림 9-7
유동장을 통과해서 물질요소가 운동할 때, 밀도는 식 (9-10)에 따라 변한다.

연속 방정식의 다른 형태: $$\frac{1}{\rho}\frac{D\rho}{Dt}+\vec{\nabla}\cdot\vec{V}=0 \qquad (9\text{-}7)$$

식 (9-7)은 유동장을 통과하는 유체요소(이를 **물질요소**라 부른다)를 따라갈 때, $\vec{\nabla}\cdot\vec{V}$의 변화에 따라 밀도가 변하는 것을 보여준다(그림 9-7). 한편, 물질요소의 밀도 변화가 $\vec{\nabla}\cdot\vec{V}$내의 속도구배 크기에 비해 무시할 수 있을 만큼 작다면, $\rho^{-1}D\rho/Dt \cong 0$과 같이 되고, 이와 같은 유동을 **비압축성**으로 근사할 수 있다.

원통좌표계에서의 연속방정식

유체역학의 많은 문제들은 직교좌표계보다 **원통좌표계**(r, θ, z) [혹은 **원통 극좌표계(cylindrical polar coordinates)**라 불린다]에서 풀기가 더 편리하다. 편의상 먼저 2차원에서의 원통좌표계를 고려한다(그림 9-8a). 일반적으로 r은 원점에서 임의의 점(P)까지의 반경 길이이고, θ는 x축으로부터의 각도이다(θ는 수학적으로 반시계방향이 항상 양으로 정의된다). 그림 9-8a는 속도성분 u_r, u_θ와 단위 벡터 $\vec{e}_r$, $\vec{e}_\theta$를 보여준다. 3차원에서는 그림 9-8a의 모든 선분들을 z축을 따라 임의의 거리 z 만큼 지면 밖으로(xy 면에 수직으로) 이동한다고 생각하면 된다. 이를 그려보면 그림 9-8b와 같다. 3차원에서는, 그림 9-8b에 나타난 것과 같이, 세 번째 속도성분 u_z와 세 번째 단위벡터 $\vec{e}_z$가 추가된다.

그림 9-8으로부터 다음과 같은 좌표 변환을 수행할 수 있다.

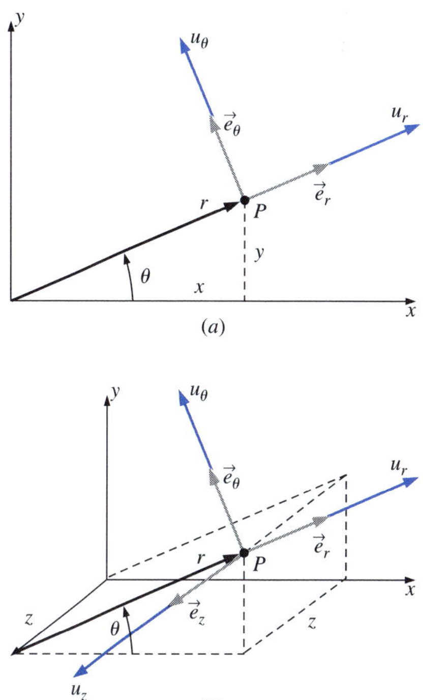

그림 9-8
원통좌표계에서의 속도성분과 단위벡터. (a) xy면 또는 $r\theta$면에서의 2차원 유동 (b) 3차원 유동.

좌표 변환: $$r=\sqrt{x^2+y^2}, \quad x=r\cos\theta, \quad y=r\sin\theta, \quad \theta=\tan^{-1}\frac{y}{x} \qquad (9\text{-}8)$$

여기서 z 좌표는 원통과 직교 좌표계에서 동일하다.

원통좌표계에서 연속방정식을 표현하는 데는 두 가지 방법이 있다. 첫 번째는 식 (9-5)가 좌표계에 관계없이 유도되었으므로, 이 식을 직접 사용하는 방법이다. 이 방법에서는 단순히 벡터 미적분학 교재에 나오는 원통좌표계에서의 발산 연산자 식을 이용하면 된다(예를 들면 Spiegel, 1968. 그림 9-6도 참조하라). 두 번째는 원통좌표계에서 3차원의 미소 유체요소를 그리고, 앞서의 직교좌표계에서 했던 것과 비슷하게 그 요소를 출입하는 질량유량을 분석하는 방법이다. 아무튼 두 방법 모두 다음 식으로 귀결된다.

원통 좌표계에서의 연속 방정식:

$$\frac{\partial\rho}{\partial t}+\frac{1}{r}\frac{\partial(r\rho u_r)}{\partial r}+\frac{1}{r}\frac{\partial(\rho u_\theta)}{\partial\theta}+\frac{\partial(\rho u_z)}{\partial z}=0 \tag{9-9}$$

연속방정식의 특수한 경우

지금부터 연속방정식의 두 가지 특수한 경우, 또는 단순화시키는 경우를 살펴보겠다. 특히 먼저 정상상태, 압축성 유동을 고려하고, 다음으로 비압축성 유동을 고려한다.

특수한 경우 1 : 정상상태, 압축성 유동

유동이 압축성이지만, 정상상태이면, 모든 변수에 대한 $\partial/\partial t$는 0이다. 따라서 식 (9-5)는 다음과 같이 줄어든다.

정상상태 연속방정식:

$$\vec{\nabla}\cdot(\rho\vec{V})=0 \tag{9-10}$$

직교좌표계에서 식 (9-10)은 다음과 같이 쓸 수 있다.

$$\frac{\partial(\rho u)}{\partial x}+\frac{\partial(\rho v)}{\partial y}+\frac{\partial(\rho w)}{\partial z}=0 \tag{9-11}$$

원통좌표계에서 식 (9-10)은 다음과 같이 쓸 수 있다.

$$\frac{1}{r}\frac{\partial(r\rho u_r)}{\partial r}+\frac{1}{r}\frac{\partial(\rho u_\theta)}{\partial\theta}+\frac{\partial(\rho u_z)}{\partial z}=0 \tag{9-12}$$

특수한 경우 2 : 비압축성 유동

유동을 비압축성으로 근사하면, 밀도는 시간이나 공간의 함수가 아니다. 따라서 식 (9-5)에서 $\partial\rho/\partial t\cong 0$이고 ρ는 발산 연산자 밖으로 나오게 된다. 따라서 식 (9-5)는 다음과 같이 줄어든다.

비압축성 연속방정식:

$$\vec{\nabla}\cdot\vec{V}=0 \tag{9-13}$$

만약 식 (9-7)에서 시작하고, 앞서 지적한 바와 같이, 비압축성 유동에서는 유체입자를 따라 감지할 수 있을 정도의 밀도 변화가 없다는 것을 인지하면, 역시 같은 결과를 얻을 수 있다. 즉 ρ의 물질도함수는 영이며, 식 (9-7)은 바로 식 (9-13)으로 귀결된다.

식 (9-13)에 시간 도함수가 없어진 것을 볼 수 있다. 이로부터 **식 (9-13)은 유동이 비정상상태라 할지라도, 시간을 따라 어떤 순간에도 적용된다**고 할 수 있다. 물리적으로 이는 비압축성 유동장의 일부에서 속도장이 변화하면, 나머지 유동장은 식 (9-13)을 항상 만족하도록 속도장 변화에 맞춰 즉시 조정된다는 것을 의미한다. 이는 압축성 유동에서는 해당되지 않는다. 사실 유동장 일부에 나타나는 교란은, 그 교란에서 방출한 음파가 일정거리 밖의 유체입자에 도달하기 전까지는, 그 유체입자에 의해 감지되지 않는다. 사실 총이나 폭발 등으로부터의 큰 소음은 음속보다 더 빠르게 움직이는 **충격파(shock wave)**를 발생시킨다. (폭발시 발생한 충격파가 그림 9-9에 예시되어 있다.) 충격파와 압축성 유동의 다른 표현들은 본 교재의 범위를 넘어서는 것이다.

직교좌표계에서 식 (9-13)은 다음과 같이 쓸 수 있다.

직교좌표계에서의 비압축성 연속방정식: $$\frac{\partial u}{\partial x}+\frac{\partial v}{\partial y}+\frac{\partial w}{\partial z}=0 \qquad (9\text{-}14)$$

식 (9-14)는 아마 앞으로 가장 자주 접하게 될 형태의 연속방정식일 것이다. 이는 정상상태 또는 비정상상태의 비압축성, 3차원 유동에 적용되며 잘 기억해두기 바란다.

원통좌표계에서 식 (9-13)은 다음과 같다.

원통좌표계에서의 비압축성 연속방정식: $$\frac{1}{r}\frac{\partial(ru_r)}{\partial r}+\frac{1}{r}\frac{\partial(u_\theta)}{\partial \theta}+\frac{\partial(u_z)}{\partial z}=0 \qquad (9\text{-}15)$$

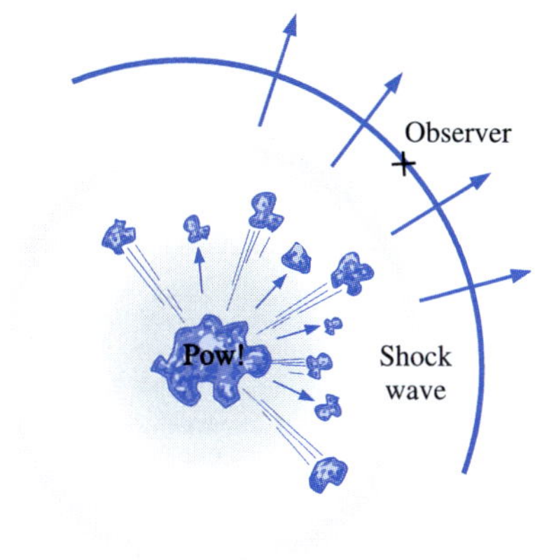

그림 9-9
폭발로부터의 교란은 충격파가 관측자에게 도착하기 전까지는 감지하지 못한다.

예제 9-1 비정상 2차원 유동의 비압축성

비정상 2차원 유동의 속도장을 고려한다. 비정상 2차원 속도장은 $\vec{V}=(u,\ v)=(0.5+0.8x)\vec{i}+[1.5+2.5\ \sin(\omega t)-0.8y]\vec{j}$로 주어지며, 각 주파수 ω는 2πrad/s이다(물리적 주파수는 1 Hz이다). 이 유동장을 비압축성 유동으로 근사할 수 있음을 증명하라.

풀이 주어진 속도장이 비압축성임을 증명하고자 한다.

가정 **1** 유동은 2차원 유동이다. 즉, z 방향의 속도성분은 없으며, u와 v는 z의 함수가 아니다.

해석 x와 y 방향의 속도성분은 다음과 같다.

$$u=0.5+0.8x \quad \text{그리고} \quad v=1.5+2.5\sin(\omega t)-0.8y$$

유동이 비압축성이면, 식 (9-13)을 만족해야 한다. 구체적으로 말하면, 직교좌표계에서 식 (9-14)를 만족해야 한다.

$$\underbrace{\frac{\partial u}{\partial x}}_{0.8}+\underbrace{\frac{\partial v}{\partial y}}_{-0.8}+\underbrace{\cancel{\frac{\partial w}{\partial z}}}_{0\text{ since 2-D}}=0 \quad \rightarrow \quad 0.8-0.8=0$$

비압축성 연속방정식이 시간을 따라 어떤 순간에서도 만족되는 것을 볼 수 있고, 따라서 이 **유동장은 비압축성으로 근사할 수 있다**.

토의 비록 v가 비정상 항을 포함하고 있어도, 그 항은 y에 대한 미분이 영이므로 연속방정식에서 사라진다.

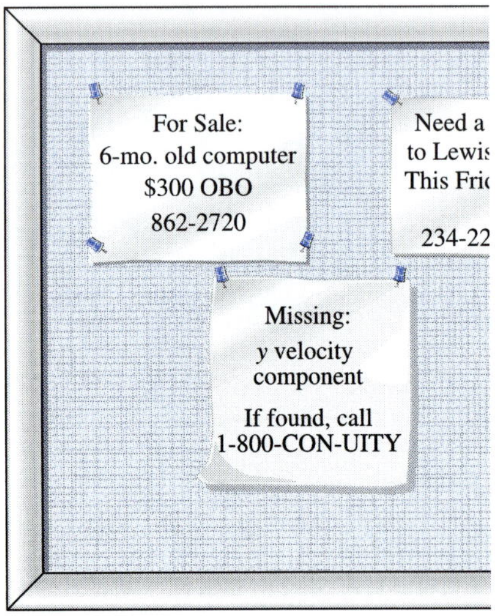

그림 9-10
빠져있는 속도성분을 찾기 위해 연속방정식을 사용한다.

예제 9-2 빠져있는 속도성분 구하기

정상상태, 비압축성, 3차원 유동장에서 두 속도성분을 알고 있다. 즉 $u = ax^2 + by^2 + cz^2$와 $w = axz + byz^2$이며, 여기서 a, b, c는 상수이다. y 방향 속도성분은 빠져있다(그림 9-10). v에 대한 식을 x, y, z의 함수로 구하라.

풀이 주어진 u와 w를 이용하여 y 방향의 속도성분 v를 구하고자 한다.

가정 1 유동은 정상상태이다. 2 유동은 비압축성 유동이다.

해석 직교좌표계에서의 정상상태, 비압축성 유동이므로, 식 (9-14)를 적용할 수 있다.

비압축성 조건:
$$\frac{\partial v}{\partial y} = -\underbrace{\frac{\partial u}{\partial x}}_{2ax} - \underbrace{\frac{\partial w}{\partial z}}_{ax + 2byz} \quad \rightarrow \quad \frac{\partial v}{\partial y} = -3ax - 2byz$$

다음으로 y에 대해 적분한다. 이 적분은 편적분이므로, 적분상수 대신 x와 z에 대한 임의의 함수를 더한다.

해:
$$v = -3axy - by^2z + f(x,z)$$

토의 연속방정식에 x와 z에 대한 v의 미분이 없으므로, 어떤 함수 $f(x, z)$를 사용해도 v는 비압축성 연속방정식을 만족한다.

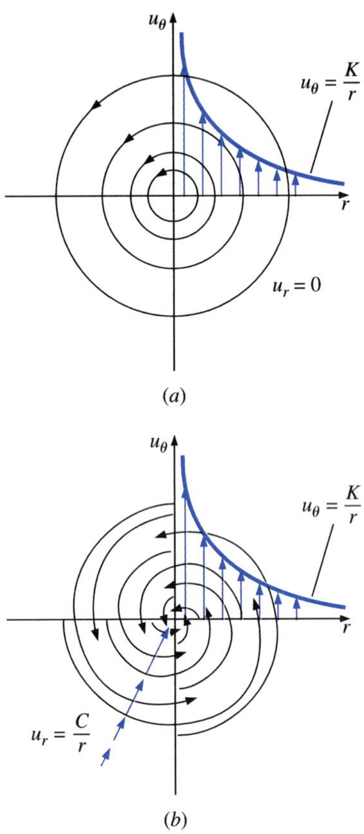

그림 9-11
(a) 선 와류유동에 대한 유선과 속도분포, (b) 나선형태의 선 와류/싱크 유동에 대한 유선과 속도분포.

예제 9-3 2차원 비압축성 와류유동

원통좌표계에서 2차원 비압축성 유동을 고려한다. 접선속도 성분은 $u_\theta = K/r$이며, 여기서 K는 상수이다. 이 유동은 와류유동의 한 부류이다. 이때 나머지 속도성분 u_r을 구하라.

풀이 주어진 접선속도 성분을 이용하여 반경방향 속도성분 u_r을 구하고자 한다.

가정 1 $xy(r\theta)$ 평면에서 2차원 유동이다(속도는 z의 함수가 아니고, u_z는 0이다). 2 유동은 비압축성 유동이다.

해석 2차원, 비압축성 연속방정식(식 9-15)는 다음과 같이 단순화된다.

$$\frac{1}{r}\frac{\partial(ru_r)}{\partial r} + \frac{1}{r}\frac{\partial u_\theta}{\partial \theta} + \underbrace{\frac{\partial u_z}{\partial z}}_{0\text{ (2-D)}} = 0 \quad \rightarrow \quad \frac{\partial(ru_r)}{\partial r} = -\frac{\partial u_\theta}{\partial \theta} \tag{1}$$

주어진 $u\theta$ 식은 θ의 함수가 아니므로, 식 (1)은 다음과 같이 줄어든다.

$$\frac{\partial(ru_r)}{\partial r} = 0 \quad \rightarrow \quad ru_r = f(\theta, t) \tag{2}$$

여기서, r에 대한 편적분을 수행하였으므로, 적분상수 대신 θ와 t에 대한 임의의 함수를 도입하였다. u_r에 대해서 풀면 다음과 같다.

$$u_r = \frac{f(\theta, t)}{r} \tag{3}$$

따라서 식 (3)의 형태로 주어진 모든 반경방향 속도성분은, 연속방정식을 만족하는 2차원,

비압축성 속도장을 생성한다.

여기서 몇 가지 특수한 경우를 논의한다. 가장 단순한 경우는 $f(\theta,\ t) = 0(u_r = 0, u_\theta = K/r)$일 때이다. 이는, 그림 9-11a에서 볼 수 있는 바와 같이, 4장에서 논의한 **선 와류(line vortex)**를 만든다. 또 다른 간단한 경우는 $f(\theta,\ t) = C$일 때이며, 여기서 C는 상수다. 이 경우에는 반경방향 속도의 크기가 $1/r$의 함수로 감소한다. C가 음수인 경우는, 유체요소가 원점 주위를 돌면서 원점의 싱크[z축을 따라 선 싱크(line sink)]로 빨려 들어가는 나선형태의 선 와류/싱크 유동으로 생각할 수 있다. 이 유동은 그림 9-11b에 예시되어 있다.

토의 $f(\theta,\ t)$를 다른 함수로 설정하면, 다른 더 복잡한 유동도 얻을 수 있다. $f(\theta,\ t)$가 어떤 함수이든 간에, 유동은 시간을 따라 어떤 순간에서도 2차원, 비압축성 연속방정식을 만족한다.

예제 9-4 비압축성 유동의 조건

정상상태 속도장 $\vec{V} = (u,\ v,\ w) = a(x^2y + y^2)\ \vec{i} + bxy^2\vec{j} + cx\vec{k}$을 고려한다. 여기서 a, b와 c는 상수이다. 유동장이 비압축성이 되기 위한 조건은 무엇인가?

풀이 비압축성을 만족하는 상수 a, b와 c 사이의 관계식을 구하고자 한다.

가정 **1** 유동은 정상상태이다. **2** 유동은 비압축성 유동이다(앞으로 결정될 어떤 조건 하에서).

해석 식 (9-14)을 주어진 속도장에 적용한다.

$$\underbrace{\frac{\partial u}{\partial x}}_{2axy} + \underbrace{\frac{\partial v}{\partial y}}_{2bxy} + \underbrace{\frac{\partial w}{\partial z}}_{0} = 0 \qquad \rightarrow \qquad 2axy + 2bxy = 0$$

따라서 비압축성이 되기 위해서는 상수 a와 b는 크기가 같으나 부호는 서로 반대여야 한다.

비압축성 조건: $\boldsymbol{a = -b}$

토의 a와 $-b$가 서로 같지 않은 경우, 유동장은 여전히 유효하지만, 유동장 내의 밀도는 위치에 따라 변해야 할 것이다. 즉 유동은 압축성이 될 것이며, 따라서 식 (9-14)가 아닌 식 (9-11)를 만족해야 한다.

9-3 ■ 유동함수

직교좌표계에서의 유동함수

xy 평면에서 2차원, 비압축성 유동의 간단한 경우를 고려하면, 직교좌표계에서의 연속방정식(식 9-14)은 다음과 같이 된다.

$$\frac{\partial u}{\partial x} + \frac{\partial v}{\partial y} = 0 \tag{9-16}$$

적절한 변수변환법을 사용하면, 두 개의 종속변수(u와 v) 대신 한 개의 종속변수(ψ)로 식 (9-16)을 표현할 수 있다. 여기서 유동함수(stream function) ψ를 다음과 같이 정의한다.

직교좌표계에서의 비압축성, 2차원 유동함수:

$$u = \frac{\partial \psi}{\partial y} \quad \text{그리고} \quad v = -\frac{\partial \psi}{\partial x} \tag{9-17}$$

유동함수와 그에 상응하는 속도포텐셜 함수(9-6절)는 이탈리아 수학자 Joseph Louis Lagrange(1736-1813)에 의해서 처음 소개되었다. 식 (9-17)을 식 (9-16)에 대입하면 다음과 같게 된다.

$$\frac{\partial}{\partial x}\left(\frac{\partial \psi}{\partial y}\right) + \frac{\partial}{\partial y}\left(-\frac{\partial \psi}{\partial x}\right) = \frac{\partial^2 \psi}{\partial x\, \partial y} - \frac{\partial^2 \psi}{\partial y\, \partial x} = 0$$

이 식은 모든 매끈한(smooth) 함수 $\psi(x, y)$ 대해 만족된다. 이는 매끈한 함수에서 미분 순서(y 다음에 x 대 x 다음에 y)는 무관하기 때문이다.

u 대신 v에 음 부호를 부여하는 것에 대해 의문을 가질 수 있다. (유동함수의 부호를 반대로 정의하여도, 연속성은 여전히 만족된다.) 그 답은 다음과 같다. 부호는 임의로 정할 수 있지만, 식 (9-17)과 같이 정의하는 이유는, ψ가 y 방향으로 증가함에 따라 유동이 왼쪽에서 오른쪽으로 흐르도록 하기 위함이며, 이는 보통 더 선호되는 방향이기 때문이다. 또한 가끔 ψ가 반대의 부호로 정의되기도 하지만 (예로서, 실내공기 질 분야에서, Heinsohn과 Cimbala, 2003), 대부분의 유체역학 교재에서는 ψ를 위와 같이 정의하고 있다.

이와 같은 변환으로 무엇을 얻을 수 있을까? 첫 번째로, 이미 언급하였듯이, 한 개의 변수(ψ)가 두 개의 변수(u와 v)를 대신하게 된다. 즉, ψ를 알면, 식 (9-17)을 통해서 u와 v를 모두 구할 수 있으며, 이들 해는 또한 식 (9-16)의 연속성을 만족하게 된다. 두 번째로, 유동함수는 다음과 같은 유용한 물리적 중요성을 가진다(그림 9-12).

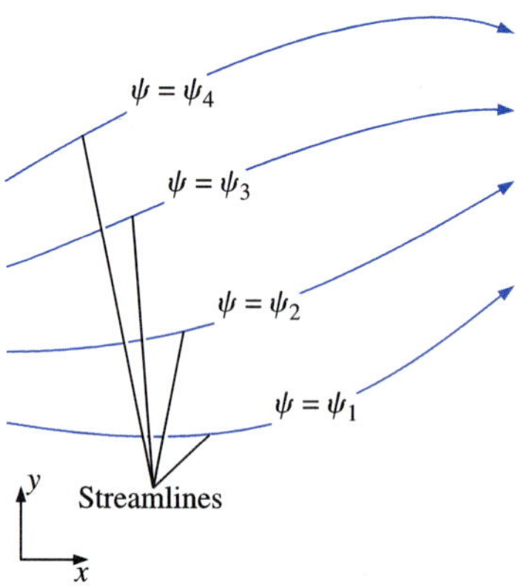

그림 9-12
유동함수가 일정한 곡선들은 유동장의 유선들이다.

ψ가 일정한 곡선은 유동장의 **유선**이다.

이는 그림 9-13에 나타나 있는 xy 평면상의 유선들을 보면 쉽게 입증된다. 4장을 상기하면, 이러한 유선을 따라 다음이 성립한다.

유선을 따라: $$\frac{dy}{dx} = \frac{v}{u} \quad \rightarrow \quad \underbrace{-v}_{\partial\psi/\partial x}\, dx + \underbrace{u}_{\partial\psi/\partial y}\, dy = 0$$

여기서 ψ에 대한 정의인 식 (9-17)을 이용하였다. 따라서 다음과 같은 식을 얻는다.

유선을 따라: $$\frac{\partial \psi}{\partial x} dx + \frac{\partial \psi}{\partial y} dy = 0 \tag{9-18}$$

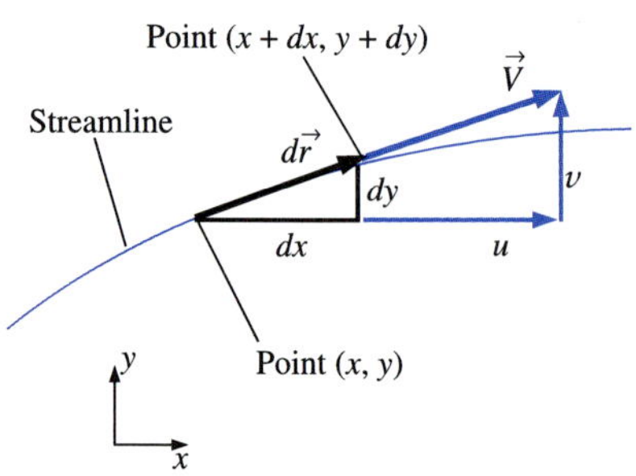

그림 9-13
xy 평면에서 2차원 유선을 따르는, 호 길이 $d\vec{r} = (dx, dy)$와 국소 속도벡터 $\vec{V} = (u, v)$.

x, y 두 변수의 함수인 모든 매끈한 ψ 함수에 대하여, 한 점(x, y)에서 미소 거리 떨어진 다른 점 $(x + dx, y + dy)$까지 사이의 ψ의 총 변화량은 수학적 연쇄법칙(chain rule)을 통해 다음과 같이 구할 수 있다.

ψ의 총 변화량: $$d\psi = \frac{\partial \psi}{\partial x} dx + \frac{\partial \psi}{\partial y} dy \tag{9-19}$$

식 (9-18)과 (9-19)를 비교하면, 유선을 따라서 $d\psi = 0$이라는 것을 알 수 있다. 그러므로 유선을 따라서 ψ는 일정하다는 것을 증명하였다.

예제 9-5 유동함수로부터 속도장의 계산

xy 평면에서 정상상태, 2차원, 비압축성 유동장이 $\psi = ax^3 + by + cx$의 유동함수를 가진다. 여기서 $a = 0.50\ (\text{m}\cdot\text{s})^{-1}$, $b = -2.0$ m/s, $c = -1.5$ m/s이며, 모두 상수이다. (a) 속도성분 u와 v에 대한 식을 구하라. (b) 유동장이 비압축성 연속방정식을 만족함을 보여라.

풀이 주어진 유동함수에 대해 속도성분들을 구하고, 비압축성을 증명하고자 한다.

가정 **1** 유동은 정상상태이다. **2** 유동은 비압축성 유동이다(이 가정은 추후 증명할 것이다). **3** *xy* 평면상의 2차원 유동이다. 즉, u와 v는 z의 함수가 아니며, $w = 0$이다.

해석 (a) 식 (9-17)을 사용하여 유동함수를 미분함으로써 u와 v에 대한 식을 구한다.

$$u = \frac{\partial \psi}{\partial y} = b \quad \text{그리고} \quad v = -\frac{\partial \psi}{\partial x} = -3ax^2 - c$$

(b) u는 x의 함수가 아니고, v는 y의 함수가 아니므로, 2차원의 비압축성 연속방정식(식 9-16)을 만족함을 알 수 있다. 사실 ψ는 x와 y에 대해 매끈한 함수이므로, *xy* 평면에서 2차원 비압축성 연속방정식은 ψ의 정의에 의해 자동적으로 성립한다. 따라서 **유동은 실제로 비압축성**이라고 결론 내릴 수 있다.

토의 $x = 1$ m에서 $v = 0$임을 증명할 수 있다. 사실 v는 $x > 1$ m인 구간에서는 음이 되고, $x < 1$ m인 구간에서는 양이 된다.

예제 9-6 속도장이 알려져 있는 경우의 유동함수 계산

$u = ax + b$이며, $v = -ay = cx$인 정상상태, 2차원, 비압축성 유동을 고려한다. 여기서 $a = 0.50\ \text{s}^{-1}$, $b = 1.5$ m/s, $c = 0.35\ \text{s}^{-1}$이며, 모두 상수이다. 유동함수에 대한 식을 구하고, 1 사분면에서 몇몇 유선을 도시하라.

풀이 주어진 속도장에 대해 ψ에 대한 식을 구하고, 주어진 a, b와 c의 상수를 이용해서 유선을 도시하고자 한다.

가정 **1** 유동은 정상상태이다. **2** 유동은 비압축성 유동이다. **3** *xy* 평면상의 2차원 유동이다. 즉, u와 v는 z의 함수가 아니며, $w = 0$이다.

해석 유동함수를 정의한 식 (9-17)의 두 부분 중 하나를 선택하여 시작한다(둘 중 어느 것을 선택해도 무방하다. 즉, 해는 동일하다).

$$\frac{\partial \psi}{\partial y} = u = ax + b$$

다음으로 y에 대해 적분한다. 이 적분은 편적분이므로, 적분상수 대신 x에 대한 임의의 함수를 더한다.

$$\psi = axy + by + g(x) \qquad (1)$$

이제 식 (9-17)의 다른 부분을 선택하여, 식 (1)을 미분하고 다시 정리하면 다음과 같다.

$$v = -\frac{\partial \psi}{\partial x} = -ay - g'(x) \tag{2}$$

여기서 g는 x만의 함수이므로 $g'(x)$는 dg/dx를 나타낸다. 속도성분 v는 문제에서 주어진 식과 식 (2)의 두 가지로 표현할 수 있다. 이들 식을 같게 하고, x에 대해 적분하면 다음과 같이 $g(x)$를 구할 수 있다.

$$v = -ay + cx = -ay - g'(x) \quad \rightarrow \quad g'(x) = -cx \quad \rightarrow \quad g(x) = -c\frac{x^2}{2} + C \tag{3}$$

여기서 g는 x만의 함수이므로, 임의의 적분상수 C를 더한 것에 유의한다. 마지막으로 식 (3)을 식 (1)에 대입하면 ψ에 대한 최종 식을 얻는다.

해:

$$\boldsymbol{\psi = axy + by - c\frac{x^2}{2} + C} \tag{4}$$

유선을 도시하기 위하여, 식 (4)는 $(\psi - C)$의 각 상수 값에 대해 유일한 곡선을 갖는 곡선군을 나타내고 있음에 유의한다. C는 임의의 값이므로, 어떤 값을 설정해도 무방하지만, 일반적으로 0으로 설정한다. 따라서 간단하게 $C = 0$으로 설정하고, 식 (4)를 x의 함수인 y에 대해 풀면 다음과 같다.

유선의 방정식:

$$y = \frac{\psi + cx^2/2}{ax + b} \tag{5}$$

몇 개의 ψ 값과 주어진 a, b와 c의 값들을 사용해서, 이 식을 그림 9-14에 도시하였다. ψ가 일정한 곡선이 유선이다. 그림 9-14로부터, 1 사분면에서 부드럽게 수축하는 유동을 볼 수 있다.

토의 이 예제에서 정확한 속도성분을 얻었는지 확인하기 위해서는 식 (4)를 식 (9-17)에 대입하여야 한다.

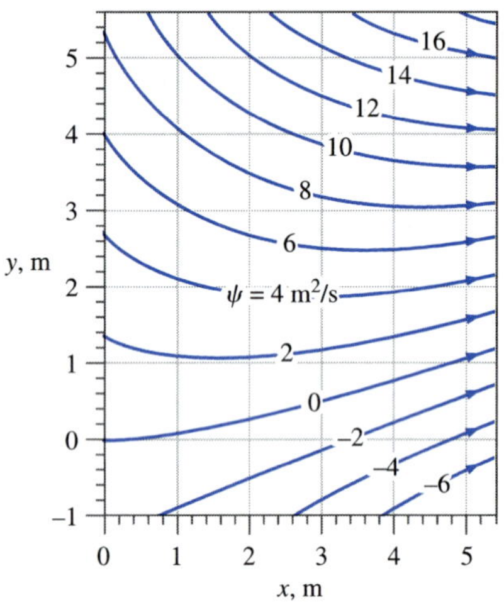

그림 9-14
예제 9-9의 속도장에 대한 유선. 일정한 ψ 값이 각 유선에 표시되어 있다.

유동함수에 대해 또 다른 물리적으로 중요한 특성이 있다.

> 한 유선에서 다른 유선까지 ψ 값의 차이는 두 유선 사이의 단위 폭 당 체적유량과 같다.

이 서술에 대한 설명은 그림 9-15에 예시되어 있다. 두 유선 ψ_1과 ψ_2, 그리고 지면 속으로 단위 폭을 가지는($-z$ 방향으로 1 m) xy 평면상의 2차원 유동을 고려해보자. 정의에 의하면, **어떤 유동도 유선을 가로지를 수 없다.** 따라서 두 유선 사이의 공간을 차지하는 유체는 항상 같은 두 유선 사이에 한정되어 흐른다. 이는 두 유선 사이의 임의의 단면을 통과하는 질량유량은 어떤 순간에도 같다는 것을 의미한다. 여기서 단면은 유선 1에서 시작해서 유선 2에서 끝나기만 하면, 그 단면은 어떤 형상이어도 좋다. 예를 들어 그림 9-15를 보면, 단면 A는 원호 모양이지만, 단면 B는 물결 모양을 가진다. xy 평면에서의 정상상태, 비압축성, 2차원 유동에 대하여, 두 유선 사이의 체적유량 $\dot{V}$ (단위 폭 당)은 일정해야 한다. 그러므로 만약 두 유선이 단면 A에서 단면 B까지의 구간에서 벌어진다면, 두 유선 사이의 평균속도는 체적

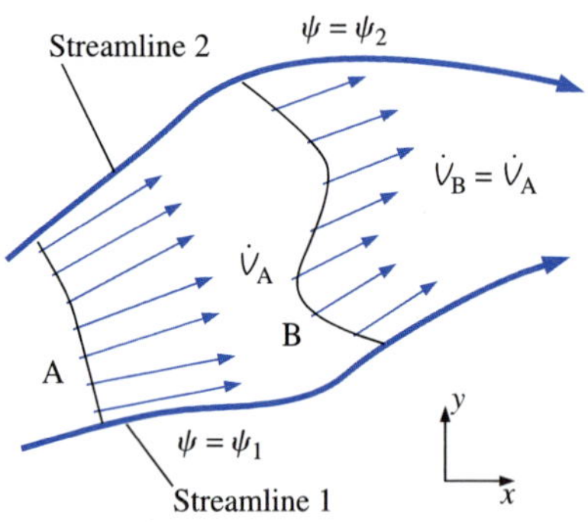

그림 9-15
xy 평면의 2차원 유선에 대하여, 두 유선 사이의 단위 폭 당 체적유량 $\dot{V}$는 모든 단면을 통해 같다.

유량이 같게 유지되도록 ($\dot{V}_A = \dot{V}_B$) 감소할 것이다. 예를들어 예제 9-6의 그림 9-14에서 유선이 가까워지면 속도벡터의 크기는 증가한다. 유사하게, 유선이 멀어지면 유선 사이의 평균속도는 감소한다. 그림 9-16에 두 경우 모두가 도시되어 있다.

유동함수를 다룰 때 유동 방향은 "왼쪽 규칙(left-side convention)"이라 불리는 것으로부터 얻을 수 있다. 다시 말해 *xy* 평면(그림 9-16)에서 *z*축을 내려다보고 유동 방향으로 움직이고 있다면, 유동함수는 왼쪽 방향으로 증가한다.

ψ 값은 *xy* 평면에서 유동방향의 왼쪽으로 증가한다.

예를 들어, 그림 9-16에서 유동함수는 유동의 뒤틀림과 회전 정도에 관계없이 유동 방향의 왼쪽으로 증가한다. 유선들이 서로 멀리 떨어져 있는 곳(그림 9-16의 오른쪽 아래 부분)의 속도 크기는 유선들이 서로 가까운 곳(그림 9-16의 중앙 부분)의 속도보다 상대적으로 작다. 이는 질량보존법칙에 의해 쉽게 설명된다. 유선들이 가까워짐에 따라 유선 사이의 단면적은 감소하고, 속도는 유선 사이의 유량을 일정하게 유지하기 위해 증가해야 한다.

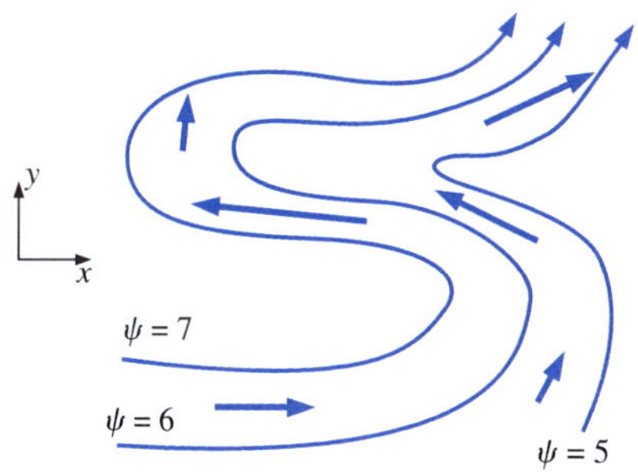

그림 9-16
"왼쪽 규칙(left-side convention)"에 대한 예시. *xy* 평면에서 유동함수 값은 항상 유동 방향의 왼쪽으로 증가한다.

예제 9-7 유선으로부터 유추되는 체적유량

물은 수로 바닥면의 좁은 홈을 통해 흡입된다. 수로 안의 물은 왼쪽에서 오른쪽으로 일정한 속도 $V = 1.0$ m/s로 흐른다. 홈은 *xy* 평면에 수직이고, 전체 수로를 통해 *z*축을 따라 존재한다. 여기서 수로의 폭은 $w = 2.0$ m이다. 따라서 유동은 *xy* 평면에서 2차원이라 할 수 있다. 그림 9-17에 유동장의 몇몇 유선이 도시되어 있다.

그림 9-17에서 두꺼운 유선은 유동을 두 부분으로 나누기 때문에 **분할유선(dividing streamline)**이라 한다. 즉, 분할유선 아래의 물은 홈 속으로 흡입되고, 반면에 분할유선 위의 물은 모두 하류로 계속 흐른다. 홈을 통해 흡입되는 물의 체적유량은 얼마인가? 또한 점 *A*에서 속도의 크기를 구하라.

풀이 주어진 유선에 대하여, 홈을 통과하는 체적유량을 결정하고, 한 점에서의 유속을 구하고자 한다.

가정 **1** 유동은 정상상태이다. **2** 유동은 비압축성이다. **3** 유동은 *xy* 평면에서 2차원 유동이다. **4** 바닥면의 마찰은 무시한다.

해석 식 (9-25)에 의해서, 바닥면($\psi_{wall} = 0$)과 분할유선($\psi_{dividing} = 1.0\ m^2/s$)사이의 단위 폭 당 체적유량은 다음과 같다.

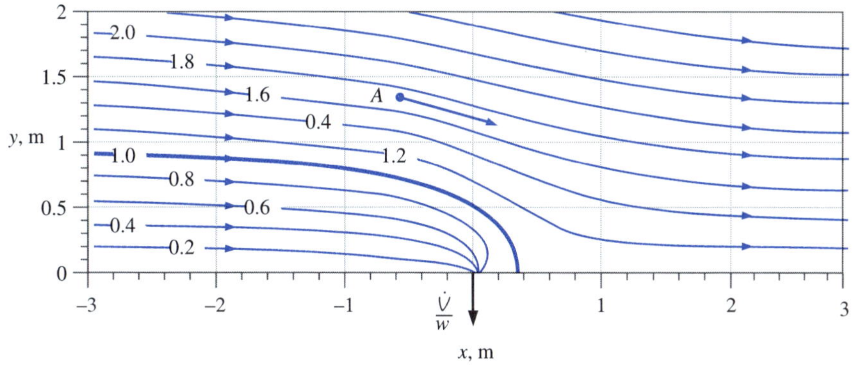

그림 9-17
좁은 흡입 홈을 가진 벽면 위의 자유흐름 유동에 대한 유선들. 유선의 값은 m^2/s의 단위이다. 두꺼운 유선은 분할유선이다. 점 *A*에서의 속도 벡터의 방향은 왼쪽 규칙에 의해 결정된다.

$$\frac{\dot{V}}{w} = \psi_{\text{dividing}} - \psi_{\text{wall}} = (1.0 - 0)\ \text{m}^2/\text{s} = 1.0\ \text{m}^2/\text{s}$$

이 모든 유동은 홈을 통과해야 한다. 수로의 폭은 2.0 m이므로 홈을 통과하는 총 체적유량은 다음과 같다.

$$\dot{V} = \frac{\dot{V}}{w}w = (1.0\ \text{m}^2/\text{s})(2.0\ \text{m}) = \mathbf{2.0\ m^3/s}$$

점 *A*에서 속도를 구하기 위하여, 점 *A*를 포함하는 두 유선 사이의 거리 δ를 측정한다. 점 *A* 부근에서 유선 1.8은 유선 1.6으로부터 약 0.21 m 떨어져있다. 이들 두 유선 사이의 단위 폭 당(지면에 수직 방향) 체적유량은 유동함수 값의 차이와 같다. 따라서 점 *A*에서 속도를 다음과 같이 구할 수 있다.

$$V_A \cong \frac{\dot{V}}{w\delta} = \frac{1}{\delta}\frac{\dot{V}}{w} = \frac{1}{\delta}(\psi_{1.8} - \psi_{1.6}) = \frac{1}{0.21\ \text{m}}(1.8 - 1.6)\ \text{m}^2/\text{s} = \mathbf{0.95\ m/s}$$

위 결과는 주어진 자유흐름 속도(1.0 m/s)와 잘 일치한다. 이는 점 *A* 부근의 유체는 자유흐름 유동과 거의 같은 속도로 흐르지만, 약간 아래로 향하고 있음을 보여준다.

토의 그림 9-17의 유선들은 비회전(포텐셜)유동으로 가정하여, 균일흐름(uniform stream)과 선 싱크(line sink)를 중첩하여 구하였다. 이와 같은 중첩에 대해서는 9장 6절에서 논의한다.

원통좌표계에서의 유동함수

유동함수는 x-y평면의 2차원 유동에서 원통좌표계로도 정의할 수 있고, 이는 많은 문제에서 보다 편리하다. 즉, (x, y)와 (u, v)의 항 대신 (r, θ)와 (u_r, u_θ)의 항을 사용하여 수식을 표현한다(그림 9-8a 참조). $r\theta$ 평면의 2차원 평면유동에서 식 (9-15)의 비압축성 연속방정식을 단순화시키면 다음과 같다.

$$\frac{\partial(ru_r)}{\partial r} + \frac{\partial(u_\theta)}{\partial \theta} = 0 \tag{9-20}$$

유동함수는 다음과 같이 정의한다.

원통좌표계에서의 비압축성, 평면 유동함수:

$$u_r = \frac{1}{r}\frac{\partial \psi}{\partial \theta} \quad \text{그리고} \quad u_\theta = -\frac{\partial \psi}{\partial r} \tag{9-21}$$

몇몇 교재에서는 부호가 반대로 되어있음에 유의하라. 식 (9-21)을 식 (9-20)에 대입하여, 식 (9-20)이 모든 매끈한 함수 $\psi(r, \theta)$에 대해 만족되는 것을 확인할 수 있다. 이는 매끈한 함수에서 미분 순서(r 다음에 θ 대 θ 다음에 r)는 무관하기 때문이다.

예제 9-8 원통좌표계에서의 유동함수

속도성분 $u_r = 0$, $u_\theta = K/r$인 정상상태, 평면, 비압축성 유동으로 정의되는 선 와류를 고려한다. 여기서 K는 상수이다. 이 유동은 그림 9-11a에 나타나 있다. 유동함수 $\psi(r, \theta)$에 대한 식을 유도하고, 유선들이 원모양을 가짐임을 증명하라.

풀이 원통좌표계로 주어진 속도장에 대하여, 유동함수에 대한 식을 유도하고 유선들이 원임을 보이고자 한다.

가정 1 유동은 정상상태이다. 2 유동은 비압축성이다. 3 유동은 $r\theta$면에서 평면 유동이다.

해석 식 (9-21)에 정의된 유동함수를 사용한다. 해석을 시작하기 위하여 두 성분 중 어떤 것도 좋으나, 여기서는 접선성분을 먼저 선택한다.

$$\frac{\partial \psi}{\partial r} = -u_\theta = -\frac{K}{r} \quad \rightarrow \quad \psi = -K \ln r + f(\theta) \tag{1}$$

이제 식 (9-27)의 다른 성분을 사용한다.

$$u_r = \frac{1}{r}\frac{\partial \psi}{\partial \theta} = \frac{1}{r} f'(\theta) \tag{2}$$

여기서 프라임은 θ에 관한 도함수를 뜻한다. 주어진 조건으로부터 $u_r = 0$이므로, 식 (2)는 다음과 같이 된다.

$$f'(\theta) = 0 \quad \rightarrow \quad f(\theta) = C$$

여기서 C는 임의의 적분상수이다. 따라서 식 (1)은 다음과 같이 쓸 수 있다.

해:

$$\boldsymbol{\psi = -K \ln r + C} \tag{3}$$

끝으로, 식 (3)에서 r에 일정한 값을 부여함으로써 ψ가 일정한 곡선들을 만들 수 있다. r이 일정한 곡선은 정의에 의해 원이므로, **유선(ψ가 일정한 곡선)은 그림 9-11a에서와 같이 원점을 중심으로 한 원이어야 한다.**

주어진 C와 ψ의 값에 대해, 유선을 그리기 위해 식 (3)을 r에 대해 풀면 다음과 같다.

유선의 방정식:

$$r = e^{-(\psi - C)/K} \tag{4}$$

$K = 10\ \text{m}^2/\text{s}$와 $C = 0$에 대하여, $\psi = 0$에서 22까지의 유선이 그림 9-18에 도시되어 있다.

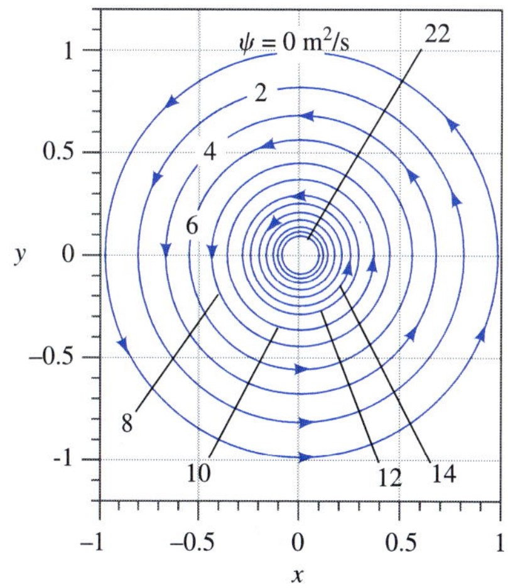

그림 9-18
예제 9-8의 속도장에 대한 유선. 여기서 $K = 10\ \text{m}^2/\text{s}$, $C = 0$이다. 몇 개의 유선에 ψ 값이 표시되어 있다.

토의 일정한 증분의 ψ 값을 사용했을 때, 유선들은 접선속도가 증가함에 따라 원점 근처에서 서로 가까워짐에 유의하라. 이는 한 유선에서 다른 유선까지 ψ 값의 차이는 두 유선 사이의 단위 폭 당 체적유량과 같다는 서술의 직접적인 결과이다.

9-4 ▪ Navier-Stokes 방정식

미소 유체요소를 검사체적 대신 **물질요소**로 취급해 보자. 달리 말하면, 미소요소 안의 유체를 유동을 따라 움직이는 아주 작은 시스템(일정량의 물질)으로 간주한다(그림 9-19). 이 유체요소의 가속도는 4장의 물질가속도의 정의에 의해 $\vec{a} = D\vec{V}/Dt$이다. 유체의 물질요소에 Newton의 제 2법칙을 적용하면 다음과 같게 된다.

$$\sum \vec{F} = m\vec{a} = m\frac{D\vec{V}}{Dt} = \rho\, dx\, dy\, dz \frac{D\vec{V}}{Dt} \tag{9-22}$$

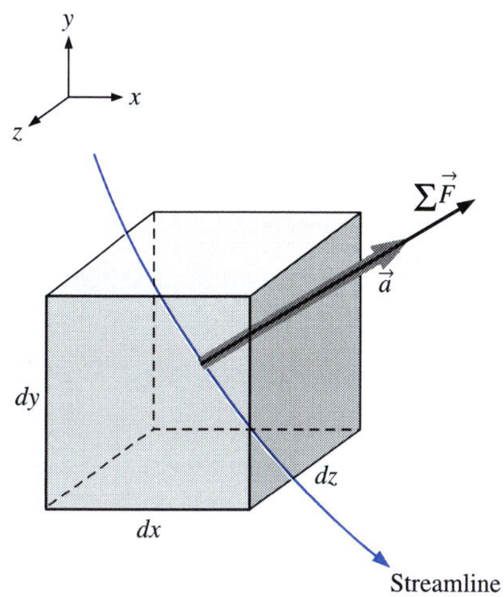

그림 9-19
미소 유체요소가 물질요소이면, 이는 유동을 따라 움직이며, 뉴턴의 제 2법칙이 직접 적용된다.

그림 9-19에 표시된 바와 같은 순간에, 미소 유체요소에 작용하는 순수힘은 체적력(중력)과 표면력(압력과 점성)으로 구성된다. 따라서 식 (9-22)는 다음과 같이 표현

될 수 있다.

$$\rho\, dx\, dy\, dz \frac{D\vec{V}}{Dt} = \sum \vec{F}_{\text{body}} + \sum \vec{F}_{\text{surface}} \tag{9-23}$$

식 (9-22)는 아주 일반저이어서 어떤 종류의 유체에도 적용한다.

이제부터 우리의 논의를 뉴톤유체에 한정하자. 뉴톤유체는 응력텐서가 변형률 텐서에 선형적으로 비례하는 유체로 정의된다. 압축성 유체의 일반적인 결과보다 비압축성(ρ = 일정)의 경우를 가정하자. 또한 국소적인 온도 변화가 미소하거나 무시할 수 있는 등온 유동을 가정하자. 이러한 가정은 미분형 에너지 방정식을 필요없게 한다. 이 가정은 점성 μ와 동점성 ν과 같은 물성치를 상수로 설정하게 한다(그림 9-20). 이러한 가정들을 적용하면 식 (9-23)의 x성분은 다음과 같이 정리된다(Cengel and Gimbala, 2006).

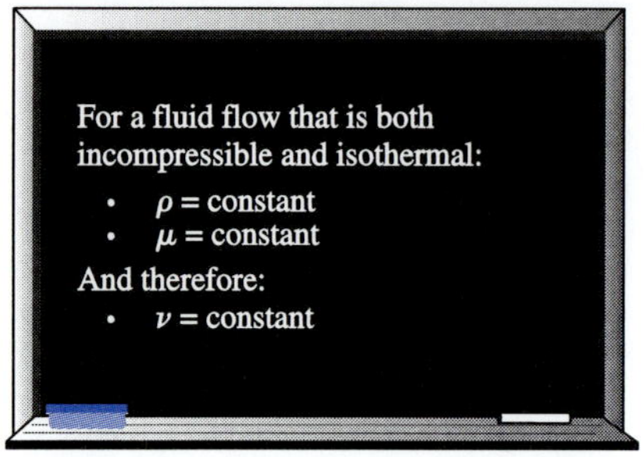

그림 9-20
비압축성유동 근사는 밀도가 일정함을 의미하고, 등온 근사는 점성이 일정함을 의미한다.

$$\rho \frac{Du}{Dt} = -\frac{\partial P}{\partial x} + \rho g_x + \mu \nabla^2 u \tag{9-24a}$$

여기서 ∇^2은 라플라스 연산자이다(그림 9-21)

마찬가지 방법으로 운동량방정식의 y, z 성분을 쓰면 각각 다음과 같다.

$$\rho \frac{Dv}{Dt} = -\frac{\partial P}{\partial y} + \rho g_y + \mu \nabla^2 v \tag{9-24b}$$

$$\rho \frac{Dw}{Dt} = -\frac{\partial P}{\partial z} + \rho g_z + \mu \nabla^2 w \tag{9-24c}$$

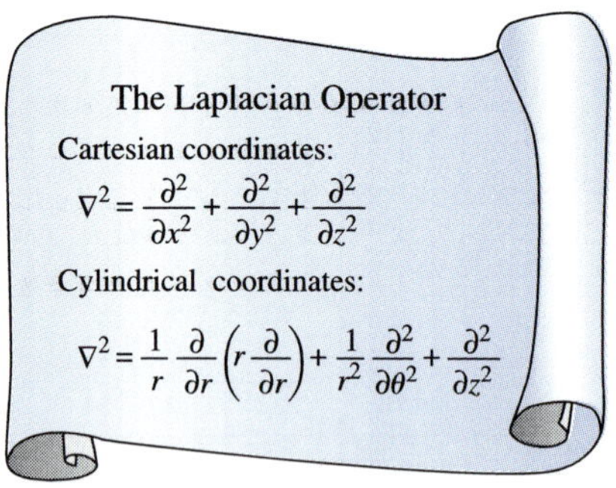

그림 9-21
직교좌표계와 원통좌표계에서의 라플라스 연산자는 비압축성 Navier-Stokes 방정식의 점성항에 나타난다.

끝으로 세 개의 성분을 하나의 벡터 방정식으로 합하면, 그 결과는 점성이 일정한, 비압축성 유동에 대한 **Navier-Stokes 방정식**이다.

비압축성 Navier-Stokes 방정식:

$$\rho \frac{D\vec{V}}{Dt} = -\vec{\nabla} P + \rho \vec{g} + \mu \nabla^2 \vec{V} \tag{9-25}$$

비록 식 (9-25)의 성분들은 직교좌표계(Cartesian coordinate)로 유도했지만, 식 (9-25)의 벡터 형식은 모든 직각좌표계(orthogonal coordinate)에도 유용하다. 이 유명한 방정식은 프랑스 엔지니어 Louis Marie Henri Navier(1785-1836)와 영국 수학자 George Gabriel Stokes 경(1819-1903)을 기리고자 그들의 이름을 따서 명명되었으며, 사실 이들 두 사람은 서로 독립적으로 점성항을 유도하였다.

Navier-Stokes 방정식은 유체역학의 초석이다(그림 9-22). 방정식은 단순해 보이지만 비정상, 비선형, 2차의 편미분 방정식이다. 만약 모든 기하학적 형상에 관련한 유동에 대해 이 방정식을 풀 수 있다면, 이 교재의 두께는 아마 반으로 줄어들었을 것이다. 불행히도 이 방정식에 대한 해석해는 매우 간단한 유동장을 제외하고는 구할 수 없다. 이 교재의 나머지 부분은 식 (9-25)의 풀이에 할당 되었다고 해도 과언이 아니다. 사실, 많은 연구자들이 Navier-Stokes 방정식을 풀기 위해 그들의 전체 경력을 통해 많은 노력을 경주해 오고 있다.

그림 9-22
Navier-Stokes 방정식은 유체역학의 초석이다.

식 (9-25)에는 4개의 미지수가 있으나(3개의 속도성분과 압력), 이 식은 단지 3개의 방정식(벡터 방정식이므로 3개의 성분)을 가진다. 문제를 풀기 위해서는 또 하나의 식이 필요하며, 이 4번째 방정식이 비압축성 연속방정식이다(식 9-13). 이

미분방정식계를 풀기 전에, 먼저 좌표계를 선택하고, 이 좌표계에서 방정식들을 전개하는 것이 필요하다.

직교좌표계에서의 연속방정식과 Navier-Stokes 방정식

연속방정식(식 9-13)과 Navier-Stokes 방정식(식 9-25)을 직교좌표계 (x, y, z)와 (u, v, w)를 이용하여 전개한다.

비압축성 연속방정식:

$$\frac{\partial u}{\partial x}+\frac{\partial v}{\partial y}+\frac{\partial w}{\partial z}=0 \tag{9-26a}$$

비압축성 Navier-Stokes 방정식의 x 성분:

$$\rho\left(\frac{\partial u}{\partial t}+u\frac{\partial u}{\partial x}+v\frac{\partial u}{\partial y}+w\frac{\partial u}{\partial z}\right)=-\frac{\partial P}{\partial x}+\rho g_x+\mu\left(\frac{\partial^2 u}{\partial x^2}+\frac{\partial^2 u}{\partial y^2}+\frac{\partial^2 u}{\partial z^2}\right) \tag{9-26b}$$

비압축성 Navier-Stokes 방정식의 y 성분:

$$\rho\left(\frac{\partial v}{\partial t}+u\frac{\partial v}{\partial x}+v\frac{\partial v}{\partial y}+w\frac{\partial v}{\partial z}\right)=-\frac{\partial P}{\partial y}+\rho g_y+\mu\left(\frac{\partial^2 v}{\partial x^2}+\frac{\partial^2 v}{\partial y^2}+\frac{\partial^2 v}{\partial z^2}\right) \tag{9-26c}$$

비압축성 Navier-Stokes 방정식의 z 성분:

$$\rho\left(\frac{\partial w}{\partial t}+u\frac{\partial w}{\partial x}+v\frac{\partial w}{\partial y}+w\frac{\partial w}{\partial z}\right)=-\frac{\partial P}{\partial z}+\rho g_z+\mu\left(\frac{\partial^2 w}{\partial x^2}+\frac{\partial^2 w}{\partial y^2}+\frac{\partial^2 w}{\partial z^2}\right) \tag{9-26d}$$

원통좌표계에서의 연속방정식과 Navier-Stokes 방정식

연속방정식(식 9-13)과 Navier-Stokes 방정식(식 9-25)을 원통좌표계 (r, θ, z)와 $(u_r, u\theta, u_z)$를 이용하여 전개한다.

비압축성 연속방정식:

$$\frac{1}{r}\frac{\partial(ru_r)}{\partial r}+\frac{1}{r}\frac{\partial(u_\theta)}{\partial \theta}+\frac{\partial(u_z)}{\partial z}=0 \tag{9-27a}$$

비압축성 Navier-Stokes 방정식의 r 성분:

$$\rho\left(\frac{\partial u_r}{\partial t}+u_r\frac{\partial u_r}{\partial r}+\frac{u_\theta}{r}\frac{\partial u_r}{\partial \theta}-\frac{u_\theta^2}{r}+u_z\frac{\partial u_r}{\partial z}\right)$$
$$=-\frac{\partial P}{\partial r}+\rho g_r+\mu\left[\frac{1}{r}\frac{\partial}{\partial r}\left(r\frac{\partial u_r}{\partial r}\right)-\frac{u_r}{r^2}+\frac{1}{r^2}\frac{\partial^2 u_r}{\partial \theta^2}-\frac{2}{r^2}\frac{\partial u_\theta}{\partial \theta}+\frac{\partial^2 u_r}{\partial z^2}\right] \tag{9-27b}$$

비압축성 Navier-Stokes 방정식의 θ 성분:

$$\rho\left(\frac{\partial u_\theta}{\partial t}+u_r\frac{\partial u_\theta}{\partial r}+\frac{u_\theta}{r}\frac{\partial u_\theta}{\partial \theta}+\frac{u_r u_\theta}{r}+u_z\frac{\partial u_\theta}{\partial z}\right)$$
$$=-\frac{1}{r}\frac{\partial P}{\partial \theta}+\rho g_\theta+\mu\left[\frac{1}{r}\frac{\partial}{\partial r}\left(r\frac{\partial u_\theta}{\partial r}\right)-\frac{u_\theta}{r^2}+\frac{1}{r^2}\frac{\partial^2 u_\theta}{\partial \theta^2}+\frac{2}{r^2}\frac{\partial u_r}{\partial \theta}+\frac{\partial^2 u_\theta}{\partial z^2}\right] \tag{9-27c}$$

비압축성 Navier-Stokes 방정식의 z 성분:

$$\rho\left(\frac{\partial u_z}{\partial t}+u_r\frac{\partial u_z}{\partial r}+\frac{u_\theta}{r}\frac{\partial u_z}{\partial \theta}+u_z\frac{\partial u_z}{\partial z}\right)$$
$$=-\frac{\partial P}{\partial z}+\rho g_z+\mu\left[\frac{1}{r}\frac{\partial}{\partial r}\left(r\frac{\partial u_z}{\partial r}\right)+\frac{1}{r^2}\frac{\partial^2 u_z}{\partial \theta^2}+\frac{\partial^2 u_z}{\partial z^2}\right] \tag{9-27d}$$

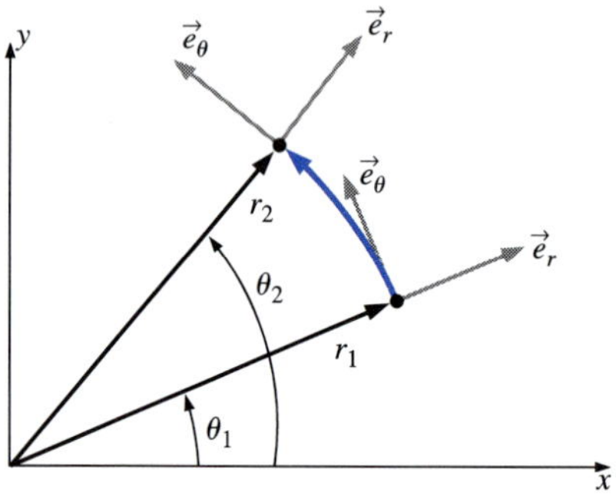

그림 9-23
원통좌표계에서 단위 벡터 $\vec{e}_r$과 $\vec{e}\theta$는 연계된다. θ 방향으로의 이동은 $\vec{e}_r$의 방향을 바꾸게 하고, 따라서 Navier-Stokes 방정식의 r과 θ 성분에 추가적인 항을 만들게 한다.

Three-Dimensional Incompressible Flow

Four variables or unknowns:

- Pressure P
- Three components of velocity $\vec{V}$

Four equations of motion:

- Continuity, $\vec{\nabla} \cdot \vec{V} = 0$
- Three components of Navier–Stokes, $\rho\dfrac{D\vec{V}}{Dt} = -\vec{\nabla}P + \rho\vec{g} + \mu\nabla^2\vec{V}$

그림 9-24
일정한 상태량을 가진 일반적인 3차원 비압축성 유동장의 경우, 4개의 미지수를 풀기 위해서 4개의 방정식이 필요하다.

Navier-Stokes 방정식의 r과 θ 성분(식 9-27b와 식 9-27c)의 양 변에 "추가된" 항은 원통좌표계 자체의 특성으로 인해 나타난다. 즉, θ 방향으로 이동함에 따라, 단위 벡터 $\vec{e}_r$도 방향이 바뀌며, 따라서 r과 θ 성분은 서로 **연계되어(coupled)** 있다(그림 9-23). [이 연계 효과는 직교좌표계에는 나타나지 않으며, 따라서 식 (9-26)에는 추가되는 항이 없다.]

9-5 ■ 연속 방정식과 NAVIER-STOKES 방정식의 엄밀해

이 절에서는 직교좌표계와 원통좌표계의 운동에 관한 미분방정식을 적용하는 방법을 살펴본다. 미분방정식(연속방정식과 Navier-Stokes 방정식)을 이용하여 계산할 수 있는 두 가지 형태의 문제는 다음과 같다.

- 알려진 속도장을 이용한 압력장 계산
- 알려진 물체의 모양과 경계조건을 이용하여 속도장 및 압력장 계산

문제를 간단하게 하기 위하여, 변수 ρ를 소거한 비압축성 유동만을 고려하자. 또한 9-4절에서 유도한 Navier-Stokes 방정식은 상태량(점성계수, 열전도도 등)이 일정한 뉴턴 유체에만 적용할 수 있다. 한편 온도의 변화는 무시할 수 있을 정도로 작다고 가정하면, T는 변수가 아니다. 결국, 변수 즉 미지수가 4개(압력 및 속도의 3성분)이므로, 이를 계산하기 위해서는 4개의 미분방정식이 필요하다 (그림 9-24).

첫 번째 예제는 속도장을 알고 있을 때 압력장을 계산하는 문제이다. 압력은 연속방정식에 나타나지 않으므로, 질량보존 방정식만을 토대로 하여 이론적으로 속도장을 계산할 수 있다. 그러나 속도는 연속방정식과 Navier-Stokes 방정식 모두에 나타나기 때문에 이 두 방정식은 연계되어 있다. 또한 압력은 Navier-Stokes 방정식의 세 성분에 모두 나타나므로, 압력장과 속도장은 서로 연계되어 있다. 따라서 이러한 속도와 압력의 연계성으로부터 알려진 속도장을 이용하여 압력장을 계산할 수 있다.

예제 9-9 직교좌표계에서 압력장 계산

예제 9-6의 정상, 2차원, 비압축성 속도장, 즉, $\vec{V} = (u, v) = (ax + b)\vec{i} + (-ay + cx)\vec{j}$ 에서, 압력을 x, y의 함수로 계산하라.

풀이 주어진 속도장을 이용하여 압력장을 계산하고자 한다.

가정 **1** 유동은 정상상태이며 비압축성이다. **2** 유체는 일정한 상태량을 갖는다. **3** xy 평면의 2차원 유동이다. **4** 중력은 x, y 방향으로 작용하지 않는다.

해석 먼저 주어진 속도장이 2차원, 비압축성 연속방정식을 만족하는가를 확인한다.

$$\underbrace{\frac{\partial u}{\partial x}}_{a} + \underbrace{\frac{\partial v}{\partial y}}_{-a} + \underbrace{\cancel{\frac{\partial w}{\partial z}}}_{0\ (2\text{-D})} = a - a = 0 \qquad (1)$$

따라서 주어진 속도장은 연속방정식을 만족한다. 만약 연속방정식을 만족하지 않는다면 더 이상 해석을 할 수 없고 계산을 중지한다. 주어진 속도장은 물리적으로 불가능하며 압

력장도 계산할 수 없다.

다음 단계로 Navier-Stokes방정식 y 성분을 고려한다.

$$\rho\left(\underbrace{\frac{\partial v}{\partial t}}_{0\text{ (steady)}} + \underbrace{u\frac{\partial v}{\partial x}}_{(ax+b)c} + \underbrace{v\frac{\partial v}{\partial y}}_{(-ay+cx)(-a)} + \underbrace{w\frac{\partial v}{\partial z}}_{0\text{ (2-D)}}\right) = -\frac{\partial P}{\partial y} + \underbrace{\rho g_y}_{0} + \mu\left(\underbrace{\frac{\partial^2 v}{\partial x^2}}_{0} + \underbrace{\frac{\partial^2 v}{\partial y^2}}_{0} + \underbrace{\frac{\partial^2 v}{\partial z^2}}_{0\text{ (2-D)}}\right)$$

따라서 y 운동량방정식은 다음과 같이 간략히 할 수 있다.

$$\frac{\partial P}{\partial y} = \rho(-acx - bc - a^2y + acx) = \rho(-bc - a^2y) \tag{2}$$

식 (2)를 만족하는 압력장을 구할 수 있으면, y 운동량방정식을 만족한다. 같은 방법으로 x 운동량방정식을 구하면 다음과 같다.

$$\frac{\partial P}{\partial x} = \rho(-a^2x - ab) \tag{3}$$

식 (3)을 만족하는 압력장을 구할 수 있으면, x 운동방정식도 만족한다.

정상유동 해가 존재하기 위해서는, P가 시간의 함수이면 안 된다. 또한, 물리적으로 가능한 정상, 비압축 유동장은 x와 y에 대해 연속함수인 압력장 $P(x, y)$를 필요로 한다(P나 P의 도함수에 불연속이 없어야 한다). 수학적으로는 미분의 순서(x에 관한 미분 다음에 y에 관한 미분, 혹은 y에 관한 미분 다음에 x에 관한 미분)에 무관하여야 한다(그림 9-25). 식 (2)와 (3)을 각각 교차 미분(cross differentiating)하여 이 사실이 성립하는지 확인한다.

$$\frac{\partial^2 P}{\partial x\,\partial y} = \frac{\partial}{\partial x}\left(\frac{\partial P}{\partial y}\right) = 0 \quad \text{그리고} \quad \frac{\partial^2 P}{\partial y\,\partial x} = \frac{\partial}{\partial y}\left(\frac{\partial P}{\partial x}\right) = 0 \tag{4}$$

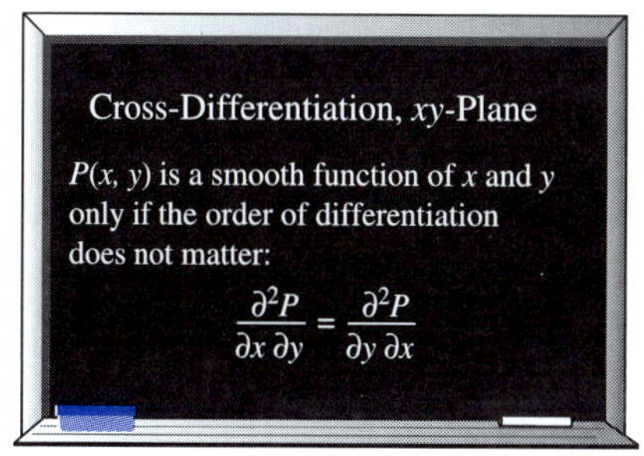

그림 9-25
xy 평면의 2차원 유동장에서 교차미분으로 압력 P가 연속함수인지 아닌지를 알 수 있다.

식 (4)는 P가 x와 y에 관해 연속함수임을 나타낸다. 따라서 **주어진 속도장은 정상, 2차원, 비압축성 Navier-Stokes 방정식을 만족한다.**

이 해석에서 만약 압력의 교차 미분이 그림 9-25의 식을 만족하지 않으면, 주어진 속도장은 정상, 2차원, 비압축성 Navier-Stokes방정식을 만족하지 못하고, 결국 정상상태의 압력장은 구할 수 없다.

$P(x, y)$는 식 (2)를 y에 대해 편적분하여 계산할 수 있다.

y 운동량 방정식으로 계산한 압력장:
$$P(x, y) = \rho\left(-bcy - \frac{a^2y^2}{2}\right) + g(x) \tag{5}$$

이는 편적분이기 때문에 적분상수가 아닌 다른 변수 x에 관한 함수를 추가하여야 한다. 또한 식 (5)를 x에 관해 편미분하면, 이 식은 식 (3)과 같으므로

$$\frac{\partial P}{\partial x} = g'(x) = \rho(-a^2x - ab) \tag{6}$$

이다. 또한 함수 $g(x)$를 구하기 위해 식 (6)을 적분하면 다음과 같다.

$$g(x) = \rho\left(-\frac{a^2x^2}{2} - abx\right) + C_1 \tag{7}$$

여기서 C_1은 적분상수이다. 끝으로 식 (7)을 식 (5)에 대입하여 $P(x, y)$에 대한 식을 얻는다.

$$P(x, y) = \rho\left(-\frac{a^2x^2}{2} - \frac{a^2y^2}{2} - abx - bcy\right) + C_1 \qquad (8)$$

토의 결과를 검증하기 위하여, 식 (8)을 y와 x에 대해 미분하여 그 결과를 식 (2) 및 식 (3)과 비교하라. 또한 식 (2) 대신 식 (3)을 이용하여 식 (8)을 유도하라. 같은 결과를 얻을 것이다.

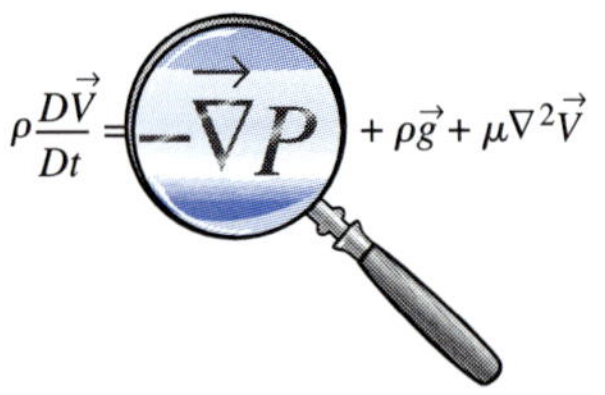

그림 9-26
비압축성 Navie-Stokes 방정식에서 압력은 단지 구배로서만 나타나기 때문에 압력의 절대값은 관련되지 않으며, 오직 압력차만이 중요하다.

예제 9-9에서 압력에 관한 최종 방정식(식 8)은 임의의 상수 C_1을 포함하고 있으며, 이는 비압축 유동의 압력장에 대해 다음과 같은 사실을 나타낸다.

> 비압축 유동에서, 속도장은 압력의 절대값이 아니라 압력의 차이에만 영향을 받는다.

이는 Navier-Stokes 방정식에서 P는 그 값 자체가 아니라 오직 **구배**로 표현되기 때문에 그리 놀라운 것은 아니다. 즉, 중요한 것은 압력의 절대 크기가 아니라 압력의 **차이**이다(그림 9-26). 또한 이 사실은 임의의 상수를 포함한 압력장을 계산할 수 있으나, 상수(예제 9-9의 C_1)를 계산하기 위해서는 유동장 내의 한 점에서 압력 P를 측정하거나 알아야 한다는 의미이다. 다시 말해서 압력에 관한 경계조건이 요구된다.

지금부터의 예제 문제는 미분방정식, 즉, 비압축성 연속방정식과 Navier-Stokes 방정식을 이용한 엄밀해이다. 대부분 문제들은 무한히 넓은 경계 및 완전 발달 조건을 가정하므로, Navier-Stokes 방정식 좌변의 대류항은 소거된다. 또한 이 문제들은 층류, 2차원 유동이며, 정상 또는 미리 정한 방법에 따라 시간에 의존하는 유동이다. 이 문제를 해석하는 기초적인 6단계가 그림 9-27에 나타나 있다. 경계조건에 따라 문제의 유일한 해가 결정되기 때문에 2단계는 특히 중요하다. 4단계는 간단한 문제를 제외하고는 해석적으로 불가능하다. 5단계에서는 4단계의 적분상수를 계산할 수 있도록 충분한 경계조건이 필요하다. 6단계는 모든 미분방정식과 경계 조건이 만족되는지 증명하는 단계이다. 이 중의 몇 단계는 필요 없을 수도 있지만, 이 과정에 익숙하도록 이 단계를 따라 해석하는 것이 좋다.

Step 1: Set up the problem and geometry (sketches are helpful), identifying all relevant dimensions and parameters.

Step 2: List all appropriate assumptions, approximations, simplifications, and boundary conditions.

Step 3: Simplify the differential equations of motion (continuity and Navier–Stokes) as much as possible.

Step 4: Integrate the equations, leading to one or more constants of integration.

Step 5: Apply boundary conditions to solve for the constants of integration.

Step 6: Verify your results.

그림 9-27
비압축성 연속방정식과 Navier-Stokes 방정식을 푸는 과정

여기에 제시한 예제들은 간단하지만, 이들은 미분방정식을 푸는 절차를 잘 보여준다. 더 복잡한 유동은 컴퓨터를 이용한 전산유체역학(CFD)을 이용하여 Navier-Stokes 방정식을 수치적으로 계산할 수 있다. 컴퓨터를 사용해도 같은 절차가 사용된다. 즉, 단계들이 항상 같은 순서를 따르는 것은 아니지만, 기하학적 형상의 명시, 경계조건의 적용, 미분방정식의 적분 등의 순이다.

경계조건

경계조건은 올바른 해를 구하는데 매우 중요하므로, 유체 유동해석에서 일반적으로 사용되는 경계조건의 종류를 설명한다. 가장 많이 사용되는 경계조건은 점착조건(no-slip condition)이다. 이 조건은 고체 벽면에 접한 **유체의 속도는 고체 벽면의 속도와 같다**는 것을 의미한다.

점착 경계조건: $$\vec{V}_{\text{fluid}} = \vec{V}_{\text{wall}} \qquad (9\text{-}28)$$

이름에서 알 수 있듯이, 이 조건은 유체와 고체 벽면 사이에 "미끄럼"이 없다는 의미이다. 벽면 부근의 유체 입자들은 벽의 표면에 부착되어 벽면과 같은 속도로 움직인다. 식 (9-28)의 특수한 경우는 $\vec{V}_{\text{wall}} = 0$인 정지하고 있는 벽면이다. **정지상태의 벽면에 인접한 유체의 속도는 영이다.** 온도 영향을 고려할 경우에도 유체의 온도는 벽면의 온도와 같아야만 한다. 즉, $T_{\text{fluid}} = T_{\text{wall}}$이다. 또한 선택한 좌표계에 따라 점착조건을 적용하여야 한다. 예를 들면 피스톤과 실린더 벽 사이의 얇은 유막을 고려하자(그림 9-28). 고정 좌표계에서는 실린더에 부착된 유체는 정지해 있고, 움직이는 피스톤에 부착된 유체의 속도는 $\vec{V}_{\text{fluid}} = \vec{V}_{\text{wall}} = V_P\vec{j}$이다. 반면, **피스톤과 함께 움직이는** 좌표계에서는 피스톤에 부착된 유체의 속도는 영이고, 실린더에 부착된 유체의 속도는 $\vec{V}_{\text{fluid}} = \vec{V}_{\text{wall}} = -V_P\vec{j}$이다. 점착조건의 예외로는 초미세한(submicron) 입자들의 운동이나 우주선의 대기권 재돌입과 같은 희박 기체유동 등이다. 이러한 유동에서는, 공기가 고체 벽에서 미끄러질 수 있다. 그러나 이는 이 교재의 범위를 벗어나므로 설명하지 않는다.

다른 경계 조건들은 유동 문제에 따라 달라진다. 예를 들면, 유체가 어떠한 영역으로 유입하는 경계에서는 **입구 경계조건**을 정의할 필요가 있다. 또한 출구에서는 **출구 경계조건**을 정의하여야 한다. **대칭 경계조건**은 대칭축이나 대칭면에서 유용하다. 일례로 수평한 대칭면에서의 대칭 경계조건이 그림 9-29에 나타나 있다. 비정상 유동 문제에서는 **초기 조건(initial conditions)**이 필요하다(시작하는 시간에서 일반적으로 $t = 0$이다).

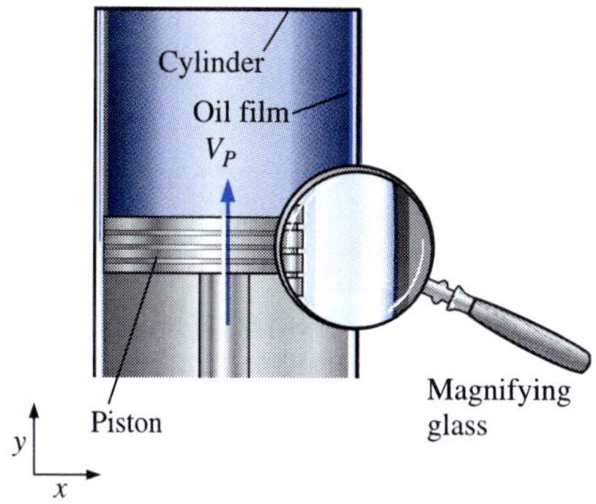

그림 9-28
실린더 내부에서 속도 V_P로 움직이는 피스톤. 얇은 유막이 피스톤과 실린더 사이에서 전단변형을 한다. 유막의 확대 모습이 나타나 있다. 점착 경계조건으로 벽 근처의 유체 속도는 벽 속도와 같아야 한다.

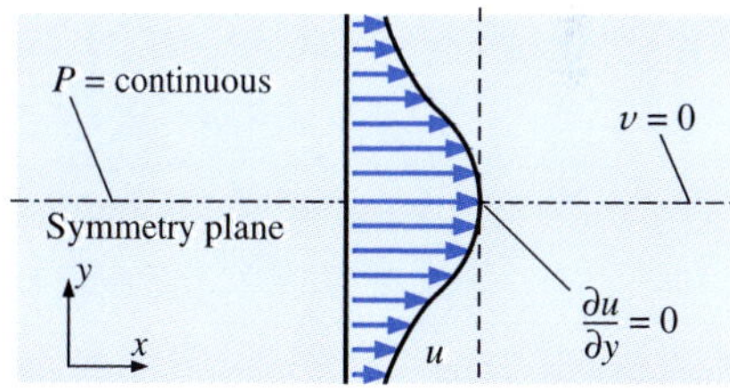

그림 9-29
대칭면에서의 경계조건은 그림에서 나타난 바와 같이 수평 대칭면 한 쪽의 유동장이 다른 쪽 유동장의 거울상이 되도록 정의된다.

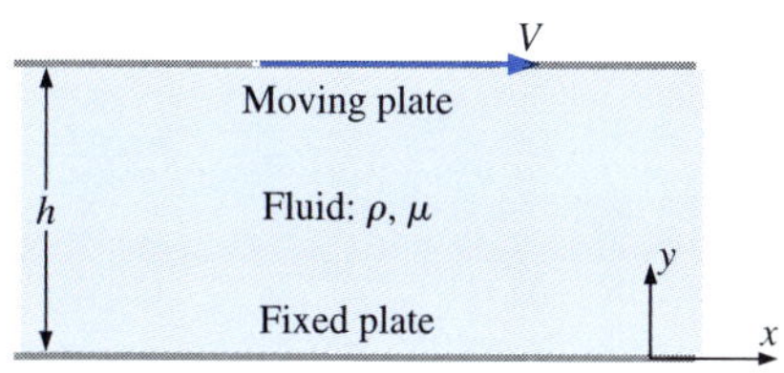

그림 9-30
예제 9-10의 형상. 두 무한 평판 사이의 점성유동. 위판은 움직이고 아래 판은 정지상태이다.

예제 9-10 완전히 발달한 Couette 유동

두개의 무한한 평판 사이의 좁은 공간 내 뉴턴 유체의 정상, 비압축성, 층류 유동을 고려하자(그림 9-30). 위쪽 평판은 속도 V로 움직이고 아래쪽 평판은 정지하고 있다. 이 두 평판 사이의 거리는 h이다. 중력은 음의 z축 방향으로 작용한다(그림 9-30에서 페이지 안쪽으로). 압력은 중력에 의한 정수압만 고려한다. 이 유동을 **Couette 유동**이라고 한다. 속도장과 압력장을 계산하고, 아래 평판에 작용하는 단위면적 당 전단력을 계산하라.

풀이 주어진 형상과 경계조건들에 대하여, 속도장과 압력장을 계산하고자 한다. 또한 아래 평판에 작용하는 단위면적 당 전단력을 계산하고자 한다.

가정 1 x와 z 방향으로 무한히 넓은 평판이다. 2 정상유동이다. 즉 모든 변수의 $\partial/\partial t$는 영이다. 3 평행유동이다. (y 방향 성분의 속도 v는 영이라고 가정한다). 4 이 유체는 비압축성이고, 일정한 상태량을 갖는 뉴턴 유체이며, 유동은 층류이다. 5 압력 P는 x 방향으로 일정하다. 즉, x축 방향으로 유체를 흐르게 하는 압력구배는 없다. 유체는 움직이는 위 평판에 의해 야기되는 점성력 때문에 유동한다. 6 속도장은 순수하게 2차원이고, 이는 $w = 0$ 및 모든 속도 성분의 $\partial/\partial z$는 영임을 의미한다. 7 중력은 음의 z 방향(그림 9-30의 페이지 안쪽 방향)으로 작용한다. 이는 수학적으로 $\vec{g} = -g\vec{k}$, 즉, $g_x = g_y = 0$ 및 $g_z = -g$를 의미한다.

해석 속도장과 압력장을 구하기 위해 그림 9-27에 나타낸 단계별 과정을 수행한다.

단계 1 문제와 형상을 설정한다. 그림 9-30을 참조한다.

단계 2 가정과 경계조건들을 열거한다. 7개 가정들을 나열하고 순서를 정한다. 경계조건들은 점착조건을 적용한다. (1) 아래 평판($y = 0$)에서, $u = v = w = 0$이다. (2)

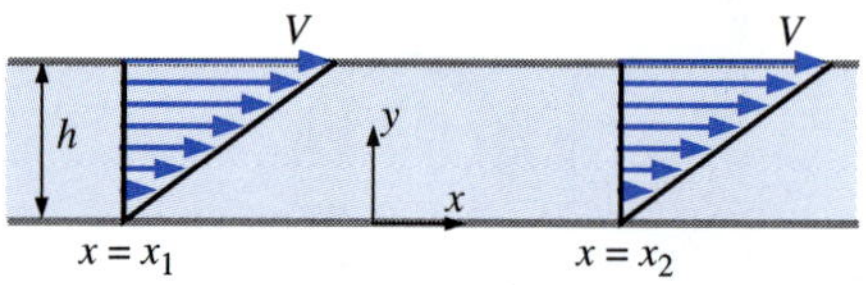

그림 9-31
유동장의 완전발달 된 영역은 속도분포가 하류방향으로 변화하지 않는 곳이다. 완전발달 유동은 길고 곧은 채널이나 파이프에 나타난다. x_2에서의 속도분포는 x_1에서의 속도분포와 동일하다.

위 평판($y = h$)에서, $u = V$, $v = 0$ 그리고 $w = 0$이다.

단계 3 미분방정식을 간략히 한다. 직교좌표계의 비압축성 연속방정식, 식 (9-26a)로부터 시작한다.

$$\frac{\partial u}{\partial x} + \underbrace{\cancel{\frac{\partial v}{\partial y}}}_{\text{assumption 3}} + \underbrace{\cancel{\frac{\partial w}{\partial z}}}_{\text{assumption 6}} = 0 \quad \rightarrow \quad \frac{\partial u}{\partial x} = 0 \tag{1}$$

식 (1)로부터 u는 x의 함수가 아님을 알 수 있다. 즉, 유동은 x 방향으로 일정하다. 이것이 **'완전 발달된'**이라는 의미이다(그림 9-31). 이 사실은 가정 1, 즉, 평판은 무한히 길기 때문에 x 방향으로는 변화가 없다는 것으로부터도 알 수 있다. 또한 u가 시간(가정 2)이나 z(가정 6)의 함수가 아니기 때문에, u는 y만의 함수이다.

연속방정식의 결과: $$u = u(y) \text{ only} \tag{2}$$

x 운동량 방정식(식 9-26b)을 가능한 한 간단히 한다. 항을 소거하는 이유를 식에 표시하였다. 이와 같이 항마다 소거되는 이유를 나열하는 것은 좋은 연습이 될 수 있다.

$$\rho\Bigg(\underbrace{\cancel{\frac{\partial u}{\partial t}}}_{\text{assumption 2}} + \underbrace{u\cancel{\frac{\partial u}{\partial x}}}_{\text{continuity}} + \underbrace{v\cancel{\frac{\partial u}{\partial y}}}_{\text{assumption 3}} + \underbrace{w\cancel{\frac{\partial u}{\partial z}}}_{\text{assumption 6}}\Bigg) = \underbrace{-\cancel{\frac{\partial P}{\partial x}}}_{\text{assumption 5}} + \underbrace{\cancel{\rho g_x}}_{\text{assumption 7}}$$
$$+ \mu\Bigg(\underbrace{\cancel{\frac{\partial^2 u}{\partial x^2}}}_{\text{continuity}} + \frac{\partial^2 u}{\partial y^2} + \underbrace{\cancel{\frac{\partial^2 u}{\partial z^2}}}_{\text{assumption 6}}\Bigg) \quad \rightarrow \quad \frac{d^2 u}{dy^2} = 0 \tag{3}$$

물질 가속도[식 (3)의 좌변]가 영이기 때문에, 유체입자들은 이 유동장에서는 조금도 가속되지 않는다는 것을 알 수 있다. 즉, 국소(비정상) 가속도나 대류 가속도 모두 영이다. 또한 Navier–Stokes 방정식을 비선형화하는 대류 가속도 항들이 영이므로 문제가 매우 간단해진다. 한편, 식 (3)에서 점성항만을 제외하고 다른 모든 항들이 소거된다. 또한 식 (2)의 결과로부터, 식 (3)의 편미분 ($\partial/\partial y$)은 전미분(d/dy)으로 변환된다. 상세히 다루지는 않겠지만, 비슷한 방법으로 y 운동량 방정식(식 9-26c)도 압력항을 제외한 모든 항이 영이다.

$$\frac{\partial P}{\partial y} = 0 \tag{4}$$

즉, P는 y의 함수가 아니다. P가 시간(가정 2)이나 x(가정 5)의 함수가 아니기 때문에 z만의 함수이다.

***y* 운동량 방정식의 결과:** $$P = P(z) \text{ only} \tag{5}$$

끝으로 가정 6에 의해 Navier–Stokes 방정식의 z 성분(식 9-26d)을 간단히 하면 다음과 같다.

$$\frac{\partial P}{\partial z} = -\rho g \quad \rightarrow \quad \frac{dP}{dz} = -\rho g \tag{6}$$

여기에서 식 (5)에 따라 편미분을 전미분으로 변환하였다.

단계 4 미분방정식을 푼다. 연속방정식과 y 운동량 방정식은 이미 풀었고, 그 결과가 각각 식 (2)와 (5)이다. 식 (3) (x 운동량 방정식)을 두 번 적분하면 다음과 같다.

$$u = C_1 y + C_2 \tag{7}$$

여기에서 C_1과 C_2는 적분상수이다. 식 (6) (z 운동량 방정식)을 한번 적분하면 다음과 같은 결과를 얻는다.

$$P = -\rho g z + C_3 \tag{8}$$

단계 5 경계 조건을 적용한다. 식 (8)로부터 시작한다. 압력을 구하기 위한 특별한 경계조건이 없기 때문에 C_3는 임의의 상수로 둘 수 있다. (비압축성 유동에서, 유동 내의 어느 곳에서든지 P를 알기만 하면 절대 압력을 구할 수 있음을 상기하자.) 예를 들어, $z = 0$에서 $P = P_0$라 하면 $C_3 = P_0$이고 식 (8)은

압력장의 최종 해: $$P = P_0 - \rho g z \tag{9}$$

이다. 식 (9)는 **간단한 정수압분포**(z가 증가함에 따라 선형적으로 감소하는 압력)를 나타냄을 알 수 있다. 결론적으로, 적어도 이 문제에서는 **정수압은 유동과 무관하게 작용한다.** 일반적으로 다음과 같이 기술할 수 있다(그림 9-32).

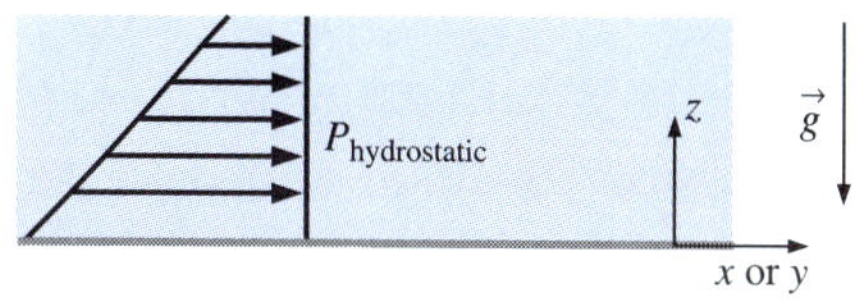

그림 9-32
자유표면이 없는 비압축성 유동장에서 정수압은 유동장의 동역학에 기여하지 않는다.

자유표면이 없는 비압축성 유동장에서, 정수압은 유동장의 운동에 영향을 미치지 않는다.

다음으로, 단계 2의 경계조건 (1)과 (2)를 적용하여 C_1과 C_2를 구한다.

경계조건 (1): $u = C_1 \times 0 + C_2 = 0 \quad \rightarrow \quad C_2 = 0$

경계조건 (2): $u = C_1 \times h + 0 = V \quad \rightarrow \quad C_1 = V/h$

끝으로 식 (7)은 아래와 같다.

속도장의 최종 해: $$u = V\frac{y}{h} \tag{10}$$

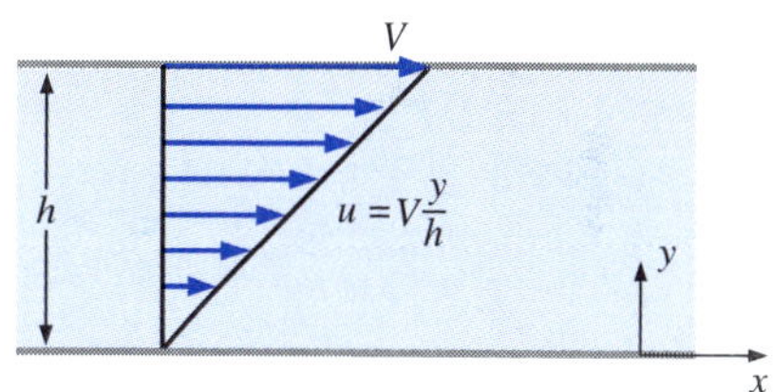

그림 9-33
예제 9-10의 선형 속도분포. 평행 평판사이의 Couette 유동

속도장은 그림 9-33에서 보이는 것처럼 아래 평판의 $u = 0$으로부터 위 평판의 $u = V$까지 단순한 선형 속도 분포를 나타낸다.

단계 6 결과를 확인한다. 식 (9)와 (10)을 사용해서 모든 미분 방정식과 경계조건들이 만족하는지 확인할 수 있다.

아래 평판에 작용하는 단위면적 당 전단력을 계산하기 위해, 아래 면이 아래 평판에 접해있는 사각형의 유체 요소를 고려한다(그림 9-34). 수학적으로 양인 점성 응력들이 표시되어 있다. 이 경우에는, 미소요소 위의 유체는 미소요소를 오른쪽으로 당기는 반면, 요소 아래의 평판은 왼쪽으로 당기기 때문에 이 응력의 방향은 맞는 방향이다.

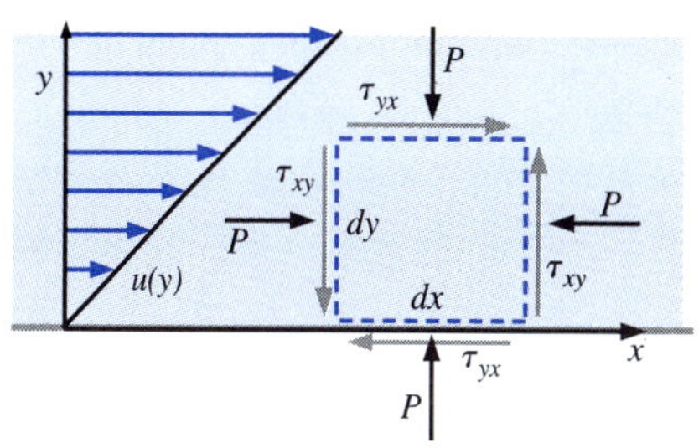

그림 9-34
바닥 면이 예제 9-10의 바닥 판과 접촉하고 있는 2차원 직사각형의 미소 유체요소에 작용하는 응력.

정의에 의해 응력의 차원은 단위 면적 당 힘이기 때문에, 유체요소의 아래 면에 작용하는 단위 면적 당 힘은 $\tau_{yx} = \mu V/h$이며, 그림에 나타낸 것처럼 음의 x축 방향으로 작용한다. 아래 평판에서의 단위 면적 당 전단력은 이것과 크기는 같고 방향은 반대이다(뉴턴의 제 3법칙). 그러므로,

아래 평판에 작용하는 단위면적 당 전단력: $$\frac{\vec{F}}{A} = \mu\frac{V}{h}\vec{i} \tag{11}$$

이 힘의 방향은 직관적으로 알 수 있는 방향과 같다. 즉 점성효과(마찰) 때문에 유체는 아래 평판을 오른쪽으로 당기려고 한다.

토의 선형 운동량 방정식의 z 성분은 다른 방정식들과 연계되어 있지 않다. 이것은 비록 유체가 정지되어 있지 않고 유동하더라도 z 방향의 정수압 분포를 구할 수 있는 이유를 설명해준다. 아래 평판에서만이 아니라 유동장의 어느 곳에서나 점성 응력 텐서가 일정하다는 것을 알 수 있다.(τ_{ij}의 어떤 요소도 위치의 함수가 아닌 것을 알 수 있다.)

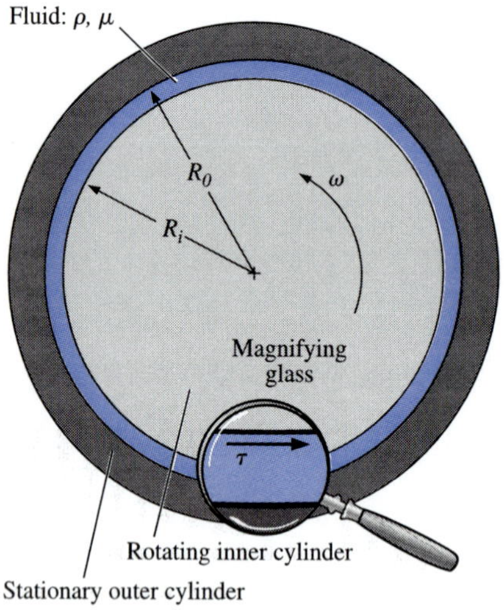

그림 9-35
회전 점도계. 내부 실린더는 각속도 ω로 회전하고 이때 토크 T_{applied}가 작용하면 그것으로부터 유체의 점성이 계산된다.

예제 9-10의 최종 결과가 유용한가라는 질문을 할 수 있다. 즉, 한 쪽 평판이 움직이는 두개의 무한히 평행한 평판의 예는 무엇일까? 실제로 Couette 유동 해석이 매우 잘 맞는 몇 개의 예를 찾아볼 수 있다. 한 예로는 점성계수를 측정하는데 사용되는 기구인 **회전 점도계** 내부의 유동이다(그림 9-35). 이 점도계는 길이가 L인 두 개의 동심원 실린더로 구성된다. (반지름이 R_i인 안쪽 실린더는 회전하고, 반지름 R_0의 바깥쪽 실린더는 정지하고 있다.) L은 그림 9-35에서 페이지 안쪽 방향의 길이이며, z축은 페이지에서 독자를 향하는 방향이다. 두 실린더 사이의 간격은 매우 좁고, 점성계수를 측정하려고 하는 유체로 차 있다. 간격이 매우 좁기 때문에, 그림 9-35의 확대한 부분은 그림 9-30과 거의 유사한 형상, 즉, $(R_0 - R_i) \ll R_0$이다. 점성계수를 측정할 때, 안쪽 실린더의 각속도 ω를 측정하고, 실린더를 회전시키기 위하여 가해진 토크 T_{applied}도 측정한다. 예제 9-10의로부터 안쪽 실린더에 인접한 유체 요소에 작용하는 점성 전단응력은 근사적으로 아래와 같다.

$$\tau = \tau_{yx} \cong \mu \frac{V}{R_o - R_i} = \mu \frac{\omega R_i}{R_o - R_i} \tag{9-29}$$

그림 9-30에서 위쪽 평판이 움직이는 속도 V는 안쪽 실린더의 반시계방향 회전속도 ωR_i로 대체한다. 그림 9-35의 확대한 영역에서, τ는 안쪽 실린더 벽 부근의 유체 요소에 오른쪽으로 작용한다. 그러므로 이 위치에서 안쪽 실린더에 작용하는 단위면적 당 힘은 식 (9-29)에 의해 주어진 크기만큼 왼쪽으로 작용한다. 유체의 점성에 의해 안쪽 실린더 벽에 작용하는 시계방향의 총 토크는 전단응력과 벽 면적, 그리고 모멘트 팔 길이의 곱과 같다.

$$T_{\text{viscous}} = \tau A R_i \cong \mu \frac{\omega R_i}{R_o - R_i}\left(2\pi R_i L\right) R_i \tag{9-30}$$

정상상태에서, 시계방향의 토크 T_{viscous}는 작용된 반시계방향의 토크 T_{applied}와 같다. 따라서 식 (9-30)으로부터 유체의 점성계수는 아래와 같다.

유체의 점성계수: $$\mu = T_{\text{applied}} \frac{(R_o - R_i)}{2\pi \omega R_i^3 L}$$

내부 회전축과 정지상태의 외부 하우징 사이의 작은 틈에서 기름이 유동하는 무부하 시의 저널 베어링에 대해서도 비슷한 해석을 할 수 있다. (베어링에 하중이 걸리면, 내부 및 외부 실린더들은 동심 상태가 아니므로, 더 많은 해석이 요구된다.)

예제 9-11 압력 구배가 있는 Couette 유동

예제 9-10에서와 같은 형상을 고려하자. x에 관해 일정한 압력 대신에 x방향으로 압력 구배가 있다(그림 9-36). x 방향의 압력 구배, $\partial P/\partial x$는 다음 식과 같이 일정하다.

압력구배:
$$\frac{\partial P}{\partial x} = \frac{P_2 - P_1}{x_2 - x_1} = \text{상수} \tag{1}$$

여기서 x_1과 x_2는 x축 방향의 임의의 위치이고, P_1과 P_2는 두 위치에서의 압력이다. 그 외의 모든 것들은 예제 9-10과 동일하다. (a) 속도장과 압력장을 구하라. (b) 무차원 형태의 속도분포를 그려라.

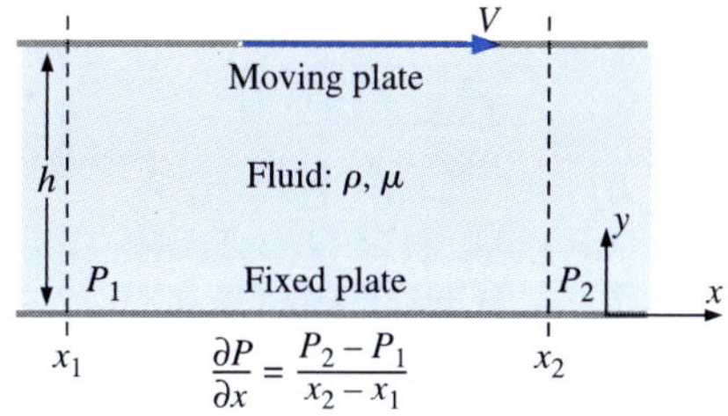

그림 9-36
예제 9-11의 형상. 일정한 압력구배 $\partial P/\partial x$가 작용하는 두 무한 평판 사이의 점성 유동. 위판은 움직이고 아래 판은 정지상태이다.

풀이 그림 9-36에 그려진 유동에 대한 속도장과 압력장을 구하고, 무차원 형태의 속도분포를 도시하고자 한다.

가정 가정 5가 다음 가정으로 대체되는 것을 제외하고는, 예제 9-10의 가정과 동일하다. 식 (1)에서 알 수 있듯이 x 방향으로의 압력은 선형적으로 변화한다. 즉, x 방향의 압력 구배는 일정하다.

해석 (a) 예제 9-10에서와 동일한 과정을 따라 계산한다. 대부분의 계산은 동일하기 때문에 차이점에 관해서만 설명한다.

단계 1 그림 9-36을 참조한다.

단계 2 가정 5를 제외하고 예제 9-10과 동일하다.

단계 3 연속방정식은 예제 9-10에서와 마찬가지 방식으로 단순화할 수 있다.

연속방정식의 결과:
$$u = u(y) \text{ only} \tag{2}$$

x방향 운동량방정식은 압력 구배항이 소거되지 않는 것을 제외하고 예제 9-10과 같은 방법으로 구하며 그 결과는 다음과 같다.

x 운동량 방정식의 결과:
$$\frac{d^2u}{dy^2} = \frac{1}{\mu}\frac{\partial P}{\partial x} \tag{3}$$

마찬가지로 y 운동량방정식과 z 운동량방정식은 다음과 같이 단순화된다.

y 운동량 방정식의 결과:
$$\frac{\partial P}{\partial y} = 0 \tag{4}$$

z 운동량 방정식의 결과:
$$\frac{\partial P}{\partial z} = -\rho g \tag{5}$$

P가 z만의 함수였던 예제 9-10과는 달리, 본 예제에서는 P가 x와 z의 함수이기 때문에 식 (5)의 편미분이 전미분으로 바뀌지 않는다.

단계 4 $\partial P/\partial x$가 상수라는 것을 염두에 두고 식 (3) (x 운동량방정식)을 두 번 적분한다.

x 운동량 방정식의 적분:
$$u = \frac{1}{2\mu}\frac{\partial P}{\partial x}y^2 + C_1 y + C_2 \tag{6}$$

C_1과 C_2는 적분상수이다. 식 (5) (z 운동량방정식)를 한번 적분하면,

z 운동량 방정식의 적분: $$P = -\rho g z + f(x) \tag{7}$$

가 된다. P가 x와 z의 함수이기 때문에 식 (7)에서 적분상수 대신에 x의 함수를 추가한다. 이것은 z에 관한 편적분이므로, 편적분을 수행할 때 주의하여야 한다(그림 9-37).

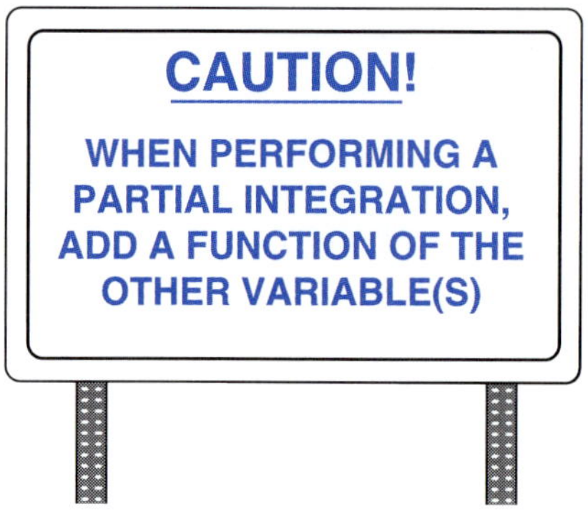

그림 9-37
편적분에 대한 주의사항.

단계 5 식 (7)로부터 압력은 z 방향으로는 정수압적으로 변함을 알 수 있다. 그리고 x 방향의 압력은 선형적으로 변하는 것으로 이미 가정하였다. 따라서 함수 $f(x)$는 $\partial P/\partial x$와 x의 곱에 상수를 더한 값과 같다. $x = 0$, $z = 0$ (y축)에서 $P = P_0$라면 식 (7)은 다음과 같다.

압력장의 최종 해: $$P = P_0 + \frac{\partial P}{\partial x}x - \rho g z \tag{8}$$

다음으로 예제 9-10 단계 2의 속도 경계조건 (1)과 (2)를 적용하여 상수 C_1과 C_2를 구한다.

경계조건 (1): $$u = \frac{1}{2\mu}\frac{\partial P}{\partial x} \times 0 + C_1 \times 0 + C_2 = 0 \quad \rightarrow \quad C_2 = 0$$

경계조건 (2): $$u = \frac{1}{2\mu}\frac{\partial P}{\partial x}h^2 + C_1 \times h + 0 = V \quad \rightarrow \quad C_1 = \frac{V}{h} - \frac{1}{2\mu}\frac{\partial P}{\partial x}h$$

끝으로 식 (6)은 다음과 같이 계산된다.

$$u = \frac{Vy}{h} + \frac{1}{2\mu}\frac{\partial P}{\partial x}(y^2 - hy) \tag{9}$$

식 (9)는 속도장이 두 속도장의 중첩임을 나타낸다. 아래 평판에서 $u = 0$으로부터 위 평판의 $u = V$에 이르는 선형 속도 분포와 가해진 압력 구배의 크기에 따른 포물선 모양의 분포가 그것이다. 압력 구배가 영이면 식 (9)의 포물선 부분은 소거되고, 예제 9-10과 같이 선형 속도분포를 나타낸다. 이것은 그림 9-38에 긴 점선으로 표시되어 있다. 압력 구배가 음이면(x방향으로 압력이 감소하면 유체는 왼쪽에서 오른쪽으로 유동한다), $\partial P/\partial x < 0$이고 속도 분포는 그림 9-38에 나타낸 모양과 같게 된다. 특수한 경우로 $V = 0$(위판이 정지상태)일 때, 식 (9)의 선형부분은 소거되고, 속도 분포는 포물선 형태이며 채널의 중앙($y = h/2$)에 대해 대칭이 된다. 이것은 그림 9-38에서 짧은 점선으로 표현되어 있다.

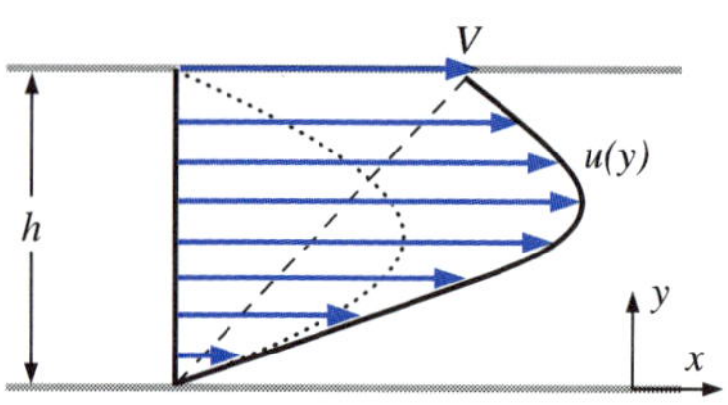

그림 9-38
예제 9-11의 속도분포. 음의 압력구배가 작용하는 평행 평판 사이의 Couette 유동. 긴 점선은 압력구배가 영인 경우를 나타내고, 짧은 점선은 상판이 정지상태($V = 0$)이고 음의 압력구배의 경우를 나타낸다.

단계 6 식 (8)과 (9)를 사용해서 모든 미분 방정식과 경계조건들이 만족하는지 확인할 수 있다.

(b) 차원해석을 이용하여, 무차원 그룹(Π 그룹)을 형성한다. 속도성분 u를 y, h, V, μ와 $\partial P/\partial x$의 함수로 하여 문제를 푼다. 이 문제에는 6개 변수(종속 변수 u 포함)가 있으며, 여기에는 질량, 길이, 시간의 3가지의 기본 차원이 포함되어 있기 때문에, $6 - 3 = 3$개의 무차원 그룹을 예측할 수 있다. h, V, μ를 반복변수로 선택한 차원해석의 결과는 다음과 같다 (독자들은 7장을 참고하여 유도해보기 바란다):

차원해석의 결과: $$\frac{u}{V} = f\left(\frac{y}{h}, \frac{h^2}{\mu V}\frac{\partial P}{\partial x}\right) \tag{10}$$

3개의 무차원 그룹들을 이용하면, 식 (9)는 다음과 같다.

무차원 형태의 속도장: $$u^* = y^* + \frac{1}{2}P^* y^*(y^* - 1) \tag{11}$$

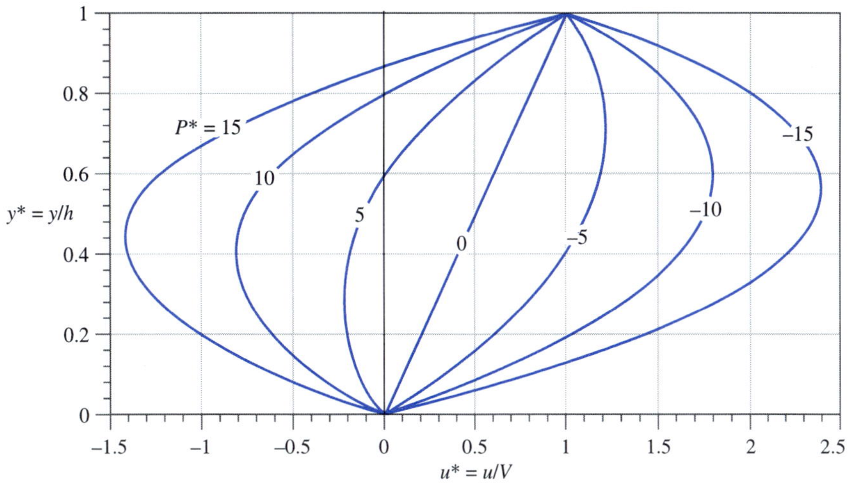

그림 9-39
Couette 유동에서 몇 가지 무차원 압력구배에 따른 무차원 속도분포.

여기서 무차원 매개변수들은 다음을 의미한다.

$$u^* = \frac{u}{V} \qquad y^* = \frac{y}{h} \qquad P^* = \frac{h^2}{\mu V}\frac{\partial P}{\partial x}$$

식 (11)을 사용하여 몇 개의 P^*에 대해 u^*를 y^*의 함수로 나타낸 결과가 그림 9-39에 도시되어 있다.

토의 무차원화한 결과, 식 (11)은 속도분포의 군(family)을 나타낸다. 압력 구배가 양 (유동이 오른쪽에서 왼쪽 방향)이고 충분한 크기일 때, 채널의 아래 쪽 부분에서 역류가 발생할 수 있다. 모든 경우에 무차원화 한 경계조건은 $y^* = 0$에서 $u^* = 0$과 $y^* = 1$에서 $u^* = 1$이다. 만약 압력 구배만 있고 두 벽이 정지해 있을 경우의 유동을 2차원 채널 유동 즉 평면 **Poiseuille 유동(planar Poiseuille flow)**이라 한다(그림 9-40). 그러나 대부분의 저자들은 Poiseuille 유동이라는 이름을 완전발달된 파이프 유동(2차원 채널 유동의 축대칭 형태)에 사용함에 유의한다(예제 9-12 참조).

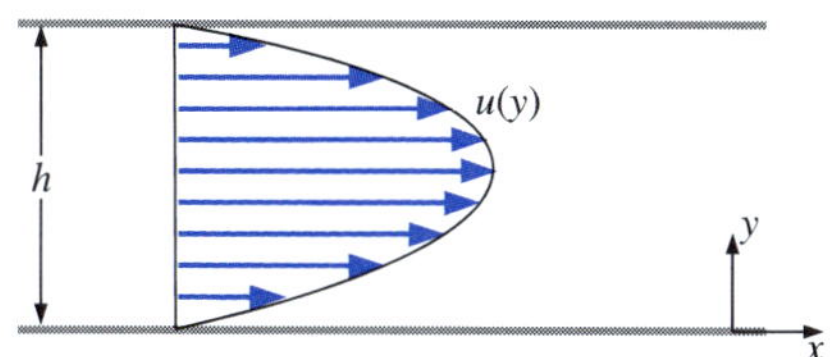

그림 9-40
완전발달된 2차원 채널 유동에서의 속도분포(평면 Poiseuille 유동).

예제 9-12 원형 파이프에서의 완전발달 유동 – Poiseuille 유동

지름 D 즉 반지름 $R = D/2$인 무한히 긴 원형 파이프 내를 흐르는 뉴턴 유체의 정상, 비압축성, 층류 유동을 고려한다(그림 9-41). 중력은 무시하라. x 방향으로의 압력구배($\partial P/\partial x$)는 일정하다.

적용되는 압력구배:

$$\frac{\partial P}{\partial x} = \frac{P_2 - P_1}{x_2 - x_1} = \text{일정} \tag{1}$$

여기서 x_1과 x_2는 x축 방향의 임의의 위치이고, P_1과 P_2는 두 위치에서의 압력이다. 축 방향으로 z 대신 x를 사용한 원통좌표계, 즉, (r, θ, x) 와 $(u_r, u\theta, u)$를 사용한다. 파이프 내의 속도장을 유도하고, 파이프의 벽에 작용하는 단위 면적 당 점성 전단력을 구하라.

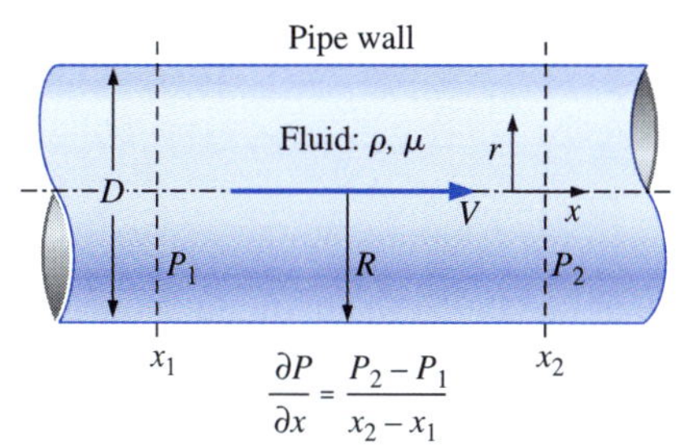

그림 9-41
예제 9-12의 형상. 압력구배 $\partial P/\partial x$를 가함으로써 나타나는 긴 원형 파이프 내 정상 층류유동. 압력구배는 항상 펌프 그리고/또는 중력에 의하여 발생한다.

풀이 원형 파이프 내의 속도장을 계산하고, 파이프의 벽에 작용하는 점성 전단력을 구하고자 한다.

가정 **1** 파이프는 x 방향으로 무한히 길다. **2** 정상유동이다(모든 변수의 시간에 대한 편미분 값은 영이다). **3** 평행유동이다(속도의 r 성분, u_r은 영이다). **4** 이 유체는 비압축성이고,

일정한 상태량을 갖는 뉴턴 유체이며, 유동은 층류이다. **5** 식 (1)에서 알 수 있듯이 x 방향으로의 압력은 선형적으로 변화한다. 즉, x 방향의 압력 구배는 일정하다. **6** 속도장은 선회(swirl)가 없는 축대칭이다. 즉, $u_\theta = 0$이고 θ에 관한 편미분 값은 영이다. **7** 중력은 무시한다.

해석 그림 9-27의 단계적 절차를 통하여 속도장을 구할 수 있다.

단계 1 문제와 형상은 그림 9-41을 참조한다.

단계 2 가정과 경계조건을 나열한다. 7개의 가정이 있으며, 경계조건은 다음과 같다. (1) 벽면에서는 점착조건을 적용한다. $r = R$에서 $\vec{V} = 0$이다. (2) 파이프의 중심선에서 축 대칭이다. $r = 0$에서 $du/dr = 0$이다.

단계 3 미분방정식을 쓰고 간단히 한다. 식 (9-27a)를 수정한 원통좌표계의 비압축성 연속방정식은 다음과 같다.

$$\underbrace{\cancel{\frac{1}{r}\frac{\partial(ru_r)}{\partial r}}}_{\text{assumption 3}} + \underbrace{\cancel{\frac{1}{r}\frac{\partial(u_\theta)}{\partial \theta}}}_{\text{assumption 6}} + \frac{\partial u}{\partial x} = 0 \quad \rightarrow \quad \frac{\partial u}{\partial x} = 0 \tag{2}$$

식 (2)에서 알 수 있듯이, u는 x의 함수가 아니다. 다시 말하면 x 방향의 모든 위치에서 유동 형태는 동일하다. 이는 가정 1로부터도 알 수 있다. 즉, 파이프의 길이가 매우 길기 때문에 x 위치에는 무관하다(유동이 완전 발달되었다). 또한 u는 시간(가정 2) 또는 θ(가정 6)의 함수가 아니므로 u는 단지 r만의 함수이다.

연속방정식의 결과: 단지 $u = u(r)$ only (3)

축 운동량 방정식(수정된 방정식 9-27d)을 가능한 한 간단히 하면 다음과 같다:

$$\rho\Bigg(\underbrace{\cancel{\frac{\partial u}{\partial t}}}_{\text{assumption 2}} + \underbrace{\cancel{u_r\frac{\partial u}{\partial r}}}_{\text{assumption 3}} + \underbrace{\cancel{\frac{u_\theta}{r}\frac{\partial u}{\partial \theta}}}_{\text{assumption 6}} + \underbrace{\cancel{u\frac{\partial u}{\partial x}}}_{\text{continuity}}\Bigg)$$

$$= -\frac{\partial P}{\partial x} + \underbrace{\cancel{\rho g_x}}_{\text{assumption 7}} + \mu\Bigg(\frac{1}{r}\frac{\partial}{\partial r}\left(r\frac{\partial u}{\partial r}\right) + \underbrace{\cancel{\frac{1}{r^2}\frac{\partial^2 u}{\partial \theta^2}}}_{\text{assumption 6}} + \underbrace{\cancel{\frac{\partial^2 u}{\partial x^2}}}_{\text{continuity}}\Bigg)$$

즉,

$$\frac{1}{r}\frac{d}{dr}\left(r\frac{du}{dr}\right) = \frac{1}{\mu}\frac{\partial P}{\partial x} \tag{4}$$

예제 9-10 및 9-11과 같이, 물질 가속도(x 운동량 방정식의 좌변 전체)가 영이기 때문에, 유체입자들은 이 유동장에서는 조금도 가속되지 않는다는 것을 알 수 있으며 또한 Navier-Stokes 방정식은 선형화된다 (그림 9-42). 식 (3)에 따라 u의 미분을 위한 편미분 연산자를 전미분 연산자로 대체할 수 있다.

이와 유사한 방법으로, r 운동량 방정식(식 9-27b)에서 압력 구배항을 제외한 나머지 항들은 영이다.

r 운동량 방정식:

$$\frac{\partial P}{\partial r} = 0 \tag{5}$$

The Navier–Stokes Equation

$$\rho\left(\frac{\partial \vec{V}}{\partial t} + \boxed{(\vec{V}\cdot\vec{\nabla})\vec{V}}\right) = -\vec{\nabla}P + \rho\vec{g} + \mu\nabla^2\vec{V}$$

Nonlinear term

그림 9-42
비압축성 유동해석에서 Navier-Stokes 방정식의 대류항이 영이면 방정식은 선형이 되는데, 이는 대류항이 유일한 비선형 항이기 때문이다.

즉, P는 r의 함수가 아니다. 또한 P는 시간(가정 2) 또는 θ(가정 6)의 함수 또한 아니므로, P는 단지 x만의 함수이다.

r 운동량 방정식의 결과: 단지 $P = P(x)$ only (6)

한편, P는 x 방향으로만 변하므로 식 (4)의 압력구배에 대한 편미분 연산자를 전미분 연산자로 변환할 수 있다. 끝으로, Navier-Stokes 방정식의 θ성분(식 9-27c)의 모든 항은 영이다.

단계 4 미분 방정식을 푼다. 연속방정식과 r 운동량 방정식은 이미 풀었고, 그 결과가 각각 식 (3) 및 식 (6)이다. θ 운동량 방정식은 소거되므로 식 (4) (x 운동량 방정식)만 남는다. 양 변에 r을 곱한 후, 적분하면 다음과 같은 결과를 얻는다.

$$r\frac{du}{dr} = \frac{r^2}{2\mu}\frac{dP}{dx} + C_1 \tag{7}$$

여기서 C_1은 적분상수이다. 또한 압력 구배 dP/dx는 일정하다. 식 (7)의 양 변을 r로 나눈 후, 한 번 더 적분하면 다음의 결과를 얻는다.

$$u = \frac{r^2}{4\mu}\frac{dP}{dx} + C_1 \ln r + C_2 \tag{8}$$

여기에서 C_2는 적분상수이다.

단계 5 경계조건을 적용한다. 우선, 경계조건 (2)를 식 (7)에 적용하면

경계조건 (2): $0 = 0 + C_1 \quad \rightarrow \quad C_1 = 0$

경계조건 (2)는 u가 파이프의 중심선에서 유한하여야 한다는 조건으로 대체할 수도 있다. 즉, 식 (8)에서 ln(0)이 정의가 되지 않으므로 상수 C_1은 0이어야 한다. 다음으로 경계조건 (1)을 적용시키면,

경계조건 (1): $u = \frac{R^2}{4\mu}\frac{dP}{dx} + 0 + C_2 = 0 \quad \rightarrow \quad C_2 = -\frac{R^2}{4\mu}\frac{dP}{dx}$

끝으로, 경계조건으로부터 구해진 적분상수를 식 (8)에 대입하여 정리하면 축 방향 속도 u는 다음과 같다.

축방향 속도:

$$u = \frac{1}{4\mu}\frac{dP}{dx}(r^2 - R^2) \tag{9}$$

축방향 속도분포는 그림 9-43에 도시한 바와 같이 포물선 모양이다.

단계 6 결과를 확인한다. 모든 미분방정식들과 경계조건을 만족하는지 확인한다.

완전히 발달된 층류 파이프 유동의 다른 특성들을 살펴본다. 예를 들어, 축 방향의 속도는 파이프의 중심선에서 최대이다(그림 9-43). 식 (9)에 $r = 0$을 대입하면 축 방향의 최대속도는 다음과 같다.

축 방향의 최대속도:

$$u_{max} = -\frac{R^2}{4\mu}\frac{dP}{dx} \tag{10}$$

식 (9)를 파이프의 단면적 전체에 대하여 적분하여, 파이프 내를 유동하는 체적유량을 계

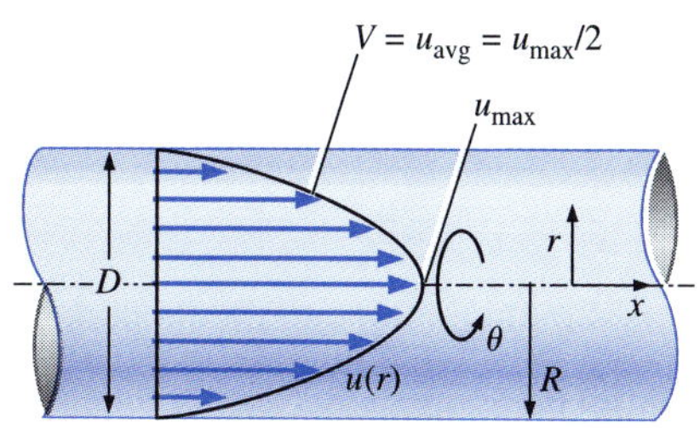

그림 9-43
예제 9-12의 축방향 속도분포. 일정한 압력구배 dP/dx를 가함으로써 나타나는 긴 원형 파이프 내 정상 층류유동.

산할 수 있다.

$$\dot{V} = \int_{\theta=0}^{2\pi} \int_{r=0}^{R} ur\,dr\,d\theta = \frac{2\pi}{4\mu}\frac{dP}{dx}\int_{r=0}^{R}(r^2 - R^2)r\,dr = -\frac{\pi R^4}{8\mu}\frac{dP}{dx} \tag{11}$$

또한 체적유량은 축 방향의 평균속도에 단면적을 곱한 것과 같으므로, 쉽게 축 방향의 평균속도 V를 구할 수 있다.

축 방향의 평균속도:

$$V = \frac{\dot{V}}{A} = \frac{(-\pi R^4/8\mu)\,(dP/dx)}{\pi R^2} = -\frac{R^2}{8\mu}\frac{dP}{dx} \tag{12}$$

식 (10)과 (12)를 비교하면 완전히 발달한 층류 유동에서 축 방향의 평균속도는 정확하게 축 방향의 최대속도의 반임을 알 수 있다.

파이프 벽에서 단위 면적 당 작용하는 점성 전단력을 계산하기 위해서, 파이프 벽의 아래 부분에 근접한 미소 유체요소를 고려하자(그림 9–44). 그림에는 압력과 수학적으로 양의 방향으로 점성응력이 도시되어 있다.

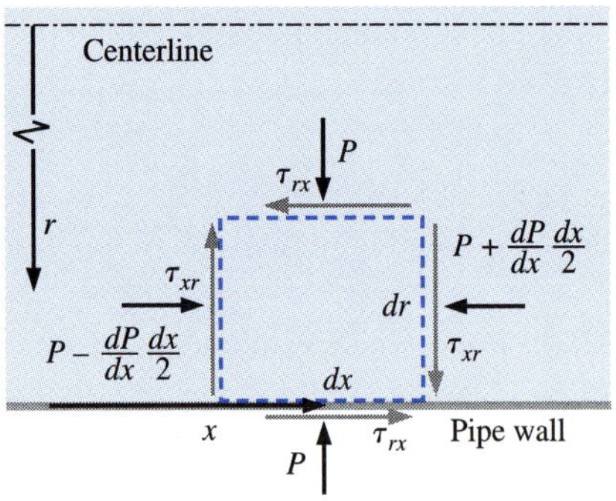

그림 9–44
바닥 면이 파이프 벽에 접촉하고 있는 미소 유체요소에 작용하는 압력과 점성 전단응력.

u에 대하여 식 (9)를 사용하고, 파이프 벽은 $r = R$이므로 τ_{rx}성분은 다음과 같이 정리할 수 있다.

파이프 벽에 작용하는 점성 전단응력:

$$\tau_{rx} = \mu\frac{du}{dr} = \frac{R}{2}\frac{dP}{dx} \tag{13}$$

유동의 방향이 왼쪽에서 오른쪽이기 때문에 dP/dx는 음이다. 따라서 벽의 아래 쪽에 인접한 유체에 작용하는 점성 전단응력은 그림 9–44에 도시한 방향과 반대 방향을 가진다. (파이프 벽은 유체의 유동을 방해하는 방향으로 힘을 가하므로 직관과 부합한다.) 벽에 작용하는 단위 면적 당 전단력은 이것과 크기는 같으나 방향은 반대이므로,

벽에 작용하는 단위 면적 당 점성 전단력:

$$\frac{\vec{F}}{A} = -\frac{R}{2}\frac{dP}{dx}\vec{i} \tag{14}$$

이 힘의 방향은 직관과 일치한다. 즉, dP/dx가 음일 때, 유동하는 유체는 마찰력에 의하여 아래 벽을 오른 쪽으로 당긴다.

토의 파이프의 중심선에서 $du/dr = 0$이므로, $\tau_{rx} = 0$이다. 파이프 내 x 방향의 두 위치 x_1과 x_2 사이의 유체를 검사체적으로 선택하여, 검사체적 방법으로 식 (14)를 유도하여 보기 바란다(그림 9–45). 같은 결과를 얻을 수 있을 것이다. (힌트 : 유동이 완전 발달되었으므로, 축 방향의 속도는 위치 1과 위치 2에서 동일하다.) 파이프 내를 유동하는 체적유량이 임계값을 초과할 때, 유동은 불안정해지고 위에서 해석한 해는 더 이상 유효하지 않다. 엄밀히 말하면, 파이프 내의 유동은 층류가 아니라 난류가 된다. 난류 파이프 유동은 8장에서 상세히 설명하였다. 이 문제는 다른 방법을 이용하여 8장에서도 풀었다.

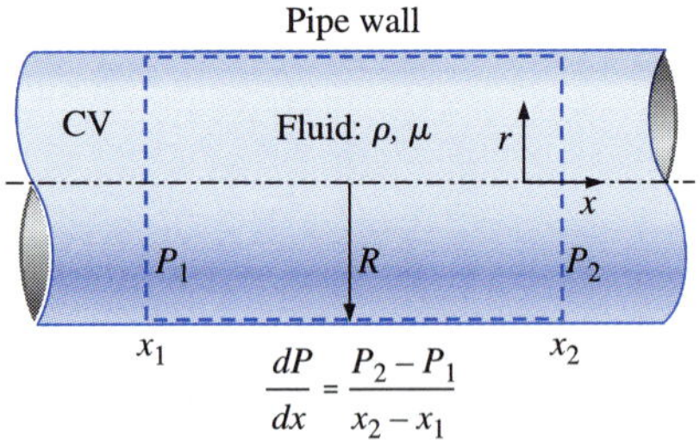

그림 9–45
예제 9-12의 식 (14)를 다른 방법으로 구하는데 사용된 검사체적.

예제 9-10에서 9-12까지는 비압축성 층류 문제이다. 동일한 미분방정식(비압축성 연속방정식과 Navier-Stokes 방정식)을 비압축성 **난류**에 대해서도 적용할 수 있다. 그러나 난류에서는 유동이 불규칙하고 비정상이며, 유체를 혼합하는 3차원 에디 때문에 그 해가 훨씬 더 복잡하다. 한편 에디의 크기는 수 차수(order of magnitude)에 걸쳐 분포한다. 난류 유동장에서는 방정식에서 무시할 수 있는 항이 없으므로 (일부의 경우 중력항은 제외), 해는 전산유체역학(CFD)을 사용하는 수치계산을 통해서만 얻을 수 있다.

9-6 ■ 연속방정식과 NAVIER-STOKES 방정식의 근사해

9-5절에서 간단한(보통은 무한한) 형상에 대해서 연속 방정식과 Navier-Stokes 방정식에 대한 해석적인 해에 관한 몇몇 예제를 보였으며, 여기서 성분 방정식의 대부분 항들이 소거되고, 그 결과의 미분 방정식은 해석적으로 풀 수 있게 된다. 불행히도, 문헌상에서 이용 가능한 해석 해는 그리 많지 않으며, 실제로 이러한 해는 손으로 꼽아볼 수 있을 정도이다. 방대한 다수의 실용적인 유체역학 문제는 해석적으로 풀 수 없으며, 따라서 (1) 보다 진전된 근사법이나 혹은 (2) 컴퓨터의 도움의 둘 중의 하나가 요구된다. 이 장에서는 전자의 경우를 고려하며 후자는 본 교재의 범위를 넘는다. 단순화를 위하여, 이 장에서는 뉴턴 유체의 비압축성 유동만 다루기로 한다.

먼저 Navier-Stokes 방정식 자체가 엄밀(exact)하지는 않으며, 오히려 몇 가지 내재되어 있는 근사화(뉴턴 유체, 일정한 열역학적 및 수송 상태량 등)를 포함한 유체 유동 **모델**이라는 점을 강조한다. 그럼에도 불구하고 이 방정식은 매우 훌륭한 모델이며 현대 유체역학의 기초를 이루고 있다. 이 장에서는 엄밀해(exact solution)와 **근사해(approximate solution)**를 구분한다(그림 9-46). 엄밀하다는 말은 완전한 Navier-Stokes 방정식으로부터 해를 유도할 때 사용된다. 따라서 9-5절에서 언급된 해는 방정식의 완전한 형태를 사용하였기 때문에 엄밀해라고 할 수 있다. 특정한 문제 중에서 일부 항은 소거되었는데 이는 문제에서 주어진 특정 기하학적 형상이나 단순화를 위한 가정으로 인한 것이다. 특정한 문제의 기하학적 형상과 가정에 따라 이렇게 소거되는 항은 달라질 수 있다. 한편 근사해는 **문제를 풀기 전에** 유동의 일부 영역에 대하여 Navier-Stokes 방정식을 **단순화시켜** 얻어지는 해를 의미한다. 다시 말해서, 유동영역에 따라 달라지는 문제 종류에 따른 전제조건으로 방정식의 항(들)이 소거된다.

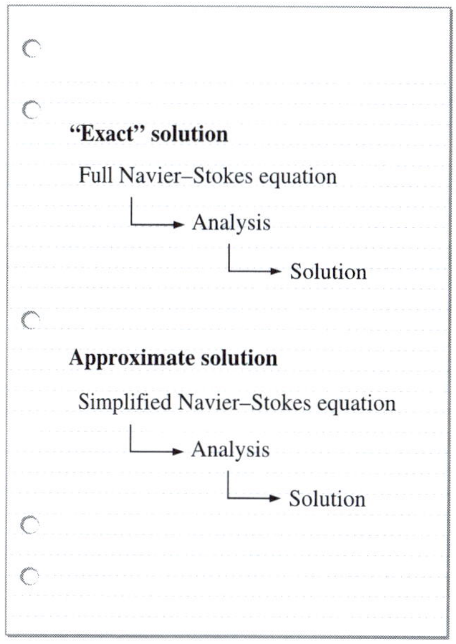

그림 9-46
"엄밀한" 해는 완전한 Navier-Stokes 방정식으로부터 시작하는 반면, 근사해는 처음부터 단순화된 Navier-Stokes 방정식으로부터 해가 유도된다.

예를 들어, 이미 한 가지 근사법에 대하여 논의한 바 있는데, 즉 **유체 정역학**이다(3장). 이는 유속이 반드시 영일 필요는 없지만 유체가 거의 흐르지는 않는 유동장의 영역에 대한 Navier-Stokes 방정식의 근사화로 생각될 수 있으며 따라서 속도에 관계된 모든 항은 무시한다. 이러한 근사화로 Navier-Stokes 방정식은 단지 압력과 중력, 두 개 항만 갖는 $\vec{\nabla}P = \rho\vec{g}$로 표현된다. 여기서 사용된 근사화는 Navier-Stokes 방정식에서 관성항과 점성항은 압력항이나 중력항에 비해 무시할 수 있을 정도로 매우 작다는 것이다.

근사화를 하면 문제를 풀기 쉽게 만들 수는 있으나, 모든 근사화는 위험요소를 내포하고 있다. 즉 처음 시작부터 근사화가 적절치 않으면 이후 모든 수학적인 과정이 올바르다 할지라도 그 해는 틀린 것이 된다. 왜냐하면, 문제에 맞지 않는 방정식으로부터 해가 유도되었기 때문이다. 예를 들면, 크리핑 유동 근사를 어떤 문제에 적용하여 모든 가정과 경계조건을 만족시키는 해를 얻었다고 하자. 하지만 Reynolds 수가 상당히 높으면 시작부터 크리핑 유동 근사는 부적절한 것이 되고 위에서 얻어진 해는 물리적으로 틀린 해가 되는 것이다. 또 흔히 생기는 실수는 비회전이라는 가정이 적절하지 않은 유동영역에서 비회전 유동을 가정하는 것이다. **적어도 근사화는 매우 주의 깊게 적용하여야 하고 가능한 한 항상 적용된 근사법을 검증하고 정당성을 입증하여야 한다.**

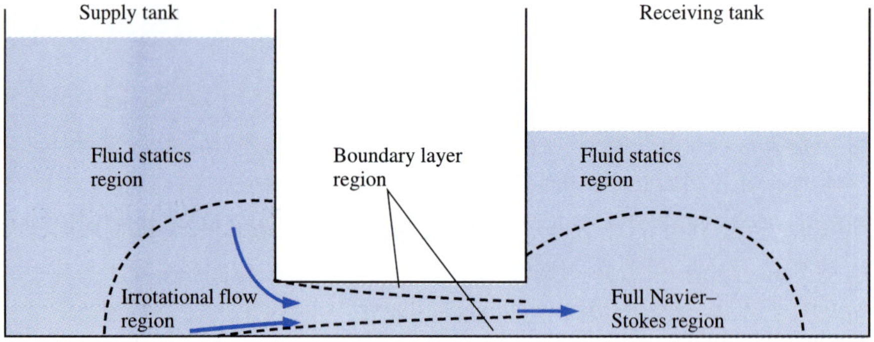

그림 9-47
Navier-Stokes 방정식에 대한 어떤 특정한 근사화는 유동장의 어떤 영역에서만 유효하다. 다른 유동영역에서는 또 다른 근사화가 적용되어야 한다.

마지막으로 대부분의 실제 유체역학 문제에 있어서, 유동장의 어떤 영역에서는 그에 적절한 근사화를 적용할 수 있지만 그 외의 다른 영역에서는 동일한 근사화를 적용할 수 없음을 강조하고자 한다. 그림 9-47에 나타난 두 개의 탱크 사이 유동을 이용하여 이러한 점을 정성적으로 설명해 보자. 연결 파이프에서 멀리 떨어진 공급 탱크 영역과 그보다 조금 작은 범주의 수용 탱크 영역에서는 유체 정역학 근사화가 적절하다. 연결 파이프의 입구 부근과 강력한 점성효과가 없는 파이프의 중간 부분은 비회전 유동 근사화가 적절하다. 그러나 벽 근처에서는 경계층 근사화가 적절하며, 일부 영역에서의 유동은 어떠한 근사화를 위한 범주에도 들지 못하기 때문에 여기서는 완전한 Navier-Stokes 방정식을 풀어야만 한다(예를 들면 수용 탱크 내의 파이프 출구의 하류 부분).

크리핑 유동 근사

첫 번째 근사화는 **크리핑 유동(creeping flow)**이라 불리는 유체 유동의 종류이다. 이러한 유동을 **Stokes 유동** 또는 **저 Reynolds 수 유동**이라고 부르기도 한다. 후자의 이름에서 알 수 있듯이, 이러한 유동은 Reynolds 수가 매우 작다($Re \ll 1$). Reynolds 수의 정의, $Re = \rho VL/\mu$로부터 크리핑 유동은 ρ, V, L이 작거나 점성이 매우 큰 경우(또는 이러한 조건의 조합)에 나타난다. 이러한 유동은 팬케이크 위에 시럽(매우 점성이 큰 유체)을 흘릴 경우나 꿀(역시 매우 점성이 큰)이 담긴 항아리에 숟가락을 넣는 경우에 나타난다(그림 9-48).

그림 9-48
꿀과 같이 매우 고점성 액체의 유동은 크리핑 유동으로 볼 수 있다.

또 다른 크리핑 유동의 예는 비록 우리가 볼 수 없지만, 우리 주위 또는 우리 몸속에 있는 미생물의 주위 유동에서 나타나고 있다. 미생물은 일생을 크리핑 유동 영역에서만 살게 되는데, 이는 이들의 크기가 수 미크론($1\ \mu m = 10^{-6} m$)으로 매우 작으며, 결코 점성이 크다고 볼 수 없는 공기나 물에서(상온에서 $\mu_{air} \cong 1.8 \times 10^{-5}\ N \cdot s/m^2$와 $\mu_{water} \cong 1.0 \times 10^{-3}\ N \cdot s/m^2$) 느리게 움직이기 때문이다. 그림 9-49 물에 사는 **살모넬라** 박테리아를 보여주고 있다. 이 박테리아의 몸길이는 고작 $1\ \mu m$이며, 몸 뒤에 있는 길이가 수 미크론인 편모를 이용하여 몸을 움직인다. 이러한 운동에 대한 Reynolds 수는 1보다 훨씬 작다.

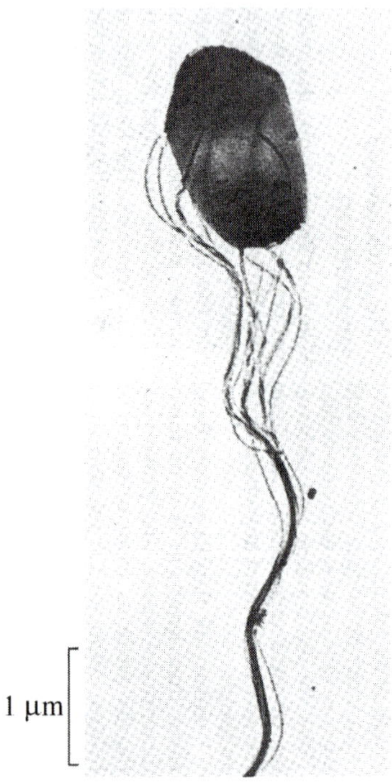

그림 9-49
물속을 헤엄치는 박테리아, Salmonella abortusequi.

From Comparative Physiology Functional Aspects of Structural Materials: Proceedings of the International Conference on Comparative Physiology, Ascona, 1974, published by North-Holland Pub. Co., 1975.

또한 크리핑 유동은 윤활 베어링의 아주 작은 틈 사이의 윤활유 유동에서도 나타난다. 이 경우 속도는 그렇게 작지는 않지만 그 틈이 매우 작고(수십 미크론의 차수로), 점도도 비교적 크기 때문이다(상온에서 $\mu_{oil} \sim 1\ N \cdot s/m^2$).

단순화를 위하여 앞서 논의한 바와 같이 중력효과는 무시하거나 오직 정수압 요소로 작용하는 경우를 가정한다. Navier-Stokes 방정식의 점성항은 압력항과 균형을 이루고 있다. 반면에, Re ≪ 1일 경우, 비정상 및 대류 가속항들(즉, 관성항)은 압력항이나 점성항 대비하여 무시할 수 있다. 따라서 크리핑 유동에서 Navier-Stokes 방정식은 다음과 같이 축소된다.

크리핑 유동에 대한 Navier-Stokes 방정식의 근사화: $$\vec{\nabla} P \cong \mu \nabla^2 \vec{V} \qquad (9\text{-}31)$$

여기서 식 (9-31)에서 사라진 관성항에 대해 좀 더 자세히 알아보자. 그림 9-50과 같이 수영할 때는 관성에 의존하게 된다. 예를 들어 한번 손으로 물을 치면 다음 손으로 치기 전까지 어느 정도의 거리를 미끄러져 갈 수 있다. 이때 Navier-Stokes 방정식의 관성항은 점성항보다 훨씬 크게 나타나며, 그 이유는 Reynolds 수가 매우 크기 때문이다(믿지 않겠지만, 극단적으로 느린 수영선수 조차도 매우 큰 Reynolds 수를 갖는다!)

그러나 크리핑 유동 영역에서 유영하는 미생물은 관성이 매우 작기 때문에 미끄러져 가는 것은 불가능하다. 사실상, 식 (9-31)의 관성항의 결여는 미생물이 유영하기 위해서 어떠한 형태를 가지는가에 상당히 밀접하게 관련되어 있다. 미생물이 돌고래와 같이 퍼덕이는 꼬리로 움직일 수는 없을 것이다. 대신에 편모라 불리는 가늘고 긴 꼬리를 사인파처럼 움직여서 몸을 앞으로 이동시키는데, 정자의 경우가 그림 9-51에 나타나 있다. 관성을 가지지 못하는 정자는 꼬리를 움직이지 않고서는 움직이지 못한다. 한 순간이라도 꼬리를 움직이지 않으면 정자도 움직임을 멈추게 된다. 한번이라도 정자나 미생물이 움직이는 영상을 본 적이 있다면, 그 짧은 거리 이동을 위하여 그들이 얼마나 열심히 움직이는지 알 수 있을 것이다. 이것이 바로 관성의 결여로 인한 크리핑 유동의 특징이다. 그림 9-51을 자세히 살펴보면 정자의 꼬리가 대략 두 번의 완전한 물결형 사이클을 이루고 있지만, 정자 머리는 겨우 머리 두 개 정도 길이만큼 왼쪽으로 전진했을 뿐이다.

이제 식 (9-31)에서 밀도의 결여에 대해서 생각해 보자. 큰 Reynolds 수에서 물체에 대한 공기역학적 항력은 ρ에 비례하여 증가한다. (유체가 물체에 부딪힐 때 밀도가 높을수록 물체에 작용하는 압력 힘도 증가한다.) 그러나 이것은 사실상 관성의 효과이며 크리핑 유동에서는 관성이 무시된다. 사실상, 공기역학적 항력은 크리핑 유동에서 절대로 밀도의 함수가 될 수 없으며, 이는 Navier-Stokes 방정식에서 밀도가 사라져버렸기 때문이다. 예제 9-13에 이러한 상황이 차원해석을 통하여 제시되어 있다.

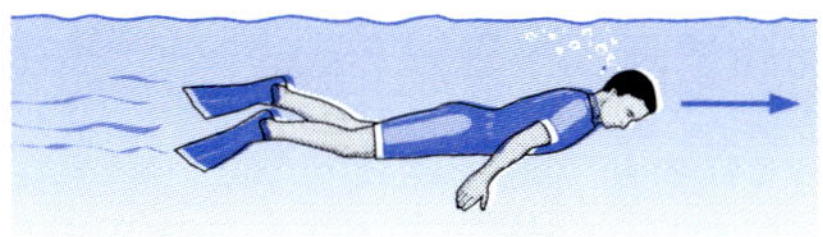

그림 9-50
수영은 Reynolds 수가 매우 높으며, 관성력 또한 크다. 그래서 사람은 움직이지 않고도 물속을 미끄러져 나아갈 수 있다.

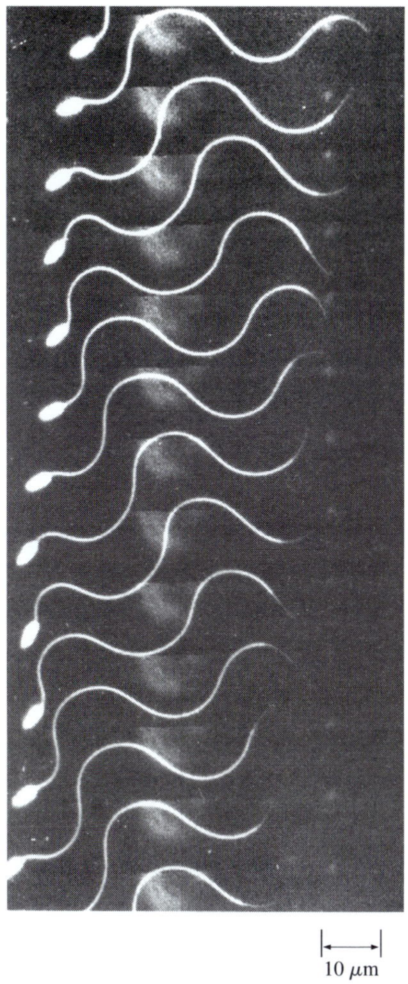

그림 9-51
바다에서 헤엄치는 멍게 Ciona의 정자. 초당 200 프레임으로 촬영.

Courtesy Charlotte Omoto and Charles J. Brokaw. Used by permission.

예제 9-13 크리핑 유동에서 물체에 작용하는 항력

Navier-Stokes 방정식에서 밀도는 사라지기 때문에 크리핑 유동에서 물체에 작용하는 공기역학적 항력은 오직 속도 V, 물체의 어떤 특성 길이 L 그리고 유체의 점성계수 μ에 대한 함수로 나타난다(그림 9-52). 차원해석을 통해서 F_D에 대한 관계식을 이러한 독립 변수들의 함수로 표현하라.

풀이 차원해석을 이용하여 F_D와 변수 V, L 및 μ와의 함수관계를 유도하고자 한다.

가정 1 크리핑 유동 근사화를 위하여 Re ≪ 1로 가정한다. 2 중력효과는 무시한다. 3 문제에서 제시된 변수 이외 다른 변수는 이 문제와 관계가 없다.

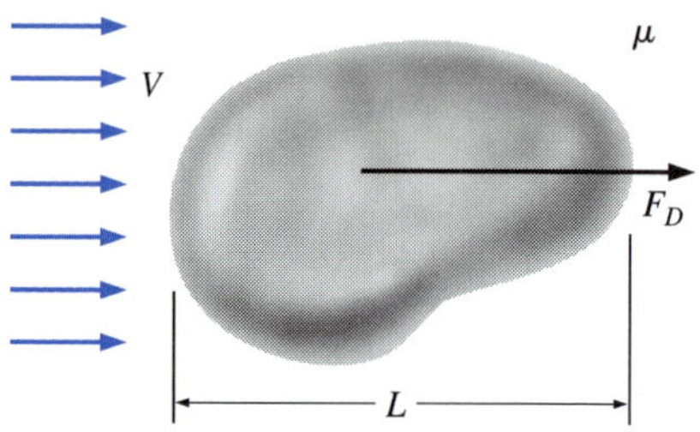

그림 9-52
3차원 물체 주위의 크리핑 유동에서 물체에 대한 공기역학적 항력은 밀도와 무관하고 속도 V, 물체의 특성길이 L, 그리고 유체 점성 μ와 관계한다.

해석 7장에서 논의된 단계별 반복변수법을 따라서 자세한 해석은 직접 해보기 바란다. 이 문제에서는 4개의 매개변수(n = 4)와 3개의 기본 차원인 질량, 길이, 그리고 시간이 관련되어 있다. $j = 3$으로 놓고 독립 변수 V, L 그리고 μ를 반복변수로 하면, $k = n - j = 4 - 3 = 1$이기 때문에 Pi는 상수가 된다. 그 결과는 다음과 같다.

$$F_D = \text{constant} \cdot \mu VL$$

따라서 3차원 물체 주위의 크리핑 유동에서의 공기역학적 항력은 단순히 μVL에 상수를 곱한 값임을 알 수 있다.

토의 위 결과는 중요한데, 왜냐하면 위 식에서 남은 일은 물체 형상만의 함수인 상수를 찾는 것이기 때문이다.

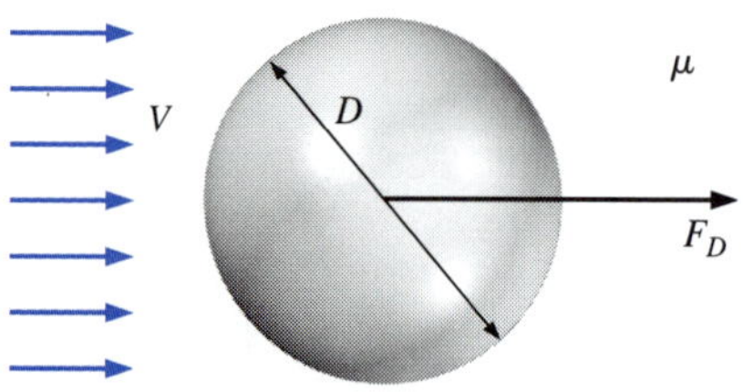

그림 9-53
크리핑 유동에서 반경 D인 구의 공기역학적 항력은 $3\pi\mu VD$이다.

예제 9-13에서 보듯이 점성 μ를 가지는 유체의 속도 V의 크리핑 유동에서, 특성길이 L을 가지는 물체의 항력은 $F_D = \text{constant} \cdot \mu VL$이다. 여기서 상수의 값은 유동 내부 물체 형상과 방향에 의존하기 때문에 차원해석을 통하여 예측할 수 없다.

특별히 구의 경우에 대해 식 (9-31)을 해석적으로 풀 수 있다. 자세한 사항들은 이 책의 범위를 넘어서는 것이지만, 대학원 수준의 유체역학 교재(White, 1991, Panton, 1996)에 언급이 되어 있다. 만약 구의 직경 D를 L로 생각하면 항력 식에서 상수는 3π로 알려져 있다(그림 9-53).

크리핑 유동에서 구의 항력: $$F_D = 3\pi\mu VD \tag{9-32}$$

여기서 잠깐 주목해보면, 항력의 2/3는 점성력 때문에, 나머지 1/3은 압력 때문에 발생한다. 이는 앞에서 언급한 식 (9-31)에서의 점성항과 압력항의 크기 차수가 같다는 내용을 확인해 준다.

예제 9-14 화산에서 나온 입자의 종단속도

화산이 폭발하여 암석, 증기와 화산재가 수천 미터 상공으로 뿜어진다고 하자(그림 9-54). 얼마쯤 시간이 흐른 후, 이러한 입자는 지상으로 떨어지기 시작한다. 거의 구형인 재 입자의 반지름이 50 μm이고, 공기의 온도는 −50°C, 압력은 55 kPa이라고 생각하자. 입자의 밀도는 1240 kg/m³이다. 이 고도에서 입자의 종단속도를 예측하라.

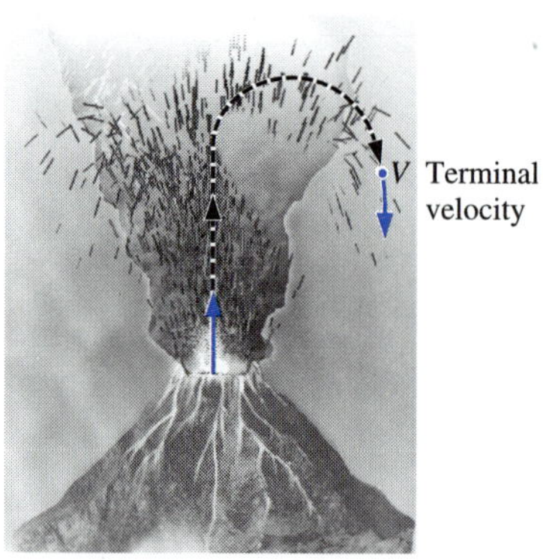

그림 9-54
화산 폭발시 튀어나온 재 입자는 지상으로 천천히 떨어진다. 크리핑 유동 근사화는 이런 형태의 유동장에 적합하다.

풀이 떨어지는 재 입자의 종단속도를 예측하고자 한다.

가정 1 Reynolds 수는 매우 작다(해를 구하고 나서 이 가정을 확인한다). 2 재 입자는 구형이다.

상태량 주어진 온도와 압력에서, 이상기체 법칙으로부터 $\rho = 0.8588\ \text{kg/m}^3$이다. 점성은 압력과 거의 무관하기 때문에 온도가 −50°C인 대기압에서의 점성은 $\mu = 1.474 \times 10^{-5}\ \text{kg/m} \cdot \text{s}$이다.

해석 문제를 준정상상태로 간주한다. 그림 9-55에 나타난 바와 같이 떨어지는 입자가 종단속도에 도달하면 하향 힘(무게)은 상향 힘(공기역학적 항력 + 부력)과 균형을 이룬다.

하향 힘: $$F_{\text{down}} = W = \pi\frac{D^3}{6}\rho_{\text{particle}}g \tag{1}$$

입자에 작용하는 공기역학적 항력은 식 (9-32)에서 얻어지고, 부력은 배제된 공기의 무게이다. 따라서 다음이 성립한다.

상향 힘: $$F_{up} = F_D + F_{buoyancy} = 3\pi\mu VD + \pi\frac{D^3}{6}\rho_{air}g \qquad (2)$$

식 (1)과 (2)를 같게 놓고 종단속도 V를 풀면 다음 결과가 얻어진다.

$$V = \frac{D^2}{18\mu}(\rho_{particle} - \rho_{air})g$$
$$= \frac{(50 \times 10^{-6}\text{ m})^2}{18(1.474 \times 10^{-5}\text{ kg/m}\cdot\text{s})}[(1240 - 0.8588)\text{ kg/m}^3](9.81\text{ m/s}^2)$$
$$= \mathbf{0.115\text{ m/s}}$$

마지막으로 크리핑 유동에서 Reynolds 수가 충분히 작다는 현재의 근사화가 적절한지 증명해 보자.

$$\text{Re} = \frac{\rho_{air}VD}{\mu} = \frac{(0.8588\text{ kg/m}^3)(0.115\text{ m/s})(50 \times 10^{-6}\text{ m})}{1.474 \times 10^{-5}\text{ kg/m}\cdot\text{s}} = 0.335$$

Reynolds 수가 1보다 작지만 1보다 크게 작지는 않다.

토의 크리핑 유동 내 구의 항력에 대한 식(식 9-32)은 Re ≪1인 경우에 유도했지만, 근사화는 Re ≅1이 될 때까지는 타당한 것으로 나타났다. Reynolds 수 보정과 공기 분자간의 평균 자유행로에 기반을 둔 보정을 포함한 좀 더 구체적인 계산을 하면 종단속도는 0.110 m/s로 나타나며(Heinsohn과 Cimbala, 2003), 따라서 크리핑 유동 근사화에 따른 오차는 5% 미만이다.

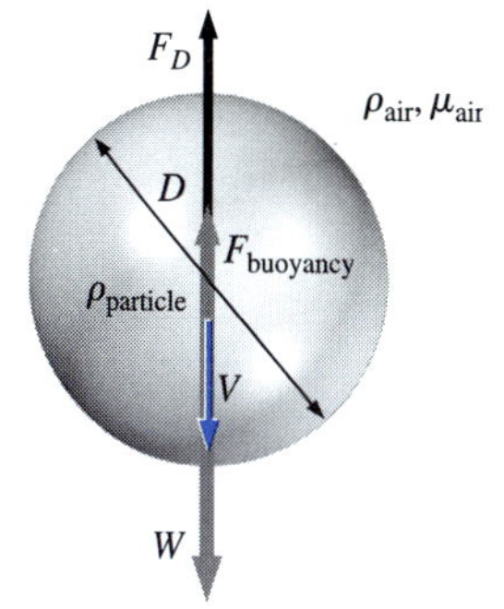

그림 9-55
정상(steady) 종단속도로 낙하하는 입자는 가속도가 없다. 따라서 입자의 무게는 입자에 작용하는 공기역학적 항력과 부력에 의하여 균형을 이루게 된다.

구형이 아닌 3차원 물체의 경우에도 크리핑 유동의 공기역학적 항력은 $F_D =$ 상수 $\cdot\ \mu VL$로 나타난다. 그러나 이때 상수는 3π가 아니고 물체의 방향과 형상에 따라 결정된다. 이때의 상수는 크리핑 유동에 대한 일종의 항력계수로 생각될 수 있다.

비점성 유동 영역에 대한 근사

유체역학 문헌에서 단어인 **비점성**(inviscid)과 문구인 **비점성 유동(inviscid flow)** 사이에 많은 혼동이 있다. 비점성의 분명한 의미는 '점성적이지 않은(not viscous)'이다. 그러면 비점성 유동은 점성이 없는 유체의 흐름을 뜻하는 것으로 보일 것이다. 그러나 이는 비점성 유동이란 문구가 의미하는 바가 아니다! 공학에서 다루는 모든 유체는 유동장과 무관하게 점성을 가지고 있다. 비점성 유동이라는 문구를 사용하는 저자들은 **압력 그리고/또는 관성에 의한 힘들과 비교하여 순 점성력이 무시 가능한** 유동 영역 내의 점성유체의 유동을 실제적으로 뜻한다(그림 9-56). 일부 저자들은 "마찰 없는 유동"을 비점성 유동의 동의어로 쓰기도 한다. 이것이 더욱 혼동을 일으키는데, 왜냐하면 순 점성력을 무시할 수 있는 유동 영역에서 조차도 **마찰은 여전히 유체요소에 작용하고**, 그리고 여전히 상당한 **점성 응력**이 존재할 수도 있기 때문이다. 단지 이런 응력은 상호 간에 상쇄되고, 유체 요소에 뚜

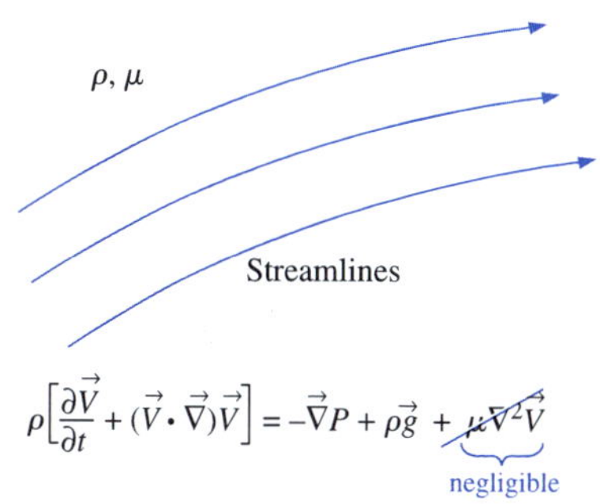

그림 9-56
Reynolds 수가 크기 때문에 비점성 유동 영역은 관성력 그리고/혹은 압력힘에 비해서 순 점성력은 무시할 만큼 작다. 그러나 유체 자체는 여전히 점성유체이다.

렷한 "순" 점성력을 남기지 않는다는 것이다. 이러한 영역에서도 상당한 **점성소산**이 또한 존재할 수 있다는 사실을 보일 수 있다. 추후에 논의될 **비회전** 유동영역에서 유체요소에 작용하는 순 점성력도 또한 무시할 수 있는데 이는 마찰이 없어서가 아니라, 마찰(점성) 응력이 상호 간에 상쇄되기 때문이다. 이런 용어상의 혼동 때문에 본 저자들은 "비점성 유동"과 "마찰 없는 유동"이라는 어구를 사용하는 것을 권장하지 않는다. 그 대신 **"비점성 유동 영역"**이나 **"순 점성력을 무시할 수 있는 유동 영역"**이라는 용어를 사용한다.

사용된 용어와 관계없이, 순 점성력이 관성 그리고/혹은 압력에 의한 힘들에 비해서 매우 작다면, 식 (9-25) 우변의 마지막 항은 무시할 수 있다. 이는 1/Re이 작은 경우에만 성립한다. 따라서 비점성 유동 영역은 높은 Reynolds 수의 영역이고 이는 크리핑 유동 영역의 반대이다. 이런 영역에서는 Navier-Stokes 방정식에서 점성항이 사라지고, 따라서 **Euler 방정식**으로 줄어든다.

Euler 방정식:

$$\rho\left[\frac{\partial\vec{V}}{\partial t}+(\vec{V}\cdot\vec{\nabla})\vec{V}\right]=-\vec{\nabla}P+\rho\vec{g} \tag{9-33}$$

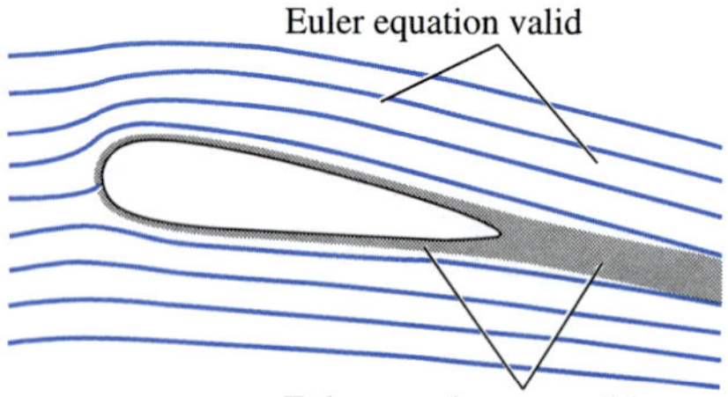

그림 9-57
Euler 방정식은 Reynolds 수가 크고, 순 점성력이 관성력 그리고/혹은 압력힘에 비교해서 무시되는 유동영역에 적합한 Navier-Stokes 방정식의 근사결과이다.

Euler 방정식은 단순히 점성항이 무시된 Navier-Stokes 방정식, 즉 Navier-Stokes 방정식의 **근사화**라 볼 수 있다.

고체 벽면에서는 점착 조건 때문에, 벽에 매우 가까운 유동 영역에서는 마찰력을 무시할 수 없다.

물체의 후류에서도 이와 유사한 논의가 가능하다. 후류에서는 속도구배가 상대적으로 크고 따라서 점성항은 관성항과 비교해서 무시할 수 없게 된다(그림 9-57). 그러므로 실제 적용에서는 다음과 같게 된다.

> Euler 방정식 근사는 벽면과 후류에서 멀리 떨어져 있어서 순 점성력을 무시할 수 있는 높은 Reynolds 수의 유동 영역에 적합하다.

Navier-Stokes 방정식에서 Euler 근사화로 인하여 무시되는 항($\mu\nabla^2\vec{V}$)은 가장 높은 차수의 속도 도함수를 포함하고 있는 항이다. 수학적으로 이 항을 무시하면 설정하여야 하는 경계조건의 수가 줄어든다. Euler 방정식 근사의 경우, 유동은 벽(**침투할 수 없는 벽**)을 통과할 수 없다고 규정할 수 있으나 고체벽면에서 점착 조건을 규정할 수 없다. 유동은 벽에서 미끄러짐이 허용되기 때문에 벽 근처에서 Euler 방정식의 해는 물리적으로 의미가 없다. 그럼에도 불구하고 Euler 방정식은 경계층 근사에서 **첫 단계**로 종종 사용된다. 바꾸어 말해서 Euler 근사를 이용하는 것이 적합하지 않는 벽면 주위와 후류를 포함하는 전 유동장에 걸쳐 Euler 방정식을 적용하고, 이후 점성효과에 대한 보정으로 얇은 경계층이 삽입된다.

Euler 방정식(식 9-33)은 CFD 계산에서 CPU 시간(그리고 비용)을 줄이기 위한 초기 근사값으로 종종 사용된다. 또한 Euler 방정식을 적분하여 Bernouilli 방정식을 유도할 수 있다.

비점성 유동 영역에서 정상 비압축성 Bernoulli 방정식:

$$\frac{P}{\rho}+\frac{V^2}{2}+gz=C=\text{유선을 따라 일정} \tag{9-34}$$

식 (9-34)에서 Bernoulli "상수" C는 오직 유선을 따라서만 일정하다. 유선이 달라지면, 상수도 달라지게 된다.

회전성은 대부분 점성에 의해 발생되기 때문에 비점성인 회전 유동 영역이 물리적으로 가능한지 의아해할 수 있다. 이는 분명히 가능하며 한 가지 예가 그림 9-58에 나타난 **강체 회전**이다. 비록 회전이 점성력에 의해 생성 되었을지라도 강체회전 내 유동영역에서는 **전단력과 순 점성력이 없고**, 비록 회전유동이라 할지라도 비점성 유동 영역이다. 식 (9-34)은 이러한 회전유동 내 모든 유선에 적용 가능하지만, 그림 9-58에 보는 바와 같이 Bernoulli 상수 C는 유선에 따라 다르게 된다.

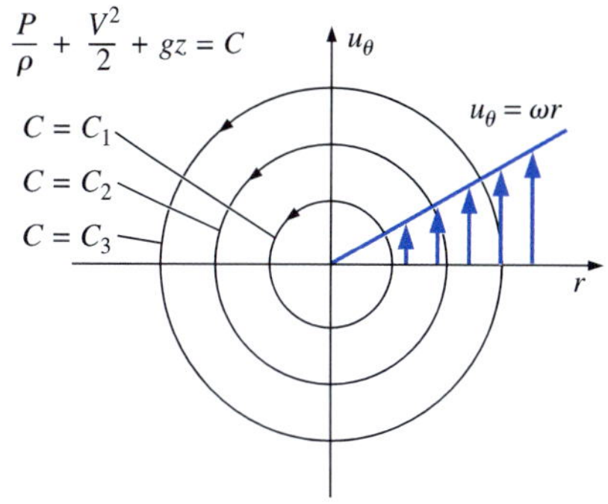

그림 9-58
강체 회전은 회전유동인 비점성 유동 영역의 한 예이다. Bernoulli 상수 C는 유선에 따라 다르지만 한 유선에 대해서는 일정하다.

비회전 유동 근사

4장에서 지적했듯이 유체입자가 순 회전하지 않는 유동 영역이 있다. 이런 영역을 비회전(irrotational) 이라 부른다. 명심해야 할 것은 비회전성의 가정은 근사화이며, 유동장 내의 영역에 따라 적절할 수도 또는 적절하지 않을 수도 있다(그림 9-59). 일반적으로 고체 벽면과 물체의 후류로부터 멀리 떨어진 비점성 영역들은 비회전이지만, 언급한 바와 같이 비점성 유동 영역에서 비회전이지 않은 경우가 있다(예를 들면, 강체 회전). 비회전으로 정의되는 유동의 해는 완전한(full) Navier-Stokes 해의 **근사**이다. 수학적으로 이 근사는 와도가 무시할 만큼 작다는 것이다.

비회전 근사: $$\vec{\zeta} = \vec{\nabla} \times \vec{V} \cong 0 \tag{9-35}$$

이제 이 근사화가 연속 방정식과 운동량 방정식에 어떤 영향을 미치는지 알아보자.

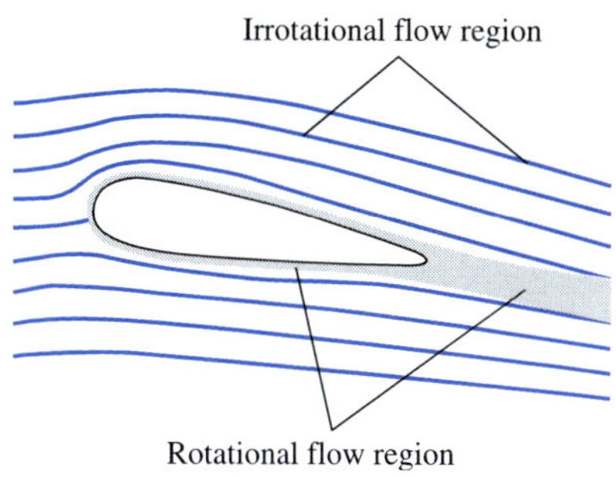

그림 9-59
비회전 유동 근사화는 와도를 무시할 수 있는 일부 영역에 대해서만 적절하다.

연속방정식

벡터 대수학 교재를 보면, 어떤 스칼라 함수 ϕ의 구배의 curl을 고려하는 벡터 항등식을 찾을 수 있고, 따라서 어떤 벡터 $\vec{V}$의 curl을 취하면,

벡터 항등식: $\vec{\nabla} \times \vec{\nabla}\phi = 0$ 따라서, 만약 $\vec{\nabla} \times \vec{V} = 0$ 이면 $\vec{V} = \vec{\nabla}\phi$ 이다. (9-36)

위 식은 직교 좌표계에서 쉽게 증명이 되는데(그림 9-60), ϕ가 매끈한 함수(smooth function)이면 임의의 직교 좌표계에서 성립한다. 벡터의 curl이 영이면 그 벡터는 **포텐셜 함수(potential function)**라고 부르는 스칼라 함수 ϕ의 구배로서 표현된다. 유체역학에서 벡터 $\vec{V}$는 속도 벡터이다. 따라서 여기에 curl을 취하면 와도벡터 $\vec{\zeta}$가 되고, 따라서 ϕ를 **속도 포텐셜 함수**라고 부른다. 즉,

비회전 유동 영역에 대해: $$\vec{V} = \vec{\nabla}\phi \tag{9-37}$$

식 (9-37)의 부호 표기는 교재마다 다를 수 있다. 일부 유체 역학 교재에서는 (−) 부호가 속도 포텐셜 함수의 정의에 포함된다. 식 (9-37)의 의미는 다음과 같이 서술된다.

> 비회전 유동 영역에서, 속도벡터는 속도 포텐셜 함수라 부르는 스칼라 함수의 구배로 나타낼 수 있다.

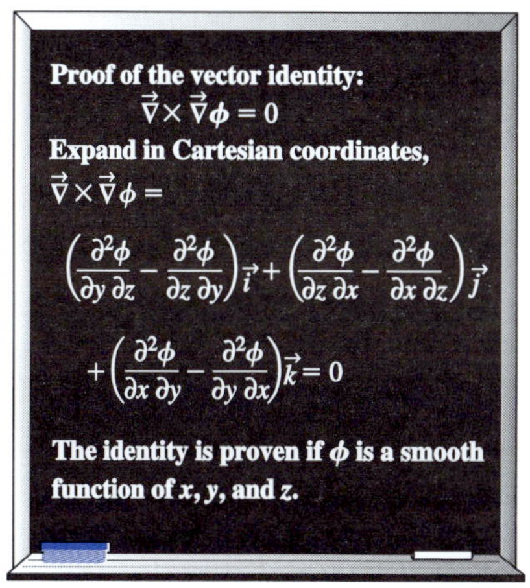

그림 9-60
식 (9-36)에 나타난 벡터 항등식은 직교좌표계에서 항들을 전개함으로써 쉽게 증명된다.

따라서 비회전 유동 영역을 **포텐셜 유동 영역**이라고도 부른다. 이와 같은 내용은 2차원 유동에 제한되어 있지 않음에 유의하자. 즉, 식 (9-37)은 비회전에 관한 근사화가 고려하는 유동 영역에 대하여 적합하다면 3차원 유동장에 대해서도 성립한다. 이는 직교 좌표계에서 다음과 같이 나타나며,

$$u = \frac{\partial \phi}{\partial x}, \quad v = \frac{\partial \phi}{\partial y}, \quad w = \frac{\partial \phi}{\partial z} \tag{9-38}$$

원통좌표계에서는 아래 식과 같이 나타난다.

$$u_r = \frac{\partial \phi}{\partial r}, \quad u_\theta = \frac{1}{r}\frac{\partial \phi}{\partial \theta}, \quad u_z = \frac{\partial \phi}{\partial z} \tag{9-39}$$

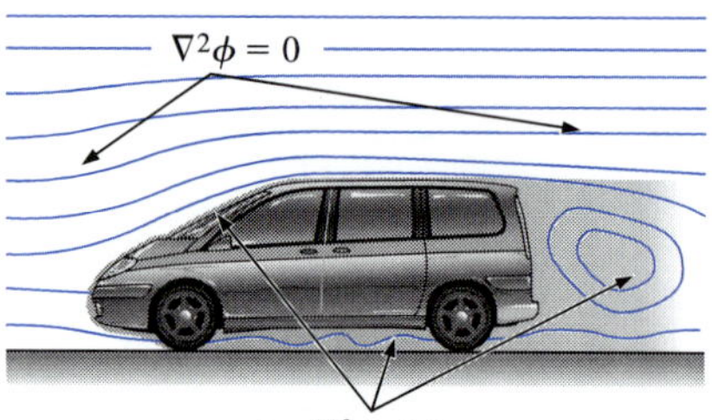

그림 9-61
속도 포텐셜 함수 ϕ에 대한 Laplace 방정식은 임의 좌표계에서의 2차원, 또는 3차원 유동 모든 경우에 유효하나, 비회전 유동 영역(일반적으로 벽면이나 후류에서 멀리 떨어진)에서만 유효하다.

식 (9-37)의 유용성은 이 식을 식 (9-13)에 대입하였을 때 명백하게 볼 수 있으며, 이때 비압축성 연속 방정식은 $\vec{\nabla} \cdot \vec{V} = 0 \rightarrow \vec{\nabla} \cdot \vec{\nabla}\phi = 0$이 되거나, 다음 식이 성립한다.

비회전 유동 영역에 대해: $$\nabla^2\phi = 0 \tag{9-40}$$

여기서 **Laplace 연산자** ∇^2는 $\vec{\nabla} \cdot \vec{\nabla}$로 정의되는 스칼라 연산자이고, 따라서 식 (9-40)은 **Laplace 방정식**이라고 부른다. 식 (9-40)은 비회전 유동 근사화가 타당한 영역에서만 성립한다(그림 9-61), 이는 직교 좌표계에서 다음과 같이 나타나며,

$$\nabla^2\phi = \frac{\partial^2 \phi}{\partial x^2} + \frac{\partial^2 \phi}{\partial y^2} + \frac{\partial^2 \phi}{\partial z^2} = 0$$

그리고 원통 좌표계에서는 아래 식과 같이 나타난다.

$$\nabla^2\phi = \frac{1}{r}\frac{\partial}{\partial r}\left(r\frac{\partial \phi}{\partial r}\right) + \frac{1}{r^2}\frac{\partial^2 \phi}{\partial \theta^2} + \frac{\partial^2 \phi}{\partial z^2} = 0$$

General 3-D incompressible flow:
- Unknowns = u, v, w, and P
- Four equations required

↓ *Approximation*

Irrotational region of flow:
- Unknowns = ϕ and P
- Two equations required

그림 9-62
비회전 유동 영역에서 속도벡터의 세 개의 미지수는 하나의 스칼라 함수- 속도 포텐셜 함수로 통합될수 있다.

이러한 근사화의 아름다움은 3개의 미지수인 속도성분(u, v, w 또는 u_r, $u\theta$, u_z 등 좌표계의 선택에 따라 달라짐)을 하나의 미지수인 스칼라 변수 ϕ로 통합함으로써 해를 얻기 위해 필요하던 두 개의 방정식을 소거해버릴 수 있다는 점이다(그림 9-62). ϕ에 대한 식 (9-40)의 해를 얻은 후 식 (9-38)과 식 (9-39)를 이용하여 유동장의 3개의 속도성분 값을 구할 수 있다.

Laplace 방정식은 물리학, 응용수학, 공학 등 여러 분야에서 사용되기 때문에 잘 알려져 있다. 이 방정식에 대한 수치해와 해석해 등 다양한 해석기법이 문헌에 소개되어 있다. Laplace 방정식의 해는 **기하학적 형상**(즉, **경계 조건**)에 의해 지배된다. 비록 식 (9-40)이 질량보존에서 파생되지만, 질량 그 자체는(또는 단위 부피당 질량인 밀도) 식에서 모두 없어진다. 유동장의 비회전 영역의 경계에 대한 경계 조건이 주어지면, 유체의 상태량과 무관하게 식 (9-40)을 풀 수 있다. ϕ를 풀고 난 후 유동장의 비회전 영역에 있는 모든 $\vec{V}$값을 Navier-Stokes 방정식을 풀지 않고서도 구할 수 있다(식 (9-37) 사용). 그 해의 결과는 유체의 밀도와 점성에 상관없이 비회전 근사화가 적합한 유동영역의 모든 비압축성 유체에 대하여 타당하다.

이러한 해는 순간적으로 비정상 유동에 대해서도 타당한데, 이는 비압축성

연속 방정식에 시간 항이 없기 때문이다. 즉, 어느 순간이라도 비압축성 유동장은 스스로 조절되어 항상 Laplace 방정식과 그 순간 존재하는 경계조건을 만족하게 된다.

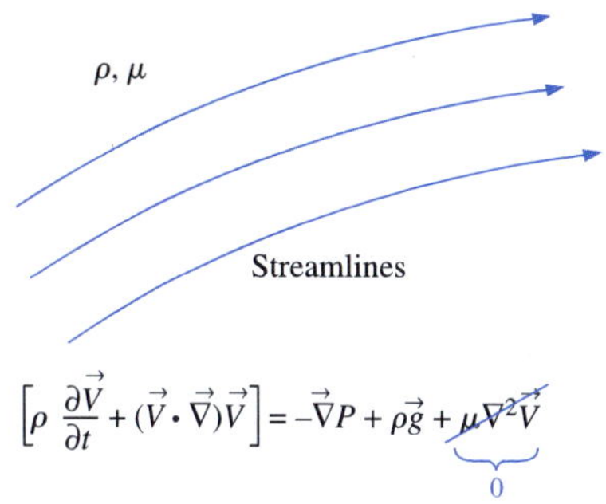

그림 9-63
비회전 유동 영역은 비회전 근사화로 순수 점성력이 관성력 그리고/혹은 압력힘에 비해 무시될 수 있는 영역을 말한다. 모든 비회전 유동 영역은 비점성이나, 모든 비점성 영역이 다 비회전이지는 않다. 어느 경우에나 유체 자체는 점성을 갖는다.

운동량 방정식

선형 운동량 보존에 대한 미분 방정식인 Navier-Stokes 방정식을 생각하자. 비회전 유동 영역에서는 Navier-Stokes 방정식의 적용 없이 속도장을 구할 수 있음을 보인 바 있다. 그렇다면 왜 Navier-Stokes 방정식이 필요할까? 그 이유는 속도 포텐셜 함수를 이용해서 속도장을 얻은 후, **Navier-Stokes 방정식을 이용하여 압력장을 얻기** 때문이다. Navier-Stokes 방정식은 그림 9-62에서 언급한 바와 같이 비회전 유동 영역에서 미지수 ϕ와 P를 풀기 위해 필요한 두 번째 식이다.

비회전 유동영역에서는 점성항들이 소멸된다. 따라서 비회전 유동 영역에서 Navier-Stokes 방정식은 **Euler 방정식**으로 줄어든다.

비회전 유동 영역의 경우:
$$\rho\left[\frac{\partial \vec{V}}{\partial t} + (\vec{V} \cdot \vec{\nabla})\vec{V}\right] = -\vec{\nabla}P + \rho\vec{g} \qquad (9\text{-}41)$$

이러한 과정을 통하여 비점성 유동 영역(식 9-33)에서 유도하였던 것과 똑같은 Euler 방정식을 얻었지만, 여기서 점성항의 경우는 **다른 이유**로 없어졌다. 즉, 유동 영역이 비점성이어서가 아니라 비회전으로 가정되었기 때문이다(그림 9-63). 비회전 가정의 유용성은 더욱 단순해진 Bernoulli 방정식에 있다.

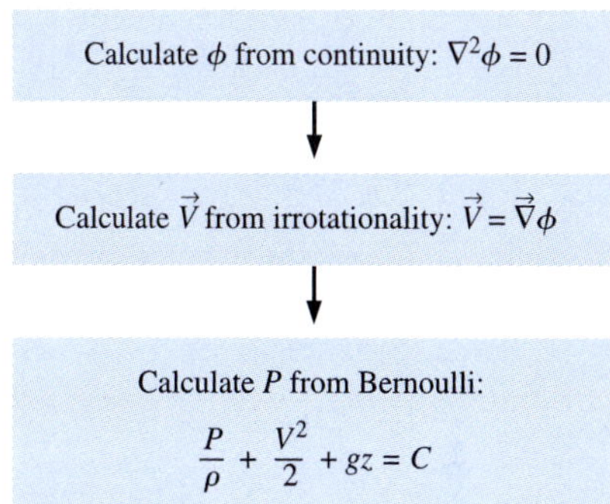

그림 9-64
비회전 유동 영역에서 해를 얻기 위한 흐름도. 속도장은 연속 방정식과 비회전성에서 얻을 수 있고, 압력은 Bernoulli 방정식에서 얻을 수 있다.

비회전 유동 영역에서의 정상 비압축성 **Bernoulli 방정식:**

$$\frac{P}{\rho} + \frac{V^2}{2} + gz = C = \text{모든 곳에서 상수} \qquad (9\text{-}42)$$

식 (9-34)과 식 (9-42)을 서로 비교해 보자. 비점성 유동 영역에서 Bernoulli 방정식은 유선을 따라 적용되고, Bernoulli 상수는 유선에 따라 변할 수 있다. 비회전 유동영역에서 Bernoulli 상수는 모든 곳에서 동일하다. 따라서 Bernoulli 방정식은 모든 비회전 유동 영역에서 유선에 상관없이 적용 가능하다. 따라서 **비회전 근사화는 비점성 근사화보다 더 제한적이다.**

비회전 유동 영역과 관련된 식의 요약과 해석과정이 그림 9-64에 나와 있다. 비회전 유동 영역에서 속도장은 우선 속도 포텐셜 함수 ϕ에 대한 Laplace 방정식(식 9-40)을 풀고 식 (9-37)을 적용하여 얻게 된다. Laplace 방정식을 풀기 위해서는 관심 대상의 유동장의 모든 경계를 따라 ϕ에 대한 경계조건을 제공하여야 한다. 속도장이 알려지면 Bernoulli 방정식(식 9-42)가 압력장을 풀기 위하여 사용되고, Bernoulli 상수 C는 유동의 어느 지점의 P값에 대한 경계조건으로부터 얻어진다.

평면 비회전 유동 영역

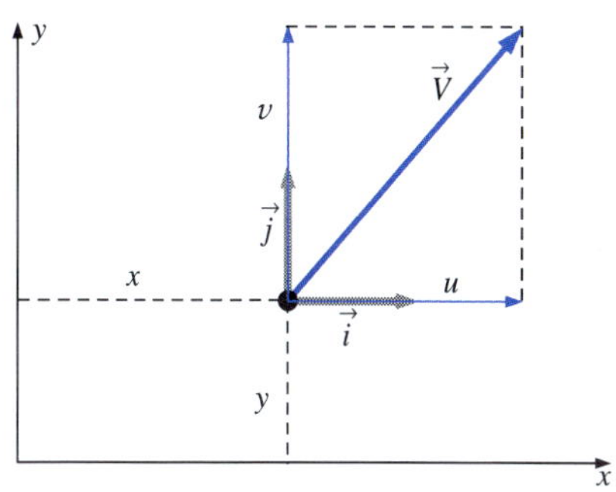

그림 9-65
xy 평면의 평면 2차원 유동에 대한 직교좌표계에서의 속도성분과 단위벡터. 이 평면에 수직한 방향으로는 변화가 없다.

가장 간단한 평면유동을 고려하자. 직교 좌표계(그림 9-65)의 xy 평면에서 정상, 비압축성, 평면, 비회전 유동 영역에서 ϕ에 대한 Laplace 방정식은 다음과 같다.

$$\nabla^2\phi = \frac{\partial^2\phi}{\partial x^2} + \frac{\partial^2\phi}{\partial y^2} = 0 \qquad (9\text{-}43)$$

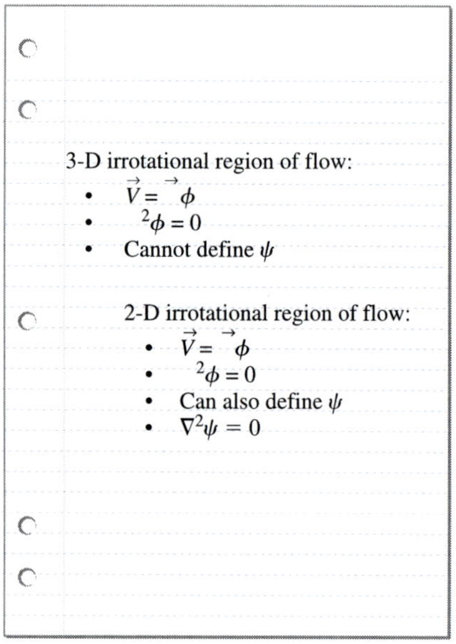

그림 9-66
2차원 유동은 3차원 유동의 한 부분이다. 2차원 유동영역에서는 유동함수를 정의할 수 있지만 3차원 유동영역에서는 그렇게 할 수 없다. 그러나 속도 포텐셜 함수는 어떠한 비회전 유동 영역에서도 정의할 수 있다.

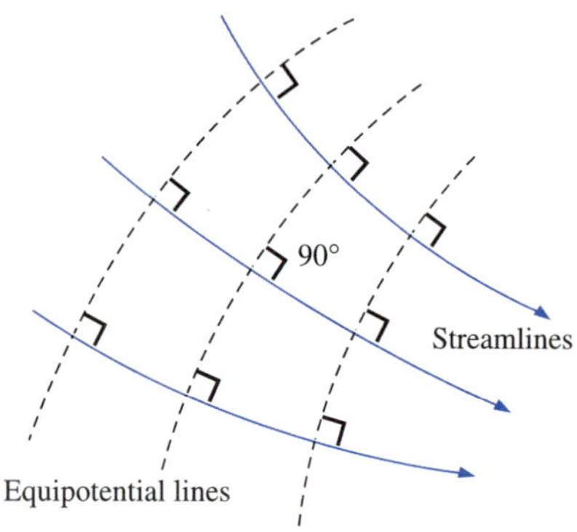

그림 9-67
평면 비회전 유동영역에서 일정한 ϕ 값을 갖는 선(등포텐셜 선)과 일정한 ψ 값을 갖는 선(유선)은 서로 직교한다. 즉 두 선은 만나는 모든 지점에서 90° 각도로 교차한다.

비압축성 xy 평면유동에서 유동함수가 정의될 수 있다(그림 9-66). ψ는 다음과 같다(9-3절 참조).

$$\textbf{유동함수:} \qquad u = \frac{\partial \psi}{\partial y}, \quad v = -\frac{\partial \psi}{\partial x} \tag{9-44}$$

식 (9-44)는 회전이든 비회전이든 상관없이 성립함에 유의하자. 사실 유동함수는 회전성과 상관없이 연속 방정식을 항상 만족하는 것으로 정의된다. 만약 **비회전** 유동 영역 근사화로만 제한하면 식 (9-35) 또한 만족되어야 한다. 즉 와도는 영이거나 무시할 수 있을 만큼 작다. 일반적인 xy 평면의 2차원 유동에서 와도의 z 성분은 유일하게 영이 아닌 성분이 된다. 따라서 비회전 유동 영역에서 다음이 성립하고,

$$\zeta_z = \frac{\partial v}{\partial x} - \frac{\partial u}{\partial y} = 0$$

식 (9-44)를 여기에 대입하면 다음 식이 얻어진다.

$$\frac{\partial}{\partial x}\left(-\frac{\partial \psi}{\partial x}\right) - \frac{\partial}{\partial y}\left(\frac{\partial \psi}{\partial y}\right) = -\frac{\partial^2 \psi}{\partial x^2} - \frac{\partial^2 \psi}{\partial y^2} = 0$$

마지막 식을 Laplace 연산자로 표시하면 다음과 같다.

$$\nabla^2 \psi = \frac{\partial^2 \psi}{\partial x^2} + \frac{\partial^2 \psi}{\partial y^2} = 0 \tag{9-45}$$

결론적으로 Laplace 방정식은 정상 비압축성, 비회전, 평면 유동영역에서 ϕ(식 9-43)뿐만 아니라 ψ(식 9-45)에 대해서도 적용 가능하다.

일정한 값을 가지는 ψ의 곡선은 유동의 **유선**으로 정의되고 일정한 값을 가지는 ϕ의 곡선은 **등포텐셜 선**(equipopential lines)으로 정의된다. (일부 저자들은 **등포텐셜 선**이란 문구를 일정한 ϕ의 선으로 한정시키기보다는 유선과 함께 일정한 ϕ의 선 모두를 언급할 때 사용한다.) 평면 비회전 유동 영역에서는 유선이 등포텐셜 선과 직교하는데, 이를 **상호 직교성**(mutual orthogonality)이라 한다(그림 9-67). 또한 ϕ와 ψ는 서로 긴밀하게 관련되어 있는데, 즉 둘 다 Laplace 방정식을 만족시키며, ϕ나 ψ를 이용하여 속도장을 구할 수 있다. 수학적으로 ϕ와 ψ의 해를 **조화함수**(harmonic function), 각각의 ϕ와 ψ를 **조화공액**(harmonic conjugates)이라 부른다. 비록 ϕ와 ψ가 관련이 있지만, 그들의 근원은 다소 정반대이다. 따라서 ϕ와 ψ는 서로 **보완적**이라고 말하는 것이 가장 적합한 표현일 것이다.

- **유동함수는 연속방정식에 의해 정의된다. ψ에 대한 Laplace 방정식은 비회전성으로부터 유도된다.**
- **속도 포텐셜은 비회전성에 의해 정의된다. ϕ에 대한 Laplace 방정식은 연속방정식으로부터 유도된다.**

실제 ϕ나 ψ를 이용하여 포텐셜 유동을 해석할 수 있다. 둘 중 어느 한 방법을 쓰더라도 같은 결과를 얻게 된다. 그러나 ψ에 관한 경계조건을 설정하기 쉽기 때문에 ψ를 이용하는 것이 더 편한 경우가 자주 있다.

xy평면에서의 평면유동은 그림 9-68에서 보는 바와 같이 원통형 좌표계(r, θ)

와 (u_r, u_θ)로 나타낼 수 있다. 여기서 속도의 z성분이 없고 속도는 z방향으로 변하지 않는다. 원통 좌표계에서 Laplace 방정식은 다음과 같다.

Laplace 방정식, 평면유동(r, θ):
$$\frac{1}{r}\frac{\partial}{\partial r}\left(r\frac{\partial \phi}{\partial r}\right)+\frac{1}{r^2}\frac{\partial^2 \phi}{\partial \theta^2}=0 \qquad (9\text{-}46)$$

직교 좌표계에서 평면유동에 대한 유동함수 ψ은 식 (9-44)로 정의되고 비회전 조건으로 ψ가 Laplace 방정식을 만족하게 된다.

원통형 좌표계에서도 유사한 해석이 가능한데, 9-3절의 내용으로 다음을 얻을 수 있다.

유동함수:
$$u_r=\frac{1}{r}\frac{\partial \psi}{\partial \theta}, \quad u_\theta=-\frac{\partial \psi}{\partial r} \qquad (9\text{-}47)$$

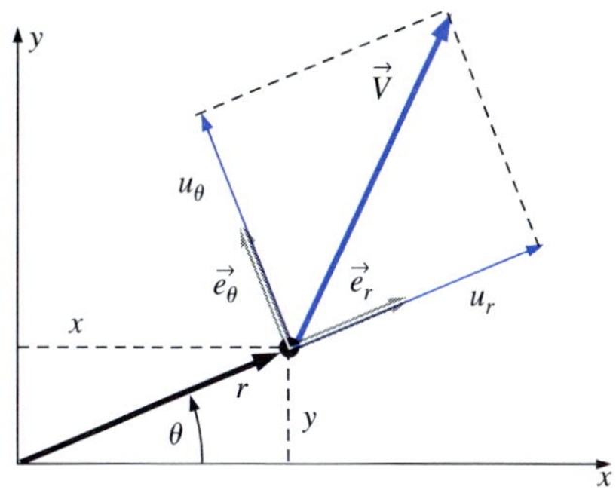

그림 9-68
$r\theta$평면의 평면유동의 원통형 좌표계에서의 속도성분과 단위벡터.

원통형 좌표계의 2차원 평면 비회전 유동 영역에서 식 (9-47)로 정의된 유동함수가 Laplace 방정식을 만족함을 직접 유도해 보기 바란다. (식 (9-46)에 나타난 ϕ를 ψ로 바꾸어 유동함수에 대한 Laplace 방정식을 유도해 보라.)

비회전 유동 영역에서의 중첩

Laplace 방정식은 **선형** 동차(homogeneous) 미분방정식이기 때문에 두 개 이상 해의 선형 결합 역시 해가 된다. 예를 들어 ϕ_1과 ϕ_2가 Laplace 방정식의 각각의 해라면 A와 B가 상수일 때 $A\phi_1$, $(A+\phi_1)$, $(\phi_1+\phi_2)$ 그리고 $(A\phi_1+B\phi_2)$ 또한 해가 된다. 이를 확장하면, Laplace 방정식의 몇몇 해의 결합 역시 해가 된다. 비회전 유동 영역이 두 가지 혹은 그 이상의 또 다른 비회전 유동장의 합으로 구성되어 있다면, 즉 자유흐름 유동 가운데 소스(source)가 위치한 경우, 각각의 유동에 대한 속도 포텐셜 함수를 합하여 결합된 유동장을 나타낼 수 있다. 이렇듯 둘 이상의 해를 결합하여 보다 복잡한 제 3의 해를 만드는 과정을 **중첩**이라 한다(그림 9-69).

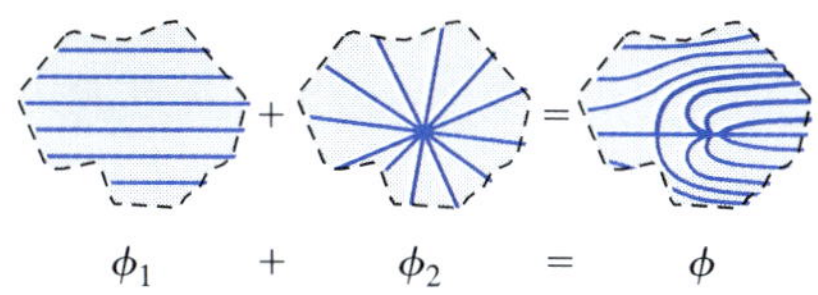

그림 9-69
중첩은 두 개 혹은 그 이상의 비회전 유동의 해를 조합하여 제 3의 더 복잡한 새로운 해를 만드는 과정이다.

2차원 비회전 유동 영역의 경우에 속도 포텐셜 함수보다는 **유동함수**를 이용하여 비슷한 해석을 할 수 있다. 중첩의 개념은 매우 유용하지만, ϕ와 ψ에 대한 식이 **선형**인 경우의 **비회전** 유동장에서만 타당함을 강조한다. 벡터 합을 하고자 하는 두 개의 유동장이 모두 비회전이어야 함에 주의하여야 한다. 예를 들어 제트에 대한 유동장이 입구유동이나 자유흐름 유동에 더해 질 수는 없다. 왜냐하면 제트와 관련된 유동장은 점성에 의해 강한 영향을 받고 비회전이 아니며 따라서 포텐셜 함수로서 나타낼 수 없다.

또한 합쳐진 유동장에 대한 포텐셜 함수는 각각 유동에 대한 포텐셜 함수의 합이기 때문에, 이렇게 합쳐진 유동장내 임의의 한 점에서의 속도는 각각 독립된 유동장의 속도의 **벡터 합**이 된다. 직교좌표계에서 각각 독립된 평면 비회전 유동장을 하첨자 1, 2로 놓고 이를 증명하여 보자. 합쳐진 속도 포텐셜 함수는 다음과 같이 주어진다.

두 개의 비회전 유동장의 중첩:
$$\phi=\phi_1+\phi_2$$

직교 좌표계 평면 비회전 유동에 관한 식을 이용하면 합쳐진 유동에 대한 x방향 속도성분은 다음과 같이 나타난다.

$$u = \frac{\partial \phi}{\partial x} = \frac{\partial(\phi_1 + \phi_2)}{\partial x} = \frac{\partial \phi_1}{\partial x} + \frac{\partial \phi_2}{\partial x} = u_1 + u_2$$

v에 대해서도 마찬가지이다. 따라서 중첩을 통하여 합쳐진 유동장의 임의의 위치에서의 속도는 각각 독립된 유동장의 동일 위치에서의 속도를 벡터적으로 간단히 합하여 얻을 수 있다(그림 9-70).

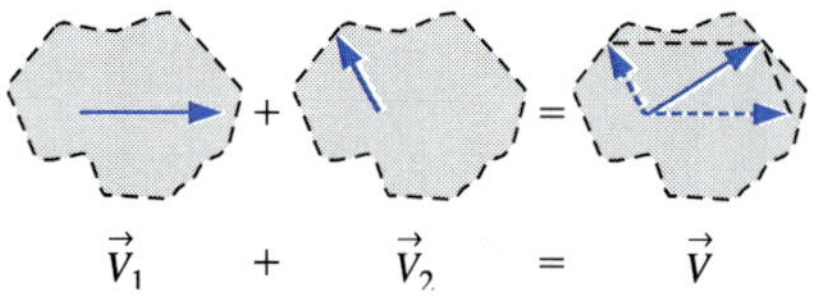

그림 9-70
두 개의 비회전 유동 해의 중첩에서, 유동 내의 임의의 지점에서 두 개의 속도 벡터는 벡터 합을 통해 그 지점에서의 합성 속도를 산출한다.

중첩으로 합쳐진 속도장: $\vec{V} = \vec{V}_1 + \vec{V}_2$ (9-48)

중첩은 두 개 이상의 간단한 비회전 유동의 해를 더해서 더 복잡한(바라건데, 물리적으로 더욱 의미 있는) 유동장을 만들 수 있다. 그러므로 **기본** 비회전 유동을 설정하는 것이 유용하며, 이를 이용하여 다양한 실제 유동을 구축할 수 있다(그림 9-71). 기본적인 평면 비회전 유동은 특정 문제에 편리하도록 xy 그리고/또는 $r\theta$ 좌표계로 기술된다.

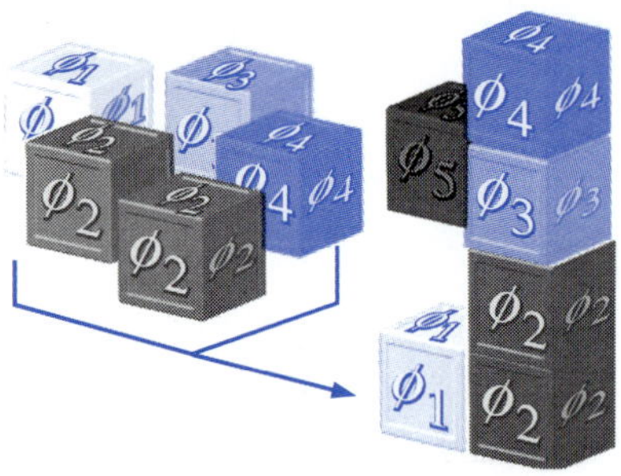

그림 9-71
기본적인 비회전 유동을 더하는 중첩으로 복잡한 비회전 유동장을 만들 수 있다.

기본 1—균일흐름

생각할 수 있는 가장 간단한 기본 유동은 x 방향으로 일정한 속도 V로 움직이는 유동의 **균일흐름(uniform stream)**이다. 이러한 유동의 속도를 속도 포텐셜과 유동함수로 나타내면 다음과 같다.

균일흐름: $$u = \frac{\partial \phi}{\partial x} = \frac{\partial \psi}{\partial y} = V, \quad v = \frac{\partial \phi}{\partial y} = -\frac{\partial \psi}{\partial x} = 0$$

x에 대하여 첫째 항들을 적분하고, 다음으로 y에 관하여 이 결과를 미분하면, 균일흐름의 속도 포텐셜 함수의 형태를 얻을 수 있다.

$$\phi = Vx + f(y) \quad \rightarrow \quad v = \frac{\partial \phi}{\partial y} = f'(y) = 0 \quad \rightarrow \quad f(y) = \text{상수}$$

속도 성분은 항상 ϕ의 도함수이기 때문에 상수는 임의의 상수이다. 상수를 우선 영으로 한다(나중에 원한다면 임의의 상수를 항상 추가할 수 있다). 따라서 다음이 성립한다.

균일흐름의 속도 포텐셜 함수: $\phi = Vx$ (9-49)

비슷한 방법으로 이러한 균일흐름에 대한 유동함수의 형태를 다음과 같이 얻을 수 있다.

균일흐름의 유동함수: $\psi = Vy$ (9-50)

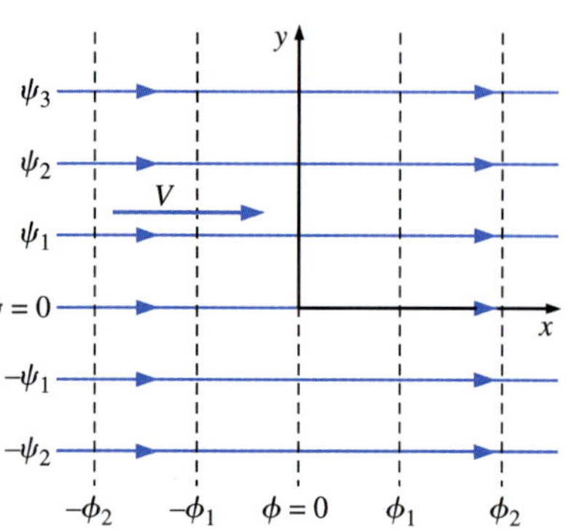

그림 9-72
x-방향의 균일흐름에 대한 유선(실선)과 등포텐셜 선(점선).

그림 9-72에 균일흐름의 유선과 등포텐셜 선이 나타나 있으며 상호 직교함에 유의하라.

유동함수와 속도 포텐셜 함수를 나타낼 때 직교좌표계보다 원통좌표계가 편리한 경우가 종종 있다. 특히 다른 평면 비회전 유동과 균일흐름이 중첩될 때 더욱 그렇다. 그림 9-68에서 다음과 같은 관계가 성립한다.

$$x = r\cos\theta, \quad y = r\sin\theta, \quad r = \sqrt{x^2 + y^2} \tag{9-51}$$

식 (9-51)과 삼각함수 계산을 이용하면 다음과 같은 원통좌표계의 u와 v의 관계식을 유도할 수 있다.

변환: $$u = u_r \cos\theta - u_\theta \sin\theta\,,\quad v = u_r \sin\theta + u_\theta \cos\theta \tag{9-52}$$

따라서 원통좌표계에서 ϕ와 ψ에 대한 식 (9-49)과 (9-50)은 다음과 같이 된다.

균일흐름: $$\phi = Vr\cos\theta\,,\quad \psi = Vr\sin\theta \tag{9-53}$$

기본 2-선 소스와 선 싱크

두 번째 기본 유동은 선 소스(line source)이다. 선에 수직한 모든 방향으로 유체가 나와서 균일하게 바깥방향으로 흘러나가는 z축과 평행한 길이 L의 선을 생각해 보자(그림 9-73). 총 체적유량은 $\dot{V}$이다. 길이 L인 선이 무한대로 감에 따라 유동은 선에 수직한 평면에서 2차원 유동이 되는데, 유체가 빠져나오는 이 선을 **선 소스**라고 부른다. 선의 길이가 무한대이면, $\dot{V}$ 역시 무한대로 다가간다. 그러므로 **단위 깊이 당 체적유량** $\dot{V}/L$을 고려하는 것이 훨씬 편리하며, 이를 **선 소스 강도**라고 부른다(때때로 기호 m으로 표시).

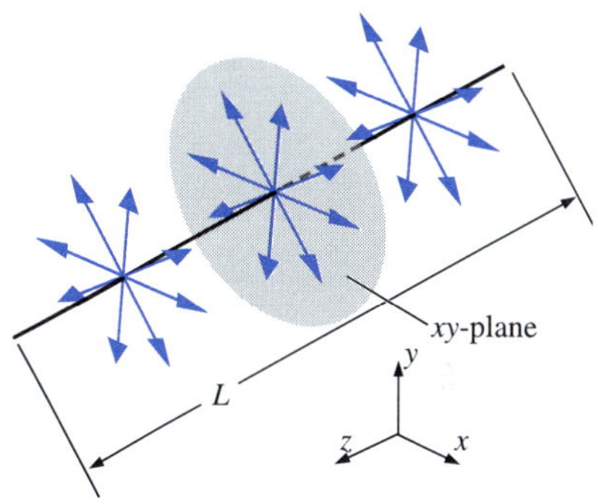

그림 9-73
유체는 길이 L의 유한한 구간으로부터 일정하게 유출된다. L이 무한하게 다가갈수록 유동은 선 소스가 되고, 이때 xy평면은 소스 축의 수직방향이다.

선 싱크(line sink)는 선 소스와 반대 개념이다. 선 싱크는 축으로부터 면에 수직인 모든 방향으로부터 유체가 흘러 들어간다. 말하자면, 양의 $\dot{V}/L$은 선 소스이고 음의 $\dot{V}/L$는 선 싱크이다.

가장 간단한 경우는 선이 z축과 나란하고 xy 평면의 원점에 선 소스가 위치하는 경우이다. xy 평면에서 선 소스는 원점에서 점과 같게 보이며 유체가 평면 내 바깥쪽으로 흐른다(그림 9-74). 선 소스로부터 반경방향으로 r만큼 떨어진 위치에서 반경방향 속도 u_r은 질량보존으로부터 구한다. 즉 선 소스로부터 모든 단위 깊이 당 체적유량은 반경 r로 정의되는 원을 통과하여야 한다. 따라서 다음 식이 성립한다.

$$\frac{\dot{V}}{L} = 2\pi r u_r\,,\quad u_r = \frac{\dot{V}/L}{2\pi r} \tag{9-54}$$

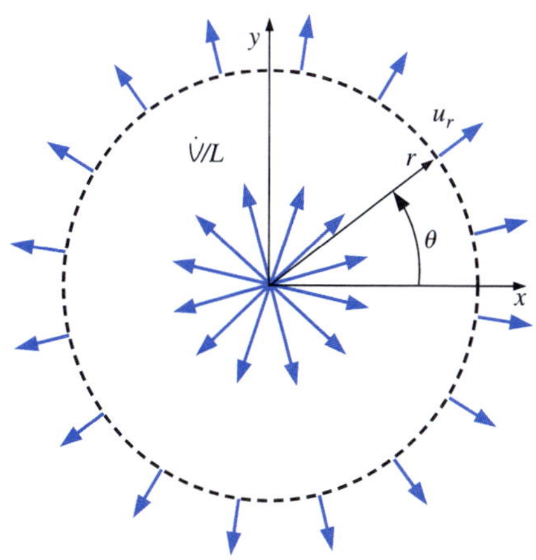

그림 9-74
강도 $\dot{V}/L$을 가지는 xy평면 원점에 위치한 선 소스. 임의의 반경 r의 원을 통한 단위 깊이 당 체적유량은 r의 값과 상관없이 $\dot{V}/L$과 같다.

명확하게 u_r은 예측한 바와 같이 r이 증가함에 따라 감소한다. 원점 $r = 0$에서 식 (9-54)의 분모가 영이 되므로 u_r이 무한대가 된다. 이를 **특이점**(singular point) 또는 **특이성**(singularity)이라 한다. 이는 물리적으로 가능하지 않지만, 평면 비회전 유동은 **근사화**라는 것을 기억해야 하며, 선 소스는 평면 비회전 유동의 중첩과정에서 여전히 유용하다. 선 소스의 중점에서 벗어난 그 외의 유동을 적절히 중첩에 사용하면 실제 유동의 비회전 유동 영역을 적절히 나타낼 수 있다.

강도 $\dot{V}/L$인 선 소스에 대한 속도 포텐셜 함수와 유동함수를 구하여 보자. 원통좌표계를 사용하며, u_r에 관한 식 (9-54)와 $u\theta$가 모든 곳에서 영이라는 사실을 이용한다. 속도성분은 다음과 같이 된다.

선 소스: $$u_r = \frac{\partial\phi}{\partial r} = \frac{1}{r}\frac{\partial\psi}{\partial\theta} = \frac{\dot{V}/L}{2\pi r}\,,\quad u_\theta = \frac{1}{r}\frac{\partial\phi}{\partial\theta} = -\frac{\partial\psi}{\partial r} = 0 \tag{9-55}$$

원점에 놓인 선 소스에 대한 식 (9-55)의 적분은 다음과 같다.

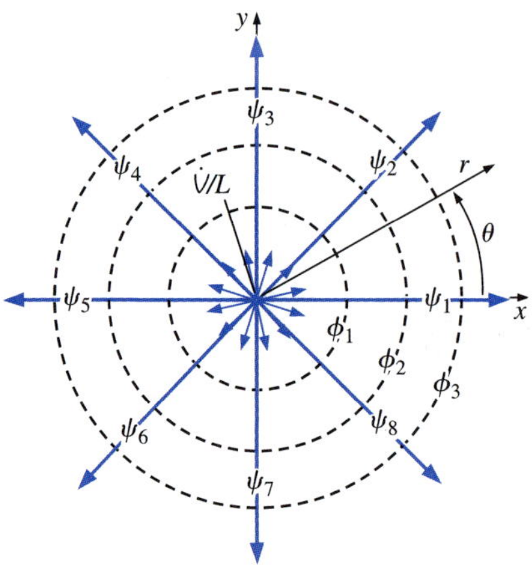

그림 9-75
xy평면의 원점에 위치한 강도 $\dot{V}/L$을 갖는 선 소스의 유선(실선)과 등포텐셜 선(점선).

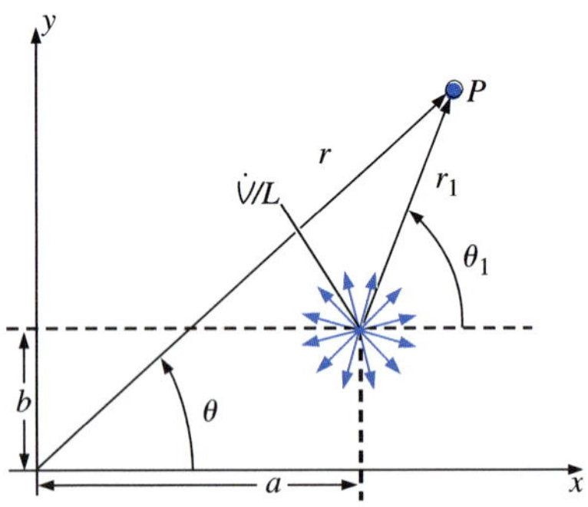

그림 9-76
xy평면의 임의의 점(a, b)에 위치한 강도 $\dot{V}/L$을 갖는 선 소스.

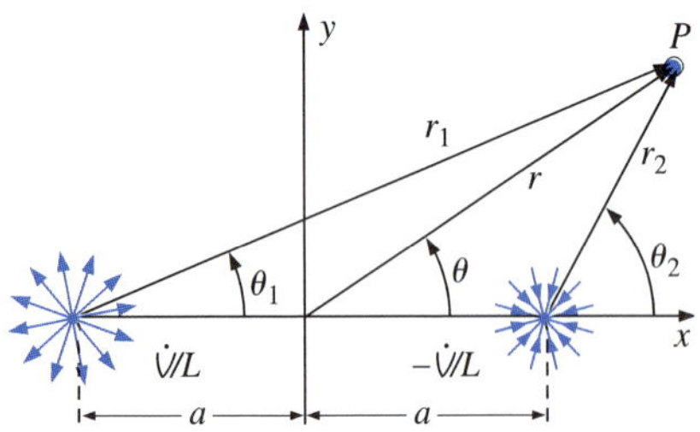

그림 9-77
$(-a, 0)$에서 $\dot{V}/L$의 강도를 갖는 선 소스와 $(a, 0)$에서 강도 $-\dot{V}/L$을 갖는 선 싱크의 중첩.

원점에서의 선 소스: $$\phi = \frac{\dot{V}/L}{2\pi}\ln r \quad \text{그리고} \quad \psi = \frac{\dot{V}/L}{2\pi}\theta \tag{9-56}$$

선 소스의 몇몇 유선과 등포텐셜 선이 그림 9-75에 나타나 있다. 예상한 바와 같이 유선은 광선(rays)과 같은 방사형(θ가 일정한 선)으로 등포텐셜 선은 원(r이 일정한 선)으로 나타난다. 유선과 등포텐셜 선은 특이점(원점)을 제외한 모든 곳에서 직교한다.

선 소스를 원점 이외의 점에 위치시킬 경우에는 식 (9-56)을 주의 깊게 변환해야 한다. 그림 9-76은 xy평면의 임의의 점(a, b)에 위치한 소스를 나타내고 있다. 소스의 원점에서 r_1만큼 떨어진 점을 P라 하고 이때 P의 위치는 (x, y) 또는 (r, θ)이다. 유사하게 소스와 P 사이의 각도를 θ_1으로 정의하자(x축으로 수평한 선으로부터 측정). 이제 소스의 원점은 절대 위치 (a, b)이며, 이때 r과 θ가 각각 r_1과 θ_1로 바뀌면 ϕ와 ψ에 대한 식 (9-56)을 여전히 사용할 수 있다. 삼각함수 계산으로 r_1과 θ_1을 다시 (x, y) 혹은 (r, θ)로 변환시킬 수 있는데, 직교좌표계에서 예를 들면 다음과 같다.

점 (a, b)에서의 선 소스: $$\begin{aligned}\phi &= \frac{\dot{V}/L}{2\pi}\ln r_1 = \frac{\dot{V}/L}{2\pi}\ln\sqrt{(x-a)^2+(y-b)^2} \\ \psi &= \frac{\dot{V}/L}{2\pi}\theta_1 = \frac{\dot{V}/L}{2\pi}\arctan\frac{y-b}{x-a}\end{aligned} \tag{9-57}$$

예제 9-16 동일 강도의 소스와 싱크의 중첩

그림 9-77에 나타난 것처럼 중심이 $(-a, 0)$이고 강도가 $\dot{V}/L$인 선 소스와 같은 강도로 부호가 다른 중심이 $(a, 0)$인 선 싱크로 구성된 비회전 유동 영역을 고려해 보자. 유동함수를 직교좌표계와 원통좌표계로 나타내라.

풀이 소스와 싱크를 중첩하고, 직교좌표계와 원통좌표계에서의 ψ에 대한 식을 구하고자 한다.

가정 식 (9-57)를 이용하여 소스와 싱크에 대한 ψ 식을 다음과 같이 각각 얻는다.

선 소스 $(-a, 0)$: $$\psi_1 = \frac{\dot{V}/L}{2\pi}\theta_1 \quad \text{여기서,} \quad \theta_1 = \arctan\frac{y}{x+a} \tag{1}$$

선 싱크 $(a, 0)$: $$\psi_2 = \frac{-\dot{V}/L}{2\pi}\theta_2 \quad \text{여기서,} \quad \theta_2 = \arctan\frac{y}{x-a} \tag{2}$$

식 (1), (2)에 나타난 두 유동함수를 더하여 합쳐진 경우의 유동함수를 다음과 같이 얻는다.

유동함수의 합: $$\psi = \psi_1 + \psi_2 = \frac{\dot{V}/L}{2\pi}(\theta_1 - \theta_2) \tag{3}$$

식 (3)을 간단히 하고, 양변에 탄젠트를 취하면 다음을 얻는다.

$$\tan\frac{2\pi\psi}{\dot{V}/L} = \tan(\theta_1 - \theta_2) = \frac{\tan\theta_1 - \tan\theta_2}{1 + \tan\theta_1\tan\theta_2} \tag{4}$$

여기서 그림 (9-78)의 삼각함수 공식을 이용하였다.

θ_1과 θ_2에 대해 식 (1)과 (2)를 대입하고, 약간의 계산을 수행하면 다음과 같은 유동함수에 대한 식을 얻는다.

$$\tan\frac{2\pi\psi}{\dot{V}/L} = \frac{\dfrac{y}{x+a} - \dfrac{y}{x-a}}{1 + \dfrac{y}{x+a}\dfrac{y}{x-a}} = \frac{-2ay}{x^2+y^2-a^2}$$

또는 양변에 아크탄젠트를 취하면 다음 결과가 얻어진다.

직교좌표계에서의 최종형태: $$\psi = \frac{-\dot{V}/L}{2\pi}\arctan\frac{2ay}{x^2+y^2-a^2} \quad (5)$$

식 (9-38)을 이용하면 원통좌표계로 변환될 수 있다.

원통좌표계에서의 최종형태: $$\psi = \frac{-\dot{V}/L}{2\pi}\arctan\frac{2ar\sin\theta}{r^2-a^2} \quad (6)$$

토의 만약 소스와 싱크의 위치를 서로 바꾼다면, 소스 강도 $\dot{V}/L$에서 음의 부호가 사라지는 것을 제외하고는 같은 결과가 얻어진다.

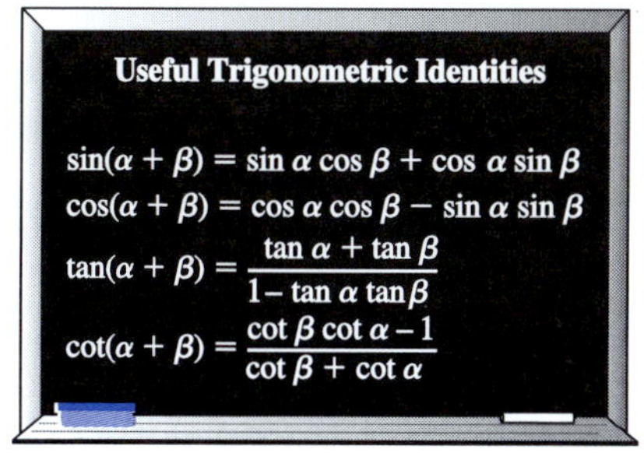

그림 9-78
유용한 삼각함수 관계식.

기본 3-선 와류

세 번째 기본 유동은 z축에 수평한 **선 와류**(line vortex)이다. 앞에서와 마찬가지로 선 와류가 원점에 있는 간단한 경우부터 시작해 보자(그림 9-79). 편의를 위해 원통좌표계를 사용한다. 속도 성분은 다음과 같다.

선 와류: $$u_r = \frac{\partial\phi}{\partial r} = \frac{1}{r}\frac{\partial\psi}{\partial\theta} = 0, \quad u_\theta = \frac{1}{r}\frac{\partial\phi}{\partial\theta} = -\frac{\partial\psi}{\partial r} = \frac{\Gamma}{2\pi r} \quad (9\text{-}58)$$

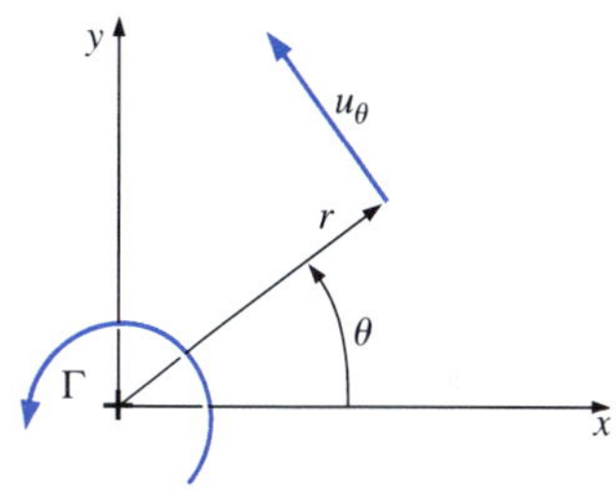

그림 9-79
xy평면의 원점에 위치한 Γ의 강도를 갖는 선 와류

여기서 Γ는 **와류 강도**(vortex strength), 혹은 **순환**(circulation)이라 한다. 수학에서 표준규약에 의하면, 양의 Γ는 반시계 방향의 와류를 나타내고, 음의 Γ는 시계방향의 와류를 나타낸다. 유동함수와 속도 포텐셜 함수에 대한 식을 얻기 위해 식 (9-58)를 적분하는 것은 독자들의 연습으로 남긴다.

원점에서의 선 와류: $$\phi = \frac{\Gamma}{2\pi}\theta, \quad \psi = -\frac{\Gamma}{2\pi}\ln r \quad (9\text{-}59)$$

식 (9-56)과 (9-59)을 비교하면, 선 소스와 선 와류는 ϕ와 ψ가 서로 반대 형태이고 어느 정도 상호 보완관계를 알 수 있다.

와류를 원점이 아닌 다른 곳에 위치시켜야 할 경우에 선 소스에서 했던 것처럼 식 (9-59)을 변형시켜야 한다. 그림 9-80에 나타나 있듯이, 선 와류는 xy평면의 임의의 점 (a, b)에 위치해 있다고 할 때, 앞서 그림 9-76에서처럼 r_1과 θ_1을 정의하자. ϕ와 ψ에 대한 식을 얻기 위해 식 (9-59)에서 r과 θ를 r_1과 θ_1으로 바꾸고, 직교좌표계 혹은 원통좌표계와 같은 일반적인 좌표형태로 변환하자. 직교좌표계에서는 다음 식이 얻어진다.

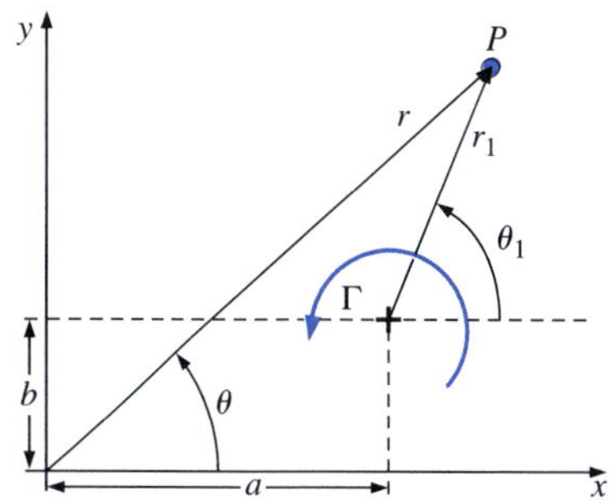

그림 9-80
xy평면의 임의의 점(a, b)에 위치한 Γ의 강도를 가지는 선 와류

점 (a, b)에서의 선 와류:
$$\phi = \frac{\Gamma}{2\pi}\theta_1 = \frac{\Gamma}{2\pi}\arctan\frac{y-b}{x-a}$$
$$\psi = -\frac{\Gamma}{2\pi}\ln r_1 = -\frac{\Gamma}{2\pi}\ln\sqrt{(x-a)^2+(y-b)^2} \quad (9\text{-}60)$$

기본 4–더블렛

네 번째이자 마지막 기본 유동은 **더블렛(doublet)**이다. 더블렛 자체는 예제 9-16에서 논의한 것처럼 같은 크기를 가진 선 소스와 선 싱크의 두 기본 유동을 중첩해서 만들어진다. 합쳐진 유동함수는 같은 예제 풀이를 통하여 얻었으며 그 결과를 반복하면 다음과 같다.

합쳐진 유동함수: $$\psi = \frac{-\dot{V}/L}{2\pi}\arctan\frac{2ar\sin\theta}{r^2-a^2} \tag{9-61}$$

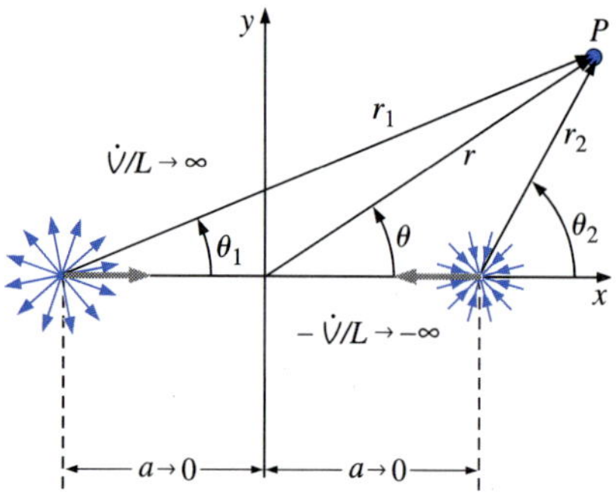

그림 9-81
더블렛은 $(-a, 0)$에서의 선 소스와 $(a, 0)$에서의 선 싱크의 중첩으로 형성된다. a가 영으로 감소함에 따라 $\dot{V}/L$이 무한대로 커져 $a\dot{V}/L$은 일정하게 유지된다.

그림 9-81에서처럼 원점과 소스 그리고 원점과 싱크 사이의 거리 a가 영으로 다가간다고 하자. 라디안(radian) 값으로 매우 작은 β에 대해 arctan β는 β로 근사화되므로, 거리 a가 영으로 감에 따라 식 (9-61)은 다음 식으로 줄어든다.

$a \to 0$일 때의 유동함수: $$\psi \to \frac{-a(\dot{V}/L)r\sin\theta}{\pi(r^2-a^2)} \tag{9-62}$$

소스와 싱크가 같은 강도($\dot{V}/L$와 $-\dot{V}/L$)를 유지하며 a가 줄어든다면, $a = 0$이 될 때 소스와 싱크는 서로 상쇄되어 아무런 유동도 나타나지 않게 될 것이다. 그러나 소스와 싱크가 서로 다가가면서 강도 $\dot{V}/L$가 거리 a에 역으로 증가하여 그 결과 **$a(\dot{V}/L)$이 일정하게 유지된다**고 하자. 이 경우 원점에서 매우 가까운 경우를 제외하고, $r \gg a$인 임의의 점 P에서 식 (9-62)는 다음과 같이 된다.

x축을 따른 더블렛: $$\psi = \frac{-a(\dot{V}/L)}{\pi}\frac{\sin\theta}{r} = -K\frac{\sin\theta}{r} \tag{9-63}$$

여기서 **더블렛 강도(doublet strength)** $K = a(\dot{V}/L)/\pi$를 정의하였다. 속도 포텐셜 함수도 비슷한 과정을 거쳐 다음과 같이 얻어진다.

x축을 따른 더블렛: $$\phi = K\frac{\cos\theta}{r} \tag{9-64}$$

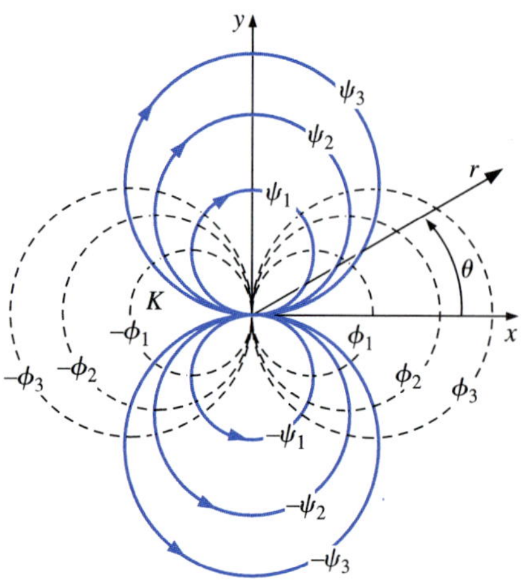

그림 9-82
xy평면의 원점에 위치하고 강도 K를 갖는 x축과 나란한 더블렛의 유선(실선)과 등포텐셜 선(점선).

더블렛에 대한 몇몇 유선과 등포텐셜 선이 그림 9-82에 나타나 있다. 유선은 x축에 접하는 원이고, 등포텐셜 선은 y축에 접하는 원임을 알 수 있다. 이 원들은 특이점이라 불리는 원점을 제외하고는 모든 곳에서 90°로 교차한다.

만약 K가 음의 값이면, 더블렛은 싱크가 $x = 0^-$(원점에서 무한히 작은 왼쪽)에, 그리고 소스가 $x = 0^+$(원점에서 무한히 작은 오른쪽)에 위치하여 앞의 경우와 반대가 된다. 이 경우 그림 9-56의 모든 유선은 같은 형상일 것이나, 유동방향은 반대가 된다. x축으로부터 각도 α로 정렬된 더블렛에 대한 식을 만드는 것은 연습으로 남겨 두었다.

중첩에 의해 형성되는 비회전 유동

이제, 기본 비회전 유동의 집합을 갖추었으며, 중첩기술을 이용한 재미있는 여러 비회전 유동장을 만들어 볼 수 있는 준비가 되었다. 본 교재의 예제를 xy 평면의 평면유동으로 제한한다.

선 싱크와 선 와류의 중첩

첫 번째 예제는 그림 9-83처럼 원점에 위치한 선 소스(강도 $\dot{V}/L$, 여기서 $\dot{V}/L$는 음이다.)와 선 와류(강도 Γ)를 중첩하는 것이다. 이것은 나선 모양의 유동이 존재하는 싱크대나 욕조 속에서의 배수구 위의 유동영역을 나타낸다. ψ 또는 ϕ 모두 중첩할 수 있는데, ψ를 선택하여, 식 (9-56)의 선 소스에 대한 ψ와 식 (9-59)의 선 와류에 대한 ψ를 더하여 합쳐진 유동함수를 만들 수 있다.

중첩: $$\psi = \frac{\dot{V}/L}{2\pi}\theta - \frac{\Gamma}{2\pi}\ln r \qquad (9\text{-}65)$$

유동의 유선을 그리기 위해, 하나의 ψ의 값을 택하여, r을 θ의 함수로 혹은 θ를 r의 함수로 나타내 보자. 전자의 경우에 그 결과는 다음과 같다.

유선: $$r = \exp\left(\frac{(\dot{V}/L)\theta - 2\pi\psi}{\Gamma}\right) \qquad (9\text{-}66)$$

그림을 그리기 위해 임의의 값 $\dot{V}/L$와 Γ를 선택하자. $\dot{V}/L = -1.00\ \text{m}^2/\text{s}$와 $\Gamma = 1.50\ \text{m}^2/\text{s}$를 선택할 때 $\dot{V}/L$은 싱크에 대해 음임을 주목하라. 평면유동에서의 유동함수의 차원 [길이^2/시간]이기 때문에 $\dot{V}/L$과 Γ의 단위 또한 쉽게 얻을 수 있다. 식 (9-66)을 사용해 유선을 몇몇 ψ값에 대해 계산하여, 그림 9-84에 나타내었다.

비회전 유동에서 속도성분은 다음과 같이 식 (9-65)를 미분함으로써 얻을 수 있다.

속도 성분: $$u_r = \frac{1}{r}\frac{\partial\psi}{\partial\theta} = \frac{\dot{V}/L}{2\pi r}, \quad u_\theta = -\frac{\partial\psi}{\partial r} = \frac{\Gamma}{2\pi r}$$

와류에서는 반경방향 속도가 존재하지 않으므로, 결과에서 나타나는 반경방향 속도성분은 전적으로 싱크에 의한 것임을 위 예제로부터 알 수 있다. 마찬가지로 접선속도 성분은 전적으로 와류에 의한 것이다. 유동의 임의의 점에서의 합속도는 그림 9-83에 나타난 것처럼 두 성분을 합한 것이다.

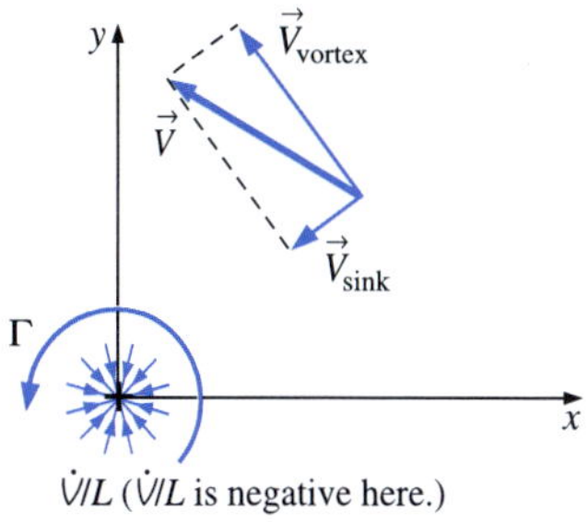

그림 9-83
원점에 위치한 강도 $\dot{V}/L$를 가진 선 소스와 강도 Γ를 가진 선 와류의 중첩. xy평면의 임의의 위치에 속도벡터의 합이 나타나 있다.

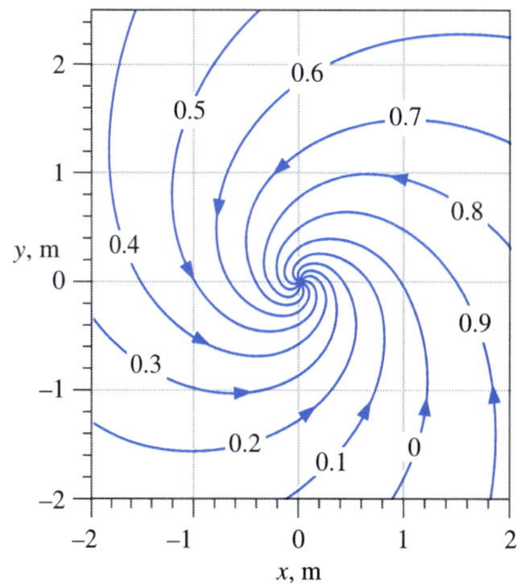

그림 9-84
원점에 위치한 선 싱크와 선 와류 중첩에 의해 만들어진 유선. ψ 값의 단위는 m^2/s.

균일흐름과 더블렛의 중첩-원형실린더 주위 유동

다음 예제는 유체역학의 고전적 문제로서, 예컨대 속도 V_∞로 흐르는 균일흐름과 원점에 위치한 더블렛(강도 K)의 중첩이다(그림 9-85). 균일흐름에 대한 유동함수(식 9-50)와 원점에서의 더블렛의 유동함수(식 9-63)를 중첩하면 그 결과 다음 식이 얻어진다.

중첩: $$\psi = V_\infty r\sin\theta - K\frac{\sin\theta}{r} \qquad (9\text{-}67)$$

여기서 편의를 위해 $r = a$에서 $\psi = 0$으로 하였다(이유는 곧 밝혀진다).

식 (9-67)를 풀어서 더블렛 강도를 구하면 다음과 같다.

더블렛 강도: $$K = V_\infty a^2$$

따라서 식 (9-67)는 다음과 같다.

유동함수의 또 다른 형태: $$\psi = V_\infty \sin\theta\left(r - \frac{a^2}{r}\right) \qquad (9\text{-}68)$$

식 (9-68)로부터 유선 중 하나($\psi = 0$)는 반경이 a인 원임이 분명하다(그림 9-86).

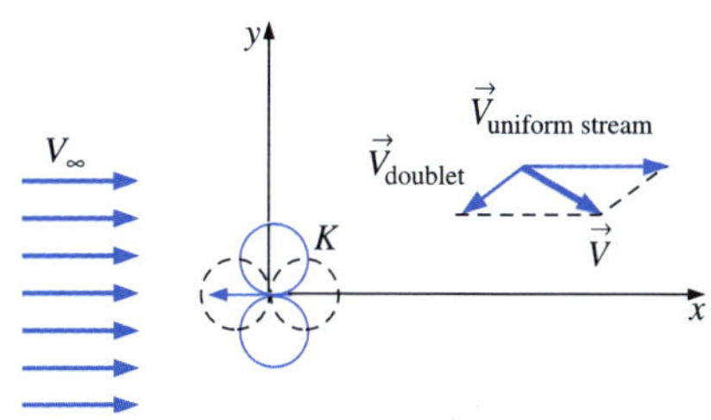

그림 9-85
균일흐름과 더블렛의 중첩. xy 평면의 임의의 위치에 속도벡터의 합이 나타나 있다.

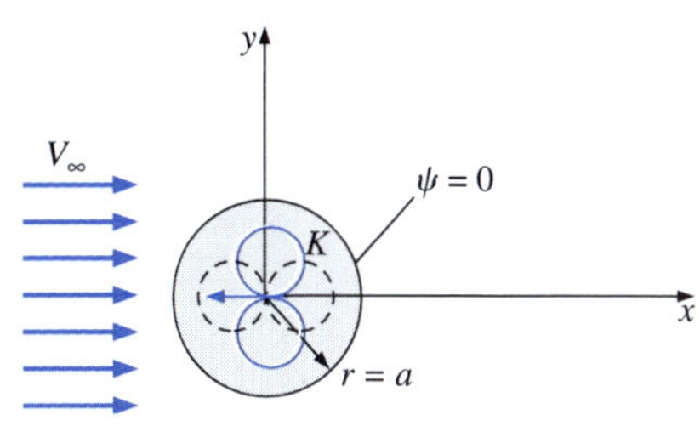

그림 9-86
균일흐름과 더블렛의 중첩이 만드는 유선은 원이 된다.

또한 우리는 θ나 r에 대하여 식 (9-68)을 풀어 다른 유선들을 그릴 수 있다. 그러나, 지금쯤은 이해가 되겠지만, 결과를 **무차원** 매개변수로 나타내는 것이 일반적으로 더 좋으며, 따라서 다음과 같은 세 가지 무차원 매개변수를 정의해 보자.

$$\psi^* = \frac{\psi}{V_\infty a}, \quad r^* = \frac{r}{a}, \quad \theta$$

여기서 θ는 이미 무차원이다. 이 매개변수들로 식 (9-68)을 다시 쓰면 다음과 같다.

$$\psi^* = \sin\theta\left(r^* - \frac{1}{r^*}\right) \tag{9-69}$$

식 (9-69)를 풀 때 2차방정식의 근의 공식을 이용하면 r^*을 θ의 함수로 나타낼 수 있다.

무차원화 된 유선:
$$r^* = \frac{\psi^* \pm \sqrt{(\psi^*)^2 + 4\sin^2\theta}}{2\sin\theta} \tag{9-70}$$

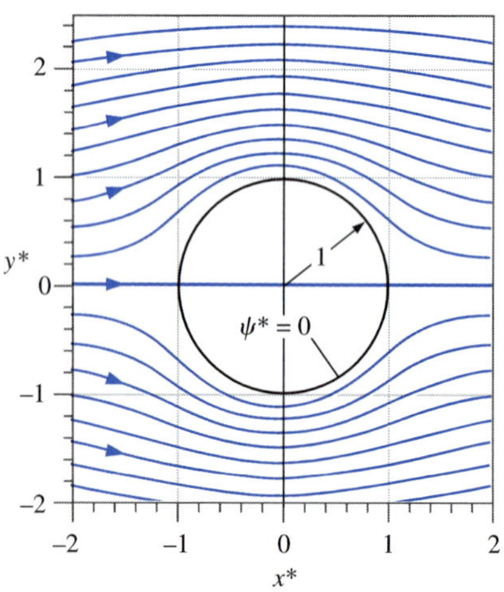

그림 9-87
균일흐름과 원점에서의 더블렛의 중첩으로 만들어진 무차원화 된 유선. $\psi^* = \psi/(V_\infty a)$, $\Delta\psi^* = 0.2$, $x^* = x/a$, $y^* = y/a$, 여기서 a는 실린더의 반경이다.

그림 9-87에 식 (9-70)을 이용한 무차원화 된 유선이 나타나 있다. 이제, 왜 우리가 원 $r = a$(혹은 $r^* = 1$)를 영의 유동함수로 선택하였는지 알 수 있다. 이 유선은 고체 벽면으로 생각될 수 있고, 따라서 이 유동을 **원형 실린더 주위의 포텐셜 유동**으로 생각할 수 있다. 원의 안쪽에 있는 유선은 표시하지 않았는데, 이 유동은 존재하긴 하나 우리의 관심 대상이 아니기 때문이다.

이 유동장에는 두 개의 정체점이 존재하는데, 하나는 실린더 앞에서, 다른 하나는 실린더 뒤에서 나타난다. 정체점 근처에서의 유선은 멀리 떨어져 있는데, 이는 그곳에서의 유동이 매우 느리기 때문이다. 그 반면 실린더의 윗부분과 아랫부분의 유선은 매우 가깝고 빠른 흐름을 보여준다. 물리적으로, 실린더가 흐름의 방해물로 작용하기 때문에 유체는 실린더 주위에서 가속하여야 한다.

또한 유동은 x축과 y축에 대하여 대칭임을 주목하라. 윗부분과 아랫부분의 대칭은 놀랄 일이 아닌 반면에 앞부분과 뒷부분의 대칭은 예상하지 않았던 것인데, 이는 실제 유동에서는 실린더 뒷부분에서 후류(wake)영역이 생기고, 유선 또한 대칭이 아니기 때문이다. 그러나 여기서의 결과는 단지 실제 유동의 **근사화**에 불과하다는 것을 명심해야 한다. 우리는 유동장을 비회전으로 가정하였고, 따라서 이 근사법은 벽과 가까운 곳과 후류 영역에서는 실제와 같지 않음을 이미 알고 있다.

식 (9-68)을 미분함으로써, 유동장 모든 곳에서의 속도성분을 계산할 수 있다.

$$u_r = \frac{1}{r}\frac{\partial\psi}{\partial\theta} = V_\infty\cos\theta\left(1 - \frac{a^2}{r^2}\right), \quad u_\theta = -\frac{\partial\psi}{\partial r} = -V_\infty\sin\theta\left(1 + \frac{a^2}{r^2}\right) \tag{9-71}$$

실린더 표면($r = a$)에서 식 (9-71)은 다음과 같이 줄어든다.

실린더 표면:
$$u_r = 0\ , \quad u_\theta = -2V_\infty\sin\theta \tag{9-72}$$

실린더 벽면에서의 점착조건은 비회전 근사화 과정에서 만족되지 않으므로 실린더 벽면에서는 미끄러짐(slip)이 나타난다. 사실 실린더 정점($\theta = 90^\circ$)의 벽면에서의 유체속도는 자유흐름 속도의 2배이다.

예제 9-17 원형 실린더의 압력 분포

비회전 유동 근사화를 사용하여 그림 9-88에서 보는 것처럼 원형 실린더의 주위로 V_∞의 속도로 흐르는 균일흐름에 대하여 무차원 압력분포를 계산하고 그림으로 나타내어라. 결과에 대하여 토론하라. 실린더에서 멀리 떨어진 곳의 압력은 P_∞이다.

풀이 자유흐름에 놓여있는 원형 실린더의 표면을 따라 무차원 압력분포를 계산하고 그림으로 나타내고자 한다.

가정 **1** 유동영역은 정상상태, 비압축, 비회전이다. **2** 유동장은 *xy*평면에서 2차원이다.

해석 정압은 유체와 같이 움직이는 압력 프로브로 측정되어야 한다. 실험적으로는 그림 9-89에 나타난 것처럼 표면에 수직으로 작은 구멍을 뚫은 **정압공**을 사용하여 표면 압력을 측정한다. 이 정압공의 다른쪽 끝은 압력계와 연결되어 있다. 원형 실린더 표면의 정압 분포에 관한 실험데이터는 많은 문헌에 나타나 있으며, 이 실험결과와 현재의 계산결과를 비교한다.

7장으로부터 적절한 **무차원 압력계수**는 다음과 같다.

압력계수:

$$C_p = \frac{P - P_\infty}{\frac{1}{2}\rho V_\infty^2} \tag{1}$$

관심 영역의 유동은 비회전이기 때문에 유동장의 압력을 계산하기 위해 다음과 같은 중력이 무시된 Bernoulli 방정식(식 9-42)을 사용한다.

Bernoulli 방정식:

$$\frac{P}{\rho} + \frac{V^2}{2} = \text{constant} = \frac{P_\infty}{\rho} + \frac{V_\infty^2}{2} \tag{2}$$

식 (2)를 식 (1)에 대입하고 계산하면 다음을 얻는다.

$$C_p = \frac{P - P_\infty}{\frac{1}{2}\rho V_\infty^2} = 1 - \frac{V^2}{V_\infty^2} \tag{3}$$

실린더 표면을 따라 $V^2 = u_\theta^2$이고, 식 (9-72)에 나타난 접선속도를 식 (3)에 대입하면 다음과 같이 된다.

표면 압력계수:

$$C_p = 1 - \frac{(-2V_\infty \sin\theta)^2}{V_\infty^2} = 1 - 4\sin^2\theta$$

그림 9-88에 나타나 있듯이 각도 β를 물체의 앞면으로부터 정의하면, $\beta = \pi - \theta$이고, 따라서 다음의 결과를 얻는다.

각도 β로 표시한 C_p:

$$C_p = 1 - 4\sin^2\beta \tag{4}$$

실린더의 상반부에 대하여 파란 실선으로 압력계수를 각도 β의 함수로 나타내었다(그림 9-90). (실린더의 위와 아래는 대칭이기 때문에 하반부의 압력분포를 나타낼 필요가 없다.) 첫 번째 볼 수 있는 사실은, 압력분포는 실린더의 앞과 뒤에서 대칭이라는 것이다. 이미 유선 역시 앞과 뒤가 대칭이므로 이는 그리 놀랄 일이 아니다(그림 9-87).

앞부분과 뒷부분의 정체점(각각 $\beta = 0°$와 $180°$)이 그림 9-90에 표시되어 있다. 정체점에서의 압력계수는 1이고, 이 두 점에서 전체 영역 중 가장 높은 압력이 나타난다. 정체점에서의 정압 P는 $P_\infty + \rho V_\infty^2/2$와 같다. 다시 말해서, 유입되는 유체의 총 **동압**(또한 **충돌 압력**이라고도 함)은 정체점에서 유속이 영으로 감속되므로 그 곳에서의 정압과 같게 된다. 실린더 정점($\beta = 90°$)에서는 표면에서의 속도가 자유흐름 속도의 두 배($V = 2V_\infty$)가 되고,

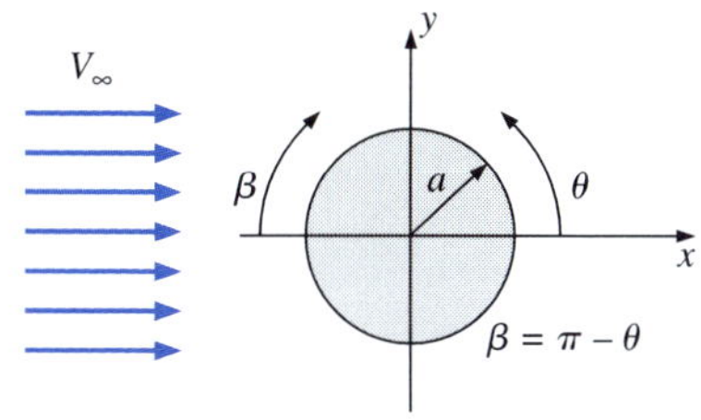

그림 9-88
xy 평면에서 속도 V_∞를 갖는 균일흐름에 잠겨있는 반경 *a*의 원형 실린더 주위의 평면 유동. 각도 β는 관례에 따라 실린더 앞면에서부터 정의된다.

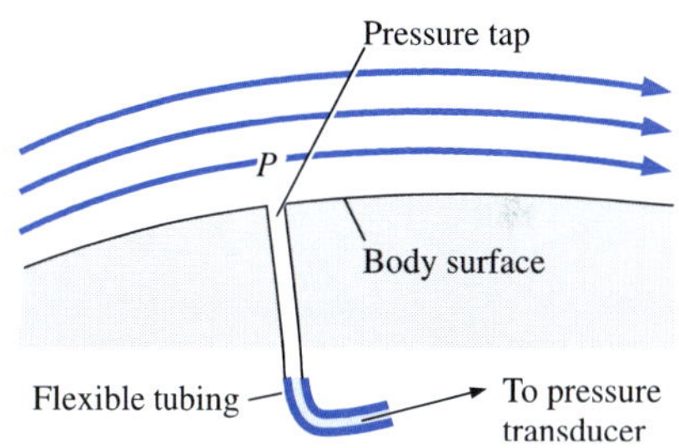

그림 9-89
표면에서의 정압은 압력계 또는 전자 압력 변환기와 연결된 정압 탭을 이용해서 측정한다.

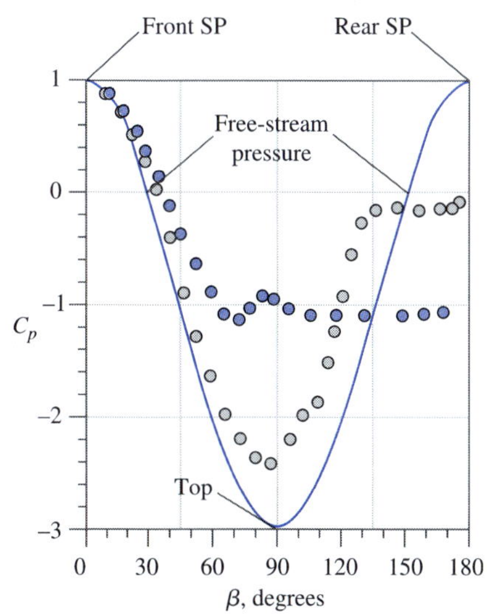

그림 9-90
각도 β의 함수로 나타낸 원형 실린더의 표면의 압력계수. 파란 실선은 비회전 유동 근사화, 파란 원은 $Re = 2 \times 10^5$(층류박리)에서의 실험결과, 회색 원은 $Re = 7 \times 10^5$(난류박리)에서의 실험결과를 나타낸다.
Data from Kundu and Cohen, 2008.

압력계수는 $C_p = -3$으로 가장 작게 나타난다. 그림 9-90에는 $C_p = 0$인 두 지점(β = 30°, 150°)이 나타나 있다. 이 곳에서 정압은 자유흐름의 경우와 동일하다($P = P_\infty$).

토의 원형 실린더 표면을 따른 층류와 난류에 대한 전형적인 실험결과가 그림 9-90에 각각 파란 원과 회색 원으로 나타나 있다. 실린더의 앞부분에서는 비회전 유동근사화가 잘 맞고 있다. 그러나 β가 60° 보다 크고, 특히 실린더의 뒷부분에 가까운 영역이면(그림의 오른쪽), 비회전 유동의 근사 결과는 실험데이터와 잘 맞지 않는다. 뭉툭한 물체 형상의 경우, 비회전 유동 근사화는 물체의 전반부에서는 잘 맞으나, 후반부에서는 잘 맞지 않는다. 비회전 유동 근사화는 층류 경우보다는 난류 경우에 실험결과와 더 잘 일치하는데, 이는 난류 경계층의 경우에 보다 하류에서 유동박리가 나타나기 때문이며, 여기에 대해서는 9-7절에서 상세히 토의된다.

그림 9-90에서처럼 압력분포가 대칭인 경우 실린더에 대한 **순수 압력항력은 영이다**(실린더 전반부와 후반부의 압력힘이 서로 균형을 이루게 된다). 비회전 유동 근사화의 경우, 압력은 후방 정체점에서 완전히 회복되어 전방 정체점에서의 압력과 같게 된다. 또한 이 경우 물체에 작용하는 순수 점성 항력이 없음을 예측할 수 있는데, 이는 비회전유동 근사화 과정에서는 물체표면의 점착조건이 만족되지 않기 때문이다. 따라서 비회전 유동의 실린더에 작용하는 순수 공기역학적 항력은 영이다. 이러한 결과는 비회전 유동 근사화가 적용된 임의의 형태(심지어는 비대칭인 형태)의 물체에 대해서도 성립하며, 바로 이것이 1752년 Jean-le-Rond d' Alembert(1717～1783)가 처음 제시한 유명한 역설(paradox)이다.

D' Alembert의 역설: 비회전 유동 근사화에서 균일흐름에 놓인 양력이 존재하지 않는 물체의 공기역학적 항력은 영이다.

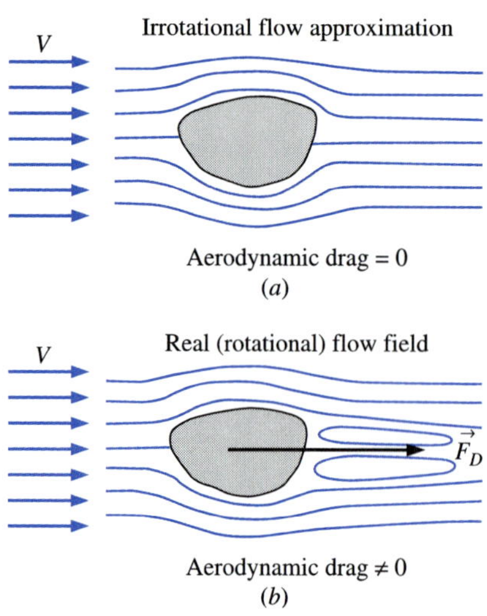

그림 9-91
(a) D' Alembert의 역설은 비회전 유동 근사화에 의하면 양력이 존재하지 않는 임의의 모양의 물체에 작용하는 공기역학적 항력이 영이라는 것이다. (b) 실제 균일흐름에 잠겨있는 물체에 작용하는 항력은 영이 아니다.

물론 d' Alembert는 실제의 경우에는 물체에 공기역학적 항력이 존재함을 알고 있었다. 실제 유동에서는 물체 후방의 압력이 물체 전방의 압력보다 더 낮아 압력항력이 영이 아니다. 이러한 전후방 압력차이는 그림 9-91처럼 물체가 뭉뚝하거나 유동박리가 일어나면 더 크게 나타난다. 그러나 유선형 물체인 경우라도(예를 들어 낮은 영각의 비행기 날개), 물체의 후방에서 압력은 절대로 완전히 회복되지 않는다. 더욱이 점착조건으로 물체의 표면에서의 점성항력이 영이 아니다. 그러므로 비회전 유동 근사화에서는 압력항력과 점성항력이 나타나지 않으므로 공기역학적 항력을 올바르게 예측할 수 없다.

둥근 형상의 물체 앞부분에서의 압력분포는 그림 9-90의 압력분포와 정성적으로 유사하다. 전방 정체점(SP)에서의 압력이 가장 높게 나타나는데, $P_{sp} = P_\infty + \rho V^2/2$, 여기서 V는 자유흐름 속도이고(아래첨자 ∞를 생략함), 그리고 $C_p = 1$이다. 물체의 표면을 따라 하류로 가면서 압력이 P_∞보다 작은 어떤 최소값으로 떨어진다($C_p < 0$). 물체표면에서 속도가 가장 빠르고, 압력이 가장 낮은 이 점을 종종 물체의 **공기역학적 어깨(aerodynamic shoulder)**라 부른다. 어깨를 지나 압력은 점차 증가한다. 비회전 유동 근사화에서는 후방 정체점($C_p = 1$)에서 동압의 크기만큼 증가한다. 그러나 실제 유동에서는 압력이 완전히 회복되지 못하고 앞에서 토의한 바와 같이 압력항력이 발생한다.

물체의 전방 정체점과 공기역학적 어깨 사이의 어느 지점에서 속도가 V와 같고, 압력 $P = P_\infty$와 $C_p = 0$인 점이 존재한다. 이 점을 **영 압력점(zero pressure point)**이라 하며, 이는 절대압력이 아닌, 계기압력에 근거를 둔 것이다. 이 점에서는 물체의 속도에 관계없이 물체표면의 수직 방향으로 작용하는 압력은 항상 $P = P_\infty$이다. 이러한 사실은 물고기 눈의 위치와 관계가 있다(그림 9-92). 만약 물고기 눈이 전방 코 부분에 가깝게 위치해 있다면, 물고기가 헤엄칠 때 더 높은 압력이 눈에 작용할 것이며, 헤엄치는 속도가 빨라진다면 눈에 작용하는 압력 또한 더 커질 것이다. 이로 인하여 연약한 물고기 눈은 변형될 수 있으며 이로 인하여 시야에 영향이 미칠 것이다. 마찬가지로, 눈이 공기역학적 어깨보다 뒤쪽에 위치해 있다면, 물고기가 헤엄칠 때 눈은 상대적인 물의 흡입압력을 받게 되고, 이 역시 눈의 변형과 시야 방해가 나타날 수 있다. 관찰을 해보면, 물고기의 눈은 영 압력점($P = P_\infty$)에 매우 근접한 곳에 위치해 있음을 알 수 있고, 따라서 물고기는 시야의 왜곡 없이 임의의 속도로 헤엄칠 수가 있다. 또한 아가미의 뒤쪽은 공기역학적 어깨 가까이에 위치해 있어, 여기서 나타나는 흡입압력은 물고기가 숨을 내쉬는 것을 돕는다. 심장 또한 가장 압력이 낮은 영역 가까이에 위치해 있어, 빠른 헤엄 중에 심장박동 체적을 증가시킨다.

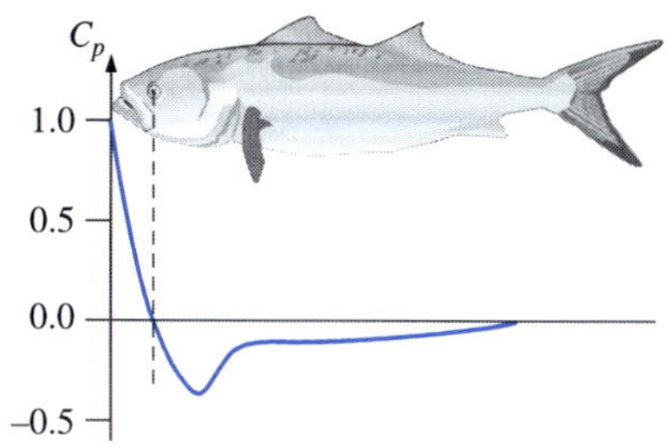

그림 9-92
물고기의 눈은 헤엄칠 때 시야의 왜곡이 생기지 않도록 영 압력점 가까이에 존재한다. 데이터는 물고기(blue fish)의 옆면에 대하여 얻어진 것이다.

Adapted from American Scientist, vol. 76, p. 32, 1988.

이러한 중첩에서 한 가지 문제점이 있음을 알 수 있다. 즉 중첩을 먼저 수행한 후, 만들어진 유동을 이용하여 물리적인 유동 문제를 모델링 하려 하였다. 그러나 학습에 유용한 이 기술은 실제 공학문제에서 항상 유용하지만은 않다. 반면에 이미 결정된 어떤 형상 주위의 유동의 모델링이 우리가 원하는 것이다. 공학설계와 해석에 더욱 적합한 훨씬 정교한 중첩 기법이 있다. 즉 이미 결정된 형상 주위의 유동을 모델링 하기 위해, 수많은 소스와 싱크가 적절한 위치에 놓여지도록 하는 기법이다. 이 기법은 3차원 비회전 유동장으로 확장될 수가 있는데, 엄청난 양의 계산이 필요하기 때문에 컴퓨터가 필요하다(Kundu와 Cohen, 2008). 여기서 이 기법에 대해서는 논의하지 않는다.

비회전 유동 근사화가 수학적으로 간단하고 속도와 압력을 구하는데 편리하지만, 그것을 적용할 때 매우 주의하여야 한다는 것을 강조하고자 한다. 비회전 유동 근사화는 특별히 벽면 근처와 같이 유체입자가 점착조건으로 인한 전단응력 때문에 회전하여 와도를 무시할 수 없는 영역에서는 맞지 않는다. 이러한 문제를 다음에 오는 경계층 근사에서 논의 하도록 하자.

9-7 ▪ 경계층 근사

9-6절에서 논의했듯이, Navier-Stokes 방정식에서 점성이 무시되는 적어도 두 가지 유동이 있다. 첫 번째는, 순 점성력이 관성력과 압력 힘과 비교해서 무시될만한 높은 Reynolds 수의 유동에서 일어난다. 우리는 이를 **유동의 비점성 영역**이라 부른다. 두 번째의 경우는 와도가 무시할 수 있을 만큼 작을 때 일어난다. 우리는 이를 **유동의 비회전 혹은 포텐셜 영역**이라 부른다. 두 경우에서, Navier-Stokes 방정식의 점성항을 제거하면 Euler 방정식과 같다[식 (9-33)과 식 (9-41)]. 점성항을 제거하면 수식은 매우 단순해지는 반면에, 실제적인 공학문제에 적용하는데 많은 문제점이 있다. 그 중 대표적인 것이 고체 벽면에서 점착 조건(no-slip)이 성립하지 않는 것이다. 이렇게 되면 자유흐름 내에서 고체 벽면의 점성 전단력이 0이 되거나,

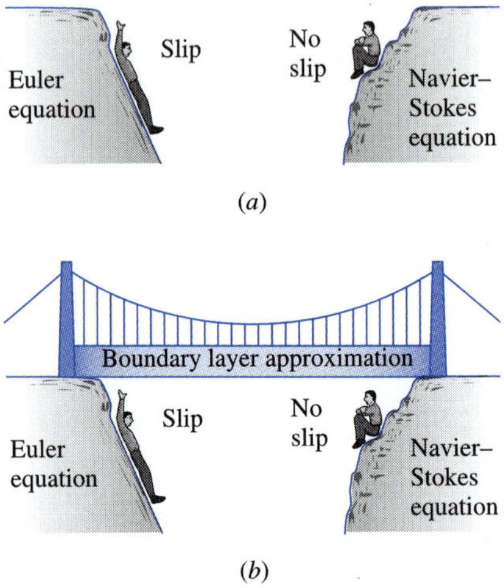

그림 9-93
(a) Euler 방정식(벽에서 미끄러짐 허용)과 Navier-Stokes방정식(점착조건 성립)의 사이에는 큰 차이가 있다. (b)경계층 근사가 이 차이를 연결해 줄 수 있다.

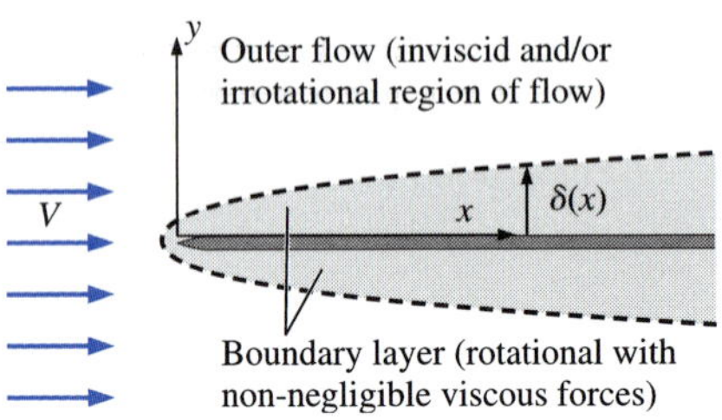

그림 9-94
Prandtl의 경계층 근사개념은 유동을 얇은 경계층 영역과 그 외부 영역으로 나눈다(축척에 맞게 그려져 있지 않음).

물체의 공기역학적 항력이 0이 되어 물리적으로 맞지 않는 결과를 초래하게 된다. Euler 방정식과 Navier-Stokes 방정식을 거대한 빈틈으로 갈라진 두 개의 산으로 생각할 때(그림 9-93a), 경계층 근사법에 대하여 다음과 같이 언급할 수 있다.

> 경계층 근사법은 Euler방정식과 Navier-Stokes방정식, 그리고 고체 벽면에서 미끄러짐 조건과 점착 조건 사이의 공백에 다리를 놓는 것이다(그림 9-93b).

역사적인 시각에서 보면, 1800년대 중반까지는 매우 간단한 경우를 제외하고는 Navier-Stokes 방정식을 풀 수가 없었다. 포텐셜 유동함수와 Euler 방정식에 대해서는 수학자들은 복잡한 유동에 대해서도 해를 얻을 수 있었지만 그 결과들은 종종 물리적으로 의미가 없는 경우가 많았다. 그러므로 유체유동을 연구할 수 있는 믿을 만한 방법은 실험뿐이었다. 유체역학의 이런 정설을 깬 것은 1904년에 Ludwig Prandtl(1875~1953)이 **경계층 근사(boundary layer approximation)**를 소개하면서부터이다. Prandtl은 유동을 두 영역으로 구분하였다. 즉, 점성과 회전이 무시될 수 있는 **외부 유동영역**과, 점성과 회전이 무시될 수 없는 고체 벽면 근처의 얇은 영역(그림 9-94), 즉 **경계층**이다. 외부 유동영역에서는 유동장을 얻기 위해 연속방정식과 Euler 방정식을 사용하고, 압력장을 얻기 위해 Bernoulli 방정식을 사용한다. 외부 유동영역이 비회전 영역이면, 속도장을 얻기 위해 9-6절에서 논의한 포텐셜 유동 방법을 사용할 수도 있다. 두 경우 모두 외부 유동영역을 우선 풀고, 다음에 회전성과 점성력을 무시할 수 없는 얇은 경계층 영역을 고려한다. 경계층 영역에서는 이후 논의될 **경계층 방정식**의 해를 구한다(경계층 방정식은 그 자체가 완전한 Navier-Stokes 방정식을 근사한 것이다).

경계층 근사에서는 고체 벽면에 점착 조건을 적용함으로써 Euler 방정식의 주요한 단점을 보완한다. 그러므로 벽면을 따른 점성 전단력, 자유흐름에 있는 물체에 작용하는 항력, 역 압력구배에 따른 유동 박리 등을 더욱 정확하게 예측할 수 있어 경계층 근사는 1900년대에 유체공학의 주요한 도구가 되었다. 하지만 20세기 후반에 들어서는 빠르고 저렴한 컴퓨터와 전산유체역학 프로그램(CFD)의 출현으로 복잡한 형상에 대해 Navier-Stokes 방정식의 수치해석이 가능하게 되었다. 따라서 최근에는 더 이상 유동을 외부 영역과 경계층 영역으로 나누지 않고 전체 유동장의 운동방정식(연속 방정식 및 Navier-Stokes 방정식)을 CFD를 활용하여 함께 풀기도 한다. 그럼에도 불구하고 경계층 근사는 해를 손쉽게 구할 수 있으므로 여러 공학적 응용에 널리 사용된다. 하지만 경계층 방정식의 해는 Navier-Stokes 방정식의 **근사해**임을 잊지 말아야 한다.

경계층 근사의 적용에 있어서 중요한 것은 경계층의 두께가 매우 **얇다**는 가정이다. 전형적인 예로서 x축을 따라 놓여 있는 무한히 긴 평판을 따라 흐르는 균일흐름을 들 수 있다. 평판 위 x방향의 임의의 지점에서 경계층 두께 δ가 그림 9-95에 도시되어 있다. 관례상 δ는 평판의 벽면으로부터 수평속도가 경계층 외부 속도의 99%가 되는 위치까지의 거리로 정의된다. 주어진 유체와 평판에 대해 자유흐름 속도 V가 높을수록 경계층 두께는 얇아진다(그림 9-95). 벽면을 따르는 거리 x에 기준한 무차원수인 Reynolds 수는,

수평 평판에서의 레이놀즈 수:

$$\mathrm{Re}_x = \frac{\rho V x}{\mu} = \frac{Vx}{\nu} \tag{9-73}$$

그러므로,

주어진 x방향에서, Reynolds 수가 높을수록 경계층 두께는 얇아진다.

다시 말해, 같은 조건 하에서 Reynolds 수가 높을수록 경계층 두께가 얇아진다. $\delta \ll x$(또는 무차원으로 표현하여, $\delta/x \ll 1$)일 때 경계층이 얇다고 할 수 있다.

경계층의 형상은 유동 가시화를 통해 얻을 수 있다. 한 예가 평판 위의 층류 경계층으로 그림 9-96에 나타나 있다. 이 그림은 F. X. Wortmann이 50여 년 전에 찍은 사진으로, 평판 위의 층류 경계층의 분포를 관찰할 수 있다. 점착조건은 벽면에서 명확히 확인되며, 벽면으로부터 유동속도가 서서히 증가하는 것으로부터 본 유동이 층류라는 것을 알 수 있다.

유체역학을 처음 접하는 학생들은 x의 함수로서 표현되는 δ가 유동의 **유선**이라고 오해하기도 한다. 그러나 그렇지 않다! 그림 9-97에 평판을 따른 $\delta(x)$와 유선이 나타나 있다. 경계층 두께가 하류를 따라 발달할 때 경계층을 지나는 유선은 질량보존을 만족하기 위하여 조금씩 위로 상승해야 한다. 이때 유선의 상승 변위는 $\delta(x)$의 발달보다 작고 유선이 곡선 $\delta(x)$를 가로지르기 때문에, $\delta(x)$는 유선이 아니다. (유선은 서로 교차할 수 없다. 그렇지 않으면 질량보존에 위배된다.)

그림 9-97처럼 평판 위의 층류 경계층에서 경계층 두께 δ는 V, x 그리고 유체 고유의 상태량인 ρ와 μ의 함수이다. 무차원 해석을 통해 δ/x가 Re_x의 함수라는 것을 밝힐 수 있다. 실제로 δ는 Re_x의 **제곱근**에 비례한다. 그러나 이 결과는 단지 평판 위의 층류 경계층에만 해당한다는 것을 명심해야 한다. Re_x는 x에 대해 선형적

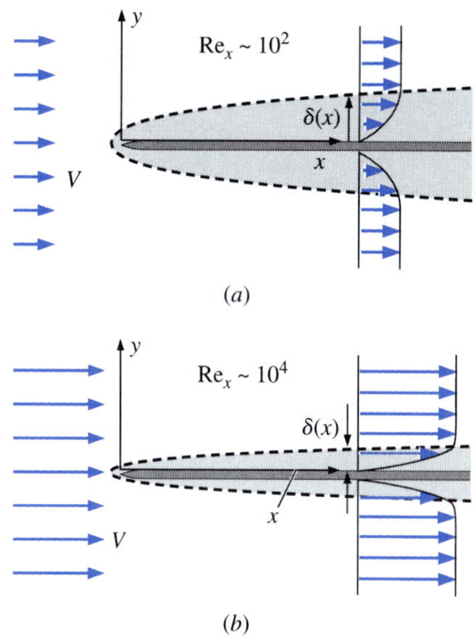

그림 9-95
평판에 평행하게 흐르는 균일흐름(축척에 맞게 그려져 있지 않음). (a) $\mathrm{Re}_x \sim 10^2$, (b) $\mathrm{Re}_x \sim 10^4$. Reynolds 수가 커질수록 주어진 x 위치에서의 경계층 두께는 얇아진다.

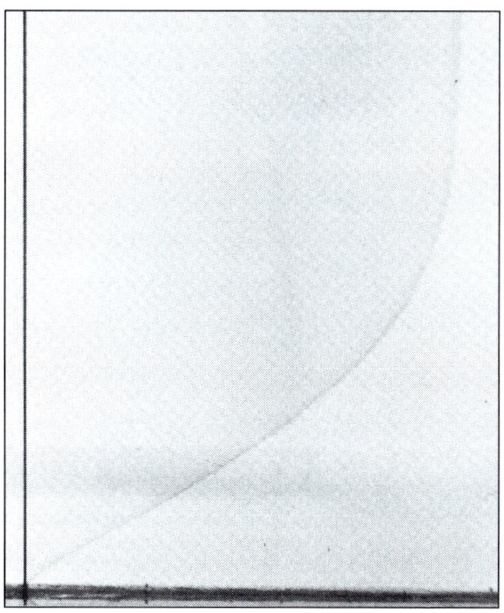

그림 9-96
평판 위 층류 경계층 분포의 유동가시화. 사진은 F.X. Wortmann이 1953년에 tellurium 기법을 이용하여 촬영함. 유동은 좌에서 우로 진행하며, 평판의 선단은 시야의 좌측에서 먼 곳에 있음.

Wortmann, F. X. 1977 AGARD Conf. Proc. no. 224, paper 12.

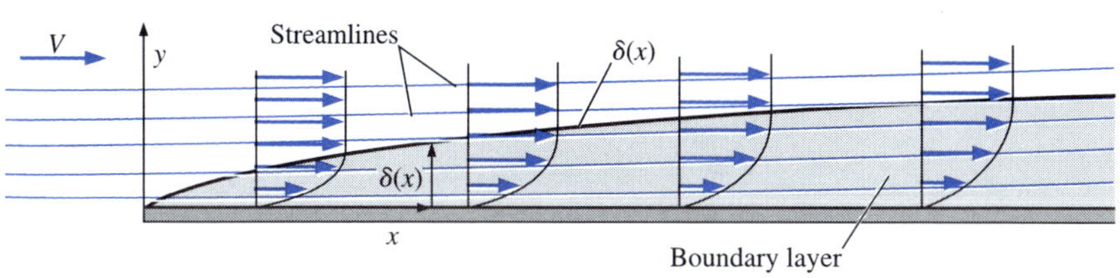

그림 9-97
평판 위 경계층에서 x의 함수로서 표현된 δ의 변화와 유선의 비교. 유선이 $\delta(x)$를 가로지르기 때문에, $\delta(x)$는 유동의 유선 그 자체가 될 수 없음.

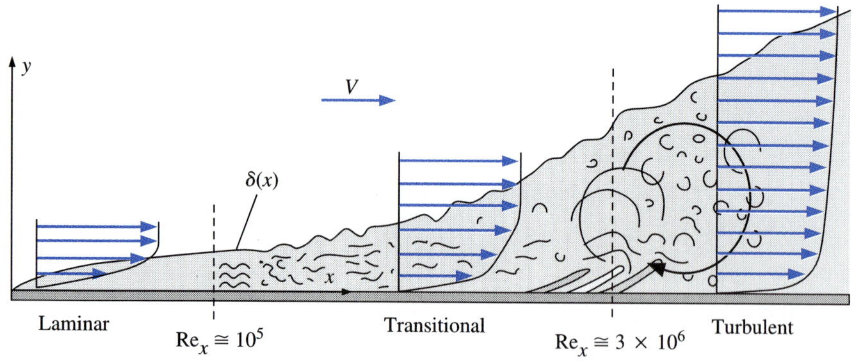

그림 9-98
평판 위 층류 경계층에서 완전 난류 경계층으로의 천이(축척에 맞게 그려져 있지 않음).

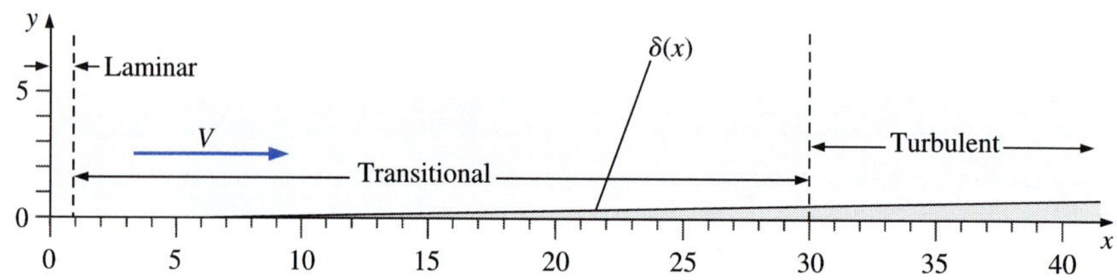

그림 9-99
축척에 맞게 그려진 평판 위 경계층 두께. 층류, 천이, 그리고 난류지역은 매끄러운 벽면 위 잔잔한 자유흐름 조건에 대해 도시됨.

으로 증가한다. 유동의 어느 한 점에서 교란이 발달하기 시작하면 경계층은 더 이상 층류가 아니고 난류에 이르는 **천이**과정의 시작이다. 매끄러운 평판 위를 지나는 균일흐름에서 천이과정은 **임계 Reynolds 수**, $Re_{x,\text{ critical}} \cong 1 \times 10^5$에서 시작되어 $Re_{x,\text{ transition}} \cong 3 \times 10^6$(그림 9-98), 즉 경계층이 완전 난류가 될 때까지 지속된다. 천이과정은 상당히 복잡하며, 자세한 내용은 여기서 언급하지 않는다.

그림 9-98은 수직방향 경계층 두께는 확대하고 수평방향 크기는 축소하여 그린 것이다. (실제로 $Re_{x,\text{ transition}}$은 $Re_{x,\text{ critical}}$의 30배에 이르므로 천이영역은 그림에 도시된 것보다 훨씬 길다.) 경계층이 실제로 얼마나 얇은지에 대한 이해를 돕기 위해 그림 9-99에 경계층의 두께 δ를 x의 함수로 도시해 놓았다. 이 그림은 x의 단위에 무관하게 $Re_x = 100{,}000x$가 되도록 매개변수를 신중히 선택하였다. 따라서 $Re_{x,\text{ transition}}$은 $x \cong 1$에서, $Re_{x,\text{ critical}}$은 $x \cong 30$에서 발생한다. 실측으로 나타내면 경계층 두께가 얼마나 얇고 천이영역은 얼마나 긴지를 알 수 있다.

실제 유동에서 난류로의 천이는 조용한 자유흐름에 놓인 매끄러운 평판의 경우에 비해 갑자기 그리고 훨씬 일찍(더 낮은 Re_x에서) 발생한다. 표면조도, 자유흐름 교란, 음향소음, 비정상상태의 유동, 진동 그리고 벽면의 곡률과 같은 요소들은 천이영역이 보다 빨리 발생하도록 한다. 이러한 이유로, 종종 **임계 Reynolds 수** $Re_{x,\text{ cr}} = 5 \times 10^5$를 기준으로 경계층이 층류($Re_x < Re_{x,\text{ cr}}$)인지, 난류($Re_x > Re_{x,\text{ cr}}$)인지를 판단한다. 임계 Re 수는 열전달에서도 적용된다. 많은 경우, 평균 마찰과 열전달계수의 관계식은 $Re_{x,\text{ cr}}$보다 낮은 Re_x에서는 층류, 그 외의 경우 난류 유동이라는 가정 하에서 유도된다.

천이과정은 종종 **비정상상태**를 보이며, 최신 CFD 코드로도 예측하기 어렵다. 때로 공학자들은 원하는 위치에 천이를 발생시키기 위하여 표면을 따라 거친 사포 또는 **트립 와이어**라 불리는 철사를 사용한다(그림 9-100). 트립 와이어에 의해 발생된 에디는 국소적인 혼합을 증가시키고, 교란을 발생시켜 난류경계층을 매우 빠르게 유도한다. 그림 9-100에서 보이는, 수직방향 축척은 편의상 과장된 것이다.

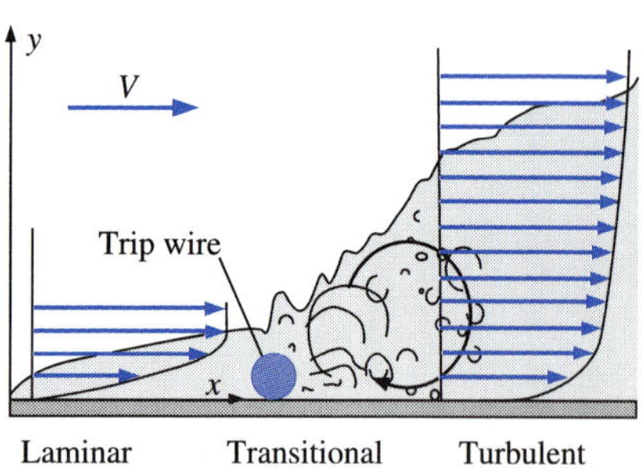

그림 9-100
경계층에서 난류로의 천이를 일찍 일으키기 위하여 트립 와이어가 사용된다(축척에 맞게 그려져 있지 않음).

예제 9-18 층류 또는 난류 경계층

호수의 표면을 따라서 수평하게 알루미늄 카누가 5.0 mi/h의 속력으로 움직이고 있다(그림 9-101). 호수물의 온도는 50°F이다. 카누 바닥 길이는 16 ft이고 평평하다. 카누 바닥의 경계층은 층류인가 또는 난류인가?

풀이 카누 바닥의 경계층이 층류인지 난류인지 판정하고자 한다.

가정 **1** 유동은 정상상태이고 비압축성이다. **2** 카누 바닥의 모든 비균일성은 무시한다. 바닥면은 유동방향에 대하여 완벽하게 평행한 매끄러운 평판으로 가정한다. **3** 카누 바닥 경계층 하부의 물은 카누에 대하여 균일한 상대속도 5.0 mi/h로 움직인다.

상태량 수온 T = 50°F 물의 동점성계수는 $\nu = 1.407 \times 10^{-5}\ \text{ft}^2/\text{s}$이다.

해석 먼저 카누의 선미에서 Reynolds수를 계산한다.

$$\text{Re}_x = \frac{Vx}{\nu} = \frac{(5.0\ \text{mi/h})\,(16\ \text{ft})}{1.407 \times 10^{-5}\ \text{ft}^2/\text{s}}\left(\frac{5280\ \text{ft}}{\text{mi}}\right)\left(\frac{\text{h}}{3600\ \text{s}}\right) = 8.34 \times 10^6$$

Re_x는 $\text{Re}_{x,\ cr}$보다 큰값이고, $\text{Re}_{x,\ \text{transition}}$ 보다 매우 큰 값이므로, 경계층은 카누의 후단에서 난류이다.

토의 카누의 바닥은 완벽하게 매끈하거나 평평하지 않고, 호수의 물은 물결, 패달, 등으로 인하여 교란이 발생하므로, 그림 9-98의 이상적인 경우보다 더 빨리, 더 일찍 천이에서 난류로 발달한다. 따라서 이 경계층은 난류라고 확신할 수 있다.

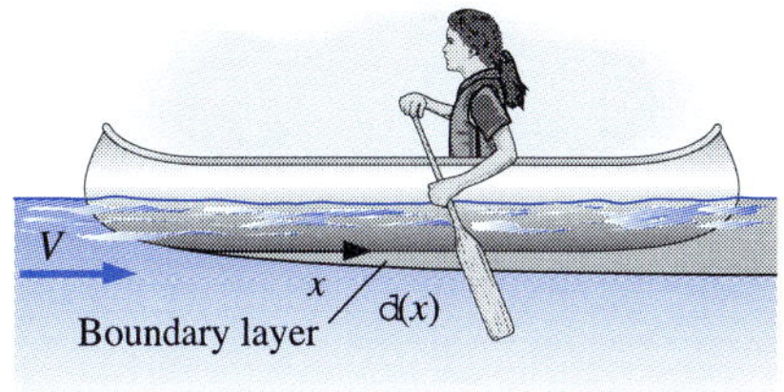

그림 9-101
카누의 평평한 바닥을 따라 발달하는 경계층. 경계층 두께는 명확히 표시하기 위하여 과장되어 있음.

경계층 방정식

경계층에 대한 물리적 의미를 알아보았기 때문에, 경계층 계산에 이용되는 운동방정식(경계층방정식)을 유도할 필요가 있다. 편의상 정상상태, 직교좌표계에서 2차원, xy평면의 유동을 고려한다. 그러나 여기에 사용된 방법은 축대칭 경계층이나 어느 다른 좌표계에서의 3차원 경계층으로 확장이 가능하다. 여기서는 중력효과가 중요한 자유표면 유동이나, 부력에 의한 유동(자연대류)은 다루지 않는다. 또한 난류 경계층은 본 교재의 수준을 벗어난 것이므로 오직 **층류** 경계층에 대해서만 언급한다. 고체 벽면을 따른 경계층에 대해, 벽면에 평행하게 x좌표를, 벽면에 수직한 방향으로 y좌표를 설정한다(그림 9-102). 이러한 좌표계를 **경계층 좌표계**라 일컫는다. 경계층 방정식을 풀 때, 어느 한 시점에서 x방향의 한 위치에 대한 국소 좌표계를 이용하여 방정식을 해결하며, 이 좌표계는 **국소적으로 직교성**을 가진다. 어느 점을 $x = 0$로 하는가는 중요하지 않지만, 그림 9-102와 같이 일반적으로 전면부 정체점을 $x = 0$으로 설정한다.

U를 **경계층의 바로 위 어느 한 위치에서 벽면과 평행한 속도 성분의 크기**로 정의하자(그림 9-103). U는 일반적으로 x의 함수이다. 계산차수 분석법(an order-of-magnitude analysis)을 높은 Reynolds 수를 가지는 얇은 층류, 2차원 경계층에 적용하면, 연속방정식과 Navier-Stokes 방정식은 다음과 같이 단순화된다.

경계층 방정식:

$$\frac{\partial u}{\partial x} + \frac{\partial v}{\partial y} = 0$$
$$u\frac{\partial u}{\partial x} + v\frac{\partial u}{\partial y} = U\frac{dU}{dx} + \nu\frac{\partial^2 u}{\partial y^2} \tag{9-74}$$

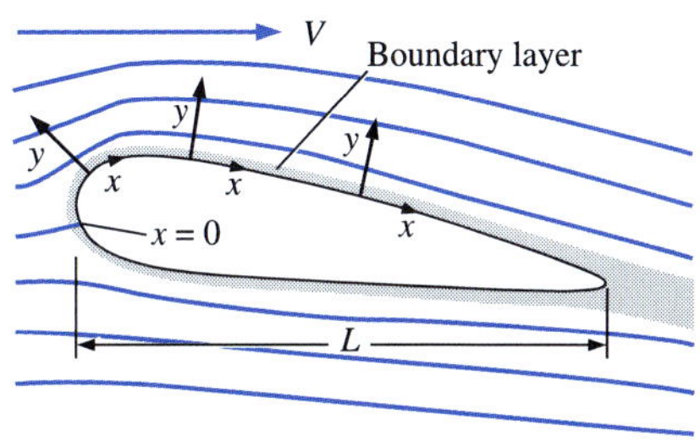

그림 9-102
물체 주위의 유동에 대한 경계층 좌표계. x는 표면을 따르며 보통 물체의 정체점을 영으로 설정하고, y는 어디에서나 표면에 수직인 방향이다.

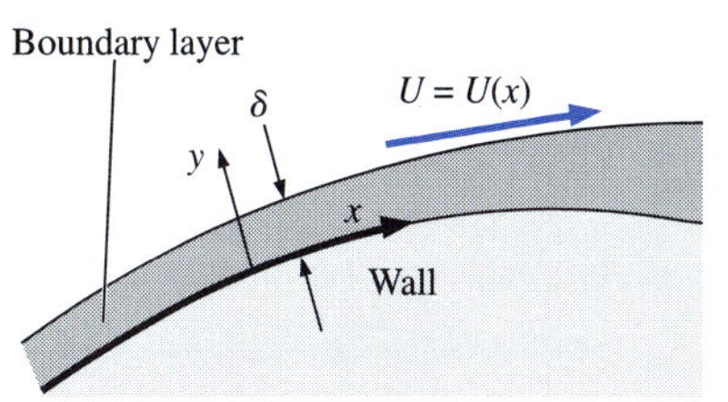

그림 9-103
길이척도 x, δ와 속도척도 U를 나타내는 물체 표면 경계층의 확대 그림.

Step 1: Calculate $U(x)$ (outer flow).

↓

Step 2: Assume a thin boundary layer.

↓

Step 3: Solve boundary layer equations.

↓

Step 4: Calculate quantities of interest.

↓

Step 5: Verify that boundary layer is thin.

그림 9-104
정상, 비압축성, xy평면의 2차원 경계층 계산과정 요약

경계층 계산 절차

단계별 절차를 통하여 경계층 근사를 적용한다. 그 계산 절차는 아래에 나와 있으며, 그림 9-104에 요약되어 있다.

단계 1 (경계층 외곽 지역의 유동을 비점성 그리고/또는 비회전으로 가정하고) 경계층을 무시한 채로 외부유동을 계산한다. $U(x)$를 얻기위해 필요하면 좌표변환을 한다.

단계 2 경계층을 매우 얇다고 가정한다. 사실 굉장히 얇아 단계 1의 외부 유동계산에 영향을 주지 않는다.

단계 3 적당한 경계조건을 사용하여 경계층 방정식(식 9-74)의 해를 구한다. 벽면에서 점착조건, $y = 0$에서 $u = v = 0$; 경계층 외곽의 외부유동, $y \to \infty$에서 $u \to U(x)$; 그리고 시작 지점의 분포, $x = x_{starting}$에서 $u = u_{starting}(y)$.

단계 4 유동장 내 주요 특성치를 계산한다. 예를 들어 경계층 방정식 해를 통하여(단계 3), $\delta(x)$, 벽면을 따른 전단 응력, 전체 마찰저항 등을 계산한다.

단계 5 경계층 근사가 적당한지 검증한다. 다시 말해, 경계층이 **얇다**는 것을 입증한다. 그렇지 않다면 근사화는 정당화되지 못한다.

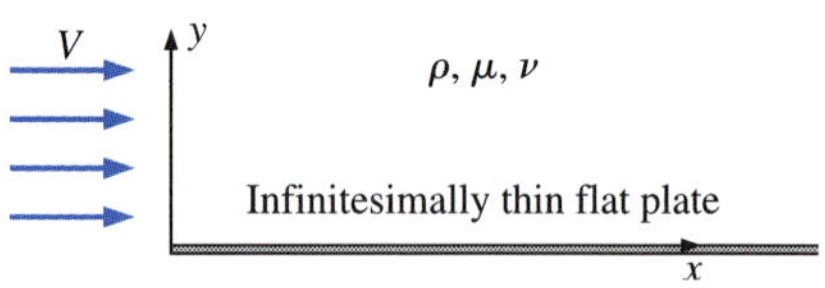

그림 9-105
예제 9-19의 개략도. x축을 따르는 긴 평판에 평행한 균일흐름.

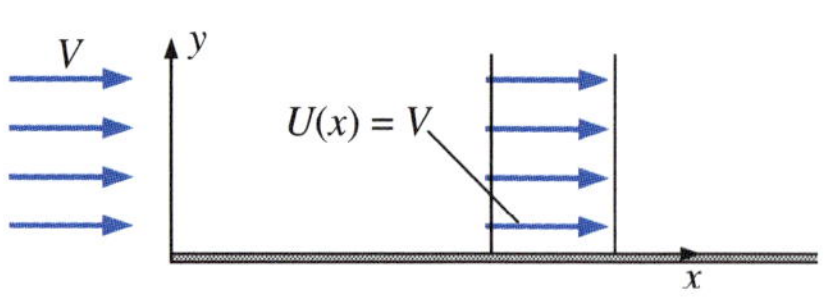

그림 9-106
예제 9-19의 외부유동은 x축이 유선이며 $U(x) = V =$ 일정으로 간단히 얻어진다.

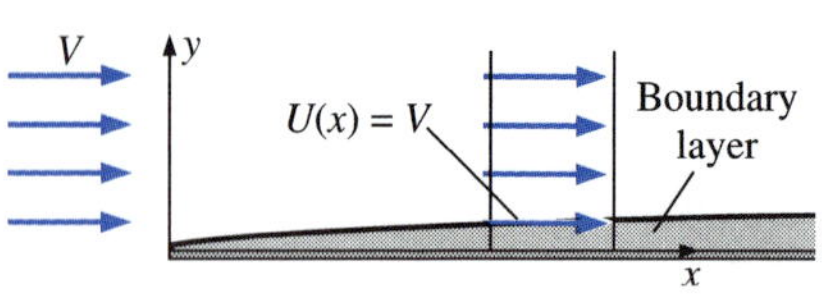

그림 9-107
경계층은 매우 얇기 때문에 외부유동에 영향을 주지 못한다. 여기서 경계층 두께는 명확한 설명을 위해 과장되어 나타나 있다.

예제 9-19 평판 위에서의 층류 경계층

속도 V를 가지는 균일한 자유흐름이 그림 9-105에 도시된 것처럼 매우 얇고 긴 평판과 평행하게 흐르고 있다. 좌표계는 평판의 선단을 시점으로 정의된다. 유동이 x축에 대해 대칭이기 때문에, 평판 위쪽의 유동만 고려하기로 한다. 평판을 따르는 경계층 속도 분포를 계산하고, 토론하라.

풀이 평판 위 층류 경계층이 발달함에 따라 경계층 속도 분포(u는 x와 y의 함수)를 계산하고자 한다.

가정 **1** 유동은 정상상태, 비압축성 그리고 xy평면으로 구성된 2차원이다. **2** Reynolds 수는 경계층 근사가 적용될 수 있을 정도로 크다. **3** 계산하고자 하는 영역에서 경계층은 층류이다.

해석 그림 9-104의 단계별 절차를 따라 계산한다.

단계 1 경계층이 매우 얇기 때문에 경계층을 무시한 상태로 외부유동을 계산한다. 어떠한 유동도 유선을 가로 지를 수 없으므로 비회전 유동에서 유선을 벽면으로 생각할 수 있다. 이 경우에 x축은 9-6절에서 소개한 기본 유동의 하나인 균일한 자유흐름 유동의 유선으로 생각할 수 있다. 따라서 x축의 유선을 극도로 얇은 평판으로 생각할 수 있다(그림 9-106).
따라서,

외부 유동: $$U(x) = V = \text{일정} \tag{1}$$

편의상, $U(x)$는 일정하기 때문에 $U(x)$ 대신에 U를 사용하기로 한다.

단계 2 벽면을 따르는 경계층은 매우 얇다고 가정한다(그림 9-107). 경계층이 매우 얇기 때문에 단계 1에서 계산된 외부유동의 영향은 무시할 만하다.

단계 3 경계층 방정식을 푼다. 식 (1)로부터 $dU/dx = 0$이다. 다시 말해서 x방향 운동량 방정식에서 압력구배 항은 남아 있지 않다. 이것이 평판 위의 경계층이 **영 압력구배 경계층**이라고 불리는 이유이다. 경계층에서 연속 방정식과 x방향 운동량방정식(식 9-74)는 다음과 같다.

$$\frac{\partial u}{\partial x} + \frac{\partial v}{\partial y} = 0 \qquad u\frac{\partial u}{\partial x} + v\frac{\partial u}{\partial y} = \nu\frac{\partial^2 u}{\partial y^2} \tag{2}$$

여기에 4개의 경계조건이 있다.

$$y = 0\text{에서 } u = 0 \qquad y \to \infty\text{에서 } u = U$$

$$y = 0\text{에서 } v = 0 \qquad x = 0\text{에서 모든 } y\text{에 대해 } u = U \tag{3}$$

식 (3)에서 마지막 경계조건은 시작 위치에서 유동의 분포이다. 평판의 선단($x = 0$)에서 평판이 유동에 미치는 영향은 없다고 가정한다.

이러한 방정식과 경계조건들이 문제를 풀기에 충분하게 보일지라도 안타깝게도 **해석 해는 없다.** 그러나 1908년에 P. R. Heinrich Blasius(1883–1970)가 수치적으로 식 (2)의 해를 구하였다. 여담으로 그 시대에 Blasius는 Prandtl의 박사과정 학생이었으며, 컴퓨터가 없던 시절이었기 때문에 손으로 모든 계산을 하였다. 오늘날 이 방정식들은 컴퓨터로 단 몇 초 만에 계산할 수 있다. 해를 구하는데 중요한 것은 **상사성(Similarity)**이라는 가정이다. 다시 말하면, 문제의 형상에 **특성 길이 척도가 없기** 때문에 상사성을 가정할 수 있다. 물리적으로는 평판이 x방향으로 무한대만큼 길기 때문에 유동을 확대하거나 축소하더라도 유동의 형상은 동일하다(그림 9-108).

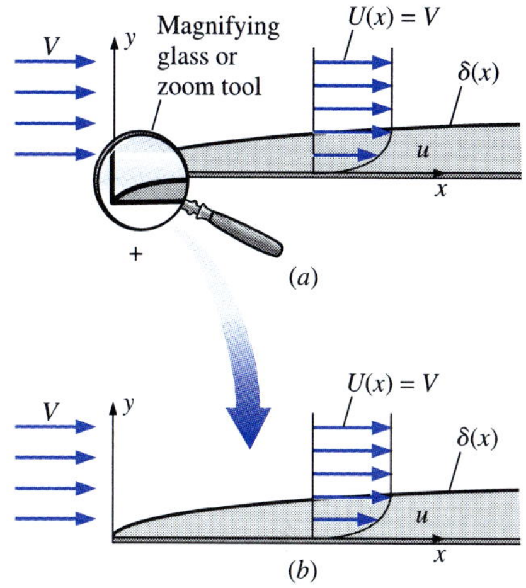

그림 9-108
상사성 가정으로 유동은 확대 축소에 관계없이 일정하다는 결론을 얻을 수 있다. (a) 사람이 볼 수 있을 정도의 거리로부터 본 시점, (b) 개미의 시점에서 볼 수 있을 정도로 확대한 시점.

Blasius는 무차원 독립변수로 독립변수 x, y를 결합한 **상사 변수(similarity variable)** η를 제안하였다.

$$\eta = y\sqrt{\frac{U}{\nu x}} \tag{4}$$

그리고 그는 무차원 x성분 속도의 해를 구하였다.

$$f' = \frac{u}{U} = \eta\text{의 함수} \tag{5}$$

식 (4)와 식 (5)를 식 (2)에 대입하고 식 (3)의 경계조건을 적용하면, 무차원 속도 $f'(\eta) = u/U$에 대한 상미분 방정식을 상사변수 η의 함수로서 얻을 수 있다. Runge-Kutta 수치기법을 사용하여 상미분 방정식을 풀면 표 9-1과 그림 9-109의 결과를 얻는다. 수치 기법에 대한 자세한 설명은 이 교재의 범위를 넘어선다(Heinsohn과 Cimbala, 2003을 참조하라). 속도의 y성분인 v도 비록 작지만($v \ll u$) 존재한다. 하지만 여기서는 v에 대해 다루지 않는다. 상사해의 이점은 그림 9-109처럼 상사변수로 도시하였을 때 어떤 x위치에도 동일한 속도 분포를 적용할 수 있다는 점이다. 그림 9-109에 도시된 계산결과와 실험적으로 얻어진 분포(원으로 나타내었음), 그리고 그림 9-96의 가시화 결과를 비교해 보았을 때 서로 잘 일치하는 것을 알 수 있다.

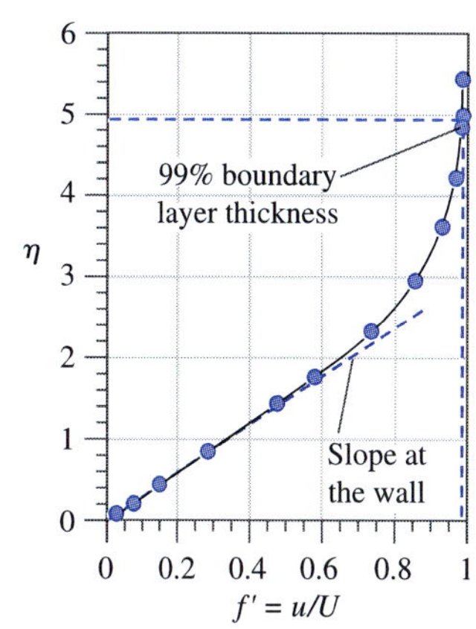

그림 9-109
무한 평판 위에서 발달하는 경계층에 대하여 상사변수로 표현된 Blasius 분포. 원으로 나타난 실험결과는 $Re_x = 3.64 \times 10^5$에서 얻어졌다.
From Panton (1996)

단계 4 경계층 내부의 관심 있는 몇 가지 특성들을 계산한다. 첫째, 표 9-1에서 제시된 것 보다 정밀한 수치 해로부터 $\eta \cong 4.91$에서 $u/U = 0.990$을 얻는다. 이 경계층 두께의 99% 위치를 그림 9-109에 도시하였다. 식 (4)와 δ의 정의를 사용하여 $y = \delta$에서의 결과를 얻는다.

표 9-1

상사변수에 의한 평판 위 층류 경계층의 Blasius 해

η	f''	f'	f	η	f''	f'	f
0.0	0.33206	0.00000	0.00000	2.4	0.22809	0.72898	0.92229
0.1	0.33205	0.03321	0.00166	2.6	0.20645	0.77245	1.07250
0.2	0.33198	0.06641	0.00664	2.8	0.18401	0.81151	1.23098
0.3	0.33181	0.09960	0.01494	3.0	0.16136	0.84604	1.39681
0.4	0.33147	0.13276	0.02656	3.5	0.10777	0.91304	1.83770
0.5	0.33091	0.16589	0.04149	4.0	0.06423	0.95552	2.30574
0.6	0.33008	0.19894	0.05973	4.5	0.03398	0.97951	2.79013
0.8	0.32739	0.26471	0.10611	5.0	0.01591	0.99154	3.28327
1.0	0.32301	0.32978	0.16557	5.5	0.00658	0.99688	3.78057
1.2	0.31659	0.39378	0.23795	6.0	0.00240	0.99897	4.27962
1.4	0.30787	0.45626	0.32298	6.5	0.00077	0.99970	4.77932
1.6	0.29666	0.51676	0.42032	7.0	0.00022	0.99992	5.27923
1.8	0.28293	0.57476	0.52952	8.0	0.00001	1.00000	6.27921
2.0	0.26675	0.62977	0.65002	9.0	0.00000	1.00000	7.27921
2.2	0.24835	0.68131	0.78119	10.0	0.00000	1.00000	8.27921

* η is the similarity variable defined in Eq. 4 above, and function $f(\eta)$ is solved using the Runge–Kutta numerical technique. Note that f'' is proportional to the shear stress τ, f' is proportional to the x-component of velocity in the boundary layer ($f' = u/U$), and f itself is proportional to the stream function. f' is plotted as a function of η in Fig. 9–109.

$$\eta = 4.91 = \sqrt{\frac{U}{\nu x}}\,\delta \quad \rightarrow \quad \frac{\delta}{x} = \frac{4.91}{\sqrt{\mathrm{Re}_x}} \tag{6}$$

많은 저자들은 식 (6)의 상수 4.91을 5.0으로 대체한다. 그러나 여기서는 Biasius 분포로 부터 획득되어진 다른 값들과 연속성을 위해 소수점 포함 세 자리를 표기하기로 한다.

다른 관심 있는 특성은 벽면에서의 전단응력 τ_w이다.

$$\tau_w = \mu \left.\frac{\partial u}{\partial y}\right)_{y=0} \tag{7}$$

그림 9-109에 도시된 벽면 전단응력은 벽면($y = 0$, $\eta = 0$)에서 무차원 속도 분포의 기울기이다. 상사결과(표 9-1)로부터 벽면에서의 무차원 기울기는 다음과 같다.

$$\left.\frac{d(u/U)}{d\eta}\right)_{\eta=0} = f''(0) = 0.332 \tag{8}$$

식 (8)을 식 (7)에 대입한 후 대수 계산(상사변수를 물리적 변수로 전환)을 수행하면, 다음 식을 얻는다.

물리적 변수로 나타낸 전단응력:
$$\tau_w = 0.332\frac{\rho U^2}{\sqrt{\mathrm{Re}_x}} \tag{9}$$

그러므로 그림 9-110에 도시한 것처럼 벽면 전단응력은 $x^{-1/2}$에 비례하여 감소한다. 식 (9)는 $x = 0$에서 τ_w가 무한대가 되는 물리적으로 타당하지 않은 결과를 제공한다. 선단($x = 0$)의 경계층 두께는 x에 비해 작지 않기 때문에 이 곳에서 경계층 근사는 적절하지 못하다. 또한, 실제 평판의 두께는 유한하고 평판 선단에는 정체점이 있어서 외부유동은 $U(x) = V$로 빠르게 가속된다. 하지만, 선단을 제외한 나머지 유동영역에

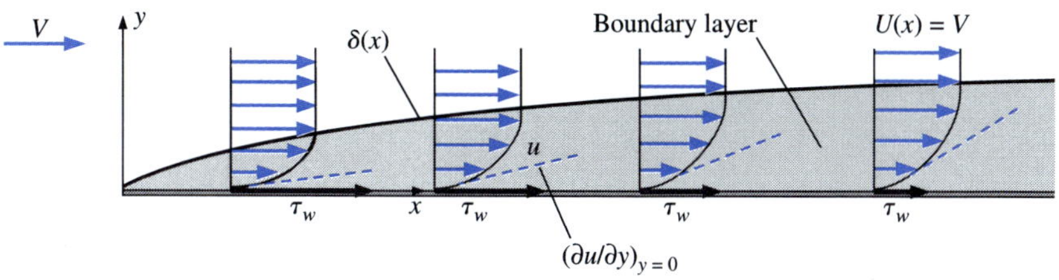

그림 9-110
평판 위 층류 경계층에서 벽면 전단응력은 벽면에서의 기울기 $\partial u/\partial y$가 하류방향으로 갈수록 감소하기 때문에 $x^{-1/2}$에 비례하여 줄어든다. 따라서 평판의 앞부분은 뒷부분보다 표면 마찰항력의 형성에 더 기여하게 된다.

서는 정확도가 유지된다.

식 (9)는 **표면마찰계수**로 정의되는 무차원 수이다(또는 **국소 마찰계수**라 불린다).

층류 평판에서 국소 마찰계수:

$$C_{f,x} = \frac{\tau_w}{\frac{1}{2}\rho U^2} = \frac{0.664}{\sqrt{\mathrm{Re}_x}} \tag{10}$$

$C_{f,x}$에 대한 식 (10)은 δ/x에 대한 식 (6)과 상수만 다를 뿐 같은 형태를 가지고 둘 다 Reynolds 수의 제곱근에 반비례하여 감소한다. 10장에서는 식 (10)을 적분하여 길이 L인 평판의 전체 마찰 항력을 구한다.

단계 5 경계층이 얇다는 것을 증명할 필요가 있다. 실제적인 예로 더운 날 32 km/h로 시내를 달리는 자동차의 후드 위로 지나는 유동을 생각해 보자(그림 9-111). 공기의 동점성계수는 $\nu = 1.7 \times 9^{-5}$ m²/s이다. 자동차 후드를 속도 32 km/h로 수평으로 움직이는 길이 1.1 m의 평판으로 가정하자. 첫째, 식 (9-73)을 사용하여 후드의 끝단에서 Reynolds 수를 계산하면 다음과 같다.

$$\mathrm{Re}_x = \frac{Vx}{\nu} = \frac{(32\ \mathrm{km/h})(1.1\ \mathrm{m})}{1.7\times10^{-5}\ \mathrm{m^2/s}}\left(\frac{1000\ \mathrm{m}}{\mathrm{km}}\right)\left(\frac{\mathrm{h}}{3600\ \mathrm{s}}\right) = 5.8 \times 10^5$$

Re_x가 근사 임계 Reynolds 수 $\mathrm{Re}_{x,\,cr} = 5 \times 10^5$에 매우 가깝기 때문에 층류유동이라는 가정은 적절하지 않을 수도 있다. 여기서는 층류 유동이라 가정하고, 식 (6)을 사용하여 경계층의 두께를 구한다.

$$\delta = \frac{4.91x}{\sqrt{\mathrm{Re}_x}} = \frac{4.91(1.1\ \mathrm{m})}{\sqrt{5.8\times10^5}}\left(\frac{100\ \mathrm{cm}}{\mathrm{m}}\right) = 0.71\ \mathrm{cm} \tag{11}$$

후드의 끝에서 경계층은 단지 대략 0.71 cm의 두께이므로 경계층이 얇다는 가정은 유효하다.

토의 Blasius 경계층 해는 오직 유동과 완벽하게 평행한 평판 위에서만 유효하다. 그러나 그것은 종종 자동차 후드와 같이 평평하지도 않고 유동과 정확히 평행이 되지 않는 벽면을 따라 발달하는 경계층을 근사 해석하는데도 사용된다. 단계 5에서 묘사된 것처럼, 실제적인 문제에서는 난류로 천이되는 임계값보다 큰 Reynolds 수를 다루어야 하는 경우가 많다. 경계층이 난류일 때 여기에서 제시한 층류 경계층에 대한 해를 적용하지 않도록 주의해야 한다.

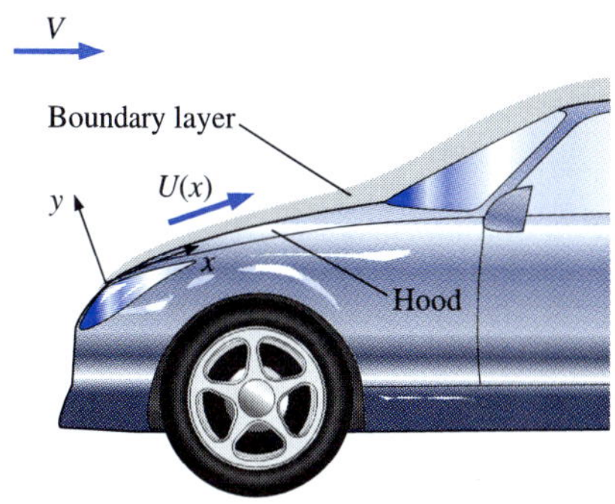

그림 9-111
자동차 후드 위에서의 경계층 발달. 경계층 두께는 명확한 설명을 위해 과장되어 나타나 있다.

난류 평판 경계층

이 장에서 난류 경계층 방정식을 유도하거나 계산하는 것은 다루지 않는다. 난류 영역에서는 경계층 방정식을 풀 수 없기 때문에, 경계층의 분포와 난류 경계층의 상태량들은 **실험**(또는 기껏해야 **준 실험**)에 의해 얻는다. 또한 난류 유동은 본질

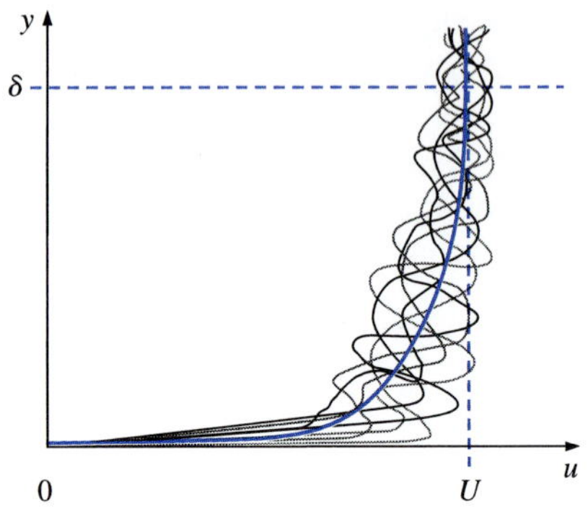

그림 9-112
난류 경계층의 비정상을 나타내는 그림. 얇고 검은 실선은 순간적인 속도분포이며, 두껍고 파란 실선은 오랜 시간 동안 평균된 속도분포이다.

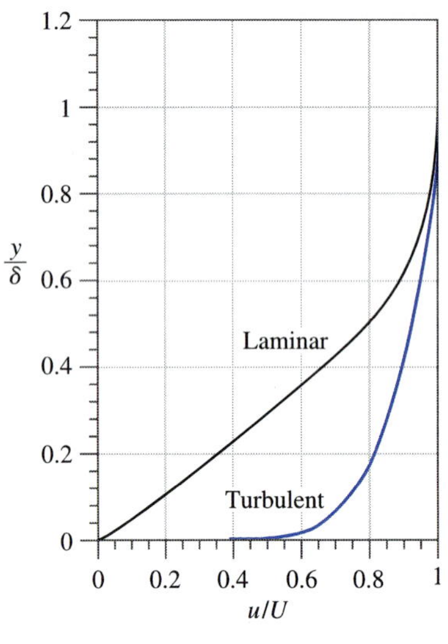

그림 9-113
평판 위 층류 경계층과 난류 경계층의 비교, 경계층 두께로 무차원화 되어 있다.

적으로 비정상(unsteady)이고, 순간속도는 그림 9-112와 같이 시간에 따라 변한다. 그래서 모든 난류 상태량은 **시간 평균한 값**으로 나타낸다. 난류 평판 경계층의 시간평균 경험식 중 하나는 **1/7 거듭제곱 법칙**이다.

$$\frac{u}{U} \cong \left(\frac{y}{\delta}\right)^{1/7} \quad \text{for } y \le \delta, \qquad \rightarrow \qquad \frac{u}{U} \cong 1 \quad \text{for } y > \delta \tag{9-75}$$

식 (9-75)에서 δ는 층류에서처럼 경계층 두께의 99%가 아니라 경계층의 실제 외곽의 값이다. 그림 9-113은 식 (9-75)를 그래프로 나타낸 그림이다. 비교를 위해 층류 경계층 분포(그림 9-109의 Blasius 방정식의 수치해)도 η 대신에 y/δ를 사용하여 함께 그림 9-113에 나타내었다. 그림을 보면, 같은 경계층 두께에서 난류 분포가 층류에 비해 평평하다는 것을 알 수 있다. 즉 난류 경계층은 벽면 근처까지 높은 속도를 유지하고 있다. 이는 큰 난류 에디가 경계층 외곽의 속도가 큰 유체를 아래쪽으로 유입시키기 때문이다. 다시 말하면 난류는 층류에 비해 더 잘 혼합되는데, 그 이유는 층류는 점성 확산에 의해 천천히 혼합되지만 난류는 큰 에디가 혼합을 촉진시키기 때문이다.

식 (9-75)는 근사적인 난류 경계층 속도 분포로 $y = 0$일 때 속도 구배($\partial u/\partial y$)가 무한대가 되어 물리적으로 맞지 않는다. 난류에서 벽면의 속도 구배는 매우 크지만 유한하다. 같은 두께의 층류 경계층과 비교하였을 때, 큰 속도 구배는 높은 벽면 전단응력[$\tau_w = \mu(\partial u/\partial y)_{y=0}$]을 초래하므로, 난류의 표면 마찰은 증가한다. 층류와 난류 경계층에 의하여 생성되는 표면 마찰항력은 10장에서 상세하게 다루기로 한다.

그림 9-113과 같이 무차원화 된 그림은 같은 Reynolds 수에서 층류에 비해 난류 경계층의 두께가 작다는 오해를 일으킬 수 있다. 하지만 실제로는 그렇지 않다. 이 사실은 예제 9-20의 물리적 변수로 나타낸 그림을 보면 알 수 있다.

표 9-2에 매끄러운 평판에서 층류와 난류에서 각 변수들(δ, δ^*, θ, $C_{f,x}$)을 비

표 9-2

균일흐름에 평행한 매끄러운 평판 위의 층류와 난류의 특성들에 대한 요약

Property	Laminar	(a) Turbulent(†)	(b) Turbulent(‡)
Boundary layer thickness	$\frac{\delta}{x} = \frac{4.91}{\sqrt{\text{Re}_x}}$	$\frac{\delta}{x} \cong \frac{0.16}{(\text{Re}_x)^{1/7}}$	$\frac{\delta}{x} \cong \frac{0.38}{(\text{Re}_x)^{1/5}}$
Displacement thickness	$\frac{\delta^*}{x} = \frac{1.72}{\sqrt{\text{Re}_x}}$	$\frac{\delta^*}{x} \cong \frac{0.020}{(\text{Re}_x)^{1/7}}$	$\frac{\delta^*}{x} \cong \frac{0.048}{(\text{Re}_x)^{1/5}}$
Momentum thickness	$\frac{\theta}{x} = \frac{0.664}{\sqrt{\text{Re}_x}}$	$\frac{\theta}{x} \cong \frac{0.016}{(\text{Re}_x)^{1/7}}$	$\frac{\theta}{x} \cong \frac{0.037}{(\text{Re}_x)^{1/5}}$
Local skin friction coefficient	$C_{f,x} = \frac{0.664}{\sqrt{\text{Re}_x}}$	$C_{f,x} \cong \frac{0.027}{(\text{Re}_x)^{1/7}}$	$C_{f,x} \cong \frac{0.059}{(\text{Re}_x)^{1/5}}$

* Laminar values are exact and are listed to three significant digits, but turbulent values are listed to only two significant digits due to the large uncertainty affiliated with all turbulent flow fields.

† Obtained from one-seventh-power law.

‡ Obtained from one-seventh-power law combined with empirical data for turbulent flow through smooth pipes.

교하였다. 여기서 난류 경계층의 변수들은 식 (9-75)의 1/7 거듭제곱 법칙에 기초하여 유도된 것이다. 표 9-2는 **매끄러운** 평판에만 적용된다는 것을 주의해야 한다. 약간의 표면조도만 있어도 난류 경계층의 운동량 두께, 국소 마찰 계수와 같은 상태량은 큰 영향을 받는다. 난류영역에서 표면조도의 영향은 10장에서 상세하게 다루기로 한다.

예제 9-20 층류 경계층과 난류 경계층의 비교

20°C의 공기가 $V = 10.0$ m/s의 속도로 $L = 1.52$ m인 매끄러운 평판 위를 흐른다(그림 9-114). (a) $x = L$에서 층류와 난류를 비교하고 y에 대한 u의 분포를 그려라. (b) $x = L$에서 두 가지 경우에 대한 국소 표면 마찰계수를 비교하라. (c) 층류와 난류 경계층의 발달을 그리고 비교하라.

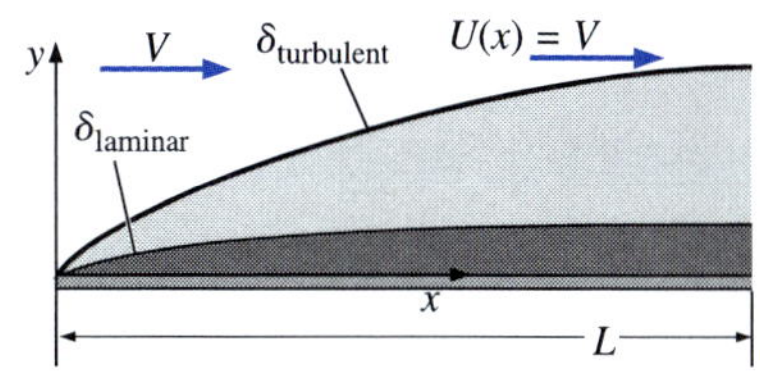

그림 9-114
예제 9-20에서 평판 위를 지나는 공기의 층류 경계층과 난류 경계층의 비교(여기서 경계층 두께는 다소 과장되었다).

풀이 평판의 끝 부분에서 층류와 난류 경계층의 분포, 국소 표면 마찰계수와 경계층 두께를 비교하고자 한다.

가정 1 평판은 매끄럽고 유동은 균일하다. 2 유동은 정상상태이다. 3 평판은 무한히 얇고, 자유흐름에 평행하다.

상태량 20°C 공기의 동점성계수는 $\nu = 1.516 \times 10^{-5}$ m²/s이다.

해석 (a) 먼저 $x = L$에서 Reynolds 수를 계산한다.

$$\text{Re}_x = \frac{Vx}{\nu} = \frac{(10.0 \text{ m/s})(1.52 \text{ m})}{1.516 \times 10^{-5} \text{ m}^2\text{/s}} = 1.00 \times 10^6$$

이 Re_x의 값은 그림 9-98에 따르면 층류와 난류가 변하는 구간이다. 따라서 이 구간에서 층류와 난류의 속도 분포의 비교는 타당하다. 층류의 경우, 그림 9-113의 y/δ에 아래의 δ_{laminar}를 곱한다.

$$\delta_{\text{laminar}} = \frac{4.91x}{\sqrt{\text{Re}_x}} = \frac{4.91(1520 \text{ mm})}{\sqrt{1.00 \times 10^6}} = \mathbf{7.46 \text{ mm}} \qquad (1)$$

유사한 방법으로 $U(U = V = 10.0$ m/s)를 그림 9-113의 u/U에 곱하여 u(m/s)를 구할 수 있다. 이 값들을 그림으로 나타내면 그림 9-115와 같이 된다.

표 9-2의 (a)식을 이용하여 같은 위치에서 난류 경계층의 두께를 계산한다.

$$\delta_{\text{turbulent}} \cong \frac{0.16x}{(\text{Re}_x)^{1/7}} = \frac{0.16(1520 \text{ mm})}{(1.00 \times 10^6)^{1/7}} = \mathbf{33.8 \text{ mm}} \qquad (2)$$

[표 9-2의 (b)를 기초로 하여 계산하면 다소 크게(36.4 mm) 계산된다.] 식 (1)과 (2)를 비교하면 Reynolds 수가 1.0×10^6일 때 난류 경계층의 높이가 층류 경계층의 높이보다 약 4.5배 크다는 것을 알 수 있다. 식 (9-75)를 실제 물리량으로 나타내서 층류 속도 분포와 비교하면 그림 9-115와 같다. 그림 9-115는 (1) 난류 경계층이 층류 경계층보다 두껍고 (2) 난류는 벽 근처에서 y에 대한 u의 구배가 크다는 것을 보여준다. (매우 가까운 벽 근처에서는 1/7 거듭제곱 법칙으로 실제 난류 경계층을 표현하는 것은 충분치 않다는 것을 유념하라.)

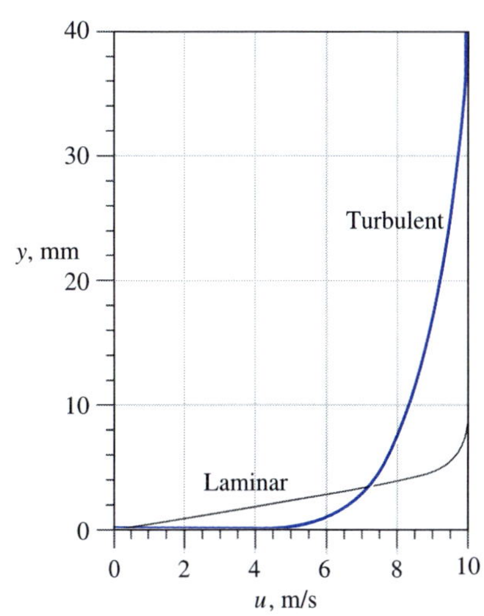

그림 9-115
물리적 변수를 이용한 동일한 x 위치에서의 평판 위 층류 경계층과 난류 경계층의 비교. Reynolds 수는 $\text{Re}_x = 1.0 \times 10^6$이다.

(b) 두 가지 경우에 대해서 표 9-2를 이용하여 국소 표면 마찰계수를 비교해 보자. 층류에서,

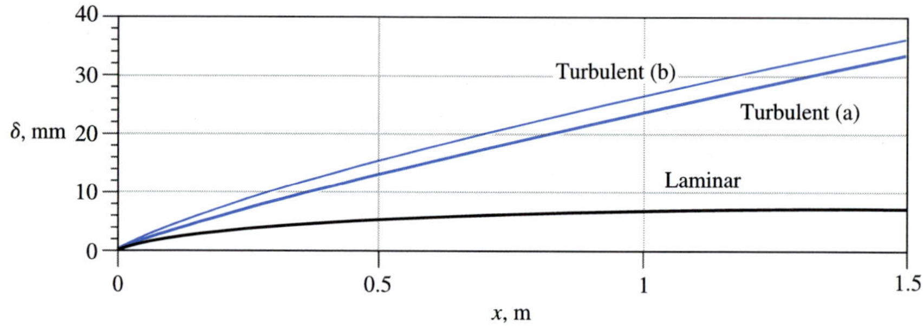

그림 9-116
예제 9-20에서 층류 경계층과 난류 경계층의 발달 비교

$$C_{f,\,x,\,\text{laminar}} = \frac{0.664}{\sqrt{\text{Re}_x}} = \frac{0.664}{\sqrt{1.00\times 10^6}} = \mathbf{6.64\times 10^{-4}} \qquad (3)$$

난류에서, 표 9-2의 (a)를 이용하면

$$C_{f,\,x,\,\text{turbulent}} \cong \frac{0.027}{(\text{Re}_x)^{1/7}} = \frac{0.027}{(1.00\times 10^6)^{1/7}} = \mathbf{3.8\times 10^{-3}} \qquad (4)$$

식 (3)과 (4)를 비교하면 난류 표면 마찰 값이 층류에 비해 약 5배 큼을 알 수 있다. 만약 표 9-4 (b)를 사용하여 난류 표면 마찰계수를 구하면 $C_{f,\,x,\,\text{turbulent}} = 3.7\times 10^{-3}$을 얻는데 이 값은 식 (4)와 매우 비슷하다.

(c) 난류 계산에서 평판의 초기부터 난류 영역이라고 가정하였다. 실제로는 그림 9-98과 같이 층류 영역 다음에 천이 영역이 나타나며, 마지막으로 난류 영역이 나타난다. 본 문제에서는 전체 평판을 완전 층류나 완전 난류로 가정하고 계산하였다. 표 9-2를 이용하여 계산한 결과를 그림 9-116에 나타내었다.

토의 그림 9-116의 가로 좌표가 m 단위인 반면, 세로 좌표의 단위는 mm이다. 경계층은 난류인 경우에도 매우 얇다. 표 9-2의 (a)와 (b)의 차이는 실험적인 방법과 표 9-2의 식들을 얻기 위해 사용한 준 실험적인 근사 방법의 차이로 설명할 수 있다. 이와 같은 사실이 난류 경계층의 값들을 소수점 2 자리까지 밖에 계산하지 않은 이유이다. 평판 끝에서의 Reynolds 수가 천이 영역에 있기 때문에, 실제 δ값은 그림 9-116의 층류와 난류 사이에 있게 될 것이다.

압력 구배가 있는 경계층

앞에서 우리는 평판 경계층 유동에 대하여 논의하였다. 하지만, 엔지니어의 주된 관심사는 임의의 형상에서의 경계층이다. 이에는 자유흐름 중에 있는 물체를 지나는 외부유동도 포함하며(그림 9-117a), 벽을 따라서 경계층이 발달하는 풍동이나 덕트 같은 내부유동도 포함한다(그림 9-117b). 먼저 논의하였던 압력구배가 없는 평판과 같이, 압력구배가 있는 경우도 경계층은 층류 또는 난류가 될 수 있다. 난류로 천이되는 영역의 경계층 두께, 표면 마찰 등을 대략적으로 구할 때는 평판 경계층 결과들을 사용할 수 있다. 그러나 보다 높은 정확성이 요구된다면 그림 9-104의 절차에 따라서 경계층 방정식을 풀어야 한다[정상상태, 층류, 2차원 유동인 경우 식 (9-74)]. 이 경우 x-운동량 식의 압력구배항($U\,dU/dx$)이 0이 아니므로 해석은 어려워진다. 여기서는 압력구배가 있는 경계층의 일부 정성적인 특징만을 논의한다. 이 부분의 상세한 설명은 높은 수준의 유체역학 교재를 참고하

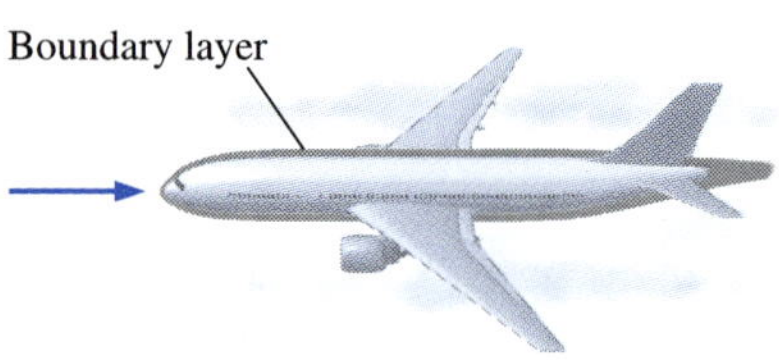

(a)

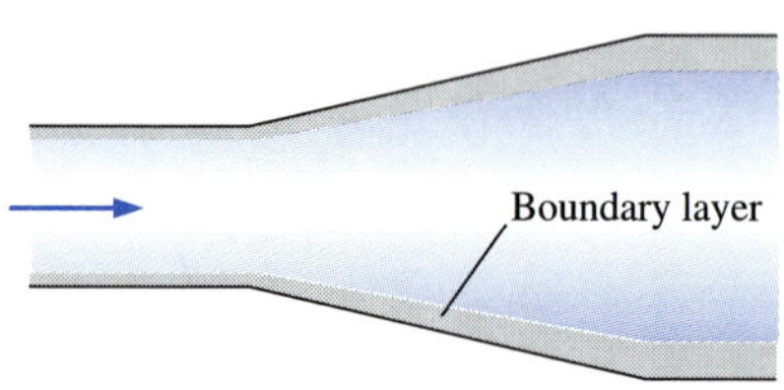

(b)

그림 9-117
외부유동과 내부유동에서 압력구배를 가지는 경계층. (a) 비행기의 동체를 따라 발달하여 후류를 이루는 경계층 (b) 디퓨저의 벽면을 따라 발달하는 경계층(두 경우에 경계층 두께는 다소 과장되었다).

라(즉, Panton, 1996과 White, 1991).

먼저 용어부터 알아보자. 비점성, 비회전인 외부영역(경계층의 외부)의 유동이 **가속**되면 $U(x)$는 증가하고 $P(x)$는 감소한다. 이를 **순압력구배**라 부른다. 이 경우 유동은 순조롭고 매끄럽다. 왜냐하면, 가속유동인 경우 경계층의 두께가 항상 얇으며, 벽면 쪽에 매우 근접하여 있기 때문에 박리가 일어나지 않는다. 외부유동이 **감속**하는 경우 $U(x)$는 감소하고 $P(x)$는 증가하며, **역 압력구배**를 갖게 된다. 이름이 암시하듯 이 유동은 순조롭지 못하다. 왜냐하면, 이 유동은 경계층이 두꺼우며, 벽면에 근접하여 있지 않으므로, 벽면에서 쉽게 박리된다.

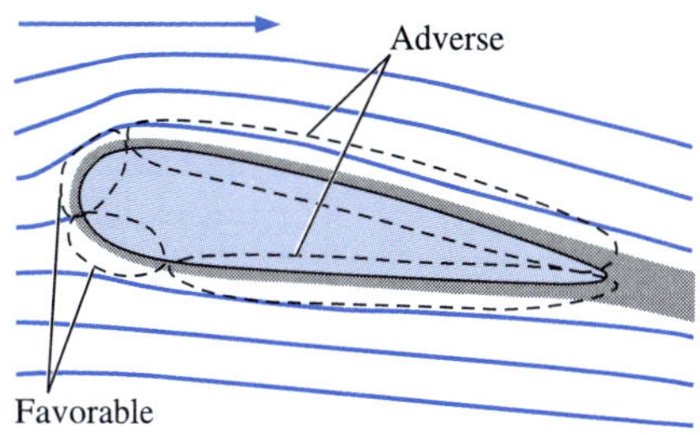

그림 9-118
자유흐름에 잠겨있는 물체 표면을 따라 생기는 경계층에서, 앞에서는 순압력구배, 뒤에서는 역압력구배가 나타난다.

비행기 날개와 같은 전형적인 외부 유동(그림 9-118)의 경우, 앞부분은 순 압력구배에 속하며, 뒷부분은 역압력구배에 속한다. 만약 역압력구배($dP/dx = -U\, dU/dx$)가 너무 크다면, 경계층은 벽면으로부터 **박리**된다. 그림 9-119는 외부유동과 내부유동에서의 유동박리를 보여준다. 그림 9-119a는 적당한 영각을 가지고 있는 에어포일인 경우다. 밑면의 경계층은 벽에 붙어 있지만, 윗면의 뒷부분에서는 경계층이 박리된다. 에어포일 상부의 재순환하는 유선은 **박리 기포(separation bubble)**라 불린다. 원래 경계층 방정식은 포물선형이며, 이 경우 하류에 대한 정보가 상류에 영향을 미치지 않는다. 하지만 벽 근처에서 박리되어 **역류**를 일으키면 경계층 방정식의 적용이 불가능하다.

> 경계층 방정식들은 박리 기포 내의 역류현상 때문에 박리점의 하류에서는 유효하지 않다.

이러한 경우는, 경계층 방정식 대신 완전한 Navier-Stokes 방정식을 사용하여야 한다. 왜냐하면 박리가 일어나면 그림 9-104의 경계층 계산 절차 중 1단계에서 계산되는 외부 유동의 값이, 특히 박리점 뒤(그림 9-118과 9-119a 비교)에서 유효하지 않기 때문이다.

그림 9-119b는 매우 큰 영각(angle of attack)을 가진 에어포일의 전형적인 경우를 보여주며, 이 경우 박리점이 에어포일 앞으로 많이 이동하고, 박리 기포가 에어포일 위 부분을 대부분 덮고 있다. 이 경우를 실속(stall)이라 부른다. 실속은 양력의 감소를 동반하고 항력의 증가를 가져온다. 자세한 내용은 10장에서 논의하기로 한다. 유동박리는 디퓨저의 역압력구배 영역과 같은 내부유동에서도 발생한다(그림 9-119c). 또한 유동박리는 그림과 같이 디퓨저의 한쪽 벽에 비대칭으로 생성되기도 한다. 유동박리가 형성된 에어포일과 같이 디퓨저에서도 외부유동해석은 의미가 없으며 경계층 방정식은 유효하지 않다. 디퓨저에서의 유동박리는 압력회복의 감소를 가져오고, 이러한 경우 역시 실속 조건으로 부른다.

벽면에서의 경계층 운동량 방정식을 조사하면 다양한 압력구배 하의 속도

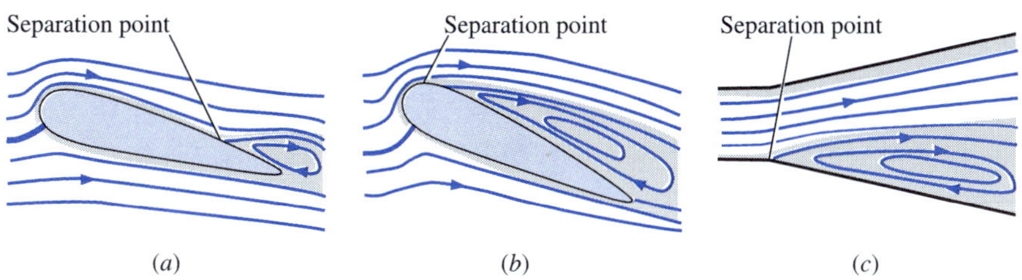

그림 9-119
역압력구배 구간에서 박리되는 경계층의 예. (a) 일반적인 영각의 비행기 날개 (b) 높은 영각을 갖는 동일한 비행기 날개(실속한 날개) (c) 넓은 각을 가진 디퓨저에서는 경계층이 부착되지 못하고 박리된다.

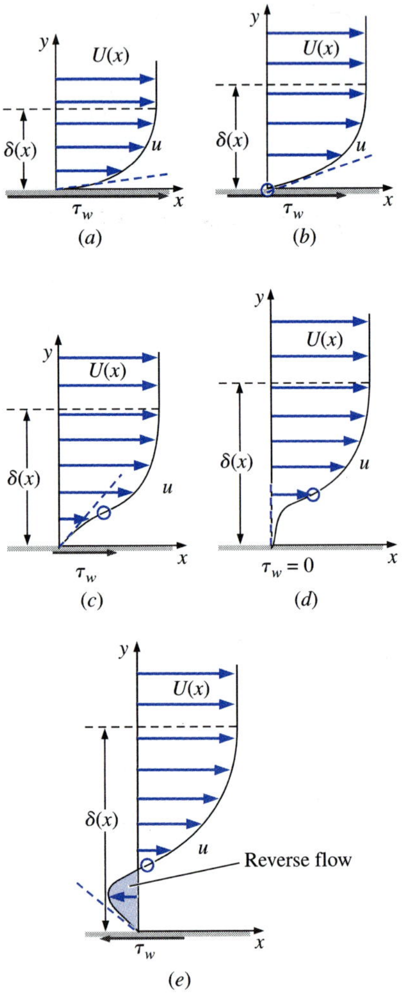

그림 9-120
압력구배($dP/dx = -U\ dU/dx$)에 따른 경계층 분포의 비교. (a) 순압력구배 (b) 영의 압력구배 (c) 약한 역압력구배 (d) 임계 역압력구배(박리점) (e) 강한 역압력구배. 변곡점은 파란 원으로 나타내었고, 각각의 경우에 벽면 전단응력[$\tau_w = \mu(\partial u/\partial y)_{y=0}$]이 그려져 있다.

분포에 대해 많은 것을 알 수 있다. 벽면에서 점착조건을 이용하면, 식 (9-74b)의 좌변 전부가 사라지며, 단순히 압력구배항과 점성항만 남는다.

벽면:
$$\nu\left(\frac{\partial^2 u}{\partial y^2}\right)_{y=0} = -U\frac{dU}{dx} = \frac{1}{\rho}\frac{dP}{dx} \tag{9-76}$$

순 압력구배 조건에서(가속되는 외부 유동), dU/dx는 양이 되고, 식 (9-76)에 의해 u의 2차 도함수는 음이 되는데, 즉 $(\partial^2 u/\partial y^2)_{y=0} < 0$이 된다. 경계층의 가장자리에서 u가 $U(x)$에 가까워질 때 $\partial^2 u/\partial y^2$은 음으로 유지되어야만 한다. 그래서 경계층의 속도 분포는 어떠한 변곡점도 없이 그림 9-120a와 같이 둥글게 된다. 압력구배가 0이 되는 경우, 즉 $(\partial^2 u/\partial y^2)_{y=0} = 0$인 경우에는 그림 9-120b와 같이 벽 근처에서 u가 y에 대해 선형적으로 증가한다. (이는 그림 9-109에 보여진 바와 같이, 평판에서 영 압력구배인 Blasius 경계층 속도분포로 검증할 수 있다.) 역 압력구배인 경우, dU/dx는 음이 되고, 식 (9-76)에 의해 $(\partial^2 u/\partial y^2)_{y=0}$은 양이 된다. 그러나 경계층의 가장자리에서 u가 $U(x)$에 가까워지면 $\partial^2 u/\partial y^2$이 음이 되어야 하기 때문에, 그림 9-120c와 같이 **변곡점**($\partial^2 u/\partial y^2 = 0$)이 필요하다.

벽면에서 y에 대한 u의 1차 도함수는 벽 전단응력 τ_w, [$\tau_w = \mu(\partial u/\partial y)_{y=0}$]에 비례한다. 그림 9-120a에서 c를 비교하면 순 압력구배에서 벽 전단응력이 가장 크고, 역 압력구배에서 벽 전단응력이 가장 작음을 알 수 있다. 경계층 두께는 그림 9-120과 같이 압력구배의 부호가 바뀌면 증가한다. 만약 역 압력구배가 충분히 크다면, $(\partial u/\partial y)_{y=0}$은 0이 될 수 있다(그림 9-120d). 이 점이 **박리점**이고 이후로는 역류가 형성된다(그림 9-120e). 박리 후의 $(\partial u/\partial y)_{y=0}$은 음이기 때문에 τ_w도 음이 된다. 전에도 언급하였지만 역류 구간에서는 경계층이 형성되지 않는다. 그래서 경계층 근사는 박리 앞부분에서만 사용되고 뒷부분에서 사용되어서는 안 된다.

경계층 방정식은 박리점의 위치를 예측할 수는 있으나 박리점 뒷부분의 유동은 전혀 예측하지 못한다. 어떠한 경우에는 박리점 상류에서도 외부유동이 크게 변하여, 경계층 근사가 잘못된 결과를 가져오기도 한다.

경계층 근사는 외부 유동의 해에 따라 달라진다. 만약 유동박리에 의하여 외부 유동이 크게 변한다면 경계층 근사는 틀리게 된다.

그림 9-120에 그려진 경계층은 층류 경계층에 대한 것이다. 난류 경계층의 경우 층류경계층과 정성적으로는 유사한 거동을 보이지만, 난류 경계층의 평균 속도 분포는 같은 조건에서 층류 경계층에 비하여 훨씬 넓다. 따라서 난류 경계층에서 박리가 일어나기 위해서는 보다 강한 역 압력구배가 필요하다.

난류 경계층은 같은 역 압력구배에 노출되었을 때 층류 경계층보다 유동 박리에 대한 저항이 강하다.

이 서술에 대한 실험적인 증거가 그림 9-121에 나타나있으며, 여기서 외부유동은 20° 각도의 날카로운 방향전환을 시도하고 있다. 층류 경계층(그림 9-121a)은 날카로운 부분을 부드럽게 지나지 못하고, 모서리에서 박리가 생긴다. 반면 난류 경계층(그림 9-121b)은 날카로운 모서리에 붙어 있음을 보여준다.

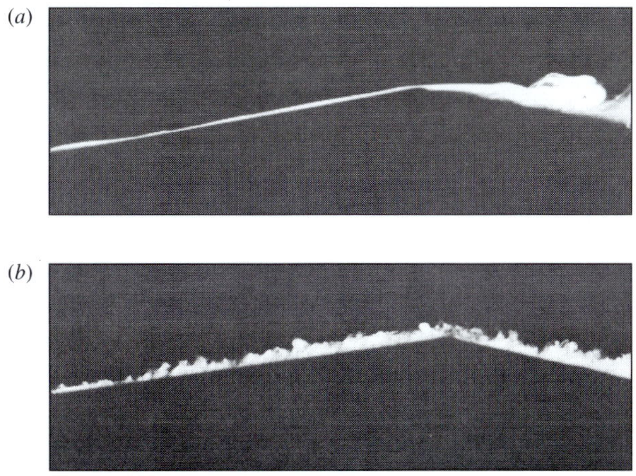

그림 9-121
역압력구배에서의 층류 경계층과 난류 경계층의 유동가시화 비교. 유동방향은 오른쪽이다. (a) 모서리에서 층류 경계층이 박리되고 있지만, (b) 모서리에서 난류 경계층은 박리되지 않는다. Head가 1982년 titanium tetrachloride를 이용하여 찍은 사진임.

Head, M. R. 1982 in Flow Visualization II, *W. Merzkirch, ed., pp. 399-403. Washington:* Hemisphere.

구와 같은 뭉툭한 물체 위로 지나가는 유동에서도 비슷한 경우가 발생한다. 예를 들면 매끈한 골프공의 경우는 그 표면에 층류 경계층을 유지할 것이고, 그리고 꽤 쉽게 박리가 되어 큰 공기역학적 항력이 생긴다. 난류 경계층으로 일찍 천이가 발생되도록 하기 위하여 골프공은 딤플(표면조도의 한 형태)을 갖는다. 유동은 여전히 골프공 표면에서 박리가 일어나기는 하지만 경계층 내에서 훨씬 먼 후방에서 일어나기 때문에 공기역학적 항력을 상당히 줄여준다. 이는 10장에서 상세하게 다루기로 한다.

요약 SUMMARY

이 장에서는 미분형의 질량보존법칙(**연속방정식**)과 선형 운동량 방정식(**Navier-Stokes 방정식**)을 유도하였다. 일정한 상태량을 갖는 뉴턴 유체의 비압축성 유동에 대한 연속방정식은

$$\vec{\nabla}\cdot\vec{V}=0$$

Navier-Stokes 방정식은

$$\rho\frac{D\vec{V}}{Dt}=-\vec{\nabla}P+\rho\vec{g}+\mu\nabla^2\vec{V}$$

비압축성 2차원 유동에서 유동함수 ψ를 정의하였으며, 이는 직교좌표계에서 다음과 같다.

$$u=\frac{\partial\psi}{\partial y}\qquad v=-\frac{\partial\psi}{\partial x}$$

한 유선과 다른 유선의 ψ 값 차이는 두 유선 사이를 유동하는 단위 폭당의 체적유량이며, ψ가 일정한 곡선은 유선을 나타낸다.

주어진 속도장에서의 압력분포를 구할 때 또는 주어진 형상과 경계조건에서 속도장과 압력장을 구할 때, 유체 운동에 관한 미분 방정식들을 이용하는 방법을 몇몇 예제에서 살펴보았다. 여기서 기술한 풀이과정은 해를 얻는데 컴퓨터가 필요한 더 복잡한 유동 문제로 확장될 수 있다.

Navier-Stokes 방정식은 유체역학의 초석이다. 유체 유동을 기술하는 미분방정식(연속방정식과 Navier-Stokes 방정식)을 알고 있어도, 이를 푸는 방법을 알아야 한다. 형상이 단순한 (일반적으로 무한한) 경우, 미분방정식은 해석적으로 풀 수 있을 정도로 간단해진다. 그러나 형상이 더 복잡하면, 방정식은 손으로는 풀 수 없는 비선형, 연계된(coupled), 2차의 편미분 방정식이 된다. 따라서 **근사해** 또는 **수치해**를 이용하여 문제를 해석하여야 한다.

Navier-Stokes 방정식은 풀기가 어렵기 때문에 실제의 공학적 해석에는 **근사적 방법**이 많이 쓰인다. 근사적 방법을 사용할 때에는 먼저 해석 대상 유동 영역에서 그 근사가 적절한지 확신해야 한다. 이 장에서 우리는 몇 가지 근사 방법들에 대해 고찰하고 그것들이 유용하게 쓰이는 유동에 대한 예를 보인다. Reynolds 수가 매우 작은 영역의 유동에서는, Navier-stokes 방정식의 점성항이 좌변의 항들 대비 지배적이고 따라서 압력 힘은 점성력과 균형을 이룬다. 만약 관성의 영향을 완전히 무시한다면, **크리핑 유동**으로 근사할 수 있고, Navier-Stokes 방정식은 다음과 같이 간단하게 표현된다.

$$\vec{\nabla}P'\cong\mu\nabla^2\vec{V}$$

크리핑 유동은 우리의 몸이나 자동차 등과 같이 상대적으로 높은 Reynolds 수로 움직이는 곳에서는 찾아보기 어렵다. 크리핑 유동에서 관성의 영향이 작다는 사실은 이 장에서 논의되었던 것과 같이 상당히 흥미로운 특성을 만들어낸다.

비점성 유동 영역은 크리핑 유동과는 반대로 관성항에 비해 점성항을 무시할 수 있는 영역으로 정의된다. 이러한 유동 영역에서 Navier-Stokes 방정식은 **Euler 방정식**으로 단순화된다.

$$\rho\left(\frac{\partial \vec{V}}{\partial t} + (\vec{V} \cdot \vec{\nabla})\vec{V}\right) = -\vec{\nabla}P'$$

여기서 중력효과는 무시되었다. 비점성 유동 영역에서 Euler 방정식은 유선을 따라 유효한 **Bernoulli 방정식**으로 변환된다.

개개의 유체 입자가 회전하지 않는 유동의 영역은 **비회전 유동 영역(irrotational region of flow)**이라 불린다. 이러한 영역에서 유체의 와도(vorticity)는 무시할 수 있을 정도로 작고 Navier-Stokes 방정식의 점성 항을 무시할 수 있어 Euler 방정식으로 변한다. 게다가 Bernoulli 상수는 유선을 따라서만이 아니라 전 영역에서 같게 되어 Bernoulli 방정식을 적용할 수 있는 범위가 넓어진다. 비회전 유동의 이점은 기본 유동 해들이 함께 더해질 수 있어서 보다 복잡한 유동 해를 만들어낼 수 있다는 것이며, 이러한 과정을 **'중첩'** 이라 부른다.

Euler 방정식이 고체 벽의 점착조건을 만족시키지 않기 때문에 **경계층 근사(boundary layer approximation)**는 Euler 방정식과 전체 Navier-Stokes 방정식 사이에서 다리와 같은 역할을 한다. 고체 벽 근처의 매우 얇은 영역이나 후류, 제트 그리고 혼합층 내부 영역을 제외하고는 모든 곳에 비점성 그리고/또는 비회전 **외부 유동**을 가정한다. 경계층 근사는 높은 Reynolds 수의 유동에 적합하다. 그러나 Reynolds 수가 클지라도 회전 점성 유동인 얇은 경계층 내부에서는 Navier-Stokes 방정식의 점성항은 여전히 중요하다는 사실을 인식해야 한다. 정상상태, 비압축성, 2차원 층류 유동에 대한 **경계층 방정식**은 다음과 같다.

$$\frac{\partial u}{\partial x} + \frac{\partial v}{\partial y} = 0, \quad u\frac{\partial u}{\partial x} + v\frac{\partial u}{\partial y} = U\frac{dU}{dx} + \nu\frac{\partial^2 u}{\partial y^2}$$

압력구배가 없는 평판을 따라 발달하는 층류 경계층에 대해서는 이러한 값들을 정확히 계산할 수 있다. Reynolds 수가 증가하면 경계층은 난류 경계층이 된다. (평판의 난류 경계층에 대한 준실험식이 이 장에 주어져 있다.) 마지막으로 압력구배가 있는 경계층에 대하여 간략하게 논의 하였다.

이 장에 나온 근사 방법은 많은 실제적인 문제에 적용된다. 포텐셜 유동해석은 에어포일의 양력을 계산하는데 유용하게 쓰인다(10장). 비점성 근사는 개수로 유동(11장) 그리고 터보기계(12장)의 해석에 사용된다.

연습문제* PROBLEMS

일반적 배경 및 수학적 배경 문제

9-1C 유동 영역(flow domain)과 검사체적(control volume)의 차이를 근본적으로 설명하라.

9-2C 두 개 또는 그 이상의 미분방정식들이 연결(coupled)되어 있다고 말할 때 그것의 의미는 무엇인가?

9-3C 온도변화가 중요하지 않은 3차원, 비정상상태, 비압축성 유동장에는 얼마나 많은 미지수가 있는가? 이러한 미지수를 풀기 위해 필요한 방정식을 열거하라.

9-4C 온도와 밀도 변화가 중요한 3차원, 비정상상태, 압축 유동장에는 얼마나 많은 미지수가 있는가? 이러한 미지수를 풀기 위해 필요한 방정식을 나열하라. (힌트: 점성과 열전도도와 같은 유동 특성들은 일정하다고 가정하라.)

* "C"로 표시된 문제는 개념 문제이고, 학생들은 모든 문제에 답하도록 권장된다. "E"로 표시된 문제는 영미 단위로서, SI 사용자는 그것을 무시해도 좋다. 아이콘으로 표시된 문제는 EES를 이용하여 푸는 문제로서, 매개변수 연구와 함께 완전한 풀이가 동봉된 DVD에 수록되어 있다. 아이콘으로 표시된 문제는 본질상 종합적인 문제로서 컴퓨터로, 가급적 본 교재에 동반된 EES 소프트웨어를 이용해, 풀도록 의도된 것이다.

9-5 많은 경우에 있어서 속도를 직교(x, y, z)좌표에서 원통(r, θ, z)좌표로의 (또는 그 반대로) 변환이 필요하다. 그림 P9-5를 이용하여, 원통 속도성분(u_r, u_θ, u_z)을 직교 속도성분(u, v, w)으로 변환하라. (힌트: 이러한 변환에서 속도의 z성분은 유지되므로 그림 P9-5에서처럼 xy평면만 고려하면 된다.)

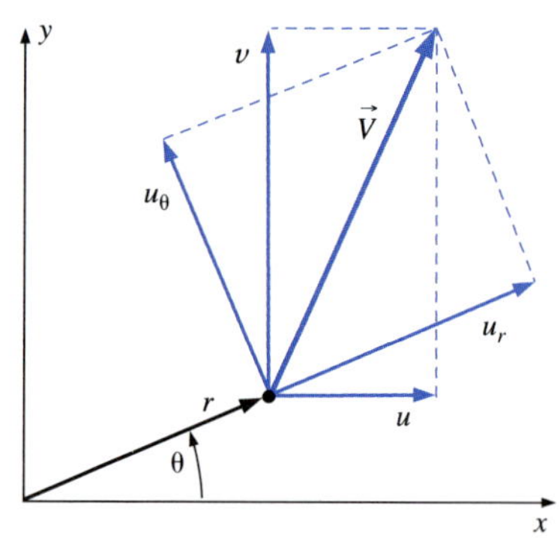

그림 P9-5

9-6 그림 P9-5를 참고로 이용하여, 직교 속도성분(u, v, w)을 원통 속도성분(u_r, u_θ, u_z)으로 변환하라. (힌트: 이러한 변환에서 속도의 z성분은 유지되므로 그림 P9-5에서처럼 xy평면만 고려하

면 된다.)

9-7 Beth는 풍동 내에서 회전하는 유동에 대해서 연구하고 있다. 그녀는 열선 유속계를 사용하여 속도성분 u와 v를 측정한다. $x = 0.50$ m와 $y = 0.20$ m에서, $u = 10.3$ m/s와 $v = -5.6$ m/s이다. 불행히도, 데이터 해석 프로그램에서 원통좌표(r, θ)와 (u_r, u_θ)로의 입력이 요구된다. Beth를 도와서 그녀의 데이터를 원통좌표로 변환하라. 구체적으로, 주어진 데이터 점에서 r, θ, u_r 및 u_θ를 계산하라.

9-8 정상, 2차원, 비압축성 속도장이 직교 속도성분 $u = Cy/(x^2 + y^2)$과 $v = -Cx/(x^2 + y^2)$를 갖고 있고, 여기서 C는 상수이다. 이들 직교 속도성분을 원통 속도성분 u_r와 u_θ로 가능한 한 간략하게 변환하라. 이 유동을 알아차릴 수 있어야 한다. 이것은 어떤 종류의 유동인가?

답: 0, $-C/r$, 선 와류

9-9 그림 P9-9에 스케치된 것처럼 xy 또는 $r\theta$평면에서 나선형의 선 와류/싱크 유동(line vortex/sink flow)을 고려하라. 이 유동장에 대한 2차원 원통 속도성분 (u_r, u_θ)은 $u_r = C/2\pi r$과 $u_\theta = \Gamma/2\pi r$ 이며, 여기서 C와 Γ는 상수이다 (m은 음이고 Γ는 양이다). 이들 2차원 원통 속도성분을 직교속도성분 (u, v)으로 변환하라. 답은 r, θ를 포함하지 않아야 하고 단지 x와 y만 포함하여야 한다. 산술 계산의 검산으로서, 직교좌표를 사용하여 V^2를 계산하고 원통좌표에서 주어진 속도성분으로부터 구해진 V^2과 비교하라.

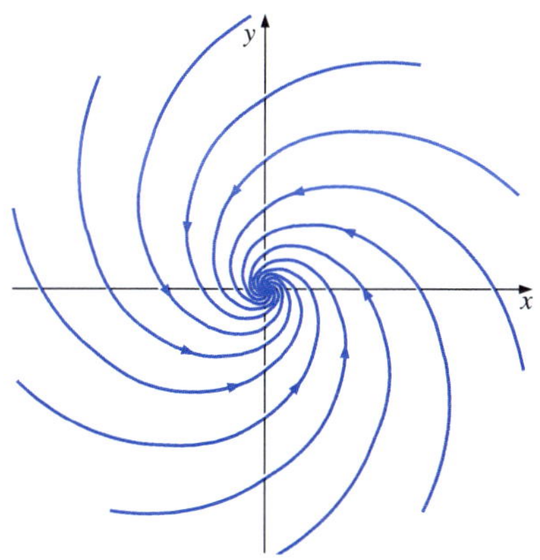

그림 P9-9

9-10E Alex는 LDV(laser Doppler velocimeter)를 사용하여 펌프에서 시간 평균한 속도를 측정하고 있다. 레이저 빔은 펌프의 반경과 접선방향들에 정렬되어 있으므로, 그는 속도성분 u_r과 u_θ를 측정한다. $r = 6.20$ in 및 $\theta = 30.0°$에서 $u_r = 1.37$ ft/s이고 $u_\theta = 3.82$ ft/s이다. 불행히도, 데이터 해석 프로그램은 직교좌표 (x, y)에서 ft 및 (u, v)에 ft/s 단위의 입력을 요구한다. Alex를 도와서 그의 데이터를 직교좌표로 변환하라. 구체적으로, 주어진 데이터 점에서 x, y, u 및 v를 계산하라.

연속 방정식

9-11C 만약 유동장이 압축성이라면 밀도의 물질 도함수(material derivative)에 대해 어떻게 말할 수 있는가? 비압축성이라면 또 어떻게 말할 수 있는가?

9-12 문제 9-9의 r_θ평면에서 나선형의 선 와류/싱크 유동이 2차원 비압축성 연속 방정식을 만족하는지 증명하라. 원점에서 질량 보존에 어떤 일이 일어나는가? 논의하라.

9-13 문제 9-8의 정상, 2차원, 비압축성 속도장이 연속 방정식을 만족하는지 증명하라. 직교좌표를 유지하고 모든 풀이과정을 보여라.

9-14 $\vec{V} = (u, v) = (1.3 + 2.8x)\vec{i} + (1.5 - 2.8y)\vec{j}$로 주어진 정상, 2차원 속도장을 고려하라. 이 유동장이 비압축성임을 보여라.

9-15 직교좌표에서 다음의 정상, 3차원 속도장을 고려하라. 즉, $\vec{V} = (u, v, w) = (axy^2 - b)\vec{i} + cy^3\vec{j} + dxy\vec{k}$ 이고, 여기서 a, b, c 및 d는 상수이다. 어떤 조건 하에서 이 유동장이 비압축성인가?

답: $a = -3c$

9-16 정상, 2차원, 비압축성 유동장의 u 속도성분은 $u = ax + b$이고, 여기서 a와 b는 상수이다. 속도성분 v는 미지수이다. x와 y의 함수로서 속도 v에 대한 표현을 구하라.

9-17 정상, 2차원, 비압 축성 유동장의 u 속도성분은 $u = ax + by$이고, 여기서 a와 b는 상수이다. 속도성분 v는 미지수이다. x와 y의 함수로서 v에 대한 표현을 구하라.

답: $-ay + f(x)$

9-18 정상, 2차원, 비압축성 유동장의 u 속도성분은 $u = ax^2 - bxy$이고, 여기서 a와 b는 상수이다. 속도성분 v는 미지수이다. x와 y의 함수로서 v에 대한 표현을 구하라.

9-19 정상, 비압축성 유동장의 두 속도성분 $u = ax + bxy + cy^2$와 $v = axz - byz^2$가 알려져 있으며, 여기서 a, b 및 c는 상수이다. 속도성분 w는 누락되어 있다. x, y 및 z의 함수로서 w에 대한 표현을 구하라.

유동함수

9-20C 유동함수의 값이 일정한 곡선들의 의미는 무엇인가? 유체역학에서 유동함수가 유용한 이유를 설명하라.

9-21C 정의에 의한 2차원, 비압축성 연속 방정식을 완전하게 만족하도록 하기 위해 유동함수 c에 무슨 제약이나 조건이 부여되어야 하는가? 왜 이런 제약이 필요한가?

9-22C xy평면에서 2차원 유동을 고려하라. 한 유선에서 다른 유선까지의 유동함수 c 값 차이의 의미는 무엇인가?

9-23 그림 P9-23에 도시된 바와 같이 두 개의 무한한 평행판 사이에, 위판은 움직이고 아래 판은 정지해 있으며 두 판 사이의 거리는 h인 완전발달된 Couette 유동을 생각해 보자. 유동은 xy평

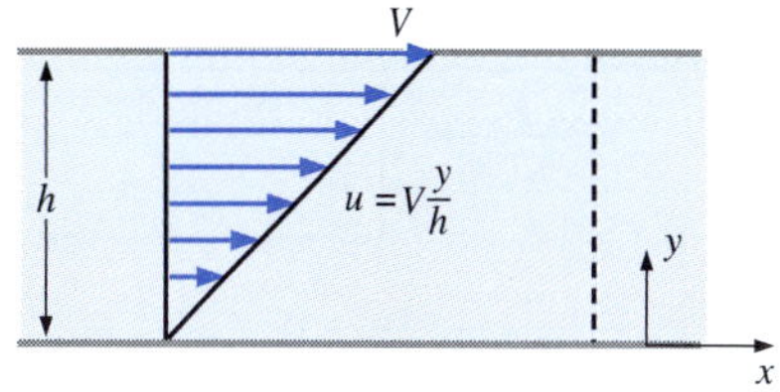

그림 P9-23

면에서 정상, 비압축성 및 2차원 유동이다. 속도장은 $\vec{V} = (u, v) = (Vy/h)\vec{i} + 0\vec{j}$로 주어져 있다. 그림 P9-23에서 점선으로 그려진 수직선을 따라 유동함수 c에 대한 표현을 구하라. 편의상, 채널의 바닥 벽을 따라 $c = 0$으로 하라. 위판을 따라 c의 값은 얼마인가?

답: $Vy^2/2h$, $Vh/2$

9-24 문제 9-23의 후속 문제로서, 첫 번째 원리(속도장의 적분)로부터 그림 P9-23의 지면 속으로 단위 폭 당 체적유량을 계산하라. 계산된 결과를 유동함수로부터 직접적으로 얻어진 결과와 비교하라. 논의하라.

9-25E 그림 P9-23의 Couette 유동을 고려하라. $V = 10.0$ ft/s와 $h = 1.20$ in인 경우에 대해 등간격인 유동함수 값들을 이용하여 몇 개의 유선을 그려보라. 유선들 자체가 등간격이 되어있는가? 왜 그런지 혹은 그렇지 않은지 논의하라.

9-26 그림 P9-26에 도시된 바와 같이 두 개의 무한한 평행판 사이에, 위판과 아래 판 모두가 정지해 있고, 두 판 사이의 거리는 h이며, 유동을 유발하는 강제 압력구배가 dP/dx인 완전발달된 2차원 채널 유동을 생각해 보자. (dP/dx는 일정하며 음의 값이다.) 유동은 xy평면에서 정상, 비압축성 및 2차원 유동이다. 속도성분은 $u = (1/2\mu)(dP/dx)(y^2 - hy)$와 $v = 0$로 주어지며 이때, μ는 유체의 점성이다. 그림 P9-26에서 점선으로 그려진 수직선을 따라 유동함수 ψ에 대한 표현을 구하라. 편의상, 채널의 바닥 벽을 따라 $\psi = 0$으로 하라. 위판을 따라 ψ의 값은 얼마인가?

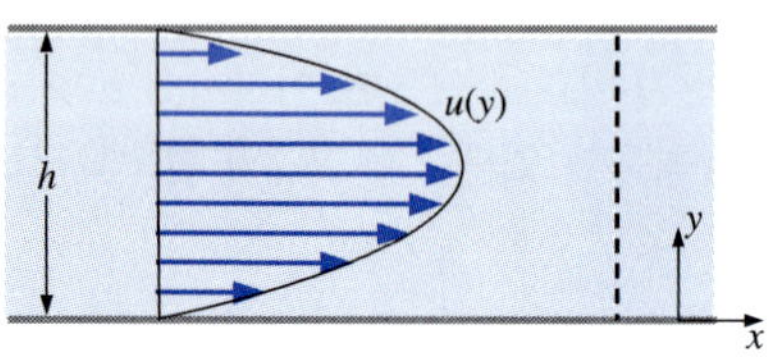

그림 P9-26

9-27 문제 9-26의 후속 문제로서, 첫 번째 원리(속도장의 적분)로부터 그림 P9-26의 지면 속으로 단위 폭 당 체적유량을 계산하라. 유동함수로부터 직접적으로 구한 결과와 비교하라. 논의하라.

9-28 그림 P9-26의 채널 유동을 고려하라. 유체는 20°C 물이다. $h = 1.20$ mm이고 $dP/dx = -20{,}000$ N/m^3 일 때, 등간격인 유동함수 값들을 이용하여 몇 개의 유선을 그려보라. 유선들 자체가 등간격이 되어있는가? 왜 그런지 혹은 그렇지 않은지 논의하라.

9-29 **균일 유동(uniform stream)**이라 불리는 정상, 2차원, 비압축성 유동장을 고려하라. 유체 속도는 모든 곳에서 V이고, 유동은 x축에 정렬되어 있다 (그림 P9-29). 직교 속도성분은 $u = V$와 $v = 0$이다. 이 유동에서 대하여 유동함수에 관한 표현을 작성하라. $V = 8.9$ m/s로 가정하라. 만약 ψ_2가 $y = 0.5$ m에서 수평선이고 x축을 따라서 ψ의 값이 0이라면, 이 두 유선 사이의 단위 폭 (그림 P9-29의 지면 속으로) 당 체적 유량을 계산하라.

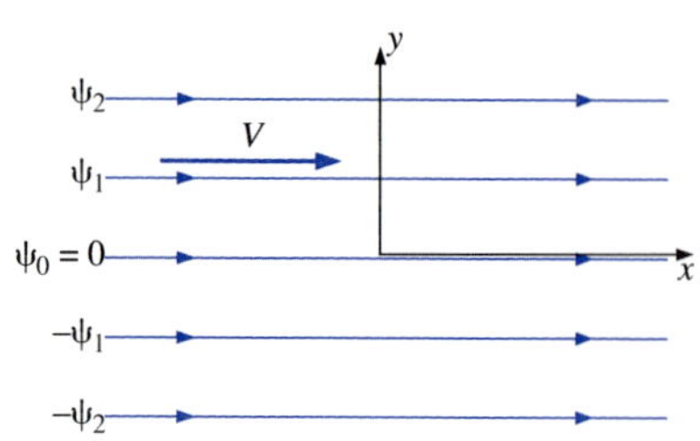

그림 P9-29

9-30E 문제 9-18의 u 속도성분이 $u = ax^2 - bxy$이고, 여기서 $a = 0.45\ (\text{ft} \cdot \text{s})^{-1}$이고 $b = 0.75\ (\text{ft} \cdot \text{s})^{-1}$인 정상, 2차원, 비압축성 유동장을 고려하라. $y = 0$ 일 때 모든 x 값에 대해 $v = 0$으로 두자. (즉, x축을 따라서 $v = 0$). 유동함수에 대한 표현을 구하고 유동장에 몇 개의 유선을 그려라. 일관성을 가지기 위해, x 축을 따라서 $\psi = 0$으로 두고, $0 < x < 3$ ft 와 $0 < y < 4$ ft 범위 내에서 도시하라.

9-31 속력이 V인 균일 유동이 x축에 대해 각도 α만큼 경사져 있다(그림 P9-31). 유동은 정상, 2차원 및 비압축성이다. 직교 속도성분은 $u = V\cos\alpha$와 $v = V\sin\alpha$이다. 이 유동에 대한 유동함수에 대한 표현을 구하라.

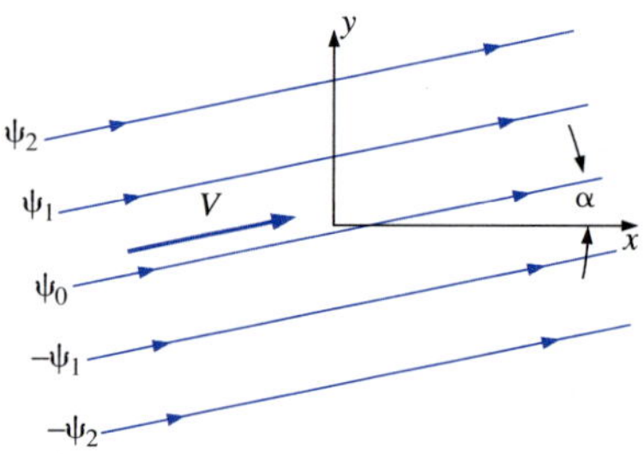

그림 P9-31

9-32 xy평면에서의 정상, 2차원, 비압축성 유동에 대한 유동함수가 다음과 같이 주어져 있다. $\psi = ax^2 + bxy + cy^2$ 여기서 a, b, c 는 상수이다. (a) 속도성분 u와 v를 구하라. (b) 유동장이 비압축성 연속 방정식을 만족시키는지 보여라.

9-33 문제 9-32의 속도장에 대해서 $\psi = 0, 1, 3, 4, 5$ 및 6 m^2/s일 때의 유선을 그려라. 상수의 값은 $a = 0.50$ s^{-1}, $b = -1.3$ s^{-1} 및 $c = 0.50$ s^{-1}로 두어라. 일관성을 가지기 위해 $x = -2$와 2 m, $y = -4$와 4 m인 범위 내에서의 유선을 그려라. 화살표로 유동의 방향도 나타내어라.

9-34 xy평면에서 정상, 2차원, 비압축성 유동장에 대한 유동함수가 $\psi = ax^2 - by^2 + cx + dxy$로 주어져 있으며, 여기서 a, b, c는 상수이다. (a) 속도성분 u와 v를 구하라. (b) 이 유동장이 비압축성 연속 방정식을 만족시키는지 보여라.

9-35 문제 9-34를 반복하되 직접 만든 유동함수를 이용하라. 원하는 대로 임의의 함수 $\psi(x, y)$를 만들되, 그 함수는 적어도 세 개 이상의 항을 포함하고 이 교재의 예제나 연습문제에 쓰이지 않은 것이어야 한다. 논의하라.

9-36 그림 P9-36(유선들이 도시되어 있다)에 보인 것처럼 벽을 따라서 각진 모서리에서는 유동이 박리되고 재순환하는 **박리기포(separation bubble)**를 형성한다. 벽에서 유동함수의 값은 0이고, 최상단의 유선의 유동함수 값은 어떤 양의 값인 ψ_{upper}이다.

박리기포 안에서 유동함수의 값을 논의하라. 특히, 그것이 양인가 또는 음인가? 이유는? 이 유동에서 어느 곳의 ψ값이 최소인가?

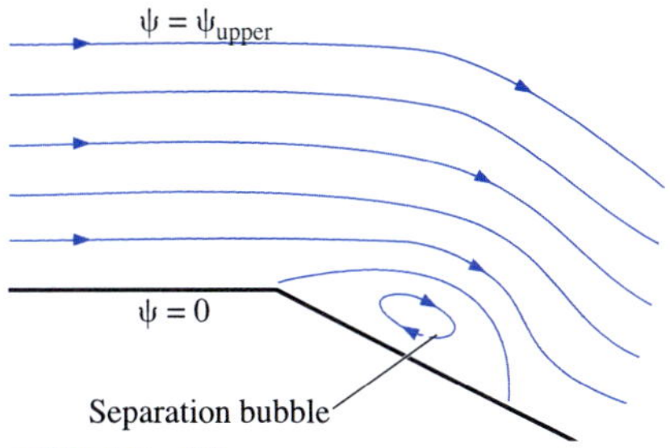

그림 P9-36

9-37 유동의 방향에 정렬된 축대칭의 실린더의 뭉툭한 앞부분 위로 물의 유동에 대하여 유맥선이 그림 P9-37에 보이고 있다. 바라보는 유동장의 상류에 등간격의 점들에서 도입되는 기포에 의해 유맥선이 만들어진다. 수평축에 대해서 대칭이므로 위쪽 반만 보인다. 유동이 정상유동이므로, 유맥선은 유선과 일치한다. 유선 패턴으로부터 유동속도가 유동장의 특정 영역에서 (상대적으로) 큰지 또는 작은지를 어떻게 말할 수 있는지 논의하라.

그림 P9-37

Courtesy ONERA. Photograph by Werlé.

9-38E 곡선 덕트 내에서 공기의 정상, 비압축성, 2차원 유동에 대한 유선의 스케치(유동함수가 상수인 윤곽)가 그림 P9-38E 에 보여 지고 있다. (*a*) 유동방향을 지시하기 위해 유선에 화살표를 그려라. (*b*) 만약 h = 2.0 in라면, P점에서 공기의 대략적인 속도는 얼마인가? (*c*) 유체가 공기 대신에 물인 경우 (*b*)를 반복하라. 논의하라.

답: (*b*) 0.78 ft/s, (*c*) 0.78 ft/s

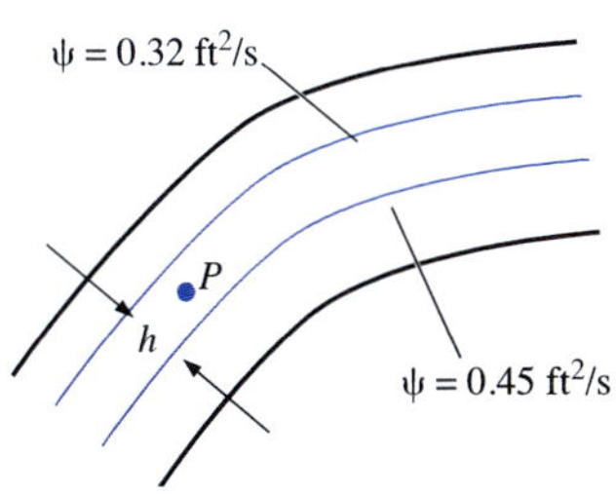

그림 P9-38E

선형 운동량 방정식, 경계조건 및 응용 문제

9-39C 비행기가 일정한 속도인 $\vec{V}_{\text{airplane}}$로 하늘을 날고 있다(그림 P9-39C). 다음에 나타낸 두 가지 참조 틀(frame of reference)로부터 비행기의 표면에 인접한 공기에 대한 속도 경계조건을 논의하라. (*a*) 지상 위에 서서, 그리고 (*b*) 비행기와 함께 움직이면서. 마찬가지 방법으로, 두 가지 모두의 참조 틀에서 공기의 먼 후방(far-field)의 속도 경계조건(비행기에서 멀리 떨어진)은 무엇인가?

그림 P9-39C

9-40 실린더 탱크 안의 액체를 고려하라. 탱크와 탱크안의 액체는 강체처럼 회전한다(그림 P9-40). 액체의 자유표면은 실내 공기에 노출되어 있다. 표면장력은 무시해도 좋다. 이 문제를 풀기 위해 필요한 경계조건을 논의하라. 구체적으로, 탱크의 벽과 자유표면을 포함한 모든 표면에서 원통좌표(r, θ, z)와 속도성분(u_r, u_θ, u_z)의 항으로 나타낸 속도 경계조건은 무엇인가? 이 유동장에 적절한 압력 경계조건은 무엇인가? 각각의 경계조건에 대한 수학방정식을 적어보고 논의하라.

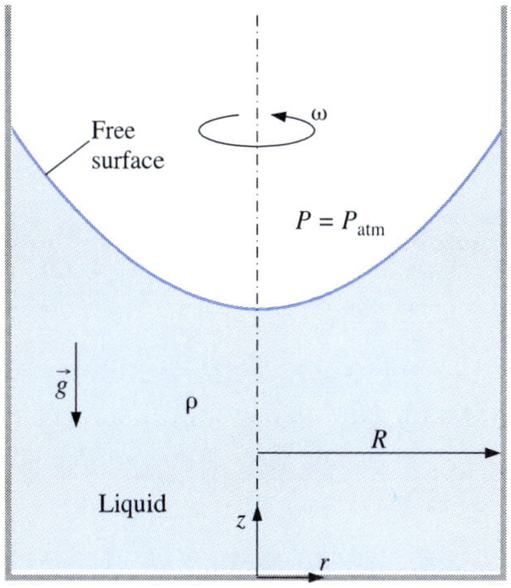

그림 P9-40

9-41 높이가 h = 2.5 mm인 얇은 간격으로 떨어져 있는 두 장의 매우 크고, 정지상태의, 평행한 평판 사이로 T = 60°C의 엔진오일이 강제 유동하고 있다(그림 P9-41). 판의 치수는 L = 1.5 m이고 W = 0.75 m이다. 출구 압력은 대기압이며, 입구 압력은 계기압으로 1기압이다. 오일의 체적유량을 계산하라. 또한 틈새의 높이와 평균속도 V를 기준으로 한 오일 유동의 Reynolds 수를 계산하라. 유동은 층류인가 또는 난류인가?

답: 9.10 × 10^{-4} m^3/s, 14.5, 층류

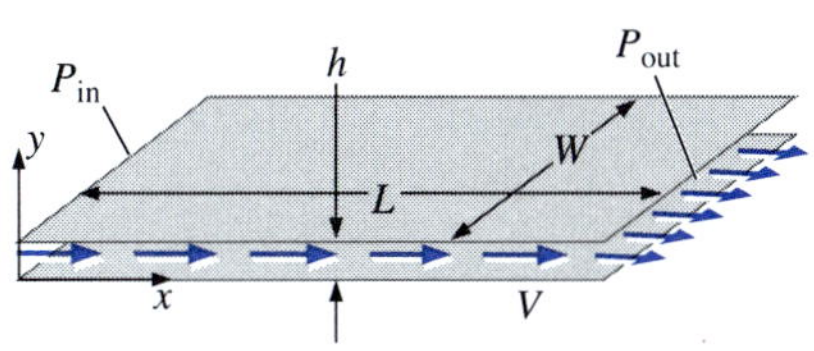

그림 P9-41

9-42 다음의 정상, 2차원, 비압축성 속도장을 고려하라. $\vec{V} = (u, v) = (ax + b)\vec{i} + (-ay + cx^2)\vec{j}$이고, 여기서 a, b 와 c는 상수이다. x와 y의 함수로서 압력을 계산하라.

답: 찾을 수 없다.

9-43 다음의 정상, 2차원, 비압축성 속도장을 고려하라. $\vec{V} = (u, v) = (-ax^2)\vec{i} + (2axy)\vec{j}$이고, 여기서 a는 상수이다. x와 y의 함수로서 압력을 계산하라.

9-44 z축을 중심으로 하는 나선의 선 와류/싱크 유동에 기인한 정상, 2차원, 비압축성 유동을 고려하라. 유선과 속도 벡터는 그림 P9-44에 보인 바와 같다. 속도장은 $u_r = C/r$과 $u_\theta = K/r$이며 여기서 C와 K는 상수이다. r과 θ의 함수로서 압력을 계산하라.

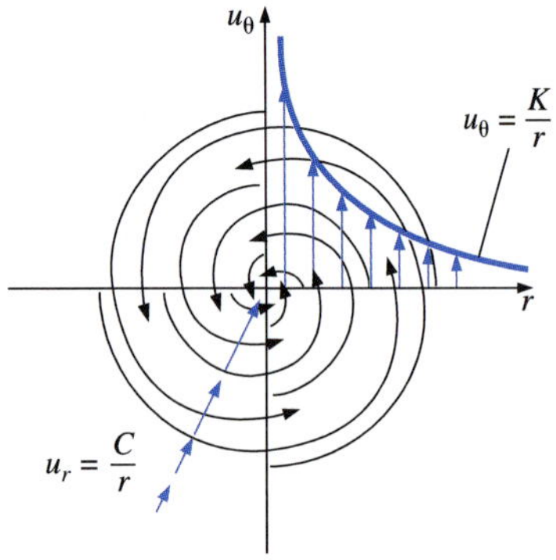

그림 P9-44

9-45 다음의 정상, 2차원, 비압축성 속도장을 고려하라. $\vec{V} = (u, v) = (ax + b)\vec{i} + (-ay + c)\vec{j}$이고, 여기서 a,b 와 c는 상수이다. x와 y의 함수로서 압력을 계산하라.

9-46 두 개의 무한한 수직벽 사이로 흘러내리는 점성유체의 정상, 비압축성, 평행한, 층류 유동을 고려하라 (그림 P9-46). 두 벽 사이의 거리는 h이고 중력은 음의 z방향으로 작용한다 (그림처럼 아래로). 유동을 유발하는 어떠한 적용된(강제된) 압력도 없으며, 오직 유체는 중력에 의해서만 흘러내린다. 이 유동장에서 압력은 어디에서나 상수이다. 속도장을 계산하고 적절한 무차원 변수를 이용하여 속도분포를 스케치하라.

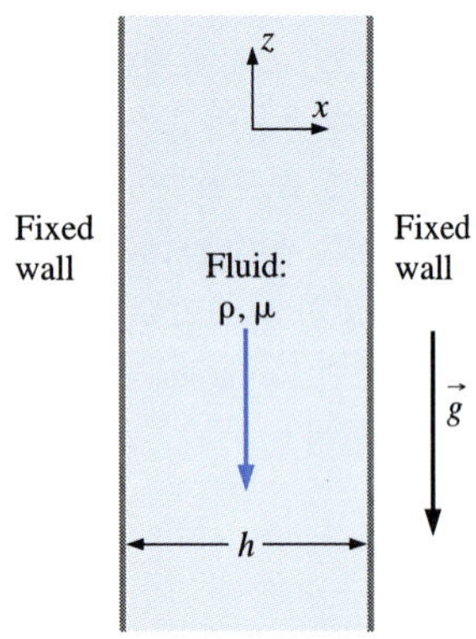

그림 P9-46

9-47 두 개의 평행한 수직벽 사이에서 유체가 흘러내리는 경우에 대해서(문제 9-46), ρ, μ, h 및 g의 함수로서 단위 폭 당 체적유량($\dot{V}/L$)에 대한 표현을 구하라. 위의 계산결과를 다른 조건은 동일하게 유지한 채로 두 번째 벽을 자유표면으로 대체하여 하나의 수직벽을 따라 동일한 유체가 흘러내리는 경우와 비교하라. 차이를 논의하고 물리적인 설명을 제시하라.

답: $\rho g h^3/12\mu$ 아래 방향으로

9-48 Navier-Stokes 방정식(식 9-27)의 u성분에서 처음 두 점성 항은 $\mu\left[\frac{1}{r}\frac{\partial}{\partial r}\left(r\frac{\partial u_\theta}{\partial r}\right) - \frac{u_\theta}{r^2}\right]$이다. 이 식을 곱의 법칙을 이용하여 세 항이 만들어지도록 가능한 한 전개하라. 그리고 이 세 항 모두를 하나의 항으로 통합하라. (힌트: 곱의 법칙을 반대로 이용하라. 몇 번의 시행착오가 필요할지도 모른다.)

9-49 비압축성 뉴턴 액체가 무한한 길이의 두 개의 동심 원형실린더 사이에 갇혀있다. 안 쪽 실린더는 반지름이 R_i인 고체 실린더이고, 바깥 쪽 실린더는 속이 비어있는 반지름이 R_o인 정지상태의 실린더이다 (그림 P9-49; z축은 지면으로부터 나오는 방향이다). 안쪽 실린더는 각속도 ω_i로 회전한다. 유동은 $r\theta$ 평면에서 정상, 2차원, 층류이다. 또한 이 유동은 회전 대칭(rotationally symmetric)이며, 이는 어느 것도 θ의 함수가 아님을 의미한다 (u_θ와 P는 반경 r만의 함수이다). 이 유동은 또한 원형이라고 할 수 있는데 이는 어디에서나 속도성분 $u_r = 0$이라는 의미이다. 반지름 r과 문제에서 주어진 다른 변수들의 함수로서 속도성분 u_θ에 대한 표현을 구하라. 중력은 무시하라. (힌트: 문제 9-48의 결과가 유용하다.)

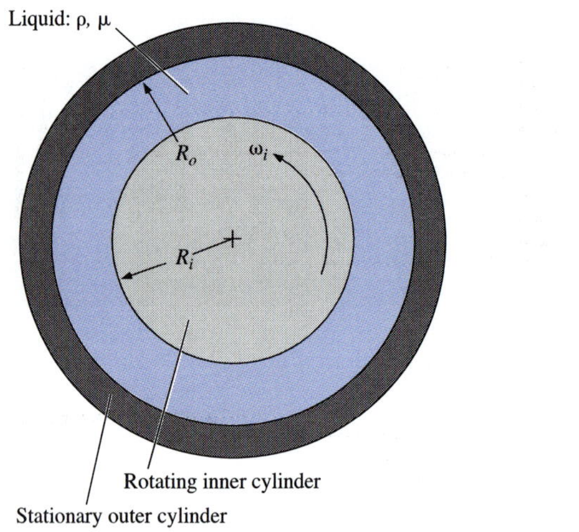

그림 P9-49

9-50 문제 9-49에서 두 가지 극단적인 경우를 각각 해석하고 논의하라. (*a*) 틈이 아주 작을 경우 바깥 실린더의 벽으로부터 안쪽 실린더의 벽까지의 속도분포가 선형에 접근함을 보여라. 다시 말해서 간격이 아주 작은 경우, 속도분포는 단순한 2차원 Coutte 유동으로 귀결된다. (힌트: $y = R_o - r$, h = 간격 두께 $= R_o - R_i$ 그리고 V = 위판의 속도 $= R_i\omega_i$로 정의하라.) (*b*) 안쪽 실린더의 반경이 매우 작아지게 되는 반면에, 바깥 실린더의 반경이 무한대가 될 경우, 이 것은 어떤 종류의 유동에 근접해 갈까?

9-51 좀 더 일반적인 경우에 대해서 문제 9-49를 반복하라. 즉, 안쪽 실린더는 각속도 ω_i로, 바깥 실린더도 ω_o로 회전한다고 하자. 나머지는 문제 9-49와 같다. 속도성분 u_θ를 반경 r과 문제에서 주어진 다른 매개변수의 함수로서 나타내어라. 위 결과에 $\omega_o = 0$을 대입하면 문제 9-49의 결과로 단순화됨을 보여라.

9-52 문제 9-51의 극한의 경우로서 안쪽의 실린더가 없을 경우 ($R_i = \omega_i = 0$)를 해석하고 논의하라. u_θ를 반경 r의 함수로서 나타내어라. 이것은 어떤 종류의 유동인가? 이 유동이 어떻게 실험적

으로 설정될 수 있을지 기술하라.

답: $\omega_0 r$

9-53 안쪽 반경이 R_i, 바깥쪽 반경이 R_o인 무한히 긴 원형 고리형관(annulus) 내에 뉴턴 유체의 정상, 비압축성, 층류 유동을 고려하라(그림 P9-53). 중력에 의한 영향은 무시하라. 일정한 음의 압력구배 $\partial P/dx$가 x방향으로 작용하고 있다. 즉, $(\partial P/dx) = (P_2 - P_1)/(x_2 - x_1)$이며, 여기서 x_1과 x_2는 x축 상의 임의의 두 점이고, P_1과 P_2는 이들 점에서의 압력이다. 압력구배는 펌프나 또는 중력에 의해 야기되기도 한다. 여기서 축 성분에 대하여 z대신에 x를 갖는 수정된 원통좌표계, 즉 (r, θ, x)와 (u_r, u_θ, u)를 채택한다. 파이프의 고리 부분의 공간 내에서의 속도장에 관한 식을 유도하라.

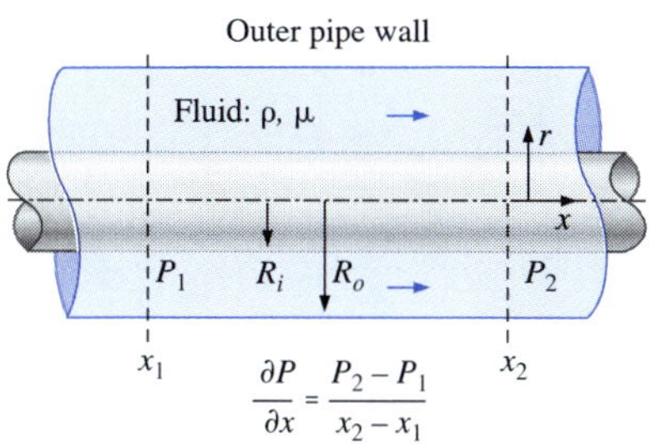

그림 P9-53

9-54 그림 P9-53에 그려진 파이프 고리형관을 다시 고려하라. 어디에서나 압력은 일정하다고 가정하라(여기서는 유동을 일으키는 강제적인 압력구배는 존재하지 않는다). 그러나 안쪽 벽이 일정한 속도 V로 오른쪽으로 움직인다고 하자. 바깥쪽 벽은 여전히 정지하고 있다. (이것은 축대칭 Couette 유동의 한 가지 종류이다.) 속도 u의 x성분을 r과 문제의 다른 매개변수의 함수로서 표현하라.

9-55 직경이 D 또는 반경이 $R = D/2$이고 경사각이 α인 무한히 긴 원형 파이프 내에서 뉴턴 유체의 정상, 비압축성, 층류 유동을 고려하라 (그림 P9-55). 적용된 압력구배는 없다($\partial P/\partial x = 0$). 대신에, 유체는 중력에 의해서만 파이프의 아래로 흐른다. 그림에 보인 바와 같이 파이프의 축을 따라 아래쪽으로 x축을 잡는 좌표계를 채택한다. 속도 u의 x성분을 반경 r과 문제의 다른 매개변수의 함수로서 나타내어라. 또한 체적유량을 계산하고 파이프를 통하는 평균 축 방향 속도를 구하라.

답: $\rho g (\sin \alpha)(R^2 - r^2)/4\mu$, $\rho g (\sin \alpha)\pi R^4/8\mu$, $\rho g (\sin \alpha)R^2/8\mu$

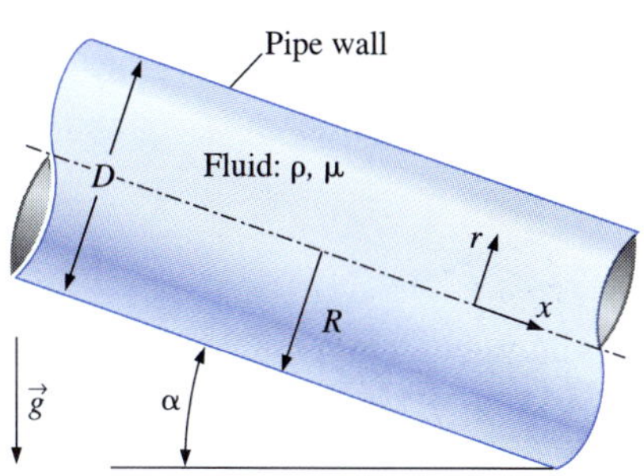

그림 P9-55

기초문제-근사해

9-56C Navier-Stokes 방정식의(9장에서 논의된) "엄밀"해와 (이번 장에서 논의된) 근사해의 차이점을 설명하라.

9-57C 상자형 팬이 매우 큰 방의 마루 위에 놓여있다(그림 P9-57C). 정적(static)으로 근사 해석될 수 있는 유동장의 영역들을 명기하라. 비회전 근사해석이 적절할 것 같은 영역들을 명기하라. 경계층 근사해석이 적절할 것 같은 영역들을 명기하라. 끝으로, 온전한 Navier-Stokes 방정식이 가장 적합할 것으로 생각되는 영역을 명기하라(즉, 근사 해석이 적합하지 않은 영역).

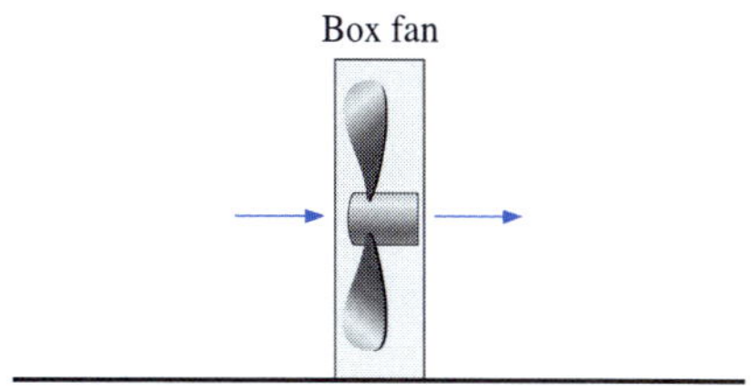

그림 P9-57C

9-58C Navier-Stokes 방정식의 근사해와 관련된 가장 심각한 위험요소는 무엇인가? 이 장에서 제시된 것과 다른 예를 하나 제시하라.

크리핑 유동

9-59C 비압축성 Navier-Stokes 방정식의 다섯 개 항 각각을 한 단어로 표현하라.

$$\underset{\text{I}}{\rho \frac{\partial \vec{V}}{\partial t}} + \underset{\text{II}}{\rho(\vec{V} \cdot \vec{\nabla})\vec{V}} = \underset{\text{III}}{-\vec{\nabla} P} + \underset{\text{IV}}{\rho \vec{g}} + \underset{\text{V}}{\mu \nabla^2 \vec{V}}$$

크리핑 유동 근사가 적용될 때 다섯 항 중에서 단지 두 항만 남는다. 어느 두 항이 남으며, 이것이 왜 의미심장한지를 설명하라.

9-60 클로버 꿀의 점성이 표 P9-60에 온도의 함수로 열거되어 있다. 꿀의 비중은 대략 1.42이고 온도에 크게 영향을 받지 않는다. 뒤집어 놓은 꿀단지의 뚜껑에 있는 지름 D = 4.0 mm인 작은 구멍을 통해 꿀을 짜낸다. 방과 꿀의 온도는 T = 20°C이다. 이 유동에 대해서 크리핑 유동 근사해석이 가능하도록 하는 꿀의 구멍 통과 최고 속도를 추정하라. (크리핑 유동 근사가 적합하도록 하기 위한 조건으로 Re가 0.1 보다 작아야만 한다고 가정하라). 온도가 40°C인 경우에 대해서 계산을 반복하라. 논의하라.

답: 0.33 m/s, 0.035 m/s

표 P9-60

16% 수분함량에서의 클로버 꿀의 점성

T, °C	μ, poise*
14	600
20	190
30	65
40	20
50	10
70	3

* Poise = g/cm · s

Data from Airborne Honey, Ltd., *www.airborne.co.nz*

9-61 각각의 경우에 대해서 적절한 Reynolds 수를 계산하고, 크리핑 유동 방정식에 의한 유동 근사의 가능 여부를 표시하라. (*a*) 실온의 물속에서 지름 0.5 μm 크기의 미생물이 0.2 mm/s의 속도로 헤엄친다. (*b*) 140°C의 엔진오일이 자동차 윤활 베어링의 작은 틈새로 흐른다. 틈새 간격은 0.0012 mm이고 특성속도는 20 m/s이다. (*c*) 지름 10 μm 크기의 안개 입자가 30°C의 공기를 통과해서 3.0 m/s의 속도로 떨어진다.

9-62 그림 9-51에 보인 정자의 속력과 Reynolds 수를 추정하라. 이 미생물이 크리핑 유동 조건 하에서 헤엄치고 있는가? 정자가 실온의 물속에서 헤엄치고 있다고 가정하라.

9-63 우수한 수영선수는 약 1분에 100 m를 헤엄칠 수 있다고 한다. 만약 수영선수의 키가 1.8 m라고 한다면 그의 초 당 수영 거리는 키의 몇 배가 될까? 그림 9-51의 정자에 대해서 이 계산을 반복하라. 이때 정자의 머리 부분만이 아닌 정자 전체의 길이를 계산에 이용하라. 두 결과를 비교하고 논의하라.

9-64 비구름 속에 지름 D = 30 μm인 물방울이 있다(그림 P9-64). 공기의 온도는 25°C이고 압력은 표준 대기압이다. 공기가 얼마나 빠른 속도로 수직 상향으로 움직여야 물방울이 공기 속에 부유 상태로 유지되겠는가?

답: 0.0264 m/s

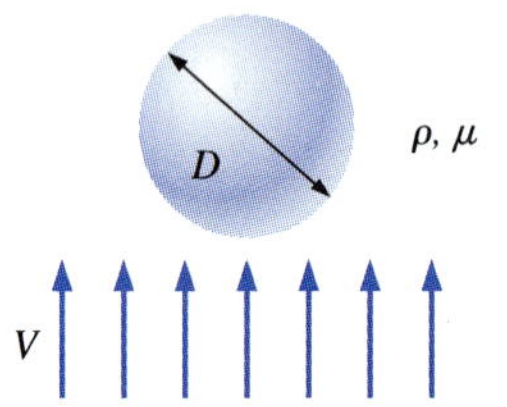

그림 P9-64

9-65 크리핑 유동 조건 하에서 움직이는 입자의 공기역학적 항력에 유체 밀도가 아무런 영향을 미치지 못하는 이유에 대해 논하라.

9-66 실온의 물속에서 크리핑 유동의 조건 하에 헤엄치기 위해 요구되는 속력을 구하라(크기의 차수를 추정하는 것으로 충분할 것이다). 논의하라.

비점성 유동

9-67C 어떤 방식으로 Euler 방정식이 Navier-Stokes 방정식의 근사가 되는가? 유동장의 어느 곳에서Euler 방정식이 적합한 근사가 되는가?

9-68C 유동의 비회전 영역에 대한 정상, 비압축성 Bernoulli 방정식과, 회전하지만 비점성인 유동 영역에 대한 정상, 비압축성 Bernoulli 방정식의 주된 차이는 무엇인가?

9-69 직교좌표(x, y, z)와 (u, v, w)에서 Euler 방정식의 성분들을 가능한 한 모두 적어라. 중력은 임의의 방향으로 작용한다고 가정하라.

9-70 원통좌표(r, θ, z)와 (u_r, u_θ, u_z)에서 Euler 방정식의 성분들을 가능한 한 모두 적어라. 중력은 임의의 방향으로 작용한다고 가정하라.

9-71 돌고 있는 원통형 용기 속에 담긴 T = 20°C의 물이 z축에 대해 강체처럼 회전하고 있다(그림 P9-71). 물이 고체처럼 움직이기 때문에 점성응력이 없으며, 따라서 Euler 방정식은 적절하다 (물의 표면에 작용하는 공기에 의한 점성응력은 무시한다). 물속 어디에서나 r과 z의 함수로서 압력에 대한 표현을 만들기 위해 Euler 방정식을 적분하라. 자유표면의 형상에 대해 방정식을 적어라(r의 함수로서 $z_{surface}$). (힌트: 자유표면 어디에서나 $P = P_{atm}$이다. 유동은 z축에 대해 회전 대칭이다.)

답: $z_{surface} = \omega^2 r^2/2g$

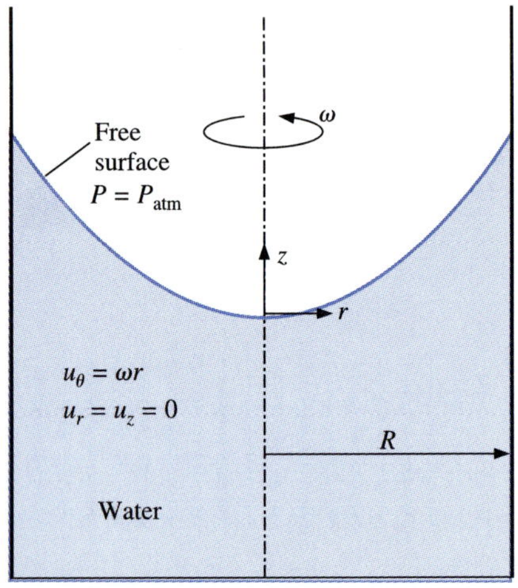

그림 P9-71

9-72 회전하는 유체를 60°C의 엔진오일로 하여 문제 9-71를 반복하라. 논의하라.

9-73 문제 9-71의 결과를 이용해서 Bernoulli 상수를 반경 좌표 r의 함수로 계산하라.

답: $\frac{P_{atm}}{\rho} + \omega^2 r^2$

9-74 직벽을 가진 수축 덕트 내로 흐르는 정상, 비압축성, 2차원 유체 유동을 고려하라(그림 P9-74). 체적 유량은 $\dot{V}$이고 속도는 반경방향만 있으며 u_r은 r만의 함수이다. b를 지면 속으로의 폭이라 하자. 수축 덕트의 입구($r = R$)에서 $u_r = u_r(R)$이다. 어디에서나 비점성 유동이라 가정하여 u_r에 대한 표현을 r, R 및 $u_r(R)$만의 함수로 나타내어라. 동일한 체적 유량에서 마찰이 무시될 수 없을 경우(즉, 실제 유동)에 반경 r에서의 속도분포가 어떤 모양이 될지 스케치하라.

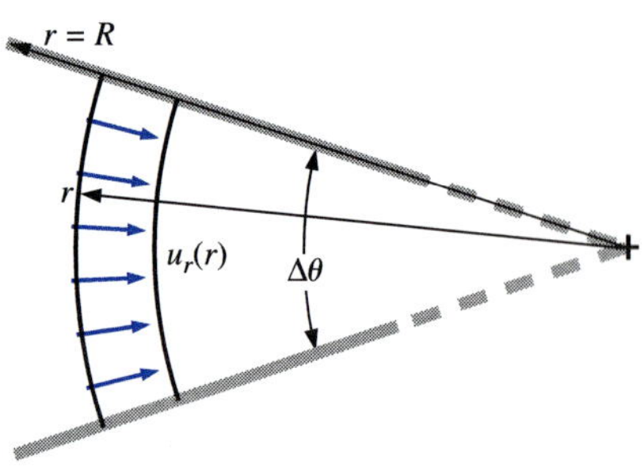

그림 P9-74

9-75 정상, 2차원, 비압축성 유동의 일정 영역에서, 속도장이 $\vec{V} = (u, v) = (ax + b)\vec{i} + (-ay + cx)\vec{j}$로 주어져 있다. 이 유동 영역을 비점성 유동으로 간주할 수 있음을 보여라.

비회전(포텐셜) 유동

9-76C 유동의 영역이 회전 영역인지 비회전 영역인지를 결정하는 유동 특징은 무엇인가?

9-77 유동의 비회전 영역에 있어서, 스칼라 속도 포텐셜 함수 $\vec{V} = \vec{\nabla}\phi$로서 속도 벡터를 쓸 수 있다. 원통좌표$(r, \theta, z)$와 (u_r, u_θ, u_z)에서 $\vec{V}$의 성분은 다음과 같다.

$$u_r = \frac{\partial\phi}{\partial r}$$

$$u_\theta = \frac{1}{r}\frac{\partial\phi}{\partial\theta}$$

$$u_z = \frac{\partial\phi}{\partial z}$$

또한 제 9장으로부터 원통좌표에서 와도 벡터의 성분을 $\zeta_r = \frac{1}{r}\frac{\partial u_z}{\partial\theta} - \frac{\partial u_\theta}{\partial z}$, $\zeta_\theta = \frac{\partial u_r}{\partial z} - \frac{\partial u_z}{\partial r}$ 및 $\zeta_z = \frac{1}{r}\frac{\partial}{\partial r}\left(ru_\theta\right) - \frac{1}{r}\frac{\partial u_r}{\partial\theta}$ 로 쓸 수 있다. 와도 벡터의 세 성분 모두가 유동의 비회전 영역에서 정말로 영이 되는 것을 보이기 위하여 와도성분 속에 속도성분을 대입하라.

9-78 문제 9-77에서 주어진 속도 벡터의 성분을 원통좌표에서의 Laplace 방정식 속에 대입하라. 모든 산술과정을 보이며, Laplace 방정식이 유동의 비회전 영역 내에서 유효하다는 것을 증명하라.

9-79 헤어드라이어에 의해 형성되는 유동장을 고려하라(그림 P9-79). 이 유동장에서 비회전으로 근사가 적절한 영역과 비회전으로 근사가 적절치 못한 영역(회전 유동영역)을 확인하라.

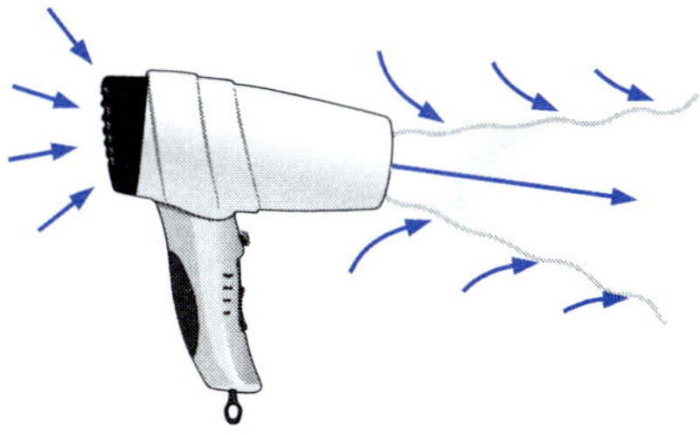

그림 P9-79

9-80 Bernoulli 방정식을 쓰고, 비점성, 회전 유동 영역과 점성, 비회전 유동 영역 사이에 무엇이 다른지 논의하라. 어떠한 경우가 보다 제한적인가(Bernoulli 방정식에 관련하여)?

9-81 다음의 정상, 2차원, 비압축성 속도장을 고려하라: $\vec{V} = (u, v) = (ax + b)\vec{i} + (-ay + cx)\vec{j}$. 이 유동장은 비회전인가? 만약 그렇다면 속도 포텐셜 함수에 대한 표현을 구하라.

답: 그렇다, $a(x^2 - y^2)/2 + bx + cy +$ 상수

9-82 유체역학을 배우는 학생들이(심지어는 그들의 교수들까지) 종종 놓치는 미묘한 점은 유동의 비회전(포텐셜) 영역은 유동의 비점성 영역과 같지 않다는 사실이다(그림 P9-82). 이 두 근사 사이의 차이점과 상사점에 대해 논의하라. 각각에 대한 예도 제시하라.

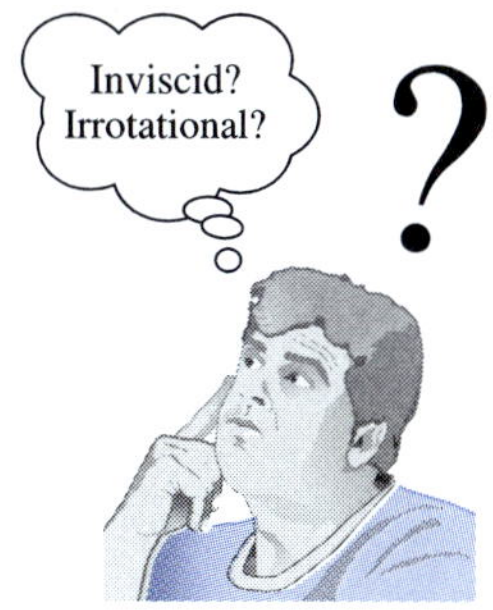

그림 P9-82

9-83 속도 포텐셜 함수, $\phi = 5(x^2 - y^2) + 2x - 4y$로 규정된 정상, 2차원, 비압축성, 비회전 속도장을 고려하라. (a) 속도성분 u와 v를 계산하라. (b) ϕ가 적용된 영역 내에서 속도장이 비회전인 것을 증명하라. (c) 이 영역에서 유동함수에 대한 표현을 구하라.

9-84 $r\theta$ 평면에서 평면 비회전 유동 영역을 고려하라. 원통좌표에서 유동함수 ψ가 Laplace 방정식을 만족시키는지 보여라.

9-85 경사각이 α이고 크기가 V인 균일 유동을 고려하라(그림 P 9-85). 비압축성, 평면, 비회전 유동이라 가정하고 속도 포텐셜 함수와 유동함수를 찾아라. 모든 풀이과정을 보여라.

답: $\phi = Vx\cos\alpha + Vy\sin\alpha$, $\psi = Vy\cos\alpha - Vx\sin\alpha$

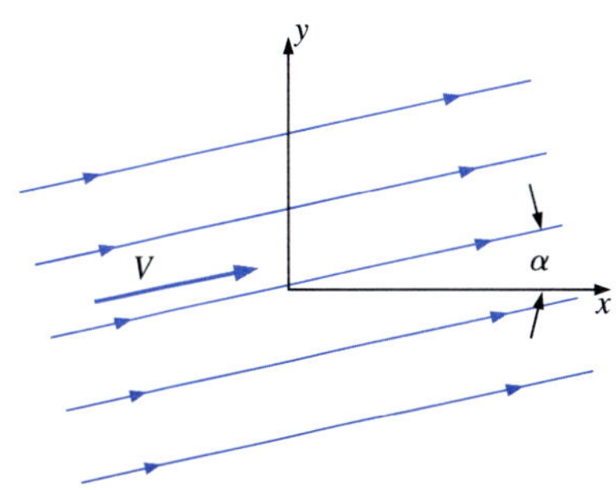

그림 P9-85

9-86 xy 또는 $r\theta$평면에서 강도가 $\dot{V}/L$인 비회전 선 소스를 고려하라. 속도 성분은 $u_r = \frac{\partial\phi}{\partial r} = \frac{1}{r}\frac{\partial\psi}{\partial\theta} = \frac{\dot{V}/L}{2\pi r}$ 및 $u_\theta = \frac{1}{r}\frac{\partial\phi}{\partial\theta} = -\frac{\partial\psi}{\partial r} = 0$이다. 이 장에서 선 소스에 대한 속도 포텐셜 함수와 유동함수에 대한 표현을 구하기 위해 u_θ에 대한 방정식으로부터 출발했다. u_r에 대한 방정식으로부터 시작하는 것을 제외하고, 모든 풀이과정을 보이며 해석을 반복하라.

9-87 xy 또는 $r\theta$평면에서 강도가 Γ인 비회전 선 와류를 고려하라. 속도 성분은 $u_r = \frac{\partial\phi}{\partial r} = \frac{1}{r}\frac{\partial\psi}{\partial\theta} = 0$ 및 $u_\theta = \frac{1}{r}\frac{\partial\phi}{\partial\theta} = -\frac{\partial\psi}{\partial r} = \frac{\Gamma}{2\pi r}$이다. 선 와류에 대해서 속도 포텐셜 함수와 유동함수에 대한 표현을 구하되, 모든 풀이과정을 보여라.

9-88 자유 유동속도 V_∞를 가지고 반경 a인 원형 실린더 위를 지나는 정상, 비압축성, 2차원 유동에 대한 유동함수는, 유동장이 비회전으로 근사 될 때, $\psi = V_\infty \sin\theta(r - a^2/r)$이다(그림 9-88). 이 유동에 대한 속도 포텐셜 함수 ϕ에 대한 표현을 r과 θ 및 매개변수 V_∞와 a의 함수로 나타내어라.

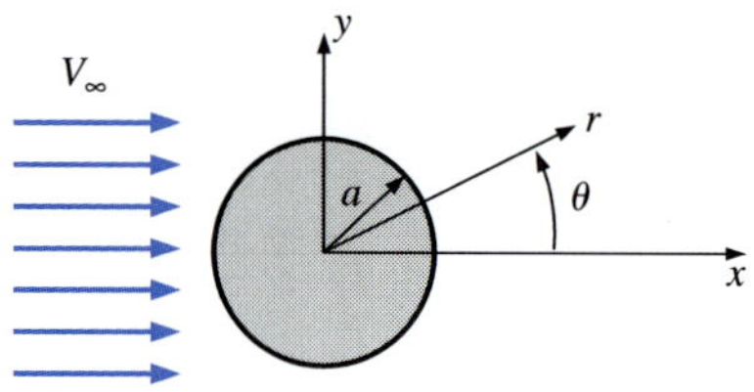

그림 P9-88

9-89 D' Alembert의 역설이란 무엇인가? 그리고 이것이 왜 역설이 되는가?

경계층

9-90C 이 장에서 경계층 근사가 Euler 방정식과 Navier-Stokes 방정식 사이의 "연결고리 역할"을 한다고 기술하였다. 왜 그런지 설명하라.

9-91C 각각의 설명에 대해 각 설명의 진위를 선택하고 간단히 답을 논의하라. 각 설명은 평판 위의 층류 경계층에 대한 것이다(그림 P9-91C).

(a) 주어진 위치 x에서 Reynolds 수가 증가하면 경계층 두께 역시 증가할 것이다.

(b) 경계층 외부에서의 속도가 증가하면 경계층 두께 역시 증가할 것이다.

(c) 유체의 점성이 증가하면, 경계층 두께 역시 증가할 것이다.

(d) 유체의 밀도가 증가하면, 경계층 두께 역시 증가할 것이다.

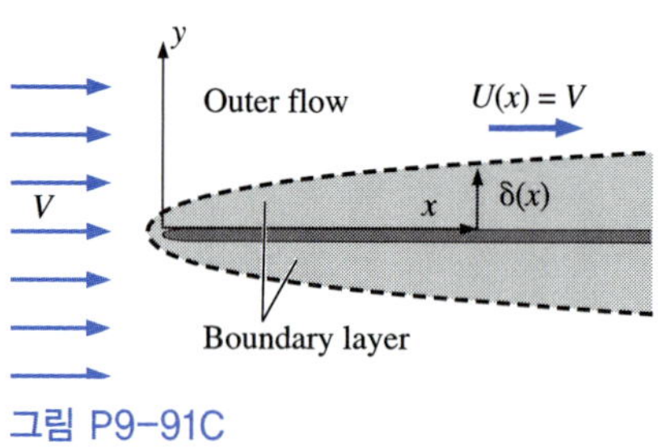

그림 P9-91C

9-92C 평판을 따라 성장해 가는 층류 경계층이 그림 P9-92C에 스케치되어 있다. 몇 개의 속도 분포도와 경계층 두께 $\delta(x)$도 또한 보이고 있다. 이 유동장 내에서 몇 개의 유선을 그려라. $\delta(x)$를 나타내는 곡선도 하나의 유선인가?

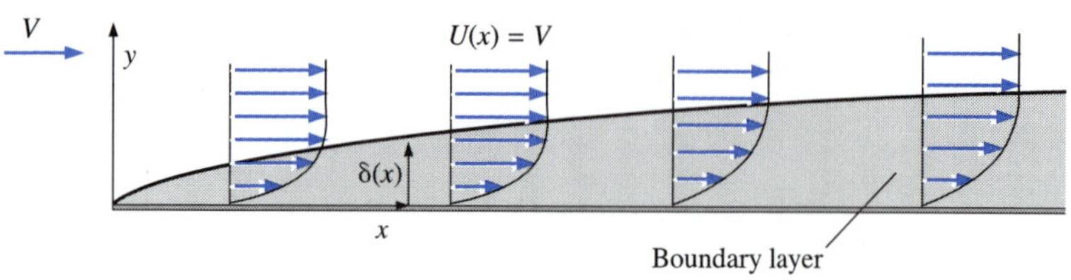

그림 P9-92C

9-93C '인계선(trip wire)' 이란 무엇이고, 이것의 사용 용도는 무엇인가?

9-94 30°C의 공기가 25.0 m/s의 균일한 속력으로 매끄러운 평판 위를 따라 유동한다. 평판을 따라서 경계층이 난류를 향해 천이과정이 시작되는 대략의 x 위치를 계산하라. 평판을 따라서 대략적으로 어느 x 위치에서 경계층이 완전히 난류가 될 것인가?

답: 6에서 7 cm, 2 m

9-95E 작은 잠수정의 핀(fin) 위를 V = 6.0 mi/h의 속력으로 물이 흐르고 있다 (그림 P9-95E). 물의 온도는 40°F이고 핀의 코드 길이 c는 1.6 ft이다. 핀 표면 위의 경계층은 층류인가 난류인가 혹은 천이 영역인가?

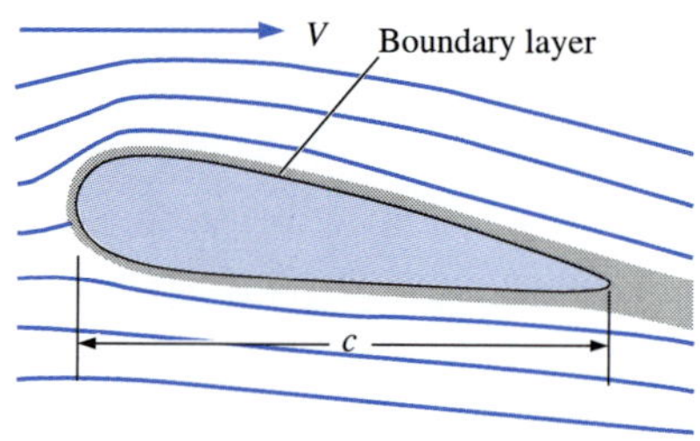

그림 P9-95E

9-96 공기가 V = 5.0 m/s의 속력으로 고속도로를 따라서 속도 제한 표지판에 평행하게 흐르고 있다. 공기의 온도는 25°C이고 유동에 평행한 표지판의 폭 W는 0.45 m이다. 표지판 위의 경계층은 층류인가 난류인가 또는 천이 영역인가?

9-97E 공기가 작은 풍동의 시험부를 V = 7.5 ft/s의 속력으로 흐르고 있다. 공기의 온도는 80°F이고 풍동 시험부의 길이는 1.5 ft이다. 풍동 시험부의 시작지점 앞에서의 경계층 두께는 무시할 수 있다고 가정하라. 시험부의 벽면을 따라서 경계층은 층류인가 난류인가 아니면 천이 영역인가?

답: 층류

9-98 평판에서의 층류 경계층에 대한 Blasius 해를 고려하라. 벽면에서 무차원 기울기가 예제 9-19의 식 8로 주어진다. 이 결과를 물리적인 변수들로 변환하고 예제 9-19의 식 9가 옳다는 것을 보여라.

9-99 직사각형 평판에서 한 변의 길이가 다른 변의 두 배이다. 공기가 균일한 속력으로 평판에 평행하게 흐르고 층류 경계층이 평판의 양쪽 측면에 형성된다. 평판이 공기의 유동방향으로 길게 놓여 있을 때(그림 P9-99*a*)와 짧게 놓여 있을 때(그림P9-99*b*) 중에 어느 경우가 항력이 더 크겠는가? 설명하라.

그림 P9-99a

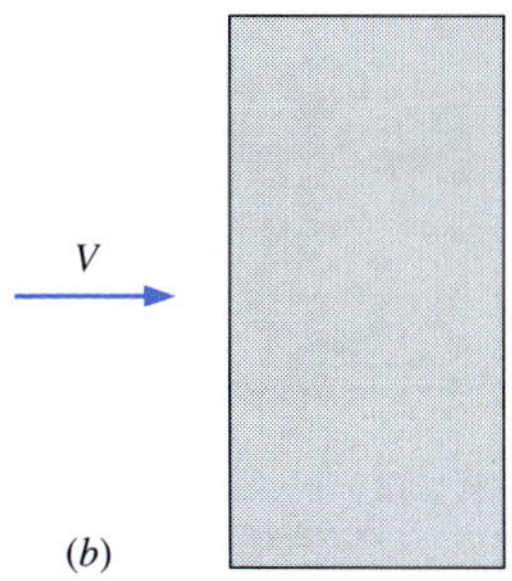

그림 P9-99b

9-100 경계층 내에서 정압력 구배와 역압력 구배의 차이점을 설명하라. 어느 경우에 압력이 하류 쪽으로 증가하는가? 설명하라.

9-101 경계층의 윤곽(boundary layer profile)에서 변곡점의 함축된 의미를 논의하라. 구체적으로, 변곡점의 존재로 정압력 구배 또는 역압력 구배를 추리할 수 있는가? 설명하라.

9-102 층류와 난류 경계층에 대해 유동 박리를 비교하라. 구체적으로, 어떠한 경우가 유동 박리에 대해 보다 더 저항하는가? 그 이유는? 자신의 답에 기초하여 골프공에 딤플(dimple)이 있는 이유를 설명하라.

복습 문제

9-103C 유체의 상태량이 상수인 비압축성 유동의 연속 방정식과 Navier-Stokes 방정식을 풀기 위해 이용되는 6 단계를 열거하라. (교재 본문을 엿보지 않고서도 이것을 할 수 있어야 한다.)

9-104 xy평면보다 xz평면에서의 정상, 2차원, 비압축성 유동을 고려하라. 그림 P9-104에 유동함수 값이 일정한 곡선이 보이고 있다. 0이 아닌 속도성분은 (u, w)이다. ψ가 z방향으로 증가할 때, xz평면에서 오른쪽으로부터 왼쪽으로 향하는 유동에 대한 유동함수를 정의하라.

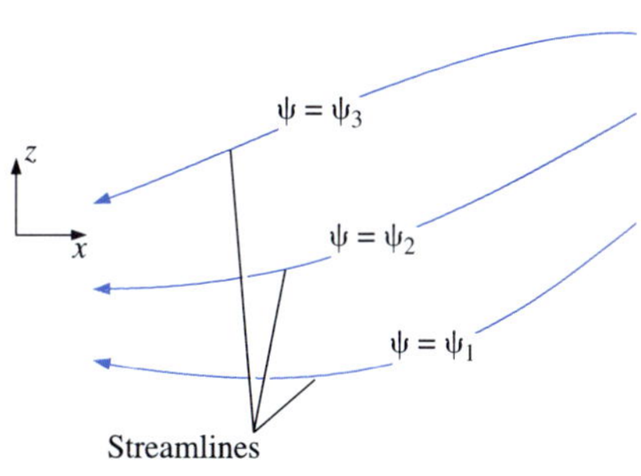

그림 P9-104

9-105 다음과 같은 직교좌표에서 정상, 3차원 속도장을 고려하라. 즉, $\vec{V} = (u, v, w) = (axz^2 - by)\vec{i} + cxyz\vec{j} + (dz^3 + exz^2)\vec{k}$이고, 여기서 a, b, c, d 및 e는 상수이다. 어떤 조건에서 이 유동장이 비압축성인가? 상수 a, b, c, d 및 e의 기본차원은 무엇인가?

9-106 임의의 방향으로 강체처럼 가속되는 비압축성 액체의 경우에 대해 가능한 한 간단하게 Navier-Stokes 방정식을 단순화하라(그림 P9-106). 중력은 −z방향으로 작용한다. Navier-Stokes 방정식의 비압축성 벡터 형태로부터 시작하고, 어떻게 그리고 왜 일부 항들이 단순화될 수 있는지 설명하고 마지막 결과를 벡터 방정식으로 제시하라.

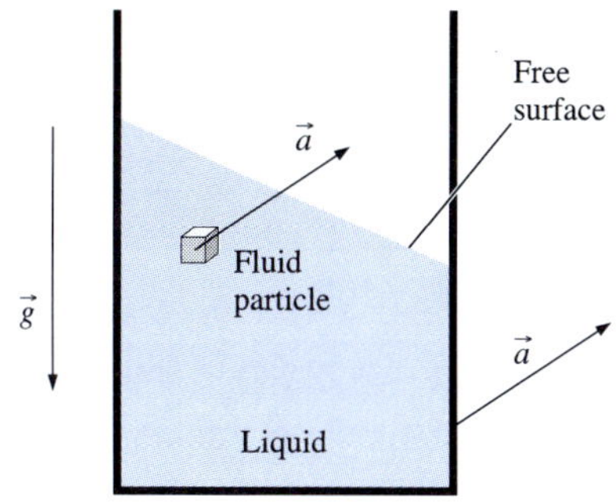

그림 P9-106

9-107 중력이 음의 z방향으로 작용하고 있을 때, 비압축성 정수역학(hydrostatics)에 대한 Navier-Stokes 방정식을 가능한 한 단순화하라. Navier-Stokes 방정식의 비압축성 벡터 형태로부터 시작하되, 어떤 항들이 왜 그리고 어떻게 단순화되는지 설명하고, 단순화된 결과를 벡터 방정식의 형태로 표현하라.

답: $\vec{\nabla}P = -\rho g\vec{k}$

9-108 직경이 D이고 길이가 L인 긴 직선의 경사진 파이프 내부로 물이 흘러내린다(그림 P 9-108). 점 1과 2 사이에 강제적인 압력구배는 존재하지 않는다. 다시 말해서 물은 오직 중력에 의해서만 흘러내리며, $P_1 = P_2 = P_{atm}$이다. 이 유동은 정상, 완전발달된, 층류 유동이다. 파이프의 축을 따라서 x축을 잡는 좌표계를 채택한다. (*a*) 제 8장의 검사체적 방법을 이용하여 평균속도 V를 주어진 매개변수 $\rho, g, D, \Delta z, \mu$ 및 L의 함수로 나타내어라. (*b*) 미분해석을 이용하여 V를 주어진 매개변수의 함수로 표현하라. 이 결과를 (*a*)에서의 결과와 비교하고 논의하라. (*c*) 차원해석을 통해서 주어진 매개변수의 함수로서 V에 대한 무차원화한 표현을 구하라. 위의 결과로 얻어진 들 사이의, 엄밀한 해석적 표현에 잘 맞는, 관계식을 구축하라.

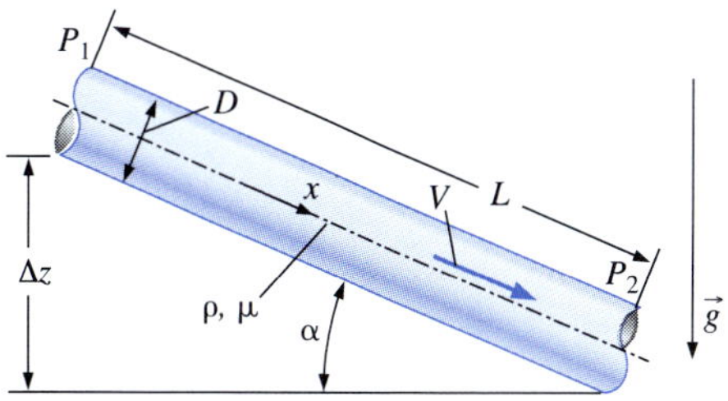

그림 P9-108

9-109 블록이 길고, 직선이며, 경사진 벽을 속도 V로 두께가 h인 얇은 유막(oil film) 위를 미끄러져 내려온다(그림 P9-109). 블록의 무게는 W이고, 유막과 블록이 서로 맞닿아 있는 부분의 넓이는 A이다. V는 측정되며, W, A, 각 α와 점도 μ도 역시 알려진 값으로 가정하라. 유막 두께 h는 미지수이다. (*a*) h에 대한 엄밀한 해석적 표현을 기지의 매개변수인 V, A, W, α와 μ의 함수로서 나타내어라. (*b*) 주어진 매개변수의 함수로서 h에 대한 무차원 표현을 만들기 위해 차원해석을 하라. (*a*)부분의 엄밀한 해석적 표현에 잘 들어맞는 Π들 사이의 관계를 구축하라.

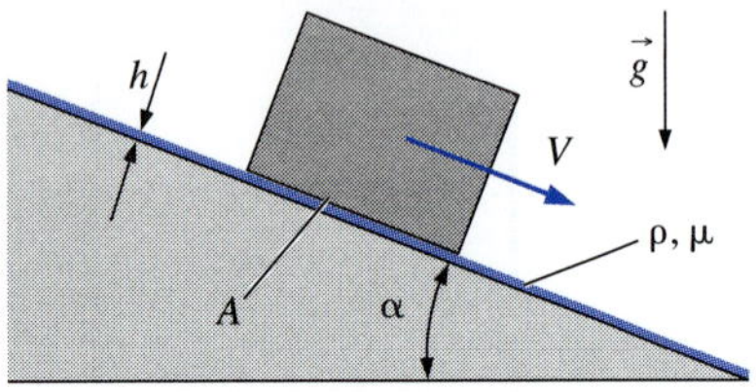

그림 P9-109

9-110C 각 설명에 대해 진위를 선택하고, 답을 간단히 논의하라.

(*a*) 속도 포텐셜 함수는 3차원 유동에 대해 정의될 수 있다.

(*b*) 유동함수가 정의되기 위해서는 와도가 반드시 0이 되어야 한다.

(*c*) 속도 포텐셜 함수가 정의되기 위해서는 와도가 반드시 0이 되어야 한다.

(*d*) 유동함수는 오직 2차원 유동장에 대해서만 정의될 수 있다.

9-111 이 장에서 회전 비점성 유동의 한 예로 고체의 회전을 논의한다(그림 P9-111). 속도성분은 $u_r = 0, u_\theta = \omega r$ 및 $u_z = 0$이다. Navier-Stokes 방정식의 u성분의 점성항을 계산하고 논의하라. 와도의 z성분을 계산함으로써 이 속도장이 진실로 회전 유동인지를 증명하라.

답: $\zeta z = 2\omega$

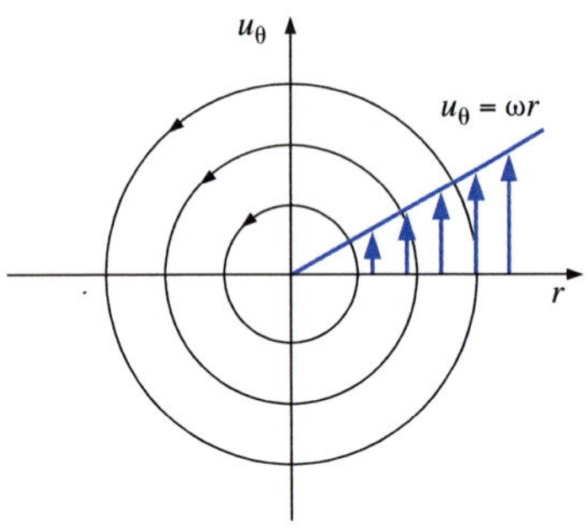

그림 9-111

9-112 이 장에서 비회전 유동장의 한 예로 선 와류(그림 P9-112)에 대해 논의한다. 속도 성분은 $u_r = 0, u_\theta = \Gamma/(2\pi r)$ 및 $u_z = 0$이다. Navier-Stokes 방정식의 θ 성분의 점성항을 계산하고 논의하라. 이 속도장이 실제로 비회전인지를 와도의 z성분을 계산함으로써 증명하라.

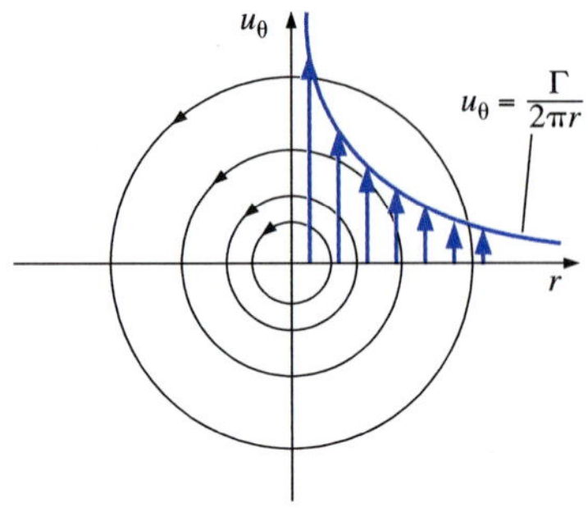

그림 P9-112

FLUID MECHANICS

CHAPTER

10

외부유동: 항력과 양력

이 장에서는 유체로 둘러싸인 물체 주위의 유동, 즉 **외부유동**을 고찰하고 그러한 유동에 의하여 나타나는 양력과 항력에 대하여 공부한다. 외부유동에서 점성영향은 경계층이나 후류(wake)와 같은 유동장 일부에 제한되며, 이 영역은 속도와 온도변화가 매우 작은 바깥 유동영역에 의하여 둘러싸여 있다.

유체가 어떤 물체 주위를 운동할 때, 그 물체표면에는 수직으로 압력힘이 작용하며 동시에 물체표면과 나란한 방향으로 전단력이 작용한다. 물체의 전 표면에 작용하는 이러한 힘들의 자세한 분포보다는, 물체의 표면에 작용하는 이러한 압력힘과 전단력의 **합**이 일반적으로 관심의 대상이 된다. 이러한 압력힘과 전단력을 합한 최종 힘의 유동방향 성분을 **항력(drag force**, 또는 **drag)**이라 하고, 유동방향에 수직인 성분을 **양력(lift force**, 또는 **lift)**이라고 한다.

이 장에서는 항력과 양력에 관한 고찰부터 시작하여, 압력항력, 마찰항력, 그리고 유동의 박리에 관한 개념을 공부한다. 일상에서 마주치는 다양한 2차원과 3차원 형상의 항력계수를 다루며, 실험적으로 얻어진 항력계수를 이용하여 항력을 계산하는 법을 공부한다. 또한 평판 상부 평행유동에서 나타나는 속도경계층에 대하여 검토하며, 평판, 원통, 그리고 구 주위 유동의 마찰력과 항력계수와의 관계를 유도한다. 마지막으로 익형(airfoil)에 의하여 발생하는 양력과 물체의 양력 특성에 영향을 주는 여러 인자들에 관하여 논의한다.

목표

이 장을 공부하면 다음과 관련된 지식을 얻을 수 있다.

- 항력, 마찰항력, 압력항력, 항력저감 및 양력과 같은 다양한 물리적 현상에 대한 이해
- 일상적인 형상에 작용하는 항력 계산
- 유동조건이 원통과 구의 항력계수에 미치는 영향에 대한 이해
- 익형 주위 유동이해와 익형에 작용하는 양력 계산

제트엔진 후방 저압부에서 응축되면서 나타나는 네 개의 구름운이 비행기 날개의 유동항력에 의하여 생기는 두 개의 엇갈리는(counter-rotating) 날개 끝 와류로 합쳐지고 있다.

10-1 ■ 서론

그림 10-1
실제 흔히 관찰되는 물체 주위의 유동.

일상생활에서 자주 접하는 물체 주위 유동은 다음과 같이 많은 물리적 현상들과 관계가 있다. 자동차, 송전선, 나무, 그리고 해저 수송관 등에 작용하는 **항력**; 비행기 날개에 의한 **양력**; 비, 눈, 우박과 강한 바람에 의한 먼지입자 들의 **상승기류**; 혈류에 의한 적혈구의 이동; 분무에 의한 액적의 유입과 분산; 유체 속에서 움직이는 물체에 의해 나타나는 진동과 소음발생; 그리고 풍력터빈에 의한 발전(그림 10-1) 등이 바로 그것이다. 따라서 이러한 외부유동을 잘 이해하는 것이 항공기, 자동차, 건물, 배, 잠수함 및 모든 종류의 터빈과 같은 많은 공학시스템의 설계에서 매우 중요하다. 한 예로 최신형 자동차는 이러한 공기역학에 특별히 주안점을 두고 설계되고 있다. 이를 통하여 연료소비와 소음의 감소, 그리고 주행력 측면에서 상당한 개선이 이루어지고 있다.

어느 경우에는 유체가 정지해 있는 물체 주위를 움직이기도 하며(예를 들면 건물에 부는 바람), 또 다른 경우에는 정지해 있는 유체 속에서 물체가 움직이기도(예를 들면 공기 속을 달리는 자동차) 한다. 이 두 가지 달라 보이는 유동현상은 유체와 물체 사이의 상대운동 관점에서 보면 서로 동일하다. 이러한 운동은 물체에 좌표축을 고정시킴으로써 쉽게 해석이 가능한데, 이를 **물체 주위 유동(flow over body)**, 혹은 **외부유동(external flow)**이라고 부른다. 예를 들어, 비행기 날개 설계에서 공기역학 관련 연구는 실험실의 풍동 내부에 날개를 고정시키고 큰 팬을 이용하여 공기를 날개 주위로 흘려보내면서 수행될 수 있다. 또한 유동은 선택된 좌표축에 따라 정상(steady) 혹은 비정상(unsteady)으로 구분될 수 있다. 예를 들어, 비행기 주위의 유동은 지상에서 보면 항상 비정상이지만, 순항 중인 비행기와 같이 움직이는 좌표 관점에서 보면 정상이다.

대부분의 외부유동에서 유동장과 물체 형상과 관련된 문제들은 매우 복잡하여 해석적으로 풀기 어려우며, 따라서 실험을 통하여 얻어진 관계식에 의존해야 한다. 최근에는 고속컴퓨터를 이용하여 지배방정식을 수치적으로 푸는 "수치실험(numerical experiments)"을 먼저 진행한 후에, 값 비싸고 시간이 많이 걸리는 실험은 설계의 마지막 단계에서 수행한다. 일반적으로 실험은 풍동을 이용하여 진행된다. H. F. Phillips(1845-1912)는 1894년 최초의 풍동을 제작하여 양력과 항력을 측정한 바 있다. 이 장에서는 대부분 실험에 의하여 얻어진 관계식을 다룬다.

물체에 접근하는 유체의 속도를 **자유흐름 속도(free-stream velocity)**라고 하며 V로 표시한다. 속도의 x방향성분을 일반적으로 u라 표시하기 때문에, 유동방향이 x축과 나란할 경우 이를 u_∞ 혹은 U_∞로 표시하기도 한다. 유체의 속도는 물체 표면에서 영(점착 조건)이고, 표면에서 멀리 떨어진 곳에서는 자유흐름의 값을 갖는데, 이때 하첨자 "∞"는 물체의 존재가 더 이상 감지되지 않는 거리에서의 값을 나타낸다. 자유흐름 속도는 위치와 시간에 따라 다를 수 있다(예를 들면, 건물을 지나가는 바람). 그러나 일반적인 해석이나 설계에서 자유흐름 속도는 편의상 항상 **균일**하고 **정상**이라고 가정하는데, 이 장에서도 이러한 가정을 계속 사용한다.

물체의 형상은 물체 주위 유동장에 큰 영향을 미친다. 어떤 물체가 매우 길고 단면이 일정하며 유동방향이 그 물체에 수직일 때, 물체 주위의 유동을 2차원이라고 부른다. 긴 파이프 주위로, 축에 수직으로 부는 바람이 2차원 유동의 한

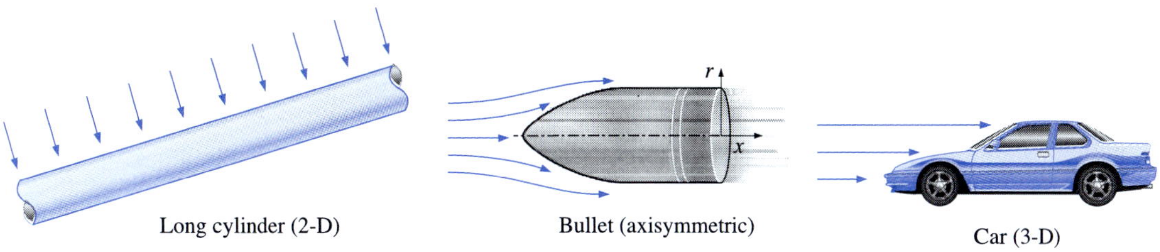

그림 10-2
2차원, 축대칭, 그리고 3차원 유동.

예이다. 이러한 경우 파이프 축 방향의 속도성분은 영이며, 따라서 속도는 2차원이다.

끝단효과(end effect)를 무시할 정도로 물체가 충분히 길고 접근하는 유동이 균일할 때, 2차원 유동으로 생각할 수 있다. 유동을 단순화 할 수 있는 또 다른 경우는 물체가 유동방향 축에 대하여 회전 대칭성을 가질 때이다. 이러한 경우도 2차원이며, 특히 **축대칭(axisymmetric)**이라고 부른다. 공기를 가르고 날아가는 총알 경우가 이러한 축대칭 유동의 한 예이다. 이 경우 속도는 축 방향 거리 x와 반경방향 거리 r에 따라 달라진다. 자동차 주위의 유동은 2차원 혹은 축대칭으로 볼 수 없으며, 이때 유동은 **3차원**이다(그림 10-2).

또한 물체 주위 유동을 **비압축성 유동**(예를 들면, 자동차, 잠수함, 빌딩 주위의 유동)과 **압축성 유동**(예를 들면, 고속 항공기, 로켓, 그리고 미사일 주위의 유동)으로 나눌 수 있다. 압축성 효과는 낮은 유동속도(마하수가 0.3보다 작은 유동)일 때 무시되며, 이러한 유동은 큰 오차 없이 비압축성으로 취급할 수 있다.

유동장 내에 있는 물체는 물체의 전체적인 형상에 따라 **유선형(streamlined)** 또는 뭉뚝한 형으로 구분될 수 있다. 유동장의 예상 유선형태에 의도적으로 물체의 형상을 맞출 때 그 물체가 유선형화(streamlined) 되었다고 한다. 경주용 자동차나 비행기와 같은 유선형 물체는 일반적으로 그 외부 곡선이 매끄럽다. 반면에, 빌딩과 같은 물체는 일반적으로 유동을 막게 되는데, 이러한 물체를 **뭉툭하다(bluff, blunt)**고 한다. 유동장 내에서 유선형 물체는 더 쉽게 움직일 수 있어, 차량이나 비행기의 설계에서 물체 형상의 유선형화는 매우 중요하다(그림 10-3).

그림 10-3
유체 내에서 유선형 물체를 움직이게 하는 것이 뭉뚝한 물체를 움직이게 하는 것보다 훨씬 쉽다.

10-2 ▪ 항력과 양력

어떤 물체가 유체, 특히 액체 속을 움직일 때, 그 물체에는 어떤 저항이 작용하는 것을 경험을 통하여 잘 알고 있다. 여러분도 알다시피, 물 속에서 걷기는 매우 힘이 드는데, 이는 공기의 경우에 비하여 작용하는 저항이 크기 때문이다. 또한 강한 바람으로 나무나 송전선, 심지어는 대형 트럭 등이 넘어지는 것을 보거나, 바람이 여러분 몸을 미는 힘을 느껴본 적이 있을 것이다(그림 10-4). 움직이는 차창 밖으로 손을 내밀었을 때도 같은 느낌을 경험할 수도 있다. 유체는 다양한 방향으로 물체에 힘과 모멘트를 가할 수 있다. 유체가 유동방향으로 물체에 가하는 힘을 **항력(drag)**이라고 한다. 항력은 유동장에 위치한 물체에 용수철을 달고 유동방향으로 움직인 거리를 측정함으로써(즉, 용수철 저울을 이용하여 무게를 재듯이) 직접 측정할 수

그림 10-4
강한 바람에 의한 항력으로 나무, 송전선, 그리고 심지어는 사람들까지 쓰러질 수 있다.

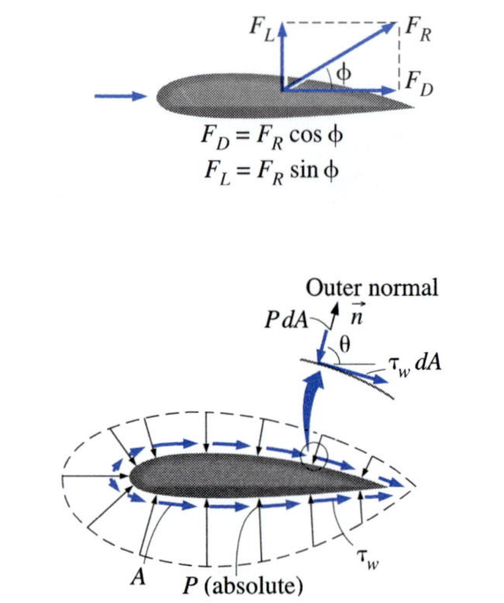

그림 10-5
2차원 물체에 작용하는 압력힘과 점성력의 결과가 양력과 항력으로 나뉘어진다.

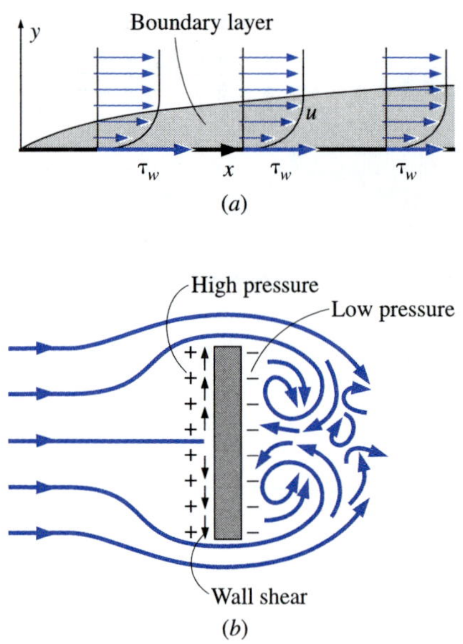

그림 10-6
(a) 유동방향과 나란한 평판의 항력은 벽면의 전단력에만 의존된다.
(b) 유동방향에 수직인 평판에 작용하는 항력은 압력에만 의존하며, 자유유동방향에 수직으로 작용하는 벽면 전단력과는 무관하다.

도 있다. 보다 정교한 항력 측정장치로는 항력저울(drag balance)이 있으며, 이는 스트레인게이지가 장착된 유연한 빔을 사용하여 항력을 전자적으로 측정한다.

항력은 일반적으로 마찰과 같이 바람직하지 않은 효과이며, 따라서 이를 최소화하여야 한다. 항력의 저감은 자동차, 잠수함, 비행기 등의 연료소비 감소, 강한 바람에 대한 구조물의 안전성과 내구성 향상, 그리고 소음과 진동 감소 등과 밀접한 관계가 있다. 그러나 어떤 항력은 매우 유용한 효과를 제공하기도 하며, 이런 경우에 항력은 최대화되어야 한다. 예를 들어 마찰은 자동차의 브레이크에서 "생명을 보장하는 장치"이기도 하다. 마찬가지로 항력은 낙하산의 사용, 꽃가루의 장거리 이동, 바다에서 즐기는 파도타기, 그리고 낙엽의 느린 낙하 등을 가능하게 한다.

정지해 있는 유체 속에 잠겨 있는 물체의 표면에는 수직방향인 압력힘만이 작용한다. 그러나 움직이는 유체의 경우 물체 표면에는 점성영향에 의한 점착조건 때문에 접선방향으로 전단력이 추가로 작용한다. 항력이란 이러한 압력힘과 전단력이 합쳐진 합력의 유동방향의 성분이고, 유동방향에 수직인 성분을 **양력(lift)**이라 부른다.

그림 10-5에 나타난 바와 같이 2차원 유동의 경우, 압력힘과 전단력의 합력은 유동방향과 나란한 성분인 항력과 유동방향에 수직 성분인 양력으로 나눠질 수 있다. 3차원 유동의 경우, 이 교재 지면에 수직방향으로 작용하는 측력(side force)이 물체에 작용한다.

이러한 유체의 힘은 모멘트를 발생시켜 물체를 회전하게도 한다. 유동방향에 대한 모멘트를 **롤링모멘트(rolling moment)**, 양력방향에 대한 모멘트를 **요잉모멘트(yawing moment)**, 그리고 측력방향에 대한 모멘트를 **피칭모멘트(pitching moment)**라고 부른다. 자동차, 비행기, 배 등과 같이 양력-항력 면에 대하여 대칭 형상을 갖는 물체의 경우, 바람이나 파도에 의한 힘이 물체와 나란할 때는 측력, 요잉모멘트, 그리고 롤링모멘트는 존재하지 않는다. 이러한 물체에는 오직 항력과 양력, 그리고 피칭모멘트 만이 작용한다. 총알과 같이 유동과 나란한 축대칭 물체에는 오직 항력만이 작용하게 된다.

일반적으로 표면마찰(벽면에서의 전단응력)과 압력이 항력과 양력에 기여한다. 유동방향과 나란한 얇은 **평판** 같은 특별한 경우에는 항력은 벽면 전단응력에만 의존하며 압력과는 관계가 없다. 그러나 이러한 평판이 유동방향에 수직으로 놓여 있을 때는, 전단응력이 유동에 수직방향으로 작용하고 항력은 오직 압력에 의하여 결정되며 벽면 전단응력과는 관계가 없다(그림 10-6). 만약 이러한 평판이 유동방향에 대하여 임의의 각도로 기울어져 있다면, 항력은 압력과 전단응력 모두와 관계된다.

비행기의 날개는 최소의 항력과 함께 양력을 발생시킬 수 있도록 그 형상과 위치가 결정된다. 이는 그림 10-7에 나타난 바와 같이 순항 중에 영각(angle of attack)을 유지하여 얻어진다. 본 장의 후반에서 다루겠지만, 양력과 항력은 모두 이 영각과 큰 관계가 있다. 날개의 윗면과 아랫면에 작용하는 압력의 차가 날개와 그 날개에 연결된 비행기를 뜨게 하는 힘, 즉 양력을 발생시킨다. 날개와 같은 가느다란(slender) 물체의 경우, 전단력은 유동방향에 거의 나란하게 작용하며, 따라서 전단력이 양력에 미치는 영향은 작다. 이러한 가느다란 물체에 작용하는 항력은 대부분 전단력(표면 마찰력) 때문이다.

항력과 양력은 여러 변수 중에 특히 유체의 밀도 ρ, 상류속도 V, 물체의 크기, 형상 및 방향(orientation)과 관련이 있는데, 다양한 이들 변수조건에 대하여 양력과 항력의 크기를 단순히 열거하는 것은 그리 좋은 방법이 아니다. 그 대신에 물체의 항력과 양력의 특성을 나타내는 적절한 무차원수를 다루는 것이 더 편리하다. 이 무차원수들이 **항력계수** C_D와 **양력계수** C_L이며, 다음과 같이 정의된다.

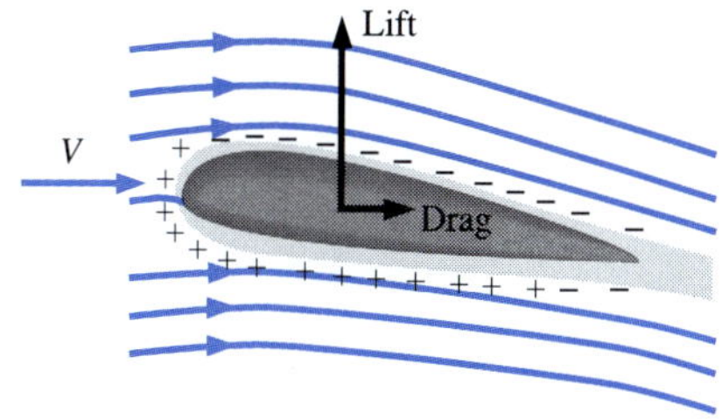

그림 10-7
비행기 날개의 형상과 위치는 항력을 최소화하면서 비행 중에 충분한 양력을 발생시키도록 정해진다. 대기압보다 큰 압력과 작은 압력이 각각 +와 −로 표시되어 있다.

항력계수: $$C_D = \frac{F_D}{\frac{1}{2}\rho V^2 A} \quad (10\text{-}1)$$

양력계수: $$C_L = \frac{F_L}{\frac{1}{2}\rho V^2 A} \quad (10\text{-}2)$$

여기서 A는 일반적으로 물체의 **정면도면적**(frontal area, 즉, 유동방향에 수직인 면에 투영된 면적)이다. 달리 말하면, A는 물체에 다가가는 유체의 흐름방향에서 보이는 물체의 면적이다. 예를 들어, 직경이 D이고 길이가 L인 원형실린더의 정면도면적은 $A = LD$이다. 익형과 같은 얇은 물체의 양력과 항력 계산에서 A는 물체의 **평면도면적**(planform area)을 사용하는데, 이는 물체에 다가가는 유체의 흐름의 수직방향에서 보이는 물체의 면적을 뜻한다. 항력계수와 양력계수는 물체의 형상과 주로 관계되는데, Reynolds 수와 물체의 표면조도의 영향을 받기도 한다. 식 (10-1)와 (10-2)에 나타난 $\frac{1}{2}\rho V^2$ 항을 **동압**(dynamic pressure)이라고 한다.

국소 양력계수나 항력계수는 속도경계층이 유동방향으로 변화하기 때문에 물체의 표면을 따라 달라진다. 그러나 일반적으로 물체 전체에 대한 항력과 양력에 관심이 있으며, 이들은 평균 항력계수와 평균 양력계수를 이용하여 얻어질 수 있다. 따라서 항력계수 및 양력계수의 국소적인 값(하첨자 x를 사용)과 평균값에 대한 관계식을 제시한다. 전체길이 L인 물체의 국소 항력계수 및 양력계수의 관계식을 알고 있을 때, 전체 표면에서의 **평균** 항력계수 및 양력계수는 다음과 같은 적분의 형태로 얻어진다.

$$C_D = \frac{1}{L}\int_0^L C_{D,x}\,dx \quad (10\text{-}3)$$

그리고

$$C_L = \frac{1}{L}\int_0^L C_{L,x}\,dx \quad (10\text{-}4)$$

낙하하는 물체에 작용하는 힘은 항력, 부력, 그리고 물체의 무게이다. 어떤 물체가 대기나 호수 안에서 떨어질 때, 물체는 무게 때문에 처음에는 가속한다. 그 때 물체의 운동은 그 운동의 반대방향으로 작용하는 항력에 의하여 저항을 받는다. 물체의 속도가 증가함에 따라 항력도 증가한다. 이는 모든 힘이 서로 균형을 이루어 물체에 작용하는 순수 힘이 영(물체의 가속도 또한 영)이 될 때까지 계속된다. 물체의 운동궤적에서 유체의 상태량이 변하지 않는다면 이 후 물체의 속도는 낙하하는 동안 변하지 않게 된다. 이는 물체가 도달할 수 있는 최대속도이며, 이를 **종단속도**(terminal velocity)라고 한다(그림 10-8).

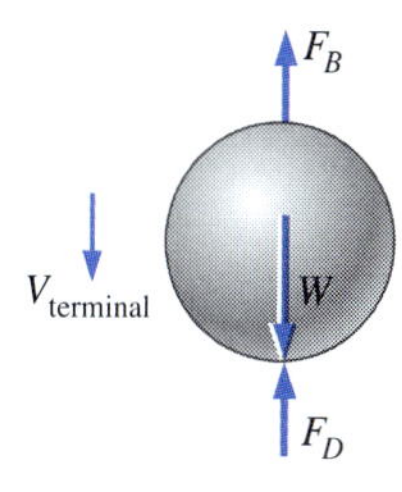

$F_D = W - F_B$
(No acceleration)

그림 10-8
자유낙하동안 물체는 **종단속도**에 이르는데 이때 항력은 물체 무게에서 부력을 뺀 것과 같다.

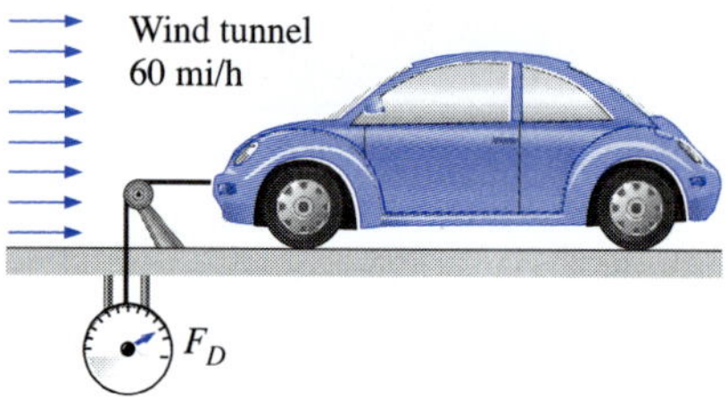

그림 10-9
예제 10-1의 개략도.

예제 10-1 자동차의 항력계수 측정

1 atm, 70°F, 그리고 60 mi/h의 설계 조건에서 자동차의 항력계수를 큰 풍동을 이용한 실물 크기의 실험으로 얻고자 한다(그림 10-9). 자동차의 정면도면적은 22.26 ft²이다. 유동방향으로 차에 가해지는 힘이 68 lbf으로 측정될 때, 이 차의 항력계수를 구하라.

풀이 풍동에서 자동차에 작용하는 항력이 측정될 때, 시험조건에서 차의 항력계수를 구하고자 한다.

가정 **1** 공기의 유동은 정상, 비압축성이다. **2** 풍동의 단면은 차를 지나는 자유 유동을 모사하기에 충분히 크다. **3** 실제 주행 환경과 근사시키기 위하여 풍동의 바닥은 공기와 같은 속도로 움직이거나, 혹은 그 영향을 무시할 수 있다.

상태량 1 atm, 70°F에서 공기의 밀도는 $\rho = 0.07489\ \text{lbm/ft}^3$이다.

해석 차체에 작용하는 항력과 항력계수는 다음과 같이 주어진다.

$$F_D = C_D A \frac{\rho V^2}{2} \quad \text{그리고} \quad C_D = \frac{2F_D}{\rho A V^2}$$

여기서 A는 정면도면적이다. 주어진 값들을 대입하고 1 mi/h = 1.467 ft/s임을 이용하면, 자동차의 항력계수는 다음과 같이 얻어진다.

$$C_D = \frac{2 \times (681\ \text{lbf})}{(0.07489\ \text{lbm/ft}^3)(22.26\ \text{ft}^2)(60 \times 1.467\ \text{ft/s})^2}\left(\frac{32.2\ \text{lbm} \cdot \text{ft/s}^2}{1\ \text{lbf}}\right) = \mathbf{0.34}$$

토의 항력계수는 설계조건에 의존하며, 그 값은 Reynolds 수와 같은 조건이 변화하면 달라질 수 있다. 따라서 어떤 차량에 대하여 제시된 항력계수는 주행조건이 역학적상사 조건에 있거나 Reynolds 수와의 무관성(7장)이 확인될 때 서로 비교될 수 있다. 따라서 표준적인 실험절차의 개발이 중요하다.

10-3 ▪ 마찰항력과 압력항력

10-2절에서 언급하였듯이, 항력은 벽면 전단응력과 압력의 복합작용에 의하여 유체가 물체에 유동방향으로 가하는 순수 힘이다. 가끔 이 두 가지 효과(전단응력과 압력)를 구분하여 다루는 것이 더 유용하다.

항력의 일부는 벽면 전단응력 τ_w에 의한 것인데, 이는 마찰효과에서 비롯되기 때문에 이를 **표면마찰항력**(skin friction drag, 혹은 그냥 **마찰항력**, $F_{D,\text{friction}}$)이라 하고, 압력 P에 의하여 나타나는 항력을 **압력항력**[pressure drag, 이는 물체의 모양에 크게 의존하므로 **형상항력(form drag)**이라고도 한다]이라고 한다. 마찰항력계수와 압력항력계수는 다음과 같이 정의된다.

$$C_{D,\text{friction}} = \frac{F_{D,\text{friction}}}{\frac{1}{2}\rho V^2 A} \quad \text{그리고} \quad C_{D,\text{pressure}} = \frac{F_{D,\text{pressure}}}{\frac{1}{2}\rho V^2 A} \tag{10-5}$$

마찰항력계수와 압력항력계수(같은 면적 A에 기준한) 또는 마찰항력과 압력항력의 값을 알면, 이들을 단순히 합하여 다음과 같이 총 항력계수 또는 총 항력을 얻어낼 수 있다.

$$C_D = C_{D,\,\text{friction}} + C_{D,\,\text{pressure}} \quad \text{그리고} \quad F_D = F_{D,\,\text{friction}} + F_{D,\,\text{pressure}} \tag{10-6}$$

마찰항력은 벽면 전단력의 유동방향 성분이며, 따라서 벽면 전단응력 τ_w의 크기뿐만 아니라 물체의 방향과도 관련이 있다. 유동방향에 수직으로 놓인 평판의 경우 마찰항력은 **영**이며, 유동방향에 나란하게 놓인 평판의 경우에는 마찰항력이 **최대**가 되는데, 이 경우 마찰항력은 평판 표면에 작용하는 총 전단력과 같다. 그러므로 평판 상부에 평행하는 유동의 경우, 항력계수는 **마찰항력계수** 또는 단순히 **마찰계수(friction coefficient)**와 같다. 마찰항력은 유체의 점성과 밀접한 관계가 있으며, 점성이 커지면 증가한다.

Reynolds 수는 유체의 점성과 역비례한다. 따라서 뭉툭한 물체의 경우 마찰항력이 총 항력에서 차지하는 비율은, 높은 Reynolds 수 유동의 경우에는 매우 작아 무시할 수 있으며, 이때 항력은 대부분 압력항력에 의하여 나타난다. 낮은 Reynolds 수에서는 대부분의 항력이 마찰항력이며, 익형과 같이 유선형 물체의 경우에는 더욱 더 그러하다. 마찰항력은 또한 그 물체의 표면적에 비례한다. 따라서 표면적이 큰 물체는 보다 큰 마찰항력을 받는다. 예를 들어, 대형 상용 비행기는 순항 고도에 도달하면 연료소모를 줄이기 위하여 날개의 일부를 접어 비행기의 전체 표면적을 줄여 항력을 감소시킨다. 마찰항력계수는 층류유동의 경우 **표면 조도**와 무관하나, 난류유동의 경우에는 거친 표면부분이 경계층 밖으로 튀어나올 수 있어 표면조도와 매우 밀접한 관련이 있다. **마찰항력계수**는 8장에서 소개된 파이프 유동에서의 **마찰계수(friction factor)**와 유사하며, 그 값은 유동의 조건에 따라 달라진다.

압력항력은 물체의 정면도면적에 비례하고, 또한 잠겨있는 물체의 전면과 후면 사이의 압력 차와 비례한다. 그러므로 뭉툭한 물체에서는 압력항력이 대부분이고, 익형과 같은 유선형 물체에서는 압력항력이 작으며, 유동에 나란한 얇은 평판의 경우에는 압력항력이 영이다(그림 10-10). 압력항력은 유체가 물체의 곡면을 따라가지 못할 정도로 유체의 속도가 빨라서 유체가 물체표면으로부터 **박리**되어 물체후방에 낮은 압력 영역을 만드는 경우에 가장 크게 된다. 이 경우 압력항력은 물체의 전면과 후면 사이에서 나타나는 큰 압력 차이에 기인한다.

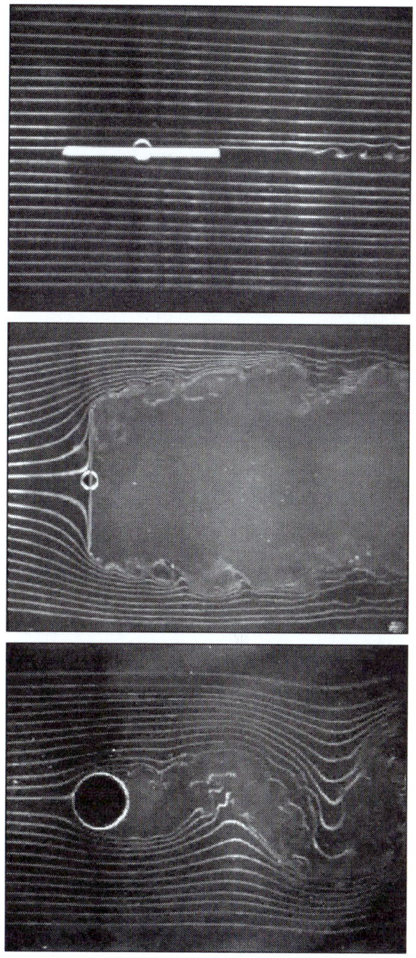

그림 10-10
유동에 나란한 평판의 경우 항력은 전적으로 마찰항력에 기인한다; 유동에 수직인 평판의 경우 항력은 압력항력에 기인한다; 그리고 유동에 수직한 실린더의 경우 항력은 두 가지(그러나 대부분 압력항력) 모두에 의존한다. 총 항력계수 C_D는 평행평판의 경우 가장 낮으며 수직평판의 경우 가장 높고 실린더의 경우는 그 중간이다(그러나 수직평판의 경우와 거의 비슷하다).
From G. M. Homsy, et al. (2000).

유선형화에 의한 항력 저감

항력을 줄이기 위하여 처음 떠오르는 생각은 물체 형상을 유선형화 함으로서 유동박리를 줄이고 그에 따라 압력항력을 줄이는 것이다. 자동차 판매원들까지도 그들이 파는 자동차가 유선형화로 인하여 항력계수가 낮다고 홍보하곤 한다. 그러나 유선형화는 압력항력과 마찰항력에 상반된 영향을 미친다. 유선형화는 경계층 박리를 지연시켜서 물체의 전후방 사이에서 나타나는 압력차이를 줄이고 결과적으로 압력항력을 감소시키는 한편, 물체 표면적이 넓어짐으로 마찰항력도 증가시킨다. 최종결과는 어떤 효과가 지배적이냐에 따라 달라진다. 그러므로, 물체의 항력을 감소시키기 위한 최적화 연구를 할 때는 이 두 가지 효과를 같이 고려하여야 하며, 그림 10-11에 나타난 바와 같이 이 두 힘의 합을 최소화하도록 하여야 한다. 그림 10-11에 나타난 경우에는 $D/L = 0.25$에서 총 항력이 최소가 되고 있다. 그림 10-11에 나타난 유선형 물체와 동일한 두께를 갖는 원형 실린더의 경우,

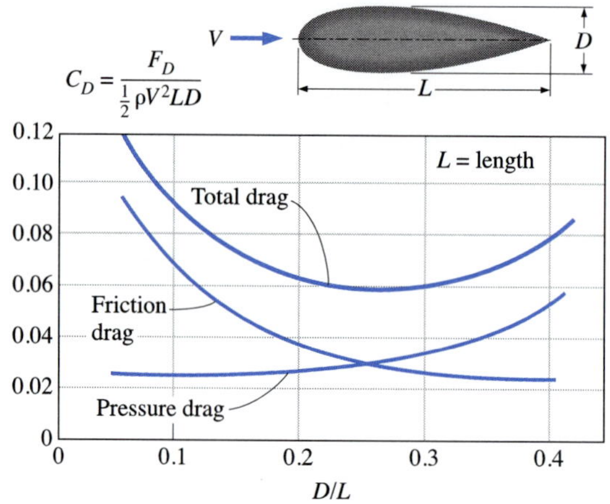

그림 10-11
$Re = 4 \times 10^4$의 경우, 두께 대 코드 비의 변화에 따른 유선형 지주의 마찰항력계수, 압력항력계수, 그리고 총 항력계수의 변화. 여기서 익형과 같은 얇은 물체의 C_D는 정면도면적이 아닌 평면도면적에 기준한다.

From Abbott and von Doenhoff (1959).

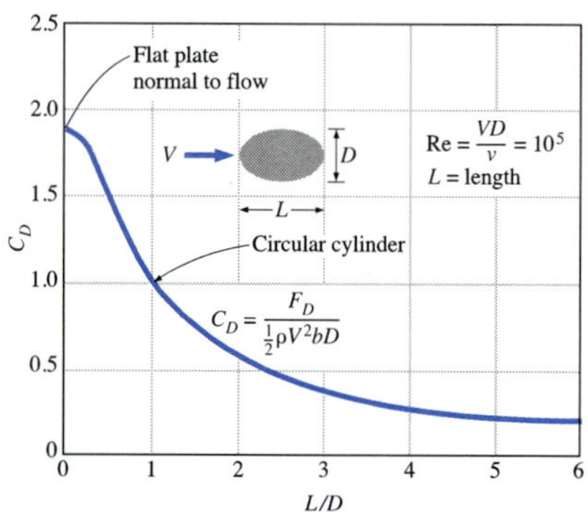

그림 10-12
종횡비에 따른 긴 타원형 실린더의 항력계수의 변화. 여기서 C_D는 b가 물체의 폭일 때 정면도면적 bD에 기준한다.

From Blevins (1984).

항력계수는 거의 5배 정도로 크게 나타난다. 따라서 실린더형 구조물은 적절하게 유선형화 함으로써 항력을 1/5 정도로 줄일 수 있다.

유선형화가 항력계수에 미치는 효과를 서로 다른 종횡비 L/D(그림 10-12에 나타난 바와 같이 L은 유동방향의 길이, D는 두께)를 갖는 긴 타원형 실린더를 고려하여 설명해 보자. 항력계수는 이 타원형 물체가 얇아짐에 따라 급격히 감소한다. 특히 $L/D = 1$(원형 실린더)인 경우, 해당 Reynolds 수에 대하여 항력계수는 $C_D \cong 1$이다. 종횡비가 감소하고 실린더가 평판과 유사하게 되면서 항력계수는 1.9로 증가하는데, 이 값은 유동에 수직인 평판의 항력계수의 값과 같다. 또한 종횡비가 4보다 커지면 항력계수 곡선은 거의 수평으로 나타난다. 따라서 주어진 직경 D에 대하여 종횡비가 약 $L/D \cong 4$인 타원형 물체가 총 항력계수와 길이 L 사이의 좋은 타협점이 될 수 있다. 높은 종횡비에서 항력계수가 감소되는 이유로는 주로 경계층이 표면에 좀 더 길게 부착되어 압력회복이 나타나기 때문이다. 종횡비 4인 타원형 실린더에서의 압력항력은 무시할 수 있다(해당하는 Reynolds 수에서 총 항력의 2% 보다 작음).

타원형 실린더가 납작해지면서(즉, L은 일정하고, D가 줄어짐), 종횡비 증가에 따라 항력계수는 증가하기 시작하고 $L/D \to \infty$(즉, 타원형 물체가 유동에 나란한 평판과 유사하게 됨)에 따라 무한대로 다가간다. 이는 C_D의 정의에서 분모에 나타나는 정면도면적이 영으로 다가가기 때문이다. 이는 물체가 납작해짐에 따라 항력이 급격히 증가함을 의미하는 것이 결코 아니며(실제로, 항력은 감소한다), 얇은 익형이나 평판과 같이 얇은 물체에 대하여 항력 관계식을 적용할 때 정면도면적을 사용하는 것이 부적절함을 의미한다. 이러한 경우, 항력계수는 **평면도면적(planform area)**을 기준으로 정의되며, 이는 유동에 나란한 평판의 경우 단순히 평판의 한 쪽(상부 또는 하부)의 표면적이다. 얇은 물체의 경우 항력은 거의 표면적에 비례하는 마찰항력 때문이기 때문에 이러한 접근이 타당하다고 할 수 있다.

유선형화는 **진동과 소음을 줄이는** 추가적인 이점이 있다. 유선형화는 유동박리의 가능성이 높은 고속의 유동(즉 높은 Reynolds 수) 내에 있는 뭉툭한 물체에 대해서만 고려되어야 한다. 9장에서 설명한 바와 같이, 일반적으로 낮은 Reynolds 수 유동(즉, $\mathrm{Re} < 1$인 크리핑 유동) 경우에는 유선형화를 고려할 필요가 없는데, 이 이유는 크리핑 유동의 경우 항력은 오직 마찰항력에만 기인하고 따라서 유선

형화는 오히려 표면적을 증가시켜 총 항력을 크게 하기 때문이다. 따라서 경솔한 유선형화는 항력을 줄이는 대신 오히려 늘릴 수도 있다.

유동박리

시골길을 운전할 때, 급커브 지점에서는 차가 전복되는 것을 막기 위하여 일반적으로 속도를 줄이는 것이 안전하다. 많은 운전자들이 과속 상태에서 이러한 급회전을 할 때 자동차가 잘 조종되지 않았던 오싹한 경험이 있을 것이다. 이를 도로에서의 "자동차 박리" 현상으로 생각할 수 있다. 이러한 현상은 빠른 속도의 차량이 언덕 구간에서 갑자기 점프할 때에도 관찰될 수 있다. 저속에서는 차량의 바퀴가 항상 도로 면과 부착된 상태를 유지하나, 고속에서는 차량이 도로의 곡선을 따라 움직이기에 지나치게 빠를 수 있고, 이때 언덕 구간에서 점프를 하면서 도로면과의 접촉을 잃을 수 있다.

유체가 빠른 속도로 곡면을 지날 때도 유사하다. 곡면의 오름 부분인 전면부에서 유체는 아무런 문제없이 오르는데 반하여, 내리막 부분인 후면부에서는 표면에 부착된 상태를 유지하기 어려울 때가 있다. 매우 빠른 속도에서는 유체의 흐름이 물체의 표면으로부터 이탈되는데, 이를 **유동박리(flow separation)**(그림 10-13)라고 한다. 유동은 액체나 기체 내부에 완전히 잠겨 있는 물체 표면에서도 박리될 수 있다(그림 10-14). 박리되는 지점의 위치는 Reynolds 수, 표면조도, 그리고 자유흐름의 변동(fluctuation) 정도 등 몇 가지 요인들과 관계되는데, 날카로운 모서리나 고체표면의 갑작스런 변화를 제외하고는, 이러한 박리점을 정확히 예측하기는 일반적으로 어려운 경우가 많다.

유체가 물체로부터 박리될 때, 물체와 유동 사이에는 박리영역이 형성된다. 재순환과 역류가 발생하는 이러한 물체 후방의 낮은 압력영역을 **박리영역(separated region)**이라고 한다. 이러한 박리영역이 커질수록 압력항력은 커지게 된다. 유동박리는 물체 먼 하류까지 영향을 미치며, 그 영향을 받은 영역의 속도는 상류속도에 비하여 감소하게 된다. 이와 같이 물체의 영향이 속도에 미치는 물체 후방의 유동영역을 **후류(wake)**라고 한다(그림 10-15). 박리영역은 두 유동흐름이 재부착될 때 끝나게 된다. 그러므로 박리영역은 닫힌 체적을 가지는 반면, 후류는 후류영역에서의 유체가 속도를 회복하여 속도분포가 다시 거의 균일하게 될 때까지 물체 후방으로 계속 발달된다. 이때 나타나는 점성과 회전효과는 경계층, 박리영역, 그리고 후류에서 매우 중요하다.

뭉툭한 물체에서만 박리가 발생되는 것은 아니다. 비행기 날개와 같은 유선형 물체도 영각이 충분히 클 경우(대부분의 익형의 경우 약 15°이상), 완전한 박리가 날개 뒷면 전체에 나타날 수 있다. 이때 영각이란 날개의 **코드(chord,** 날개의 앞전과 뒷전을 잇는 선)가 유입되는 유체흐름과 이루는 각도를 나타낸다. 날개 윗면에서 나타나는 유동박리는 양력을 급격히 감소시키고 비행기가 **실속(stall)**되게끔 할 수도 있다. 많은 항공기 사고와 터보기계의 효율감소에는 이 실속이 관련되어 있다(그림 10-16).

항력과 양력은 물체의 형상과 밀접한 관계가 있으며, 물체의 형상 변화를 가져오는 어떠한 효과도 항력과 양력에 큰 영향을 미치게 된다. 예를 들어, 비행기 날개 표면에 눈이 적체되거나 얼음이 형성되면 날개의 형상이 변화되어 양력이

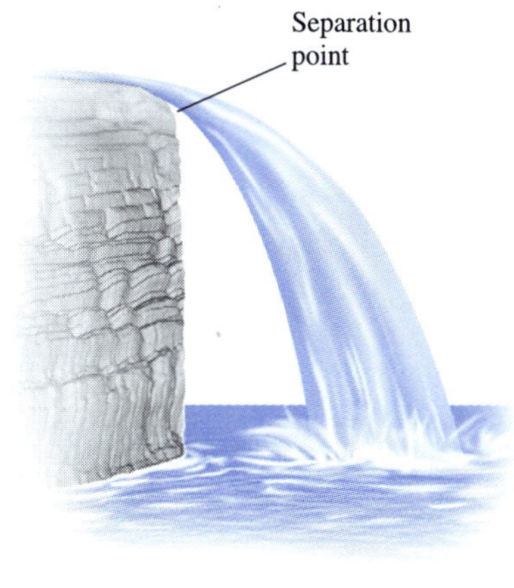

그림 10-13
폭포에서의 유동박리.

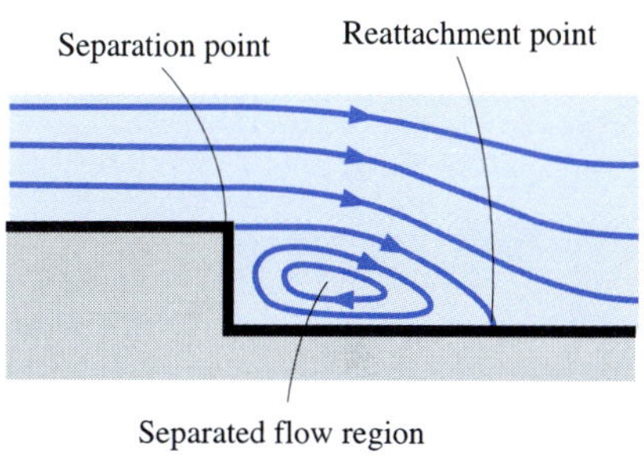

그림 10-14
후향 계단(backward facing step)에서 벽면을 따라 나타나는 유동박리.

그림 10-15
테니스공 주위 유동에서의 유동박리와 후류 영역.
Courtesy NASA and Cislunar Aerospace, Inc.

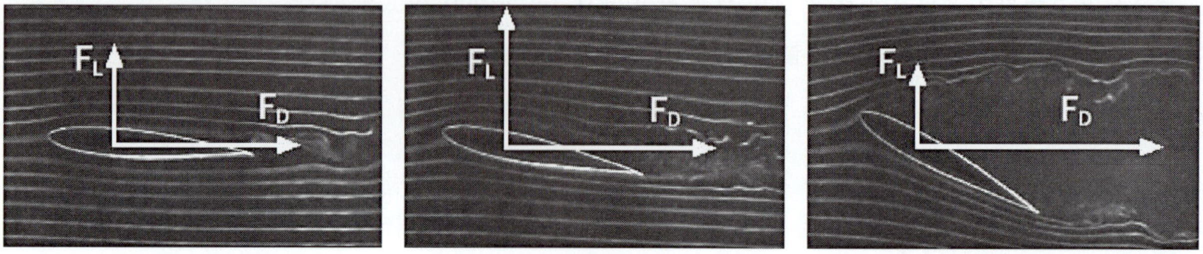

(*a*) 5°　(*b*) 15°　(*c*) 30°

그림 10-16
높은 영각에서는(일반적으로 15° 보다 큰), 유동은 익형 상면의 전체에서 완전히 박리되고 이 때 항력은 급격히 감소되어 익형이 실속한다.
From G. M. Homsy, et al. (2000).

크게 감소될 수 있다. 이러한 현상 때문에 많은 비행기들이 고도를 잃고 충돌하거나 이륙을 포기하기도 한다. 따라서 기상이 나쁠 때에는 이륙 전에 비행기의 주요 부분에 적체된 얼음이나 눈을 점검하는 것이 일반적인 안전검사 과정에 포함되어 있다. 이러한 검사과정은 항공적체로 이륙 전 활주로에서 오랜 시간 동안 대기하는 비행기의 경우에 특히 중요하다.

유동박리로부터 비롯되는 중요한 결과는 **와류(vortex)**로 불리는 회전하는 유체가 후류영역에서 형성되어 흘려지는(shedding) 것이다. 이러한 와류가 하류에서 주기적으로 발생되는 것을 **와흘림(vortex shedding)**이라 한다. 이러한 현상은 Re ≥ 90인 긴 실린더나 구 주위에서 나타난다. 이러한 와류가 물체 근처에서 형성됨으로 인하여 발생하는 진동은, 와류의 주기가 물체의 고유진동수와 가까울 경우 물체를 위험한 수준까지 공진시킬 수 있다. 따라서 비행기의 날개나 강한 바람이 부딪치는 현수교 등과 같이 높은 속도의 유동에 노출된 장치는 이러한 공진 현상을 피할 수 있도록 설계되어야 한다.

10-4 ▪ 일상적인 형상의 항력계수

항력의 개념은 일상생활에서 중요한 의미를 가지며, 다양한 자연적인 그리고 인공적인 물체들의 항력 특성은 측정된 항력계수로 나타낼 수 있다. 항력은 두 가지 서로 다른 효과(마찰과 압력)에 의하지만, 일반적으로 이를 분리해서 결정하기란 어려운 경우가 많다. 게다가, 대부분의 경우 개별 항력보다는 총 항력이 더 큰 관심이며, 따라서 항상 총 항력계수가 자주 쓰인다. 항력계수의 결정은 많은 연구(대부분 실험적)의 주제가 되어 왔으며, 따라서 실제로 관심 대상인 다양한 형상들의 항력계수에 대한 많은 자료가 문헌에 나타나 있다.

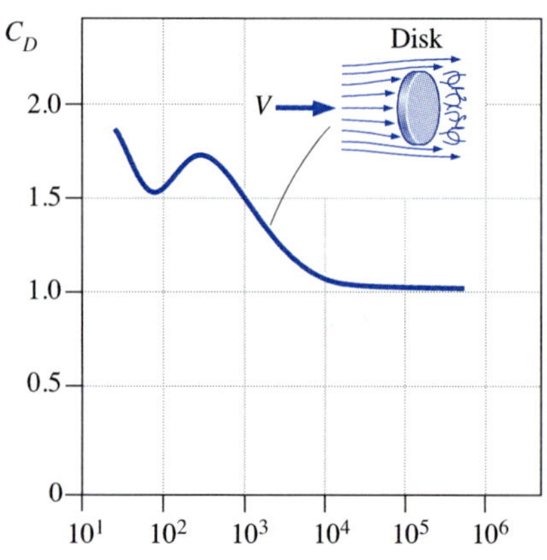

그림 10-17
대부분 형상에서(모두는 아니지만) 항력계수는 Reynolds 수가 약 10^4 이상에서는 변하지 않는다.

일반적으로 항력계수는 **Reynolds 수**와 관계되는데, 특히 약 10^4 이하의 Reynolds 수의 경우 더욱 더 그러하다. 높은 Reynolds 수에서는 대부분의 형상에 대한 항력계수는 일정하게 나타난다(그림 10-17). 그 이유는 높은 Reynolds 수에서 유동이 완전 난류가 되기 때문이다. 그러나 원형 실린더나 구와 같은 둥근 물체는 이러한 경우에 해당되지 않는데, 여기에 대하여는 이 절 후반에서 다루고자 한다. 자료에 있는 대부분의 항력계수는 일반적으로 높은 Reynolds 수 유동의 경우에만 적용된다.

Reynolds 수가 낮은 영역(크리핑), 중간의 영역(층류), 그리고 높은 영역(난

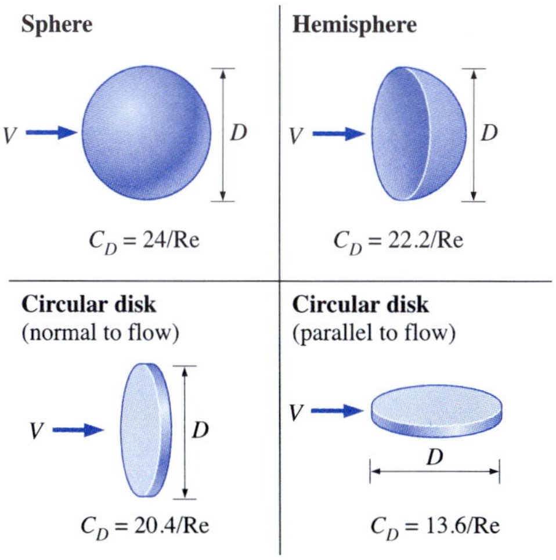

그림 10-18
저속에서의 항력계수 C_D($Re \leq 1$, 여기서 Re = VD/n 그리고 $A = \pi D^2/4$).

류)에서 항력계수는 각각 서로 다른 특성을 나타낸다. **크리핑 유동**(9장)으로 불리는 낮은 Reynolds 수 유동(Re ≲ 1)에서는 관성력이 무시할 정도로 작아 유동이 물체를 부드럽게 감싸며 흐르게 된다. 이 경우 항력계수는 Reynolds 수에 역비례하며, 이때 구의 항력계수는 다음과 같이 나타난다.

$$\text{구:} \qquad C_D = \frac{24}{\text{Re}} \qquad (\text{Re} \lesssim 1) \tag{10-7}$$

따라서 낮은 Reynolds 수의 구에 작용하는 항력은 다음과 같다.

$$F_D = C_D A \frac{\rho V^2}{2} = \frac{24}{\text{Re}} A \frac{\rho V^2}{2} = \frac{24}{\rho VD/\mu} \frac{\pi D^2}{4} \frac{\rho V^2}{2} = 3\pi\mu VD \tag{10-8}$$

이를 영국의 수학자이며 과학자인 G. G. Stokes(1819-1903)의 이름을 따라 Stokes 법칙이라 한다. 이 관계식은 매우 낮은 Reynolds 수 유동에서 구형 물체에 작용하는 항력은 구의 직경, 유동속도, 그리고 유체의 점성계수에 비례함을 보여주고 있다. 이 관계식은 때로 공기 중의 먼지입자나 물에 떠 있는 고체입자에 적용될 수 있다.

낮은 Reynolds 수 유동에서 기타 다른 형상에 대한 항력계수가 그림 10-18에 나타나 있다. 낮은 Reynolds 수에서는 물체의 형상이 항력계수에 큰 영향을 미치지 않는 것을 알 수 있다.

다양한 2차원 그리고 3차원 물체에 대한 항력계수가, 높은 Reynolds 수에 대하여 표 10-1과 표 10-2에 나타나 있다. 이 표에서 높은 Reynolds 수 경우에 나타나는 항력계수의 몇 가지 특성을 살펴볼 수 있다. 우선, 유동방향에 상대적인 물체의 **방향**이 항력계수에 큰 영향을 미치고 있음을 알 수 있다. 예를 들면, 반구의 항력계수는 구면이 유동방향으로 놓여 있으면 0.4이지만, 반구의 평면이 유동과 마주하면 항력계수가 1.2로 세 배 가까이 증가한다(그림 10-19).

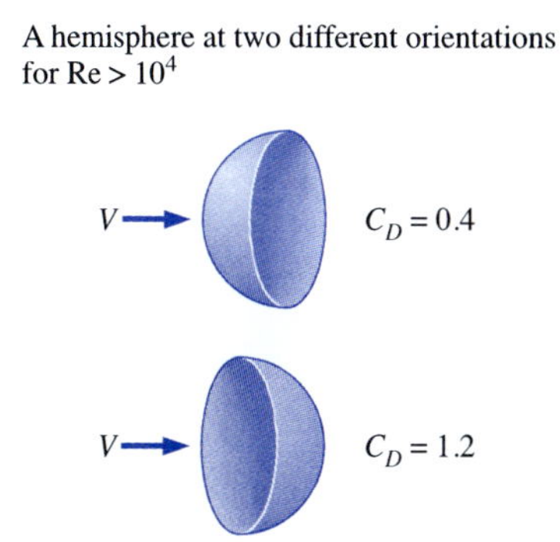

그림 10-19
물체의 항력계수는 유동방향에 대한 물체의 방향(따라서 모양)이 바뀌면서 급격히 변화될 수 있다.

직사각형 블록이나 유동방향에 수직으로 세워진 평판 등과 같이 날카로운 모서리가 있는 물체 주위 유동에서는 박리가 유동의 큰 특성 변화 없이 앞면과 뒷면의 모서리에서 나타난다. 따라서 이런 물체들의 항력계수는 Reynolds 수에 거의 영향을 받지 않는다. 긴 사각 봉의 항력계수는 모서리를 둥글게 처리함으로

표 10-1

b가 지면의 수직방향 길이일 때, 정면도면적 $A = bD$에 기준하여, Re > 10^4인 경우 다양한 2차원 물체의 항력계수 C_D(항력 $F_D = C_D A \rho V^2/2$, 여기서 V는 상류속도)

Square rod

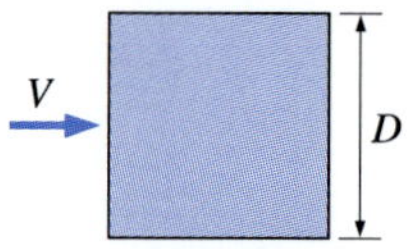

Sharp corners: $C_D = 2.2$

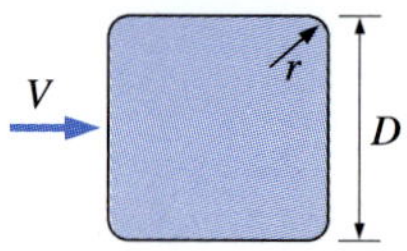

Round corners ($r/D = 0.2$): $C_D = 1.2$

Rectangular rod

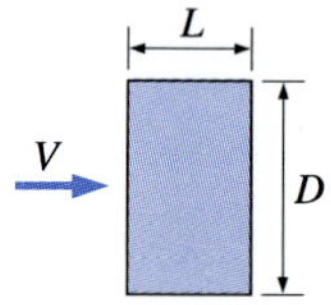

Sharp corners:

L/D	C_D
0.0*	1.9
0.1	1.9
0.5	2.5
1.0	2.2
2.0	1.7
3.0	1.3

* Corresponds to thin plate

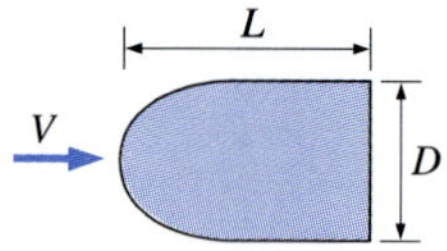

Round front edge:

L/D	C_D
0.5	1.2
1.0	0.9
2.0	0.7
4.0	0.7

Circular rod (cylinder)

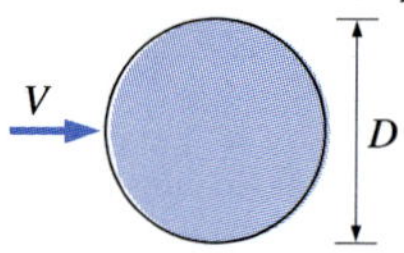

Laminar: $C_D = 1.2$

Turbulent: $C_D = 0.3$

Elliptical rod

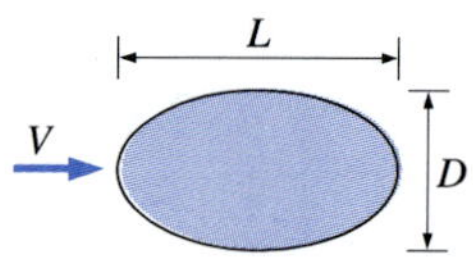

L/D	C_D Laminar	C_D Turbulent
2	0.60	0.20
4	0.35	0.15
8	0.25	0.10

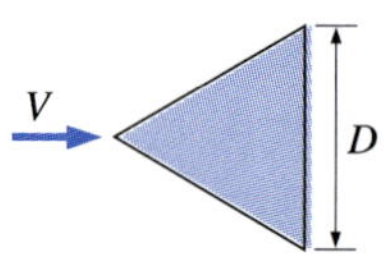

$C_D = 1.5$

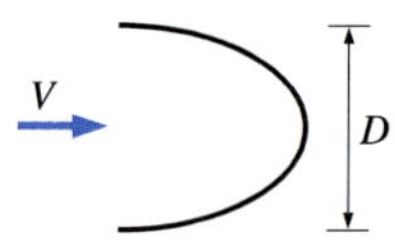

$C_D = 2.3$

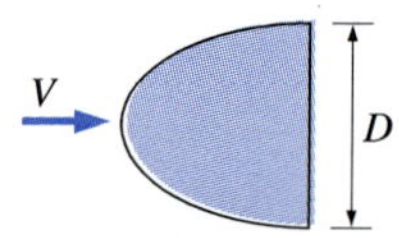

$C_D = 1.2$

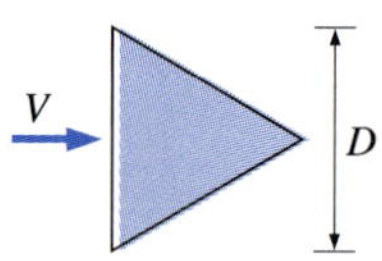

$C_D = 2.0$

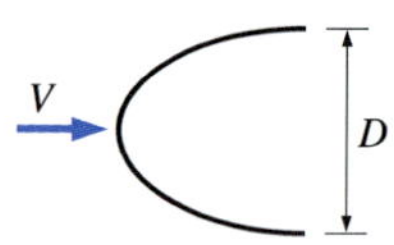

$C_D = 1.2$

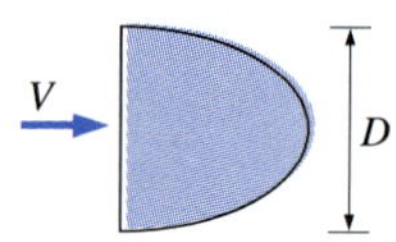

$C_D = 1.7$

서 2.2에서 1.2까지 거의 반 정도 줄일 수 있다.

생물학적 시스템과 항력

항력의 개념은 생물학적 시스템에서도 중요한 의미를 갖는다. 예를 들면, **물고기**의 몸은 특히 장거리를 빠르게 움직이는 경우(돌고래 등) 항력을 줄이기 위하여 고도로 유선형화 되어 있다[돌고래의 항력계수는 접수 피부면적(wetted skin area)을 기준할 때 0.0035이며, 이는 난류유동에서 평판의 항력계수와 거의 같다]. 따라서 잠수함을 설계할 때 큰 물고기를 모방하여 설계하는 것은 전혀 놀랄 일이 아니다. 그 반면, 환상적인 아름다움과 우아함을 가진 열대어는 짧은 거리를 우아하게 움직이는데, 이때 열대어에게 중요한 것은 우아함이지, 빠른 속도나 항력이 아

표 10-2

정면도면적에 기준할 때 Re $>10^4$인 경우 다양한 3차원 물체의 대표적인 항력계수 C_D(항력 $F_D = C_D A \rho V^2/2$, 여기서 V는 상류속도)

Cube, $A = D^2$

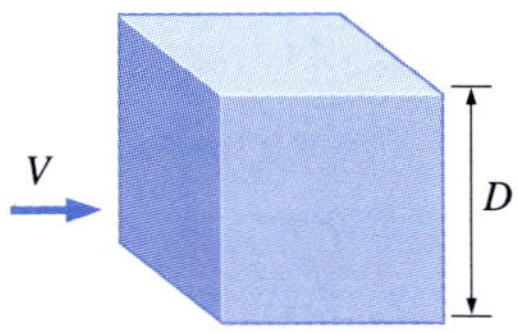

Thin circular disk, $A = \pi D^2/4$

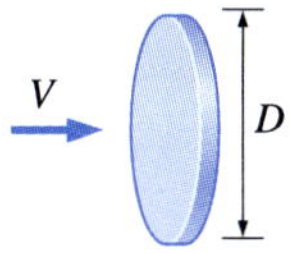

Cone (for $\theta = 30°$), $A = \pi D^2/4$

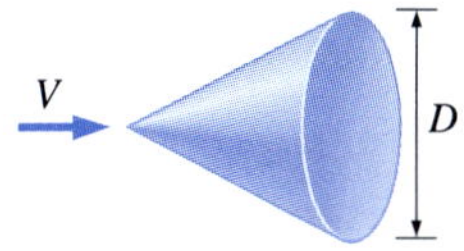

Sphere, $A = \pi D^2/4$

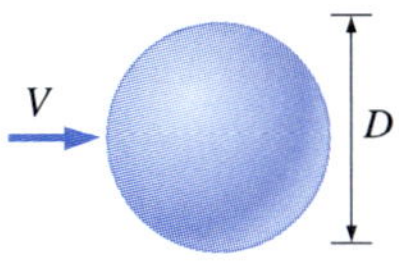

See Fig. 11–36 for C_D vs. Re for smooth and rough spheres.

Ellipsoid, $A = \pi D^2/4$

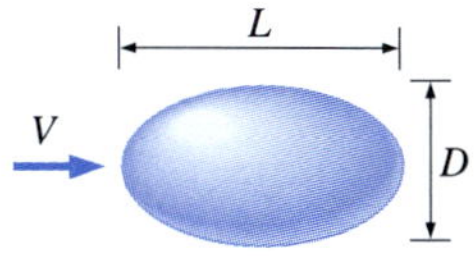

L/D	C_D Laminar $\text{Re} \lesssim 2\times10^5$	C_D Turbulent $\text{Re} \gtrsim 2\times10^6$
0.75	0.5	0.2
1	0.5	0.2
2	0.3	0.1
4	0.3	0.1
8	0.2	0.1

Hemisphere, $A = \pi D^2/4$

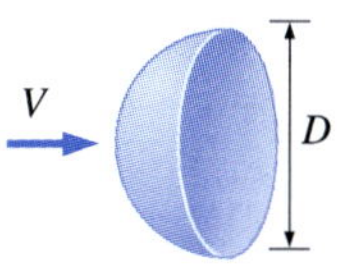

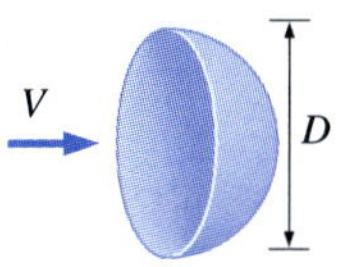

Finite cylinder, vertical, $A = LD$

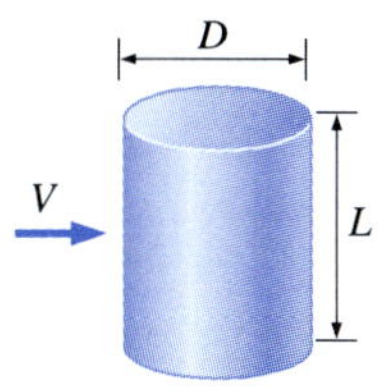

L/D	C_D
1	0.6
2	0.7
5	0.8
10	0.9
40	1.0
∞	1.2

Values are for laminar flow ($\text{Re} \lesssim 2 \times 10^5$)

Finite cylinder, horizontal, $A = \pi D^2/4$

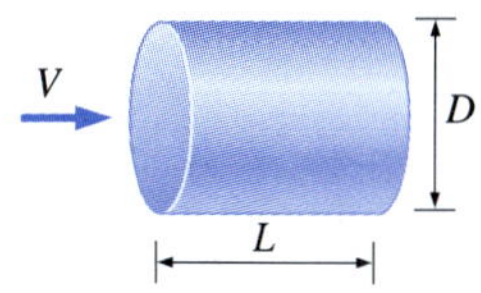

L/D	C_D
0.5	1.1
1	0.9
2	0.9
4	0.9
8	1.0

Streamlined body, $A = \pi D^2/4$

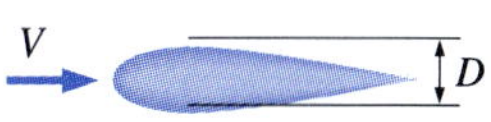

Rectangular plate, $A = LD$

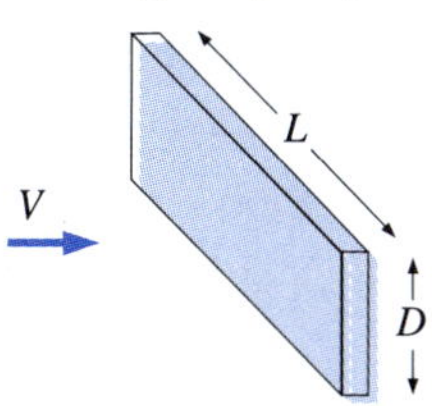

$C_D = 1.10 + 0.02\,(L/D + D/L)$
for $1/30 < (L/D) < 30$

Parachute, $A = \pi D^2/4$

Tree, A = frontal area

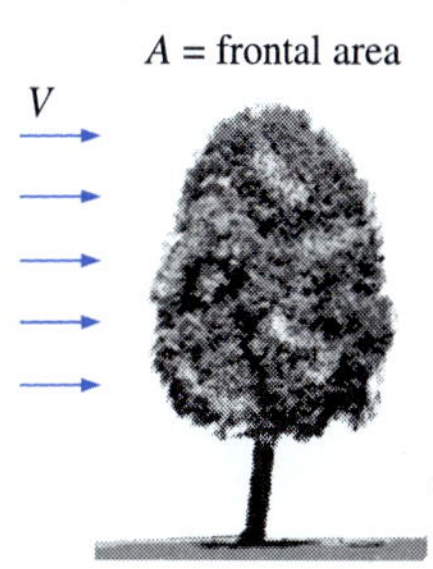

V, m/s	C_D
10	0.4–1.2
20	0.3–1.0
30	0.2–0.7

표 10-2(계속)

Person (average)

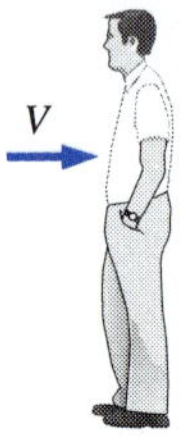

Standing: $C_D A = 0.84\ \text{m}^2$
Sitting: $C_D A = 0.56\ \text{m}^2$

Bikes

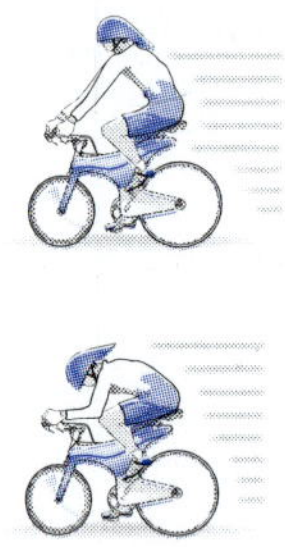

Upright: $A = 0.51\ \text{m}^2$, $C_D = 1.1$

Racing: $A = 0.36\ \text{m}^2$, $C_D = 0.9$

$C_D = 0.9$ $C_D = 0.5$

Drafting: $A = 0.36\ \text{m}^2$, $C_D = 0.50$

With fairing: $A = 0.46\ \text{m}^2$, $C_D = 0.12$

Semitrailer, A = frontal area

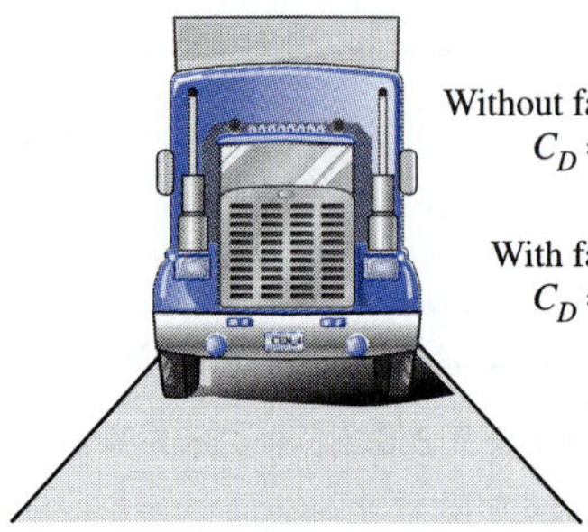

Without fairing: $C_D = 0.96$

With fairing: $C_D = 0.76$

Automotive, A = frontal area

Minivan: $C_D = 0.4$

Passenger car or sports car: $C_D = 0.3$

High-rise buildings, A = frontal area

$C_D \approx 1.0$ to 1.4

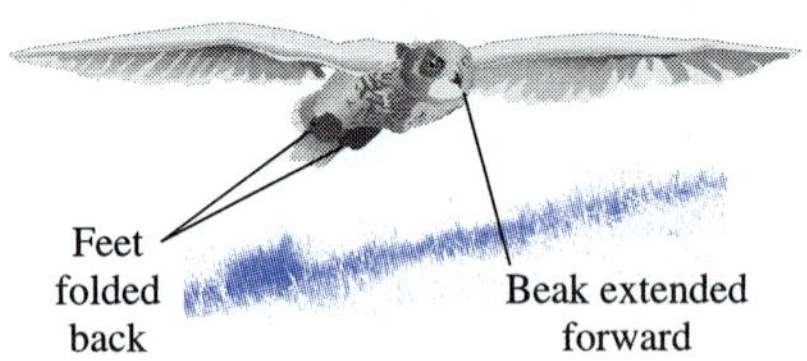

그림 10-20
새들이 날 때, 부리를 앞으로 내밀고 다리를 뒤로 접는데, 이는 항력감소에 관한 좋은 예이다.

닐 것이다. 새들 또한 날 때 부리를 앞으로 내밀고 다리를 뒤로 젖힘으로 항력을 줄인다(그림 10-20). 비행기도 그 형체가 큰 새와 같아 보이는데, 항력과 연료소모를 줄이기 위하여 이륙한 후 바퀴를 동체 안으로 집어넣는다.

식물의 유연한 구조는 강한 바람이 불 때 형체를 변화시킴으로써 항력을 줄일 수 있다. 예를 들어, 크고 평평한 잎들은 강한 바람에는 말아져 원추 형태가 되거나 나무 가지들은 서로 밀집되면서 낮은 항력을 받는다. 유연한 줄기는 바람으로 휘어져 항력이 줄어들며, 정면도면적이 작아짐으로 굽힘 모멘트도 작아진다.

올림픽 게임에서 선수들이 항력을 줄이기 위하여 의식적인 노력을 하는 예를 많이 보았을 것이다. 100 m 달리기에서 주자들은 손가락을 뻗어 서로 붙이고 팔의 움직임이 운동방향과 나란하도록 하여 팔에서 발생하는 항력을 줄인다. 긴 머리의 수영선수들은 부드럽고 꼭 끼는 모자를 써서 머리에서 발생하는 항력을 줄인다. 또한 꼭 끼는 원피스형 수영복을 입는 경우도 있다. 승마기수나 경륜주자들도 그들의 몸을 가능한 앞으로 기울게 하여(정면도면적과 항력계수의 감소를 통하여) 항력을 줄인다. 이는 스키어들도 마찬가지이다.

그림 10-21
이 날렵한 모습의 Toyata Prius의 2005년 모델은 항력계수가 승용차 중에 가장 낮은 0.26이다.
Courtesy Toyota.

차량의 항력계수

항력계수라는 말은 일상생활의 여러 분야에서 흔히 사용된다. 자동차 회사는 그들이 생산하는 차들의 **항력계수가 낮다**는 사실을 홍보하면서 소비자들을 유혹한다(그림 10-21). 차량의 항력계수는 대형 트레일러의 경우 1.0에서 미니밴의 경우 0.4, 승용차의 경우 0.3까지 달라진다. 일반적으로, 차량이 뭉툭할수록 항력계수는 크게 나타난다. 트레일러 전방부 상단에 유선형의 덮개를 설치함으로서 트레일러의 정면 표면을 보다 유선형화 시키고, 이로서 항력계수를 약 20% 줄일 수 있다. 일반적으로 고속에서 항력감소에 의한 연료절약의 비율은 항력감소 비율의 반 정도이다.

지면이 공기유동에 미치는 영향을 무시할 경우 **차량**의 이상적인 형체는 항력계수가 난류에서 약 0.1인 **눈물방울(teardrop)**형일 것이다. 그러나 이 형태는 바퀴, 미러, 바퀴 축, 그리고 문 손잡이 등과 같은 몇 가지 필요한 외부 장치물 때문에 달라질 필요가 있다. 또한, 차량은 운전자가 최적함을 느낄 수 있을 정도로 어느 정도는 높아야 하며, 도로 바닥과 최소한의 간격이 유지되어야 한다. 게다가, 차량은 주차를 위하여 너무 길어서도 안 된다. 재료비와 제조단가를 줄이기 위하여 사용하지 않는 체적(dead volume)을 최소화하거나 없애야 한다. 그 결과가 눈물방울 형이 아닌 박스 형태를 더 닮은 자동차의 모양이며, 이것이 항력계수 약 0.8인 1920년대의 초기 자동차의 모양이다. 그 당시 이러한 모양은 차량의 속도가 낮고 연료비도 싸서, 항력이 설계에서 주요 관점이 아니었기 때문에 큰 문제가 되질 않았다.

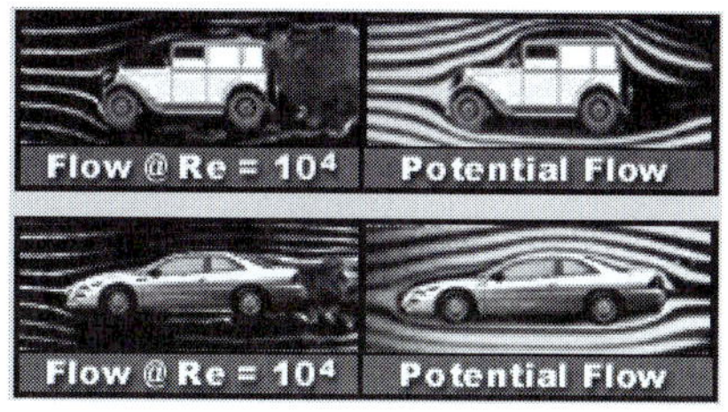

그림 10-22
공기역학적으로 설계된 최신형 자동차 주위의 유선은 후방 영역을 제외하고는 이상 포텐셜 유동(마찰이 무시되는)에서 나타나는 유선들과 비슷하며 따라서 낮은 항력계수를 갖는다.
From G. M. Homsy, et al. (2000).

그러나 차체제작 기술의 발전과 자동차의 형태와 유선형화에 대한 관심의 증가로, 1940년대 자동차의 항력계수는 0.70으로 떨어지고, 1970년대에 0.55, 1980년대에 0.45, 그리고 1990년대에 들어 0.30까지 줄어들게 되었다(그림 10-22). 잘 만들어진 경주용 자동차의 항력계수는 약 0.2인데, 이는 운전자의 쾌적함을 최우선으로 고려하지 않을 경우에나 얻어질 수 있다. 이론적인 C_D 값의 최저 한계는 약 0.1이며, 경주용 자동차의 항력계수가 약 0.2이므로, 현재 약 0.3인 승용차의 항력계수를 더 낮출 수 있는 여지는 그리 많지 않다. 예를 들어 Mazda 3의 항력계수는 0.29이다. 트럭이나 버스의 경우, 항력계수는 앞면과 뒷면의 형체를 좀 더 최적화함으로서(예를 들면, 곡면처리) 차량의 전체 길이를 유지한 상태로 어느 정도 낮출 수는 있을 것이다.

여럿이 같이 움직일 때, 항력을 교묘히 줄일 수 있는 방법이 **드래프팅(drafting)**인데, 이는 사이클 선수나 자동차 레이서들에게는 잘 알려진 사실이다. 이는 움직이는 물체 후방에 접근함으로써 그 물체 후방에 형성된 낮은 압력 영역으로 끌려지는(drafted) 현상이다. 예를 들면, 경주용 자전거의 경우 표 10-2에 나타난 바와 같이 항력계수는 드래프팅에 의하여 0.9에서 0.5로 낮아질 수 있다(그림 10-23).

그림 10-23
움직이는 물체 뒤를 가까이 따라가는 물체의 항력계수는 드래프팅에 의하여 상당히 감소될 수 있다(즉, 전방의 물체에 의하여 형성된 낮은 압력 영역을 따라가기 때문).

좋은 운전습관을 통하여 차량의 총 항력을 줄이고 따라서 연료소모를 줄일 수 있다. 예를 들면, 항력은 속도의 제곱에 비례한다. 따라서 고속도로에서 제한속도 이상으로 운전을 하면 과속티켓을 받거나 사고가 날 확률이 높아질 뿐만 아니라, 거리 당 연료소모도 증가하게 된다. 그러므로, 적당한 속도로 운전하는 것이 안전하며 또한 경제적이다. 또한, 차량 밖으로 튀어나온 물체는 그것이 운전자의 팔이라 하더라도 항력계수를 증가시킨다. 창문을 연 상태로 운전하는 것 또한 항력과 연료소모를 증가시킨다. 고속도로 주행에서 운전자는 더운 날 창문을 연 상태로 운전하는 것 보다 창문을 닫고 에어컨을 켜는 것이 연료를 더 절약할 수 있다. 저 항력의 자동차의 경우 열린 창에서 발생하는 난류와 추가적인 항력이 에어컨 보다 연료를 더 소모시킬 수 있으나, 고 항력의 자동차에는 해당되지 않는다.

중첩

실제 사용되는 많은 물체들의 형태는 단순하지 않은 경우가 많다. 그러나 그러한 물체들은 두 개 이상의 단순 물체의 조합으로 간주하여 항력을 쉽게 계산할 수 있다. 예를 들어, 원봉을 이용하여 지붕 위에 설치된 위성 접시안테나는 반구와 원통의 조합으로 생각하고 중첩(superposition)을 이용하여 위성 접시안테나의 항력계수를 근사적으로 계산할 수 있다. 이러한 간단한 접근방법은 각 구성품이 서로에게 미치는 영향은 고려되지 않으므로 얻어진 결과에 어느 정도의 오차가 있을 수 있다.

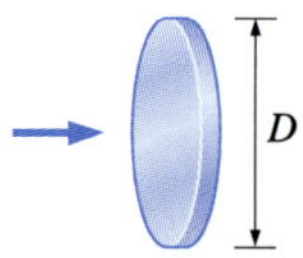

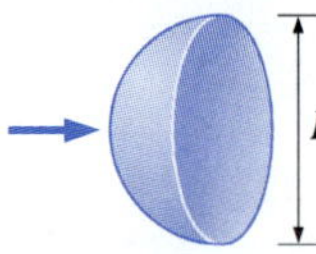

그림 10-24
예제 10-2의 개략도.

예제 10-2 미러 설계가 자동차의 연료소비에 미치는 효과

항력을 줄이고 자동차의 연비를 증진시키기 위한 지속적인 노력의 하나로 자동차의 사이드 미러(side rearview mirrors)가 단순 원형 판에서 유선형으로 변화되고 있다. 직경 13 cm의 평판 거울을 반구형(그림 10-24)으로 교체한 결과 연간 절약되는 연료의 양과 비용을 구하여라. 자동차는 평균속도 95 km/h로 1년에 24,000 km를 달린다고 가정한다. 밀도와 가솔린의 가격을 각각 0.8 kg/L, $0.80/L; 가솔린의 열용량을 44,000 kJ/kg; 그리고 엔진의 전효율은 30%로 가정하라.

풀이 자동차의 평면거울이 반구형인 거울로 대체될 때 연간 절약되는 연료와 비용을 구한다.

가정 **1** 자동차는 평균속도 95 km/h로 연간 24,000 km를 달린다. **2** 거울 주위의 유동이 차체가 미치는 영향은 무시할 수 있다(상호작용이 없음).

상태량 공기와 가솔린의 밀도는 각각 1.20 kg/m3, 800 kg/m3이다. 가솔린의 열용량은 44,000 kJ/kg으로 주어진다. 항력계수 CD는 원형 판에서 1.1이고 반구형의 몸체에서 0.4이다.

해석 물체에 작용하는 항력은 다음식으로부터 얻어진다.

$$F_D = C_D A \frac{\rho V^2}{2}$$

여기서 A는 물체 정면도면적이고, 평면거울과 둥근 거울에 대하여 $A = \pi D^2/4$이다. 평면거울에 작용하는 항력은 다음과 같이 얻어진다.

$$F_D = 1.1 \frac{\pi(0.13\text{ m})^2}{4} \frac{(1.20\text{ kg/m}^3)(95\text{ km/h})^2}{2} \left(\frac{1\text{ m/s}}{3.6\text{ km/h}}\right)^2 \left(\frac{1\text{ N}}{1\text{ kg}\cdot\text{m/s}^2}\right) = 6.10\text{ N}$$

일은 힘과 거리의 곱이므로, 이 항력을 극복하기 위하여 수행되는 일의 양과 24,000 km의 거리를 가기 위해 필요한 에너지의 양은 다음과 같다.

$$W_{\text{drag}} = F_D \times L = (6.10\text{ N})(24{,}000\text{ km/year}) = 146{,}400\text{ kJ}$$

$$E_{\text{in}} = \frac{W_{\text{drag}}}{\eta_{\text{car}}} = \frac{146{,}400\text{ kJ/year}}{0.3} = 488{,}000\text{ kJ/year}$$

그리고 이만큼의 에너지를 공급하기 위한 연료의 양과 비용은 다음과 같이 계산된다.

$$\text{Amount of fuel} = \frac{m_{\text{fuel}}}{\rho_{\text{fuel}}} = \frac{E_{\text{in}}/\text{HV}}{\rho_{\text{fuel}}} = \frac{(488{,}000\text{ kJ/year})/(44{,}000\text{ kJ/kg})}{0.8\text{ kg/L}}$$
$$= 13.9\text{ L/year}$$

$$\text{Cost} = (\text{Amount of fuel})(\text{Unit cost}) = (13.9\text{ L/year})(\$0.60\text{/L}) = \$11.0\text{/year}$$

즉, 자동차 옆으로 튀어나와 있는 평면거울에 의한 항력극복을 위하여 연간 \$11.10의 비용과 가솔린 13.9 L가 소모된다.

항력과 이를 극복하기 위한 일은 항력계수에 직접적으로 비례한다. 따라서 거울의 교체로 인한 연료소비의 감소 백분율은 항력계수의 감소 백분율과 같다:

$$\text{Reduction ratio} = \frac{C_{D,\text{ flat}} - C_{D,\text{ hemisp}}}{C_{D,\text{ flat}}} = \frac{1.1 - 0.4}{1.1} = 0.636$$

$$\text{Fuel reduction} = (\text{Reduction ratio})(\text{Amount of fuel})$$

$$= 0.636(13.9 \text{ L/year}) = \mathbf{8.82 \text{ L/year}}$$

$$\text{Cost reduction} = (\text{Reduction ratio})(\text{Cost}) = 0.636(\$8.32/\text{year}) = \mathbf{\$7.06/year}$$

일반적인 자동차는 두 개의 사이드 미러가 있으므로, 운전자는 평면거울을 반구형 거울로 바꿈으로써 연간 가솔린 소비를 \$14 이상 절약할 수 있다.

토의 이 예제를 통하여 자동차의 부품들과 차 전체의 형상을 유선형화 함으로써 항력과 연료소비를 감소시킬 수 있음을 알았다. 따라서 최근 자동차 모델에서 각진 모퉁이들이 둥근 모양으로 바뀌고 있는 것은 전혀 놀랄 일이 아니다. 또한, 왜 대형 비행기들이 이륙 후에 바퀴를 왜 동체 안으로 집어넣는지, 그리고 작은 비행기들은 바퀴 주변에 유선형 모양의 덮개를 사용하는지를 설명할 수 있다.

예제 10-2는 최근 들어 항력을 줄이기 위하여 창문 몰딩, 문 손잡이, 앞유리, 그리고 자동차의 전면부와 후면부와 같은 다양한 자동차 부품들을 다시 설계하는 이유를 보여주고 있다. 평탄한 길을 정속으로 달리는 자동차의 경우, 엔진출력은 바퀴의 굴림마찰, 각 부품사이의 마찰, 그리고 공기에 의한 항력을 극복하고, 그리고 기타 보조장치를 구동시키는데 사용된다. 저속에서 공기에 의한 항력은 무시할 만하나, 약 50 km/h 이상의 속도에서는 중요하다. 자동차의 정면도면적의 감소(아마 키가 큰 운전자는 좋아하지 않겠지만)는 항력과 연료소모의 감소에 크게 기여할 수 있다.

10-5 ■ 평판 위의 평행유동

그림 10-25에 나타난 바와 같이 **평판** 위를 지나는 유동을 생각해 보자. 터빈 블레이드와 같이 약간 휘어진 면은 평판으로 근사하여도 타당한 결과를 얻을 수 있다.

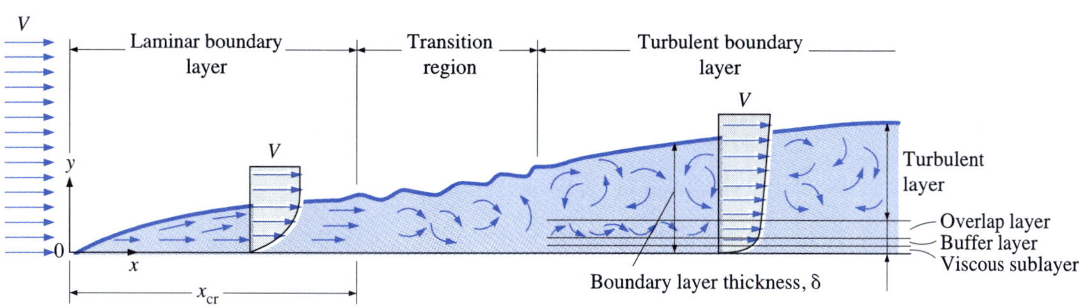

그림 10-25
평판 상부의 유동에서 경계층의 발달과 서로 다른 유동영역(스케일대로 그려진 것은 아님).

이때 x 축은 판의 **앞전**으로부터 유동방향으로 측정된 거리이며, y 축은 판의 표면으로부터 수직방향으로 측정된 거리이다. 유체는 x 축 방향으로 균일한 속도 V로 평판에 접근하고 있으며, 이는 평판 표면으로부터 멀리 떨어진 곳의 속도와 같다.

논의를 위하여 유체가 평판 위에서 서로 인접해 쌓여 있는 층으로 구성되어 있다고 생각하자. 판에 인접해 있는 첫 번째 층에 있는 유체의 속도는 점착조건으로 영이다. 이 정지하고 있는 유체의 층은 속도가 다른 인접해 있는 층과의 마찰로 인하여 그 층의 속도를 감소시킨다. 이 유체의 층은 또 다시 다음 위층의 속도를 감소시키고, 이러한 현상은 계속되어 평판의 수직거리 δ까지 미치다가, 그 이후 자유흐름 속도는 더 이상 변화하지 않게 된다. 그 결과, x 방향 유체속도, u는 $y = 0$인 위치에서 영으로부터 $y = \delta$인 위치에서 거의 V(일반적으로 0.99V)까지 변화한다(그림 10-26).

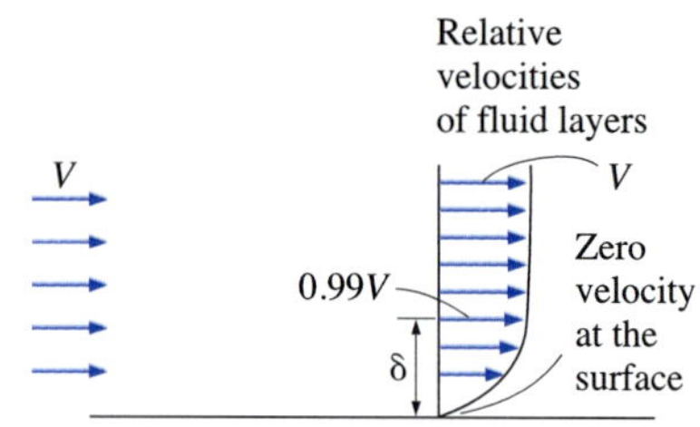

그림 10-26
표면 위의 경계층 발달은 점착 조건과 마찰에 의한다.

평판 위에서 유체의 점성에 의하여 나타나는 점성 전단력의 효과가 미치는 δ까지의 영역을 **속도 경계층(velocity boundary layer)**이라고 한다. 일반적으로 **경계층 두께** δ는 $u = 0.99\text{V}$가 되는 표면으로부터 y 방향 거리로 정의한다.

평판 위의 유동은 $u = 0.99\text{V}$가 되는 가상의 선을 사이로, 점성의 영향과 그에 따른 속도변화가 크게 나타나는 **경계층 영역(boundary layer region)**과 마찰의 효과가 무시할 정도이고 속도가 변화하지 않는 **비회전 유동영역(irrotational flow region)**으로 구분될 수 있다.

평판 위 평행유동의 경우 압력항력은 없으며, 따라서 항력계수는 **마찰항력계수**, 혹은 간단히 **마찰계수**와 같다(그림 10-27). 즉,

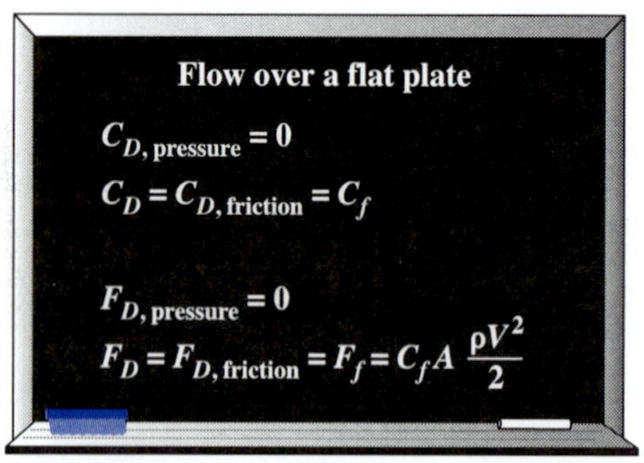

그림 10-27
평판 상부 평행유동의 경우 압력항력은 없고, 따라서 항력계수는 마찰계수와 같고 항력은 마찰력과 같다.

평판:
$$C_D = C_{D,\text{ friction}} = C_f \tag{10-9}$$

평균 마찰계수 C_f가 얻어지면, 표면에 미치는 항력(혹은 마찰력)은 다음과 같이 결정된다.

평판 마찰력:
$$F_D = F_f = \tfrac{1}{2} C_f A \rho V^2 \tag{10-10}$$

여기서 A는 유동에 노출된 판의 표면적을 나타낸다. 얇은 판의 양면이 유동에 노출되는 경우에 A는 상면과 하면의 면적을 합한 총 면적이 된다. 일반적으로 평균 마찰계수 C_f와 국소 마찰계수 $C_{f,x}$는 표면 상의 위치에 따라 달라진다.

층류와 난류유동의 전형적인 평균 속도분포가 그림 10-25에 나타나 있다. 난류유동에서 속도분포는 층류의 경우보다 더 꽉 차 있으며(fuller), 표면 가까이에서 갑자기 속도가 감소된다. 난류 경계층은 벽면으로부터 거리에 따라 네 개의 영역으로 나누어 생각할 수 있다. 점성영향이 절대적인 벽면 가까이 있는 얇은 층을 **점성저층(viscous sublayer)**이라 한다. 이 층의 속도분포는 거의 **선형**이며, 유동은 거의 평행 유동이다. 점성저층의 위에 있는 층을 **완충층(buffer layer)**이라 하는데, 여기에서는 난류의 효과가 서서히 강해지나 유동은 여전히 점성의 영향이 지배적이다. 완충층 위에 있는 층을 **중복층(overlap layer)**이라고 하는데, 이 영역에서는 난류의 효과가 더욱 더 강해지기는 하나 아직 지배적이지는 않다. 이 층의 위를 **난류층(turbulent layer)**라고 하는데, 여기서는 난류영향이 점성영향에 비하여 지배적으로 크다. 평판 위의 난류 경계층의 속도분포는 완전 발달된 난류 파이프유동의 경우와 유사하다(8장).

층류에서 난류로 변하는 천이는 **표면형상**, **표면조도**, **상류속도**, **표면온도**, 그리고 **유체의 종류** 등과 관련되는데, 무엇보다도 Reynolds 수와 밀접한 관계가 있다. 평판의 앞전으로부터의 거리 x에서의 Reynolds 수는 다음과 같이 나타난다.

$$\mathrm{Re}_x = \frac{\rho V x}{\mu} = \frac{V x}{\nu} \tag{10-11}$$

여기서 V는 상류속도, x는 형상의 특성길이, 즉, 평판의 경우 유동방향으로의 판 길이이다. 파이프 유동과는 달리, 평판의 경우에는 유동을 따라 Reynolds 수가 달라지고 평판의 끝에서는 $\mathrm{Re}_L = VL/\nu$에 이르게 된다. 평판 상부 임의의 위치에서 특성길이는 앞전으로부터의 유동방향 거리 x이다.

매끄러운 평판 위를 지나는 유동의 경우, 층류에서 난류로의 천이는 $\mathrm{Re} \cong 1 \times 10^5$ 근처에서 시작되지만, Reynolds 수가 훨씬 높은 값, 일반적으로 3×10^6(9장)에 이를 때까지 완전 난류가 되지는 않는다. 공학적인 해석에서 일반적으로 통용되는 임계 Reynolds 수는 아래와 같다.

$$\mathrm{Re}_{x,\,\mathrm{cr}} = \frac{\rho V x_{\mathrm{cr}}}{\mu} = 5 \times 10^5$$

평판에서 실제 공학적 임계 Reynolds 수는 9장에서 자세히 다룬 바와 같이 표면조도, 난류강도, 그리고 표면의 압력변화 등에 따라 약 10^5에서 3×10^6 사이에서 달라질 수 있다.

마찰계수

평판 위를 지나는 층류 경계층의 마찰계수는 질량과 선형운동량 보존식을 풀어 이론적으로 구할 수 있다(9장). 그러나 난류유동의 경우는 실험적으로 구하거나 경험식으로 나타내는 것이 일반적이다.

국소 마찰계수는 유동방향의 속도 경계층의 변화로 인하여 평판 표면을 따라 **변화한다**. 일반적으로 **전체** 표면에서 나타나는 항력이 주된 관심사인데, 이는 **평균** 마찰계수를 이용하여 얻어질 수 있다. 그러나 가끔 어떤 특정 위치에서의 항력이 관심 대상일 수도 있으며, 이때는 **국소** 마찰계수의 값을 알아야 한다. 이를 염두에 두고, 평판 위 **층류**, **난류**, 그리고 **층류와 난류가 혼합된 경우**에 대한 국소(하첨자 x를 사용) 그리고 평균 마찰계수 관계식을 제시한다. 국소값이 얻어지면, 전체 면에 대한 평균 마찰계수는 다음과 같은 적분을 통해 구한다.

$$C_f = \frac{1}{L}\int_0^L C_{f,x}\,dx \tag{10-12}$$

평판 위를 지나는 층류 유동에서 임의의 x 위치에서의 경계층 두께와 국소 마찰계수는 9장에서 다음과 같이 얻어진 바 있다.

층류: $$\delta = \frac{4.91x}{\mathrm{Re}_x^{1/2}} \quad \text{그리고} \quad C_{f,x} = \frac{0.664}{\mathrm{Re}_x^{1/2}}, \qquad \mathrm{Re}_x \lesssim 5 \times 10^5 \tag{10-13}$$

난류유동의 경우에는 다음과 같다.

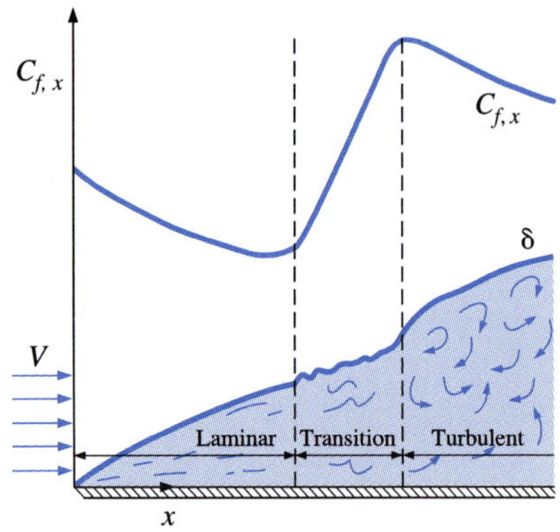

그림 10-28
평판 상부 유동의 국소마찰계수의 변화. 이 그림에서 경계층의 수직 스케일은 상당히 과장되어 그려져 있다.

$$
\begin{aligned}
C_f &= \frac{1}{L}\int_0^L C_{f,x}\,dx \\
&= \frac{1}{L}\int_0^L \frac{0.664}{\mathrm{Re}_x^{1/2}}\,dx \\
&= \frac{0.664}{L}\int_0^L \left(\frac{Vx}{\nu}\right)^{-1/2} dx \\
&= \frac{0.664}{L}\left(\frac{V}{\nu}\right)^{-1/2} \left.\frac{x^{1/2}}{\frac{1}{2}}\right|_0^L \\
&= \frac{2\times 0.664}{L}\left(\frac{V}{\nu L}\right)^{-1/2} \\
&= \frac{1.328}{\mathrm{Re}_L^{1/2}}
\end{aligned}
$$

그림 10-29
표면에서의 평균마찰계수는 전체표면에 대하여 국소마찰계수를 적분함으로써 얻어진다. 여기서 나타나는 수치 값들은 평판 층류 경계층의 경우이다.

Relative Roughness, ε/L	Friction Coefficient, C_f
0.0*	0.0029
1×10^{-5}	0.0032
1×10^{-4}	0.0049
1×10^{-3}	0.0084

* Smooth surface for Re = 10^7. Others calculated from Eq. 10-23 for fully rough flow.

그림 10-30
난류유동에서 표면조도는 마찰계수를 수배 이상 증가시킬 수도 있다.

$$\textbf{난류:}\quad \delta = \frac{0.38x}{\mathrm{Re}_x^{1/5}} \quad \text{그리고} \quad C_{f,x} = \frac{0.059}{\mathrm{Re}_x^{1/5}}, \qquad 5\times10^5 \lesssim \mathrm{Re}_x \lesssim 10^7 \tag{10-14}$$

여기서 x는 판의 앞전으로부터의 거리이며, $\mathrm{Re}_x = Vx/\nu$는 위치 x에서의 Reynolds 수이다. 층류의 경우 $C_{f,x}$는 $1/\mathrm{Re}_x^{1/2}$에, 즉 $x^{-1/2}$에 비례하며, 난류의 경우에는 $x^{-1/5}$에 비례한다. 두 경우 모두 $C_{f,x}$는 앞전($x = 0$)에서 무한대이며, 따라서 식 (10-13)과 (10-14)는 앞전 근처에서는 쓸 수 없다. 평판을 따라 나타나는 경계층 두께 와 마찰계수 $C_{f,x}$의 변화가 그림 10-28에 나타나 있다. 국소 마찰계수는 난류의 경우가 난류 경계층에서 나타나는 강한 혼합특성 때문에 층류 경우 보다 더 크다. 그림에 나타난 바와 같이 $C_{f,x}$는 유동이 완전 난류가 될 때 가장 큰 값을 가지다가 유동방향으로 $x^{-1/5}$에 비례적으로 감소한다.

전체 판에 대한 **평균** 마찰계수는 식 (10-13)과 (10-14)을 식 (10-12)에 대입하고 적분하면 다음과 같게 된다(그림 10-29).

$$\textbf{층류:}\qquad C_f = \frac{1.33}{\mathrm{Re}_L^{1/2}} \qquad \mathrm{Re}_L \lesssim 5\times10^5 \tag{10-15}$$

$$\textbf{난류:}\qquad C_f = \frac{0.074}{\mathrm{Re}_L^{1/5}} \qquad 5\times10^5 \lesssim \mathrm{Re}_L \lesssim 10^7 \tag{10-16}$$

이 관계식 중 첫 번째는 전체 판 위에 층류유동이 형성될 때의 평균 마찰계수이다. 두 번째 관계식은 전체 판 위에 난류유동만이 형성되어 있거나, 판의 층류영역이 난류영역에 비하여 무시할 수 있을 정도로 작을 때(즉, $x_{cr} \ll L$, 여기서 유동이 층류로 나타나는 거리 x_{cr}는 $\mathrm{Re}_{cr} = 5\times10^5 = Vx_{cr}/\nu$로 구할 수 있다)의 평균 마찰계수이다.

어떤 경우에는 평판이 충분히 길어 유동이 난류이긴 하나 층류영역을 무시할 수 있을 정도로 길지 않을 때도 있다. 이때 전체 판의 **평균** 마찰계수는 식 (10-12)을 두 부분($0 \le x \le x_{cr}$인 층류 영역과 $x_{cr} < x \le L$인 난류영역)으로 나누어 적분을 수행함으로써 구할 수 있다.

$$C_f = \frac{1}{L}\left(\int_0^{x_{cr}} C_{f,x,\,\mathrm{laminar}}\,dx + \int_{x_{cr}}^{L} C_{f,x,\,\mathrm{turbulent}}\,dx\right) \tag{10-17}$$

여기서 천이영역은 난류영역에 포함되었다. 임계 Reynolds 수를 $\mathrm{Re}_{cr} = 5\times10^5$로 놓고 대입하여 적분을 수행하면 전체 판에 대한 평균 마찰계수는 다음과 같이 얻어진다.

$$C_f = \frac{0.074}{\mathrm{Re}_L^{1/5}} - \frac{1742}{\mathrm{Re}_L} \qquad 5\times10^5 \lesssim \mathrm{Re}_L \lesssim 10^7 \tag{10-18}$$

이 관계식에서 상수들은 임계 Reynolds 수가 달라지면 변할 수 있다. 또한 이때 판의 표면은 **매끄럽고** 자유흐름의 난류강도는 매우 낮다고 가정하였다. 층류유동의 경우, 마찰계수는 오직 Reynolds 수와 관계되며, 표면조도는 영향을 미치지 않는다. 그러나 난류유동의 경우는 표면조도로 인하여 마찰계수가 몇 배로 더 증가될 수 있고, 완전히 거친 난류영역(fully rough turbulent regime)에서 마찰계수는 Reynolds 수와 상관없이 오직 표면조도에만 의존한다(그림 10-30). 이러한 현상은

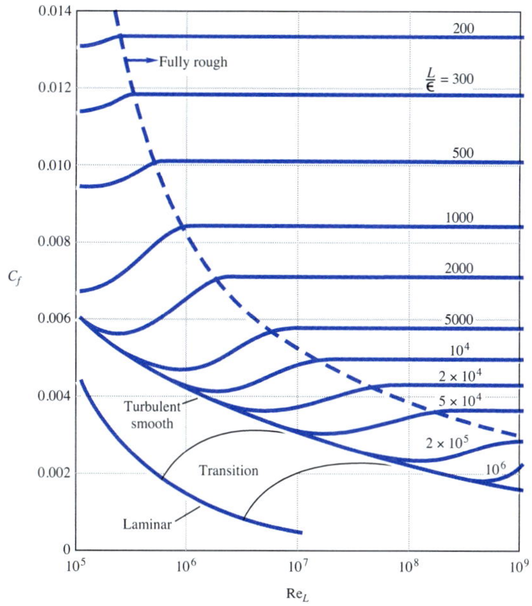

그림 10-31
매끄럽거나 거친 평판 상부 평행유동의 마찰계수.
From White (2003).

파이프 유동의 경우와 유사하다.

이 영역에서 평균 마찰계수에 대한 실험식(곡선접합)이 Schlichting(1979)에 의하여 다음과 같이 제시된 바 있다.

완전히 거친 난류영역:
$$C_f = \left(1.89 - 1.62 \log \frac{\varepsilon}{L}\right)^{-2.5} \qquad (10\text{-}19)$$

여기서 ε은 표면조도, L은 유동방향의 판의 길이이다. 더 정확한 식이 없을 때, 이 관계식은 $\mathrm{Re} > 10^6$이고 특히 $\varepsilon/L > 10^{-4}$인 거친 표면의 난류유동에 대하여 사용될 수 있다.

그림 10-31에 매끄럽거나 거친 평판 위를 지나는 평행유동에 대한 마찰계수 C_f가 층류와 난류유동에 대하여 나타나 있다. 여기서 C_f는 난류유동에서 조도에 따라 수 배 이상 증가하고 있다. 또한 C_f는 완전 거친 영역에서는 Reynolds 수에 무관하다. 이 그림은 파이프 유동에서 제시된 Moody 선도와 유사하다.

예제 10-3 평판 위 뜨거운 오일의 유동

자유흐름 속도가 2 m/s인 40°C의 엔진오일이 길이 5 m의 평판 위를 흐르고 있다(그림 10-32). 단위 폭 당 평판 상면에 작용하는 항력을 구하라.

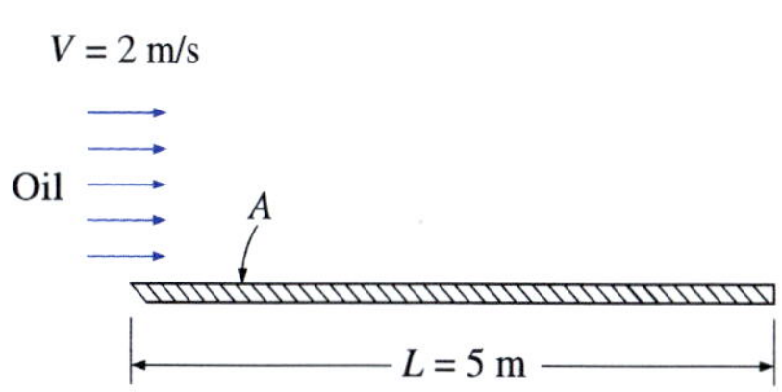

그림 10-32
예제 10-3의 개략도.

풀이 엔진오일이 평판 위를 흐를 때 평판의 단위 폭 당 작용하는 항력을 구하고자 한다.

가정 1 유동은 정상이고 비압축성이다. 2 임계 Reynolds 수는 $\mathrm{Re}_{cr} = 5 \times 10^5$이다.

상태량 40°C 엔진오일의 밀도와 동점성계수는 각각 $\rho = 876\ \mathrm{kg/m^3}$ 그리고 $\nu = 2.485 \times 10^{-4}\ \mathrm{m^2/s}$이다.

해석 $L = 5$ m이므로, 판 끝에서의 Reynolds 수는 다음과 같다.

$$\mathrm{Re}_L = \frac{VL}{\nu} = \frac{(2\ \mathrm{m/s})(5\ \mathrm{m})}{2.485 \times 10^{-4}\ \mathrm{m^2/s}} = 4.024 \times 10^4$$

이 값은 임계 Reynolds 수보다 작으므로 판 전체에서 층류유동이 나타나고, 평균 마찰계수는 다음과 같이 계산된다(그림 10-29).

$$C_f = 1.328\text{Re}_L^{-0.5} = 1.328 \times (4.024 \times 10^4)^{-0.5} = 0.00662$$

압력항력은 영이고, 따라서 평판 위를 지나는 평행유동에서 $C_D = C_f$이므로, 단위 폭 당 평판에 작용하는 항력은 다음과 같다.

$$F_D = C_f A \frac{\rho V^2}{2} = 0.00662(5 \times 1 \text{ m}^2)\frac{(876 \text{ kg/m}^3)(2 \text{ m/s})^2}{2}\left(\frac{1 \text{ N}}{1 \text{ kg}\cdot\text{m/s}^2}\right) = \mathbf{58.0 \text{ N}}$$

전체 평판에 작용하는 총 항력은 평판의 폭을 곱하여 구한다.

토의 얻어진 단위 폭 당 힘은 질량 6 kg의 무게에 해당한다. 따라서 판이 움직이지 않도록 하기 위하여 힘을 주는 사람은 질량 6 kg의 물체를 떨어지지 않도록 잡고 있을 때만큼의 힘을 느낄 것이다.

10-6 ▪ 실린더와 구 주위의 유동

실린더나 구 주위 유동은 실제 자주 볼 수 있다. 예를 들면, 쉘-튜브(shell-and-tube) 방식의 열교환기에서 관은 관 내부를 흐르는 **내부유동**과 관 외부를 흐르는 **외부유동**을 포함하고 있는데, 열교환기 해석을 할 때는 이 두 유동이 모두 고려되어야 한다. 또한 축구, 테니스, 그리고 골프 등과 같은 많은 스포츠는 구형 볼 주위 유동과 관련되어 있다.

원형 실린더나 구의 특성길이(characteristic length)는 **외경** D이다. 따라서 이때 Reynolds 수는 $\text{Re} = VD/\nu$로 정의되는데, 여기서 V는 실린더나 구에 접근하는 유체의 균일한 속도이다. 실린더나 구를 지나는 유동의 임계 Reynolds 수는 약 $\text{Re}_{cr} \cong 2 \times 10^5$이다. 즉, $\text{Re} \leqslant 2 \times 10^5$이면 경계층은 층류이고, $2 \times 10^5 \leqslant \text{Re} \leqslant 2 \times 10^6$이면 천이, $\text{Re} \geqslant 2 \times 10^6$이면 완전한 난류가 된다.

실린더를 지나는 유동은 그림 10-33에 나타난 바와 같이 그 형태가 복잡하다. 실린더에 접근하는 유동은 나뉘어져 실린더를 따라 둘러싸게 되고, 이때 벽면을 감싸는 경계층이 형성된다. 실린더 중앙면을 따라 흐르는 유체입자는 정체점에서 실린더와 부딪치면서 속도가 영이 되고, 그 점에서의 압력은 증가하게 된다. 정체점 이후 유체의 속도는 유동방향으로 점차 증가하고 압력은 감소한다.

상류속도가 매우 낮을 때($\text{Re} \leqslant 1$), 유체는 실린더 주위를 완전히 감싸게 되고, 갈라진 두 유동 줄기는 실린더의 후방에서 만나게 된다. 즉 이때 유동은 실린더의 곡면을 따르게 된다. 상류속도가 더 빨라지면, 유체는 정면에서는 실린더를

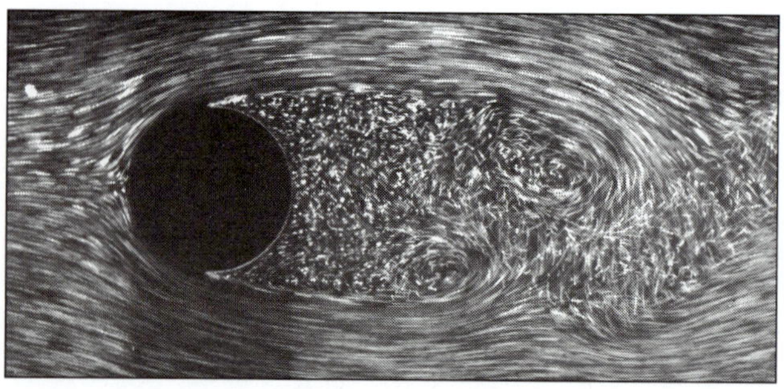

그림 10-33
층류 경계층의 박리와 난류 후류; Re = 2000에서 원형 실린더 주위 유동.
Courtesy ONERA, photograph by Werlé.

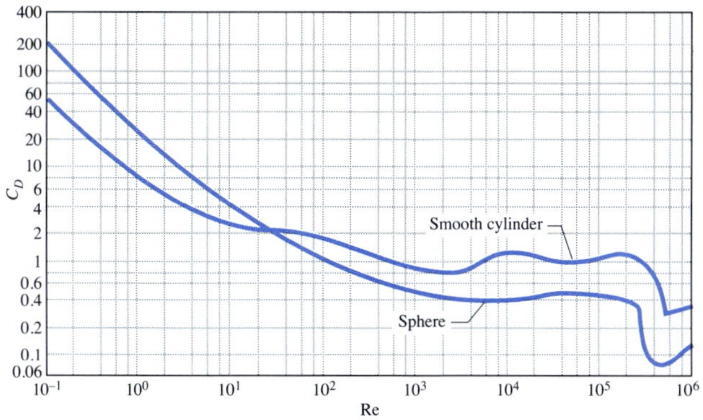

그림 10-34
매끄러운 원형 실린더와 매끄러운 구 주위 유동에서의 평균 항력계수.
From H. Schlichting, Boundary Layer Theory 7e. *Copyright © 1979 The McGraw-Hill Companies, Inc. Used by permission.*

감싸지만 실린더의 정점(최상점 또는 최하점)에 이르면서 실린더 표면에 부착되기 어렵게 된다. 그 결과 경계층은 표면에서 이탈되고 실린더 후방에 박리영역이 형성된다. 이러한 후류영역에서는 주기적인 와류가 형성되고 이곳에서는 정체점에서의 압력보다 훨씬 낮은 압력이 나타난다.

실린더나 구를 지나는 유동특성은 총 항력계수 C_D에 큰 영향을 미치게 되는데, 이때 **마찰항력**과 **압력항력**이 모두 중요하다. 정체점 근방에서의 높은 압력과 후류에서의 낮은 압력은 물체에 유동방향으로 순 힘(net force)을 발생시키게 된다. 총 항력은 낮은 Reynolds 수에서는(Re ≤ 10) 주로 마찰항력에 기인하고, 높은 Reynolds 수에서는(Re ≥ 5000) 주로 압력항력에 기인하게 된다. 그 중간 Reynolds 수 영역에서는 두 효과가 모두 중요하다.

매끈한 원형 실린더와 구 주위를 지나는 유동의 평균 항력계수 C_D가 그림 10-34에 나타나 있다. 그림에서 나타난 곡선은 Reynolds 수 영역이 달라지면서 서로 다른 특성을 나타내고 있다.

- Re ≤ 1의 경우, 이는 크리핑 유동이며(9장), 항력계수는 Reynolds 수가 증가함에 따라 감소한다. 구의 경우, $C_D = 24/\text{Re}$이다. 이 영역에서 유동박리는 나타나지 않는다.
- Re ≅ 10 근처에서 물체 후방에 박리현상이 시작되며, Re ≅ 90 근처에서 와흘림(vortex shedding)이 시작된다. 박리영역은 Reynolds 수가 증가함에 따라 커지는데, 이러한 현상은 Re ≅ 10^3 근처까지 지속된다. 이때까지 항력은 대부분(약 95%)이 압력항력이다. 항력계수는 $10 \leq \text{Re} \leq 10^3$의 범위에서 Reynolds 수의 증가에 따라 감소한다(항력계수의 감소가 꼭 항력의 감소를 의미하지는 않는다. 항력은 속도의 제곱에 비례하며, 따라서 높은 Reynolds 수로 인하여 항력계수가 감소한다 해도 속도 증가가 항력계수의 감소를 상쇄하고도 남기 때문에 오히려 항력이 증가하게 된다).
- $10^3 \leq \text{Re} \leq 10^5$의 중간 영역에서, 항력계수는 상대적으로 일정하게 나타난다. 이러한 현상은 일반적으로 뭉툭한 물체에서 나타난다. 이 영역에서 경계층 내부유동은 층류이나, 실린더나 구 후방의 박리영역 유동은 넓은 난류 후류와 강한 난류 성질을 갖는다.
- $10^5 \leq \text{Re} \leq 10^6$인 영역 어딘가에서(일반적으로 약 2×10^5 근처), 항력계수의 갑작스런 감소가 나타난다. 이러한 큰 C_D의 감소는 경계층 내부 유동이

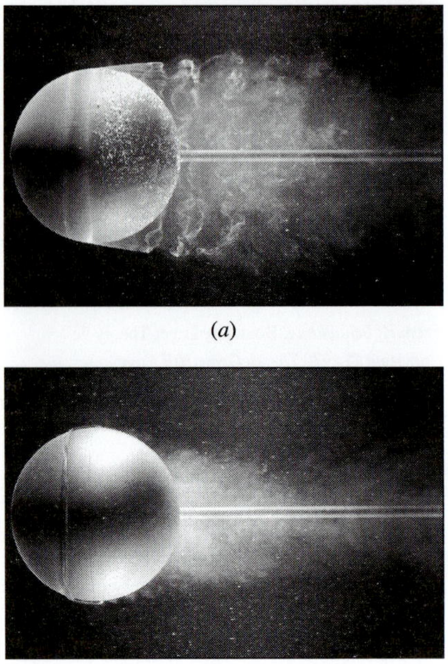

(a)

(b)

그림 10-35
(a) Re = 15,000인 매끄러운 구 주위의 유동가시화, (b) Re = 30,000이고 트립 와이어(trip wire)를 장착한 구 주위의 유동가시화. 두 사진을 비교하면 경계층 박리의 지연을 명확히 관찰할 수 있다.
Courtesy ONERA, photograph by Werlé.

난류가 되는데 기인하는데, 이때 박리점은 물체 후방으로 더 물러나며, 이에 따라 후류의 크기와 압력항력이 작아진다. 이는 유선형 물체의 경우 경계층이 난류가 되면서 항력계수가 증가하는(대부분 마찰항력 때문에) 현상과는 대조적이다.

- $2 \times 10^5 \leq \text{Re} \leq 2 \times 10^6$에서 "천이" 영역이 존재하며, 여기서 C_D는 최소값으로 급락하였다가 천천히 최종 난류값으로 상승한다.

경계층이 **층류**일 경우 유동박리는 $\theta \cong 80°$(실린더의 정체점에서부터 측정될 때) 근처에서, 경계층이 **난류**일 경우 유동박리는 $\theta \cong 140°$ 근처에서 나타난다(그림 10-35). 난류유동에서의 박리 지연 현상은 유체의 빠른 횡방향 변동(fluctuation)에 따른 것이며, 이에 따라 박리 시작 전까지 난류 경계층이 표면을 따라 보다 멀리 이동할 수 있게 하며, 그 결과 보다 좁은 후류와 보다 작은 압력항력이 나타난다. 난류유동은 층류유동에 비하여 보다 꽉 찬(fuller) 속도분포를 가지며, 따라서 벽면 근처의 더 커진 운동량을 극복하기 위해서는 보다 강한 역압력 구배가 필요하다. 유동이 층류에서 난류로 변화하는 Reynolds 수 범위에서는 속도가 증가함(따라서 Reynolds 수도 증가함)에 따라 항력 F_D 조차도 줄어든다. 그 결과 비행체에 작용하는 항력의 갑작스런 감소[이를 **항력위기(drag crisis)**라고도 한다]와 비행 불안전성이 나타나기도 한다.

표면조도의 영향

앞서 난류유동에서 **표면조도**는 일반적으로 항력계수를 증가시킨다고 언급한 바 있다. 이는 유선형 물체에서 특히 그러하다. 그러나 구의 경우에 대한 그림 10-36과 같이, 원형 실린더나 구와 같은 뭉툭한 물체의 경우에는 표면조도를 증가시킴으로써 실제 항력계수를 줄일 수 있다. 이러한 현상은 낮은 Reynolds 수에서 표면조도가 경계층을 난류로 유도하기 때문에 발생하며, 이는 유동박리를 지연시키고, 유체를 물체 후방 가까이까지 흐르도록 하며, 따라서 후류가 좁아지고 압력항력이 상당히 줄어들게 된다. 이 결과, 어떤 특정한 Reynolds 수 영역에서는 거친 표면의 실린더나 구가 동일한 속도 조건에서 동일한 크기의 매끄러운 실린더나 구

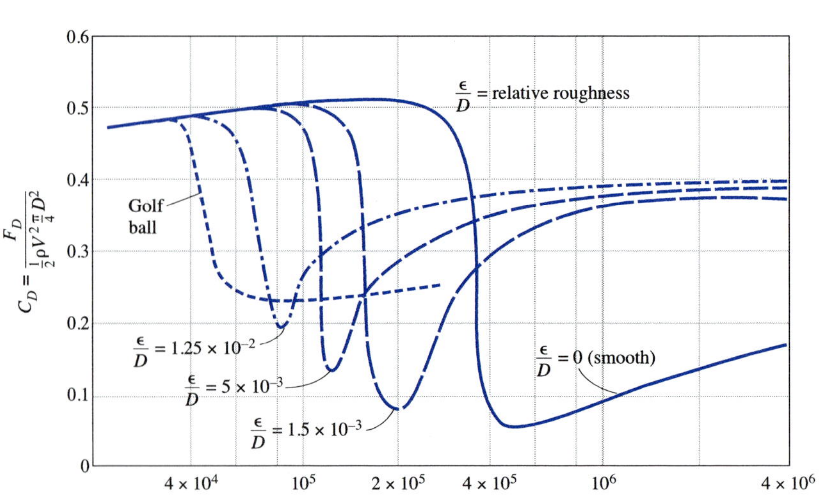

그림 10-36
표면조도가 구의 항력계수에 미치는 영향.
From Blevins (1984).

보다 작은 항력계수와 항력을 갖게 된다. 예를 들어, $\mathrm{Re} = 2 \times 10^5$에서 매끈한 구의 경우에는 $C_D \cong 0.5$이나, $\varepsilon/D = 0.0015$인 거친 구의 경우에는 $C_D \cong 0.1$이다. 따라서 이 경우 단지 표면을 거칠게 하는 것만으로도 항력계수를 5배로 줄일 수 있게 된다. 그러나 $\mathrm{Re} = 10^6$에서 매끈한 구의 경우에는 $C_D \cong 0.1$인 반면, 매우 거친 구의 경우에 $C_D \cong 0.4$ 로 나타남에 주의하라. 이 경우 구 표면을 거칠게 하면 항력이 4배로 증가한다(그림 10-37).

Re	C_D Smooth Surface	C_D Rough Surface, $\epsilon/D = 0.0015$
2×10^5	0.5	0.1
10^6	0.1	0.4

그림 10-37
표면조도는 Reynolds 수의 값에 따라 구형 물체의 항력계수를 늘이거나 혹은 줄일 수 있다.

앞서 논의에서 표면을 거칠게 하여 항력을 줄일 수 있다고 했는데, 만약 조심하지 않으면(즉 올바른 Reynolds 수 영역에서가 아니라면) 반대 결과가 생길 수도 있다. 골프공의 경우, 이를 염두에 두고, 낮은 Reynolds 수에서 **난류**를 유도하여, 경계층에서 난류 시작시 발생하는 항력계수의 급격한 **감소**를 이용하기 위하여 일부러 표면을 거칠게 만든 것이다(일반적으로 골프공의 속도 범위는 15 m/s에서 150 m/s이며, Reynolds 수는 4×10^5 보다 작다). 홈(dimple)이 파인 골프공의 임계 Reynolds 수는 약 4×10^4이다. 그림 10-36에 나타난 바와 같이 이 Reynolds 수에서 나타나는 난류유동으로 항력계수가 약 반 정도 줄게 되며, 따라서 골프공이 보다 멀리 날아갈 수 있다. 골프를 잘 치는 사람은 공을 칠 때 공에 회전을 주기도 하는데, 이로써 거친 표면의 공에 양력이 발생하고 따라서 공이 보다 높게 그리고 더 멀리 날아갈 수 있게 한다. 비슷한 이론을 테니스공에도 적용할 수 있다. 그러나 탁구공의 경우, 속도가 느리고 볼도 작아 공이 난류영역에 도달하지 못한다. 따라서 탁구공의 표면은 부드럽게 만들어져 있다.

항력계수가 얻어지면, 식 (10-1)를 이용하여 물체에 작용하는 항력을 계산할 수 있다. 여기서 A는 **정면도면적**이다(길이 L인 실린더의 경우 $A = LD$이고, 구의 경우 $A = \pi D^2/4$이다). 자유흐름의 난류와 유동 내에 있는 다른 물체(관다발 주위 유동 등)에 의한 교란 또한 항력계수에 크게 영향을 줄 수 있음을 기억하자.

예제 10-4 강 속에 잠긴 관에 작용하는 항력

물에 완전히 잠겨있는 외경 2.2 cm인 관이 길이 30 m로 강을 가로질러 놓여 있다(그림 10-38). 물의 평균속도는 4 m/s이고 물의 온도는 15°C이다. 강물이 관에 작용하는 항력을 구하라.

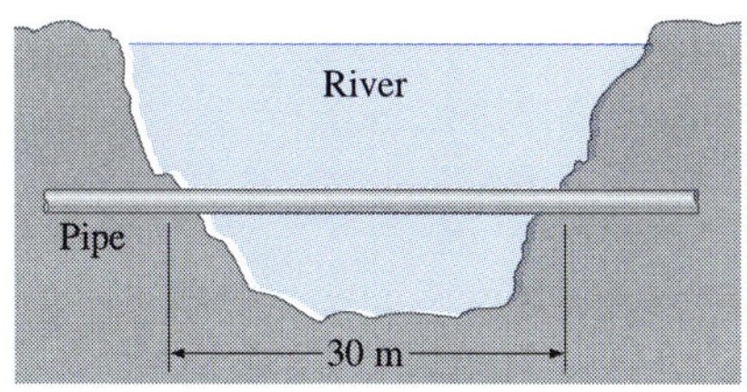

그림 10-38
예제 10-4의 개략도.

풀이 관이 흐르는 강속에 잠겨있을 때 관에 작용하는 항력을 구하고자 한다.

가정 1 관의 바깥 표면은 매끈해서 그림 10-34의 항력계수를 쓸 수 있다. 2 강물의 유동은 정상이다. 3 강물의 유동 방향은 관에 수직이다. 4 강물의 난류는 고려되지 않는다.

상태량 15°C 물의 밀도와 점성계수는 각각 $\rho = 999.1\ \mathrm{kg/m^3}$ 그리고 $\mu = 1.138 \times 10^{-3}\ \mathrm{kg/m \cdot s}$이다.

해석 $D = 0.022$ m이므로 Reynolds 수는 다음과 같다.

$$\mathrm{Re} = \frac{VD}{\nu} = \frac{\rho VD}{\mu} = \frac{(999.1\ \mathrm{kg/m^3})(4\ \mathrm{m/s})(0.022\ \mathrm{m})}{1.138 \times 10^{-3}\ \mathrm{kg/m \cdot s}} = 7.73 \times 10^4$$

그림 10-34로부터 이 Reynolds 수에 해당하는 항력계수는 $C_D = 1.0$이다. 또한 실린더를 지나는 유동에 대한 정면도면적은 $A = LD$이다. 따라서 관에 작용하는 항력은 다음과

같이 구한다.

$$F_D = C_D A \frac{\rho V^2}{2} = 1.0(30 \times 0.022\ \text{m}^2)\frac{(999.1\ \text{kg/m}^3)(4\ \text{m/s})^2}{2}\left(\frac{1\ \text{N}}{1\ \text{kg}\cdot\text{m/s}^2}\right)$$
$$= 5275\ \text{N} \cong \mathbf{5300\ N}$$

토의 계산에서 구한 힘은 500 kg을 넘는 질량의 무게와 같다. 따라서 강물이 관에 작용하는 항력은, 30 m 떨어진 양쪽 관 끝이 지지되는 상태에서 500 kg이 넘는 질량이 매달려 있는 것과 같다. 만약 관이 이 힘을 지지하지 못한다면 예방책을 마련해야만 한다. 만약 강이 빠른 속도로 흘러간다거나 강에서의 난류 변동(fluctuation)의 영향이 더욱 더 커지면 그 항력은 더 커질 것이며, 관에 걸리는 비정상적 힘도 커질 수 있다.

10-7 ▪ 양력

앞서 양력은 유동방향에 수직으로 작용하는 순 힘(점성력과 압력에 의한)으로 정의한 바 있으며, 따라서 양력계수(lift coefficient)는 다음과 같이 표현하였다.

$$C_L = \frac{F_L}{\frac{1}{2}\rho V^2 A} \tag{10-19}$$

여기서 A는 일반적으로 **평면도면적**인데, 물체에 수직인 방향에서 위로부터 물체를 바라볼 때 보이는 면적이며, V는 유체의 상류속도(혹은 정지해 있는 유체 속을 비행하는 물체 속도)이다. 폭(혹은 스팬)이 b이고 코드 길이(앞전과 뒷전 사이의 길이)가 c인 익형의 경우 평면도면적은 $A = bc$이다. 날개 또는 익형의 두 끝단 사이의 거리를 **날개폭(wingspan)** 혹은 그냥 **스팬(span)**이라고 한다. 항공기의 경우, 날개폭은 두 날개 가운데에 있는 동체의 폭을 포함한 두 날개 끝 사이의 전체 거리이다(그림 10-39). 단위 평면도면적에 대한 평균항력 F_L/A를 **날개하중(wing loading)**이라 하는데, 이는 날개의 평면도면적에 대한 항공기의 무게 비이다(일정한 고도 비행에서 항공기의 무게는 양력과 같기 때문이다).

항공기가 나는 것은 양력 때문이므로, 오래 동안 양력에 대한 올바른 이해와 양력 특성 향상을 위한 많은 연구가 진행되어 왔다. 이 절에서는 **익형**과 같이 항력은 최소화시키면서 양력을 발생시키는 장치를 주로 다루고자 한다. 경주용차에 부착된 **스포일러(spoiler)**와 **역전 익형(inverted airfoil)**과 같이 노면 접지력 효과와 제어 능력 향상을 위해 양력을 발생시키지 않거나 음의 양력을 발생시킬 목적

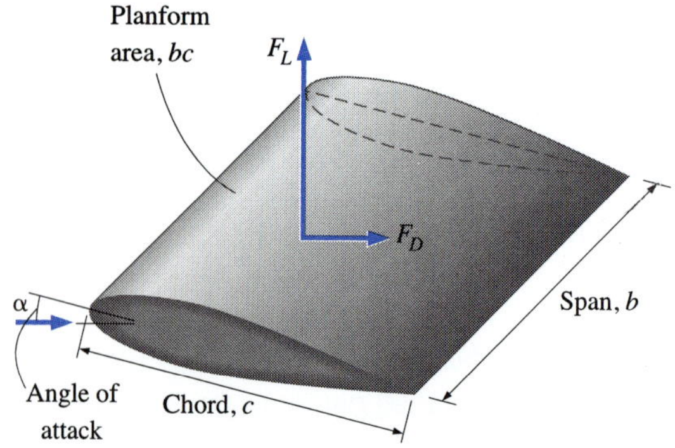

그림 10-39
익형과 관련된 다양한 용어들의 정의.

으로 설계된 장치들도 있다(일부 초기의 경주용 차들은 고속에서 양력이 발생하여 실제로 지면에서 뜨는 경우도 있어 공학자들이 양력을 줄이기 위한 설계를 하게 되었다).

익형과 같이 양력을 발생시키는 장치의 경우, **점성효과**에 의한 양력 발생은 항상 무시할 정도로 작은데, 이는 물체가 유선형화 되어 있고 따라서 이런 물체 표면에서 발생하는 벽면 전단력은 표면과 평행하여 거의 양력 방향과 수직이 되기 때문이다(그림 10-40). 그러므로 양력은 실제 물체 표면에서 나타나는 압력분포에만 대부분 의존하며, 따라서 물체의 형상이 양력에 주된 영향을 주는 인자이다. 익형을 설계하는데 있어 주된 관점은 아랫면에서의 평균압력을 최대로 하면서 윗면에서의 평균압력을 최소화하는데 있다. 고압과 저압의 영역을 구분하는데 있어 Bernoulli 식이 사용될 수 있다. 즉, **압력은 유동속도가 높은 곳에서는 작고, 유동속도가 낮은 곳에서는 높다**. 또한, 보통의 영각에서 양력은 물체의 표면조도와는 실제로 무관한데, 이는 표면조도가 벽면전단력에는 영향을 주지만 압력에는 영향을 미치지 않기 때문이다. 전단력이 양력에 영향을 미치는 경우는 저속에서 (즉 낮은 Reynolds 수) 비행하는 매우 작은(가벼운) 물체의 경우로 한정된다.

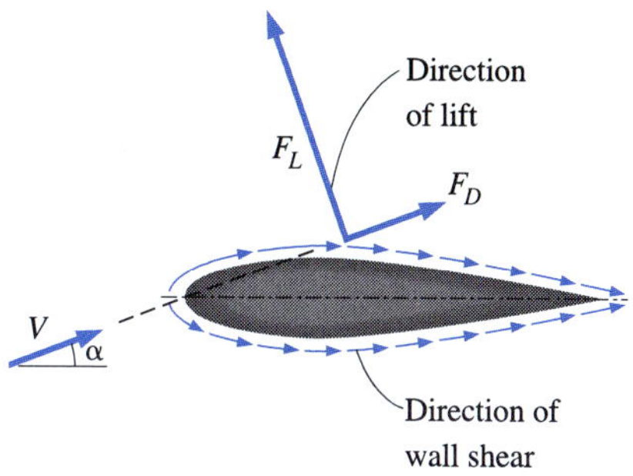

그림 10-40
익형의 경우 점성영향이 양력에 미치는 효과는 항상 무시할 정도로 작은데, 이는 벽면 전단력이 표면과 나란하고, 따라서 양력방향에 대하여 거의 수직이기 때문이다.

점성효과가 양력에 미치는 영향이 작으므로, 익형에 작용하는 양력은 익형 주위의 압력분포를 적분함으로써 얻어낼 수 있다. 압력은 물체표면을 따라 유동방향으로 변화하지만, 경계층 내에서는 표면에 수직방향으로 변화하지 않는다(9장). 따라서 익형 표면에서 발생하는 매우 얇은 경계층을 무시하고, 비교적 간단한 포텐셜유동 이론(비점성, 와도가 영인 비회전유동)을 이용하여 익형 주위의 압력분포를 계산하는 것도 타당해 보인다.

얇은 경계층을 무시한 이러한 계산을 통하여 대칭 그리고 비대칭 익형에 대해 구한 유동장이 그림 10-41에 나타나 있다. 예상한대로 영각이 영인 경우, 대칭인 익형에서는 그 대칭성 때문에 양력은 존재하지 않으며 이때 앞전과 뒷전에서 정체점이 나타난다. 비대칭 익형의 경우, 작은 영각에서는 전방의 정체점이 앞전 아래로 이동하고, 후방의 정체점은 뒷전 근처 윗면으로 이동한다. 놀랍게도 이때 계산된 양력은 여전히 영인데, 이는 실험적으로 관찰되고 측정되는 결과와는 전혀 다르다. 따라서 관찰되는 현상에 일치시키기 위해서는 이론의 수정이 불가피하다.

이러한 모순의 원인은 후방의 정체점이 뒷전 대신에 윗면에서 나타나는 데에 있다. 이로 인하여 익형 아랫면의 유체는 표면에 부착된 채로 뒷전을 돌아 거

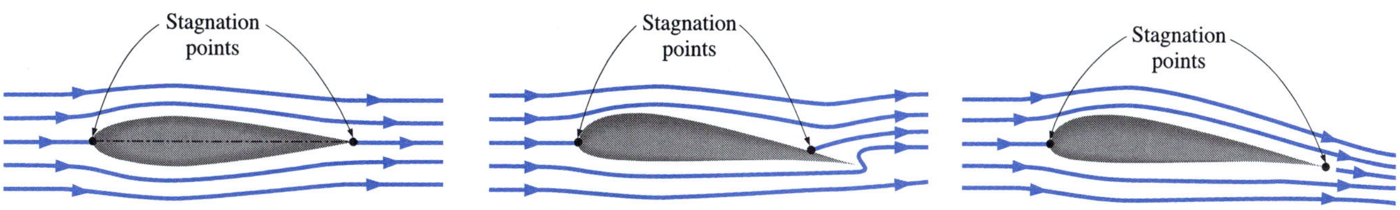

(a) 대칭 익형을 지나는 비회전 유동(양력은 영) (b) 비대칭 익형을 지나는 비회전 유동(양력은 영) (c) 비대칭 익형을 지나는 실제유동(양의 양력)

그림 10-41
대칭, 그리고 비대칭 2차원 익형을 지나는 비회전, 그리고 실제유동.

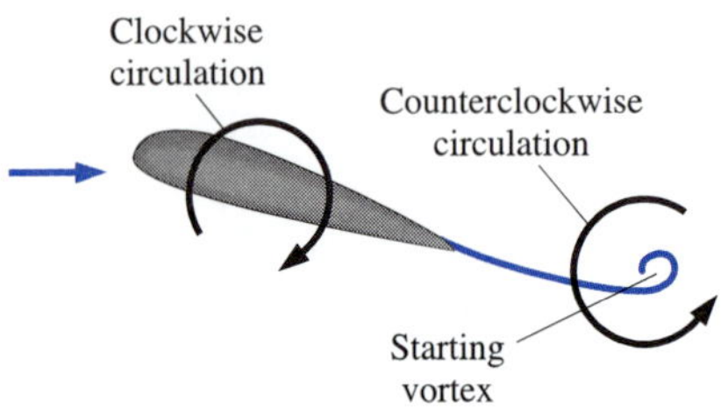

그림 10-42
영각이 갑자기 증가된 이후, 곧 반시계방향의 시동 와류가 익형으로부터 떨어져 나오고, 시계방향의 순환이 익형 주위로 나타나면서 양력이 발생한다.

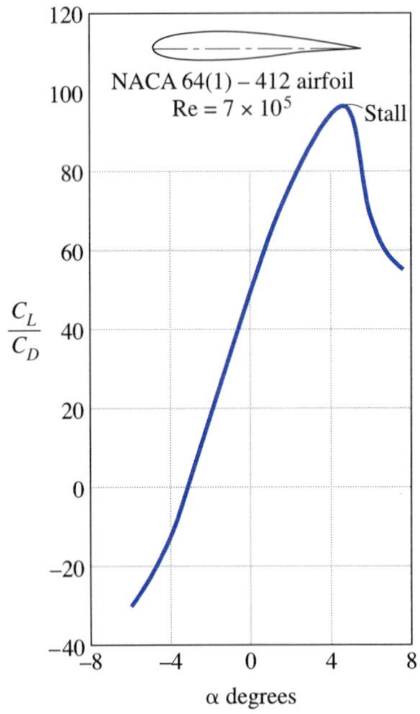

그림 10-43
2차원 익형의 경우 영각에 따른 양항력비의 변화.
From Abbott, von Doenhoff, and Stivers (1945).

의 U턴을 하면서 정체점에 이르게 되는데, 이는 실제로 불가능하며 이러한 갑작스런 회전은 실제 유동박리를 발생시킨다(고속에서 이렇게 방향을 바꾸는 자동차를 상상해 보라). 그러므로 아랫면에서의 유체는 뒷전에서 부드럽게 박리되어야 하며, 이에 따라 윗면에서의 유체는 후방 정체점을 뒷전 쪽으로 밀게 된다. 결국 윗면의 정체점은 뒷전까지 이동하게 된다. 이로 인하여 익형의 윗면과 아랫면에서의 두 유동은 뾰족한 뒷전에 평행하게 부드럽게 흘러가서 뒷전에서 만나게 된다. 그 결과 윗면에서의 속도가 더 빠르고, Bernoulli 효과로 윗면에서의 압력이 더 낮아져 양력이 발생된다.

위에서 관찰된 현상과 포텐셜유동 이론을 이용하여 다음과 같이 정리가 가능하다. 이론을 통하여 예측한 바와 같이 처음에는 양력이 없다가, 속도가 어느 정도 이상이 되면 아랫면에서의 유동이 뒷전에서 박리된다. 이로 인하여 윗면에서의 유동이 뒷전 가까이 박리되며, 이때 익형 주위로 시계방향의 순환(circulation)이 시작된다. 이러한 시계방향의 순환은 윗면의 유동속도를 더욱 증가시키는 반면 아랫면의 속도는 감소시켜 양력을 발생시킨다. 반대 부호(반시계방향)의 **시동 와류(starting vortex)**가 하류방향으로 흘려지고(그림 10-42) 익형 주위로 부드러운 유동이 형성된다. 적당한 순환을 추가하여 정체점이 뒷전까지 이동되도록 포텐셜유동 이론을 수정하면 양력과 유동장에 관한 이론과 실험결과는 매우 잘 일치하게 된다.

익형은 최대의 양력과 최소의 항력을 발생시킬 수 있어야 한다. 그러므로 익형의 성능은 **양항력비(lift-to-drag ratio)**로 결정되는데, 이는 양력계수의 항력계수에 대한 비 C_L/C_D와 같다. 양항력비는 영각의 변화에 따른 C_L과 C_D의 관계를 그리거나[양력-항력 극선도(lift-drag polar)], C_L/C_D을 그려봄으로써 나타낼 수 있다. 특정 익형에 대하여 영각의 변화에 따른 C_L/C_D 자료가 그림 10-43에 나타나 있다. 여기서 2차원 익형이 실속(stall)되기 전까지 영각의 증가에 따라 C_L/C_D는 증가하며, 양항력비는 약 100 정도가 되는 것을 주목하라.

익형의 양력과 항력 특성을 변화시킬 수 있는 한 가지 분명한 방법은 영각을 변화시키는 것이다. 예를 들면, 비행기의 경우에는 양력을 증가시키기 위하여 전체 기체가 상향으로 기우는데, 이는 날개가 동체에 대하여 고정되어 있기 때문이다. 또 다른 방법은 가변 **앞전**과 **뒷전 플랩**을 사용하여 익형의 형상을 바꾸는 것인데, 이는 현대 대형 비행기에서 일상적으로 사용되고 있다(그림 10-44). 플랩을 이용하여 이륙과 착륙시 양력이 최대화 되도록 날개 형상을 바꾸어 비행기가 저속에서 이륙이나 착륙을 할 수 있도록 한다. 이륙과 착륙시 나타나는 항력 증가는 이때 소요되는 시간이 상대적으로 짧기 때문에 크게 문제되지 않는다. 일단 순항 고도에 도달하면, 플랩은 접혀지고 날개는 다시 원래의 형태로 돌아가 순항시 연

(*a*) 펴진 플랩(이륙시)

(*b*) 접혀진 플랩(순항시)

그림 10-44
움직이는 플랩의 사용으로 전체 익형의 형상이 달라지고, 이에 따라 이륙과 착륙시 익형의 양력과 항력의 특성이 변화한다.
Photo by Yunus Çengel.

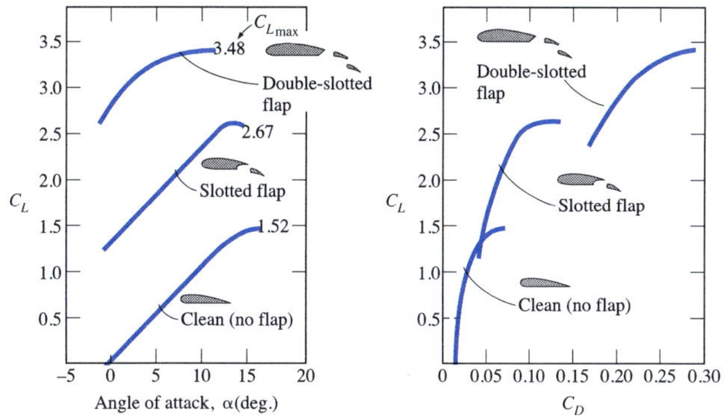

그림 10-45
플랩이 익형의 양력계수와 항력계수에 미치는 영향.
From Abbott and von Doenhoff, for NACA 23012 (1959).

료소모를 줄이기 위한 최소 항력계수와 적절한 양력계수를 갖게 된다. 적은 양력계수라 하더라도 실제 비행 중에 나타나는 양력은 상당히 큰데, 이는 비행기의 순항속도가 일반적으로 크고 양력이 유동속도의 제곱에 비례하기 때문이다.

플랩이 양력계수와 항력계수에 미치는 영향이 특정 익형에 대하여 그림 10-45에 나타나 있다. 최대 양력계수는 플랩이 없는 경우 약 1.5에서 더블 슬롯 플랩의 경우 3.5까지 증가하고 있다. 그러나 최대 항력계수 또한, 플랩이 없는 경우 약 0.06에서 더블 슬롯 플랩의 경우 0.3까지 증가하고 있음에 유의하자. 즉 항력계수는 5배까지 증가하는데, 이러한 항력을 이기기 위한 추력이 추가로 제공되어야 한다. 양력계수를 최대화하기 위하여 플랩의 영각을 증가시킬 수도 있다. 또한 플랩은 코드 길이를 연장하는 역할을 하며 따라서 날개 면적 A를 증가시킨다. 보잉 727기는 뒷전에 세 개의 슬롯 플랩과 앞전에 한 개의 슬롯을 사용한다.

최소 비행속도는 항공기의 전체 무게 W를 양력과 같게, 그리고 $C_L = C_{L,\,\max}$로 놓는 조건에서 다음과 같이 나타낼 수 있다

$$W = F_L = \tfrac{1}{2} C_{L,\,\max}\, \rho V_{\min}^2 A \qquad \rightarrow \qquad V_{\min} = \sqrt{\frac{2W}{\rho C_{L,\,\max} A}} \tag{10-21}$$

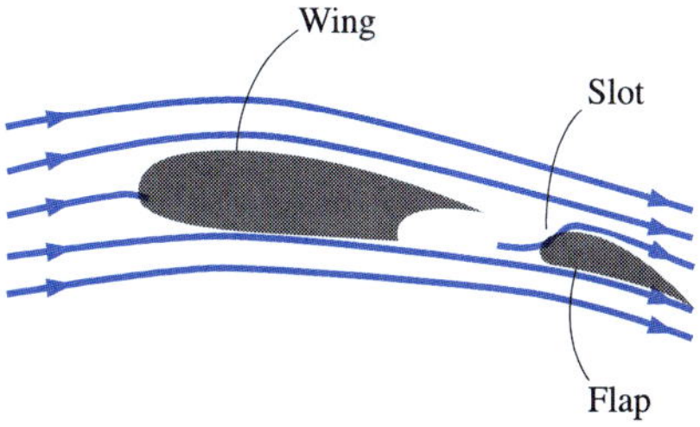

그림 10-46
슬롯이 있는 플랩 익형은 상면에서의 경계층 박리를 방지하고, 따라서 양력계수를 증가시킨다.

주어진 무게에 대하여, 양력계수와 날개면적의 곱 $C_{L,\,\max}A$를 최대로 함으로써 착륙이나 이륙 속도를 최소화시킬 수 있다. 이를 위한 한 가지 방법이 앞서 논의한 플랩의 사용이다. 또 다른 방법이 경계층의 제어인데, 이는 그림 10-46에 나타난 바와 같이 플랩 사이에 만들어진 유로(틈, 슬롯)를 이용한다. 슬롯은 날개와 플랩 윗면에서 경계층의 박리를 방지하는데 사용된다. 즉, 날개 아랫면의 고압 영역에서 윗면의 저압 영역으로 공기가 이동되도록 하여 경계층 박리를 방지한다. 실속 조건에서 양력계수는 최대값 $C_L = C_{L,\,\max}$를 갖고, 이때 비행속도는 최소에 도달하는데, 이는 불안정한 운전상태이기 때문에 피해야 한다. 미국의 연방항공국(Federal Aviation Administration, FAA)에서는 안전을 위하여 실속이 되는 속도의 1.2배 이하로는 운행을 못하도록 하고 있다.

식 (10-21)에서 또 하나 중요한 점은 이륙이나 착륙에 필요한 최소 속도는 밀도의 제곱근에 역비례한다는 것이다. 고도의 증가에 따라 밀도가 감소하므로(1,500 m에서 약 15% 정도), 덴버와 같은 높은 고도의 공항에서는 보다 높은 최소 이륙속도와 착륙속도를 맞추기 위하여 보다 긴 활주로가 필요하다. 공기의 밀도는 온도에 역비례하므로 뜨거운 여름날에는 상황이 보다 더 심각해질 수 있다.

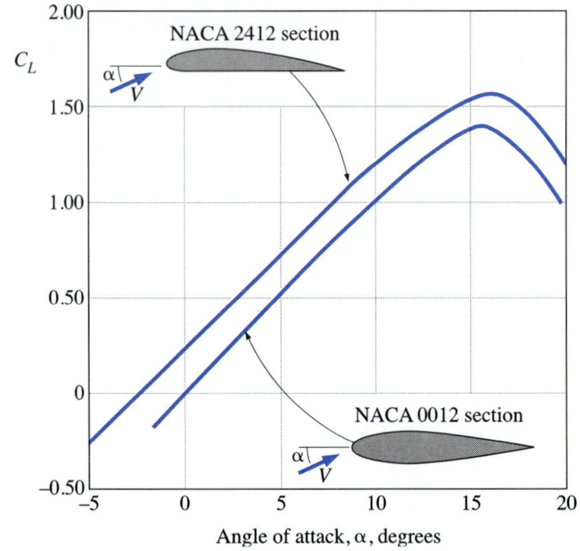

그림 10-47
대칭, 그리고 비대칭 익형의 영각에 따른 항력계수의 변화.
From Abbott (1932).

1930년대에 효율적인(저 항력) 익형 개발을 위한 많은 실험적 연구가 진행되었다. 미국 항공자문위원회(NACA, 현재 NASA)에 의하여 이때 개발된 익형들이 표준화 되었고, 익형들에 대한 광범위한 양력계수 데이터가 보고된 바 있다. 영각 변화에 따른 두 개의 2차원 (스팬길이가 무한대) 익형(NACA 0012, NACA 2412)의 양력계수 C_L의 변화가 그림 10-47에 나타나 있다. 이 그림에서 다음 사항들을 관찰할 수 있다.

- 양력계수는 영각과 거의 선형적으로 증가하다가 약 $\alpha = 16°$에서 최대가 되고, 그 이후 갑자기 감소하기 시작한다. 이와 같은 영각의 큰 증가에 따른 양력의 감소를 **실속(stall)**이라 한다. 이는 익형 윗면에 유동박리와 넓은 후류영역이 형성되기 때문에 나타난다. 실속이 되면 항력 또한 증가되기 때문에 매우 바람직하지 않은 현상이다.
- 영각이 0이면($\alpha = 0°$), 대칭 익형에서는 양력계수 또한 0이나, 익형 윗면의 곡률이 보다 큰 비대칭 익형에서는 0이 아니다. 따라서 대칭날개를 가진 비행기는 동일한 양력을 얻기 위하여 높은 영각으로 비행해야 한다.
- 영각의 조정을 통하여 양력계수를 수 배 이상 증가시킬 수 있다(비대칭 익형의 경우 $\alpha = 0°$ 일 때 0.25에서 $\alpha = 10°$ 일 때 1.25).
- 영각이 커짐에 따라 항력계수도 증가하는데, 많은 경우 그 증가가 기하급수적이다(그림 10-48). 따라서 연비 효율를 위하여 높은 영각은 드물게 그리고 짧은 시간 동안만 사용되어야 한다.

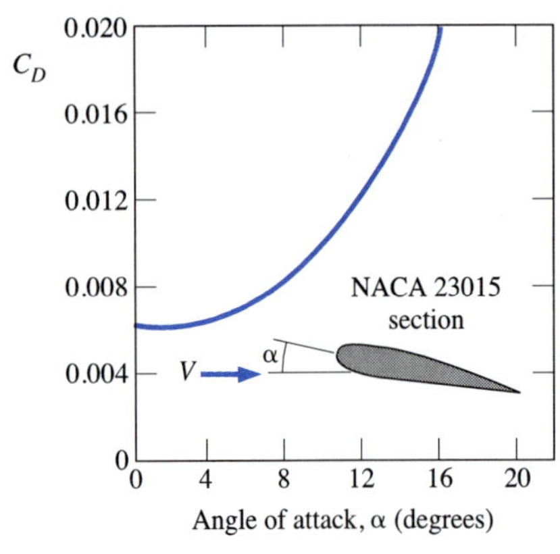

그림 10-48
영각에 따른 익형의 항력계수의 변화.
From Abbott and von Doenhoff (1959).

유한폭 날개와 유도 항력

비행기 날개나 유한한 스팬길이를 갖는 익형의 경우, 아랫면과 윗면 사이에서 나타나는 유동누수(fluid leakage) 때문에 날개끝에서 나타나는 끝단효과(end effect)가 중요하다. 아랫면(고압영역)과 윗면(저압영역) 사이의 압력차로 인하여 유체는 날개 끝에서 위로 흐르는 동시에 유체와 날개의 상대운동 때문에 뒤로 흐르게 된다. 그 결과, 두 날개 끝에서 유동을 따라 나선형 선회운동(swirling motion)이 나타나는데 이를 날개끝 와류(tip vortex)라고 한다. 한편 양 날개끝 사이의 익형을 따라서도 와류가 형성된다. 이들 와류는 날개 뒷전에서 떨어져 나가면서 날개 끝 와류와 결합하면서 두 줄기의 강력한 **후와류(trailing vortex)**를 형성한다(그림 10-49와 10-50). 대형 항공기에 의하여 발생되는 이러한 후와류는 긴 거리(10 km 이상)를 걸쳐 오랜 시간동안 지속되다가 점성소산에 의하여 점차 사라진다. 이러한 와류로 인하여 나타나는 하강류는 매우 강하여, 작은 비행기가 이러한 큰 항공기의 후와류 사이를 비행하면 제어를 못하고 뒤집혀질 수도 있다. 따라서 작은 비행기가 큰 비행기를 가깝게 따라가는 것은(10 km 이내) 매우 위험할 수 있다. 이는 공항에서 비행기의 이륙 간격을 조정하는 주된 요인이며 이로 인하여 공항의 수용능력이 제한되기도 한다. 자연에서는 이러한 현상이 도움이 되기도 하는데, 새들이 V자 형태로 이동하는 이유도 앞선 새에 의하여 발생되는 후와류와 여기에서 발생하는 상승류를 활용하기 위한 것이다. V자로 무리지어 이동하는 새들은 1/3정도의 에너지를 적게 쓰는 것으로 판명된 바 있다. 군용 제트기도 종종 같은 이유로 V자 형태로 비행한다.

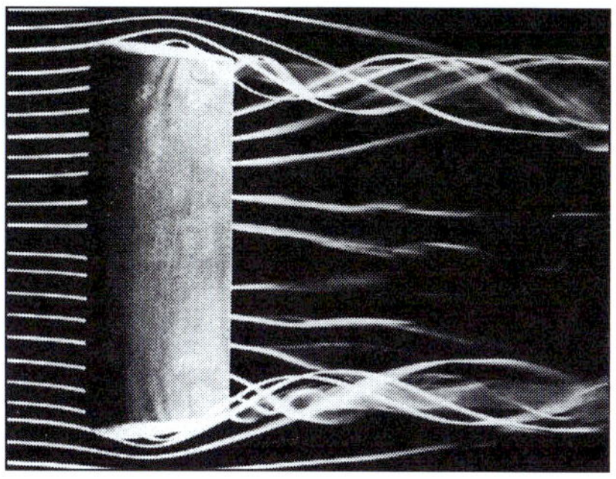

그림 10-49
직사각형 날개에서 나타나는 날개끝 와류가 와류와 함께 뒷전에서 방출되고 있다.
Courtesy of The Parabolic Press, Stanford, California. Used with permission.

날개끝 와류는 자유 흐름과 상호작용 하면서 날개 끝에 유동방향을 포함한 모든 방향으로 힘을 가한다. 이 힘 중에서 유동방향으로 작용하는 힘은 항력에 더해지는데 이를 유도항력(induced drag)이라 한다. 따라서 날개에 작용하는 총 항력은 이러한 유도항력(3차원 효과)과 익형 면에 작용하는 항력(2차원 효과)의 합이 된다.

익형 평균스팬의 제곱을 평면도면적으로 나눈 비를 **종횡비(aspect ratio)**라 한다. 코드 길이 c이고 스팬의 길이가 b인 직사각형 형태의 평면도를 갖는 익형의 경우 종횡비는 다음과 같이 표시된다.

$$\mathrm{AR} = \frac{b^2}{A} = \frac{b^2}{bc} = \frac{b}{c} \qquad (10\text{-}22)$$

따라서 종횡비는 익형이 유동방향에 대해서 상대적으로 얼마나 좁은지를 나타내는 척도이다. 일반적으로 종횡비가 증가함에 따라 날개의 양력계수는 증가하고 항력계수는 감소한다. 이는 길고 좁은 날개(큰 종횡비)는 끝단의 길이가 짧고, 따라서 같은 평면도면적을 갖는 짧고 넓은 날개에 비하여 끝단에서 나타나는 손실이 작고 유도항력도 작기 때문이다. 따라서 큰 종횡비를 갖는 물체는 보다 효과적

그림 10-50
방제용 항공기 후방에서 나타나는 연기가 날개끝에서 형성된 날개끝 와류를 보여주고 있다.
NASA Langley Research Center.

(*a*) 깃털이 부챗살 모양으로 펼쳐진 수염독수리의 비행 모습

(*b*) 유도항력을 줄이기 위하여 활공기에 윙렛이 사용된다.

그림 10-51
유도항력은 (a) 새 날개의 끝의 깃털 (b) 끝판이나 윙렛 등에 의하여 줄일 수 있다.
(a) © Vol. 44/PhotoDisc. (b) Courtesy Schempp-Hirth. Used by permission.

으로 날 수 있으나 큰 관성모멘트(중심으로부터 멀리 떨어진 거리로 인하여) 때문에 조종이 쉽지 않을 수 있다. 작은 종횡비를 갖는 물체들은 날개가 중심부에 가까이 위치하기 때문에 조종이 보다 쉽다. 이러한 이유로 **전투기**(매와 같은 맹금류도 마찬가지)의 날개는 짧고 넓게, **대형 상용기**(갈매기와 같이 활공하는 새도 마찬가지)의 날개는 길고 좁게 설계된다.

끝단효과는 날개 끝단에 윗면에 수직으로 **끝판(endplates)** 혹은 **윙렛(winglet)**을 설치함으로 최소화시킬 수 있다. 끝판은 날개 끝단에서 나타나는 유동누수를 막음으로써 끝단 와류와 유도항력의 강도를 상당히 줄일 수 있다. 같은 이유로 새들의 경우 날개 끝에 있는 깃털을 부채살 모양으로 펼치기도 한다(그림 10-51).

예제 10-5 상용기의 양력과 항력

어떤 상용기의 질량이 70,000 kg이고 날개 단면적이 150 m^2이다(그림 10-52). 이 비행기가 공기 밀도가 0.312 kg/m^3인 12,000 m 고도에서 558 km/h로 순항하고 있다. 비행기는 이륙과 착륙을 하는 동안 사용할 이중슬롯 플랩을 갖추고 있지만, 순항할 때는 모든 플랩을 접고 비행한다. 날개의 양력과 항력특성이 NACA 23012(그림 10-45)와 비슷하다고 가정할 때, (a) 플랩을 펼칠 때와 펼치지 않을 때의 이착륙 최소 안전속도, (b) 비행고도에서의 안정된 비행을 위한 영각, 그리고 (c) 날개 항력을 이겨내는 충분한 추력을 제공하는 동력을 구하여라.

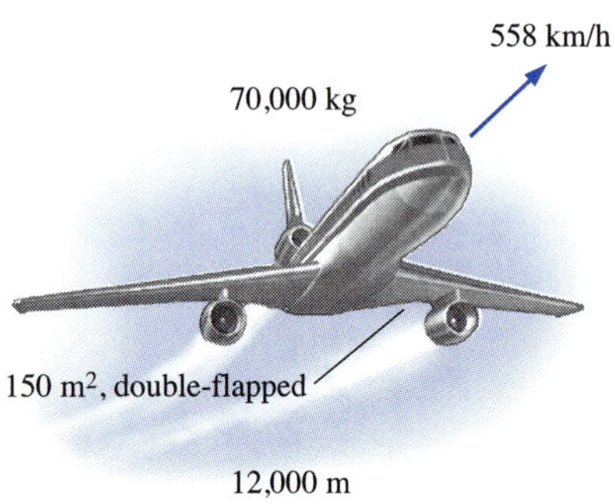

그림 10-52
예제 10-5의 개략도.

풀이 여객기의 비행조건과 날개의 특성이 주어질 때, 최소 안전 이착륙 속도, 비행시의 영각, 그리고 필요한 동력을 구한다.

가정 **1** 동체 항력과 같은 비행기 날개 이외의 부분에서 발생하는 항력과 양력은 고려하지 않는다. **2** 날개는 2차원 단면을 가지고 날개끝단효과는 고려하지 않는다. **3** 날개의 양력과 항력특성은 NACA 23012와 비슷하며, 따라서 그림 10-45의 결과를 적용할 수 있다. **4** 지상에서 공기의 평균 밀도는 1.20 kg/m^3이다.

상태량 공기의 밀도는 지상에서 1.20 kg/m^3이고 비행고도에서는 0.312 kg/m^3이다. 플랩이 있을 때와 없을 때의 날개 최대 양력계수 $C_{L,\ max}$는 각각 3.48과 1.52이다(그림 10-45).

해석 (a) 비행기의 무게와 순항속도는 각각 다음과 같다.

$$W = mg = (70{,}000 \text{ kg})(9.81 \text{ m/s}^2)\left(\frac{1 \text{ N}}{1 \text{ kg}\cdot\text{m/s}^2}\right) = 686{,}700 \text{ N}$$

$$V = (558 \text{ km/h})\left(\frac{1 \text{ m/s}}{3.6 \text{ km/h}}\right) = 155 \text{ m/s}$$

플랩이 없을 때와 있을 때의 실속조건에 대응하는 최소속도는 식 10-24에 의하여 다음과 같이 얻어진다.

$$V_{\min 1} = \sqrt{\frac{2W}{\rho C_{L,\max 1} A}} = \sqrt{\frac{2(686{,}700 \text{ N})}{(1.2 \text{ kg/m}^3)(1.52)(150 \text{ m}^2)}\left(\frac{1 \text{ kg}\cdot\text{m/s}^2}{1 \text{ N}}\right)} = 70.9 \text{ m/s}$$

$$V_{\min 2} = \sqrt{\frac{2W}{\rho C_{L,\max 2} A}} = \sqrt{\frac{2(686{,}700 \text{ N})}{(1.2 \text{ kg/m}^3)(3.48)(150 \text{ m}^2)}\left(\frac{1 \text{ kg}\cdot\text{m/s}^2}{1 \text{ N}}\right)} = 46.8 \text{ m/s}$$

따라서 실속구간을 피하기 위한 "안전" 최소속도는 각각의 값들에 1.2를 곱함으로써 구해진다:

플랩이 없을 때: $V_{\min 1,\,\text{safe}} = 1.2V_{\min 1} = 1.2(70.9\text{ m/s}) = 85.1\text{ m/s} = \mathbf{306\text{ km/h}}$

플랩이 있을 때: $V_{\min 2,\,\text{safe}} = 1.2V_{\min 2} = 1.2(46.8\text{ m/s}) = 56.2\text{ m/s} = \mathbf{202\text{ km/h}}$

여기서 1 m/s = 3.6 km/h이다. 플랩의 사용으로 꽤 낮은 속도에서 이착륙이 가능하고, 따라서 더 짧은 활주로에서도 이착륙이 가능하다.

(b) 비행기가 일정한 고도를 정상적으로 비행할 때, 양력은 비행기의 무게와 같아야 하므로, F_L = W이다. 따라서 양력계수는 다음과 같다.

$$C_L = \frac{F_L}{\frac{1}{2}\rho V^2 A} = \frac{686{,}700\text{ N}}{\frac{1}{2}(0.312\text{ kg/m}^3)(155\text{ m/s})^2(150\text{ m}^2)}\left(\frac{1\text{ kg}\cdot\text{m/s}^2}{1\text{ N}}\right) = 1.22$$

플랩이 없을 경우에 이 C_L값에 대응하는 영각은 그림 10-45로부터 a ≅ 10°로 구해진다.

(c) 비행기가 일정한 고도를 정상적으로 비행할 때, 비행기에 작용하는 순수 힘은 영이고, 따라서 엔진에 의해 제공되는 추력은 항력과 같아야 한다. 플랩이 없을 경우의 비행 양력계수 1.22에 대응하는 항력계수는 그림 10-45에 의하여 C_D ≅ 0.03이다. 따라서 날개에 작용하는 항력은 다음과 같다.

$$F_D = C_D A\frac{\rho V^2}{2} = (0.03)(150\text{ m}^2)\frac{(0.312\text{ kg/m}^3)(155\text{ m/s})^2}{2}\left(\frac{1\text{ kN}}{1000\text{ kg}\cdot\text{m/s}^2}\right)$$
$$= 16.9\text{ kN}$$

동력은 힘과 속도(단위 시간당 거리)의 곱이며, 따라서 항력을 극복하는데 필요한 동력은 추력과 비행속도의 곱이다:

$$\text{Power} = \text{Thrust}\times\text{Velocity} = F_D V = (16.9\text{ kN})(155\text{ m/s})\left(\frac{1\text{ kW}}{1\text{ kN}\cdot\text{m/s}}\right)$$
$$= \mathbf{2620\text{ kW}}$$

따라서 엔진은 비행하는 동안 날개의 항력을 극복하기 위하여 2620 kW의 동력이 제공되어야 한다. 추진효율이 30%일 때(즉, 연료 에너지의 30%가 비행기를 추진하는데 활용된다) 비행기는 8733 kJ/s의 에너지를 필요로 한다.

토의 계산된 동력은 단지 날개에 작용하는 항력을 극복하기 위한 것이고 비행기의 나머지 부분(기체, 꼬리, 기타 등등)에 작용하는 항력은 포함하지 않았다. 따라서, 비행하는 동안 필요한 총 동력은 훨씬 더 커질 것이다. 또한 여기서 유도항력은 고려하지 않았지만, 영각이 큰 상태로 이륙 할 때는 유도항력이 크게 나타날 수 있다(그림 10-45는 2차원 익형에 대한 것이고 3차원 효과는 포함하지 않는다).

양력과 항력에 대한 토의를 끝내면서 마지막으로 Wilbur(1867-1912)와 Orville(1871-1948) Wright 형제의 공적에 대한 언급이 있어야 할 것 같다. Wright 형제는 그야말로 위대한 엔지니어 팀이었다. 그들은 당시의 항공역학에 관한 이론을 모두 독학을 통하여 습득하였으며, 그 분야에서의 다른 선구자들과 의견을 나누고 그들의 연구결과를 공학저널에 발표하기도 하였다. 그들이 비록 양력과 항력에 대한 개념을 확립하는데 기여하지는 못했다 할지라도, Wright 형제는 이 개념을 이용하여 인류 최초로 공기보다 무거운 동력 비행기를 사람이 탑승하여 제어하는 비행에 성공하였다(그림 10-53). Wright 형제가 그들보다 앞선 사람들이 실패했던 이러한 일을 성공시킨 이유는, 그들이 비행기의 각 부품을 따로따로 계

그림 10-53
Kitty Hawk에서 비행하고 있는 Wright 형제.
National Air and Space Museum/Smithsonian Institution.

산하고 설계하였기 때문이다. Wright 형제 전에 모든 연구자들은 전체 비행기를 한꺼번에 제작하여 실험하였다. 직감적으로는 이러한 방법이 호소력이 있었지만, 어떻게 비행기를 잘 만들 수 있는가에 대한 올바른 결정에는 도움이 되질 못했다. 비행시간이 짧아 설계의 취약점에 대한 충분한 판단 근거를 확보하지 못했으며, 따라서 새로운 비행기는 이전의 비행기에 비해 나을게 없었다. 즉 계속되는 새로운 실험은 한갓 배치기(belly flop)에 불과했다. 그러나 Wright 형제는 이 모든 틀을 바꾸었다. 그들은 각각의 부품을 축소 모형 또는 실제 크기의 모형으로 만들어 풍동을 사용하거나 또는 현장에서 직접 실험하며 연구하였다. 최초의 동력비행기가 조립되기 훨씬 전, Wright 형제는 사람이 탑승한 비행기에 필요한 최고의 날개 형상과, 개선된 프로펠러로 적절한 추력을 제공하는데 필요한 엔진의 동력에 대하여 이미 알고 있었다. Wright 형제는 세상에 인간이 어떻게 날 수 있는 지를 보여주었을 뿐만 아니라, 공학자들에게 보다 개선된 비행기를 설계하기 위하여 이 장에서 제시한 방정식들을 어떻게 사용하여야 하는가를 보여주었던 것이다.

요약 SUMMARY

이 장에서는 양력과 항력에 중점을 두고 물체 주위의 유동에 대하여 공부하였다. 유체는 물체에 여러 방향으로 힘과 모멘트를 발생시킨다. 유동이 물체에 유동방향으로 작용하는 힘을 **항력**이라 하고, 유동에 수직으로 작용하는 힘을 **양력**이라고 한다. 벽면 전단응력 τ_w에 직접적으로 연관된 항력을 **표면마찰항력(skin friction drag)**이라 부르고(마찰효과 때문에), 압력 P와 직접 연관된 일부 항력을 압력항력, 혹은 물체의 형상과 관련되어 있기 때문에 형상항력(form drag)이라 부른다.

항력계수 C_D와 **양력계수** C_L은 물체의 항력과 양력특성을 나타내는 무차원수이며 다음과 같이 정의된다.

$$C_D = \frac{F_D}{\frac{1}{2}\rho V^2 A} \quad \text{그리고} \quad C_L = \frac{F_L}{\frac{1}{2}\rho V^2 A}$$

여기서 A는 일반적으로 물체의 **정면도면적**(유동방향에 수직인 면에 투영된 면적)이다. 평판이나 익형의 경우 A는 **평면도면적**인데, 이는 물체를 위에서 바라보았을 때 보이는 면적이다. 일반적으로 항력계수는 **Reynolds 수**에 의존한다(특히, Reynolds 수가 10^4 이하일 때). 높은 Reynolds 수에서는 대부분 형상의 항력계수는 일정하게 나타난다.

항력을 줄이기 위하여, 유동장 내에서 기대되는 유선형태에 의도적으로 물체의 형상을 맞추는 것을 **유선형화** 한다고 한다. 그렇지 않으면 물체는(예를 들면, 건물) 유동을 막게 되고 이 때 이 물체를 **뭉툭하다**고 한다. 충분히 빠른 속도에서 유체 흐름은 물체 표면으로부터 이탈될 수 있다. 이를 **유동박리**라고 한다. 유체 흐름이 물체로부터 박리될 때 물체와 유체 흐름 사이에는 **박리영역**이 형성된다. 비행기 날개와 같은 유선형화 된 물체에서도 **영각**이 클 경우에는 박리가 일어날 수 있다. 이 때 영각이란 유입하는 유체 흐름과 물체의 **코드**(앞전과 뒷전을 연결시키는 선)가 이루는 각도를 뜻한다. 날개 윗면에서의 유동박리는 양력을 급격히 저하시키고 비행기를 **실속**하게 한다.

유체점성에 의한 점성 전단력의 효과가 미치는 물체 표면 상부의 유동영역을 **속도경계층** 혹은 그냥 **경계층**이라고 한다. 경계층의 **두께**, δ는 속도가 0.99 V가 되는 표면으로부터의 거리로 정의된다. 속도가 0.99 V인 점을 연결하는 가상선은 평판 위의 유동을 두 개의 영역으로 나눈다. 즉, 점성영향이 미치고 속도변화가 급격한 **경계층 영역**과 마찰효과가 거의 무시되고 속도가 일정하게 유지되는 **비회전 외부유동영역**이다.

외부유동의 경우 Reynolds 수는 다음과 같이 정의된다.

$$\text{Re}_L = \frac{\rho VL}{\mu} = \frac{VL}{\nu}$$

여기서 V는 상류속도이고, L은 형상의 특성길이인데, 이는 평판의 경우 유동방향의 평판길이이며, 실린더나 구의 경우는 직경 D이다. 평판 전체에 대한 **평균** 마찰계수는 다음과 같다.

층류: $$C_f = \frac{1.33}{\text{Re}_L^{1/2}} \qquad \text{Re}_L \lesssim 5 \times 10^5$$

난류: $$C_f = \frac{0.074}{\text{Re}_L^{1/5}} \qquad 5 \times 10^5 \lesssim \text{Re}_L \lesssim 10^7$$

공학적인 임계 Reynolds 수를 $\text{Re}_{cr} = 5 \times 10^5$로 정하고 그 전까지의 유동을 층류, 그 이후를 난류로 볼 때, 전체 평판에 대한 평균 마찰계수는 다음과 같다.

$$C_f = \frac{0.074}{\mathrm{Re}_L^{1/5}} - \frac{1742}{\mathrm{Re}_L} \qquad 5 \times 10^5 \lesssim \mathrm{Re}_L \lesssim 10^7$$

완전히 거친 난류영역에서 평균 마찰계수에 대한 실험식은 다음과 같다.

거친 표면: $$C_f = \left(1.89 - 1.62 \log \frac{\varepsilon}{L}\right)^{-2.5}$$

여기서 ε은 표면조도이고 L은 유동방향으로의 판 길이이다. 보다 더 좋은 식이 없다면 이 관계식이 $\mathrm{Re} > 10^6$, 특히 $\varepsilon/L > 10^{-4}$인 거친 표면의 난류유동에 대하여 사용될 수 있다.

일반적으로 표면조도는 난류유동에서 항력계수를 증가시킨다. 그러나 원형실린더나 구와 같은 뭉툭한 물체의 경우 표면조도의 증가는 항력계수를 **감소**시킬 수도 있다. 이러한 현상은 낮은 Reynolds 수에서 표면조도가 경계층을 난류로 유도하기 때문에 발생하며, 이는 물체 후방의 유체를 표면에 붙게 하여 후류의 크기를 줄이고, 따라서 압력항력이 상당히 줄게 된다.

익형은 최소한의 항력과 최대한의 양력을 발생시키는 것이 목적이다. 따라서 익형의 성능척도는 **양항력비**, C_L/C_D이다.

비행기의 최소 안전 비행속도는 다음과 같이 얻어진다.

$$V_{\min} = \sqrt{\frac{2W}{\rho C_{L,\max} A}}$$

주어진 무게에 대하여 양력계수와 날개면적의 곱 $C_{L,\max}A$를 최대화함으로 착륙속도, 혹은 이륙속도를 최소화 할 수 있다.

비행기 날개나 유한한 크기를 갖는 익형의 경우 아랫면과 윗면의 압력차에 의하여 유체는 날개 끝에서 위로 흐르게 된다. 그 결과 선회하는 에디가 나타나는데 **이를 날개끝 와류(tip vortex)**라고 한다. 날개끝 와류는 자유흐름과 상호작용하면서 날개 끝에 유동방향을 포함한 모든 방향으로 힘을 가한다. 이 힘 중에서 유동방향으로 작용하는 힘은 항력에 더해지는데 이를 **유도항력(induced drag)**이라 한다. 따라서 날개의 총 항력은 유도항력(3차원 효과)과 익형 면에 작용하는 항력(2차원 효과)의 합이 된다.

참고문헌과 권장도서 — REFERENCES AND SUGGESTED READING

1. I. H. Abbott. "The Drag of Two Streamline Bodies as Affected by Protuberances and Appendages," *NACA Report* 451, 1932.
2. I. H. Abbott and A. E. von Doenhoff. *Theory of Wing Sections, Including a Summary of Airfoil Data*. New York: Dover, 1959.
3. I. H. Abbott, A. E. von Doenhoff, and L. S. Stivers. "Summary of Airfoil Data," *NACA Report* 824, Langley Field, VA, 1945.
4. J. D. Anderson. *Fundamentals of Aerodynamics*, 2nd ed. New York: McGraw-Hill, 1991.
5. R. D. Blevins. *Applied Fluid Dynamics Handbook*. New York: Van Nostrand Reinhold, 1984.
6. S. W. Churchill and M. Bernstein. "A Correlating Equation for Forced Convection from Gases and Liquids to a Circular Cylinder in Cross Flow," *Journal of Heat Transfer* 99, pp. 300-306, 1977.
7. S. Goldstein. *Modern Developments in Fluid Dynamics*. London: Oxford Press, 1938.
8. J. Happel and H. Brenner. *Low Reynolds Number Hydrodynamics with Special Applications to Particulate Media*. Norwell, MA: Kluwer Academic Publishers, 1983.
9. S. F. Hoerner. *Fluid-Dynamic Drag*. [Published by the author.] Library of Congress No. 64, 1966.
10. J. D. Holmes. *Wind Loading of Structures*. London: Spon Press (Taylor and Francis), 2001.
11. G. M. Homsy, H. Aref, K. S. Breuer, S. Hochgreb, J. R. Koseff, B. R. Munson, K. G. Powell, C. R. Roberston, S. T. Thoroddsen. *Multi-Media Fluid Mechanics* (CD). Cambridge University Press, 2000.
12. W. H. Hucho. *Aerodynamics of Road Vehicles*. London: Butterworth-Heinemann, 1987.
13. H. Schlichting. *Boundary Layer Theory*, 7th ed. New York: McGraw-Hill, 1979.
14. M. Van Dyke. *An Album of Fluid Motion*. Stanford, CA: The Parabolic Press, 1982.
15. J. Vogel. *Life in Moving Fluids*, 2nd ed. Boston:Willard Grand Press, 1994.
16. F. M. White. *Fluid Mechanics*, 5th ed. New York: McGraw-Hill, 2003.

연습문제* PROBLEMS

항력, 양력, 및 항력계수

10-1C 어떤 외부유동이 언제 2차원, 3차원, 축대칭인지에 대하여 설명하라. 자동차 주위의 공기유동은 어떤 형식의 유동인가?

10-2C 상류속도와 자유 유동속도의 차이점은 무엇인가? 어떤 종류의 유동에서 이 두 속도가 서로 같아지는가?

10-3C 유선형과 뭉툭한 물체의 차이점은 무엇인가? 테니스공은 유선형 물체인가 혹은 뭉툭한 물체인가?

10-4C 큰 항력이 요구되는 응용분야에는 어떤 것들이 있는가?

10-5C 항력이란 무엇인가? 무엇이 항력을 발생시키는가? 왜 일반적으로 그것을 최소화하려고 노력하는가?

10-6C 양력이란 무엇인가? 무엇이 양력을 발생시키는가? 벽면 전단이 양력에 기여하는가?

10-7C 어떤 물체 주위의 유동에서 항력, 상류속도, 그리고 유체의 밀도가 측정된다. 항력을 어떻게 구할 것인지 설명하라. 계산을 할 때에 면적은 어떤 것을 사용할 것인가?

10-8C 날개와 같이 홀쭉한 물체 주위의 유동에서 양력, 상류속도, 그리고 유체의 밀도가 측정된다. 양력을 어떻게 구할 것인지 설명하라. 계산을 할 때에 면적은 어떤 것을 사용할 것인가?

10-9C 외부유동에서 물체의 정면도면적을 정의하라. 항력과 양력을 계산할 때에 정면도면적을 사용하는 것이 적합한 경우는 어느 경우인가?

10-10C 외부유동에서 물체의 평면도면적을 정의하라. 항력과 양력을 계산할 때에 평면도면적을 사용하는 것이 적합한 경우는 어느 경우인가?

10-11C 종단속도란 무엇인가? 이것은 어떻게 정의되는가?

10-12C 표면 마찰항력과 압력항력은 어떻게 다른가? 익형처럼 홀쭉한 물체에는 일반적으로 어떤 것이 더 큰가?

10-13C 층류와 난류유동에서 표면조도는 마찰항력에 어떤 영향을 미치는가?

10-14C 일반적으로 (a) 낮거나 보통의 Reynolds 수와 (b) 높은 Reynolds 수(Re > 10^4)에서 항력계수는 어떻게 변하는가?

10-15C 물체를 보다 유선형으로 만들기 위하여 유선형 덮개(fairings)가 원통형 물체의 앞뒤에 부착되어 있다. 이러한 변화가 (a) 마찰항력, (b) 압력항력, 그리고 (c) 총 항력에 어떤 영향을 미치는가? 두 경우 모두 Reynolds 수는 충분히 높고 유동은 난류로 가정한다.

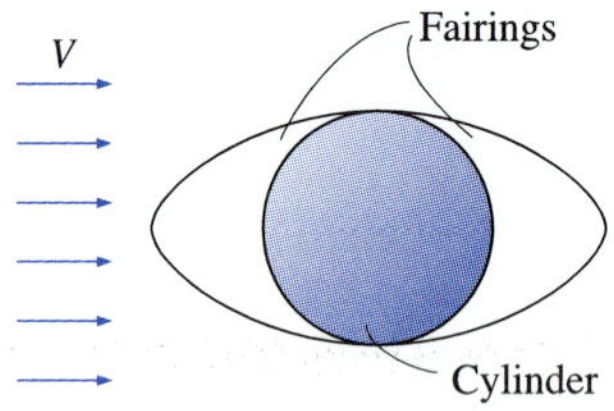

그림 P10-15C

10-16C 유선형화가 (a) 마찰항력과 (b) 압력항력에 어떤 영향을 미치는가? 물체에 작용하는 총 항력은 유선형화에 의하여 반드시 감소하는가? 설명하라.

10-17C 유동 박리란 무엇인가? 무엇이 그것을 발생시키는가? 유동박리는 항력계수에 어떤 영향을 미치는가?

10-18C 드래프팅(drafting)이란 무엇인가? 드래프팅이 따라가는(drafted) 물체의 항력계수에 어떤 영향을 미치는가?

10-19C 어떤 자동차가 더 연비가 좋을 것 같은가: 각진 모서리를 가지는 자동차, 혹은 타원형의 자동차? 왜 그런가?

10-20C 어떤 사이클 선수가 더 빠르게 갈 것 같은가: 머리와 몸을 최대한 똑바로 유지하는 선수, 혹은 몸을 무릎 가까이 낮게 숙이는 선수? 왜 그런가?

10-21 1 atm, 25°C, 그리고 90 km/h의 설계조건에서 자동차의 항력계수가 큰 풍동을 사용한 실물크기의 테스트에서 얻어진다. 자동차의 높이와 폭은 각각 1.4 m와 1.65 m이다. 만약 자동차에 작용하는 수평방향 힘이 300 N일 때, 자동차의 총 항력계수를 구하라.

답: 0.35

10-22 자동차가 80 km/h의 일정한 속도로 달리고 있다. (a) 공기가 움직이지 않을 경우, (b) 자동차의 이동과 반대방향으로 30 km/h의 바람이 불 경우, 그리고 (c) 자동차의 이동과 같은 방향으로 50 km/h의 바람이 부는 세 경우에 대하여 유체의 유동분석에 사용될 상류속도를 구하라.

10-23 물체에 작용하는 압력힘과 벽면 전단력의 결과로써 유동방향의 35° 방향으로 700 N의 힘이 측정되고 있다. 물체에 작용하는 항력과 양력을 구하라.

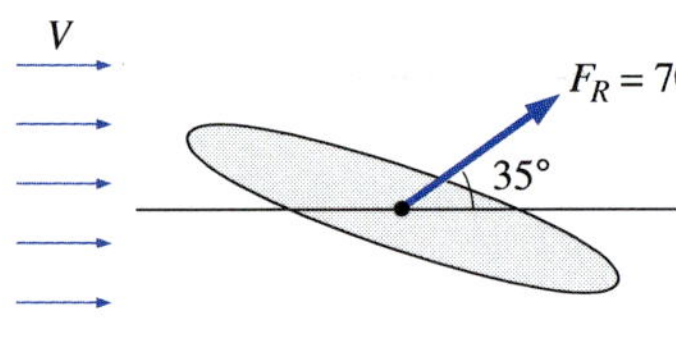

그림 P10-23

10-24 높은 Reynolds 수 실험에서, 1 atm, 5°C의 공기유동 내부에서 직경 D = 12 cm인 구형 물체에 작용하는 총 항력이 5.2 N으로 측정되었다. 물체에 작용하는 압력항력은 압력분포(표면 전

---

* "C"로 표시된 문제는 개념 문제이고, 학생들은 모든 문제에 답하도록 권장된다. "E"로 표시된 문제는 영미 단위로서, SI 사용자는 그것을 무시해도 좋다. 아이콘으로 표시된 문제는 EES를 이용하여 푸는 문제로서, 매개변수 연구와 함께 완전한 풀이가 동봉된 DVD에 수록되어 있다. 아이콘으로 표시된 문제는 본질상 종합적인 문제로서 컴퓨터로, 가급적 본 교재에 동반된 EES 소프트웨어를 이용해, 풀도록 의도된 것이다.

체에 있는 압력센서에 의하여 측정된)를 적분함으로써 4.9 N으로 계산된다. 구의 마찰항력계수를 구하라.

답: 0.0115

10-25E 항력을 감소시키고 따라서 연비를 증가시키기 위하여 자동차 정면도면적은 감소되어야 한다. 정면도면적을 18 ft^2에서 15 ft^2로 감소시킨 결과, 연간 절약되는 연료의 양과 비용을 구하라. 자동차는 평균 55 mi/h의 속도로 연간 12,000 마일을 운행한다고 가정하라. 가솔린의 밀도와 가격을 각각 50 lbm/ft^3과 $2.20 /gal이라고 하자; 이때 공기의 밀도는 0.075 lbm/ft^3, 가솔린의 열용량은 20,000 Btu/lbm; 그리고 엔진의 전효율은 32%이다.

10-26E 문제 10-25를 다시 생각하여 보자. EES(혹은 다른) 소프트웨어를 사용하여 정면도면적이 자동차의 연간 연료소비에 미치는 영향에 대하여 조사하라. 정면도면적은 10 ft^2에서 30 ft^2로 2 ft^2씩 변한다고 하자. 결과를 표로 만들고 그래프에 나타내어라.

10-27 직경 50 cm인 원형 표지판이 10°C, 100 kPa의 조건에서 150 km/h 수직방향으로 불어오는 바람의 영향을 받는다. 표지판에 작용하는 항력을 구하라. 또한 기둥의 높이가 지면에서부터 표지판의 하부까지 0.5 m일 때 바닥에서의 굽힘 모멘트를 구하라. 이때 기둥에 걸리는 항력은 무시하라.

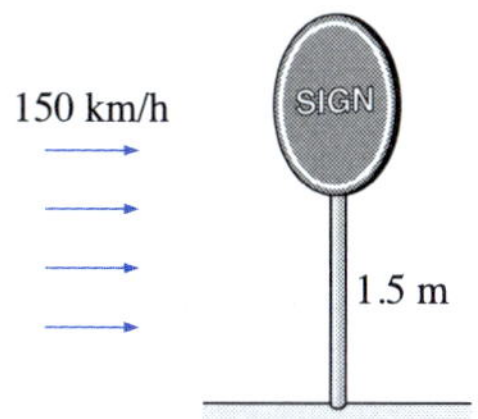

그림 P10-27

10-28E 많은 광고판들이 심한 바람에 쓰러지는 것이 증명해주듯, 바람의 하중은 광고판을 지지하는 기계장치의 설계에 있어서 주된 고려 대상이다. 대기조건이 14.3 psia, 40°F일 때, 수직방향으로 90 mi/h의 속도의 바람에 의하여 높이 8 ft, 너비 20 ft의 광고판에 작용하는 바람의 힘을 구하라.

답: 6684 lbf

10-29 택시의 광고 표지판은 일반적으로 부수입의 목적으로 달고 있지만, 연료소비도 증가시킨다. 택시 위에 고정되어 있는 높이 0.3 m, 너비 0.9 m 그리고 길이 0.9 m인, 네 측면 모두에서 정면도면적이 0.3 m × 0.9 m인 직육면체 표지판을 고려하자. 이 표지판에 의하여 생기는 택시의 연간 연료 비용증가를 구하라. 택시는 평균 50 km/h의 속도로 연간 60,000 km를 달리고 엔진의 전체효율은 28%라고 가정하라. 가솔린의 밀도, 단위 가격, 그리고 열용량은 각각 0.75 kg/L, $0.50/L 그리고 42,000 kJ/kg로 하고, 공기의 밀도는 1.25 kg/m3이다.

그림 P10-29

10-30 레저용 차량(RV) 위에 길이 2 m, 직경 0.5 m의 원통형 탱크를 설치함으로써 물 수요를 충족시키려 한다. 탱크의 둥근 면이 RV의 (a) 앞뒤, (b) 옆을 향하도록 설치될 때, 속도 95 km/h인 RV에 추가적으로 필요한 동력을 구하라. 대기조건은 87 kPa, 20°C로 가정하라.

답: (a) 1.67 kW, (b) 7.55 kW

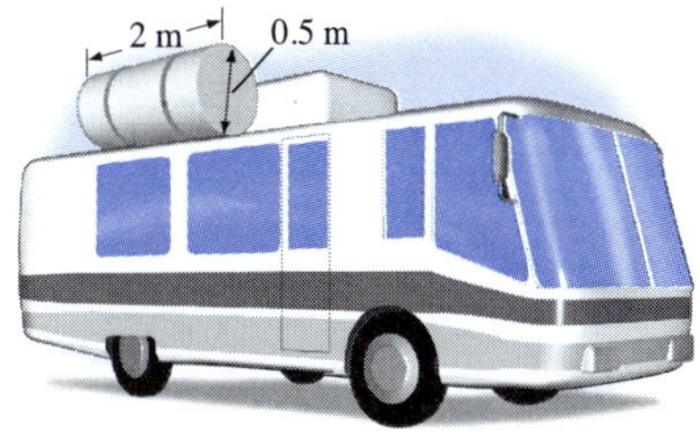

그림 P10-30

10-31E 고속도로 상에서 자동차의 엔진에 의하여 제공되는 동력의 약 절반이 공기역학적 항력을 극복하는데 쓰이고, 따라서 연료소비는 평탄한 길에서의 항력에 거의 비례한다. 보통 55 mi/h의 속도로 운전하는 사람이 지금 75 mi/h의 속도로 운전하기 시작할 때, 단위 시간 당 자동차의 연료소비 증가율을 구하라.

10-32 밀도가 1150 kg/m^3인 직경 4 mm의 플라스틱 구가 20°C의 물속으로 떨어진다. 물속에서 구의 종단속도를 구하라.

10-33 큰 폭풍 가운데 탁 트인 공간에 있는 RV 같이 높이가 높은 차량과 대형 화물차는 길 밖으로 전복되며 박스카(box car)는 선로에서 이탈될 수 있다. 길이 8 m, 높이 2 m, 그리고 너비 2 m인 5000 kg 대형 화물차를 생각하자. 트럭의 밑면과 지면간의 거리는 0.75 m이다. 지금 트럭의 옆면이 바람에 노출될 때, 트럭이 옆으로 쓰러질 수 있는 바람의 속도를 구하라. 공기의 밀도는 1.1 kg/m^3으로 하고 트럭의 무게는 균일하게 분포되어 있다고 가정하라.

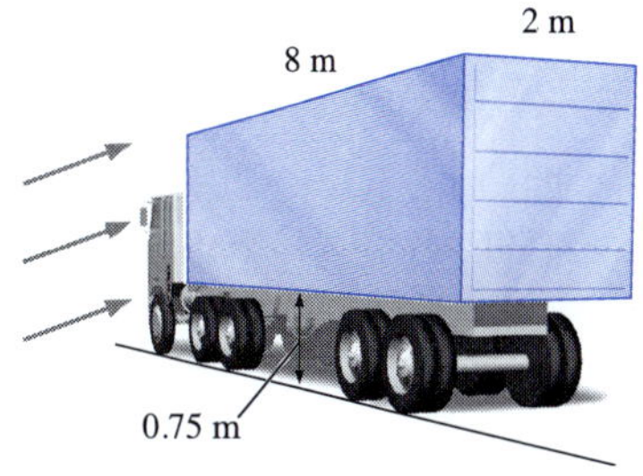

그림 P10-33

10-34 체중이 80 kg인 사람이 15 kg의 자전거를 페달이나 브레이크를 사용하지 않고 경사 12°의 내리막길을 내려가고 있다. 자전거를 타는 사람의 정면도면적은 0.45 m^2이고 똑바른 자세일 때

의 항력계수는 1.1, 경주 자세일 때의 항력계수는 0.9이다. 구름저항과 베어링의 마찰을 무시하고 두 자세에서의 자전거를 타는 사람의 종단속도를 구하라. 공기의 밀도는 1.25 kg/m^{3}을 사용하라.

답: 90 km/h, 106 km/h

10-35 둘 혹은 네 개의 속이 빈 반구형 컵으로 구성되어 축에 연결된 풍력 터빈이 종종 풍속을 측정하는데 사용된다. 그림 P10-35에서 보인 것처럼 직경이 8 cm이고 컵 사이의 거리가 25 cm인 두 개의 컵으로 구성된 풍력 터빈을 고려하라. 기계적 결함으로 인하여 축이 고정되고 컵들이 회전을 멈추었다. 풍속 15 m/s이고 공기의 밀도가 1.25 kg/m^{3}일 때, 이 터빈 회전 중심점에서 나타나는 최대 토크를 구하라.

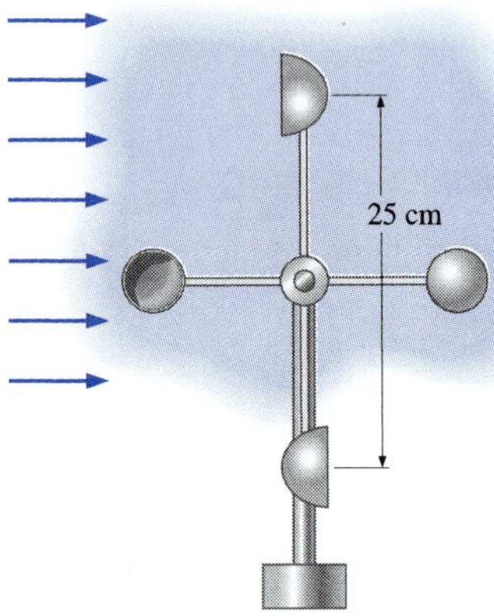

그림 P10-35

10-36 문제 10-35를 다시 생각해 보자. EES(혹은 다른) 소프트웨어를 사용하여 풍속이 회전 중심점에서 걸리는 토크에 미치는 영향을 조사하라. 풍속은 0에서 50 m/s까지 증분 5 m/s로 변하게 하라. 결과를 표로 만들고 그래프에 나타내어라.

10-37E 물속에 완전히 잠긴 직경 5 ft의 구형 탱크가 배에 의하여 12 ft/s의 속도로 끌려가고 있다. 난류유동을 가정할 때, 필요한 동력을 구하라.

10-38 평지 위에서 자동차가 정속으로 달릴 때 바퀴에 전달되는 동력은 공기역학적 항력과 구름 저항(구름 저항 계수와 자동차 무게의 곱)을 극복하기 위해 사용되는데, 이때 바퀴 베어링의 마찰은 무시할 수 있다고 가정한다. 총 질량이 950 kg, 항력계수 0.32, 정면도면적 1.8 m^2, 그리고 구름저항계수는 0.04인 자동차를 생각하자. 엔진이 바퀴에 전달할 수 있는 최대 동력은 80 kW이다. 자동차의 (a) 구름저항이 공기역학적 항력과 같을 때의 속도, (b) 최대 속도를 구하라. 공기의 밀도는 1.20 kg/m^{3}으로 계산하라.

10-39 문제 10-38을 다시 생각하자. EES(혹은 다른) 소프트웨어를 사용하여 자동차의 속도가 (a) 구름저항, (b) 공기역학적 항력, 그리고 (c) 그들이 합쳐진 효과를 극복하기 위해서 필요한 동력에 미치는 영향을 조사하라. 자동차의 속력은 0에서 150 km/h까지 15 km/h씩 변하도록 하라. 결과를 표로 만들고 그래프에 나타내어라.

10-40 어떤 잠수함이 직경 5 m, 길이 25 m인 타원형 물체로 취급될 수 있다고 하자. 이 잠수함이 밀도 1025 kg/m^{3}인 바닷물에서 40 km/h의 속도로 수평, 그리고 정속으로 움직이기 위하여 필요한 동력을 구하라. 또한 이 잠수함을 밀도 1.30 kg/m^{3}인 공기 중에서 끌기 위하여 필요한 동력을 구하라. 두 경우에 대하여 유동은 모두 난류로 가정하라.

그림 P10-40

10-41 직경 0.80 m, 높이 1.2 m인 쓰레기통이 간밤의 강한 바람에 의하여 아침에 쓰러진 채로 발견되었다. 쓰레기 내부의 평균 밀도를 150 kg/m^{3}으로 가정하고 공기의 밀도는 1.25 kg/m^{3}을 사용하여 쓰레기통이 쓰러졌던 간밤에 분 바람의 속도를 추정하라. 쓰레기통의 항력계수는 0.7을 사용하라.

답: 135 km/h

10-42E 차량의 항력계수는 창문이 열려있거나 선루프가 열려 있을 때 증가한다. 어떤 스포츠카는 창문과 선루프가 닫혀 있을 때, 정면도면적이 18 ft^{2}이고 항력계수가 0.32이다. 선루프가 열려 있을 때는 항력계수가 0.41로 증가한다. 속도가 (a) 35 mi/h와 (b) 70 mi/h에서 선루프를 열었을 때 자동차의 추가적인 동력소비를 구하라. 공기의 밀도는 0.075 lbm/ft^{3}로 계산하라.

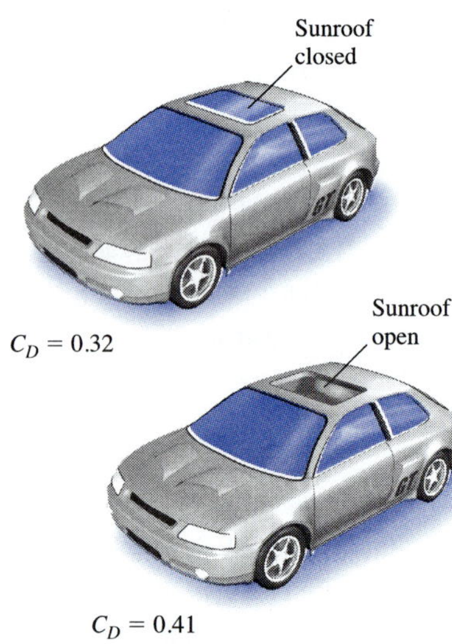

그림 P10-42E

평판 위의 유동

10-43C 유체의 어떤 상태량이 속도경계층의 발달에 원인이 되는가? 속도는 경계층의 두께에 어떠한 영향을 미치는가?

10-44C 평판 위의 유동에서 마찰계수는 무엇을 나타내는가? 이

것은 판에 작용하는 항력과 어떠한 관계가 있는가?

10-45C 평판 위의 층류유동을 생각하자. 위치에 따라 국소 마찰계수는 어떻게 변하는가?

10-46C 평판 위의 유동에서 평균마찰계수는 어떻게 구해지는가?

10-47E 75°F의 경유가 자유 유동속도 6 ft/s로 길이 15 ft의 평판 위를 흐른다. 평판의 단위면적 당 총 항력을 구하라.

10-48 콜로라도 덴버(고도 1610 m)의 대기압은 83.4 kPa이다. 이 압력에 온도가 25°C인 공기가 2.5 m × 8 m인 평판 위를 6 m/s의 속도로 흐르고 있다. 공기의 유동이 (a) 8 m인 방향, (b) 2.5 m인 방향에 평행할 때, 평판의 윗면에 작용하는 항력을 구하라.

10-49 겨울에 55 km/h, 5°C 그리고 1 atm의 바람이 높이 4 m, 길이 10 m인 집의 벽에 평행하게 불고 있다. 벽 표면은 매끄럽다고 가정하고, 벽에 걸리는 마찰항력을 구하라. 풍속이 두 배가 된다면 결과는 어떻게 변하는가? 측면 벽의 표면을 지나는 유동을 평판 위의 유동으로 취급해도 좋겠는가?

답: 16 N, 58 N

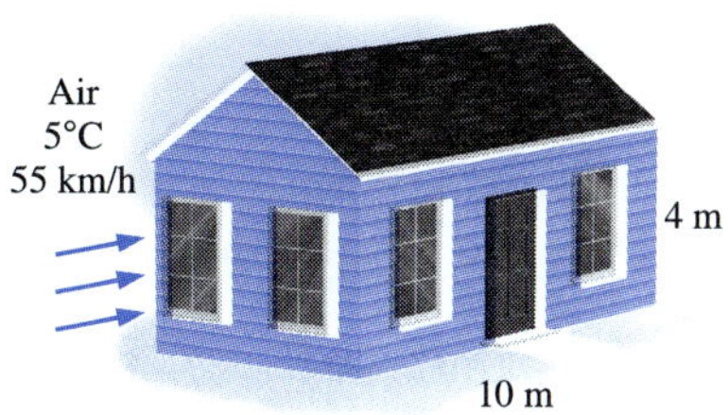

그림 P10-49

10-50E 70°F의 공기가 길이 10 ft의 평판 위를 25 ft/s의 속도로 지나고 있다. 증분을 1 ft로 하여 국소마찰계수의 변화를 구하고 그 결과를 시작점으로부터의 거리에 대하여 그래프로 나타내어라.

10-51 플라스틱 제조 기계의 제품 성형부에서 폭 1.2 m, 두께 2 mm의 플라스틱 박판을 속도 15 m/min으로 연속적으로 뽑아낸다. 박판의 이동방향에 수직한 상하 면으로 속도 3 m/s의 공기가 흐르고 있다. 공기 냉각부의 길이는 플라스틱 박판의 고정된 점이 2초 동안 지나가는 구간이다. 1기압, 60°C의 공기 상태량을 이용하여 공기의 유동방향으로 공기가 플라스틱 박판에 가하는 항력을 구하라.

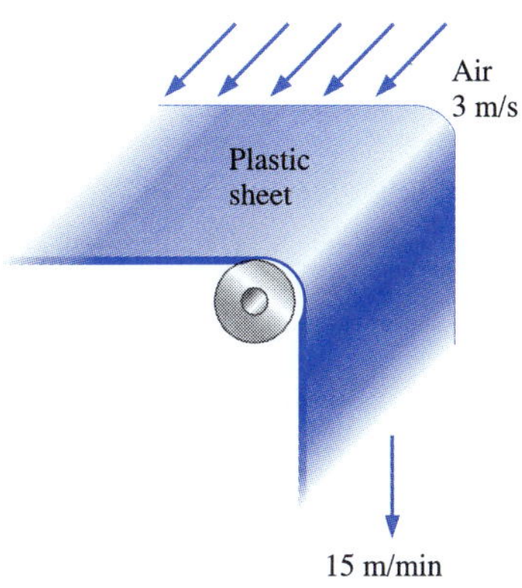

그림 P10-51

10-52 70 km/h의 속도로 움직이는 기차의 여객용 차량의 윗면은 폭 3.2 m, 길이 8 m이다. 바깥의 공기가 1 atm, 25°C일 때, 차량의 윗면에 작용하는 항력을 구하라.

그림 P10-52

10-53 그림 P10-53과 같이 50 cm × 50 cm의 얇은 평판의 무게가 질량 2 kg의 평형추에 의하여 균형이 잡혀 있다. 선풍기가 켜져 1 atm, 25°C의 공기가 자유 유동속도 10 m/s로 평판의 양쪽 면을 지나 아래 방향으로 흐른다. 이 경우에 평판의 균형을 잡기 위해 추가되어야 할 평형추의 질량을 구하라.

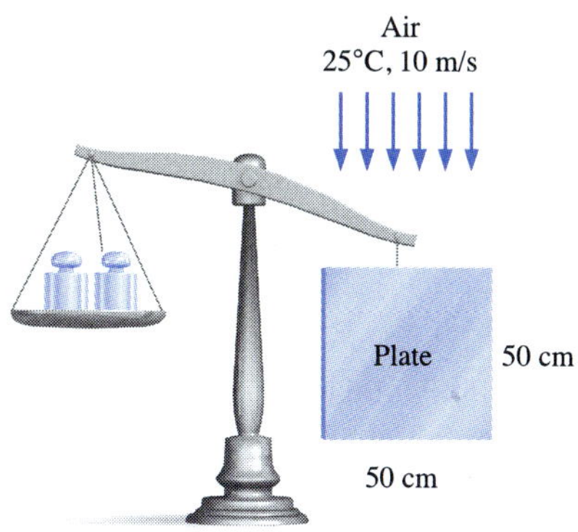

그림 P10-53

10-54 평판 위를 지나는 유체의 층류유동을 생각하자. 유체의 자유 유동속도가 두 배가 될 때 평판에 걸리는 항력의 변화를 구하라. 유동은 층류로 유지된다고 가정하라.

답: 2.83배 증가한다.

10-55E 공기가 1 atm, 80°F인 지역에서 65 mi/h로 달리고 있는 냉동트럭을 생각하자. 트럭의 냉동칸을 폭 9 ft, 높이 8 ft, 그리고 길이 20 ft인 직육면체의 박스로 생각할 수 있다. 모든 바깥면의 공기유동은 난류이고 부착되어(유동박리가 없다) 있다고 가정하고, 윗면과 옆면에 작용하는 항력과 이 항력을 극복하기 위하여 필요한 동력을 구하라.

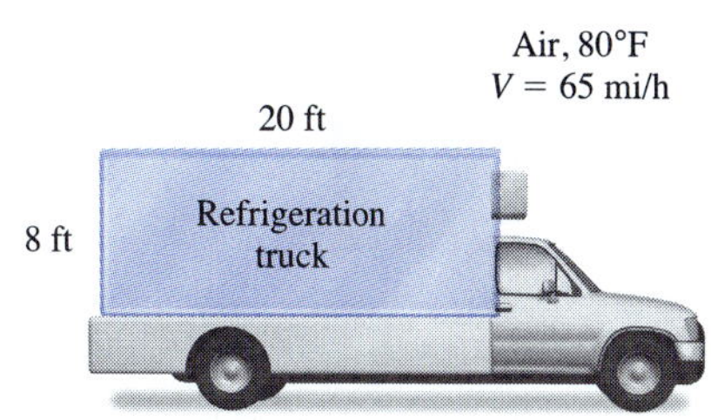

그림 P10-55E

10-56E 문제 10-55E를 다시 생각하자. EES(혹은 다른) 소프트웨어를 이용하여 트럭의 속도가 윗면과 옆면에 걸리는 총 항력과 그것을 극복하는데 필요한 동력에 미치는 영향을 조사하라. 트럭의 속도를 0에서 100 mi/h까지 10 mi/h씩 변화시키자. 결과를 표에 나타내고 그래프를 그려라.

10-57 25°C, 1 atm의 공기가 8 m/s의 속도로 긴 평판 위를 지나고 있다. 판의 시작점부터 유동이 난류가 되는 지점까지의 거리, 그리고 그 지점에서의 경계층 두께를 구하라.

10-58 물의 경우에 대하여 문제 10-57을 다시 풀어라.

실린더와 구를 지나는 유동

10-59C 실린더를 지나는 유동에서 유동이 난류가 될 때, 왜 항력계수가 갑자기 떨어지는가? 난류는 항력계수를 감소시키기보다는 증가시킨다고 생각되지 않는가?

10-60C 실린더와 같이 뭉툭한 물체를 지나는 유동에서 압력항력은 마찰항력과 어떻게 다른가?

10-61C 실린더 주위를 지나는 유동의 경우 난류유동에서는 왜 유동박리가 지연되는가?

10-62E 외경 1.2 in의 파이프가 물에 완전히 잠긴 채로 폭 105 ft의 강을 가로질러 뻗어있다. 물의 평균 유속은 10 ft/s이고 수온은 70°F이다. 강물의 흐름에 의하여 파이프에 걸리는 항력을 구하라.

답: 1120 lbf

10-63 직경 8 cm의 긴 증기 파이프가 바람이 부는 어떤 구역에 노출되어 있다. 공기가 1 atm, 5°C이고 바람이 50 km/h의 속도로 파이프를 가로질러서 불고 있을 때, 단위 길이 당 파이프에 걸리는 항력을 구하라.

10-64E 어떤 사람이 자연을 가깝게 느끼기 위하여 1 atm, 60°F, 그리고 20 mi/h의 바람이 부는 바깥에서 옷으로 뒤덮이지 않은 팔을 펼치고 있다. 팔을 길이 2 ft, 직경 3 in인 원통으로 취급하고 양팔에 걸리는 항력을 구하라.

답: 1.02 lbf

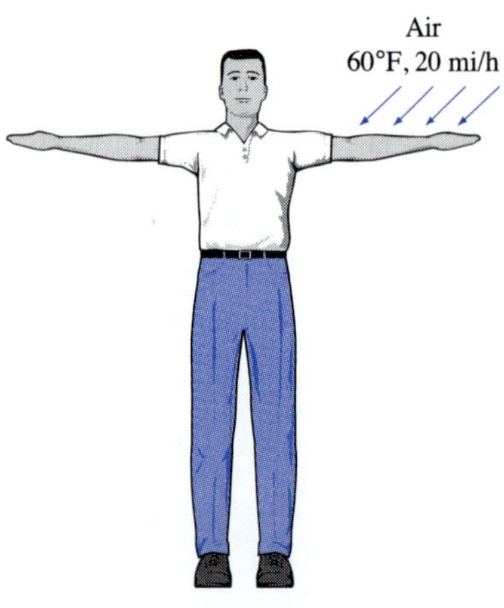

그림 P10-64E

10-65 직경 6mm인 송전선이 바람이 부는 공기 중에 노출되어 있다. 공기가 1 atm, 15°C이고 바람이 전송선을 가로질러 40 km/h의 속도로 부는 날에 길이가 120 m인 전송선에 작용하는 항력을 구하라.

10-66 1 atm, 5°C인 대기에서 자유낙하하는 직경 0.8 cm의 우박을 생각하자. 우박의 종단속도를 구하라. 우박의 밀도는 910 kg/m3로 간주한다.

10-67 밀도가 2.1 g/cm^{3}이고 직경 0.1 mm인 먼지 입자가 1 atm, 25°C인 공기 중의 고정된 위치에서 떠 있는 것이 관찰되었다. 이 지점에서 공기의 상승속도를 추정하라. Stokes 법칙이 적용가능하다고 가정하라. 이 가정은 유효한가?

답: 0.62 m/s

10-68 직경 0.05 mm, 밀도 1.8 g/cm^{3}인 먼지 입자가 강한 바람이 부는 동안 움직여 바람이 멈출 때 높이 350 m까지 상승했다고 하자. 먼지 입자가 1 atm, 15°C인 정지되어 있는 공기 중에서 다시 바닥으로 떨어지는데 얼마나 오래 걸리는가? 먼지 입자가 종단속도까지 가속되는데 걸린 초기의 천이구간은 무시하고 Stokes 법칙이 적용가능 하다고 가정한다.

10-69 길이 2 m, 직경 0.2 m인 원통형의 소나무 원목(밀도 = 513 kg/m^3)이 수평으로 기중기에 매달려 있다. 원목은 5°C, 88 kPa인 수직방향으로 불어오는 40 km/h의 바람의 영향을 받는다. 케이블의 무게와 항력을 무시하고 케이블이 수평방향과 이루는 각도 θ와 케이블에 걸리는 장력을 구하라.

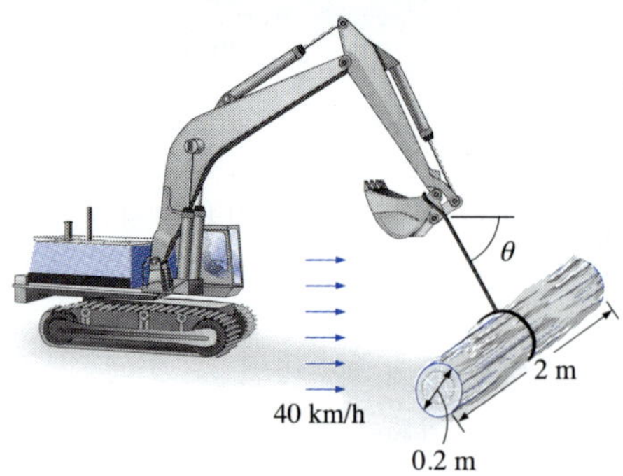

그림 P10-69

10-70 과학 박물관에서 가장 인기 있는 전시물 중의 하나는 위를 향하는 공기 제트에 의하여 떠 있는 탁구공이다. 아이들은 손

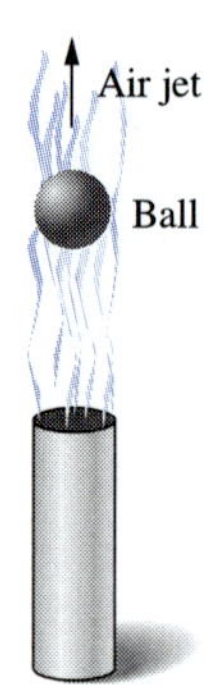

그림 P10-70

가락으로 제트의 옆쪽으로 탁구공을 밀었을 때 항상 가운데로 다시 돌아오는 공을 보며 즐거워한다. 이 현상을 Bernoulli 방정식을 사용하여 설명하라. 또한 공이 질량 2.6 g, 직경 3.8 cm일 때 공기의 속도를 구하라. 공기는 1 atm, 25℃로 가정하라.

양력

10-71C 왜 일반적으로 점성이 익형의 양력에 미치는 영향을 무시할 수 있는가?

10-72C 공기가 영각이 영인 대칭형 익형 주위를 흐르고 있다. 익형에 작용하는 (a) 양력과 (b) 항력은 영인가, 혹은 영이 아닌가?

10-73C 공기가 영각이 영인 비대칭형 익형 주위를 흐르고 있다. 익형에 작용하는 (a) 양력과 (b) 항력은 영인가, 혹은 영이 아닌가?

10-74C 공기가 영각이 15°인 대칭형 익형 주위를 흐르고 있다. 익형에 작용하는 (a) 양력과 (b) 항력은 영인가, 혹은 영이 아닌가?

10-75C 실속이란 무엇인가? 무엇이 익형의 실속을 발생시키는가? 왜 상용기는 실속에 가까운 조건으로 운행되는 것이 허가되지 않는가?

10-76C 익형의 양력과 항력은 모두 영각이 증가함에 따라 커진다. 일반적으로 양력과 항력 중에 어떤 것이 더 높은 비율로 증가하는가?

10-77C 왜 큰 항공기가 이착륙할 때 날개의 앞전과 뒷전에 플랩이 사용되는가? 항공기는 플랩 없이 이착륙이 가능한가?

10-78C 플랩은 날개의 양력과 항력에 어떠한 영향을 미치는가?

10-79C 날개끝 와류(날개의 아랫부분에서 윗부분으로의 공기 순환)는 항력과 양력에 어떠한 영향을 미치는가?

10-80C 날개에 작용하는 유도항력은 무엇인가? 길고 좁은 날개나, 혹은 짧고 넓은 날개를 사용하여 유도항력을 최소화 할 수 있는가?

10-81C 일부 비행기 날개에 끝판(endplates)이나 윙렛(winglets)이 부착되는 이유를 설명하시오.

10-82E 총 질량이 150,000 lbm이고 날개의 평면도 면적이 1800 ft^2인 어떤 상용기가 공기 밀도가 0.0208 lbm/ft^3인 고도 38,000 ft에서 550 mi/h로 순항하고 있다. 이 비행기에는 순항시에는 모두 접혀지나 이착륙시에는 펼쳐지는 이중 슬롯 플랩(double-slotted flaps)이 장착되어 있다. 날개의 양력 및 항력 특성이 NACA 23012의 경우와 비슷하다고 가정할 때, (a) 플랩을 펼치지 않았을 때 최소 안전 이착륙 속도, (b) 순항고도에서 순항할 때 영각, (c) 항력을 극복하기에 충분한 추력을 발생시키는 동력을 계산하시오. 이때 지상에서의 공기 밀도는 0.075 lbm/ft^3로 가정하라.

10-83 짐을 가득 실었을 때 190 km/h로 이륙하는 비행기를 생각하자. 과적재로 인하여 비행기의 무게가 20% 증가했을 때, 이 과적재된 비행기가 이륙하기 위한 속도를 구하라.

답: 208 km/h

10-84E 비행기가 일정속도로 일정고도 10,000 ft에서 비행할 때, 5 gal/min의 연료를 소비하고 있다. 항력계수와 엔진 효율은 동일하다고 가정하고 고도 30,000 ft의 고도를 같은 속도로 비행할 때의 연료 소비율을 구하라.

10-85 400명이 넘는 승객을 가득 실은 질량이 약 400,000 kg인 점보제트 비행기의 이륙속도는 250 km/h이다. 비행기에 100개의 빈자리가 있을 때의 이륙속도를 구하라. 여행용 가방을 포함한 각 승객의 무게는 140 kg이고 날개와 플랩의 설정은 동일하게 유지된다고 가정하라.

답: 246 km/h

10-86 EES 문제 10-85을 다시 생각하자. EES(혹은 다른) 소프트웨어를 이용하여 승객의 수가 비행기의 이륙속도에 미치는 영향을 조사하라. 승객의 수를 0에서 500명까지 50명씩 증가한다고 하자. 결과를 표에 나타내고 그래프를 그려라.

10-87 어떤 작은 비행기의 날개면적이 30 m^2, 양력계수가 0.45, 그리고 총 질량은 2800 kg이다. (a) 표준 대기 조건의 해수면 높이에서 이 비행기의 이륙속도, (b) 날개하중, 그리고 (c) 비행항력계수가 0.035일 때, 비행 속도가 300 km/h로 유지되기 위하여 필요한 동력을 구하라.

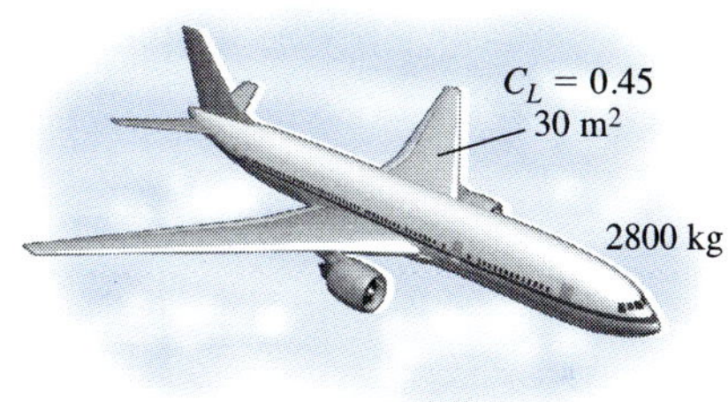

그림 P10-87

10-88 어떤 작은 비행기의 총 질량이 1800 kg이고 날개면적이 42 m^2이다. 4000 m 고도에서 일정 속도 280 km/h로 비행하고 이때 190 kW의 동력을 발생될 때, 이 비행기의 양력계수과 항력계수를 구하라.

10-89 그림 10-43에 있는 NACA 64(1)-412 익형은 영각이 0°일 때 50의 양항비를 갖는다. 영각이 몇 도일 때 양항비가 80으로 증가하는가?

10-90 총 무게가 15,000 N 이고 날개 면적이 46 m^2, 그리고 형상이 NACA 23012 익형과 닮은 플랩이 없는 날개가 장착된 경비행기를 생각하자. 그림 10-45의 자료를 이용하여 해수면에서의 영각이 5°일 때의 이륙속도를 구하라. 또한 실속속도를 구하라.

답: 94 km/h, 67.4 km/h

10-91 어떤 비행기의 질량이 50,000 kg, 날개면적은 300 m^2이고, 고도 12,000 m에서의 최대 양력계수는 3.2, 그리고 비행 중 항력계수는 0.3이다. (a) 실속 속도보다 20% 크다고 가정했을 때의 해수면에서의 이륙속도, 그리고 (b) 700 km/h의 비행속도를 얻기 위해서 엔진이 공급해야 하는 추력을 구하라.

복습 문제

10-92 상류속도가 3 m/s이고 1 atm, 20℃인 (a) 공기, (b) 물, 그리고 (c) 엔진오일이 길이 2.5 m의 평판 위를 지나는 동안에 나타나는 경계층 두께 변화를 평판 길이 증분 25 cm에 대하여 계산하고 그래프에 나타내어라.

10-93 외경 1 m인 구형 탱크가 1 atm, 25℃인 야외에 위치하여 35 km/h의 바람의 영향을 받는다. 바람에 의하여 탱크에 작용하는 항력을 구하라.

답: 3.5 N

10-94 그림 P10-98에 나타나 있듯이 높이 2 m, 폭 4 m인 직사각형 광고 표지판이 두개의 직경 5 cm, 길이 4 m(노출된 부분)인 원봉에 의하여 폭 4 m, 높이 0.15 m인 직사각형 콘크리트 블록(밀도 = 2300 kg/m^3)에 고정되어있다. 표지판이 임의의 방향에서 불어오는 150 km/h의 바람을 이겨낼 수 있어야 할 때, (a) 표지판에 걸리는 최대 항력, (b) 원봉에 걸리는 항력, 그리고 (c) 표지판이 바람에 저항하기 위한 콘크리트 블록의 최소길이 L을 구하라. 공기의 밀도는 1.30 kg/m^{3}을 사용하라.

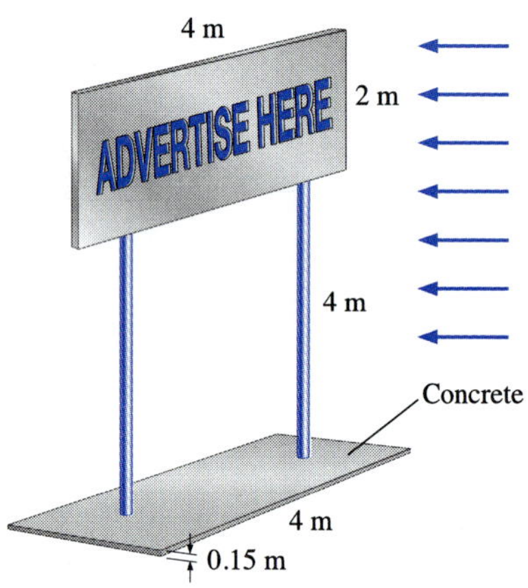

그림 P10-94

10-95 밑면을 폭 1.5 m, 길이 2 m인 평판으로 가정할 수 있는 플라스틱 배가 15℃의 수면 위를 30 km/h의 속도로 움직인다. 물에 의하여 배에 걸리는 마찰항력과 그것을 극복하기 위하여 필요한 동력을 구하라.

그림 P10-95

10-96 문제 10-95를 다시 생각하자. EES(혹은 다른) 소프트웨어를 이용하여 배의 속도가 배의 밑면에 작용하는 항력에 미치는 영향과 그것을 극복하기 위해서 필요한 동력을 조사하라. 배의 속도는 0에서 100 km/h까지 10 km/h씩 증가하도록 하자. 결과를 표에 나타내고 그래프를 그려라.

10-97 낙하산병과 직경 8 m인 낙하산의 총 무게는 950 N이다. 평균 공기밀도를 1.2 kg/m^{3}로 볼때 낙하산병의 종단속도를 구하라.

답: 4.9 m/s

그림 P10-97

10-98 17,000 kg의 견인 트레일러 장비가 정면도면적 9.2 m^2, 항력계수 0.96, 구름마찰계수 0.05(차량의 무게와 구름저항계수를 곱하면 구름저항이 얻어진다), 베어링 마찰저항 350 N을 가지며, 밀도가 1.25 kg/m^{3}인 정지한 대기에서 평지에서 정상운행을 하는 동안 최대속도 110 km/h를 갖는다고 하자. 박리를 방지하고 윗면의 유동을 유선형으로 만들기 위하여 유선형 덮개가 장비의 앞에 설치되고 이때 항력계수는 0.76으로 감소되었다. 덮개를 설치했을 때 장비의 최대속도를 구하라.

답: 133 km/h

10-99 Stokes 법칙은 유체 내부에 구형 물체를 떨어뜨리고 그 물체의 종단속도를 측정함으로서 유체의 점성을 결정하는데 사용될 수 있다. 종단속도는 시간에 대한 이동거리를 그래프로 나타내고 그 곡선이 선형임을 관찰함으로서 얻을 수 있다. 어떤 실험에서 직경 3 mm의 유리 공(ρ = 2500 kg/m^3)이 밀도가 875kg/m^{3}인 유체 속으로 떨어뜨렸을 때, 종단속도가 0.12 m/s로 측정되었다. 벽의 영향을 무시하고, 유체의 점성을 구하라.

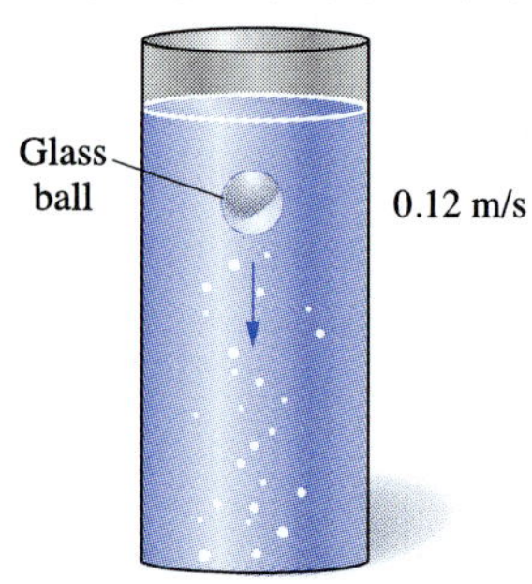

그림 P10-99

10-100 어떤 실험에서 직경이 각각 2 mm, 4 mm, 그리고 10 mm인 세 개의 알루미늄 공(ρ_s = 2600 kg/m^3)이 22°C의 글리세린(ρ_f = 1274 kg/m^3, 그리고 μ = 1 kg/m · s)으로 가득 찬 탱크 안으로 떨어지고 있다. 공의 종단속도는 각각 3.2, 12.8 그리고 60.4 mm/s로 측정되었다. 이 결과들을 매우 낮은 Reynolds 수(Re $\ll$ 1)에서 유효한 Stokes 법칙(항력 $F_D = 3\pi\mu DV$)을 사용하여 얻어진 속도들과 비교하라. 각각의 경우에 관련된 오차를 구하고 Stokes 법칙의 정확성을 평가하라.

10-101 문제 10-100을 $F_D = 3\pi\mu DV + (9\pi/16)\rho_s V^2 D^2$로 나타나는 Stokes 법칙의 일반적인 형태를 이용하여 다시 풀어라.

설계 및 논술 문제

10-102 자동차의 항력계수 감소의 역사에 대한 보고서를 작성하고, 자동차 제조업체에서 제공하는 자료를 이용하여 최신 몇몇 자동차 모델들에 대한 항력계수를 조사하라.

10-103 대형 상용기는 연료를 절약하기 위하여 높은 고도(약 40,000 ft까지)에서 비행한다. 높은 고도에서의 비행이 어떻게 항력을 감소하고 연료를 절약하는지 토의하라. 또한 왜 작은 비행기는 상대적으로 낮은 고도에서 비행하는지 토의하라.

10-104 많은 운전자들은 연료 절약을 기대하면서 차량 에어컨을 끄고 창문을 열곤 한다. 그러나 이 명백한 "공짜 냉방"은 실제로 자동차의 연료소비를 증가시킨다고 보고되고 있다. 이 문제를 조사하고 어떤 조건에서 어떤 습관이 휘발유를 절약하는데 도움이 되는지에 대한 보고서를 작성하라.

CHAPTER 11

개수로 유동

개수로 유동은 대기에 노출된 수로 내의 유동을 의미하지만, 액체가 도관을 완전히 채우지 않아서 자유표면이 있는 도관 내의 유동도 또한 개수로 유동이다. 개수로 유동은 단지 기체(주로 대기압 상태의 공기)에 노출된 액체(주로 물 또는 폐수)만이 관여한다.

파이프내의 유동은 중력 그리고/또는 압력 차이에 의해서 구동되는데 반하여 수로의 유동은 자연스럽게 중력에 의해 구동된다. 예로, 강에서 물의 유동은 상류와 하류의 고도 차이에 의해 흘러간다. 개수로의 유량은 중력과 마찰력의 동적 평형에 의해서 결정된다. 비정상 유동에서는 또한 흐르는 액체의 관성도 중요하게 된다. 자유표면은 수력구배선(HGL)과 일치하며 자유표면에서의 압력은 일정하다. 그러나 수로 바닥으로부터 자유표면의 높이와 이에 따른 수로의 유동단면의 모든 치수를 미리 알 수는 없으며, 이는 평균 유속에 따라 달라진다.

이 장에서는 일반적인 단면 형상을 갖는 수로의 정상 1차원 유동에 대해 개수로의 기본법칙과 이와 관련되는 상관관계를 소개한다. 자세한 내용은 이 주제로 쓰인 여러 책들에서 얻을 수 있으며, 이들 중 일부는 참고자료에 열거하였다.

목표

이 장을 공부하면 다음과 관련된 지식을 얻을 수 있다.

- 개수로 유동과 파이프 내부 가압 유동의 차이에 대한 이해
- 개수로 유동에서 여러 가지의 유동 영역과 그 특성
- 유동에서 수력도약의 발생여부 예측 및 수력도약 과정에서 소산되는 에너지 분율 계산
- 유동 특성인 와도를 통한 회전유동 및 비회전유동 영역에 대한 이해
- 수문과 위어를 이용한 개수로 유량 측정방법

자유표면을 갖는 어떠한 액체의 유동도 일종의 개수로 유동이다. 이 사진에서 Nicholson 강이 호주 북부를 굽이쳐 흐르고 있다.

ⓒ *Getty RF*

11-1 ■ 개수로 유동의 분류

그림 11-1
자연 및 인공 개수로 유동은 대기에 노출된 자유표면으로 특징지어진다.
ⓒ Vol. 16/PhotoDisc.

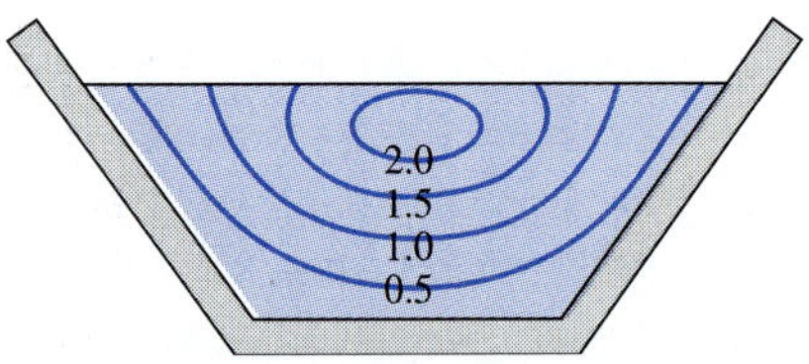

그림 11-2
사다리꼴 단면의 개수로에서 전형적인 축방향속도 등분포도. 평균속도에 대한 상대적인 값이다.

개수로 유동은 대기에 노출된 수로 내의 유동 또는 일부만 채워진 도관 내의 액체 유동을 의미하며, **자유표면**(그림 11-1)이라고 부르는 액체-기체 계면(interface)의 존재로 특징지어진다. 고속도로, 주차장과 지붕의 빗물 배수뿐만 아니라 시냇물, 강물과 홍수처럼 실제로 마주치는 대부분 자연의 유동은 개수로 유동이다. 인간이 만든 개수로 유동 시스템으로는 관개시스템, 하수관, 배수도랑 및 홈통 등이 포함되며, 이런 시스템의 설계가 공학적으로 중요한 응용분야이다.

개수로에서 유속은 점착조건 때문에 측면과 바닥면에서는 0이며, 그림 11-2에 보인 바와 같이 대칭 형상의 경우 자유표면의 중간 면에서, 일반적으로 자유표면 약간 아래에서 최대가 된다(수로가 좁을 때는 직선 수로에서도 발생하는 2차 유동 때문에, 최대 축방향 속도는 일반적으로 자유표면으로부터 깊이가 약 25% 이내인 지점에서 발생한다). 더욱이 대부분의 경우 유동 방향으로 유속도 변한다. 그러므로 개수로의 속도분포는(따라서 유동도) 대체적으로 3차원이다. 그러나 실제 공학 분야에서 방정식들은 수로 단면에서의 평균속도로 나타낸다. 평균속도는 단지 유동방향 거리 x에 따라서만 변하므로, V는 **1차원** 변수다. 이러한 1차원성은 중요한 현실적인 문제들을 수계산에 의한 간단한 방법으로 풀 수 있도록 하며, 이 장에서는 우리의 관심을 단지 1차원 평균유속을 갖는 유동만으로 한정한다. 그 단순성에도 불구하고 1차원 방정식들은 대단히 정확한 결과를 제공하며 실제로 널리 사용된다.

수로 벽면의 점착조건은 속도구배를 초래하며, 접수 표면(wetted surface)을 따라 벽면 전단응력 τ_w이 발달한다. 주어진 단면에서 벽면 전단응력은 접수둘레(wetted perimeter)를 따라 변하며 유동에 대한 저항을 가져온다. 이 저항의 크기는 벽면의 속도구배 뿐만 아니라 유체의 점성에도 의존하며, 이어서 표면조도에도 의존하게 된다.

개수로 유동은 또한 정상(steady)과 비정상(unsteady)으로도 분류될 수 있다. 주어진 위치에서 시간에 따라 변하지 않으면 유동은 **정상**이라고 한다. 개수로 유동에서 대표적인 값은 **유동깊이**(**flow depth**, 또는 그 대신에 평균속도)이며, 이는 수로를 따라서 변할 수 있다. 만약 수로에서 유동깊이가 주어진 어느 위치에서도 시간에 따라 변하지 않으면(단 위치마다 다른 값을 가질 수 있다) 이 유동을 **정상**이라고 부른다. 그 이외의 유동은 **비정상**이다. 이 장에서는 단지 정상유동만을 다룬다.

균일 유동과 변화 유동

개수로 유동은 또한 수로에서 유동깊이 y(수로바닥으로부터 자유표면의 수직방향 거리)가 어떻게 변하는가에 따라 **균일** 또는 **비균일**[**변화**(**varied**)라고도 부른다]로 분류된다. 만약 유동깊이(따라서 평균속도)가 일정하게 유지되면 수로의 유동은 **균일**(**uniform**)하다고 한다. 그렇지 않으면 유동은 **비균일**(**nonuniform**)하다 또는 **변화**(**varied**)한다고 하며, 이는 유동깊이가 유동방향으로 거리에 따라 변하는 것을 의미한다. 실제에서 균일 유동조건은 기울기, 표면조도 및 단면이 일정한 수로의 긴 직선 구간에서 흔히 나타난다.

기울기와 단면적이 일정한 개수로에서 액체는 마찰손실에 의한 수두손실이 고도 강하(elevation drop)와 같아질 때까지 가속된다. 이 점에서 액체는 종단속도에 도달하고 균일 유동이 형성된다. 유동은 수로의 기울기, 단면적 및 표면조도가 변하지 않는 한 균일하게 유지된다. 균일 유동의 유동깊이를 **표준깊이(normal depth)** y_n라고 부르며, 이는 개수로 유동의 중요한 특성 매개변수이다(그림 11-3).

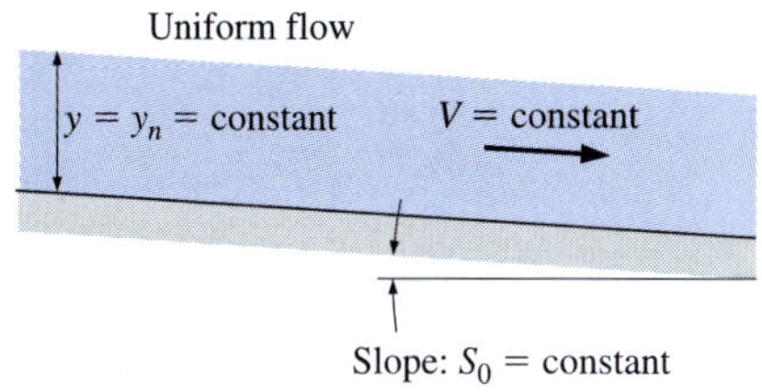

그림 11-3
개수로의 균일 유동에서 유동깊이 y와 평균 유속 V는 일정하게 유지된다.

수로에서 수문, 기울기 또는 단면적의 변화와 같은 장애물의 존재는 유동깊이를 변화시키고 이에 따라 유동은 **변화**하거나 **비균일**하게 된다. 이와 같은 비균일 유동은 강, 관개시스템, 하수로와 같은 자연 또는 인공 수로에서 흔하게 나타난다. 비균일 유동은, 만약 유동깊이가 유동방향의 상대적으로 짧은 구간에서 크게 변하면(부분적으로 열린 수문 또는 폭포를 통과하는 물의 유동처럼) **급변화유동(rapidly varied flow, RVF)**이라고 부르고, 만약 수로를 따라 긴 거리에 걸쳐 유동깊이가 완만히 변하면 **점진변화유동(gradually varied flow, GVF)**이라고 부른다. 그림 11-4에서 보여주는 것처럼, 점진변화유동 영역은 일반적으로 급변화유동과 균일 유동 영역 사이에서 발생한다.

점진변화유동에서는, 균일 유동에서 할 수 있는 것처럼 1차원 평균속도를 가지고 다룰 수 있다. 그러나 급변화유동에서는 평균속도가 항상 가장 유용하거나 또는 가장 적절한 매개변수는 아니다. 그러므로 급변화유동의 해석은, 특히 (해변에서 파도가 부서지는 것처럼) 유동이 비정상일 때 더욱 복잡하다. 방출 유량을 알고 있는 경우, 지정된 개수로 내의 점진변화유동 영역의 유동깊이(즉, 자유표면의 윤곽선)는, 유동조건이 알려져 있는 단면에서의 해석을 시작으로, 수두손실, 고도강하 그리고 각 단계별 평균속도를 계산하는 단계적인 방식으로 구할 수 있다.

수로 내의 층류와 난류 유동

파이프 유동과 마찬가지로, 개수로 유동은 다음과 같이 표현되는 **Reynolds 수**의 값에 따라 층류, 천이 또는 난류가 될 수 있다.

$$\mathrm{Re} = \frac{\rho V R_h}{\mu} = \frac{V R_h}{\nu} \qquad (11\text{-}1)$$

여기서 V는 평균 액체속도, ν는 동점성계수, R_h는 유동단면적 A_c와 접수둘레 p의 비로 정의되는 **수력반경(hydraulic radius)**이다.

수력반경: $$R_h = \frac{A_c}{p} \quad \text{(m)} \qquad (11\text{-}2)$$

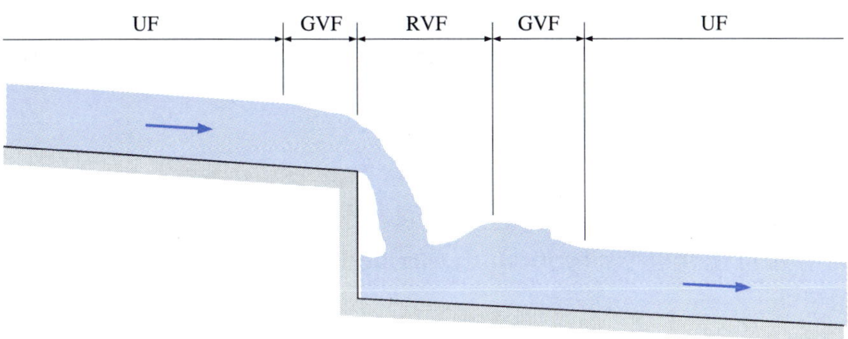

그림 11-4
개수로에서 균일 유동(UF), 점진변화유동(GVF) 및 급변화유동(RVF).

그림 11-5
수력반경과 수력직경 사이의 관계는 기대하는 것과 다르다.

개수로가 다소 불규칙한 단면을 갖는다는 것을 고려하면, 수력반경은 개수로를 다루기 위한 특성 치수의 역할을 하며 일관성을 가져다준다. 또한 개수로의 균일 유동 전 구간에 대해 Reynolds 수는 일정하다.

수력반경이 수력직경의 반으로 정의될 것이라고 기대할 수 있지만, 불행하게도 그렇지는 않다. 파이프 유동에서 수력직경 D_h는 $D_h = 4A_c/p$로 정의된다는 것을 기억하면, 수력직경은 원형 파이프에 대해서는 파이프 직경이 된다. 수력반경과 수력직경의 관계는

수력 직경: $$D_h = \frac{4A_c}{p} = 4R_h \qquad (11\text{-}3)$$

따라서 수력반경이 실제로는 수력직경의 반이 아니라 오히려 **1/4**이 된다는 것을 알 수 있다(그림 11-5).

그러므로 특성 치수로서 수력반경 기준 Reynolds 수는 수력직경 기준 Reynolds 수의 1/4이다. 따라서 파이프 유동에서는 $\text{Re} \lesssim 2000$에서 층류 유동이지만, 개수로 유동에서는 $\text{Re} \lesssim 500$에서 유동이 층류 유동인 것이 놀랄만한 일이 아니다. 또한 개수로 유동은 일반적으로 $\text{Re} \gtrsim 2500$에서 난류며 $500 \lesssim \text{Re} \lesssim 2500$에서 천이된다. 층류 유동은 얇은 층의 물(도로 또는 주차장의 빗물 배수와 같은)이 저속으로 흐르는 경우에 나타난다.

물의 동점성계수는 20°C에서 $1.00 \times 10^{-6}\ \text{m}^2/\text{s}$이며 개수로의 평균유속은 일반적으로 0.5 m/s 이상이다. 또한 수력반경은 대개 0.1 m 이상이다. 그러므로 개수로의 물 유동에 관련되는 Reynolds 수는 일반적으로 50,000 보다 크고 따라서 유동은 거의 항상 난류이다.

접수둘레는 액체가 접촉하고 있는 수로의 측면과 바닥을 포함한다는 것에 유의하자. 즉, 이는 자유표면과 공기에 노출된 측면을 포함하지 않는다. 예로, 깊이 y로 물이 차있는 높이 h와 폭 b인 직사각형 수로의 접수둘레와 단면 유동면적은 각각 $p = b + 2y$와 $A_c = yb$가 된다. 그러면,

직사각형 수로: $$R_h = \frac{A_c}{p} = \frac{yb}{b + 2y} = \frac{y}{1 + 2y/b} \qquad (11\text{-}4)$$

다른 예로, 폭 b인 주차장에서 깊이 y인 물의 배수로에서 수력반경은 $b \gg y$이므로(그림 11-6)

두께 y의 액체 층: $$R_h = \frac{A_c}{p} = \frac{yb}{b + 2y} \cong \frac{yb}{b} \cong y \qquad (11\text{-}5)$$

그러므로 넓은 표면 위의 액막유동에 대한 수력반경은 단순히 액체 층의 두께이다.

11-2 ■ Froude 수와 파속도

개수로 유동은 또한 7장에서 언급되고 아래와 같이 정의되는 무차원 Froude 수의 값에 따라, **아임계(subcritical)**, **임계(critical)**, 또는 **초임계(supercritical)**로 분류된다.

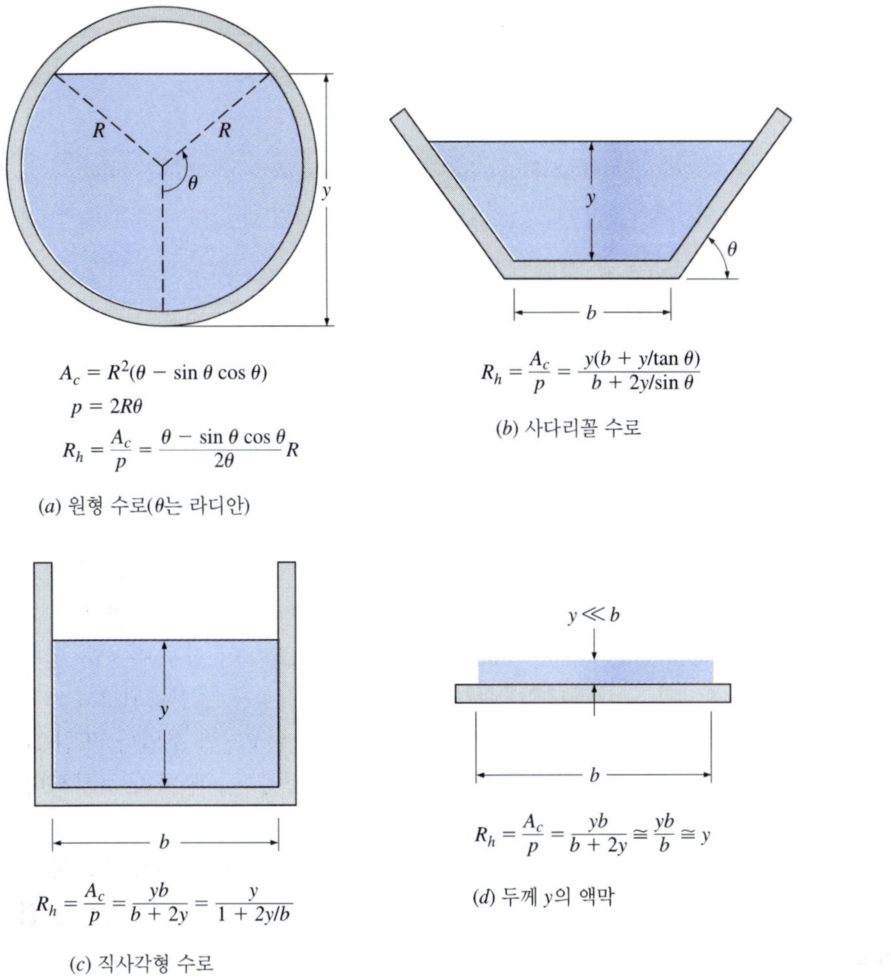

그림 11-6
다양한 개수로 형상에 대한 수력반경 관계식.

Froude 수:
$$\text{Fr} = \frac{V}{\sqrt{gL_c}} \tag{11-6}$$

여기서 g는 중력가속도, V는 단면에서의 평균 액체속도, 그리고 L_c는 특성 길이이다. L_c는 넓은 직사각형 수로에서는 유동깊이 y를 선택하며, $\text{Fr} = V/\sqrt{gy}$이다. Froude 수는 개수로 유동의 특성을 지배하는 중요한 매개변수가 된다. 유동은 다음과 같이 분류된다.

$$\begin{aligned}
&\text{Fr} < 1 \quad \text{아임계 또는 느린 유동(Subcritical or tranquil flow)} \\
&\text{Fr} = 1 \quad \text{임계 유동(Critical flow)} \\
&\text{Fr} > 1 \quad \text{초임계 또는 빠른 유동(Supercritical or rapid flow)}
\end{aligned} \tag{11-7}$$

이는 Mach 수에 따른 압축성 유동의 분류와 비슷하다. 즉, $\text{Ma} < 1$ 아음속, $\text{Ma} = 1$ 음속, $\text{Ma} > 1$ 초음속이다(그림 11-7). 실제로 Froude 수의 분모는 속도 차원을 가지며, 이는 이 절의 뒤에서 보여주는 것처럼 정지된 액체에서 작은 교란이 전파되는 속도 c_0를 나타낸다. 따라서, 마치 Mach 수가 음속에 대한 유동속도의 비, $\text{Ma} = V/c$로 표현되는 것처럼 이와 유사하게 Froude 수는 **파속도에 대한 유동속도의 비**, $\text{Fr} = V/c_0$로 표현된다.

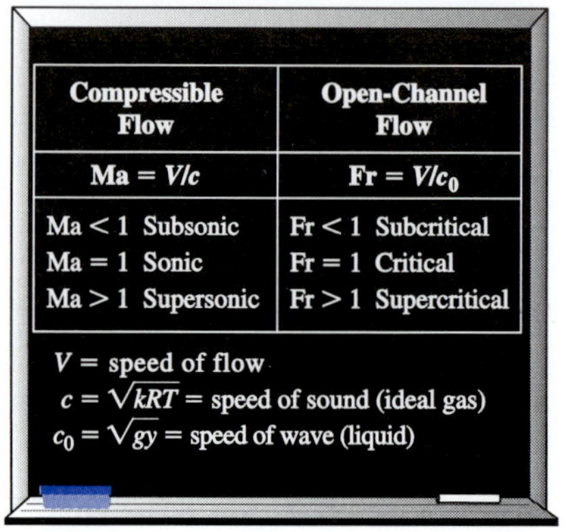

그림 11-7
압축성 유동의 Mach 수와 개수로 유동의 Froude 수의 유사성.

Froude 수는 또한 중력(또는 무게)에 대한 관성력(또는 동역학적인 힘) 비의 제곱근이라고 생각할 수 있다. 이는 Froude 수의 제곱인 V^2/gL_c의 분자와 분모 모두에 ρA를 곱함으로써 증명할 수 있다. 여기서 ρ는 밀도, A는 대표적인 면적이다.

$$\mathrm{Fr}^2 = \frac{V^2}{gL_c}\frac{\rho A}{\rho A} = \frac{2(\frac{1}{2}\rho V^2 A)}{mg} \propto \frac{\text{Inertia force}}{\text{Gravity force}} \tag{11-8}$$

여기서 L_cA는 체적, ρL_cA는 유체 체적의 질량, 그리고 mg는 무게를 나타낸다. 분자는 관성력 $1/2\rho V^2A$의 2배이며 이는 동압 $1/2\rho V^2$과 단면적 A의 곱이라고 생각될 수 있다. 그러므로 개수로 내의 유동은 Froude 수가 크면 관성력에 의해서 그리고 Froude 수가 작으면 중력에 의해서 지배된다.

낮은 유동속도($\mathrm{Fr} < 1$)에서는 작은 교란은 (고정 관찰자에 대해서 $c_0 - V$의 속도로) 상류로 전파되고 상류조건에 영향을 준다. 이를 **아임계(subcritical)** 또는 **느린(tranquil)** 유동이라고 부른다. 그러나 **높은 유동속도**($\mathrm{Fr} > 1$)에서는 작은 교란은 상류로 전파되지 못하며 (실제로 파는 고정 관찰자에 대해서 $V - c_0$의 속도로 하류로 쓸려간다), 따라서 상류조건은 하류조건의 영향을 받을 수 없다. 이를 **초임계(supercritical)** 또는 **빠른(rapid)** 유동이라고 부르며, 이 경우 유동은 상류조건에 의해서 제어된다. 그러므로 표면파는 $\mathrm{Fr} < 1$이면 상류로 전파되고, $\mathrm{Fr} > 1$이면 하류로 쓸려가고, $\mathrm{Fr} = 1$이면 표면에 정지되어 있는 것처럼 보인다. 또한 교란 파장에 비하여 물이 얕을 때에는 표면파 속도는 유동깊이 y에 따라 증가하며, 따라서 표면 교란은 얕은 수로보다 깊은 수로에서 훨씬 빠르게 전파된다.

체적유량이 $\dot{V}$이고 단면적이 A_c인 직사각형 개수로의 액체 유동을 고려하자. 유동이 임계조건일 때 $\mathrm{Fr} = 1$이고 평균 유속은 $V = \sqrt{gy_c}$가 되며, 여기서 y_c는 **임계깊이(critical depth)**이다. $\dot{V} = A_cV = A_c\sqrt{gy_c}$라는 것을 고려하면 임계깊이는 다음과 같이 표현된다.

임계깊이(일반식):

$$y_c = \frac{\dot{V}^2}{gA_c^2} \tag{11-9}$$

폭 b인 직사각형 수로에 대해서는 $A_c = by_c$가 되고, 따라서 임계깊이 관계식은 다음과 같이 된다.

임계깊이(직사각형):

$$y_c = \left(\frac{\dot{V}^2}{gb^2}\right)^{1/3} \tag{11-10}$$

아임계 유동의 액체깊이는 $y > y_c$이고 초임계 유동의 액체깊이는 $y < y_c$가 된다 (그림 11-8).

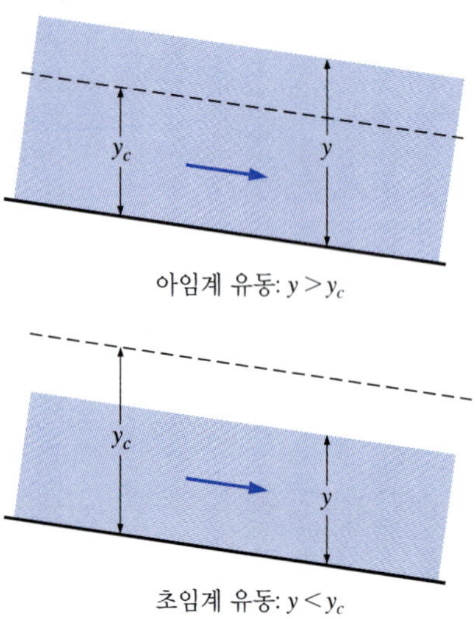

그림 11-8
임계깊이로 나타내는 아임계 유동과 초임계 유동의 정의.

압축성 유동에서처럼 액체는 아임계 유동에서 초임계 유동으로 가속될 수 있다. 물론 초임계 유동으로부터 아임계 유동으로 감속될 수도 있으며, 이는 충격(shock)을 겪으면서 가능하다. 이 경우의 충격을 **수력도약(hydraulic jump)**이라고 부르며, 이는 압축성 유동의 **수직 충격파**에 해당한다. 그러므로 개수로 유동과 압축성 유동 사이에는 상당한 유사성이 있다.

표면파의 속도

우리 모두는 바다, 호수, 강, 심지어 수영장의 자유표면에서 형성되는 파도에 익숙하다. 표면파는 바다에서 보는 것처럼 매우 높거나 또는 간신히 알 수 있는 정도일 수도 있다. 어떤 것은 매끈하고 어떤 것은 표면이 부서진다. 개수로 유동을 공부하려면 파 운동의 기본을 이해하는 것이 필요하므로 여기서 간단히 설명한다. 파의 운동에 대한 상세한 설명은 이 주제로 쓰인 많은 교재들에서 찾아볼 수 있다.

개수로 유동을 공부하는데 중요한 매개변수는 **파속도** c_0이며, 이는 표면 교란이 액체를 통하여 전파되는 속도이다. 초기에 높이가 y인 정지된 액체를 담고 있는 길고 넓은 수로를 고려하자. 그림 11-9a에 나타낸 것처럼, 수로의 한쪽 끝이 δV의 속도로 움직이며 정지된 액체 속으로 c_0의 속도로 전파되는 높이 δy의 표면파를 만들고 있다.

지금부터 그림 11-9b에 보인 것처럼 파면(wave front)을 포함하며 함께 움직이는 검사체적을 고려하자. 파면과 함께 이동하는 관찰자에게 오른쪽의 액체는 파면을 향하여 속도 c_0로 다가오는 것처럼 보이며, 왼쪽의 액체는 파면으로부터 $c_0 - \delta V$의 속도로 멀어져가는 것처럼 보인다. 관찰자는 당연히 파면(그리고 자기 자신)이 포함된 검사체적이 정지되어 있고 정상유동 과정을 보고 있다고 생각할 것이다.

폭이 b인 이 검사체적의 정상유동 질량평형 $\dot{m}_1 = \dot{m}_2$(또는 연속 방정식)는 다음과 같이 표현된다.

$$\rho c_0 y b = \rho(c_0 - \delta V)(y + \delta y)b \quad \rightarrow \quad \delta V = c_0 \frac{\delta y}{y + \delta y} \tag{11-11}$$

다음과 같은 근사를 한다. (1) 수로를 가로질러 속도가 거의 일정하며 따라서 운동량 플럭스 보정계수들(β_1과 β_2)은 1이다. (2) 파를 지나는 거리가 짧으며 따라서 바닥면의 마찰과 윗면의 공기항력은 무시할 수 있다. (3) 동적 효과는 무시할 수 있고 따라서 액체내의 압력은 정수력학적으로 변한다. 즉, 계기압력으로, $P_{1,\text{avg}} = \rho g h_{1,\text{avg}} = \rho g(y/2)$와 $P_{2,\text{avg}} = \rho g h_{2,\text{avg}} = \rho g(y + \delta y)/2$이다. (4) 질량유량은 $\dot{m}_1 = \dot{m}_2 = \rho c_0 y b$로 일정하다. (5) 외부 힘 또는 체적력(body force)이 없으며 따라서 검사체적에 수평의 x방향으로 작용하는 유일한 힘은 압력 힘이다. 그러면 이와 같은 가정에 따라 x방향 운동량 방정식 $\sum \vec{F} = \sum_{\text{out}} \beta \dot{m} \vec{V} - \sum_{\text{in}} \beta \dot{m} \vec{V}$은 정수압 힘과 운동량 전달 사이의 평형이 된다.

$$P_{2,\text{avg}} A_2 - P_{1,\text{avg}} A_1 = \dot{m}(-V_2) - \dot{m}(-V_1) \tag{11-12}$$

입구와 출구의 평균속도는 모두 음의 x방향이므로, 음수라는 것에 유의하자. 대입하면

$$\frac{\rho g(y + \delta y)^2 b}{2} - \frac{\rho g y^2 b}{2} = \rho c_0 y b(-c_0 + \delta V) - \rho c_0 y b(-c_0) \tag{11-13}$$

또는

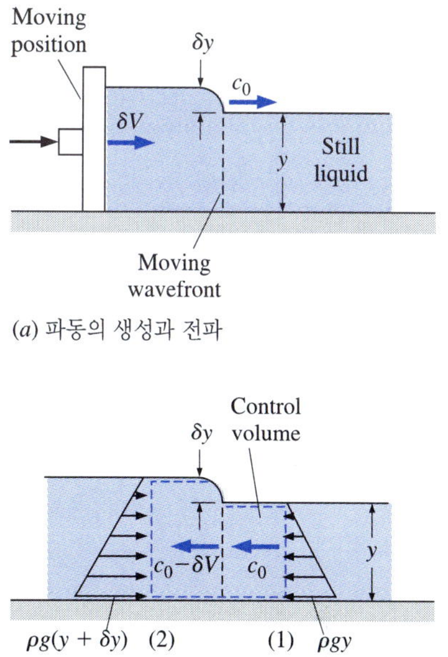

(a) 파동의 생성과 전파

(b) 계기압력 분포가 나타나 있는 파동과 함께 이동하는 관찰자에 상대적인 검사체적

그림 11-9
개수로에서 파동의 생성과 해석.

$$g\left(1+\frac{\delta y}{2y}\right)\delta y = c_0\,\delta V \tag{11-14}$$

운동량 방정식과 연속 방정식을 조합하여 재정리하면 다음과 같다.

$$c_0^2 = gy\left(1+\frac{\delta y}{y}\right)\left(1+\frac{\delta y}{2y}\right) \tag{11-15}$$

그러므로 파속도 c_0는 파 높이 δy에 비례한다. 미소 표면파(infinitesimal surface waves)에 대해서는 $\delta y \ll y$이며, 따라서

미소 표면파:

$$c_0 = \sqrt{gy} \tag{11-16}$$

그러므로 미소표면파의 속도는 액체깊이의 제곱근에 비례한다. 이 해석은 단지 개수로에서 마주치는 것처럼 얕은 액체에 대해서만 유효하다는 것을 다시 한 번 유의하자. 이와는 달리 바다처럼 깊은 액체에서는 파속도가 액체의 깊이와 관계가 없다. 파속도는 또한 연속 방정식과 운동량 방정식 대신에 에너지 평형 관계식을 사용하여 구할 수 있다. 파동은 궁극적으로 해석에서는 무시된 점성효과에 의해서 소멸된다는 것에 유의하자. 또한 직사각형이 아닌 단면을 갖는 수로의 유동에서 **수력깊이**는 $y_h = A_c/L_t$로 정의되며 Froude 수의 계산에 유동깊이 y 대신에 사용되어야 한다. 여기서 L_t는 유동단면의 **윗면 폭**이다. 예로, 반이 차있는 원형수로의 수력깊이는 $y_h = (\pi R^2/2)/2R = \pi R/4$이다.

경험으로부터 돌을 호수에 던질 때 형성된 동심원 파는 모든 방향으로 골고루 퍼져나가다가 어느 정도 거리가 되면 없어진다는 것을 알고 있다. 그러나 돌을 강에 던질 때에는 상류방향에 형성된 파동은, 강의 흐름이 느리거나 아임계 조건($V < c_0$)이면 상류방향으로, 흐름이 빠르거나 초임계 조건($V > c_0$)이면 하류방향으로 이동하며, 흐름이 임계 조건($V = c_0$)이면 형성된 위치에 정지된 채로 남아있게 된다.

독자는 우리가 왜 유동이 아임계 또는 초임계인지에 큰 관심을 가져야하는지 궁금하리라 생각된다. 그 이유는 바로 유동 특성이 이와 같은 현상에 크게 영향을 받기 때문이다. 예로, 강바닥에 있는 바위는 유동이 아임계 또는 초임계인지에 따라 그 위치에서 수위를 높이거나 낮출 수 있다. 또한 아임계 유동에서는 수위가 유동방향으로 점차적으로 낮아지지만, 초임계유동($\mathrm{Fr} > 1$)에서는 유동이 아임계($\mathrm{Fr} < 1$) 속도로 감속되면서 수력도약이라고 부르는 급격한 수위 상승이 발생할 수 있다.

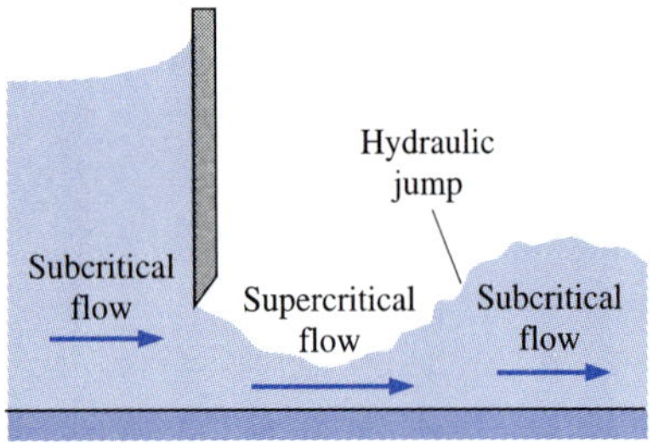

그림 11-10
수문을 통과하는 초임계유동.

이 현상은 그림 11-10에서 보여주는 것처럼 수문의 하류에서 발생할 수 있다. 액체는 아임계 속도로 수문에 접근하지만, 상류의 액체수위는 충분히 높아 수문을 통과하면서 액체를 초임계 수준으로 가속한다(마치 수축-확대 노즐에서 기체가 흐르는 것과 같다). 그러나 만약에 수로의 하류 지역의 기울기가 충분하지 못하면 유동은 초임계 속도를 유지할 수 없게 되고, 액체는 더 큰 단면적을 가지는 더 높은 수위로 도약하고, 따라서 아임계 속도로 낮아진다. 마지막으로, 강, 운하, 관개시스템의 유동은 전형적인 아임계 유동이다. 그러나 수문과 방수로(spillway)를 통과하는 유동은 일반적으로 초임계 유동이다.

독자는 다음번에 접시를 닦을 때 멋있는 수력도약을 만들어 볼 수 있다(그림 11-11). 수도꼭지에서 나오는 물이 접시의 한가운데에 떨어지도록 하자. 물이 반경방향으로 빠르게 퍼지면서 깊이가 얕아지고 초임계유동이 된다. 궁극적으로 수심이 갑자기 증가하는 수력도약이 발생한다. 시도해 보기 바란다!

11-3 ▪ 비에너지

수로의 깊이가 y, 평균유속이 V이고 어떤 기준면에 대해 바닥의 고도가 z인 단면을 흐르는 액체의 유동을 고려하자. 단순화하기 위해, 단면에서의 액체속도 변화를 무시하고 모든 곳에서 속도가 V라고 가정한다. 수두로 나타내는 수로 내 액체의 총 기계적 에너지는 다음과 같이 표현된다(그림 11-12).

$$H = z + \frac{P}{\rho g} + \frac{V^2}{2g} = z + y + \frac{V^2}{2g} \tag{11-17}$$

여기서 z는 **위치 수두**, $P/\rho g = y$는 **계기압력 수두**, $V^2/2g$는 속도 또는 **동역학적 수두**(dynamic head)이다. 기준값의 선택과 이에 따른 위치 수두 z값이 다소 임의적이므로, 식 (11-17)로 표현되는 총 에너지는 현실적으로 유동하는 유체의 실제 에너지를 대표하는 값이 아니다. 만약 수로바닥이 기준값으로, 즉 그곳이 $z = 0$로 선택된다면 단면에서의 유체의 본질적 에너지를 좀 더 현실적으로 나타낼 수 있다. 그러면 수두로 나타내는 유체의 총 기계적 에너지는 압력과 동역학적 수두의 합이 된다. 개수로에서 액체의 압력과 동역학적 수두의 합은 **비에너지(specific energy)** E_s라고 부르며, 그림 11-12에 나타낸 것과 같이 다음 식으로 표현된다(Bakhmeteff, 1932).

$$E_s = y + \frac{V^2}{2g} \tag{11-18}$$

폭이 b로 일정한, 직사각형 단면의 개수로 유동을 고려하자. 체적유량이 $\dot{V} = A_c V = ybV$임에 유의하면, 평균유속은

$$V = \frac{\dot{V}}{yb} \tag{11-19}$$

식 (11-18)에 대입하면, 비에너지는

$$E_s = y + \frac{\dot{V}^2}{2gb^2y^2} \tag{11-20}$$

이 식은 유동깊이에 따른 비에너지의 변화를 보여주므로 매우 유용하다. 개수로에서 정상유동 동안에는 유량이 일정하며, $\dot{V}$와 b가 일정할 때의 E_s 대 y 선도를 그림 11-13에 나타내었다. 이 그림으로부터 다음을 알 수 있다.

- 수직 y축 상의 점에서 곡선까지의 거리는 그 y 값에서의 비에너지를 나타낸다. $E_s = y$ 선과 곡선의 사이 부분은 그 액체의 동역학적 수두(또는 운동에너지 수두) 그리고 나머지 부분은 압력수두(또는 위치에너지 수두)에 해당한다.

(a)

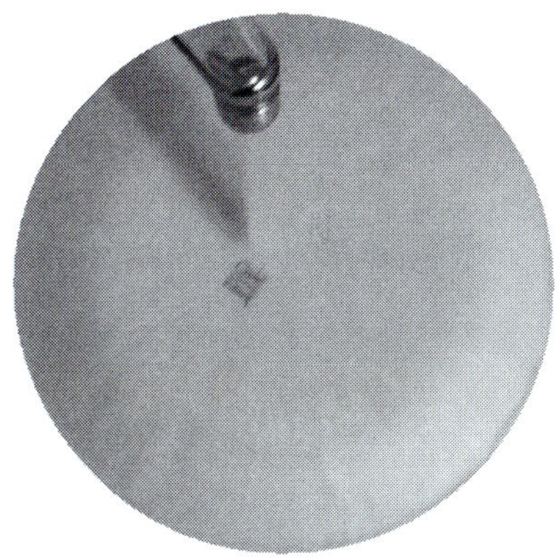

(b)

그림 11-11
수력도약은 접시에서 (a) 올바른 방향일 경우에 관찰되지만 (b) 뒤집힌 경우에는 관찰되지 않는다.
Photos by Abel Po-Ya Chuang. Used by permission.

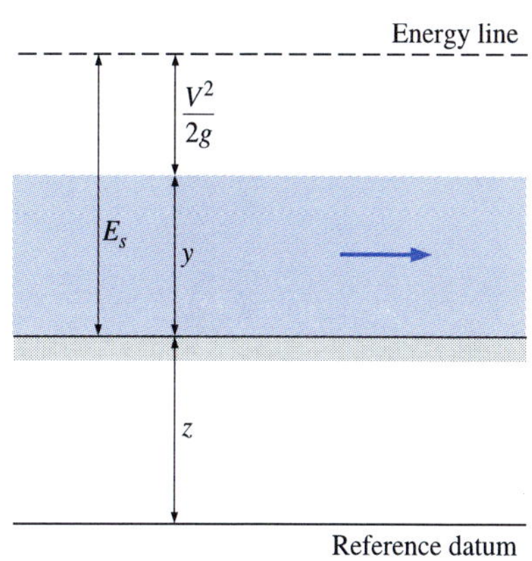

그림 11-12
개수로 내의 액체의 비에너지 E_s는 수로바닥에 대한 상대적인(수두로 표현되는) 총 기계적 에너지이다.

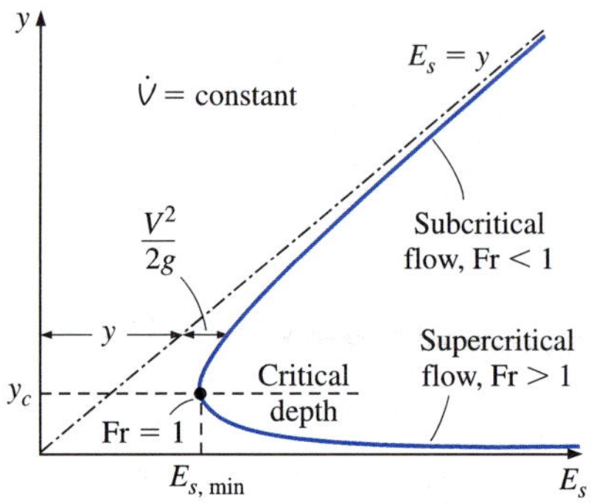

그림 11-13
지정된 유량에서 깊이 y에 따른 비에너지 E_s의 변화.

- 비에너지는 $y \to 0$에 따라 무한대가 되며(속도가 무한대에 접근하기 때문), y 값이 커지면 유동깊이 y와 같아진다(속도와 이에 따른 운동에너지가 매우 작아지기 때문). 비에너지는 어느 중간점에서 최소값 $E_{s,\min}$에 도달하고, 이 점을 **임계점**이라고 부르며 **임계깊이** y_c와 **임계속도** V_c로 특징지어진다. 최소 비에너지는 또한 **임계에너지**라고도 부른다.
- 지정된 유량 $\dot{V}$를 유지하기 위해 요구되는 최소 비에너지 $E_{s,\min}$가 존재한다. 그러므로 주어진 $\dot{V}$에 대해서 E_s는 $E_{s,\min}$보다 작을 수 없다.
- 수평선은 비에너지 곡선과 단지 한 점에서 교차하며, 따라서 유체깊이의 값이 정해지면 비에너지 값이 정해진다. 이는 $\dot{V}$, b 및 y가 지정되면 속도가 정해진 값을 가지므로 당연하다. 그러나 $E_s > E_{s,\min}$에 대해서 수직선은 이 곡선을 두 점에서 교차하며, 이는 하나의 정해진 비에너지 값에 대하여 두 개의 다른 깊이(따라서 두 개의 다른 속도)를 가질 수 있다는 것을 의미한다. 이 두 개의 깊이를 **대응깊이(alternate depths)**라고 부른다. 마찰손실이 무시되는 수문을 지나는 유동(즉 E_s = 일정)에서는 상부 깊이(upper depth)는 상류 유동에, 하부 깊이(lower depth)는 하류 유동에 해당한다.
- 임계점 근처에서 비에너지의 작은 변화는 대응깊이 사이에서 큰 차이를 유발하며, 유동 수위의 심한 변동을 초래할 수 있다. 그러므로 개수로를 설계할 때에는 임계점 부근에서의 운전은 반드시 피해야 된다.

최소 비에너지 값과 이것이 발생하는 위치에서의 임계깊이는 식 (11-20)으로부터 일정한 b와 $\dot{V}$에서 E_s를 y에 대하여 미분하고, 이 도함수를 0이라고 설정하면,

$$\frac{dE_s}{dy} = \frac{d}{dy}\left(y + \frac{\dot{V}^2}{2gb^2y^2}\right) = 1 - \frac{\dot{V}^2}{gb^2y^3} = 0 \tag{11-21}$$

y에 대하여 풀면, 이는 임계깊이 y_c로 다음과 같게 된다.

$$y_c = \left(\frac{\dot{V}^2}{gb^2}\right)^{1/3} \tag{11-22}$$

임계점에서의 유량은 $\dot{V} = y_c b V_c$로 표현될 수 있다. 이를 대입하면 임계속도는 다음과 같이 구해지며,

$$V_c = \sqrt{gy_c} \tag{11-23}$$

이는 파속도이다. 이 점에서 Froude 수는

$$\mathrm{Fr} = \frac{V}{\sqrt{gy}} = \frac{V_c}{\sqrt{gy_c}} = 1 \tag{11-24}$$

이는 **최소 비에너지 점이 실제로 임계점**이라는 것을 의미하며, **비에너지가 최소값에 도달할 때에 유동은 임계상태가 된다.**

유동은 낮은 유속 즉 높은 유동깊이에서는 아임계(그림 11-13의 위 곡선), 높은 유속 즉 낮은 유동깊이에서는 초임계(아래 곡선), 그리고 임계점에서는 임계유동이 된다(최소 비에너지 점).

$V_c = \sqrt{gy_c}$ 이므로 최소(또는 임계) 비에너지는 단지 임계깊이만으로 다음과 같이 나타낼 수 있다.

$$E_{s,\,\min} = y_c + \frac{V_c^2}{2g} = y_c + \frac{gy_c}{2g} = \frac{3}{2}y_c \tag{11-25}$$

균일 유동에서는 $E_s = y + V^2/2g$이므로 유동깊이와 유속, 그리고 이에 따라 비에너지가 일정하게 유지된다. 수두 손실은 고도 강하(수로는 유동 방향으로 기울어져 있다)로 보상된다. 그러나 비균일 유동에서는 수로의 기울기와 마찰손실에 따라 비에너지가 증가하거나 감소할 수 있다. 예로, 만약에 유동 구간에서 고도강하가 그 구간의 수두손실보다 더 크다면, 고도강하와 수두손실의 차이에 해당하는 만큼의 비에너지가 증가한다. 비에너지 개념은 변화 유동을 공부할 때에 특히 유용한 도구가 된다.

예제 11-1 유동 특성과 대응깊이

물이 폭 0.4m의 직사각형 개수로를 유량 0.2m³/s으로 일정하게 흐르고 있다(그림 11-14). 유동깊이가 0.15m라고 할 때, 유속을 구하고 이 유동이 아임계인지 초임계인지를 정하라. 또한 만약에 유동 특성이 변한다면 유동의 대응깊이를 구하라.

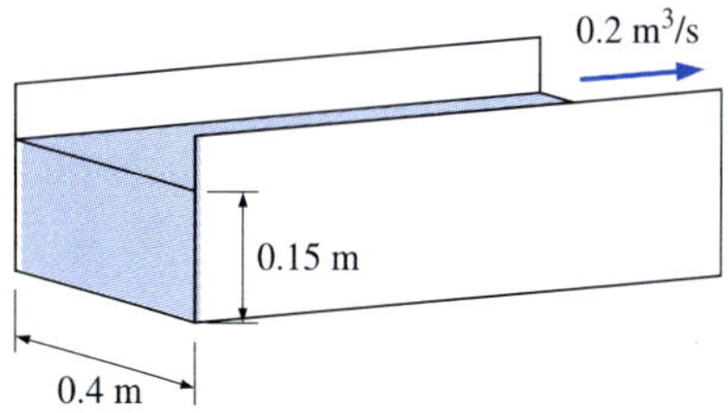

그림 11-14
예제 13-1의 개략도.

풀이 직사각형 개수로의 물 유동을 고려한다. 유동의 특성, 유속 및 대응깊이를 구하고자 한다.

가정 비에너지는 일정하다.

해석 평균 유속은 다음으로부터 구한다.

$$V = \frac{\dot{V}}{A_c} = \frac{\dot{V}}{yb} = \frac{0.2\text{ m}^3/\text{s}}{(0.15\text{ m})(0.4\text{ m})} = \mathbf{3.33\text{ m/s}}$$

이 유동의 임계깊이는

$$y_c = \left(\frac{\dot{V}^2}{gb^2}\right)^{1/3} = \left(\frac{(0.2\text{ m}^3/\text{s})^2}{(9.81\text{ m/s}^2)(0.4\text{ m})^2}\right)^{1/3} = 0.294\text{ m}$$

따라서 실제 유동깊이가 y=0.15m이고 y<yc이므로 유동은 **초임계**이다. 유동의 특성을 결정하는 다른 방법은 Froude 수를 계산하는 것이다.

$$\text{Fr} = \frac{V}{\sqrt{gy}} = \frac{3.33\text{ m/s}}{\sqrt{(9.81\text{ m/s}^2)(0.15\text{ m})}} = 2.75$$

다시 한 번, Fr>1이므로 유동은 초임계이다. 주어진 조건에서의 비에너지는

$$E_{s1} = y_1 + \frac{\dot{V}^2}{2gb^2y_1^2} = (0.15\text{ m}) + \frac{(0.2\text{ m}^3/\text{s})^2}{2(9.81\text{ m/s}^2)(0.4\text{ m})^2(0.15\text{ m})^2} = 0.7163\text{ m}$$

그러면 대응깊이는 $E_{s1} = E_{s2}$로부터 다음과 같이 구해진다.

$$E_{s2} = y_2 + \frac{\dot{V}^2}{2gb^2y_2^2} \quad\rightarrow\quad 0.7163\text{ m} = y_2 + \frac{(0.2\text{ m}^3/\text{s})^2}{2(9.81\text{ m/s}^2)(0.4\text{ m})^2y_2^2}$$

이를 y_2에 대하여 풀면 대응깊이는 y_2=**0.69m**가 된다. 그러므로 만약 비에너지를 일정하게 유지하면서 유동의 특성이 초임계에서 아임계로 변한다면 유동깊이는 0.15에서 0.69m로 상승한다.

토의 만약 물이 일정한 비에너지로 수력도약을 겪는다면(마찰 손실이 고도 강하와 같다) 유동깊이는 0.69m로 상승할 것이라는 것에 유의하자. 물론 수로 측벽이 충분히 높다고 가정한다.

11-4 ■ 질량보존과 에너지 방정식

개수로 유동은 밀도가 거의 일정한 액체가 관련되며, 따라서 1차원 정상유동 질량보존 방정식은 다음과 같이 표현된다.

$$\dot{V} = A_c V = \text{ 일정} \tag{11-26}$$

즉, 유동 단면적과 평균 유속의 곱은 수로 전반에 걸쳐서 일정하다. 식 (11-26)은 수로의 두 단면 사이에서 다음과 같이 표현된다.

연속 방정식:
$$A_{c1}V_1 = A_{c2}V_2 \tag{11-27}$$

이는 파이프 내의 액체 유동에 대한 정상유동 질량보존 방정식과 동일하다. 유동 과정에서 유동 단면과 평균 유속은 모두 변할 수 있으나 앞서 설명한 것처럼 두 값의 곱은 일정하다는 것에 유의하자.

그림 11-15에 나타낸 것처럼, 개수로 내를 흐르는 액체의 기준면에 대한 상대적 총 에너지를 구하기 위하여 자유표면으로부터 거리가 a인 위치(따라서 수로 바닥으로부터 거리 $y-a$)에 있는 액체 속의 점 A를 고려하자. A 점에서의 고도, 압력(자유표면에 대한 상대적 정수압)과 속도는 각각 $z_A = z + (y - a)$, $P_A = \rho g a$와 $V_A = V$임에 유의하면, 수두로 나타내는 액체의 총 에너지는

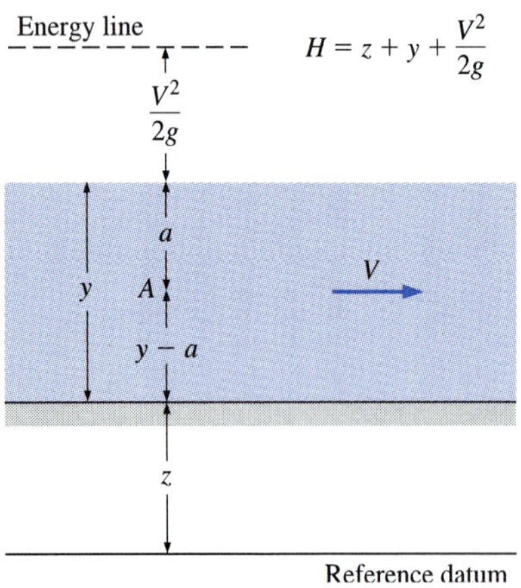

그림 11-15
개수로를 흐르는 액체의 총 에너지.

$$H_A = z_A + \frac{P_A}{\rho g} + \frac{V_A^2}{2g} = z + (y - a) + \frac{\rho g a}{\rho g} + \frac{V^2}{2g} = z + y + \frac{V^2}{2g} \tag{11-28}$$

이 값은 그 단면에서의 A 점 위치와 무관하다. 그러므로 개수로의 모든 단면에서 액체의 총 기계적 에너지는 다음과 같이 수두로 표현된다.

$$H = z + y + \frac{V^2}{2g} \tag{11-29}$$

여기서 y는 유동깊이, z는 수로바닥의 고도, 그리고 V는 평균유속이다. 그러면 상류 단면 1과 하류 단면 2 사이의 개수로 유동에 대한 1차원 에너지 방정식은 다음과 같이 쓸 수 있다.

에너지 방정식:
$$z_1 + y_1 + \frac{V_1^2}{2g} = z_2 + y_2 + \frac{V_2^2}{2g} + h_L \tag{11-30}$$

마찰 효과에 의한 수두손실 h_L은 파이프 유동에서와 같이 다음과 같이 표현된다.

$$h_L = f\frac{L}{D_h}\frac{V^2}{2g} = f\frac{L}{R_h}\frac{V^2}{8g} \tag{11-31}$$

여기서 f는 평균 마찰계수, L은 단면 1과 2 사이의 수로 길이다. 수력직경 대신 수력반경을 사용할 때에는 반드시 $D_h = 4R_h$ 관계가 지켜져야 한다.

개수로 유동은 중력으로 구동되며 따라서 전형적인 수로는 약간 아래로 기울어진다. 수로바닥의 기울기는 다음과 같이 표현된다.

$$S_0 = \tan\alpha = \frac{z_1 - z_2}{x_2 - x_1} \cong \frac{z_1 - z_2}{L} \tag{11-32}$$

여기서 α는 수평면에 대한 수로바닥의 각도이다. 일반적으로 바닥기울기 S_0는 매우 작으며, 따라서 수로바닥은 거의 수평이다. 그러므로 $L \cong x_2 - x_1$이며, 여기서 x는 수평방향의 거리다. 또한 수직방향으로 측정되는 유동깊이 y는 수로바닥에 수직인 깊이로 간주될 수 있으며, 이때의 오차는 무시될 수 있다.

만약 수로 바닥이 일직선이고 따라서 바닥기울기가 일정하면 단면 1과 2 사이의 수직 강하는 $z_1 - z_2 = S_0L$로 표현될 수 있다. 그러면 에너지 방정식(식 11-30)은 다음이 된다.

에너지 방정식:

$$y_1 + \frac{V_1^2}{2g} + S_0L = y_2 + \frac{V_2^2}{2g} + h_L \tag{11-33}$$

이 식은 고도의 기준면과 무관하다는 장점이 있다.

개수로 시스템의 설계에서, 바닥기울기는 마찰 수두손실이 극복되어 유동이 원하는 유량을 유지할 수 있는 적절한 고도강하를 제공하도록 선정된다. 그러므로 수두손실과 바닥기울기는 밀접한 관계가 있으며, 수두손실을 기울기(또는 각의 탄젠트 값)로 표현하는 것이 타당하다. 이에 따라 **마찰기울기(friction slope)**는 다음으로 정의된다.

마찰기울기:

$$S_f = \frac{h_L}{L} \tag{11-34}$$

그러면 에너지 방정식은 다음과 같이 쓸 수 있다.

에너지 방정식:

$$y_1 + \frac{V_1^2}{2g} = y_2 + \frac{V_2^2}{2g} + (S_f - S_0)L \tag{11-35}$$

수두손실이 고도강하와 같을 때에는 마찰기울기는 바닥기울기와 같다는 것에 유의하자. 즉 $h_L = z_1 - z_2$이면 $S_f = S_0$가 된다.

그림 11-16은 또한 에너지선(energy line)을 보여주며, 이는 기준면으로부터 위 방향 거리 $z + y + V^2/2g$(수두로 표현된 액체의 총 기계적 에너지)이다. 에너지선은 일반적으로 마찰손실의 결과로 수로 자체와 같이 하향으로 기울어져 있으며, 수직강하는 수두손실 h_L과 동일하고 따라서 그 기울기가 마찰 기울기와 동일하다. 만약 수두손실이 없다면 수로가 수평이 아닐 때에도 에너지 선은 수평이 될 수 있다는 것에 유의하자. 이 경우 고도와 속도 수두 ($z + y$와 $V^2/2g$)는 흐르는 동안 서로 변환이 가능하지만 이들의 합은 일정하게 유지될 것이다.

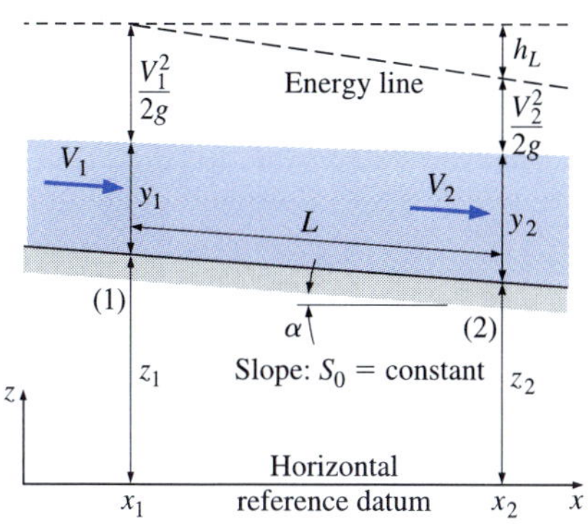

그림 11-16
개수로 두 단면에서의 액체의 총 에너지.

11-5 ▪ 수로 내의 균일 유동

11-1절에서 만약 유동깊이(정상유동에서는 $\dot{V} = A_c V$이며 따라서 평균유속)가 일정하게 유지되면 수로 내의 유동은 **균일 유동**이라 부른다고 언급하였다. 실제로 균일 유동조건은 일정한 기울기, 일정한 단면과 일정한 표면 라이닝을 갖는 긴 직선 수로에서 자주 마주친다. 개수로의 설계에서는 시스템의 대부분에서 균일 유동을 갖는 것이 매우 바람직하다. 왜냐하면, 이는 벽면 높이가 일정한 수로를 의미하며 설계와 건설이 용이하기 때문이다.

균일 유동에서 유동깊이는 **표준깊이(normal depth)** y_n라고 부르며, 평균유속은 **균일유동속도** V_0라고 부른다. 유동은 수로의 기울기, 단면적과 표면조도가 변하지 않는 한 균일하게 유지된다(그림 11-17). 바닥기울기가 증가하면 유속은 증가하고 유동깊이는 감소한다. 그러므로 새로운(얕은) 유동깊이를 갖는 새로운 균일 유동이 형성된다. 만약 기울기가 감소하면 반대 경우가 발생한다.

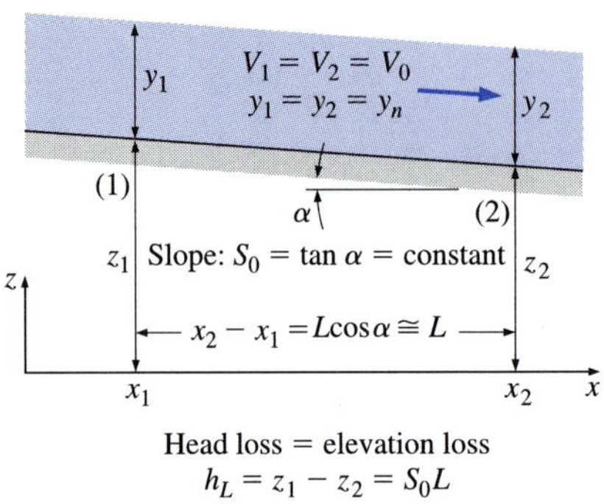

그림 11-17
균일 유동에서 유동깊이 y, 평균 유동속도 V 및 바닥기울기 S_0는 일정하게 유지되며, 수두손실은 고도손실과 같다, $h_L = z_1 - z_2 = S_f L = S_0 L$.

일정한 기울기 S_0, 일정한 단면적 A_c와 일정한 표면마찰계수 f를 갖는 개수로 내를 흐르는 동안, 수두손실이 고도강하와 같아질 때 종단속도에 도달하고 균일 유동이 형성된다. 그러므로 균일 유동에서는 $h_L = S_0 L$이고 $D_h = 4R_h$이므로

$$h_L = f\frac{L}{D_h}\frac{V^2}{2g} \quad \text{또는} \quad S_0 L = f\frac{L}{R_h}\frac{V_0^2}{8g} \tag{11-36}$$

두 번째 관계식을 V_0에 대하여 풀면, 균일유동속도와 유량은 다음과 같이 구해진다.

$$V_0 = C\sqrt{S_0 R_h} \quad \text{그리고} \quad \dot{V} = CA_c\sqrt{S_0 R_h} \tag{11-37}$$

여기서

$$C = \sqrt{8g/f} \tag{11-38}$$

는 Chezy **계수**라고 불린다. 식 (11-37)과 계수 C는 1769년경 처음으로 유사한 관계식을 제안한 프랑스 엔지니어 Antoine Chezy(1718-1798)를 기리기 위해 명명되었다. Chezy 계수는 차원이 있는 양으로, 그 값은 거친 표면을 가지는 소형 수로에 대해 약 30 $\text{m}^{1/2}$/s로부터 매끈한 표면을 가지는 대형 수로에 대해 90 $\text{m}^{1/2}$/s까지(또는 영국 단위에서는 60 $\text{ft}^{1/2}$에서 160 $\text{ft}^{1/2}$/s까지)의 범위를 갖는다.

Chezy 계수는 8장의 파이프 유동에서 한 것처럼, 우선 Moody 선도 또는 Colebrook 식으로부터 완전히 거친 난류 한계(Re $\rightarrow \infty$)에 대해 마찰계수 f를 정함으로써, 식 (11-38)로부터 간단하게 구할 수 있다.

$$f = [2.0\log(14.8R_h/\varepsilon)]^{-2} \tag{11-39}$$

여기서 ε는 평균 표면조도를 나타낸다. 개수로 유동은 일반적으로 난류이고, 균일 유동이 형성될 시점이 되면 유동이 **완전히 발달된다**는 것에 유의하자. 그러므로 완전 발달된 난류의 마찰계수 관계식을 사용하는 것이 합리적이다. 또한 Reynolds 수가 클 때에는 지정된 상대 조도에 해당하는 마찰계수 곡선은 거의 수평이며, 따라서 마찰계수는 Reynolds 수와 무관하게 된다. 이 영역의 유동은 **완전**

히 거친 난류유동(fully rough turbulent flow)이라고 부른다(8장).

Chezy 식이 소개된 이래 많은 연구자들이 평균유속과 유량에 대한 더 간단한 실험적 관계식의 개발에 적지 않은 노력을 기울여왔다. 가장 널리 사용되는 식은 1868년 프랑스인 Philippe-Gaspard Gauckler(1826-1905)와 1889년 아일랜드인 Robert Manning (1816-1897)에 의해 각자 독자적으로 개발되었다.

Gauckler와 Manning 모두 Chezy 식의 상수를 다음과 같이 나타낼 것을 추천하였다.

$$C = \frac{a}{n} R_h^{1/6} \tag{11-40}$$

여기서 n은 **Manning 계수**라고 부르며, 그 값은 수로 표면의 조도에 따라 결정된다. 식 (11-37)에 대입하면 균일유동 속도와 유량에 대해서 **Manning 식**(Gauckler에 의해 최초로 제안되었으므로 **Gauckler-Manning 식**이라고도 한다)이라고 알려진 다음의 실험적 관계식을 얻는다.

균일 유동: $$V_0 = \frac{a}{n} R_h^{2/3} S_0^{1/2} \quad \text{그리고} \quad \dot{V} = \frac{a}{n} A_c R_h^{2/3} S_0^{1/2} \tag{11-41}$$

계수 a는 차원상수로 그 값이 SI 단위계로 $a = 1\ \text{m}^{1/3}/\text{s}$이다. $1\ \text{m} = 3.2808\ \text{ft}$라는 것에 유의하면, 영미 단위계에서는

$$a = 1\ \text{m}^{1/3}/\text{s} = (3.2808\ \text{ft})^{1/3}/\text{s} = 1.486\ \text{ft}^{1/3}/\text{s} \tag{11-42}$$

바닥기울기 S_0와 Manning 계수 n은 무차원 양이라는 것에 유의하면, SI 단위계에서 식 (11-41)의 R_h가 m로 표현될 때 속도는 m/s 유량은 m^3/s가 된다(이에 해당하는 영미 단위계의 단위는 R_h가 ft로 표현될 때 ft/s 와 ft^3/s가 된다).

다수의 자연 또는 인공 수로에 대해 실험적으로 결정된 n값들이 표 11-1에 주어져 있다. 더 확장된 표들은 문헌에서 찾을 수 있다. n값은 유리 수로의 0.010로부터 나무들이 많은 홍수방지용 제방의 0.150(유리 수로의 15배) 까지 다양하다는 것에 유의하자. n값에는 많은 불확실성이 있으며, 예상할 수 있는 것처럼 자연 수로에서는 어떤 두 개의 수로도 똑 같지 않기 때문에 특히 더 심하다. 산포가 20% 또는 그 이상일 수 있다. 그럼에도 불구하고 계수 n은 수로의 크기나 형상과는 무관하다고 가정하며, 즉 표면조도에만 의존한다고 근사된다.

임계균일 유동

개수로를 통과하는 유동은 Froude 수가 $\text{Fr} = 1$이고 따라서 유속이 파속도 $V_c = \sqrt{gy_c}$와 같아질 때에 임계유동이 되며, 여기서 y_c는 앞서(식 11-9) 정의된 임계유동깊이다. 체적 유량 $\dot{V}$, 수로기울기 S_0와 Manning 계수 n을 알면, 표준유동깊이 y_n은 Manning 식(식 11-41)으로부터 구할 수 있다. 그러나 A_c와 R_h가 모두 y_n의 함수이므로 이 식은 종종 y_n에 대하여 내재적(implicit)이 되며 해를 얻기 위해서는 수치해석적(또는 시행착오법) 접근이 요구된다. 만약 $y_n = y_c$이면 유동은 **균일 임계유동**이 되고, 이 경우 바닥기울기 S_0는 임계기울기 S_c와 같다. 유량 $\dot{V}$ 대신에 유동깊이 y_n를 알면 유량은 Manning 식으로부터, 임계유동깊이는 식 (11-9)로부터

표 11-1

개수로의 물 유동에서 Manning 계수 n의 평균값*

From Chow (1959).

벽면 재질	n
A. Artificially lined channels	
Glass	0.010
Brass	0.011
Steel, smooth	0.012
Steel, painted	0.014
Steel, riveted	0.015
Cast iron	0.013
Concrete, finished	0.012
Concrete, unfinished	0.014
Wood, planed	0.012
Wood, unplaned	0.013
Clay tile	0.014
Brickwork	0.015
Asphalt	0.016
Corrugated metal	0.022
Rubble masonry	0.025
B. Excavated earth channels	
Clean	0.022
Gravelly	0.025
Weedy	0.030
Stony, cobbles	0.035
C. Natural channels	
Clean and straight	0.030
Sluggish with deep pools	0.040
Major rivers	0.035
Mountain streams	0.050
D. Floodplains	
Pasture, farmland	0.035
Light brush	0.050
Heavy brush	0.075
Trees	0.150

* n값의 불확실성은 ±20% 이상일 수 있다.

구할 수 있다. 다시 한 번 $y_n = y_c$이면 유동은 임계상태이다.

균일임계유동 동안에는 $S_0 = S_c$이고 $y_n = y_c$이다. Manning 식의 $\dot{V}$와 S_0를 각각 $\dot{V} = A_c\sqrt{gy_c}$와 S_c로 대체하고 S_c에 대해 풀면 다음의 임계기울기에 대한 일반적인 관계를 얻는다.

임계기울기(일반): $$S_c = \frac{gn^2 y_c}{a^2 R_h^{4/3}} \tag{11-43}$$

박막유동(film flow) 또는 $b \gg y_c$인 넓은 직사각형 수로에 대해서 식 (11-43)은 다음과 같이 단순화된다.

임계기울기 ($b \gg y_c$): $$S_c = \frac{gn^2}{a^2 y_c^{1/3}} \tag{11-44}$$

이 식은 Manning 계수 n을 갖는 넓은 직사각형 수로에서 임계유동깊이 y_c를 유지하기에 필요한 기울기를 제시한다.

비균일 둘레에 대한 중첩법

대부분의 자연 수로와 일부 인공 수로에 대해 표면조도, 즉 Manning 계수는 접수둘레를 따라서 변하고 심지어는 수로를 따라서 조차 변한다. 예로, 보통 강바닥은 돌이 있는 바닥이지만 강과 연결된 홍수방지용 제방은 관목이 덮인 표면일 수도 있다. 이런 문제를 푸는 방법은 여러 가지로, 전체 수로단면에 대한 유효 Manning 계수 n을 찾아내거나, 또는 수로를 여러 개의 소단면(subsections)으로 고려하고 중첩 원리를 적용하는 것이다. 예로 하나의 수로단면을 각각 고유의 균일한 Manning 계수와 유량을 갖는 N개의 소단면으로 나눌 수 있다. 한 단면의 둘레를 결정할 때에는 그 단면의 경계는 단지 물에 잠기는 부분만을 고려하며 가상경계는 무시한다. 예제 11-4에 예시된 것처럼, 수로의 유량은 모든 단면을 흐르는 유량의 합이 된다.

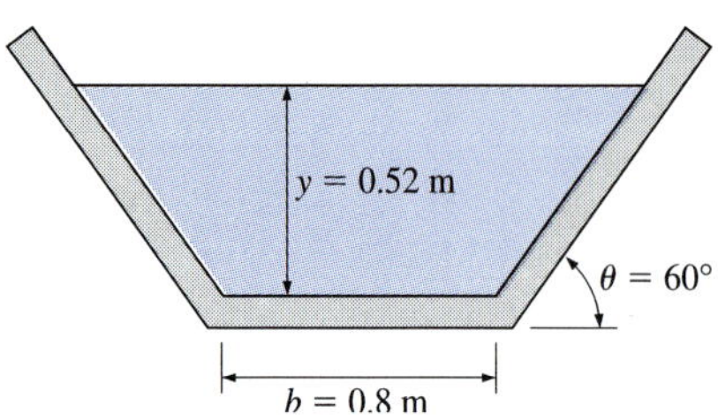

그림 11-18
예제 11-2의 개략도.

예제 11-2 균일 유동 개수로의 유량

그림 11-18에 보인 것처럼, 바닥 폭이 0.8 m, 사다리꼴 각도가 60°, 바닥 경사각이 0.3°인 사다리꼴 단면을 가지는 땅을 파서 만든 잡초가 우거진 수로로 물이 흐르고 있다. 측정된 유동깊이가 0.52 m일 때, 수로를 흐르는 유량을 구하라. 만약 바닥 경사각이 1°라면 유량은 어떻게 되겠는가?

풀이 물이 주어진 치수를 갖는 잡초가 우거진 사다리꼴 수로를 흐르고 있다. 측정된 유동깊이에 해당하는 유량을 구하고자 한다.

가정 **1** 유동은 정상이고 균일하다. **2** 바닥기울기는 일정하다. **3** 수로의 접수 표면의 조도와 이에 따른 마찰계수는 일정하다.

상태량 잡초가 우거진 표면을 갖는 수로의 Manning 계수는 $n = 0.030$이다.

해석 수로의 단면적, 둘레 및 수력반경은

$$A_c = y\left(b + \frac{y}{\tan\theta}\right) = (0.52\ \text{m})\left(0.8\ \text{m} + \frac{0.52\ \text{m}}{\tan 60°}\right) = 0.5721\ \text{m}^2$$

$$p = b + \frac{2y}{\sin\theta} = 0.8\ \text{m} + \frac{2 \times 0.52\ \text{m}}{\sin 60°} = 2.001\ \text{m}$$

$$R_h = \frac{A_c}{p} = \frac{0.5721\ \text{m}^2}{2.991\ \text{m}} = 0.2859\ \text{m}$$

수로의 바닥기울기는

$$S_0 = \tan\alpha = \tan 0.3° = 0.005236$$

그러면 수로를 흐르는 유량은 Manning 식으로부터 다음과 같이 구해진다.

$$\dot{V} = \frac{a}{n} A_c R_h^{2/3} S_0^{1/2} = \frac{1\ \text{m}^{1/3}/\text{s}}{0.030}(0.5721\ \text{m}^2)(0.2859\ \text{m})^{2/3}(0.005236)^{1/2} = \mathbf{0.60\ m^3/s}$$

바닥 경사각 1°에 대한 유량은 앞의 관계식에 $S_0 = \tan\alpha = \tan 1° = 0.01746$을 사용하여 구할 수 있다. 이 경우 $\dot{V} = 1.1\ \text{m}^3/\text{s}$가 된다.

토의 유량은 바닥 경사각의 강한 함수라는 것에 유의하자. 또한 Manning 계수와 이에 따라 계산된 유량에도 많은 불확실성이 있다. n값의 불확실성이 10% 라면 유량의 불확실성도 10%가 된다. 그러므로, 최종 답을 단지 유효숫자 두 자리로 나타내었다.

예제 11-3 직사각형 수로의 높이

바닥 폭이 1.2 m인 마감질되지 않은 콘크리트 직사각형 수로에서 1.5 m³/s의 유량으로 물이 이송되고 있다. 수로바닥이 300 m 당 0.6 m 강하하는 지형이라고 한다. 균일 유동 조건에서 수로의 최소높이를 결정하라(그림 11-20). 만약 바닥이 300 m 당 단지 0.3 m만 강하한다면 답은 어떻게 되겠는가?

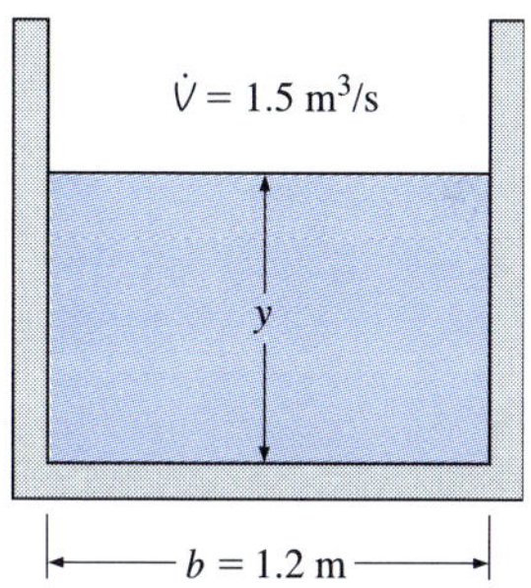

그림 11-19
예제 11-3의 개략도.

풀이 물이 지정된 바닥 폭을 갖는 마감질되지 않은 콘크리트 직사각형 수로를 흐르고 있다. 지정된 유량에 해당하는 최소 수로높이를 구하고자 한다.

가정 **1** 유동은 정상이고 균일하다. **2** 바닥기울기는 일정하다. **3** 수로의 접수 표면의 조도 따라서 마찰계수는 일정하다.

상태량 마감질되지 않은 콘크리트 표면을 갖는 개수로의 Manning 계수는 $n = 0.014$이다.

해석 수로의 단면적, 둘레 및 수력반경은

$$A_c = by = (1.2\ \text{m})y \qquad p = b + 2y = (1.2\ \text{m}) + 2y \qquad R_h = \frac{A_c}{p} = \frac{1.2y}{1.2 + 2y}$$

수로의 바닥기울기는 $S_0 = 0.6/300 = 0.002$이다. Manning 식을 사용하면, 수로에 흐르는 유량은 다음과 같이 표현된다.

$$\dot{V} = \frac{a}{n} A_c R_h^{2/3} S_0^{1/2}$$

$$1.5\ \text{m}^3/\text{s} = \frac{1\ \text{m}^{1/3}/\text{s}}{0.014}(1.2y\ \text{m}^2)\left(\frac{1.2y}{1.2 + 2y}\ \text{m}\right)^{2/3}(0.002)^{1/2}$$

이는 y에 대한 비선형 식이다. EES와 같은 방정식 풀이기를 사용하거나 또는 반복법을 사용하여 유동깊이를 구하면

$$y = \mathbf{0.799\ m}$$

만약 300 m의 길이 당 바닥 강하가 단지 0.3 m라면, 바닥기울기는 $S_0 = 0.001$이 되고 유동깊이는 $y =$ **1.05 m**가 된다.

토의 y가 유동깊이라는 것에 유의하면, 이는 수로 높이의 최소값이다. 또한 Manning 계수 n값에는 많은 불확실성이 있으며, 이는 건설될 수로의 높이를 결정할 때 반드시 고려되어야 한다.

예제 11-4 비균일 조도를 갖는 수로

바닥기울기가 0.003이고 단면이 그림 11-20과 같은 수로를 물이 흐르고 있다. 또한 그림에는 치수들과 각각의 다른 소단면 표면에 대한 Manning 계수들이 주어져 있다. 수로를 흐르는 유량과 이 수로의 유효 Manning 계수를 구하라.

풀이 물이 비균일 표면 상태량을 갖는 수로를 통하여 흐르고 있다. 유량과 유효 Manning 계수를 구하고자 한다.

가정 **1** 유동은 정상이고 균일하다. **2** 바닥기울기는 일정하다. **3** 수로를 따라서 Manning 계수들은 변하지 않는다.

해석 수로는 조도가 다른 두 개의 부분이 포함되어 있고, 따라서 그림 11-21에 나타낸 것과 같이 수로를 두 개의 소단면으로 나누는 것이 적절하다. 각각의 소단면의 유량은 Manning 식으로부터 구할 수 있으며 총 유량은 그들의 합으로 구할 수 있다.

삼각형 수로의 측변의 길이는 $s = \sqrt{3^2 + 3^2} = 4.243$ m이다. 그러면 각 소단면과 전체 수로의 유동면적, 둘레 및 수력반경은 다음과 같다.

소단면 1: $A_{c1} = 21\ \text{m}^2 \quad p_1 = 10.486\ \text{m} \quad R_{h1} = \dfrac{A_{c1}}{p_1} = \dfrac{21\ \text{m}^2}{10.486\ \text{m}} = 2.00\ \text{m}$

소단면 2: $A_{c2} = 16\ \text{m}^2 \quad p_2 = 10\ \text{m} \quad R_{h2} = \dfrac{A_{c2}}{p_2} = \dfrac{16\ \text{m}^2}{10\ \text{m}} = 1.60\ \text{m}$

전체 수로: $A_c = 37\ \text{m}^2 \quad p = 20.486\ \text{m} \quad R_h = \dfrac{A_c}{p} = \dfrac{37\ \text{m}^2}{20.486\ \text{m}} = 1.806\ \text{m}$

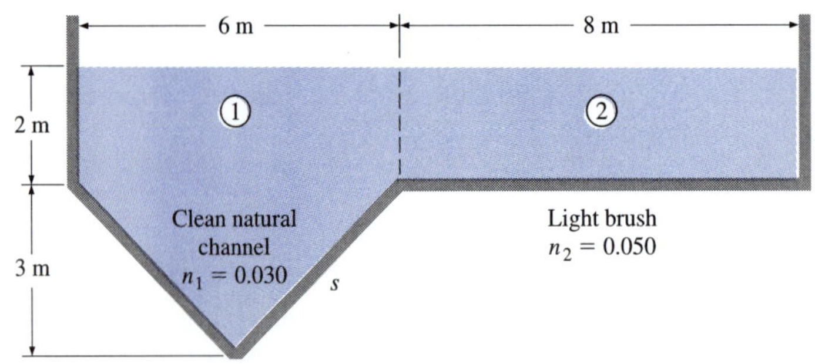

그림 11-20
예제 11-4의 개략도.

각 소단면에서 Manning 식을 사용하면, 수로를 흐르는 총 유량은 다음으로 구해진다.

$$\dot{V} = \dot{V}_1 + \dot{V}_2 = \frac{a}{n_1}A_{c1}R_{h1}^{2/3}S_0^{1/2} + \frac{a}{n_2}A_{c2}R_{h2}^{2/3}S_0^{1/2}$$

$$= (1\text{ m}^{1/3}/\text{s})\left[\frac{(21\text{ m}^2)(2\text{ m})^{2/3}}{0.030} + \frac{(16\text{ m}^2)(1.60\text{ m})^{2/3}}{0.050}\right](0.003)^{1/2}$$

$$= 84.8\text{ m}^3/\text{s} \cong \mathbf{85\ m^3/s}$$

총 유량을 알면, 전체 수로에 대한 유효 Manning 계수는 Manning 식으로부터 구해진다.

$$n_{\text{eff}} = \frac{aA_cR_h^{2/3}S_0^{1/2}}{\dot{V}} = \frac{(1\text{ m}^{1/3}/\text{s})(37\text{ m}^2)(1.806\text{ m})^{2/3}(0.003)^{1/2}}{84.8\text{ m}^3/\text{s}} = \mathbf{0.035}$$

토의 유효 Manning 계수 n_{eff}는 예상한 것처럼 두 n값의 사이에 있다. 수로의 Manning 계수의 가중 평균은 $n_{\text{avg}} = (n_1p_1 + n_2p_2)/p = 0.040$이며, 이는 n_{eff}와 크게 다르다. 그러므로 수로 전체에 대해 가중 평균 Manning 계수를 사용하고 싶은 마음이 생길 수도 있으나, 이는 그리 정확하지는 않을 것이다.

11-6 ▪ 최적 수력단면

개수로 시스템은 일반적으로 가능한 한 최소의 비용으로 중력을 이용하여 지정된 유량의 액체를 고도가 낮은 지역으로 이송하려고 설계된다. 요구되는 에너지 입력이 없다는 것을 고려하면, 개수로 시스템의 비용은 주로 초기 건설비용이며, 이는 시스템의 크기에 비례한다. 그러므로 주어진 수로 길이에 대하여 수로의 둘레는 시스템 비용을 대표하며, 크기와 이에 따른 비용을 최소화하기 위해서 둘레는 최소로 유지되어야 한다.

다른 시각으로 보면, 유동 저항은 벽면 전단응력 τ_w과 수로의 벽 면적에서 기인하며, 이는 단위 수로 길이 당 접수둘레와 같다. 그러므로 주어진 유동단면적 A_c에 대하여 접수둘레 p가 작아지면 저항력이 작아지고, 따라서 평균유속과 유량이 커진다.

또 다른 시각으로 보면, 지정된 바닥기울기 S_0와 표면 라이닝(즉 조도 계수 n)을 갖는 지정된 수로 형상에 대하여, 유속은 Manning 공식 $V = aR_h^{2/3}S_0^{1/2}/n$에 의해서 주어진다. 그러므로 유속은 수력반경에 따라 증가하며, 평균유속 또는 단위 단면적 당 유량이 최대가 되기 위해서는 수력반경이 반드시 최대(즉 $R_h = A_c/p$이므로 둘레가 최소)가 되어야 한다. 따라서 다음의 결론을 얻는다.

> 개수로에서 최적 수력단면은 최대 수력반경을 갖거나, 또는 동등하게, 지정된 단면적에 대해 최소 접수둘레를 가지는 단면이다.

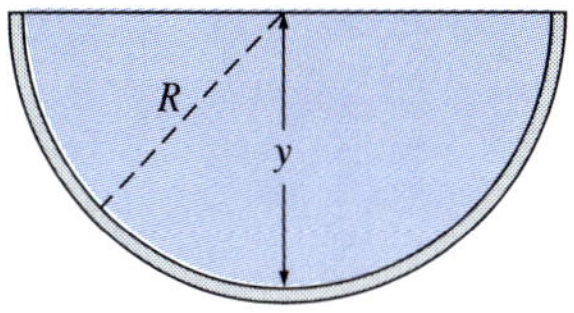

그림 11-21
지정된 단면적에 대해 최소 접수둘레와 이에 따른 최소 유동저항을 가지므로 개수로에서 최적 수력단면은 반원이다.

단위면적 당 최소 둘레를 갖는 형상은 원이다. 그러므로 최소 유동저항을 기준으로 개수로의 최적 단면은 반원(그림 11-21)이다. 그러나 일반적으로 반원형 수로 대신에 직선 변을 갖는 수로(예로 사다리꼴 또는 직사각형 단면의 수로)를 건설하는 것이 더 적은 비용이 들며, 수로의 일반적인 형상은 미리 지정될 수 있다. 따라서 최적 단면에 대해 각각의 기하학적 형상을 따로 분석하는 것이 일리가 있다.

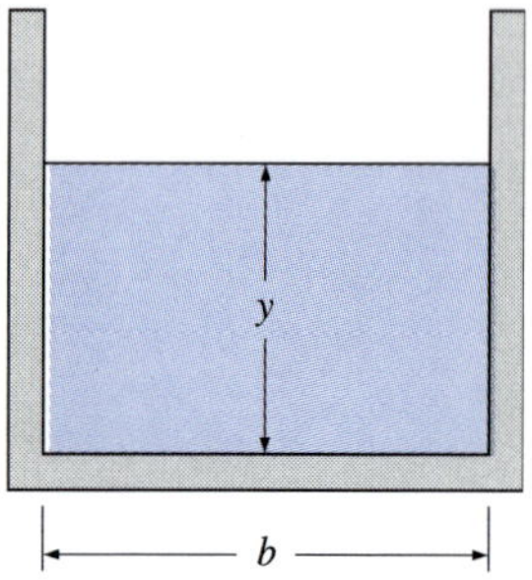

그림 11-22
폭 b와 유동깊이 y인 직사각형 개수로. 주어진 단면적에서 최대유량은 $y = b/2$일 때 발생한다.

동기 부여를 위한 예로 폭이 b이고 유동깊이가 y이며 바닥기울기가 1°인 마감질된 콘크리트($n = 0.012$) 직사각형 수로를 고려하자(그림 11-22). 단면적이 1 m^2인 단면에 대해 수력반경 R_h과 유량 $\dot{V}$에 대한 종횡비 y/b의 영향을 알아보기 위하여 Manning 공식으로부터 R_h와 $\dot{V}$를 계산하였다. 결과를 종횡비 0.1부터 5에 대하여 표 11-2에 나타내고 그림 11-23에 도시하였다. 이 표와 도표로부터, 유동의 종횡비 y/b가 증가하면 유량 $\dot{V}$이 증가하고, $y/b = 0.5$에서 최대에 도달한 후 감소하기 시작하는 것을 알 수 있다($A_c = 1$ m^2이므로, $\dot{V}$ 값은 또한 m/s로 나타내는 유속으로 해석될 수 있다). 수력반경에 대해서는 같은 경향이, 그러나 접수둘

표 11-2

$A_C = 1$ m^2, $S_0 = \tan 1°$ 및 $n = 0.012$의 직사각형 수로에 대해 종횡비 y/b에 따른 수력반경 R_h과 유량 $\dot{V}$의 변화

종횡비 y/b	수로 폭 b, m	유동깊이 y, m	둘레 p, m	수력반경 R_h, m	유량 $\dot{V}$, m^3/s
0.1	3.162	0.316	3.795	0.264	4.53
0.2	2.236	0.447	3.130	0.319	5.14
0.3	1.826	0.548	2.921	0.342	5.39
0.4	1.581	0.632	2.846	0.351	5.48
0.5	1.414	0.707	2.828	0.354	5.50
0.6	1.291	0.775	2.840	0.352	5.49
0.7	1.195	0.837	2.869	0.349	5.45
0.8	1.118	0.894	2.907	0.344	5.41
0.9	1.054	0.949	2.951	0.339	5.35
1.0	1.000	1.000	3.000	0.333	5.29
1.5	0.816	1.225	3.266	0.306	5.00
2.0	0.707	1.414	3.536	0.283	4.74
3.0	0.577	1.732	4.041	0.247	4.34
4.0	0.500	2.000	4.500	0.222	4.04
5.0	0.447	2.236	4.919	0.203	3.81

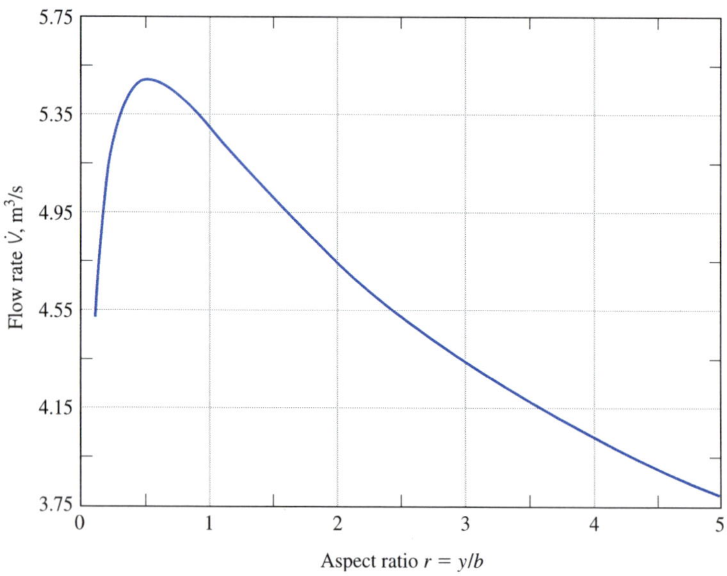

그림 11-23
$A_c = 1$ m^2, $S_0 = \tan 1°$인 직사각형 수로에서 종횡비 $r = y/b$에 따른 유량의 변화.

레 p에 대해서는 반대 경향이 나타나는 것을 알 수 있다. 이 결과는 주어진 형상에서 최적 단면이 최대 수력반경을 갖거나 또는 이와 동등하게, 접수둘레가 최소가 되는 단면이라는 것을 확인한다.

직사각형 수로

폭이 b이고 유동깊이가 y인 직사각형 단면 개수로 내의 액체 유동을 고려하자. 유동 단면에서 단면적과 접수둘레는

$$A_c = yb \quad \text{그리고} \quad p = b + 2y \tag{11-45}$$

식 (11-45)의 첫 번째 식을 b에 대하여 풀고 이를 두 번째 식에 대입하면

$$p = \frac{A_c}{y} + 2y \tag{11-46}$$

이제 개수로의 최적 수력단면은 주어진 단면적에서 접수둘레가 최소가 되는 단면이라는 기준을 적용하자. A_c를 일정하게 유지하면서 y에 대한 p의 도함수를 취하면

$$\frac{dp}{dy} = -\frac{A_c}{y^2} + 2 = -\frac{by}{y^2} + 2 = -\frac{b}{y} + 2 \tag{11-47}$$

$dp/dy = 0$으로 설정하고 y에 대하여 풀면, 최적 수력단면에 대한 기준은 다음과 같이 구해진다.

최적 수력단면(직사각형 수로): $$y = \frac{b}{2} \tag{11-48}$$

그러므로 주어진 단면적에 대해, 유동저항을 최소화하거나 또는 유량을 최대로 하기 위해서 직사각형 개수로는 반드시 액체높이가 수로 폭의 반이 되도록 설계되어야 한다. 이는 또한 둘레와 이에 따른 건설비용을 최소화 한다. 이 결과는 표 11-2에서 찾은 $y = b/2$가 최적 단면이라는 것을 확인한다.

사다리꼴 수로

이제 그림 11-24에 보인 것처럼 바닥 폭이 b, 유동깊이가 y, 수평으로부터 측정된 사다리꼴 각도가 θ인 사다리꼴 단면의 개수로 내의 액체 유동을 고려하자. 유동 단면에서 단면적과 접수둘레는

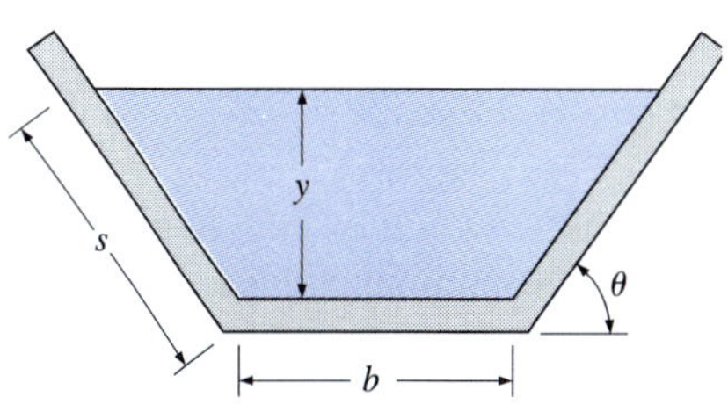

$$R_h = \frac{A_c}{p} = \frac{y(b + y/\tan\theta)}{b + 2y/\sin\theta}$$

그림 11-24
사다리꼴 수로의 매개변수들.

$$A_c = \left(b + \frac{y}{\tan\theta}\right)y \quad \text{그리고} \quad p = b + \frac{2y}{\sin\theta} \tag{11-49}$$

식 (11-49)의 첫 번째 식을 b에 대하여 풀고 이를 두 번째 식에 대입하면

$$p = \frac{A_c}{y} - \frac{y}{\tan\theta} + \frac{2y}{\sin\theta} \tag{11-50}$$

A_c와 θ를 일정하게 유지하면서 y에 대한 p의 도함수를 취하면

$$\frac{dp}{dy} = -\frac{A_c}{y^2} - \frac{1}{\tan\theta} + \frac{2}{\sin\theta} = -\frac{b + y/\tan\theta}{y} - \frac{1}{\tan\theta} + \frac{2}{\sin\theta} \tag{11-51}$$

$dp/dy = 0$으로 설정하고 y에 대하여 풀면, 임의의 지정된 사다리꼴 각도 θ에 대해 최적 수력단면에 대한 기준은 다음과 같이 구해진다.

최적 수력단면(사다리꼴 수로):

$$y = \frac{b\sin\theta}{2(1-\cos\theta)} \tag{11-52}$$

특수한 경우인 $\theta = 90°$ (직사각형 수로)에서는 예상대로 이 식은 $y = b/2$로 간단해 진다.

사다리꼴 수로의 수력반경 R_h는 다음과 같이 표현될 수 있다.

$$R_h = \frac{A_c}{p} = \frac{y(b + y/\tan\theta)}{b + 2y/\sin\theta} = \frac{y(b\sin\theta + y\cos\theta)}{b\sin\theta + 2y} \tag{11-53}$$

식 (11-52)를 $b\sin\theta = 2y(1-\cos\theta)$로 재정리하여 식 (11-53)에 대입하고 간단히 하면, 최적 단면을 갖는 사다리꼴 수로의 수력반경은 다음과 같게 된다.

최적 수력단면에 대한 수력반경:

$$R_h = \frac{y}{2} \tag{11-54}$$

그러므로 최적 단면을 갖는 사다리꼴 수로의 수력반경은 사다리꼴 각도 θ에 관계없이 유동깊이의 반이다.

이와 비슷하게, 최적 수력단면의 사다리꼴 각도는 A_c와 y를 일정하게 유지하고, θ에 대한 p의 도함수(식 11-50)를 취하여 $dp/d\theta = 0$으로 설정하고 결과 식을 θ에 대해 풀면 다음을 구한다.

최적 사다리꼴 각도:

$$\theta = 60° \tag{11-55}$$

최적 사다리꼴 각도 $\theta = 60°$를 최적 수력단면 관계식 $y = b\sin\theta/(2-2\cos\theta)$에 대입하면 다음을 얻는다.

$\theta = 60°$에서의 최적 유동깊이:

$$y = \frac{\sqrt{3}}{2}b \tag{11-56}$$

그러면 $\tan 60° = \sqrt{3}$이므로 유동 단면의 측변 길이와 유동 면적은 다음이 된다.

$$s = \frac{y}{\sin 60°} = \frac{b\sqrt{3}/2}{\sqrt{3}/2} = b \tag{11-57}$$

$$p = 3b \tag{11-58}$$

$$A_c = \left(b + \frac{y}{\tan\theta}\right)y = \left(b + \frac{b\sqrt{3}/2}{\tan 60°}\right)(b\sqrt{3}/2) = \frac{3\sqrt{3}}{4}b^2 \tag{11-59}$$

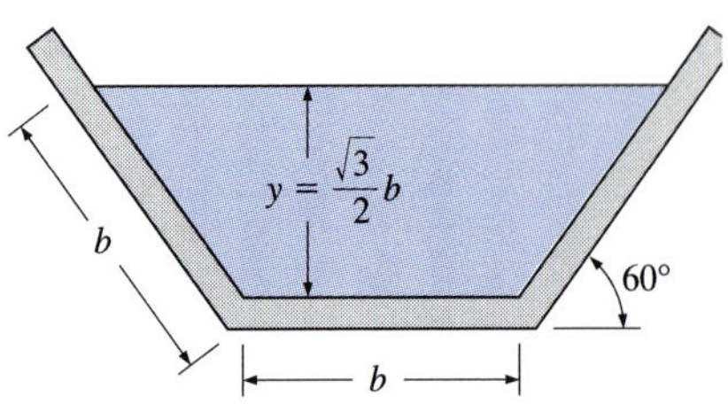

$R_h = \frac{y}{2} = \frac{\sqrt{3}}{4}b \quad A_c = \frac{3\sqrt{3}}{4}b^2$

그림 11-25
사다리꼴 수로에서 최적 단면은 정육각형의 반이다.

그러므로 사다리꼴 수로의 최적 단면은 **정육각형의 반**이다(그림 11-25). 정육각형은 원에 매우 근사적이므로 모든 사다리꼴 수로에서 1/2 정육각형이 단위 단면적당 최소 둘레를 갖는다는 것이 당연하다.

다른 형상의 수로에 대한 최적 수력단면도 비슷한 방법으로 구할 수 있다. 예로, 직경이 D인 원형 수로의 최적 수력단면은 $y = D/2$라는 것을 보일 수 있다.

예제 11-5 개수로의 최적 단면

표면이 아스팔트 라이닝 된 개수로에서 물을 2 m^3/s의 균일 유동으로 이송하려고 한다. 바닥기울기는 0.001이다. 수로의 형상이 (a) 직사각형과 (b) 사다리꼴(그림 11-26)일 때, 각각의 최적 단면의 치수를 구하라.

풀이 개수로에서 물을 지정된 유량으로 이송하고자 한다. 직사각형과 사다리꼴 형상에 대해 최적 수로 치수를 구하고자 한다.

가정 **1** 유동은 정상이고 균일하다. **2** 바닥기울기는 일정하다. **3** 수로의 접수면의 조도와 이에 따른 마찰계수는 일정하다.

상태량 아스팔트 라이닝 된 개수로의 Manning 계수는 $n = 0.016$이다.

해석 (a) 직사각형 수로의 최적 단면은 유동높이가 수로 폭의 반, $y = b/2$일 때 나타난다. 그러면 수로의 단면적, 둘레 및 수력반경은

$$A_c = by = \frac{b^2}{2} \qquad p = b + 2y = 2b \qquad R_h = \frac{A_c}{p} = \frac{b}{4}$$

Manning 식에 대입하면

$$\dot{V} = \frac{a}{n} A_c R_h^{2/3} S_0^{1/2} \quad \rightarrow \quad b = \left(\frac{2n\dot{V}4^{2/3}}{a\sqrt{S_0}}\right)^{3/8} = \left(\frac{2(0.016)(2\ \text{m}^3/\text{s})4^{2/3}}{(1\ \text{m}^{1/3}/\text{s})\sqrt{0.001}}\right)^{3/8}$$

이로부터 $b = 1.84$ m가 된다. 그러므로 $A_c = 1.70\ \text{m}^2$, $p = 3.68$ m, 그리고 최적 직사각형 수로의 치수는

$$b = \mathbf{1.84\ m} \quad \text{및} \quad y = \mathbf{0.92\ m}$$

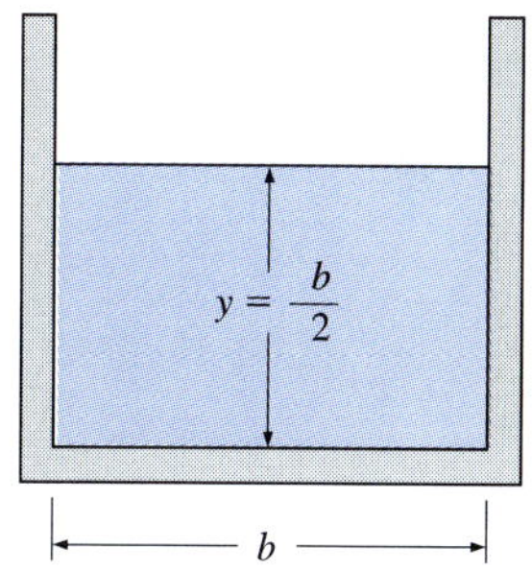

(b) 사다리꼴 수로의 최적 단면은 사다리꼴 각도가 60°이고 유동높이가 $y = b\sqrt{3}/2$일 때 발생한다. 그러면

$$A_c = y(b + b\cos\theta) = 0.5\sqrt{3}b^2(1 + \cos 60°) = 0.75\sqrt{3}b^2$$

$$p = 3b \qquad R_h = \frac{y}{2} = \frac{\sqrt{3}}{4}b$$

Manning 식에 대입하면

$$\dot{V} = \frac{a}{n} A_c R_h^{2/3} S_0^{1/2} \quad \rightarrow \quad b = \left(\frac{(0.016)(2\ \text{m}^3/\text{s})}{0.75\sqrt{3}\left(\sqrt{3}/4\right)^{2/3}(1\ \text{m}^{1/3}/\text{s})\sqrt{0.001}}\right)^{3/8}$$

이로부터 $b = 1.12$ m가 된다. 따라서 $A_c = 1.64\ \text{m}^2$, $p = 3.37$ m, 그리고 최적 사다리꼴 수로의 치수는

$$b = \mathbf{1.12\ m} \qquad y = \mathbf{0.973\ m} \quad \text{및} \quad \theta = \mathbf{60°}$$

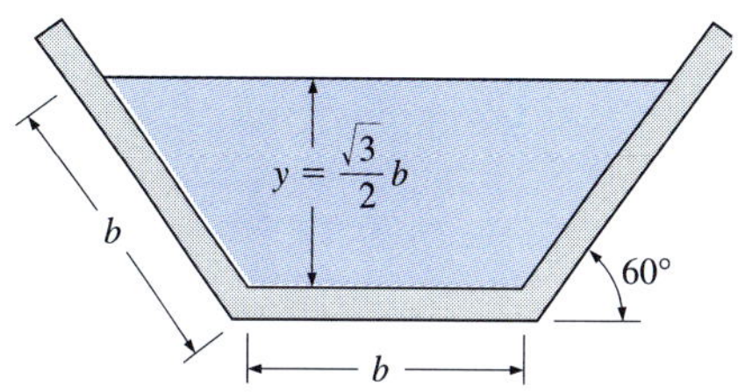

그림 11-26
예제 11-5의 개략도.

토의 사다리꼴 단면이 더 작은 둘레(3.37 m 대 3.68 m)와 이에 따른 더 낮은 건설비용을 갖기 때문에 유리하다는 것에 유의하자. 그러나 A_c가 더 작기 때문에 사다리꼴 수로를 통과하는 평균속도가 더 크다.

11-7 ■ 점진변화유동

지금까지는 유동깊이 y와 유속 V가 일정하게 유지되는 **균일 유동**을 살펴보았다. 이 절에서는 **점진변화유동(gradually varied flow, GVF)**을 고려하자. 이는 유동깊이와 속도가 점진적으로 변하고(기울기가 작고 급격한 변화가 없음) 자유표면이 항상 매끄럽게 유지되는(불연속성 또는 지그재그가 없는) 것이 특징인 정상 비균일 유동의 형태이다. **급변화유동(rapidly varied flows, RVF)**이라고 부르는 유동깊이와 속도가 급격히 변하는 유동은 11-8절에서 고려한다. 수로의 바닥기울기 또는 단면의 변화, 또는 유동 경로 상의 장애물은 수로에서 균일 유동이 점진변화유동 또는 급변화유동으로 변하는 원인이 될 수 있다.

급변화유동은 비교적 작은 표면적을 갖는 수로의 짧은 구간에서 발생하고 따라서 벽면 전단에 따른 마찰손실을 무시할 수 있다. RVF의 수두손실은 매우 국부적이며 강한 교반(요동)과 난류에 기인한다. 반면에 GVF의 손실은 주로 수로를 따르는 마찰효과 때문이며 Manning 공식으로부터 구할 수 있다.

점진변화유동에서는 유동깊이와 속도가 천천히 변하고 자유표면이 안정적이다. 이는 질량과 에너지 보존법칙을 바탕으로 수로의 유동깊이 변화를 수식화하고, 자유표면의 윤곽선에 대한 관계식을 구할 수 있도록 한다.

균일 유동에서는 에너지 선의 기울기가 바닥표면의 기울기와 같다. 그러므로 마찰기울기는 바닥기울기와 같다, $S_f = S_0$. 그러나 점진변화유동에서는 이들 기울기가 다르다(그림 11-27).

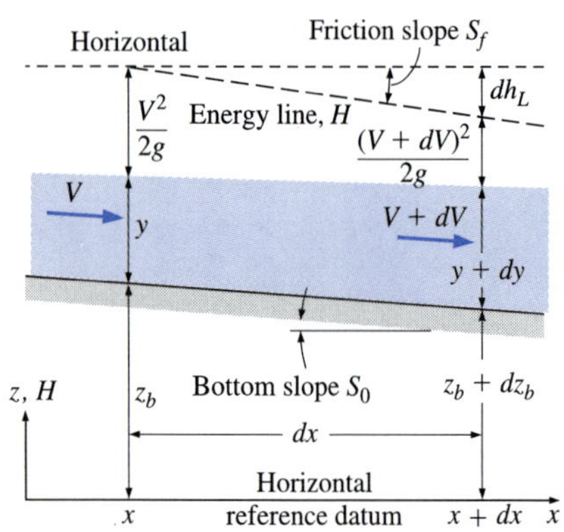

그림 11-27
점진변화유동(GVF) 조건의 개수로에서 미소 유동구간에서의 상태량 변화.

폭이 b인 직사각형 개수로의 정상유동을 고려하고, 바닥기울기와 수심의 어떤 변화도 모두 다소 완만하다고 가정하자. 다시 한 번 식들을 평균속도 V로 나타내고 압력분포는 정수력학적이라고 가정하자. 식 (11-17)로부터 총 액체수두는 모든 단면에서 $H = z_b + y + V^2/2g$이며, 여기서 z_b는 기준 값으로부터 바닥표면의 수직거리이다. H를 x에 대하여 미분하면 다음을 얻는다.

$$\frac{dH}{dx} = \frac{d}{dx}\left(z_b + y + \frac{V^2}{2g}\right) = \frac{dz_b}{dx} + \frac{dy}{dx} + \frac{V}{g}\frac{dV}{dx} \tag{11-60}$$

그러나 H는 액체의 총 에너지이고 따라서 dH/dx는 에너지 선의 기울기(음의 값)이며, 이는 그림 11-27에 보인 것처럼 마찰기울기의 음의 값과 같다. 또한 dz_b/dx는 바닥기울기의 음의 값이다. 그러므로

$$\frac{dH}{dx} = -\frac{dh_L}{dx} = -S_f \quad 그리고 \quad \frac{dz_b}{dx} = -S_0 \tag{11-61}$$

식 (11-61)을 식 (11-60)에 대입하면

$$S_0 - S_f = \frac{dy}{dx} + \frac{V}{g}\frac{dV}{dx} \tag{11-62}$$

직사각형 수로에서 정상유동의 질량보존 방정식은 $\dot{V} = ybV =$ 일정이다. x에 대하여 미분하면 다음을 얻는다.

$$0 = bV\frac{dy}{dx} + yb\frac{dV}{dx} \quad \rightarrow \quad \frac{dV}{dx} = -\frac{V}{y}\frac{dy}{dx} \tag{11-63}$$

식 (11-63)을 식 (11-62)에 대입하고 $V/\sqrt{gy}$가 Froude 수라는 것에 유의하면,

$$S_0 - S_f = \frac{dy}{dx} - \frac{V^2}{gy}\frac{dy}{dx} = \frac{dy}{dx} - \mathrm{Fr}^2\frac{dy}{dx} \tag{11-64}$$

dy/dx에 대해 풀면 개수로에서 점진변화유동의 유동깊이 변화율(또는 표면 윤곽선)에 대한 원하는 관계식을 구할 수 있다.

GVF 방정식:
$$\frac{dy}{dx} = \frac{S_0 - S_f}{1 - \mathrm{Fr}^2} \tag{11-65}$$

이는 압축성 유동에서 Mach 수의 함수로 나타나는 유동 면적의 변화와 유사하다. 이 관계식은 직사각형 수로에서 유도되었지만 적절한 Froude 수로 표현되는 단면적이 일정한 다른 수로에 대해서도 역시 유효하다. 이 미분방정식의 해석해 또는 수치해는 주어진 매개변수 세트에 대해 유동깊이 y를 x의 함수로 나타내며, 이때 함수 $y(x)$는 **표면 윤곽선**이다.

유동깊이의 일반적인 경향, 즉 수로를 따라 증가하거나, 감소하거나, 또는 일정하게 유지하는 것은 dy/dx의 부호에 따르며, 이는 식 (11-65)의 분자와 분모의 부호에 따라 결정된다. Froude 수는 항상 양수이며, 마찰기울기 S_f도 마찬가지다(단 마찰 효과를 무시할 수 있는 이상적인 유동의 경우는 예외, 이때 h_L과 S_f가 모두 0이 된다). 바닥기울기 S_0는 수로의 하향구배 구간(대부분의 경우에 해당)에서는 양수, 수평 구간에서는 0, 상향구배 구간(역류)에서는 음수이다. 유동깊이는 $dy/dx > 0$이면 증가하고, $dy/dx < 0$이면 감소하며, $dy/dx = 0$이고 따라서 $S_0 = S_f$이면 일정하게 유지된다(따라서 자유표면은 균일 유동처럼 수로바닥과 평행하다. 지정된 S_0 및 S_f 값에 대하여 dy/dx 항은 Froude 수가 1보다 작은가 또는 큰가에 따라 양수 또는 음수가 된다. 그러므로 유동의 거동은 아임계 유동와 초임계 유동에서 반대가 된다. 예로 $S_0 - S_f > 0$이면 아임계 유동에서는 유동깊이가 유동방향으로 증가하지만 초임계유동에서는 감소한다.

분모 $1 - \mathrm{Fr}^2$의 부호를 결정하는 것은 쉬우며, 이는 아임계 유동($\mathrm{Fr} < 1$)이면 양수, 초임계 유동($\mathrm{Fr} > 1$)이면 음수가 된다. 그러나 분자의 부호는 S_0와 S_f의 상대적 크기에 따라 달라진다. 마찰기울기 S_f는 항상 양수이며 그 값은 균일 유동, $y = y_n$에서 수로기울기 S_0와 같다는 것에 유의하자. 마찰기울기는 유선방향의 거리에 따라 변하는 양으로, 예제 11-6에서 보여준 것처럼 각 유선방향 위치에서의 깊이를 기반으로 Manning 식으로 계산된다. 속도가 증가하면 수두손실이 증가하고 속도는 주어진 유량에 대하여 유동깊이에 반비례한다는 것을 고려하면, $y < y_n$이면 $S_f > S_0$ 따라서 $S_0 - S_f < 0$이고 $y > y_n$이면 $S_f < S_0$ 따라서 $S_0 - S_f > 0$이 된다. 분자 $S_0 - S_f$는 수평($S_0 = 0$)과 상향구배($S_0 < 0$) 수로에서는 항상 음수이고, 따라서 이와 같은 수로에서는 아임계 유동 기간 동안 유동방향으로 유동깊이가 감소한다.

개수로의 액체 표면 윤곽선, y(x)

개수로 시스템은 수로를 따라 기획된 유동깊이에 기반을 두고 설계되고 건설된다. 그러므로 지정된 유량과 수로 형상에 대하여 유동깊이를 예측할 수 있는 것이 중요하다. 하류 거리에 대한 유동깊이의 선도는 유동의 **표면 윤곽선**(surface profile) $y(x)$이다. 점진변화유동에서 표면 윤곽선의 일반적인 특징은 바닥기울기와 임계 및 표준깊이에 상대적인 유동깊이에 따라 정해진다.

전형적인 개수로는 바닥기울기 S_0가 다르고 유동 상태가 다르며 따라서 표면 윤곽선이 다른 다양한 구간들이 포함된다. 예로, 수로에서 하향구배 구간의 일반적인 표면 윤곽선은 상향구배 구간의 것과 다르다. 마찬가지로 아임계 유동의 표면 윤곽선은 초임계유동의 것과 다르다. 관성력이 포함되지 않는 균일 유동과는 달리, 점진변화유동은 액체의 가속과 감속을 포함하며 표면 윤곽선은 액체의 무게, 전단력 및 관성효과 사이의 동역학적 평형을 반영한다.

각각의 표면 윤곽선은 수로의 기울기를 나타내는 글자와 임계깊이 y_c와 표준깊이 y_n에 상대적인 유동깊이를 나타내는 숫자로 구별된다. 수로의 기울기는 가파른(steep, S), 임계(critical, C), 완만한(mild, M), 수평(horizontal, H), 또는 역기울기(adverse, A)가 될 수 있다(그림 11-28). 수로의 기울기는 $y_n > y_c$이면 완만하고, $y_n < y_c$이면 가파르며, $y_n = y_c$이면 임계, $S_0 = 0$(바닥기울기가 0)이면 수평, $S_0 < 0$(음의 기울기)이면 역기울기라고 말한다. 역기울기를 가지는 개수로에서는 액체가 오르막 언덕으로 흐른다는 것에 유의하라.

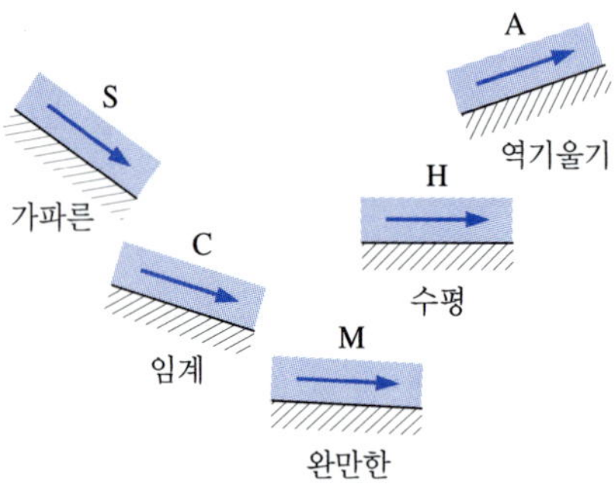

그림 11-28
여러 다른 기울기 유형에 대한 액체 표면 윤곽선을 나타내는 문자 S, C, M, H 및 A의 배정.

수로 구간은 수로바닥의 기울기뿐만 아니라 유량과 수로단면에 따라서도 분류된다. 한 가지 유동에 대해서 완만한 기울기를 가지는 것으로 분류된 수로 구간은, 다른 유동에 대해서는 가파른 기울기를 가질 수 있으며, 심지어 세 번째 유동에 대해서는 임계기울기가 될 수도 있다. 그러므로 기울기를 평가하기 전에 임계깊이 y_c와 표준깊이 y_n을 계산할 필요가 있다.

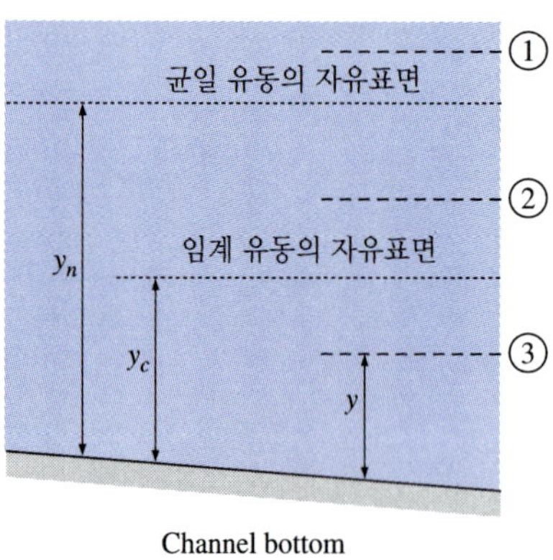

그림 11-29
표준깊이와 임계깊이에 상대적인 유동깊이의 값을 기준으로 액체 표면 윤곽선에 대한 숫자 1, 2, 3의 배정.

그림 11-29에 보인 것처럼 표시된 숫자는 주어진 수로의 기울기에서 임계유동과 균일 유동의 표면 수위에 상대적인 액체표면의 초기 위치를 나타낸다. 만약 유동깊이가 임계깊이와 표준깊이 모두 보다 위에 있으면($y > y_c$와 $y > y_n$) 표면 윤곽선은 1, 유동깊이가 둘 사이에 있으면($y_n > y > y_c$ 또는 $y_n < y < y_c$) 2, 유동깊이가 임계깊이와 표준깊이 모두 보다 아래에 있으면($y < y_c$와 $y < y_n$) 3으로 표기한다. 따라서 지정된 형태의 수로기울기에서 세 가지 다른 윤곽선이 가능하다. 그러나 수평과 상향 수로에서는 유동이 절대로 균일할 수 없으므로 기울기가 0 또는 역기울기인 수로에서는 유형 1의 유동이 존재할 수 없으며, 따라서 표준깊이는 정의되지 않는다. 또한 임계기울기를 갖는 수로에서는 표준깊이와 임계깊이가 동일하므로 유형 2의 유동이 존재하지 않는다.

설명한 다섯 종류의 기울기와 세 가지 유형의 초기 위치는 GVF에서 총 12개의 서로 다른 형태의 표면 윤곽선을 제공하며, 표 11-3에 이들을 열거하고 또한 그림으로 나타내었다. 또한 각각에 대하여, 식 (11-65), $dy/dx = (S_0 - S_f)/(1 - \mathrm{Fr}^2)$로부터 구한 표면 윤곽선의 기울기 dy/dx의 부호뿐만 아니라 $y < y_c$이면 $\mathrm{Fr} > 1$인 Froude 수도 나타내었다. $S_0 - S_f$와 $1 - \mathrm{Fr}^2$가 모두 양이거나 음이면 $dy/dx > 0$이고 따라서 유동방향에 따라 유동깊이가 증가한다는 것에 유의하자. 그렇지 않다면 $dy/dx < 0$이고 유동깊이는 감소한다. 유형 1의 유동에서는, 유동깊이가 유동 방향에 따라 증가하고 표면 윤곽선은 점근적으로 수평면에 다가간다. 유형 2의 유동에서는, 유동깊이가 감소하고 표면 윤곽선은 y_c 또는 y_n 중 낮은 값에 가까워진다. 유형 3의 유동에서는, 유동깊이가 증가하고 표면 윤곽선은 y_c 또는 y_n 중 낮은 값에 가까워진다. 표면 윤곽선의 이러한 경향은 바닥기울기 또는 표면조도가 변하

표 11-3

점진변화유동에서의 표면윤곽선 분류. 수직 척도는 매우 과장되어 있다.

수로 기울기	윤곽선 표기법	유동깊이	Froude 수	윤곽선 기울기	표면 윤곽선
Steep (S) $y_c > y_n$ $S_0 < S_c$ 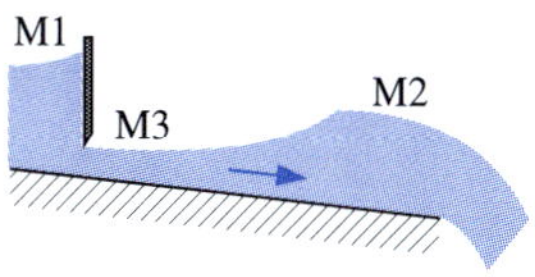	S1	$y > y_c$	$\mathrm{Fr} < 1$	$\frac{dy}{dx} > 0$	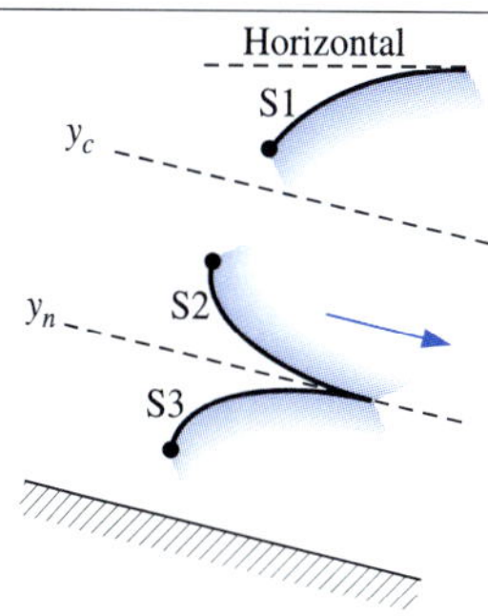 Channel bottom, $S_0 > S_c$
	S2	$y_n < y < y_c$	$\mathrm{Fr} > 1$	$\frac{dy}{dx} < 0$	
	S3	$y < y_n$	$\mathrm{Fr} > 1$	$\frac{dy}{dx} > 0$	
Critical (C) $y_c = y_n$ $S_0 < S_c$ 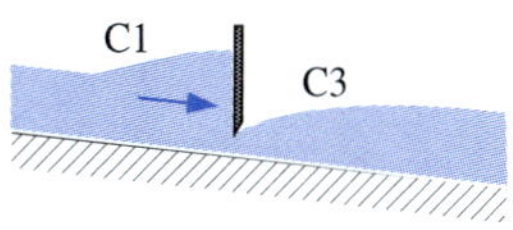	C1	$y > y_c$	$\mathrm{Fr} < 1$	$\frac{dy}{dx} > 0$	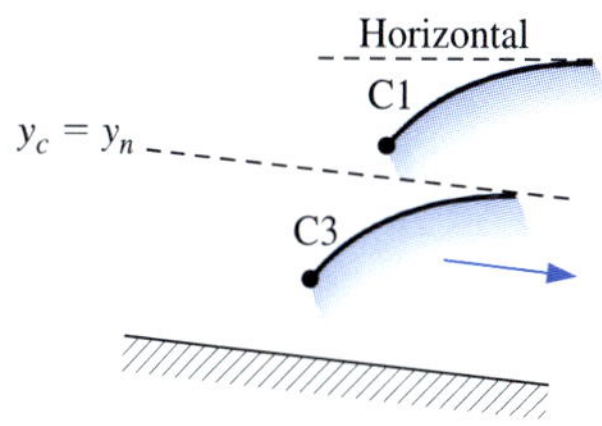 Channel bottom, $S_0 = S_c$
	C3	$y < y_c$	$\mathrm{Fr} > 1$	$\frac{dy}{dx} > 0$	
Mild (M) $y_c < y_n$ $S_0 < S_c$ 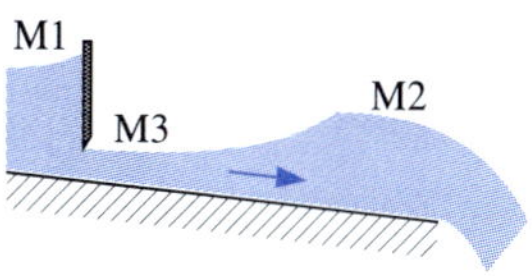	M1	$y > y_n$	$\mathrm{Fr} < 1$	$\frac{dy}{dx} > 0$	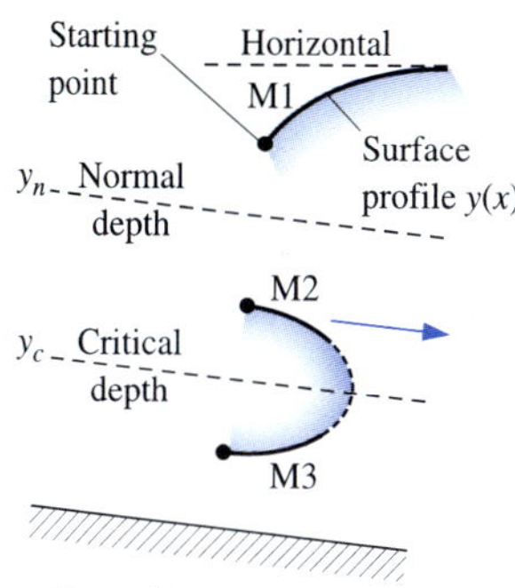 Channel bottom, $S_0 < S_c$
	M2	$y_c < y < y_n$	$\mathrm{Fr} < 1$	$\frac{dy}{dx} < 0$	
	M3	$y < y_c$	$\mathrm{Fr} > 1$	$\frac{dy}{dx} > 0$	
Horizontal (H) $y_n \to \infty$ $S_0 = 0$ 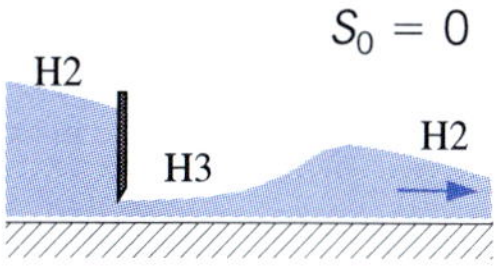	H2	$y > y_c$	$\mathrm{Fr} < 1$	$\frac{dy}{dx} < 0$	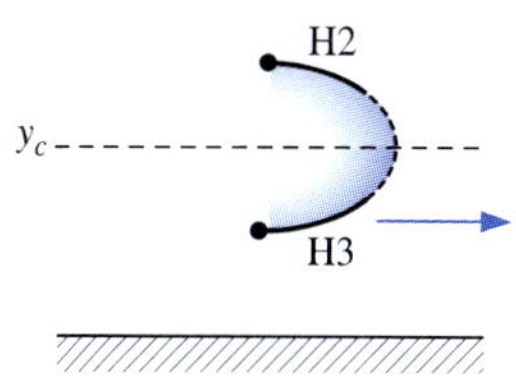 Channel bottom, $S_0 = 0$
	H3	$y < y_c$	$\mathrm{Fr} > 1$	$\frac{dy}{dx} > 0$	
Adverse (A) $S_0 < 0$ 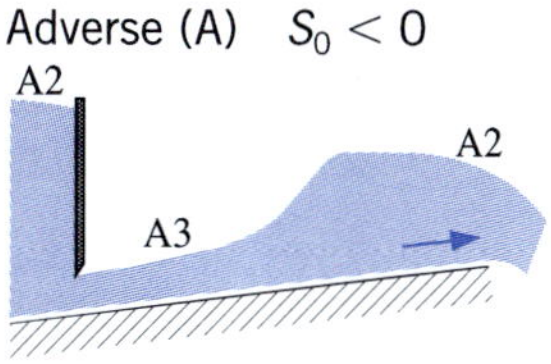	A2	$y > y_c$	$\mathrm{Fr} < 1$	$\frac{dy}{dx} < 0$	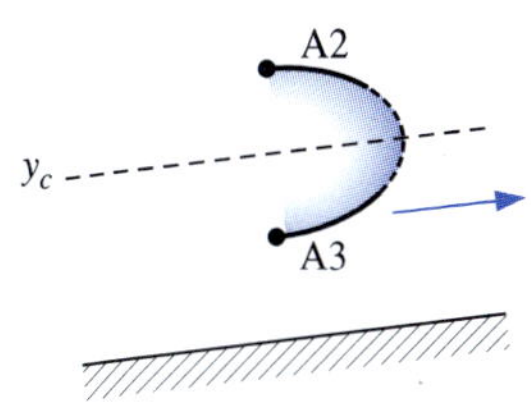 Channel bottom, $S_0 < 0$
	A3	$y < y_c$	$\mathrm{Fr} > 1$	$\frac{dy}{dx} > 0$	

지 않는 한 계속된다.

표 11-3에서 M1으로 표기된 첫 번째 경우를 고려하자(완만한 수로기울기와 $y > y_n > y_c$). 유동은 $y > y_c$이므로 아임계이고 따라서 $\mathrm{Fr} < 1$이고 $1 - \mathrm{Fr}^2 > 0$이다. 또한 $y > y_n$이므로 $S_f < S_0$, 즉 $S_0 - S_f > 0$이며, 따라서 유속은 표준유동(normal flow) 속도보다 느리다. 그러므로 표면 윤곽선의 기울기 $dy/dx = (S_0 - S_f)/(1 - \mathrm{Fr}^2) > 0$이고 유동깊이 y는 유동방향으로 증가한다. 그러나 y의 증가에 따라 유속은 감소하고 따라서 S_f와 Fr은 0에 접근한다. 그 결과 dy/dx는 S_0에 접근하고 유동깊이의 증가율은 수로의 기울기와 같아진다. 이는 y 값이 커지면 표면 윤곽선이 수평이 되는 것을 요구한다. 그러면 M1 표면윤곽선은 유동 방향에 따라 처음에는 상승하고 그 후 수평 점근선이 되는 경향이 있다고 결론짓는다.

아임계 유동(M2, H2 및 A2와 같은)에서 $y \rightarrow y_c$에 따라 $\mathrm{Fr} \rightarrow 1$과 $1 - \mathrm{Fr}^2 \rightarrow 0$이 되며, 따라서 기울기 dy/dx는 음의 무한대에 다가간다. 그러나 초임계유동(M3, H3 및 A3 같은)에서는 $y \rightarrow y_c$에 따라 $\mathrm{Fr} \rightarrow 1$과 $1 - \mathrm{Fr}^2 \rightarrow 0$이 되고, 이에 따라 양의 값인 기울기 dy/dx는 무한대에 접근한다. 즉, 자유표면은 거의 수직으로 상승하고 유동깊이는 매우 빠르게 증가한다. 이는 물리적으로 유지될 수 없으며, 자유표면이 부서진다. 그 결과는 수력도약이다. 이런 일이 발생하면 1차원 근사를 더 이상 적용할 수 없게 된다.

몇 가지 대표적인 표면 윤곽선

대부분의 개수로 시스템은 **천이(transition)**라고 부르는 연결부와 함께 다른 기울기를 갖는 여러 개의 구간을 포함하며, 따라서 유동의 전체 표면 윤곽선은 앞서 설명한 개별적인 윤곽선으로 구성된 연속적인 윤곽선이다. 개수로 유동에서 자주 마주치는 몇 가지 대표적인 표면 윤곽선들을 몇몇의 복합적인 윤곽선을 포함하여 그림 11-30에 나타내었다. 각각의 경우에 대해 표면 윤곽선의 변화는, 기울기의 급격한 변화 또는 수문과 같은 유동의 장애물처럼 수로 형상의 변화에 의해서 발생된다. 더 복합적인 윤곽선들은 참고문헌에 언급된 전문서적들에서 찾아볼 수 있다. 표면 윤곽선 상의 한 점은 그 점에서 질량, 운동량 및 에너지 보존법칙을 만족시키는 유동 높이를 나타낸다. 점진변화유동에서는 $dy/dx \ll 1$과 $S_0 \ll 1$이며, 이 그림들에서는 수로의 기울기와 표면 윤곽선이 둘 다 알아보기 쉽도록 매우 과장되었다는 것에 유의하라. 대부분의 수로와 표면 윤곽선들은 정확한 축척으로 그리면 거의 수평으로 나타난다.

그림 11-30a는 완만한 기울기와 수문이 있는 수로에서 점진변화유동의 표면 윤곽선을 보여준다. 아임계 상류유동(기울기가 완만하므로 유동이 아임계라는 것에 유의하라)은 수문에 다가가면서 느려지고(강물이 댐에 다가가는 것처럼) 액체 수위는 상승한다. 수문을 지난 유동은 초임계이다(개구부의 높이가 임계깊이보다 낮기 때문). 그러므로 표면 윤곽선은 수문 이전에는 M1이고 수문 이후 수력도약이 발생하기 전에는 M3이다.

그림 11-30b에 보인 것처럼 개수로의 어떤 구간에서는 음의 기울기를 갖고 오르막 유동을 수반한다. 관성력이 유체의 운동에 반대로 작용하고 있는 중력과 점성력을 이겨내지 못한다면 역기울기를 갖는 유동은 유지될 수 없다. 그러므로 오르막 수로 구간 다음에는 반드시 내리막 구간 또는 자유 배출구(free outfall)가

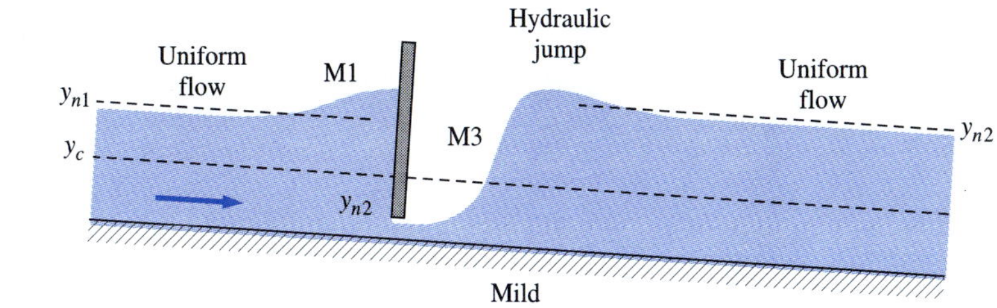

(*a*) 완만한 기울기를 갖는 개수로에서 수문을 통과하는 유동

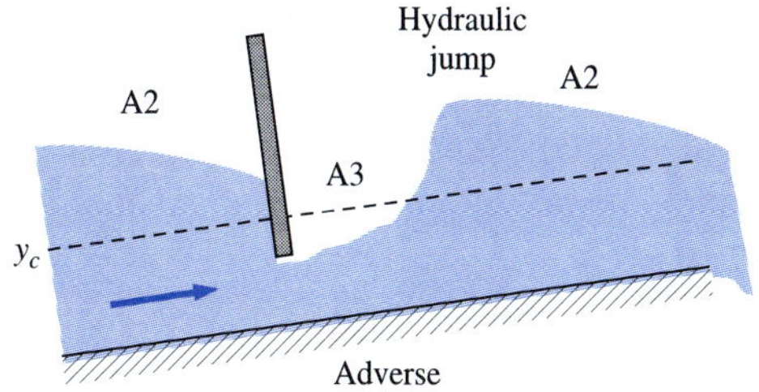

(*b*) 역기울기와 자유배출구를 갖는 개수로에서의 수문을 통과하는 유동

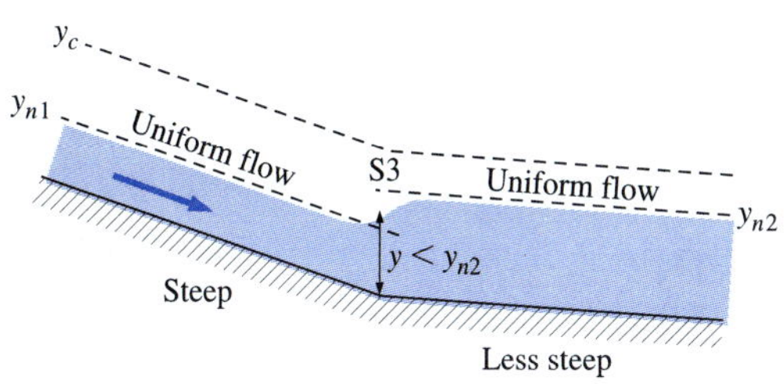

(*c*) 가파른 기울기에서 덜 가파른 기울기로 변하는 균일 초임계 유동

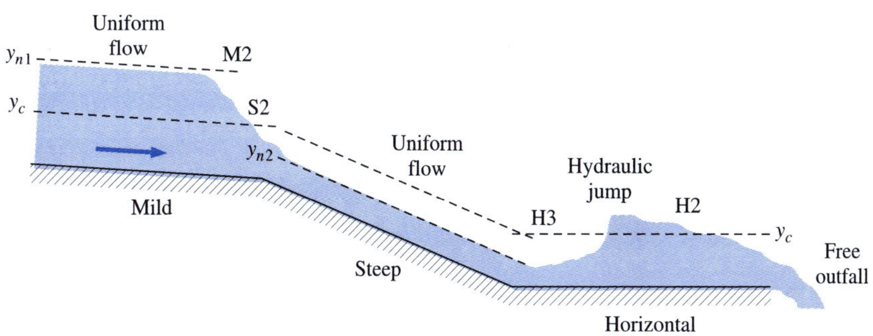

(*d*) 완만한 기울기에서 가파른 기울기로, 그리고 자유배출구를 갖는 수평 기울기로 변하는 균일 아임계 유동

그림 13-30
개수로 유동에서 마주치는 몇 가지 대표적인 표면 윤곽선. 모든 유동은 왼쪽에서 오른쪽으로 흐른다.

있어야 한다. 수문에 다가가는 역기울기를 갖는 아임계 유동에서는 수문에 다가감에 따라 유동깊이는 감소하고 A2 윤곽선을 갖는다. 수문을 지난 유동은 일반적으로 초임계이며, 수력도약이 발생하기 전에는 A3 윤곽선을 갖는다.

그림 11-30c의 개수로 구간에서는 가파른 기울기가 덜 가파른 기울기로 변한다. 덜 가파른 부분의 유속이 더 늦고(유동을 구동하는 고도강하가 더 작다) 따라서 균일 유동이 다시 형성될 때 유동깊이는 더 높아진다. 기울기가 가파른 균일 유동은 반드시 초임계($y < y_c$)라는 것에 유의하면, 유동깊이는 초기상태로부터 S3 윤곽선을 거쳐서 부드럽게 새로운 균일한 수위로 증가한다.

그림 11-30d는 다양한 유동 구간이 포함된 개수로의 복합적인 표면 윤곽선을 보여준다. 처음에는 기울기가 완만하며 유동은 균일하고 아임계이다. 이후 기울기가 가파르게 되고 균일 유동이 형성될 때에 유동은 초임계가 된다. 임계깊이는 기울기가 급변하는 곳에서 발생한다. 기울기의 변화는 완만한 구간이 끝나는 지점에서는 M2 윤곽선을, 그리고 가파른 구간의 시작점에서는 S2 윤곽선을 통하여 유동깊이가 부드럽게 감소하면서 이루어진다. 수평구간에서는, 유동깊이는 처음에는 H3 윤곽선을 통하여 부드럽게, 그리고는 수력도약 동안에 급격히 증가한다. 이 후 유동깊이는 액체가 수로 끝단의 자유 배출구 방향으로 가속되면서 H2 윤곽선을 통하여 감소한다. 유동은 수로 끝에 도달하기 전에 임계가 되며, 배출구는 수력도약을 지난 상류 유동을 제어한다. 배출되는 유동은 초임계이다. 수평 수로에서는 중력에 유동방향의 성분이 없으므로 균일 유동이 형성될 수 없으며 유동은 관성력으로 구동된다는 것에 유의하라.

표면 윤곽선의 수치해

표면 윤곽선 $y(x)$의 예측은 개수로 시스템 설계의 중요한 부분이다. 표면 윤곽선을 결정하려면, 수로를 따라서 유량 정보로부터 유동깊이가 계산되는 **제어점 (control points)**이라고 부르는 위치를 찾아내는 것부터 시작하는 것이 좋다. 예로, 직사각형 수로에서 **임계점**이라고 부르는 임계유동이 발생하는 단면의 유동깊이는 $y_c = (\dot{V}^2/gb^2)^{1/3}$로부터 구할 수 있다. 균일 유동이 형성되었을 때 도달하는 유동깊이인 **표준깊이** y_n 또한 제어점 역할을 한다. 일단 제어점의 유동깊이가 얻어지면, 상류와 하류의 표면 윤곽선은 대부분 비선형 미분방정식을 수치적분 함으로써 구할 수 있다(식 11-65, 여기에 반복되었다).

$$\frac{dy}{dx} = \frac{S_0 - S_f}{1 - \mathrm{Fr}^2} \tag{11-66}$$

마찰기울기 S_f는 균일 유동조건으로부터 구해지며, 그리고 Froude 수는 그 수로 단면에 적합한 관계식으로부터 구할 수 있다.

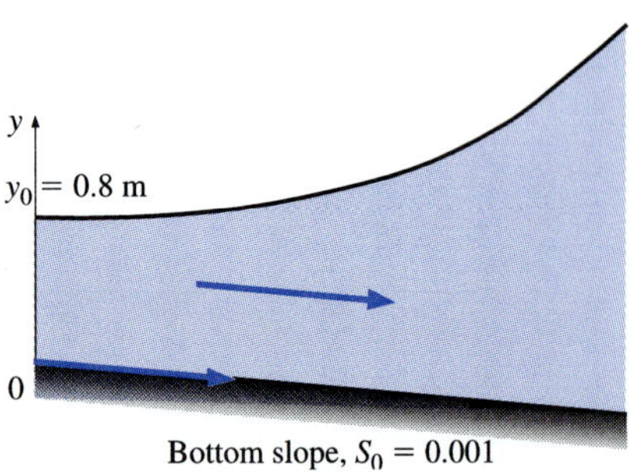

그림 11-31
예제 11-6의 개략도.

예제 11-6 M1 표면 윤곽선을 갖는 점진변화유동

단위 폭 당 1 m^3/s의 유량을 갖는 넓은 직사각형 수로 내의 물의 점진변화유동과 Manning 계수 $n = 0.02$를 고려한다. 수로의 기울기는 0.001이고 위치 $x = 0$에서 유동깊이는 0.8 m로 측정된다. (a) 유동의 표준깊이 및 임계깊이를 구하고 수면 윤곽선을 분류하라. (b) $x = 1000$ m에서 유동깊이 y를 $0 \le x \le 1000$ m의 범위에 걸쳐서 GVF 방정식을 수치적으로 적분하여 구하라. 다른 x 값들에서 유동깊이를 구하기 위하여 (b) 부분을 반복하고, 표면 윤곽선을 도시하라(그림 11-31).

풀이 넓은 직사각형 수로 내에서 물의 점진변화유동을 고려한다. 표준 및 임계 유동깊이, 유동 형태, 그리고 지정된 위치에서 유동깊이를 구하고, 표면 윤곽선을 도시하고자 한다.

가정 **1** 수로는 넓고 유동은 점진적으로 변한다. **2** 바닥기울기는 일정하다. **3** 수로의 접수면의 조도와 이에 따른 마찰계수는 일정하다.

상태량 수로의 Manning 계수는 $n = 0.02$로 주어져 있다.

해석 (a) 수로가 넓다고 하였으며, 따라서 수력반경은 유동깊이, $R_h \cong y$와 같다. 단위 폭 당($b = 1$ m) 유량을 알고 있으므로 표준깊이는 Manning 식으로부터 다음으로 구해진다.

$$\dot{V} = \frac{a}{n}A_c R_h^{2/3} S_0^{1/2} = \frac{a}{n}(yb)y^{2/3}S_0^{1/2} = \frac{a}{n}by^{5/3}S_0^{1/2}$$

$$y_n = \left(\frac{(\dot{V}/b)n}{aS_0^{1/2}}\right)^{3/5} = \left(\frac{(1\,\text{m}^2/\text{s})(0.02)}{(1\,\text{m}^{1/3}/\text{s})(0.001)^{1/2}}\right)^{3/5} = \mathbf{0.76\ m}$$

이 유동의 임계깊이는

$$y_c = \frac{\dot{V}^2}{gA_c^2} = \frac{\dot{V}^2}{g(by)^2} \rightarrow y_c = \left(\frac{(\dot{V}/b)^2}{g}\right)^{1/3} = \left(\frac{(1\,\text{m}^2/\text{s})^2}{(9.81\,\text{m/s}^2)}\right)^{1/3} = \mathbf{0.47\ m}$$

$x = 0$에서 $y_c < y_n < y$라는 것에 유의하면, 표 11-3으로부터 이 GVF 동안 수면 윤곽선은 M1로 분류되는 것을 알 수 있다.

(b) 초기 조건 $y(0) = 0.8$ m를 알고 있으므로, 임의의 x 위치에서의 유동깊이 y는 GVF 방정식의 수치적분으로 구해진다.

$$\frac{dy}{dx} = \frac{S_0 - S_f}{1 - \text{Fr}^2}$$

여기서 넓은 직사각형 수로에 대한 Froude 수는

$$\text{Fr} = \frac{V}{\sqrt{gy}} = \frac{\dot{V}/by}{\sqrt{gy}} = \frac{\dot{V}/b}{\sqrt{gy^3}}$$

그리고 마찰기울기는 균일 유동 방정식으로부터 $S_0 = S_f$를 설정하여 구해진다.

$$\dot{V} = \frac{a}{n}by^{5/3}S_f^{1/2} \rightarrow S_f = \left(\frac{(\dot{V}/b)n}{ay^{5/3}}\right)^2 = \frac{(\dot{V}/b)^2 n^2}{a^2 y^{10/3}}$$

대입하면, 넓은 직사각형 수로에 대한 GVF 방정식은 다음이 된다.

$$\frac{dy}{dx} = \frac{S_0 - (\dot{V}/b)^2 n^2/(a^2 y^{10/3})}{1 - (\dot{V}/b)^2/(gy^3)}$$

이 식은 매우 비선형적이며, 따라서 해석적으로 적분하기가 어렵다(또는 불가능하다). 다행히도, 요즘에는 EES 또는 Matlab 같은 프로그램을 사용하여 이와 같은 비선형 방정식을 수치해석적으로 적분하여 비선형 미분방정식의 해를 구하는 것이 쉽다. 이를 염두에 두고, 초기 조건 $y(x_1) = y_1$을 갖는 비선형 1차 미분방정식 해는 다음과 같이 표현된다.

$$y = y_1 + \int_{x_1}^{x_2} f(x,y)dx \quad \text{where} \quad f(x,y) = \frac{S_0 - (\dot{V}/b)^2 n^2/(a^2 y^{10/3})}{1 - (\dot{V}/b)^2/(gy^3)}$$

그리고 여기서 $y = y(x)$는 지정된 x 위치에서의 수심이다. 주어진 수치적 값들에 대하여 이 문제는 다음처럼 EES를 사용하여 풀 수 있다.

수로의 거리, m	수심, m
0	0.80
100	0.82
200	0.86
300	0.90
400	0.96
500	1.03
600	1.10
700	1.18
800	1.26
900	1.35
1000	1.44

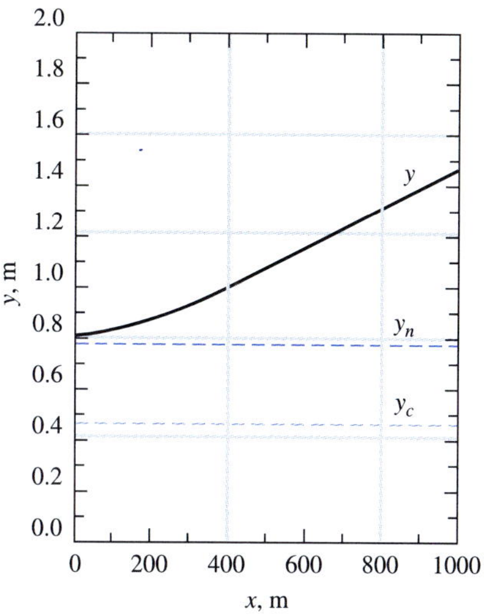

그림 11-32
예제 11-6에서 논의된 GVF 문제에 대한 유동깊이와 표면 윤곽선.

```
Vol = 1 "m^3/s, volume flow rate per unit width, b = 1 m"
b = 1 "m, width of channel"
n = 0.02 "Manning coefficient"
S_0 = 0.001 "slope of channel"
g = 9.81 "gravitational acceleration, m/s^2"

x1 = 0; y1=0.8 "m, initial condition"
x2 = 1000 "m, length of channel"

f_xy = (S_0-((Vol/b)^2*n^2/y(10/3)))/(1-(Vol/b)^2/(g*y^3)) "the GVF equation to be integrated"
y = y1+integral(f_xy, x, x1, x2) "integral equation with automatic step size."
```

위의 작은 프로그램을 EES 화면 공백에 복사하고 계산하면 1000 m의 위치에서 수심을 구한다.

$$y(x_2) = y(1000\,\text{m}) = \mathbf{1.44\ m}$$

내장된 함수 "integral"이 지정된 경계 사이에서 자동적으로 조절된 스텝 크기를 사용하여 수치적으로 적분을 수행하는 것에 유의하라. 수로를 따라 다른 위치의 수심은 이 계산을 다른 x_2 값들에서 반복하여 얻을 수 있다. 결과를 도시하면 표면 윤곽선을 그림 11-32에 나타낸 것처럼 구할 수 있다. EES의 곡선접합 기능을 사용하면 유동깊이 데이터를 다음의 2차 다항식으로 곡선접합 할 수도 있다.

$$y_{\text{approx}}(x) = 0.7930 + 0.0002789x + 3.7727 \times 10^{-7}x^2$$

이 곡선 접합된 식으로부터 얻어진 유동깊이 결과가 도표화 된 데이터와 1%도 차이나지 않는다는 것을 보여줄 수 있다.

토의 그림으로 나타낸 결과는 표 11-3으로부터 정량적으로 예측된, M1 윤곽선은 하류 방향으로 수심이 증가해야만 한다는 것을 확인해 준다. 이 문제는 또한 그림 11-33에 주어진 코드를 사용하는 Matlab과 같은 다른 프로그램을 사용하여 해를 구할 수 있다.

```
clear all
domain=[0 1000]; % limits on integral
s0=.001; % channel slope
n=.02; % Manning roughness
q=1; % per-unit-width flowrate
g=9.81; % gravity (SI)
y0=.8; % initial condition on depth
[X,Y]=ode45('simple_flow_derivative',
[domain(1) domain (end)],y0,
[],s0,n,q,g,domain);

plot (X, Y, 'k')
axis([0 1000 0 max(Y)])
xlabel('x (m)');ylabel('y (m)');
***************

function
yprime=simple_flow_derivative(x,y,flag,s
0, n,q,g, (domain)
yprime=(s0-n.^2*q.^2./y.^(10/3))./(1-
q.^2/g./y.^3);
```

그림 11-33
예제 11-6의 GVF 문제를 풀기 위한 Matlab 프로그램.

예제 11-7 수로 기울기의 분류

물이 마감질하지 않은 콘크리트 표면을 갖는 직사각형의 개수로를 균일하게 흐르고 있다. 수로의 폭은 6 m, 유동깊이는 2 m이고 바닥기울기는 0.004이다. 이 수로가 완만한, 임계 또는 가파른 기울기 중 어느 것으로 분류되는지 결정하라(그림 11-34).

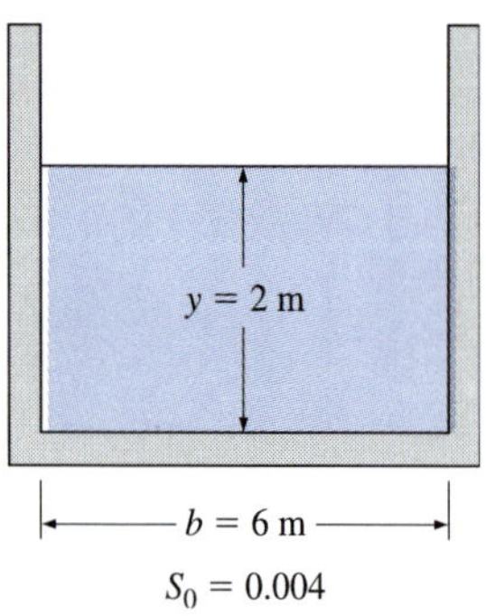

그림 11-34
예제 11-7의 개략도.

풀이 개수로에서 물이 균일하게 흐르고 있다. 수로의 기울기가 이 유동에 대해 완만한지, 임계인지 또는 가파른지를 알아보고자 한다.

가정 **1** 유동은 정상이고 균일하다. **2** 바닥기울기는 일정하다. **3** 수로의 접수면의 조도와 이에 따른 마찰계수는 일정하다.

상태량 마감질하지 않은 콘크리트 표면 개수로의 Manning 계수는 $n = 0.014$이다.

해석 단면적, 둘레 및 수력반경은

$$A_c = yb = (2\text{ m})(6\text{ m}) = 12\text{ m}^2$$

$$p = b + 2y = 6\text{ m} + 2(2\text{ m}) = 10\text{ m}$$

$$R_h = \frac{A_c}{p} = \frac{12\text{ m}^2}{10\text{ m}} = 1.2\text{ m}$$

유량을 Manning 식으로부터 구하면

$$\dot{V} = \frac{a}{n} A_c R_h^{2/3} S_0^{1/2} = \frac{1\ \text{m}^{1/3}/\text{s}}{0.014}(12\ \text{m}^2)(1.2\ \text{m})^{2/3}(0.004)^{1/2} = \mathbf{61.2\ m^3/s}$$

유동이 균일하다는 것에 유의하면, 지정된 유량은 표준깊이 즉 $y = y_n = 2$ m이다. 이 유동에서 임계깊이는

$$y_c = \frac{\dot{V}^2}{gA_c^2} = \frac{(61.2\ \text{m}^3/\text{s})^2}{(9.81\ \text{m/s}^2)(12\ \text{m}^2)^2} = 2.65\ \text{m}$$

$y_n < y_c$이고 유동이 초임계이므로 이러한 유동조건에서 이 수로는 **가파르다**고 분류된다.

토의 만약 유동깊이가 2.65 m보다 크다면, 수로 기울기는 완만하다고 말하게 될 것이다. 그러므로 바닥기울기만으로는 내리막 수로가 완만한지, 임계인지, 또는 가파른지 구분하기에 충분하지 않다.

11-8 ■ 급변화유동과 수력도약

만약 비교적 짧은 구간에서 유동방향으로 유동깊이가 현저하게 변한다면, 이 개수로 유동을 **급변화유동(RVF)**이라고 부른다는 것을 기억하자(그림 11-35). 이런 유동은 수문, 광봉 위어(broad-crested weir) 또는 예봉 위어(sharp-crested weir), 폭포 및 수로의 확대와 축소를 위한 수로의 천이 구간에서 발생한다. 수로단면의 변화가 급변화유동이 발생하는 원인의 하나다. 그러나 수문을 통과하는 유동과 같은 일부 급변화유동은 수로 단면이 일정한 구간에서도 나타난다.

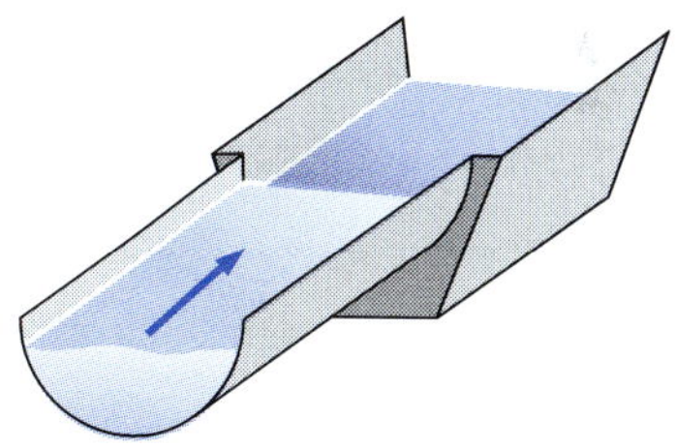

그림 11-35
단면의 급격한 변화와 같은 갑작스런 변화가 있을 때 급변화유동이 발생한다.

급변화유동은 상당한 다차원적 과도 효과(transient effects), 역류, 그리고 유동박리가 포함될 수 있다는 사실로 인해 대부분 복잡하다. 그러므로 급변화유동은 일반적으로 실험적 또는 수치해석적으로 연구된다. 그러나 이와 같은 복잡성에도 불구하고 일부 급변화유동은 1차원 유동 근사를 이용하여 비교적 정확한 해석이 가능하다.

가파른 수로의 유동은 초임계일 수 있으며, 만약 수로 기울기가 줄어들거나 마찰효과가 증가하여 수로에서 더 이상 초임계 유동이 유지되지 못하면 유동은 반드시 아임계로 변해야 한다. 이와 같은 모든 초임계 유동으로부터 아임계 유동으로의 변화는 **수력도약**을 거쳐서 일어난다. 수력도약은 상당한 혼합과 교반 그리고 이에 따른 많은 양의 기계적 에너지 소산을 포함한다.

그림 11-36에 보인 것처럼, 수력도약이 포함된 검사체적을 통과하는 정상유동을 고려하자. 단순한 해석이 가능하도록 다음의 근사를 한다.

1. 수로의 단면 1과 2에서의 속도는 거의 일정하며 따라서 운동량-플럭스 보정계수는 $\beta_1 = \beta_2 \cong 1$이다.
2. 액체 내부의 압력은 정수력학적으로 변하고, 대기압은 모든 표면에 작용하므로 서로 상쇄되고 따라서 단지 계기압력만을 고려한다.
3. 수력도약 동안 격렬한 교반에 의해 발생하는 손실에 비하여 벽면 전단응력과 이에 관련된 손실은 상대적으로 무시할 수 있다.

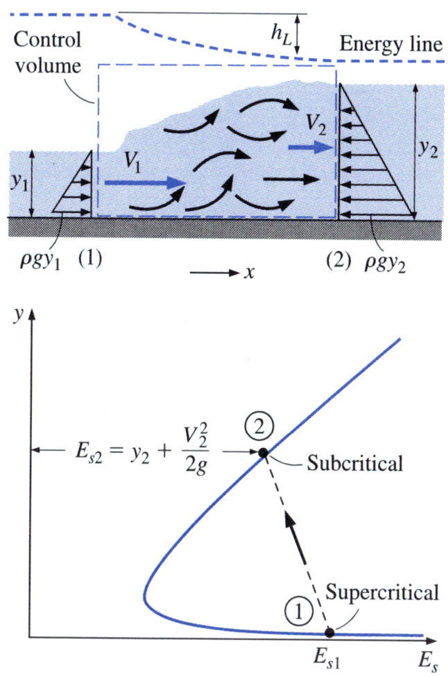

그림 11-36
수력도약에 대한 개략도와 유동깊이-비에너지 선도(비에너지는 감소한다).

4. 수로는 넓고 수평이다.
5. 중력 이외의 다른 외력 또는 체적력은 없다.

폭이 b인 수로에서, 질량보존 방정식 $\dot{m}_2 = \dot{m}_1$은 $\rho y_1 b V_1 = \rho y_2 b V_2$ 또는 다음으로 표현된다.

$$y_1 V_1 = y_2 V_2 \tag{11-67}$$

검사체적에 수평의 x방향으로 작용하는 유일한 힘은 압력 힘이라는 것에 유의하면, x방향 운동량 방정식 $\sum \vec{F} = \sum_{\text{out}} \beta \dot{m} \vec{V} - \sum_{\text{in}} \beta \dot{m} \vec{V}$은 정수압 힘과 운동량 전달 사이의 평형이 된다.

$$P_{1,\text{avg}} A_1 - P_{2,\text{avg}} A_2 = \dot{m} V_2 - \dot{m} V_1 \tag{11-68}$$

여기서 $P_{1,\text{avg}} = \rho g y_1/2$ 그리고 $P_{2,\text{avg}} = \rho g y_2/2$이다. 폭이 b인 수로에서는 $A_1 = y_1 b$, $A_2 = y_2 b$이고 $\dot{m} = \dot{m}_2 = \dot{m}_1 = \rho A_1 V_1 = \rho y_1 b V_1$이다. 대입하고 단순화하면 운동량 방정식은 다음이 된다.

$$y_1^2 - y_2^2 = \frac{2y_1 V_1}{g}(V_2 - V_1) \tag{11-69}$$

식 (11-67)로부터 $V_2 = (y_1/y_2)V_1$ 관계를 이용하여 V_2를 소거하면

$$y_1^2 - y_2^2 = \frac{2y_1 V_1^2}{g y_2}(y_1 - y_2) \tag{11-70}$$

양변에서 공통인자 $y_1 - y_2$를 없애고 다시 정리하면

$$\left(\frac{y_2}{y_1}\right)^2 + \frac{y_2}{y_1} - 2\text{Fr}_1^2 = 0 \tag{11-71}$$

여기서 $\text{Fr}_1 = V_1 \sqrt{g y_1}$. 이는 y_2/y_1에 대한 2차방정식이며 두개의 근, 즉 음수 하나와 양수 하나를 갖는다. y_2와 y_1은 모두 양의 값이므로 y_2/y_1은 음수가 될 수 없다는 것에 유의하면, 깊이 비 y_2/y_1은 다음과 같이 구해진다.

깊이 비: $$\frac{y_2}{y_1} = 0.5\left(-1 + \sqrt{1 + 8\text{Fr}_1^2}\right) \tag{11-72}$$

이 수평 유동구간에 대한 에너지 방정식(식 11-30)은

$$y_1 + \frac{V_1^2}{2g} = y_2 + \frac{V_2^2}{2g} + h_L \tag{11-73}$$

$V_2 = (y_1/y_2)V_1$와 $\text{Fr}_1 = V_1 \sqrt{g y_1}$에 유의하면, 수력도약에 수반되는 수두손실은 다음으로 표현된다.

$$h_L = y_1 - y_2 + \frac{V_1^2 - V_2^2}{2g} = y_1 - y_2 + \frac{y_1 \text{Fr}_1^2}{2}\left(1 - \frac{y_1^2}{y_2^2}\right) \tag{11-74}$$

수력도약에 대한 에너지 선을 그림 11-36에 나타내었다. 수력도약 전후의 에너지

선의 강하는 도약에 수반되는 수두손실 h_L을 나타낸다.

주어진 Fr_1과 y_1에 대해, 하류 유동깊이 y_2와 수두손실 h_L은 각각 식 (11-72)와 11-74로부터 계산할 수 있다. Fr_1에 대한 h_L의 선도를 그리면 h_L은 $\mathrm{Fr}_1 < 1$에서 음의 값이 되며 이는 불가능하다(이는 엔트로피 감소에 해당하며 열역학 제 2법칙을 위반하게 된다). 따라서 수력도약이 발생하려면 상류유동은 반드시 초임계($\mathrm{Fr}_1 > 1$)가 되어야만 한다는 결론이 나온다. 다시 말하면, 아임계 유동이 수력도약을 갖는 것은 불가능하다. 이는 기체 유동이 충격파를 갖기 위해서는 반드시 초음속(Mach 수 1 이상)이어야만 하는 것과 유사하다.

수두손실은 내부 유체마찰을 통한 기계적 에너지 소산의 척도이며, 수두손실은 일반적으로 소모된 기계적 에너지를 나타내는 것으로 바람직하지 않다. 그러나 때로는 수력도약이 정수지(stilling basin)와 댐의 방수로에 연계되어 설계되며, 물의 기계적 에너지와 이에 따른 피해의 발생 가능성을 최소화하기 위하여 가능한 한 많은 기계적 에너지를 소모하는 것이 바람직하다. 이는 먼저 높은 압력을 빠른 선형 속도로 변환하여 초임계 유동을 형성한 후, 유동이 부서지고 아임계 속

표 11-4

수력도약의 분류

Source: U.S. Bureau of Reclamation (1955).

상류 Fr_1	깊이 비 y_2/y_1	에너지 소산 분율	설 명	표면 윤곽선
<1	1	0	**불가능한 도약**. 열역학 제 2법칙을 위반하게 된다.	
1 − 1.7	1 − 2	$<5\%$	**파상 도약**(또는 **정재파**). 표면 수위가 약간 상승. 낮은 에너지 소산. Fr = 1.7 근처에서 표면 물결파(surface rollers)가 발달됨.	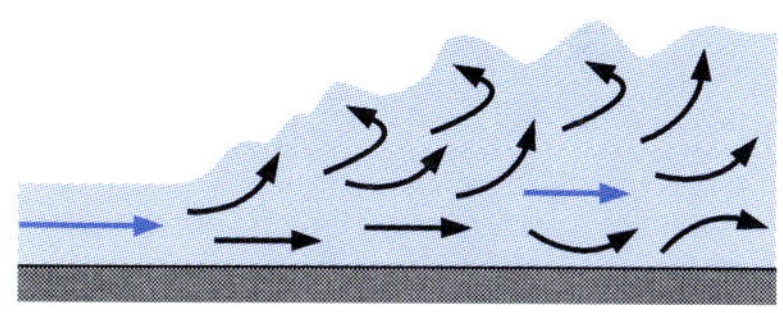
1.7 − 2.5	2 − 3.1	5 − 15%	**약한 도약**. 작은 물결파와 함께 부드러운 표면 상승. 낮은 에너지 소산.	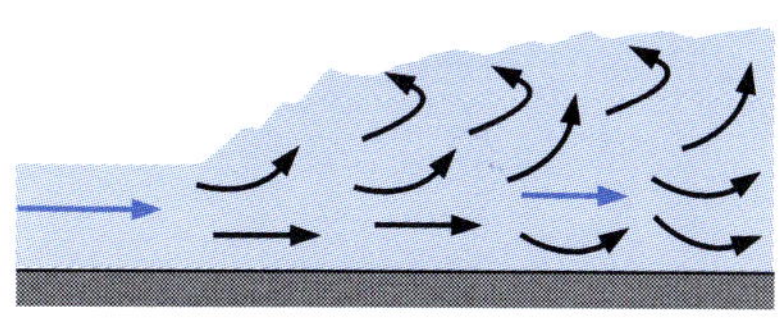
2.5 − 4.5	3.1 − 5.9	15 − 45%	**진동하는 도약**. 바닥으로 유입되는 제트에 의해 발생하는 맥동은 수 마일을 이동하고 둑을 손상시킬 수 있는 큰 파동을 형성한다. 정수지의 설계에서 반드시 피해야 한다.	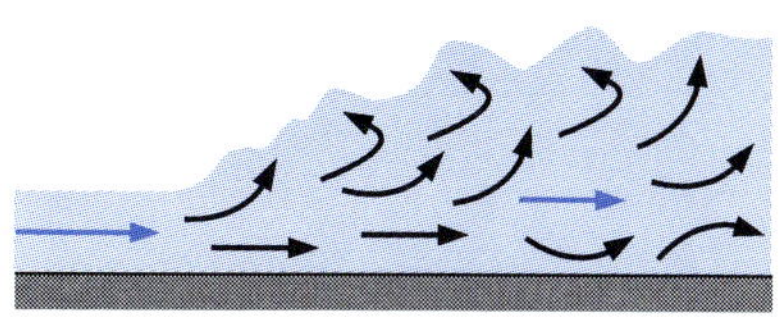
4.5 − 9	5.9 − 12	45 − 70%	**정상 도약**. 안정적이며 잘 균형이 잡히고 하류 조건에 민감하지 않다. 도약 내에서 강한 소용돌이 운동과 높은 수준의 에너지 소산이 있다. 설계의 추천 범위.	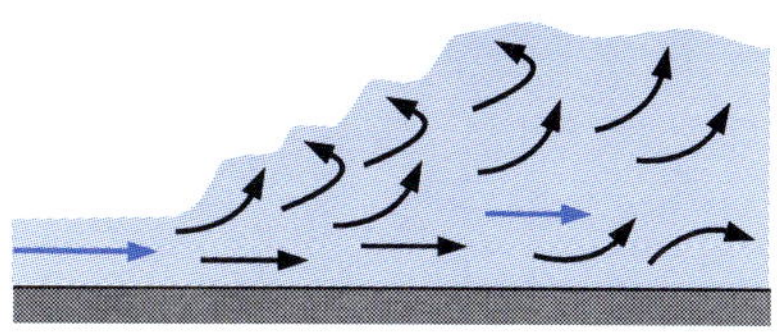
>9	>12	70 − 85%	**강한 도약**. 거칠고 간헐적임. 매우 효과적인 에너지 소산이지만 더 높은 수위가 필요하므로 다른 설계와 비교하여 비경제적일 수 있다.	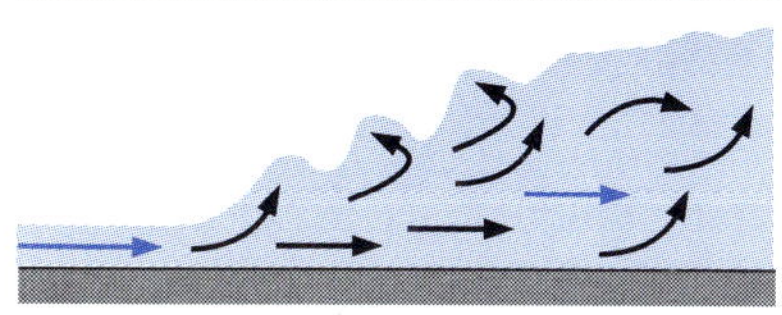

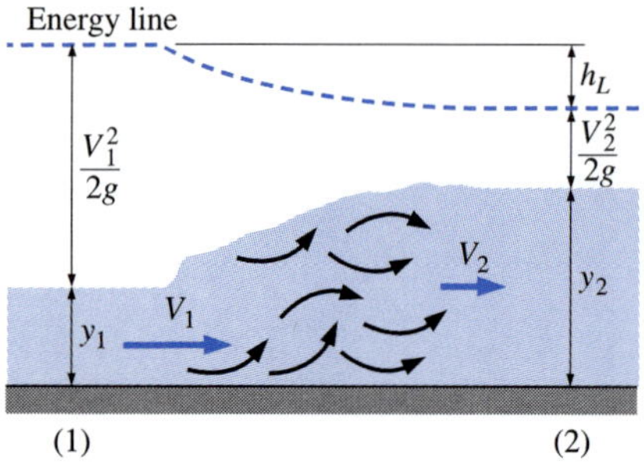

$$\text{Dissipation ratio} = \frac{h_L}{E_{s1}} = \frac{h_L}{y_1 + V_1^2/2g}$$

그림 11-37
에너지 소산비는 수력도약 동안 소산된 기계적 에너지의 분율을 나타낸다.

도로 감속되면서 교반되고 운동에너지의 일부를 소산시키도록 하여 이루어진다. 그러므로 수력도약의 성능은 에너지 소산 분율로 측정된다.

수력도약 이전의 액체의 비에너지는 $E_{s1} = y_1 + V_1^2/2g$이다. 그러면 **에너지 소산비**(그림 11-37)는 다음으로 정의된다.

$$\text{에너지 소산비} = \frac{h_L}{E_{s1}} = \frac{h_L}{y_1 + V_1^2/2g} = \frac{h_L}{y_1(1 + \text{Fr}_1^2/2)} \tag{11-75}$$

에너지 소산 분율은 약한 수력도약($\text{Fr}_1 < 2$)의 단지 수 %로부터 강한 도약($\text{Fr}_1 > 9$)의 85%까지의 범위를 갖는다.

단면에서 발생하고 따라서 두께가 무시될 수 있는 기체 유동의 수직 충격파와는 다르게, 수력도약은 수로의 상당한 길이에 걸쳐서 발생한다. 실제로 관심이 있는 Froude 수 범위에서는 수력도약의 길이가 하류 유동깊이 y_2의 4에서 7배가 되는 것이 관찰되었다.

실험적 연구는 수력도약이 기본적으로 상류 Froude 수 Fr_1의 값에 따라 표 11-4에 나타낸 것처럼 5가지 종류로 분류될 수 있다는 것을 보여준다. Fr_1이 1보다 조금 더 크면 수력도약 동안 액체는 정재파(standing wave)를 형성하며 수위가 약간 높아진다. 더 큰 Fr_1에서는 매우 파괴적인 진동파(oscillating wave)가 발생한다. 바람직한 Froude 수의 범위는 $4.5 < \text{Fr}_1 < 9$이며, 이때 도약의 내부에서 매우 많은 에너지 소산과 함께 안정적이고 균형이 잘 잡힌 정상파(steady wave)가 생성된다. $\text{Fr}_1 > 9$인 수력도약은 매우 거친 파동을 만든다. 깊이 비 y_2/y_1는 약하고 표면수위의 작은 상승이 수반되는 **파상도약(undular jump)**의 1보다 조금 큰 값으로 부터, 거칠고 표면수위의 큰 상승이 수반되는 **강한 도약(strong jump)**의 12 이상의 범위를 갖는다.

이 절에서는 단지 넓고 수평인 직사각형 수로만을 고려하며, 따라서 끝단과 중력의 효과는 무시할 수 있다. 비사각형과 경사진 수로에서의 수력도약도 유사하게 거동하지만, 유동 특성과 이에 따른 깊이 비, 수두손실, 도약 길이 및 소산비의 관계식은 다르다.

예제 11-8 수력도약

수문을 통하여 폭이 10 m인 직사각형 수평 수로로 방출되는 물이 수력도약을 겪는 것이 관찰되었다. 도약 이전의 유동깊이와 속도는 각각 0.8 m와 7 m/s이다. 다음을 구하라. (a) 도약 후의 유동깊이와 Froude 수, (b) 수두손실과 소산비 및 (c) 수력도약에 의한 잠재동력생산(power production potential)의 손실(그림 11-38).

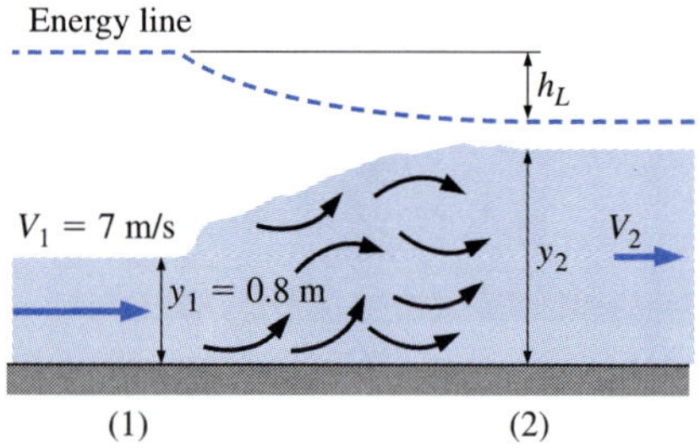

그림 11-38
예제 11-8의 개략도.

풀이 수평 수로의 지정된 깊이와 속도에서 물이 수력도약을 겪는다. 도약 후의 깊이와 Froude 수, 수두손실과 소산비, 잠재동력 손실을 구하고자 한다.

가정 **1** 유동은 정상 또는 준정상이다. **2** 수로가 충분히 넓어 끝단 효과는 무시할 수 있다.

상태량 물의 밀도는 1000 kg/m^{3}이다.

해석 (a) 수력도약 이전의 Froude 수는

$$\text{Fr}_1 = \frac{V_1}{\sqrt{gy_1}} = \frac{7\text{ m/s}}{\sqrt{(9.81\text{ m/s}^2)(0.8\text{ m})}} = 2.50$$

이는 1보다 크다. 그러므로 유동은 도약 이전에 초임계 상태가 맞다. 도약 후의 유동깊이, 유속 및 Froude 수는

$$y_2 = 0.5y_1\left(-1 + \sqrt{1 + 8\text{Fr}_1^2}\right) = 0.5(0.8\text{ m})\left(-1 + \sqrt{1 + 8 \times 2.50^2}\right) = \mathbf{2.46\text{ m}}$$

$$V_2 = \frac{y_1}{y_2}V_1 = \frac{0.8\text{ m}}{2.46\text{ m}}(7\text{ m/s}) = 2.28\text{ m/s}$$

$$\text{Fr}_2 = \frac{V_2}{\sqrt{gy_2}} = \frac{2.28\text{ m/s}}{\sqrt{(9.81\text{ m/s}^2)(2.46\text{ m})}} = \mathbf{0.464}$$

도약 후 유동깊이는 3배가 되고 Froude 수는 약 1/5로 감소한 것에 유의하라.

(b) 수두손실은 에너지 방정식으로부터 다음과 같이 구한다.

$$h_L = y_1 - y_2 + \frac{V_1^2 - V_2^2}{2g} = (0.8\text{ m}) - (2.46\text{ m}) + \frac{(7\text{ m/s})^2 - (2.28\text{ m/s})^2}{2(9.81\text{ m/s}^2)}$$
$$= \mathbf{0.572\text{ m}}$$

도약 이전의 물의 비에너지와 소산비는

$$E_{s1} = y_1 + \frac{V_1^2}{2g} = (0.8\text{ m}) + \frac{(7\text{ m/s})^2}{2(9.81\text{ m/s}^2)} = 3.30\text{ m}$$

$$\text{소산비} = \frac{h_L}{E_{s1}} = \frac{0.572\text{ m}}{3.30\text{ m}} = \mathbf{0.173}$$

그러므로 이 수력도약 동안 마찰효과의 결과로 17.3 %의 액체의 가용수두(또는 기계적 에너지)가 소모(열에너지로 전환)되었다.

(c) 물의 질량유량은

$$\dot{m} = \rho\dot{V} = \rho b y_1 V_1 = (1000\text{ kg/m}^3)(0.8\text{ m})(10\text{ m})(7\text{ m/s}) = 56{,}000\text{ kg/s}$$

그러면 수두손실 0.572 m에 해당하는 동력 소산은 다음이 된다.

$$\dot{E}_{\text{dissipated}} = \dot{m}gh_L = (56{,}000\text{ kg/s})(9.81\text{ m/s}^2)(0.572\text{ m})\left(\frac{1\text{ N}}{1\text{ kg}\cdot\text{m/s}^2}\right)$$
$$= 314{,}000\text{ N}\cdot\text{m/s} = \mathbf{314\text{ kW}}$$

토의 이 결과는 수력도약이 매우 큰 소산 과정이라는 것을 보여주며, 이 경우 잠재동력생산 314 kW가 소모되었다. 즉, 만약 물이 수문으로 배출되는 대신 수력터빈을 통과한다면 최대 314 kW의 동력이 생산될 수 있다. 그러나 이 잠재력은 유용한 동력 대신에 쓸모없는 열에너지로 변환되며, 물의 온도를 다음과 같이 상승시킨다.

$$\Delta T = \frac{\dot{E}_{\text{dissipated}}}{\dot{m}c_p} = \frac{314\text{ kJ/s}}{(56{,}000\text{ kg/s})(4.18\text{ kJ/kg}\cdot{}^\circ\text{C})} = 0.0013^\circ\text{C}$$

용량 314 kW의 전기히터는 유량 56,000 kg/s로 흐르는 물을 같은 온도만큼 상승시킬 것이다.

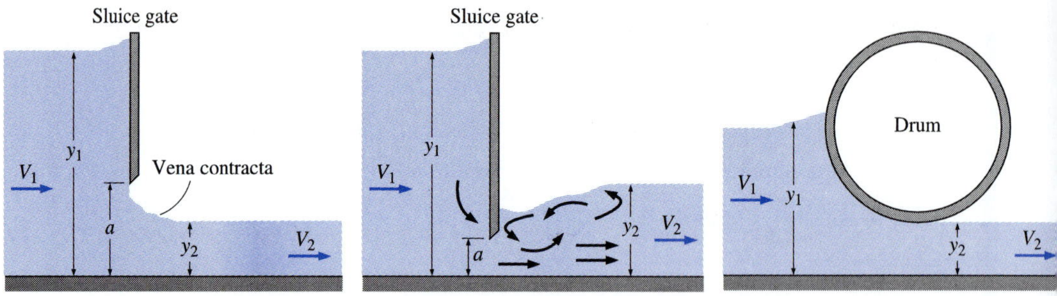

(*a*) 자유유출이 있는 수문 (*b*) 수중유출이 있는 수문 (*c*) 드럼형 수문

그림 11-39
유량 조절을 위한 대표적 유형의 저류수문.

11-9 ■ 유동 제어와 측정

파이프와 덕트의 유량은 다양한 종류의 밸브에 의해서 제어된다. 그러나 개수로의 액체 유동은 갇혀 있지 않으며, 따라서 수로를 부분적으로 막아서 유량을 제어한다. 이는 액체를 장애물의 **위** 또는 **아래**로 흐르도록 함으로써 이루어진다. 액체가 위로 흐르도록 하는 장애물은 **위어(weir)**, 바닥의 조절 가능한 개구부를 통하여 액체가 아래로 흐르도록 하는 장애물은 **저류수문(underflow gate)**이라고 부른다. 이런 장치들은 수로를 통과하는 유량의 측정뿐만 아니라 제어에도 이용될 수 있다.

저류 수문(Underflow Gates)

유량의 제어에는 많은 종류의 저류수문이 사용되며, 각각 장점과 단점을 갖고 있다. 저류수문은 벽, 댐 또는 개수로의 바닥에 위치한다. 그림 11-39는 이런 수문의 두 가지 일반적인 유형인 **수문(sluice gate)**과 **드럼형 수문(drum gate)**을 보여주고 있다. 수문은 일반적으로 수직이며 평면인 반면에 드럼형 수문은 유선형 표면을 갖는 원형 단면을 갖고 있다.

수문이 부분적으로 열리면 상류의 액체는 수문에 다가가면서 가속되고, 수문에서 임계속도에 도달하며, 수문을 지나서 초임계 속도로 더 가속된다. 그러므로 저류수문은 기체역학의 수축-확대 노즐과 유사하다. 저류수문으로부터의 방출은 수문에서 흘러나오는 액체 제트가 대기에 노출되어 있다면(그림 11-39a) **자유유출(free outflow)**, 그리고 방출되는 액체가 역류되고(flash back) 제트가 잠겨있다면(그림 11-39b) **수중유출(drowned or submerged outflow)**이라고 부른다. 수중유동에서 액체 제트는 수력도약을 겪고, 따라서 하류의 유동은 아임계이다. 또한 수중유출은 강한 난류와 역류 그리고 이에 따른 큰 수두손실 h_L을 포함한다.

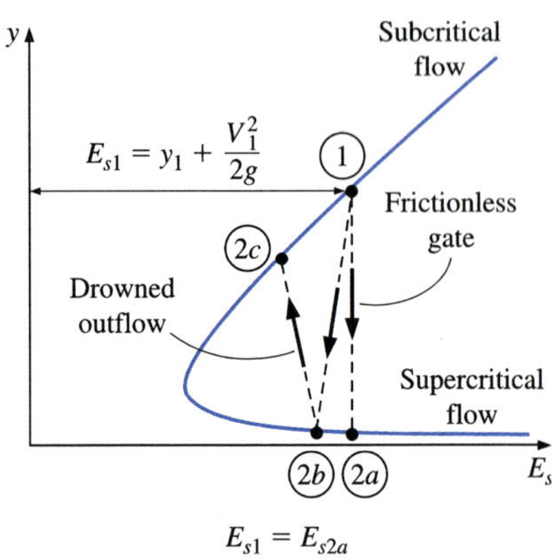

그림 11-40
저류수문을 통과하는 유동에 대한 개략도와 유동깊이-비에너지 선도.

저류수문을 통과하는 자유유출과 수중유출이 있는 유동의 유동깊이-비에너지 선도를 그림 11-40에 나타내었다. 비에너지는 마찰효과가 무시되는 이상적인 수문에서는 일정하지만(점 1에서 점 2a까지) 실제 수문에서는 감소된다는 것에 유의하자. 자유유출이 있는 수문의 하류는 초임계이지만(점 2b) 수중유출이 있는 수문의 하류는 아임계이다(점 2c). 왜냐하면 수중유출에는 또한 아임계 유동이 되는 수력도약도 포함되며, 이는 상당한 혼합과 에너지 소산을 수반한다.

마찰 효과가 무시될 수 있고 상류(또는 저수조)의 유속이 느리다고 근사하면,

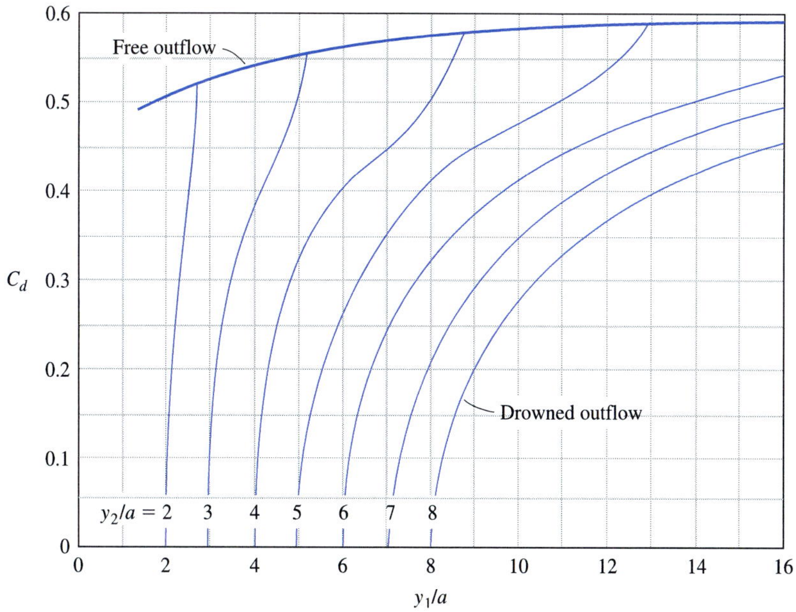

그림 11-41
저류수문으로부터 수중방출 및 자유방출에 대한 방출계수.

From Henderson, Open Channel Flow, *1st Edition, © 1966. Reprinted by permission of Pearson Education, Inc., Upper Saddle River, NJ.*

자유제트의 방출속도는 Bernoulli 방정식을 사용하여 나타낼 수 있다(상세내용은 5장 참조).

$$V = \sqrt{2gy_1} \tag{11-76}$$

마찰효과는 이 관계식을 **방출계수** C_d를 이용하여 수정하여 반영될 수 있다. 그러면 수문에서의 방출속도와 유량은 다음이 된다.

$$V = C_d\sqrt{2gy_1} \quad \text{그리고} \quad \dot{V} = C_d ba\sqrt{2gy_1} \tag{11-77}$$

여기서 b와 a는 각각 수문 개구부의 폭과 높이가 된다.

이상적인 유동의 방출계수는 $C_d = 1$이지만, 실제로 수문을 통과하는 유동은 $C_d < 1$이다. 저류수문에 대해 실험적으로 구한 C_d값은 축소계수 y_2/a와 깊이 비 y_1/a의 함수로 그림 11-41에 도시되어 있다. 수직형 수문으로부터의 자유유출에 대한 C_d값 대부분은 0.5와 0.6 사이의 범위에 있다는 것에 유의하자. 수중유출에서는 예상대로 C_d값이 급격히 감소하고, 동일한 상류조건에 대해 유량이 줄어든다. 주어진 y_1/a의 값에서, y_2/a가 증가하면 C_d 값은 감소한다.

예제 11-9 수중유출이 있는 수문

깊이가 3 m인 저수조로부터 수로바닥에서 0.25 m 높이로 열려있는 수문을 통하여 폭이 6 m인 개수로로 물이 방출되고 있다. 모든 난류가 진정된 후 유동깊이가 1.5 m로 측정되었다. 방출율을 구하라(그림 11-42).

풀이 물이 저수조로부터 수문을 통하여 개수로로 방출되고 있다. 지정된 유동깊이에 대하여 방출율을 구하고자 한다.

가정 1 유동은 평균적으로 정상이다. 2 수로는 충분히 넓어 끝단 효과를 무시할 수 있다.

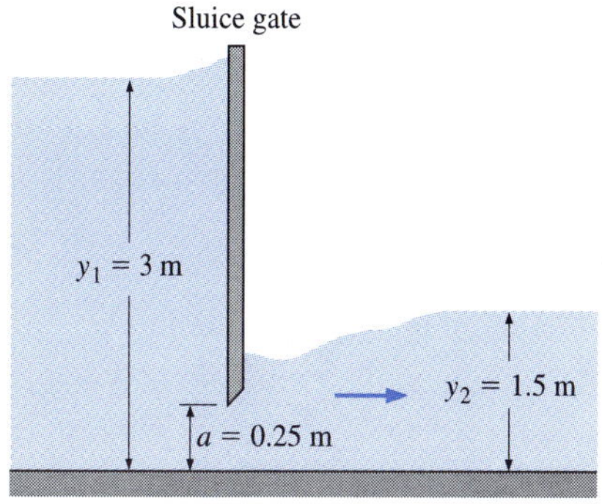

그림 11-42
예제 11-9의 개략도.

해석 깊이 비 y_1/a와 축소계수 y_2/a는

$$\frac{y_1}{a} = \frac{3\text{ m}}{0.25\text{ m}} = 12 \quad \text{그리고} \quad \frac{y_2}{a} = \frac{1.5\text{ m}}{0.25\text{ m}} = 6$$

그림 11-41로부터 해당하는 방출계수를 구하면 $C_d = 0.47$이 된다. 그러면 방출율은 다음이 된다.

$$\dot{V} = C_d ba\sqrt{2gy_1} = 0.47(6\text{ m})(0.25\text{ m})\sqrt{2(9.81\text{ m/s}^2)(3\text{ m})} = \mathbf{5.41\text{ m}^3/s}$$

토의 자유유동의 경우, 방출율은 $C_d = 0.59$가 되며 이에 해당하는 유량은 6.78 m^3/s이다. 그러므로 유출이 수중일 때에는 유량이 크게 줄어든다.

월류 수문(Overflow Gates)

개수로 임의의 단면에서 액체의 총 기계적 에너지는 $H = z_b + y + V^2/2g$과 같이 수두로 표현될 수 있다는 것을 기억하자. 여기서 y는 유동깊이, z_b는 수로바닥의 고도, V는 평균유속을 나타낸다. 마찰효과가 무시되는(수두손실 $h_L = 0$) 유동 동안에는 총 기계적 에너지가 일정하게 유지되며, 상류 단면 1과 하류 단면 2 사이의 개수로 유동에 대한 1차원 에너지 방정식은 다음과 같이 쓸 수 있다.

$$z_{b1} + y_1 + \frac{V_1^2}{2g} = z_{b2} + y_2 + \frac{V_2^2}{2g} \quad \text{또는} \quad E_{s1} = \Delta z_b + E_{s2} \tag{11-78}$$

여기서 $E_s = y + V^2/2g$는 비에너지이고 $\Delta z_b = z_{b2} - z_{b1}$는 단면 2에서의 유동 바닥 위치의 고도로 단면 1의 바닥 위치에 대한 상대적인 값이다. 그러므로 액체 흐름의 비에너지는 내리막 유동에서는 $|\Delta z_b|$만큼 증가하고(Δz_b는 아래로 경사진 수로에서 음수임에 유의하라), 오르막 유동에서는 Δz_b만큼 감소하며, 수평 유동에서는 일정하게 유지된다. (만약 마찰효과를 무시할 수 없다면, 비에너지는 또한 모든 경우에 추가적으로 h_L만큼 감소한다).

일정한 폭 b를 가지는 수로에서, 정상유동이면 $\dot{V} = A_cV = byV =$ 일정이고 $V = \dot{V}/A_c$이다. 그러면 비에너지는 다음과 같게 된다.

$$E_s = y + \frac{\dot{V}^2}{2gb^2y^2} \tag{11-79}$$

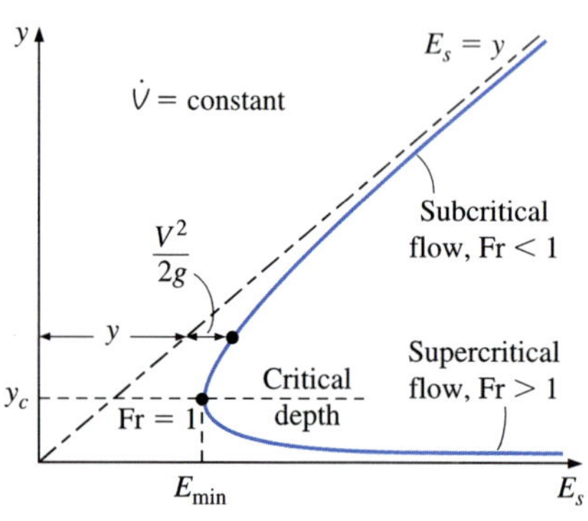

그림 11-43
폭이 일정한 수로에서 지정된 유량에 대한 깊이 y에 따른 비에너지 E_s의 변화.

일정한 폭 b를 가지는 수로의 정상유동에 대해 유동깊이 y에 따른 비에너지 E_s의 변화를 그림 11-43에 다시 나타내었다. 이 선도는 유동 중 가능한 상태를 보여주는 것으로 아주 중요하다. 일단 유동 단면 1에서 상류 조건이 지정되면, E_s-y 선도 상의 임의의 단면 2에서의 액체 상태는 반드시 점 1을 통과하는 비에너지 곡선 상의 한 점에 위치해야만 한다.

마찰이 무시되는 융기부 위의 유동

이제 그림 11-44에서 보인 것처럼 폭이 b로 일정한 수평 수로에서 높이가 Δz_b인 융기부(bump) 위를 흐르는 마찰이 무시되는 정상유동을 고려하자. 이 경우 에너지 방정식은 식 (11-78)로부터

$$E_{s2} = E_{s1} - \Delta z_b \tag{11-80}$$

그러므로 액체의 비에너지는 융기부 위를 흐르며 Δz_b만큼 줄어들며, 그림 11-44에서 보여주는 것처럼 E_s-y 선도 상에서 액체의 상태는 Δz_b만큼 왼쪽으로 이동한다. 폭이 넓은 수로에서 질량보존 방정식은 $y_2V_2 = y_1V_1$ 따라서 $V_2 = (y_1/y_2)V_1$이다. 그러면 융기부 위의 액체의 비에너지는 다음으로 표현될 수 있다.

$$E_{s2} = y_2 + \frac{V_2^2}{2g} \quad \rightarrow \quad E_{s1} - \Delta z_b = y_2 + \frac{V_1^2}{2g}\frac{y_1^2}{y_2^2} \tag{11-81}$$

다시 정리하면,

$$y_2^3 - (E_{s1} - \Delta z_b)y_2^2 + \frac{V_1^2}{2g}y_1^2 = 0 \tag{11-82}$$

이는 y_2에 대한 3차 다항식이고 따라서 세 개의 해를 갖는다. 음의 해를 버리면, 융기부 위의 유동깊이는 두 개의 값을 가질 수 있는 것으로 보인다.

이제 궁금한 사항이 있다. 액체의 수위는 융기부 위에서 올라가는가 또는 내려가는가? 직관적으로 액체 전체가 융기부를 따르고, 따라서 액체표면이 융기부 위에서 상승할 것이라고 생각하지만, 그러나 반드시 그럴 필요는 없다. 비에너지는 유동깊이와 동역학적 수두의 합이라는 것에 유의하면 속도가 어떻게 변하는지에 따라 두 가지 시나리오가 모두 가능하다. 그림 11-44의 E_s-y 선도가 명확한 답을 제시한다. 만약 융기부 이전의 유동이 **아임계**(상태 1*a*)라면 유동깊이 y_2는 감소한다(상태 2*a*). 만약 유동깊이의 감소가 융기부 높이보다 더 크게 되면(즉, $y_1 - y_2 > \Delta z_b$) 자유표면은 강하한다. 그러나 만약 융기부에 다가가는 유동이 **초임계**(상태 1*b*)라면 자유표면을 따라 융기부를 생성하며 융기부 위에서 유동깊이가 상승한다(상태 2*b*).

만약 수로가 융기부 대신에 깊이 Δz_b의 함몰부를 갖는다면 상황은 반대가 된다. 이 경우 Δz_b가 음수이므로 비에너지는 증가한다(즉 E_s-y 선도에서 상태 2는 상태 1의 오른쪽에 있다). 그러므로 유동깊이는 다가오는 유동이 아임계이면 증가하고 초임계이면 감소한다.

이제 앞서 논의한 것과 같은 융기부 위를 흐르는 마찰이 무시되는 유동을 다시 고려하자. 융기부의 높이 Δz_b가 증가함에 따라 점 2(아임계 또는 초임계유동에 따라 2*a* 또는 2*b*)는 E_s-y 선도 상에서 임계점에 도달할 때까지 계속하여 왼쪽으로 이동한다. 즉, 융기부 높이가 $\Delta z_c = E_{s1} - E_{sc} = E_{s1} - E_{\min}$일 때, 융기부를 지나는 유동은 **임계**가 되고 액체의 비에너지는 최저 수준에 도달한다.

이제 다음 질문이 생각난다. 융기부 높이를 더 증가시키면 어떤 일이 일어날까? 액체의 비에너지가 계속 감소할까? 이 질문에 대한 답은 액체가 이미 최저 에너지 수준에 있기 때문에 에너지는 더 이상 줄어들 수 없으며, 따라서 당연히 "**아니요**"다. 다시 말하면, 액체는 E_s-y선도 상에서 이미 가장 왼쪽 점에 있으며, 더 이상의 왼쪽 점에서는 질량, 운동량 및 에너지 보존의 법칙을 만족시킬 수 없다. 그러므로 유동은 임계상태로 유지되어야만 한다. 이 상태의 유동은 **초크되었다**(choked)고 한다. 이는 기체역학에서 배압이 낮아짐에 따라 가속되고 배압이 임계 압력에 도달할 때 노즐 출구에서 음속에 도달하는 수축 노즐의 유동과 유사하

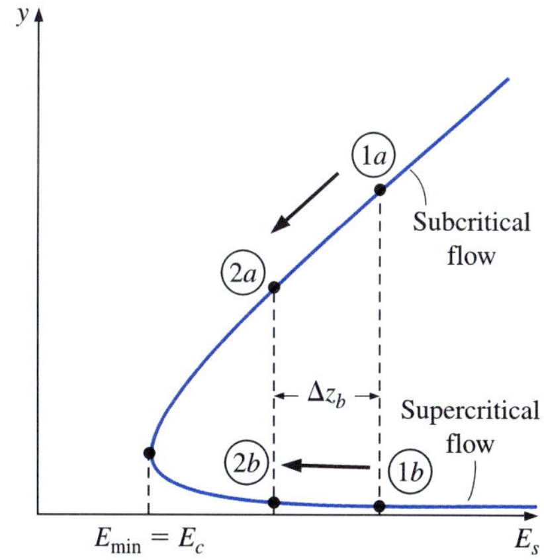

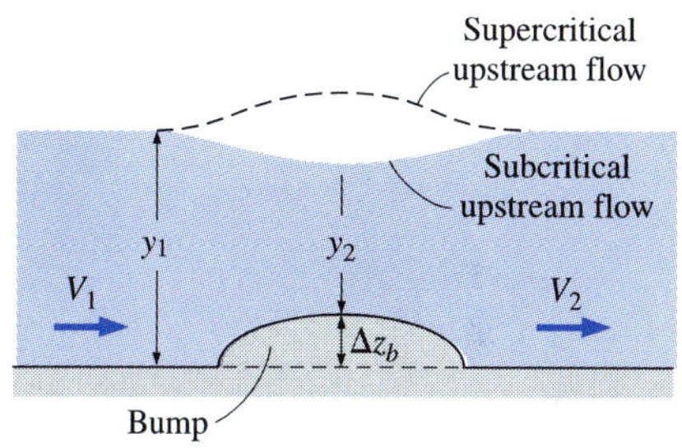

그림 11-44
아임계 및 초임계 상류유동에 대한 융기부를 지나는 유동의 개략도와 유동깊이-비에너지 선도.

다. 그러나 아무리 배압을 더 이상 낮추어도 노즐 출구속도는 음속 수준으로 유지된다. 여기서도 역시 유동이 초크된다.

광봉 위어

높은 융기부를 지나는 유동에 관한 설명은 다음과 같이 요약될 수 있다. **개수로에서 충분히 높은 장애물을 넘는 유동은 항상 임계상태다.** 유량을 측정하기 위하여 개수로에 의도적으로 설치되는 이와 같은 장애물을 **위어(weir)**라고 한다. 그러므로 충분히 넓은 위어 위의 유속은 임계속도이며, 이는 $V = \sqrt{gy_c}$로 표현되고 여기서 y_c는 임계깊이다. 그러면 폭이 b인 위어를 넘는 유량은 다음과 같이 표현된다.

$$\dot{V} = A_cV = y_cb\sqrt{gy_c} = bg^{1/2}y_c^{3/2} \tag{11-83}$$

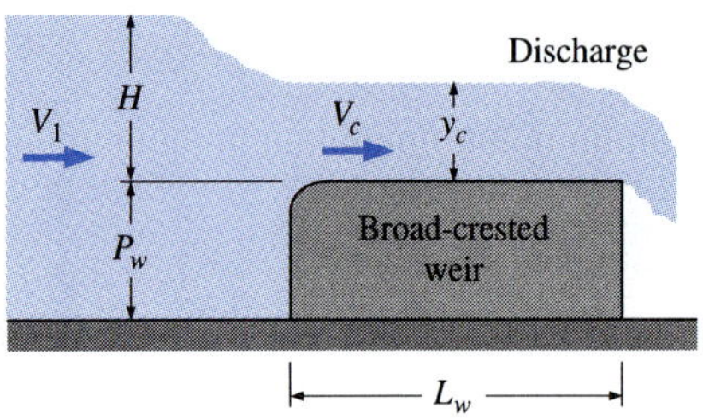

그림 11-45
광봉 위어 위를 지나는 유동.

광봉 위어(broad-crested weir)는 높이가 P_w이고 길이가 L_w인 직사각형 블록으로 수평 봉우리를 가지며, 그 위에서 임계유동이 발생한다(그림 11-45). 위어 윗면 위의 상류 수두를 위어수두라고 부르며 H로 표기된다. 임계깊이 y_c를 위어수두 H의 항으로 나타내는 관계식을 얻기 위하여, 마찰이 무시되는 유동에 대해 상류단면과 위어 위 단면 사이의 에너지 방정식을 다음과 같이 쓰고

$$H + P_w + \frac{V_1^2}{2g} = y_c + P_w + \frac{V_c^2}{2g} \tag{11-84}$$

양변으로부터 P_w를 소거하고 $V_c = \sqrt{gy_c}$를 대입하면 다음을 얻는다.

$$y_c = \frac{2}{3}\left(H + \frac{V_1^2}{2g}\right) \tag{11-85}$$

식 (11-83)에 대입하면, 이 마찰이 무시되는 이상적인 유동에서 유량은 다음과 같이 구해진다.

$$\dot{V}_{\text{ideal}} = b\sqrt{g}\left(\frac{2}{3}\right)^{3/2}\left(H + \frac{V_1^2}{2g}\right)^{3/2} \tag{11-86}$$

이 관계식은 유동 매개변수에 대한 유량의 함수적 관계를 보여주지만, 이는 마찰효과를 고려하지 않았기 때문에 유량을 수 % 많게 예측한다. 이 효과는 일반적으로 다음과 같은 실험적으로 구한 위어 방출계수 C_{wd}를 이용하여 이론 관계식(식 11-86)을 수정함으로써 반영된다.

광봉 위어: $$\dot{V} = C_{\text{wd, broad}}b\sqrt{g}\left(\frac{2}{3}\right)^{3/2}\left(H + \frac{V_1^2}{2g}\right)^{3/2} \tag{11-87}$$

여기서 광봉 위어에 대한 방출계수의 비교적 정확한 값은 (Chow, 1959)로부터 얻을 수 있다.

$$C_{\text{wd, broad}} = \frac{0.65}{\sqrt{1 + H/P_w}} \tag{11-88}$$

$C_{\text{wd, broad}}$에 대한 더 정확하지만 복잡하기도 한 관계식도 또한 문헌(예로 Ackers,

1978)에서 찾을 수 있다. 또한 상류속도 V_1은 일반적으로 매우 느리며, 무시될 수 있다. 이는 특히 높은 위어의 경우에 해당한다. 그러면 유량은 근사적으로 다음과 같다.

낮은 V_1을 갖는 광봉 위어:

$$\dot{V} \cong C_{\text{wd, broad}} b\sqrt{g}\left(\frac{2}{3}\right)^{3/2} H^{3/2} \tag{11-89}$$

식 (11-87)에서 (11-89)까지의 식들을 사용하기 위한 기본적인 요구사항은 위어 위에 임계유동이 형성되어야 한다는 것을 항상 기억해야 하며, 이는 위어 길이 L_w에 어느 정도 제한을 가한다. 만약 위어가 너무 길면($L_w > 12H$) 벽면전단효과가 지배하게 되어, 위어를 지나는 유동은 아임계가 된다. 만약 위어가 너무 짧으면($L_w < 2H$) 액체는 임계속도까지 가속되지 못할 수도 있다. 지금까지의 관찰을 근거로, 광봉 위어의 적절한 길이는 $2H < L_w < 12H$이다. 위어수두 H의 값에 따라, 어떤 유동에서 너무 긴 위어가 다른 유동에서는 너무 짧을 수 있다는 것에 유의하라. 그러므로 위어를 선택하기 전에 반드시 유량의 범위를 알아야만 한다.

예봉 위어

예봉 위어(sharp-crested weir)는 수로에 설치된 수직 평판으로, 유량을 측정하기 위하여 개구부를 통하여 액체를 강제로 흐르게 한다. 이 위어의 유형은 개구부의 형상으로 특징지어진다. 윗면이 직선인 얇은 수직 평판은 위어 위의 유동 단면이 직사각형이므로 직사각형 위어로 부르고, 삼각형 개구부를 가지는 위어는 삼각형 위어로 부르는 등이다.

상류 유동은 아임계이며 위어에 다가가면서 임계상태가 된다. 액체는 계속하여 가속되고 자유제트와 비슷하게 초임계 유동의 흐름으로 방출된다. 가속되는 이유는 자유표면의 고도가 계속하여 낮아지고 따라서 위치수두가 속도수두로 변환되기 때문이다. 아래에 주어진 유량의 상관관계식은, 위어로부터 떨어져 있으며 위어를 통과하여 방출되는 **냅(nappe)**이라고 부르는 액체의 자유낙수에 기초한다. 때로는 냅 아래 공간의 압력이 확실히 대기압이 되도록 그 공간을 환기하는 것이 필요할 수도 있다. 수중 위어에 대한 실험적 관계식 또한 이용 가능하다.

그림 11-46에서 보인 것처럼, 수평 수로에 설치된 예봉 위어를 넘어가는 액체 유동을 고려하자. 단순화하기 위하여, 위어 상류의 속도는 단면 1의 수직방향으로 거의 일정하다고 근사한다. 수로바닥에 대해 상대적인 수두로 표현되는 상류 액체의 총 에너지는 비에너지이며, 이는 유동깊이와 속도수두의 합이다. 즉 $y_1 + V_1^2/2g$, 여기서 $y_1 = H + P_w$이다. 액체가 위어 위에서 속도와 방향이 크게 변하므로 위어를 넘어가는 유동은 1차원이 아니다. 그러나 냅 안에서의 압력은 대기압이다.

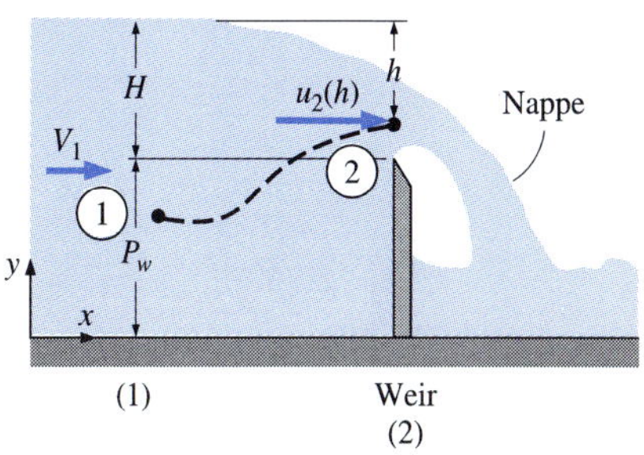

그림 11-46
예봉 위어 위를 지나는 유동.

마찰이 무시된다고 가정하고 상류의 한 점(점 1)과 상류의 액체수위로부터 h의 거리에 있는 위어 위의 한 점(점 2) 사이에 Bernoulli 방정식을 쓰면, 위어 위 액체속도의 변화에 대한 간단한 관계식은 다음과 같이 얻어진다.

$$H + P_w + \frac{V_1^2}{2g} = (H + P_w - h) + \frac{u_2^2}{2g} \tag{11-90}$$

공통되는 항을 소거하고 u_2에 대해 풀면, 위어 위의 이상적인 속도 분포는 다음으로 구해진다.

$$u_2 = \sqrt{2gh + V_1^2} \tag{11-91}$$

실제로는 액체가 자유낙수를 시작하면서 액체의 표면수위는 위어 위에서 약간 낮아지고(윗면에서의 수위저하 효과) 그리고 위어 상단에서의 유동박리는 냅을 더 좁게 만든다(아랫면에서의 수축 효과). 결과적으로 위어 위의 유동높이는 H 보다 현저하게 작다. 단순화하기 위하여 수위저하와 수축 효과를 무시할 때, 유량은 유속과 미소 유동면적의 곱을 전체 유동면적에 걸쳐서 적분하여 얻어진다.

$$\dot{V} = \int_{A_c} u_2\, dA_{c2} = \int_{h=0}^{H} \sqrt{2gh + V_1^2}\, w\, dh \tag{11-92}$$

여기서 w는 상류 자유표면으로부터 h 거리에 있는 유동면적의 폭이다.

일반적으로, w는 h의 함수이다. 그러나 직사각형 위어에서는 $w = b$로 일정하다. 그러면 적분을 쉽게 수행할 수 있으며, 마찰이 무시되고 수위 저하와 수축 효과가 무시되는 이상적인 유동에서 직사각형 위어의 유량은 다음과 같이 구해진다.

$$\dot{V}_{\text{ideal}} = \frac{2}{3} b\sqrt{2g}\left[\left(H + \frac{V_1^2}{2g}\right)^{3/2} - \left(\frac{V_1^2}{2g}\right)^{3/2}\right] \tag{11-93}$$

위어 수두에 비하여 위어 높이가 클 때에는($P_w \gg H$), 상류속도 V_1은 작고, 따라서 상류 속도수두는 무시할 수 있다. 즉, $V_1^2/2g \ll H$. 그러면,

$$\dot{V}_{\text{ideal, rec}} \cong \frac{2}{3} b\sqrt{2g}H^{3/2} \tag{11-94}$$

그러므로 유량은 두 개의 기하학적 양, 즉 봉우리 폭 b와 위어수두 H를 알면 구할 수 있으며, 여기서 H는 위어 봉우리와 상류 자유표면 사이의 수직거리다.

이 단순화된 해석은 유량 관계식의 일반적인 형태를 제공하지만, 수위저하와 수축 효과뿐만 아니라 부차적인 역할을 하는 마찰과 표면장력 효과도 반영되도록 수정될 필요가 있다. 이는, 다시 한 번, 이상적인 유량 관계식에 실험적으로 정해진 위어방출계수 C_{wd}를 곱하여 이루어진다. 그러면 예봉 직사각형 위어에 대한 유량은 다음과 같이 표현된다.

예봉 직사각형 위어:
$$\dot{V}_{\text{rec}} = C_{\text{wd, rec}} \frac{2}{3} b\sqrt{2g}H^{3/2} \tag{11-95}$$

여기서 참고문헌 1(Ackers, 1978)로부터

$$C_{\text{wd, rec}} = 0.598 + 0.0897\frac{H}{P_w} \quad \text{for} \quad \frac{H}{P_w} \le 2 \tag{11-96}$$

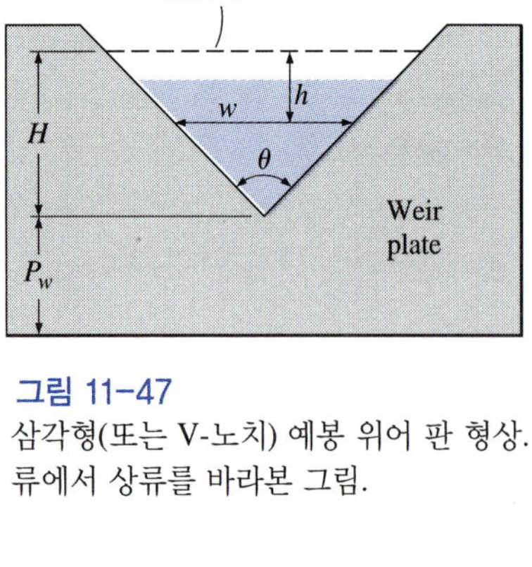

그림 11-47
삼각형(또는 V-노치) 예봉 위어 판 형상. 하류에서 상류를 바라본 그림.

이 식은 $\text{Re} = V_1 H/n$으로 정의되는 상류 Reynolds 수의 넓은 범위에 걸쳐 적용 가능하다. 더 정확하지만 또한 더 복잡한 상관관계식들을 역시 문헌에서 찾을 수 있다. 식 (11-95)는 **폭을 가로지르는(full-width)** 직사각형 위어에 대해 유효하다는 것에 유의하자. 만약 위어의 폭이 수로의 폭보다 좁아서 유동이 강제로 수축된다면 이 효과를 반영하기 위하여 수축 보정을 위한 추가적인 계수가 포함되어야 한다.

유량을 측정하기 위하여 널리 사용되는 다른 유형의 예봉 위어는 그림 11-47에서 보여주는 **삼각형 위어**(*V*-**노치 위어**라고도 부른다)이다. 삼각형 위어는 H가

감소하면 유동면적이 감소하기 때문에 작은 유량에 대하여도 높은 위어수두 H를 유지할 수 있는 장점을 가지며, 따라서 이는 넓은 범위의 유량을 정확하게 측정하기 위하여 사용될 수 있다.

기하학적으로 살펴보면, 노치 폭은 $w = 2(H - h)\tan(\theta/2)$으로 나타낼 수 있으며, 여기서 θ는 V-노치 각이다. 식 (11-92)에 대입하고 적분을 수행하면 삼각형 위어에 대한 이상적인 유량은 다음과 같이 얻어진다.

$$\dot{V}_{\text{ideal, tri}} = \frac{8}{15}\tan\left(\frac{\theta}{2}\right)\sqrt{2g}H^{5/2} \tag{11-97}$$

여기서 다시 한 번 상류 속도수두는 무시하였다. 마찰과 추가적인 다른 소산 효과들은 위어 방출계수를 이상적인 유량에 곱함으로써 다시 한 번 간단하게 반영될 수 있다. 그러면 예봉 삼각형 위어의 유량은 다음이 된다.

예봉 삼각형 위어:
$$\dot{V} = C_{\text{wd, tri}}\frac{8}{15}\tan\left(\frac{\theta}{2}\right)\sqrt{2g}H^{5/2} \tag{11-98}$$

여기서 $C_{\text{wd, tri}}$ 값은 일반적으로 0.58과 0.62 사이의 범위에 있다. 그러므로 유체 마찰, 유동면적의 축소 및 그 이외의 소산 효과는 V-노치를 통과하는 유량을 이상적인 경우와 비교하여 약 40% 줄어들게 한다. 대부분의 실제 경우($H > 0.2$ m이고 $45° < \theta < 120°$)에 대해, 위어방출계수의 값은 약 $C_{\text{wd, tri}} = 0.58$이다. 더 정확한 값들은 문헌에서 찾을 수 있다.

예제 11-10 융기부를 지나는 아임계 유동

넓고 수평인 개수로를 흐르는 물이 수로바닥에 있는 15 cm 높이의 융기부를 만난다. 만약에 융기부 이전의 유동깊이는 0.80 m이고 속도가 1.2 m/s라고 한다면, 융기부 위에서 수면이 강하하는지 판단하고(그림 11-48), 만약 강하한다면 얼마나 강하하는지를 계산하라.

풀이 수평 개수로를 흐르는 물이 융기부를 만난다. 융기부 위에서 수면이 강하하는지를 결정하고자 한다.

가정 1 유동은 정상이다. 2 마찰효과를 무시할 수 있으므로 기계적 에너지의 소산이 없다. 3 수로의 폭이 충분히 넓어 끝단 효과를 무시할 수 있다.

해석 상류 Froude 수와 임계깊이는

$$\text{Fr}_1 = \frac{V_1}{\sqrt{gy_1}} = \frac{1.2 \text{ m/s}}{\sqrt{(9.81 \text{ m}^2/\text{s})(0.80 \text{ m})}} = 0.428$$

$$y_c = \left(\frac{\dot{V}^2}{gb^2}\right)^{1/3} = \left(\frac{(by_1V_1)^2}{gb^2}\right)^{1/3} = \left(\frac{y_1^2V_1^2}{g}\right)^{1/3} = \left(\frac{(0.8 \text{ m})^2(1.2 \text{ m/s})^2}{9.81 \text{ m/s}^2}\right)^{1/3} = 0.455 \text{ m}$$

Fr <1 이므로 유동은 아임계이며 따라서 유동깊이는 융기부 위에서 감소한다. 상류의 비에너지는

$$E_{s1} = y_1 + \frac{V_1^2}{2g} = (0.80 \text{ m}) + \frac{(1.2 \text{ m/s})^2}{2(9.81 \text{ m/s}^2)} = 0.873 \text{ m}$$

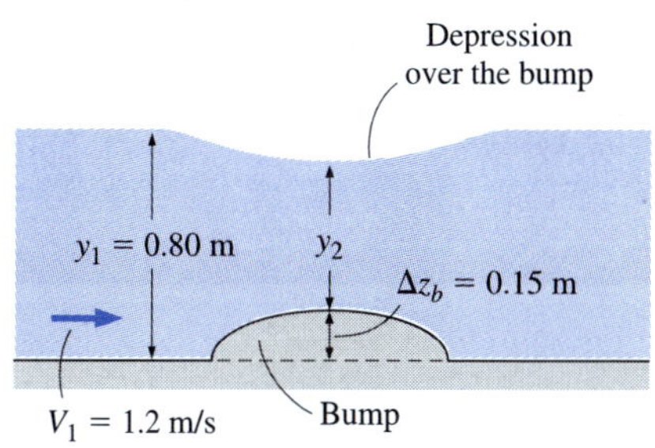

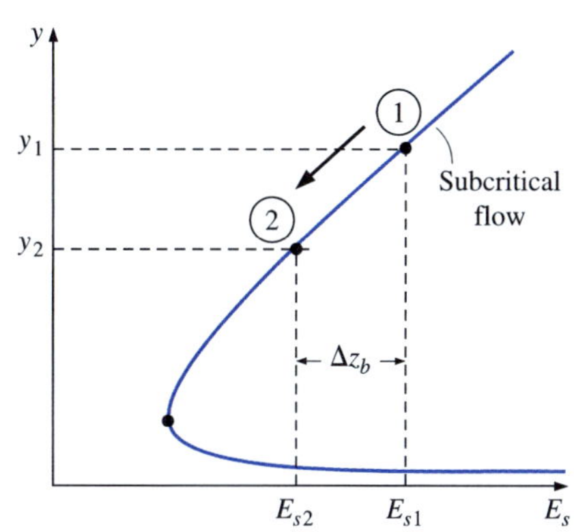

그림 11-48
예제 1-10의 개략도와 유동깊이-비에너지 선도.

융기부 위의 유동깊이는 다음 식으로부터 구할 수 있다.

$$y_2^3 - (E_{s1} - \Delta z_b)y_2^2 + \frac{V_1^2}{2g}y_1^2 = 0$$

대입하면,

$$y_2^3 - (0.873 - 0.15\ \text{m})y_2^2 + \frac{(1.2\ \text{m/s})^2}{2(9.81\ \text{m/s}^2)}(0.80\ \text{m})^2 = 0$$

또는

$$y_2^3 - 0.723y_2^2 + 0.0470 = 0$$

방정식 풀이기(equation solver)를 사용하면 이 식의 세 가지 근은 0.59 m, 0.36 m와 −0.22 m로 구해진다. 음의 해는 물리적으로 불가능하므로 버린다. 또한 임계깊이보다 작고 초임계유동에서만 가능한 해인 0.36 m도 제외한다. 따라서 융기부 위의 유동깊이에 대해 유일한 의미 있는 해는 $y_2 = 0.59$ m이다. 그러면 수로바닥에서부터 융기부 위 수면까지의 거리는 $\Delta z_b + y_2 = 0.15 + 0.59 = 0.74$ m이며, 이는 $y_1 = 0.80$ m보다 작다. 그러므로 수면은 융기부 위에서 다음 크기만큼 **강하한다**.

$$\text{강하} = y_1 - (y_2 + \Delta z_b) = 0.80 - (0.59 + 0.15) = \mathbf{0.06\ m}$$

토의 $y_2 < y_1$가 되는 것이 반드시 수면이 강하한다는 것을 의미하지는 않는다는 것에 유의하자(융기부 위에서 수면이 아직 높아질 수도 있다). 표면은 단지 $y_1 - y_2$ 값이 융기부 높이 Δz_b보다 클 때 융기부 위에서 낮아진다. 또한 실제로 강하된 값은 해석과정에서 무시된 마찰효과 때문에 0.06 m와 다를 수 있다.

예제 11-11 위어를 이용한 유량 측정

폭이 5 m인 수평 개수로를 흐르는 물의 유량을 폭이 같고 높이가 0.60 m인 예봉 직사각형 위어를 사용하여 측정하고 있다. 이때 상류의 수심이 1.5 m라고 가정하고 물의 유량을 구하라(그림 11-49).

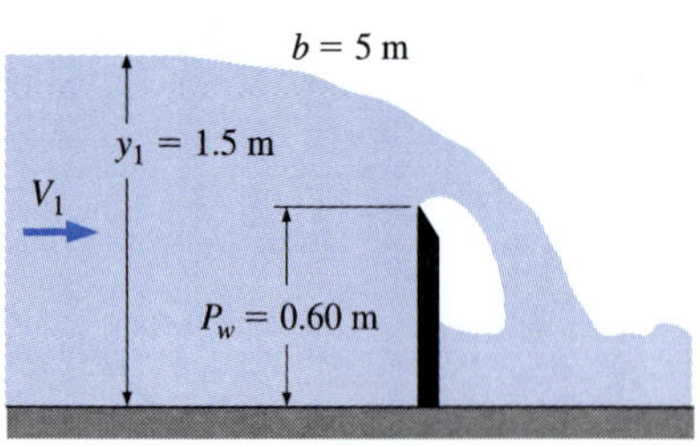

그림 11-49
예제 11-11의 개략도.

풀이 예봉 직사각형 위어가 설치된 수평 개수로 상류의 수심이 측정된다. 유량을 구하고자 한다.

가정 1 유동은 정상이다. 2 상류의 속도수두는 무시할 수 있다. 3 수로의 폭이 충분히 넓어 끝단 효과를 무시할 수 있다.

해석 위어수두는

$$H = y_1 - P_w = 1.5 - 0.60 = 0.90\ \text{m}$$

이 위어의 방출계수는

$$C_{\text{wd, rec}} = 0.598 + 0.0897\frac{H}{P_w} = 0.598 + 0.0897\frac{0.90}{0.60} = 0.733$$

$H/P_w < 2$ 조건은 0.9/0.6 = 1.5이므로 만족된다. 그러면 수로를 통과하는 유량은 다음이 된다.

$$\dot{V}_{\text{rec}} = C_{\text{wd, rec}} \frac{2}{3} b\sqrt{2g}H^{3/2}$$

$$= (0.733)\frac{2}{3}(5\text{ m})\sqrt{2(9.81\text{ m/s}^2)}(0.90\text{ m})^{3/2}$$

$$= \mathbf{9.24\ m^3/s}$$

토의 상류속도와 상류 속도수두는

$$V_1 = \frac{\dot{V}}{by_1} = \frac{9.24\text{ m}^3\text{/s}}{(5\text{ m})(1.5\text{ m})} = 1.23\text{ m/s} \quad \text{그리고} \quad \frac{V_1^2}{2g} = \frac{(1.23\text{ m/s})^2}{2(9.81\text{ m/s}^2)} = 0.077\text{ m}$$

이는 위어수두의 8.6%로서 상당한 값이다. 상류의 속도수두가 고려되면 유량은 10.2 m^3/s가 되며 이는 위에서 구한 값보다 약 10%가 더 높다. 그러므로 위어 높이 P_w가 위어수두 H에 비하여 매우 큰 경우가 아니라면 상류의 속도수두를 고려하는 것이 좋은 습관이다.

요약 *SUMMARY*

개수로 유동은 대기에 노출되어 있는 수로 또는 부분적으로 채워진 도관의 액체유동을 의미한다. 수로에서 유동깊이(따라서 평균속도)가 일정하게 유지되면 유동이 **균일**하다고 한다. 그 이외에는 유동이 **비균일** 또는 **변화**한다고 한다. **수력반경**은 $R_h = A_c/p$로 정의된다. 무차원 Froude 수는 다음과 같이 정의된다.

$$\text{Fr} = \frac{V}{\sqrt{gL_c}} = \frac{V}{\sqrt{gy}}$$

유동은 Fr < 1이면 아임계, Fr = 1이면 임계, Fr > 1이면 초임계로 분류된다. 임계유동의 유동깊이는 **임계깊이**라고 부르며 다음으로 표현된다.

$$y_c = \frac{\dot{V}^2}{gA_c^2} \quad \text{또는} \quad y_c = \left(\frac{\dot{V}^2}{gb^2}\right)^{1/3}$$

여기서 b는 넓은 수로의 수로 폭이다.

깊이가 y인 액체를 통해 표면 교란이 이동하는 속도는 **파속도** c_0이며 $c_0 = \sqrt{gy}$로 표현된다. 수로에서 수두로 표시되는 액체의 총 기계적 에너지는 다음과 같다.

$$H = z_b + y + \frac{V^2}{2g}$$

여기서 z_b는 위치수두, $P/\rho g = y$는 압력수두, 그리고 $V^2/2g$는 속도수두이다. 압력과 동역학적 수두의 합은 **비에너지** E_s라고 부른다.

$$E_s = y + \frac{V^2}{2g}$$

질량보존 방정식은 $A_{c1}V_1 = A_{c2}V_2$이다. 에너지 방정식은 다음과 같이 표현된다.

$$y_1 + \frac{V_1^2}{2g} + S_0L = y_2 + \frac{V_2^2}{2g} + h_L$$

여기서 h_L은 수두손실, $S_0 = \tan\theta$는 수로의 바닥기울기이다. **마찰기울기**는 $S_f = h_L/L$로 정의된다.

균일 유동의 유동깊이를 **표준깊이** y_n이라고 부르고, 평균유속은 **균일유동속도** V_0라고 부른다. 균일 유동에서 속도와 유량은 다음과 같다.

$$V_0 = \frac{a}{n}R_h^{2/3}S_0^{1/2} \text{ 와 } \dot{V} = \frac{a}{n}A_cR_h^{2/3}S_0^{1/2}$$

여기서 n은 Manning **계수**로 그 값은 수로 표면의 조도에 따라 달라지며, $a = 1\text{ m}^{1/3}/\text{s} = (3.2808\text{ ft})^{1/3}/\text{s} = 1.486\text{ ft}^{1/3}/\text{s}$이다. 만약 $y_n = y_c$이면 유동은 균일 임계유동이며, 바닥기울기 S_0는 임계기울기 S_c와 같고 다음으로 표현된다.

$$S_c = \frac{gn^2y_c}{a^2R_h^{4/3}}$$

이를 박막유동 또는 $b \gg y_c$인 넓은 직사각형 수로의 유동에 대하여 간단히 하면

$$S_c = \frac{gn^2}{a^2y_c^{1/3}}$$

개수로에서 최적 수력단면은 최대 수력반경을 갖거나, 또는 동등하게, 지정된 단면적에 대해 최소 접수둘레를 가지는 단면이다. 직사각형 수로에 대한 최적 수력단면의 기준은 $y = b/2$이다. 사다리꼴 수로의 최적 단면은 **정육각형의 반**이다.

점진변화유동(GVF)에서 유동깊이는 하류 거리에 따라 점진적이고 부드럽게 변한다. **표면 윤곽선** $y(x)$는 GVF 방정식을 적분하여 계산된다.

$$\frac{dy}{dx} = \frac{S_0 - S_f}{1 - \mathrm{Fr}^2}$$

급변화유동(RVF)에서 유동깊이는 유동방향으로 비교적 짧은 거리에서 현저하게 변한다. 모든 초임계에서 아임계 유동으로의 변화는 **수력도약**을 거쳐서 발생하며, 이는 매우 소산이 큰 과정이다. 수력도약 동안의 깊이 비 y_2/y_1, 수두손실 및 에너지 소산비는 다음으로 표현된다.

$$\frac{y_2}{y_1} = 0.5\left(-1 + \sqrt{1 + 8\mathrm{Fr}_1^2}\right)$$

$$h_L = y_1 - y_2 + \frac{V_1^2 - V_2^2}{2g}$$

$$= y_1 - y_2 + \frac{y_1 \mathrm{Fr}_1^2}{2}\left(1 - \frac{y_1^2}{y_2^2}\right)$$

$$\text{소산비} = \frac{h_L}{E_{s1}} = \frac{h_L}{y_1 + V_1^2/2g}$$

$$= \frac{h_L}{y_1(1 + \mathrm{Fr}_1^2/2)}$$

액체가 위로 흐르도록 하는 장애물은 **위어**, 액체가 아래로 흐르도록 바닥에 조절 가능한 개구부를 갖는 장애물은 **저류수문**이라고 부른다. **수문**을 통과하는 유량은 다음과 같이 주어진다.

$$\dot{V} = C_d b a \sqrt{2gy_1}$$

여기서 b와 a는 각각 수문 개구부의 폭과 높이이며, C_d는 **방출계수**로 마찰효과를 반영한다.

광봉 위어는 직사각형 블록으로 수평 봉우리를 가지며, 그 위에서 임계유동이 발생한다. 위어 윗면 위의 상류 수두는 **위어 수두**, H라고 부른다. 유량은 다음으로 표현된다.

$$\dot{V} = C_{\mathrm{wd,\,broad}} b \sqrt{g}\left(\frac{2}{3}\right)^{3/2}\left(H + \frac{V_1^2}{2g}\right)^{3/2}$$

여기서 방출계수는

$$C_{\mathrm{wd,\,broad}} = \frac{0.65}{\sqrt{1 + H/P_w}}$$

예봉 직사각형 위어에 대한 유량은 다음으로 표현된다.

$$\dot{V}_{\mathrm{rec}} = C_{\mathrm{wd,\,rec}} \frac{2}{3} b \sqrt{2g} H^{3/2}$$

여기서

$$\frac{H}{P_w} \le 2 \text{에 대하여 } C_{\mathrm{wd,\,rec}} = 0.598 + 0.0897\frac{H}{P_w}$$

예봉 삼각형 위어에 대한 유량은 다음으로 주어진다.

$$\dot{V} = C_{\mathrm{wd,\,tri}} \frac{8}{15} \tan\left(\frac{\theta}{2}\right) \sqrt{2g} H^{5/2}$$

여기서 $C_{\mathrm{wd,\,tri}}$값은 일반적으로 0.58과 0.62 사이의 범위에 있다.

개수로 해석은 하수시스템, 관개시스템, 홍수 방지로 및 댐의 설계에 널리 사용된다.

참고문헌과 권장도서 REFERENCES AND SUGGESTED READING

1. P. Ackers et al. *Weirs and Flumes for Flow Measurement*. New York:Wiley, 1978.
2. B. A. Bakhmeteff. *Hydraulics of Open Channels*. New York: McGraw-Hill, 1932.
3. M. H. Chaudhry. *Open Channel Flow*. Upper Saddle River, NJ: Prentice Hall, 1993.
4. V. T. Chow. *Open Channel Hydraulics*. New York: McGraw-Hill, 1959.
5. R. H. French. *Open Channel Hydraulics*. New York: McGraw-Hill, 1985.
6. F. M. Henderson. *Open Channel Flow*. New York: Macmillan, 1966.
7. C. C. Mei. *The Applied Dynamics of Ocean Surface Waves*. New York:Wiley, 1983.
8. U. S. Bureau of Reclamation. "Research Studies on Stilling Basins, Energy Dissipaters, and Associated Appurtenances," Hydraulic Lab Report Hyd.-399, June 1, 1955.

연습문제* PROBLEMS

분류, Froude 수 및 파속도

11-1C 개수로 유동은 내부유동과 어떻게 다른가?

11-2C 개수로 유동의 구동력은 무엇인가? 개수로 유동의 유량은 어떻게 결정되는가?

11-3C 개수로 유동에서 자유표면을 따라 압력은 어떻게 변하는가?

11-4C 바닥 표면의 기울기가 5°인 직사각형 단면을 갖는 개수로에서 완전 발달된 정상 유동을 고려하자. 유동의 자유표면의 기울기도 5°가 되는가? 설명하라.

11-5C 개수로 유동에서 균일 유동은 비균일 유동과 어떻게 다른가? 균일 유동은 어떤 종류의 수로에서 관찰되는가?

11-6C 표준깊이는 무엇인가? 표준깊이는 개수로 유동에서 어떻게 결정되는지 설명하라.

11-7C 개수로 유동에서 유동이 변화(또는 비균일하게 되는)하는 요인은 무엇인가? 급변화유동은 점진변화유동과 어떻게 다른가?

11-8C 개수로에서, 수력반경은 어떻게 정의되는가? 수력반경을 알면 수로의 수력직경은 어떻게 구할 수 있는가?

11-9C 평균 유동속도와 유동깊이가 주어지면, 그 개수로 유동이 느린, 임계, 또는 빠른 유동 중 어느 것인지 결정하는 방법을 설명하라.

11-10C Froude 수는 무엇인가? 어떻게 정의되는가? Froude 수의 물리적 중요성은 무엇인가?

11-11C 개수로 유동에서 임계깊이란 무엇인가? 주어진 평균유속에 대해 임계깊이는 어떻게 구해지는가?

11-12C 개수로에서 유동이 수력도약을 겪고 있는 것이 관찰된다. 이 유동에서 도약의 상류는 반드시 초임계인가? 이 유동에서 도약의 하류는 반드시 아임계인가?

11-13 넓은 수로에서의 물의 유동을 고려하자. 만약 유동깊이가 다음과 같다면 유동에서 작은 교란의 속도를 구하라. (a) 10 cm와 (b) 80 cm. 만약 유체가 기름이라면 어떤 답이 나올까?

11-14 폭이 넓은 직사각형 수로에서 20°C의 물이 평균속도 2 m/s로 균일하게 흐르고 있다. 물의 깊이가 0.2 m일 때, (a) 이 유동이 층류인지 난류인지, 그리고 (b) 이 유동이 아임계인지 초임계인지를 결정하라.

11-15 20°C의 물이 직경 2 m인 원형 수로를 부분적으로 채우고 평균속도 2 m/s로 흐르고 있다. 물의 최대 깊이가 0.5 m일 때 수력반경과 Reynolds 수를 구하고 유동영역(flow regime)을 결정하라.

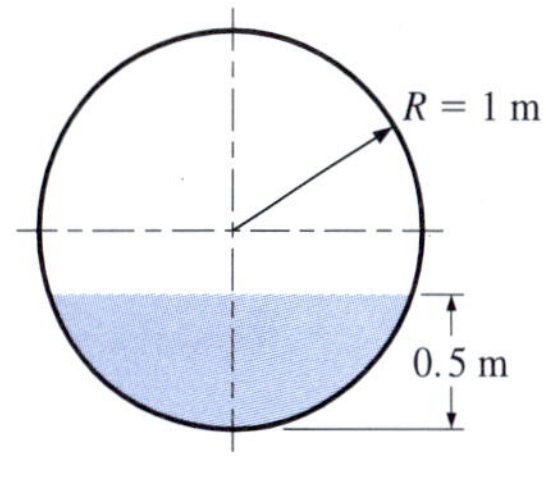

그림 P11-15

11-16 폭 2 m인 직사각형 수로에서 15°C의 물이 평균속도 4 m/s로 균일하게 흐르고 있다. 물의 깊이가 8 cm일 때 이 유동이 아임계인지 초임계인지를 결정하라.

답: 초임계

11-17 비가 많이 내린 후, 물이 콘크리트 표면을 평균속도 1.3 m/s로 흐르고 있다. 물의 깊이가 2 cm일 때 그 유동이 아임계인지 초임계인지를 결정하라.

11-18E 70°F인 물이 평균속도 6 ft/s로 폭이 넓은 직사각형 수로를 균일하게 흐르고 있다. 물의 깊이가 0.5 ft일 때, *(a)* 이 유동이 층류인지 난류인지, 그리고 *(b)* 이 유동이 아임계인지 초임계인지를 결정하라.

11-19 10°C의 물이 직경 3 m인 원형 수로의 반을 채우고 평균속도 2.5 m/s로 흐르고 있다. 수력반경과 Reynolds 수를 구하고 유동영역(층류, 혹은 난류)을 결정하라.

11-20 바다에서 강력한 지진의 충격으로 단일파가 발생하였다. 물의 평균깊이를 2 km, 바닷물의 밀도를 1030 kg/m^{3}로 보고 이 파의 전파속도를 구하라.

비에너지와 에너지 방정식

11-21C 개수로를 흐르는 유체의 비에너지는 수두로 어떻게 정의되는가?

11-22C 동일한 2개의 직사각형 수로를 동일한 유량으로 흐르는 물의 정상유동을 고려하자. 한 수로에서는 아임계이고 다른 수로에서는 초임계일 때, 두 수로를 흐르는 물의 비에너지는 동일한가? 설명하라.

11-23C 개수로를 지나는 주어진 유량에 대해, 유동깊이에 따른 비에너지의 변화를 연구하고 있다. 한 사람은 유동이 임계일 때 유체의 비에너지가 최소가 될 것이라고 주장하지만 다른 사람은 유동이 아임계일 때 비에너지가 최소가 될 것이라고 주장한다. 여러분의 의견은 어느 것인가?

11-24C 일정한 유량으로 직사각형 개수로를 지나는 물의 정상 초임계유동을 고려하자. 어떤 사람이 유동깊이가 클수록 물의 비에너지가 커진다고 주장한다. 이에 동의하는가? 설명하라.

11-25C 한 사람이 단면이 직사각형인 개수로를 지나는 정상 균일 유동 동안에는 비에너지가 일정하게 유지된다고 주장한다. 두 번째 사람은 마찰효과와 이에 따른 수두손실 때문에 비에너지는

---

*"C"로 표시된 문제는 개념 문제이고, 학생들은 모든 문제에 답하도록 권장된다. 아이콘으로 표시된 문제는 EES를 이용하여 푸는 문제로서, 매개변수 연구와 함께 완전한 풀이가 동봉된 DVD에 수록되어 있다. 아이콘으로 표시된 문제는 본질상 종합적인 문제로서 컴퓨터로, 가급적 본 교재에 동반된 EES 소프트웨어를 이용해, 풀도록 의도된 것이다. FlowLab 아이콘으로 표시된 문제는 Flowlab CFD 프로그램을 사용하여 풀도록 한다.

유동을 따라 감소한다고 주장한다. 어느 사람에 동의하는가? 설명하라.

11-26C 마찰기울기는 어떻게 정의되는가? 어떤 조건에서 마찰기울기가 개수로의 바닥기울기와 같아지는가?

11-27C 사각단면의 개수로를 통과하는 안정된 균일한 유동일 때, 한 사람은 유체의 비에너지는 일정하다고 주장하였고 다른 사람은 마찰효과 그리고 손실수두로 인하여 비에너지는 유체에 따라 감소한다고 주장하였다. 당신은 누구의 의견에 동의하는가? 그 이유를 설명하라.

11-28C 폭이 넓은 직사각형 수로를 지나는 액체의 정상유동을 고려하자. 마찰손실이 무시될 수 있을 때에는 유동의 에너지선은 수로 바닥과 평행하다고 주장하고 있다. 이에 동의하는가?

11-29C 넓은 직사각형 수로를 지나는 1차원 정상유동에서 유체의 총 기계적 에너지는 수두로 어떻게 표현되는가? 이는 유체의 비에너지에 어떻게 관련되는가?

11-30C 개수로 유동에서 상류 단면 1과 하류 단면 2 사이의 1차원 에너지 방정식을 나타내고, 수두손실을 구하는 방법을 설명하라.

11-31 물이 폭 0.8m인 직사각형 수로를 0.7 m^3/s의 유량으로 정상유동하고 있다. 유동깊이가 0.25 m일 때, 유동속도를 구하고 이 유동이 아임계인지 또는 초임계인지를 결정하라. 또한 만약에 유동특성이 변한다면 이때의 대응깊이를 구하라.

11-32 직사각형 수로에서 15°C의 물이 평균속도 6 m/s, 깊이 0.4 m로 흐르고 있다. 물의 비에너지를 구하고 이 유동이 아임계인지 또는 초임계인지를 결정하라.

11-33 직사각형 수로에서 15℃의 물이 평균속도 6 m/s, 깊이 0.4 m로 흐르고 있다. (a) 임계깊이, (b) 대응깊이 및 (c) 최소 비에너지를 구하라.

11-34 폭 6 m인 직사각형 수로에서 10℃의 물이 깊이 0.55 m, 유량 12 m^3/s로 흐르고 있다. (a) 임계깊이, (b) 유동이 아임계인지 초임계인지 및 (c) 대응깊이를 결정하라.

답: (a) 0.742 m, (b) 초임계, (c) 1.03 m

11-35E 폭이 넓은 직사각형 수로에서 65°F의 물이 평균속도 14ft/s, 깊이 0.8 ft로 흐르고 있다. (a) Froude 수, (b) 임계깊이 및 (c) 유동이 아임계인지 및 또는 초임계인지를 결정하라. 만약 유동깊이가 0 .2 ft 라면 답은 어떻게 달라지는가?

11-36E 평균속도 10 ft/s에 대하여 문제 11-35E를 반복하라.

11-37 물이 5 m/s의 평균속도로 폭이 4 m인 직사각형 수로를 흐르고 있다. 유동이 임계상태일 때의 물의 유량을 구하라.

답: 51m^3/s

11-38 물이 2.8 m/s의 평균속도로 직경이 50 cm인 강철 수로의 반을 채우고 흐르고 있다. 유량을 구하고 유동이 아임계인지 또는 초임계인지를 결정하라.

11-39 물이 바닥 폭이 2 m인 정육각형 수로의 반을 채우고 45 m^3/s의 유량으로 흐르고 있다. (a) 평균속도를 구하고 (b) 이 유동이 아임계인지 또는 초임계인지를 결정하라.

11-40 유량 30 m^3/s에 대하여 문제 11-39를 반복하라.

균일 유동과 최적 수력단면

11-41C 개수로에서 균일 유동이라고 부르는 때는 언제인가? 개수로 유동이 어떤 조건에서 균일 유동으로 유지되는가?

11-42C 폭이 넓은 직사각형 수로를 흐르는 균일 유동을 고려하자. 바닥기울기가 증가하였다면, 유동깊이는 (a) 증가한다 (b) 감소한다 또는 (c) 일정하게 유지된다.

11-43C 어떤 사람이 개수로에서 균일 유동 동안에는 단순히 바닥기울기와 수로 길이를 곱하여 수두손실을 구할 수 있다고 주장한다. 이렇게 간단하게 구할 수 있는가? 설명하라.

11-44 개수로의 균일 유동에서 유동속도와 유량은 $V_0 = (a/n) R_h^{2/3} S_0^{1/2}$과 $\dot{V} = (a/n) A_c R_h^{2/3} S_0^{1/2}$로 나타나는 Manning 방정식으로부터 계산될 수 있다. 이 방정식에서 상수 a의 값과 차원은 SI 단위로 어떻게 되는가? 또한, 마찰계수 f를 알고 있을 때, Manning 계수 n은 어떻게 구할 수 있는지 설명하라.

11-45C 균일 임계유동에서, $b \gg y_c$인 액막 유동에 대해 일반 임계기울기 관계식 $S_c = \dfrac{gn^2 y_c}{a^2 R_h^{4/3}}$가 $S_c = \dfrac{gn^2}{a^2 y_c^{1/3}}$이 되는 것을 보여라.

11-46C 개수로에서 작은 수력반경 또는 큰 수력반경 중 어느 것을 갖는 것이 최적 수력단면인가?

11-47C 개수로에서 다음 중 어느 것이 최적 수력단면인가? (a) 원형, (b) 직사각형, (c) 사다리꼴, 또는 (d) 삼각형.

11-48C 직사각형 개수로에 대해 최적 수력단면은 유체의 높이가 수로 폭의 (a) 반, (b) 2배, (c) 1배(폭과 동일), 또는 (d) 1/3이다.

11-49C 바닥 폭이 b인 사다리꼴 형태의 수로에 대해 최적 수력단면은 유동단면의 측면의 길이가 (a) b, (b) $b/2$, (c) $2b$ 또는 (d) $\sqrt{3}b$이다.

11-50C Manning 계수가 $n = 0.015$인 벽돌 라이닝을 갖는 개수로를 지나는 균일 유동을 고려하자. 유동단면적은 일정하게 유지되지만 벽면에 이끼가 자라서 Manning 계수가 2 배가 된다면($n = 0.030$) 유량은 (a) 2 배 (b) $\sqrt{2}$배로 감소, (c) 변하지 않는다, (d) 반으로 감소한다 또는 (e) $2^{1/3}$ 배로 감소할 것이다.

11-51 물이 바닥 폭이 0.6 m, 사다리꼴 각도가 50°, 바닥 각도가 0.4°인 사다리꼴 단면의 마감질된 콘크리트 수로를 균일하게 흐르고 있다. 유동깊이가 0.45 m로 측정될 때 수로를 지나는 물의 유량을 구하라.

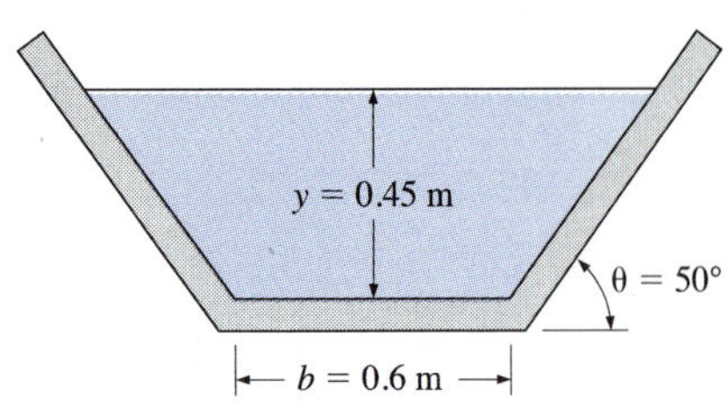

그림 P11-51

11-52 물이 1.5 m/km의 경사로 놓여있는 직경이 2 m인 원형 수로를 반을 채우며 균일하게 흐르고 있다. 수로가 마감질된 콘크리트로 만들어졌다면, 이 때 물의 유량을 구하라.

11-53E 직경 6 ft인 마감질되지 않은 콘크리트로 제작된 반원형 수로를 통하여 물이 1마일의 거리를 이동하고 있다. 수로가 가득 찰 때 유량이 150 ft^3/s에 이른다면 채널의 최소 고도 차이를 구하라.

11-54 바닥 폭이 5 m, 자유표면의 폭이 10 m, 유동깊이가 2.2 m인 사다리꼴 수로에서 물을 유량 120 m^3/s로 방출한다. 수로의 표면이 아스팔트로 라이닝되어 있을 때($n = 0.016$) 단위 km당 수로의 고도강하를 구하라.

답: 8.52 m

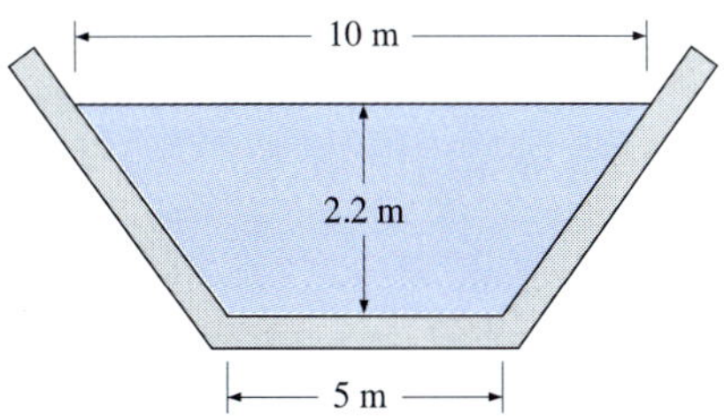

그림 P11-54

11-55 문제 11-54를 다시 고려하자. 수로가 수용할 수 있는 최대 유동 높이가 2.4 m일 때 이 수로를 지나는 최대 유량을 구하라.

11-56 유동단면이 3 m × 3 m의 정사각형인 2개의 동일한 수로를 지나는 물의 유동을 고려하자. 이제 두 수로가 합쳐져서 폭이 6 m인 수로를 형성한다. 유량이 조절되어 유동깊이가 3 m로 일정하게 유지된다. 두 수로를 합친 결과에 따라 증가한 유량 %를 구하라.

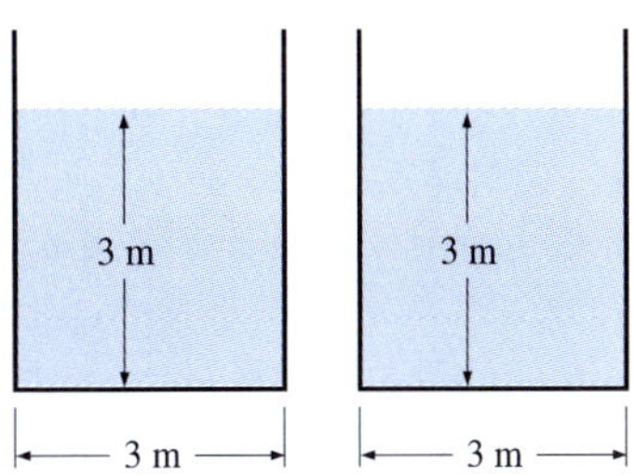

그림 P11-56

11-57 그림 P11-57에 보인 것처럼 바닥기울기가 1°, 바닥면 폭이 5 m, 측면 경사가 1:1인 마감질되지 않은 콘크리트로 만들어진 사다리꼴 수로가 있다. 유량 25 m^3/s에 대해 표준깊이 h를 구하라.

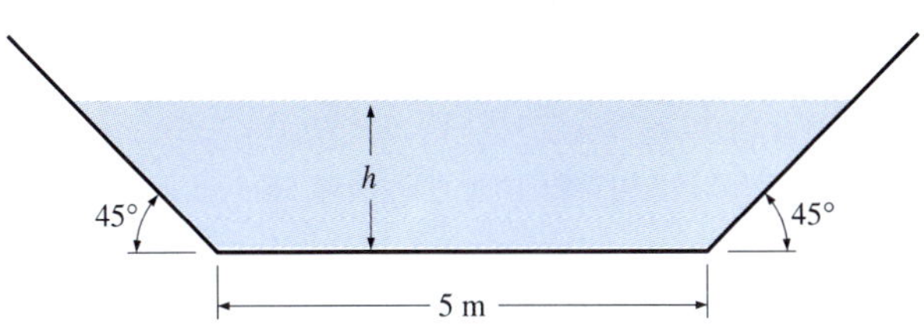

그림 P11-57

11-58 $n = 0.030$인 땅을 파서 만든 잡초가 있는(weedy earth) 수로에 대해 문제 11-57을 반복하라.

11-59 그림 P11-59에서 나타낸 주철 V형 수로는 0.5°의 바닥기울기를 갖고 있다. 중앙에서의 유동깊이가 1 m일 때 균일 유동에서의 방출율을 구하라.

답: 3.59 m^3/s

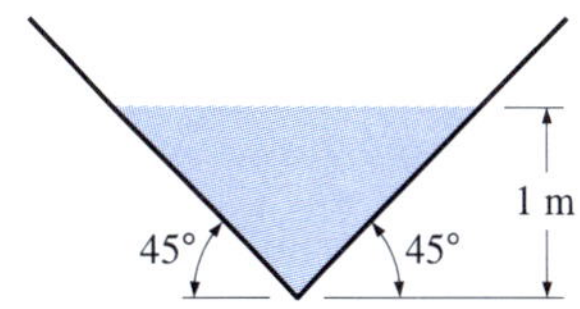

그림 P11-59

11-60E 바닥면의 폭이 6 ft인 주철로 만들어진 직사각형 수로를 통하여 물을 유량 70 ft^3/s로 이송하려고 한다. 주변 지형으로 인하여 수로의 바닥면은 길이 1000 ft당 1.5 ft씩 낮아지고 있다. 균일 유동조건에서 수로의 최소 높이를 결정하라.

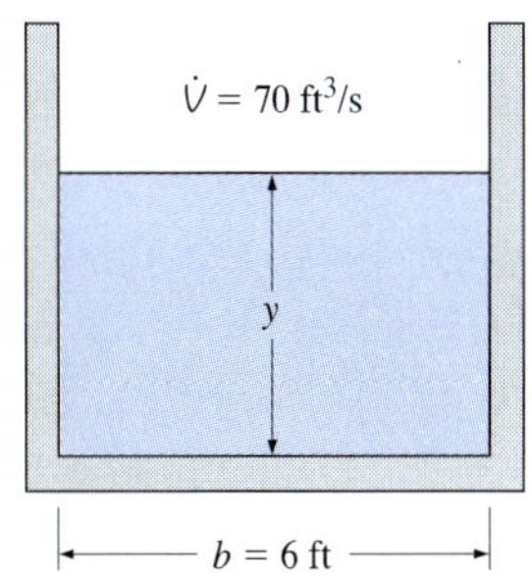

그림 P11-60E

11-61 그림 P11-61에 나타낸 것과 같은 단면적을 갖고 바닥기울기가 0.002인 수로에 물이 흐르고 있다. 그림에는 또한 각기 다른 소단면의 표면에 대한 치수와 Manning 계수가 주어져 있다. 수로를 지나는 유량과 수로의 유효 Manning 계수를 구하라.

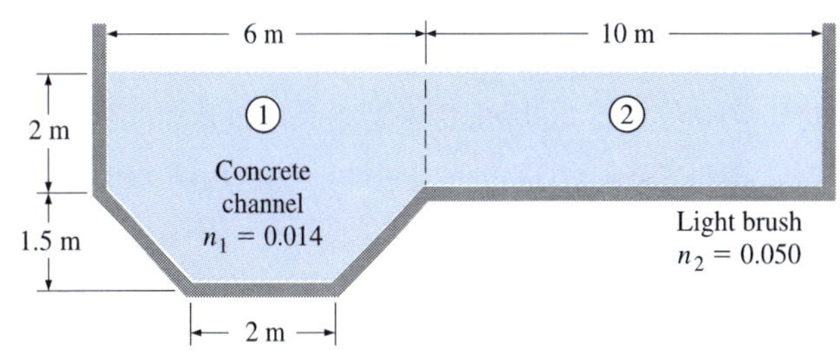

그림 P11-61

11-62 내경이 1 m인 수로가 배수용 콘크리트($n = 0.012$)라 가정하자. 중심에서 0.25 m 유동 깊이에 대하여, 수로를 통과하는 유량을 결정하라.

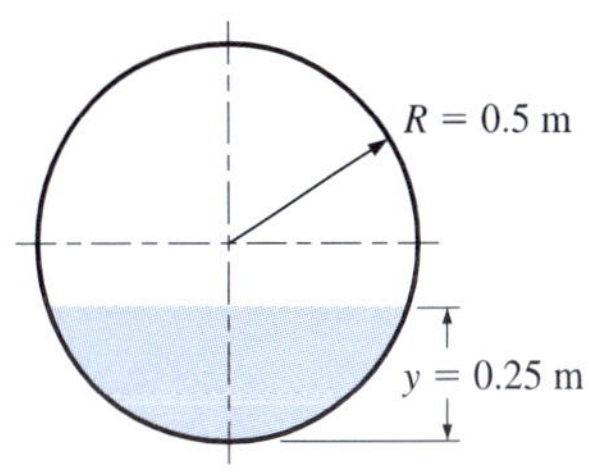

그림 P11-57

11-63 문제 11-62를 다시 풀어라. 유량 면적을 일정하게 유지하고 유량을 계산할 때, 유동깊이에 대한 반경이 y/r이 0.1에서 0.9로 변화할 때, 원형 수로를 통과하는 유통에 대한 최적단면은 수로가 반정도(half-full)찰 때 발생한다. 결과를 그리고 표로 나타내라.

11-64 바닥 폭이 1.5 m이고 측면 경사가 1:1인, 깨끗한 흙으로 된 사다리꼴의 수로를 통하여 유량 8 m^3/s로 1 km 거리를 균일유동으로 배수하려고 한다. 유동깊이가 1 m를 초과하지 않을 때 요구되는 고도강하를 구하라.

11-65 세 개의 마감질된 콘크리트 원형 수로로 0.0015의 일정한 기울기를 갖는 배수 시스템을 건설하려고 한다. 수로 두 개는 직경이 1.2 m이며 세 번째 수로 속으로 배출된다. 모든 수로는 반이 채워져 있고 접합부에서의 손실을 무시할 수 있을 때, 세 번째 수로의 직경을 구하라.

답: 1.56 m

11-66 표면이 아스팔트로 포장된 개수로에서 물을 유량 4 m^3/s의 균일 유동으로 이송하려고 한다. 바닥기울기는 0.0015이다. 수로의 형상이 각각 (a) 직경이 D인 원형, (b) 바닥 폭이 b인 직사각형 (c) 바닥 폭이 b인 사다리꼴일 때, 최적 단면의 치수를 구하라.

11-67E 물을 유량 800 ft^3/s로 이송하기 위하여 바닥기울기가 0.0005인 직사각형 수로를 건설하려고 한다. 수로를 각각 (a) 마감질 되지 않은 콘크리트, (b) 마감질된 콘크리트로 만들 때, 최적 단면의 치수를 구하라.

11-68 유동 면적이 2 m^2이고 바닥기울기가 0.0003인 아스팔트 라이닝의 직사각형 수로를 흐르는 균일 유동을 고려하자. 깊이 대 폭의 비율 y/b를 0.1에서 2.0까지 변화시키면서 유량을 계산하고 도시하고, 최적 유동단면은 깊이 대 폭의 비가 0.5일 때 나타남을 확인하라.

점진변화유동 및 급변화유동과 수력도약

11-69C 비균일 또는 변화유동은 균일 유동과 어떻게 다른가?

11-70C 점진변화유동(GVF)은 급변화유동(RVF)과 어떻게 다른가?

11-71C 어떤 사람이 표면에서의 벽면 전단력에 관련된 마찰손실은 급변화유동의 해석에서는 무시될 수 있지만 점진변화유동의 해석에서는 반드시 고려되어야만 한다고 주장한다. 이 주장에 동의하는가? 답을 정당화하라.

11-72C 직사각형 단면의 수평 수로에서의 물의 정상유동을 고려하자. 유동이 초임계일 때 유동깊이는 유동 방향으로 (a) 증가, (b) 일정하게 유지 또는 (c) 감소할 것이다.

11-73C 직사각형 단면의 하향경사 수로에서 물의 정상유동을 고려하자. 유동이 아임계이고 유동깊이가 표준깊이보다 작을 때 ($y > y_n$), 유동깊이는 유동 방향으로 (a) 증가, (b) 일정하게 유지 또는 (c) 감소할 것이다.

11-74C 직사각형 단면의 상향경사 수로에서 물의 정상유동을 고려하자. 유동이 초임계일 때 유동깊이는 유동 방향으로 (a) 증가, (b) 일정하게 유지 또는 (c) 감소할 것이다.

11-75C 직사각형 단면의 하향경사 수로에서 물의 정상유동을 고려하자. 유동이 아임계이고 유동깊이가 표준깊이보다 클 때 ($y < y_n$), 유동깊이는 유동 방향으로 (a) 증가, (b) 일정하게 유지 또는 (c) 감소 할 것이다.

11-76C 직사각형 단면의 수평 수로에서의 물의 정상유동을 고려하자. 유동이 아임계일 때 유동깊이는 유동 방향으로 (a) 증가, (b) 일정하게 유지 또는 (c) 감소할 것이다.

11-77C 아임계 유동이 수력도약을 겪을 수 있는가? 설명하라.

11-78C 왜 때로는 수력도약이 기계적 에너지를 소산시키기 위하여 사용되는가? 수력도약에서 에너지 소산비는 어떻게 정의되는가?

11-79 마감질된 콘크리트 표면의 직사각형 수로를 물이 균일하게 흐르고 있다. 수로 폭은 3 m, 유동깊이는 1.2 m, 바닥기울기는 0.002이다. 이 유동에 대해 수로가 완만한, 임계, 또는 가파른 중 어느 것으로 분류되는지 결정하라.

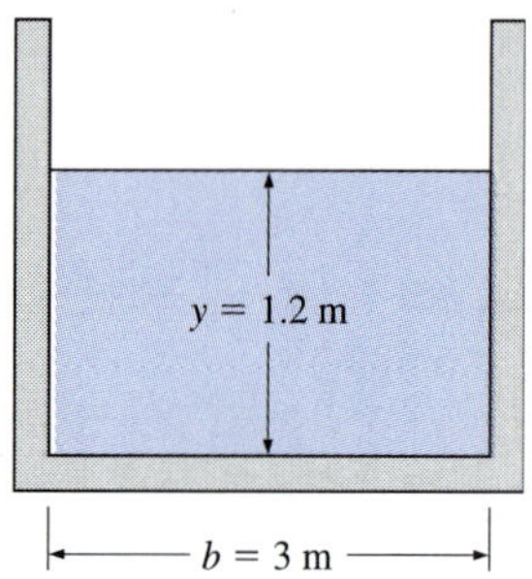

그림 P11-79

11-80 폭이 넓은 기울기 0.4°인 벽돌 수로에서 물의 균일 유동을 고려하자. 이 수로가 가파르다고 분류될 수 있는 유동깊이의 범위를 구하라.

11-81E 바닥기울기가 0.5°인 폭 12 ft의 마감질되지 않은 콘크리트 수로를 흐르는 물의 유동을 고려하자. 유량이 300 ft^3/s일 때 이 수로가 완만한지, 임계인지, 또는 가파른지를 결정하라. 또한 유동깊이 3 ft에 대해 유동이 발달하는 동안 나타나는 표면 윤곽선을 분류하라.

11-82 바닥기울기가 0.002인 90° V형 주철 수로에서 물이 유량 3 m^3/s로 흐르고 있다. 이 유동에 대해 수로가 완만한, 임계, 또는 가파른 중 어느 것으로 분류되는지 결정하라.

답: 완만한

11-83 수문으로부터 폭이 8 m인 직사각형 수평 수로로 방출되는 물이 수력도약을 겪고 있는 것이 관찰된다. 도약 전의 유동깊이와 속도가 각각 1.2 m와 9 m/s이다. 다음을 구하라. (a) 도약 이후 유동깊이와 Froude 수, (b) 수두손실과 소산비 및 (c) 수력도약에 의하여 소산된 기계적 에너지.

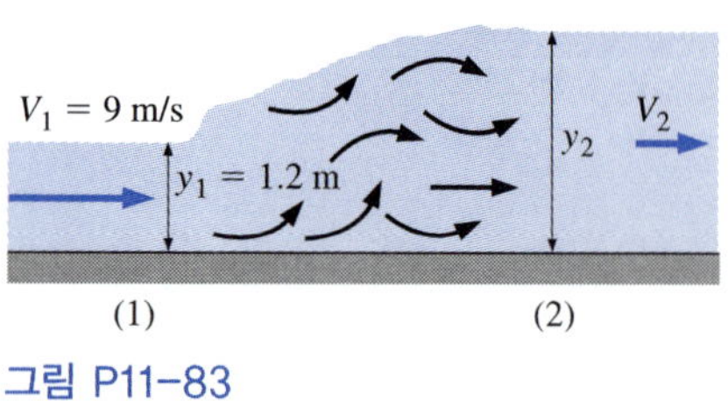

그림 P11-83

11-84 폭이 넓은 수평 수로에서 유동깊이가 35 cm이고 평균속도 12 m/s로 흐르는 물이 수력도약을 겪고 있다. 이 수력도약에 관련된 수두손실을 구하라.

11-85 폭이 넓은 수로에서 수력도약 동안 유동깊이가 0.6 m에서 3 m로 증가하였다. 도약 전후에 나타나는 속도와 Froude 수, 그리고 에너지 소산비를 구하라.

11-86 폭이 10 m인 수로에서 유량 70 m^3/s, 유동깊이 0.5 m인 물의 유동을 고려하자. 이때 물이 수력도약을 겪고 도약 이후 유동깊이가 4 m로 측정되었다. 이 도약 동안 소모된 기계 동력을 구하라.

답: 4.35 MW

11-87 수력도약을 겪은 후 물의 유동깊이와 속도가 각각 2 m와 3 m/s로 측정된다고 한다. 도약 전의 유동깊이와 속도 및 소산된 기계적 에너지 분율을 구하라.

11-88E 폭 2 ft, 속도 40 ft/s를 갖는 폭이 넓은 개수로 흐르는 물이 수력도약이 발생한다. 도약이후 유체깊이, 속도, froude수를 결정하고 도약에 따른 손실수두를 결정하라.

11-89 폭 당 유량이 1.5 $m^3/s \cdot m$이고 Manning 계수가 0.03인 폭이 넓은 직사각형 수로에서 물의 균일 유동을 고려하자. 수로의 기울기는 0.0005이다. (a) 이 유동의 표준깊이와 임계깊이를 계산하고 균일 유동이 아임계인지 또는 초임계인지 결정하라. (b) 다음으로 상류의 물을 저수조에 가두기 위하여 댐($x = 0$)이 건설되었다. 이는 상류의 수면 윤곽선을 상승시키고 "역류(backwater)" 곡선을 생성하였다(그림 P11-86). 댐 직전 상류의 새로운 수심은 2.5 m이다. "저수조"가 댐의 상류로 얼마나 멀리까지 연장되는지를 구하라. 수심이 최초의 균일 유동 수심의 5%가 되는 점을 저수조의 경계로 간주할 수 있다.

답: 3500 m

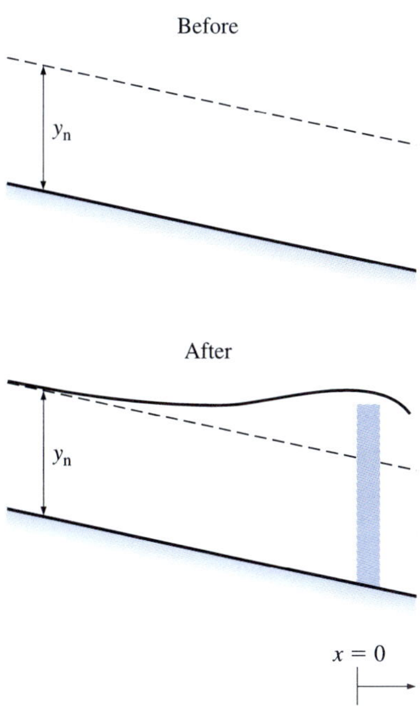

그림 P11-89

11-90 그림 P11-90에서 보인 것과 같은 융기부 위의 점진변화유동을 고려하자. 초기 유동 속도는 0.75 m/s이고 초기 유동깊이는 1 m이다. Manning 매개변수는 0.02이고 수로 바닥의 고도는 다음으로 지정된다.

$$z_b = \Delta z_b \exp[-0.001(x-100)^2]$$

여기서 최대 융기부 높이 Δz_b는 0.15 m와 같고 융기부의 봉우리는 $x = 100$ m에 위치한다. (a) 유동의 임계깊이(만약 존재한다면)와 표준깊이를 계산하고 도시하라. (b) GVF 방정식을 $0 \le x \le 200$ m의 범위에 걸쳐서 적분하고, 표 11-3에 나타낸 분류방식에 비추어 관찰된 자유표면의 거동에 대해 토의하라.

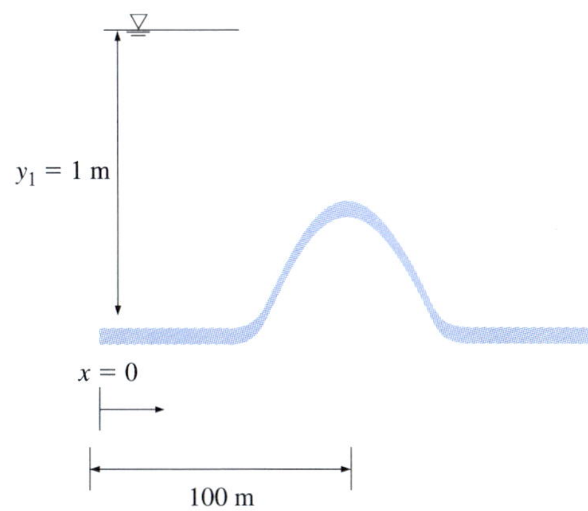

그림 P11-90

11-91 폭 당 유량이 5 $m^3/s \cdot m$, 기울기가 0.01, Manning 계수가 0.02인 폭이 넓은 직사각형 관개수로에서 물의 점진변화유동을 고려하자. 유동이 처음에는 균일한 깊이를 갖는다. 유동은 주어진 위치, $x = 0$에서 유지 보수를 하지 않은 결과로 수로의 조도가 0.03인 200 m 길이의 수로로 들어간다. 이 구간 이후 수로(유지 보수가 된)의 조도는 처음의 값으로 돌아간다. (a) 두 개의 구분되는 부분에 대해 유동의 표준깊이와 임계깊이를 계산하라. (b) 점진변화유동 방정식을 $0 \le x \le 400$ m의 범위에 걸쳐서 수치적으로 풀어라. 답을 도시(즉, x 대 y)하고 수면의 거동에 관하여 토의하라.

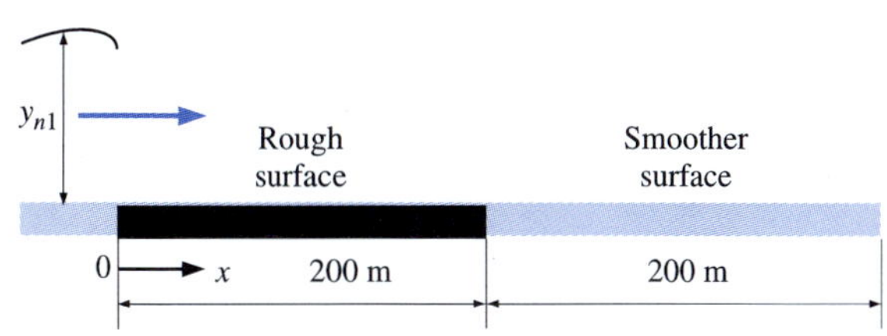

그림 P11-91

11-92 폭 당 유량이 5 $m^3/s \cdot m$이고 Manning 계수가 $n = 0.02$인 폭이 넓은 직사각형 수로를 고려하자. 이

수로는 기울기가 $S_{01} = 0.01$인 100 m 구간과 계속되는 기울기가 $S_{02} = 0.02$인 100 m 구간으로 구성되어 있다. (a) 두 수로 부분에 대해 표준깊이와 임계깊이를 계산하라. (b) 초기 수심이 1.25 m로 주어졌을 때 수로의 전체 200 m에 걸쳐서 수면 윤곽선을 계산하고 도시하라. 또한 두 수로 부분을 분류하라(M1, A2 등).

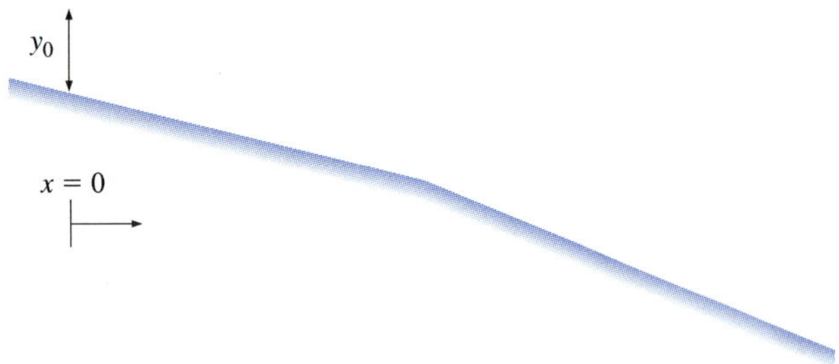

그림 P11-92

11-93 문제 11-92를 1.25 m 대신 초기 수심 0.75 m에 대해 반복하라.

11-94 GVF 방정식은 수력도약을 직접 예측하는데 사용할 수 없지만, 이 식은 수로에서 도약이 일어나는 위치를 찾아내기 위하여 이상적 수력도약 깊이 비 방정식과 함께 사용될 수 있다. 길이가 3 m이고 Manning 계수가 0.009인 실험실의 폭이 넓은($R_h \approx y$) 수평($S_0 = 0$) 인공수로에서 생성된 도약을 고려하자. 상류의 조절 수문(head gate) 아래 초임계 유동의 초기 깊이는 $x = 0$에서 0.01 m이다. 테일게이트(tailgate)는 월류(overflow) 깊이를 $x = 3$ m에서 0.08 m가 되도록 한다. 폭 당 유량은 0.025 $m^3/s \cdot m$이다. (a) 이 유동의 임계깊이를 구하고 초기와 최종 유동이 각각 초임계와 아임계임을 증명하라. (b) 수력도약의 위치를 구하라. **힌트**: GVF 방정식을 $x = 0$에서 도약의 "추정된" 위치까지 적분하고, 도약 깊이-비 방정식을 적용한 후 GVF 방정식을 이 새로운 초기 조건을 사용하여 도약 위치에서 $x = 3$ m까지 적분한다. 만약 원하는 월류깊이가 얻어지지 않으면 새로운 도약 위치를 추정하여 반복한다.

답: 1.80 m

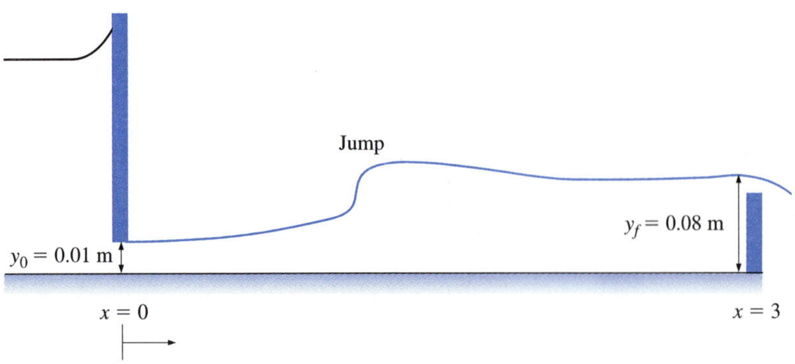

그림 P13-94

11-95 점진변화유동 방정식을 고려하자.

$$\frac{dy}{dx} = \frac{S_0 - S_f}{1 - \mathrm{Fr}^2}$$

폭이 넓은 직사각형 수로의 경우에 대해, 이 식이 다음의 형태로 됨을 보여라.

$$\frac{dy}{dx} = \frac{S_0[1 - (y_n/y)^{10/3}]}{1 - (y_c/y)^3}$$

이는 y, y_n 및 y_c 사이의 관계의 중요성을 구체적으로 보여준다.

11-96E 폭이 20 ft인 폭이 넓은 직사각형 수로에서 유량이 300 ft^3/s이고 Manning 계수가 0.008인 물의 점진변화유동을 고려하자. 수로의 기울기는 0.01이고, $x = 0$의 위치에서의 평균 유동속도는 5.2 ft/s로 측정되고 있다. 다음의 위치에서, 수면 윤곽선을 분류하고 GVF 방정식을 수치적으로 적분하여 유동깊이 y를 계산하라. (a) $x = 500$ ft, (b) 100 ft 및 (c) 200 ft.

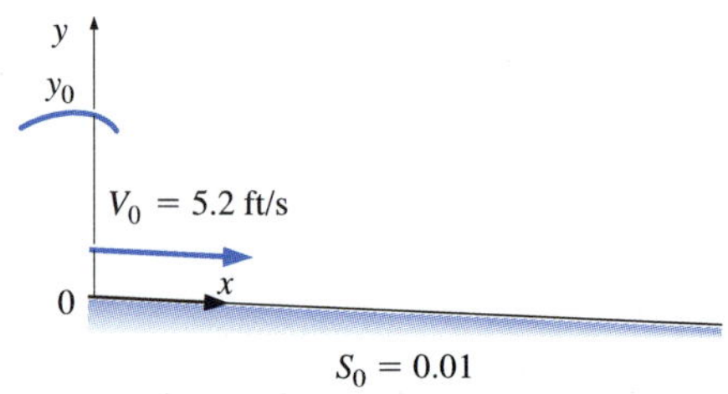

그림 P11-996E

수로에서 유동제어와 계측

11-97C 저류수문을 통과하는 유동에 대해 유동깊이-비에너지 선도를 그리고, 다음의 경우에 대해 수문을 통과하는 유동을 나타내어라. (a) 마찰없는 수문, (b) 자유유출을 갖는 수문과 (c) 수중유출을 갖는 수문(아임계 유동으로 돌아가는 수력도약을 포함).

11-98C 수문에 대해 방출계수 C_d는 어떻게 정의되는가? 자유유출 수문의 전형적인 C_d 값은 얼마인가? 수문을 지나는 이상적인 마찰이 없는 유동의 C_d 값은 얼마인가?

11-99C 개수로 유동의 유량을 측정하기 위하여 사용되는 광봉 위어의 기본 작동 원리는 무엇인가?

11-100C 폭이 b로 일정한 수평 수로에서 높이가 Δz인 융기부 위를 지나는 마찰이 없는 정상 유동을 고려하자. 유동이 융기부 위를 지나면서 유동깊이 y가 증가, 감소, 또는 일정하게 유지되겠는가? 유동을 아임계로 가정하라.

11-101C 개수로에서 아임계 유동 동안 융기부 위를 지나는 액체 유동을 고려하자. 융기부 높이가 증가함에 따라 융기부 위에서의 비에너지와 유동깊이

는 감소한다. 비에너지가 최소값이 될 때 유동의 특성은 어떻게 되겠는가? 만약 융기부의 높이가 더 증가한다면 유동이 초임계가 되겠는가?

11-102C 예봉 위어는 무엇인가? 예봉 위어는 어떤 기준에 의하여 분류되는가?

11-103 깊이가 14 m인 저수조에 있는 물이 바닥으로부터 1 m 높이로 열려있는 수문을 통하여 폭이 5 m인 개수로로 배출되고 있다. 수문의 하류의 유동깊이가 3 m로 측정되었을 때 수문을 통과하는 방출율을 구하라.

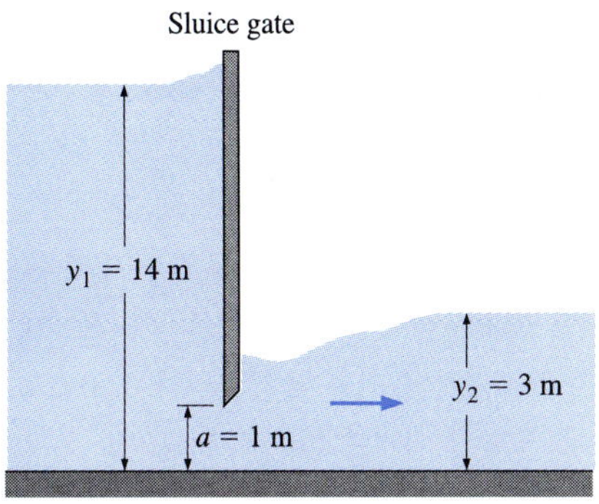

그림 P11–103

11-104 폭이 넓은 수로를 흐르는 물이 수로바닥에서 높이 22 cm인 융기부를 만나고 있다. 융기부 이전에서 유동깊이가 1.2 m이고 속도가 2.5 m/s일 때 유동이 융기부 위에서 초크되는지 결정하고, 토의하라.

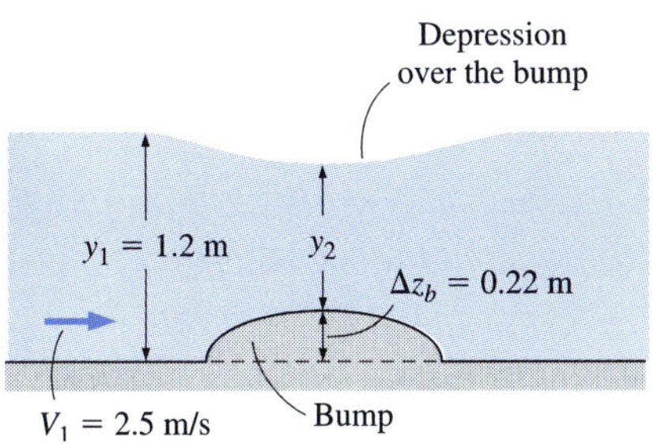

그림 P11–104

11-105 폭이 넓은 수로에서 속도 8 m/s, 유동깊이 0.8 m인 물의 균일 유동을 고려하자. 이제 물이 30 cm 높이의 융기부 위를 지나고 있다. 융기부 위에서 수면의 수위 변화(증가 또는 감소)를 결정하라. 또한 융기부 위의 유동이 아임계 또는 초임계인지 결정하라.

11-106 폭이 4 m인 수평 수로를 지나는 물의 유량이 높이 0.75 m의 수로를 가로지르는 예봉 직사각형 위어를 이용하여 측정되고 있다. 상류의 수심이 2.2 m일 때, 물의 유량을 구하라.

답: 15.9 m^3/s

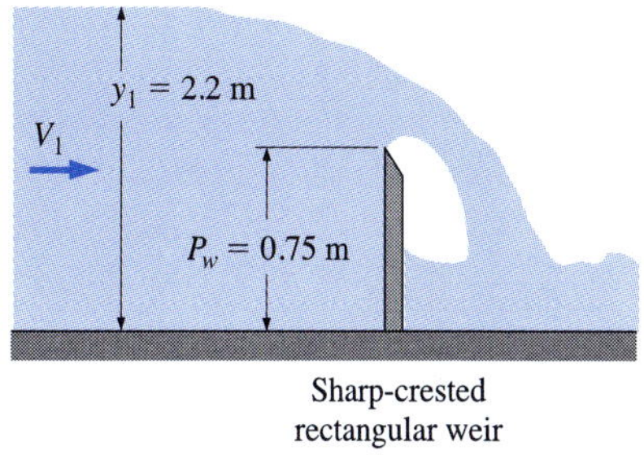

그림 P11–103

11-107 위어 높이가 1 m인 경우에 대하여 문제 11-106를 반복하라.

11-108 물이 2 m 높이의 예봉 직사각형 위어 위를 지나고 있다. 위어 상류의 유동깊이는 3 m이고, 위어를 지난 물은 동일한 폭의 마감질되지 않은 콘크리트 수로로 방출되어 균일유동 조건을 형성한다. 하류에서 수력도약이 나타나지 않을 때, 하류 수로의 최대 기울기를 구하라.

11-109E 폭이 10 ft인 직사각형 수로를 지나는 물의 유량을 측정하기 위하여 날카로운-봉우리 위어가 이용되고 있다. 수로를 지나는 최대 유량이 150 ft^3/s이고 위어 상류의 유동깊이는 5 ft를 넘지 않는다. 위어의 적절한 높이를 결정하라.

11-110 기울기 0.0022로 놓여있는 마감질되지 않은 콘크리트로 만들어진 2 m 깊이의 넓은 직사각형 수로를 지나는 물의 균일 유동을 고려하자. 수로의 폭 m 당 물의 유량을 구하라. 이제 물이 15 cm 높이의 융기부 위를 지나간다. 융기부 위에서 수면이 수평을 유지할 때(상승 또는 하강이 없음), 수로의 폭 m 당 물의 방출율의 변화를 구하라. (**힌트**: 융기부 상부에서 수평 표면이 물리적으로 가능한지 조사하라.)

11-111 기울기 0.0022로 놓여있는 마감질되지 않은 콘크리트로 만들어진 넓은 수로를 지나는 물의 균일 유동을 고려하자. 이제 물이 15 cm 높이의 융기부 위를 지나간다. 융기부 위에서 유동이 정확히 임계조건일 때(Fr = 1), 융기부 위에서 폭 m 당 유동깊이와 유량을 구하라.

답: 20.3 m^3/s, 3.48 m

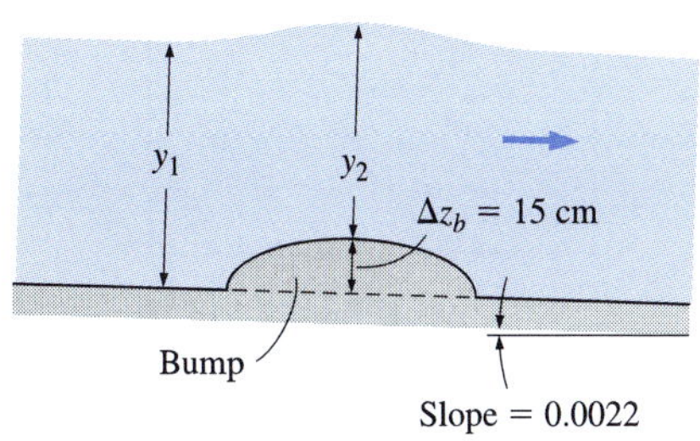

그림 P11–111

11-112 폭이 5 m인(지면과 수직방향) 수로를 지나는 물의 유량이 수문에 의하여 제어되고 있다. 수문의 상류와 하류에서 유동

깊이가 각각 1.1 m와 0.45 m로 측정되었을 때 수문 하류에서의 유량과 Froude 수를 구하라.

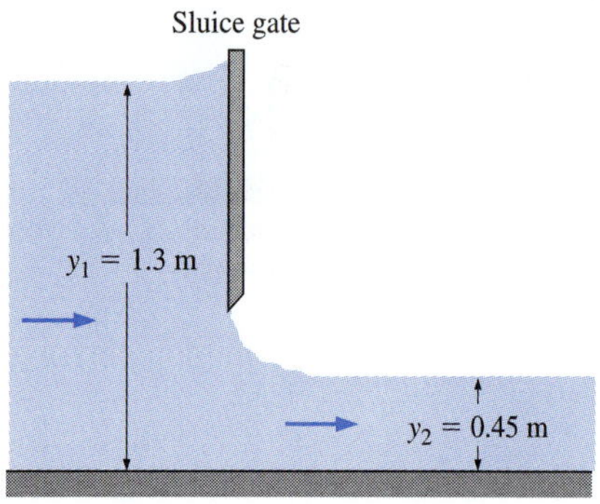

그림 P11-112

11-113E 물이 열린 높이가 1.1 ft인 수문을 통하여 자유 방출되고 있다. 상류 유동깊이가 5 ft일 때, 수문 하류에서 나타나는 단위 폭 당 유량과 Froude 수를 구하라.

11-114E 하류의 유동깊이 3.3 ft를 갖는 유체에 빠져있는 수문의 경우에 대하여 문제 11-113E를 다시 풀어라.

11-115 깊이 6 m의 호수에서 폭이 5 m이고 바닥으로부터 열린 높이가 0.6 m인 수문을 통하여 물이 방출되려고 한다. 수문의 하류에서 유동깊이가 3 m로 측정될 때, 수문을 통과하는 방출율을 계산하라.

11-116E 유동깊이가 8 ft인 폭이 넓은 수로를 지나는 물의 유동을 고려하자. 이제 물이 높이 1 ft로 열려있는 수문을 통하여 자유 방출 되고 계속하여 수력도약을 겪는다. 수문 자체와 관련된 모든 손실을 무시하고 도약 전후의 유동깊이와 유속 그리고 도약기간 동안 소산되는 기계적 에너지의 분율을 구하라.

11-117 폭이 3 m인 수로를 지나는 물의 유량을 수로바닥으로부터 높이가 0.5 m이고 노치각이 60°인 삼각형 예봉 위어를 이용하여 측정하고자 한다. 위어 상류의 유동깊이가 1.5 m일 때, 수로를 지나는 물의 유량을 구하라. 이 때 위어 방출계수는 0.60을 사용한다.

답: 0.818 m^3/s

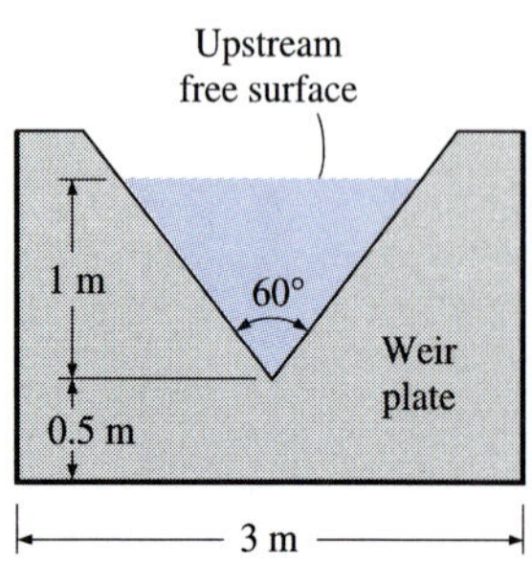

그림 P11-117

11-118 상류 유동깊이가 1.2 m에 대해 문제 11-117을 반복하라.

11-119 노치각이 100°인 예봉 삼각형 위어가 큰 호수에서 배수로로 방출되는 물의 방출율 측정에 사용된다. 그 대신에 노치각이 절반인($\theta = 50°$) 위어가 사용될 때 유량의 % 감소를 구하라. 호수의 수심과 위어 방출계수는 변하지 않는다고 가정한다.

11-120 폭 5 m인 직사각형 수로의 높이가 1 m인 광봉 위어가 물의 유량 측정에 사용된다. 위어에서 멀리 떨어진 상류의 유동깊이는 1.6 m이다. 수로를 지나는 유량과 위어 위의 최소 유동깊이를 구하라.

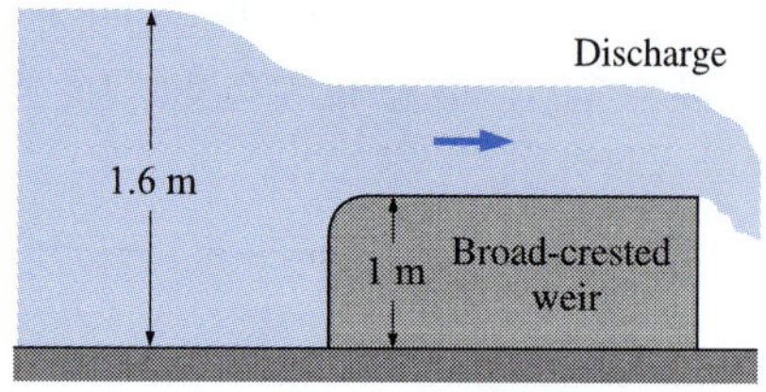

그림 P11-120

11-121 상류 유동깊이 2.2 m에 대해 문제 11-120을 반복하라.

11-122 높이가 0.80 m인 충분히 긴 광봉 위어를 지나는 물의 유동을 고려하자. 위어 위의 최소 유동깊이가 0.50 m로 측정될 때, 수로의 폭 m 당 유량과 위어 상부의 유동깊이를 구하라.

복습 문제

11-123 바닥 폭이 4 m이고, 측면기울기가 45°인 사다리꼴 수로에서 물이 18 m^3/s로 방출되고 있다. 유동깊이가 0.6 m일 때, 이 유동이 아임계인지 또는 초임계인지 결정하라.

11-124 바닥 폭이 2 m인 직사각형 수로에서 물이 8 m^3/s로 방출되고 있다. 그 이하에서는 유동이 초임계가 되는 유동깊이를 구하라.

11-125 운하에서 평균속도 4 m/s로 물이 흐르고 있다. 다음의 유동깊이에 대해 각각의 유동이 아임계인지 또는 초임계인지 결정하라. (a) 0.2 m, (b) 2 m, (c) 1.63 m.

11-126 물이 Manning 계수 $n = 0.012$의 폭 1.5 m인 직사각형 수로를 흐르고 있다. 수심이 0.9 m이고 수로의 바닥기울기가 0.6° 일 때 균일 유동에서 수로의 방출율을 구하라.

11-127 물을 12 m^3/s의 유량으로 1 km를 이송하기 위하여 마감질된 콘크리트 라이닝의 폭 5 m의 직사각형 수로를 설계하려고 한다. EES(또는 다른) 소프트웨어를 사용하여 바닥기울기가 유동깊이에 미치는 영향(즉, 요구되는 수로의 높이)을 검토하라. 바닥 각도는 0.5°에서 10°까지 0.5°씩 증가시켜라. 유동깊이를 바닥 각도에 대해 표와 선도를 만들고 그 결과를 토의하라.

11-128 폭이 5 m이고 측면각이 45°인 사다리꼴 수로에 대해 문제 11-127을 반복하라.

11-129 그림 P11-129에 보인 것처럼 바닥기울기가 0.001, 바닥 폭이 4 m, 측면각이 수평에서 30°인 벽돌로 라이닝된 사다리꼴 수로가 있다. 표준깊이가 2 m로 측정이 될 때, 이 수로를 지나는 물의 유량을 추정하라.

답: 36.4 m^3/s

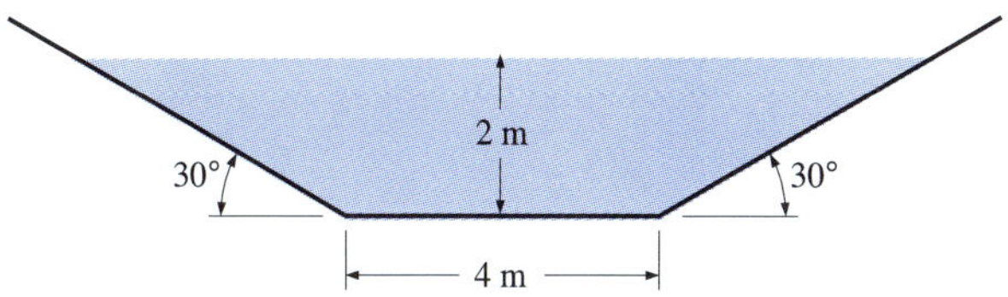

그림 P11-129

11-130 내경 2m인 원형강제관이 거리 1 km의 $12 m^3/s$ 유량으로 균일하게 흐르고 있다. 최대폭이 1.5 m일 때, 요구된 높이 제한을 결정하라.

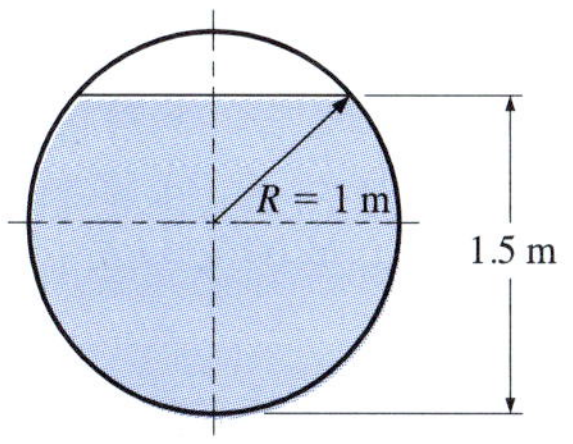

그림 P11-130

11-131 V형 수로를 지나는 물의 유동을 고려하자. 유동이 가장 효율적인 수평면에 대한 수로의 각 θ를 결정하라.

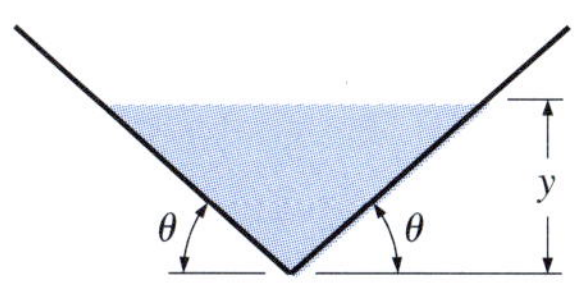

그림 P11-131

11-132E 물을 200 ft^3/s의 유량으로 균일하게 방출하기 위하여 마감질되지 않은 콘크리트 표면을 갖는 직사각형 수로를 건설하려고 한다. 최적 수력단면의 경우에 대해 가용 수직강하가 mile당 (a) 8 ft와 (b) 10 ft일 때 수로의 바닥 폭을 구하라.

답: (a) 7.86 ft, (b) 7.54 ft

11-133E 사다리꼴 수로 최적 단면의 경우에 대해 문제 11-132E을 반복하라.

11-134 바닥기울기가 0.5°이고 단면이 그림 P11-134에 나타낸 것과 같은 수로에서 물이 흐르고 있다. 각기 다른 소단면의 치수와 표면의 Manning 계수도 또한 그림에 주어져 있다. 수로를 지나는 유량과 수로의 유효 Manning 계수를 구하라.

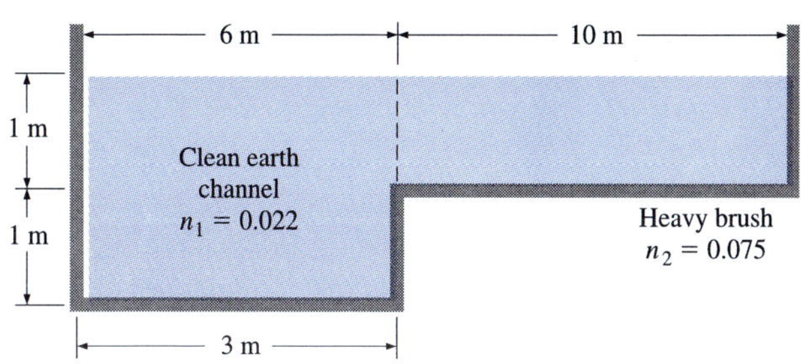

그림 P11-134

11-135 동일한 유량, 바닥기울기 및 표면 라이닝을 갖는 동일한 두개의 수로를 고려하자. 하나는 바닥 폭이 b인 직사각형 수로이고, 다른 하나는 직경이 D인 원형 수로이다. 직사각형 수로에서는 유동높이도 역시 b이고, 원형 수로는 반이 채워져 흐를 때 b와 D의 관계를 구하라.

11-136 그림 P11-136에 보인 포물선 노치를 통과하는 물의 유동을 고려하자. 유량에 대한 관계식을 유도하고, 유동속도가 Torricelli 방정식 $V=\sqrt{2g(H-y)}$으로 주어진 이상적인 경우에 대한 그 수치 값을 계산하라.

답: 0.246 m^3/s

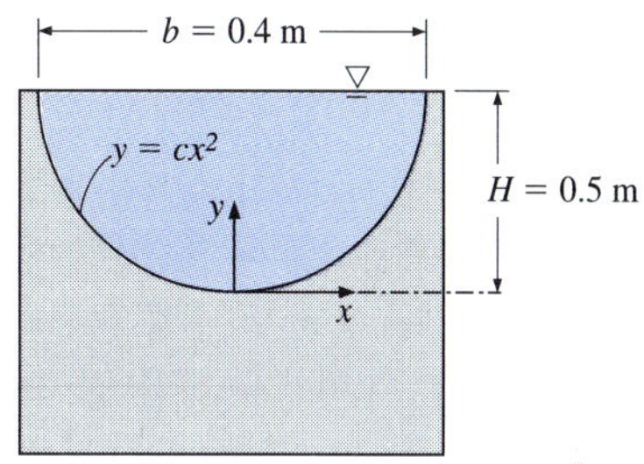

그림 P11-136

11-137 실제에서는 V-노치가 개수로의 유량을 측정하는데 많이 사용되고 있다. 속도에 대해 이상적인 Torricelli 방정식 $V=\sqrt{2g(H-y)}$를 사용하여 V-노치를 지나는 유량에 대해 각도 θ로 나타내는 관계식을 유도하라. 또한 $\theta=$ 25°, 46°, 60° 및 75°에 대해 유량을 평가하여 θ에 따른 유량의 변화를 보이고, 결과를 도시하라.

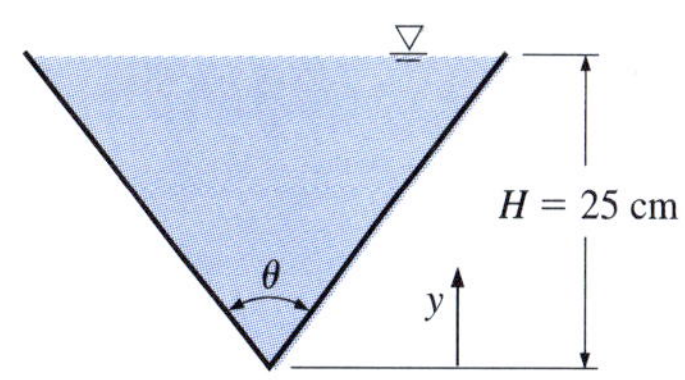

그림 P11-137

11-138 물이 경사 0.004를 갖는 원형 직경 1.2m인 수로로 균일하게 흐른다. 물의 유량이 $1.25 m^3/s$일 때, 수로의 Manning 계수와 Froude 수를 결정하라.

11-139 폭이 넓은 수평 수로를 흐르는 물이 속도 1.25 m/s와 유동깊이 1.8 m로 높이 20 cm인 융기부에 다가가고 있다. 융기부 위에서 속도, 유동깊이 및 Froude 수를 구하라.

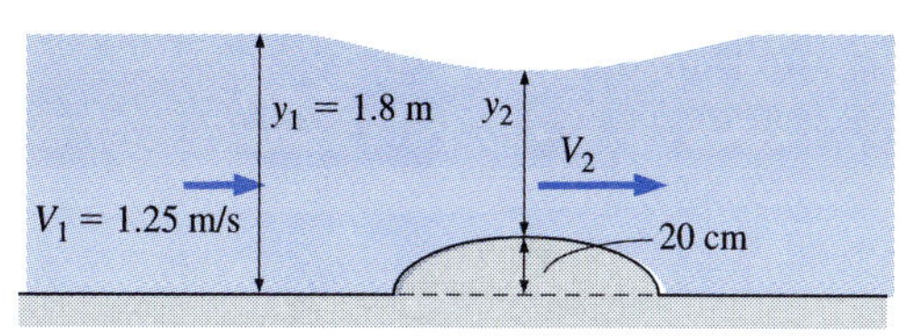

그림 P11-139

11-140 문제 11-139를 다시 고려하자. 융기부 위의 유동이 임계조건(Fr = 1)이 되는 융기부 높이를 구하라.

11-141 수력도약을 겪고 있는 폭이 넓은 직사각형 수로를 지나는 물의 유동을 고려하자. 도약 전후에 나타나는 Froude 수의 비를 도약 전후에서 나타나는 각각의 유동깊이 y_1과 y_2의 관계로, 즉 $Fr_1/Fr_2 = \sqrt{(y_2/y_1)^3}$로 나타낼 수 있음을 보여라.

11-142 자유유출이 있는 수문이 수로를 지나는 물의 방출율을 제어하는데 사용되고 있다. 수문이 30 cm 높이로 열리고 상류의 유동깊이가 1.8 m로 측정될 때, 단위 폭 당 유량을 구하라. 또한 하류에서 나타나는 유동깊이와 속도를 구하라.

11-143 폭이 넓은 수로를 유동깊이 45 cm, 평균속도 8 m/s로 지나는 물이 수력도약을 겪고 있다. 이 도약 기간 동안 소산되는 기계적 에너지 분율을 구하라.

답: 36.8%

11-144 그림 P11-144에 보인 것처럼 수문을 통과한 물이 수력도약을 겪고 있다. 물의 속도는 수문에 도달하기 전에는 1.25 m/s이고 도약 후에는 4 m/s이다. 폭 m 당 수문을 통과하는 물의 유량, 유동깊이 y_1과 y_2 및 도약의 에너지 소산비를 구하라.

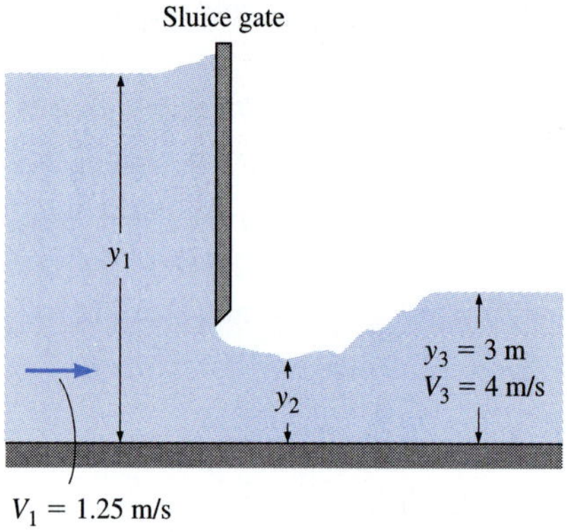

그림 P11-144

11-145 수력도약 후 속도가 2 m/s인 경우에 대해 문제 11-144을 반복하라.

11-146 깊이가 5 m인 호수로부터 물이 바닥에서 0.5 m 높이로 열려있는 수문을 통하여 바닥기울기가 0.004인 마감질된 콘크리트 수로로 방출되고 있다. 초임계 균일 유동조건이 형성된 바로 다음에 물은 수력도약을 겪는다. 도약 후의 유동깊이, 속도 및 Froude 수를 구하라. 수력도약을 해석할 때 바닥기울기는 무시하라.

11-147 범람을 피하고 홍수의 위험을 줄이기 위해 물이 댐으로부터 폭이 넓은 배수구로 방출되고 있다. 물의 파괴적인 동력(power)의 많은 부분이 수력도약에 의해 소산되며 이 동안 수심은 0.5 m에서 4 m로 상승한다. 도약 전후에 나타나는 물의 속도와 배수로의 폭 m 당 소산되는 기계적 동력을 구하라.

11-148 폭 6 m인 사각수로의 물의 유량은 수로를 가로질러 높이 1.1 m의 칼날 마루웨어를 이용하여 계측되었다. 마루웨어 위의 상부는 웨어로부터 0.6 m 상부에 있을 때, 물의 유량을 결정하라.

11-149E 폭 12 ft인 두 개의 동일한 사각수로에는 한 수로는 칼날형 웨어, 다른 수로는 광정형웨어를 제외한 높이 2 ft의 전폭 웨어로 설치되었다고 고려하자. 두 수로에서 유동높이 5 ft에 대하여, 각 수로를 흐르는 유량을 결정하라.

답: 244 ft^3/s, 79.2 ft^3/s

설계 및 논술 문제

11-150 카탈로그나 웹 사이트를 이용하여 세 개의 위어 제작사로부터 정보를 얻어라. 위어 설계의 차이점을 비교하고 각 설계의 장단점을 토의하라. 각 설계에 가장 잘 맞는 응용분야를 제시하라.

11-151 폭이 5 m인 직사각형 수평 수로를 유량 10에서 15 m^3/s의 범위로 흐르는 물의 유동을 고려하자. 유량을 측정하기 위하여 직사각형 또는 삼각형의 얇은 판 위어를 사용하려고 한다. 수심이 항상 2 m 이하로 유지될 때, 적절한 위어의 형태와 치수를 지정하라. 만약 유량의 범위가 0에서 15 m^3/s라면 어떻게 대처하겠는가?

CHAPTER

12 터보기계

이 장에서는, 유체역학에서 대표적이고 중요한 응용분야인 **터보기계**의 기본원리를 설명한다. 먼저 터보기계를 두 가지의 넓은 범주인, **펌프**와 **터빈**으로 분류한다. 그리고 이 두 가지 터보기계 모두의 기본적인 작동원리를 설명하면서, 주로 정성적으로 보다 자세하게 토의한다. 여기에서는 터보기계의 상세설계보다 예비설계와 전체적인 성능에 주안점을 둔다. 추가적으로, 유체유동 시스템의 요구사항을 터보기계의 성능 특성에 적절히 맞추는 방법을 토의한다. 이 장에서는 많은 부분을 차원 해석의 실제적인 응용인 **터보기계 축척 법칙**에 할애하였다. 기존의 터보기계와 기하학적 상사인 새로운 터보기계의 설계에 축척 법칙이 어떻게 사용되는 가를 보여준다.

목표

이 장을 공부하면 다음과 관련된 지식을 얻을 수 있다.

- 다양한 펌프와 터빈의 식별 및 작동원리의 이해
- 기존의 펌프 또는 터빈과 기하학적 상사인 새로운 펌프 또는 터빈을 설계하기 위한 차원해석의 응용
- 펌프와 터빈에서 유입과 유출하는 유동의 기초적인 벡터 해석 수행
- 펌프와 터빈의 예비설계 및 선정을 위한 비속도의 이용

최신 여객기의 제트엔진은 매우 복잡한 터보기계로서 펌프(압축기)와 터빈 부분을 모두 포함하고 있다.

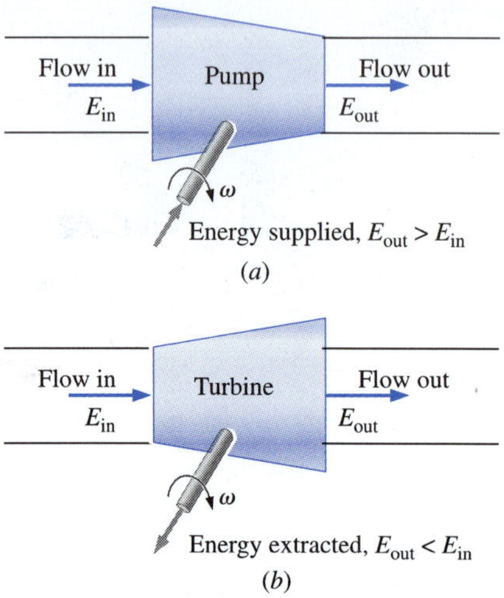

그림 12-1
(a) 펌프는 유체에 에너지를 공급하며 반면에 (b) 터빈은 유체로부터 에너지를 추출한다.

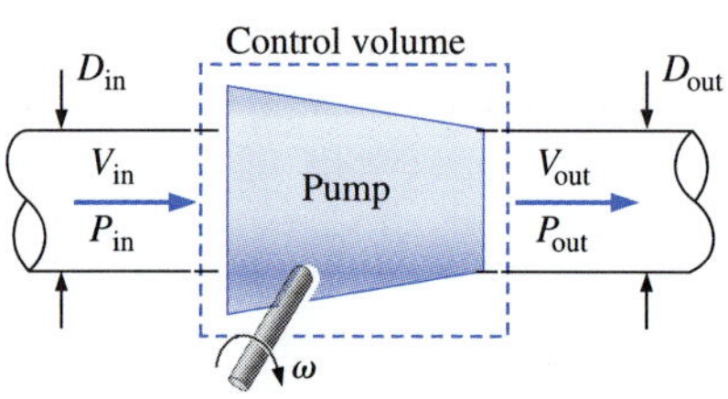

그림 12-2
정상유동의 경우, 질량보존법칙에 따라 펌프에서 유출되는 질량유량은 반드시 펌프로 유입되는 질량유량과 같으며, 입구와 출구의 단면적이 동일한($D_{out} = D_{in}$) 비압축성 유동에서는 $V_{out} = V_{in}$이지만 $P_{out} > P_{in}$라고 결론짓는다.

	Fan	Blower	Compressor
ΔP	Low	Medium	High
$\dot{V}$	High	Medium	Low

그림 12-3
기체를 다루는 펌프는 압력상승과 체적유량에 따라 **팬(fan)**, **송풍기(blower)** 또는 **압축기(compressor)**라고 부른다.

12-1 ■ 분류와 용어

터보기계에는 두 가지의 넓은 범주로 **펌프**와 **터빈**이 있다. **펌프**라는 말은 유체에 에너지를 **추가**하는 모든 유체기계에 대한 일반적인 용어다. 일부 저자는 펌프를 **에너지 흡수장치**라고 부른다. 왜냐하면 장치에 에너지가 공급되고, 이 장치는 대부분의 에너지를, 일반적으로 회전하는 축을 통하여, 유체에 전달하기 때문이다(그림 12-1a). 유체 에너지의 증가는 일반적으로 유체의 압력 증가로 나타난다. 반면에 터빈은 **에너지 생성장치**이며, 유체로부터 에너지를 추출하고 그 에너지의 대부분을 어떤 형태의 기계적 에너지 출력으로(일반적으로 회전하는 축 형태로) 전달한다(그림 12-1b). 터빈출구에서 유체는 일반적으로 압력손실의 형태로 에너지 손실을 겪는다.

일반인들은 펌프에 공급되는 에너지는 펌프를 통과하는 유체의 속도를 증가시키고, 터빈은 유체의 속도를 감소시켜 에너지를 추출하는 것으로 생각한다. 그러나 반드시 그렇지는 않다. 펌프를 둘러싸는 검사체적을 고려하자(그림 12-2). 정상(steady) 조건이라고 가정한다. 이는 질량유량과 회전 블레이드의 속도가 모두 시간에 따라 변하지 않는다는 것을 의미한다. (물론 펌프 내의 회전 블레이드 주위의 상세 유동장은 정상 유동이 **아니지만**, 검사체적 해석에서는 검사체적 내부의 세부사항은 고려하지 않는다.) 질량보존법칙에 의해서 펌프로 들어오는 질량유량은 반드시 펌프로부터 나가는 질량유량과 같아야 한다는 것을 알고 있다. 만약 유동이 비압축성이라면 입구와 출구의 체적유량도 반드시 같아야 한다. 더욱이, 만약 출구의 직경과 입구의 직경이 같다면, 질량보존법칙은 출구단면의 평균속도와 입구단면의 평균속도가 반드시 같아야만 한다. 다시 말하면, 펌프는 반드시 통과하는 유체의 **속도**를 증가시킬 필요가 없으며, 오히려 유체의 **압력**을 증가시킨다. 물론, 만약 펌프가 정지하면 유동이 전혀 없게 된다. 그러므로 시스템에 펌프가 없는 경우와 비교하면 펌프는 사실 유속을 **증가**시킨다. 그러나 펌프를 **통과하며** 입구에서 출구로 변하는 관점에서 유속이 증가할 필요는 없다. (만약 출구직경이 입구직경보다 크다면 출구속도는 심지어 입구속도보다 **낮을** 수도 있다.)

> 펌프의 목적은 유체에 에너지를 추가하는 것이며, 결과적으로 유체압력을 증가시키고 이때 펌프를 통과하는 유속이 반드시 증가하지는 않는다.

터빈의 목적에 대해서도 유사하게 서술할 수 있다.

> 터빈의 목적은 유체로부터 에너지를 추출하는 것이며, 결과적으로 유체압력을 감소시키고, 이때 터빈을 통과하는 유속이 반드시 감소하지는 않는다.

액체를 이송하는 유체기계를 **펌프**라고 부르지만, 기체를 이송하는 기계에 대해서는 여러 가지 다른 이름이 있다(그림 12-3). **팬(fan)**은 상대적으로 낮은 압력상승과 높은 유량을 갖는 기체펌프다. 예로 천장 팬, 주택용 팬 및 프로펠러 등이 있다. **송풍기(blower)**는 중간에서 높은 범위의 압력상승과 유량을 갖는 기체펌프이다. 예로 자동차의 환기 시스템, 화로 및 낙엽청소용 송풍기에 있는 원심형 송풍기와 다람쥐 쳇바퀴(squirrel cage) 모양의 송풍기 등이 있다. **압축기(compressor)**는 일반적으로 낮거나 중간 정도의 유량에서 매우 높은 압력상승을 갖도록 설계된 기체펌프다. 예로 공압 공구를 구동하고 자동차정비소에서 타이어에 공기를 주입하는 공기 압축기와 열펌프, 냉장고 및 공기조화기에 사용되는 냉동압축기 등이 있다.

라틴어로 접두어 **터보(turbo)**는 "회전(spin)"을 의미하므로, 회전축으로 에너지가 공급되거나 추출되는 펌프와 터빈은 **터보기계**라고 부르는 것이 적절하다. 그러나 모든 펌프 또는 터빈이 회전축을 사용하는 것은 아니다. 자전거 타이어에 공기를 주입하는 수동식 공기펌프가 대표적인 예가 된다(그림 12-4a). 이 형태의 펌프에서는 플런저 또는 피스톤의 상하 왕복운동이 회전축을 대신하며, 따라서 터보기계 대신에 단순히 **유체기계**라고 부르는 것이 더 적절하다. 구식 우물펌프는 공기 대신에 물을 퍼 올리기 위하여 비슷한 방식으로 작동된다(그림 12-4b). 그럼에도 불구하고, 문헌에서는 종종 회전축의 사용 여부와 관계없이 **모든** 형태의 펌프와 터빈을 언급하기 위하여 **터보기계(turbomachine)**와 **터보기계장치(turbomachinery)**라는 단어들을 사용한다.

유체기계는 또한 에너지가 전달되는 방식에 따라 **용적식(positive displacement)** 기계 또는 **동역학적(dynamic)** 기계로 넓게 분류되기도 한다. **용적식 기계**에서는 유체가 밀폐된 체적으로 보내지며, 밀폐된 체적의 경계를 이동시켜 유체로 에너지를 전달한다. 이러한 경계의 이동은 체적을 팽창 또는 수축시키며, 이에 따라 유체가 흡입되거나 송출된다. 사람의 심장은 **용적식 펌프**의 좋은 예가 된다(그림 12-5a). 심장은 심실이 팽창하면서 열려서 피가 유입되는 편도 밸브들과 심실이 수축되면서 열려서 피가 송출되는 또 다른 편도 밸브들이 있는 구조를 갖고 있다. **용적식 터빈**의 예로는 집에서 널리 사용되는 수도계량기가 있다(그림 12-5b). 여기서는 출력축에 연결된 체적이 확장되는 밀폐된 약실(chamber) 내로 물이 강제적으로 밀려들게 되어 있어서 물이 약실로 들어올 때마다 출력축이 회전하게 된다. 그러면 체적의 경계가 줄어들고, 출력축을 약간 더 회전시키고, 물이 계속해서 흘러서 싱크대나 욕실 등에 이르도록 한다. 수도계량기는 출력축이 매 360° 회전을 할때마다 기록하므로, 계량기는 약실 내의 설정된 유체 체적에 대해 정밀하게 교정되어 있다.

(*a*) (*b*)

그림 12-4
모든 펌프가 회전축을 갖고 있지는 않다. (a) 공기를 주입하기 위하여 사람의 손이 상하 운동을 함에 따라 에너지가 수동식 타이어 펌프로 공급된다, (b) 구식 우물펌프로 물을 퍼 올리기 위하여 비슷한 메커니즘이 사용된다.

(a) Photo by Andrew Cimbala, with permission.
(b) © The McGraw-Hill Companies, Inc./Ellen Behrman, photographer.

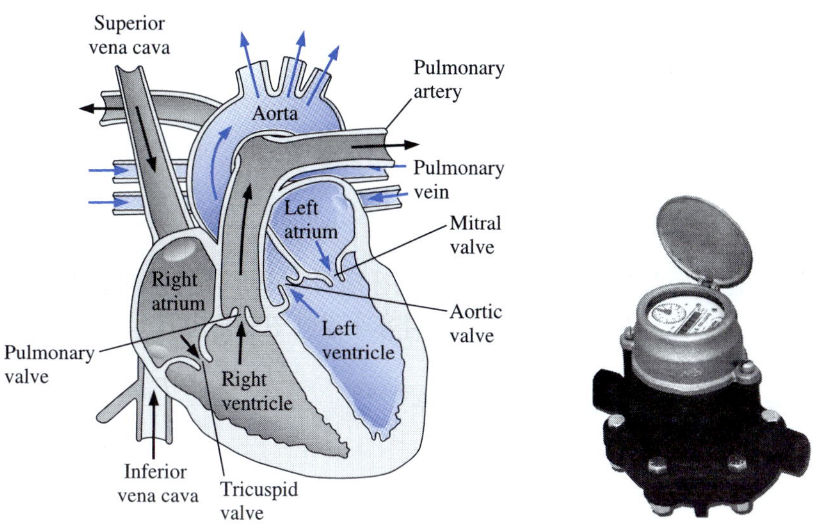

(*a*) (*b*)

그림 12-5
(a) 인간의 심장은 **용적식 펌프**의 예가 된다. **심실**이라고 부르는 심장 공간의 팽창과 수축에 의해서 피가 이송된다. (b) 일반적인 가정용 수도계량기는 **용적식 터빈**의 예가 된다. 출력축의 매 회전마다 정해진 체적의 방으로 물이 들어오고 나간다.

Photo courtesy of Niagara Meters, Spartanburg, SC. Used by permission.

그림 12-6
풍력터빈은 개방형 동역학적 기계의 좋은 예이며, 공기가 블레이드를 돌리고 출력축은 전기발전기를 구동한다.
The Wind Turbine Company. Used by permission.

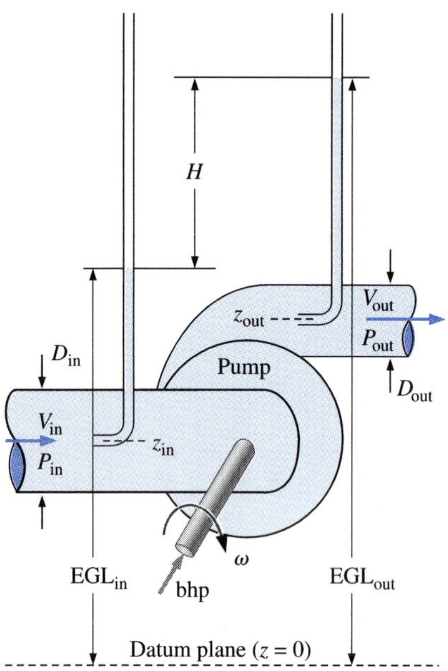

그림 12-7
펌프의 **순수두**, H는 입구에서 출구까지의 Bernoulli 수두 차이로 정의되며, 액체에서 이는 임의의 기준면에 대한 에너지구배선의 변화, $H = EGL_{out} - EGL_{in}$과 같고, bhp는 **제동마력**으로 펌프에 공급되는 외부동력이다.

동역학적 기계에는 밀폐 체적이 없고 대신에 회전 블레이드가 에너지를 유체에 공급하거나 또는 유체로부터 추출한다. 펌프에서는 이 회전 블레이드를 **임펠러 블레이드**라고 부르는 반면에 터빈에서는 회전 블레이드를 **러너(runner) 블레이드** 또는 **버킷**이라고 부른다. **동역학적 펌프**의 예로는 **밀폐형 펌프(enclosed pump)**와 **덕트형 펌프**(ducted pump, 자동차 엔진의 냉각수 펌프처럼 블레이드 주위에 케이싱이 있는) 및 **개방형 펌프**(open pump, 집의 천장 팬, 항공기의 프로펠러 또는 헬리콥터의 로터처럼 블레이드 주위에 케이싱이 없는) 등이 있다. **동역학적 터빈**의 예로는 수력발전용 댐에서 물의 에너지를 추출하는 수력터빈과 같은 **밀폐형 터빈(enclosed turbine)**과 바람으로부터 에너지를 추출하는 풍력터빈과 같은 **개방형 터빈(open turbine)** 등이 있다(그림 12-6).

12-2 ▪ 펌프

펌프의 성능 해석에는 몇 가지의 기본 매개변수가 사용된다. 펌프를 지나는 유체의 **질량유량** $\dot{m}$은 명백한 주요 펌프성능 매개변수다. 비압축성유동에서는 질량유량보다 **체적유량**의 사용이 더 보편적이다. 터보기계 산업계에서는 체적유량을 **용량(capacity)**이라고 부르며 이는 단순히 질량유량을 유체밀도로 나눈 값이다.

체적유량(용량):
$$\dot{V} = \frac{\dot{m}}{\rho} \tag{12-1}$$

또한 펌프의 성능은 펌프의 입구와 출구 사이의 Bernoulli **수두** 변화로 정의되는, 펌프의 **순수두**(net head) H로 특징지어진다.

순수두:
$$H = \left(\frac{P}{\rho g} + \frac{V^2}{2g} + z\right)_{out} - \left(\frac{P}{\rho g} + \frac{V^2}{2g} + z\right)_{in} \tag{12-2}$$

순수두의 차원은 길이이며, 물을 이송하지 않는 펌프에서도 종종 등가의 물기둥(수주) 높이로 나타낸다.

액체를 펌프로 가압하는 경우에 대해 입구의 Bernoulli 수두는 그림 12-7에 나타낸 것처럼 입구에서 유동의 중심에 피토관을 정렬시켜서 얻는 **에너지구배선(energy grade line)** EGL_{in}과 같다. 출구에서의 에너지구배선 EGL_{out}도 그림에 나타낸 것처럼 같은 방법으로 얻어진다. 일반적인 경우 펌프의 출구는 입구와 다른 높이에 있을 수 있으며 출구의 직경과 평균속도 또한 입구에서의 값과 다를 수 있다. 이런 차이와는 관계없이 순수두 H는 EGL_{out}과 EGL_{in}의 차이와 같다.

액체펌프의 순수두:
$$H = EGL_{out} - EGL_{in}$$

입구와 출구의 직경이 같고 높이의 변화가 없이 펌프를 지나는 비압축성 유동의 특수한 경우를 고려하자. 식 (12-2)는 다음과 같이 간단해진다.

$D_{out} = D_{in}$이고 $z_{out} = z_{in}$인 특수한 경우:
$$H = \frac{P_{out} - P_{in}}{\rho g}$$

이처럼 단순화된 경우, 순수두는 단순히 수두(액주 높이)로 나타나는 펌프에서의 압력 상승이다.

순수두는 실제로 유체에 전달되는 유용한 동력에 비례한다. 펌프로 가압되는 유체가 물이 아니고 동력이 마력의 단위로 측정되지 않더라도 이 동력을 관습적으로 **수마력(water horsepower)**이라고 부른다. 차원의 관점에서, 동력 차원을 얻기 위해서는 식 (12-2)의 순수두에 질량유량과 중력가속도를 곱해야 한다. 그러므로

수마력:
$$\dot{W}_{\text{water horsepower}} = \dot{m}gH = \rho g\dot{V}H \tag{12-3}$$

모든 펌프는 마찰, 내부 누설, 블레이드 표면에서의 유동박리, 난류소산 등의 비가역손실을 겪는다. 따라서 펌프에 공급되는 기계적 에너지는 반드시 $\dot{W}_{\text{water horsepower}}$보다 커야만 한다. 펌프 용어에서 펌프에 공급되는 외부동력은 **제동마력(brake horsepower)**이라고 부르며, bhp라는 약자로 나타낸다. 회전축으로 제동마력을 공급하는 일반적인 경우,

제동마력:
$$\text{bhp} = \dot{W}_{\text{shaft}} = \omega T_{\text{shaft}} \tag{12-4}$$

여기서 ω는 축의 회전속도(rad/s)이고 T_{shaft}는 축에 공급되는 토크이다. **펌프효율** η_{pump}는 공급된 동력에 대한 유용한 동력의 비로 정의한다.

펌프효율:
$$\eta_{\text{pump}} = \frac{\dot{W}_{\text{water horsepower}}}{\dot{W}_{\text{shaft}}} = \frac{\dot{W}_{\text{water horsepower}}}{\text{bhp}} = \frac{\rho g\dot{V}H}{\omega T_{\text{shaft}}} \tag{12-5}$$

펌프 성능곡선과 배관 시스템의 펌프 선정

펌프를 통과하는 최대 체적유량은 순수두가 0, 즉 $H = 0$일 때 발생하고, 이 유량을 펌프의 **자유토출(free delivery)**이라고 부른다. 자유토출 조건은 펌프의 입구와 출구에서 유동저항이 없을 때, 다시 말하면 펌프에 **부하**가 걸리지 않을 경우에 얻어진다. 이 운전점에서 $\dot{V}$는 크지만 H는 0이며, 식 (12-5)로부터 명백하게 알 수 있는 것처럼, 펌프가 아무런 유용한 일을 하지 않으므로 펌프효율은 0이다. 다른 극단적인 경우로 **차단수두(shutoff head)**는 체적유량이 $\dot{V} = 0$일 때 발생하는 순수두이며, 이는 펌프의 출구가 막힐 때 얻어진다. 이 조건에서는 H가 크지만 $\dot{V}$는 0이며 펌프효율(식 12-5)은 펌프가 아무런 유용한 일을 하지 않으므로 다시 0이 된다. 차단과 자유토출 두 가지의 극단적인 경우 사이에서 펌프의 순수두는 유량의 증가에 따라 차단 값으로부터 약간 증가할 수 있지만, H는 체적유량이 자유토출 값으로 증가하면 결국 0으로 감소해야 한다. 펌프의 효율은 차단조건과 자유토출 조건 사이의 어느 곳에서 최대값에 도달하며, 이 효율이 가장 높은 운전점을 **최고효율점(best efficiency point, BEP)**이라고 부르고 별표(*) 로 나타낸다(H^*, $\dot{V}^*$, bhp*). $\dot{V}$의 함수로 나타낸 H, η_{pump} 및 bhp 곡선을 **펌프 성능곡선**(또는 **특성곡선**, 8장)이라고 부르며, 그림 12-8은 특정한 회전속도에서의 전형적인 성능곡선을 보여준다. 펌프 성능곡선은 회전속도에 따라 변한다.

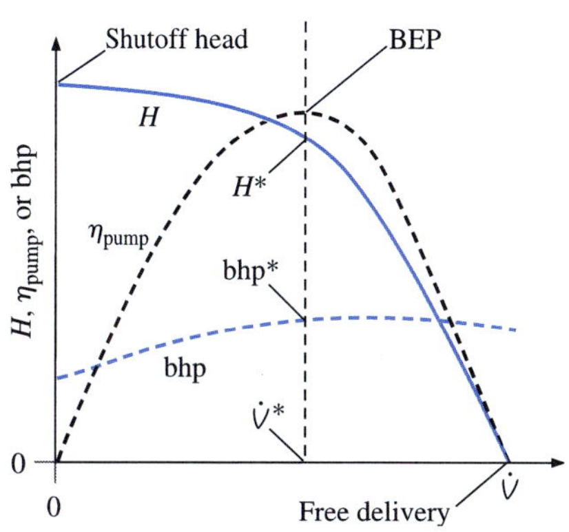

그림 12-8
후향경사 블레이드를 갖는 원심 펌프의 전형적인 **펌프 성능곡선**. 다른 형태의 펌프의 곡선 형상은 다를 수 있으며 축 회전속도가 변하면 곡선이 변할 수 있다.

정상조건에 대해 펌프는 단지 자신의 성능곡선을 따라서만 운전될 수 있다는 것을 이해하는 것이 중요하다. 따라서 배관 시스템의 운전점은 시스템 요구사항(**요구** 순수두)을 펌프성능(**가용** 순수두)에 일치시킴으로써 결정된다. 대부분의 응용에서 H_{required}와 $H_{\text{available}}$은 단 하나의 특정 유량에서 일치하며 이는 시스템의 **운전점** 또는 **작동점(duty point)**이 된다.

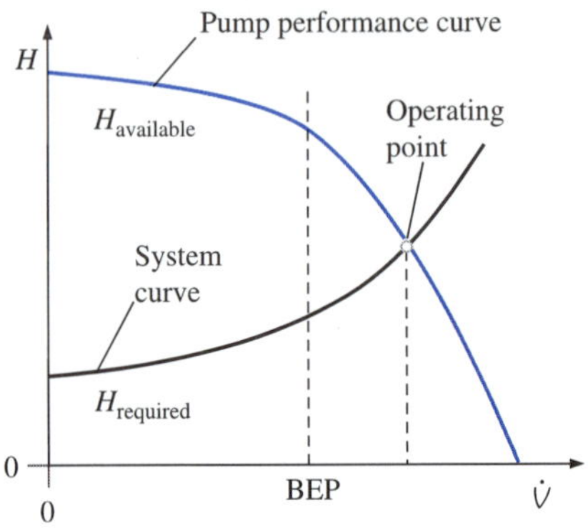

그림 12-9
배관 시스템의 **운전점**은 시스템 곡선과 펌프 성능곡선이 교차하는 체적유량으로 정해진다.

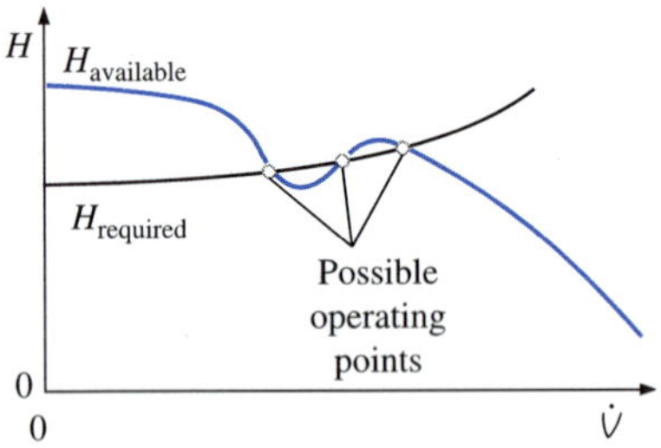

그림 12-10
특정 **운전점**이 하나 이상 존재하는 상황은 반드시 피해야만 한다. 그런 경우에는 다른 펌프가 사용되어야만 한다.

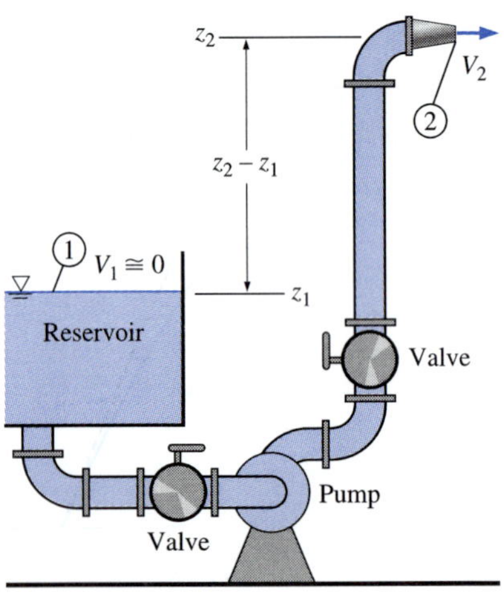

그림 12-11
식 (12-6)은 배관 시스템에서 펌프의 역할을 강조한다. 즉, 이는 정압, 동압과 유체의 고도를 증가(또는 감소)시키고 비가역손실을 극복하게 한다.

배관 시스템의 정상 운전점은 $H_{required} = H_{available}$인 체적유량에서 정해진다.

주손실과 부차적 손실, 고도 변화 등이 있는 주어진 배관 시스템에서 요구 순수두는 체적유량에 따라 **증가한다**. 반면에 그림 12-8에서와 같이, 거의 모든 펌프의 가용 순수두는, 적어도 대부분의 추천된 운전범위에서는 유량에 따라 **감소한다**. 따라서 그림 12-9에 나타낸 것처럼 시스템 곡선과 펌프 성능곡선이 교차하며 이에 따라 운전점이 결정된다. 운이 좋으면, 운전점은 펌프의 최고효율점(BEP) 또는 그 부근에 있다. 그러나 그림 12-9에서 보여주듯이 대부분의 경우 펌프는 최적효율에서 운전되지 않는다. 만약 효율이 가장 중요한 관심사라면 반드시 운전점이 가능한 한 최고효율점에 가까이 있도록 펌프를 선택해야 한다(또는 새로운 펌프를 설계해야 한다). 어떤 경우에는 축의 회전속도를 변경할 수 있어 기존의 펌프를 설계점(최고효율점)에 매우 근접하게 운전할 수도 있다.

시스템 곡선과 펌프 성능곡선이 한 개 이상의 운전점에서 교차하는 운이 나쁜 상황이 있다. 이 경우는 그림 12-10에서 보여주는 것처럼 순수두 성능곡선에 골짜기(dip)가 있는 펌프를 매우 평평한 시스템 곡선에 맞출 때 발생할 수 있다. 드물기는 하지만 이런 상황이 발생할 수 있으며 이는 피해야 한다. 왜냐하면 시스템이 운전점을 "찾아 헤맬(hunt)" 수 있어서 비정상 유동 상태가 발생할 수 있기 때문이다.

일단 수두 형태의 에너지 방정식(5장)에서 사용되는 **유용펌프수두**($h_{pump,\,u}$) 항이 이 장에서 사용되는 **순수두**(H)와 같다는 것을 이해하면, 배관 시스템을 펌프에 맞추는 것은 매우 간단하다. 예로 고도의 변화, 주손실과 부차적 손실 및 유체 가속이 있는 일반적인 배관 시스템을 고려하자(그림 12-11). **요구순수두** $H_{required}$에 대한 에너지 방정식을 푸는 것으로부터 시작한다.

$$H_{required} = h_{pump,\,u} = \frac{P_2 - P_1}{\rho g} + \frac{\alpha_2 V_2^2 - \alpha_1 V_1^2}{2g} + (z_2 - z_1) + \cancel{h_{turbine}} + h_{L,\,total} \quad (12\text{-}6)$$

여기서, 물론 필요하면 터빈 항을 다시 넣을 수 있지만, 시스템에 터빈이 없다고 가정한다. 터보기계 산업계에서는 무시하는 것이 일반적이지만, 여기서는 정확도를 높이기 위하여 식 (12-6)에 운동에너지 보정계수를 포함시켰다(유동이 난류이므로 α_1과 α_2는 종종 1이라고 가정한다).

식 (12-6)을 배관 시스템의 입구(점 1, 펌프의 상류)에서부터 출구(점 2, 펌프의 하류)까지 평가하였다. 유체에 전달된 유용펌프수두는 다음의 네 가지를 수행하므로 식 (12-6)은 우리의 직관과 일치한다.

- 점 1에서 점 2까지 유체의 **정압**을 증가시킨다(우변의 첫 번째 항).
- 점 1에서 점 2까지 유체의 **동압**(운동에너지)을 증가시킨다(우변의 두 번째 항).
- 점 1에서 점 2까지 유체의 **고도**(위치에너지)를 높인다(우변의 세 번째 항).
- 배관 시스템에서의 **비가역 수두손실**을 극복한다(우변의 마지막 항).

일반 시스템에서 비가역 수두손실은 **항상 양**이지만, 정압, 동압 및 고도의 변화는 양 또는 음일 수 있다. 다루는 유체가 액체인 기계공학과 토목공학의 많은 문제에서는 고도 항이 중요하지만, 환기와 공기오염 제어 문제와 같이 유체가 기체일 경우에는 고도 항이 거의 항상 무시될 수 있다.

펌프를 시스템에 맞추고 운전점을 결정하기 위해서는 식 (12-6)의 $H_{required}$를 유량의 함수로 나타내는 펌프의 순수두(대개 알려진 값인) $H_{available}$과 같게 한다.

운전점: $$H_{required} = H_{available} \tag{12-7}$$

엔지니어는 실제로 요구되는 것보다 약간 크고 튼튼한 펌프를 선택한다. 그러면 배관 시스템을 통과하는 체적유량은 필요한 값보다 약간 크게 되며, 따라서 밸브 또는 댐퍼를 배관 중에 설치하여 필요에 따라 유량을 감소시킬 수 있다.

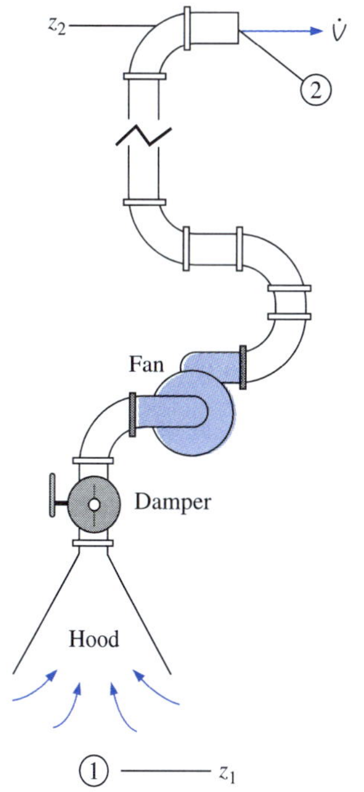

그림 12-12
팬과 모든 부차적인 손실을 보여주는 예제 12-1의 국부 환기 시스템.

예제 12-1 환기 시스템에서 팬의 운전점

드라이클리닝 작업에서 발생하는 공기와 오염물질을 배출하기 위하여 **국부 환기 시스템**(후드와 배기 덕트)이 사용되고 있다(그림 12-12). 덕트는 원형이고 길이방향 이음매와 매 30 in(0.76 m)마다 연결부를 갖는 함석으로 만들어졌다. 덕트의 내경(ID)은 $D = 9.06$ in (0.230 m)이고 총 길이는 $L = 44.0$ ft(13.4 m)이다. 덕트를 따라 5개의 CD3-9 엘보우가 있다. 덕트의 등가 조도 높이는 0.15 mm이며 각 엘보우의 부차적(국부) 손실계수는 $K_L = C_0 = 0.21$이다. 환기산업계(ASHRAE, 2001)에서 널리 사용되고 있는 부차적 손실계수의 표기법 C_0에 유의하라. 적절한 환기를 보장하기 위해서는 25 °C에서 덕트를 통하여 최소한 체적유량 $\dot{V} = 600$ cfm(ft^3/min) 또는 0.283 m^3/s가 요구된다. 이 후드 생산업체의 데이터에는 덕트 속도에 따른 후드의 유입손실계수가 1.3으로 적혀있다. 댐퍼가 완전히 열려있을 때, 그 손실계수는 1.8이다. 입구와 출구의 직경이 9.0 in인 원심 팬이 사용 가능하다고 한다. 생산업체가 제시한 이 팬의 성능 데이터는 표 12-1에 주어졌다. 이 국부 환기 시스템의 운전점을 예측하고, 팬의 요구 및 가용 압력상승을 유량의 함수로 도시하라. 선택한 팬이 적절한가?

풀이 주어진 팬과 덕트 시스템에서 운전점을 추정하고, 팬의 요구 및 가용 압력상승을 유량의 함수로 도시하고자 한다. 그리고 선택한 팬이 적절한지 결정하고자 한다.

가정 **1** 유동은 정상이다. **2** 공기 중 오염물질의 농도가 낮아 유체의 상태량들은 순수 공기와 같다. **3** 출구의 유동은 $\alpha = 1.05$인 완전히 발달된 난류 파이프 유동이다.

상태량 25 °C의 공기는 $\nu = 1.562 \times 10^{-5}$ m^2/s, $\rho = 1.184$ kg/m^3. 표준대기압은 $P_{atm} =$ 101.3 kPa이다.

해석 수두 형태로 표현된 정상상태 에너지 방정식(식 12-6)을 실내의 정지된 공기 지역에 있는 점 1에서부터 덕트의 출구에 있는 점 2까지 적용하면,

$$H_{required} = \frac{P_2 - P_1}{\rho g} + \frac{\alpha_2 V_2^2 - \alpha_1 V_1^2}{2g} + \underbrace{(z_2 - z_1)}_{\text{negligible for gases}} + h_{L,\ total} \tag{1}$$

식 (1)에서 점 1의 위치는 후드의 입구로부터 멀리 떨어져있도록(현명하게) 선택되어 공기가 거의 정지되어 있으므로 점 1에서의 공기 속도는 무시할 수 있다. 점 1에서 P_1은 P_{atm}과 같으며, 점 2에서는 공기가 건물 지붕 위의 외부로 방출되므로 P_2도 P_{atm}과 같다. 따라서 식 (1)에서 압력 항들이 제거되고 식 (1)은 다음과 같이 간단해진다.

표 12-1

예제 12-1 팬의 생산업체 성능 데이터*

$\dot{V}$, cfm	$H_{available}$, inches H_2O
0	0.90
250	0.95
500	0.90
750	0.75
1000	0.40
1200	0.0

* 유체가 **공기**일지라도 수두 데이터가 in 단위 **물로** 열거된 것에 유의하라. 이는 환기산업계에서는 일반적인 방법이다.

요구 순수두:

$$H_{required} = \frac{\alpha_2 V_2^2}{2g} + h_{L,\,total} \tag{2}$$

식 (2)에서 총 수두손실은 주 손실과 부차적 손실의 조합이며 체적유량에 따라 결정된다. 덕트의 직경이 일정하므로

총 비가역 수두손실:

$$h_{L,\,total} = \left(f\frac{L}{D} + \sum K_L\right)\frac{V^2}{2g} \tag{3}$$

무차원 조도계수는 $\varepsilon/D = (0.15\text{ mm})/(230\text{ mm}) = 6.52 \times 10^{-4}$이다. 덕트를 흐르는 공기의 Reynolds 수는

Reynolds 수:

$$\text{Re} = \frac{DV}{\nu} = \frac{D}{\nu}\frac{4\dot{V}}{\pi D^2} = \frac{4\dot{V}}{\nu\pi D} \tag{4}$$

Reynolds 수는 체적유량에 따라 변한다. 최소 요구유량에서 덕트를 통과하는 공기속도는 $V = V_2 = 6.81$ m/s이며, Reynolds 수는

$$\text{Re} = \frac{4(0.283\text{ m}^3/\text{s})}{(1.562 \times 10^{-5}\text{ m}^2/\text{s})\pi(0.230\text{ m})} = 1.00 \times 10^5$$

Moody 선도(또는 Colebrook 방정식)로부터 이 Reynolds 수와 조도계수에서의 마찰계수는 $f = 0.0209$이다. 모든 부차적 손실계수의 합은

부차적 손실:

$$\sum K_L = 1.3 + 5(0.21) + 1.8 = 4.15 \tag{5}$$

이 최소 요구 유량에서의 값들을 식 (2)에 대입하면, 최소 유량에서 요구되는 팬의 순수두는

$$H_{required} = \left(\alpha_2 + f\frac{L}{D} + \sum K_L\right)\frac{V^2}{2g}$$

$$= \left(1.05 + 0.0209\frac{13.4\text{ m}}{0.230\text{ m}} + 4.15\right)\frac{(6.81\text{ m/s})^2}{2(9.81\text{ m/s}^2)} = 15.2\text{ m of air} \tag{6}$$

수두는 당연히 작동 유체의 액주 높이에 해당되는 단위로 표현되며, 이 경우에는 공기가 된다는 것에 유의하자. 공기와 물의 밀도 비를 곱하면 상응하는 수주 높이로 전환된다.

$$H_{required,\text{ inches of water}} = H_{required,\text{ air}}\frac{\rho_{air}}{\rho_{water}}$$

$$= (15.2\text{ m})\frac{1.184\text{ kg/m}^3}{998.0\text{ kg/m}^3}\left(\frac{1\text{ in}}{0.0254\text{ m}}\right)$$

$$= 0.709\text{ inches of water} \tag{7}$$

몇 개의 체적유량에 대하여 계산을 반복하고 그 결과를 그림 12-13에서 팬의 가용 순수두와 비교하였다. 운전점은 체적유량이 약 650 cfm인 곳이며, 이때 요구 순수두와 가용 순수두는 모두 약 0.83 in의 수주에 해당한다. 따라서 선택된 팬은 이 작업에 충분하다고 결론지을 수 있다.

토의 구입한 팬은 용량이 요구된 것보다 다소 크므로 필요 이상의 높은 유량을 가진다. 그 차이는 작아서 문제되지 않으며, 필요하다면 나비 댐퍼밸브를 조금 닫아서 유량을 600 cfm으로 줄일 수 있다. 안전상의 이유로 공기오염 제어시스템에 사용되는 팬은 용량을 크게하는 것이 작게하는 것 보다 당연히 더 낫다.

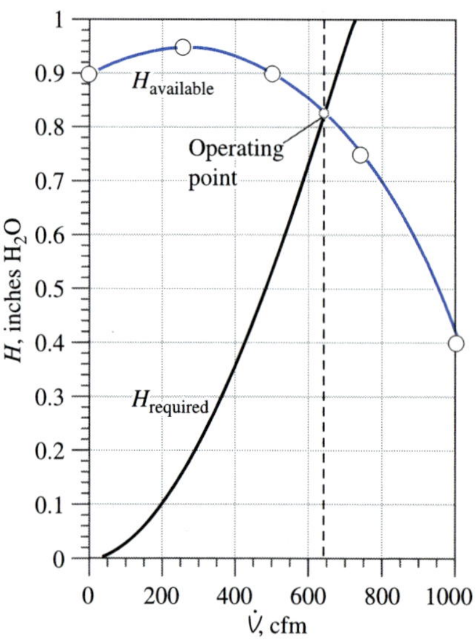

그림 12-13
예제 12-1의 환기 시스템에 대한 체적유량의 함수로서의 순수두. H의 가용한 값과 요구되는 값이 교차하는 점이 운전점이다.

펌프 산업계에서는, 한 개의 펌프 케이싱에 대해 임펠러 직경의 몇 가지 선택 사양을 제시하는 것이 보통이다. 여기에는 몇 가지 이유가 있는데, (1) 생산가격을 절감하고, (2) 간단한 임펠러 교체로 용량 증가가 가능하고, (3) 설치를 표준화하고, (4) 장치를 다른 응용분야에 재사용 가능하도록 하기 위한 것이다. 이와 같은 "펌프군(family)"의 성능을 선도로 나타낼 때 펌프 생산업체는 H, η_{pump} 및 bhp 선도를 그림 12-8에 나타낸 것처럼 각각의 임펠러 직경에 대한 별도의 곡선으로 나타내지는 않는다. 그 대신 임펠러 직경이 다른 전체 펌프군의 성능곡선을 하나의 선도에 합하여 나타내는 것을 선호한다(그림 12-14). 구체적으로, 각 임펠러 직경에 대하여 그림 12-8과 같은 방법으로 H 곡선을 $\dot{V}$의 함수로 도시한다. 그러나 이번에는 다양한 임펠러 직경에 대하여 동일한 η_{pump} 값을 갖는 점들을 부드러운 곡선으로 연결하여 만든 효율이 일정한 **등고선(contour line)**을 만든다. bhp가 일정한 등고선도 종종 같은 선도에 비슷한 방법으로 나타낸다. 그림 12-15는 Taco 사에서 제작한 원심 펌프군의 예를 보여준다. 이 경우 5가지의 임펠러 직경이 있지만 5가지 선택사양 모두 같은 케이싱을 사용한다. 그림 12-15에서 보는 것처럼 펌프 생산업체는 펌프 성능곡선을 항상 자유토출까지 나타내지는 않는다. 이는 일반적으로 그 조건에서는 낮은 순수두 값과 효율 때문에 펌프를 운전하지 않기 때문이다. 만약 더 높은 값의 유량과 순수두가 요구되면 다음 단계 크기의 케이싱을 사용하거나, 또는 직렬 또는 병렬로 펌프를 추가하여 사용하는 것을 고려해야 한다.

그림 12-15의 성능 선도로부터 주어진 펌프 케이싱에 대하여 임펠러 직경이

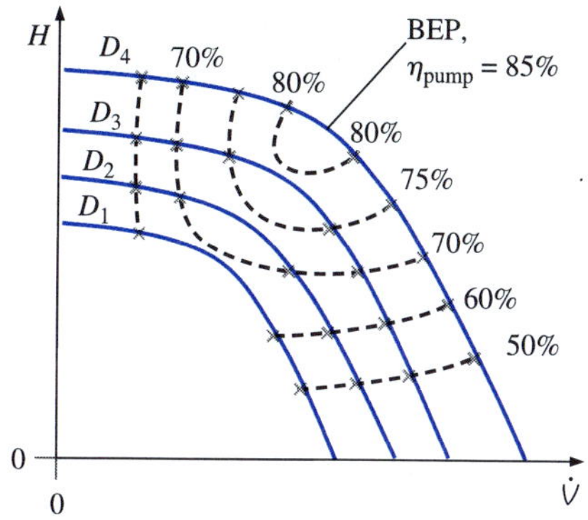

그림 12-14
동일한 케이싱에 다른 임펠러 직경을 갖는 원심 펌프군의 전형적인 펌프 성능곡선.

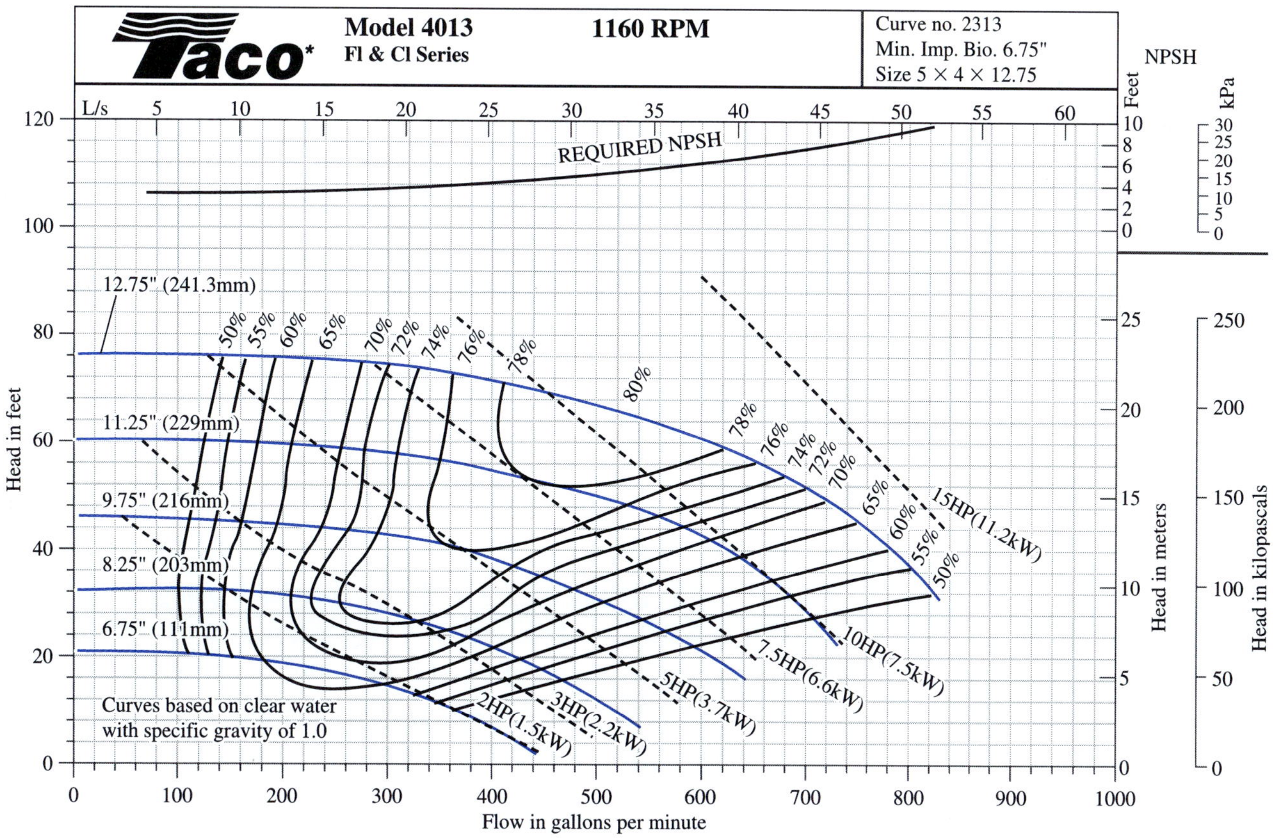

그림 12-15
생산업체의 원심 펌프군 성능 선도의 예. 각 펌프는 동일한 케이싱이지만 다른 임펠러 직경을 갖는다.
Courtesy of Taco, Inc., Cranston, RI. Used by permission.

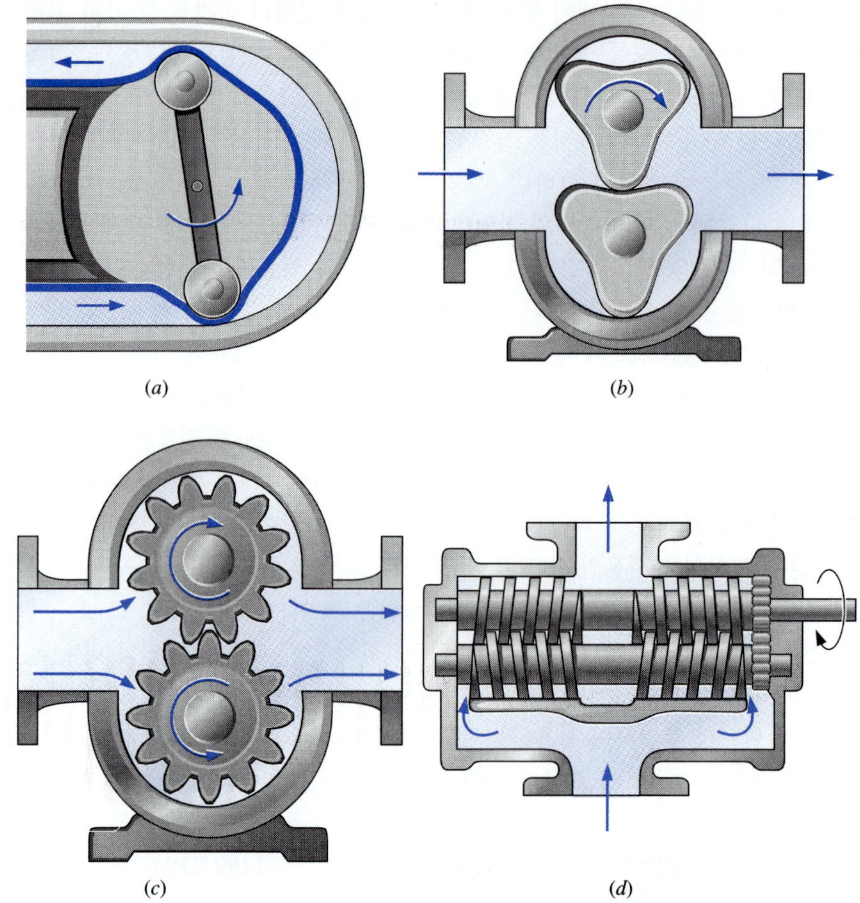

그림 12-16
용적식 펌프의 예. (a) 유연 튜브 연동펌프, (b) 3 로브 로타리 펌프, (c) 기어펌프 및 (d) 이중 스크루 펌프.

커지면 얻을 수 있는 최대효율이 더 높아진다는 것이 명백하다. 그러면 왜 작은 크기의 임펠러 펌프를 구입하려고 할까? 이 질문에 답하기 위해서는, 사용자의 사용목적에 따라 유량과 순수두의 조합이 요구된다는 것을 이해해야 한다. 만약 요구조건이 특정한 임펠러 직경과 일치한다면 이 요구조건을 만족시키기 위해서는 펌프효율을 희생하는 것이 비용적인 측면에서 더 유리하다.

용적식 펌프

수 세기 동안 수많은 용적식 펌프가 설계되었다. 모든 설계에서, 유체는 확장하는 체적으로 흡입되고 체적이 수축되면서 밀려나가지만, 다양한 설계에서 체적변화를 발생시키는 메커니즘들은 서로 크게 다르다. 어떤 설계는, 작은 바퀴로 튜브를 압축하여 유체를 밀어내는 유연튜브 **연동펌프(peristaltic pump)**와 같이(그림 12-16a) 무척 단순하다. (이 메커니즘은 바퀴 대신 근육으로 튜브를 압축하는 식도나 장의 연동운동과 다소 비슷하다.) 다른 설계들은 좀 더 복잡하며, 동기 로브(synchronized lobe)를 갖춘 회전 캠(그림 12-16b), 맞물림 기어(그림 12-16c), 또는 스크루(그림 12-16d) 등을 사용한다. 용적식 펌프는 점성액체 또는 진한 슬러리의 이송과 같은 고압 응용분야와 의료분야처럼 정확한 양의 액체를 분배 또는 계량하는 응용분야에 이상적이다.

용적식 펌프는 동역학적 펌프에 비하여 많은 장점이 있다. 예로 용적식 펌프는 비슷한 압력과 유량에서 운전되는 동역학적 펌프의 경우보다 유도되는 전단변형이 훨씬 적으므로 전단변형에 민감한 액체를 더 잘 다룰 수 있다. 혈액은 전단변형에 민감한 액체이며, 이것이 인공심장에 용적식 펌프가 사용되는 이유 중의 하나다. 잘 밀봉된 용적식 펌프는 건조한 경우일지라도 입구에서 상당한 진공압력을 형성할 수 있으며, 따라서 펌프 아래 수 미터의 액체를 퍼 올릴 수 있다. 이 종류의 펌프를 **자흡펌프(self-priming pump)**라고 한다(그림 12-17). 마지막으로 용적식 펌프의 로터는 동역학적 펌프의 로터(임펠러)보다 저속으로 작동되므로 실(seal) 등의 유효 수명이 길어지는 장점을 갖는다.

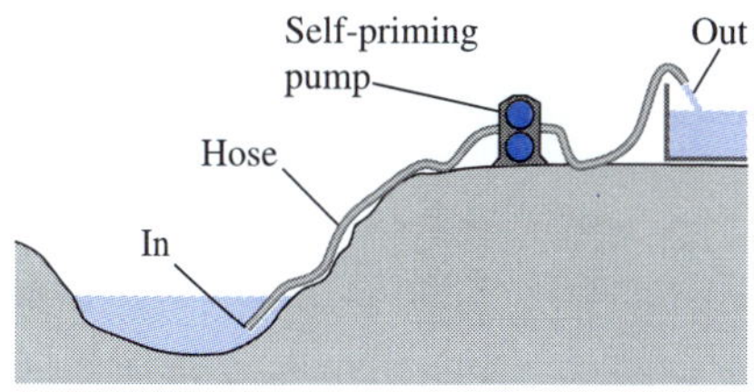

그림 12-17
펌프 자체가 "비어있는" 경우에도 액체를 퍼 올릴 수 있는 펌프를 자흡펌프(self-priming pump)라고 부른다.

용적식 펌프에는 몇 가지 단점도 있다. 회전속도를 바꾸지 않는 한 체적유량을 바꿀 수 없다. (대부분의 AC 전기모터는 하나 또는 그 이상의 **고정된** 회전속도로 운전되도록 설계되므로, 이는 말처럼 그렇게 간단하지 않다). 용적식 펌프는 출구 측에 매우 높은 압력을 생성하며, 만약 출구가 막히면 파열되거나 또는 전기모터가 과열될 수 있다. 이런 이유로 과압 방지장치(예로 감압 밸브)가 종종 요구된다. 설계특성상 용적식 펌프는 맥동식 유동을 흘려보내기도 하며, 일부 응용분야에서는 이것이 허용되지 않을 수 있다.

동역학적 펌프

임펠러 블레이드(impeller blade) 또는 **로터 블레이드(rotor blade)**라고 부르는, 유체에 운동량을 전하는 회전 블레이드가 있는 **동역학적 펌프**에는 세 가지 주된 형태가 있다. 이런 이유로 이들을 가끔 **로터다이나믹 펌프(rotodynamic pump)** 또는 간단히 **로타리 펌프(rotary pump)**라고 부른다(같은 이름을 사용하는 로타리 용적식 펌프와 혼동하지 말 것). 또한 제트 펌프와 전자기식 펌프(electromagnetic pump)와 같은 몇몇의 비회전식(nonrotary) 동역학적 펌프도 있지만 본 교재에서는 다루지 않는다. 로타리 펌프는 펌프에서 토출되는 유동 방식에 따라 **원심류**, **축류** 및 **혼류**로 분류된다(그림 12-18). **원심류 펌프(centrifugal-flow pump)**에서는 유체가 펌프의 중심에서 축방향(회전축의 축과 같은 방향)으로 들어오지만 펌프 케이싱의 바깥 반경을 따라 반경방향으로(또는 접선방향으로) 토출된다. 이 때문에 원심 펌프는 또한 **반경류 펌프(radial-flow pump)**라고도 한다. **축류 펌프(axial-flow pump)**에서는 유체가 축방향으로 들어오고 나가며 이때 축, 모터, 허브 등의 장애물 때문에 주로 펌프의 바깥 부분을 따라 흐른다. **혼류 펌프(mixed-flow pump)**는 원심류와 축류의 중간 형태이며, 유동은 반드시 중심일 필요는 없으나 축방향으로 들어오지만 반경방향과 축방향 사이의 각도로 나간다.

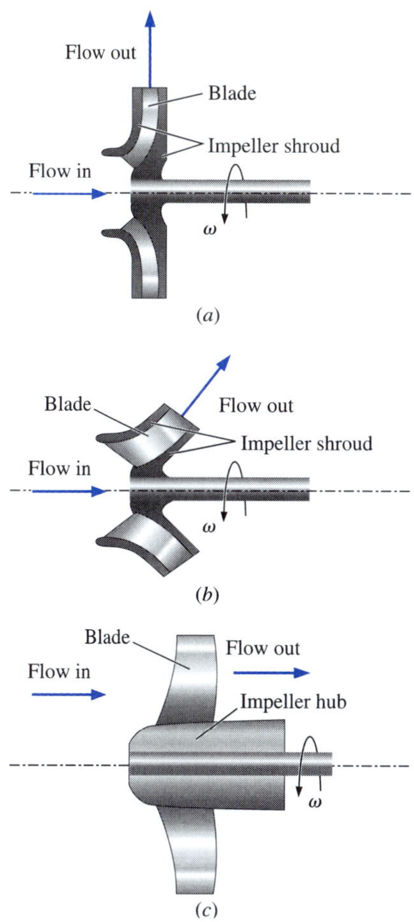

그림 12-18
세 가지 주된 부류의 동역학적 펌프 임펠러(회전하는 부분): (a) **원심** 펌프, (b) **혼류** 펌프 및 (c) **축류** 펌프.

원심 펌프

원심 펌프와 송풍기는 **스크롤(scroll)**이라고 부르는 달팽이 모양의 케이싱으로 쉽게 구별할 수 있다(그림 12-19). 이들은 식기세척기, 욕조, 세탁기와 건조기, 헤어드라이어, 진공청소기, 부엌 환기장치, 화장실 환기팬, 낙엽 청소용 송풍기, 및 화로 등, 집 근처 모든 곳에서 볼 수 있다. 이들은 엔진의 냉각수 펌프, 히터/에어컨 장치의 공기송풍기 등 자동차에도 사용된다. 원심 펌프는 또한 산업시설의 어디에나 존재하며, 빌딩의 환기 시스템, 세척공정, 냉각조와 냉각탑, 그 밖에 유체를 이송하는 수많은 산업 공정에서 사용된다.

그림 12-19
전형적인 원심 송풍기와 그 특징인 달팽이 모양의 스크롤.
Courtesy The New York Blower Company, Willowbrook, IL. Used by permission.

그림 12-20은 원심 펌프의 개략도를 보여준다. 블레이드의 경직도(stiffness)를 증가시키기 위하여 종종 **슈라우드(shroud)**가 임펠러 블레이드를 감싼다는 것에 유의하라. 펌프 용어로 축, 허브, 임펠러 블레이드 및 임펠러 슈라우드를 포함하는 회전 조립체를 **임펠러(impeller)** 또는 **로터(rotor)**라고 부른다. 유체는 펌프의 비어있는 중앙부분(**눈, eye**)을 통하여 축방향으로 들어온 후 회전하는 블레이드에 다다른다. 유체는 임펠러 블레이드의 운동량 전달에 의해 접선 및 반경 속도를 얻고 소위 원심력에 의해 반경속도를 추가적으로 얻는데, 이 원심력은 실제로는 원운동을 지속하기 위한 충분한 **구심력**이 없는 것이다. 유동은 반경방향으로 튀어나와 스크롤(**볼류트, volute**, 라고도 함) 속으로 들어가면서 속도와 압력을 얻은 후 임펠러를 떠난다. 그림 12-20에 나타낸 것처럼 스크롤은 달팽이 형상의 **디퓨저(diffuser)**로 그 목적은 임펠러 블레이드 후단을 떠나는 빠르게 움직이는 유체를 감속하고, 이로써 유체의 압력이 더욱 증가하며, 그리고 모든 블레이드 경로의 유동을 합하여 공통된 출구로 향하게 하는 것이다. 앞서 설명한 것처럼, 만약 유동이 평균적으로 정상이고 비압축성이며 입구와 출구직경이 같다면 출구에서의 평균유속은 입구에서의 값과 동일하다. 따라서 원심 펌프의 입구로부터 출구까지에서 증가하는 것은 속도가 아니라 **압력**이다.

그림 12-20의 측면도에 나타낸 것처럼 원심펌프에는 임펠러 블레이드 형상에 따라 확실하게 설명되는, **후향경사 블레이드(backward-inclined blade)**, **방사형 블레이드(radial blade)** 및 **전향경사 블레이드(forward-inclined blade)**의 세 가지 형태가 있다. 이 중에서 **후향경사 블레이드** 원심 펌프(그림 12-21a)가 가장 일반적이다. 이 펌프는 유체가 블레이드 경로로 흘러 들어오고 흘러 나가면서 방향전환이 가장 작으므로, 셋 중 가장 높은 효율을 갖는다. 때로는 블레이드가 에어포일 형상으로 만들어져서 유사한 성능을 갖지만 효율이 더 높아진다. 압력상승은 다른 두 원심 펌프 형태의 중간이다. **방사형 블레이드**를 갖는 원심 펌프(**직선 블레이드**라고도 부른다, 그림 12-21b)는 가장 단순한 형상을 갖고 있으며, 넓은 체적유량 범위에서 셋 중에서 가장 큰 압력상승을 갖지만 압력상승이 최대효율점 이후에 급격히 감소한다. **전향경사 블레이드** 원심 펌프(그림 12-21c)는 넓은 체적유량 범위에서 방사형 또는 후향경사 블레이드보다는 낮지만 거의 일정한 압력상승을 생성한다. 전향경사 블레이드 원심 펌프는 일반적으로 보다 많은 수의 블레이드를 갖지만 그림 12-21c처럼 블레이드가 더 작다. 전향경사 블레이드의 원심

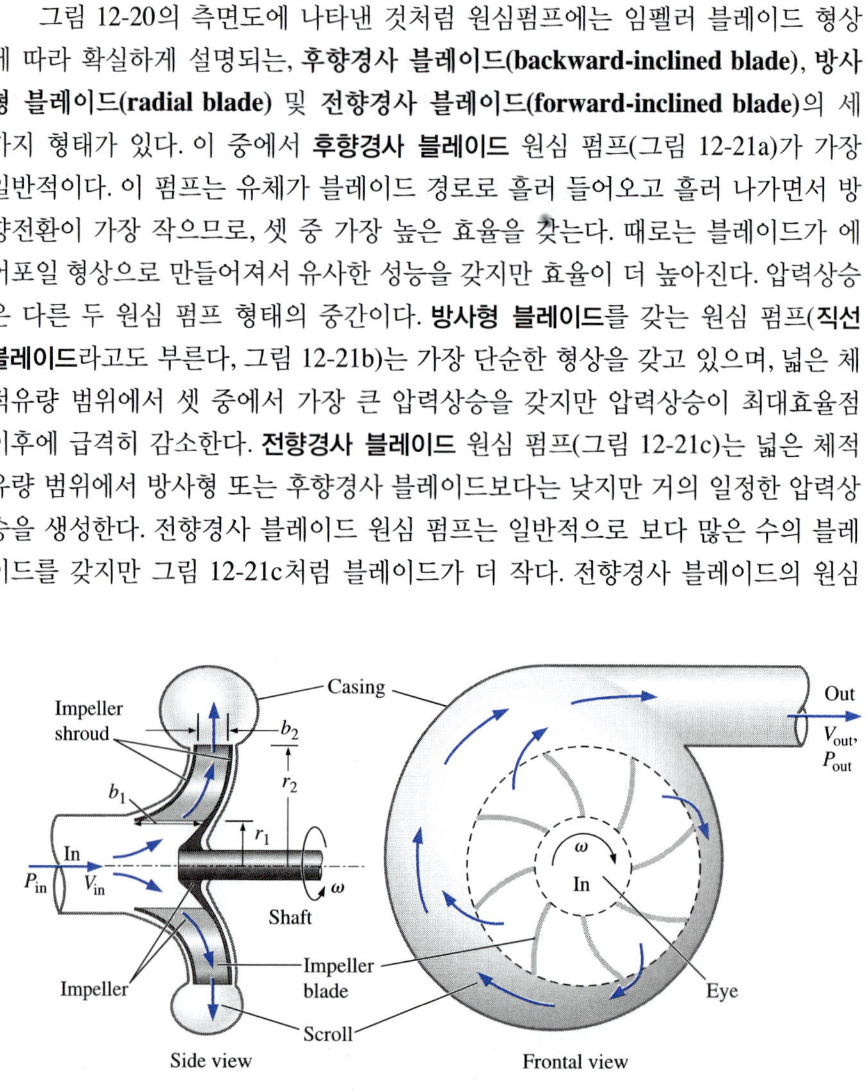

그림 12-20
전형적인 **원심 펌프**의 측면도와 정면도. 유체가 펌프의 가운데(**눈, eye**)에서 축방향으로 유입되고 회전하는 블레이드 조립체(**임펠러**)에 의해서 바깥쪽으로 밀려나며, 확장 디퓨저(**스크롤**)로 확산되어 펌프 밖으로 토출된다. 임펠러 블레이드에서 입구와 출구의 반경위치를 각각 r_1과 r_2로 정의하며, b_1과 b_2는 각각 임펠러 블레이드 입구와 출구에서 축 블레이드 폭이다.

펌프는 일반적으로 직선 블레이드 펌프보다 최대효율이 낮다. 요구되는 체적유량과 압력상승 값의 범위가 작은 응용분야에는 방사형 및 후향경사 원심 펌프가 선호된다. 만약 더 큰 범위의 체적유량이나 압력상승 또는 두 가지 모두가 요구된다면 방사형 펌프와 후향경사 펌프의 성능은 새로운 요구를 만족시키지 못할 수도 있으며, 이런 형태의 펌프들은 허용범위가 더 좁다(견디지 못한다). 전향경사 펌프는 성능에 여유가 있고 더 큰 변동에 적합하지만, 효율이 낮고 단위 입력 동력당 압력상승이 작다는 대가를 치른다. 만약 펌프가 넓은 체적유량의 범위에 걸쳐 높은 압력상승이 요구된다면 전향경사 원심 펌프가 선호된다.

어떤 임펠러 블레이드의 경사(후향, 방사형 또는 전향)에 대해서도 블레이드를 지나는 속도벡터를 해석할 수 있다. 실제 유동장은 비정상이고 완전한 3차원이며 압축성일 수도 있다. 그러나 해석의 단순화를 위해 절대좌표와 임펠러를 따라서 회전하는 상대좌표 모두에서 정상유동을 고려한다. 단지 비압축성 유동만을 고려하며, 또한 블레이드의 입구로부터 출구까지 반경 또는 수직속도 성분(하첨자 n)과 원주 또는 접선속도 성분(하첨자 t)만을 고려한다. 축방향 속도 성분(그림 12-20의 측면도에서 오른쪽 방향과 그림 12-20의 정면도에서 지면 속으로 들어가는 방향)은 고려하지 않는다. 다시 말하면 임펠러를 지나는 축방향 속도 성분은 0이 아니지만 해석에는 포함하지 않는다. 그림 12-22는 단순화된 원심 펌프의 측면 확대도이며, 여기서 $V_{1,n}$과 $V_{2,n}$은 각각 반경 r_1과 r_2에서 평균수직속도 성분으로 정의된다. 비록 블레이드와 케이싱 사이에 간극을 나타내었지만, 이 단순화된 해석에서는 간극으로 누설이 발생하지 않는다고 가정한다.

펌프의 눈(eye)으로 들어오는 체적유량 $\dot{V}$는 폭 b_1과 반경 r_1로 정해진 원주방향 단면적을 통과한다. 질량보존법칙으로부터 이와 동일한 체적유량이 반드시 폭 b_2와 반경 r_2로 정해진 원주방향 단면적을 통과해야만 한다. 그림 12-22에서 정의된 평균수직속도 성분 $V_{1,n}$과 $V_{2,n}$를 이용하면 다음과 같이 나타낼 수 있다.

체적유량: $$\dot{V} = 2\pi r_1 b_1 V_{1,n} = 2\pi r_2 b_2 V_{2,n} \qquad (12\text{-}8)$$

이로부터 다음을 얻는다.

$$V_{2,n} = V_{1,n}\frac{r_1 b_1}{r_2 b_2} \qquad (12\text{-}9)$$

식 (12-9)로부터 두 반경에서 b와 r에 따라 $V_{2,n}$은 $V_{1,n}$보다 작을 수도, 같을 수도 또는 클 수도 있다는 것이 명백하다.

그림 12-23은 임펠러 블레이드 한 개의 확대 정면도를 나타내며, 반경속도와 접선속도 성분을 모두 보여주고 있다. 여기서는 후향경사 블레이드를 보여주지만 블레이드가 **어떤** 경사를 갖든지 해석방법은 모두 같다. 블레이드의 입구(반경 r_1 위치)는 접선속도 ωr_1으로 움직인다. 마찬가지로 블레이드의 출구는 접선속도 ωr_2로 움직인다. 그림 12-23으로부터 블레이드의 경사 때문에 이 두 접선속도는 크기뿐만 아니라 방향도 다르다는 것을 잘 알수있다. **선단각(leading edge angle)** β_1은 반경 r_1에서 접선의 반대방향에 대한 블레이드 각으로 정의된다. 같은 방법으로 **후단각(trailing edge angle)** β_2는 반경 r_2에서 접선의 반대 방향에 대한 블레이드 각으로 정의된다.

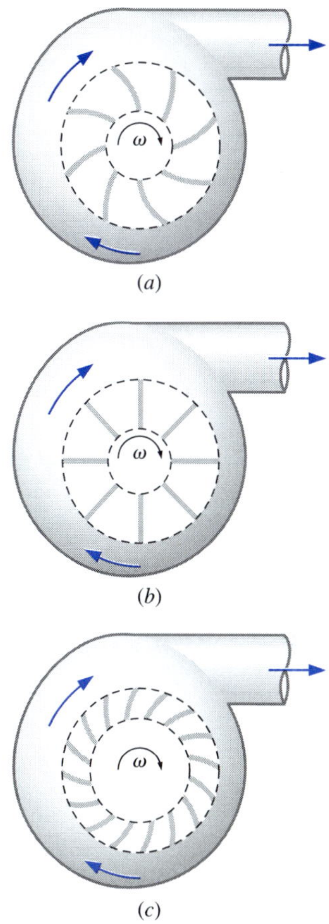

그림 12-21
세 가지의 주된 형태의 원심 펌프는 (a) **후향경사 블레이드**, (b) **방사형 블레이드** 및 (c) **전향경사 블레이드**를 갖고 있다.

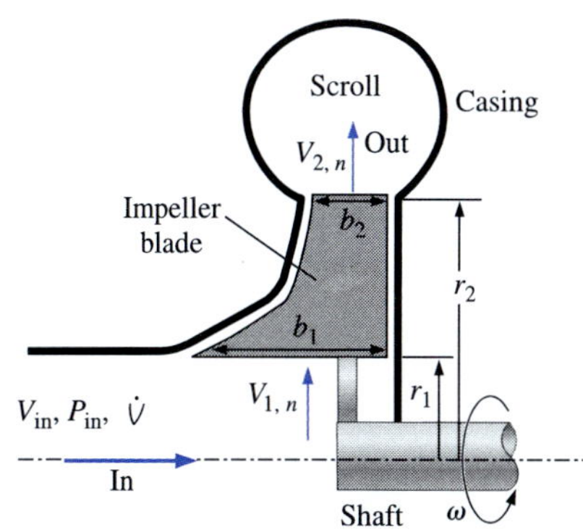

그림 12-22
속도 벡터의 기초적인 해석을 위한 단순화된 원심 펌프의 확대 측면도. $V_{1,n}$과 $V_{2,n}$은 반경 r_1과 r_2의 각각에서 속도의 평균 수직(반경방향)성분으로 정의된다.

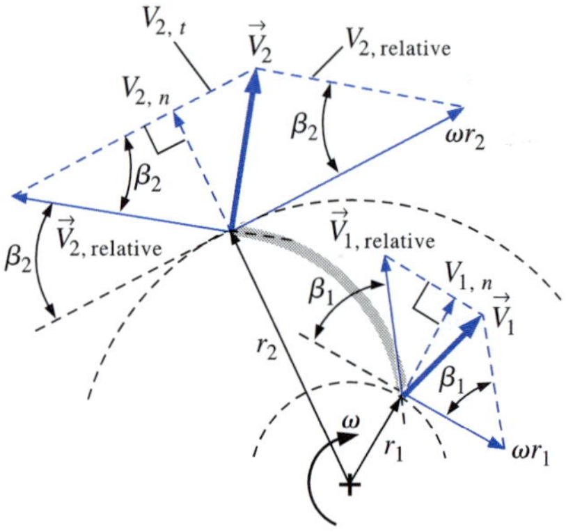

그림 12-23
속도 벡터의 기초적인 해석을 위한 단순화된 원심 펌프의 확대 정면도. 유체의 절대속도는 굵은 화살표로 나타내었다. 상대속도 벡터로 나타낸 것처럼, 블레이드와 함께 회전하는 좌표에서 볼 때 유동은 모든 곳에서 블레이드 표면에 접선방향이라고 가정하였다.

이제 상당히 단순화시키는 근사를 하자. 유동은 **블레이드 선단에 평행하게** 블레이드에 부딪치고 그리고 **블레이드 후단에 평행하게** 블레이드를 떠난다고 가정한다. 다시 말하면

> 블레이드와 함께 회전하는 좌표에서 유동은 항상 블레이드 표면에 대하여 접선방향이라고 가정한다.

입구에서의 이러한 근사를 때로는 **충격이 없는 진입조건**(shockless entry condition)이라고 부르는데, 이를 충격파와 혼동하지 말아야 한다. 이 용어는 오히려 급격한 방향 전환 "충격" 없이 유동이 부드럽게 임펠러 블레이드로 들어오는 것을 의미한다. 이 근사의 본질적인 개념은 블레이드 표면의 어디에서도 **유동박리가 발생하지 않는다**는 가정이다. 만약 원심 펌프가 설계조건 또는 그 부근에서 운전된다면 이 가정은 타당하다. 그러나 펌프가 설계조건에서 크게 벗어나서 운전된다면 블레이드 표면에서 유동박리가 일어날 수 있으며(일반적으로 역압력구배가 일어나는 흡입면), 이런 단순화된 해석은 맞지 않는다.

단순화 가정에 따라 그림 12-23에 속도 벡터 $\vec{V}_{1,\text{relative}}$과 $\vec{V}_{2,\text{relative}}$를 블레이드 표면에 평행하도록 나타내었다. 이들은 회전하는 블레이드와 함께 움직이는 관찰자의 상대좌표에 나타내는 속도벡터들이다. 그림 12-23에 나타낸 것처럼 평행사변형을 그려 접선속도 ωr_1(반경 r_1에서의 블레이드 속도)과 $\vec{V}_{1,\text{relative}}$의 벡터 합을 구할 경우, 합 벡터는 블레이드 입구에서 유체의 **절대속도** $\vec{V}_1$이다. 아주 유사한 방법으로 블레이드 출구에서 유체의 절대속도 $\vec{V}_2$를 구한다(이 또한 그림 12-23에 나타내었다). 도표를 완성하기 위하여 그림 12-23에는 수직속도 성분 $\vec{V}_{1,n}$과 $\vec{V}_{2,n}$도 나타내었다. 이들 수직속도 성분들은 절대좌표 또는 상대좌표 중 어느 것을 사용하는가에 관계가 없다는 것을 유의하자.

회전축의 토크를 평가하기 위해서 6장에서 설명한 것과 같이 검사체적에 대한 각운동량 관계식을 적용한다. 그림 12-24에 나타낸 것처럼 반경 r_1에서 반경 r_2까지 임펠러 블레이드를 둘러싸는 검사체적을 선택한다. 그림 12-24에는 각각 반경 r_1과 r_2에서 수직방향으로부터 벗어나는 절대속도 벡터의 각도로 정의되는 α_1과 α_2도 나타내었다. 검사체적을 "블랙박스"처럼 취급하는 개념을 유지하면, 임펠러 블레이드 각각의 상세내용을 무시할 수 있다. 그 대신에 유동은 반경 r_1에서 전체 원주에 걸쳐 균일한 절대속도 $\vec{V}_1$으로 검사체적으로 들어오고, 반경 r_2에서 전체 원주에 걸쳐 균일한 절대속도 $\vec{V}_2$로 검사체적을 나간다고 가정한다.

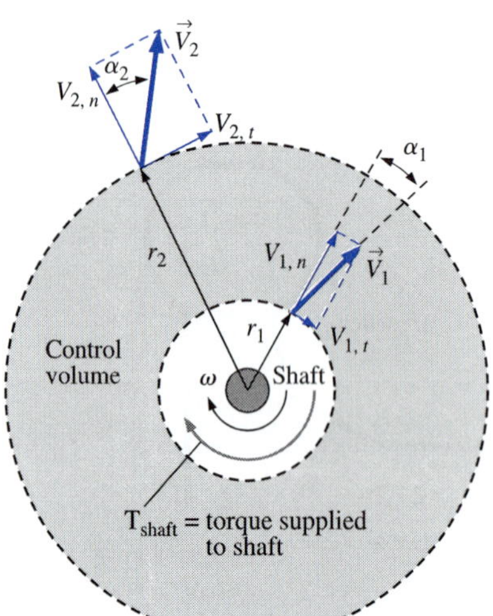

그림 12-24
원심 펌프의 각운동량 해석을 위해 사용되는 검사체적(어두운 지역). 절대 접선속도 성분 $V_{1,t}$와 $V_{2,t}$를 표시하였다.

운동량 모멘트는 벡터곱 $\vec{r} \times \vec{V}$로 정의되므로 단지 $\vec{V}_1$과 $\vec{V}_2$의 **접선방향** 성분만 축 토크와 관련이 있다. 이는 그림 12-24에서 $V_{1,t}$와 $V_{2,t}$로 나타내었다. 결과적으로 축 토크는, 6장에서 유도된 Euler **터보기계 방정식**(Euler의 **터빈공식**이라고도 함)으로 주어진, 입구에서 출구까지 사이에서의 운동량 모멘트 변화와 같게 된다.

Euler 터보기계 방정식:

$$T_{\text{shaft}} = \rho \dot{V}(r_2 V_{2,t} - r_1 V_{1,t}) \tag{12-10}$$

또는 각 α_1과 α_2 그리고 절대속도 벡터의 크기로 나타내면,

다른 형태의 Euler 터보기계 방정식:

$$T_{shaft} = \rho \dot{V}(r_2 V_2 \sin\alpha_2 - r_1 V_1 \sin\alpha_1) \tag{12-11}$$

단순화된 해석에는 비가역손실이 없다. 즉 펌프효율 $\eta_{pump} = 1$이고 이는 수마력 $\dot{W}_{water\ horsepower}$와 제동마력 bhp가 동일하다는 것을 의미한다. 식 (12-3)과 (12-4)를 이용하면

$$bhp = \omega T_{shaft} = \rho\omega\dot{V}(r_2 V_{2,t} - r_1 V_{1,t}) = \dot{W}_{water\ horsepower} = \rho g \dot{V} H \tag{12-12}$$

이를 순수두 H에 대하여 풀면

순수두:
$$H = \frac{1}{g}(\omega r_2 V_{2,t} - \omega r_1 V_{1,t}) \tag{12-13}$$

예제 12-2 이상적인 송풍기 성능

원심 송풍기가 $\dot{n} = 1750$ rpm(183.3 rad/s)으로 회전한다. 그림 12-25에 나타낸 것처럼 공기가 임펠러의 블레이드에 수직으로($\alpha_1 = 0°$) 들어오고 반경방향으로부터 40° 각도로 나간다. 입구 반경이 $r_1 = 4.0$ cm이고 입구 블레이드 폭은 $b_1 = 5.2$ cm이다. 출구 반경이 $r_2 = 8.0$ cm이고 출구 블레이드 폭은 $b_2 = 2.3$ cm이다. 체적유량은 0.13 m^3/s이다. 효율 100%로 가정하고 이 송풍기에 의해서 생성되는 순수두를 mm 단위의 수주 높이로 구하라. 또한 요구 제동마력을 W 단위로 구하라.

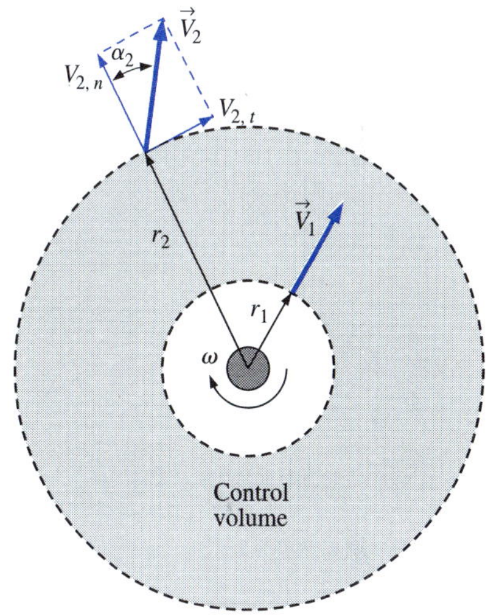

그림 12-25
예제 12-2의 원심 송풍기에 대한 검사체적과 절대속도 벡터. 송풍기 축 방향으로 본 모습이다.

풀이 주어진 체적유량과 회전 속도에서 이상적인 송풍기의 제동마력과 순수두를 구하고자 한다.

가정 **1** 평균적으로 정상유동이다. **2** 로터 블레이드와 송풍기 케이싱 사이의 간극에서 누설이 없다. **3** 공기는 비압축성이다. **4** 송풍기의 효율은 100%(비가역손실이 없음)이다.

상태량 공기의 밀도는 $\rho_{air} = 1.20$ kg/m^3이다.

해석 체적유량(용량)이 주어졌으므로, 식 (12-8)을 이용하여 입구의 수직속도 성분을 계산하면

$$V_{1,n} = \frac{\dot{V}}{2\pi r_1 b_1} = \frac{0.13\ \text{m}^3/\text{s}}{2\pi(0.040\ \text{m})(0.052\ \text{m})} = 9.947\ \text{m/s} \tag{1}$$

$\alpha_1 = 0°$이므로 $V_1 = V_{1,n}$, 그리고 $V_{1,t} = 0$. 유사하게 $V_{2,n} = 11.24$ m/s, 그리고

$$V_{2,t} = V_{2,n}\tan\alpha_2 = (11.24\ \text{m/s})\tan(40°) = 9.435\ \text{m/s} \tag{2}$$

이제 순수두를 예측하기 위하여 식 (12-13)을 사용하면,

$$H = \frac{\omega}{g}(r_2 V_{2,t} - r_1 \underbrace{V_{1,t}}_{0}) = \frac{183.3\ \text{rad/s}}{9.81\ \text{m/s}^2}(0.080\ \text{m})(9.435\ \text{m/s}) = 14.1\ \text{m} \tag{3}$$

식 (3)의 순수두는 작동유체인 공기의 m 단위라는 것에 유의하자. 압력을 mm 단위의 수주 높이로 환산하기 위하여 물 밀도에 대한 공기 밀도의 비를 곱한다.

$$H_{\text{water column}} = H\frac{\rho_{\text{air}}}{\rho_{\text{water}}}$$

$$= (14.1\ \text{m})\frac{1.20\ \text{kg/m}^3}{998\ \text{kg/m}^3}\left(\frac{1000\ \text{mm}}{1\ \text{m}}\right) = \mathbf{17.0\ mm\ of\ water} \qquad (4)$$

마지막으로, 요구되는 제동마력을 예측하기 위하여 식 (12-12)를 사용한다.

$$\text{bhp} = \rho g\dot{V}H = (1.20\ \text{kg/m}^3)(9.81\ \text{m/s}^2)(0.13\ \text{m}^3/\text{s})(14.1\ \text{m})\left(\frac{\text{W}\cdot\text{s}}{\text{kg}\cdot\text{m/s}^2}\right)$$

$$= \mathbf{21.6\ W} \qquad (5)$$

토의 식 (5)에서 kg, m 및 s 단위를 W로 전환한 것에 유의하라. 많은 터보기계 계산에서 이런 전환이 유용하게 될 것이다. 비효율성 때문에 공기로 공급되는 실제 순수두는 식 (3)으로 예측되는 값보다 낮게 된다. 유사하게, 송풍기의 비효율성, 축 마찰 등의 이유로 실제 제동마력은 식 (5)로 예측되는 값보다 크게 된다.

축류 펌프

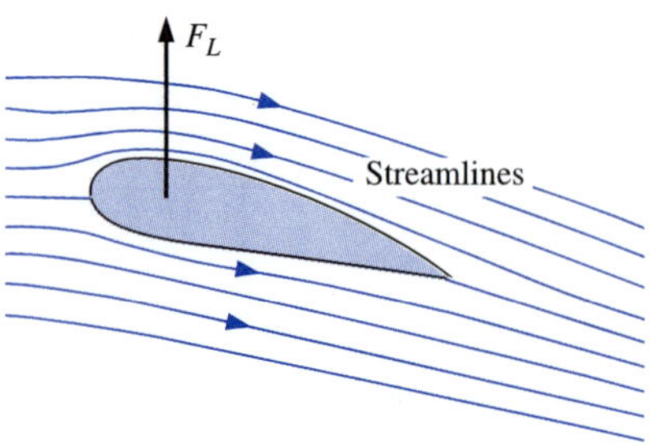

그림 12-26
축류 펌프의 블레이드는 항공기의 날개처럼 거동한다. 공기는 날개에 의해서 아래로 방향이 변하고 양력 F_L을 생성한다.

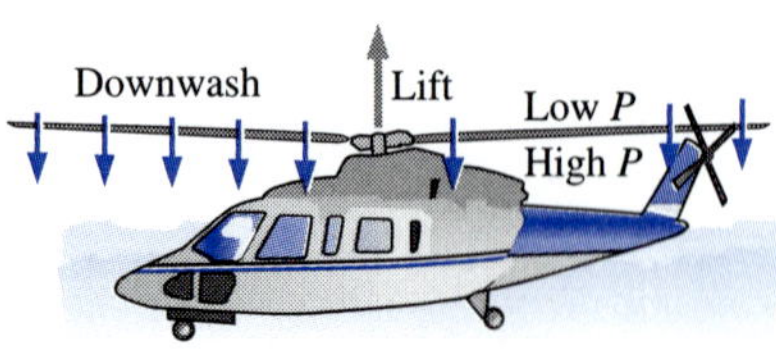

그림 12-27
축류 펌프의 일종인 헬리콥터의 로터 평면을 지나는 세류(downwash)와 압력상승.

축류 펌프(axial pump)는 소위 말하는 원심력을 이용하지 않는다. 그 대신 임펠러 블레이드는 마치 항공기 날개처럼 거동하며(그림 12-26), 블레이드 회전에 따른 유체 운동량의 변화로 양력을 발생시킨다. 예로 헬리콥터 로터는 축류 펌프의 한 형태다(그림 12-27). 블레이드에서의 양력은 블레이드 윗면과 아랫면의 압력 차이에 의해서 발생하며 유동방향의 변화는 로터 평면을 지나는 **세류**(downwash, 하강 공기의 기둥)를 일으킨다. 시간 평균의 관점에서, 로터 평면을 지나는 압력 도약이 있으며 이는 아래로 향하는 공기 유동을 유발한다(그림 12-27).

로터 평면을 수직으로 회전시켰다고 상상하면, 이는 **프로펠러**가 된다(그림 12-28a). 헬리콥터 로터와 항공기 프로펠러는 모두 **개방형 축류 팬**의 예가 되며, 이는 블레이드 끝단 주위에 덕트 또는 케이싱이 없기 때문이다. 여름철 침실 창문에 장착하는 일반적인 환풍기는 동일한 원리로 운전되지만, 그 목적은 힘을 제공하는 것이 아니라 공기를 불어내는 것이다. 그러나 팬 하우징에 작용하는 순 힘이 있다는 것을 분명히 인식해야 한다. 만약 공기를 왼쪽에서 오른쪽으로 불어내면 팬에는 왼쪽으로 힘이 작용하고 팬은 창문틀에 의해 고정된다. 가정용 팬 둘레의 케이싱은 또한 유동의 방향을 돕고 블레이드 끝단의 손실을 약간 줄여주는 짧은 덕트 역할도 한다. 컴퓨터 내부의 작은 냉각 팬은 전형적인 축류 팬이며, 이는 마치 작은 환풍기(그림 12-28b)처럼 생겼으며 **덕트형 축류 팬**(ducted axial-flow fan)의 한 예가 된다.

만약 그림 12-28a에 있는 항공기 프로펠러 블레이드, 헬리콥터의 로터 블레이드, 무선 모형항공기의 프로펠러 블레이드, 또는 심지어 잘 설계된 환풍기의 블레이드를 자세히 살펴본다면 블레이드에 약간의 **비틀림**이 있는 것을 알게 될 것이다. 구체적으로 블레이드의 허브(hub) 또는 밑동(root)부근 단면의 에어포일은 끝단 부근의 단면의 에어포일보다 더 큰 **피치각**(θ), $\theta_{\text{root}} > \theta_{\text{tip}}$을 갖는다(그림 12-29). 이는 블레이드의 접선속도가 반경에 따라 선형적으로 증가하기 때문이다.

$$u_\theta = \omega r \qquad (12\text{-}14)$$

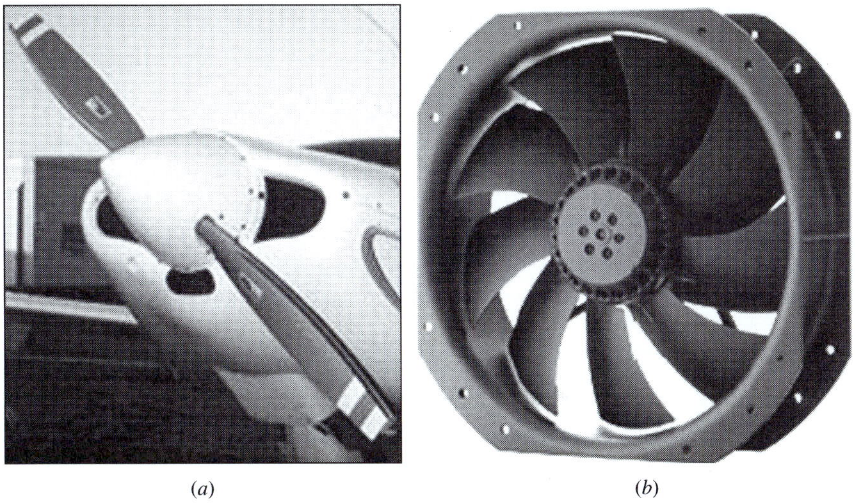

그림 12-28
축류 팬은 개방형(open) 또는 덕트형(ducted) 일 수 있다. (a) 프로펠러는 개방형 팬이며, (b) 컴퓨터 냉각팬은 덕트형 팬이다.

(a) Courtesy Whirl Wind Propellers Corporation. Used by permission. (b) Courtesy ebm-papst Mulfingen GmbH & Co. KG. Used by permission.

그러면 주어진 반경에서 **블레이드에 상대적인** 공기속도 $\vec{V}_{\text{relative}}$는 입구속도 $\vec{V}_{\text{in}}$과 블레이드 속도 $\vec{V}_{\text{blade}}$의 음의 값의 벡터 합의 1차 근사로 추정된다.

$$\vec{V}_{\text{relative}} \cong \vec{V}_{\text{in}} - \vec{V}_{\text{blade}} \tag{12-15}$$

여기서 $\vec{V}_{\text{blade}}$의 크기는 식 (12-14)에 주어진 것처럼 블레이드의 접선속도 $u\theta$와 같다. $\vec{V}_{\text{blade}}$의 방향은 블레이드 회전경로의 접선 방향이다. 그림 12-29에 나타낸 블레이드 위치에서는 $\vec{V}_{\text{blade}}$는 왼쪽을 향한다.

그림 12-30에서는 식 (12-15)를 사용하여 그림 12-29에 나타낸 로터 블레이드의 밑동 반경과 끝단 반경 두 위치에서 $\vec{V}_{\text{relative}}$의 계산을 그림으로 나타내었다. 그림에서 알 수 있듯이 상대 영각(angle of attack) α는 두 경우 모두 같다. 실제로 비틀림 정도는 모든 반경에서 α가 같도록 피치각 θ를 설정하여 구한다.

상대속도 $\vec{V}_{\text{relative}}$의 크기가 밑동에서 끝단으로 증가한다는 것에도 유의하라. 이에 따라 블레이드의 단면에 걸리는 동압이 반경에 따라 증가하며, 그림 12-30에서 지면 깊이 방향의 단위 폭 당 양력도 반경에 따라 증가한다. 프로펠러는 블레이드 끝단으로 갈수록 양력에 더 큰 기여를 하는 이점을 살리기 위하여 밑동 부분은 좁고 끝단으로 갈수록 넓어지는 경향이 있다. 그러나 끝단에서는 블레이드가 보통 둥글게 다듬어지며, 이는 만약 블레이드가 그림 12-29에서처럼 갑자기 절단되면

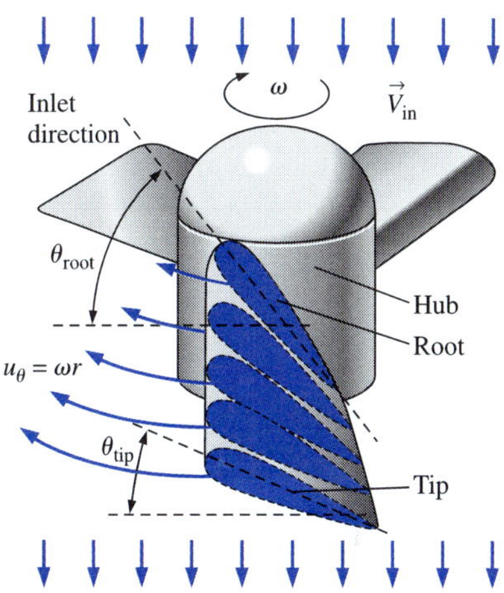

그림 12-29
잘 설계된 로터 블레이드 또는 프로펠러 블레이드는, 세 블레이드 중의 하나에 파란 단면들로 보여주는 것처럼, **비틀림**을 갖는다. 블레이드 피치각 θ는 끝단에서보다 밑동에서 더 크며 그 이유는 블레이드의 접선속도가 반경에 따라 증가하기 때문이다.

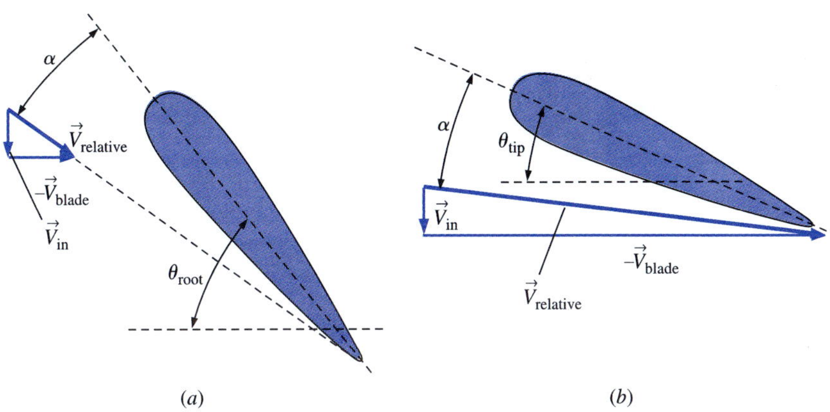

그림 12-30
그림 12-29에 나타낸 로터 블레이드의 (a) 밑동, 그리고 (b) 끝단 두 반경에서의 벡터 $\vec{V}_{\text{relative}}$의 기하학적 계산.

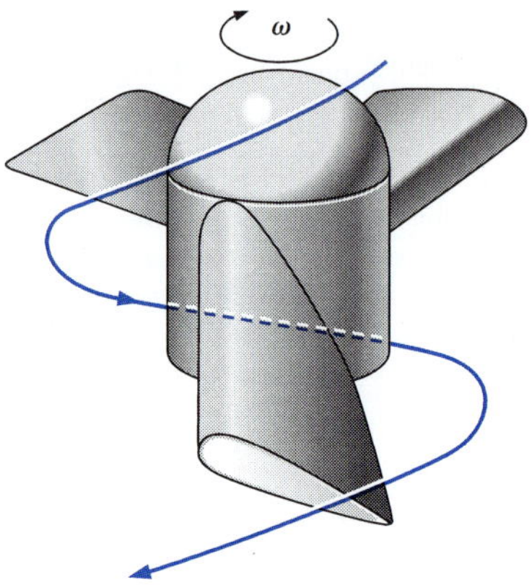

그림 12-31
로터 또는 프로펠러의 회전하는 블레이드는 주변의 유체에 선회류(swirl)를 만든다.

존재할 수 있는 과도한 **유도항력**(**induced drag**, 10장)을 피하기 위한 것이다.

식 (12-15)는 몇 가지 이유로 엄밀하지가 않다. 첫 번째로, 로터의 회전운동은 공기 유동에 어느 정도의 **선회류**를 유발한다(그림 12-31). 이는 유입되는 공기에 대한 블레이드의 유효접선속도를 감소시킨다. 두 번째로, 로터 허브의 크기가 유한하므로, 그 주위에서는 공기가 가속되며, 이는 밑동 부분에 가까운 블레이드 단면에서 국부적으로 공기 속도를 증가시킨다. 세 번째로, 로터 또는 프로펠러의 축이 유입되는 공기에 정확히 평행이 아닐 수 있다. 마지막으로, 공기가 돌고 있는 로터에 접근함에 따라 가속되므로 공기 속도 자체를 결정하는 것이 쉽지 않다. 이런 효과들과 기타 2차 효과들을 근사하는 방법들이 있지만, 본 교재의 범위를 벗어난다. 예제 12-3에서 보여주는 것처럼, 식 (12-15)로 주어진 1차 근사는 로터와 프로펠러의 예비설계에 적절하다.

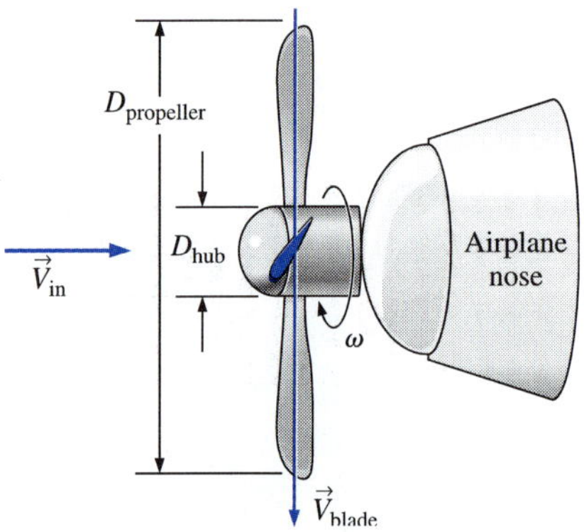

그림 12-32
예제 12-3의 모형항공기 프로펠러의 설계를 위한 구성도. 실제 축척이 아님.

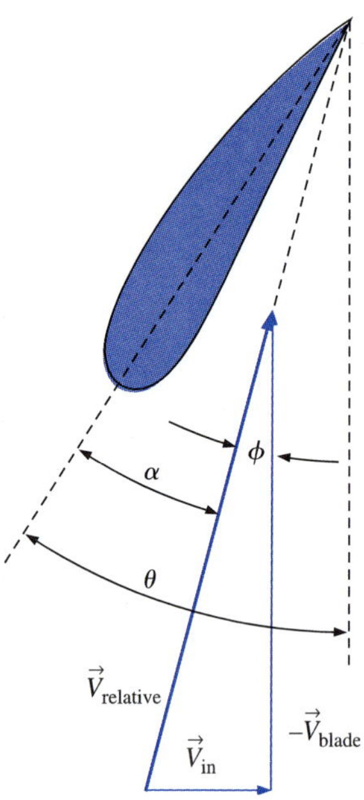

그림 12-33
예제 12-3의 프로펠러의 어떤 임의의 반경 r에서의 속도 벡터.

예제 12-3 항공기 프로펠러의 비틀림 계산

무선 모형항공기의 프로펠러를 설계하고 있다고 가정하자. 프로펠러의 전체 직경은 34.0 cm이고 허브 조립체의 직경은 5.5 cm이다(그림 12-32). 프로펠러가 1700 rpm으로 회전하며 프로펠러의 단면으로 선택한 에어포일은 영각 14°에서 최대효율을 갖는다. 항공기가 30 mi/h(13.4 m/s)로 비행할 때, 프로펠러 블레이드 모든 곳에서 $\alpha = 14°$가 되도록 블레이드 밑동에서 끝단까지 블레이드 피치각을 계산하라.

풀이 프로펠러 블레이드의 모든 반경에서 영각이 $\alpha = 14°$가 되도록 프로펠러 밑동에서 끝단까지의 블레이드 피치각 θ를 계산하려고 한다.

가정 **1** 이런 저속에서 공기는 비압축성이다. **2** 프로펠러에 접근하는 공기의 가속과 선회류의 2차 효과를 무시한다. 즉, $\vec{V}_{in}$의 크기는 항공기 속도와 같다고 가정한다. **3** 항공기는 수평으로 비행하고 프로펠러 축은 유입되는 공기속도와 평행하다.

해석 모든 반경에서 블레이드에 대한 공기의 상대속도는 식 (12-15)를 이용하여 1차 근사된다. 임의의 반경에서 속도 벡터를 그림 12-33에 나타내었다. 기하학적 형상으로부터 다음을 알 수 있다.

임의의 반경 r에서 피치 각:

$$\theta = \alpha + \phi \tag{1}$$

그리고

$$\phi = \arctan\frac{|\vec{V}_{in}|}{|\vec{V}_{blade}|} = \arctan\frac{|\vec{V}_{in}|}{\omega r} \tag{2}$$

여기서 반경 r에서의 블레이드 속도를 위해 식 (12-14)도 함께 사용하였다. 밑동($r = D_{hub}/2 = 2.75$ cm)에서 식 (2)는 다음과 같게 된다.

$$\theta = \alpha + \phi = 14° + \arctan\left[\frac{13.4\text{ m/s}}{(1700\text{ rot/min})(0.0275\text{ m})}\left(\frac{1\text{ rot}}{2\pi\text{ rad}}\right)\left(\frac{60\text{ s}}{\text{min}}\right)\right] = \mathbf{83.9°}$$

유사하게, 끝단($r = D_{propeller}/2 = 17.0$ cm)에서의 피치각은

$$\theta = \alpha + \phi = 14° + \arctan\left[\frac{13.4\text{ m/s}}{(1700\text{ rot/min})(0.17\text{ m})}\left(\frac{1\text{ rot}}{2\pi\text{ rad}}\right)\left(\frac{60\text{ s}}{\text{min}}\right)\right] = \mathbf{37.9°}$$

밑동과 끝단 사이의 반경에서 θ를 r의 함수로 계산하기 위하여 식 (1)과 (2)가 사용된다. 결과를 그림 12-34에 도시하였다.

토의 식 (2)의 arctan 함수 때문에 피치각은 비선형이다.

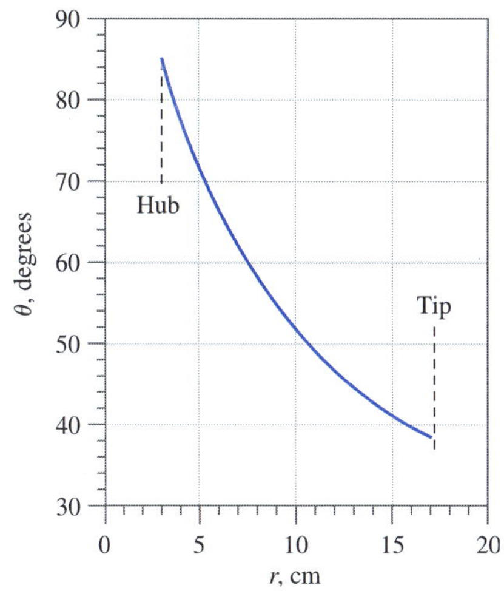

그림 12-34
예제 12-3의 프로펠러에 대해 반경의 함수로 나타낸 블레이드 피치각.

항공기 프로펠러는 **가변 피치(variable pitch)**를 갖는데, 이는 허브에 있는 기계적 링크장치를 통하여 블레이드를 회전시켜서 전체 블레이드의 피치를 조정할 수 있다는 것을 의미한다. 예로 프로펠러 추진 항공기가 높은 rpm으로 엔진을 예열하며 공항에 멈춰 있을 때 항공기가 움직이기 시작하지 않는 이유는 무엇일까? 물론 브레이크가 걸려있는 것이 한 가지 이유다. 그러나 더 중요한 것은 에어포일 단면의 평균 영각이 0°에 가깝게 프로펠러의 피치가 조절되어 순 추력(net thrust)이 거의 없다는 것이다. 항공기가 활주로를 향하여 주행할 때에는 피치가 조절되어 약간의 추력을 얻는다. 항공기가 이륙하는 동안에는 엔진의 rpm이 높고 프로펠러가 최대추력을 내도록 블레이드 피치가 조절된다. 많은 경우에, 착륙한 후 항공기 속도를 줄이기 위하여 **역추력(reverse thrust)**을 제공하도록 피치는 심지어 "후향(backward)"(음의 영각)으로 조절될 수도 있다.

덕트 내에서 유동을 전달하는 경우, 단일 임펠러(single-impeller) 축류 팬은 **관축류 팬(tube-axial fan)**이라고 부른다(그림 12-35a). 부엌의 환기 팬, 건물 팬, 후드 팬, 및 자동차 라디에이터 냉각팬 등과 같은 많은 실제적인 축류 팬의 공학적 응용에서 회전하는 블레이드에 의해서 발생하는 선회유동(그림 12-35a)에는 관심이 없다. 그러나 선회운동과 증가된 난류강도는 하류로 꽤 멀리까지 지속될 수 있으며, 경우에 따라서는 선회류(또는 이에 수반되는 소음과 난류)를 반드시 피해야 하는 응용분야가 있다. 예로 풍동장치의 팬, 어뢰용 팬 및 몇몇의 특수 광산축 환기 팬 등이 있다. 선회류의 대부분을 제거할 수 있는 두 가지 기본 설계가 있다. 기존의 로터에 **반대방향**으로 회전하는 두 번째 로터를 직렬로 추가하여 한 쌍의 대향회전 로터 블레이드를 형성할 수 있으며, 이런 팬을 **대향회전 축류 팬(counter-rotating axial fan)**이라고 부른다(그림 12-35b). 상류 로터에 의해서 발생된 선회류는 하류 로터에서 발생하는 반대방향의 선회류에 의해서 상쇄된다. 다른 방법으로, 회전하는 임펠러의 상류 또는 하류에 한 세트의 **고정자 블레이드(stator blade)**가 추가될 수 있다. 이름에서 알 수 있듯이 고정자 블레이드는 **고정된**(회전하지 않는) 안내 깃(guide vane)으로 단순히 유체의 방향을 바꾼다. 한 세트의 로터 블레이드(**임펠러** 또는 **로터**)와 **깃[고정자(stator)]**이라 불리는 한 세트의 고정자 블레이드를 갖는 축류 팬을 **깃축류 팬(vane-axial fan)**이라 부른다(그림 12-35c). 깃축류 팬의 고정자 블레이드 설계는 대향회전 축류 팬의 설계에 비하여 훨씬 간단하며 적은 비용으로 적용할 수 있다.

관축류 팬의 하류에서 선회하는 유체는 운동에너지를 소모하고 강한 난류를 발생시키는데, 깃축류 팬은 이 소모되는 운동에너지의 일부를 회수하고 난류의 수준을 약화시킨다. 따라서 깃 축류 팬은 관축류 팬보다 더 조용하고 에너지효율이 더 높다. 적절하게 설계된 대향회전 축류 팬은 더 조용하고 에너지 효율이 더 높을 수 있다. 더욱이 두 세트의 회전 블레이드가 있으므로 대향회전 설계로 더 높은 압력상승을 얻을 수 있다. 대향회전 축류 팬의 제작은 물론 더 복잡하며 2개

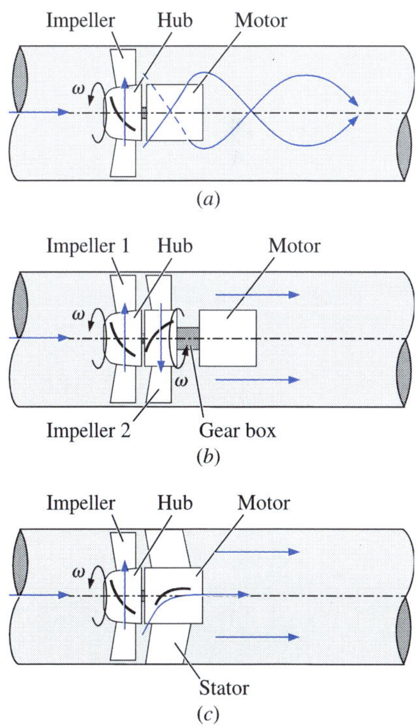

그림 12-35
관축류 팬 (a) 배출되는 유체에 전달되는 선회류(swirl), 반면에 (b) **대향회전 축류 팬** 및 (c) **깃축류 팬**은 선회류를 제거하기 위하여 설계된다.

의 동기화된 모터 또는 기어박스가 필요하다.

축류 팬은 벨트로 구동되거나 또는 직접 구동될 수 있다. 직접 구동 깃축류 팬의 모터는 덕트의 중간에 장착된다. 모터의 지지대를 제공하기 위하여 **고정자 블레이드**를 사용하는 것이 일반화된 방법(그리고 좋은 설계)이다. 그림 12-36은 벨트구동 관축류 팬과 직접구동 깃축류 팬의 사진들을 보여준다. 그림 12-36b에서 로터 블레이드의 뒤(하류)에 있는 깃축류 팬의 고정자 블레이드를 볼 수 있다. 또 다른 설계방법으로 고정자 블레이드를 임펠러의 **상류**에 위치시켜 유체에 **예선회(preswirl)**를 부여하는 방법이 있다. 그러면 회전하는 임펠러에 의해서 발생하는 선회류가 이 예선회를 없앤다.

이 모든 축류 팬의 설계에서 적어도 블레이드 형상을 1차 근사로 설계하는 것은 무척 간단하다. 단순화하기 위하여 에어포일 형상의 블레이드 대신 얇은 블레이드(예로 금속판으로 만든 블레이드)를 가정한다. 예로 고정자 블레이드의 상류에 로터 블레이드가 있는 깃축류 팬(그림 12-37)을 고려하자. 이 그림에서 로터와 고정자 사이의 거리는 블레이드 사이에 속도벡터를 나타내기 위하여 과장되었다. 고정자의 허브 반경은 로터의 허브 반경과 같다고 가정하였으며, 따라서 유동의 단면적은 일정하게 유지된다. 앞서 프로펠러에 대하여 한 것처럼, 우리가 지금 바라보는 그림의 수직방향으로 지나치는 한 개의 임펠러 블레이드 단면을 고려하자. 다수의 블레이드가 존재하므로 다음 블레이드는 바로 뒤따라 지나간다. 선택된 반경 r에서, **블레이드 열(blade row)** 또는 **익렬(cascade)**이라고 부르는 **무한 연속**의 2차원 블레이드들이 지나가는 것으로 2차원 근사를 한다. 비록 정지되어 있지만 고정자 블레이드에 대해서도 유사한 가정을 한다. 블레이드 열 둘 다를 그림 12-37에 나타내었다.

그림 12-37b에서는 절대좌표 즉 고정된 관찰자가 깃축류 팬에서 수평으로 보는 좌표로 속도벡터들을 보여주고 있다. 유동은 수평(축) 방향 속도 V_{in}으로 왼쪽에서 들어온다. 그림에 나타낸 것처럼 로터 블레이드 열은 일정한 속도 ωr로 이 좌표의 수직 위 방향으로 움직인다. 유동은 이 움직이는 블레이드에 의해 방향이 전환되고, 그림 12-37b의 벡터 $\vec{V}_{rt}$와 같이 상향으로 그리고 오른쪽으로 블레

(a)

(b)

그림 12-36
축류 팬. (a) 고정자 블레이드가 없는 벨트구동 관축류 팬과 (b) 선회류를 줄이고 효율을 개선하기 위한 고정자 블레이드를 갖는 직접구동 깃축류 팬.

(a) © Barry Blower, ASC LP. Used by permission.
(b) Photo courtesy of Howden Buffalo, Inc. Used by permission.

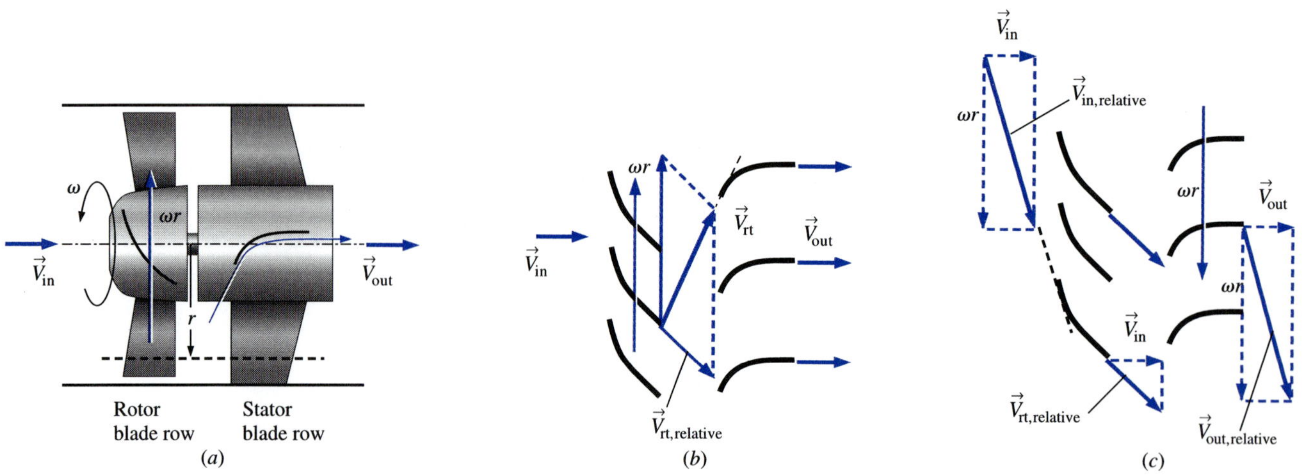

그림 12-37
2차원 블레이드열 근사를 이용한 반경 r에서의 깃축류 팬의 해석. (a) 전체 모습, (b) 절대좌표 및 (c) 회전하는 로터 블레이드(임펠러)에 대한 상대좌표.

이드의 후단을 떠난다(하첨자 표기는 로터 후단을 의미한다). $\vec{V}_{rt}$의 크기와 방향을 구하기 위하여 블레이드 열과 벡터를 **상대**좌표(회전하는 로터 블레이드의 좌표)로 그림 12-37c에 다시 나타내었다. 이 좌표는 모든 속도벡터에서 로터 블레이드 속도를 빼서(수직 하방을 가리키고 있는 크기가 ωr인 벡터를 더하여) 얻어진다. 그림 12-37c에서 보여주는 것처럼 로터 블레이드 선단에 상대적인 속도벡터는 $\vec{V}_{in,\ relative}$이며 $\vec{V}_{in}$과 크기가 ωr인 하향 벡터의 벡터 합으로 계산된다. 이 단면에서 $\vec{V}_{in,\ relative}$가 로터 블레이드 선단에 평행(접선방향)이 되도록 로터 블레이드의 피치를 조정한다.

유동은 로터 블레이드에 의해서 방향이 전환된다. 유동이 그림 12-37c의 $\vec{V}_{rt,\ relative}$와 같이 블레이드 후단에 평행하게(상대좌표로부터) 로터 블레이드를 떠난다고 가정하자. 또한 질량보존을 위해 $\vec{V}_{rt,\ relative}$의 수평(축) 성분은 반드시 $\vec{V}_{in}$과 같아야 한다는 것을 알고 있다. 여기서 비압축성유동과 그림 12-37의 지면에 수직인 유동면적이 일정하다고 가정한 것에 유의하자. 따라서 속도의 축방향 성분은 어디에서나 $\vec{V}_{in}$과 같아야만 한다. 이 정보는 벡터 $\vec{V}_{rt,\ relative}$의 크기를 결정하며, 이는 $\vec{V}_{in,\ relative}$의 크기와 같지 않다. 그림 12-37b의 절대좌표로 되돌아오면, 절대속도 $\vec{V}_{rt}$는 $\vec{V}_{rt,\ relative}$와 크기 ωr인 수직 상향 벡터의 벡터 합으로 계산된다.

마지막으로 고정자 블레이드는 $\vec{V}_{rt}$가 고정자 블레이드 선단에 평행하도록 설계된다. 이번에는 고정자 블레이드에 의해서 유동의 방향이 다시 한 번 전환된다. 고정자 블레이드의 후단은 수평이며 따라서 유동은 축 방향으로 떠난다(어떤 선회류도 없다). 만약 비압축성유동과 지면에 수직인 일정한 유동 단면을 가정하면 질량보존에 따라 최종 유출속도는 반드시 유입속도와 같아야 한다. 다시 말하면 $\vec{V}_{out} = \vec{V}_{in}$이다. 전체를 완성하기 위해, 그림 12-37c에 상대 좌표에서의 유출 속도를 나타내었다. 또한 $\vec{V}_{out,\ relative} = \vec{V}_{in,\ relative}$임을 알 수 있다.

이제 허브에서 끝단까지 **모든** 반경에 대하여 이와 같은 해석을 반복하는 것을 상상하자. 프로펠러에서와 마찬가지로, 반경에 따라 ωr값이 증가하므로 약간의 **뒤틀림**이 있는 블레이드를 설계할 것이다. 금속판 블레이드 대신에 에어포일을 사용하면 설계조건에서의 효율을 약간 개선할 수 있으며, 설계조건에서 벗어난 조건에서 이 개선 효과가 더 두드러진다.

예를 들어 만약 깃축류 팬에서 7개의 로터 블레이드가 있다고 하면, 몇 개의 고정자 블레이드가 있어야만 할까? 먼저 7개가 되면 고정자와 로터가 조화를 이룰 것이라고 말할지 모르지만, 이는 매우 나쁜 설계가 된다! 왜 그럴까? 그 이유는 로터의 한 블레이드가 한 개의 고정자 블레이드 앞을 지나가는 그 순간에 나머지 6개의 블레이드에서도 같은 일이 일어나기 때문이다. 모든 고정자 블레이드는 로터 블레이드 후류(wake)의 교란된 유동을 동시에 만나게 된다. 그 결과로 유동이 맥동하고 소음이 발생하며 전체 장치가 심하게 진동할 수 있다. 그 대신에 고정자 블레이드의 수를 로터 블레이드 수와 **공통분모를 갖지 않도록** 선택하는 것이 실제적으로 좋은 설계가 된다. 블레이드 수를 7과 8, 7과 9, 6과 7, 또는 9와 11처럼 조합하는 것이 좋은 선택이다. 8과 10(공통분모 2) 또는 9와 12(공통분모 3)와 같은 조합은 **좋지 않은** 선택이다.

앞서 설명한 것처럼 축류 팬은 높은 체적유량을 송출하지만 압력상승이 상당히 작다. 어떤 응용분야에서는 큰 유량**과** 높은 압력상승을 모두 요구한다. 이런

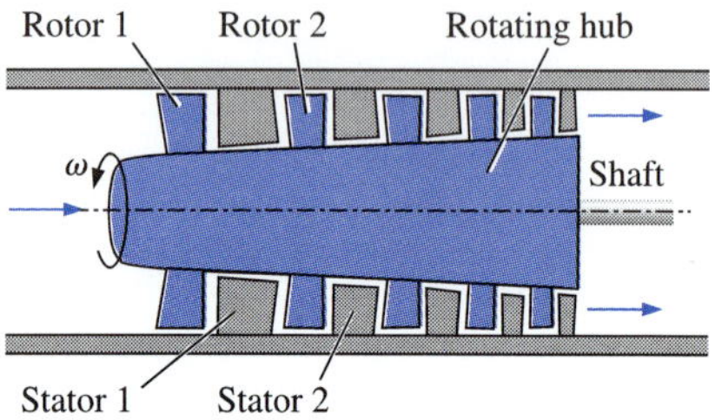

그림 12-38
둘 또는 그 이상의 로터-고정자 쌍으로 구성된 다단 축류 펌프.

경우에는 몇 개의 고정자-로터 쌍을 **직렬로** 결합시킬 수 있으며, 일반적으로 공통 축과 허브를 갖는다(그림 12-38). 이처럼 두 개 또는 그 이상의 로터-고정자 쌍이 결합된 경우 이를 **다단축류 펌프(multistage axial-flow pump)**라고 부른다. 그림 12-37과 유사한 블레이드 열 해석을 연속되는 각 단계에 적용한다. 그러나 압축성 효과로 인해, 그리고 허브에서 끝단으로 유동면적이 일정하게 유지되지 않을 수 있기 때문에 상세한 해석은 복잡해질 수 있다. 예로 **다단축류 압축기**에서는 하류에서 유동면적이 감소한다. 공기가 점점 압축될수록 연속되는 각 단의 블레이드는 점점 더 작아진다. **다단축류 터빈**에서는 일반적으로 연속되는 터빈 각 단에서의 압력손실 발생에 따라 하류에서 유동면적이 **증가한다**.

다단축류 압축기와 다단축류 터빈을 이용하는 터보기계의 예로 잘 알려진 것은 최신 상업용 항공기의 동력을 공급하는데 사용되는 **터보팬 엔진**이다. 그림 12-39는 터보팬 엔진의 단면 개략도를 보여준다. 일부 공기가 팬을 통과하고, 이는 프로펠러와 매우 흡사하게 추력을 발생한다. 나머지 공기는 저압압축기, 고압압축기, 연소실, 고압터빈 그리고 마지막으로 저압터빈을 통과한다. 그런 다음 공기와 연소생성물이 고속으로 배출되면서 더 큰 추력을 제공한다.

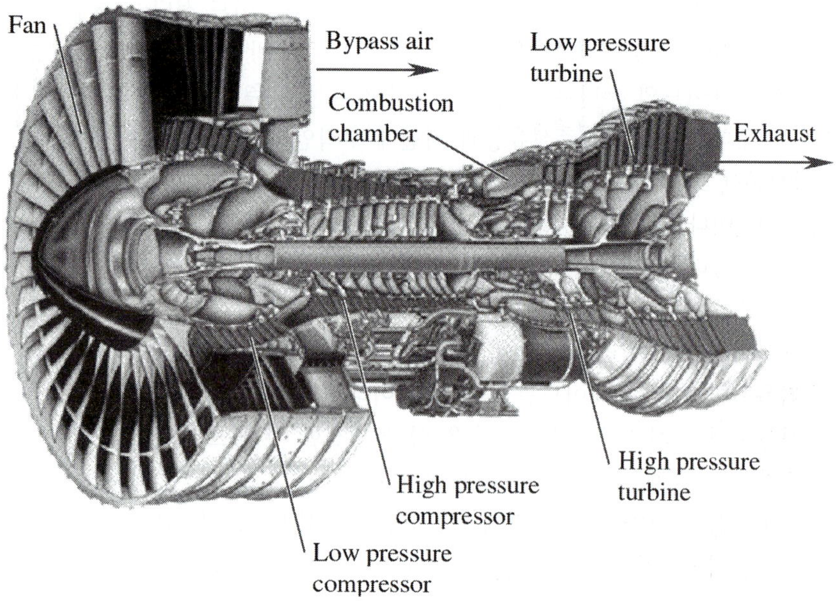

그림 12-39
Pratt & Whitney PW4000 터보팬 엔진으로 다단 축류 터보기계의 예.
Courtesy Pratt & Whitney. Used by permission.

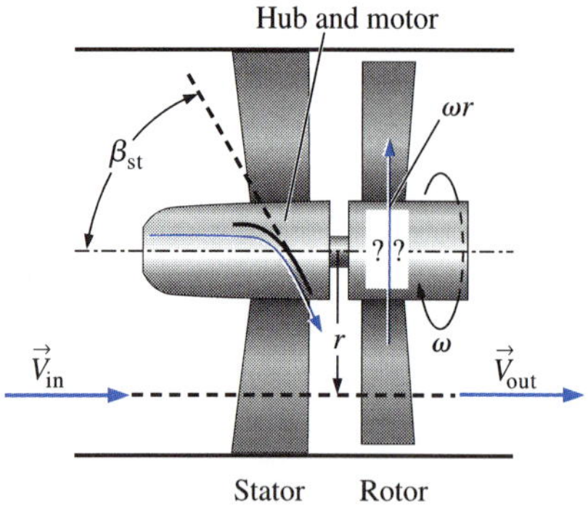

그림 12-40
예제 12-4의 깃축류 팬의 개략도. 고정자가 로터 앞에 있고 로터 블레이드의 형상은 모르고 있으며, 이를 설계하고자 한다.

예제 12-4 풍동용 깃축류 팬의 설계

풍동에 동력을 공급하기 위하여 깃축류 팬을 설계하고 있다. 팬의 하류에서는 유동에 어떤 선회류도 없어야 된다. 우연히 팬으로 날아 들어오는 물체에 의한 임펠러 손상을 방지하기 위하여 고정자 블레이드가 로터 블레이드의 **상류**에 있어야만 한다고 결정하였다(그림 12-40). 비용을 절감하기 위하여 고정자와 로터 블레이드는 모두 금속판으로 제작될 예정이다. 그림에서와 같이 고정자 블레이드 각각의 선단은 축 방향으로 정렬되고($\beta_{sl} = 0.0°$) 후단은 축으로부터 $\beta_{st} = 60.0°$ 각도를 갖는다(하첨자 "sl"은 고정자 선단, "st"는 고정자 후단을 의미한다). 고정자 블레이드의 수는 16개이다. 설계조건에서 블레이드를 통과하는 축류속도는 47.1 m/s이고 임펠러는 1750 rpm으로 회전한다. 반경 $r = 0.40$ m에서 로터 블레이드의 선단각과 후단각을 계산하고 블레이드의 형상을 그려라. 몇 개의 로터 블레이드가 있어야만 하는가?

풀이 주어진 유동조건과 주어진 반경에서의 고정자 블레이드 형상에 대해 로터 블레이드를 설계하고자 한다. 구체적으로 로터 블레이드의 선단각과 후단각을 계산하고 그 형상을 그린다. 또한 몇 개의 로터 블레이드로 구성해야 되는지 결정하고자 한다.

가정 1 공기는 비압축성에 가깝다. 2 허브와 끝단 사이의 유동 면적은 일정하다. 3 2차원 블레이드 열 해석이 타당하다.

해석 먼저 고정자 블레이드의 익렬(블레이드 열)에 대한 2차원 근사를 이용하여 절대좌표에서 고정자를 통과하는 유동을 해석한다(그림 12-41). 유동은 축 방향(수평)으로 들어오고 방향이 60.0° 하향으로 전환된다. 질량보존을 위해서 속도의 축 방향 성분은 반드시 일정하게 유지되어야 하므로 고정자의 후단을 떠나는 속도 $\vec{V}_{st}$의 크기는 다음처럼 계산된다.

$$V_{st} = \frac{V_{in}}{\cos\beta_{st}} = \frac{47.1\text{ m/s}}{\cos(60.0°)} = 94.2\text{ m/s} \quad (1)$$

$\vec{V}_{st}$의 방향은 고정자 후단 방향이라고 가정한다. 다시 말하면 그림 12-41에서 보이는 것처럼 유동이 블레이드 열을 통하여 부드럽게 방향을 전환하여 블레이드의 후단에 평행하게 나간다고 가정한다.

$\vec{V}_{st}$를 로터 블레이드를 따라 회전하는 **상대좌표**로 변환한다. 반경 0.40 m에서 로터 블레이드의 접선속도는

$$u_\theta = \omega r = (1750\text{ rot/min})\left(\frac{2\pi\text{ rad}}{\text{rot}}\right)\left(\frac{1\text{ min}}{60\text{ s}}\right)(0.40\text{ m}) = 73.30\text{ m/s} \quad (2)$$

그림 12-40에서 로터 블레이드 열이 상향으로 움직이므로, $\vec{V}_{st}$를 그림 12-42에 나타낸 회전하는 좌표로 전환하기 위하여 크기가 식 (2)로 주어진 **하향** 속도를 더한다. 로터의 선단각 β_{rl}은 삼각법을 이용하여 계산된다.

$$\beta_{rl} = \arctan\frac{\omega r + V_{in}\tan\beta_{st}}{V_{in}}$$

$$= \arctan\frac{(73.30\text{ m/s}) + (47.1\text{ m/s})\tan(60.0°)}{47.1\text{ m/s}} = 73.09° \quad (3)$$

이제 공기는 절대좌표에서 0° 각도로(축 방향으로 선회류 없음) 로터 블레이드의 후단을 떠나도록 로터 블레이드에서 방향전환을 하여야 한다. 이는 로터의 후단각 β_{rt}를 결정한다. 구체적으로, 크기가 ωr인 **상향속도**(식 2)를 로터의 후단에서 나오는 상대속도, $\vec{V}_{rt,\text{ relative}}$에 더할 경우 절대좌표로 다시 돌아가서 로터 후단을 떠나는 속도 $\vec{V}_{rt}$를 얻는다. 이 속도 $\vec{V}_{rt}$는 반드시 축 방향(수평)이어야만 한다. 더욱이 비압축성 유동을 가정하였으므로 질량보존을 위하여 $\vec{V}_{rt}$는 반드시 $\vec{V}_{in}$과 같아야 한다. 이 절차를 역순으로 진행하여 그림 12-43에 $\vec{V}_{rt,\text{ relative}}$를 그린다. 삼각법으로부터

$$\beta_{rt} = \arctan\frac{\omega r}{V_{in}} = \arctan\frac{73.30\text{ m/s}}{47.1\text{ m/s}} = 57.28° \quad (4)$$

이 반경에서 로터 블레이드는 약 73.1°의 선단각(식 3)과 약 57.3°의 후단각(식 4)을 갖는다고 결론짓는다. 이 반경에서 로터 블레이드의 그림이 그림 12-42에 나타나 있으며, 전체 곡률이 작고 선단에서 후단까지 16° 이내에서 변한다.

마지막으로, 고정자 블레이드의 후류와 로터 블레이드 선단의 상호작용을 피하기 위하여 로터 블레이드 수를 고정자 블레이드 수와 공통분모를 갖지 않도록 선택한다. 고정자

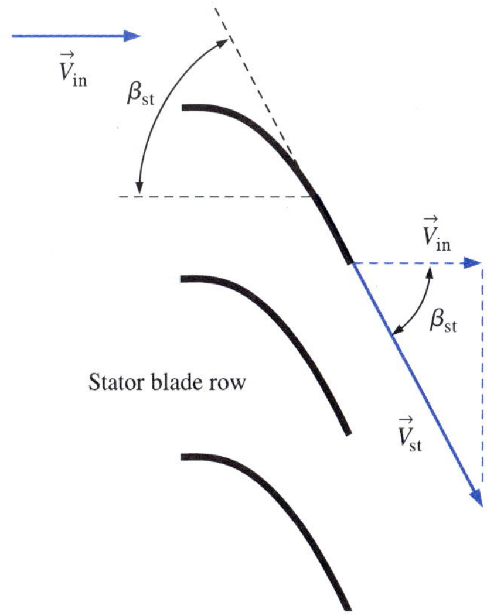

그림 12-41
예제 12-4의 깃축류 팬의 고정자 블레이드 열의 속도 벡터 해석, 절대 좌표.

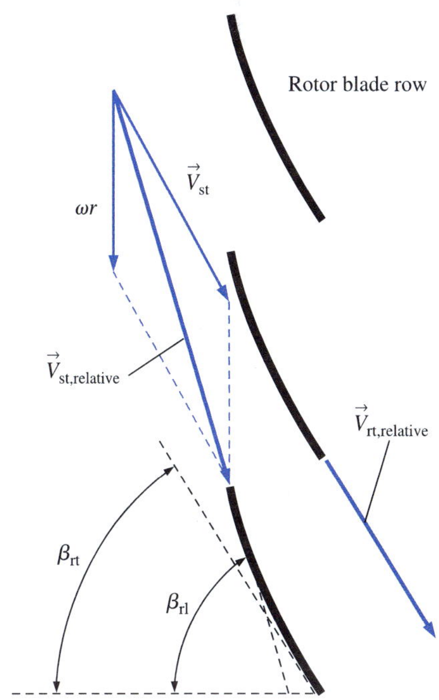

그림 12-42
예제 12-4의 로터 선단에 부딪히는 고정자 후단 속도의 해석, 상대 좌표.

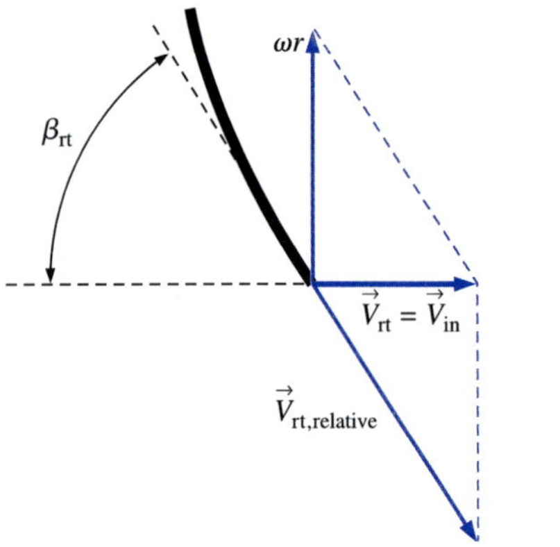

그림 12-43
예제 12-4의 로터 후단 속도의 해석, 절대 좌표.

블레이드 수가 16이므로 로터 블레이드는 13, 15 또는 17과 같은 수를 고른다. 블레이드 수 14의 선택은 16과 2라는 공통분모를 공유하므로 적절하지 않을 것이다. 블레이드 수 12의 선택은 공통분모로 2와 4를 둘 다 공유하므로 더 나쁠 것이다.

토의 로터 전체의 설계를 완성하기 위하여 이 계산을 허브에서 끝단까지 모든 반경에 대하여 반복할 수 있다. 앞서 설명한 것처럼 비틀림이 있을 것이다.

12-3 ▪ 펌프 축척 법칙

차원해석

터보기계는 **차원해석**(7장)의 능력과 유용성에 대한 매우 실제적인 예를 보여준다. **반복변수법**을 중력과 순수두의 곱(gH)과 체적유량($\dot{V}$), 일반적으로 임펠러 블레이드의 직경(D) 같은 어떤 특성 길이, 블레이드 표면 조도 높이(ε), 그리고 임펠러 회전속도(ω)와 같은 펌프의 상태량, 그리고 밀도(ρ)와 점성계수(μ) 같은 유체의 상태량 사이의 관계식에 적용한다. 이때 gH 그룹을 하나의 변수로 취급한다는 것에 유의하자. 그림 12-44는 무차원 Pi 그룹들을 보여주며, 그 결과는 무차원 매개변수를 포함하는 다음의 관계식이다.

$$\frac{gH}{\omega^2 D^2} = \left(\frac{\dot{V}}{\omega D^3}, \frac{\rho\omega D^2}{\mu}, \frac{\varepsilon}{D}\right) \text{의 함수} \tag{12-16}$$

같은 변수들의 함수로서 입력 제동마력에 대해 유사한 해석을 하면 다음을 얻는다.

$$\frac{\text{bhp}}{\rho\omega^3 D^5} = \left(\frac{\dot{V}}{\omega D^3}, \frac{\rho\omega D^2}{\mu}, \frac{\varepsilon}{D}\right) \text{의 함수} \tag{12-17}$$

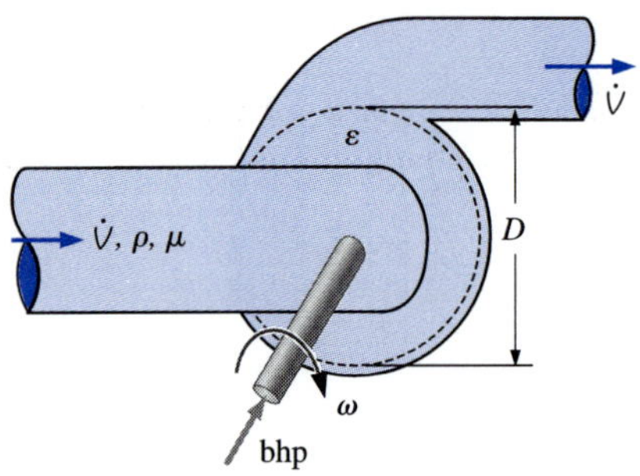

$gH = f(\dot{V}, D, \varepsilon, \omega, \rho, \mu)$

$k = n - j = 7 - 3 = 4$ Π's expected.

$\Pi_1 = \frac{gH}{\omega^2 D^2}$ $\quad \Pi_2 = \frac{\dot{V}}{\omega D^3}$

$\Pi_3 = \frac{\rho\omega D^2}{\mu}$ $\quad \Pi_4 = \frac{\varepsilon}{D}$

그림 12-44
펌프의 차원해석.

여기서 ωD가 특성속도이므로, 식 (12-16)과 (12-17)의 우변에 나타나는 두 번째 무차원 매개변수(또는 Π 그룹)는 명백히 **Reynolds 수**이다.

$$\text{Re} = \frac{\rho\omega D^2}{\mu}$$

우변의 세 번째 Π는 **무차원 조도 매개변수**이다. 이 두 식에서 세 가지의 새로운 무차원 그룹들에 대하여 다음의 기호와 이름이 주어진다.

무차원 펌프 매개변수들:

$$C_H = \text{수두계수} = \frac{gH}{\omega^2 D^2}$$

$$C_Q = \text{용량계수} = \frac{\dot{V}}{\omega D^3} \tag{12-18}$$

$$C_P = \text{동력계수} = \frac{\text{bhp}}{\rho\omega^3 D^5}$$

용량계수의 기호에서 하첨자 Q에 유의하자. 이는 많은 유체역학 및 터보기계 교과서의 용어에서 펌프를 통과하는 체적유량을 $\dot{V}$ 대신에 Q로 사용하는 것으로부터 왔다. 본 교재에서는 열전달과 혼동을 피하기 위하여 체적유량에 $\dot{V}$를 사용하였지만 터보기계 분야에서의 관습과 일관성을 위해서 C_Q 표기법을 사용한다.

블레이드 끝단과 펌프 하우징 사이의 간극 두께와 블레이드 두께 등과 같은 다른 변수들도 필요하다면 차원해석에 추가될 수 있다. 다행히 이 변수들은 일반적으로 그다지 중요하지 않으며 여기에서는 고려하지 않는다. 사실 간극 두께, 블레이드 두께 및 표면 조도가 기하학적으로 비례하지 않다면 두 펌프는 엄밀한 의미에서 **기하학적 상사**라고 할 수 없다고 반론할 수도 있다.

식 (12-16)과 (12-17)처럼 차원해석으로 유도된 관계식은 다음과 같이 해석될 수 있다. 만약 두 펌프 A와 B가 **기하학적 상사**이고(두 펌프의 크기가 다름에도 불구하고 펌프 A가 펌프 B에 기하학적으로 비례하고) **독립적인** Π들이 서로 같다면(이 경우 $C_{Q,\,\text{A}} = C_{Q,\,\text{B}}$, $\text{Re}_\text{A} = \text{Re}_\text{B}$, 그리고 $\varepsilon_\text{A}/D_\text{A} = \varepsilon_\text{B}/D_\text{B}$라면), **종속적인** Π들 또한 서로 같다는 것이 보장된다. 특히, 식 (12-16)으로부터 $C_{H,\,\text{A}} = C_{H,\,\text{B}}$와 식 (12-17)로부터 $C_{P,\,\text{A}} = C_{P,\,\text{B}}$이다. 만약 이 같은 조건이 성립되면, 두 펌프는 **동역학적으로 상사**하다고 한다(그림 12-45). 동역학적 상사가 얻어진 경우 펌프 A의 펌프 성능곡선 상의 운전점과 이에 대응하는 펌프 B의 펌프 성능곡선 상의 운전점은 **상응하다(homologous)**고 한다.

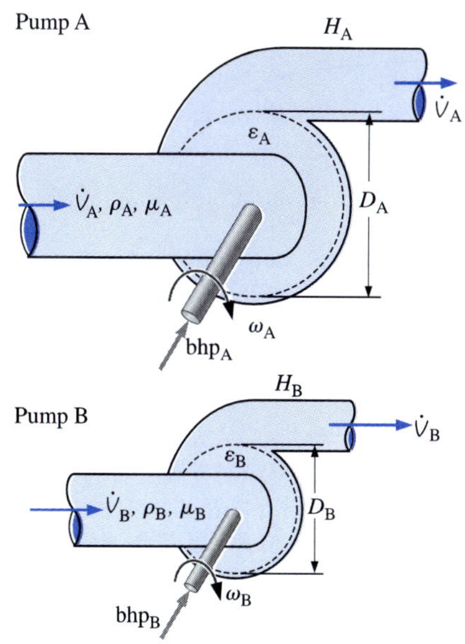

그림 12-45
차원해석은 두 개의 **기하학적으로 상사**한 펌프의 축척에 유용하다. 만약 펌프 A의 모든 무차원 펌프 매개변수가 펌프 B와 동일하다면 두 펌프는 **역학적으로 상사하다**.

3개의 독립 무차원 매개변수 모두가 같아야 한다는 요건은 어느 정도 완화될 수 있다. 만약 펌프 A와 펌프 B의 Reynolds 수가 둘 다 수천 이상이면, 펌프 내부는 난류유동 조건이 된다. 난류유동에서는 만약 Re_A 와 Re_B 값이 같지는 않지만 크게 다르지 않다면 두 펌프 사이의 동역학적 상사는 여전히 합리적인 근사가 된다. 이런 운이 좋은 조건은 **Reynolds 수 독립(Reynolds number independence)** 때문이다(7장). (만약 펌프가 **층류** 영역, 또는 작은 Re에서 운전되면 일반적으로 Reynolds 수는 반드시 척도 매개변수로 남아 있어야만 한다는 것에 유의하라.) 대부분의 실제 터보기계 공학 해석에서, 매우 작은 펌프에서 매우 큰 펌프로(또는 그 반대로) 축척하는 것처럼 조도의 차이가 큰 경우가 아니면, 조도 매개변수 차이의 효과도 역시 작다. 그러므로 많은 실제 문제에서 Re와 ε/D 효과를 모두 무시할 수 있다. 그러면 식 (12-16)과 (12-17)은 다음으로 간단해진다.

$$C_H \cong C_Q\text{의 함수} \qquad C_P \cong C_Q\text{의 함수} \tag{12-19}$$

항상 그런 것처럼, 차원해석으로 식 (12-19)의 함수관계식 **형태**를 예측할 수는 없다. 그러나 일단 특정 펌프에 대하여 이런 관계식들이 얻어지면, 서로 다른 직경을 가지고, 다른 회전속도와 유량으로 운전되며, 그리고 심지어는 다른 밀도와 점성의 유체를 가지고 운전되는 기하학적으로 상사한 펌프들에 대하여 이를 일반화 할 수 있다.

펌프효율에 대한 식 (12-5)를 식 (12-18)의 무차원 매개변수의 함수로 변환하면,

$$\eta_\text{pump} = \frac{\rho(\dot{V})(gH)}{\text{bhp}} = \frac{\rho(\omega D^3 C_Q)(\omega^2 D^2 C_H)}{\rho\omega^3 D^5 C_P} = \frac{C_Q C_H}{C_P} \cong C_Q\text{의 함수} \tag{12-20}$$

η_pump는 이미 무차원이므로 자체적으로 또 다른 무차원 펌프 매개변수가 된다. 식

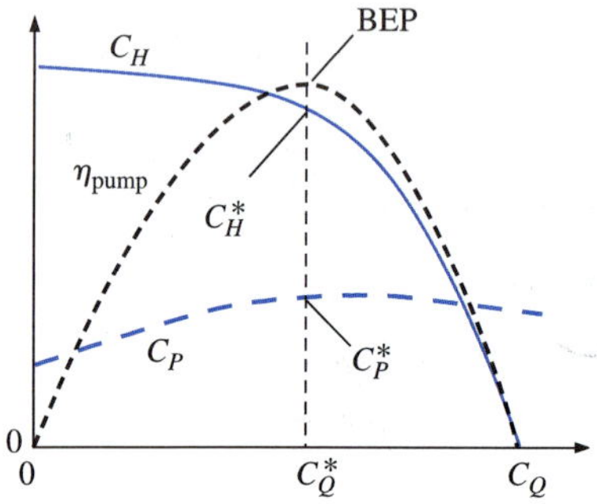

그림 12-46
무차원 펌프 매개변수로 도시할 경우, 기하학적으로 상사한 펌프군의 모든 펌프 성능곡선은 한 세트의 **무차원 펌프 성능곡선**으로 나타난다. 최고효율점의 값은 별표(*)로 나타내었다.

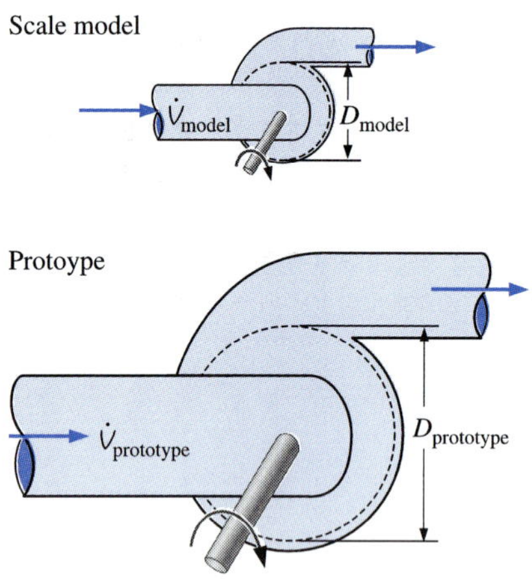

그림 12-47
실물크기 원형 펌프의 성능을 예측하기 위해서 소형 모형을 시험할 경우 모형에서 측정된 효율은 일반적으로 원형의 효율보다 약간 **낮다**. 식 (12-21)과 같은 실험적 보정식이 펌프 크기에 따른 펌프효율의 개선을 고려하기 위하여 개발되었다.

(12-20)은 η_{pump}가 세 개의 다른 Π들의 조합으로 얻을 수 있다는 것을 보여주므로 η_{pump}는 펌프의 축척에 **필요하지는 않다**. 그러나 η_{pump}는 틀림없이 **유용한** 매개변수다. C_H, C_P 및 η_{pump}는 단지 C_Q만의 함수로 근사되므로 종종 이 세 매개변수를 같은 선도에 C_Q의 함수로 나타내어 **무차원 펌프 성능곡선** 세트를 만든다. 그림 12-46에 전형적인 원심 펌프의 예가 주어져 있다. 물론 다른 형태의 펌프에서는 곡선 형상이 다르게 될 것이다.

실물크기의 원형(prototype)이 모형보다 매우 클 경우(그림 12-47)에는 식 (12-19)와 (12-20)의 단순화된 상사 법칙은 맞지 않으며, 일반적으로 원형의 성능이 **더 좋다**. 여기에는 몇 가지 이유가 있다. 원형 펌프는 종종 실험실에서는 얻을 수 없는 높은 Reynolds 수에서 운전된다. Moody 선도로부터 Re에 따라 경계층 두께가 줄어들고 마찰효과가 줄어든다는 것을 알고 있다. 즉 펌프 크기의 증가에 따라, 경계층이 임펠러를 통과하는 유동경로의 더 적은 부분만을 점유하기 때문에 점성경계층의 영향이 덜 중요해진다. 또한 모형 표면이 미세연마 되지 않는 한, 원형 임펠러 블레이드 표면의 상대조도(ε/D)가 모형 펌프 블레이드 표면에서의 값보다 매우 작을 수 있다. 마지막으로, 커다란 실물크기의 펌프는 블레이드 직경에 비하여 작은 끝단 간격을 가지므로 끝단 손실과 누설이 덜 중요하다. 여러 실험식들이 소형 모형과 실물크기 원형 사이의 효율 증가를 고려하기 위하여 개발되었다. 터빈에 대한 이와 같은 실험식의 하나가 Moody(1926)에 의해서 제안되었지만, 이를 펌프에 대해서도 1차 보정(first-order correction)으로 사용할 수 있다.

펌프에 대한 Moody 효율 보정식:

$$\eta_{\text{pump, prototype}} \cong 1 - (1 - \eta_{\text{pump, model}})\left(\frac{D_{\text{model}}}{D_{\text{prototype}}}\right)^{1/5} \qquad (12\text{-}21)$$

펌프 비속도

펌프 비속도(pump specific speed, N_{Sp})라고 부르는 또 다른 유용한 무차원 매개변수는 C_Q와 C_H의 조합으로 만들어진다.

펌프 비속도:

$$N_{Sp} = \frac{C_Q^{1/2}}{C_H^{3/4}} = \frac{(\dot{V}/\omega D^3)^{1/2}}{(gH/\omega^2 D^2)^{3/4}} = \frac{\omega \dot{V}^{1/2}}{(gH)^{3/4}} \qquad (12\text{-}22)$$

만약 모든 엔지니어들이 단위에 주의한다면 N_{Sp}는 항상 무차원 매개변수로 남아있게 될 것이다. 불행하게도 현장 엔지니어들은 식 (12-22)에 일관성 없는 단위들을 사용하는 것이 습관이 되어(그림 12-48), 전혀 문제가 없는 무차원 매개변수 N_{Sp}를 불편한 차원을 갖는 값으로 전환한다. 어떤 엔지니어는 회전속도에 대하여 분당 회전수(rpm) 단위를 선호하는 반면에 다른 엔지니어들은 초당 회전수(Hz)를 사용하기 때문에 혼란이 가중된다. 유럽에서는 후자(Hz)가 더 일반적으로 사용된다. 또한, 미국의 현장 엔지니어들은 일반적으로 N_{Sp}의 정의에서 중력상수를 무시한다. 본 교재에서는 차원이 있는 펌프 비속도 형태를 무차원 형태로부터 구분하기 위하여 N_{Sp}에 하첨자 "Eur" 또는 "US"를 추가한다. 미국에서는 관습적으로 H는 ft 단위로(다루고 있는 유체에 해당하는 액주 높이로 표현되는 순수두), $\dot{V}$는 분당 갤런(gpm) 그리고 회전율은 ω(rad/s) 대신에 $\dot{n}$ (rpm)으로 나타낸다. 식 (12-22)

를 사용하여 다음을 정의한다.

펌프 비속도, 관습적 미국 단위: $$N_{\text{Sp, US}} = \frac{(\dot{n}, \text{rpm})(\dot{V}, \text{gpm})^{1/2}}{(H, \text{ft})^{3/4}} \tag{12-23}$$

유럽에서는 관습적으로 H는 m 단위로(식에 $g = 9.81 \text{ m/s}^2$를 포함하기 위해서), $\dot{V}$는 m^3/s 그리고 회전율 $\dot{n}$은 ω(rad/s) 또는 $\dot{n}$(rpm) 대신에 초당 회전수(Hz)로 나타낸다. 식 (12-22)를 이용하면 다음이 정의된다.

펌프 비속도, 관습적 유럽 단위: $$N_{\text{Sp, Eur}} = \frac{(\dot{n}, \text{Hz})(\dot{V}, \text{m}^3/\text{s})^{1/2}}{(gH, \text{m}^2/\text{s}^2)^{3/4}} \tag{12-24}$$

독자의 편리를 위해서, 이 세 가지 형태의 펌프 비속도 사이의 변환을 그림 12-49에 환산비로서 나타내었다. 현장 엔지니어가 되었을 때, 비록 항상 명백하지는 않을 수 있지만, 어떤 펌프 비속도가 사용되고 있는지를 인식하는데 많은 신경을 쓸 필요가 있을 것이다.

기술적으로, 펌프 비속도는 어떤 운전조건에도 적용할 수 있으며 단지 또 다른 C_Q의 함수가 될 것이다. 그러나 이것이 펌프 비속도의 일반적인 사용법은 아니다. 그 대신에 **단지 하나의 운전점**, 즉 펌프의 최고효율점(BEP)에서 펌프의 비속도를 정의하는 것이 보통이다. 그 결과 펌프의 특성이 하나의 숫자로 나타난다.

펌프 비속도는 펌프의 최적조건(최고효율점)에서 펌프의 운전특성을 나타내기 위하여 사용되며, 이 값은 펌프의 예비 선정 및 설계에 유용하다.

그림 12-50에 나타낸 것처럼, 원심 펌프는 N_{Sp} 값 1 부근에서 최적의 성능을 보이는 반면에 혼류와 축류 펌프는 각각 N_{Sp} 값 2와 5 부근에서 최고 성능을 나타낸다. 만약 N_{Sp} 값이 약 1.5보다 작다면 원심 펌프가 가장 좋은 선택이라는 것을 알 수 있다. 만약 N_{Sp} 값이 1.5와 3.5 사이라면 혼류 펌프가 더 좋은 선택이다. N_{Sp} 값이 약 3.5 이상일 때에는 반드시 축류 펌프가 사용되어야 한다. 이 범위들이 그

그림 12-48
펌프 비속도가 무차원 매개변수임에도 불구하고 일관성이 없는 단위들을 사용하여 차원이 있는 양으로 나타내는 일이 실제로 흔히 발생한다.

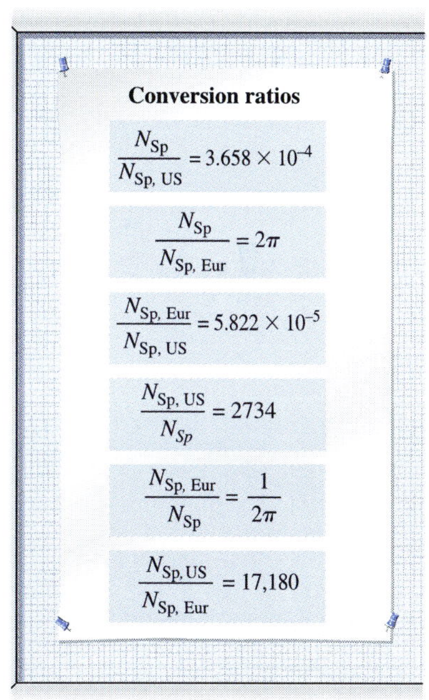

그림 12-49
무차원, 관습적인 미국식 및 관습적인 유럽식으로 정의된 펌프 비속도의 변환. 수치 값들을 유효숫자 4자리로 나타내었다. $N_{\text{Sp, US}}$으로의 변환에는 표준 중력가속도를 가정한다.

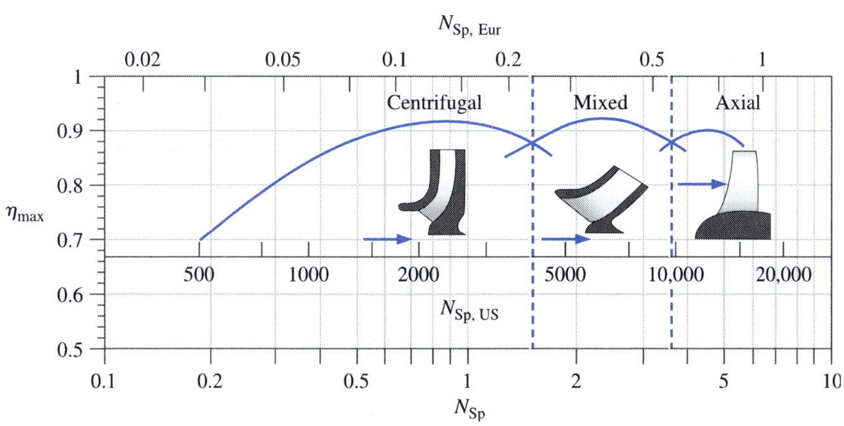

그림 12-50
세 가지의 주요한 동역학적 펌프에 대하여 펌프 비속도의 함수로 나타낸 최고 효율. 수평 눈금은 무차원 펌프 비속도(N_{Sp}), 미국 관습 단위의 펌프 비속도($N_{\text{Sp, US}}$) 및 유럽 관습 단위의 펌프 비속도($N_{\text{Sp, Eur}}$)를 나타낸다.

림 12-50에 N_{Sp}, $N_{Sp,\,US}$ 및 $N_{Sp,\,Eur}$의 값으로 표시되었다. 이 도표에는 참고로 블레이드 형태의 그림들도 같이 나타내었다.

예제 12-5 펌프의 예비설계를 위한 펌프 비속도의 이용

상온에서 320 gpm의 휘발유를 이송하기 위한 펌프를 설계하고 있다. 요구되는 순수두는 23.5 ft(휘발유 기준)이다. 이미 펌프 축은 1170 rpm으로 회전하기로 정해져 있다. 펌프 비속도를 무차원 형태와 관습적 미국 단위형태의 두 가지로 계산하라. 결과를 바탕으로 어떤 종류의 동역학적 펌프가 이 경우에 가장 적합한지를 결정하라.

풀이 펌프 비속도를 계산하고, 이 특정한 경우에 대하여 원심 펌프, 혼류 펌프 또는 축류 펌프 중 어느 것이 최선의 선택이 될 것인지 알아보고자 한다.

가정 **1** 펌프는 최고 효율점 부근에서 운전된다. **2** 펌프 비속도 대 최대효율 곡선은 그림 12-50을 비교적 잘 따른다.

해석 먼저 펌프 비속도를 관습적 미국 단위로 계산하면,

$$N_{Sp,\,US} = \frac{(1170\text{ rpm})(320\text{ gpm})^{1/2}}{(23.5\text{ ft})^{3/4}} = \mathbf{1960} \tag{1}$$

그림 12-49에 주어진 환산계수를 사용하여 정규화된 펌프 비속도로 전환하면,

$$N_{Sp} = N_{Sp,\,US}\left(\frac{N_{Sp}}{N_{Sp,\,US}}\right) = 1960(3.658 \times 10^{-4}) = \mathbf{0.717} \tag{2}$$

식 (1) 또는 (2)를 사용하면 그림 12-50은 **원심 펌프가 가장 적절한 선택**이라는 것을 보여준다.

토의 이 계산에서 유체의 상태량을 전혀 사용하지 않았다는 것에 유의하라. 물과 같은 어떤 다른 액체가 아니라 휘발유를 이송하고 있다는 사실은 상관이 없다. 그러나 펌프의 구동에 요구되는 제동마력은 유체의 밀도에 따라 달라진다.

친화 법칙

기하학적 상사와 동역학적 상사 모두를 만족하는 임의의 두 펌프를 연관시키는 유용한 무차원 그룹을 유도하였다. 상사 관계식은 **비율(ratio)**로 요약하는 것이 편리하다. 이 관계식을 어떤 저자들은 **상사 법칙(similarity rules)**이라고 부르지만, 다른 저자들은 이를 **친화 법칙(affinity laws)**이라고 부른다. 임의의 두 상응하는 상태 A와 B에 대해

친화 법칙:

$$\frac{\dot{V}_B}{\dot{V}_A} = \frac{\omega_B}{\omega_A}\left(\frac{D_B}{D_A}\right)^3 \tag{12-25a}$$

$$\frac{H_B}{H_A} = \left(\frac{\omega_B}{\omega_A}\right)^2\left(\frac{D_B}{D_A}\right)^2 \tag{12-25b}$$

$$\frac{\text{bhp}_B}{\text{bhp}_A} = \frac{\rho_B}{\rho_A}\left(\frac{\omega_B}{\omega_A}\right)^3\left(\frac{D_B}{D_A}\right)^5 \tag{12-25c}$$

식 (12-25)는 펌프와 터빈 모두에 적용된다. 상태 A와 B는 기하학적으로 상사한 **임의의** 두 대의 터보기계 사이에서 **임의의** 두개의 상응하는 상태가 될 수 있으며, 또는 심지어 **동일한** 기계에서 2개의 서로 상응하는 상태일 수도 있다. 이런 예에는 동일한 펌프에서 회전속도를 변화시키거나 또는 다른 유체를 이송하는 것 등이 포함된다. 주어진 펌프에서 ω가 변하지만 동일한 유체를 다루는 간단한 경우는 $D_A = D_B$이고 $\rho_A = \rho_B$이다. 이런 경우에 식 (12-25)은 그림 12-51에서 보여주는 것과 같은 간단한 형태가 된다. 그림에 나타낸 것처럼 ω의 지수를 암기하는 것을 돕기 위한 기억법이 개발되었다. 또한 두 회전속도(ω)의 비가 존재하는 곳 어디에서나, 분모와 분자가 모두 동일하게 환산되기 때문에, 회전속도(ω) 대신에 이에 해당하는 적절한 rpm($\dot{n}$) 값으로 대체할 수 있다.

펌프 친화 법칙은 **설계도구**로 무척 유용하다. 특히, 기존의 펌프가 성능곡선이 알려져 있으며 적당한 효율과 신뢰성을 갖고 운전된다고 가정하자. 펌프 생산업체가 훨씬 무거운 유체를 다루거나 또는 현저하게 더 큰 순수두를 전달하는 등 다른 응용분야에 사용하기 위해 더 큰 펌프를 새로 설계하기로 결정하였다. 처음부터 새롭게 시작하는 대신에 **엔지니어는 종종 기존의 설계를 단순히 비례 확대한다**. 펌프 친화 법칙은 최소의 노력으로 이 같은 축척 작업(scaling)을 수행할 수 있도록 한다.

V: Volume flow rate $\quad \dfrac{\dot{V}_B}{\dot{V}_A} = \left(\dfrac{\omega_B}{\omega_A}\right)^1 = \left(\dfrac{\dot{n}_B}{\dot{n}_A}\right)^1$

H: Head $\quad \dfrac{H_B}{H_A} = \left(\dfrac{\omega_B}{\omega_A}\right)^2 = \left(\dfrac{\dot{n}_B}{\dot{n}_A}\right)^2$

P: Power $\quad \dfrac{\text{bhp}_B}{\text{bhp}_A} = \left(\dfrac{\omega_B}{\omega_A}\right)^3 = \left(\dfrac{\dot{n}_B}{\dot{n}_A}\right)^3$

그림 12-51
친화 법칙을 단지 축 회전속도 ω 또는 축 rpm, $\dot{n}$만 변하는 1개의 펌프에 적용할 경우, 식 (12-25)는 위에 나타낸 것처럼 간단해지며, 이때 다음의 기억법이 ω(또는 $\dot{n}$)의 지수를 암기하는 것을 돕기 위해서 사용될 수 있다.
Very Hard Problems은 1, 2, 3처럼 쉽다.

예제 12-6 기하학적으로 상사한 새 펌프의 설계

졸업 후 펌프 생산회사에 취직하였다. 이 회사에서 가장 잘 팔리는 제품의 하나가 물 펌프이며, 이를 펌프 A라고 하자. 이 펌프의 임펠러 직경은 $D_A = 6.0$ cm이며, $\dot{n}_A = 1725$ rpm ($\omega_A = 180.6$ rad/s)으로 운전하는 경우의 성능 데이터는 표 12-2와 같다. 영업기획부에서 신제품, 즉 상온에서 액체냉매 R-134a에 사용될 더 큰 펌프(펌프 B라고 하자)를 설계할 것을 제안하고 있다. 이 펌프를 최고효율점(BEP)이 체적유량 $\dot{V}_B = 2400$ cm^3/s와 순수두 $H_B = 450$ cm(R-134a 기준)에 가장 근접하도록 설계하려고 한다. 수석 엔지니어(상사)가, 기하학적으로 비례 확대된 펌프로 주어진 요구를 만족하는 설계가 가능한지 결정하기 위하여, 펌프 축척 법칙을 사용하여 예비 해석을 하라고 지시하였다. (a) 펌프 A의 성능곡선을 차원 형태와 무차원 형태 두 가지 모두 도시하고 최고효율점을 나타내어라. (b) 신제품에서 요구되는 펌프직경 D_B, 회전속도 $\dot{n}_B$ 및 제동마력 bhp$_B$를 계산하라.

풀이 (a) 주어진 물 펌프의 펌프 성능 데이터 표에 대해, 차원 형태와 무차원 형태 두 가지 모두의 성능곡선을 도시하고 BEP를 찾으려고 한다. (b) 주어진 설계조건의 BEP에서 운전되는 기하학적 상사인 냉매 R-134a용 새로운 펌프를 설계하고자 한다.

가정 **1** 기존 펌프와 기하학적 상사인 새 펌프가 제작 가능하다. **2** 모든 액체(물과 냉매 R-134a)는 비압축성이다. **3** 두 펌프는 모두 정상상태로 운전된다.

상태량 상온(20°C)에서 물의 밀도는 $\rho_{water} = 998.0$ kg/m^{3}이고 냉매 R-134a의 밀도는 $\rho_{R\text{-}134a} = 1226$ kg/m^{3}이다.

해석 (a) 먼저 부드러운 펌프 성능곡선을 얻기 위하여 표 12-2의 데이터에 2차의 최소자승다항식 곡선접합을 수행한다. 이를 식 (12-5)로부터 얻어진 제동마력 곡선과 함께 그림 12-52에 나타내었다. 식 (1)은 $\dot{V}_A = 500$ cm^3/s의 데이터에 대해 단위환산을 포함한 계산의 예를 보여주며, 이는 근사적으로 최고효율점이다.

표 12-2
1725 rpm과 상온에서 운전되는 물 펌프의 생산업체 성능 데이터(예제 12-6)*

$\dot{V}$, cm^3/s	H, cm	η_{pump}, %
100	180	32
200	185	54
300	175	70
400	170	79
500	150	81
600	95	66
700	54	38

* 순수두는 cm 단위의 물.

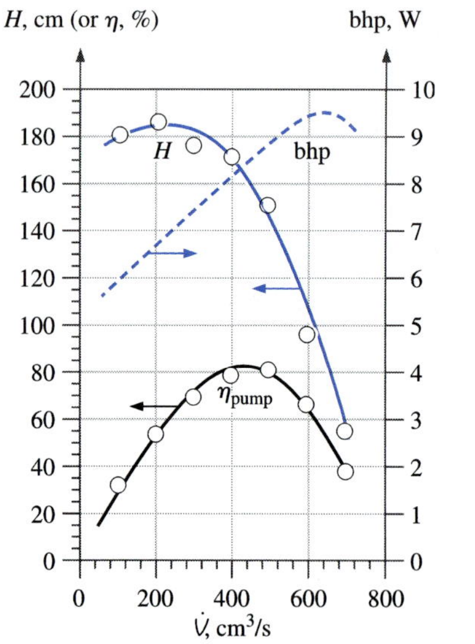

그림 12-52
예제 12-6의 물 펌프에 대한 데이터 점과 곡선접합한 차원이 있는 펌프 성능곡선.

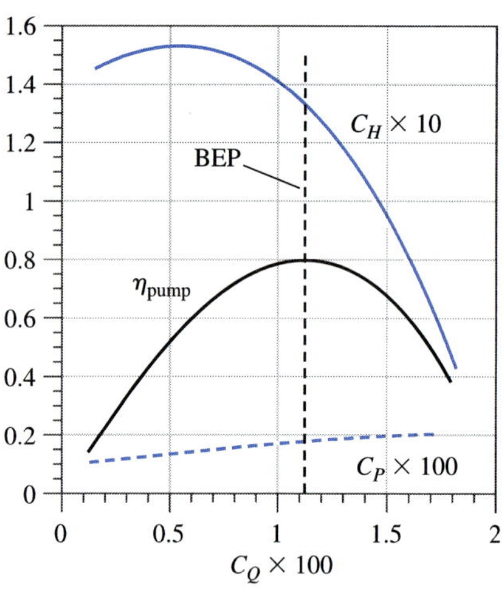

그림 12-53
예제 12-6의 물 펌프에 대한 곡선접합한 무차원 펌프 성능곡선. BEP는 η_{pump}가 최고인 운전점으로 추정한다.

$$\text{bhp}_A = \frac{\rho_{water} g \dot{V}_A H_A}{\eta_{pump,A}}$$
$$= \frac{(998.0\ \text{kg/m}^3)(9.81\ \text{m/s}^2)(500\ \text{cm}^3/\text{s})(150\ \text{cm})}{0.81}\left(\frac{1\ \text{m}}{100\ \text{cm}}\right)^4\left(\frac{\text{W}\cdot\text{s}}{\text{kg}\cdot\text{m/s}^2}\right)$$
$$= 9.07\ \text{W} \quad (1)$$

최소자승 곡선접합은 원래 표로 된 데이터의 산포를 제거하기 때문에, 그림 12-52의 $\dot{V}_A = 500\ \text{cm}^3/\text{s}$에서의 실제 bhp_A 값은 식 (1)의 값과 약간 다르다는 것에 유의하자.

다음으로 식 (12-18)을 이용하여 차원이 있는 표 12-2의 데이터를 무차원 펌프 상사 매개변수로 변환한다. 앞에서와 동일한 운전점(근사적으로 BEP 위치)에서 계산된 예를 식 (2)에서 식 (4)까지에 나타내었다. $\dot{V}_A = 500\ \text{cm}^3/\text{s}$에서의 용량계수는 근사적으로

$$C_Q = \frac{\dot{V}}{\omega D^3} = \frac{500\ \text{cm}^3/\text{s}}{(180.6\ \text{rad/s})(6.0\ \text{cm})^3} = 0.0128 \quad (2)$$

이 유량에서 수두계수는 근사적으로

$$C_H = \frac{gH}{\omega^2 D^2} = \frac{(9.81\ \text{m/s}^2)(1.50\ \text{m})}{(180.6\ \text{rad/s})^2(0.060\ \text{m})^2} = 0.125 \quad (3)$$

마지막으로, $\dot{V}_A = 500\ \text{cm}^3/\text{s}$에서의 동력계수는 근사적으로 다음과 같다.

$$C_P = \frac{\text{bhp}}{\rho\omega^3 D^5} = \frac{9.07\ \text{W}}{(998\ \text{kg/m}^3)(180.6\ \text{rad/s})^3(0.060\ \text{m})^5}\left(\frac{\text{kg}\cdot\text{m/s}^2}{\text{W}\cdot\text{s}}\right) = 0.00198 \quad (4)$$

이와 같은 계산을(스프레드시트에서) $\dot{V}_A$값 100에서 700 cm³/s까지 반복한다. 곡선접합한 데이터가 사용되며 따라서 정규화된 펌프 성능곡선은 부드러우며, 이를 그림 12-53에 나타내었다. η_{pump}가 백분율이 아니고 소수로 표현된 것에 유의하라. 또한 세 곡선 모두를 횡좌표(x축)의 중심이 1이고 동일한 종좌표(y축)를 갖는 하나의 선도로 나타내기 위하여 C_Q, C_H 및 C_P에 각각 100, 10 및 100을 곱하였다. 이런 축척계수들이 매우 작은 펌프에서부터 매우 큰 펌프까지 넓은 범위에서 잘 맞는다는 것을 알게 될 것이다. 또한 곡선접합한 데이터로부터 그림 12-53에 BEP를 수직선으로 표시하였다. 곡선접합한 데이터는 BEP에서 다음의 무차원 펌프성능 매개변수들을 산출한다.

$$C_Q^* = 0.0112 \qquad C_H^* = 0.133 \qquad C_P^* = 0.00184 \qquad \eta_{pump}^* = 0.812 \quad (5)$$

(b) 최고효율점이 본래 펌프의 BEP에 상응하지만, 유체가 다르고 직경과 회전속도가 다른 새 펌프가 설계되었다. 식 (5)에서 얻은 값들을 이용하여, 새 펌프의 운전조건을 얻기 위해 식 (12-18)을 사용한다. 즉, $\dot{V}_B$와 H_B 모두가 알려져 있으므로(설계조건) D_B와 ω_B를 동시에 구한다. 약간의 계산과정으로 ω_B를 제거한 후 펌프 B의 설계직경을 계산한다.

$$D_B = \left(\frac{\dot{V}_B^2 C_H^*}{(C_Q^*)^2 g H_B}\right)^{1/4} = \left(\frac{(0.0024\ \text{m}^3/\text{s})^2(0.133)}{(0.0112)^2(9.81\ \text{m/s}^2)(4.50\ \text{m})}\right)^{1/4} = \mathbf{0.108\ m} \quad (6)$$

다시 말하면 펌프 A는 $D_B/D_A = 10.8\ \text{cm}/6.0\ \text{cm} = 1.80$배로 비례 확대되어야 한다. D_B 값을 알고 있으므로, 식 (12-18)으로 되돌아가서 펌프 B의 설계 회전속도 ω_B를 구한다.

$$\omega_B = \frac{\dot{V}_B}{(C_Q^*)D_B^3} = \frac{0.0024\ \text{m}^3/\text{s}}{(0.0112)(0.108\ \text{m})^3} = 168\ \text{rad/s} \quad \rightarrow \quad \dot{n}_B = \mathbf{1610\ rpm} \quad (7)$$

마지막으로, 펌프 B에 요구되는 제동마력은 식 (12-18)로 계산된다.

$$\text{bhp}_B = (C_P^*)\rho_B\omega_B^3 D_B^5$$
$$= (0.00184)(1226\text{ kg/m}^3)(168\text{ rad/s})^3(0.108\text{ m})^5\left(\frac{\text{W}\cdot\text{s}}{\text{kg}\cdot\text{m}^2/\text{s}}\right) = \mathbf{160\ W} \quad (8)$$

다른 방법으로 친화 법칙을 직접 사용하여 중간단계를 생략할 수 있다. ω_B/ω_A 비를 제거하여 식 (12-25 a)와 식 (12-25 b)를 D_B에 대하여 푼다. 그리고는 알고 있는 값 D_A와 BEP에서 곡선접합한 $\dot{V}_A$ 및 H_A 값을 대입한다(그림 12-54). 결과는 앞에서 계산한 것과 일치한다. 비슷한 방법으로 ω_B와 bhp_B를 구할 수 있다.

토의 비록 원하는 ω_B값이 정확하게 계산되었지만, 실제로 마주치는 문제는 원하는 정확한 rpm으로 회전하는 전기모터를 찾기가 (불가능하지는 않겠지만) 어렵다는 것이다. 표준 단상 60-Hz, 120-V AC 전기모터는 일반적으로 1725 또는 3450 rpm으로 운전된다. 따라서 직접구동 펌프로는 rpm 요구를 맞추지 못할 수 있다. 물론 만약 펌프가 벨트구동이거나 기어박스 또는 주파수 제어장치가 있다면 요구되는 회전율을 얻도록 배치 형태를 쉽게 조정할 수 있다. 또 다른 선택은 ω_B가 단지 ω_A 보다 약간 작으므로 새 펌프를 표준 모터속도(1725 rpm)로 구동하여 필요보다 약간 더 강한 펌프를 제공하는 것이다. 이 선택의 단점은 새 펌프가 정확히 BEP가 아닌 점에서 운전되는 것이다.

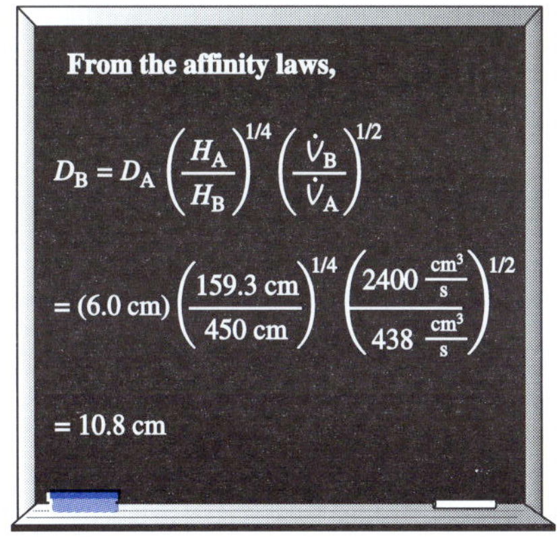

그림 12-54
새로운 펌프 직경 D_B에 대한 표현을 얻기 위하여 친화 법칙을 활용할 수 있다. ω_B와 bhp_B도 비슷한 방법으로 구할 수 있다(여기에는 나타내지 않았다).

12-4 ■ 터빈

터빈은 지난 수 세기동안 무상으로 사용가능한 강과 바람의 기계적 에너지를, 주로 축 회전으로 나타나는 유용한 기계일로 변환하기 위하여 사용되어 왔다. 펌프의 회전부를 임펠러라고 부르는 것에 반하여 수력터빈의 회전부는 **러너(runner)**라고 부른다. 작동유체가 물인 경우 터보기계는 **수력터빈(hydraulic turbine** 또는 **hydroturbine)**이라 불린다. 작동유체가 공기이고 바람으로부터 에너지를 추출하면 이에 알맞게 이 장치를 **풍력터빈(wind turbine)**이라고 부른다. **풍차(windmill)**라는 말은 기술적으로 옛날처럼 기계적 에너지 출력이 단지 제분에 사용될 때에 사용되어야 한다(그림 12-55). 그러나 대다수의 사람들은 **풍차**라는 단어를 제분, 물의 이송 또는 전력생산에 사용되는 모든 풍력터빈에 사용한다. 석탄화력 또는 원자력 발전소에서의 작동유체는 대부분 수증기이며, 따라서 수증기로부터의 에너지를 축 회전의 기계적 에너지로 변환하는 터보기계를 **증기터빈(steam turbine)**이라 부른다. 압축성 기체를 작동유체로 채택하는 터빈에 대한 보다 포괄적인 이름은 **가스터빈(gas turbine)**이다(최신 상업용 제트엔진은 가스터빈의 한 형태이다).

일반적으로, 에너지를 생산하는 터빈은 에너지를 흡수하는 펌프보다 다소 높은 총 효율을 갖는다. 예로 대형 수력터빈에서는 95% 이상의 총효율을 얻을 수 있는 반면에 대형 펌프의 최대효율은 90%를 조금 상회한다. 이에는 몇 가지 이유가 있다. 첫 번째로, 펌프는 일반적으로 터빈보다 더 높은 회전속도로 운전되며, 따라서 전단응력과 마찰손실이 더 크다. 두 번째로, 운동에너지의 유동에너지로의 변환(펌프)은 명백히 역 과정(터빈)보다 더 손실이 많다. 이는 다음과 같이 생각할 수 있다. 압력은 펌프를 지나면서 **증가**하지만(역 압력구배) 터빈을 통과하면서는 **감소**하므로(순 압력구배) 펌프에서보다 터빈에서 경계층박리가 잘 나타나지 않는

그림 12-55
Brewster, MA의 복원된 풍차, 이는 1800년대에 제분용으로 사용되었다(기능을 발휘하려면 블레이드가 덧씌워져야 한다는 것에 유의하라). 전력을 생산하는 현대적인 "풍차"는 좀 더 적절하게 **풍력 터빈**이라고 부른다.
Courtesy Brewster Historical Society Museum, Brewster, MA. Used by permission.

경향이 있다. 세 번째로 터빈(특히 수력터빈)은 대부분 펌프보다 훨씬 크며 크기가 증가하면 점성손실이 덜 중요하게 된다. 마지막으로, 펌프는 대개 넓은 유량범위에서 운전되는 반면에 대부분의 발전용 터빈은 제한된 좁은 운전범위에서 작동하고 일정한 속도로 제어된다. 그러므로 이들은 그 조건에서 매우 효율적으로 운전되도록 설계될 수 있다. 미국에서 공급되는 표준 AC 전기는 60 Hz(분당 3600 사이클)이다. 따라서 대부분의 풍력, 수력 및 증기터빈은 이 값의 자연 분수인 속도, 즉 7200 rpm을 일반적으로 짝수인 발전기의 극 수로 나눈 값에서 운전된다. 대형 수력터빈들은 일반적으로 7200/60 = 120 rpm 또는 7200/48 = 150 rpm처럼 저속에서 운전된다. 발전용으로 사용되는 가스터빈은 훨씬 높은 속도로 작동되며, 때로는 7200/2 = 3600 rpm 까지 이른다!

펌프와 같이, 터빈은 **용적식** 터빈과 **동역학적** 터빈의 두 가지 넓은 범주로 분류된다. 대부분 용적식 터빈은 체적유량 측정을 위한 소형장치인 반면, 동역학적 터빈은 초소형에서 초대형까지 범위가 넓고 유동계측과 동력생산 모두에 사용된다. 이 두 가지 범주를 모두 상세하게 살펴본다.

용적식 터빈

용적식 터빈(positive-displacement turbine)은 용적식 펌프가 역으로 작동한다고 생각할 수 있다. 즉, 유체가 밀폐된 체적으로 밀려들어가면서 축을 회전시키거나 왕복하는 막대를 움직인다. 그런 후 유체가 장치로 더 들어오면서 밀폐된 체적의 유체는 밖으로 밀려난다. 용적식 터빈을 지나면서 순수두의 손실이 있다. 다시 말하면 유동하는 유체로부터 에너지가 추출되고 기계적 에너지로 변환된다. 그러나 용적식 터빈은 일반적으로 동력발생용으로는 사용되지 않으며 유량 또는 유동체적의 측정에 사용된다.

가장 흔한 예는 집에 있는 수도계량기이다(그림 12-56). 많은 상업용 수도계량기는 계량기로 들어오는 물 유동에 따라 흔들리며 회전하는 **요동원판(nutating disc)**을 사용한다. 판은 가운데의 구와 적절한 연결막대를 갖고 있어서 요동원판의 편심회전운동을 축 회전으로 전환한다. 축의 360° 회전 당 장치를 통과하는 유체의 체적을 정확히 알고 있으며, 따라서 사용된 물의 전체 체적이 장치에 의해 기록된다. 집에서 물이 수도꼭지에서 적당한 속도로 흐르고 있을 때 수도계량기로부터 가끔 작게 떨리는 소리를 들을 수 있는데, 이것이 계량기 내부에서 흔들리고 있는 요동원판의 소리이다. 용적식 펌프에 다양한 설계가 있는 것처럼, 용적식 터빈에도 물론 다른 형태의 설계들이 있다.

(*a*)

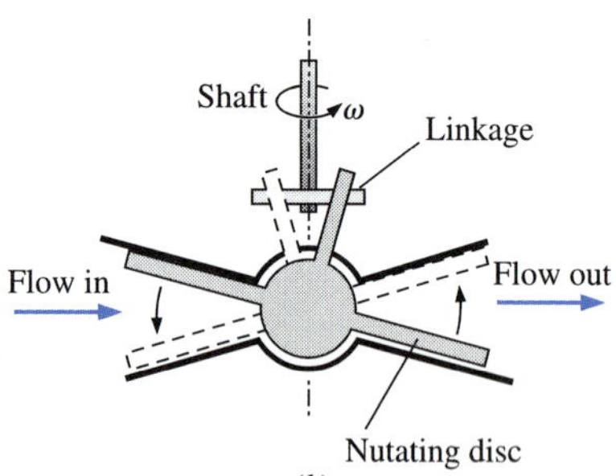

(*b*)

그림 12-56
요동원판(nutating disc) 유체 유량계는 체적유량의 측정에 사용되는 **용적식 터빈**이다. (a) 단면도 (b) 요동원판의 운동을 나타내는 개략도. 이 형태의 유량계는 일반적으로 가정용 수도계량기에 사용된다.

Photo courtesy of Niagara Meters, Spartanburg, SC.

동역학적 터빈

동역학적 터빈(dynamic turbine)은 유동계측과 동력생산에 모두 사용된다. 예로 기상학자는 풍속 측정에 3컵 풍속계를 사용한다(그림 12-57a). 실험적 유체역학 연구자들은 공기와 물의 속도를 측정하기 위하여 다양한 형태의 (대부분 소형 프로펠러처럼 생긴) 소형터빈을 사용한다(8장). 이와 같은 응용에서는 축 출력과 터빈효율에는 거의 관심을 두지 않는다. 오히려 이 장치들은 장치의 회전속도가 유체속도에 정확하게 보정될 수 있도록 설계된다. 그러면 초 당 블레이드 회전수를 전기적으로 계수함으로써 유체속도가 계산되고 장치에 표시된다.

(a) (b)

그림 12-57
동역학적 터빈의 예. (a) 풍속 측정에 사용되는 전형적인 3컵 풍속계와 (b) 날개 끝단의 와류로부터 에너지를 추출하도록 설계된 터빈을 장착한 Piper PA28 연구용 항공기.

(a) Image copyright Campbell Scientific, Inc., Logan, UT, USA. All rights reserved. Used by permission.
(b) NASA Langley Research Center.

그림 12-57b는 동역학적 터빈의 새로운 응용분야를 보여준다. NASA 연구자들은 날개 끝단의 와류(10장)로부터 에너지를 추출하기 위하여 Piper PA28 연구용 항공기의 날개 끝단에 터빈을 장착하였고, 여기서 추출된 에너지를 기내에서 필요한 동력으로 사용하기 위해 전기로 변환하였다.

이 장에서는 발전용으로 설계된 대형 동역학적 터빈을 중점적으로 다룬다. 대부분의 설명은 댐을 통과하는 커다란 고도 변화를 이용하여 전기를 생산하는 수력터빈 및 바람에 의해 회전하는 블레이드로부터 전기를 생산하는 풍력터빈과 관련된다. 동역학적 터빈에는 **충동형(impulse)**과 **반동형(reaction)**의 두 가지 형태가 있으며 각각에 대하여 약간 상세하게 설명한다. 두 가지의 동력생산용 동역학적 터빈을 비교하면, 충동 터빈은 더 높은 수두가 요구되지만 작은 체적유량으로 운전될 수 있다. 반동 터빈은 훨씬 낮은 수두로 운전될 수 있으나 큰 체적유량이 요구된다.

충동 터빈

충동 터빈에서 유체는 노즐을 통하여 공급되며, 따라서 대부분의 가용 기계적 에너지가 운동에너지로 변환된다. 그러면 고속제트는 그림 12-58에 나타낸 것처럼 에너지를 터빈 축으로 전달하는 버킷 형상 깃(bucket-shaped vane)에 충돌한다. 가장 효율이 높고 현대적인 형태의 충동 터빈은 Lester A. Pelton(1829-1908)에 의해서 1878년에 발명되었으며, 지금의 회전 수차(wheel)는 그의 이름을 따라 **Pelton 수차**라 불린다. Pelton 수차의 버킷은 그림 12-58b에 나타낸 것처럼 유동을 둘로 분할하고 유동의 방향을 거의 180° 뒤로(버킷과 함께 움직이는 좌표에 대하여) 전환하도록 설계되었다. 전해지는 말에 의하면 Pelton은 분할판(splitter ridge)의 모양을 소의 콧구멍을 본떠서 만들었다고 한다. 각 버킷의 가장자리 부분의 일부를 잘라내어 제트의 대부분이 제트가 조준되지 않은 버킷은 통과하고(그림 12-58a의 버킷 $n+1$) 제트가 가장 잘 조준된 버킷(그림 12-58a의 버킷 n)에 도달하도록 한다. 이런 방법으로 제트의 운동량을 최대로 이용할 수 있다. 이런 상세내용은 Pelton 수차의 사진에서 볼 수 있다(그림 12-59). 그림 12-60은 작동중인 Pelton 수차를 보여주는데, 여기서 물 제트의 분할됨과 방향전환을 잘 볼 수 있다.

Pelton 수차 터빈의 출력은 Euler 터보기계 방정식을 이용하여 해석한다. 축 출력은 ωT_{shaft}와 동일하며 여기서 T_{shaft}는 식 (12-10)으로 주어진다.

터빈의 Euler 터보기계 방정식: $$\dot{W}_{shaft} = \omega T_{shaft} = \rho\omega\dot{V}(r_2V_{2,t} - r_1V_{1,t}) \quad (12\text{-}26)$$

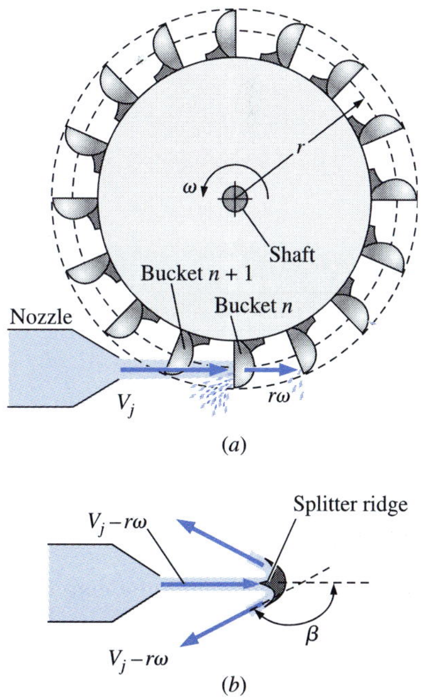

그림 12-58
Pelton 형식 **충동 터빈**의 개략도, 하나 또는 그 이상의 제트에서 나오는 고속 유체가 터빈 축에 장착된 버킷에 충돌할 때 터빈 축이 회전한다. (a) 측면도, 절대 좌표 (b) 아래에서 본 버킷 n의 단면, 회전 좌표.

그림 12-59
Pelton 수차의 확대 사진으로 버킷의 상세 설계를 보여준다. 오른쪽은 발전기이다. 이 Pelton 수차는 Bothwell, Tasmania 근처의 Waddamana 발전소 박물관에 전시되어 있다.
Courtesy of Hydro Tasmania, www.hydro.com.au. Used by permission.

그림 12-60
운전되고 있는 Pelton 수차의 아래에서 본 모습은 버킷에서 물 제트의 분할됨과 방향 전환을 나타낸다. 물 제트는 왼쪽에서 들어오고 Pelton 수차는 오른 쪽으로 회전한다.
Courtesy of VA TECH HYDRO. Used by permission.

터빈은 에너지 **흡수** 장치가 아니라 에너지 **생성** 장치이므로 음의 부호에 주의해야만 한다. 터빈에서는 관습적으로 점 2를 입구로, 그리고 점 1을 출구로 정의한다. 버킷의 중심은 그림 12-58에 나타낸 것처럼 접선속도 $r\omega$로 움직인다. 여기서 각 버킷의 가장자리 부분이 열려있으므로, 해석하는 그 순간에 수차의 가장 아래에서 제트 전체가 버킷(그림 12-58a의 버킷 n)에 부딪힌다고 가정하여 해석을 단순화한다. 더욱이 버킷의 크기와 물 제트의 직경 모두 수차반경에 비하여 작으므로 r_1과 r_2를 r과 같다고 근사한다. 마지막으로, 물은 속도가 전혀 느려지지 않으면서 각도 β로 방향전환 한다고 가정한다. 따라서 버킷과 함께 움직이는 상대좌표에서 상대출구속도는 그림 12-58b에 나타낸 것처럼 $V_j - r\omega$가 된다(상대입구속도와 동일). 식 (12-26)을 적용하기 위해서 필요한 절대좌표로 돌아오면, 입구속도의 접선성분 $V_{2,t}$는 단순히 제트 자체속도 V_j가 된다. 출구에서 절대속도 접선

성분 $V_{1,t}$의 계산을 돕기 위하여 그림 12-61에 속도 선도를 만들었다. $\sin(\beta - 90°) = -\cos\beta$에 유의하여 약간의 삼각법을 이용하면,

$$V_{1,t} = r\omega + (V_j - r\omega)\cos\beta$$

이 식을 대입하면 식 (12-26)은

$$\dot{W}_{\text{shaft}} = \rho r\omega\dot{V}\{V_j - [r\omega + (V_j - r\omega)\cos\beta]\}$$

이는 다음으로 간단해진다.

축 출력: $$\dot{W}_{\text{shaft}} = \rho r\omega\dot{V}(V_j - r\omega)(1 - \cos\beta) \quad (12\text{-}27)$$

물론, 이론적으로 만약 $\beta = 180°$이면 최대동력을 얻는다. 그러나 이런 경우라면 한 버킷에서 나오는 물은 뒤따르는 이웃 버킷의 뒷면을 치게 되고, 따라서 생성되는 토크와 동력이 줄어들게 된다. 실제로는 β를 약 160°에서 165° 정도로 줄이면 최대동력이 얻어진다. β가 180°보다 작은데 따른 효율계수는

β에 따른 효율 계수: $$\eta_\beta = \frac{\dot{W}_{\text{shaft, actual}}}{\dot{W}_{\text{shaft, ideal}}} = \frac{1 - \cos\beta}{1 - \cos(180°)} \quad (12\text{-}28)$$

예로 $\beta = 160°$일 때 $\eta\beta = 0.97$이며 단지 약 3%의 손실만 발생한다.

마지막으로, 식 (12-27)로부터 만약 $r\omega = 0$(수차가 전혀 돌지 않음)이면 축 출력 $\dot{W}_{\text{shaft}}$은 0이라는 것을 알 수 있다. 만약 $r\omega = V_j$(버킷이 제트 속도로 움직인다)이면 $\dot{W}_{\text{shaft}}$는 역시 0이 된다. 이 두 개의 극단 사이 어딘가에 최적 수차속도가 존재한다. $r\omega$에 대한 식 (12-27)의 도함수를 0으로 설정하면, 이 경우는 $r\omega = V_j/2$일 때 발생한다는 것을 알 수 있다(그림 12-62에 나타낸 것처럼 버킷이 제트속도의 반으로 움직인다).

실제 Pelton 수차 터빈에는 식 (12-28) 이외에도 다른 손실들이 있는데, 이들은 기계적 마찰, 버킷의 공기역학적 항력, 버킷의 내벽을 따르는 마찰, 버킷의 회전에 따른 제트와 버킷 정렬의 틀어짐, 거꾸로 물 튀김(backsplashing) 및 노즐손실 등이다. 그렇다 하더라도, 잘 설계된 Pelton 수차 터빈의 효율은 90%에 달할 수 있다. 다시 말하면, 물의 가용 기계적 에너지의 90%까지 회전 축 에너지로 변환된다.

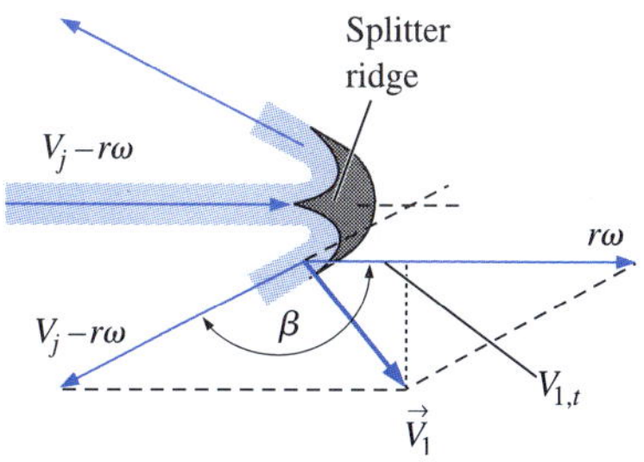

그림 12-61
Pelton 수차 버킷에 유입 및 유출하는 속도 선도. 유출 속도는 오른쪽으로 향하는 버킷 속도($r\omega$)를 더해서 이동 좌표에서 절대 좌표로 전환된다.

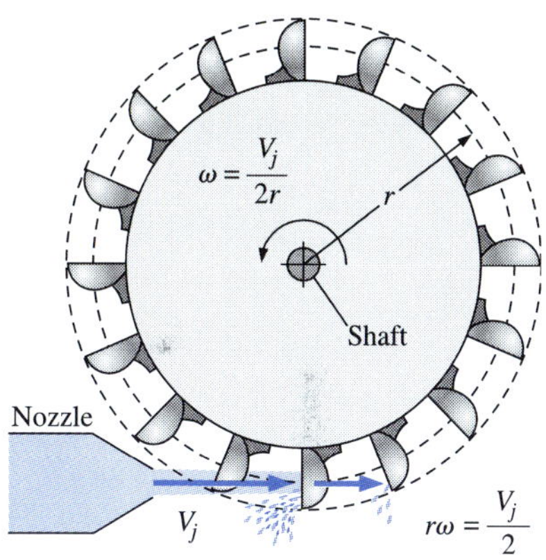

그림 12-62
Pelton 터빈으로 얻을 수 있는 이론적 최대 동력은 수차가 $\omega = V_j/(2r)$의 속도로 회전할 때, 즉 버킷이 물 제트 속도의 반으로 움직일 때 발생한다.

반동 터빈

에너지를 생산하는 다른 주된 형태의 수력터빈은 **반동 터빈**이며, 이는 **정지깃(stay vane)**이라고 부르는 고정안내깃, **쪽문(wicket gate)**이라고 부르는 조절 가능한 안내깃, 그리고 **러너 블레이드(runner blade)**라고 부르는 회전 블레이드들로 구성되어 있다(그림 12-63). 접선방향으로 들어오는 고압의 유동은 나선형 케이싱 또는 **볼류트**를 따라서 움직이면서 정지깃에 의해서 러너를 향하여 방향이 전환되고 커다란 접선속도 성분을 가지며 쪽문을 통과한다. 러너가 회전하면서 유체와 러너 사이에서 운동량이 교환되며 큰 압력강하가 발생한다. 충동 터빈과는 달리 물은 반동 터빈의 케이싱을 완전히 채운다. 이런 이유로 반동 터빈은 일반적으로 동일한 직경, 순수두 및 체적유량을 갖는 충동 터빈보다 더 큰 동력을 생산한다. 쪽문의 각도는 조절가능하며 따라서 러너를 통과하는 체적유량을 제어

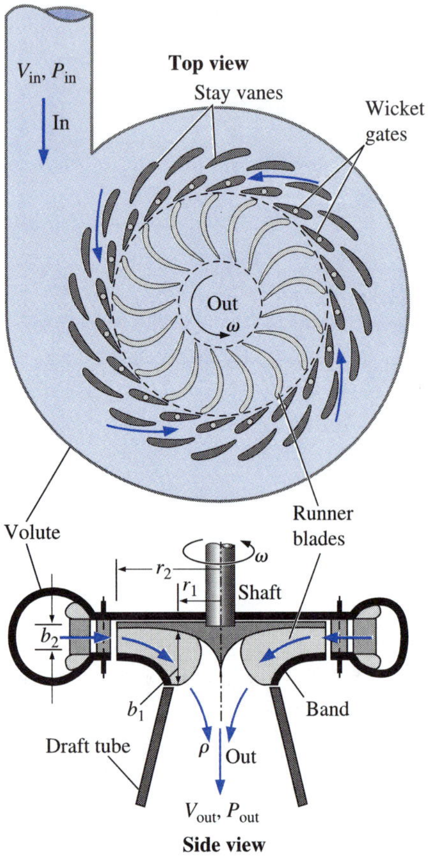

그림 12-63

반동 터빈은 충동 터빈과 크게 다르다. 물 제트를 사용하는 대신 **볼류트**가 러너를 구동하는 선회하는 물로 채워져 있다. 수력터빈 응용에서 일반적으로 축이 수직이다. **고정 안내깃**과 조절 가능한 **쪽문**을 포함하여 위와 옆에서 본 모습을 나타내었다.

한다(대부분의 설계에서 쪽문은 러너로 들어오는 물을 차단하도록 서로 맞닿아 닫힐 수 있다). 설계조건에서는 쪽문을 통과하는 유동은 충격손실을 피하기 위하여 러너 블레이드의 선단에 평행하게(회전좌표계로부터) 충돌한다. 쪽문의 수가 러너 블레이드의 수와 공통분모를 갖지 않는 것이 좋은 설계라는 것에 유의하자. 그렇지 않으면 둘 또는 그 이상의 쪽문 후류가 러너 블레이드의 선단에 동시에 충돌하여 발생하는 심한 진동이 있게 된다. 예로 그림 12-63에서 러너 블레이드는 17개고 쪽문은 20개다. 이 숫자들은 많은 대형 반동 수력터빈의 전형적인 블레이드 개수다. 정지깃과 쪽문의 수는 대개 같다(그림 12-63에는 20개의 정지깃이 있다). 이 경우 둘 다 회전하지 않으므로 문제되지 않으며, 비정상 후류의 상호작용은 고려대상이 아니다.

반동 터빈에는 크게 **Francis**와 **Kaplan**의 두 가지 형태가 있다. **Francis 터빈**은 원심 또는 혼류 펌프와 형상이 다소 비슷하지만 유동이 반대방향이다. 그러나 역으로 작동되는 일반적인 펌프는 효율이 높은 터빈이 될 수 없다는 것에 유의하자. Francis 터빈은 1840년대에 설계를 구현시킨 James B. Francis(1815-1892)를 기려서 명명되었다. 반면에 **Kaplan 터빈**은 역으로 운전되는 **축류** 팬과 약간 비슷하다. 만약 창문을 통하여 돌풍이 불 때 창문 팬이 거꾸로 돌기 시작하는 것을 본적이 있다면 Kaplan 터빈의 기본 작동원리를 가시화 할 수 있다. Kaplan 터빈은 발명자인 Viktor Kaplan(1876-1934)을 기려서 명명되었다. 실제로 Francis와 Kaplan 터빈에는 각각 몇 가지 세부 부류가 있다. 이 때 수력터빈 분야에서 사용되는 전문용어가 항상 표준적인 것은 아니다.

동역학적 펌프를 임펠러 블레이드를 떠나는 유동각도에 따라 원심(방사형), 혼류, 또는 축류(그림 12-18)로 분류했다는 것을 기억하자. 비슷하지만 이와 반대로, 반동 터빈은 러너로 들어오는 유동의 방향에 따라 분류된다(그림 12-64). 만약 유동이 그림 12-64a처럼 러너에 반경방향으로 들어오면 **Francis 반경류터빈**이라고 한다(또한 그림 12-63도 참조). 만약 유동이 반경방향과 축방향 사이의 어떤 각도로 러너로 들어오면(그림 12-64b) **Francis 혼류터빈**이라고 한다. 혼류터빈 설계가 더 일반적이다. 일부 수력터빈 엔지니어는 "Francis 터빈"이라는 용어를 단지 그림 12-64b에서와 같이 러너에 **밴드(band)**가 있을 경우에만 사용하기도 한다. Francis 터빈은 Pelton 수차 터빈의 높은 수두와 Kaplan 터빈의 낮은 수두 사이에 있는 수두에 가장 적합하다. 전형적인 대형 Francis 터빈은 16개 또는 그 이상의 러너 블레이드를 갖고 있으며, 90에서 95%의 터빈효율을 얻을 수 있다. 만약 러너에 밴드가 없고 유동이 일부 방향전환을 하며 러너에 들어온다면 이는 **프로펠러 혼류터빈** 또는 간단히 **혼류터빈(mixed-flow turbine)**이라고 부른다(그림 12-64c). 마지막으로, 만약 유동이 러너에 들어오기 전에 축 방향으로 완전히 전환된다면(그림 12-64d) 이 터빈은 **축류터빈(axial-flow turbine)**이라고 불린다. 축류터빈의 러너는 일반적으로 Francis 터빈보다 매우 적은 수인 단지 3에서 8개의 블레이드만을 갖고 있다. 이들에는 Kaplan 터빈과 프로펠러 터빈의 두 가지 형태가 있다. Kaplan 터빈은 유량이 쪽문을 회전시키고 그리고 러너 블레이드의 피치를 조절하는 두 가지 방법으로 조절되므로 **이중 조절(double regulated)**이라고 부른다. **프로펠러 터빈**은 블레이드가 고정되었다는 것(피치를 조절 못함)을 제외하고는 Kaplan 터빈과 거의 동일하며, 유량은 단지 쪽문에 의

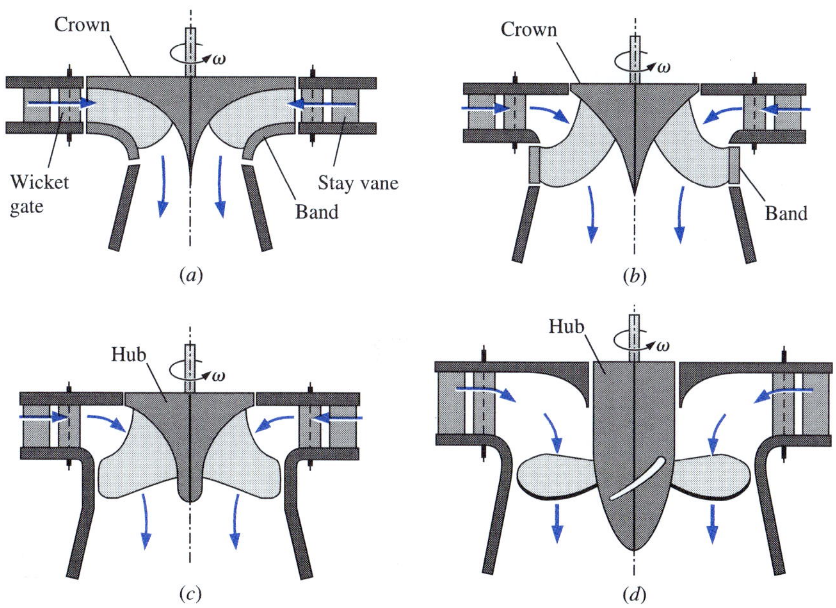

그림 12-64
반동 터빈 네 가지 소부류의 구별되는 특징. (a) **Francis 반경류**, (b) **Francis 혼류**, (c) **프로펠러 혼류**와 (d) **프로펠러 축류**. (b)와 (c) 사이의 주된 차이점은 Francis 혼류 러너는 러너와 함께 회전하는 **밴드(band)**가 있는 반면에 프로펠러 혼류 러너는 밴드가 없다. 프로펠러 혼류터빈에는 두 가지 형태가 있다: **Kaplan 터빈**은 조절 가능한 피치 블레이드가 있는 반면에 **프로펠러 터빈**에는 피치 블레이드가 없다. 여기서 사용된 용어가 터보기계 교과서나 수력터빈 생산 업체 사이에서 항상 통용되는 것은 아니라는 것에 유의하라.

그림 12-65
Madras, OR에 있는 Round Butte 수력발전소에서 사용하는 Francis 반경류 터빈의 러너. 외경이 3.60 m인 러너 블레이드가 17개가 있다. 터빈은 180 rpm으로 회전하며 순수두 105 m로부터 체적유량 127 m^3/s에서 119 MW의 동력을 생산한다.

Photo courtesy of American Hydro Corporation, York, PA. Used by permission.

해서만 조절된다(**단일 조절, single regulated**). Pelton 및 Francis 터빈과 비교하여 Kaplan 터빈과 프로펠러 터빈은 낮은 수두와 큰 체적유량에 가장 적합하다. 이 터빈들의 효율은 Francis 터빈에 비견되며 최고 94%에 달할 수 있다.

그림 12-65는 Francis 반경류 터빈의 반경류 러너 사진이다. 사진 속의 작업자로부터 수력발전소의 러너가 얼마나 큰가를 알 수 있다.

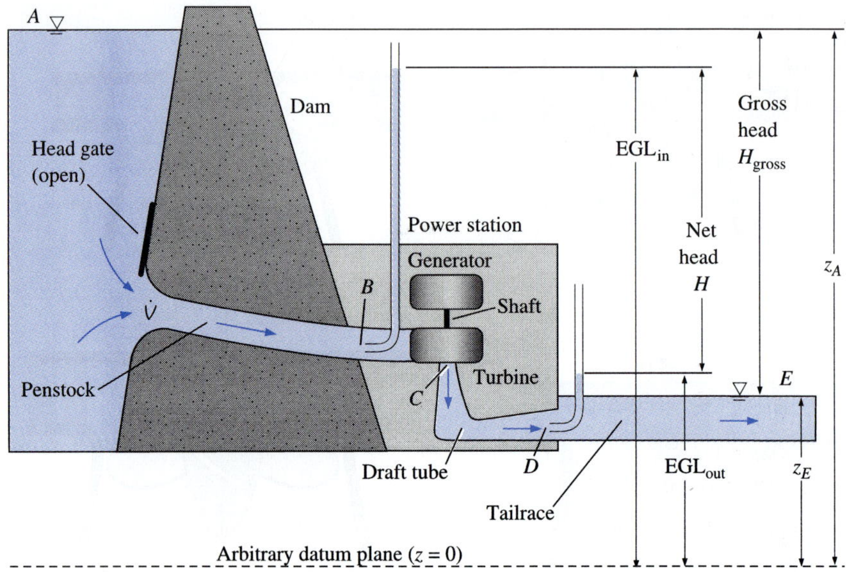

그림 12-66
전기를 생산하기 위해 Francis 터빈을 사용하는 수력발전소의 전형적인 구성도 및 용어. 실제 축척이 아니다. 피토관은 단지 설명하기위한 목적으로 나타내었다.

그림 12-66은 발전용 Francis 반동 터빈을 사용하는 대표적인 수력발전용 댐을 보여주고 있다. 전체(overall) 또는 **총(gross) 수두** H_{gross}는 댐 상류의 저수조 표면과 댐을 떠나는 수면의 고도차이로 정의되며, $H_{gross} = z_A - z_E$이다. 만약 시스템 **어디에서도** 비가역손실이 없다면 터빈 당 생산할 수 있는 동력의 최대량은 다음과 같다.

이상적인 동력 생산: $$\dot{W}_{ideal} = \rho g \dot{V} H_{gross} \qquad (12\text{-}29)$$

물론 시스템에 걸쳐서 비가역손실이 있으며, 따라서 실제로 생산되는 동력은 식 (12-29)로 주어진 이상적인 동력보다 적다.

그림 12-66의 시스템 전체에 걸쳐서, 용어를 정의하고 과정에서의 손실을 설명하면서 물의 유동을 따라가 보자. 물이 정지되어 있고 대기압이며 고도가 z_A로 가장 높은 댐 상류의 점 A에서 시작한다. 물은 유량 $\dot{V}$로 **도수로(penstock)**라고 부르는 댐을 통과하는 커다란 관을 통하여 흐른다. 도수로로 가는 유동은 도수로 입구의 **취수문(head gate)**이라고 부르는 큰 게이트 밸브를 잠가서 차단할 수 있다. 만약 그림 12-66에 나타낸 것처럼 터빈 바로 앞의 도수로 끝 점 B에 피토관을 삽입한다면 피토관 내부의 물은 액주높이가 터빈 입구에서의 에너지구배선 EGL_{in}과 같아지도록 상승할 것이다. 이 액주높이는 도수로와 입구의 비가역손실 때문에 점 A에서의 수위보다 낮게 된다. 그 다음에 유동은 전기발전기와 축으로 연결된 터빈을 통과한다. 전기발전기 자체에도 비가역손실이 있다는 데 유의하라. 그러나 유체역학적 관점에서 단지 터빈과 터빈 하류에서의 손실에만 관심을 갖는다.

터빈 러너를 통과한 후 나오는 유체(점 C)는 아직 상당한 운동에너지와 그리고 어쩌면 선회류를 갖고 있다. 이 운동에너지의 일부를 회수하기 위하여(그렇지 않으면 낭비될 것이다), 유동은 **흡출관(draft tube)**이라고 부르는 면적이 확장되는 디퓨저(diffuser)로 들어가며, 여기에서 유동은 수평으로 변하고 유속이 느려지며 **방수로(tailrace)**라고 부르는 하류로 방출하기에 앞서 압력이 증가한다. 만약 다른 피토관이 점 D(흡출관의 출구)에 있다고 가정하면 피토관의 물은 그림 12-

66의 에너지구배선 EGL_{out}과 같아지도록 상승할 것이다. 흡출관은 터빈 조립체에 포함된 부분이라고 간주되므로 터빈을 지나는 순수두는 EGL_{in}과 EGL_{out}의 차이로 나타낸다.

수력 터빈의 순수두:

$$H = EGL_{in} - EGL_{out} \tag{12-30}$$

말로 표현하면,

> 터빈의 순수두는 터빈의 바로 앞 상류의 에너지구배선과 흡출관 출구의 에너지구배선의 차이로 정의된다.

흡출관 출구(점 D)에서 유동속도는 흡출관 상류 점 C에서보다 현저하게 느리지만, 그러나 여전히 **유한하다**. 흡출관을 떠나는 모든 운동에너지는 방수로에서 소산된다. 이는 비가역 수두손실을 나타내며, EGL_{out}이 방수로 표면의 고도 z_E 보다 높은 이유이다. 그럼에도 불구하고 잘 설계된 흡출관에서는 상당한 압력이 회복된다. 흡출관은 러너출구(점 C)의 압력을 대기압 **이하**로 감소시키며, 그럼으로써 터빈이 가용수두를 가장 효율적으로 사용할 수 있도록 한다. 다시 말하면, 흡출관은 러너출구의 압력을 흡출관이 없는 것에 비하여 더 낮게 만들며, 터빈의 입구에서부터 출구까지 사이의 압력 변화를 증가시킨다. 그러나 설계자는 대기압보다 낮은 압력은 공동현상을 유발할 수 있으므로 조심해야 한다. 왜냐하면 공동현상은 앞서 설명한 것처럼 여러 가지 이유로 바람직하지 않기 때문이다.

만약 수력발전소 전체의 순 효율에 관심이 있다면, 이 효율을 총 수두에 바탕을 둔 이상적인 동력에 대한 실제로 생산되는 전력의 비로 정의할 수 있다(식 12-29). 이 장에서는 터빈 자체의 효율에 더 관심이 있다. 관습적으로 **터빈효율은 총 수두 H_{gross} 대신에 순수두 H를 바탕으로 한다**. 구체적으로 $\eta_{turbine}$은 수마력(water horsepower, 터빈을 통해 흐르는 물에서 추출된 동력)에 대한 제동마력 출력(실제 터빈 축 출력)의 비로 정의된다.

터빈효율:

$$\eta_{turbine} = \frac{\dot{W}_{shaft}}{\dot{W}_{water\ horsepower}} = \frac{bhp}{\rho g H \dot{V}} \tag{12-31}$$

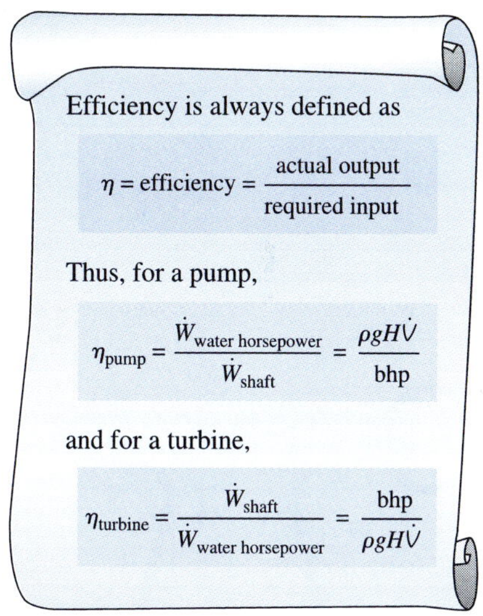

그림 12-67
정의로부터 효율은 항상 1보다 작아야만 한다. 터빈의 효율은 펌프 효율의 역이다.

터빈효율 η_{urbine}은 bhp가 **요구 입력** 대신에 **실제 출력**이므로 펌프효율의 역이라는 것에 유의하자(그림 12-67).

또한 이 설명에서는 한 번에 단지 한 개의 터빈을 고려한다는 것에 유의하자. 대부분의 대형 수력발전소는 병렬로 연결된 **여러 대의** 터빈을 갖고 있다. 이는 전기회사가 전력수요가 적은 시간대에 그리고 정비를 목적으로 일부 터빈을 정지할 수 있는 기회를 제공한다. 예로 Nevada 주 Boulder City에 있는 Hoover 댐은 17개의 병렬 터빈을 갖고 있으며, 이 가운데 15개는 각각 약 130 MW의 전기를 생산할 수 있는 동일한 대형 Francis 터빈이다(그림 12-68). 최대 총 수두는 590ft(180 m)이다. 이 발전소의 최대 총 발전량은 2 GW(2000 MW)가 넘는다.

앞서 펌프에서 수행한 것과 같은 방법으로, Euler 터보기계 방정식과 속도선도를 사용하여 터빈의 예비설계와 해석을 수행한다. 실제로 r_1은 회전하는 블레이드의 내부 반경, r_2는 외부 반경으로 동일한 표기법을 유지한다. 그러나 터빈에서는 유동방향이 펌프와 반대이므로 입구는 반경 r_2에 그리고 출구는 r_1에 있다. 1차

(a) (b)

그림 12-68
(a) Hoover 댐 주변 풍경과 (b) Hoover 댐의 수력터빈으로 구동되는 여러 개의 병렬 발전기 위(보이는) 부분.

(a) United States Department of the Interior, Bureau of Reclamation-Lower Colorado Region; (b) Photo by Jim Steinhart, PlanetWare. (a) (b)

근사 해석을 위하여 블레이드는 무한하게 얇다고 가정한다. 또한 블레이드는 유동이 언제나 블레이드 표면에 접선이 되도록 정렬되었다고 가정하며, 표면에서의 점성효과(경계층)는 무시한다. 고차 보정은 전산유체역학 코드로 가장 잘 얻어진다.

12-5 ▪ 터빈 축척 법칙

무차원 터빈 매개변수

터빈에 대한 무차원 그룹(Pi 그룹)을 12-3절에서 펌프에 대해 수행한 것과 동일한 방법으로 정의한다. Reynolds 수와 조도의 영향을 무시하고 동일한 차원 변수들을 다룬다. 이들은 그림 12-69에 나타낸 것처럼 중력과 순수두의 곱(gH), 체적유량($\dot{V}$), 터빈의 특성 직경(D), 러너 회전속도(ω), 출력 제동마력(bhp) 및 유체 밀도(ρ)이다. 터빈에서는 독립변수로 $\dot{V}$ 대신 bhp를 취한다는 사실 이외에는, 펌프를 해석하든지 또는 터빈을 해석하든지 무차원 해석은 사실상 동일하다. 또한, 무차원 효율로서 η_{pump}를 대신하여 η_{turbine}(식 12-31)이 사용된다. 무차원 매개변수를 요약하여 나타내면 다음과 같다.

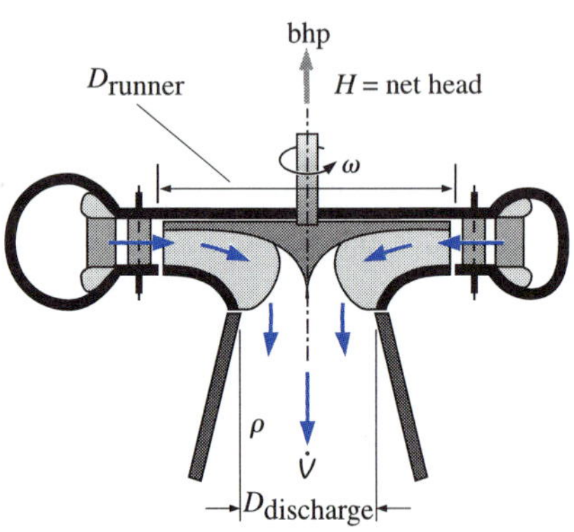

그림 12-69
터빈의 차원해석에 사용되는 주요 변수들. 특성 터빈 직경 D는 일반적으로 러너 직경 D_{runner} 또는 토출 직경 $D_{\text{discharge}}$이다.

무차원 터빈 매개변수:

$$C_H = \text{Head coefficient} = \frac{gH}{\omega^2 D^2} \qquad C_Q = \text{Capacity coefficient} = \frac{\dot{V}}{\omega D^3}$$
$$C_P = \text{Power coefficient} = \frac{\text{bhp}}{\rho \omega^3 D^5} \qquad \eta_{\text{turbine}} = \text{Turbine efficiency} = \frac{\text{bhp}}{\rho g H \dot{V}} \tag{12-32}$$

터빈 성능곡선을 도시할 때 독립 매개변수로 C_Q 대신에 C_P를 사용한다. 다시 말하면 C_H와 C_Q는 C_P의 함수이고 따라서 η_{turbine} 또한 C_P의 함수이다. 왜냐하면

$$\eta_{\text{turbine}} = \frac{C_P}{C_Q C_H} = \text{function of } C_P \tag{12-33}$$

친화 법칙(식 12-25)은 펌프뿐만 아니라 터빈에도 적용할 수 있으며, 터빈의 크기를 비례하여 확대하거나 축소할 수 있도록 한다(그림 12-70). 앞서 펌프에 대하여 수행한 것과 같은 방법으로, 친화 법칙은 주어진 터빈이 다른 속도와 유량으로 운전될 때의 터빈 성능 예측에도 사용된다.

단순한 상사 법칙은 단지 모형과 원형이 동일한 Reynolds 수에서 운전되고 기하학적으로 완전히 상사(상대 표면조도와 끝단 간극을 포함하여)할 경우에만 전적으로 타당하다. 불행하게도, 모형 시험을 수행할 때 항상 이 모든 기준을 만족시킬 수는 없다. 왜냐하면 모형 시험에서 가능한 Reynolds 수는 일반적으로 원형의 값보다 매우 작고 모형 표면의 상대조도와 끝단 간극이 더 크기 때문이다. 실물크기의 원형(prototype)이 모형보다 상당히 클 때, 앞서 펌프에 대하여 설명한 것과 같은 이유로 일반적으로 원형의 성능이 **더 좋다**. 몇 가지 실험식들이 작은 모형과 실물크기의 원형 사이에서 효율이 증가하는 것을 보정하기 위하여 개발되었다. 이런 식의 하나가 Moody에 의해서 제안되었으며(1926) 이는 1차 보정으로 사용될 수 있다.

터빈에 대한 Moody 효율 보정식:

$$\eta_{\text{turbine, prototype}} \cong 1 - (1 - \eta_{\text{turbine, model}})\left(\frac{D_{\text{model}}}{D_{\text{prototype}}}\right)^{1/5} \qquad (12\text{-}34)$$

식 (12-34)는 또한 모형 **펌프**를 실물 크기로 비례 확대할 경우에도 1차 보정으로 사용되는 것에 유의하자(식 12-21).

실제로는 수력터빈 엔지니어는 일반적으로 모형에서 원형으로 실제로 증가하는 효율은 단지 식 (12-34)로 주어진 값의 약 2/3라는 것을 발견한다. 예로 1/10 모형의 효율이 93.2%라고 하자. 식 (12-34)는 실물 크기 효율이 95.7% 또는 2.5% 증가한다고 예측한다. 실제로는 단지 이 증가의 약 2/3, 또는 $93.2 + 2.5(2/3) = 94.9\%$를 기대한다. 몇 가지의 더 개선된 보정식들은 범세계적 표준화기구인 **국제 전기기술 위원회**(International Electrotechnical Commission, IEC)로부터 얻을 수 있다.

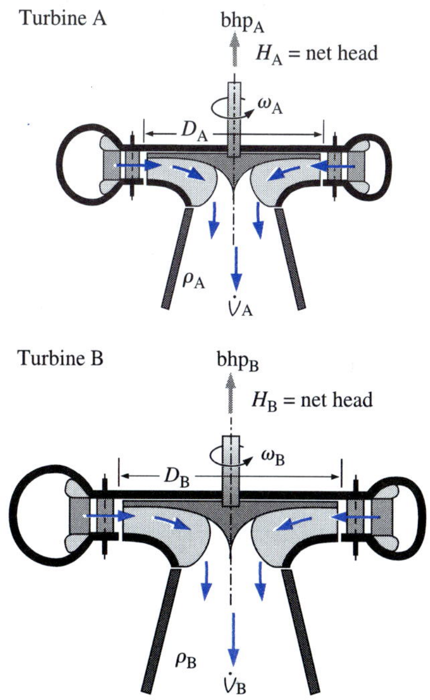

그림 12-70
차원해석은 **기하학적으로 상사**한 두 터빈의 축척에 유용하다. 만약 터빈 A의 모든 무차원 터빈 매개변수가 터빈 B와 동일하다면 두 터빈은 **역학적으로 상사**하다.

예제 12-7 터빈 친화 법칙의 응용

수력발전용 댐의 Francis 터빈을 설계하고 있다. 엔지니어는 처음부터 시작하는 대신 우수한 성능이력을 갖고 있는 이미 설계된 수력터빈을 기하학적으로 비례 확대하기로 결정하였다. 기존의 터빈(터빈 A)은 직경이 $D_A = 2.05$ m이고 $\dot{n}_A = 120$ rpm($\omega_A = 12.57$ rad/s)으로 회전한다. 최대효율점에서 $\dot{V}_A = 350\ \text{m}^3/\text{s}$, $H_A = 75.0$ m의 수주, 그리고 $\text{bhp}_A = 242$ MW이다. 새 터빈(터빈 B)은 더 큰 시설용이다. 발전기가 동일한 속도(120 rpm)로 회전하지만 순수두는 더 높게 된다($H_B = 104$ m). 최고 효율로 운전되도록 새 터빈의 직경을 계산하고, $\dot{V}_B$, bhp_B 및 $\eta_{\text{turbine, B}}$를 계산하라.

풀이 기존의 수력터빈을 비례 확대하여 새 수력터빈을 설계하고자 한다. 구체적으로 새 터빈의 직경, 체적유량 및 제동마력을 계산하고자 한다.

가정 1 새 터빈은 기존의 수력터빈과 기하학적으로 상사하다. 2 Reynolds 수 효과와 조도 효과는 무시된다. 3 새 도수로도 역시 기존의 도수로와 기하학적으로 상사하므로, 새 터빈으로 유입되는 유동(속도분포, 난류강도 등)도 기존터빈의 것과 유사하다.

상태량 20°C에서 물의 밀도는 ρ= 998.0 kg/m^{3}이다.

해석 새 터빈 (B)가 기존 터빈 (A)와 역학적 상사이므로 단지 두 터빈의 특정한 상응하는 운전점, 즉 최고효율점에 대해서만 관심을 갖는다. 식 (12-25b)를 D_B에 대해 풀면,

$$D_B = D_A\sqrt{\frac{H_B}{H_A}\frac{\dot{n}_A}{\dot{n}_B}} = (2.05\text{m})\sqrt{\frac{104\text{ m}}{75.0\text{ m}}\frac{120\text{ rpm}}{120\text{ rpm}}} = \mathbf{2.41\text{ m}}$$

그리고 식 (12-25a)를 $\dot{V}_B$에 대해 풀면,

$$\dot{V}_B = \dot{V}_A\left(\frac{\dot{n}_B}{\dot{n}_A}\right)\left(\frac{D_B}{D_A}\right)^3 = (350\text{ m}^3/\text{s})\left(\frac{120\text{ rpm}}{120\text{ rpm}}\right)\left(\frac{2.41\text{ m}}{2.05\text{ m}}\right)^3 = \mathbf{572\text{ m}^3/\text{s}}$$

마지막으로 식 (12-25c)를 bhp$_B$에 대해 풀면,

$$\text{bhp}_B = \text{bhp}_A\left(\frac{\rho_B}{\rho_A}\right)\left(\frac{\dot{n}_B}{\dot{n}_A}\right)^3\left(\frac{D_B}{D_A}\right)^5$$

$$= (242\text{ MW})\left(\frac{998.0\text{ kg/m}^3}{998.0\text{ kg/m}^3}\right)\left(\frac{120\text{ rpm}}{120\text{ rpm}}\right)^3\left(\frac{2.41\text{ m}}{2.05\text{ m}}\right)^5 = \mathbf{548\text{ MW}}$$

확인 차원에서 이 두 운전점이 실제로 상응하는지를 알아보기 위해 식 (12-32)의 무차원 터빈 매개변수를 계산한다(그림 12-71). 그러나 앞서 설명한 것처럼 축척 효과(큰 터빈이 일반적으로 높은 효율을 갖는다) 때문에 이 두 터빈 사이에서 실제로 총체적인 동역학적 상사를 얻지 못할 수 있다. 새 터빈의 직경은 기존 터빈보다 약 18% 크며, 따라서 터빈 크기에 따른 효율의 증가는 별로 크지 않을 것이다. 터빈 A를 "모형"으로, B를 "원형"이라고 설정하고 Moody 효율 보정식(식 12-34)를 사용하여 이를 확인할 수 있다.

효율보정:

$$\eta_{\text{turbine, B}} \cong 1-(1-\eta_{\text{turbine, A}})\left(\frac{D_A}{D_B}\right)^{1/5} = 1-(1-0.942)\left(\frac{2.05\text{ m}}{2.41\text{ m}}\right)^{1/5} = \mathbf{0.944}$$

또는 94.4%. 1차 보정으로 예상되는 큰 터빈의 효율은 작은 터빈의 효율보다 단지 몇 분의 1%밖에 크지 않다.

토의 만약 도수로에서 새 터빈으로 들어오는 유동이 기존 터빈의 유동과 다르다면(예로 속도분포와 난류강도), 엄밀한 동역학적 상사를 기대할 수 없다.

$$C_{H,\text{A}} = C_{H,\text{B}} = \frac{gH}{\omega^2 D^2} = 1.11$$

$$C_{Q,\text{A}} = C_{Q,\text{B}} = \frac{\dot{V}}{\omega D^3} = 3.23$$

$$C_{P,\text{A}} = C_{P,\text{B}} = \frac{\text{bhp}}{\rho\omega^3 D^5} = 3.38$$

$$\eta_{\text{turbine, A}} = \eta_{\text{turbine, B}} = \frac{\text{bhp}}{\rho g H \dot{V}} = 94.2\%$$

그림 12-71
예제 12-7의 두 터빈에 대한 무차원 터빈 매개변수. 두 터빈은 상응하는 점에서 운전되므로 무차원 매개변수들이 반드시 일치해야 한다.

터빈 비속도

펌프 축척 법칙의 설명(12-3절 참조)에서 또 하나의 유용한 무차원 매개변수, 펌프 비속도(N_{Sp})가 C_Q와 C_H에 기초하여 정의되었다. 터빈에 대해서도 동일하게 비속도를 정의할 수 있다. 그러나 터빈에서는 C_Q 대신에 C_P가 독립 무차원 매개변수이므로 **터빈 비속도**[(turbine specific speed, (N_{St})]는 펌프와는 다르게, 즉 C_P와 C_H의 항으로 정의한다.

터빈 비속도:

$$N_{St} = \frac{C_P^{1/2}}{C_H^{5/4}} = \frac{(\text{bhp}/\rho\omega^3 D^5)^{1/2}}{(gH/\omega^2 D^2)^{5/4}} = \frac{\omega(\text{bhp})^{1/2}}{\rho^{1/2}(gH)^{5/4}} \tag{12-35}$$

어떤 교재에서는 터빈 비속도를 **동력 비속도(power specific speed)**라고도 부른다. 펌프 비속도의 정의(식 12-22)와 터빈 비속도의 정의(12-35)의 비교는 각자 수행해 보기 바라며 비교 결과는 다음과 같다.

N_{St}와 N_{Sp} 사이의 관계식:

$$N_{St} = N_{Sp}\sqrt{\eta_{\text{turbine}}} \tag{12-36}$$

앞서 펌프 비속도의 단위와 관련된 문제점들을 설명하였다. 불행하게도 이와 같은 문제점들이 터빈 비속도에서도 발생한다. 즉 N_{St}가 무차원 매개변수로 정의됨에도 불구하고 현장 엔지니어들은 N_{St}를 불편한 차원을 갖는 값으로 전환시키는 일관성 없는 단위를 사용하는 것이 습관이 되어 있다. 미국에서는 대부분의 터빈 엔지니어들은 회전속도를 분당 회전수(rpm) 단위로, bhp를 마력 단위로, 그리고 H를 ft 단위로 적는다. 더욱이 이들은 N_{St} 정의에서 중력상수 g와 밀도 ρ를 무시한다(터빈은 지상에서 운전되고 작동유체는 물이라고 가정한다). 여기서 다음을 정의한다.

터빈 비속도, 미국 관습 단위:

$$N_{St,\,US} = \frac{(\dot{n},\ \text{rpm})\ (\text{bhp, hp})^{1/2}}{(H,\ \text{ft})^{5/4}} \tag{12-37}$$

터보기계 문헌상의 두 형태의 터빈 비속도 사이의 환산 방법에는 약간의 차이가 있다. $N_{St,\,US}$를 N_{St}로 변환하기 위해서 $g^{5/4}$와 $\rho^{1/2}$로 나누고 모든 단위를 소거하기 위하여 환산 비를 사용한다. 이때 $g = 32.174\ \text{ft/s}^2$로 설정하고 물의 밀도는 $\rho = 62.40\ \text{lbm/ft}^3$으로 가정한다. 각속도 ω를 rad/s로 환산하여 제대로 계산하면 $N_{St,\,US} = 0.02301 N_{St}$ 또는 $N_{St} = 43.46 N_{St,\,US}$로 변환된다. 그러나 어떤 저자는 ω를 초당 **회전수**로 환산하여 변환과정에 2π를 도입하며, 따라서 $N_{St,\,US} = 0.003662 N_{St}$ 또는 $N_{St} = 273.1 N_{St,\,US}$가 된다. 전자($\omega$를 rad/s로 환산)가 더 일반적이며 이를 그림 12-72에 요약하였다.

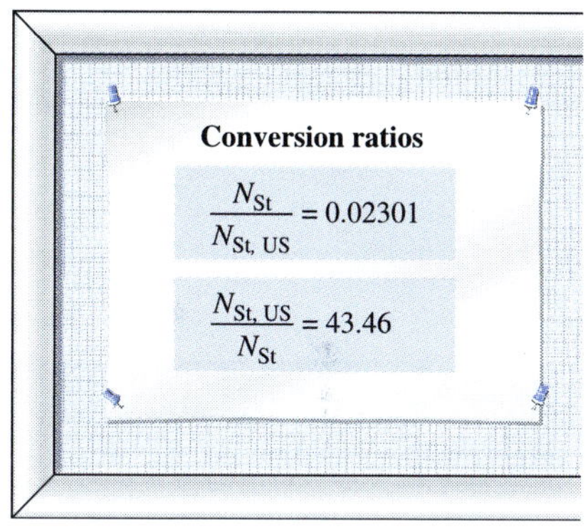

그림 12-72
무차원 비속도와 미국의 관습적인 터빈 비속도의 정의 사이의 변환. 숫자들을 유효숫자 4자리로 나타내었다. 변환에는 표준 중력가속도와 작동유체로 물을 가정한다.

기술적으로, 터빈 비속도는 어떤 운전조건에도 적용할 수 있으며 단지 C_P의 또 다른 함수가 된다. 그러나 이것이 일반적인 사용 방법은 아니다. 그 대신 단지 터빈의 최고효율점(BEP)에서 터빈 비속도를 정의하는 것이 보통이다. 그 결과 터빈의 특성이 하나의 숫자로 나타나게 된다.

> 터빈 비속도는 최적조건(최고효율점)에서 터빈의 운전특성을 나타내기 위하여 사용되며 터빈의 예비선정에 유용하다.

그림 12-73에 도시한 것처럼 충동터빈은 N_{St} 값 0.15 부근에서 최적의 성능을 보이는 반면에 Francis 터빈과 Kaplan 터빈은 각각 N_{St} 값 1과 2.5 근처에서 최고 성능으로 작동된다. 만약 N_{St}값이 약 0.3이하라면 충동터빈이 최적의 선택이라는 것을 알 수 있다. 만약 N_{St}값이 대략 0.3과 2사이라면 Francis 터빈이 더 좋은 선택이다. N_{St}값이 약 2 이상일 때에는 반드시 Kaplan 터빈이 사용되어야 한다. 이 범위들을 N_{St}와 $N_{St,\,US}$의 항으로 그림 12-73에 나타내었다.

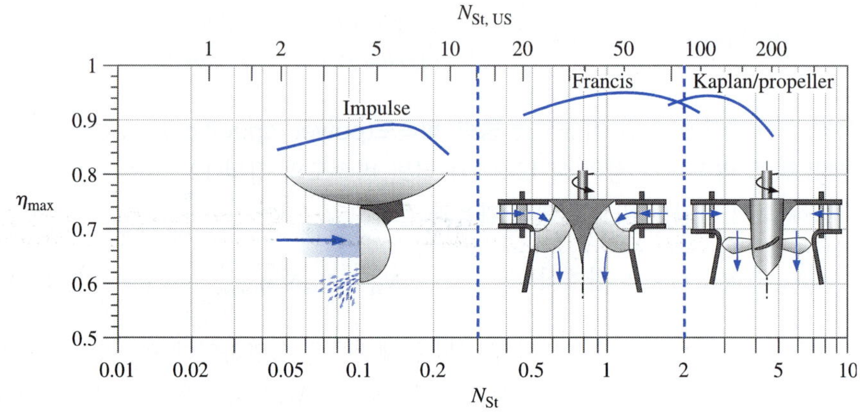

그림 12-73
세 가지 주요한 형태의 동역학적 터빈에 대하여 펌프 비속도의 함수로 나타낸 최고 효율. 수평 눈금은 무차원 터빈 비속도(N_{St})와 미국 관습 단위의 터빈 비속도($N_{St, US}$)를 나타낸다. 참고로 선도에 블레이드 형태의 그림도 함께 나타내었다.

예제 12-8 터빈 비속도

예제 12-7의 작은(A) 터빈과 큰(B) 터빈 모두에 대해 비속도를 계산하고 비교하라.

풀이 2개의 동역학적으로 상사한 터빈의 비속도를 비교하고자 한다.

상태량 $T = 20°C$에서 물의 밀도는 $\rho = 998.0\ kg/m^3$이다.

해석 터빈 A의 무차원 터빈 비속도를 계산하면,

$$N_{St,A} = \frac{\omega_A(bhp_A)^{1/2}}{\rho_A^{1/2}(gH_A)^{5/4}}$$

$$= \frac{(12.57\ rad/s)(242 \times 10^6\ W)^{1/2}}{(998.0\ kg/m^3)^{1/2}[(9.81\ m/s^2)(75.0\ m)]^{5/4}}\left(\frac{kg \cdot m/s^2}{W \cdot s}\right)^{1/2} = 1.615 \cong \mathbf{1.62}$$

그리고 터빈 B에 대해,

$$N_{St,B} = \frac{\omega_B(bhp_B)^{1/2}}{\rho_B^{1/2}(gH_B)^{5/4}}$$

$$= \frac{(12.57\ rad/s)(548 \times 10^6\ W)^{1/2}}{(998.0\ kg/m^3)^{1/2}[(9.81\ m/s^2)(104\ m)]^{5/4}}\left(\frac{kg \cdot m/s^2}{W \cdot s}\right)^{1/2} = 1.615 \cong \mathbf{1.62}$$

두 터빈의 터빈 비속도가 같다는 것을 알 수 있다. 수식 계산을 확인하는 차원에서 그림 12-74에서 N_{St}를 C_P와 C_H의 항으로 된 정의(식 12-35)를 이용한 다른 방법으로 계산하였다. (반올림 오차를 제외하고는) 결과가 같았다. 마지막으로, 그림 12-72의 환산을 이용하여 터빈 비속도를 미국 관습 단위로 계산하였다.

$$N_{St, US, A} = N_{St, US, B} = 43.46 N_{St} = (43.46)(1.615) = \mathbf{70.2}$$

토의 터빈 A와 B는 상응하는 점에서 운전되므로 터빈 비속도가 같은 것이 당연하다. 사실 이 값들이 다르다면 틀림없이 식 또는 계산에 실수가 있을 것이다. 그림 12-73으로부터, 터빈 비속도 1.6에 대해 Francis 수차가 적절한 선택이라는 것을 알 수 있다.

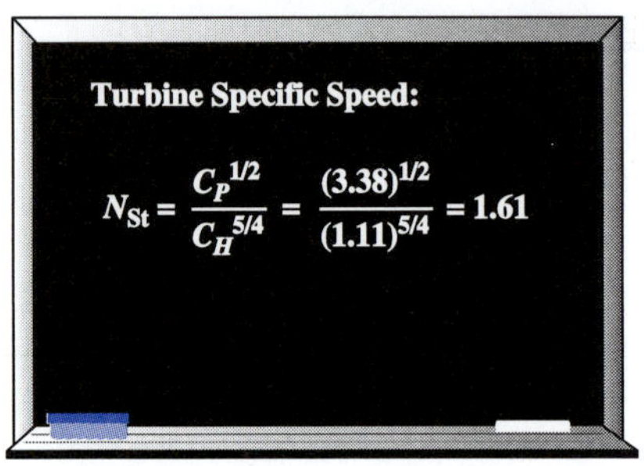

그림 12-74
예제 12-8의 무차원 매개변수 C_P와 C_H를 이용한 터빈 비속도의 계산(터빈 A와 터빈 B에 대한 C_P와 C_H 값은 그림 12-71를 참조할 것).

가스 및 증기 터빈

지금까지 우리가 살펴본 내용은 대부분 수력터빈에 관한 것이었다. 이제부터는 연소생성물 또는 증기 같은 **기체**를 사용하도록 설계된 터빈에 대하여 살펴본다.

그림 12-75
석탄화력 또는 원자력 발전소에서 사용되는 전형적인 2단 증기터빈의 터빈 블레이드(**버킷**이라고 불리는). 유동은 왼쪽에서 오른쪽이며, 왼쪽은 고압 단이고 오른쪽은 저압 단이다.

Courtesy, Alstom. Used by permission.

그림 12-76
MS7001F 가스 터빈의 로터 조립체를 가스 터빈 케이싱의 하단부 속으로 내려놓고 있다. 유동은 왼쪽에서 오른쪽이며, 상류의 로터 블레이드(**블레이드**라고 불린다) 세트로 다단 압축기를 구성하고 하류의 로터 블레이드(**버킷**이라고 불린다) 세트로 다단 터빈을 구성한다. 가스 터빈 케이싱의 하단부에서 압축기 고정자 블레이드(**깃**, **베인**이라고 불린다)와 터빈 고정자 블레이드(**노즐**이라고 불린다)를 볼 수 있다. 이 가스터빈은 3600 rpm으로 회전하며 135 MW 이상의 동력을 생산한다.

Courtesy of GE Energy.

석탄 또는 원자력 발전소에서는 고압증기가 보일러에서 생성되고 증기터빈에 공급되어 전기를 생산한다. 재열, 재생 및 전체 효율을 높이기 위한 다른 노력들 때문에 이런 증기터빈들은 일반적으로 (고압 및 저압의) 두 개의 단(stage)을 갖는다. 대부분의 발전소 증기터빈은 그림 12-75에 보인 것처럼 다단 축류장치이다. 여기서 터빈 블레이드(**버킷**이라 불리는)들의 각 세트(set) 사이에서 유동의 방향을 정해주는 고정자 깃(**노즐**이라 불리는)은 보이지 않는다. 축류 터빈의 해석은 12-2절에서 설명한 것처럼 축류 팬의 해석과 매우 유사하며 여기에서는 다시 설명하지 않는다.

유사한 축류 터빈들이 제트항공기 엔진(그림 12-39)과 가스터빈 발전기(그림 12-76)에 사용된다. 가스터빈 발전기는 추력을 제공하는 대신에 이 터보기계가 연료의 에너지를 가능한 한 많이 전기발전기에 연결된 회전축으로 전달하도록 설계된 것을 제외하고는 제트엔진과 비슷하다. 일반적으로 발전용 가스터빈은 제트엔진보다 훨씬 크며, 물론 그 이유는 지상용이기 때문이다. 수력터빈에서처럼, 전체 터빈의 크기가 증가하면 상당한 효율 개선을 구현할 수 있다.

요약 SUMMARY

터보기계는 **펌프**와 **터빈**의 두 가지 넓은 부류로 분류된다. **펌프**라는 말은 에너지를 **유체에 추가**하는 모든 유체기계에 대한 일반적인 용어다. **용적식 펌프** 및 **동역학적 펌프** 모두에서, 다양한 형태의 펌프 설계에 대해 이 에너지의 전달방법을 설명하였다. **터빈**이라는 말은 에너지를 **유체로부터 추출**하는 유체기계를 의미한다. 역시 몇 가지 종류의 **용적식 터빈**과 **동역학적 터빈**이 있다.

터보기계의 예비설계에 가장 유용한 식은 **Euler 터보기계 방정식**이다.

$$T_{shaft} = \rho\dot{V}(r_2V_{2,t} - r_1V_{1,t})$$

펌프에서는 입구와 출구가 각각 반경 r_1과 r_2에 있는 반면, 터빈에서는 입구가 반경 r_2에 있고 출구가 반경 r_1에 있다는 것에 유의하자. 몇 가지의 예를 보여주었으며, 이때 펌프와 터빈 모두 블레이드 형상은 원하는 유속을 바탕으로 설계된다. 그러면 Euler 터보기계 방정식을 사용하여 터보기계의 성능이 예측된다.

터보기계 축척 법칙(turbomachinery scaling laws)은 무차원 해석의 실제 응용을 보여준다. 축척 법칙은 기존 터보기계와 기하학적 상사인 새로운 터보기계의 설계에 이용된다. 펌프와 터빈 모두에 대하여 주된 무차원 매개변수는 수두계수, 용량계수 및 동력계수이며 각각 다음으로 정의된다.

$$C_H = \frac{gH}{\omega^2D^2} \qquad C_Q = \frac{\dot{V}}{\omega D^3} \qquad C_P = \frac{\text{bhp}}{\rho\omega^3D^5}$$

이에 추가하여, 서로 역수가 되는 **펌프효율**과 **터빈효율**을 정의하였다.

$$\eta_{pump} = \frac{\dot{W}_{water\ horsepower}}{\dot{W}_{shaft}} = \frac{\rho g\dot{V}H}{\text{bhp}}$$

$$\eta_{turbine} = \frac{\dot{W}_{shaft}}{\dot{W}_{water\ horsepower}} = \frac{\text{bhp}}{\rho g\dot{V}H}$$

마지막으로, **펌프 비속도**와 **터빈 비속도**라고 부르는 두 가지의 유용한 다른 무차원 매개변수가 각각 다음과 같이 정의되었다.

$$N_{Sp} = \frac{C_Q^{1/2}}{C_H^{3/4}} = \frac{\omega\dot{V}^{1/2}}{(gH)^{3/4}} \qquad N_{St} = \frac{C_P^{1/2}}{C_H^{5/4}} = \frac{\omega(\text{bhp})^{1/2}}{\rho^{1/2}(gH)^{5/4}}$$

이 매개변수들은 주어진 응용에 가장 적합한 펌프 또는 터빈의 예비설계와 주어진 응용에 가장 적합한 펌프 또는 터빈의 종류를 선택하는데 유용하다.

터보기계 설계에는 질량, 에너지 및 운동량 해석(5장과 6장), 차원해석과 모델링(7장), 파이프 내 유동(8장), 미분해석(9장) 및 공기역학(10장)을 포함한 유체역학의 여러 핵심 분야로부터 지식을 가져와 적용한다. 또한, 가스터빈과 기체를 다루는 다른 형태의 터보기계에는 압축성 유동해석이 요구된다. 마지막으로, 전산유체역학은 효율이 높은 터보기계 설계에서 그 어느 때보다 더 중요한 역할을 한다.

참고문헌과 권장도서 REFERENCES AND SUGGESTED READING

1. ASHRAE (American Society of Heating, Refrigerating and Air Conditioning Engineers, Inc.). *ASHRAE Fundamentals Handbook*, ASHRAE, 1791 Tullie Circle, NE, Atlanta, GA, 30329; editions every four years: 1993, 1997, 2001, etc.
2. L. F. Moody. "The Propeller Type Turbine," *ASCE Trans*., 89, p. 628, 1926.
3. Earl Logan, Jr., ed. *Handbook of Turbomachinery*. New York: Marcel Dekker, Inc., 1995.
4. A. J. Glassman, ed. *Turbine Design and Application*. NASA Sp-290, NASA Scientific and Technical Information Program. Washington, DC, 1994.
5. D. Japikse and N. C. Baines. *Introduction to Turbomachinery*. Norwich, VT: Concepts ETI, Inc., and Oxford: Oxford University Press, 1994.
6. Earl Logan, Jr. *Turbomachinery: Basic Theory and Applications*, 2nd ed. New York: Marcel Dekker, Inc., 1993.
7. R. K. Turton. *Principles of Turbomachinery*, 2nd ed. London: Chapman & Hall, 1995.
8. Terry Wright. *Fluid Machinery: Performance, Analysis, and Design*. Boca Raton, FL: CRC Press, 1999.

연습문제* PROBLEMS

일반적인 문제

12-1C 에너지 생성 터보기계의 더 일반적인 용어는 무엇인가? 에너지 흡수 터보기계는? 이 용어들을 성명하라. 특히 어떤 기준 좌표로부터 이 용어들이 정의 되었는가? 유체인가 또는 주위인가?

12-2C 팬, 송풍기 및 압축기 사이의 주된 차이는 무엇인가? 압력 상승과 체적유량의 관점에서 논의하라.

12-3C 팬, 송풍기 및 압축기에 대한 일상적인 예를 각각 2가지 이상 열거하라.

12-4C **용적식 터보기계**와 **동역학적 터보기계** 사이의 주된 차이점을 논의하라. 펌프와 터빈 모두에 대한 각각의 예를 들어라.

12-5C 펌프에 대하여 **제동마력**과 **수마력** 사이의 차이점을 논의하고 또한 이들의 항으로 펌프 효율을 정의하라.

12-6C 터빈에 대하여 **제동마력**과 **수마력** 사이의 차이점을 논의하고 또한 이들의 항으로 터빈 효율을 정의하라.

12-7C 회전 좌표계에서 Bernoulli 방정식 내에 "추가적인" 항이 존재하는 이유를 설명하라.

12-8C 물 펌프는 통과하여 흐르는 물의 압력을 증가시킨다(그림 P12-8). 유동은 비압축성으로 가정한다. 아래에 열거된 3가지 경우 각각에 대해 펌프를 지나면서 물의 평균 속도는 어떻게 변할까? 구체적으로, V_{out}이 V_{in}보다 작아질까, 같을까 아니면 커질까? 관계식을 나타내고 이를 설명하라.

(a) 출구 직경이 입구 직경보다 작다($D_{out} < D_{in}$).
(b) 출구와 입구 직경이 같다($D_{out} = D_{in}$).
(c) 출구 직경이 입구 직경보다 크다($D_{out} > D_{in}$).

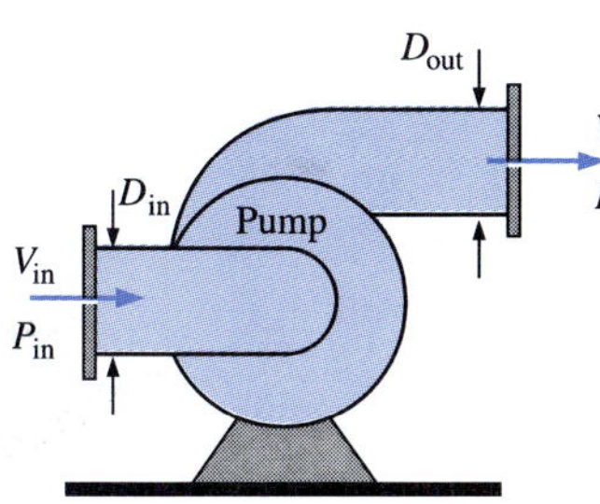

그림 P12-8

12-9 공기 압축기는 통과하여 흐르는 공기의 압력($P_{out} > P_{in}$)과 밀도($\rho_{out} > \rho_{in}$)를 증가시킨다(그림 P12-9). 출구와 입구의 직경이 같을 경우($D_{out} = D_{in}$)에 대해, 공기의 평균 속도는 압축기를 지나면서 어떻게 변할까? 구체적으로, V_{out}가 V_{in}보다 작아질까, 같을까 아니면 커질까? 설명하라.

답: 작아진다

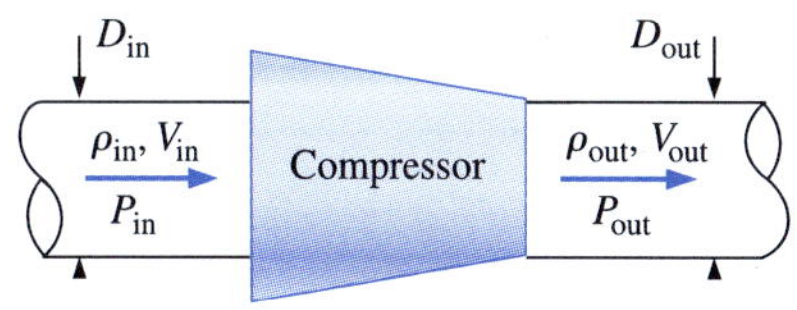

그림 P12-9

펌프

12-10C 동역학적 펌프에는 3가지 주요 부류가 있다. 이를 열거하고 정의하라.

12-11C 원심 펌프에 대한 각각의 설명이 맞는지 틀리는지 선택하고, 그 이유를 간단히 논의하라.

(a) 방사형 블레이드를 가진 원심 펌프는 후향경사 블레이드를 가진 동일한 펌프보다 높은 효율을 갖는다.
(b) 방사형 블레이드를 가진 원심 펌프는 후향경사 블레이드 또는 전향경사 블레이드를 가진 동일한 펌프보다 광범위한 $\dot{V}$에 걸쳐 더 큰 압력상승을 발생시킨다.
(c) 전향경사 블레이드를 가진 원심 펌프는 광범위한 체적유량에 걸쳐 큰 압력 상승을 제공하기 위한 좋은 선택이다.
(d) 동일한 크기의 후향경사 또는 방사형 블레이드 펌프보다 전향경사 블레이드 원심 펌프는 더 적은 수의 블레이드를 갖고 있을 가능성이 매우 높다.

12-12C 전형적인 원심 펌프를 고려하자. 각각의 설명에 대해 진위를 선택하고, 그 결과를 간단히 논의하라.

(a) 펌프의 **자유토출(free delivery)**에서의 $\dot{V}$는 **최고효율점(best efficiency point)**에서의 $\dot{V}$보다 크다.
(b) 펌프의 **차단수두**에서, **펌프 효율**은 0이다.
(c) 펌프의 **최고효율점**에서, 펌프의 **순수두**는 최대값이다.
(d) 펌프의 **자유토출**에서, **펌프 효율**은 0이다.

12-13C 그림 P12-13C에 펌프의 순수두가 펌프의 체적유량 또는 용량의 함수로서 도시되어 있다. 그림에서 차단수두, 자유토출, 펌프 성능곡선, 시스템 곡선 및 운전점을 적어라.

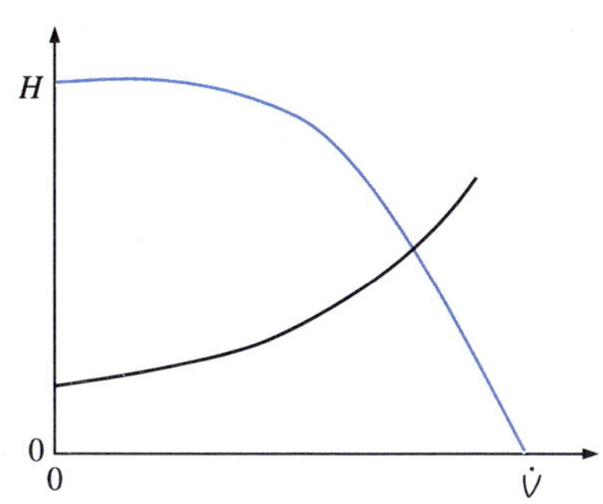

그림 P12-13C

---

* "C"로 표시된 문제는 개념 문제이고, 학생들은 모든 문제에 답하도록 권장된다. "E"로 표시된 문제는 영미 단위로서, SI 사용자는 그것을 무시해도 좋다. 아이콘으로 표시된 문제는 EES를 이용하여 푸는 문제로서, 매개변수 연구와 함께 완전한 풀이가 동봉된 DVD에 수록되어 있다. 아이콘으로 표시된 문제는 본질상 종합적인 문제로서 컴퓨터로, 가급적 본 교재에 동반된 EES 소프트웨어를 이용해, 풀도록 의도된 것이다.

12-14 그림 P12-13C의 펌프가 자유표면이 대기에 노출되어 있는 2개의 물탱크 사이에 설치되어 있다고 가정하자. 펌프의 입구로 물을 공급하는 쪽의 탱크와 펌프의 출구에 연결된 탱크 중 어느 것의 자유표면이 높은 위치에 있는가? 2개의 자유표면 사이의 에너지 방정식을 이용하여 도출된 결과의 타당성을 입증하라.

12-15 그림 P12-13C의 펌프가 자유표면이 대기에 노출되어 있는 2개의 큰 물탱크 사이에 설치되어 있다고 가정하자. 다른 모든 조건이 동일하면서 출구 탱크의 자유표면의 수위가 높아졌다면 펌프 성능곡선에 어떤 일이 일어날지 정성적으로 설명하라. 시스템 곡선에 대해서도 반복하라. 운전점에는 무슨 일이 생기는가, 즉 운전점에서 체적유량이 감소할까, 증가할까, 아니면 동일하게 유지될까? H-$\dot{V}$.의 정성적 선도 위에 변화를 도시하고 논의하라. (힌트: 펌프 상류에 있는 탱크의 자유표면과 펌프 하류에 있는 탱크의 자유표면 사이에서 에너지 방정식을 이용하라.)

12-16 그림 P12-13C의 펌프가 자유표면이 대기에 노출되어 있는 2개의 큰 물탱크 사이에 설치되어 있다고 가정하자. 다른 모든 조건이 동일하면서 배관 시스템 내의 밸브가 100% 개방에서 50% 개방으로 바뀌었다면 펌프 성능곡선에 어떤 일이 일어날지 정성적으로 설명하라. 시스템 곡선에 대해서도 반복하라. 운전점에는 무슨 일이 생기는가, 즉 운전점에서 체적유량이 감소할까, 증가할까, 아니면 동일하게 유지될까? H-$\dot{V}$.의 정성적 선도 위에 변화를 도시하고 논의하라 (힌트: 상류 탱크의 자유표면과 하류 탱크의 자유표면 사이에서 에너지 방정식을 이용하라.)

답: 감소한다

12-17 그림 P12-17에 나타낸 유동 시스템을 고려하자. 유체는 물이고 펌프는 원심 펌프이다. 펌프 용량의 함수로서 펌프의 순수두를 **정성적**으로 도시하라. 그림 위에 차단수두, 자유토출, 펌프 성능곡선, 시스템 곡선 및 운전점을 적어라. (힌트: 유량이 0인 조건에서 요구되는 순수두를 신중히 고려하라.)

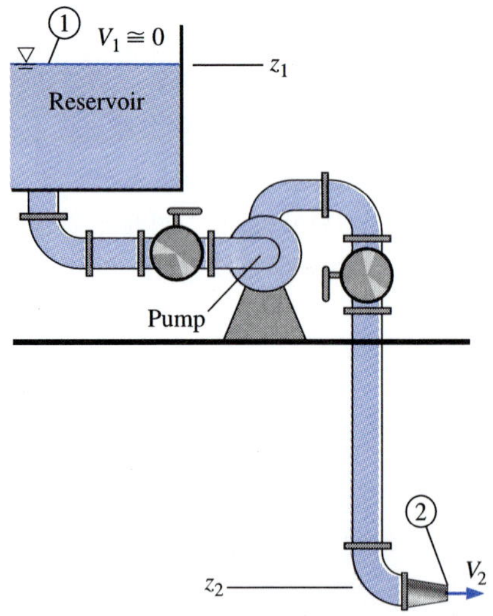

그림 P12-7C

12-18 그림 P12-17의 펌프가 **자유토출 조건**에서 작동되고 있다고 가정하라. 펌프의 상류와 하류 모두에서 파이프의 내경은 2.0 cm이고 조도는 거의 0에 가깝다. 날카로운 입구와 관련된 부차적 손실계수는 0.50이고, 각 밸브는 2.4인 부차적 손실계수를 가지며, 3개의 엘보우는 각각 부차적 손실계수 0.90을 갖는다. 출구에서의 수축부는 직경을 0.6배로 줄이며(파이프 직경의 60%), 수축부의 부차적 손실계수는 0.15이다. 이 부차적 손실계수는 평균 **출구** 속도를 기초로 한 것이며, 파이프 자체를 통과하는 평균 속도를 기준으로 한 것은 아니라는 것에 유의하라. 파이프의 총 길이는 8.75 m이며 높이의 차이는 $(z_1 - z_2) = 4.6$ m이다. 이 배관 시스템을 통과하는 체적유량을 예측하라.

답: 36.0 Lpm

12-19C 파이프 조도가 $\varepsilon = 0.50$ mm인 거친 파이프의 조건으로 문제 12-18을 반복하라. 문제 12-18에서와 같이 새 펌프가 그것의 자유토출 조건에서 운전되도록 변경된 펌프가 사용된다고 가정하라. 다른 모든 치수와 매개변수들은 문제 12-18의 값들과 동일하다고 가정하라. 계산 결과가 직관과 일치하는가? 설명하라.

12-20 EES 모든 치수, 매개변수, 부차적 손실계수 등등이 문제 12-18의 것과 같은 그림 P12-17의 배관 시스템을 고려하자. 펌프성능은 포물선 곡선접합, $H_{available} = H_0 - a\dot{V}^2$를 따르며, 여기서 $H_0 = 17.6$ m는 펌프의 차단수두이고 $a = 0.00426$ m/(Lpm)^{2}는 곡선접합의 계수이다. 운전 체적유량 $\dot{V}$를 Lpm(liters per minute) 단위로 추정하고 문제 12-18의 값과 비교하라. 논의하라.

12-21E 77°F의 물에 대해 원심 물 펌프에 대한 성능 데이터를 표 P12-21에서 보여주고 있다(gpm = gallons per minute). (a) 데이터의 각 행(row)에 대해 펌프 성능을 계산하라(%). **만점을 받기 위해서는 모든 단위와 단위 환산을 모두 보여라.** (b) 펌프의 BEP에서 체적유량(gpm)과 순수두(ft)를 추정하라.

표 P12-21

$\dot{V}$, gpm	H, ft	bhp, hp
0.0	19.0	0.06
4.0	18.5	0.064
8.0	17.0	0.069
12.0	14.5	0.074
16.0	10.5	0.079
20.0	6.0	0.08
24.0	0.0	0.078

12-22 문제 12-21E의 펌프 성능 데이터 각 열(column)을 미터 단위계로 변환하라. $\dot{V}$를 Lpm(Liters per minute)으로, H를 m로 그리고 bhp를 W로 변환. 이 미터 단위계 값들을 사용하여 펌프 효율(%)을 계산하고 문제 12-21E의 결과와 비교하라.

12-23 EES 문제 P12-21E의 원심 물 펌프에 대해, 기호만을 이용하여(선을 그리지 말고) H(ft), bhp(hp) 및 η_{pump} (%)를 $\dot{V}$ (gpm)의 함수로서 펌프의 성능 데이터를 도시하라. 3개의 매개변수 모두에 대해 선형 최소자승 다항식 곡선맞춤을 수행하고, 동일한 도표 위에 선으로서(기호 없이) 곡선맞춤된 곡선들을 도시하라. 일관성을 위하여, $\dot{V}^2$의 함수로서 H에 대한 1

차 곡선맞춤을 이용하고, $\dot{V}$와 $\dot{V}^2$의 함수로서 bhp에 대한 2차 곡선맞춤을 이용하며, $\dot{V}$, $\dot{V}^2$ 및 $\dot{V}^3$의 함수로서 η_{pump}에 대한 3차 곡선접합을 이용하라. 만점을 받기 위해서는 모든 곡선맞춤 방정식과 계수(단위와 함께)를 열거하라. 곡선맞춤한 표현을 기초로 펌프의 BEP를 계산하라.

12-24 문제 12-24E와 12-29E의 펌프가 시스템의 요구 조건이 $H_{required} = (z_2 - z_1) + b\dot{V}^2$이고 고도 차이가 $z_2 - z_1 = 15.5$ ft이며 계수 $b = 0.00986$ ft/(gpm)^{2}인 배관 시스템에 이용된다고 가정하라. 시스템의 운전점, 즉, $\dot{V}_{operating}$(gpm)과 $H_{operating}$(ft)를 추정하라.

답: 9.14 gpm, 16.3 ft

12-25 20°C의 물에 대해 원심 물 펌프에 대한 성능 데이터를 표 P12-25에서 보여주고 있다.(Lpm = liters per minute). (a) 데이터의 각 행(row)에 대해 펌프 성능을 계산하라(%). **만점을 받기 위해서는 모든 단위와 단위 환산을 모두 보여라.** (b) 펌프의 BEP에서 체적유량(Lpm)과 순수두(m)를 추정하라.

표 P12-25

$\dot{V}$, Lpm	H, m	bhp, W
0.0	47.5	133
6.0	46.2	142
12.0	42.5	153
18.0	36.2	164
24.0	26.2	172
30.0	15.0	174
36.0	0.0	174

12-26 문제 P12-25의 원심 물 펌프에 대해, 기호만을 이용하여(선을 그리지 말고) H(m), bhp(W) 및 η_{pump} (%)를 $\dot{V}$ (Lpm)의 함수로서 펌프의 성능 데이터를 도시하라. 3개의 매개변수 모두에 대해 선형 최소자승 다항식 곡선맞춤을 수행하고, 동일한 도표 위에 선으로서(기호 없이) 곡선맞춤된 곡선들을 도시하라. 일관성을 위하여, $\dot{V}^2$의 함수로서 H에 대한 1차 곡선맞춤을 이용하고, $\dot{V}$와 $\dot{V}^2$의 함수로서 bhp에 대한 2차 곡선맞춤을 이용하며, $\dot{V}$, $\dot{V}^2$ 및 $\dot{V}^3$의 함수로서 η_{pump}에 대한 3차 곡선접합을 이용하라. 만점을 받기 위해서는 모든 곡선맞춤 방정식과 계수(단위와 함께)를 열거하라. 곡선맞춤한 표현을 기초로 펌프의 BEP를 계산하라.

12-27 문제 12-25와 12-26의 펌프가 시스템의 요구 조건이 $H_{required} = (z_2 - z_1) + b\dot{V}^2$이고 고도 차이가 $z_2 - z_1 = 10.0$ m이며 계수 $b = 0.0185$ m/(Lpm)^{2}인 배관 시스템에 이용된다고 가정하라. 시스템의 운전점, 즉, $\dot{V}_{operating}$(Lpm)과 $H_{operating}$(m)를 추정하라.

12-28E 소형 물 펌프 제조사가 회사의 펌프 군에 대한 성능 데이터를 포물선 곡선맞춤인 $H_{available} = H_0 - a\dot{V}^2$으로 나열하였으며 이때 H_0는 펌프의 차단수두이고 a는 계수이다. 펌프군에 대해 펌프의 자유토출과 함께 H_0와 a 모두가 표에 나열되어 있다. 펌프수두는 m 단위인 수주의 높이로 주어져 있고 용량은 분 당 갤런(gpm)의 단위로 주어져 있다. (a) 계수 a의 단위는 무엇인가? (b) 펌프의 자유토출 $\dot{V}_{max}$에 대한 표현을 H_0와 a의 항으로 나타내어라. (c) 그 제조사의 펌프 하나가 큰 저수조로부터 높은 위치에 있는 다른 저수조로 물을 퍼나르는데 이용된다고 가정하라. 두 저수조 모두 자유표면은 대기압에 노출되어 있다. 시스템 곡선은 $H_{required} = (z_2 - z_1) + b\dot{V}^2$로 간략화한다. 펌프의 운전점 ($\dot{V}_{operating}$과 $H_{operating}$)을 H_0, a, b 및 고도 차이 $z_2 - z_1$의 항으로 계산하라.

12-29 물 펌프의 성능 데이터는 곡선맞춤인 $H_{available} = H_0 - a\dot{V}^2$을 따르며 여기에서 펌프의 차단수두는 $H_0 = 5.30$ m, 계수 $a = 0.0453$ m/(Lpm)^{2}이고, 펌프수두 H의 단위는 m이며 $\dot{V}$의 단위는 분 당 리터(Lpm)이다. 이 펌프가 하나의 큰 저수조로부터 높은 위치에 있는 다른 큰 저수조로 물을 퍼 나르는데 이용된다. 두 저수조 모두 자유표면은 대기압에 노출되어 있다. 시스템 곡선은 $H_{required} = (z_2 - z_1) - b\dot{V}^2$로 간략화되며, 여기서 고도 차이는 $z_2 - z_1 = 3.52$ m이고 계수는 $b = 0.0261$ m/(Lpm)^{2}이다. 펌프의 운전점 ($\dot{V}_{operating}$과 $H_{operating}$)을 적절한 단위(각각 Lpm과 m)로 계산하라.

답: 4.99 Lpm, 4.17 m

12-30E 물 펌프가 하나의 큰 저수조로부터 높은 위치에 있는 다른 큰 저수조로 물을 퍼 나르는데 이용된다. 두 저수조 모두 자유표면은 그림 P12-30E에 나타낸 것처럼 대기압에 노출되어 있다. 치수와 부차적 손실계수는 그림에 제공되어 있다. 펌프의 성능은 $H_{available} = H_0 - a\dot{V}^2$인 표현에 의해 근사적으로 나타낼 수 있으며, 여기서 차단수두는 $H_0 = 125$ ft의 수주이고, 계수 $a = 2.50$ ft/gpm^{2}이며 가용 펌프수두 $H_{available}$의 단위는 수주의 ft 단위이며 용량 $\dot{V}$의 단위는 분 당 갤런(gpm)이다. 펌프에 의해 토출되는 용량을 추정하라.

답: 6.34 gpm

$z_2 - z_1$ = 22.0 ft (elevation difference)
D = 1.20 in (pipe diameter)
$K_{L,\text{entrance}}$ = 0.50 (pipe entrance)
$K_{L,\text{valve 1}}$ = 2.0 (valve 1)
$K_{L,\text{valve 2}}$ = 6.8 (valve 2)
$K_{L,\text{elbow}}$ = 0.34 (each elbow—there are 3)
$K_{L,\text{exit}}$ = 1.05 (pipe exit)
L = 124 ft (total pipe length)
ϵ = 0.0011 in (pipe roughness)

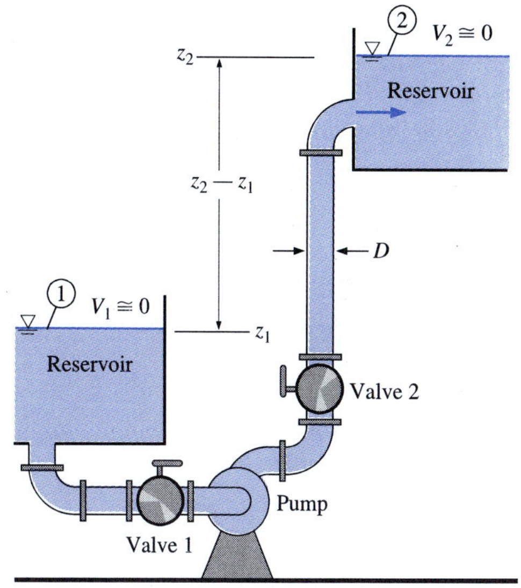

그림 P12-30E

12-31E 문제 12-30E의 펌프와 배관 시스템에 대해 요구되는 펌프수두 $H_{required}$(수주의 ft)를 체적유량 $\dot{V}$(gpm)의 함수로서 도시하라. 동일한 선도 위에 $\dot{V}$에 대한 가용 펌프수두 $H_{available}$을 비교하고 운전점을 표시하라. 논의하라.

12-32E 문제 12-30E에서 2개의 저수조가 동일한 고도에서 수평으로 1000 ft 떨어져 있다. 파이프의 총길이가 124 ft 대신에 1124 ft인 것을 제외하곤 모든 상수들과 매개변수들이 문제 12-30E과 동일하다. 이 경우에 대한 체적유량을 계산하고 문제 12-30E의 결과와 비교하라. 논의하라.

12-33 물 펌프가 하나의 큰 저수조로부터 높은 위치에 있는 다른 큰 저수조로 물을 퍼 나르는데 이용된다. 두 저수조 모두 자유표면은 그림 P12-33에 나타낸 것처럼 대기압에 노출되어 있다.

$z_2 - z_1$ = 7.85 m (elevation difference)
D = 2.03 cm (pipe diameter)
$K_{L,\ entrance}$ = 0.50 (pipe entrance)
$K_{L,\ valve}$ = 17.5 (valve)
$K_{L,\ elbow}$ = 0.92 (each elbow—there are 5)
$K_{L,\ exit}$ = 1.05 (pipe exit)
L = 176.5 m (total pipe length)
ε = 0.25 mm (pipe roughness)

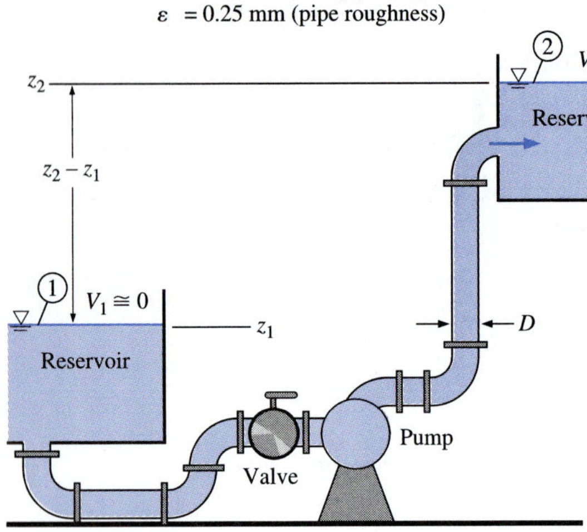

그림 P12-33

치수와 부차적 손실계수는 그림에 제공되어 있다. 펌프의 성능은 $H_{available} = H_0 - a\dot{V}^2$인 표현에 의해 근사적으로 나타낼 수 있으며, 여기서 차단수두는 H_0 = 24.4 m의 수주이고, 계수 a = 0.0678 m/Lpm²이며 가용 펌프수두 $H_{available}$의 단위는 수주의 m 단위이며 용량 $\dot{V}$의 단위는 분 당 리터(Lpm)이다. 펌프에 의해 토출되는 용량을 추정하라.

답: 11.6 Lpm

12-34 문제 12-33의 펌프와 배관 시스템에 대해 요구되는 펌프수두 $H_{required}$(수주의 m)를 체적유량 $\dot{V}$(Lpm)의 함수로서 도시하라. 동일한 선도 위에 $\dot{V}$에 대한 가용 펌프수두 $H_{available}$을 비교하고 운전점을 표시하라. 논의하라.

12-35 문제 12-33에서 입구 측 저수조의 자유표면이 고도가 5.0 m 더 높아서 $z_2 - z_1$ = 2.85 m이라고 가정한다. 고도의 차이를 제외하고는 모든 상수들과 매개변수들이 문제 12-33과 동일하다. 이 경우에 대해 체적유량을 계산하고 문제 12-33의 결과와 비교하라. 논의하라.

12-36 April의 상사는 문제 12-33의 배관 시스템을 통하는 유량을 2배 이상 증가시킬 대체 펌프를 찾아보도록 요구한다. April은 어떤 온라인 팸플릿을 통해서 표 P12-36에 나타낸 성능 데이터를 갖는 펌프를 찾아내었다. 모든 치수와 매개변수들은 문제 12-33과 동일하고 단지 펌프만이 변경된다. (a) $\dot{V}^2$ 대 $H_{available}$의 최소자승 곡선맞춤(회귀 분석)을 수행하고 표 P12-36에 열거된 데이터를 포물선 표현, $H_{available} = H_0 - a\dot{V}^2$으로 변환시키는데 가장 잘 맞는 계수 H_0와 a을 계산하라. 비교를 위해 데이터 점들은 기호로 그리고 곡선맞춤은 선으로 도시하라. (b) 다른 조건은 동일한 채로 현재의 펌프를 새 펌프로 대체할 경우에 대한 펌프의 운전 체적유량을 추정하기 위하여 위의 (a) 부분에서 얻어진 표현을 이용하라. 문제 12-33의 결과와 비교하고 논의하라. April은 목적을 달성하였는가? (c) 체적유량의 함수로서 가용 순수두와 필요 순수두 선도를 만들고, 이 선도 위에 운전점을 표시하라.

표 P12-36

$\dot{V}$, Lpm	H, m
0	46.5
5	46
10	42
15	37
20	29
25	16.5
30	0

12-37 다른 모든 것이 동일하고 파이프 직경이 두 배가 되는 경우에 대해 문제 12-33의 저수조 사이의 체적유량을 계산하라. 논의하라.

12-38 문제 12-33과 12-37의 결과를 비교하면 기대한 것처럼 파이프의 내경이 두 배가 될 때 체적유량이 증가한다. Reynolds 수도 역시 증가한다고 기대할 수도 있다. 과연 그럴까? 설명하라.

12-39 모든 부차적 손실을 무시하고 문제 12-33을 반복하라. 문제 12-33의 결과와 체적유량을 비교하라. 이 문제에서 부차적 손실이 중요한가? 논의하라.

12-40 문제 12-33의 펌프와 배관 시스템을 고려하자. 아래의 저수조는 매우 크고 표면은 고도의 변화가 없지만, 위쪽 저수조는 그렇게 크지 않고 표면이 저수조가 차오름에 따라 서서히 높아진다고 가정하자. 0에서 펌프가 물을 더 이상 퍼 올리기를 그칠 때의 $z_2 - z_1$ 값까지의 범위에서 체적유량 $\dot{V}$(Lpm)의 곡선을 $z_2 - z_1$의 함수로 표현하라. $z_2 - z_1$의 값이 얼마일 때 이것이 일어나는가? 이 곡선은 직선인가? 직선 또는 직선이 아닌 이유는? $z_2 - z_1$이 이 값보다 클 경우 어떤 일이 발생하는가? 설명하라.

12-41E 국부 환기 시스템(후드와 덕트 시스템)이 용접작업에 의해 발생된 공기와 오염물을 제거하기 위해 이용된다(그림 P12-

41E). 덕트의 내경 (ID)은 D = 9.09 in이고, 평균조도는 0.0059 in이며, 총 길이는 L = 34.0 ft이다. 덕트를 따라서 각각의 부차적 손실계수가 0.21인 엘보우 3개가 있다. 후드 제조사의 데이터에 의하면 후드의 입구 손실계수는 덕트 속도를 기준으로 4.6이다. 댐퍼가 완전히 열렸을 때의 손실계수는 1.8이다. 입구가 9.0 in인 다람쥐 쳇바퀴 모양 원심 팬이 사용 가능하다. 이 팬의 성능 데이터는 $H_{available} = H_0 - a\dot{V}^2$ 형태의 포물선 곡선에 맞춤되는데 여기서 차단수두는 H_0 = 2.30 in 수주이고, 계수는 (SCFM)^2 당 $a = 8.05 \times 10^{-6}$ in의 수주이고, 가용수두 $H_{available}$는 in 단위의 수주이며, 용량 $\dot{V}$의 단위는 분 당 표준 입방 ft (25°C에서 SCFM)이다. 이 환기 시스템을 통과하는 체적유량을 SCFM 단위로 추정하라.

답: 452 SCFM

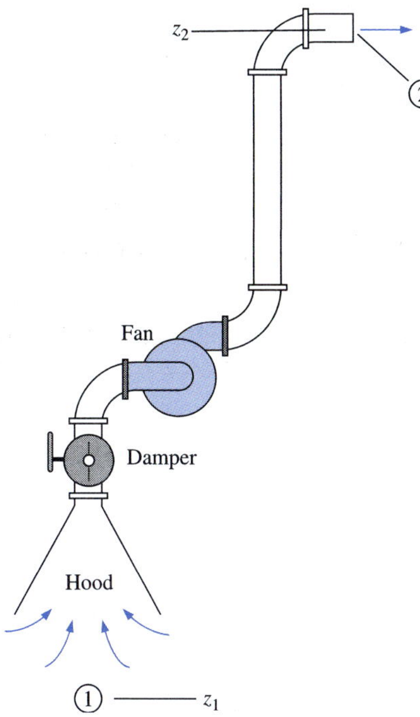

그림 P12-41E

12-42E 문제 12-41E의 덕트 시스템과 팬에 있어서, 댐퍼를 일부 닫으면 유량이 감소하게 된다. 다른 모든 조건은 동일한 채로 체적유량을 반으로 감소시키기 위하여 요구되는 댐퍼의 부차적 손실계수를 추정하라.

12-43E 모든 부차적 손실을 무시하고 문제 12-41E를 반복하라. 이 문제에서 부차적 손실은 얼마나 중요한가? 논의하라.

12-44 국부 환기 시스템(후드와 덕트 시스템)이 제약 실험실의 공기와 오염물을 제거하기 위해 이용된다 (그림 P12-44). 덕트의 내경 (ID)은 D = 150 mm이고, 평균조도는 0.15 mm이며, 총 길이는 L = 24.5 m이다. 덕트를 따라서 각각의 부차적 손실계수가 0.21인 엘보우 3개가 있다. 후드 제조사의 데이터에 의하면 후드의 입구 손실계수는 덕트 속도를 기준으로 3.3이다. 댐퍼가 완전히 열렸을 때, 손실계수는 1.8이다. 90° 티를 통한 부차적 손실계수는 0.36이다. 마지막으로, 편도 밸브(one-way valave)가 두 번째 후드로부터 방안으로 오염물질이 "역류"하는 것을 방지하기 위해 설치된다. (열린) 편도 밸브의 부차적 손실계수는 6.6이다. 팬의 성능 데이터는 $H_{available} = H_0 - a\dot{V}^2$ 형태의 포물선 곡선에 맞춤되는데 여기서 차단수두는 H0 = 60.0 mm의 수주이고, 계수는 (Lpm)^2 당 $a = 2.50 \times 10^{-7}$ mm의 수주이고, 가용 헤드 $H_{available}$는 mm 단위의 수주이며, 용량 $\dot{V}$는 공기의 Lpm 단위이다. 이 환기 시스템을 통과하는 체적유량을 Lpm 단위로 추정하라.

답: 7090 Lpm

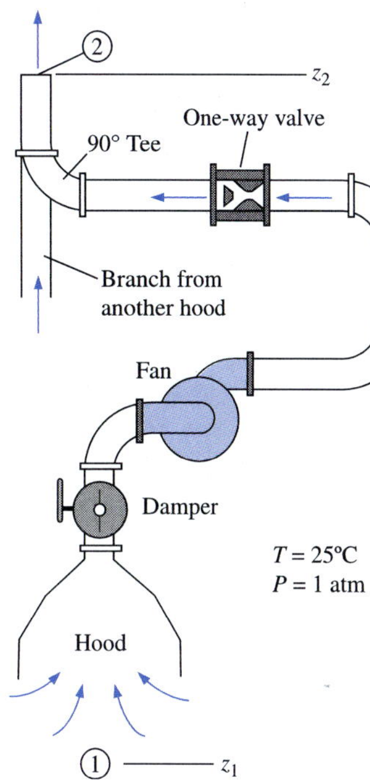

그림 P12-44

12-45 문제 12-44의 덕트 시스템에 대해, 체적유량 $\dot{V}$(Lpm)의 함수로서 요구되는 팬 수두 $H_{required}$ (mm 수주)를 도시하라. 동일한 선도 위에, $\dot{V}$ 대 가용 팬 수두 $H_{required}$을 비교하고 운전점을 표시하라. 논의하라.

12-46 모든 부차적 손실을 무시하고 문제 12-44를 반복하라. 이 문제에서 부차적 손실은 얼마나 중요한가? 논의하라.

12-47 그림 P12-44의 편도 밸브가 부식으로 오작동하고 그것의 완전히 닫힌 위치에서 고착되어 있다(공기가 통과 할 수 없다)고 가정하라. 팬은 켜져 있고, 다른 모든 조건은 문제 12-44와 동일하다. 팬 직후의 위치에서 계기압력을(파스칼 단위와 수주 mm 단위로) 계산하라. 편도 밸브 직전의 위치에 대해서 반복하라.

12-48 원심 펌프가 $\dot{n}$ = 750 rpm으로 회전한다. 물이 블레이드에 수직하게 임펠러로 들어가고($\alpha_1 = 0°$) 반경방향으로부터 35°의 각도로 나온다 ($\alpha_2 = 35°$). 입구 반경은 r_1 = 12.0 cm이며 이곳의 블레이드 폭은 b_1 = 18.0 cm이다. 출구 반경은 r_2 = 24.0 cm이고 이곳의 블레이드 폭은 b_2 = 14.0 cm이다. 체적유량은 0.573 m^3/s이다. 효율을 100%로 가정하고 이 펌프에 의해 발생하

는 순수두를 cm 수주의 높이로 계산하라. 또한 W 단위로 요구되는 제동마력을 계산하라.

12-49 깃 축류 팬이 로터 블레이드의 상류에 고정자 블레이드를 갖도록 설계되어 있다(그림 P12-49). 비용을 줄이기 위해, 고정자와 로터 블레이드 모두를 철판으로 제작한다. 그림에 나타낸 것처럼 고정자 블레이드는 단순한 원호로서 전단부는 축방향에, 후단부는 축으로부터 각도 β_{st} = 26.6°로 정렬되어 있다(하첨자 표기는 고정자 후단부를 나타낸다). 총 18개의 고정자 블레이드가 있다. 설계조건에서, 블레이드를 통하는 축류 유동속도는 31.4 m/s이고, 임펠러는 1800 rpm으로 회전한다. 반경 0.50 m에서, 회전자 블레이드의 전단부와 후단부의 각도를 계산하고 블레이드의 형상을 그려라. 몇 개의 회전자 블레이드가 있어야만 하는가?

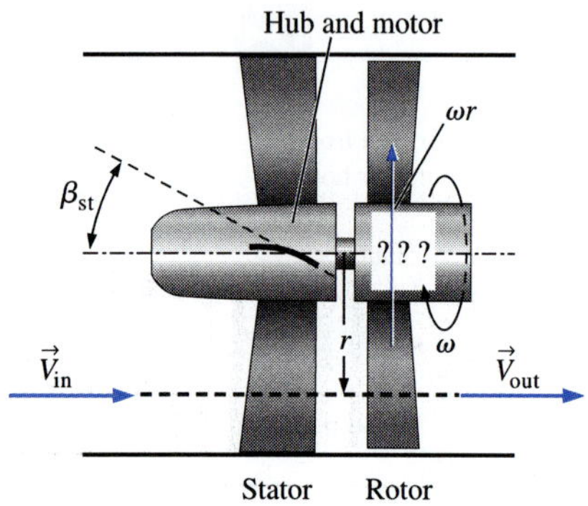

그림 P12-49

터빈

12-50C 터빈이 펌프의 경우보다 종종 높은 효율을 갖는 이유를 2가지 이상 제시하라.

12-51C 동역학적 펌프와 반동 터빈을 원심(반경류), 혼류, 또는 축류로 분류하는데 사용되는 주된 차이를 간단히 논의하라.

12-52C **흡출관(draft tube)**이란 무엇이고 그 목적은 무엇인가? 만약 터보기계의 설계자가 흡출관의 설계에 관심을 기울이지 않는다면 무슨 일이 발생할 것인지 기술하라.

12-53C 동역학적 터빈의 2가지 기본 형식 사이의 차이를 열거하고 간단히 기술하라.

12-54C 반동 수력터빈에서 **역선회류**의 의미를 논의하고, 약간의 역선회류는 바람직한 이유를 설명하라. 그 이유를 지지하기 위해서 방정식을 이용하라. 너무 과다한 역선회류가 현명하지 **못한** 이유는?

12-55 주어진 제트 속도, 체적유량, 방향전환 각도(turning angle) 및 수차 반경에 대해 Pelton 수차에 의한 최대 축동력은 터빈 버킷이 제트 속도의 절반으로 움직일 때 발생함을 증명하라.

12-56 Pelton 수차가 수력발전에 이용된다. 수차의 평균 반경은 1.83 m이고 10.0 cm인 직경을 갖는 노즐 출구로부터 제트의 속도는 102 m/s이다. 버킷의 방향전환 각도는 β = 165°이다. (a) 터빈을 통과하는 체적유량을 m^3/s 단위로 계산하라. (b) 수차의(최대 동력을 위한) 최적 회전율(rpm 단위로)은 얼마인가? (c) 터빈의 효율이 82%일 때 출력 축동력을 MW 단위로 계산하라.

답: (a) 0.801 m^3/s, (b) 266 rpm, (c) 3.35 MW

12-57 어떤 엔지니어들이 소수력 댐의 가능성이 있는 장소를 평가하고 있다. 어느 한 장소에서, 그들은 총수두는 650 m이고 각 터빈을 통하는 물의 체적유량은 1.5 m^3/s일 것으로 추정하였다. 터빈 당 이상적인 동력 발생을 MW 단위로 추정하라.

12-58E 수력발전소를 설계하고 있다. 저수부위에서부터 방수로까지의 총 수두는 1065 ft이며 각 터빈을 통과하는 물의 체적유량은 70°F에서 203,000 gpm이다. 각각의 효율이 95.2%인 12개의 동일한 터빈이 병렬로 배열되어 있으며, 모든 기계적 에너지 손실(도수로 통과 등)은 출력을 3.5% 감소시킨다고 예상한다. 발전기 자체의 효율은 94.5%이다. 이 발전소로부터 생산되는 전력을 MW로 추정하라.

12-59 Francis 반경류 수력터빈이 설계되고 있다. 터빈의 치수는 r_2 = 2.00 m, r_1 = 1.42 m, b_2 = 0.731 m 및 b_1 = 2.20 m이다. 러너는 $\dot{n}$ = 180rpm으로 회전한다. 쪽문(wicket gate)은 러너의 입구에서 반경방향으로부터 각도 α_2 = 30°로 전환시키고, 러너 출구에서 유동은 반경방향으로부터 각도 α_1 = 10°이다 (그림 P12-59). 설계조건에서 체적유량은 340 m^3/s이고 댐에 의한 총수두는 H_{gross} = 90.0 m이다. 예비 설계에서 비가역 손실은 무시된다. 입구와 출구의 러너 블레이드의 각도 β_2와 β_1을 각각 계산하고 출력 동력(MW)과 요구되는 순수두(m)를 예측하라. 이 설계에 타당성이 있는가?

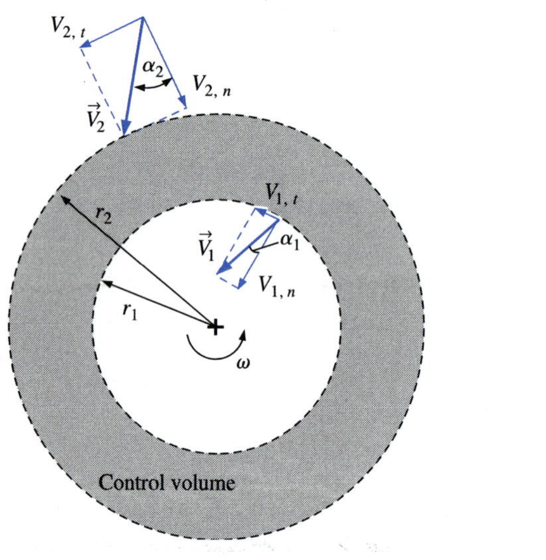

그림 P12-59

12-60 문제 12-59을 다시 고려하자. EES (또는 다른) 소프트웨어를 이용하여, 요구되는 순수두와 출력 동력에 관한 러너 출구 각도 α_1의 영향을 조사하라. 출구 각도를 1°의 간격으로 −20°에서 20°까지 변화시키고 그 결과를 도시하라. 유동이 열역학 법칙들을 위배하지 않는 가능한 최소 α_1 값을 결정하라.

12-61 Francis 반경류 수력터빈의 치수는 r_2 = 2.00 m, r_1 = 1.30

m, b_2 = 0.85 m 및 b_1 = 2.10 m이고 여기에서 위치 2는 입구를 위치 1은 출구를 나타낸다. 터빈 입구와 출구에서 러너 블레이드의 각도는 각각 β_2 = 66.0°와 β_1 = 18.5°이다. 러너는 $\dot{n}$ = 100 rpm으로 회전한다. 설계조건에서 체적유량은 80.0 m^3/s이다. 예비 해석에서 비가역 손실은 무시된다. 쪽문(wicket gate)이 유동의 방향을 전환시켜야 하는 각도 α_2를 계산하라. 여기서 α_2는 러너의 입구에서 반경방향으로부터 측정된 값이다(그림 P12-59). 선회류 각도 α_1을 계산하라. 여기서 α_1은 러너의 출구에서 반경방향으로부터 측정된 값이다(그림 P12-59). 이 터빈은 순 선회류를 갖는가 아니면 역 선회류를 갖는가? 출력 동력(MW)과 요구되는 순수두(m)를 예측하라.

12-62E Francis 반경류 수력터빈의 치수는 r_2 = 6.60 ft, r_1 = 4.40 ft, b_2 = 2.60 ft 및 b_1 = 7.20 ft이고 여기에서 위치 2는 입구를 위치 1은 출구를 나타낸다. 터빈 입구와 출구에서 러너 블레이드의 각도는 각각 β_2 = 82°와 β_1 = 46°이다. 러너는 $\dot{n}$ = 120 rpm으로 회전한다. 설계조건에서 체적유량은 4.70 × 106 gpm이다. 예비 해석에서 비가역 손실은 무시된다. 쪽문(wicket gate)이 유동의 방향을 전환시켜야 하는 각도 α_2를 계산하라. 여기서 α_2는 러너의 입구에서 반경방향으로부터 측정된 값이다(그림 P12-59). 선회류 각도 α_1을 계산하라. 여기서 α_1은 러너의 출구에서 반경방향으로부터 측정된 값이다(그림 P12-59). 이 터빈은 순 선회류를 갖는가 아니면 역 선회류를 갖는가? 출력 동력(hp)과 요구되는 순수두(ft)를 예측하라.

12-63E EES (또는 다른) 소프트웨어를 이용하여 모든 다른 조건은 같게 유지하며 터빈 출구에서 선회류가 없도록 문제 12-62E의 러너 블레이드 후단 각도 β_1을 조절하라. β_1과 이에 해당하는 축동력을 구하라.

펌프와 터빈 축척 법칙

12-64C **친화성(affinity)**이란 단어를 사전에서 찾아보아라. 일부 엔지니어들이 터보기계의 축척 법칙을 **친화 법칙(affinity laws)**이라고 일컫는 이유는 무엇이라고 생각하는가?

12-65C 각각의 설명이 맞는지 틀리는지 선택하고, 그 이유를 간단히 논의하라.

(a) 다른 모든 조건이 동일한 채로 펌프의 rpm이 2배가 되면, 펌프의 용량은 약 2배로 증가한다.

(b) 다른 모든 조건이 동일한 채로 펌프의 rpm이 2배로 되면, 펌프의 순수두는 약 2배로 증가한다.

(c) 다른 모든 조건이 동일한 채로 펌프의 rpm이 2배로 되면, 요구되는 축동력은 약 4배로 증가한다.

(d) 다른 모든 조건이 동일한 채로 터빈의 rpm이 2배로 되면, 터빈의 출력 축동력은 약 8배로 증가한다.

12-66C 일반적으로 어떤 무차원 펌프성능 매개변수가 독립적인 매개변수로 이용되는지 논의하라. 펌프 대신에 터빈에 대해서도 반복하라. 설명하라.

12-67 문제 12-33의 펌프를 고려하자. 펌프의 직경은 1.80 cm이고 $\dot{n}$ = 4200 rpm에서 운전한다. 펌프 성능곡선을 무차원화 하라, 즉 C_H를 C_Q에 대하여 도시하라. $\dot{V}$ = 14.0 Lpm에서 C_H와 C_Q에 대한 샘플 계산결과를 보여라.

12-68 BEP가 14.0 Lpm에서 발생되는 경우에 대해 최적 효율점에서 문제 12-67의 펌프의 펌프 비속도를 계산하라. 답을 무차원 형태와 미국 관습 단위로 제시하라. 이것은 어떤 종류의 펌프인가?

답: 0.199, 545, 원심펌프

12-69 문제 12-44의 팬을 고려하자. 팬의 직경은 30.0 cm이고 $\dot{n}$ = 600 rpm에서 운전한다. 팬 성능곡선을 무차원화 하라, 즉 C_H를 C_Q에 대하여 도시하라. $\dot{V}$ = 13,600 Lpm에서 C_H와 C_Q에 대한 샘플 계산결과를 보여라.

12-70 BEP가 13,600 Lpm에서 발생되는 경우에 대해 최적 효율점에서 문제 12-69의 팬의 비속도를 계산하라. 답을 무차원 형태와 미국 관습 단위로 제시하라. 이것은 어떤 종류의 팬인가?

12-71 최적 효율점에서 예제 12-6의 펌프의 펌프 비속도를 계산하라. 답을 무차원 형태와 미국 관습 단위로 제시하라. 이것은 어떤 종류의 펌프인가?

12-72 Len은 수족관용 소형 물 펌프를 설계해 달라는 요청을 받았다. 이 펌프는 최적 효율점에서 순수두 1.6 m로 18.0 Lpm의 물을 공급해야 한다. 1200 rpm으로 회전하는 모터가 사용 가능하다. Len이 설계해야 할 펌프는 어떤 종류일까 (원심, 혼류, 또는 축류)? 모든 계산과정을 보이고 답을 선택한 이유를 정당화하라. 이 펌프로 Len이 기대할 수 있는 최대 펌프효율을 추정하라.

답: 원심펌프, 75%

12-73E 대형 물 펌프가 원자로를 위해 설계되고 있다. 이 펌프는 최적 효율점에서 순수두 45 ft로 2500 gpm의 물을 공급해야 한다. 300 rpm으로 회전하는 모터를 사용할 수 있다. 설계해야 될 펌프는 어떤 종류일까 (원심, 혼류, 또는 축류)? 모든 계산과정을 보이고 답을 선택한 이유를 정당화하라. 이 펌프로 희망할 수 있는 최대 펌프효율을 추정하라. 이 펌프를 구동하기 위해 요구되는 동력(제동마력)을 추정하라.

12-74 문제 12-72의 펌프를 고려하자. 회전수가 원래 펌프에 사용되는 모터의 반인 모터를 부착하여 펌프를 변경하였다고 가정한다. 만약 펌프가 두 경우 모두에 대해 상응하는 점에서(즉, BEP에서) 운전된다면, 변경된 펌프의 체적유량과 순수두를 예측하라. 변경된 펌프의 펌프 비속도를 계산하고 원래 펌프의 값과 비교하라. 논의하라.

12-75 터빈 비속도와 펌프 비속도가 다음의 관계를 갖는 것을 증명하라: $N_{St} = N_{Sp}\sqrt{\eta_{turbine}}$.

12-76 필요한 환산계수를 적용하여 무차원 터빈 비속도와 미국 관습 터빈 비속도 사이의 관계식 $N_{St} = 43.46 N_{St,\,US}$을 증명하라. 유체로서 물을 가정하고 지구의 표준 중력을 가정함에 유의하라.

12-77 그림 12-65의 Round Butte 수력터빈의 터빈 비속도를 계산하라. 계산결과가 그런 종류의 터빈에 대한 적절한 N_{St} 범위 내에 들어가는가?

12-78 예제 12-7 터빈의 터빈 비속도를 $\alpha_1 = 10°$일 경우에 대하여 계산하라. 답을 무차원 형태와 미국 관습 단위로 제시하라. 터빈 비속도가 Francis 터빈에 대한 정상 범위 내에 있는가? 그렇지 않다면 어떤 종류의 터빈이 보다 적합한가?

12-79 문제 12-61 터빈의 터빈 비속도를 계산하라. 정답을 무차원 형태와 미국 관습 단위로 제시하라. 터빈 비속도가 Francis 터빈에 대한 정상 범위 내에 있는가? 그렇지 않다면 어떤 종류의 터빈이 보다 적합한가?

12-80E 문제 12-62E 터빈의 터빈 비속도를 미국 관습 단위로 계산하라. 터빈 비속도가 Francis 터빈에 대한 정상 범위 내에 있는가? 그렇지 않다면 어떤 종류의 터빈이 보다 적합한가?

12-81 문제 12-59 터빈의 터빈 비속도를 계산하라. 정답을 무차원 형태와 미국 관습 단위로 제시하라. 터빈 비속도가 Francis 터빈에 대한 정상 범위 내에 있는가? 그렇지 않다면 어떤 종류의 터빈이 보다 적합한가?

12-82 수력 터빈의 1/5 축척 모델이 실험실에서 $T = 20°C$의 조건으로 시험된다. 모델의 직경은 8.0 cm이고 체적유량은 17.0 m^3/h이며, 1500 rpm으로 회전하고 순수두는 15.0 m로 운전된다. 최적 효율점에서 터빈은 축동력 450 W를 전달한다. 모델 터빈의 효율을 계산하라. 시험되고 있는 터빈은 어떤 종류의 터빈일 가능성이 가장 많은가?

답: 64.9%, 충동터빈

12-83 문제 12-82에서 논의된 1/5 축척 모델 터빈에 상응하는 원형(prototype) 터빈이 순수두 50 m에서 운전된다. 최적효율에 대한 적절한 rpm과 체적유량을 결정하라. 완전한 기하학적 상사를 가정하여 실물 터빈의 제동마력 출력을 예측하라.

12-84 모델 터빈(문제 12-82)과 원형 터빈(문제 12-83) 두 경우 모두의 터빈 효율과 터빈 비속도를 비교하여 이들이 상응하는 점에서 운전됨을 증명하라.

12-85 완전한 동역학적 상사를 가정하여, 문제 12-84에서 모델 터빈의 시험 결과를 실물 크기의 원형 모델에 적용하였다. 그러나 교재에서 논의된 바와 같이 큰 원형 모델이 일반적으로 축소 모델보다 더 높은 효율을 나타낸다. 더 높은 효율이 나타나는 이유를 간단히 설명하라.

12-86 엔지니어 팀이 현존하는 터빈을 비례 확대하여 새 수력터빈을 설계하고 있다. 기존의 터빈(터빈 A)은 직경이 $D_A = 1.50$ m이고 $\dot{n}_A = 150$ rpm으로 회전한다. 이 터빈은 최적효율점에서 $\dot{V}_A = 162\ m^3/s$, $H_A = 90.0$ m 및 $bhp_A = 132$ MW이다. 새 터빈(터빈 B)은 120 rpm으로 회전하며 순수두는 $H_B = 110$ m 가 될 것이다. 최적으로 운전되는 새 터빈의 직경을 계산하고 $\dot{V}_B$와 bhp_B 를 계산하라.

답: 2.07 m, 342 m^3/s, 341 MW

12-87 문제 12-86의 두 터빈의 효율을 계산하고 비교하라. 동역학적 상사를 가정하였으므로 효율이 같아야만 한다. 그러나 큰 터빈이 실제로는 작은 터빈보다 다소 더 효율적일 것이다. 새 터빈의 실제 기대되는 효율을 예측하기 위하여 Moody 효율 보정 방정식을 이용하라. 논의하라.

12-88 문제 12-86의 작은 터빈 (A)와 큰 터빈 (B) 모두에 대한 터빈 비속도를 계산하고 비교하라. 이들은 어떤 종류의 터빈일 가능성이 가장 많은가?

복습 문제

12-89C 대부분의 가정에서 볼 수 있는 평범한 수도계량기는 체적 계량 메커니즘에 연결된 축을 회전시키기 위해 흐르는 물로부터 에너지를 추출하기 때문에 터빈의 일종으로 생각될 수 있다(그림 P12-89C). 그러나 배관 시스템의 관점으로부터 볼 때(8장), 수도계량기는 어떤 종류의 장치인가? 설명하라.

그림 P12-89C

12-90C 펌프 비속도와 터빈 비속도는 펌프와 터빈의 축척법칙에 필요하지 않는 "추가적인" 매개변수이다. 그렇다면 이들의 목적은 무엇인지 설명하라.

12-91 2개의 동역학적으로 상사인 펌프에 대해 $D_B = D_A(H_A/H_B)^{1/4}(\dot{V}_B/\dot{V}_A)^{1/2}$임을 증명하기 위하여 무차원 매개변수를 조작하라. 동일한 관계식이 2개의 동역학적으로 상사인 **터빈**에 적용되는가?

12-92 2개의 동역학적으로 상사인 터빈에 대해 $D_B = D_A(H_A/H_B)^{3/4}(\rho_A/\rho_B)^{1/2}(bhp_B/bhp_A)^{1/2}$임을 증명하기 위하여 무차원 매개변수를 조작하라. 동일한 관계식이 2개의 동역학적으로 상사인 **펌프**에 적용되는가?

설계 및 논술 문제

12-93 주어진 펌프 (A)와 동역학적으로 상사인 새 펌프 (B)를 설계하기 위하여 (EES 또는 다른 소프트웨어를 이용하여) 친화 법칙을 채택하는 범용 컴퓨터 응용프로그램을 개발하라. 펌프 A에 대한 입력은 직경, 순수두, 용량, 밀도, 회전속도 및 펌프효율이다. 펌프 B에 대한 입력은 밀도(ρ_B는 ρ_A와 다를 수 있다), 요구되는 순수두 및 요구되는 용량이다. 펌프 B에 대한 출력은 직경, 회전속도 및 요구되는 축동력이다. 다음의 입력데이터를 이용해 개발된 프로그램을 시험하라. $D_A = 5.0$ cm, $H_A = 120$ cm, $\dot{V}_A = 400\ cm^3/s$, $\rho_A = 998.0\ kg/m^3$, $\dot{n}_A = 1725$ rpm, $\eta_{pump,A} = 81\%$, $\rho_B = 1226\ kg/m^3$, $H_B = 450$ cm 및 $\dot{V}_B = 2400\ cm^3/s$이다. 결과를 손으로 계산하여 증명하라.

답: $D_B = 8.80$ cm, $\dot{n}_B = 1898$ rpm, $bhp_B = 160$ W

12-94 기존의 펌프 (A)에 대한 실험으로 다음의 BEP 데이터를 얻는다: $D_A = 10.0$ cm, $H_A = 210$ cm, $\dot{V}_A = 1350\ cm^3/s$, $\rho_A = 998.0\ kg/m^3$, $\dot{n}_A = 1500$ rpm, $\eta_{pump,A} = 87\%$. 다음의 요구사항을 갖는 새 펌프 (B)를 설계하려고 한다. $\rho_B = 998.0\ kg/m^3$, $H_B = 570$ cm 및 $\dot{V}_B = 3670\ cm^3/s$. D_B(cm), $\dot{n}$

$_B$(rpm), 및 bhp_B(W)를 계산하기 위하여 문제 12-93에서 개발된 컴퓨터 프로그램을 사용하라. 또한 펌프 비속도를 계산하라. 이것은 어떤 종류(가장 가능성이 높은)의 펌프인가?

12-95 주어진 터빈 (A)와 동역학적으로 상사인 새 터빈 (B)를 설계하기 위하여 (EES 또는 다른 소프트웨어를 이용하여) 친화 법칙을 채용하는 범용 컴퓨터 응용프로그램을 개발하라. 터빈 A에 대한 입력은 직경, 순수두, 용량, 밀도, 회전속도 및 제동마력이다. 터빈 B에 대한 입력은 밀도(ρ_B는 ρ_A와 다를 수 있다), 가용 순수두 및 회전속도이다. 터빈 B에 대한 출력은 직경, 용량 및 제동마력이다. 다음의 입력데이터를 이용해 개발된 프로그램을 시험하라. $D_A = 1.40$ m, $H_A = 80.0$ m, $\dot{V}_A = 162$ m^3/s, $\rho_A = 998.0$ kg/m^3, $\dot{n}_A = 150$ rpm, $bhp_A = 118$ MW, $\rho_B = 998.0$ kg/m^3, $H_B = 95.0$ m 및 $\dot{n}_B = 120$ rpm이다. 결과를 손으로 계산하여 증명하라.

답: $D_B = 1.91$ m, $\dot{V}_B = 328$ m^3/s, $bhp_B = 283$ MW

12-96 현재의 터빈 (A)에 대한 실험으로 다음의 데이터를 얻는다: $D_A = 86.0$ cm, $H_A = 22.0$ m, $\dot{V}_A = 69.5$ m^3/s, $\rho_A = 998.0$ kg/m^3, $\dot{n}_A = 240$ rpm, $bhp_A = 11.4$ MW. 다음의 요구사항을 갖는 새 터빈 (B)를 설계하려고 한다: $\rho_B = 998.0$ kg/m^3, $H_B = 95.0$ m 및 $\dot{n}_B = 210$ rpm. D_B(m), $\dot{V}_B$(m^3/s) 및 bhp_B(MW)를 계산하기 위하여 문제 12-97에서 개발된 컴퓨터 프로그램을 사용하라. 또한 터빈 비속도를 계산하라. 이것은 어떤 종류(가장 가능성이 높은)의 터빈인가?

12-97 문제 12-96의 두 터빈의 효율을 계산하고 비교하라. 동역학적 상사를 가정하였으므로 효율이 같아야만 한다. 그러나 큰 터빈이 실제로는 작은 터빈보다 약간 더 효율적일 것이다. Moody의 효율 보정 방정식을 이용하여 새 터빈의 실제로 기대되는 효율을 예측하라. 논의하라.

상태량 표 및 도표

* 표에 있는 대부분의 상태량들은 EES의 상태량 데이터베이스로부터 얻은 것들이며, 원래 출처들은 표의 아래 부분에 열거되어 있다. 손 계산시 축적되는 반올림 오차를 최소화하고 EES로 얻는 결과와 근접하게 일치시키기 위한 목적으로 상태량들은 간혹 제시한 정확도보다 많은 유효숫자 자릿수로 기재되어 있다.

표 A-1

몇 가지 물질의 몰 질량, 기체상수 및 이상기체 비열

Substance	Molar Mass M, kg/kmol	Gas Constant R, kJ/kg · K*	Specific Heat Data at 25°C		
			c_p, kJ/kg · K	c_v, kJ/kg · K	$k = c_p/c_v$
Air	28.97	0.2870	1.005	0.7180	1.400
Ammonia, NH_3	17.03	0.4882	2.093	1.605	1.304
Argon, Ar	39.95	0.2081	0.5203	0.3122	1.667
Bromine, Br_2	159.81	0.05202	0.2253	0.1732	1.300
Isobutane, C_4H_{10}	58.12	0.1430	1.663	1.520	1.094
n-Butane, C_4H_{10}	58.12	0.1430	1.694	1.551	1.092
Carbon dioxide, CO_2	44.01	0.1889	0.8439	0.6550	1.288
Carbon monoxide, CO	28.01	0.2968	1.039	0.7417	1.400
Chlorine, Cl_2	70.905	0.1173	0.4781	0.3608	1.325
Chlorodifluoromethane (R-22), $CHClF_2$	86.47	0.09615	0.6496	0.5535	1.174
Ethane, C_2H_6	30.070	0.2765	1.744	1.468	1.188
Ethylene, C_2H_4	28.054	0.2964	1.527	1.231	1.241
Fluorine, F_2	38.00	0.2187	0.8237	0.6050	1.362
Helium, He	4.003	2.077	5.193	3.116	1.667
n-Heptane, C_7H_{16}	100.20	0.08297	1.649	1.566	1.053
n-Hexane, C_6H_{14}	86.18	0.09647	1.654	1.558	1.062
Hydrogen, H_2	2.016	4.124	14.30	10.18	1.405
Krypton, Kr	83.80	0.09921	0.2480	0.1488	1.667
Methane, CH_4	16.04	0.5182	2.226	1.708	1.303
Neon, Ne	20.183	0.4119	1.030	0.6180	1.667
Nitrogen, N_2	28.01	0.2968	1.040	0.7429	1.400
Nitric oxide, NO	30.006	0.2771	0.9992	0.7221	1.384
Nitrogen dioxide, NO_2	46.006	0.1889	0.8060	0.6171	1.306
Oxygen, O_2	32.00	0.2598	0.9180	0.6582	1.395
n-Pentane, C_5H_{12}	72.15	0.1152	1.664	1.549	1.074
Propane, C_3H_8	44.097	0.1885	1.669	1.480	1.127
Propylene, C_3H_6	42.08	0.1976	1.531	1.333	1.148
Steam, H_2O	18.015	0.4615	1.865	1.403	1.329
Sulfur dioxide, SO_2	64.06	0.1298	0.6228	0.4930	1.263
Tetrachloromethane, CCl_4	153.82	0.05405	0.5415	0.4875	1.111
Tetrafluoroethane (R-134a), $C_2H_2F_4$	102.03	0.08149	0.8334	0.7519	1.108
Trifluoroethane (R-143a), $C_2H_3F_3$	84.04	0.09893	0.9291	0.8302	1.119
Xenon, Xe	131.30	0.06332	0.1583	0.09499	1.667

* 단위 kJ/kg · K 는 kPa · m^3/kg · K와 동등하다. 기체상수는 $R = R_u/M$으로부터 계산되고, 여기서 R_u = 8.31447 kJ/kmol · K는 일반 기체상수이고 M은 몰 질량이다.

Source: Specific heat values are obtained primarily from the property routines prepared by The National Institute of Standards and Technology (NIST), Gaithersburg, MD.

표 A-2

비등점과 빙점 상태량

Substance	Boiling Data at 1 atm		Freezing Data		Liquid Properties		
	Normal Boiling Point, °C	Latent Heat of Vaporization h_{fg}, kJ/kg	Freezing Point, °C	Latent Heat of Fusion h_{if}, kJ/kg	Temperature, °C	Density ρ, kg/m^3	Specific Heat c_p, kJ/kg · K
Ammonia	−33.3	1357	−77.7	322.4	−33.3	682	4.43
					−20	665	4.52
					0	639	4.60
					25	602	4.80
Argon	−185.9	161.6	−189.3	28	−185.6	1394	1.14
Benzene	80.2	394	5.5	126	20	879	1.72
Brine (20% sodium chloride by mass)	103.9	—	−17.4	—	20	1150	3.11
n-Butane	−0.5	385.2	−138.5	80.3	−0.5	601	2.31
Carbon dioxide	−78.4*	230.5 (at 0°C)	−56.6		0	298	0.59
Ethanol	78.2	838.3	−114.2	109	25	783	2.46
Ethyl alcohol	78.6	855	−156	108	20	789	2.84
Ethylene glycol	198.1	800.1	−10.8	181.1	20	1109	2.84
Glycerine	179.9	974	18.9	200.6	20	1261	2.32
Helium	−268.9	22.8	—	—	−268.9	146.2	22.8
Hydrogen	−252.8	445.7	−259.2	59.5	−252.8	70.7	10.0
Isobutane	−11.7	367.1	−160	105.7	−11.7	593.8	2.28
Kerosene	204–293	251	−24.9	—	20	820	2.00
Mercury	356.7	294.7	−38.9	11.4	25	13,560	0.139
Methane	−161.5	510.4	−182.2	58.4	−161.5	423	3.49
					−100	301	5.79
Methanol	64.5	1100	−97.7	99.2	25	787	2.55
Nitrogen	−195.8	198.6	−210	25.3	−195.8	809	2.06
					−160	596	2.97
Octane	124.8	306.3	−57.5	180.7	20	703	2.10
Oil (light)					25	910	1.80
Oxygen	−183	212.7	−218.8	13.7	−183	1141	1.71
Petroleum	—	230–384			20	640	2.0
Propane	−42.1	427.8	−187.7	80.0	−42.1	581	2.25
					0	529	2.53
					50	449	3.13
Refrigerant-134a	−26.1	216.8	−96.6	—	−50	1443	1.23
					−26.1	1374	1.27
					0	1295	1.34
					25	1207	1.43
Water	100	2257	0.0	333.7	0	1000	4.22
					25	997	4.18
					50	988	4.18
					75	975	4.19
					100	958	4.22

* 승화온도. (삼중점 압력인 518 kPa 이하의 압력에서 이산화탄소는 고체 또는 기체로 존재한다. 또한 이산화탄소의 빙점 온도는 삼중점 온도인 −56.5°C이다.)

표 A-3

포화수의 상태량

Temp. T, °C	Saturation Pressure P_{sat}, kPa	Density ρ, kg/m³ Liquid	Density Vapor	Enthalpy of Vaporization h_{fg}, kJ/kg	Specific Heat c_p, J/kg · K Liquid	Specific Heat Vapor	Thermal Conductivity k, W/m · K Liquid	Thermal Conductivity Vapor	Dynamic Viscosity μ, kg/m · s Liquid	Dynamic Viscosity Vapor	Prandtl Number Pr Liquid	Prandtl Number Vapor	Volume Expansion Coefficient β, 1/K Liquid	Surface Tension, N/m Liquid
0.01	0.6113	999.8	0.0048	2501	4217	1854	0.561	0.0171	1.792×10^{-3}	0.922×10^{-5}	13.5	1.00	-0.068×10^{-3}	0.0756
5	0.8721	999.9	0.0068	2490	4205	1857	0.571	0.0173	1.519×10^{-3}	0.934×10^{-5}	11.2	1.00	0.015×10^{-3}	0.0749
10	1.2276	999.7	0.0094	2478	4194	1862	0.580	0.0176	1.307×10^{-3}	0.946×10^{-5}	9.45	1.00	0.733×10^{-3}	0.0742
15	1.7051	999.1	0.0128	2466	4186	1863	0.589	0.0179	1.138×10^{-3}	0.959×10^{-5}	8.09	1.00	0.138×10^{-3}	0.0735
20	2.339	998.0	0.0173	2454	4182	1867	0.598	0.0182	1.002×10^{-3}	0.973×10^{-5}	7.01	1.00	0.195×10^{-3}	0.0727
25	3.169	997.0	0.0231	2442	4180	1870	0.607	0.0186	0.891×10^{-3}	0.987×10^{-5}	6.14	1.00	0.247×10^{-3}	0.0720
30	4.246	996.0	0.0304	2431	4178	1875	0.615	0.0189	0.798×10^{-3}	1.001×10^{-5}	5.42	1.00	0.294×10^{-3}	0.0712
35	5.628	994.0	0.0397	2419	4178	1880	0.623	0.0192	0.720×10^{-3}	1.016×10^{-5}	4.83	1.00	0.337×10^{-3}	0.0704
40	7.384	992.1	0.0512	2407	4179	1885	0.631	0.0196	0.653×10^{-3}	1.031×10^{-5}	4.32	1.00	0.377×10^{-3}	0.0696
45	9.593	990.1	0.0655	2395	4180	1892	0.637	0.0200	0.596×10^{-3}	1.046×10^{-5}	3.91	1.00	0.415×10^{-3}	0.0688
50	12.35	988.1	0.0831	2383	4181	1900	0.644	0.0204	0.547×10^{-3}	1.062×10^{-5}	3.55	1.00	0.451×10^{-3}	0.0679
55	15.76	985.2	0.1045	2371	4183	1908	0.649	0.0208	0.504×10^{-3}	1.077×10^{-5}	3.25	1.00	0.484×10^{-3}	0.0671
60	19.94	983.3	0.1304	2359	4185	1916	0.654	0.0212	0.467×10^{-3}	1.093×10^{-5}	2.99	1.00	0.517×10^{-3}	0.0662
65	25.03	980.4	0.1614	2346	4187	1926	0.659	0.0216	0.433×10^{-3}	1.110×10^{-5}	2.75	1.00	0.548×10^{-3}	0.0654
70	31.19	977.5	0.1983	2334	4190	1936	0.663	0.0221	0.404×10^{-3}	1.126×10^{-5}	2.55	1.00	0.578×10^{-3}	0.0645
75	38.58	974.7	0.2421	2321	4193	1948	0.667	0.0225	0.378×10^{-3}	1.142×10^{-5}	2.38	1.00	0.607×10^{-3}	0.0636
80	47.39	971.8	0.2935	2309	4197	1962	0.670	0.0230	0.355×10^{-3}	1.159×10^{-5}	2.22	1.00	0.653×10^{-3}	0.0627
85	57.83	968.1	0.3536	2296	4201	1977	0.673	0.0235	0.333×10^{-3}	1.176×10^{-5}	2.08	1.00	0.670×10^{-3}	0.0617
90	70.14	965.3	0.4235	2283	4206	1993	0.675	0.0240	0.315×10^{-3}	1.193×10^{-5}	1.96	1.00	0.702×10^{-3}	0.0608
95	84.55	961.5	0.5045	2270	4212	2010	0.677	0.0246	0.297×10^{-3}	1.210×10^{-5}	1.85	1.00	0.716×10^{-3}	0.0599
100	101.33	957.9	0.5978	2257	4217	2029	0.679	0.0251	0.282×10^{-3}	1.227×10^{-5}	1.75	1.00	0.750×10^{-3}	0.0589
110	143.27	950.6	0.8263	2230	4229	2071	0.682	0.0262	0.255×10^{-3}	1.261×10^{-5}	1.58	1.00	0.798×10^{-3}	0.0570
120	198.53	943.4	1.121	2203	4244	2120	0.683	0.0275	0.232×10^{-3}	1.296×10^{-5}	1.44	1.00	0.858×10^{-3}	0.0550
130	270.1	934.6	1.496	2174	4263	2177	0.684	0.0288	0.213×10^{-3}	1.330×10^{-5}	1.33	1.01	0.913×10^{-3}	0.0529
140	361.3	921.7	1.965	2145	4286	2244	0.683	0.0301	0.197×10^{-3}	1.365×10^{-5}	1.24	1.02	0.970×10^{-3}	0.0509
150	475.8	916.6	2.546	2114	4311	2314	0.682	0.0316	0.183×10^{-3}	1.399×10^{-5}	1.16	1.02	1.025×10^{-3}	0.0487
160	617.8	907.4	3.256	2083	4340	2420	0.680	0.0331	0.170×10^{-3}	1.434×10^{-5}	1.09	1.05	1.145×10^{-3}	0.0466
170	791.7	897.7	4.119	2050	4370	2490	0.677	0.0347	0.160×10^{-3}	1.468×10^{-5}	1.03	1.05	1.178×10^{-3}	0.0444
180	1,002.1	887.3	5.153	2015	4410	2590	0.673	0.0364	0.150×10^{-3}	1.502×10^{-5}	0.983	1.07	1.210×10^{-3}	0.0422
190	1,254.4	876.4	6.388	1979	4460	2710	0.669	0.0382	0.142×10^{-3}	1.537×10^{-5}	0.947	1.09	1.280×10^{-3}	0.0399
200	1,553.8	864.3	7.852	1941	4500	2840	0.663	0.0401	0.134×10^{-3}	1.571×10^{-5}	0.910	1.11	1.350×10^{-3}	0.0377
220	2,318	840.3	11.60	1859	4610	3110	0.650	0.0442	0.122×10^{-3}	1.641×10^{-5}	0.865	1.15	1.520×10^{-3}	0.0331
240	3,344	813.7	16.73	1767	4760	3520	0.632	0.0487	0.111×10^{-3}	1.712×10^{-5}	0.836	1.24	1.720×10^{-3}	0.0284
260	4,688	783.7	23.69	1663	4970	4070	0.609	0.0540	0.102×10^{-3}	1.788×10^{-5}	0.832	1.35	2.000×10^{-3}	0.0237
280	6,412	750.8	33.15	1544	5280	4835	0.581	0.0605	0.094×10^{-3}	1.870×10^{-5}	0.854	1.49	2.380×10^{-3}	0.0190
300	8,581	713.8	46.15	1405	5750	5980	0.548	0.0695	0.086×10^{-3}	1.965×10^{-5}	0.902	1.69	2.950×10^{-3}	0.0144
320	11,274	667.1	64.57	1239	6540	7900	0.509	0.0836	0.078×10^{-3}	2.084×10^{-5}	1.00	1.97		0.0099
340	14,586	610.5	92.62	1028	8240	11,870	0.469	0.110	0.070×10^{-3}	2.255×10^{-5}	1.23	2.43		0.0056
360	18,651	528.3	144.0	720	14,690	25,800	0.427	0.178	0.060×10^{-3}	2.571×10^{-5}	2.06	3.73		0.0019
374.14	22,090	317.0	317.0	0	—	—	—	—	0.043×10^{-3}	4.313×10^{-5}				0

주 1: 동점성계수 와 열확산계수 는 그들의 정의로부터 계산될 수 있는데, 즉 = / 및 = k/ c_p = /Pr이다. 온도 0.01°C, 100°C와 374.14°C는 각각 물의 삼중점, 비등점 및 임계점 온도이다. 위에 열거된 상태량들은(증기 밀도를 제외하고) 임계점 근처의 온도를 제외하고는 무시할만한 오차로 어떤 압력에서도 이용될 수 있다.

주 2: 비열에 대한 단위 kJ/kg · °C 는 kJ/kg · K 와 동등하고, 열전도도에 대한 단위 W/m · °C는 W/m · K와 동등하다.

Source: Viscosity and thermal conductivity data are from J. V. Sengers and J. T. R. Watson, *Journal of Physical and Chemical Reference Data* 15 (1986), pp. 1291–1322. Other data are obtained from various sources or calculated.

표 A-4

포화 냉매-134a의 상태량

Temp. T, °C	Saturation Pressure P, kPa	Density ρ, kg/m^3 Liquid	Density Vapor	Enthalpy of Vaporization h_{fg}, kJ/kg	Specific Heat c_p, J/kg · K Liquid	Specific Heat Vapor	Thermal Conductivity k, W/m · K Liquid	Thermal Conductivity Vapor	Dynamic Viscosity μ, kg/m · s Liquid	Dynamic Viscosity Vapor	Prandtl Number Pr Liquid	Prandtl Number Vapor	Volume Expansion Coefficient β, 1/K Liquid	Surface Tension, N/m Liquid
−40	51.2	1418	2.773	225.9	1254	748.6	0.1101	0.00811	4.878×10^{-4}	2.550×10^{-6}	5.558	0.235	0.00205	0.01760
−35	66.2	1403	3.524	222.7	1264	764.1	0.1084	0.00862	4.509×10^{-4}	3.003×10^{-6}	5.257	0.266	0.00209	0.01682
−30	84.4	1389	4.429	219.5	1273	780.2	0.1066	0.00913	4.178×10^{-4}	3.504×10^{-6}	4.992	0.299	0.00215	0.01604
−25	106.5	1374	5.509	216.3	1283	797.2	0.1047	0.00963	3.882×10^{-4}	4.054×10^{-6}	4.757	0.335	0.00220	0.01527
−20	132.8	1359	6.787	213.0	1294	814.9	0.1028	0.01013	3.614×10^{-4}	4.651×10^{-6}	4.548	0.374	0.00227	0.01451
−15	164.0	1343	8.288	209.5	1306	833.5	0.1009	0.01063	3.371×10^{-4}	5.295×10^{-6}	4.363	0.415	0.00233	0.01376
−10	200.7	1327	10.04	206.0	1318	853.1	0.0989	0.01112	3.150×10^{-4}	5.982×10^{-6}	4.198	0.459	0.00241	0.01302
−5	243.5	1311	12.07	202.4	1330	873.8	0.0968	0.01161	2.947×10^{-4}	6.709×10^{-6}	4.051	0.505	0.00249	0.01229
0	293.0	1295	14.42	198.7	1344	895.6	0.0947	0.01210	2.761×10^{-4}	7.471×10^{-6}	3.919	0.553	0.00258	0.01156
5	349.9	1278	17.12	194.8	1358	918.7	0.0925	0.01259	2.589×10^{-4}	8.264×10^{-6}	3.802	0.603	0.00269	0.01084
10	414.9	1261	20.22	190.8	1374	943.2	0.0903	0.01308	2.430×10^{-4}	9.081×10^{-6}	3.697	0.655	0.00280	0.01014
15	488.7	1244	23.75	186.6	1390	969.4	0.0880	0.01357	2.281×10^{-4}	9.915×10^{-6}	3.604	0.708	0.00293	0.00944
20	572.1	1226	27.77	182.3	1408	997.6	0.0856	0.01406	2.142×10^{-4}	1.075×10^{-5}	3.521	0.763	0.00307	0.00876
25	665.8	1207	32.34	177.8	1427	1028	0.0833	0.01456	2.012×10^{-4}	1.160×10^{-5}	3.448	0.819	0.00324	0.00808
30	770.6	1188	37.53	173.1	1448	1061	0.0808	0.01507	1.888×10^{-4}	1.244×10^{-5}	3.383	0.877	0.00342	0.00742
35	887.5	1168	43.41	168.2	1471	1098	0.0783	0.01558	1.772×10^{-4}	1.327×10^{-5}	3.328	0.935	0.00364	0.00677
40	1017.1	1147	50.08	163.0	1498	1138	0.0757	0.01610	1.660×10^{-4}	1.408×10^{-5}	3.285	0.995	0.00390	0.00613
45	1160.5	1125	57.66	157.6	1529	1184	0.0731	0.01664	1.554×10^{-4}	1.486×10^{-5}	3.253	1.058	0.00420	0.00550
50	1318.6	1102	66.27	151.8	1566	1237	0.0704	0.01720	1.453×10^{-4}	1.562×10^{-5}	3.231	1.123	0.00456	0.00489
55	1492.3	1078	76.11	145.7	1608	1298	0.0676	0.01777	1.355×10^{-4}	1.634×10^{-5}	3.223	1.193	0.00500	0.00429
60	1682.8	1053	87.38	139.1	1659	1372	0.0647	0.01838	1.260×10^{-4}	1.704×10^{-5}	3.229	1.272	0.00554	0.00372
65	1891.0	1026	100.4	132.1	1722	1462	0.0618	0.01902	1.167×10^{-4}	1.771×10^{-5}	3.255	1.362	0.00624	0.00315
70	2118.2	996.2	115.6	124.4	1801	1577	0.0587	0.01972	1.077×10^{-4}	1.839×10^{-5}	3.307	1.471	0.00716	0.00261
75	2365.8	964	133.6	115.9	1907	1731	0.0555	0.02048	9.891×10^{-5}	1.908×10^{-5}	3.400	1.612	0.00843	0.00209
80	2635.2	928.2	155.3	106.4	2056	1948	0.0521	0.02133	9.011×10^{-5}	1.982×10^{-5}	3.558	1.810	0.01031	0.00160
85	2928.2	887.1	182.3	95.4	2287	2281	0.0484	0.02233	8.124×10^{-5}	2.071×10^{-5}	3.837	2.116	0.01336	0.00114
90	3246.9	837.7	217.8	82.2	2701	2865	0.0444	0.02357	7.203×10^{-5}	2.187×10^{-5}	4.385	2.658	0.01911	0.00071
95	3594.1	772.5	269.3	64.9	3675	4144	0.0396	0.02544	6.190×10^{-5}	2.370×10^{-5}	5.746	3.862	0.03343	0.00033
100	3975.1	651.7	376.3	33.9	7959	8785	0.0322	0.02989	4.765×10^{-5}	2.833×10^{-5}	11.77	8.326	0.10047	0.00004

주 1: 동점성계수 와 열확산계수 는 그들의 정의로부터 계산될 수 있는데, 즉 = / 및 = k/ c_p = /Pr이다. 여기에 열거된 상태량들은(증기 밀도를 제외하고) 임계점 근처의 온도를 제외하고는 무시할만한 오차로 어떤 압력에서도 이용될 수 있다.

주 2: 비열에 대한 단위 kJ/kg · °C는 kJ/kg · K와 동등하고, 열전도도에 대한 단위 W/m · °C는 W/m · K와 동등하다.

Source: Data generated from the EES software developed by S. A. Klein and F. L. Alvarado. Original sources: R. Tillner-Roth and H. D. Baehr, "An International Standard Formulation for the Thermodynamic Properties of 1,1,1,2-Tetrafluoroethane (HFC-134a) for Temperatures from 170 K to 455 K and Pressures up to 70 MPa," *J. Phys. Chem, Ref. Data*, Vol. 23, No. 5, 1994; M. J. Assael, N. K. Dalaouti, A. A. Griva, and J. H. Dymond, "Viscosity and Thermal Conductivity of Halogenated Methane and Ethane Refrigerants," *IJR*, Vol. 22, pp. 525-535, 1999; NIST REFPROP 6 program (M. O. McLinden, S. A. Klein, E. W. Lemmon, and A. P. Peskin, Physical and Chemical Properties Division, National Institute of Standards and Technology, Boulder, CO 80303, 1995).

표 A-5

포화 암모니아의 상태량

Temp. T, °C	Saturation Pressure P, kPa	Density ρ, kg/m³ Liquid	Density ρ, kg/m³ Vapor	Enthalpy of Vaporization h_{fg}, kJ/kg	Specific Heat c_p, J/kg · K Liquid	Specific Heat c_p, J/kg · K Vapor	Thermal Conductivity k, W/m · K Liquid	Thermal Conductivity k, W/m · K Vapor	Dynamic Viscosity μ, kg/m · s Liquid	Dynamic Viscosity μ, kg/m · s Vapor	Prandtl Number Pr Liquid	Prandtl Number Pr Vapor	Volume Expansion Coefficient β, 1/K Liquid	Surface Tension, N/m Liquid
−40	71.66	690.2	0.6435	1389	4414	2242	—	0.01792	2.926×10^{-4}	7.957×10^{-6}	—	0.9955	0.00176	0.03565
−30	119.4	677.8	1.037	1360	4465	2322	—	0.01898	2.630×10^{-4}	8.311×10^{-6}	—	1.017	0.00185	0.03341
−25	151.5	671.5	1.296	1345	4489	2369	0.5968	0.01957	2.492×10^{-4}	8.490×10^{-6}	1.875	1.028	0.00190	0.03229
−20	190.1	665.1	1.603	1329	4514	2420	0.5853	0.02015	2.361×10^{-4}	8.669×10^{-6}	1.821	1.041	0.00194	0.03118
−15	236.2	658.6	1.966	1313	4538	2476	0.5737	0.02075	2.236×10^{-4}	8.851×10^{-6}	1.769	1.056	0.00199	0.03007
−10	290.8	652.1	2.391	1297	4564	2536	0.5621	0.02138	2.117×10^{-4}	9.034×10^{-6}	1.718	1.072	0.00205	0.02896
−5	354.9	645.4	2.886	1280	4589	2601	0.5505	0.02203	2.003×10^{-4}	9.218×10^{-6}	1.670	1.089	0.00210	0.02786
0	429.6	638.6	3.458	1262	4617	2672	0.5390	0.02270	1.896×10^{-4}	9.405×10^{-6}	1.624	1.107	0.00216	0.02676
5	516	631.7	4.116	1244	4645	2749	0.5274	0.02341	1.794×10^{-4}	9.593×10^{-6}	1.580	1.126	0.00223	0.02566
10	615.3	624.6	4.870	1226	4676	2831	0.5158	0.02415	1.697×10^{-4}	9.784×10^{-6}	1.539	1.147	0.00230	0.02457
15	728.8	617.5	5.729	1206	4709	2920	0.5042	0.02492	1.606×10^{-4}	9.978×10^{-6}	1.500	1.169	0.00237	0.02348
20	857.8	610.2	6.705	1186	4745	3016	0.4927	0.02573	1.519×10^{-4}	1.017×10^{-5}	1.463	1.193	0.00245	0.02240
25	1003	602.8	7.809	1166	4784	3120	0.4811	0.02658	1.438×10^{-4}	1.037×10^{-5}	1.430	1.218	0.00254	0.02132
30	1167	595.2	9.055	1144	4828	3232	0.4695	0.02748	1.361×10^{-4}	1.057×10^{-5}	1.399	1.244	0.00264	0.02024
35	1351	587.4	10.46	1122	4877	3354	0.4579	0.02843	1.288×10^{-4}	1.078×10^{-5}	1.372	1.272	0.00275	0.01917
40	1555	579.4	12.03	1099	4932	3486	0.4464	0.02943	1.219×10^{-4}	1.099×10^{-5}	1.347	1.303	0.00287	0.01810
45	1782	571.3	13.8	1075	4993	3631	0.4348	0.03049	1.155×10^{-4}	1.121×10^{-5}	1.327	1.335	0.00301	0.01704
50	2033	562.9	15.78	1051	5063	3790	0.4232	0.03162	1.094×10^{-4}	1.143×10^{-5}	1.310	1.371	0.00316	0.01598
55	2310	554.2	18.00	1025	5143	3967	0.4116	0.03283	1.037×10^{-4}	1.166×10^{-5}	1.297	1.409	0.00334	0.01493
60	2614	545.2	20.48	997.4	5234	4163	0.4001	0.03412	9.846×10^{-5}	1.189×10^{-5}	1.288	1.452	0.00354	0.01389
65	2948	536.0	23.26	968.9	5340	4384	0.3885	0.03550	9.347×10^{-5}	1.213×10^{-5}	1.285	1.499	0.00377	0.01285
70	3312	526.3	26.39	939.0	5463	4634	0.3769	0.03700	8.879×10^{-5}	1.238×10^{-5}	1.287	1.551	0.00404	0.01181
75	3709	516.2	29.90	907.5	5608	4923	0.3653	0.03862	8.440×10^{-5}	1.264×10^{-5}	1.296	1.612	0.00436	0.01079
80	4141	505.7	33.87	874.1	5780	5260	0.3538	0.04038	8.030×10^{-5}	1.292×10^{-5}	1.312	1.683	0.00474	0.00977
85	4609	494.5	38.36	838.6	5988	5659	0.3422	0.04232	7.645×10^{-5}	1.322×10^{-5}	1.338	1.768	0.00521	0.00876
90	5116	482.8	43.48	800.6	6242	6142	0.3306	0.04447	7.284×10^{-5}	1.354×10^{-5}	1.375	1.871	0.00579	0.00776
95	5665	470.2	49.35	759.8	6561	6740	0.3190	0.04687	6.946×10^{-5}	1.389×10^{-5}	1.429	1.999	0.00652	0.00677
100	6257	456.6	56.15	715.5	6972	7503	0.3075	0.04958	6.628×10^{-5}	1.429×10^{-5}	1.503	2.163	0.00749	0.00579

주 1: 동점성계수 와 열확산계수 는 그들의 정의로부터 계산될 수 있는데, 즉 = / 및 $= k/ c_p =$ /Pr이다. 여기에 열거된 상태량들은(증기 밀도를 제외하고) 임계점 근처의 온도를 제외하고는 무시할만한 오차로 어떤 압력에서도 이용될 수 있다.

주 2: 비열에 대한 단위 kJ/kg · °C는 kJ/kg · K와 동등하고, 열전도도에 대한 단위 W/m · °C는 W/m · K와 동등하다.

Source: Data generated from the EES software developed by S. A. Klein and F. L. Alvarado. Original sources: Tillner-Roth, Harms-Watzenberg, and Baehr, "Eine neue Fundamentalgleichung fur Ammoniak," DKV-Tagungsbericht 20:167−181, 1993; Liley and Desai, "Thermophysical Properties of Refrigerants," *ASHRAE*, 1993, ISBN 1-1883413-10-9.

표 A-6

포화 프로판의 상태량

Temp. T, °C	Saturation Pressure P, kPa	Density ρ, kg/m^3 Liquid	Vapor	Enthalpy of Vaporization h_{fg}, kJ/kg	Specific Heat c_p, J/kg · K Liquid	Vapor	Thermal Conductivity k, W/m · K Liquid	Vapor	Dynamic Viscosity μ, kg/m · s Liquid	Vapor	Prandtl Number Pr Liquid	Vapor	Volume Expansion Coefficient β, 1/K Liquid	Surface Tension, N/m Liquid
−120	0.4053	664.7	0.01408	498.3	2003	1115	0.1802	0.00589	6.136×10^{-4}	4.372×10^{-6}	6.820	0.827	0.00153	0.02630
−110	1.157	654.5	0.03776	489.3	2021	1148	0.1738	0.00645	5.054×10^{-4}	4.625×10^{-6}	5.878	0.822	0.00157	0.02486
−100	2.881	644.2	0.08872	480.4	2044	1183	0.1672	0.00705	4.252×10^{-4}	4.881×10^{-6}	5.195	0.819	0.00161	0.02344
−90	6.406	633.8	0.1870	471.5	2070	1221	0.1606	0.00769	3.635×10^{-4}	5.143×10^{-6}	4.686	0.817	0.00166	0.02202
−80	12.97	623.2	0.3602	462.4	2100	1263	0.1539	0.00836	3.149×10^{-4}	5.409×10^{-6}	4.297	0.817	0.00171	0.02062
−70	24.26	612.5	0.6439	453.1	2134	1308	0.1472	0.00908	2.755×10^{-4}	5.680×10^{-6}	3.994	0.818	0.00177	0.01923
−60	42.46	601.5	1.081	443.5	2173	1358	0.1407	0.00985	2.430×10^{-4}	5.956×10^{-6}	3.755	0.821	0.00184	0.01785
−50	70.24	590.3	1.724	433.6	2217	1412	0.1343	0.01067	2.158×10^{-4}	6.239×10^{-6}	3.563	0.825	0.00192	0.01649
−40	110.7	578.8	2.629	423.1	2258	1471	0.1281	0.01155	1.926×10^{-4}	6.529×10^{-6}	3.395	0.831	0.00201	0.01515
−30	167.3	567.0	3.864	412.1	2310	1535	0.1221	0.01250	1.726×10^{-4}	6.827×10^{-6}	3.266	0.839	0.00213	0.01382
−20	243.8	554.7	5.503	400.3	2368	1605	0.1163	0.01351	1.551×10^{-4}	7.136×10^{-6}	3.158	0.848	0.00226	0.01251
−10	344.4	542.0	7.635	387.8	2433	1682	0.1107	0.01459	1.397×10^{-4}	7.457×10^{-6}	3.069	0.860	0.00242	0.01122
0	473.3	528.7	10.36	374.2	2507	1768	0.1054	0.01576	1.259×10^{-4}	7.794×10^{-6}	2.996	0.875	0.00262	0.00996
5	549.8	521.8	11.99	367.0	2547	1814	0.1028	0.01637	1.195×10^{-4}	7.970×10^{-6}	2.964	0.883	0.00273	0.00934
10	635.1	514.7	13.81	359.5	2590	1864	0.1002	0.01701	1.135×10^{-4}	8.151×10^{-6}	2.935	0.893	0.00286	0.00872
15	729.8	507.5	15.85	351.7	2637	1917	0.0977	0.01767	1.077×10^{-4}	8.339×10^{-6}	2.909	0.905	0.00301	0.00811
20	834.4	500.0	18.13	343.4	2688	1974	0.0952	0.01836	1.022×10^{-4}	8.534×10^{-6}	2.886	0.918	0.00318	0.00751
25	949.7	492.2	20.68	334.8	2742	2036	0.0928	0.01908	9.702×10^{-5}	8.738×10^{-6}	2.866	0.933	0.00337	0.00691
30	1076	484.2	23.53	325.8	2802	2104	0.0904	0.01982	9.197×10^{-5}	8.952×10^{-6}	2.850	0.950	0.00358	0.00633
35	1215	475.8	26.72	316.2	2869	2179	0.0881	0.02061	8.710×10^{-5}	9.178×10^{-6}	2.837	0.971	0.00384	0.00575
40	1366	467.1	30.29	306.1	2943	2264	0.0857	0.02142	8.240×10^{-5}	9.417×10^{-6}	2.828	0.995	0.00413	0.00518
45	1530	458.0	34.29	295.3	3026	2361	0.0834	0.02228	7.785×10^{-5}	9.674×10^{-6}	2.824	1.025	0.00448	0.00463
50	1708	448.5	38.79	283.9	3122	2473	0.0811	0.02319	7.343×10^{-5}	9.950×10^{-6}	2.826	1.061	0.00491	0.00408
60	2110	427.5	49.66	258.4	3283	2769	0.0765	0.02517	6.487×10^{-5}	1.058×10^{-5}	2.784	1.164	0.00609	0.00303
70	2580	403.2	64.02	228.0	3595	3241	0.0717	0.02746	5.649×10^{-5}	1.138×10^{-5}	2.834	1.343	0.00811	0.00204
80	3127	373.0	84.28	189.7	4501	4173	0.0663	0.03029	4.790×10^{-5}	1.249×10^{-5}	3.251	1.722	0.01248	0.00114
90	3769	329.1	118.6	133.2	6977	7239	0.0595	0.03441	3.807×10^{-5}	1.448×10^{-5}	4.465	3.047	0.02847	0.00037

주 1: 동점성계수 와 열확산계수 는 그들의 정의로부터 계산될 수 있는데, 즉 = / 및 = k/ c_p= /Pr이다. 여기에 열거된 상태량들은(증기 밀도를 제외하고) 임계점 근처의 온도를 제외하고는 무시할만한 오차로 어떤 압력에서도 이용될 수 있다.

주 2: 비열에 대한 단위 kJ/kg · °C는 kJ/kg · K와 동등하고, 열전도도에 대한 단위 W/m · °C는 W/m · K와 동등하다.

Source: Data generated from the EES software developed by S. A. Klein and F. L. Alvarado. Original sources: Reiner Tillner-Roth, "Fundamental Equations of State," Shaker, Verlag, Aachan, 1998; B. A. Younglove and J. F. Ely, "Thermophysical Properties of Fluids. II Methane, Ethane, Propane, Isobutane, and Normal Butane," *J. Phys. Chem. Ref. Data*, Vol. 16, No. 4, 1987; G.R. Somayajulu, "A Generalized Equation for Surface Tension from the Triple-Point to the Critical-Point," *International Journal of Thermophysics*, Vol. 9, No. 4, 1988.

표 A-7

액체의 상태량

Temp. T, °C	Density ρ, kg/m^3	Specific Heat c_p, J/kg · K	Thermal Conductivity k, W/m · K	Thermal Diffusivity α, m^2/s	Dynamic Viscosity μ, kg/m · s	Kinematic Viscosity ν, m^2/s	Prandtl Number Pr	Volume Expansion Coeff. β, 1/K
				Methane (CH_4)				
−160	420.2	3492	0.1863	1.270×10^{-7}	1.133×10^{-4}	2.699×10^{-7}	2.126	0.00352
−150	405.0	3580	0.1703	1.174×10^{-7}	9.169×10^{-5}	2.264×10^{-7}	1.927	0.00391
−140	388.8	3700	0.1550	1.077×10^{-7}	7.551×10^{-5}	1.942×10^{-7}	1.803	0.00444
−130	371.1	3875	0.1402	9.749×10^{-8}	6.288×10^{-5}	1.694×10^{-7}	1.738	0.00520
−120	351.4	4146	0.1258	8.634×10^{-8}	5.257×10^{-5}	1.496×10^{-7}	1.732	0.00637
−110	328.8	4611	0.1115	7.356×10^{-8}	4.377×10^{-5}	1.331×10^{-7}	1.810	0.00841
−100	301.0	5578	0.0967	5.761×10^{-8}	3.577×10^{-5}	1.188×10^{-7}	2.063	0.01282
−90	261.7	8902	0.0797	3.423×10^{-8}	2.761×10^{-5}	1.055×10^{-7}	3.082	0.02922
				Methanol [$CH_3(OH)$]				
20	788.4	2515	0.1987	1.002×10^{-7}	5.857×10^{-4}	7.429×10^{-7}	7.414	0.00118
30	779.1	2577	0.1980	9.862×10^{-8}	5.088×10^{-4}	6.531×10^{-7}	6.622	0.00120
40	769.6	2644	0.1972	9.690×10^{-8}	4.460×10^{-4}	5.795×10^{-7}	5.980	0.00123
50	760.1	2718	0.1965	9.509×10^{-8}	3.942×10^{-4}	5.185×10^{-7}	5.453	0.00127
60	750.4	2798	0.1957	9.320×10^{-8}	3.510×10^{-4}	4.677×10^{-7}	5.018	0.00132
70	740.4	2885	0.1950	9.128×10^{-8}	3.146×10^{-4}	4.250×10^{-7}	4.655	0.00137
				Isobutane (R600a)				
−100	683.8	1881	0.1383	1.075×10^{-7}	9.305×10^{-4}	1.360×10^{-6}	12.65	0.00142
−75	659.3	1970	0.1357	1.044×10^{-7}	5.624×10^{-4}	8.531×10^{-7}	8.167	0.00150
−50	634.3	2069	0.1283	9.773×10^{-8}	3.769×10^{-4}	5.942×10^{-7}	6.079	0.00161
−25	608.2	2180	0.1181	8.906×10^{-8}	2.688×10^{-4}	4.420×10^{-7}	4.963	0.00177
0	580.6	2306	0.1068	7.974×10^{-8}	1.993×10^{-4}	3.432×10^{-7}	4.304	0.00199
25	550.7	2455	0.0956	7.069×10^{-8}	1.510×10^{-4}	2.743×10^{-7}	3.880	0.00232
50	517.3	2640	0.0851	6.233×10^{-8}	1.155×10^{-4}	2.233×10^{-7}	3.582	0.00286
75	478.5	2896	0.0757	5.460×10^{-8}	8.785×10^{-5}	1.836×10^{-7}	3.363	0.00385
100	429.6	3361	0.0669	4.634×10^{-8}	6.483×10^{-5}	1.509×10^{-7}	3.256	0.00628
				Glycerin				
0	1276	2262	0.2820	9.773×10^{-8}	10.49	8.219×10^{-3}	84,101	
5	1273	2288	0.2835	9.732×10^{-8}	6.730	5.287×10^{-3}	54,327	
10	1270	2320	0.2846	9.662×10^{-8}	4.241	3.339×10^{-3}	34,561	
15	1267	2354	0.2856	9.576×10^{-8}	2.496	1.970×10^{-3}	20,570	
20	1264	2386	0.2860	9.484×10^{-8}	1.519	1.201×10^{-3}	12,671	
25	1261	2416	0.2860	9.388×10^{-8}	0.9934	7.878×10^{-4}	8,392	
30	1258	2447	0.2860	9.291×10^{-8}	0.6582	5.232×10^{-4}	5,631	
35	1255	2478	0.2860	9.195×10^{-8}	0.4347	3.464×10^{-4}	3,767	
40	1252	2513	0.2863	9.101×10^{-8}	0.3073	2.455×10^{-4}	2,697	
				Engine Oil (unused)				
0	899.0	1797	0.1469	9.097×10^{-8}	3.814	4.242×10^{-3}	46,636	0.00070
20	888.1	1881	0.1450	8.680×10^{-8}	0.8374	9.429×10^{-4}	10,863	0.00070
40	876.0	1964	0.1444	8.391×10^{-8}	0.2177	2.485×10^{-4}	2,962	0.00070
60	863.9	2048	0.1404	7.934×10^{-8}	0.07399	8.565×10^{-5}	1,080	0.00070
80	852.0	2132	0.1380	7.599×10^{-8}	0.03232	3.794×10^{-5}	499.3	0.00070
100	840.0	2220	0.1367	7.330×10^{-8}	0.01718	2.046×10^{-5}	279.1	0.00070
120	828.9	2308	0.1347	7.042×10^{-8}	0.01029	1.241×10^{-5}	176.3	0.00070
140	816.8	2395	0.1330	6.798×10^{-8}	0.006558	8.029×10^{-6}	118.1	0.00070
150	810.3	2441	0.1327	6.708×10^{-8}	0.005344	6.595×10^{-6}	98.31	0.00070

Source: Data generated from the EES software developed by S. A. Klein and F. L. Alvarado. Originally based on various sources.

표 A-8

액체 금속의 상태량

Temp. T, °C	Density ρ, kg/m³	Specific Heat c_p, J/kg · K	Thermal Conductivity k, W/m · K	Thermal Diffusivity α, m²/s	Dynamic Viscosity μ, kg/m · s	Kinematic Viscosity ν, m²/s	Prandtl Number Pr	Volume Expansion Coeff. β, 1/K
				Mercury (Hg) Melting Point: −39°C				
0	13595	140.4	8.18200	4.287×10^{-6}	1.687×10^{-3}	1.241×10^{-7}	0.0289	1.810×10^{-4}
25	13534	139.4	8.51533	4.514×10^{-6}	1.534×10^{-3}	1.133×10^{-7}	0.0251	1.810×10^{-4}
50	13473	138.6	8.83632	4.734×10^{-6}	1.423×10^{-3}	1.056×10^{-7}	0.0223	1.810×10^{-4}
75	13412	137.8	9.15632	4.956×10^{-6}	1.316×10^{-3}	9.819×10^{-8}	0.0198	1.810×10^{-4}
100	13351	137.1	9.46706	5.170×10^{-6}	1.245×10^{-3}	9.326×10^{-8}	0.0180	1.810×10^{-4}
150	13231	136.1	10.07780	5.595×10^{-6}	1.126×10^{-3}	8.514×10^{-8}	0.0152	1.810×10^{-4}
200	13112	135.5	10.65465	5.996×10^{-6}	1.043×10^{-3}	7.959×10^{-8}	0.0133	1.815×10^{-4}
250	12993	135.3	11.18150	6.363×10^{-6}	9.820×10^{-4}	7.558×10^{-8}	0.0119	1.829×10^{-4}
300	12873	135.3	11.68150	6.705×10^{-6}	9.336×10^{-4}	7.252×10^{-8}	0.0108	1.854×10^{-4}
				Bismuth (Bi) Melting Point: 271°C				
350	9969	146.0	16.28	1.118×10^{-5}	1.540×10^{-3}	1.545×10^{-7}	0.01381	
400	9908	148.2	16.10	1.096×10^{-5}	1.422×10^{-3}	1.436×10^{-7}	0.01310	
500	9785	152.8	15.74	1.052×10^{-5}	1.188×10^{-3}	1.215×10^{-7}	0.01154	
600	9663	157.3	15.60	1.026×10^{-5}	1.013×10^{-3}	1.048×10^{-7}	0.01022	
700	9540	161.8	15.60	1.010×10^{-5}	8.736×10^{-4}	9.157×10^{-8}	0.00906	
				Lead (Pb) Melting Point: 327°C				
400	10506	158	15.97	9.623×10^{-6}	2.277×10^{-3}	2.167×10^{-7}	0.02252	
450	10449	156	15.74	9.649×10^{-6}	2.065×10^{-3}	1.976×10^{-7}	0.02048	
500	10390	155	15.54	9.651×10^{-6}	1.884×10^{-3}	1.814×10^{-7}	0.01879	
550	10329	155	15.39	9.610×10^{-6}	1.758×10^{-3}	1.702×10^{-7}	0.01771	
600	10267	155	15.23	9.568×10^{-6}	1.632×10^{-3}	1.589×10^{-7}	0.01661	
650	10206	155	15.07	9.526×10^{-6}	1.505×10^{-3}	1.475×10^{-7}	0.01549	
700	10145	155	14.91	9.483×10^{-6}	1.379×10^{-3}	1.360×10^{-7}	0.01434	
				Sodium (Na) Melting Point: 98°C				
100	927.3	1378	85.84	6.718×10^{-5}	6.892×10^{-4}	7.432×10^{-7}	0.01106	
200	902.5	1349	80.84	6.639×10^{-5}	5.385×10^{-4}	5.967×10^{-7}	0.008987	
300	877.8	1320	75.84	6.544×10^{-5}	3.878×10^{-4}	4.418×10^{-7}	0.006751	
400	853.0	1296	71.20	6.437×10^{-5}	2.720×10^{-4}	3.188×10^{-7}	0.004953	
500	828.5	1284	67.41	6.335×10^{-5}	2.411×10^{-4}	2.909×10^{-7}	0.004593	
600	804.0	1272	63.63	6.220×10^{-5}	2.101×10^{-4}	2.614×10^{-7}	0.004202	
				Potassium (K) Melting Point: 64°C				
200	795.2	790.8	43.99	6.995×10^{-5}	3.350×10^{-4}	4.213×10^{-7}	0.006023	
300	771.6	772.8	42.01	7.045×10^{-5}	2.667×10^{-4}	3.456×10^{-7}	0.004906	
400	748.0	754.8	40.03	7.090×10^{-5}	1.984×10^{-4}	2.652×10^{-7}	0.00374	
500	723.9	750.0	37.81	6.964×10^{-5}	1.668×10^{-4}	2.304×10^{-7}	0.003309	
600	699.6	750.0	35.50	6.765×10^{-5}	1.487×10^{-4}	2.126×10^{-7}	0.003143	
				Sodium–Potassium (%22Na-%78K) Melting Point: −11°C				
100	847.3	944.4	25.64	3.205×10^{-5}	5.707×10^{-4}	6.736×10^{-7}	0.02102	
200	823.2	922.5	26.27	3.459×10^{-5}	4.587×10^{-4}	5.572×10^{-7}	0.01611	
300	799.1	900.6	26.89	3.736×10^{-5}	3.467×10^{-4}	4.339×10^{-7}	0.01161	
400	775.0	879.0	27.50	4.037×10^{-5}	2.357×10^{-4}	3.041×10^{-7}	0.00753	
500	751.5	880.1	27.89	4.217×10^{-5}	2.108×10^{-4}	2.805×10^{-7}	0.00665	
600	728.0	881.2	28.28	4.408×10^{-5}	1.859×10^{-4}	2.553×10^{-7}	0.00579	

Source: Data generated from the EES software developed by S. A. Klein and F. L. Alvarado. Originally based on various sources.

표 A-9

1 기압 하의 공기의 상태량

Temp. T, °C	Density ρ, kg/m^3	Specific Heat c_p J/kg · K	Thermal Conductivity k, W/m · K	Thermal Diffusivity α, m^2/s	Dynamic Viscosity μ, kg/m · s	Kinematic Viscosity ν, m^2/s	Prandtl Number Pr
−150	2.866	983	0.01171	4.158×10^{-6}	8.636×10^{-6}	3.013×10^{-6}	0.7246
−100	2.038	966	0.01582	8.036×10^{-6}	1.189×10^{-6}	5.837×10^{-6}	0.7263
−50	1.582	999	0.01979	1.252×10^{-5}	1.474×10^{-5}	9.319×10^{-6}	0.7440
−40	1.514	1002	0.02057	1.356×10^{-5}	1.527×10^{-5}	1.008×10^{-5}	0.7436
−30	1.451	1004	0.02134	1.465×10^{-5}	1.579×10^{-5}	1.087×10^{-5}	0.7425
−20	1.394	1005	0.02211	1.578×10^{-5}	1.630×10^{-5}	1.169×10^{-5}	0.7408
−10	1.341	1006	0.02288	1.696×10^{-5}	1.680×10^{-5}	1.252×10^{-5}	0.7387
0	1.292	1006	0.02364	1.818×10^{-5}	1.729×10^{-5}	1.338×10^{-5}	0.7362
5	1.269	1006	0.02401	1.880×10^{-5}	1.754×10^{-5}	1.382×10^{-5}	0.7350
10	1.246	1006	0.02439	1.944×10^{-5}	1.778×10^{-5}	1.426×10^{-5}	0.7336
15	1.225	1007	0.02476	2.009×10^{-5}	1.802×10^{-5}	1.470×10^{-5}	0.7323
20	1.204	1007	0.02514	2.074×10^{-5}	1.825×10^{-5}	1.516×10^{-5}	0.7309
25	1.184	1007	0.02551	2.141×10^{-5}	1.849×10^{-5}	1.562×10^{-5}	0.7296
30	1.164	1007	0.02588	2.208×10^{-5}	1.872×10^{-5}	1.608×10^{-5}	0.7282
35	1.145	1007	0.02625	2.277×10^{-5}	1.895×10^{-5}	1.655×10^{-5}	0.7268
40	1.127	1007	0.02662	2.346×10^{-5}	1.918×10^{-5}	1.702×10^{-5}	0.7255
45	1.109	1007	0.02699	2.416×10^{-5}	1.941×10^{-5}	1.750×10^{-5}	0.7241
50	1.092	1007	0.02735	2.487×10^{-5}	1.963×10^{-5}	1.798×10^{-5}	0.7228
60	1.059	1007	0.02808	2.632×10^{-5}	2.008×10^{-5}	1.896×10^{-5}	0.7202
70	1.028	1007	0.02881	2.780×10^{-5}	2.052×10^{-5}	1.995×10^{-5}	0.7177
80	0.9994	1008	0.02953	2.931×10^{-5}	2.096×10^{-5}	2.097×10^{-5}	0.7154
90	0.9718	1008	0.03024	3.086×10^{-5}	2.139×10^{-5}	2.201×10^{-5}	0.7132
100	0.9458	1009	0.03095	3.243×10^{-5}	2.181×10^{-5}	2.306×10^{-5}	0.7111
120	0.8977	1011	0.03235	3.565×10^{-5}	2.264×10^{-5}	2.522×10^{-5}	0.7073
140	0.8542	1013	0.03374	3.898×10^{-5}	2.345×10^{-5}	2.745×10^{-5}	0.7041
160	0.8148	1016	0.03511	4.241×10^{-5}	2.420×10^{-5}	2.975×10^{-5}	0.7014
180	0.7788	1019	0.03646	4.593×10^{-5}	2.504×10^{-5}	3.212×10^{-5}	0.6992
200	0.7459	1023	0.03779	4.954×10^{-5}	2.577×10^{-5}	3.455×10^{-5}	0.6974
250	0.6746	1033	0.04104	5.890×10^{-5}	2.760×10^{-5}	4.091×10^{-5}	0.6946
300	0.6158	1044	0.04418	6.871×10^{-5}	2.934×10^{-5}	4.765×10^{-5}	0.6935
350	0.5664	1056	0.04721	7.892×10^{-5}	3.101×10^{-5}	5.475×10^{-5}	0.6937
400	0.5243	1069	0.05015	8.951×10^{-5}	3.261×10^{-5}	6.219×10^{-5}	0.6948
450	0.4880	1081	0.05298	1.004×10^{-4}	3.415×10^{-5}	6.997×10^{-5}	0.6965
500	0.4565	1093	0.05572	1.117×10^{-4}	3.563×10^{-5}	7.806×10^{-5}	0.6986
600	0.4042	1115	0.06093	1.352×10^{-4}	3.846×10^{-5}	9.515×10^{-5}	0.7037
700	0.3627	1135	0.06581	1.598×10^{-4}	4.111×10^{-5}	1.133×10^{-4}	0.7092
800	0.3289	1153	0.07037	1.855×10^{-4}	4.362×10^{-5}	1.326×10^{-4}	0.7149
900	0.3008	1169	0.07465	2.122×10^{-4}	4.600×10^{-5}	1.529×10^{-4}	0.7206
1000	0.2772	1184	0.07868	2.398×10^{-4}	4.826×10^{-5}	1.741×10^{-4}	0.7260
1500	0.1990	1234	0.09599	3.908×10^{-4}	5.817×10^{-5}	2.922×10^{-4}	0.7478
2000	0.1553	1264	0.11113	5.664×10^{-4}	6.630×10^{-5}	4.270×10^{-4}	0.7539

주: 이상기체에 대하여, 상태량 c_p, k, 및 Pr은 압력과 무관하다. 1 atm이 아닌 압력 P(atm 단위)에서의 상태량 , 및 는 주어진 온도에서의 값에 P를 곱하고, 와 를 P로 나눔으로써 결정된다.

Source: Data generated from the EES software developed by S. A. Klein and F. L. Alvarado. Original sources: Keenan, Chao, Keyes, Gas Tables, Wiley, 198; and Thermophysical Properties of Matter, Vol. 3: Thermal Conductivity, Y. S. Touloukian, P. E. Liley, S. C. Saxena, Vol. 11: Viscosity, Y. S. Touloukian, S. C. Saxena, and P. Hestermans, IFI/Plenun, NY, 1970, ISBN 0-306067020-8.

표 A-10

1 기압 하의 기체의 상태량

Temp. T, °C	Density ρ, kg/m^3	Specific Heat c_p J/kg · K	Thermal Conductivity k, W/m · K	Thermal Diffusivity α, m^2/s	Dynamic Viscosity μ, kg/m · s	Kinematic Viscosity ν, m^2/s	Prandtl Number Pr
				Carbon Dioxide, CO_2			
−50	2.4035	746	0.01051	5.860×10^{-6}	1.129×10^{-5}	4.699×10^{-6}	0.8019
0	1.9635	811	0.01456	9.141×10^{-6}	1.375×10^{-5}	7.003×10^{-6}	0.7661
50	1.6597	866.6	0.01858	1.291×10^{-5}	1.612×10^{-5}	9.714×10^{-6}	0.7520
100	1.4373	914.8	0.02257	1.716×10^{-5}	1.841×10^{-5}	1.281×10^{-5}	0.7464
150	1.2675	957.4	0.02652	2.186×10^{-5}	2.063×10^{-5}	1.627×10^{-5}	0.7445
200	1.1336	995.2	0.03044	2.698×10^{-5}	2.276×10^{-5}	2.008×10^{-5}	0.7442
300	0.9358	1060	0.03814	3.847×10^{-5}	2.682×10^{-5}	2.866×10^{-5}	0.7450
400	0.7968	1112	0.04565	5.151×10^{-5}	3.061×10^{-5}	3.842×10^{-5}	0.7458
500	0.6937	1156	0.05293	6.600×10^{-5}	3.416×10^{-5}	4.924×10^{-5}	0.7460
1000	0.4213	1292	0.08491	1.560×10^{-4}	4.898×10^{-5}	1.162×10^{-4}	0.7455
1500	0.3025	1356	0.10688	2.606×10^{-4}	6.106×10^{-5}	2.019×10^{-4}	0.7745
2000	0.2359	1387	0.11522	3.521×10^{-4}	7.322×10^{-5}	3.103×10^{-4}	0.8815
				Carbon Monoxide, CO			
−50	1.5297	1081	0.01901	1.149×10^{-5}	1.378×10^{-5}	9.012×10^{-6}	0.7840
0	1.2497	1048	0.02278	1.739×10^{-5}	1.629×10^{-5}	1.303×10^{-5}	0.7499
50	1.0563	1039	0.02641	2.407×10^{-5}	1.863×10^{-5}	1.764×10^{-5}	0.7328
100	0.9148	1041	0.02992	3.142×10^{-5}	2.080×10^{-5}	2.274×10^{-5}	0.7239
150	0.8067	1049	0.03330	3.936×10^{-5}	2.283×10^{-5}	2.830×10^{-5}	0.7191
200	0.7214	1060	0.03656	4.782×10^{-5}	2.472×10^{-5}	3.426×10^{-5}	0.7164
300	0.5956	1085	0.04277	6.619×10^{-5}	2.812×10^{-5}	4.722×10^{-5}	0.7134
400	0.5071	1111	0.04860	8.628×10^{-5}	3.111×10^{-5}	6.136×10^{-5}	0.7111
500	0.4415	1135	0.05412	1.079×10^{-4}	3.379×10^{-5}	7.653×10^{-5}	0.7087
1000	0.2681	1226	0.07894	2.401×10^{-4}	4.557×10^{-5}	1.700×10^{-4}	0.7080
1500	0.1925	1279	0.10458	4.246×10^{-4}	6.321×10^{-5}	3.284×10^{-4}	0.7733
2000	0.1502	1309	0.13833	7.034×10^{-4}	9.826×10^{-5}	6.543×10^{-4}	0.9302
				Methane, CH_4			
−50	0.8761	2243	0.02367	1.204×10^{-5}	8.564×10^{-6}	9.774×10^{-6}	0.8116
0	0.7158	2217	0.03042	1.917×10^{-5}	1.028×10^{-5}	1.436×10^{-5}	0.7494
50	0.6050	2302	0.03766	2.704×10^{-5}	1.191×10^{-5}	1.969×10^{-5}	0.7282
100	0.5240	2443	0.04534	3.543×10^{-5}	1.345×10^{-5}	2.567×10^{-5}	0.7247
150	0.4620	2611	0.05344	4.431×10^{-5}	1.491×10^{-5}	3.227×10^{-5}	0.7284
200	0.4132	2791	0.06194	5.370×10^{-5}	1.630×10^{-5}	3.944×10^{-5}	0.7344
300	0.3411	3158	0.07996	7.422×10^{-5}	1.886×10^{-5}	5.529×10^{-5}	0.7450
400	0.2904	3510	0.09918	9.727×10^{-5}	2.119×10^{-5}	7.297×10^{-5}	0.7501
500	0.2529	3836	0.11933	1.230×10^{-4}	2.334×10^{-5}	9.228×10^{-5}	0.7502
1000	0.1536	5042	0.22562	2.914×10^{-4}	3.281×10^{-5}	2.136×10^{-4}	0.7331
1500	0.1103	5701	0.31857	5.068×10^{-4}	4.434×10^{-5}	4.022×10^{-4}	0.7936
2000	0.0860	6001	0.36750	7.120×10^{-4}	6.360×10^{-5}	7.395×10^{-4}	1.0386
				Hydrogen, H_2			
−50	0.11010	12635	0.1404	1.009×10^{-4}	7.293×10^{-6}	6.624×10^{-5}	0.6562
0	0.08995	13920	0.1652	1.319×10^{-4}	8.391×10^{-6}	9.329×10^{-5}	0.7071
50	0.07603	14349	0.1881	1.724×10^{-4}	9.427×10^{-6}	1.240×10^{-4}	0.7191
100	0.06584	14473	0.2095	2.199×10^{-4}	1.041×10^{-5}	1.582×10^{-4}	0.7196
150	0.05806	14492	0.2296	2.729×10^{-4}	1.136×10^{-5}	1.957×10^{-4}	0.7174
200	0.05193	14482	0.2486	3.306×10^{-4}	1.228×10^{-5}	2.365×10^{-4}	0.7155
300	0.04287	14481	0.2843	4.580×10^{-4}	1.403×10^{-5}	3.274×10^{-4}	0.7149
400	0.03650	14540	0.3180	5.992×10^{-4}	1.570×10^{-5}	4.302×10^{-4}	0.7179
500	0.03178	14653	0.3509	7.535×10^{-4}	1.730×10^{-5}	5.443×10^{-4}	0.7224
1000	0.01930	15577	0.5206	1.732×10^{-3}	2.455×10^{-5}	1.272×10^{-3}	0.7345
1500	0.01386	16553	0.6581	2.869×10^{-3}	3.099×10^{-5}	2.237×10^{-3}	0.7795
2000	0.01081	17400	0.5480	2.914×10^{-3}	3.690×10^{-5}	3.414×10^{-3}	1.1717

(Continued)

표 A-10

1 기압 하의 기체의 상태량(계속)

Temp. T, °C	Density ρ, kg/m^3	Specific Heat c_p J/kg · K	Thermal Conductivity k, W/m · K	Thermal Diffusivity α, m^2/s	Dynamic Viscosity μ, kg/m · s	Kinematic Viscosity ν, m^2/s	Prandtl Number Pr
				Nitrogen, N_2			
−50	1.5299	957.3	0.02001	1.366×10^{-5}	1.390×10^{-5}	9.091×10^{-6}	0.6655
0	1.2498	1035	0.02384	1.843×10^{-5}	1.640×10^{-5}	1.312×10^{-5}	0.7121
50	1.0564	1042	0.02746	2.494×10^{-5}	1.874×10^{-5}	1.774×10^{-5}	0.7114
100	0.9149	1041	0.03090	3.244×10^{-5}	2.094×10^{-5}	2.289×10^{-5}	0.7056
150	0.8068	1043	0.03416	4.058×10^{-5}	2.300×10^{-5}	2.851×10^{-5}	0.7025
200	0.7215	1050	0.03727	4.921×10^{-5}	2.494×10^{-5}	3.457×10^{-5}	0.7025
300	0.5956	1070	0.04309	6.758×10^{-5}	2.849×10^{-5}	4.783×10^{-5}	0.7078
400	0.5072	1095	0.04848	8.727×10^{-5}	3.166×10^{-5}	6.242×10^{-5}	0.7153
500	0.4416	1120	0.05358	1.083×10^{-4}	3.451×10^{-5}	7.816×10^{-5}	0.7215
1000	0.2681	1213	0.07938	2.440×10^{-4}	4.594×10^{-5}	1.713×10^{-4}	0.7022
1500	0.1925	1266	0.11793	4.839×10^{-4}	5.562×10^{-5}	2.889×10^{-4}	0.5969
2000	0.1502	1297	0.18590	9.543×10^{-4}	6.426×10^{-5}	4.278×10^{-4}	0.4483
				Oxygen, O_2			
−50	1.7475	984.4	0.02067	1.201×10^{-5}	1.616×10^{-5}	9.246×10^{-6}	0.7694
0	1.4277	928.7	0.02472	1.865×10^{-5}	1.916×10^{-5}	1.342×10^{-5}	0.7198
50	1.2068	921.7	0.02867	2.577×10^{-5}	2.194×10^{-5}	1.818×10^{-5}	0.7053
100	1.0451	931.8	0.03254	3.342×10^{-5}	2.451×10^{-5}	2.346×10^{-5}	0.7019
150	0.9216	947.6	0.03637	4.164×10^{-5}	2.694×10^{-5}	2.923×10^{-5}	0.7019
200	0.8242	964.7	0.04014	5.048×10^{-5}	2.923×10^{-5}	3.546×10^{-5}	0.7025
300	0.6804	997.1	0.04751	7.003×10^{-5}	3.350×10^{-5}	4.923×10^{-5}	0.7030
400	0.5793	1025	0.05463	9.204×10^{-5}	3.744×10^{-5}	6.463×10^{-5}	0.7023
500	0.5044	1048	0.06148	1.163×10^{-4}	4.114×10^{-5}	8.156×10^{-5}	0.7010
1000	0.3063	1121	0.09198	2.678×10^{-4}	5.732×10^{-5}	1.871×10^{-4}	0.6986
1500	0.2199	1165	0.11901	4.643×10^{-4}	7.133×10^{-5}	3.243×10^{-4}	0.6985
2000	0.1716	1201	0.14705	7.139×10^{-4}	8.417×10^{-5}	4.907×10^{-4}	0.6873
				Water Vapor, H_2O			
−50	0.9839	1892	0.01353	7.271×10^{-6}	7.187×10^{-6}	7.305×10^{-6}	1.0047
0	0.8038	1874	0.01673	1.110×10^{-5}	8.956×10^{-6}	1.114×10^{-5}	1.0033
50	0.6794	1874	0.02032	1.596×10^{-5}	1.078×10^{-5}	1.587×10^{-5}	0.9944
100	0.5884	1887	0.02429	2.187×10^{-5}	1.265×10^{-5}	2.150×10^{-5}	0.9830
150	0.5189	1908	0.02861	2.890×10^{-5}	1.456×10^{-5}	2.806×10^{-5}	0.9712
200	0.4640	1935	0.03326	3.705×10^{-5}	1.650×10^{-5}	3.556×10^{-5}	0.9599
300	0.3831	1997	0.04345	5.680×10^{-5}	2.045×10^{-5}	5.340×10^{-5}	0.9401
400	0.3262	2066	0.05467	8.114×10^{-5}	2.446×10^{-5}	7.498×10^{-5}	0.9240
500	0.2840	2137	0.06677	1.100×10^{-4}	2.847×10^{-5}	1.002×10^{-4}	0.9108
1000	0.1725	2471	0.13623	3.196×10^{-4}	4.762×10^{-5}	2.761×10^{-4}	0.8639
1500	0.1238	2736	0.21301	6.288×10^{-4}	6.411×10^{-5}	5.177×10^{-4}	0.8233
2000	0.0966	2928	0.29183	1.032×10^{-3}	7.808×10^{-5}	8.084×10^{-4}	0.7833

주: 이상기체에 대하여, 상태량 c_p, k, 및 Pr은 압력과 무관하다. 1 atm이 아닌 압력 P(atm 단위)에서의 상태량 , 및 는 주어진 온도에서의 값에 P를 곱하고, 와 를 P로 나눔으로써 결정된다.

Source: Data generated from the EES software developed by S. A. Klein and F. L. Alvarado. Originally based on various sources.

표 A-11

높은 고도에서 대기의 상태량

Altitude, m	Temperature, °C	Pressure, kPa	Gravity g, m/s^2	Speed of Sound, m/s	Density, kg/m^3	Viscosity μ, kg/m · s	Thermal Conductivity, W/m · K
0	15.00	101.33	9.807	340.3	1.225	1.789×10^{-5}	0.0253
200	13.70	98.95	9.806	339.5	1.202	1.783×10^{-5}	0.0252
400	12.40	96.61	9.805	338.8	1.179	1.777×10^{-5}	0.0252
600	11.10	94.32	9.805	338.0	1.156	1.771×10^{-5}	0.0251
800	9.80	92.08	9.804	337.2	1.134	1.764×10^{-5}	0.0250
1000	8.50	89.88	9.804	336.4	1.112	1.758×10^{-5}	0.0249
1200	7.20	87.72	9.803	335.7	1.090	1.752×10^{-5}	0.0248
1400	5.90	85.60	9.802	334.9	1.069	1.745×10^{-5}	0.0247
1600	4.60	83.53	9.802	334.1	1.048	1.739×10^{-5}	0.0245
1800	3.30	81.49	9.801	333.3	1.027	1.732×10^{-5}	0.0244
2000	2.00	79.50	9.800	332.5	1.007	1.726×10^{-5}	0.0243
2200	0.70	77.55	9.800	331.7	0.987	1.720×10^{-5}	0.0242
2400	−0.59	75.63	9.799	331.0	0.967	1.713×10^{-5}	0.0241
2600	−1.89	73.76	9.799	330.2	0.947	1.707×10^{-5}	0.0240
2800	−3.19	71.92	9.798	329.4	0.928	1.700×10^{-5}	0.0239
3000	−4.49	70.12	9.797	328.6	0.909	1.694×10^{-5}	0.0238
3200	−5.79	68.36	9.797	327.8	0.891	1.687×10^{-5}	0.0237
3400	−7.09	66.63	9.796	327.0	0.872	1.681×10^{-5}	0.0236
3600	−8.39	64.94	9.796	326.2	0.854	1.674×10^{-5}	0.0235
3800	−9.69	63.28	9.795	325.4	0.837	1.668×10^{-5}	0.0234
4000	−10.98	61.66	9.794	324.6	0.819	1.661×10^{-5}	0.0233
4200	−12.3	60.07	9.794	323.8	0.802	1.655×10^{-5}	0.0232
4400	−13.6	58.52	9.793	323.0	0.785	1.648×10^{-5}	0.0231
4600	−14.9	57.00	9.793	322.2	0.769	1.642×10^{-5}	0.0230
4800	−16.2	55.51	9.792	321.4	0.752	1.635×10^{-5}	0.0229
5000	−17.5	54.05	9.791	320.5	0.736	1.628×10^{-5}	0.0228
5200	−18.8	52.62	9.791	319.7	0.721	1.622×10^{-5}	0.0227
5400	−20.1	51.23	9.790	318.9	0.705	1.615×10^{-5}	0.0226
5600	−21.4	49.86	9.789	318.1	0.690	1.608×10^{-5}	0.0224
5800	−22.7	48.52	9.785	317.3	0.675	1.602×10^{-5}	0.0223
6000	−24.0	47.22	9.788	316.5	0.660	1.595×10^{-5}	0.0222
6200	−25.3	45.94	9.788	315.6	0.646	1.588×10^{-5}	0.0221
6400	−26.6	44.69	9.787	314.8	0.631	1.582×10^{-5}	0.0220
6600	−27.9	43.47	9.786	314.0	0.617	1.575×10^{-5}	0.0219
6800	−29.2	42.27	9.785	313.1	0.604	1.568×10^{-5}	0.0218
7000	−30.5	41.11	9.785	312.3	0.590	1.561×10^{-5}	0.0217
8000	−36.9	35.65	9.782	308.1	0.526	1.527×10^{-5}	0.0212
9000	−43.4	30.80	9.779	303.8	0.467	1.493×10^{-5}	0.0206
10,000	−49.9	26.50	9.776	299.5	0.414	1.458×10^{-5}	0.0201
12,000	−56.5	19.40	9.770	295.1	0.312	1.422×10^{-5}	0.0195
14,000	−56.5	14.17	9.764	295.1	0.228	1.422×10^{-5}	0.0195
16,000	−56.5	10.53	9.758	295.1	0.166	1.422×10^{-5}	0.0195
18,000	−56.5	7.57	9.751	295.1	0.122	1.422×10^{-5}	0.0195

Source: U.S. Standard Atmosphere Supplements, U.S. Government Printing Office, 1966. Based on year-round mean conditions at 45° latitude and varies with the time of the year and the weather patterns. The conditions at sea level (z = 0) are taken to be P = 101.325 kPa, T = 15°C, = 1.2250 kg/m^3, g = 9.80665 m^2/s.

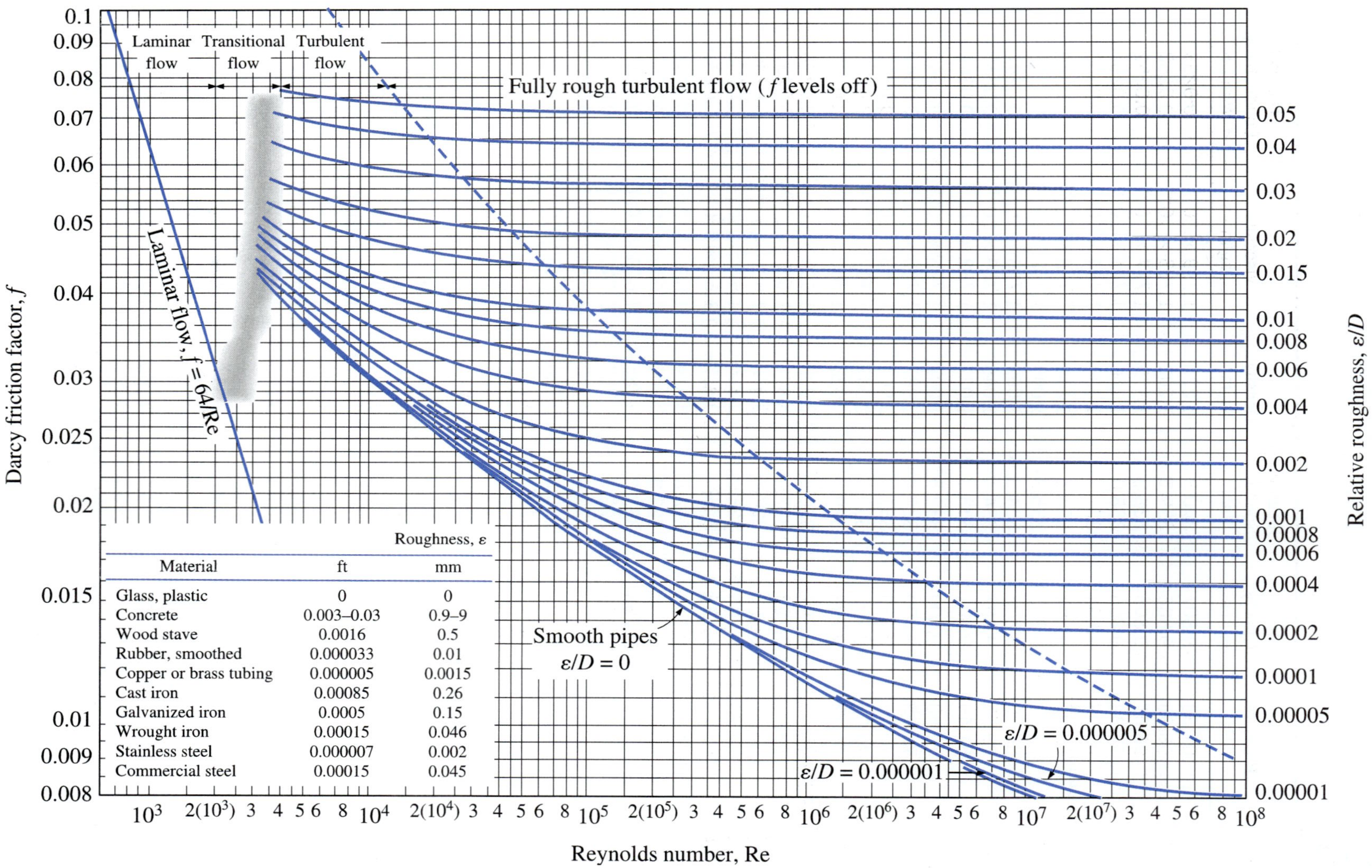

Material	Roughness, ε (ft)	Roughness, ε (mm)
Glass, plastic	0	0
Concrete	0.003–0.03	0.9–9
Wood stave	0.0016	0.5
Rubber, smoothed	0.000033	0.01
Copper or brass tubing	0.000005	0.0015
Cast iron	0.00085	0.26
Galvanized iron	0.0005	0.15
Wrought iron	0.00015	0.046
Stainless steel	0.000007	0.002
Commercial steel	0.00015	0.045

그림 A-12 원형 파이프 내 완전발달 유동의 마찰계수에 대한 Moody 선도.

수두손실 관계식 $h_L = f\dfrac{L}{D}\dfrac{V^2}{2g}$에서 이용되는 선도로서, 여기서 난류 유동의 마찰계수는 Colebrook 공식 $\dfrac{1}{\sqrt{f}} = -2\log_{10}\left(\dfrac{\varepsilon/D}{3.7} + \dfrac{2.51}{\mathrm{Re}\sqrt{f}}\right)$으로부터 계산되었다.

찾아보기

INDEX

ㄱ

ㄴ

ㅅ

ㅈ

ㅊ

ㅋ

ㅌ